国家出版基金项目
NATIONAL PUBLICATION FOUNDATION

"十四五"国家重点出版物出版规划重大工程
量子科学出版工程（第四辑）

Closed-Loop Feedback Control
from Classical to Quantum Systems
Volume Ⅱ
Feedback Control Theories of Quantum Systems

丛 爽 著

从经典到量子系统闭环反馈控制

下册 量子系统的反馈控制理论

量子科学出版工程
Quantum Science
Publishing Project

中国科学技术大学出版社

内容简介

不论是宏观系统还是微观量子系统，任何系统控制的高精度性能都来源于闭环反馈而不是开环控制系统的设计。本书围绕微观量子系统的闭环反馈控制理论进行系统深入的研究。在封闭量子系统状态的闭环反馈控制理论中，重点进行基于李雅普诺夫量子控制方法的特性分析以及统一的量子李雅普诺夫控制方法的设计；在开放量子系统状态保持与反馈控制中，专门针对开放量子系统控制的状态保持及其特性分析以及非马尔可夫开放量子系统状态保持时间及其控制进行研究；在基于反馈控制的开放量子系统算符的制备中，主要对马尔可夫和非马尔可夫系统制备非门进行设计与分析。本书还进行有关随机开放量子系统的开关反馈控制、量子系统反馈跟踪控制的研究；同时还更加系统地对量子测量理论与应用、基于优化算法的量子状态估计、基于深度神经网络的量子状态估计，以及基于实时在线估计的量子系统反馈控制与跟踪进行系统研究，为基于实时在线估计的量子系统的高精度闭环反馈控制提供坚实的理论基础。

本书是作者多年研究成果的集成，可以作为量子物理化学、量子信息与通信，以及对量子系统控制感兴趣的电子、力学工程、应用数学、计算科学以及控制工程等领域研究生的教材或参考书。

图书在版编目(CIP)数据

从经典到量子系统闭环反馈控制. 下册，量子系统的反馈控制理论 / 丛爽著. -- 合肥：中国科学技术大学出版社，2024. 9

(量子科学出版工程. 第四辑)

国家出版基金项目

"十四五"国家重点出版物出版规划重大工程

ISBN 978-7-312-05951-3

Ⅰ. 从… Ⅱ. 丛… Ⅲ. 量子—控制系统理论 Ⅳ. ①O413 ②TP273

中国国家版本馆 CIP 数据核字(2024)第 069992 号

从经典到量子系统闭环反馈控制：下册　量子系统的反馈控制理论

CONG JINGDIAN DAO LIANGZI XITONG BIHUAN FANKUI KONGZHI：XIACE　LIANGZI XITONG DE FANKUI KONGZHI LILUN

出版　中国科学技术大学出版社
安徽省合肥市金寨路 96 号，230026
http://press.ustc.edu.cn
https://zgkxjsdxcbs.tmall.com

印刷　合肥华苑印刷包装有限公司

发行　中国科学技术大学出版社

开本　787 mm×1092 mm　1/16

印张　34.25

字数　690 千

版次　2024 年 9 月第 1 版

印次　2024 年 9 月第 1 次印刷

定价　138.00 元

前言

本书是有关微观量子闭环反馈控制理论及其控制系统设计的专著，之所以强调“微观”两字，是因为本书是《从经典到量子系统闭环反馈控制》的下册，是相对于上册中的经典系统闭环反馈控制而言的。

直到今天，有关量子系统的各种类型的实际实验，基本上都是通过硬件施加事先精心设计好的控制场，来实现和达到一个期望的控制目标。每一个实验目标的成功实现，都凝聚着研究团队成员对相关理论的推导、硬件系统的设计，以及数月时间对实验系统的准备。能够获得实验的成功就是一件十分了不起的事情，这一过程与宏观系统早期自动控制的发展途径是相似的。随着科学与技术的不断进步，人们在不断取得实验成功之后，会开始追求实验性能的进一步提升。此时，更高精度性能的量子系统的控制，仅能通过事先设计好的、从系统控制角度来说的开环控制来实现，而由于干扰和噪声的存在，往往是无法达到高精度的。要想获得高精度的量子系统的控制性能，只有通过系统控制理论，进行闭环反馈控制场的设计与实施才能够实现。就现在的量子系统的硬件实现条件来说，量子闭环反馈控制系统的设计与实现还比较困难，不过闭环反馈控制的实现只是时间的问题。所以对于从事量子系统控制理论研究的人员来说，坚持不懈地进行系统、深入且全面的量子闭环反馈控制理论的研究，形成一套完整的高精度量子反馈控制理论，才是其努力奋斗的最终研究目标。

从2000年开始进行量子系统控制理论研究时起，我就做好了为之研究至少20年的准备。在早期投入量子系统控制研究不久后我就认识到，要想进行高精度的量子系统控制，只有采用系统控制理论，才能设计出量子闭环反馈控制系统。而在量子反馈控制系统中，量子的状态估计与重构的性能决定了量子反馈控制系统中的控制精度，正是这种重要性，使得我在2003年就申请并获得一项有关"量子系统状态估计与反馈控制的初步研究"的基金项目。随着研究的深入，我越发感觉到量子态的估计与宏观系统中的情况完全不同，所涉及的测量直接与量子物理的实验相关，同时还与不同的测量方式有关，并且选择不同的测量基会有不同的测量结果。所有这些对于希望在理论上给出一个统一量子态估计方法的目标来说，具有极大的挑战性。在量子态重构问题没有得到解决之前，人们所提出以及设计出的闭环控制中反馈需要用的量子状态信号，只能从所建立的量子系统模型中求解出来，很显然此种情况下的量子系统控制精度完全取决于所建立模型的精确度。幸运的是，封闭量子系统的薛定谔方程已经被证实是正确的，所以在每一次的状态反馈控制场的计算过程中，总是先通过龙格-库达算法求解偏微分的薛定谔方程，获得量子系统的状态密度矩阵，然后计算基于密度矩阵反馈的控制算法，再送入被控的量子系统中，对系统状态进行操控。由于计算量子反馈控制场的状态并没有从实际量子系统中的信号反映出来，很多人认为所设计的控制场不是闭环反馈控制，而是开环控制，显然这一观点是不正确的：对一个量子系统的控制是开环还是闭环控制，关键是看所设计的量子控制场是否是系统状态或内部信号的函数，只要与每一个时刻系统内部的信号相关的控制场，就是闭环反馈控制。正是因为控制算法（律）实时地随着被控系统参数改变而改变，才有能力实时和自动地去调整系统的性能。不过由于当时所设计的量子控制场确实不与真实物理系统的输出测量值相关，我们权衡后给出了一个比较合适的名称，称为"状态反馈程序控制"。在早期量子系统控制研究中，这一问题是我一直致力于解决的关键问题。

这一问题直到2006年压缩感知理论被提出后才有了解决的可能。在之后的十多年里，我连续申请到了3个国家自然科学基金项目，带领研究团队不断进行深入系统的研究，不但解决了离线量子态的高精度估计问题，提出了一系列快速高效的量子态重构优化算法，还解决了在线实时的量子态估计与滤波的优化问题，同时开发出一系列在线优化算法，为量子系统的高精度状态反馈控制打下了坚实的理论基础。所取得的研究成果出版了专著《量子状态的估计和滤波及其优化算法》，此专著2022年入选"十四五"国家重点出版规划重大工程"量子科学出版工程"。在解决了反馈所需要的状态问题后，本书的重点主要放在对封闭和开放量子系统的状态反馈控制的研究。

量子状态的在线重构及其反馈控制问题的解决，可以说是真正打开了高精度量子系统闭环控制的大门，为建立一套完整的量子系统反馈控制理论及其实际实验的实现做好了理论准备，虽然量子闭环反馈控制的实际实验的实现目前还有一定的困难，不过在这日新月异的年代里，这种理论超前实验的日子不会太长，高精度的闭环反馈控制系统的实际实验的实现不会让人等待太久。

从事量子系统控制理论研究已20多年，在此我要衷心感谢与我一起进行研究的研究生们，在研究过程中，我们通过调研及思考，取得了很多具有创新性的成果。虽然每一位研究生只经历了部分研究过程，不过在解决具体问题的研究经历中，在调研方法、独立思考、学习相关理论与推导新控制场等方面他们都得到了锻炼，同时分析问题和解决问题的能力也都得到了提升。我为他们感到骄傲！他们是：周雷、杨靖北、温杰、刘建秀、孟芳芳、杨霏、杨洁、楼越升、匡森、周宇秋、李有志、张骄阳、潘成威、林文瑞、汪涛、董智翔、张坤、章祥、胡志林、唐雅茹、郑凯、张娇娇、薛静静、张慧、胡龙珍、朱亚萍。我还要特别感谢与我一起进行国家自然科学基金合作研究的英国伦敦学院大学（UCL）的李克之博士，以及美国普林斯顿大学的Herschel Rabitz教授。

从　爽

2024年7月10日

于中国科学技术大学

目录

第1章

概　　论

从20世纪初提出量子力学至今，量子力学一直是众多专家学者研究的重要领域，它致力于研究微观世界中粒子的结构性质及其运动规律。经过一百多年的探索和发展，量子力学理论取得了长足的进步，并逐渐完善，且在诸多领域的相关研究中发挥着不可替代的作用。在量子力学的发展历程中，对其操纵理论的研究成果不仅在物理学方面得到了广泛的应用，也辐射到了化学、生物学、信息学和通信学等诸多研究领域，形成了多学科交叉的研究方向，如量子通信、量子化学和量子计算等。随着人们对微观世界中量子体系的操纵理论不断深入探索，以及实验技术不断发展，量子控制理论研究得到了不断推进。

量子控制理论是在系统控制论的基础上，与量子力学、量子物理、量子化学、量子计算以及量子通信研究成果相结合而形成的交叉学科的理论，主要是利用系统控制理论中的研究方法，对量子系统的控制特性及其所具有的性质进行分析，并通过在施加外加控制作用的情况下，研究量子系统与控制相结合的量子控制系统中状态的演化规律，实现对包括封闭与开放、单体与多体等复杂量子系统以及算符在内的状态制备、镇定、调控、保持与跟踪等量子系统控制理论的建立、设计与实现，为实际量子系统的实验提供高精度、快速、可靠，以及可实际物理系统实现的控制方法。可以说，在所有涉及需要进行量子操纵的理论与应用中，都需要量子控制理论。量子系统控制理论是一门将系统控制理论与量子力学相结合，解决微观物理化学以及量子信息等领域中控制科学问题的学科。

在运用量子控制理论进行研究的诸多领域中，量子信息是极重要的研究课题之一，它主要包括量子通信和量子计算这两大研究方向。量子通信可以大大降低经典通信中存在的问题，在许多方面比经典通信更具有显著的优势，例如安全性高、通信容量大等，这使得量子通信成为当下的热点研究领域，并已经取得了一系列令人赞叹的成果。目前存在的一些关于量子通信方面的研究如纠缠态制备等问题，都可以通过量子系统控制来实现，因此量子控制理论的发展对于量子通信的进步具有重要意义。量子计算也是当前的热门研究领域之一，与经典计算不同，量子计算的并行能力异常强大，其计算能力可以随着量子比特数的增加呈指数式增长，在求解高斯玻色取样等经典数学问题中有着极其明显的优势。近年来量子计算领域也取得了许多耀眼的成就，例如由潘建伟等人先后研发的“九章二号”和“祖冲之二号”为量子计算领域贡献了突出的成果（Wu et al.，2021；Zhong et al.，2021）。同样，量子计算发展中的很多研究如量子逻辑门的构造、量子初态的制备与操控等从本质上讲也是控制问题，因此也需要量子控制理论的支撑。

量子系统控制理论的研究与经典系统控制理论相比有着巨大的不同，这主要是量子系统本身的特殊性导致的。量子系统具有状态相干性和随机性、量子纠缠、测量塌缩以及不可克隆的特点，这些特点增加了量子系统控制的难度，对人们提出了巨大的挑战。量子系统所存在的微观领域和宏观领域的本质区别，使得量子系统的控制思想与经典宏观系统完全不同。早期的量子控制是基于量子系统所处的实际环境情况设计相应的外加调控操作来实现的，可以说，人们对量子控制系统的研究是从具体的实验中产生的，与经典系统控制一样，量子系统的控制也是实验的控制实践领先于其理论的。

20 世纪 30 年代出现的射频共振技术，被应用于量子态的相干控制中。20 世纪 70 年代，激光脉冲技术快速发展并趋于成熟，在许多实际实验中得到了应用（Nicolaas，Eli，1978）。随着激光以及量子调控制方法的不断发展，利用激光脉冲技术实现量子相干控制加快了量子系统控制的进展。20 世纪 80 年代，经典系统控制中的可控性概念被引入量子系统中，专家学者研究了能够使量子系统状态转移到期望目标态的充分条件，进行了量子系统控制的理论研究，首次将经典控制理论延伸至量子系统控制领域，并从系统控制的角度出发，详细描述了量子系统的完全可控性（Huang et al.，1983）。同一时期，人们对量子系统的能观性和可逆性等问题也进行了详细的阐述、分析和研究（Ong et al.，1984；Clark et al.，1985）。随后，布鲁默等人提出了量子控制的相关理论，并相继实现了光子、原子和分子系统中的量子相干性调控实验（Brumer，Shapiro，1986；Yamamoto et al.，1986）。人们通过对量子系统的可观性、可控性以及可逆性理论的系统研究，为经典控制理论与量子控制领域的相互融合提供了理论依据。这些研究成果对量子系统控制理论的发展具有重要意义。此后，随着量子控制理论与方法的逐渐丰富化，量子控制的重点集中于控制的实现，不断出现的成功实验反过来进一步促进量子控制理论研究的稳步发展，为量子系统中控制各种不同目标的实现及其控制方案的设计奠定了坚实的理论基础。

在量子系统控制理论方法的研究进程中，开环控制方法首先被提出，并且在量子化学实验中得以实现。这是由于最初的控制目标简单，被控量子系统模型简易，使用量子系统的开环控制即可完成控制目标。这其中比较典型的开环控制方法是最优控制。对于一个给定的量子系统，针对系统特定的约束条件，最优控制的基本思想是：首先确定控制的目标并建立与之对应的性能指标，利用数值方法和代数推导，再通过确定当系统性能指标最小化时所对应的控制场，来实现整个控制系统的控制目标。经过长期稳定的发展，量子最优控制方法已经取得了丰硕的理论成果，并已经应用于许多量子控制的物理实验中，例如激光驱动的分子反应（Peirce et al.，2009）、多个核磁共振（NMR）实验（Khaneja et al.，2003），以及系统状态和逻辑门的制备（Nigmatullin，Schirmer，2009）等。量子最优控制方法的优势在于能够获得控制问题的全局最优解，其不足之处为控制场初始值影响系统状态的演化轨迹，若想获得最优解，需要事先提供一个合适的初始参数，在此基础上还需要进行多次重复的迭代获得一个数值解，这在一定程度上增加了系统的计算量。目前，量子最优控制方法在各种实际物理场景中已得到普遍应用（Peirce et al.，2009；Khaneja et al.，2003；Werschnik，Gross，2007；Shu et al.，2016；Keck et al.，2015）。

随着研究的不断深入，研究者需要考虑的量子模型日益复杂，控制要求也变得越来越高，希望实现的控制目标也变得更为多样化，而开环控制只能实现一些简单的控制目标，具有较大的局限性，无法满足日益增长的控制要求，人们开始关注闭环控制策略。不同于开环控制，闭环控制需要用到量子系统内部状态信号，并实时反馈到控制算法中加以利用。所谓的反馈控制场是指系统状态或输出信号是量子系统控制算法的函数，在每一个控制时刻，控制场的大小都是根据从实际量子系统的输出获取的信号，或对所获得信号进行处理计算出来的，因此，如何获取量子状态信号，并将其反馈用于控制器的算法计算中成为量子状态反馈控制必须首先要解决的问题。量子测量塌缩特性阻碍了量子系统闭环反馈控制理论研究的发展与实现，使得在较长的一段时间里，量子开环控制一直是量子实验的主要控制方法，人们主要的精力和注意力放在如何将量子实验成功完成方面，对量子系统性能的精度与快速性上不过多关注。直到 20 世纪 90 年代，量子克隆技术得到了快速发展并取得了一系列成果，才使得量子反馈控制成为重要的研究方向，其主要思想是从被控量子系统上获取有关系统的相关信息并进行处理，之后将处理后的信息反馈到量子系统控制器算法的计算中，以此来实现对量子系统的主动控制。由于最初在量子测量研究上的局限性，离线最优闭环学习控制首先被研究，如量子系统遗传控制算法的提出(Judson，Rabitz，1992)。直到21世纪初压缩感知理论的提出，使得基于量子测量的量子层析技术以及量子估计与重构理论得到迅速发展，极大地推动了基于系统测量信息及在线估计量子状态反馈控制理论的系统深入研究。

根据所选反馈方案的不同，量子反馈控制可以分为相干反馈控制(coherent feedback control，CFC)和基于测量的量子反馈控制(measurement based feedback control，MFC)。相干反馈控制由劳埃德(Lloyd，2000)提出。随后又出现了一些关于相干反馈控制的研究，廷利用量子克隆机获取反馈信号和输出，提出了一种单量子位系统的相干反馈控制方法(Ting，2002)。在相干反馈控制中，不需要获得量子系统的测量信息，无需对系统进行测量操作，这避免了测量对于量子状态相干性的破坏，被控系统自身即反馈信号，通过设计另一量子系统为反馈控制器，并令其与被控系统进行相互作用，在相干反馈控制中，反馈控制器与被控系统一样，均为量子系统，量子信息输入到反馈控制器后，利用量子逻辑进行处理，使得量子信息被相干地反馈到被控系统中实现被控系统的控制目标。量子相干反馈控制的优势在于不需要考虑测量对于被控系统的不利影响，控制效率较高；不足之处在于控制策略仍然较为简单，无法处理较为复杂的控制任务。为了实现越来越复杂的控制目标，基于测量的量子状态反馈控制吸引了人们更多的关注，已经被应用于一些实际问题中，例如抑制系统噪声(Vitali，1997)、量子纠错(Chase et al.，2008)、操纵量子纠缠(Hou et al.，2010)以及量子态的区分(Saikat et al.，2011)等。采用基于测量的状态反馈控制，必须在每个采样周期内获得包含系统状态信息的测量结果，然后利用测量信息与被控系统状态之间的函数关系以及优化算法，间接地重构出量子系统状态，之后将估计状态当作系统反馈信号送入控制器中，再结合相应控制理论求出的控制算法来设计反馈控制场，使得量子系统能够在控制场的作用下实现期望的控制目标。与量子相干控制不同，基于测量的量子反馈控制需要测量被控系统的输出信息，再根据获得的测量信息，利用优化算法重构出量子系统的状态。如果采用直接强测量将会导致系统状态发生不可恢复的改变，不利于实际实验中的量子控制。为了减弱测量过程对系统状态的破坏作用，实现基于测量的量子状态反馈控制，人们开始考虑量子连续弱测量方案。基于连续弱测量理论，可以在不破坏系统状态的前提下获得系统的状态，实现量子状态反馈控制，因此在实际应用中有着重要的理论研究价值和应用前景。

1.1 量子系统反馈控制理论研究现状

根据是否与外界环境发生相互作用，可以将量子系统分为封闭量子系统和开放量子系统。封闭量子系统是一个孤立的、不与外界进行能量交换的系统。封闭量子系统状态的演化是幺正的。在实际中，量子系统往往由于自身或外界情况的不同而与所处环境存在相互作用，而成为开放量子系统。对于不同的量子系统，许多典型的控制方法已经被应用来解决量子世界中的粒子操纵问题。例如，一类线性量子系统的一个相干控制问题(Maalouf，Petersen，2011)，量子系统中的基于滑模控制的鲁棒控制，通过引导系统状态保持在滑模域内，使得量子系统的稳定性和鲁棒性得到增强(Dong，Petersen，2009)。在各种控制策略中，李雅普诺夫(Lyapunov)控制具有简单和存在解析解的优势，也是较受人们关注的控制方法之一。量子李雅普诺夫控制理论是基于李雅普诺夫稳定性定理设计控制场，通过选择一个半正定李雅普诺夫函数，对其求导数，在李雅普诺夫函数的一阶导数保持单调减少的半负定情况下，求出解析式控制场来实现控制算法的设计，以此来保证所设计的控制场始终保持控制系统稳定这一前提。在李雅普诺夫控制场的作用下，每一时刻的控制场都是由系统在该时刻的反馈状态来决定的，并将反馈控制场送入被控量子系统对其进行控制。量子李雅普诺夫控制的优势在于所设计的控制场不会导致系统发散或振荡，能够使系统的被控状态收敛至平衡态的集合中。另外，其控制场设计相对简单，计算量小。李雅普诺夫控制方法的不足之处在于需要满足一定的限制条件，其性能指标也不如最优控制灵活。目前，基于李雅普诺夫稳定性定理对量子系统进行调控的研究可分为两类：一是利用李雅普诺夫稳定性定理设计反馈控制场用来实现系统特定的控制目标，例如，量子逻辑门制备(Liu，Cong，2015；Wen，Cong，2016；丛爽，匡森，2017)、叠加态的制备(Cong，Zhang，2008)、系统平衡态的布居数控制(匡森，丛爽，2010)、状态转移(Zhao，2012；Hou et al.，2012；Cong et al.，2013)，以及状态轨迹跟踪(Coron et al.，2009；Cong，Liu，2012；Hu et al.，2017)等；另一类是对量子控制系统的稳定性和收敛性进行分析，实现全局稳定的收敛控制。例如，对封闭量子系统对角混合态和本征态的状态转移问题进行研究，并提出相关的收敛控制方法的研究(Kuang，Cong，2010)；具有退化本征谱和非退化本征谱的目标态的状态收敛问题(Wang，Schirmer，2010b)；不同李雅普诺夫函数下的系统收敛性分析(Zhao et al.，2012)；以自由演化和外部控制相结合的方式来扩展控制场，对二能级量子系统的状态收敛控制进行的研究

(Wang et al.,2014);等等。

在20世纪80年代末至90年代初,国内外学者对量子连续测量和反馈控制进行了研究。在基于连续时间测量的反馈技术中,关于连续量子测量的研究是前提条件,量子系统的测量会使系统状态依概率发生塌缩,同时也需要考虑测量对量子系统的影响。考虑到量子系统测量的特殊性,斯里尼瓦斯和戴维斯得到了在光子探测下的量子态和光腔的随机方程(Srinivas,Davies,1981);吉辛(1984)引入了一个状态向量的随机方程,重现了测量的某些性质(Gisin,1984);迪奥西引入了一个开放系统的量子态的随机方程(Diósi,1986)。同一时期,巴尔基耶利和卢皮耶里得到了在海森伯绘景中描述连续测量的方程(Barchielli,Lupieri,1985)。1986年,山本等人首次展开量子反馈控制的理论研究(Yamamoto et al.,1986)。1994年,维斯曼和米尔本则将反馈控制理论正式推广至量子系统领域,采用零差探测的手段,将测量结果作为反馈信号参与系统状态的演化,并提出了马尔可夫开放量子系统反馈控制理论(Wiseman,1994a,1994b,1994c)。马尔可夫量子反馈属于直接反馈方法。他们通过研究发现,如果反馈是由测量结果的一个简单函数给出的,就可以导出一个马尔可夫主方程来表述系统的连续反馈,该方法被称为马尔可夫反馈。1999年,研究人员又提出了从随机主方程中获得估计来执行反馈的概念,表明对于线性系统,这类反馈等价于经典系统的反馈控制(Yanagisawa,Kimura,1999)。这种使用从SME中获得估计来进行反馈的方法通常被称为贝叶斯反馈。1999年多尔蒂和雅各布斯以在连续观测下获得的滤波状态为系统反馈信号,实现了量子系统的贝叶斯反馈控制,给出了包含高斯噪声的开放量子系统的动力学模型(Doherty,Jacobs,1999)。随后,Belavkin(2005)、Diósi(1988)和Wiseman(1993)等人分别独立研究了量子系统在连续测量下伴随高斯噪声干扰的状态演化的随机主方程,还有人利用传递函数方法来进行量子控制,研究了使用量子系统作为控制器的反馈控制问题(Yanagisawa,Kimura,2003)。不论是马尔可夫反馈还是贝叶斯反馈,其反馈都是通过测量实现的,属于基于测量的反馈控制方法。贝叶斯量子反馈也可看作基于测量的量子状态反馈,针对测量结果重构量子系统状态,然后基于估计状态设计控制方案,进而实现被控系统状态演化轨迹的调控(周娟,2016)。

基于开放量子系统的随机主方程,韩德尔等人研究了二维随机量子系统本征态的反馈控制,不过所提方法存在计算量较大,控制场非解析形式的不足(Handel et al.,2005)。米尔拉希米等人对角动量系统设计了一种开关反馈控制,使得量子系统的任意初态可以转移到任意的本征态(Mirrahimi,van Handel,2007)。津村在米尔拉希米所提控制方法的基础上提出一类连续控制场,可以实现状态空间的任意初态到某个本征态的转移(Tsumura,2007)。葛等人考虑基于测量的开放量子系统,基于非光滑李雅普诺夫理论,包括连续李雅普诺夫稳定性定理和不连续的李雅普诺夫稳定性定理,分别设计了连续控制场和饱和形式的开关控制场来进行任意初始态与系统本征态之间的状态转移(Ge et al.,2012a,2012b)。胡龙珍、薛静静等人则研究了基于李雅普诺夫稳定性定理的非马尔可夫(Non-Markovian)开放量子系统的状态转移控制,验证了将李雅普诺夫稳定性定理应用于开放量子系统状态转移的有效性(胡龙珍,2014;薛静静,2015;丛爽等,2013,2014)。对于随机开放量子系统的状态转移,系统除有限个目标态以外,往往还存在着多个平衡点,如何控制系统状态收敛到目标态而不是其他平衡点是难点之一,为此,利用李雅普诺夫稳定性定理,作者所在研究组实现了随机开放量子系统一类特殊本征态和任意本征态的状态转移(Cong et al.,2016a,2016b);温等人实现了一类具有简并测量算子的有限维随机量子系统的混合态的全局稳定和状态转移(Wen et al.,2018)。近年来,连续量子测量理论和在线量子态估计的研究已经使人们能够实时获得量子系统的状态,并已被应用于量子反馈控制中。例如,基于量子连续弱测量并利用凸优化工具包(convex optimization toolbox,CVX),研究者提出一种基于李雅普诺夫稳定性定理的状态反馈控制方法来实现状态转移(Harraz,Cong,2019)。

基于测量的反馈控制和相干反馈控制的研究,除了在理论上有着连续不断的发展,在实际的实验中也有着相当广泛的应用。在超导电路中,基于测量的反馈控制可以用来稳定单比特量子态(Riste et al.,2012)和制备两比特纠缠态(Armen et al.,2009),相干反馈控制可用来实现双稳态超导电路(Kerckhoff,Lehnert,2012)。在量子光学的应用实验中,基于测量的反馈控制已经被用于校正单光子态(Brańczyk et al.,2006)和自适应相位测量(Armen et al.,2002),相干反馈控制则被应用于压缩光(Gouch,Wildfeuer,2009)、噪声消除(Mabuchi,2008)和经典逻辑门(Zhou et al.,2012)。在电气力学领域中,两种反馈都被应用于冷却机械谐振器(Kleckner,Bouwmeester,2006;Arcizet et al.,2006),相干反馈控制还可以被用来定制机电系统(Kerckhoff et al.,2013)。值得一提的是,有研究指出基于测量的反馈也可以和相干反馈控制结合使用,因此有关两者之间的区别与联系也是当前的研究方向之一(Jacobs et al.,2014;Nurdin et al.,2009)。在实际实验中,基于测量的量子反馈也已得到广泛应用,如量子噪声的抑制、量子纠缠态的制备、二能级原子内部态的保持、量子逻辑门的制备以及原子态的反馈控制(Hou et al.,2014;Huang et al.,2013;Martin et al.,2015)等。

在量子反馈控制系统的研究中,控制性能好坏的关键在于两点:一是对量子系统输出信号的获取及其处理后重构的量子系统状态;二是考虑在线估计状态的反馈控制场的设计。所以有关量子态的估计与重构理论十分重要,下面我们对量子系统状态估计的研究现状进行概述。

1.2 量子系统状态估计研究现状

在经典力学中，人们为了获得系统状态，可以通过对同一个系统进行多次测量来获得足够多的信息，系统本身的状态不会因为多次测量而改变。这种做法在量子系统中是做不到的。量子系统与宏观系统存在本质区别，根据海森伯测不准原理，每一次对量子状态的观测都不可避免地破坏量子系统原本的状态。因为通常情况下，利用探测器对量子系统本身进行直接投影测量来获得满足投影假设原理的测量信息，但是，探测器的测量过程会对系统自身状态产生“反向作用”，这种“反向作用”将使得系统状态发生塌缩和不可逆的破坏。这使得人们无法通过直接对一个量子系统进行测量来获得量子系统的状态，只能测量到量子系统的状态在某个投影方向上的塌缩结果，并通过对多次测量值的统计结果，计算出各投影分量的概率，对系统的真实量子状态进行估计（Cahill，Glauber，1969）。为了精确估计量子系统的状态，观测者需要制备大量的量子状态全同复本，并对这些复本进行多次测量以获得统计平均值，来进行量子状态的重构。

1.2.1 量子态层析

量子状态包含量子系统的全部信息，这些信息可以用一个态矢或者密度算符描述。量子态层析（quantum state tomography，QST）是由 Stokes 提出的最早用来进行量子状态估计的技术（Stokes，1851）。1969 年，卡希尔和格劳贝尔详细阐述了如何通过重构密度矩阵获得量子系统状态的理论和实现方法，奠定了量子态层析的基础（Cahill，Glauber，1969）。层析一词借鉴了医学中的 X 射线分层成像技术，指的是通过利用一组仅含原始物体部分信息的图像，来完整恢复原始物体。量子态层析的原理是对量子状态的大量全同复本进行多次测量，来获得该状态在各个投影方向上的测量值（投影均值），在统计意义下，该测量均值可以看作量子状态在某个投影方向上塌缩的概率，量子态层析的过程就是根据这些概率值，建立含有该状态元素的方程组，并通过逆变换求解来重构出系统状态密度矩阵的过程。人们要从这些概率值中精确重构量子状态密度矩阵，测量算符必须是信息完备的，换句话说，所使用的测量算符必须能够完全张成一个希尔伯特空间。对于一个 n 比特的量子系统状态密度矩阵而言，其维度为 $d=2^n$，如果采用量子态层析来进行状态估计，所需要的完备测量的数目为：$d \times d = 2^n \times 2^n = 4^n$，很显然随着量子位数 n 的增加，量子态层析所需要的测量次数将呈指数增长，对高比特量子系统的状态估计来说，其实现难度较大。

由于测量过程中常常存在干扰噪声，为了提高离线估计的精度，量子态层析技术需要和其他优化方法结合使用，才能获得基于现有测量信息的最优估计结果，较为常用的优化方法有：最小二乘法（LS）、极大似然法（ML）、最大熵法（MAX Ent）以及贝叶斯估计法（Bayesian estimation）。

最小二乘法的核心思想是通过最小化性能函数，即误差平方和，将相对独立的参数放在同一约束下，来确定数据的最佳函数匹配，适用于测量次数有限的情况，其优势主要有两方面：一是可以显著降低估计的误差；二是可以对短时间间隔的数据进行估计，因而灵活性较高。极大似然法属于参数估计，是根据已有信息，最大化似然函数来获得理论上的最优结果，目前已应用在光学纠缠态、量子相位估计等研究上。最大熵法是一种无偏状态估计方法，其优势在于即使测量不完备，也可以估计出真实值，常用于允许一定估计误差存在的估计任务中，该方法已被应用于从不完整层析数据中重构量子态等研究中（Buek，2004）。贝叶斯估计法的核心思想是利用贝叶斯规则，根据最新测得的数据来及时更新当前状态的知识。Schack 等人于 2001 年在广义测量的框架内给出了量子贝叶斯规则的推导过程，并应用于 n 量子位系统的状态重构中（Schack et al.，2001）。在过去的几十年里，量子态层析技术经过多年时间在物理实验中得到验证，进一步促进了量子状态估计研究的完善和发展。1989 年，Vogel 和 Welsch 利用光学零差探测法研究了 k 个光子 Jaynes Cummings 模型辐射模式的性质的实验，并从中发现单光子模型的相关性，实验结果表明单光子模型和双光子模型都出现了压缩效应，最大降噪分别为 25% 和 45%（Vogel，Welsch，1989）。阿什布姆等将量子态层析应用于含有 3 个氢原子的系统的状态测量实验（Ashbum et al.，1990）。史密斯等在电磁场模式的真空和正交压缩状态下测量了正交场幅度的概率分布，实验结果表明了光学零差层析技术在确定维格纳（Wigner）分布的密度矩阵上具有良好的性能（Smithey et al.，1993）。莱昂哈特实现了分子振动态的层析（Leonhardt，1995），所提方案能够在遵循量子力学准则的前提下，最小化系统状态估计值与真实值之间的差距。

量子态层析已在腔场量子态的重构（Bardroff et al.，1996）、光场量子态的重构（Opatrny et al.，1997）等应用中实现。极大似然估计法是建立在极大似然原理基础上的一个统计方法，它的思想是利用已知的系统状态信息，反推最有可能导致这些信息出现的系统状态，已应用于量子纠缠态重构和光子数分布的估计等问题中（D'Ariano et al.，2000；Hradii et al.，2004）。随着量子态层析技术的不断发展和完善，研究人员也在高维量子状态估计中进行量子态层析的研究工作。2010 年，克雷默等人提出了两种层析成像方案(Cramer et al.,2010),一种方法需要对固定数量的子系统进行幺正操作,而另一种方法只需要局部测量和后处理,从而成功实现了对矩阵乘积态(matrix product states, MPS)的高效重建。席尔瓦等人的研究表明,保真度作为一种评价量子态估计精度的重要指标,可以独立于系统大小(Silva et al.,2011),这大大降低了高维量子态估计的计算成本。斯莫林等人基于极大似然估计算法,实现了从含有高斯噪声的非完备测量结果重建出原始的混合态密度矩阵(Smolin et al,2012)。Hou 等人利用 GPU 和 CUDA 编程,基于线性回归(linear regression,LR)算法,耗时 3.35 小时实现了 14 比特量子状态估计(Hou et al.,2016)。Xu 等人利用神经网络来进行全量子态层析,并提出了一种基于机器学习的神经网络估计模型(neural network estimation,NNE),从实验结果上证明了模型的准确性和可扩展性(Xu,Xu,2018)。2019 年,Hu 等人实现了 3 小时内 14 比特量子状态估计(Hu et al.,2019)。2020 年,洛哈尼等人利用卷积神经网络来进行量子态估计,并使用测量数据和密度矩阵来训练网络,实验重构了 2 比特量子系统状态的密度矩阵(Lohani et al,2020)。随着量子态层析技术理论和实践的不断发展和完善,该技术在量子通信和量子控制领域发挥着越来越重要的作用。

1.2.2 基于压缩感知量子态估计研究现状

一个 n 量子位(又称为量子比特 qubit)的量子状态,可以采用希尔伯特空间的一个 $d\times d$ 的密度矩阵 ρ 来描述,其中 $d=2^n$,一个标准的量子态估计需要 $d\times d=2^n\times 2^n=4^n$ 次测量配置。对于一个 n 量子比特的量子系统,所要估计的量子态参数以及测量次数 $d\times d$ 是随着 n 的增长呈指数增加的,由于待估计的 ρ 的未知元素的数目是 $d\times d=4^n$ 个,所以一个标准的量子态估计通常需要 4^n 次测量配置,以 $n=11$ 为例,量子状态估计需要 $d\times d=2^{11}\times 2^{11}=4194307$ 次测量配置,这对实际系统来说显然是难以实现的。

2006 年由 Candes 和 Donaho 等人提出的压缩感知(compressive sensing,CS)理论(Candes,Tao,2006;Donoho,2006),为解决这一问题提供了新的进行量子态高精度快速估计的思路。该理论表明,如果系统状态密度矩阵的秩 r 相比其维度 d 足够小,即 $r\ll d$,则只需要 $O(rd\lg d)$ 个测量值,就可以估计出量子密度矩阵(Gross,2009)。压缩感知是一种寻找欠定线性系统稀疏解的理论,它能以远低于奈奎斯特(Nyquist)采样理论要求的采样率获得信号的离散样本,然后无失真地重建原始信号。根据压缩感知理论,信号只要在某种变换基下是稀疏的,那么就可以通过设计一种压缩矩阵,将高维信号投影到一个低维空间上;在压缩矩阵与变换基满足不相关的前提下,通过解决一个最优化问题来重构被压缩的稀疏信号。在压缩感知理论框架下,信号的采样速率不再取决于信号的带宽，而在很大程度上取决于两个基本准则：信号的稀疏结构和测量矩阵的不相关性（Candes，2008）。压缩感知是一种全新的数据获取和采样理论，它的发展为结构化（例如稀疏、低秩等）信号的恢复提供了有力的工具。根据压缩感知理论，如果信号本身是稀疏的，或者信号本身不稀疏但在某个正交基下的表达是稀疏的，那么，通过一个测量矩阵，该信号可以被无损地压缩到低维空间。只要测量矩阵满足一定条件，人们可以利用压缩后的低维信号通过求解一个优化问题精确恢复出原始信号。这种全新的采样理论自被提出后，已被广泛应用于各个领域，例如医学影像恢复（Monika et al.，2018）、语音识别（Gemmeke et al.，2011）、信道估计（He et al.，2018）等。

基于压缩感知理论的量子状态估计方法可以根据尽可能少的观测结果重构出系统状态，有效提高了量子系统状态估计的效率（Zheng et al.，2016）。2010 年，Gross 等人首次将压缩感知理论应用于量子状态估计，给出了完整的理论框架，并证明了如果以泡利算符作为观测算符，基于压缩感知理论仅需要 $O(rd\lg d)$ 观测量上的观测值，即能够确保重构出量子系统的状态密度矩阵（Gross et al.，2011）。压缩感知本质上是一个解决线性逆问题的理论，即如果所采样信号本身或其在某个正交基下的投影是稀疏的，那么该信号就能被一个测量矩阵无损地降维压缩到低维空间，其中无损的含义是降维的信号在逆变换过程中不产生失真（张娇娇，2019）。在恢复信号阶段，当测量矩阵满足限制等距特性（restricted isometry property，RIP）条件时，通过求解一个凸优化问题，就可以利用压缩后的低维空间信号精确地重构原始信号（Dai，Milenkovic，2009）。

压缩感知理论解决实际问题主要包括两个步骤：① 测量矩阵的构造；② 迭代优化算法的设计。其中步骤①测量矩阵的构造是压缩感知理论使用的前提。压缩感知理论不同于传统的信号采样，其能够在保证远小于 Nyquist 要求的采样率的前提条件下无损地获得信号的离散采样样本，这极大地促进了现代采样理论的发展。2010 年，考尔德班克等基于统计等距特性（statistical isometrt property，SIP）给出了一大类的可以重构稀疏信号的测量矩阵（Calderbank et al.，2010）。除了等距性质，还有一些其他理论可以用来选择测量矩阵，例如零空间条件（Cohen et al.，2009）、相关性原理（Tropp，Gilbert，2007）、结构化测量矩阵（Do et al.，2011）等。步骤②是压缩感知理论另一个至关重要的研究部分，迭代优化算法主要可分为三类：贪婪算法（Donoho et al.，2012）、组合算法（Gilbert et al.，2007）和凸优化算法（Romberg，2009）。2007 年，特罗普等人提出了一种贪婪算法——正交匹配追踪（orthogonal matching pursuit，OMP）（Tropp et al.，2007），该算法仅需 $O(n\lg d)$ 个随机正交基便可以可靠精确地重构含有 n 个非零元素的 d 维向量（张娇娇，2018）。2009 年，隆伯格等人提出了一种凸优化算法——内点迭代法（Rombebg et al.，2009），证明了在傅里叶变换下，任意 S 稀疏的 n 维信号都能够由 m 个单位脉冲重建出来，其中 $m\geqslant S\lg n$。2012 年，多诺霍等人对分段式正交匹配追踪算法进行了改进(Donoho et al.,2012),缩短了收敛时间并提高了重构精度。

压缩感知打破了传统信号处理中奈奎斯特(Nyquist)理论对采样率要求的限制,相比于后者,前者以极低的采样率大大降低了计算成本,两种理论的具体区别如表 1.1 所示(林文瑞,2022)。压缩感知具有低维空间、低分辨率、低采样率的优点,它不仅拓展了压缩理论,还延伸了信息论,成为了一门新兴的理论。压缩感知因具有优异的性能而被广泛地应用到各个领域,研究人员也将其应用到量子控制领域,用于解决量子态层析问题(Flammia et al.,2012)。

表 1.1 压缩感知理论与奈奎斯特理论的区别

比较方面	压缩感知理论	奈奎斯特理论
采样率的定义	采样率与带宽无关,而是取决于信号是否稀疏,其采样率 = 测量值的数量/原始信号的数量	采样率指的是一个采样频率,从离散采样数据中重构出原始时序信号
信号采样方式	通过计算信号与一个测量矩阵之间的内积来获得测量数据($AX=b$)	通过均匀采样(极少情况下也采用非均匀采样)来获得数据
信号恢复方式	利用信号的稀疏性,从线性观测数据中通过求解一个非线性的优化问题来恢复信号的方法	通过采样数据的 sinc 函数线性内插获得(在非均匀采样下为非线性的插值恢复)
低维信号形式	低维测量向量空间的离散信号向量	无限长的连续信号

基于压缩感知理论,人们可以实现高维度矩阵到低维度矩阵的投影,并通过部分测量结果矩阵就可以重构出原始信号,为解决高比特量子系统状态估计所需测量次数繁多的问题提供了新的解决思路。不过压缩感知理论只告诉人们当测量数据满足一定的条件后,就可以高精度地恢复数据所需要的最少测量次数,但是并没有告诉人们如何去实现这种高精度的数据恢复或重构。实际上数据恢复的完成还需要通过高精度的优化算法。在压缩感知理论的指导下,人们知道进行数据恢复时所需要的最少数据,也就是数据的下界是多少,只有性能良好的优化算法,才能以压缩感知理论所给出的数据下界来达到高精度的数据恢复。一般情况下,优化算法所需要用到的数据都要大于压缩感知理论所给出的下界。所以,在量子密度矩阵的估计中,快速高效的优化算法一直是人们研究的一个热点。值得注意的是,由于量子态层析和量子态估计算法的目标函数为一个固定不变的量子状态,并且需要用到大量的测量数据,测量数据的获取和处理过程大多是离线进行的。在量子态估计算法的研究中,主要是要解决 3 个方面的问题:

(1) 含有稀疏干扰的量子状态估计问题:将该问题转化为关于密度矩阵的核范数和稀疏干扰的 ℓ_1 范数并且带有量子态约束的双目标凸优化问题。

（2）含有高斯噪声的高维量子状态估计问题：一般将该问题转化为关于密度矩阵的核范数和高斯噪声的ℓ_2范数并且带有量子态约束的双目标凸优化问题。

（3）同时含有状态干扰和测量噪声的量子状态滤波问题：将该问题转化为关于密度矩阵的核范数、稀疏干扰的ℓ_1范数、高斯噪声的ℓ_2范数并且带有量子态约束的多目标凸优化问题。

Liu 在最小二乘项中加入矩阵低秩正则化项，将低秩量子状态的恢复问题总结为矩阵拉索（LASSO）或旦泽（Danzig）模型，并利用凸优化工具包（CVX）进行求解（Liu，2011）。2013 年，斯密斯等人基于弱测量分别用压缩感知方法和最小二乘法从含有噪声的数据中实现了 4 比特量子状态的估计，得到的保真度分别为 0.92 和 0.88（Smith et al.，2013）。2014 年，Li 和 Cong 在忽略量子态约束的前提下，采用交替方向乘子法（alternating direction multiplier method，ADMM）求解松弛的鲁棒主成分分析（RPCA）问题，然后将得到的解投影到量子态约束可行集上进行含有状态干扰下的量子态估计（Li，Cong，2014），所提出的算法复杂度为 $O(d^6)$。ADMM 算法是一种基于增广拉格朗日乘子法的算法，其优点是能够有效利用原始目标函数的可分离性，对原始优化问题按照其变量的个数多少进行分解以获得对应个数的子问题，依次优化子问题的增广拉格朗日函数更新原始变量，再利用梯度上升法对拉格朗日乘子进行更新，进而获得原始问题的对偶最优解。此后，又出现了许多基于改进 ADMM 的量子态估计算法。Zheng 等人针对状态干扰的量子态估计问题，提出一种 ADMM 结合迭代收缩阈值的改进算法（Zheng et al.，2016），避免了大矩阵的逆计算，减少了存储空间，降低了计算复杂度。Zhang 等人考虑部分量子态约束，在秩为 1 的情况下，针对含有状态干扰下的量子态估计提出了基于不动点方程的 FP-ADMM 算法（Zhang et al.，2017b），该算法避免了高维矩阵伪逆的求解，将计算复杂度下降的同时也提高了密度矩阵的恢复精度，其计算复杂度为 $O(md^4)$。Zhang 等人基于压缩感知理论，采用改进的交叉方向乘子法（ADMM），将问题转化为密度矩阵的核范数以及高斯噪声的ℓ_2范数，实现了 11 比特含测量噪声的量子系统状态的快速重构（Zhang et al.，2017），计算复杂度为 $O(md^2)$，能够达到压缩感知理论给出的最少测量率。Li 等人针对含有状态干扰的量子态估计问题，通过引入附加误差变量，进行双目标优化来减少误差，在普通的台式电脑上，实现了 12 个量子位的快速高精度估计（Li et al.，2017），实现 8 个量子位、3%采样率、0.59 秒的重构。Hou 等人实现了 4 小时内实现 14 个量子位的重构（Hou et al.，2016）；2019 年 Hu 等人实现 3 小时内实现 14 个量子位的重构（Hu et al.，2019）。Zhang 等人利用 ADMM 提出了 3 种针对不同类型干扰的量子态估计的改进算法（Zhang et al.，2019），随后，针对在含有稀疏扰动和高斯噪声的数据中估计系统状态，将问题转化为密度矩阵的核范数、稀疏干扰的ℓ_1范数，以及高斯噪声的ℓ_2范数，提出了一种高效快速的量子滤波方法（Zhang et al.，

2020a)，并且严格地证明了所提出滤波器的收敛性。

在量子态估计的应用方面，2012 年斯密斯等人在完备测量的基础上随机选取观测值，分别利用压缩感知方法和最小二乘方法从具有噪声干扰的测量数据中重构出 16 维量子系统状态(Smith et al.,2012)。里奥夫廖尔等人于 2017 年将量子态估计方法应用到实际实验中，利用 127 个泡利算符解决了 7 比特量子系统状态的估计问题，进一步证明了基于压缩感知理论重构具有稀疏性的量子状态密度矩阵的高效性(Riofrío et al.,2017)。杨靖北等人提出一种基于压缩感知理论的 NMR 量子状态估计的有效方案，首次将压缩感知理论运用在 NMR 样品溶液中原子核自旋态的估计问题中，同时在实际的 NMR 量子环境中进行了实验验证(Yang et al.,2017b)。

1.2.3 在线量子状态估计发展现状

量子态层析是对一个固定量子态的重构，通过获取大量的测量数据，离线处理后，对一个量子态的估计。在量子系统的状态反馈控制中，量子态是实时演化的，因此即使离线估计算法可以对量子态进行高精度估计，也不能将它们应用于在线量子态的制备和闭环状态反馈控制中。所以，有必要开发出快速高效的在线量子态估计方案。

弱测量是通过在被测量子系统中引入一个探测器(也称为探测系统)并与之发生短时间的耦合关联，接着对该探测器实施投影测量，最后根据包含被测系统状态信息的测量结果推断出被测系统的状态，属于一种间接测量方式。因为弱测量本身具有弱耦合性，故被测系统由于相互作用而产生的状态变化是能够进行恢复的，利用这一特性可以实现对被测系统的连续测量，也称之为量子连续弱测量。2005 年，西尔伯法等人提出了连续弱测量理论(continuous weak measurement,CWM)，目标量子系统中估计状态的测量信息可以在不破坏系统的情况下连续地获得(Silberfarb et al.,2005)，将一个时间段内的测量值序列作为集合，通过绘景变换，将估计动态演化系统的在线问题转换为估计初始状态的静态问题，实现对演化初值的估计，再通过演化方程得到当前时刻的密度矩阵。2006 年，格雷格等人实现对连续弱测量下的铯原子系综的状态估计与控制(Greg et al.,2006)。利用量子连续弱测量，可以实现对随时间变化的量子系统状态的连续测量，进而实现量子状态的实时在线估计(Smith et al.,2006)。

弱测量是一种全新的量子系统测量原理，它可以看作强测量的一种推广(Lundeen,Bamber,2012)。强测量是定义一些满足完备条件的厄密测量算符，通过测量大量全同副本，以均值作为系统状态在某方向塌缩结果的频次，并以此重构出密度矩阵。对量子系统的测量行为会导致系统状态瞬时不可逆地崩塌，即波函数塌缩。如果测量行为对应于某一个算子，那么系统状态会塌缩到这个算子的某一本征态上，如果系统处在叠加态上，其原本叠加信息便会全部丢失。弱测量则是一种对测量探针与量子系统产生的耦合系统进行强测量的非破坏性间接测量方法。它只会使探针塌缩到某个本征态，而不导致量子系统状态的塌缩。弱测量理论的主要内容是通过测量探针与被测系统的耦合，结合探针测量前后的变化情况重构量子系统的状态信息。在弱测量中，探针与被测系统都是量子系统。实际上，量子系统的弱测量虽然不会导致被测系统的塌缩，但是会使系统向探针矢量方向发生偏移，这种效应是由于系统的耦合产生的，当探针系统与被测系统的相互作用强度和相互作用时间都足够小时，这种小偏移基本不会产生任何影响，可以被忽略。弱测量理论在非破坏性下获得系统状态信息，确定两次强测量之间的系统状态以及揭示异常弱值等领域取得了有效的成果（Tamir，Cohen，2013）。由于弱测量所具有的非完全破坏性，利用量子连续弱测量可以实现对量子系统状态的在线估计。量子状态在线估计指的是利用连续弱测量的测量信息在线估计量子状态密度矩阵，逐渐成为基于测量的量子状态反馈控制的设计前提。在量子连续弱测量过程中，所采用的观测力学量通常不是相互正交的，利用这些不正交的观测力学量难以直接计算出系统状态，需要结合相应的优化算法对测量结果进行逆变换来求解出符合约束条件的最优值，该结果即可作为系统状态的估计结果。

罗琼等人讨论了对扩散量子随机主方程的递归滤波的一种有效的数值方案，该方案使得实时量子滤波成为可能（Rouchon，Ralph，2015）。杨等人基于连续弱测量，结合压缩感知理论并利用凸优化工具包（CVX）进行求解，实现了封闭量子系统的实时估计（Yang et al.，2018）。利用矩阵指数梯度法（matrix exponentiated gradient，MEG），优索里等人提出了一种在线学习算法来进行量子态估计（Youssry et al.，2019）。唐雅茹等人将压缩感知与连续弱测量结合，应用到单量子系统在线估计中，探究了弱测量算符的使用条件，验证了连续弱测量获取系统信息的有效性，实现了精确的在线估计（唐雅茹等，2020）。作者研究团队 2020 年基于在线交替方向乘子法（online alternating direction multiplier method，OADM），提出了一种在线量子状态估计算法，称为 QST-OADM（Zhang et al.，2020b），OADM 算法为实现量子态在线估计奠定了理论基础；同年，还提出一种在线邻近梯度的 ADMM 算法：OPG-ADMM（Zhang et al.，EUSIPCO，2020）。2021 年，作者研究团队提出了一种考虑测量噪声的基于 OADM 的量子态估计算法 QSE-OADM（Zhang et al.，2021）、一种基于卡尔曼滤波的在线量子态在线估计优化算法 KF-OQSE（丛爽，张坤，2021）、一种带有自适应学习速率的矩阵指数梯度在线量子态估计算法 ALR-MEG（丛爽等，2021），以及一种采用压缩感知理论与弱测量的在线量子态估计算法（Cong et al.，2021）。2022 年，作者研究团队提出了一种同时考虑具有测量噪声与状态干扰的在线量子态滤波器的优化算法 OQSF（Wang，Cong，2022）。

1.3 神经网络量子态估计器的研究现状

经典人工神经网络是现代人工智能技术的一个基础模型，因具有较强的泛化能力和非线性信息的并行处理能力，已经在函数逼近、模式识别、图像处理等应用方面取得巨大的成功，成为人工智能方向和其他多学科交叉领域的研究热点。经典神经网络的基本原理是通过构建生物体神经网络特性逼近的数学模型，模拟生物处理信息的方式，实现对网络输入数据的特性模拟及逼近。量子计算与传统电子计算机仅存储电平的高低，每次只能处理一个比特状态数据不同，一个量子比特可表示量子态$|0\rangle$和$|1\rangle$的叠加，一次运算就可同时处理两个状态的信息，经典计算机对2^n比特的数据执行相同计算需要2^n次操作，而量子计算机只需要对n个量子比特进行一次操作即可。正因如此，量子计算不管在数据存储能力还是数据处理能力上都在理论上远超经典计算。量子神经网络以量子比特作为基本信息处理单元，使得具有量子特性的经典神经网络在其网络构建及其在量子态重构应用方面，都可能具有更加简洁的量子态表达以及显著提升运算效率和性能的潜力，有可能解决数值迭代优化算法所解决不了的量子状态重构中的"指数墙(exponential wall)"问题。同时，以神经网络自身所具有的泛化能力，通过对大量同类数据的量子状态重构的训练，使之成为量子状态生成模型，为实现更加快速的高量子位的重构及高精度量子态反馈控制提供理论基础与实现技术，具有重要的理论与应用价值，为保持我国量子技术及其应用在世界上的领先地位具有重要的科学意义。

神经网络(neural network，NN)是一种模仿动物神经网络行为特征，进行分布式并行信息处理的数学模型。神经网络的神经元(或称节点)是一种非线性计算单元，网络的每一层都由节点组成，网络的深度是指不包括输入层的层数。公认的最早的神经网络是心理学家麦卡洛克和数理逻辑学家皮茨于1943年通过引入阶跃阈值型激活函数建立的MP模型(McCulloch，Pitts，1943)。由于MP模型实际上只是具有执行逻辑运算功能的单个神经元的形式化数学描述，因此无法对其进行训练和学习，但它开启了人工神经网络研究的先河。1949年，海伯(Hebb)由生物神经网络产生了联想，首先提出了有关学习思想的Hebb学习规则。1958年，美国计算机学家罗森布拉特提出了一种可以通过训练达到分类和识别某些输入矢量的模型(Rosenblatt，1958)，这就是著名的感知器模型。1960年，两位美国工程师威德罗和霍夫提出了一种区别于感知器的模型(Widrow，Hoff，1960)，该模型的神经元激活函数是线性激活函数，因此模型的输出可以是任意值，而感知器的输出只能取 0 或 1，这就是著名的自适应线性元件。1969 年，人工智能创始人之一的明斯基和佩珀特在其著作中指出：单层感知器只能进行简单的 0、1 线性分类，而无法实现非线性的“异或”逻辑运算（Minsky，Papert，1969）。在随后的几十年间，由于经典机器学习的快速发展，人工神经网络的发展研究进入了低潮期。虽然神经网络的研究发展减慢了下来，但是仍在逐步推进，并诞生了许多神经网络模型，例如，玻尔兹曼机（Hinton et al.，1984）和多层感知器（Rumelhart et al.，1986）。20 世纪八九十年代，反向传播（back propagation，BP）算法（Rumelhart et al.，1986）作为一种新的训练神经网络的方法横空出世，为多层网络的有效训练提供了重要的解决方法，并使训练后的多层网络成为最有效的神经网络模型。1982 年，芬兰的科荷伦教授提出一种自组织映射神经网络模型（Kohonen，1982），开启了无监督学习的先河。1982 年，霍普菲尔德提出了一种具有模式识别功能的全反馈递归动态神经网络模型（Hopfield，1982），使得人工神经网络重回大众视野。在后续的发展中，神经网络的层数逐渐从单层发展到多层，多种深度神经网络模型就此诞生。1962 年，胡贝尔和威塞尔发现猫的初级视觉皮层中的神经元会响应视觉环境中特定的简单特征（Hube，Wiesel，1962），并根据这一发现提出了感受野（receptive field）的概念。1982 年，福岛提出了一种基于感受野的神经认知模型（Fukshima，Miyake，1982），该模型是第一个实现的卷积神经网络（convolution neural network，CNN）。1989 年，乐村等人在使用反向传播算法训练一个轻量级 CNN 模型后，将其应用于手写数字识别问题（Lecun et al.，1989）。1998 年，乐村等人设计了一种名为 LeNet 的模型（Lecun et al.，1998），该模型被认为是现代卷积神经网络的雏形，其主要结构由卷积层和池化层组成。1999 年，随着 MNIST 数据集的建立，卷积神经网络 CNN 得到了快速发展，也证明了其具有解决实际问题的能力。然而在以后的十多年，由于非神经网络方法（如支持向量机（Cortes，Vapnik，1995）等）取得了更好的性能，而且 CNN 本身存在训练困难的缺点，导致 CNN 发展进入了平缓期。直到 2012 年，CNN 的发展取得了历史性突破，这一年 Krizhevsky 等人采用监督学习方法训练了一个深度卷积神经网络模型——AlexNet（Krizhevsky et al.，2012），并采用修正线性单元（rectified linear unit，ReLU）作为网络的激活函数，这使得 AlexNet 在大规模图像 ImageNet 竞赛中脱颖而出。

2006 年，以加拿大多伦多大学辛顿教授等人发表的两篇重要论文为标志（Hinton et al.，2006a，2006b），深度学习理论就此诞生，大量深度神经模型如浪潮般不断涌现。神经网络开始向更深的结构、更优异的性能、更快的训练速度等方向发展，其中诞生了大量著名的深度学习模型，比如 AlexNet（Krizhevsky et al.，2012）、GGNet（Simonyan，Zisserman，2014）、InceptionNet（Szegedy et al.，2015）、MobileNet（Howard et al.，2019）、GoogleNet（Szegedy et al.，2015），以及 ResNet（He et al.，2016）等。除了卷积神

经网络以外，强化学习网络（reinforcement learning network，RLN）（Mnih et al.，2015）、循环神经网络（recurrent neural network，RNN）（Hochreiter et al.，2001）、生成对抗网络（generative adversarial network，GAN）（Goodfellow et al.，2014）等深度学习模型也在蓬勃发展。卷积神经网络在深度学习领域诞生之后，发展迅速并被广泛应用到众多领域，不仅显著提高了手写字符识别的准确率，还在图像识别（王振，高茂庭，2015）、目标检测（李旭冬等，2017）、图像分类（Krizhevsky et al.，2012）、人脸验证（Schroff et al.，2015）、语音识别（Abdelhamid et al.，2014）、机器翻译（Gehring et al.，2017）等各个方面得到了成功应用。随着图形处理单元（graphic processing unit，GPU）的不断改进发展，CNN 的训练速度得以显著提高，大规模复杂模型也可以进行训练学习，这使得 CNN 的发展如鱼得水。此外。为了在各种实际问题中更有效地利用 CNN 模型，众多大型公司开发了许多平台和工具，其中比较常用的有国外的 Caffe、ensorflow、PyTorch、MXNet 等，国内比较著名的是由百度公司开发的飞桨（Paddle）平台。

量子神经网络（quantum neural network，QNN）的概念最早由卡卡于 1995 年提出（Kak et al.，1995），随后各国学者从不同方向提出多种不同类型的 QNN 模型，其基本思想是通过融合量子计算机制来实现神经网络的基本结构，以期利用量子计算的存储和计算能力优势实现更高效或者更智能的学习能力。1998 年，文图拉等人结合量子理论中的叠加性原理，将网络的权重向量替换为希尔伯特空间中的量子态表示，对神经网络的训练，即对应这些量子态的演化（Venture et al.，1998），同年他们又提出了量子联想存储算法（quantum associative memory，QUAM），其相比于传统存储有着指数级提升（Venture et al.，1998b）；1999 年，Zhou 等人将量子神经网络应用到了手写数字识别领域（Zhou et al.，1999）；2000 年，纳拉亚南等人对不同结构的量子神经网络进行了研究，指出量子神经网络相比传统神经网络训练更加高效，但全量子结构的网络模型并非更优（Narayanan et al.，2000）；同年，Matsui 等人提出通过量子门电路实现的神经网络（Matsui et al.，2000），Zhou 等人提出量子感知机（Zhou et al.，2006）；2001 年，阿尔泰斯基提出了一种物理上简单可行的量子神经网络，该量子神经网络的输入输出可用偏振光实现，网络的权重可用平面分束器实现（Altaisky，2001）；2002 年，开始不断出现基于量子神经网络的应用研究，例如科达等人使用三层量子神经网络应用于图像压缩，该方法相较于传统方法其压缩效率更优（Kouda et al.，2002）；2014 年，微软的维贝等人首次将量子计算与深度学习相结合，通过量子采样实现受限玻尔兹曼机的梯度估计（Wiebe et al.，2014），他们还提出用量子态的概率幅表示经典向量（Wiebe et al.，2015）；Schold 等人 2015 年基于量子相位估计（qantum phase estimation，QPE）算法（Schuld et al.，2015），提出一种量子感知器模型，通过将输入信号写到量子态的概率幅上，以及逆量子傅里叶变换，以一定的精度读入输入信号。该 QNN 中包含 $m = n(p+q)$ 个编码输入和权重的量子比特，对应的幺正变换中包含 $O(2^m)$ 数量级的参数，具有指数级参数量。Yan 等人于 2020 年提出适用于幅值编码数据的量子感知机（Yan et al.，2020）；塔基诺（Tacchino）等人提出一种二值型量子感知机（Tacchino et al.，2019），该模型处理 n 维输入仅需要 $N=\lceil \log_2 n \rceil$ 个量子比特，网络训练采用量子－经典混合训练算法，损失函数和权重更新的计算由经典计算机完成，简化了 QNN 的训练过程。法尔希（Farhi）等人提出一种通用 QNN 框架，该模型可以对经典和量子数据进行监督学习。2019 年，Liu 等人提出基于二维树张量网络（tree tensor network，TTN）结构的神经网络以及从多尺度纠缠重整拟设（multi-scale entanglement renormalization ansatz，MERA）导出的训练方法（Liu et al.，2019），应用于分类手写数字图像，以及将图像信息编码在量子多体态中。类似经典的卷积神经网络，在该 TTN 张量网络中也展现出了特征抽象逐层递增的特点。2019 年，祖法尔等人提出利用量子-经典混合的量子生成对抗网络来高效、近似地加载量子数据，包括量子生成网络和经典判别网络（Zoufal et al.，2019）。一般精确制备 n 位量子比特的量子态，需要 $O(2^n)$ 数量级的量子门，而采用量子对抗网络的概率分布的生成，仅需要 $O(\text{poly}(n))$ 数量级的量子门，显示出潜在的量子优势。

在宏观控制系统中，系统参数辨识及其状态估计是一个极其重要的研究方向，因为系统的输出信号中最少包含一个被控制的状态或变量，直接体现出控制的性能与目标。对于高精度的反馈控制，往往需要系统的状态来设计一个状态反馈控制器，所以，状态估计在宏观系统的高精度控制中起着重要的作用。微观量子系统中的状态与宏观系统的不同之处在于：任何一个状态不是一个值，而是一个多参数的矢量或矩阵，并且所包含的参数数量随着量子位数的增加而指数增长；采用任何宏观仪器测量的系统输出值都不是量子系统的状态值，其中只能包含量子状态的部分信息。以具有明确物理意义的密度矩阵为例来说，其中每一个元素代表的是量子系统所处状态的概率值。最早用来进行密度矩阵参数的求解方法叫作量子态层析（quantum state tomography），就是基于通过获得与量子密度矩阵参数相同的测量次数（也称为完备测量次数）建立方程组联立求解，相当于 X 射线中通过多次拍照获得完整图像的方法，加上量子系统测量值中带有测量噪声，想要高精度地求解出密度矩阵的参数，必须通过优化算法的计算才能够获得。量子系统状态信息的获取需要靠仪器装置来测量，然而对量子系统的测量，从理论上就不可避免地导致被测状态塌缩到系统的本征态，并且对塌缩状态的测量也是概率性的，这使得对量子系统测量的实现一直以来是量子状态的估计与重构，以及实验实现中的难题。直到 21 世纪初，有关量子层析的理论研究也都是停留在低量子位上。2006 年压缩感知理论的提出使得量子态层析在系统控制界中的量子态估计（quantum estimation），以及信号处理领域中量子态重构（quantum reconstruction）的研究有了迅猛的发展。十多年来，在考虑量子状态自身的物理约束条件下，研究者从量子测量的基本概念和量子态层析及其优化方法出发，分别对压缩感知理论及其量子态估计中的测量矩阵构造和最优测量集构造（Zheng et al.，2016）、含有稀疏干扰的量子状态估计（Zhang et al.，2019）、含有高斯噪声的高维量子状态估计（Li et al.，2017），以及同时含有状态干扰和测量噪声的量子状态滤波（Zhang et al.，2020a）等问题进行系统深入的研究，在此基础上，对解决量子状态估计和滤波问题的各种优化及其改进算法，包括交替方向乘子法（ADMM）、基于不动点方程的交替方向乘子法、非精确 ADMM 算法、基于 proximal Jacobian ADMM 算法、基于卡尔曼滤波的在线量子态估计优化算法、带有自适应学习速率的矩阵指数梯度在线量子态估计算法等（丛爽等，2022），所提出的一系列优化算法在量子态估计和滤波方面的研究为不同情况下的量子态估计重构提供了可靠的理论基础。不过，在基于迭代优化算法进行量子态估计中，所需要的内存及其计算量随着量子位数的增加而指数增长，这就是所谓的“指数墙”问题：当量子位数大于 12 后，优化算法中所用到的内存已经大于 16 GB。近年来，人们在基于对量子态的观测值进行量子态重构方面，通过量子态层析，借助于压缩感知理论，已经能够做到最快在 3 小时以内，对 14 个量子位的状态进行精确的重构（Hu et al.，2019）。如何能够进行高量子位量子态的高精度估计，进而能够用于量子反馈控制中，建立一套量子状态反馈控制理论，是具有极其重要理论价值的科学问题和挑战性的研究课题。高量子位状态的估计与重构是基于测量的量子反馈控制的前提。

目前 QNN 主要是以量子计算与神经网络相结合为研究方向，以便提高技术效率，主要应用领域是在计算机视觉、手写数字分类，以及量子特性优势方面的体现。一方面，如何将 QNN 的优势应用于量子态重构方面的研究才刚刚起步，因为人们看到神经网络具有数值优化算法所不具有的泛化能力，它能够对训练数据以外的输入数据给出合理的输出值，可能构建出一个量子状态的生成模型，并且具有解决“指数墙”的难题；另一方面，神经网络的类型多样性以及结构的复杂性和众多参数在训练过程中对重构的逼近性能带来的影响都是未知的，其研究极具挑战和难度。如果能够借助于神经网络的量子态表示，将指数级的编码简化为多项式编码，进行不同类型神经网络的构建、权重的快速训练算法，及其特性对比分析的研究，提出一套高精度的高量子位重构的神经网络切实可行的实现方案，解决高量子位的估计与重构的因计算耗时与占用大量内存而无法实现的难题，为高量子位量子态的重构及其反馈控制建立一套量子状态的重构理论框架，将具有重要的科学意义。本项研究不仅可以推动 QNN 理论研究的发展，提高机器学习的效率与网络权值训练精度，也可以促进高量子位量子态重构及其量子状态反馈控制的实现，以及量子世界应用的繁荣发展，为我国的量子信息理论与技术继续保持在世界发展前列做出贡献。

量子系统应用的深入、实验设备性能和技术的提高都将为系统控制理论的实际应用提供可能性。有关基于神经网络的量子态表示、重构及其性能优化的研究将为更加高效、高精度地估计与重构量子态以及量子体系状态反馈控制理论的深入研究开创新的局面。

1.4 本书内容安排

在第 1 章概述以及第 2 章相关数学与控制理论的基础上，本书第 3 章是关于封闭量子系统状态的闭环反馈控制理论的研究，其中基于李雅普诺夫量子系统控制方法的状态调控是作者重点开发研究的量子系统的反馈控制理论。在第 3 章的量子系统的状态驱动研究中，在对被控量子系统模型以及量子系统控制问题描述的基础上，进行李雅普诺夫量子控制方法的特性分析，重点进行基于李雅普诺夫方法的量子系统控制的设计，包括本征态的制备与调控、叠加态的制备与调控和混合态的制备与调控。在各种不同的量子状态的制备与调控中，控制场的设计是略有不同的，一般所需要满足的条件也有所不同，总的来说，对于封闭量子系统的李雅普诺夫控制所需要满足的条件还是挺强的：简单说是量子系统本身是强耦合，控制场需要全连接，这在实际量子系统实验中往往很难以满足，这意味着，所设计的控制器就是理论上的，无法在实际的量子系统中实现。为了解决这个问题，我们开发出了一种统一的量子李雅普诺夫控制方法。在统一的量子李雅普诺夫控制方法一节中，我们在描述被控量子系统描述与控制任务后，给出解决问题的主要思路，详细地进行统一李雅普诺夫的控制方法的设计，对所提出的统一的量子李雅普诺夫控制方法进行严格的收敛性证明，并在三能级、四能级以及五能级量子系统中进行系统仿真实验。

第 4 章是开放量子系统状态反馈控制与保持，其中包括马尔可夫型开放量子系统中的量子态控制与保持，以及二能级非马尔可夫型开放量子系统状态转移。在马尔可夫型开放量子系统中的量子态控制与保持的研究中，在对系统模型及控制问题描述以及量子系统中无消相干子空间描述的基础上，我们进行控制场设计及系统稳定性分析，并进行数值仿真及跟踪性能分析。在二能级非马尔可夫型开放量子系统状态转移的研究中，基于对二能级系统的非马尔可夫模型的描述，进行非马尔可夫开放量子系统的特性分析，之后进行控制问题描述及控制场设计，并通过数值仿真和结果分析来验证所提方法的正确性。

第 5 章是基于反馈控制的开放量子系统算符的制备与保持。算符的制备与保持与状态是不同的，多量子位的量子状态的调控可以设计多个控制算符来分别调控量子状态的每一位，换句话说，可以对每一个量子位分别设计一个控制场。而对算符的调控，只能是设计一个控制算法控制一个算符，换句话说，不论一个算符有多少位，都必须把一个算符看成一个整体，采用一个控制场对其进行调控，一个控制场要控制算符中的所有位来达到期望的目标，所以与量子状态相比，对量子算符的制备与保持的控制难度较大，并且具有挑战性。我们在给出开放量子系统的数学模型的基础上，进行算符的动力学方程的建立及其算符可达集的分析，然后通过构造合适的李雅普诺夫函数，进行设计控制场的推导及其鲁棒性分析，给出算符精度和特性的性能指标，通过数值仿真实验及其结果分析来验证所提方法的正确性。

第 6 章是随机开放量子系统的开关反馈控制，其中研究了特殊本征态的控制场设计、任意本征态的收敛控制、纯态开关反馈控制，以及混合态的收敛控制。在对每一种状态进行控制场设计的过程中，我们都进行了收敛性证明，以及数值实验及结果分析。

第 7 章是量子系统反馈跟踪控制，其中在目标为系统自由演化轨迹的轨道跟踪控制研究中，通过对跟踪问题描述，将对系统密度矩阵状态的跟踪问题，通过相互作用途径变换为误差的状态转移（调控）问题，然后进行跟踪控制场设计，并通过具体的系统仿真实验及其结果分析来详细阐述量子态跟踪控制设计的全过程。我们在 7.2 节中专门对跟踪自由演化目标轨迹的收敛性分析，包括对目标态为对角态时的情况以及目标态为非对角阵的情况的不同目标态的收敛性分析，同样采用具体的数值仿真实例来给出控制器设计的全过程及其控制效果的展示。本章中，我们还开发出 N 维封闭量子系统轨迹跟踪的统一控制，详细给出系统模型和问题描述及解决问题的设计思想，进行了统一量子跟踪控制的设计，以及数值仿真实验及其结果分析。本章中还专门进行了开放量子系统跟踪控制的开发、设计与控制。

第 8 章为量子测量理论与应用，这是专门为反馈控制所需要用到的在线状态估计做准备的，其内容包括量子反馈控制中的测量理论与技术：正交投影测量、广义量子测量、正算符取值测量及其之间的关系；量子非破坏性测量、弱测量和弱值测量的概念及其计算；进行了基于最优测量的二能级量子系统的本征态转移；给出了基于最优观测量集的任意量子纯态估计，以及基于最优观测量集合的量子态估计。

第 9 章为基于优化算法的量子状态估计，从最基本的 ADMM 算法原理入手，从对偶上升法，到扩展拉格朗日乘子法和交替方向乘子法，采用改进的交替方向乘子法及其在量子态估计的应用；设计了基于不动点方程的 ADMM 改进方法，并通过系统仿真实验，分别对观测矩阵的随机选取性对密度矩阵重构误差的影响，以及减少迭代次数对密度矩阵重构误差的影响进行了性能分析。在这一章还进行了几种基于压缩感知的量子状态估计算法的性能对比，重点对量子状态滤波器的设计过程及其收敛性证明进行了详细的阐述。在其基础上，我们进行了单比特量子系统的状态在线估计，在描述随机开放量子系统的连续弱测量过程基础上，推导了基于连续弱测量的测量算符与量子态演化方程，然后根据压缩感知理论进行量子态在线估计，并分别对有无外加控制量定值作用情况进行了系统状态对自由演化轨迹的在线量子态估计实验。我们还对含有测量噪声的时变量子态的在线估计算法QSE进行了推导研究，进行了估计初始状态对三种不同算法性能的影响实验，以及3种算法最少采样性能对比实验。9.6节为对同时含有稀疏干扰与高斯噪声下的在线量子态滤波器的设计研究，我们基于连续弱测量下的开放量子系统，推导出 n 比特开放量子系统离散演化模型，通过对连续弱测量输出序列的构造，以及对量子态在线滤波问题的描述，详细地进行了在线量子态滤波器设计与推导，并以单量子位下4种算法的滤波效果实验、滑动窗口的大小对算法影响的实验，以及4种算法的收敛性对比实验及其结果分析，结束第9章的内容。

第10章为基于神经网络的量子状态估计研究。内容有：① 量子态的数学与神经网络表示，包括波函数的数学表示、密度矩阵的数学表示，以及量子态密度矩阵的不同表示方法；② 量子态波函数与密度矩阵的特性分析，包括量子态的神经网络表示、2^n 输入节点的神经网络表示，以及 n 输入节点的神经网络表示。10.2节为基于宽度神经网络的2比特量子态的估计，包括神经网络的结构设计、训练与测试的输入/输出样本的构造、神经网络的训练与测试性能指标，以及神经网络的训练和验证实验及其结果分析，分别对本征态估计器、叠加态估计器以及混合态估计器的神经网络进行了训练与性能验证。我们还分别采用前向BP网络、径向基含网络以及深度学习网络对不同类型的量子态密度矩阵进行了设计、训练与估计性能的对比研究，重点主要放在最简结构神经网络的量子态估计及其性能对比上。我们专门对基于受限玻尔兹曼机神经网络的 n 量子位纯态层析进行了研究。在阐述RBM神经网络的结构、功能及其工作原理基础上，基于RBM的量子波函数表示，建立与训练RBM神经网络模型，其中特别阐述各种不同类型密度矩阵的训练样本的获取公式与过程，分别对2量子比特波函数的估计以及对高量子位波函数的重构进行了实验。本章中，我们还对基于深度学习LDAMP网络进行了量子状态估计的去噪研究。

第11章为基于在线估计状态反馈的随机开放量子系统闭环控制。这一章完整地将在线量子态估计与量子状态反馈控制相结合控制进行开发。首先是单量子位基于在线估计状态的反馈控制，内容包括：被控量子系统描述、基于OADM的量子态在线估计、基于连续弱测量的测量值序列的构造、n 量子位连续弱测量算符的推导、在线量子态估计QST-OADM算法的设计、QST-OADM在线估计算法的收敛性证明、随机马尔可夫开放量子系统状态反馈控制场的设计，以及数值仿真实验及其结果分析。数值仿真实验部分包括：滑动窗口长度对状态估计性能的影响、测量算符初始值对状态估计性能的影响和系统初始状态估计值对状态转移性能的影响。在这一章中我们专门将反馈控制场推广到 n 量子位基于在线估计状态的反馈控制，给出了 n 量子位系统的状态反馈控制设计及其收敛性证明，并通过数值仿真实验，分别进行了本征态到本征态的在线估计状态的反馈转移控制实验、叠加态到叠加态的转移控制实验，以及叠加态到混合态的转移控制实验。进一步地，我们还进行了基于在线估计状态随机非马尔可夫本征态反馈控制的研究，内容包括：二能级非马尔可夫随机量子系统数学模型的建立与特性分析、基于 SDRE 的最优非线性滤波器的设计以及基于李雅普诺夫方法的状态反馈控制场的设计。在数值仿真实验与性能对比中，我们进行了二能级系统的自由演化实验以及滤波器性能分析、系统参数对于控制性能影响的实验，以及本征态反馈控制的性能对比实验。基于状态在线估计，我们还进行了随机量子系统的纯态开关控制的研究，内容包括：在给出控制任务和控制思路基础上，进行控制场 $u(\hat{\rho}_t)$ 的设计、系统不变集分析，以及反馈控制参数的设计。在系统数值仿真实验及其结果分析中，分别对滑动窗口长度对在线状态估计的影响，以及基于在线估计状态的状态转移进行了详细的实验与性能分析。第 11 章最后一节是基于在线状态估计的随机开放量子系统轨迹跟踪控制，完整地将基于连续弱测量和 QST-OADM 算法的在线量子态估计，与随机开放量子系统闭环反馈跟踪控制场的设计相结合，分别对被控系统和目标系统在不同初始态下的跟踪控制进行数值仿真实验，并对其结果进行了分析与讨论，从而完成了借助于弱测量，建立基于在线重构量子状态的封闭与开放量子系统的闭环反馈控制与跟踪的完整控制理论。

第 2 章

量子系统基本概念与理论基础

量子力学是描述微观系统运动的物理学理论,从其提出到现在经历了多次争论以及实验验证,到目前为止已经形成了比较成熟的理论体系。量子系统控制不同于宏观系统的控制,它以量子力学为理论基础,以量子系统作为被控对象。量子系统的状态不同于宏观系统的状态,它在本质上是相干的、概率的、非定域的。为了提高本书的可读性以及内容的完整性,也为了加深读者对量子系统及其控制的独特性质的理解,本章将对量子系统、量子状态及其特点、量子系统模型描述等方面的基本概念,以及相关的数学符号和运算等理论做重点介绍。

2.1 量子力学基础

2.1.1 量子态与状态空间

在量子力学中，量子态就是量子的状态，即一个微观粒子在某个时刻下可能具有的能量状态。微观粒子的能量、自旋、角动量等属性是量子化的，其状态通常可由一个矢量来描述，这个矢量被称为态矢量。对一个孤立量子系统，其所有可能状态对应的矢量，构成一个完备的复内积矢量空间。定义任意矢量 $\boldsymbol{x},\boldsymbol{y},\boldsymbol{z}\in\mathcal{H}$，内积运算$(\cdot,\cdot)\mathcal{H}\times\mathcal{H}\rightarrow\mathbf{C}$满足：

(1) 正定性：$(\boldsymbol{x},\boldsymbol{x})\geqslant 0$，当且仅当 $\boldsymbol{x}$ 为零向量时等号成立；

(2) 共轭对称性：$(\boldsymbol{x},\boldsymbol{y})=(\boldsymbol{x},\boldsymbol{y})^{\dagger}$，其中，$(\cdot)^{\dagger}$ 为$(\cdot)$的共轭转置；

(3) 线性性质：对 $\forall\,\alpha,\beta\in\mathbf{C}$，有$(\alpha\boldsymbol{x}+\beta\boldsymbol{y},\boldsymbol{z})=\alpha(\boldsymbol{x},\boldsymbol{z})+\beta(\boldsymbol{y},\boldsymbol{z})$。

满足上述三条性质的矢量空间被称为希尔伯特(Hilbert)空间。量子态由希尔伯特空间中的矢量表征，称为态矢量。

一个量子力学系统的状态由各种粒子的位置、动量、偏振、自旋等组成，薛定谔(Schrödinger)于1926年提出用波函数来描述一个量子系统的状态。数学上，波函数是一个量子系统的力学量和时间 t 的函数；在物理上，波函数本身并不是力学变量，也不具有任何经典物理量的意义，描述了系统的所有概率性质，因此被称为概率幅。通过它，人们可以找到同经典力学对应的量子变量。当描述一个粒子的波函数 $\psi(r,t)$给定后，粒子所有力学量的观测值的分布概率都确定了。如测量粒子的位置，则粒子出现在点 r 的概率密度为$|\psi(r)|^2$；如测量粒子的动量，则粒子动量为 p 的概率密度为$|\varphi(p)|^2$。从这个意义上来说，$\psi(r)$完全描述了一个具有三个自由度的粒子的状态。

在非相对论量子力学中，没有虚粒子产生、湮灭的情形，粒子在空间出现的概率和等于1，所以波函数 $\psi(r)$满足

$$\int|\psi(r,t)|^2\mathrm{d}r=1 \tag{2.1}$$

式(2.1)称为波函数的归一化条件。满足归一化条件的波函数称为归一化波函数。

在量子力学中也可以使用一个称为右矢(ket vector)的狄拉克(Dirac)符号“$|\cdot\rangle$”表示量子态矢量,其作用类似于三维空间中的矢量符号“$\boldsymbol{\psi}$”,一个具体的态矢可以用$|\psi\rangle$表示,ψ是表征具体态矢的特征量或符号。左矢(bra vectro)符号“$\langle\cdot|$”表示的态矢为$\langle\psi|$,左矢$\langle\psi|$是右态矢$|\psi\rangle$的复共轭矢量,可表示为:$\langle\psi| = |\psi\rangle^*$,那么,态矢空间中两矢量$|\psi_1\rangle$和$|\psi_2\rangle$的内积可表示为:$|\psi_1\rangle^*|\psi_2\rangle = \langle\psi_1|\psi_2\rangle$。

在量子理论中,还假设一个体系的波函数空间是完备的。因此,描述一个体系状态的空间就构成了一个完备的内积空间——希尔伯特空间。每一个波函数都是希尔伯特空间中的一个元素,称为态矢量。希尔伯特空间是一个完备的内积空间,因此具有一切定义在内积空间上的运算,如加法律、数乘分配律等等,它所具有的一条重要性质是线性叠加原理。任一孤立物理系统都有一个称为系统状态空间的复内积矢量空间(即希尔伯特空间 $\mathcal{H}$)与之相联系,系统完全由状态矢量所描述,这个矢量是系统状态空间的一个单位矢量。如果$|\psi_1\rangle$是希尔伯特空间中的一个矢量,$|\psi_2\rangle$是希尔伯特空间中的另一个矢量,那么它们的线性组合也是希尔伯特空间中的矢量。所以,若量子力学系统可处于一系列不同的可能状态$|\psi_1\rangle,|\psi_2\rangle,\cdots,|\psi_n\rangle$,则线性叠加态$|\psi\rangle$也是系统的一个可能态,这就是量子力学中的叠加原理(principle of superposition):

$$|\psi\rangle = c_1|\psi_1\rangle + \cdots + c_n|\psi_n\rangle = \sum_{k=1}^{n} c_k|\psi_k\rangle \tag{2.2}$$

其中,c_k是复常数,其模的平方表示对系统进行测量时,得到结果处于状态$|\psi_k\rangle$的概率,也叫布居数(population)。考虑到所得到的各个可能的解的概率是完备的,因此有

$$\sum_k |c_k|^2 = 1 \tag{2.3}$$

出于控制的目的,人们感兴趣的希尔伯特空间往往是有限维的,即$\mathcal{H}\equiv\mathbf{C}^N$,其中$N$为正整数,并且将波函数$|\psi\rangle$等价于长度为$N$的复列向量。如对$\mathcal{H}\equiv\mathbf{C}^2$定义$|0\rangle=[1,0]^{\mathrm{T}}$以及$|1\rangle=[0\quad 1]^{\mathrm{T}}$,则空间中的任意态矢量可表示为$|\psi\rangle=\alpha|0\rangle+\beta|1\rangle$,其中$\alpha,\beta\in\mathbf{C}$,并且满足$|\alpha|^2+|\beta|^2=1$。定义这两个态矢量的内积为

$$\langle 0|1\rangle = [1\quad 0]\begin{bmatrix}0\\1\end{bmatrix} = 0 \tag{2.4a}$$

其外积为

$$|0\rangle\langle 1| = \begin{bmatrix}1\\0\end{bmatrix}[0\quad 1] = \begin{bmatrix}0 & 1\\0 & 0\end{bmatrix} \tag{2.4b}$$

系统的状态$|\psi_k\rangle$为系统自由哈密顿量的本征态，也称为系统的定态。对于任意的量子系统状态，若它能够写成式(2.2)的形式，则称为纯态。一般而言，大部分封闭量子系统的状态都能够写成纯态的形式。特别地，如果λ_k为自由哈密顿量H_0的一个本征值，存在纯态$|k\rangle$，满足本征方程

$$H_0|k\rangle=\lambda_k|k\rangle \tag{2.5}$$

则称$|k\rangle$为本征态。

另一种描述量子系统状态的方法是使用密度矩阵ρ。对于纯态$|\psi\rangle$，当采用密度矩阵描述时，两者之间的关系为

$$\rho=|\psi\rangle\langle\psi| \tag{2.6}$$

纯态的态矢量描述方式只适用于封闭的量子系统，对于开放量子系统的状态，一般不能写成纯态的形式，此时量子系统的状态称为混合态。对混合态的描述，可以引入"纯态系综(pure state ensemble)"的概念。一个混合态(包括多粒子混合态)总可以看作非相干混合着的一串纯态(不一定正交)序列所组成的量子系综，也就是一系列纯态按一定概率分布p_j的集合：

$$\left\{p_j,|\varphi_j\rangle,j=1,2,\cdots,\sum_j p_j=1\right\} \tag{2.7}$$

这里已将系综归一化为单个体系的概率语言来描述，即在这单个体系的混合态里，纯态$|\varphi_j\rangle$出现的概率是p_j。

对于一个由两个子系统A和B组成的量子系统，那么$A+B$的复合系统的纯态为

$$|\psi\rangle_{AB}=\sum_{m,n}c_{mn}|m\rangle_A\otimes|n\rangle_B \tag{2.8}$$

其中，$|m\rangle_A\otimes|n\rangle_B$为正交归一的基矢。

考虑不与环境发生相互作用的封闭系统的时候，用态矢$|\psi\rangle$足以描述系统的概率行为。当研究对象是大量的处于不同状态的同等系统的系综时，需要知道这个系统每个部分的信息，这些信息就只能用算符而不是矢量来记录，这种算符被称为密度算符：假定系统的每一个分量分别以p_1的概率处于状态$|\psi_1\rangle,\cdots$，以p_n的概率处于状态$|\psi_n\rangle$，其中p_j满足概率归一条件$\sum_j p_j=1$，这种混合态密度矩阵或称密度算符ρ可以表示为

$$\rho=\sum_j^n p_j|\psi_j\rangle\langle\psi_j| \tag{2.9}$$

特殊情况是纯态系综$\rho=|\psi_j\rangle\langle\psi_j|$，即存在某一个$j$满足$p_j=1$，在混合态系综中，其中至少有两个状态的概率不为0。

根据密度矩阵的定义，它有如下性质：

(1) 密度矩阵是一个半正定厄米算符 $\rho^{+}=\rho$；

(2) 密度矩阵的迹为 1：tr ρ 的迹运算表示对密度算符 ρ 的对角元素求和，因此有 $\mathrm{tr}\,\rho=\sum_{j}p_{j}\langle\psi_{j}\mid\psi_{j}\rangle=1$，并且 $0<\mathrm{tr}\,\rho^{2}\leqslant 1$，等号仅当 ρ 表示纯态时成立。

换句话说，纯态 ρ 满足的性质为：

(1) $\rho=\rho^{\dagger}$；

(2) $\mathrm{tr}\,\rho=1$，$\mathrm{tr}\,\rho^{2}=1$；

(3) 半正定。

$A+B$ 系统的混合态分为三类：

(1) 未关联态，$\rho_{AB}=\rho_{A}\otimes\rho_{B}$；

(2) 可分离态，$\rho_{AB}=\sum_{k}\alpha_{k}\rho_{A}^{k}\otimes\rho_{B}^{k}$，$0\leqslant\alpha_{k}<1$；

(3) 不可分离态。

2.1.2 力学量和算符

在量子力学中，基本假设之一就是任意力学量均可以用一个算符表示。算符是矢量空间的一个重要概念。规定一个具体的对应关系，用 A 表示，使得右矢空间中的某些右矢与其中另一些右矢相对应，例如，使 $|\phi\rangle$ 与 $|\psi\rangle$ 相对应，记为

$$|\phi\rangle=A|\psi\rangle \tag{2.10}$$

这样的对应关系 A 称为算符。我们说算符 A 作用于右矢 $|\psi\rangle$，得到右矢 $|\phi\rangle$。

在算符的定义中，被算符 A 所作用的右矢全体，称为 A 的定义域；得到的右矢全体称为值域，两者可以不同，也可以一部分或全部重合。一个算符 A，其定义域是一个矢量空间，而又满足下列条件的称为线性算符：

(1) $A(|\psi\rangle+|\phi\rangle)=A|\psi\rangle+A|\phi\rangle$；

(2) $A(|\psi\rangle a)=(A|\psi\rangle)\cdot a$。

其中，a 是任意复数。

在量子力学中出现的算符，绝大多数都是线性算符。线性算符具有下列性质：

(1) 线性算符的值域也是一个右矢空间；

(2) 若定义域是有限空间，则值域空间的维数等于或小于定义域空间的维数；

(3) 在定义域中，那些受 A 的作用而得到零矢量的右矢全体，也构成一个右矢空间。

复数对右矢的数乘可以看成算符对右矢的作用，而每一个复数都可以看成一个算符，其中两个特殊的算符：① $0|\psi\rangle=|0\rangle$；② $1|\psi\rangle=|\psi\rangle$对所有$|\psi\rangle$均成立，前者称为零算符，后者称为单位算符。

两个算符 A,B 的和$A+B$及其乘积AB的定义是：$(A+B)|\psi\rangle=A|\psi\rangle+B|\psi\rangle$以及 $BA|\psi\rangle=B(A|\psi\rangle)$，如果两个算符 A,B 满足：$AB=BA$，则称这两个算符是可对易的。我们规定用对易式：

$$[A,B]=AB-BA \tag{2.11}$$

表示两个算符的对易关系。若$[A,B]=AB-BA=0$，则算符 A 和B 是对易的，否则为不对易的。

1. 伴随算符(adjoint operator)

由于每一个右矢在左矢空间中都有一个左矢与之对应，所以算符 A 也同时规定了左矢空间中一定范围内的左矢$\langle\psi|$与左矢$\langle\phi|$的对应关系。也就是说，在右矢空间中的每一个算符 A，都对应着左矢空间中的某一个算符，这个左矢空间中与 A 相对应的算符，就记作 $A^\dagger$，称为算符 A 的伴随算符，它等于 A 的共轭转置：$|\phi\rangle=A|\psi\rangle\equiv|A\psi\rangle\rightarrow\langle\phi|=\langle A\psi|\equiv\langle\psi|A^\dagger$，换句话说，算符 A 的伴随算符$A^\dagger$ 恒等于算符 A 的共轭A^*转置：

$$A^\dagger=(A^*)^{\mathrm{T}} \tag{2.12}$$

2. 厄米算符(Hermitian operator)

如果一个算符 A 与其伴随算符$A^\dagger$ 完全相等，则该算符被称为厄米算符：

$$A\text{ 是厄米算符}\quad\Leftrightarrow\quad A^\dagger=A=(A^*)^{\mathrm{T}}$$

所以，厄米算符又称为自伴(self-adjoint)算符。

伴随算符 $A^\dagger$ 对于每一个$|\phi\rangle$和$|\psi\rangle$，有

$$\langle\psi|A^\dagger|\phi\rangle=\langle\phi|A|\psi\rangle^* \tag{2.13}$$

观察式(2.13)可以发现，要想得到一个表达式的厄米共轭，可以按以下步骤进行：

(1) 常数用复共轭式代替；右矢用其相应左矢代替；左矢用其相应右矢代替；算符用其伴随算符代替。

(2) 颠倒因子的次序(常数的位置无关紧要)，例如

$$\lambda\langle\phi|AB|\psi\rangle\rightarrow\lambda^*\langle\psi|B^\dagger A^\dagger|\phi\rangle$$

3. 幺正算符(unitary operator)

幺正算符是满足下列条件的算符：

$$U^{\dagger}U = UU^{\dagger} = I \tag{2.14}$$

换句话说，当一个算符的逆算符与其伴随算符相等时，称该算符为幺正算符：

$$U^{\dagger} = U^{-1} \tag{2.15}$$

将一个幺正算符作用于一个矢量空间的全部矢量，则对其中任意两个矢量 $|\psi\rangle$ 和 $|\phi\rangle$ 可获得两个新矢量 $|\psi^{\mathrm{T}}\rangle$ 和 $|\varphi^{\mathrm{T}}\rangle$，这一操作称为矢量的幺正变换。幺正变换不改变矢量的模，也不改变两矢量的内积，从而不改变其正交关系。

4. 投影算符

投影算符是一种特殊的厄米算符：取态空间的任一组基矢量 $\{|v_i\rangle\}$，投影算符定义为

$$P_i = |v_i\rangle\langle v_i| \tag{2.16}$$

当将 P_i 作用到任一量子态 $|\psi\rangle$ 时，可以得到：$P_i|\psi\rangle = |v_i\rangle\langle v_i| \cdot |\psi\rangle = C_i|v_i\rangle$，这是基右矢 $|v_i\rangle$ 乘以矢量 $|\psi\rangle$ 在 $|v_i\rangle$ 上的分量 $C = \langle v_i|\psi\rangle$，其中 C 是一个数，若沿用三维空间上的术语，就是右矢 $|\psi\rangle$ 在 $|v_i\rangle$ 上的投影。P_i 称为 $|v_i\rangle$ 子空间上的投影算符。投影算符性质为：$P_i = P_i^2 = P_i^{\dagger}$。

5. 算符的平均值

量子理论对量子系统的力学量假设：一个物理上可观测的力学量（例如，坐标、动量、角动量和能量等）总是用一个相应的线性厄米算符来表征。算符表示对它后面的波函数的一种运算或操作，其线性是状态叠加原理所要求的，厄米性是力学量观测值为实数所要求的。在特定的表象下，A 表示为一个矩阵。经典力学中的物理量在量子系统中都用某个特定的厄米算符表示。厄米算符的特征值一定是实的，它们表示物理量的取值。物理量在状态 $|\psi\rangle$ 下的平均值计算公式为

$$\langle A\rangle = \langle\psi|A|\psi\rangle \tag{2.17}$$

2.2 量子系统及其环境

量子力学理论是 20 世纪科学史上的重大发现之一。它的发展是在不断的辩论和实践检验中逐渐成熟起来的，它是描述微观粒子运动的一个理论框架和数学结构，它的发

现改变了我们对物质世界本质的理解。量子力学理论本身不能告诉我们物理系统服从什么定律，但它提供了研究这些定律的数学和概念的框架。按照通常提法，非相对论量子力学理论是建立在五个基本公设之上的：量子状态公设、量子算符公设、量子运动方程公设、量子测量公设以及全同性原理公设。

2.2.1 量子系统、环境与热库

当微观系统的行为现象可由量子力学理论来描述而不能用经典规律来描述时，被称为量子效应，量子效应在原子、分子物理，化学，光学以及许多冷凝态物质系统中具有重要作用。而当一个系统的行为由量子效应所决定而不能由经典的物理规律所预言时，该系统就可被称为一个量子系统。

量子系统的环境 E 是指所研究的量子体系 S 之外并与体系有相互作用的全部自由度。这些被称为环境的自由度有些是属于另一些体系的，但也可能属于所研究体系本身而为我们所不感兴趣或是难以计入的另外方面的自由度。热库 R 是一类特殊的环境，即当 E 的自由度数目远远大于正对之进行研究的 S 的自由度数目，使得可以近似认为 E 不受 S 的影响，这时环境 E 就可以被称为热库。

根据量子系统是否与环境相互作用，可以将量子系统分为封闭量子系统和开放量子系统。封闭量子系统是一个孤立的，与外界没有相互作用或者能量交换的系统，这类系统的状态演化是确定性的，比较简单，因此，很多的研究是以封闭量子系统为对象的。而当系统与环境发生相互作用的时候，系统就不再是封闭的，而成为一个开放量子系统，开放量子系统由于与环境的相互作用会产生诸如耗散、消相干等现象，其状态的演化比封闭量子系统更复杂，研究起来更加困难。但因为实际上严格完全封闭的量子系统是不存在的，所以出于应用方面的要求，开放量子系统也广泛地被人们所研究。

量子系统根据其构成成分，又可分为单体、双体以及多体量子系统。顾名思义，单体量子系统是由不可分离的单个粒子所构成的，双体及多体量子系统则由两个以及多个粒子所构成。比如第 3 章中讨论的量子系统，是由多个(相互作用的)量子位组成的多体系统。另外，还有这样的一类包含了大量的粒子的量子系统，为了研究方便，这些粒子被认为是孤立的，即它们之间没有相互作用，而我们却并不对其中单个的粒子感兴趣(又或者无法区分它们)，而只对它们的统计特性感兴趣，比如一个液态核磁共振系统。这类系统虽然包含了大量的粒子，但由于它们之间没有相互作用，也不与环境发生相互作用，而且我们只关心它们的统计特性，除了状态的描述方式与一般封闭系统不同外，模型的维数并没有增加，也同样按照封闭量子系统的方式演化，因此，尽管它实际上是一个多体量子

系统，但根据模型的描述方式仍然可以归为单体封闭量子系统的范畴。

2.2.2 复合系统和状态空间的运算

对于一个双体量子系统，其由两个子系统 A 和 B 构成，分别对应于 d_A 和 d_B 维的希尔伯特空间 $\mathcal{H}_A$ 和 $\mathcal{H}_B$，则这个双体量子系统称为由 A 和 B 构成的复合系统。为了构造出可以描述这个复合系统的状态空间，需要用到直积运算，也称张量积运算。设 $|\varphi\rangle\in\mathcal{H}_A$，$|\phi\rangle\in\mathcal{H}_B$，用直积态 $|\varphi\rangle\otimes|\phi\rangle$ 表示相应的复合状态，简记为 $|\varphi\rangle|\phi\rangle$ 或者 $\langle\varphi\phi\rangle$。容易知道，所有的直积态构成的集合，只是 $\mathcal{H}_A$ 和 $\mathcal{H}_B$ 的一个笛卡尔（Cartesian）积，即由 $\mathcal{H}_A$ 中的矢量和 $\mathcal{H}_B$ 中的矢量组成的所有有序对的集合，而不构成一个矢量空间，因为两个直积态的线性组合一般情况下并不是一个直积态。但根据量子系统的状态公设，任何量子系统都应该由相应的复矢量空间描述。为此必须假定复合系统的状态空间是由直积态张成的矢量空间。通常将直积态张成的矢量空间记作 $\mathcal{H}_A\otimes\mathcal{H}_B=\mathcal{H}_{AB}$，称为 $\mathcal{H}_A$ 和 $\mathcal{H}_B$ 的直积。

直积空间是一个双线性空间，它具有如下的运算规则：

(1) 加法：$|\varphi_1\rangle|\phi_1\rangle+|\varphi_2\rangle|\phi_2\rangle=|\varphi_2\rangle|\phi_2\rangle+|\varphi_1\rangle|\phi_1\rangle$；

(2) 数乘：$\alpha|\varphi\rangle|\phi\rangle=(\alpha|\varphi\rangle)|\phi\rangle=|\varphi\rangle(\alpha|\phi\rangle)$；

(3) 内积：$(\langle\varphi_1|\langle\phi_1|)(|\varphi_2\rangle|\phi_2\rangle)=\langle\varphi_1|\varphi_2\rangle\langle\phi_1|\phi_2\rangle$；

(4) 外积：$(|\varphi_2\rangle|\phi_2\rangle)(\langle\varphi_1|\langle\phi_1|)=(|\varphi_1\rangle\langle\varphi_2|)\otimes(|\phi_1\rangle\langle\phi_2|)$；

(5) 分配律：$(|\varphi_1\rangle+|\varphi_2\rangle)|\phi\rangle=|\varphi_1\rangle|\phi\rangle+|\varphi_2\rangle|\phi\rangle$。

现在考虑态矢量直积的矩阵表示。假设 $d_A=3$，且 $|\varphi\rangle=[\alpha_1\ \alpha_2\ \alpha_3]^{\mathrm{T}}$，而 $d_B=2$，且 $|\phi\rangle=[\beta_1\ \beta_2]^{\mathrm{T}}$，则两个矢量的直积可表示为

$$|\varphi\rangle\otimes|\phi\rangle=\begin{bmatrix}\alpha_1\\\alpha_2\\\alpha_3\end{bmatrix}\otimes\begin{bmatrix}\beta_1\\\beta_2\end{bmatrix}=\begin{bmatrix}\alpha_1\beta_1\\\alpha_1\beta_2\\\alpha_2\beta_1\\\alpha_2\beta_2\\\alpha_3\beta_1\\\alpha_3\beta_2\end{bmatrix}\tag{2.18}$$

同理，若假设 M 是个二维矩阵，则两个矩阵的直积 $M\otimes L$ 可表示成

$$M\otimes L=\begin{bmatrix}m_{11}L & m_{12}L\\m_{21}L & m_{22}L\end{bmatrix}\tag{2.19}$$

直积空间的双线性保证了 $\mathcal{H}_{AB}$ 中所有的直积态都可以展开为正交直积态 $|e_j\rangle|f_k\rangle$ 的线性组合，其中 $|e_j\rangle, j=1,2,\cdots,d_A$ 为 $\mathcal{H}_A$ 空间中的正交基，而 $|f_k\rangle, k=1,2,\cdots,d_B$ 为 $\mathcal{H}_B$ 空间中的正交基。且 $\mathcal{H}_{AB}$ 的维数为 $\mathcal{H}_A$ 空间的维数与 $\mathcal{H}_B$ 空间的维数的乘积。若 $|\psi_{AB}\rangle$ 为 $\mathcal{H}_{AB}$ 空间中的状态，则它可以展开成

$$|\psi_{AB}\rangle = \sum_{jk} c_{jk} |e_j\rangle|f_k\rangle \tag{2.20a}$$

$$c_{jk} = (|e_j\rangle|f_k\rangle)(\langle e_j|\langle f_k|)|\psi\rangle \tag{2.20b}$$

式(2.20)的密度算符形式为

$$\rho_{AB} = \sum_{jk,lm} d_{jk,lm} |e_j\rangle\langle e_l| \otimes |f_k\rangle\langle f_m| \tag{2.21a}$$

$$d_{jk,lm} = \mathrm{tr}(|e_j,f_k\rangle\langle e_l,f_m|\rho) \tag{2.21b}$$

现在假设知道由 A 和 B 构成的复合系统的状态 $|\psi_{AB}\rangle$ 或者 ρ_{AB}，但我们感兴趣的是子系统 A（或者 B）的状态，那么我们可以通过对复合系统状态的密度算符求偏迹获得表示子系统状态的约化密度算符 ρ_A（或者 ρ_B）。针对子系统 A 的约化密度算符定义为

$$\rho_A = \mathrm{tr}_B(\rho_{AB}) \tag{2.22}$$

其中，tr_B 是一个算符映射，称为系统 B 上的偏迹，定义为

$$\begin{aligned}\mathrm{tr}_B(\rho_{AB}) &= \mathrm{tr}_B\Big(\sum_{jk,lm} d_{jk,lm} |e_j\rangle\langle e_l| \otimes |f_k\rangle\langle f_m|\Big)\\ &= \sum_{jk,lm} d_{jk,lm} |e_j\rangle\langle e_l| \mathrm{tr}(|f_k\rangle\langle f_m|)\\ &= \sum_{jk,lm} \delta_{km} d_{jk,lm} |e_j\rangle\langle e_l|\end{aligned} \tag{2.23}$$

偏迹运算的定义是为了在子系统 A 上进行投影测量时，能够给出正确的测量统计量，也就是说，求偏迹得到的只是子系统 A 对应于正确测量结果的密度算符表示，并不能给出子系统 A 的全部信息，比如与子系统 B 的关联关系。实际上，偏迹运算将希尔伯特空间 $\mathcal{H}_{AB}$ 中的算符投影到了维数较低的子空间 $\mathcal{H}_A$ 中，通过式(2.23)可以很容易地看出，对应于同一个约化密度算符 ρ_A 的 ρ_{AB} 可以有很多个。

2.2.3 多体系统的纠缠态

同前，考虑一个双体量子系统，其由两个子系统 A 和 B 构成，分别对应于 d_A 和 d_B

维的希尔伯特空间 $\mathcal{H}_A$ 和 $\mathcal{H}_B$，则这个双体量子系统称为由 A 和 B 构成的复合系统。这个复合系统中的状态空间是 $\mathcal{H}_A$ 和 $\mathcal{H}_B$ 的张量积空间，记为 $\mathcal{H}_A \otimes \mathcal{H}_B = \mathcal{H}_{AB}$，它的构造过程如下：考虑 $\mathcal{H}_A$ 中的一个正交基 $|e_j\rangle$ 和 $\mathcal{H}_B$ 中的一个正交基 $|f_k\rangle$，$\mathcal{H}_{AB}$ 的一个基就是它们的组合 $|e_j\rangle \otimes |f_k\rangle$ 或简写为 $|e_j f_k\rangle$，这种所有可能的组合就构成了 $\mathcal{H}_{AB}$ 的一组基。其中符号 $\otimes$ 表示张量积。特别地，如果 $\mathcal{H}_A$ 和 $\mathcal{H}_B$ 都是有限维的，并且维数分别为 d_A 和 d_B，则 $\mathcal{H}_{AB}$ 的基就可以用所有可能的成对的 $|e_j f_k\rangle$，$j=1,\cdots,d_A$；$k=1,\cdots,d_B$ 给出。如果设 $|\varphi\rangle \in \mathcal{H}_A$，$|\phi\rangle \in \mathcal{H}_B$，用直积态 $|\varphi\rangle \otimes |\phi\rangle$ 表示相应的复合状态，简记为 $|\varphi\rangle \otimes |\phi\rangle$ 或者 $|\varphi\phi\rangle$，并且利用线性有

$$|\phi\varphi\rangle := \sum_{j,k} \alpha_j \beta_k \; |e_j\rangle \otimes |f_k\rangle \tag{2.24}$$

表明任意的 $|\varphi\phi\rangle$ 可以用 $\mathcal{H}_{AB}$ 的基来表示，因此 A 和 B 构成的复合系统的状态空间就是 $\mathcal{H}_A \otimes \mathcal{H}_B = \mathcal{H}_{AB}$。

对于封闭量子系统和开放量子系统，其状态可以分为纯态和混合态，而对于多体的量子系统，根据其子系统状态的关联关系，其状态又可以分为可分离态和不可分离态，即纠缠态。

可分离态是指可以写成如下形式：

$$\rho = \sum_k p_k \rho_1^k \otimes \rho_2^k \otimes \cdots \otimes \rho_m^k, \quad \sum_k p_k = 1 \tag{2.25}$$

其中，m 为所包含子系统的个数。例如，考察一个双体系统，它的状态为 $|\psi\rangle = (|00\rangle + |01\rangle)/\sqrt{2}$，其密度算符 $\rho = |0\rangle\langle 0| \otimes (|0\rangle + |1\rangle)(\langle 0| + \langle 1|)/2 = \rho_A \otimes \rho_B$，可以写成式(2.25)的形式，所以它是一个可分离态。

纠缠态是指不能写成式(2.25)形式的多体量子系统状态。

如果一个复合系统的状态可以写成两个状态 $|\psi_1\rangle$ 和 $|\psi_2\rangle$ 的张量积形式 $|\psi_1\rangle \otimes |\psi_2\rangle$，就可以说系统 A 处于状态 $|\psi_1\rangle$，系统 B 处于 $|\psi_2\rangle$。但是一些 $\mathcal{H}_A \otimes \mathcal{H}_B$ 空间中的向量无法写成两个向量的张量积的形式，这种情况下，称系统 A 和系统 B 是纠缠的，复合系统处于纠缠态中。纠缠是量子计算中用到的量子力学系统的主要特性。而双体复合系统中最著名的纠缠态就是贝尔(Bell)态，也称为 EPR(Einstein, Podolsky, Rosen)态或者 EPR 对：

$$|\beta_{00}\rangle = \frac{|00\rangle + |11\rangle}{\sqrt{2}} \tag{2.26a}$$

$$|\beta_{01}\rangle = \frac{|01\rangle + |10\rangle}{\sqrt{2}} \tag{2.26b}$$

$$|\beta_{10}\rangle = \frac{|00\rangle - |11\rangle}{\sqrt{2}} \tag{2.26c}$$

$$|\beta_{11}\rangle = \frac{|01\rangle - |10\rangle}{\sqrt{2}} \tag{2.26d}$$

量子纠缠的概念和术语由薛定谔于 1935 年首次引入量子力学，并称其为“量子力学的精髓”。它是一个纯量子问题，因而具有重大的理论价值，如利用贝尔不等式对量子力学理论的正确性进行验证。同时，它在量子通信以及量子计算领域也具有非常重要的地位，被广泛地应用于如量子隐形传态、超密编码等量子过程。

2.3 封闭量子系统的状态演化方程

封闭量子系统状态的演化可以由薛定谔方程来描述，当量子系统与别的系统有相互作用时，比如对量子系统的状态进行测量，这种相互作用往往造成量子状态的塌缩或者自激辐射，从而给量子状态的演化引入随机性，从而使方程成为随机开放量子系统。

2.3.1 薛定谔方程

封闭量子系统是理想的量子系统，不受环境的影响，其系统状态的演化方程为薛定谔于 1926 年提出的波动方程，即薛定谔方程：

$$\mathrm{i}\hbar\frac{\partial|\psi(t)\rangle}{\partial t} = H(t)|\psi(t)\rangle \tag{2.27}$$

其中，$\mathrm{i}=\sqrt{-1}$；$\hbar = 1.0545\times10^{-34}$ J·s 为约化普朗克(Planck)常数，本书将$\hbar$设为 1；$H(t)$为系统哈密顿量。

如果给定系统初始时刻 t_0 的状态为$|\psi(t_0)\rangle$，则根据方程(2.27)，系统在任意时刻 t 的状态为：$|\psi(t)\rangle = \mathrm{e}^{-\frac{\mathrm{i}}{\hbar}\int_{t_0}^{t}H(\tau)\mathrm{d}\tau}|\psi(t_0)\rangle = U(t,t_0)|\psi(t_0)\rangle$。

由于 $H(t)$是厄米矩阵，因而方程(2.28)中的 $U(t,t_0)$是幺正矩阵，即 $U^{\dagger}(t,t_0)\cdot U(t,t_0)=\boldsymbol{I}$，这意味着封闭量子系统的状态演化是幺正的。$U(t,t_0)$的演化方程为

$$\mathrm{i}\hbar\dot{U}(t,t_0) = H(t)U(t,t_0) \tag{2.28}$$

特别地，当 $H(t)$ 不含时，$U(t)=e^{-iH(t-t_0)/\hbar}$。

一个微观粒子的量子状态用波函数来描述，在波函数确定后，粒子的任何一个力学量的平均值以及它取各种可能测量值的概率都完全确定，接下来的问题是量子态如何随时间演化。薛定谔于 1926 年提出的波动方程成功地解决了这个问题。应该强调的是，薛定谔方程是量子力学最基本的方程，其地位与牛顿(Newton)方程在经典力学中的地位相当，应该认为是量子力学的一个基本假设，并不能从什么更基本的假定来证明它。

形式上薛定谔方程的解可以写成 $|\psi(t)\rangle=\exp\left\{-\frac{i}{\hbar}\int_{t_0}^{t}H(\tau)d\tau\right\}|\psi(t_0)\rangle$。由于 H 是厄米算符，可以验证用薛定谔方程描述的量子力学系统的演化是幺正的，这就保证了量子态的概率守恒 $\langle\psi(t)|\psi(t)\rangle=1$ 的物理要求。

在量子计算等领域中，更多的是关注系统幺正演化算符，如在量子逻辑门的实现等中。系统演化算符实际是状态的转移矩阵，比如系统从 t_0 到 t 可以定义为 $\exp\left\{-\frac{i}{\hbar}\int_{t_0}^{t}H(\tau)d\tau\right\}$，显然它的演化符合方程为

$$i\hbar\dot{U}(t)=H(t)U(t) \tag{2.29}$$

可以证明幺正演化算符的薛定谔方程与态演化薛定谔方程等价。幺正演化算符在量子计算领域代表量子逻辑门运算。对幺正演化算符薛定谔方程进行控制可以设计出期望的量子逻辑门。

鉴于密度算符也是系统状态的一种描述方式，利用密度算符与波函数的关系式(2.6)和薛定谔方程(2.27)，可以得到系统密度算符 ρ 满足的随时间演化方程：

$$i\hbar\frac{\partial\rho(t)}{\partial t}=[H(t),\rho(t)] \tag{2.30}$$

其中，$[H,\rho]=H\rho-\rho H$，为对易算符。

式(2.30)称为非耗散的刘维尔(Liouville)方程，非耗散的刘维尔方程可以用来描述纯态的演化，也可以用来描述混合态的演化。

2.3.2 刘维尔方程

薛定谔方程描述了系统状态用波函数表示时的演化行为，由于量子系统的纯态均可以用波函数表示，故薛定谔方程可以描述纯态量子系统。然而，量子系统的混合态只能用密度矩阵表示，因此为了描述混合态量子系统，需要通过薛定谔方程得到系统状态用

密度矩阵描述的演化方程。式(2.9)表示的混合态的密度矩阵演化状态 $\rho(t)$ 对时间的一阶导数为

$$\dot{\rho}(t) = \sum_{j=1}^{n} p_j(|\dot{\psi}_j(t)\rangle\langle\psi_j(t)|) + \sum_{j=1}^{n} p_j(|\psi_j(t)\rangle\langle\dot{\psi}_j(t)|) \tag{2.31}$$

联合薛定谔方程(2.27),式(2.31)可以写为

$$\begin{aligned}\dot{\rho}(t) &= -\frac{\mathrm{i}}{\hbar}\sum_{j=1}^{n} p_k(H(t)|\psi_j(t)\rangle\langle\psi_j(t)|) + \frac{\mathrm{i}}{\hbar}\sum_{j=1}^{n} p_j(|\psi_j(t)\rangle\langle\psi_j(t)|H(t)) \\ &= -\frac{\mathrm{i}}{\hbar}H(t)\rho(t) + \frac{\mathrm{i}}{\hbar}\rho(t)H(t) \\ &= -\frac{\mathrm{i}}{\hbar}[H(t),\rho(t)]\end{aligned} \tag{2.32}$$

因此,使用密度矩阵描述系统状态时,状态的演化方程为

$$\mathrm{i}\hbar\dot{\rho}(t) = [H(t),\rho(t)] \tag{2.33}$$

其中,$[H(t),\rho(t)] = H(t)\rho(t) - \rho(t)H(t)$ 为对易算子。

方程(2.33)被称为刘维尔-冯·诺依曼(Liouville-von Neumann)方程,既可以描述纯态的演化,也可以描述混合态的演化。如果给定初始时刻的状态 $\rho(t_0)$,则任意时刻 t 的状态为

$$\rho(t) = U(t,t_0)\rho(t_0)U^{\dagger}(t,t_0) \tag{2.34}$$

其中,$U(t)$ 为幺正算符,满足:$U^{\dagger}(t,t_0)U(t,t_0) = U(t,t_0)U^{\dagger}(t,t_0) = I$。

刘维尔方程(2.33)对量子状态的演化具有普适性,它既可以描述纯态,也可以描述混合态。不过,当仅对纯态进行调控时,采用薛定谔方程(2.27)进行控制系统设计,往往比较简单和容易。

2.4 开放量子系统的状态演化方程

开放量子系统的演化包括两种演化:一种是连续形式的演化;另一种是离散形式的演化。前一种演化由刘维尔微分方程来描述,而后一种则由克劳斯(Kraus)超算符的形式来表示。当量子系统是一个开放量子系统的时候,其状态必须由密度矩阵来描述,因此需要对薛定谔方程进行扩展,改写成刘维尔方程(即量子统计力学的形式):

$$\frac{\partial}{\partial t}\rho(t) = \mathcal{L}[\rho(t)] \tag{2.35}$$

其中，$\mathcal{L}[\cdot]$是刘维尔超算符，它可以分成三个部分：

$$\mathcal{L}[\rho(t)] = \mathcal{L}_H[\rho(t)] + \mathcal{L}_D[\rho(t)] + \mathcal{L}_M[\rho(t)] \tag{2.36}$$

其中，$\mathcal{L}_H[\rho(t)]$表示哈密顿量部分对动力学的贡献，是幺正演化部分，它可以通过对式(2.9)进行求导，并代入式(2.27)得到

$$\mathcal{L}_H[\rho(t)] = -\frac{\mathrm{i}}{\hbar}[H,\rho(t)] \tag{2.37}$$

其中，$[A,B]$表示对易运算 $AB-BA$。

$\mathcal{L}_D[\rho(t)]$以及 $\mathcal{L}_M[\rho(t)]$是非厄米的超算符，分别表示系统与环境相互作用造成的耗散部分以及测量对动力学的影响。

将系统 A 以及与其相互作用的环境B 一起考虑，假设它们组成的复合系统的希尔伯特空间为 $\mathcal{H}_A \otimes \mathcal{H}_B$，若一个幺正演化 U_{AB} 作用在这个系统上，那么子系统的密度矩阵 ρ_A 的演化将如何描述？假设复合系统初态为 $\rho_A(0)\otimes|0\rangle_B\langle 0|$，那么

$$\rho_{AB}(t) = U(t)(\rho_A(0)\otimes|0\rangle_B\langle 0|)U^{\dagger}(t) \tag{2.38}$$

于是幺正操作之后，系统 A 的状态变为

$$\begin{aligned}
\rho_A(t) = \mathrm{tr}_B\rho_{AB} &= \sum_u {}_B\langle u \mid \rho_{AB}(t) \mid u\rangle_B \\
&= \sum_u {}_B\langle u \mid U(t) \mid 0\rangle_B \rho_A(0) {}_B\langle 0 \mid U^{\dagger}(t) \mid u\rangle_B \\
&= \sum_u M_u \rho_A(0) M_u^{\dagger} \\
&\equiv \Gamma(\rho(0))
\end{aligned} \tag{2.39}$$

其中，$M_u \equiv {}_B\langle u \mid U_{AB} \mid 0\rangle_B$，符号 $\Gamma(\cdot)$为由$\{M_u, M_u^{\dagger}\}$定义为 Kraus 超算符运算，式(2.39)称为超算符的算符和表示。可以验证：

$$\sum_u M_u^{\dagger} M_u = I_A \tag{2.40}$$

反过来，如果有超算符 $\Gamma(M_u, M_u^{\dagger})_{u=1}^{r}$，一定可以找到一个扩展空间的幺正演化与之对应。

假设 $M_u, M_u^{\dagger} \in \mathcal{H}_A$，现引入一个希尔伯特空间 $\mathcal{H}_B$，$\dim(\mathcal{H}_B) \geqslant r$，令$|0\rangle_B$ 为 $\mathcal{H}_B$ 中的一个归一化态，$\{|u\rangle_B\}_{u=1}^{r}$为 $\mathcal{H}_B$ 空间中的一组正交归一化态。设 $U_{AB} \in \mathcal{H}_A \otimes \mathcal{H}_B$，选 $\mathcal{H}_A$ 中的任意归一化态$|\varphi_A\rangle$，则

$$U_{AB} \mid \varphi_A \rangle \mid 0 \rangle_B = \sum_u M_u \mid \varphi_A \rangle \mid u \rangle_B \tag{2.41}$$

于是

$$\begin{aligned} \mid \psi_1 \rangle_{AB} &= \mid \varphi_1 \rangle_A \mid 0 \rangle_B \xrightarrow{U_{AB}} \sum_u M_u \mid \varphi_1 \rangle \mid u \rangle_B \\ \mid \psi_2 \rangle_{AB} &= \mid \varphi_2 \rangle_A \mid 0 \rangle_B \xrightarrow{U_{AB}} \sum_v M_u \mid \varphi_2 \rangle \mid v \rangle_B \end{aligned} \tag{2.42}$$

可以验证 U_{AB}是保内积的，于是可以扩展 U_{AB}，使之成为 $\mathcal{H}_A \otimes \mathcal{H}_B$ 中的幺正变换。而若超算符 Γ 给定，则它的算符和表示并不是唯一的。同一超算符的不同算符和表示之间相差一个幺正变换：$N_l = U_{lu} M_u$。

超算符具有以下特性：

（1）保持厄米性。

（2）保持（完全）正定的。

（3）保迹的。

（4）保持线性的。

实际上，可以证明 Kraus 表示理论：任意满足上面四条性质的超算符，总可以写成下面的形式：

$$\Gamma(\rho) = \sum_u M_u \rho M_u^\dagger, \quad \sum_u M_u M_u^\dagger = I \tag{2.43}$$

完全正定性，即对应于 $\mathcal{H}_A$ 空间的超算符 Γ_A，如果对于 $\mathcal{H}_A$ 的任意直积扩展 $\mathcal{H}_A \otimes \mathcal{H}_B$，则 $\Gamma_A \otimes I_B$ 也是正定的映射，于是称 Γ_A 是完全正定的，完全正定性保证超算符 Γ_A 是一个物理作用。

2.4.1 马尔可夫主方程

当系统 A 在任意时刻的状态$\rho_A(t)$的变化 $\mathrm{d}\rho_A(t)/\mathrm{d}t$ 仅仅取决于这一时刻系统状态$\rho_A(t)$和同一时刻相关的物理量 $\hat{A}_i(t)$，$i=1,2,\cdots$，才能存在某种微分方程描写系统的动力学演化过程：

$$\frac{\mathrm{d}\rho_A(t)}{\mathrm{d}t} = f(\rho_A(t), \hat{A}_i(t), \cdots) \tag{2.44}$$

其中，$\hat{A}_i(t)$，$i=1,2,\cdots$是系统 A 自身原有的，以及 A 和环境E 相互作用后经过对E 平

均折算而出现的 A 的某些算符。

值得注意的是，即使从大系统 $\mathcal{H}_A \otimes \mathcal{H}_E$ 来看，总体动力学演化遵守薛定谔微分方程，也不能保证在 $\mathcal{H}_A$ 中 $\rho_A(t)$ 的演化可以用某个微分方程描述。而且，由于热库 R 中还包含着系统 A 本身被忽略掉的自由度，这种忽略就像是在时间轴上对系统的演化进行间隔采样，是一种抹去了高频振荡的关于时间的粗粒化过程。如果这种近似采样能够成立，就要求粗粒化时间间隔 $\tau_{\text{粗粒}}$ 不仅远小于系统演化衰减的程度 $\tau_{\text{演化}}$，而且应当远大于热库记忆的时间尺度 $\tau_{\text{记忆}}$，于是，通常情况下，一种有效的描述应当满足

$$\tau_{\text{演化}} \gg \tau_{\text{粗粒}} \gg \tau_{\text{记忆}} \tag{2.45}$$

因此，给定初始条件的混合态演化基本方程——主方程，应当被理解为是决定量子系统子系统的(或开放系统)约化密度算符在环境或热库影响下随时间演化规律的方程。一般情况下，主方程应当是一个不等时的(即按因果规律应当具有各种程度的时间延迟的)积分微分方程，仅在完全忽略累积效应的最低阶马尔可夫(Markovian)近似下才简化为一个等时间的微分方程。

下面将从克劳斯(Kraus)表示出发来导出马尔可夫主方程。若系统 A 为封闭的量子系统，它的密度矩阵的时间演化为

$$\rho_A(t) = \mathrm{e}^{-\mathrm{i}Ht/\hbar}\rho_A(0)\mathrm{e}^{\mathrm{i}Ht/\hbar} \tag{2.46}$$

将它推广到近似马尔可夫开放量子系统的非幺正演化过程，这时假设

$$\rho_A(t) = \mathrm{tr}_E\{U_{AE}(t)\rho_A(0)\otimes\rho_E(0)U_{AE}^{+}(t)\} \equiv \mathcal{L}(t)[\rho_A(t)] \tag{2.47}$$

其中，线性超算符 $\mathcal{L}(t)$ 被称作林德布拉德(Lindblad)算符，它将初始时刻的 $\rho_A(0)$ 映射为 t 时刻状态 $\rho_A(t)$。如果要求它不仅是线性的，而且是完全正定的、保迹的且强连续的，就可以从系统 A 和环境 E 相耦合的 Kraus 方程出发，来解释它的作用。考虑从 $0 \to \mathrm{d}t$ 的演化，结合式(2.39)可得

$$\begin{cases}\rho_A(\mathrm{d}t) = \Gamma(\rho_A(0)) = \sum\limits_u M_u(\mathrm{d}t)\rho_A(0)M_u^{\dagger}(\mathrm{d}t) \\ M_u(\mathrm{d}t) = {}_E\langle u \mid U_{AE}(\mathrm{d}t) \mid 0\rangle_E\end{cases} \tag{2.48}$$

令

$$\begin{cases}U_{AE}(\mathrm{d}t) = I_{AE} - \dfrac{\mathrm{i}}{\hbar}H\mathrm{d}t \\ M_0(\mathrm{d}t) = {}_E\langle 0 \mid U_{AE}(\mathrm{d}t) \mid 0\rangle_E = I_A + \left(-\dfrac{\mathrm{i}}{\hbar}H_A + K_A\right)\mathrm{d}t \\ M_u(\mathrm{d}t) = {}_E\langle u \mid U_{AE}(\mathrm{d}t) \mid 0\rangle_E = -\mathrm{i}\mathcal{L}_{A,u}\sqrt{\mathrm{d}t}\end{cases} \tag{2.49}$$

其中，$U_{AE}(\mathrm{d}t)$中含 $\mathrm{d}t$ 部分的哈密顿量$H=H_A+H_E+H_{AE}$是耦合系统的哈密顿量，H_A是系统A 的哈密顿量。

式(2.49)中第二个方程的小实部 K_A 表示相互作用哈密顿量H_{AE}在经过环境E 的基态平均后，环境对系统状态的耗散。即实部 $\mathrm{Re}\{M_0(\mathrm{d}t)\}=\mathrm{Re}\{{}_E\langle 0|U_{AE}(\mathrm{d}t)|0\rangle_E\}\neq I_A$ 表示当环境状态由$|0\rangle_E\rightarrow|0\rangle_E$ 的同时，系统 A 并不会全部停留在原来的状态上，而是以一定概率向系统 A 其他的状态跃迁。这种现象单从对系统 A 的观察而言，相当于是系统 A 原来状态的一种耗散。采用$\sqrt{\mathrm{d}t}$是考虑到 Kraus 表示关于 M_u 是双线性的。

将式(2.49)代入式(2.48)，可得

$$\begin{aligned}
\rho_A(\mathrm{d}t) &= M_0(\mathrm{d}t)\rho_A(0)M_0^{\dagger}(\mathrm{d}t)+\sum_u M_u(\mathrm{d}t)\rho_A(0)M_u^{\dagger}(\mathrm{d}t)\\
&=\left[1+\left(-\frac{\mathrm{i}}{\hbar}H_A+K_A\right)\mathrm{d}t\right]\rho_A(0)\left[1+\left(\frac{\mathrm{i}}{\hbar}H_A+K_A\right)\mathrm{d}t\right]\\
&\quad+\sum_{u>0}(-\mathrm{i}\mathcal{L}_{A,u}\sqrt{\mathrm{d}t})\rho_A(0)\mathrm{i}\mathcal{L}_{A,u}^{\dagger}\sqrt{\mathrm{d}t}\\
&\cong\rho_A(0)+\left(-\frac{\mathrm{i}}{\hbar}H_A+K_A\right)\rho_A(0)\mathrm{d}t+\rho_A(0)\left(\frac{\mathrm{i}}{\hbar}H_A+K_A\right)\mathrm{d}t\\
&\quad+\sum_{u>0}\mathcal{L}_{A,u}\rho_A(0)\mathcal{L}_{A,u}^{\dagger}\mathrm{d}t
\end{aligned}\tag{2.50}$$

将上式中的时间原点改为 t，即可得到

$$\begin{aligned}
\frac{\mathrm{d}\rho_A(t)}{\mathrm{d}t}&=\left(-\frac{\mathrm{i}}{\hbar}H_A+K_A\right)\rho_A(t)+\rho_A(t)\left(\frac{\mathrm{i}}{\hbar}H_A+K_A\right)+\sum_{u>0}\mathcal{L}_{A,u}\rho_A(t)\mathcal{L}_{A,u}^{\dagger}\\
&=-\frac{\mathrm{i}}{\hbar}[H_A,\rho_A(t)]+K_A\rho_A(t)+\rho_A(t)K_A+\sum_{u>0}\mathcal{L}_{A,u}\rho_A(t)\mathcal{L}_{A,u}^{\dagger}
\end{aligned}\tag{2.51}$$

为求出 K_A 和 $\mathcal{L}_{A,u}$的关系，注意到

$$\begin{aligned}
I_A&=\sum_u M_u^{\dagger}(\mathrm{d}t)M_u(\mathrm{d}t)\\
&=\left[I_A+\left(\frac{\mathrm{i}}{\hbar}H_A+K_A\right)\mathrm{d}t\right]\left[I_A+\left(-\frac{\mathrm{i}}{\hbar}H_A+K_A\right)\mathrm{d}t\right]+\sum_{u>0}\mathcal{L}_{A,u}^{\dagger}\mathcal{L}_{A,u}\mathrm{d}t\\
&=I_A+2K_A\mathrm{d}t+\sum_{u>0}\mathcal{L}_{A,u}^{\dagger}\mathcal{L}_{A,u}\mathrm{d}t
\end{aligned}\tag{2.52}$$

于是

$$K_A=-\frac{1}{2}\sum_{u>0}\mathcal{L}_{A,u}^{\dagger}\mathcal{L}_{A,u}\tag{2.53}$$

其中，算符$\{\mathcal{L}_u\}$称为 Lindblad 算符或者量子跳变算符，它们体现了系统 A 与环境E 相

互作用导致的对系统 A 状态的耗散部分，将式 K_A 代入式(2.51)，略去角标 A，即可得到马尔可夫主方程为

$$\frac{\mathrm{d}\rho(t)}{\mathrm{d}t}=-\frac{\mathrm{i}}{\hbar}[H,\rho(t)]+\sum_{u>0}\left\{\mathcal{L}_u\rho(t)\mathcal{L}_u^{\dagger}-\frac{1}{2}\mathcal{L}_u^{\dagger}\mathcal{L}_u\rho(t)-\frac{1}{2}\rho(t)\mathcal{L}_u^{\dagger}\mathcal{L}_u\right\}\tag{2.54}$$

2.4.2 非马尔可夫开放量子系统主方程

在很多实际的应用中，如固态物理系统以及纳米材料中，环境的记忆和反馈时间相对于系统动力学改变的时间尺度来说不可忽略，使得马尔可夫近似失效，此时需要能够精确描述系统动力学的非马尔可夫型主方程。

获得非马尔可夫动力学表示系统的常用方法是投影技术，主要有两类：NZ (Nakajima-Zwanzig)投影算子技术和时间无卷积(time-convolutionless，TCL)投影算子技术。通过 NZ 投影算子技术可以得到一个关于约化密度矩阵 $\rho(t)$ 的时间非局域的积分微分方程(Breuer，Petruccione，2002)：

$$\frac{\partial}{\partial t}\rho(t)=\int_{t_0}^{t}\mathrm{d}s\mathcal{K}(t,s)\rho(s)\tag{2.55}$$

其中，$\mathcal{K}(t,s)$ 记忆内核是相关子空间的一个超算符。

方程(2.55)虽然是关于系统动力学的精确描述，但是记忆内核并不容易求取，且积分微分方程的数值解也不容易获得，因此较少使用。

时间无卷积投影算子 TCL 技术通过消除 NZ 方程中的积分项，可以得到一个精确的时间局域的一阶微分方程：

$$\frac{\mathrm{d}}{\mathrm{d}t}\rho(t)=\mathcal{L}(t)\rho(t)\tag{2.56}$$

方程(2.56)是一个时间局域的方程。在任意时刻 t，系统状态 $\rho(t)$ 的变化只依赖其本身，生成子 $\mathcal{L}(t)$ 保存了状态的历史记录，其形式可能比较繁琐，但是动力学方程是很规则的。在方程(2.56)中，生成子 $\mathcal{L}(t)$ 和时间有关，对应的动力学映射并不一定生成动力学半群。在要求系统状态保迹和保厄米的情况下，式(2.56)的最一般形式可以表示为

$$\begin{aligned}\frac{\mathrm{d}}{\mathrm{d}t}\rho(t)=&-\frac{\mathrm{i}}{\hbar}[H_0,\rho(t)]\\&+\frac{1}{2}\sum_k\gamma_k(t)([\mathcal{L}_k(t)\rho(t),\mathcal{L}_k^{\dagger}(t)]+[\mathcal{L}_k(t),\rho(t)\mathcal{L}_k^{\dagger}(t)])\end{aligned}\tag{2.57}$$

其中，算子 $\mathcal{L}_k(t)$、系数 $\gamma_k(t)$ 都是与时间相关的。当 $\gamma_k(t) \geqslant 0$ 时，生成子 $\mathcal{L}(t)$ 对每一个 $t>0$ 都是 Lindblad 型的。

式(2.57)的一个重要特征是 $\gamma_k(t)$ 可以为负，表征环境的记忆效应导致信息或者能量从环境流向了量子系统，此时生成子 $\mathcal{L}(t)$ 不再是保正定的。如果模型描述不够精确，演化过程中系统状态有可能是非正定的，从而是非物理的。

NZ 主方程和 TCL 主方程虽然都是对系统的精确描述，鉴于非马尔可夫系统的复杂性，一般情况下也只能用于简单量子系统，如玻色子系统和二能级系统。除此之外，常用的描述非马尔可夫量子系统的主方程还包括雷德菲尔德(Redfield)主方程、福克-普朗克(Fokker-Planck)主方程、HPZ 型主方程，以及能够自然保证系统完全正定的后马尔可夫主方程等。

2.4.3 随机开放量子系统模型

为了能够更好地控制量子系统，常常需要通过测量从被控系统中提取信息。量子力学中的测量理论与经典力学系统有着本质的差异，这是因为在量子系统中，测量会对被测系统造成不可逆的破坏。在量子力学中，可观测量用希尔伯特空间的厄米算符来表示，并且海森伯不确定性原理指出：人们无法同时对两个非对易观测量进行精确测量。一种被广泛应用的测量模型是投影测量或者称为冯·诺依曼测量，不过投影测量经常被视为是瞬时的，只有当测量的强度(即测量装置与被测系统之间的耦合强度)足够大，且测量的时间尺度比其他所有相关时间尺度都要短得多时，才可以认为模型是合理的。然而，这对于描述连续监测下被控量子系统的情况并不适用。在量子反馈控制中，连续获取反馈信息以调整系统的演化轨迹是十分重要的，因此，对于量子反馈控制而言，连续测量理论是十分必要的，并且已有实验结果证明连续测量对于固态量子比特是可以实现的。

在反馈控制策略中，人们通常需要持续地监测被控量子系统以获取反馈信息。考虑在真空环境下连续测量的量子反馈控制系统，记 t 时刻的量子系统状态为 ρ_t，则量子滤波方程或称为随机主方程的一般表达形式为(Robert，2013)

$$\begin{cases} \mathrm{d}\rho_t = -\dfrac{\mathrm{i}}{\hbar}[H_t, \rho_t]\mathrm{d}t + \mathcal{D}(L, \rho_t)\mathrm{d}t + \sqrt{\eta}\mathcal{H}(L, \rho_t)\mathrm{d}W_t \\ \rho_0 = \rho(0) \end{cases} \tag{2.58}$$

其中，$H_t = H_0 + u_t H_u$ 为总哈密顿量，H_0 为系统自由哈密顿量，H_u 为控制哈密顿量，u_t

是随时间变化的外部控制场；η 是测量效率，且满足 $0<\eta\leqslant 1$；L 是测量算符，系统信号通过此测量信道被检测，由测量引起的反作用效应则通过此信道反馈给量子系统；W_t 为具有随机特性的随机过程，也被称作“新息”。

$\mathcal{D}(L,\rho_t)$和$\mathcal{H}(L,\rho_t)\mathrm{d}W_t$ 分别体现了测量反作用效应中确定性漂移部分和随机耗散部分，其中，$\mathcal{D}(L,\rho_t)$为开放量子系统中常见的 Lindblad 算子：

$$\mathcal{D}(L,\rho_t)\equiv L\rho_t L^\dagger-\frac{1}{2}(L^\dagger L\rho_t+\rho_t L^\dagger L) \tag{2.59}$$

$\mathcal{H}(L,\rho_t)$是状态更新算子：

$$\mathcal{H}(L,\rho_t)=L\rho_t+\rho_t L^\dagger-\mathrm{tr}((L+L^\dagger)\rho_t)\rho_t \tag{2.60}$$

真空环境下的 W_t 就是标准的实值维纳(Wiener)过程，代表着对测量白噪声的建模，$\mathrm{d}W_t$ 作为标准维纳过程的增量，其期望 $E(\mathrm{d}W_t)=0$，方差 $E[(\mathrm{d}W_t)^2]=\mathrm{d}t$，且满足关系式：

$$\mathrm{d}W_t=\mathrm{d}y_t-\sqrt{\eta}\,\mathrm{tr}(\rho_t(L+L^\dagger))\mathrm{d}t \tag{2.61}$$

其中，y_t 是测量输出。

从所给出的随机量子系统主方程(2.58)至方程(2.61)可以看出：与确定性的开放量子系统模型相比，随机量子系统主方程多了一个随机耗散部分项，并且这个项的大小是由测量效率 η 值的大小确定的。值得注意的是，式(2.58)仅仅代表着一类比较典型的随机主方程，由于测量过程的不同，还存在许多其他类型的随机主方程。

2.5　量子测量

量子测量由一组测量算子$\{M_m\}$描述，这些算子作用在被测系统状态空间上，指标 m 表示实验中可能的测量结果。如在测量前，量子系统的最新状态是$|\varphi\rangle$，则结果 m 发生的可能性由

$$p(m)=\langle\varphi\mid M_m^\dagger M_m\mid\varphi\rangle \tag{2.62}$$

给出，且测量后系统的状态为

$$\frac{M_m\mid\varphi\rangle}{\sqrt{\langle\varphi\mid M_m^\dagger M_m\mid\varphi\rangle}} \tag{2.63}$$

测量算子满足完备性方程：

$$\sum_m M_m^\dagger M_m = I \tag{2.64}$$

完备性方程表达了概率之和为 1 的事实：

$$1 = \sum_m p(m) = \sum_m \langle \varphi \mid M_m^\dagger M_m \mid \varphi \rangle \tag{2.65}$$

该方程对所有$|\varphi\rangle$成立，等价于完备性方程。然而，直接检验完备性方程要容易得多。

设$\{L_l\}$和$\{M_m\}$是两组测量算子，经过由一个测量算子$\{L_l\}$定义的测量后经过由测量算子$\{M_m\}$定义的测量，在物理上等价于一个由测量算子$\{N_{lm}\}$定义的单次测量，算子$\{N_{lm}\}$具有表示$N_{lm} \equiv M_m L_l$。

目前，量子态的测量主要可以分为投影测量（又称 von Neumann 测量）和一般测量或正定算子值测量（positive operator-valued measurement，POVM）；根据测量的强度以及作用形式，可以分为强测量和弱测量或离散测量和连续测量；根据被测对象与其他系统的关系，可以分为局域测量、关联测量和联合测量；根据测量获得信息的多少可以分为完全测量（对整个系统测量）和不完全测量（获取信息不完全），而根据被测状态是否改变，又可分为破坏性测量和非破坏性（quantum non-demolish，QND）测量。

2.5.1 投影测量

由被观测系统状态空间上的一个可观测量厄米算子描述，可观测量具有谱分解：

$$M = \sum_m m P_m \tag{2.66}$$

其中，P_m 是特征值 m 在特征空间 M 上的投影，测量可能结果对应于测量算子的特征值 m。

若状态为$|\varphi\rangle$，则结果为 m 的概率由下式给出：

$$p(m) = \langle \varphi \mid P_m \mid \varphi \rangle \tag{2.67}$$

测量后被测量子系统的状态变为

$$|\varphi'\rangle = \frac{P_m \mid \varphi\rangle}{\sqrt{p(m)}} \tag{2.68}$$

其中，$\sum_m P_m = I$，且 $P_m P_n = \delta_{nm} P_m$。

投影测量的基本思想是：被测系统和测量仪器的相互作用，造成两者的量子纠缠。于是由测量仪器读数导致的仪器状态塌缩，会使被测系统关联塌缩并给出被测力学量的一个本征态，从而得到相应的本征值（但实际上这种情况并不总是成立的）。在投影测量的定义中我们可以看到，投影测量实际上是在一般测量假设的基础上，加上了 M_m 是厄米的，且 $M_mM_n = \delta_{mn}M_m$。这时一般测量就变成了投影测量，因为有

$$M_m^{\dagger}M_m = M_mM_m = M_m \equiv P_m \tag{2.69}$$

把上式代入一般测量假设的表达式中，就得到了投影测量的表达形式。

有时，人们常常简单地列出一组满足关系式：$\sum_m P_m = I$ 和 $P_mP_n = \delta_{nm}P_m$ 的正交投影算子 P_m，而不是给出观测量来描述，这种做法的相应观测量 $M = \sum_m mP_m$。另一种提法"在基 $|m\rangle$ 下测量"，其中 $|m\rangle$ 构成标准正交基，就是指进行使用投影 $P_m = |m\rangle\langle m|$ 的投影测量。

投影测量具有很多好的性质，比如线性独立混合状态的区分用正交投影测量是最优的，而不是一般测量，因这使得区分错误的概率最小。又如投影测量很容易计算观测量的平均值：

$$\begin{aligned} E(m) &= \sum_m mp(m) = \sum_m m\langle\varphi | P_m | \varphi\rangle \\ &= \langle\varphi | \left(\sum_m mP_m\right) | \varphi\rangle \\ &= \langle\varphi | M | \varphi\rangle \end{aligned} \tag{2.70}$$

因此，可观测量 M 的平均值常写为

$$\langle M\rangle \equiv \langle\varphi | M | \varphi\rangle \tag{2.71}$$

于是，标准差可以写成

$$[\Delta(M)]^2 = \langle M^2\rangle - \langle M\rangle^2 \tag{2.72}$$

物理实验上力学量 M 是可观测的，等价于数学上算符 M 的本征矢是完备的。因为只有当 M 的本征矢是完备的，才可以对任意的被测态做谱分解，如此才能说对其进行关于 M 的观测；能对任意态进行关于 M 的观测，才可以说力学量 M 是可观测的。

2

2.5.2 POVM 测量

在测量假设的基础上，定义

$$E_m \equiv M_m^{\dagger} M_M \tag{2.73}$$

这样，一般测量假设可以写成

$$\begin{cases} \text{得到结果 } m \text{ 的概率：} & p(m) = \langle \varphi \mid E_m \mid \varphi \rangle \\ \text{完备性条件：} & \sum_m E_m = I \end{cases} \tag{2.74}$$

式中，E_m 是半正定算子，称为与测量相联系的 POVM 元，而完整的集合 $\{E_m\}$ 称为一个 POVM。

POVM 可以通过两种方式获得：一是通过复合系统上的幺正操作以及在辅助系统上的投影测量获得；二是在复合系统（扩展空间）上进行投影测量，将其投影到原先的子系统空间上。它们的不同之处在于：前者是在辅助系统上进行测量，是一个局域测量，而后者是在扩展空间上的完全测量，且不需要额外的幺正操作。

2.6 薛定谔绘景、海森伯绘景和相互作用绘景

根据式(2.27)我们知道封闭量子系统状态的演化服从薛定谔方程，现在我们考虑力学量 F（不显含时）的平均值及概率分布随时间演化所满足的方程。力学量 F 的平均值 $\bar{F}(t)$ 定义为

$$\bar{F}(t) = \langle \varphi(t) \mid F \mid \varphi(t) \rangle \tag{2.75}$$

其中，状态 $|\varphi(t)\rangle$ 为量子系统的状态，它的演化满足薛定谔方程式(2.27)。

对式(2.75)进行求导可得平均值 $\bar{F}(t)$ 随时间的演化：

$$\dot{\bar{F}}(t) = \langle \dot{\varphi}(t) \mid F \mid \varphi(t) \rangle + \langle \varphi(t) \mid F \mid \dot{\varphi}(t) \rangle$$

$$= \frac{1}{\mathrm{i}\hbar}\langle \varphi(t) \mid (FH - HF) \mid \varphi(t)\rangle$$

$$= \frac{1}{\mathrm{i}\hbar}\langle \varphi(t) \mid [F,H] \mid \varphi(t)\rangle \tag{2.76}$$

可以看到力学量 F(不显含时)的平均值及概率分布随时间演化全部归因于状态 $|\varphi(t)\rangle$ 随时间的演化,而力学量算符本身不随时间演化。这种描述方式,称为薛定谔绘景(picture)。但是状态波函数本身是不能被测量的,与实际观测有关的是力学量的平均值和测量结果的概率分布以及它们随时间的演化,因此我们可以用另外一种方式来理解,即让 $\bar{F}(t)$ 随时间的变化完全由力学量算符 $F(t)$ 来承担,而保持状态矢量不随时间变化。这种表示方式称为海森伯绘景(Heisenberg picture)。为了得到海森伯绘景的表达式,考虑任意时刻的系统状态式(2.76)为

$$|\varphi(t)\rangle = U(t,0) \mid \varphi(0)\rangle \tag{2.77}$$

其中,$U(t,0)$ 是一个幺正矩阵,称为状态转移矩阵或者时间演化(time-evolution)算符,即把体系在时刻 t 的状态 $|\varphi(t)\rangle$ 与初始状态 $|\varphi(0)\rangle$ 联系起来的一种连续变换,且 $U(0,0)=I$。

状态转移矩阵随时间的变化满足式(2.77)。若令

$$F(t) = U^{\dagger}(t,0)FU(t,0) \tag{2.78}$$

并将式(2.77)代入式(2.75)以及式(2.76)分别可得

$$\begin{aligned}\overline{F(t)} &= \langle \varphi(0) \mid U^{\dagger}(t,0)FU(t,0) \mid \varphi(0)\rangle \\ &= \langle \varphi(0) \mid F(t) \mid \varphi(0)\rangle\end{aligned} \tag{2.79}$$

$$\begin{aligned}\frac{\mathrm{d}}{\mathrm{d}t}\overline{F(t)} &= \frac{1}{\mathrm{i}\hbar}\langle \varphi(0) \mid U^{\dagger}(t,0)[F,H]U(t,0) \mid \varphi(0)\rangle \\ &= \frac{1}{\mathrm{i}\hbar}\langle \varphi(0) \mid [F(t),H] \mid \varphi(0)\rangle \\ &= \langle \varphi(0) \mid \left(\frac{\mathrm{d}}{\mathrm{d}t}F(t)\right) \mid \varphi(0)\rangle\end{aligned} \tag{2.80}$$

其中使用了等式 $U^{\dagger}(t,0)HU(t,0)=H$。

从式(2.79)以及式(2.80)可以看到,在海森伯绘景中,力学量平均值及其随时间的变化是由力学量算符随时间变化引起的,而状态矢量不随时间变化。力学量算符的变化遵守海森伯方程:

$$\frac{\mathrm{d}}{\mathrm{d}t}F(t) = \frac{1}{\mathrm{i}\hbar}[F(t),H] \tag{2.81}$$

在薛定谔绘景中，由于力学量不随时间变化，力学量完全集的共同本征态（作为希尔伯特空间的基矢）也不随时间变化，因而任何一个力学量在这组基矢之间的矩阵元也不随时间变化，但描述体系状态的矢量（在各基矢方向上的投影或分量）是随时间改变的。与此相反，在海森伯绘景中，描述体系状态的矢量是不随时间变化的，但由于力学量随时间演化，力学量完全集的共同本征态随时间改变，而且任何一个力学量在这一组运动的各基矢之间的矩阵元也随时间演化。

下面我们来考虑相互作用绘景作用。在薛定谔以及海森伯绘景中，描述体系状态的矢量变化以及力学量算符的变化是由系统的哈密顿量决定的，其中，系统的哈密顿量具体地讲又可以分为（子）系统的自由哈密顿量以及系统与环境（或者控制场）或者子系统之间的相互作用哈密顿量：

$$H = H_0 + H_{\text{int}} \tag{2.82}$$

但在某些时候，我们感兴趣的是相互作用哈密顿量在系统状态演化中所起的作用，为此考虑

$$|\varphi(t)\rangle = \mathrm{e}^{\mathrm{i}H_0 t/\hbar}|\varphi(t)\rangle \tag{2.83}$$

将其代入薛定谔方程中可得

$$|\phi(t)\rangle = \frac{1}{\mathrm{i}\hbar}\widetilde{H}_{\text{int}}|\phi(t)\rangle \tag{2.84}$$

其中，$\widetilde{H}_{\text{int}} = \mathrm{e}^{\mathrm{i}H_0 t/\hbar}H_{\text{int}}\mathrm{e}^{-\mathrm{i}H_0 t/\hbar}$。同理，若令

$$\widetilde{F}(t) = \mathrm{e}^{-\mathrm{i}H_0 t/\hbar}F(t)\mathrm{e}^{\mathrm{i}H_0 t/\hbar} \tag{2.85}$$

则可得

$$\frac{\mathrm{d}}{\mathrm{d}t}\widetilde{F}(t) = \frac{1}{\mathrm{i}\hbar}[\widetilde{F}(t),\hat{H}_{\text{int}}] \tag{2.86}$$

其中，$\hat{H}_{\text{int}} = \mathrm{e}^{-\mathrm{i}H_0 t/\hbar}H_{\text{int}}\mathrm{e}^{\mathrm{i}H_0 t/\hbar}$。

从方程(2.84)和方程(2.86)中可以看到，方程中相当于只有相互作用的哈密顿量量（变换后的），而没有系统的自由哈密顿量。若系统的自由哈密顿量是一个对角矩阵，它在系统状态的演化中起到的作用是增加一个局部相位因子，那么，相互作用绘景变换相当于是进行了一个旋转变换，将系统变换到一个旋转的坐标系表象中，这在很多情况下为控制器的设计提供了方便。

2.7 李雅普诺夫稳定性定理

对于线性定常系统，可以使用代数稳定判据、奈奎斯特稳定判据等来判定系统的稳定性。而对于一些状态方程无法求解或者求解很困难的系统，如某些非线性系统或时变系统，为了对系统的平衡状态进行稳定性判断，此时可以使用李雅普诺夫第二稳定性定理。判断一个动力学系统在其平衡态是否稳定的李雅普诺夫第二稳定性定理，又称为间接法，它是在采用能量观点分析稳定性的基础上建立起来的，无需直接求解出系统微分方程解的具体形式，仅借助一个所构造的李雅普诺夫函数所具有的特性，就能够判断出系统平衡态的稳定性的方法，适用范围广泛，是更一般的系统稳定性判断和分析方法。

设系统的动力学方程为

$$\dot{x} = f(x,t) \tag{2.87}$$

其中，x 是定义在 D 上的变量。假设函数 f 有一个零点，即 $f(x_e)=0$，则称 x_e 是系统的平衡点。

在李雅普诺夫稳定性定理中，需要构造一个半正定的李雅普诺夫函数，并通过计算来判定所构造的李雅普诺夫函数对时间的一阶导数的正负定性，从而得出系统在其平衡点是否稳定或渐近稳定的结论。所以需要用到正负定性、正负定函数及其判定方法。

正定函数和半正定函数 设 $V(x)$是定义在状态空间原点邻域 $\mathbf{R}$ 内的标量函数，当其满足下列条件时称为正定函数：

(1) $V(x)$在域 $\mathbf{R}$ 内连续，且关于 x 有连续的一阶偏导数；

(2) $V(0)=0$；

(3) $V(x)>0, x\neq 0, x\in \mathbf{R}$，

若条件(3)改为 $V(x)\geqslant 0, x\neq 0, x\in \mathbf{R}$，则称 $V(x)$为半正定函数。

负定函数和半负定函数 设 $V(x)$是定义在状态空间原点邻域 $\mathbf{R}$ 内的标量函数，当其满足下列条件时称为负定函数：

(1) $V(x)$在域 $\mathbf{R}$ 内连续，且关于 x 有连续的一阶偏导数；

(2) $V(0)=0$；

(3) $V(x)<0, x\neq 0, x\in \mathbf{R}$，

若条件(3)改为 $V(x)\leqslant 0, x\neq 0, x\in\mathbf{R}$,则称 $V(x)$ 为半负定函数。

正定函数和负定函数 设 $V(x,t)$ 是定义在状态空间原点邻域 $\mathbf{R}$ 内,时间 $t\geqslant t_0$ 的标量函数,且在邻域 $\mathbf{R}$ 内关于 x 有连续的一阶偏导数。$W(x)$ 是定义在同一邻域 R 内的正定函数,如果对于 $t\geqslant t_0, t_0\in(-\infty,+\infty)$ 有:

(1) $V(0,t)=0, V(x,t)\geqslant W(t)$,则 $V(x,t)$ 为正定函数;

(2) $V(0,t)=0, V(x,t)\leqslant -W(t)$,则 $V(x,t)$ 为负定函数。

考虑一般的时变系统 $\dot{x}=f(x,t)$,其中,x 是定义在 D 上的变量,为不失一般性,设点 x_e 是系统平衡点,其平衡态的稳定性由下面李雅普诺夫稳定性定理给出。

定理 2.1 如果存在一个标量函数 $V(x,t): D\rightarrow\mathbf{R}$,满足如下三个条件:

(1) $V(x,t)$ 关于 x 一阶连续可导的半负定函数;

(2) $V(x,t)$ 不小于零,且仅当 $x=x_e$ 时,$V(x,t)=0$;

(3) $\dot{V}(x,t)\leqslant 0$,

则 x_e 是李雅普诺夫意义下的稳定平衡态。另外,如果 $\dot{V}(x,t)<0$,即负定函数,则 x_e 是渐进稳定平衡态。

需要注意的是,李雅普诺夫稳定性定理只是判断平衡点稳定性的充分不必要条件,也就是如果找不到满足定理 2.1 中所列的三个条件的函数,也不能说明系统就是不稳定的。到目前为止,并没有一种构造李雅普诺夫函数的一般性方法,通常只能采用试误法来寻找合适的李雅普诺夫函数。因此,在使用李雅普诺夫方法设计控制场或者判断系统稳定性的时候,构造合适的李雅普诺夫函数是极其重要的。

在量子控制系统设计过程中,根据李雅普诺夫稳定性定理设计的控制场总能保证系统至少是稳定的,但该控制场设计方法的关键在于选出合适的李雅普诺夫函数。在研究被控系统全局稳定性或者收敛性问题时,常常需要结合拉塞尔不变性原理。拉塞尔于 1960 年发现了李雅普诺夫函数与 Birkhoff 极限集之间的关系,给出了李雅普诺夫理论的统一认识,从而推广了李雅普诺夫直接法。在拉塞尔不变性原理中用到不变集合的概念。这里,我们仅就常微分方程,介绍拉塞尔的不变原理。

对于一个自治系统:$\dot{x}=f(x)$,定义集合 $M\in\mathbf{R}^n$ 为式(2.87)轨线的正向不变集,若 $\forall x_0\in M, x(t,t_0,x_0)\subset M(t\geqslant t_0)$;称当 $t\rightarrow\infty$ 时,$x(t,t_0,x_0)\rightarrow M$;若 $\exists p\in M, t_n\rightarrow\infty(n\rightarrow\infty)$,使 $\|x(t,t_0,x_0)-p\|\rightarrow 0$。

拉塞尔不变性原理 设 D 是一有界闭集,从 D 内出发的式(2.87)的解 $x(t,t_0,x_0)\subset D$(停留在 D 中),若 $\exists V(x): D\rightarrow\mathbf{R}$,具有连续一阶偏导数,使 $\dot{V}(x)\leqslant 0$。又设 $E\triangleq\{x:\dot{V}(x)=0, x\in D\}$,$M\subset E$ 是最大不变集,则当 $t\rightarrow\infty$ 时,有 $x(t,t_0,x_0)\rightarrow M$。特别

地，若 $M=\{0\}$，则式(2.87)的平凡解渐进稳定。

拉塞尔不变性原理理论上更具有普遍性，且不要求函数 $V(x)$ 正定，是李雅普诺夫稳定性定理的一个广义化，一方面放宽了函数 $V(x)$ 的条件，允许更大一类函数来判断系统的渐进稳定特性；另一方面也可以判断一个集合而不仅仅是一个平衡点的稳定性。但一般地，最大不变集的构造一般比较复杂。不变集的定义为：

定义 2.1 对于一个集合 $\mathcal{R}\subseteq\mathcal{S}$，如果无论何时只要 $\rho_l\in\mathcal{R}$，且 $\rho_t^{\rho_l}\in\mathcal{R}$，$\forall t\geqslant 0$，则称集合 $\mathcal{R}$ 是一个不变集。

在不变集定义的基础上，给出适用于随机主方程(2.58)的拉塞尔不变集定理，如定理 2.2 所述：

定理 2.2 (Mirrahimi，van Handel，2007)假设下面的条件满足：

(1) $\mathcal{Q}_\varepsilon$ 有界且 $\mathcal{L}_\varepsilon V(\rho)\leqslant 0$，$\forall\rho\in\mathcal{Q}_\varepsilon$；

(2) 对于任意有界标量连续函数 $f(\rho)$ 和一个固定的 t 及 $\rho_0=\rho_l$，$E(f(\rho_t^{\rho_l}))$ 是连续的；

(3) 对任意正实数 κ 且 $\rho_l\in\mathcal{Q}_\varepsilon$，当 $t\to 0$ 时，$\mathbb{P}(|\rho_t-\rho_c|\geqslant\kappa)\to 0$，

令 $\mathcal{Q}_0:=\{\rho:\mathcal{L}_\varepsilon V(\rho)=0,\rho\in\mathcal{Q}_\varepsilon\}$，且 $\mathcal{R}$ 为在 $\mathcal{Q}_0$ 中的最大不变集，则当 $t\to\infty$ 时，在 $\mathcal{Q}_\varepsilon$ 的每一条路径 ρ_t 均收敛到 $\mathcal{R}$。

2.8 Ito 引理与 Ito 乘积法则

在计算复杂函数的无穷小算子时，如果直接使用，计算过程会相对比较复杂。这时，可以借助 Ito 引理及 Ito 乘积法则，得到这些函数的无穷小算子。Ito 引理如引理 2.1 所述。

引理 2.1 一个 Ito 过程 X_t

$$\mathrm{d}X_t=\mu_t\mathrm{d}t+\sigma_t\mathrm{d}\omega_t \tag{2.88}$$

其中，ω_t 是一个维纳过程。那么，对于一个二阶可导函数 $f(X_t)$，有

$$\mathrm{d}f(X_t)=\left(\frac{\mathrm{d}f(X_t)}{\mathrm{d}X_t}\mu+\frac{1}{2}\frac{\mathrm{d}^2f(X_t)}{\mathrm{d}X_t^2}\sigma^2\right)\mathrm{d}t+\sigma\frac{\mathrm{d}f(X_t)}{\mathrm{d}X_t}\mathrm{d}\omega_t \tag{2.89}$$

特别地，对 $f(X_t,t)$，式(2.89)可以写为

$$\mathrm{d}f(X_t,t)=\left(\frac{\partial f(X_t,t)}{\partial t}+\mu_t\frac{\partial f(X_t,t)}{\partial X_t}+\frac{1}{2}\sigma_t^2\frac{\partial^2 f(X_t,t)}{\partial X_t^2}\right)\mathrm{d}t$$
$$+\sigma_t\frac{\partial f(X_t,t)}{\partial X_t}\mathrm{d}\omega_t \tag{2.90}$$

另外,应用 Ito 引理可以得到 Ito 乘积法则,即

引理 2.2 如果 X_t 和 Y_t 是两个 Ito 过程,则

$$\mathrm{d}(X_tY_t)=X_t\mathrm{d}Y_t+Y_t\mathrm{d}X_t+\mathrm{d}X_t\mathrm{d}Y_t \tag{2.91}$$

第 3 章

封闭量子系统状态的闭环反馈控制理论

3.1 基于李雅普诺夫量子系统控制方法的状态调控

3.1.1 引言

纳米技术与纳米制作工艺技术的提高，以及人们对量子效应如量子信息处理新应用兴趣的增长，使得量子现象的控制在很多不同的研究领域包括量子计算、量子化学、纳米级材料及波恩-爱因斯坦压缩等方面正在得到极大的关注。将宏观领域中的系统控制理论延伸到量子领域，或将系统控制的思想扩展到不受控于经典定律而由量子效应控制的物理系统，在最近的十多年里逐步成为一个重要的交叉学科的研究领域。量子系统控制方法及其技术也已经成为国际科技界的一个前沿研究方向。量子控制理论是宏观世界中的经典和现代控制理论对微观世界中的量子系统的应用。所研究的问题主要是从系统论和控制论的观点探讨量子系统状态和轨迹的调控及其演化。量子控制方法是从系统控制的角度，利用控制理论结合量子系统所具有的特点，对量子状态调控及其轨迹跟踪的外加控制场进行理论设计的研究。如何根据量子系统本身所具有的特点，开发出适合量子系统的控制理论与方法一直是人们努力追求的目标。到目前为止，在量子系统控制理论的研究中，可控性问题已受到了大量的关注并取得了相当多的研究成果，特别是对于有限维封闭量子系统的可控性研究较为成熟。在系统可控的前提下，如何设计出合适的控制场以实现期望的控制任务则是量子控制理论的另一重要研究方向。与宏观世界中被控系统的状态不同，量子系统的状态及其应用涉及制备和调控具有特殊存在形式的状态，例如，在化学反应的分子动力学中，为了能有效控制产物形成的选择性，人们需要对相应的分子系统进行主动控制：借助激光辐射的强度和相位来操纵系统的布居，使之从分子系统的某一初始基态以高概率转移并稳定在一个指定的激发态上，实现对期望反应产物的选择性控制。

在量子计算中，利用辐射诱导原子和分子的激发，并由此驱动微观运动以生成指定目标态上的布居转移就是一种运算操作，尤其是完全的布居转移可以用来制备一个初始纯态，而量子并行运算的快速性是依赖于量子系统所独特具有的相干性，也就是叠加态的运算。在量子保密通信的应用中，所用到的最关键的量子状态就是纠缠态。所有这些量子状态的制备、调控和保持都是一个量子控制理论和方法所需要解决的问题。最后，一个完整的量子控制理论必须对其控制方法所能达到的精度进行理论分析与研究。在此方面，量子控制理论与宏观系统也有所不同：由于量子系统是对不确定的概率进行控制，只要是误差不为零的稳定控制，就意味着可能是一定达不到控制目标。这就提出了一个苛刻的要求：任何一个可达到控制目标的量子控制方法必须保证是误差为零的收敛控制。综上所述，一个量子控制理论的成形，必须在有能力对具有特殊需求的各种量子状态调控的同时，设计出收敛的量子控制场。

到目前为止，已经发展出不少量子控制方法和技术。最简单的是 π 脉冲动力学方案，它是利用共振单光子跃迁或者相应的共振双光子的拉曼(Raman)跃迁，通过控制脉冲面积来建立相干态。它可以实现两级系统布居的完全翻转，该调控技术的缺点是难以精确控制激发脉冲的强度和持续时间。在基于绝热背景的理论研究方面，人们也提出和实现了一些量子调控技术，例如，啁啾绝热通道(CHIRAP)技术和受激拉曼绝热通道(STIRAP)技术。在 CHIRAP 技术和 STIRAP 技术中，诸如频率或振幅包络之类的激光参数的调整极其缓慢，以满足系统的跃迁只沿着绝热定义的缀饰态进行。这一设计方案的目的是实现到达期望本征态的完全布居转移，因而把这些理论用于更一般的要求对叠加态或混合态的量子状态的控制将是相当困难的。更进一步的量子控制方案是基于测量的量子反馈控制方法。这一方法中所涉及的测量问题是用测量算符来描述的。不过一般量子系统中测量算符的可实现性以及实现的困难度一直以来是基于测量的量子反馈控制理论研究所面临的一个严峻问题。在现有的量子控制方法中，应用最成功的应当是：基于宏观系统中的最优控制理论（OCT）的量子最优控制技术。它是将一个状态调控问题转变成一个全局优化问题。在这一控制技术中，（不含时）性能指标的定义比较灵活，因此可以用于多种优化问题。但是，基于 OCT 的量子最优控制的主要缺点是：所要解决的优化问题是一个“两点边值问题”，系统状态及其伴随状态的运动方程都依赖于未知的控制场，人们只有从猜测控制场开始，通过不断的迭代来完成控制场的设计与优化。这不仅需要大量的数值计算，而且极大地限制了对于复杂量子系统以及需要快速响应的量子控制问题的应用。能够避免迭代、设计相对简单并可实现实时反馈控制的量子控制方法就是 21 世纪初被引入量子系统控制中的基于李雅普诺夫的量子控制方法。

纵观其研究历程，量子李雅普诺夫控制的发展可以分为两个方向：一个是量子李雅普诺夫控制方法在量子调控中的应用及其随之产生的目标态的收敛问题；另外一个是将其与其他控制方法或技术相结合，以进一步提高控制性能。

关于第一个研究方向，研究者们已经做了大量的工作。早期人们针对薛定谔方程的本征态，利用微分几何理论、拉塞尔（Lassale）不变性原理等工具分析其收敛性，在此基础上，采用量子李雅普诺夫控制方法实现一个激发本征态的高概率的布居分布。此后，量子李雅普诺夫控制方法被成功用于叠加态（Cong et al.，2008）、混合态（Kuang et al.，2009）的制备，这促使人们开始研究更一般量子状态的收敛性。王和席尔默（Schirmer）（2010a，2010b）针对量子系统的多种状态，探讨了以观测量平均作为李雅普诺夫函数的控制场设计问题，并从运动学的角度分析了系统不变集状态的稳定性，指出当系统能控时，不变集中的状态除了初始状态和目标状态外都是运动学上的鞍点。当然这些收敛性的结果都是基于系统是理想的（非简并）情况下得到的。针对系统简并的情况，楼等人提出了一种量子跃迁路径规划问题（Lou et al.，2011），利用李群分解技术，通过规划量子演化的路径使其能够达到目标态；博沙尔（Beauchard）等人 2007 年利用隐函数的思想，在系统控制项中加一个扰动，使得系统能一直满足收敛性条件，最终实现系统向目标态的收敛。利用该方法，赵（Zhao）等人 2009 年将其推广到了更一般的基于观测算符平均值的李雅普诺夫函数中，孟（Meng）等人 2012 年将其推广到了多个控制哈密顿量的情况，而且隐李雅普诺夫方法还用在了存在二阶控制项的哈密顿控制系统中。

而第二个发展方向最明显的体现就是李雅普诺夫控制方法与无退相干子空间的结合，使得量子李雅普诺夫方法能够用在开放量子系统的状态调控中。王（Wang）等人

2009年证明了量子李雅普诺夫控制中常用的希尔伯特－施密特(Hilbert-Schmidt)距离不适用于开放量子系统动力学,但同年,Yi等人利用无退相干子空间,结合李雅普诺夫方法,针对伽玛(Gamma)型的四能级系统,将系统初态驱动的了无退相干子空间中的一个目标态。次年,王(Wang)等人将被控系统拓展至了更一般的四能级开放量子系统中。而最优技术应用到李雅普诺夫量子控制方法中,也将明显提高控制的性能,Hou等人2012年利用最优技术优化李雅普诺夫函数,使其下降速度尽可能地快,使得系统演化到目标态的时间比传统的李雅普诺夫方法要快得多。同时李雅普诺夫方法也用到了随机量子系统的控制中,并且将其与反馈控制策略相结合,得到了一些研究成果。如2011年谢里菲(Sharifi)和莫麦尼(Momeni)用李雅普诺夫控制方法解决了量子轨迹的压缩噪声,将系统状态稳定控制至本征态。

与宏观控制系统相似,我们认为量子控制系统也分为两大类:状态转移控制与轨迹跟踪。在量子系统的状态转移控制中,又可细分为纯态控制和一般态控制。针对每一种控制问题都已经产生出多种不同的控制策略。而每一种控制策略都具有自己的特性,即适用范围及其局限性。有计算量大小、求解及其实现难易程度以及控制性能上的差异。所以一个完整的量子系统控制过程实际上是一个选择合适的模型以及合适的控制策略来达到期望目标的过程,这就要求设计者熟悉多种不同模型及其相关控制策略的特点。

为此,本节专门针对已经提出的几个具有代表性的基于李雅普诺夫量子控制方法的特点进行分析综合及其性能对比的研究。

基于李雅普诺夫方法控制的最大优势就是避免迭代求解,不需要求解被控系统的偏微分方程,直接根据李雅普诺夫第二(间接)稳定性定理来获得调控系统状态的控制场。这就使得极快速的量子控制有可能实现。一般而言,对一个系统进行控制器的设计,其前提是该系统必须是可控的,否则,对于任何系统输入,其系统输出状态都将发散,无论采用何种理论或方法对其进行控制器设计都是徒劳的。因此,在对任何系统进行控制器设计之前,需要对被控系统的可控性进行研究,即先弄清楚被控系统是否可控。系统可控性条件就是其研究成果。它的主要作用(或功能)就是给人们判断被控系统是否可控的条件准则提供方便,仅此而已。它也不参与任何控制器的设计。另一方面,从系统控制的角度来研究问题,由某个系统控制理论所设计出的控制器能够使用的基本条件是:在此控制器的作用下,整个控制系统应当是稳定的;如果控制系统不但稳定而且是收敛的,则说明在此控制器的作用下,系统的跟踪误差可达到零值。因为稳定性只能保证系统的跟踪误差落在某个允许的小的范围内,所以稳定性不保证收敛性,而收敛的系统一定是稳定的。从系统控制的角度来看,一个控制系统是否为反馈(或闭环)控制,主要取决于所设计出的控制场的表达形式上是否是被控系统输出状态的函数,如果控制场与系统输出状态有关就是反馈控制,无关就是一个开环控制。所以在量子系统控制中,就控制系统结构图来分类也分为开环控制系统和闭环控制系统两大类。反馈控制是一种典型的闭环控制。实际上，利用宏观控制理论所设计出的量子系统反馈控制场也可以通过基于模型的数学表达式计算出系统的输出状态，并设计出相应的反馈控制场。这种基于模型的状态反馈控制的前提是被控系统的状态确实能够按照模型进行演化，这意味着被控系统是一个封闭量子系统，因为该情况下从模型获得系统状态与实际被控系统输出是一致的。因为开放量子系统导致更复杂的数学模型，所以迄今为止绝大部分量子控制研究都限于封闭量子系统，这也是本节研究的范围。

3.1.2 量子系统的状态驱动

3.1.2.1 被控量子系统模型的描述

与宏观系统控制的方式相似，在量子系统控制中，可以有多种描述被控系统模型和控制问题的方式。系统模型可以采用薛定谔方程或刘维尔方程。具体到某个被控系统是采用哪种模型表示，应取决于所要解决的控制问题。相对于刘维尔方程，采用波函数作为变量的薛定谔方程相对简单，但它只能对纯态进行调控，不能对混合态进行调控。而采用密度矩阵作为变量的刘维尔方程没有此限制。考虑双线性哈密顿量的控制系统：

$$\frac{\partial}{\partial t}\hat{\rho}(t) = -\mathrm{i}\left[\hat{H}_0 + \sum_{m=1}^{M} f_m \hat{H}_m, \hat{\rho}(t)\right] \tag{3.1}$$

其中，$\hat{H}_0$ 是系统（自由）内部哈密顿量，$\hat{H}_m$ 是（控制）外部哈密顿量，假定 $\hat{H}_0$ 与 $\hat{H}_m$ 均独立于时间；$f_m(t)$是一个允许的外部控制场，它是实数。为了简单起见，我们取普朗克常数$\hbar=1$，而将其忽略。

一个哈密顿系统的演化是幺正的。一个纯态幺正控制问题常常用希尔伯特空间的波函数$|\psi\rangle$所遵循的薛定谔方程的演化来描述为

$$\frac{\partial}{\partial t}|\psi\rangle = -\mathrm{i}\left(\hat{H}_0 + \sum_{m=1}^{M} f_m \hat{H}_m\right)|\psi\rangle \tag{3.2}$$

当对系统状态在纯态之间进行调控时，波函数所描述的式(3.2)等价于采用密度算符描述形式，因为有 $\hat{\rho}(t)=|\psi\rangle\langle\psi|$。但是式(3.2)不适用于混合态，这也是式(3.2)的适用范围。需要指出的是，尽管可以将系统模型(3.2)看作模型(3.1)的一种特殊情况，但在具体的研究中，纯态情况下往往可以得到一些更为直观、简洁的结论，且时常可以为模型(3.1)的研究提供一些启发性的思路。

3.1.2.2 量子系统控制问题的描述

从系统控制的角度来看，根据系统控制理论设计出控制场的最大优势就在于：可以通过理论来设计控制场并确定其中的所有参数而不是靠实验调节来获得最优控制场，使控制系统的实验获得最佳控制效果，因此对实际系统实验具有指导意义。从这个意义上来说，控制场的设计最终都可以归结到寻求最佳控制参数的问题上。这在量子系统科学工程中存在许多挑战：

(1) 一般情况下，这不是一个凸优化问题；

(2) 寻优空间往往是无限维的：控制范围被定义在区间$[0,t_f]$上，也可能是无限的$[0,\infty)$区间；

(3) 计算量极大，因为涉及偏微分方程的求解；

(4) 系统被控模型常为非标准形式，很难求解；

(5) 系统被控模型的精度不够。

减少无限维寻找空间的途径之一就是通过控制参数来得到一个有限维里的控制解。这也是最常用的处理手段，对应的控制方案就是采用“平滑常数函数逼近”。参数化控制场的一般形式为：$f(t)=\sum_{m=1}^{M}a_m\cos(\omega_m t+\phi_m)$，其中，控制参数$a_m$，$\omega_m$和$\phi_m$就是需要通过系统控制理论进行优化的参数。

量子系统最典型的控制问题是：设计一组控制函数$f_m(t)$，$m=1,\cdots,M$，使系统状态从一个给定的初始态转移到一个期望的目标态。在量子系统控制中，常称为状态驱动，或状态制备，也可以统称为状态调控。此时，期望到达的目标态是固定的：ψ_f或ρ_f。状态驱动的类型可以分别是纯态和一般态。

从系统控制的角度来说，对一个系统状态的调控，一般是指所设计出的控制场能够完成从任意初态驱动到期望的目标态，并能够最终稳定在该目标态上的控制。结合量子系统本身的特性，对量子系统状态的控制问题，从严格意义上来说，仅能够稳定系统的稳态，也就是本征态。对于系统的非稳态的调控，只能说将目标态稳定在其自行演化的轨道上。

更进一步地，如果期望的目标态不是一个固定的态，而是一个随时间变化的函数，此时只能采用用密度矩阵表示的刘维尔方程来描述。这里又可分为两种情况：一种情况是目标态为一个自由演化方程，满足：$\dot{\rho}_f(t)=-\mathrm{i}[H_0,\rho_f(t)]$，另一种情况是目标态为一个随时间变化的任意函数：$\rho_f(t)=f(t)$。

量子系统一般的控制问题是：设计一组控制函数$f_m(t)$，$m=1,\cdots,M$，使系统从其初始状态ρ_0收敛到期望的目标态ρ_f。既然一个哈密顿系统的演化是幺正的，所以其状

态 $\rho(t)$的频谱是时不变的，或等价于 $\mathrm{tr}[\rho^n(t)]=\mathrm{tr}[\rho_0^n(t)],\forall n\in 1,\cdots,N$。因此，为了保证目标态 ρ_f 的可达性，必须要求 ρ_0 与 ρ_f 具有相同的频谱（或熵），且系统是密度矩阵可控。如果 ρ_0 与 ρ_f 的熵不同，我们可以通过最小化它们之间的距离 $\|\rho(t)-\rho_f(t)\|$来达到目标。

可以分析出，只要 ρ_f 与 $\hat{H}_0$ 是对易的，即$[\hat{H}_0,\rho_f(0)]=0$ 成立，那么 ρ_f 就是固定的。因此量子态的控制问题对大多数目标态而言，就是一个状态调控问题。而对于非固定目标态 $\rho_f(t)$的控制问题就是轨迹跟踪问题：寻找一个控制 $f(t)$使初始态 ρ_0 的轨迹 $\rho(t)$在外加控制作用下的演化渐进收敛到一个目标轨迹 $\rho_f(t)$上。在量子系统的状态跟踪中，可能涉及轨迹跟踪与轨道跟踪问题。有人认为 $\rho(t)$本身是个轨迹，而目标态 ρ_f 运行在自身的一个轨道上。轨道上的路径在量子态上表现出的是全局相位，其变化对态的幅值没有影响，所以在状态控制过程中一般不予以考虑。轨迹 $\rho(t)$是一个随时间变化的函数，是控制场可以影响的被控量。

3.1.3 基于李雅普诺夫量子控制方法的特性分析

现实世界中的实际系统往往是复杂的、非线性的，大多数情况下很难精确解出表征系统动力学特性的非线性方程的解。系统控制理论是根据一些数学上可以使用的分析工具，在不需要对其进行精确求解的情况下，仅通过对这些非线性被控系统的行为及其特性进行分析来获得控制系统的信息。

基于李雅普诺夫控制的基本思想是：基于李雅普诺夫有关的稳定性定理，对一个自治的动力学量子系统 $X=f(x)$，构造一个李雅普诺夫函数 $V(x)$，它是一个定义在相空间 $\Omega=(x)$上的可微标量函数，且 $\forall x\in\Omega$，有 $V(x)\geqslant 0$。利用确保系统稳定性的条件 $\dot{V}(x)\leqslant 0$，来求解此式成立情况下系统的控制场。所以基于李雅普诺夫控制方法设计的关键是李雅普诺夫函数 $V(x)$的构造。因为如果 $V(x)$构造得不合适，就得不到 $\dot{V}(x)\leqslant 0$，则设计失败。只要能够构造出一个 $V(x)\geqslant 0$，同时能够得到 $\dot{V}(x)\leqslant 0$，就能够成功地设计出一个基于李雅普诺夫方法的控制场。必须强调的是，从系统控制理论的角度来看李雅普诺夫稳定性定理所给出的条件只是一个充分条件，不是必要条件，换句话说，找不到合适的 $V(x)\geqslant 0$，使 $\dot{V}(x)\leqslant 0$，不能说系统就一定不稳定。如果找不到这样一个李雅普诺夫函数来设计出有效的控制场，也不能说该系统不可控，最多只能说基于李雅普诺夫的设计方法对该系统不适用。

在量子系统控制中，李雅普诺夫函数的选取主要有 3 种：

(1) 状态距离(Lou et al.，2011)：

$$V_1 = (1 - |\langle \psi_f | \psi \rangle|^2) \tag{3.3}$$

(2) 状态投影(平均值)(Wen，Cong，2011)：

$$V_2 = \langle \psi | P | \psi \rangle \tag{3.4}$$

(3) 状态误差(Cong，Kuang，2007)：

$$V_3 = \langle \psi - \psi_f | \psi - \psi_f \rangle \tag{3.5}$$

系统控制理论告诉我们：对于稳定量子系统其状态轨迹的路径朝系统能量下降方向移动并停止在能量的极小值上。李雅普诺夫函数实际上就是一种能量函数。由于该方法引入李雅普诺夫函数 $V(x)$，且在保证系统稳定条件下的控制设计是通过求李雅普诺夫函数对时间的一阶导数并令 $\dot{V}(x)=0$ 来求得控制场的，其方法等价于构造一个与李雅普诺夫函数相同的性能指标，通过求其最小值情况下的控制函数。从这个角度上说，基于李雅普诺夫方法的控制就是一种最优控制，这就是李雅普诺夫函数与最优控制性能指标之间的关系。了解李雅普诺夫函数的物理意义，有助于人们选择合适的李雅普诺夫函数。具体到上述常用的 3 种李雅普诺夫函数，所求出的控制场就是当系统性能指标分别取式(3.3)、式(3.4)、式(3.5)的情况下，同时满足被控系统方程约束的最优控制场。由于所选取的李雅普诺夫函数作为性能指标的有效范围是由某个初始时刻到无穷大，而不是像标准最优控制中的性能指标的积分取值范围为某个初始时刻到给定的一个终态时刻$[t_0, t_f]$，因此，采用李雅普诺夫方法不用进行黎卡蒂方程迭代，而是根据确保系统稳定的条件就可以直接获得控制场的表达式，而根据控制场的表达式可以很容易地获得任意终态时刻的系统状态。这也是基于李雅普诺夫控制进行量子状态控制设计的最大优势所在。

从另一方面来看，基于李雅普诺夫方法的控制也存在自身的缺点。其一，它是局部寻优控制器，不是全局寻优控制设计。这是由于李雅普诺夫函数的构造要求 $V(x) \geqslant 0$ 为单调的，并且对李雅普诺夫函数求时间导数(即梯度)的算法本身为局部寻优算法所造成的：当期望目标态不在寻优的李雅普诺夫函数范围内时，系统将永远达不到期望目标。由于一般量子系统都是由多个本征态构成的，而每个本征态都是一个稳定的平衡状态。对于这种多平衡态构成的多极值求最优控制问题，采用基于仅适用于单极值的李雅普诺夫方法必然导致不是所有的本征目标态都能达到。其二，即使是目标态落在局部寻优李雅普诺夫函数的范围内，也不能保证所设计出的控制一定能够驱动状态从初始态收敛到期望的目标态，系统也可能收敛到其他平衡态。所以在具体控制器设计中，必须要考虑这些因素的影响，解决这些影响收敛到期望目标态的控制问题。

3.1.4 基于李雅普诺夫方法的量子系统控制的设计

尽管基于李雅普诺夫控制的设计过程比较简单，但其本身所存在的一些不足使得人们在具体量子系统控制的应用中遇到一些困难。对此，人们结合量子系统本身所具有的特点，针对不同的设计目标，已经提出了几种行之有效的改进方案来解决所遇到的问题。下面针对不同的改进方案的设计思想、所能解决的问题及其物理意义等进行剖析。

3.1.4.1 本征态的制备与调控

本征态是系统的稳定态，实际上也是经典态和量子系统在测量情况下的塌缩态。相对来说，对此状态的调控研究要简单点，这也是人们最早开始研究基于李雅普诺夫的方法进行控制器设计的原因。不过，3.1.3 小节中有关基于李雅普诺夫方法的缺点在对本征态的制备与调控中表现得十分突出。

1. 李雅普诺夫函数为状态距离情况

此时采用波函数$|\psi\rangle$的薛定谔方程为被控系统模型：$\mathrm{i}|\dot{\psi}\rangle = H|\psi\rangle$，李雅普诺夫函数为式(3.3)：$V_1=(1-|\langle\psi_f|\psi\rangle|^2)$，其物理意义为：$|\langle\psi_f|\psi\rangle|^2$ 表示系统状态$|\psi\rangle$到目标态$|\psi_f\rangle$的转移概率，一般称为状态距离，因为当$|\psi\rangle$完全被驱动到$|\psi_f\rangle$时，即$|\psi\rangle=|\psi_f\rangle$，有$|\langle\psi_f|\psi\rangle|^2=1$ 成立，且 $V_1(|\psi_f\rangle)=0$，所以满足 $V_1\geqslant 0$，即 V_1 是个单调递减函数。

在选择状态距离为李雅普诺夫函数的情况下，所能够解决的问题为：状态转移。

利用式(3.3)进行量子状态转移调控的适用范围是：仅限于初始态与目标态均为本征态的情况。这主要是因为在对本征态的制备与调控中进行控制器设计时，利用了系统的另外一个关系恒等式，那就是本征方程式：$H_0|\psi_f\rangle=\lambda_f|\psi_f\rangle$。即使这样，所设计出的控制场也还存在问题：

(1) 不是所有的本征态之间都能进行状态转移调控，不存在不可控的本征态。可能出现的情况是：系统在控制场的作用下稳定到一个平衡态，但此平衡态不是期望的目标态。

(2) 当初始态与目标态相互正交时，导致初始控制量为零而无法进行调控。

对上述两个问题常用的解决方案有两种：通过增加一个附加控制量 ωI。这种做法相当于给被控系统状态增加了一个全局相位，且定义当控制量的幅值为零时，其相位为零。在量子系统中，全局相位不影响系统状态的观测效果，所以在被控系统中附加控制量 ωI

不会影响对原系统的控制结果。对第(2)个问题的另一种解决方案为:对初始控制量增加一个微量扰动量来使 $u(0)\neq 0$。

当采用第一种改进方案时,被控系统方程(3.2)变为

$$\mathrm{i}\,|\,\dot{\psi}\rangle = \left(H_0 + \sum_{k=1}^{m} H_k u_k(t) + \omega I\right)|\,\psi\rangle \tag{3.6a}$$

通过所选取的李雅普诺夫函数 $V_1 = (1 - |\langle\psi_f|\psi\rangle|^2)$ 对时间求一阶导数,可得

$$\begin{aligned}\dot{V} &= -2\sum_{k=1}^{m}\Im(\langle\psi_f\mid H_k\mid\psi\rangle)u_k - 2\Im(\langle\psi_f\mid(H_0+\omega I)\mid\psi\rangle)\\ &= -2\sum_{k=1}^{m}\Im(\langle\psi_f\mid H_k\mid\psi\rangle)u_k - 2(\lambda_f+\omega)\Im(\langle\psi_f\mid\psi\rangle)\end{aligned} \tag{3.6b}$$

其中,$\Im$ 为算符的虚部。通过取 $\lambda_f + \omega = K_0 f_0(\Im(\langle\psi_f|\psi\rangle))$,即 $\omega = K\cdot f(\Im(\langle\psi_f|\psi\rangle)) - \lambda_f$ 可以保证 $\dot{V}_1\leqslant 0$。在此情况下,系统的控制场为

$$u_k = K_k f_k(\Im(\langle\psi_f\mid H_k\mid\psi\rangle)) \tag{3.6c}$$

其中,$K_k>0, k=1,2,\cdots,m$。

只要所选取函数 $f_k(x_k)=y_k$ 的图像单调过平面 x_k-y_k 的原点,且位于第一或第三象限构成控制场 u_k 即能够保证系统稳定,换句话说,控制场 u_k 有多种选择,不唯一。

2. 李雅普诺夫函数为观测状态的投影(平均值)情况

此时李雅普诺夫函数选为 $V_2=\langle\psi|P|\psi\rangle$,其中,$P$ 为一个观测矩阵,也称为“虚拟力学量”。一般设计时取 $P = H_0 = \sum_{i=1}^{N} p_i\mid\lambda_i\rangle\langle\lambda_i\mid$。已经证明,对于本征态的制备与调控选取 P 的公式为

$$P = -\rho_f = -|\,\psi_f\rangle\langle\psi_f\,| \tag{3.7a}$$

式(3.7a)实际上是将期望的目标态选为 V_2 的最小值。因此,只要 V_2 是单调的,不论初始状态为何值,在收敛的、可实现的控制场的作用下,系统将收敛到 V_2 的最小值,即期望的目标态。

通过分析可知:V_2 也是一个单调递减函数。由于在选取 $V_2=\langle\psi|P|\psi\rangle$ 情况下所采用的还是波函数为状态变量,所以对系统的状态控制也仅适用于初始态与目标态均为本征态的情况。由于在 V_2 中多了一个可调矩阵 P,设计者可以通过对 P 值的设计来使得系统在控制场的作用下,收敛到期望的目标态,从而避免选择 V_1 时可能出现的第(1)个问题。不过,与取 $V_1=(1-|\langle\psi_f|\psi\rangle|^2)$ 时可能遇到的相同问题是:当初始态与目标态相互正交时,$u(0)=0$,导致控制量为零而无法进行调控。此时可以采用的解决方案同样

是：对初始控制量增加一个微量扰动量来使 $u(0)\neq 0$。

通过所选取的李雅普诺夫函数 $V_2=\langle\psi|P|\psi\rangle$ 对时间求一阶导数，可得

$$\begin{aligned}\dot{V}_2&=-\langle\dot{\psi}\mid P\mid\psi\rangle-\langle\psi\mid P\mid\dot{\psi}\rangle\\&=-\mathrm{i}\langle\psi\mid(H_0+\sum_{k=1}^{m}H_ku_k)P\mid\psi\rangle-\mathrm{i}\langle\psi\mid P(H_0+\sum_{k=1}^{m}H_ku_k)\mid\psi\rangle\\&=-\mathrm{i}\langle\psi\mid[H_0,P]\mid\psi\rangle-\mathrm{i}\langle\psi\mid\sum_{k-1}^{m}[H_k,P]u_k\mid\psi\rangle\\&=-\mathrm{i}\langle\psi\mid[H_0,P]\mid\psi\rangle-\mathrm{i}\sum_{k=1}^{m}\langle\psi\mid[H_k,P]\mid\psi\rangle u_k\end{aligned}\tag{3.7b}$$

通过选择 P 满足 $[H_0,P]=0$，可以获得保证 $\dot{V}_2\leqslant 0$ 的情况下控制场的形式为

$$u_k=K_kf_k(\mathrm{i}\langle\psi\mid[H_k,P]\mid\psi\rangle)\tag{3.7c}$$

其中，参数 $K_k>0,k=1,2,\cdots,m$，其函数 $f_k(x_k)$ 选择原则与 V_1 情况时相同。

3. 李雅普诺夫函数为状态误差情况

此时李雅普诺夫函数的选择又可以分为两种：① $V_3=\frac{1}{2}\langle\psi-\psi_f|\psi-\psi_f\rangle$，② $V_4=\frac{1}{2}(x-x_f)'P(x-x_f)$，两者均为一个单调减函数，且当取 $P=I$ 时，②变为①。由于 V_3 和 V_4 都是关于状态误差的李雅普诺夫函数，所以从系统控制理论的角度上说，这两种李雅普诺夫函数应当可以被应用在被控系统的状态跟踪中。当然也能用来进行本征态的制备和驱动，不过此时在 V_1 和 V_2 可能出现的问题同样可能出现在 V_3 和 V_4 中。

需要强调的是，在对 V_2 和 V_4 的设计中，由于多了个 P 的设计问题，所以是否能够驱动状态到达期望的目标态，完全取决于 P 的构造（也就是 V 的构造）。因此系统控制的关键问题又转变成：寻找一种构造 P 的方法，使 V 不仅仅让系统稳定，同时使系统收敛。解决上述关键问题的条件为：

(1) V 必须是单调的；

(2) 目标态对应于李雅普诺夫函数的最小值点，即 $V(\psi_f)=\min$；

(3) $\dot{V}\leqslant 0$。

理论上已经证明 V_1 与 V_3 是等价的（Kuang，Cong，2008），也就是说，V_3 的应用价值被限制在纯态范围。所以最有价值的李雅普诺夫函数应当是 V_4 形式。

3

3.1.4.2 叠加态的制备与调控

量子系统中的叠加态是由本征态的叠加生成的，纯态包含本征态和叠加态，可以用状态变量为波函数的薛定谔方程来描述，所以对于叠加态制备中的李雅普诺夫函数的选择，原则上说 V_1 至 V_4 形式均可用，但控制器的设计过程与本征态不同。由于调控的状态是叠加态，使得李雅普诺夫函数对时间的一阶导数由原来调控本征态时的齐次方程变为带有漂移项的非齐次方程，这使得控制场的求解变得困难。具体的由 V_3 对时间的一阶导数确定，即

$$\dot{V}_3 = -2\sum_{k=1}^{m}\Im(\langle\psi_{\mathrm{f}} \mid H_k \mid \psi\rangle)u_k - 2\Im(\langle\psi_{\mathrm{f}} \mid (H_0) \mid \psi\rangle) \tag{3.8}$$

从中可以看出，当目标态 ψ_{f} 不是本征态时，$\dot{V}_3$ 右边的第二项的符号是不确定的，也就是说无法设计出保证 $\dot{V}_3 \leqslant 0$ 的控制场来。

通过量子力学的基本概念以及有关量子系统控制的研究，我们发现在量子系统控制中可以借用量子力学中的一个很重要的数学处理方式来解决一些棘手问题，那就是：系统模型的坐标变换。通过同样精心地选择与设计，可以得到一个合适的李雅普诺夫函数，并使其一阶导数较容易被判断出其正负符号来。

在叠加态的制备与调控中解决出现漂移问题的方法是：通过将被控系统变换到一个由 $\mathrm{e}^{-\mathrm{i}t\lambda_n}\mid\psi\rangle$ 给定的旋转框架（rotating frame，RF）上，其中，$\{\mid\psi\rangle: n = 1,\cdots,N = \dim H\}$ 是由 H_0 的本征值为 λ_n 的本征态 $\mid\psi\rangle$ 组成的 H 的一个基，且有 $H_0\mid\psi\rangle = \lambda_n\mid\psi\rangle$。令 $U(t) = \exp(-\mathrm{i}tH_0)$，旋转框架中的动力学就是由新的（相互作用绘景）哈密顿量操控：$A_k(t) = \mathrm{e}^{\mathrm{i}H_0 t}H_k\mathrm{e}^{-\mathrm{i}H_0 t}$，通过此变换可以将漂移项消掉。

现以 V_3 为例，根据所采取的解决办法，在设计中需要进行幺正变换 $\mid\psi(t)\rangle = U(t)\cdot\mid\widetilde{\psi}(t)\rangle$，其中

$$U = \mathrm{diag}(\mathrm{e}^{-\mathrm{i}\lambda_1 t},\mathrm{e}^{-\mathrm{i}\lambda_2 t},\cdots,\mathrm{e}^{-\mathrm{i}\lambda_n t}) \tag{3.9}$$

由此可得变换后的系统为：$\mathrm{i}\mid\rangle = (\widetilde{H}_0 + \sum_{k=1}^{m}\widetilde{H}_k u_k(t) - \Lambda)\mid\rangle$，其中，$\Lambda = \mathrm{diag}(\lambda_1, \lambda_2,\cdots,\lambda_n)$，$\widetilde{H}_0 = U^+H_0U$，$\widetilde{H}_k = U^+H_kU$。由于所采用的坐标变换实际上是不同基底的坐标旋转，在量子系统中，系统的描述都是在选择不同基底的表象中进行的描述，基底选择的不同，导致所描述的系统的形式是不同的，但变换前后的两个系统所具有的状态的动态特性是相同的。所以，对于给定的一个系统，在进行坐标变换后所得到的另一个表象中的系统，对变换后的系统从状态 $\mid\widetilde{\psi}_0\rangle$ 到 $\mid\widetilde{\psi}_f\rangle$ 的调控，等价于对变换前的系统从状态

$|\psi_0\rangle$到$|\psi_f\rangle$的调控。另一方面，通过坐标变换，V_3 对时间的一阶导数变为

$$\begin{aligned}\dot{V}_3 &= \langle\widetilde{\psi} \mid (-\mathrm{i}\widetilde{H}_0 - \mathrm{i}\sum_{k=1}^{m}\widetilde{H}_k u_k(t) + \mathrm{i}\Lambda)^{+} \mid \widetilde{\psi} - \widetilde{\psi}_f\rangle \\ &\quad + \langle\widetilde{\psi} - \widetilde{\psi}_f \mid (-\mathrm{i}\widetilde{H}_0 - \mathrm{i}\sum_{k=1}^{m}\widetilde{H}_k u_k(t) + \mathrm{i}\Lambda) \mid \widetilde{\psi}\rangle \\ &= 2\Im(\langle\widetilde{\psi} \mid \sum_{k=1}^{m}\widetilde{H}_k u_k(t) \mid \widetilde{\psi}\rangle) - 2\Im(\langle\widetilde{\psi}_f \mid (\widetilde{H}_0 + \sum_{k=1}^{m}\widetilde{H}_k u_k(t) - \Lambda) \mid \widetilde{\psi}\rangle) \\ &= -2\Im(\langle\widetilde{\psi}_f - \widetilde{\psi} \mid \sum_{k=1}^{m}\widetilde{H}_k u_k(t) \mid \widetilde{\psi}\rangle) - 2\Im(\langle\widetilde{\psi}_f \mid (\widetilde{H}_0 - \Lambda) \mid \widetilde{\psi}\rangle) \\ &= -2\sum_{k=1}^{m} u_k(t)\Im(\langle\widetilde{\psi}_f - \widetilde{\psi} \mid \widetilde{H}_k \mid \widetilde{\psi}\rangle) \end{aligned} \tag{3.10}$$

所以有 $\dot{V}_3 \leqslant 0$ 成立。

相应的控制场为

$$u_k = K_k \Im(\langle\psi_f - \psi \mid \widetilde{H}_k \mid \psi\rangle) \tag{3.11}$$

对于包括叠加态在内的纯态调控，不论选择 V_3 还是 V_4，控制场是相同的。实际上能否调控到期望的目标态，主要是要取决于合适的 P 的构造来保证系统的收敛性。

3.1.4.3 混合态的制备与调控

如果说纯态的调控是对单位球面上点的调控，那么，由密度矩阵所表示的刘维尔方程的状态调控就是扩大到了包括小于单位球面的内部球上点的调控。这将导致密度矩阵非对角线上元素出现零的情形，即出现系统状态相干性的缺失。在进行混合态的制备、调控与跟踪中，由于系统状态本身的情况变得复杂化，同样存在控制场的设计过程中，李雅普诺夫函数对时间的一阶导数符号的正负性不易确定的问题。所以，借助于量子物理中常用的关键技术处理手段，需要根据量子力学系统所具有的全局相位不具有观测效应的性质，结合具体被控系统自身特性，通过适当变换将系统的状态“旋转”到目标态所在的坐标系上；将动点跟踪问题转变为不动点的调节问题，并以此方式将李雅普诺夫函数一阶导数中不确定值的项变为具有确定正负判定值的项。已有的研究结果表明，量子纯态与混合态的制备、调控与跟踪也存在数学关系上处理的共性。另外，量子态的跟踪问题也是与宏观世界系统的跟踪问题一样，可以根据系统的调控原理通过适当数学上的技术处理，将其变换成调节问题。

混合态的产生有两个原因，其一是量子系统与环境相互作用，出现耗散现象，此时密度矩阵的演化不再是幺正的；另一个原因是大量处于不同纯态的同种粒子的非相干混

合，即统计平均上的混合，从这样的纯态序列系综来看一个给定的混合态，就是将这些纯态密度矩阵按给定的概率非相干叠加，成为一个单一的混合态矩阵。本小节仅研究不受环境影响的封闭量子系统，因此所讨论的混合态均指系综混合态。混合态的调控只能采用密度矩阵形式的刘维尔方程。不过其中包含了对纯态的调控：本征态和叠加态。仅就单个粒子混合态的调控来看，其几何意义可以解释为在单位圆内的某个圆上的量子态的调控。对于封闭量子系统，其纯态的调控为单位圆上的量子态的调控。

一般情况下，所谓的混合态的制备与调控只能是从混合初始态到混合目标态的调控。简单通俗的解释就是：你只能在小于单位 1 的球中，与初始混合态所在的同一个圆上进行其他混合终态的调控。对于混合态的制备与调控，情况比较复杂：除了在控制器设计方面有许多需要考虑的因素以外，一般需要根据目标态本身的情况分成两种情况分别对待。

情况 1　如果目标态是本征态的统计非相干混合，即 $\hat{\rho}_f=\sum_{n=1}^{N}w_n\mid n\rangle\langle n\mid$，则 $\hat{\rho}_f$ 是不随时间变化的固定目标态，例如 $\hat{\rho}_f=|0\rangle\frac{1}{4}\langle 0|+|1\rangle\frac{3}{4}\langle 1|=\frac{1}{4}\begin{pmatrix}1&0\\0&3\end{pmatrix}$。在这种情况下，目标态矩阵的所有非对角元素都是 0。

情况 2　如果目标态矩阵中的非对角元素不全为 0，这也是混合态的一种情况，例如 $\hat{\rho}_f=|1\rangle\frac{1}{2}\langle 1|+\left(\frac{\sqrt{2}}{2}|0\rangle+\frac{\sqrt{2}}{2}|1\rangle\right)\cdot\frac{1}{2}\cdot\left(\frac{\sqrt{2}}{2}\langle 0|+\frac{\sqrt{2}}{2}\langle 1|\right)=\frac{1}{4}\begin{pmatrix}1&1\\1&3\end{pmatrix}$。在这种情况下，本征态 $\hat{\rho}_f(t)$事实上已不再是固定的，而是在 $\hat{H}_0$ 的作用下依照刘维尔-冯·诺依曼方程演化：$\mathrm{i}\frac{\partial}{\partial t}\hat{\rho}_f(t)=[\hat{H}_0,\hat{\rho}_f(t)]$。此刻目标态是一个随时间变化的函数，控制问题成为一个轨迹跟踪问题。从系统控制的角度来看：轨迹跟踪问题通过适当变换，可以转变为状态驱动问题。为了达到这个目的，可以首先对系统算符 $\hat{\rho}(t)$实施一个幺正变换：$\hat{\rho}(t)=U(t)\tilde{\rho}(t)U^{\dagger}(t)$。对期望目标态 $\hat{\rho}_f(t)$也要进行同样的幺正变换：$\hat{\rho}_f(t)=U(t)\tilde{\rho}_fU^{\dagger}(t)$，其中，$\tilde{\rho}_f$ 是一个固定的目标态，$U(t)=\mathrm{diag}(\mathrm{e}^{-\mathrm{i}E_1t},\mathrm{e}^{-\mathrm{i}E_2t},\cdots,\mathrm{e}^{-\mathrm{i}E_Nt})$，并且 $E_i,i=1,\cdots,N$ 满足 $\hat{H}_0=\mathrm{diag}(E_1,E_2,\cdots,E_N)$。由于所进行的变换是幺正的，因此 $\hat{\rho}(t)$和 $\tilde{\rho}(t)$具有相同的布居数。以这样的方式，控制系统(3.1)的状态跟踪一个时变的目标态 $\hat{\rho}_f(t)$的问题等价于驱动变换后系统的状态转移到固定目标态 $\tilde{\rho}_f$ 的问题。

对于密度矩阵形式的李雅普诺夫函数可以选择 $V_5=\frac{1}{2}(\langle\rho-\rho_f\,|\,P\,|\,\rho-\rho_f\rangle)$，此式相当于纯态定义中的 V_3。密度矩阵的另外两种形式的李雅普诺夫函数为 $V_6=\mathrm{tr}\{\rho\rho_f\}$

$=\langle\rho_f\rangle$和 $V_7=\frac{1}{2}\mathrm{tr}\{(\rho-\rho_f)^2\}=\mathrm{tr}(\rho_f^2)-\mathrm{tr}(\rho\rho_f)$，其中，$V_7$ 中的终态为纯态时，$\mathrm{tr}(\rho_f^2)=1$，有 $V_6=V_7$。

可以证明：V_5、V_6 和 V_7 都是等价的，所以人们常取

$$V=\mathrm{tr}(P\rho) \tag{3.12}$$

在混合态本身的特性了解清楚并进行了相应的处理后，可以按照已经在3.1.4.1小节和3.1.4.2小节中叙述过的有关基于李雅普诺夫方法进行控制器的设计。这里不再赘述。

如果混合态的调控情况不是出现在单位球内部的同一个半径上，在此说明两种极端的情况：一种是从任意纯态到给定的期望目标混合态的调控，即从单位球面上的初始态转移到球内部的某个目标态；另一种是从单位球内的某个初始混合态转移到球表面的某个目标纯态，即混合态的纯化。这两种情况下的混合态调控问题的解决方案简述如下。对于从任意纯态到给定的期望目标混合态的调控，所采取的量子调控策略要复杂得多，最复杂的情况下需要采用三步调控来实现。第一步为本征态的制备：将被控系统状态由给定的任意叠加态驱动到系统的一个本征态（如果初始态是个本征态，此步省略），可采用3.1.4.1小节中的方法。第二步将获得的本征态驱动到非对角元素不为零的混合态。在这一步中需要借助一个辅助系统，该辅助系统的状态处在混合态上。通过将辅助系统与被控系统相互作用构成一个复合系统。通过设计一个基于李雅普诺夫的控制器，使复合系统从被控系统的本征初态驱动到辅助系统的期望混合态上。如果期望目标态是矩阵非对角元素为零的混合态，则需要进行第三步的操控：将第二步得到的矩阵非对角元素不为零的混合态驱动到期望的混合态。此种情况下需要注意的是：作为第二步的矩阵非对角元素不为零的混合态不能随便选，它必须是与目标混合态在同一个半径球面上的混合态。对于混合态纯化问题的控制策略，只需要设计最多两步控制器（Yang，Cong，2010）：第一步，只要将纯态到混合态调控中的第二步方案反过来做，也就是借助一个状态处在某个本征态的辅助系统，通过将辅助系统与被控系统相互作用构成一个复合系统。第二步，设计一个基于李雅普诺夫的控制器，使复合系统从被控系统的混合初态驱动到辅助系统的本征态上。然后，再利用3.1.4.1小节中的方法，将系统状态转移到期望的纯态上。

已有的研究经验表明，采用基于李雅普诺夫的控制方法对不同量子态的制备和跟踪，从设计过程上所表现出的不同点就是在对李雅普诺夫函数对时间的一阶导数符号的判断上。从系统控制的角度来看，基于李雅普诺夫的控制方法的最大优点就是不需要通过求解复杂的系统方程，就能够获得系统是否稳定的判断，而对系统状态调控的控制场

就是通过利用此判断条件进行设计的,所以设计简单。但同时将设计难点转移到判断条件的获得上。量子系统的操作中有关坐标旋转技术是物理和化学家们在求解物理微分时常用的一种处理手段,把它引入到基于李雅普诺夫的控制方法中,虽然目的不同,但能够达到相同的效果,这一点在已进行的研究中得到证实。

虽然基于李雅普诺夫方法所设计出的控制场中用到了系统的输出状态,从系统控制的角度来看,此控制场是反馈控制,此类系统控制结构应当是一个闭环控制系统。但是,由于目前真正采用测量来获得的系统输出状态的闭环反馈控制在量子系统的实现中存在困难,所以大部分实验还是开环控制。在不少文献中常出现这样的论述:闭环系统仿真,开环系统控制实现。实际上,理论上所设计的反馈控制场是可以在实际中通过对理想的封闭量子系统模型进行求解来获得其输出作为控制场所需的状态变量来实现的。考虑到目前所存在着的实验中系统输出状态的获取问题,不论是在系统仿真实验还是在实际装置的系统实验中,都将利用系统方程的求解来获取输出状态,我们将其称为“带有状态反馈的程序控制”。此种控制可实现的前提是被控系统的方程与实际系统状态演化的一致性。换言之,能够被精确描述的封闭量子系统是可以满足此条件的。

3.2 统一的量子李雅普诺夫控制方法

本节致力于研究基于李雅普诺夫稳定性原理通用的封闭量子系统控制方法。我们将给出在控制场作用下,量子系统状态收敛性的严格数学证明;将证明控制场的存在性,以及(非)退化和(非)理想量子系统的稳定性。通过分析这些量子系统的最大不变集,最终使得系统可由任意的初始态收敛至任何需求的目标态。就具体的量子系统而言,如果它的哈密顿量强正则,并且控制哈密顿量全连接,则称之为非退化的量子系统,否则称之为退化系统。如果非退化的量子系统的自由哈密顿量与目标状态对易,则称之为理想量子系统。绝大多数现实物理系统都是退化的或者非理想的。例如,目标状态可能并非系统的平衡态,因此自由哈密顿量与目标态可能不对易。又如,常见的 V 型和 Λ 型量子系统都是退化的。

以上提及的量子系统都不能满足现有的研究结果中封闭量子系统的控制方法所要求的条件,所以目前基于李雅普诺夫稳定性理论设计的控制方法都不适用于这些量子系统。因此,设计一种更为实用的量子控制方法不仅具有现实的必要性,也具有理论研究的重要价值。受此激励,我们在此章提出一种基于李雅普诺夫稳定性理论,且针对一般的封闭量子系统的通用控制方法：无论封闭量子系统的哈密顿量是哪种类型，在我们设计的控制场作用下，量子控制系统的状态都能从任意的初始态收敛到任意的目标态。换句话说，我们针对封闭量子系统设计的通用控制方法对量子系统结构没有任何预设的条件或要求。

3.2.1 被控量子系统描述与控制任务

有限维封闭量子系统可由刘维尔-冯·诺伊曼方程$\frac{\partial\rho}{\partial t}=-\mathrm{i}[H,\rho]$进行描述，其中 H 是量子系统的哈密顿量，ρ 是密度矩阵算符。相应地，量子控制系统的动力学方程表示为 $\frac{\partial\rho}{\partial t}=-\mathrm{i}\left[H_0+\sum_{c=1}^{m}H_c u_c,\rho\right]$，其中，$H_0$ 是量子系统的自由哈密顿量，H_c 是对应于控制场 $u_c(t)$ 的控制哈密顿量，且控制场基于李雅普诺夫稳定性原理进行设计。为了保证量子系统的状态能够最终演化为所需的目标状态，我们需要设计具有收敛性的控制场。已有的研究结果表明，基于李雅普诺夫稳定性原理所设计的控制方法要求封闭量子控制系统满足以下条件：

(1) H_0 与目标态 ρ_{e} 对易；

(2) H_0 强正则，即 $\omega_{j_1,k_1}\neq\omega_{j_2,k_2}$，如果$(j_1,k_1)\neq(j_2,k_2)$，其中，$\omega_{j,k}=\lambda_j-\lambda_k$ 是 H_0 的转移频率，λ_j 是 H_0 的特征值。如果 H_0 强正则，那么不同能级之间的转移能量可分辨。

(3) H_c 全连接，即$(H_c)_{j,k}\neq0$，如果 $j\neq k$。如果 H_c 全连接，则能级能够直接关联。

考虑一个可控的 N 能级封闭量子系统，系统状态由密度矩阵算符 ρ 表示。ρ 随时间的演化由刘维尔-冯·诺依曼方程描述：

$$\mathrm{i}\frac{\partial\rho}{\partial t}=\left[H_0+\sum_{c=1}^{m}H_c u_c,\rho\right]=\left[H_0+\sum_{q=1}^{m}H_q(u_q+v_q+w_q),\rho\right],\quad \rho(0)=\rho_0 \tag{3.13}$$

其中，v_q 和 u_q 为依赖时间的控制场 $v_q(t)$和 $u_q(t)$；w_q，$q=1,2,\cdots,m$ 为常数值控制，且至少存在某个 u_q 不为 0，三个控制场共同组成实值控制场：$u_c=u_q+v_q+w_q$。H_0 是量子系统的自由哈密顿量，$H_c=\sum_{q=1}^{m}H_q$，$1\leqslant m\leqslant N$ 是控制哈密顿量，H_0 和 H_q 均为自伴且不依赖于时间。$\lambda_1,\lambda_2,\cdots,\lambda_N$ 和$|\phi_1\rangle,|\phi_2\rangle,\cdots,|\phi_N\rangle$是 H_0 的特征值及相应的特征向量，这些特征向量可以组成规范正交基，在这些基下，自伴算符 H_0，H_q 和 ρ 都具有复

矩阵表现形式，并同样以 H_0，H_q 和 ρ 表示。特别地，$H_0=\mathrm{diag}(\lambda_1,\cdots,\lambda_N)$，$\rho_0$ 是量子系统的初始状态。

我们的控制任务是：根据李雅普诺夫稳定性定理，设计控制场 u_q，v_q 和 w_q，$q=1,2,\cdots,m$，使得系统(3.13)的状态最终能够收敛到目标态 ρ_e，系统(3.13)可能不满足以下条件中的任一个或若干个：

(1) H_0 与目标态 ρ_e 对易；

(2) H_0 强正则；

(3) H_c 全连接。

我们称满足以上所有条件的系统为理想量子系统；对于满足条件 H_0 强正则与 H_c 全连接的量子系统是非退化的。然而在实际量子系统中，大多数量子控制系统都不是理想的系统，不满足现有的基于李雅普诺夫的控制方法所要求的条件，例如 V 型和 Λ 型量子系统，这导致现有的基于李雅普诺夫的控制方法不适用，换句话说，现有的基于李雅普诺夫控制方法不具有实用价值。因此，有必要对量子系统的基于李雅普诺夫的控制方法进行更加深入的研究，解决上述存在的问题，提出一种适用于非理想情况下的基于李雅普诺夫的封闭量子系统的控制方法，以使李雅普诺夫的控制理论能够真正应用到实际的量子系统中去。孟芳芳 2013 年通过引入隐函数来解决退化情况下的收敛问题，嵇英华 2017 年通过结合棒棒控制实现控制系统收敛到目标态。

本节提出并设计出一种基于李雅普诺夫稳定性定理的封闭量子系统的统一控制方法，所提方法可以用于非理想情况下的封闭量子系统的状态转移，以解决控制系统在退化情况下目标态为任意量子态的收敛性问题，其中包括任意的本征态、叠加态和混合态。控制场的设计具有灵活性，且在所设计的控制场作用下，无论封闭量子控制系统具有何种哈密顿量，都可以使系统从任意初始状态转移到任意期望目标状态。

在给出刘维尔方程下，基于李雅普诺夫稳定性定理的封闭量子系统的统一控制方法的设计过程的基础上，本节分别通过三、四和五能级量子系统在不同情况下，量子状态转移控制的系统仿真实例及其结果分析，来验证所设计的统一控制场的控制效果。

3.2.2 解决问题的主要思路

被控系统的动力学方程为量子刘维尔方程：

$$\mathrm{i}\frac{\partial\rho}{\partial t}=\left[H_0+\sum_{c=1}^{m}H_c u_c,\rho\right],\quad \rho(0)=\rho_0 \tag{3.14}$$

其中，ρ 为密度算符，H_0 为自由哈密顿量，H_c 为控制哈密顿量，$u_c(t)$为基于李雅普诺夫的控制方法设计的控制场。

统一控制场作用下的量子控制系统的方程为前面提及的式(3.13)，即

$$\mathrm{i}\frac{\partial\rho}{\partial t}=\left[H_0+\sum_{c=1}^{m}H_c u_c,\rho\right]=\left[H_0+\sum_{q=1}^{m}H_q(u_q+v_q+w_q),\rho\right],\quad \rho(0)=\rho_0$$

其中，控制场 u_c 分为三部分：时变控制场 u_q、v_q 和常值控制场 w_q，$q=1,\cdots,m$。

统一控制场设计的主要思路是：构造虚拟力学量 $\hat{P}$ 均值为李雅普诺夫函数 V，虚拟力学量旨在保证 V 在目标态下达到最小值。通过使量子控制系统的自由哈密顿量与目标态对易来设计控制场 w_q；如果原系统为退化的，则设计控制场 v_q 来使得系统新的自由哈密顿量强正则与控制哈密顿量全连接，并使控制系统变为非退化情况，同时控制场 v_q 还用于解决收敛到除目标态以外系统其他平衡态的问题；设计控制场 u_q 来使 V 的导数在量子控制系统演化过程中小于或等于零，使量子控制系统在演化过程中保持稳定。

在深入讨论设计控制场的具体步骤之前，我们先引入一些符号和约定。令自伴算符 $H_0'=H_0+\sum_{q=1}^{m}H_q w_q$，并且假设由 H_0'的特征向量组成的规范的正交基是$|\phi_1'\rangle,\cdots,|\phi_N'\rangle$。对于任意算符 M，我们用 $\hat{M}$ 表示M 在上述规范正交基下的矩阵形式，类似地，令自伴算符 $\hat{H}_0''=\hat{H}_0'+\sum_{q=1}^{m}\hat{H}_q v_q$，并假设由 $\hat{H}_0''$的特征向量组成的规范的正交基是$|\phi_1''(v)\rangle,\cdots,|\phi_N''(v)\rangle$。此外，假设 $\hat{\rho}_e=\mathrm{diag}(\hat{\alpha}_1,\cdots,\hat{\alpha}_N)$。

我们提出解决问题的控制方法的主要思路为：

(1) 首先设计虚拟力学量 $\hat{P}_v$，并设计李雅普诺夫函数为 $\hat{P}_v$ 的期望，使得 V 能够在目标态取得最小值。

(2) 如果系统(3.13)中的自由哈密顿量与目标态不对易，我们设计控制场 w_q 使得 H_0'与目标态对易，然后 H_0'被视为在控制场 w_q 作用下系统(3.13)新的哈密顿量。

(3) 如果系统(3.13)退化，即不满足条件(2)和(3)，我们设计控制场 v_q 使得$\hat{H}_0''$强正则，并且 $\hat{H}_q$ 全连接。然后 $\hat{H}_0''$被视为在控制场 v_q 作用下系统(3.13)新的哈密顿量；$\hat{H}_q$ 为新的控制哈密顿量；v_q 还同时被设计来解决除目标态外，系统具有多个平衡点的问题。

(4) 最后在任何情况下，我们都将设计控制场 u_q 使得量子系统(3.13)能够收敛到目标态。

3.2.3 统一李雅普诺夫的控制方法设计

我们提出的基于李雅普诺夫稳定性理论的封闭量子系统通用控制方法的主要结果可总结为以下定理：

定理 3.1 在控制场 u_q，v_q 和 w_q 的作用下，量子系统(3.13)可以从任意初始状态收敛到目标态 ρ_e 或 $\hat{\rho}_e=\hat{U}^\dagger\rho_e\hat{U}$。

(1) 在任何情况下

$$u_q(t)=a_q f_q(\mathrm{itr}([\hat{P}_v,\hat{H}_q]\hat{\rho})),\quad q=1,\cdots,m \tag{3.15}$$

其中，系数 $a_q\geqslant0$，函数 f_q 为定义在 $\mathbf{R}$ 上的严格递增函数且 $f_q(0)=0$；$\hat{H}_q=\hat{U}^\dagger H_q\hat{U}$，$\hat{\rho}(t)=\hat{U}^\dagger\rho(t)\hat{U}$。$H_0'$的特征值和对应的特征向量分别为 $\lambda_1',\cdots,\lambda_N'$与$|\phi_1'\rangle,\cdots,|\phi_N'\rangle$，幺正矩阵 $\hat{U}$ 的第j 列元素由特征向量组成的正交基$|\phi_1'\rangle,\cdots,|\phi_N'\rangle$构成：$\hat{U}=[|\phi_1'\rangle\ \ |\phi_2'\rangle\ \ \cdots\ \ |\phi_N'\rangle]$。正半定算符 $\hat{P}_v$ 是一个带有实参数$\hat{\beta}_1,\cdots,\hat{\beta}_N$ 的虚拟力学量：

$$\hat{P}_v=\sum_{j=1}^{N}\hat{\beta}_j\,|\phi''_j(v)\rangle\langle\phi''_j(v)| \tag{3.16}$$

其中，$|\phi''_j(v)\rangle$是在控制场 v_q 作用下的新自由哈密顿量，$\hat{H}''_0$的特征向量。

为了方便起见，用下标 v 表示控制场v_q。

(2) 在 H_0 与目标态 ρ_e 不对易情况下，控制场 w_q 被设计为方程$Aw=b$ 的解，使得$[H_0',\rho_e]=0$，其中，$w=[\omega_1,\cdots,\omega_m]^{\mathrm{T}}$，$b=[B_{1,2},\cdots,B_{1,N},B_{2,3},\cdots,B_{N-1,N}]^{\mathrm{T}}$，并且

$$A=\begin{bmatrix}(A_1)_{1,2} & (A_2)_{1,2} & \cdots & (A_m)_{1,2}\\ \vdots & \vdots & \ddots & \vdots\\ (A_1)_{1,N} & (A_2)_{1,N} & \cdots & (A_m)_{1,N}\\ (A_1)_{2,3} & (A_2)_{2,3} & \cdots & (A_m)_{2,3}\\ \vdots & \vdots & \ddots & \vdots\\ (A_1)_{2,N} & (A_2)_{2,N} & \cdots & (A_m)_{2,N}\\ \vdots & \vdots & \ddots & \vdots\\ (A_1)_{N-1,N} & (A_2)_{N-1,N} & \cdots & (A_m)_{N-1,N}\end{bmatrix}$$

另有，$A_q=[H_q,\rho_e]$，$B=[\rho_e,H_0]$，$q=1,\cdots,m$。在此情况下，控制场 $v_q=0$。

(3) 在 H_0 非强正则且(或)H_q 非全连接的情况下，设计控制场 v_q 使得系统的自由哈密顿量 $\hat{\hat{H}}''_0 = \hat{\hat{H}}'_0 + \sum_{q=1}^{m} \hat{\hat{H}}_q v_q = \mathrm{diag}(\lambda''_1(v_q), \cdots, \lambda''_N(v_q))$ 成为强正则，且新的控制哈密顿量 $\hat{\hat{H}}_q$ 为全连接，其中，$\hat{\hat{H}}'_0 = \hat{\hat{U}}^\dagger \hat{H}'_0 \hat{\hat{U}}$，$\hat{H}'_0 = \hat{U}^\dagger H'_0 \hat{U}$，$\hat{\hat{H}}_q = \hat{\hat{U}}^\dagger \hat{H}_q \hat{\hat{U}}$。幺正矩阵 $\hat{\hat{U}}$ 的第 j 列元素 $\hat{\hat{U}}_j$ 由 $\hat{H}''_0 = \hat{H}'_0 + \sum_{q-1}^{m} \hat{H}_q v_q$ 的正交基 $|\phi''_1\rangle, \cdots, |\phi''_N\rangle$ 构成：$\hat{\hat{U}}_j = |\phi''_j\rangle$，该正交基也是 $\hat{\hat{H}}''_0 = \hat{\hat{H}}'_0 + \sum_{q-1}^{m} \hat{\hat{H}}_q v_q$ 的特征向量。控制场 v_q 的具体设计为

$$v_q(t) = \begin{cases} cg(\mathrm{tr}(\hat{P}_v(\hat{\rho} - \hat{\rho}_e))), & q = q_j; j = 1, \cdots, n; 1 \leqslant n \leqslant m \\ 0, & q \neq q_j \end{cases} \tag{3.17}$$

其中，函数 $g \in \mathbf{C}^1(-\infty, \infty)$ 连续可微且有 $g(0) = 0$，其导函数 g' 恒为正且有界；系数 c 满足

$$c < \left| \mathrm{tr}\left(\frac{\partial \hat{P}_v}{\partial v} (\hat{\rho} - \hat{\rho}_e) \right) g' \right|^{-1} \tag{3.18}$$

在此情况下，控制场 $w_q = 0$。

(4) 如果以上情况同时出现，设计控制场 w_q 等同于(2)中情况，设计控制场 v_q 等同于(3)中情况。

(5) 如果以上情况都不出现，设计控制场 $v_q = 0$ 以及 $w_q = 0$。

3.2.4 定理 3.1 的证明

我们将通过四个引理和一个推论来联合证明定理 3.1，控制场的具体设计过程也将在下面两个小节中详细说明。

首先，在 3.2.4.1 小节中我们将给出求解控制场 w_q 的具体设计过程并证明其存在性，目的是使$[H'_0, \rho_e] = 0$，以便解决自由哈密顿量 H_0 与目标态 ρ_e 不对易的问题。在 3.2.4.2 小节中我们将通过引理 3.1 与推论 3.1，分别证明控制场 v_q 的存在性以及展示其表达式设计细节。我们将严格证明量子系统在控制场 v_q 作用下成为非退化的。这样，自由哈密顿量 H_0 非强正则且(或)控制哈密顿量 H_q 非全连接的问题得已解决。

我们将通过引理 3.2 证明在所设计的控制场 u_q 作用下，李雅普诺夫函数的导数具有非负性，从而使得量子系统稳定；通过引理 3.3 来证明量子系统的最大不变集是包括

目标态和其余平衡态在内的一个有限点集。那么，通过引理 3.4 可以证明，如果设计合适的虚拟力学量 $\hat{P}_v$，李雅普诺夫函数 V 将在目标态达到其最小值。最后将证明，因为我们设计的控制场 u_q 在最大不变集中除了目标态的平衡态处都不为零，量子控制系统得已跳出所有非稳定的平衡态，最终收敛至目标态。

就三种类型控制场的具体形式而言，控制场 w_q 是与自由哈密顿量 H_0、控制哈密顿量 H_q 以及目标态 ρ_e 相关的常数；控制场 v_q 是虚拟力学量 $\hat{P}_v$、目标态 ρ_e 以及系统状态 $\hat{\rho}$ 的隐函数；控制场 u_q 又是 $\hat{P}_v$，$\hat{H}_q$ 以及 $\hat{\rho}$ 的函数，所以 u_q 也是 v_q 的隐函数。所以，所提出的统一控制场也称为统一隐李雅普诺夫控制理论。

3.2.4.1 常值控制场的设计及其存在性

控制场 w_q 被设计用来使新的哈密顿量 H'_0 与目标态 ρ_e 对易，从而 H'_0 与 ρ_e 可以同时对角化。

首先，将 $H'_0 = H_0 + \sum_{q=1}^{m} H_q w_q$ 视作量子系统(3.13)新的哈密顿量，并且假设 $\lambda'_1, \cdots, \lambda'_N$ 与 $|\phi'_1\rangle, \cdots, |\phi'_N\rangle$ 分别是 H'_0 的特征值和对应的特征向量。然后，构造酉变换矩阵 $\hat{U}$ 的第 j 列元素由特征向量 $|\phi'_1\rangle, \cdots, |\phi'_N\rangle$ 构成：$\hat{U} = [|\phi'_1\rangle \quad |\phi'_2\rangle \quad \cdots \quad |\phi'_N\rangle]$。正交基 $|\phi'_1\rangle, \cdots, |\phi'_N\rangle$ 在控制场 w_q 的作用下，系统(3.13)变为

$$\mathrm{i}\frac{\partial \hat{\rho}}{\partial t} = \left[\hat{H}'_0 + \sum_{q=1}^{m} \hat{H}_q (u_q + v_q), \hat{\rho}\right], \quad \hat{\rho}(0) = \hat{\rho}_0 \tag{3.19}$$

其中，$\hat{\rho}(t) = \hat{U}^\dagger \rho(t) \hat{U}$，$\hat{H}'_0 = \hat{U}^\dagger H'_0 \hat{U}$，$\hat{H}_q = \hat{U}^\dagger H_q \hat{U}$，$\hat{\rho}_0 = \hat{U}^\dagger \rho_0 \hat{U}$，目标态 ρ_e 变为 $\hat{\rho}_e = \hat{U}^\dagger \rho_e \hat{U}$。

实际上，因为 $\hat{U}^\dagger H'_0 \hat{U}$ 就是 $\hat{H}'_0$ 的对角化过程，所以 $\hat{H}'_0$ 也是一个对角化，其对角元素为新系统(3.19)在控制场 w_q 的作用下的特征根 $\lambda'_1, \cdots, \lambda'_N$。

为了使新的哈密顿量 $\hat{H}'_0$ 能够与目标态 ρ_e 对易，我们将对易表达式 $[H'_0, \rho_e]$ 展开。另一方面，因为 $H'_0 = H_0 + \sum_{q=1}^{m} H_q w_q$，我们可以得到

$$[H'_0, \rho_e] = \left[H_0 + \sum_{q=1}^{m} H_q w_q, \rho_e\right] = [H_0, \rho_e] + \sum_{q=1}^{m} [H_q, \rho_e] w_q \tag{3.20}$$

因此，$\hat{H}'_0$ 与 ρ_e 对易当且仅当

$$\sum_{q=1}^{m} [H_q, \rho_e] w_q = [\rho_e, H_0] \tag{3.21}$$

令 $A_q=[H_q,\rho_e]$，$q=1,\cdots,m$ 以及 $B=[\rho_e,H_0]$，方程(3.21)变为

$$\sum_{q=1}^{m}A_q w_q = B \tag{3.22}$$

此方程可按元素展开为

$$\sum_{q=1}^{m}\begin{bmatrix}(A_q)_{1,1}\omega_q & (A_q)_{1,2}\omega_q & \cdots & (A_q)_{1,N}\omega_q\\(A_q)_{2,1}\omega_q & (A_q)_{2,2}\omega_q & \cdots & (A_q)_{2,N}\omega_q\\ \vdots & \vdots & \ddots & \vdots\\(A_q)_{N,1}\omega_q & (A_q)_{N,2}\omega_q & \cdots & (A_q)_{N,N}\omega_q\end{bmatrix}=\begin{bmatrix}B_{1,1} & B_{2,1} & \cdots & B_{1,N}\\B_{2,1} & B_{2,2} & \cdots & B_{2,N}\\ \vdots & \vdots & \ddots & \vdots\\B_{N,1} & B_{N,2} & \cdots & B_{N,N}\end{bmatrix} \tag{3.23}$$

若方程(3.23)成立，当且仅当方程左边矩阵中的每个元素等于方程右边中对应的元素。下面我们将通过讨论这些元素来分析方程(3.23)解的存在性。

因为 H_0，H_q 以及 ρ_e 都是自伴算符，所以 A_q 和 B 是反自伴的，即 A_q 和 B 的伴随等于其本身的负矩阵。这样，A_q 和 B 的所有对角线元素只能是零或者纯虚数：

$$(A_q)_{j,k} = -(A_q)^*_{k,j},\quad B_{j,k} = -B^*_{k,j},\quad j,k = 1,\cdots,N \tag{3.24}$$

因此，我们只需要考虑方程(3.23)中矩阵的上三角部分：

$$\sum_{q=1}^{m}(A_q)_{j,k}w_q = B_{j,k},\quad 1\leqslant j\leqslant k\leqslant N \tag{3.25}$$

我们将方程重新写成线性方程组形式：

$$\begin{cases}\sum_{q=1}^{m}(A_q)_{j,k}w_q = B_{j,k},\quad 1\leqslant j\leqslant k\leqslant N\\(A_1)_{1,1}\omega_1+(A_2)_{1,1}\omega_2+\cdots+(A_m)_{1,1}\omega_m = B_{1,1}\\(A_1)_{1,2}\omega_1+(A_2)_{1,2}\omega_2+\cdots+(A_m)_{1,2}\omega_m = B_{1,2}\\ \vdots\\(A_1)_{1,N}\omega_1+(A_2)_{1,N}\omega_2+\cdots+(A_m)_{1,N}\omega_m = B_{1,N}\\(A_1)_{2,2}\omega_1+(A_2)_{2,2}\omega_2+\cdots+(A_m)_{2,2}\omega_m = B_{2,2}\\ \vdots\\(A_1)_{2,N}\omega_1+(A_2)_{2,N}\omega_2+\cdots+(A_m)_{2,N}\omega_m = B_{2,N}\\ \vdots\\(A_1)_{N,N}\omega_1+(A_2)_{N,N}\omega_2+\cdots+(A_m)_{N,N}\omega_m = B_{N,N}\end{cases} \tag{3.26}$$

从式(3.26)中可以看出，其中的第一个方程不是独立的，换句话说，方程

$$(A_1)_{1,1}\omega_1 + (A_2)_{1,1}\omega_2 + \cdots + (A_m)_{1,1}\omega_m = B_{1,1} \tag{3.27}$$

可以写成方程组(3.26)中其他方程的线性组合。这等价于说方程(3.27)的系数$(A_1)_{1,1}$以及常数项$B_{1,1}$可以分别写成方程组(3.26)中其余方程对应项的线性组合。实际上有下式成立：

$$\begin{cases}(A_q)_{j,j} = \sum_{l=1}^{N}(H_q)_{j,l}(\rho_e)_{l,j} - \sum_{l=1}^{N}(\rho_e)_{j,l}(H_q)_{l,j}, & j = 1,\cdots,N; q = 1,\cdots,m \\ B_{j,j} = \sum_{l=1}^{N}(\rho_e)_{j,l}(H_0)_{l,j} - \sum_{l=1}^{N}(H_0)_{j,l}(\rho_e)_{l,j}, & j = 1,\cdots,N\end{cases} \tag{3.28}$$

所以我们有

$$\begin{cases}(A_q)_{1,1} = \sum_{l=2}^{N}(A_q)_{j,j}, \quad q = 1,\cdots,m \\ B_{1,1} = \sum_{l=2}^{N}B_{j,j}\end{cases} \tag{3.29}$$

因此，方程(3.27)不是独立的，可以从方程组(3.26)中删除。我们将删除了方程(3.27)的线性方程组的矩阵形式表示为

$$Aw = b \tag{3.30}$$

其中

$$A = \begin{bmatrix}(A_1)_{1,2} & (A_2)_{1,2} & \cdots & (A_m)_{1,2} \\ \vdots & \vdots & \ddots & \vdots \\ (A_1)_{1,N} & (A_2)_{1,N} & \cdots & (A_m)_{1,N} \\ (A_1)_{2,2} & (A_2)_{2,2} & \cdots & (A_m)_{2,2} \\ \vdots & \vdots & \ddots & \vdots \\ (A_1)_{2,N} & (A_2)_{2,N} & \cdots & (A_m)_{2,N} \\ \vdots & \vdots & \ddots & \vdots \\ (A_1)_{N,N} & (A_2)_{N,N} & \cdots & (A_m)_{N,N}\end{bmatrix}$$

$$w = [\omega_1, \omega_2 \cdots, \omega_m]^{\mathrm{T}}$$

$$b = [B_{1,2}, \cdots, B_{1,N}, B_{2,2}, \cdots, B_{N,N}]^{\mathrm{T}}$$

方程(3.27)的解 w 可以使$[H_0',\rho_e]=0$成立，则有

$$[\hat{H}_0',\hat{\rho}_e]=[H_0',\rho_e]=0 \tag{3.31}$$

又因为 $\hat{H}_0'$和 $\hat{\rho}_e$ 都是对角阵，并且 $\hat{H}_0'$与 $\hat{\rho}_0$ 具有同样的特征根，当方程(3.30)两边矩阵的所有对角线元素都为零，即

$$(A_q)_{j,j}=B_{j,j}=0,\quad j=1,\cdots,N;q=1,\cdots,m \tag{3.32}$$

时，方程(3.27)可以简化为

$$A'w=b' \tag{3.33}$$

其中

$$A'=\begin{bmatrix} (A_1)_{1,2} & (A_2)_{1,2} & \cdots & (A_m)_{1,2} \\ \vdots & \vdots & \ddots & \vdots \\ (A_1)_{1,N} & (A_2)_{1,N} & \cdots & (A_m)_{1,N} \\ (A_1)_{2,3} & (A_2)_{2,3} & \cdots & (A_m)_{2,3} \\ \vdots & \vdots & \ddots & \vdots \\ (A_1)_{2,N} & (A_2)_{2,N} & \cdots & (A_m)_{2,N} \\ \vdots & \vdots & \ddots & \vdots \\ (A_1)_{N-1,N} & (A_2)_{N-1,N} & \cdots & (A_m)_{N-1,N} \end{bmatrix}$$

$$w=[\omega_1,\omega_2\cdots,\omega_m]^{\mathrm{T}} \tag{3.34}$$

$$b'=[B_{1,2},\cdots,B_{1,N},B_{2,3},\cdots,B_{N-1,N}]^{\mathrm{T}} \tag{3.35}$$

可以断言 $b'\neq0$，因此方程(3.30)是非齐次的，否则，如果 $b'=0$，并且因为我们已经假设 $B_{j,j}=0,j=1,\cdots,N$，那么 $B_{j,k}=0$ 对于任意 j,k 都成立，这意味着$[\rho_e,H_0]=0$，这与 H_0 与 ρ_e 不对易的原始条件矛盾。

现在我们来讨论非齐次方程(3.33)解的存在性。

因为 $0\leqslant m\leqslant N$，所以矩阵 A'的维数是$N(N-1)/(2\times m)$，那么

(1) 如果 $N=2$，那么 $N(N-1)/2=1$。令 $m=1$，式(3.33)有唯一解。

(2) 如果 $N=3$，那么 $N(N-1)/2=3$，此时：

① 令 $m=3$，那么式(3.33)至少有唯一解。

② 如果 $\mathrm{rank}(A')=\mathrm{rank}(A'|b')=2$，令 $m=2$，那么式(3.33)有唯一解。

③ 如果 $\mathrm{rank}(A')=\mathrm{rank}(A'|b')=1$，此时，令 $m=2$，那么式(3.33)有无穷多个解；令 $m=1$，那么式(3.33)有唯一解。

(3) 如果 $N>3$，此时：

① 如果 $\text{rank}(A')=\text{rank}(A'|b')=m$,那么式(3.33)有唯一解;

② 如果 $\text{rank}(A')=\text{rank}(A'|b')<m$,那么式(3.33)有无穷多个解;

③ 如果 $\text{rank}(A')=\text{rank}(A'|b')>m$,那么式(3.33)无解。

可能的话,我们总是选择较小的 m,使得线性方程组有唯一解。例如,如果 $N=3$ 并且 $\text{rank}(A')=\text{rank}(A'|b')=1$,我们令 $m=1$,则方程组有唯一解。否则,如果存在多个解,因为每个解都可以使得自由哈密顿量 H_0' 与 ρ_e 对易,我们可以选择其中任意一个解作为控制场 w_q 的值。具体情况下,我们选择更便于计算的解。此外,解的存在性依赖于矩阵 A' 和 $(A'|b')$ 的秩,而这两个矩阵都不是从量子系统的原始参数直接推导得到的,而是从原始参数的计算结果中进行选择构造得到的。所以,并不能从量子系统的原始参数直接推导出解的存在性。

3.2.4.2 微扰控制场的设计及其对系统的影响

控制场 v_q 被设计成为系统(3.19)的扰动,我们赋予其完成双重任务:一是在其作用下,量子系统新的哈密顿量 $\hat{H}_0''$ 或 $\hat{\hat{H}}_0''$ 成为强正则,并且新的控制哈密顿量 $\hat{\hat{H}}_q$ 变为全连接,这样新的量子系统将变为非退化的;二是可以使系统状态从最大不变集中所有非稳定的平衡态跳出来。

1. 微扰控制场 v_q 的设计

首先,我们构造新的酉变换矩阵 $\hat{\hat{U}}$ 的第 j 列元素 $\hat{\hat{U}}_j$ 由 $\hat{H}_0''=\hat{H}_0'+\sum_{q=1}^{m}\hat{H}_q v_q$ 的特征向量 $|\phi_1''\rangle,\cdots,|\phi_N''\rangle$ 构成:$\hat{\hat{U}}_j=|\phi_j''\rangle$。那么在由特征向量 $|\phi_1''\rangle,\cdots,|\phi_N''\rangle$ 组成的规范正交基下,方程(3.19)变为

$$\mathrm{i}\frac{\partial\hat{\hat{\rho}}}{\partial t}==\left[\hat{\hat{H}}_0''+\sum_{q=1}^{m}\hat{\hat{H}}_q(u_q+v_q),\hat{\hat{\rho}}\right],\quad \hat{\hat{\rho}}(0)=\hat{\hat{\rho}}_0 \tag{3.36}$$

其中,$\hat{\hat{\rho}}(t)=\hat{\hat{U}}^\dagger\hat{\rho}(t)\hat{\hat{U}}$,$\hat{\hat{H}}_0=\hat{\hat{U}}^\dagger H_0\hat{\hat{U}}$,$\hat{\hat{H}}_q=\hat{\hat{U}}^\dagger\hat{H}_q\hat{\hat{U}}$,$\hat{\hat{\rho}}_0=\hat{\hat{U}}^\dagger\hat{\rho}_0\hat{\hat{U}}$,以及目标态 $\hat{\rho}_e$ 变为 $\hat{\hat{\rho}}_e=\hat{\hat{U}}^\dagger\hat{\rho}_e\hat{\hat{U}}$。

换基之后,根据方程(3.31),我们可以得到 $\hat{\hat{H}}'$ 与 $\hat{\hat{\rho}}_e$ 对易:

$$[\hat{\hat{H}}',\hat{\hat{\rho}}_e]=\hat{\hat{U}}^\dagger\hat{H}_0'\hat{\hat{U}}\hat{\hat{U}}^\dagger\hat{\rho}_e\hat{\hat{U}}-\hat{\hat{U}}^\dagger\hat{\rho}_e\hat{\hat{U}}\hat{\hat{U}}^\dagger\hat{H}_0'\hat{\hat{U}}=\hat{\hat{U}}^\dagger[H_0',\rho_e]\hat{\hat{U}}=0 \tag{3.37}$$

令

$$\hat{\hat{H}}_0''=\hat{\hat{H}}_0'+\sum_{q=1}^{m}\hat{\hat{H}}_q''v_q=\text{diag}(\lambda_1''(v),\cdots,\lambda_N''(v)) \tag{3.38}$$

其对角线元素即为新系统的特征值。

此时，我们可以得到，在控制场 v_q 作用后，系统新的哈密顿量 $\hat{\hat{H}}''_0$ 组成的系统方程为

$$\mathrm{i}\frac{\partial \hat{\hat{\rho}}}{\partial t} = = \left[\hat{H}''_0 + \sum_{q=1}^{m} \hat{\hat{H}}_q u_q, \hat{\hat{\rho}}\right], \quad \hat{\hat{\rho}}(0) = \hat{\hat{\rho}}_0 \tag{3.39}$$

我们将在下一小节给出在控制场 v_q 作用下，由方程(3.39)描述的量子系统非退化的详细证明。

现在我们来设计控制场 v_q。

实际上，存在很多满足控制场 v_q 需求的备选函数，我们将设计能够使系统状态从最大不变集中的任意非稳定平衡态跳出的一种比较简单的控制场：v_q 将被设计成为李雅普诺夫函数 V 的函数，且随着系统状态收敛至目标态，v_q 将单调减为零。因李雅普诺夫函数 V 是虚拟力学量 P_v 的函数，虚拟力学量又是 v_q 的函数，所以 v_q 是虚拟力学量的隐函数。

令 $\hat{H}''_0 = \hat{H}'_0 + \sum_{q=1}^{m} \hat{H}_q v_q$ 的特征值和对应的特征向量分别为 $\lambda''_j(v)$ 和 $|\phi''_j\rangle$，$1 \leqslant j \leqslant N$。我们构造一个李雅普诺夫函数 $V: \mathbf{C}^{N\times N} \to \mathbf{R}$ 为虚拟力学量和系统状态的函数，同时也是控制场 v_q 的隐函数：

$$V(\hat{\rho}) = \mathrm{tr}(\hat{P}_v \hat{\rho}) = \mathrm{tr}(\hat{\hat{P}}_v \hat{\hat{\rho}}) \tag{3.40}$$

其中，$\hat{P}_v$ 为正半定算符的虚拟力学量，同时也是 V 的函数。$\hat{P}_v$ 与 $\hat{\hat{P}}_v$ 是 P_v 分别在规范正交基 $|\phi'_1\rangle, \cdots, |\phi'_N\rangle$ 和 $|\phi''_1\rangle, \cdots, |\phi''_N\rangle$ 下的矩阵表示。V 非负，因 P_v 正半定。为了描述简单起见，用 v 代表控制场 v_q。

控制场 v_q 的存在性由引理 3.1 给出：

引理 3.1　假设函数 $g_j \in \mathbf{C}^1(-\infty, \infty)$ 且 $g_j(0) = 0$，$j = 1, \cdots, m$，其导数 g'_j 为正且有界。对任意的密度矩阵 $\hat{\rho}$，定义函数：

$$G(\hat{\rho}, \boldsymbol{v}) = [G_1(\hat{\rho}, v), \cdots, G_m(\hat{\rho}, v)]^{\mathrm{T}} \tag{3.41}$$

其中，$v = [v_1(t), \cdots, v_m(t)]^{\mathrm{T}}$，$G_j(\hat{\rho}, v) = v_j - c_j g_j(V(\hat{\rho}) - V(\hat{\rho}_e))$，自伴矩阵 $\hat{P}_v$ 只依赖于 v，令 $c = [c_1, \cdots, c_m]^{\mathrm{T}}$，并且对于每一个 j，$c_j \geqslant 0$。那么对于某个 c，存在唯一的函数 $f \in \mathbf{C}^1(-\infty, \infty)$ 使得 $f(\hat{\rho}) = v$ 且 $G(\hat{\rho}, f(\hat{\rho})) = 0$ 对任意 $\hat{\rho}$ 成立。

3

证明

因为

$$G_j(\hat{\rho}, v) = v_j - c_j g_j(\mathrm{tr}(\hat{P}_v \hat{\rho}) - V(\hat{P}_v \hat{\rho}_e)) \tag{3.42}$$

所以有

$$\frac{\partial G_j}{\partial v_k} = \delta_{j,k} - c_j \mathrm{tr}\left(\frac{\partial \hat{P}_v}{\partial v_k}(\hat{\rho} - \hat{\rho}_e)\right) g'_j \tag{3.43}$$

令 $b_{j,k} = \mathrm{tr}\left(\frac{\partial \hat{P}_v}{\partial v_k}(\hat{\rho} - \hat{\rho}_e)\right) g'_j$，根据隐函数定理，如果 G 的雅可比矩阵 J 可逆，那么此引理成立。为了证明这一点，我们构造向量 $\boldsymbol{c}$，使得

$$c < \left| \mathrm{tr}\left(\frac{\partial \hat{P}_v}{\partial v}(\hat{\rho} - \hat{\rho}_e)\right) g' \right|^{-1} = | b_{j,k} |^{-1} \tag{3.44}$$

接下来有

$$| 1 - c_j b_{j,j} | \geqslant 1 - c_j | b_{j,j} | > \sum_{\substack{k=1 \\ k \neq j}}^{m} | 1 - c_j b_{j,j} | \tag{3.45}$$

方程(3.44)等价于

$$| J_{j,j} | > R_j \tag{3.46}$$

对于 $j = 1, \cdots, m$，其中 $R_j = \sum_{k=1, k \neq j}^{m} | J_{j,k} |$。利用盖尔圆盘定理，我们能够确定 J 的每一个特征根都位于至少一个盖尔圆盘 $D(J_{j,j}, R_j)$ 内部，这意味着 0 一定不是 J 的特征根。因此 J 可逆。该引理得证。

推论 3.1 简便起见，在量子系统(3.13)中，令 $v(t) = v_{q_j}(t)$，$c_{q_j} = c$，$q_{q_j} = q$，$j = 1, \cdots, n$ 以及 $v_q(t) = 0$ 对其余的 q，即

$$v_q(t) = \begin{cases} cg(\mathrm{tr}(\hat{P}_v(\hat{\rho} - \hat{\rho}_e))), & q = q_j, j = 1, \cdots, n, \ 1 \leqslant n \leqslant m \\ 0, & q \neq q_j \end{cases} \tag{3.47}$$

则根据引理 3.1，如果

$$c < \left| \mathrm{tr}\left(\frac{\partial \hat{P}_v}{\partial v}(\hat{\rho} - \hat{\rho}_e)\right) g' \right|^{-1} \tag{3.48}$$

那么 v 定义良好且只由 ρ 确定，并且满足 $v(t) = 0|_{\rho = \rho_e}$。

在式(3.47)中设计的控制场 v_q，除了目标态，最大不变集中的任何平衡态处，v_q 都

不为零，这使得量子控制系统可以跳出所有的非稳定平衡态。

2. 系统非退化的证明

本小节我们将详细证明在控制场 v_q 作用下，量子控制系统(3.36)将成为非退化的。考虑到控制场 v_q 设计为系统的扰动，且 $v_{q_j}(t)=v(t), j=1,\cdots,n$。固定某一时刻 t，令 $\sum_{j=1}^{n}\hat{H}_{q_j 0}=\hat{H}_p$，此时新的哈密顿量为

$$\hat{H}''_0=\hat{H}'_0+v\hat{H}_p \tag{3.49}$$

$\hat{H}'_0$的特征根以及对应的特征向量分别为：$\lambda'_1,\cdots,\lambda'_N$以及$|\phi'_1\rangle,\cdots,|\phi'_N\rangle$；$\hat{H}''_0$的特征根以及对应的特征向量分别为：$\lambda''_j(v)$和$|\phi''_j\rangle$，$1\leqslant j\leqslant N$。为了方便起见，令 $\sigma_j=\lambda'_j$，$\theta_j=\lambda''_j(v)$，$|j^{(0)}\rangle=|\phi'_j\rangle$以及$|j\rangle=|\phi''_j(v)\rangle$，那么我们有

$$\hat{H}'_0|j^{(0)}\rangle=\sigma_j|j^{(0)}\rangle \tag{3.50}$$

$$(\hat{H}'_0+v\hat{H}_p)|j^{(0)}\rangle=\theta_j|j\rangle \tag{3.51}$$

我们的目的是将 θ_j 和$|j\rangle$以 σ_j 和$|j^{(0)}\rangle$进行表示。如果扰动足够小，我们可以将它们展开为幂级数：

$$\theta_j=\sum_{k=0}^{\infty}v^k\theta_j^{(k)} \tag{3.52}$$

$$|j\rangle=\sum_{k=0}^{\infty}v^k|j^{(k)}\rangle \tag{3.53}$$

其中，$\theta_j^{(k)}=\left.\dfrac{\mathrm{d}\theta_j}{k!\,\mathrm{d}v^k}\right|_{v=0}$，$|j^{(k)}\rangle=\left.\dfrac{\mathrm{d}|j\rangle}{k!\,\mathrm{d}v^k}\right|_{v=0}$，$1\leqslant j\leqslant N$。

将这些幂级数代入式(3.51)，可以得到

$$(\hat{H}'_0+v\hat{H}_p)\sum_{k=0}^{\infty}v^k|j^{(k)}\rangle=\left(\sum_{k=0}^{\infty}v^k\theta_j^{(k)}\right)\left(\sum_{k=0}^{\infty}v^k|j^{(k)}\rangle\right) \tag{3.54}$$

将此方程右边展开为无穷级数，并比较方程两边关于 v 的各次项的系数。从零阶项系数可以看出

$$\theta_j^{(0)}=\sigma_j \tag{3.55}$$

一阶项方程为

$$\hat{H}'_0|j^{(1)}\rangle+\hat{H}_p|j^{(0)}\rangle=\theta_j^{(1)}|j^{(0)}\rangle+\theta_j^{(0)}|j^{(1)}\rangle \tag{3.56}$$

两边同乘以$|j^{(0)}\rangle$可得

$$\theta_j^{(1)} = \langle j^{(0)} \mid \hat{H}_p \mid j^{(0)} \rangle \tag{3.57}$$

因此有

$$\begin{aligned} \hat{H}'_p \mid j^{(0)} \rangle &= \left(\sum_{k \neq j} \mid k^{(0)} \rangle \langle k^{(0)} \mid\right) \hat{H}_p \mid j^{(0)} \rangle + \mid j^{(0)} \rangle \langle j^{(0)} \mid \hat{H}_p \mid j^{(0)} \rangle \\ &= \sum_{k \neq j} \mid k^{(0)} \rangle \langle k^{(0)} \mid \hat{H}_p \mid j^{(0)} \rangle + \theta_j^{(1)} \mid j^{(0)} \rangle \end{aligned} \tag{3.58}$$

将式(3.58)代入式(3.56)可得

$$(\theta_j^{(0)} I - \hat{H}'_0) \mid j^{(1)} \rangle = \sum_{k \neq j} \mid k^{(0)} \rangle \langle k^{(0)} \mid \hat{H}_p \mid j^{(0)} \rangle \tag{3.59}$$

假设特征值 $\theta_j^{(0)}$ 的几何重数为 1,那么可以重新将上面的求和下标命名为 k',接着挑选任意的 $k \neq j$,且在两边同时乘以$\langle k^{(0)} \mid$,则有

$$(\theta_j^{(0)} - \theta_k^{(0)}) \langle k^{(0)} \mid j^{(1)} \rangle = \langle k^{(0)} \mid \hat{H}_p \mid j^{(0)} \rangle \tag{3.60}$$

因为$\langle k^{(0)} \mid j^{(1)} \rangle$是$\mid j^{(1)} \rangle$在$\mid k^{(0)} \rangle$方向上的分量,可得

$$\mid j^{(1)} \rangle = \sum_{k \neq j} \frac{\langle k^{(0)} \mid \hat{H}_p \mid j^{(0)} \rangle}{\theta_j^{(0)} - \theta_k^{(0)}} \mid k^{(0)} \rangle \tag{3.61}$$

在二阶方程上重复以上步骤,可以得到

$$\theta_j^{(2)} = \sum_{k \neq j} \frac{\mid \langle j^{(0)} \mid \hat{H}_p \mid j^{(0)} \rangle \mid^2}{\theta_j^{(0)} - \theta_k^{(0)}} \tag{3.62}$$

以及

$$\begin{aligned} \mid j^{(2)} \rangle &= \sum_{k \neq j} \sum_{k \neq j} \frac{\langle k^{(0)} \mid \hat{H}_p \mid l^{(0)} \rangle \langle l^{(0)} \mid \hat{H}_p \mid j^{(0)} \rangle}{(\theta_j^{(0)} - \theta_k^{(0)})(\theta_j^{(0)} - \theta_l^{(0)})} \mid k^{(0)} \rangle \\ &= \sum_{k \neq j} \frac{\langle k^{(0)} \mid \hat{H}_p \mid j^{(0)} \rangle \langle k^{(0)} \mid \hat{H}_p \mid j^{(0)} \rangle}{(\theta_j^{(0)} - \theta_k^{(0)})} \mid k^{(0)} \rangle \\ &= \sum_{k \neq j} \frac{\langle j^{(0)} \mid \hat{H}_p \mid k^{(0)} \rangle \langle k^{(0)} \mid \hat{H}_p \mid j^{(0)} \rangle}{2(\theta_j^{(0)} - \theta_k^{(0)})} \mid j^{(0)} \rangle \end{aligned} \tag{3.63}$$

所以特征值为

$$\theta_j = \sigma_j + v \langle j^{(0)} \mid \hat{H}_p \mid j^{(0)} \rangle + v^2 \sum_{k \neq j} \frac{\mid \langle j^{(0)} \mid \hat{H}_p \mid j^{(0)} \rangle \mid^2}{\sigma_j - \sigma_k} + o(v^2), \quad 1 \leqslant j \leqslant N \tag{3.64}$$

特征向量为

$$
\begin{aligned}
|j\rangle = & |j^{(0)}\rangle + v\sum_{k\neq j}\frac{|\langle k^{(0)}|\hat{H}_p|j^{(0)}\rangle|^2}{\sigma_j-\sigma_k}+|k^{(0)}\rangle \\
& + v^2\sum_{k\neq j}\sum_{k\neq j}\frac{\langle k^{(0)}|\hat{H}_p|l^{(0)}\rangle\langle l^{(0)}|\hat{H}_p|j^{(0)}\rangle}{(\sigma_j-\sigma_k)(\sigma_j-\sigma_l)}|k^{(0)}\rangle \\
& - v^2\sum_{k\neq j}\frac{\langle j^{(0)}|\hat{H}_p|j^{(0)}\rangle\langle k^{(0)}|\hat{H}_p|j^{(0)}\rangle}{(\sigma_j-\sigma_k)^2}|k^{(0)}\rangle \\
& - v^2\sum_{k\neq j}\frac{\langle j^{(0)}|\hat{H}_p|k^{(0)}\rangle\langle k^{(0)}|\hat{H}_p|j^{(0)}\rangle}{2(\sigma_j-\sigma_k)^2}|j^{(0)}\rangle + o(v^2),\quad 1\leqslant j\leqslant N
\end{aligned}
\tag{3.65}
$$

如果 $\hat{H}''_0\left(\hat{H}''_0=\hat{H}'_0+\sum_{q=1}^{m}\hat{H}_q v_q\right)$ 非强正则，那么存在下标$(j_1,k_1)\neq(j_2,k_2)$使得 $\sigma_{j_1}-\sigma_{k_1}=\sigma_{j_2}-\sigma_{k_2}$。因为

$$
\begin{aligned}
\theta_{j_1}-\theta_{k_1} = & \sigma_{j_1}-\sigma_{k_1}+v(\langle j_1^{(0)}|\hat{H}_p|j_1^{(0)}\rangle-\langle k_1^{(0)}|\hat{H}_p|k_1^{(0)}\rangle) \\
& + v^2\left(\sum_{k\neq j_1}\frac{|\langle j_1^{(0)}|\hat{H}_p|j_1^{(0)}\rangle|^2}{\sigma_{j_1}-\sigma_k}-\sum_{k\neq k_1}\frac{|\langle k_1^{(0)}|\hat{H}_p|k_1^{(0)}\rangle|^2}{\sigma_{k_1}-\sigma_k}\right) \\
& + o(v^2)
\end{aligned}
\tag{3.66}
$$

$$
\begin{aligned}
\theta_{j_2}-\theta_{k_2} = & \sigma_{j_2}-\sigma_{k_2}+v(\langle j_2^{(0)}|\hat{H}_p|j_2^{(0)}\rangle-\langle k_2^{(0)}|\hat{H}_p|k_2^{(0)}\rangle) \\
& + v^2\left(\sum_{k\neq j_2}\frac{|\langle j_2^{(0)}|\hat{H}_p||j_2^{(0)}\rangle|^2}{\sigma_{j_2}-\sigma_k}-\sum_{k\neq k_1}\frac{|\langle k_2^{(0)}|\hat{H}_p|k_2^{(0)}\rangle|^2}{\sigma_{k_2}-\sigma_k}\right) \\
& + o(v^2)
\end{aligned}
\tag{3.67}
$$

我们可以得到$(\theta_{j_1},\theta_{k_1})\neq(\theta_{j_2},\theta_{k_2})$。这意味着转移频率 $\lambda''_{j_1}(t)-\lambda''_{k_1}(t)=\lambda''_{j2}(t)-\lambda''_{k_2}(t)$，当且仅当 $\sigma_{j_1}-\sigma_{k_1}=\sigma_{j_2}-\sigma_{k_2}$。因此，$\hat{H}''_0(t)$强正则。而又因为以上证明与时刻 t 无关，故 $\hat{H}''_0(t)$在任意时刻 t 都强正则。换句话说，时变的哈密顿量 $\hat{H}''_0$恒为强正则。

此外，由于$(\hat{\hat{H}}_q)_{j,k}=\langle j|\hat{H}_q|k\rangle$，且$|j\rangle$是无穷级数，其复系数无法互相抵消掉，我们有$(\hat{\hat{H}}_q)_{j,k}\neq0$。因此，$\hat{\hat{H}}_q$ 在任意时刻t 都全连接。这意味着新的量子系统在控制场 v_q 作用下总可以保持非退化。

3

3.2.4.3 主控制场的设计

我们希望量子系统的状态在控制场作用下收敛到目标态。此目标可分两步达成：第一步，设计主控制场 u_q 使李雅普诺夫函数的导数在整个量子控制系统的演化过程中保持非负性，这就能够使得系统在所有的平衡态保持稳定。第二步，设计虚拟力学量，使得目标态成为李雅普诺夫函数的最小值点。

控制场 u_q 的具体表达式由下面的引理 3.2 给出：

引理 3.2 令控制场

$$u_q(t) = a_q f_q(\mathrm{itr}([\hat{P}_v, \hat{H}_q]\hat{\rho})), \quad q = 1, \cdots, m \tag{3.68}$$

其中，函数 f_q 为定义在 $\mathbf{R}$ 上的严格递增函数，且 $f_q(0)=0$，幅度系数 $a_q \geqslant 0$。如果 $[\hat{P}_v, \hat{H}''_0]=0$，那么一定有 $\partial V/\partial t \leqslant 0$。

证明 根据推论 3.1，我们有

$$[\hat{P}_v, \hat{H}''_0] = [\hat{P}_v, \hat{H}'_0 + \sum_{j=1}^{n} \hat{H}_{q_j} v] = 0 \tag{3.69}$$

由于 v 是 $\hat{\rho}$ 的函数，对方程(3.47)关于时间 t 求偏导数，然后将式(3.19)与式(3.69)代入求导结果，则可以得到

$$\frac{\partial v}{\partial t} = \frac{c\mathrm{tr}\left(\hat{P}_v \dfrac{\partial \hat{\rho}}{\partial t}\right) g'}{1 - c\mathrm{tr}\left(\dfrac{\partial \hat{P}_v}{\partial v}(\hat{\rho} - \hat{\rho}_e)\right) g'} = \frac{\mathrm{i}c \sum\limits_{q=1}^{m} u_q \mathrm{tr}([\hat{P}_v, \hat{H}_q]\hat{\rho}) g'}{c\mathrm{tr}\left(\dfrac{\partial \hat{P}_v}{\partial v}(\hat{\rho} - \hat{\rho}_e)\right) g' - 1} \tag{3.70}$$

这样李雅普诺夫函数的导数

$$\begin{aligned}
\frac{\partial V}{\partial t} = \frac{\partial \mathrm{tr}(\hat{P}_v \hat{\rho})}{\partial t} &= -\frac{1 + c\mathrm{tr}\left(\dfrac{\partial \hat{P}_v}{\partial v}\hat{\rho}_e\right) g'}{1 - c\mathrm{tr}\left(\dfrac{\partial \hat{P}_v}{\partial v}(\hat{\rho} - \hat{\rho}_e)\right) g'} \cdot \sum_{q=1}^{m} \mathrm{tr}(\mathrm{i}[\hat{P}_v, \hat{H}_q]\hat{\rho}) u_q \\
&= -\frac{1 + c\mathrm{tr}\left(\dfrac{\partial \hat{P}_v}{\partial v}\hat{\rho}_e\right) g'}{1 - c\mathrm{tr}\left(\dfrac{\partial \hat{P}_v}{\partial v}(\hat{\rho} - \hat{\rho}_e)\right) g'} \cdot \sum_{q=1}^{m} a_q \mathrm{tr}(\mathrm{i}[\hat{P}_v, \hat{H}_q]\hat{\rho}) f_q(\mathrm{itr}([\hat{P}_v, \hat{H}_q]\hat{\rho})) \\
&= -\frac{1 + c\mathrm{tr}\left(\dfrac{\partial \hat{P}_v}{\partial v}\hat{\rho}_e\right) g'}{1 - c\mathrm{tr}\left(\dfrac{\partial \hat{P}_v}{\partial v}(\hat{\rho} - \hat{\rho}_e)\right) g'} \cdot \sum_{q=1}^{m} a_q \mathrm{tr}(\mathrm{i}[\hat{\hat{P}}_v, \hat{\hat{H}}_q]\hat{\hat{\rho}}) f_q(\mathrm{itr}([\hat{\hat{P}}_v, \hat{\hat{H}}_q]\hat{\hat{\rho}}))
\end{aligned} \tag{3.71}$$

因为$[\hat{\hat{P}}_v, \hat{\hat{H}}''_0] = \hat{\hat{U}}^\dagger [\hat{P}_v, \hat{H}''_0] \hat{\hat{U}} = 0$，并且在规范正交基$|\phi''_1(v)\rangle, \cdots, |\phi''_N(v)\rangle$下$\hat{\hat{H}}''_0$是对角的，因此$\hat{\hat{P}}_v$也是对角的。所以$[\hat{\hat{P}}_v, \hat{\hat{H}}_q]\hat{\hat{\rho}}$是反自伴的。由于反自伴矩阵的对角线元素只能是纯虚数或者零，那么，$\mathrm{tr}(\mathrm{i}[\hat{\hat{P}}_v, \hat{\hat{H}}_q]\hat{\hat{\rho}})$是实数或者零。因此，$a_q \mathrm{tr}(\mathrm{i}[\hat{\hat{P}}_v, \hat{\hat{H}}_q]\hat{\hat{\rho}}) f_q(\mathrm{itr}([\hat{\hat{P}}_v, \hat{\hat{H}}_q]\hat{\hat{\rho}})) \geqslant 0$，那么$\dfrac{\partial V}{\partial t} \leqslant 0$。此外，根据(3.48)，如果参数 c 足够小，分式$\partial V/\partial t$ 的分母恒大于零，分式恒有意义。证毕！

从引理 3.2 可以看出，李雅普诺夫函数的导数在每个平衡态都为零，控制场 u_q 在每个平衡态的值也为零。因此，只依赖控制场 u_q 的话，量子系统一旦到达某个平衡态，就不会继续演化。对 N 能级的封闭量子系统而言，所有的本征态都是李雅普诺夫函数的平衡点，这些非稳定的平衡态总的数量为 $N!$。所以，单一的控制场 u_q 并不能保证量子控制系统的渐近稳定。而在式(3.47)中设计的控制场 v_q 在所有非目标态平衡点都不为零，且只在目标态为零。这就能够保证量子系统离开非目标态的平衡点而继续演化。

3.2.4.4 系统最大不变集的结构设计

令 S 为满足$\partial V/\partial t = 0$ 的所有状态构成的集合，即平衡态构成的集合，根据拉萨尔不变集原理(Lasalle，1961)，量子系统的任意解都将收敛于包含在 S 中的最大不变集。因此，为了使量子系统最终收敛到目标态，我们应该研究其最大不变集，并且确保目标态包含在最大不变集之中。在分别由方程(3.68)和方程(3.47)表示的控制场 u_q 和 v_q 作用下，现在量子控制系统(3.13)变为

$$\mathrm{i}\frac{\partial \hat{\hat{\rho}}}{\partial t} = \left[\hat{\hat{H}}'_0 + \sum_{q=1}^{m} \hat{\hat{H}}_q u_q + \sum_{j=1}^{n} \hat{\hat{H}}_{q_j} v, \hat{\hat{\rho}}\right], \quad \hat{\hat{\rho}}(0) = \hat{\hat{\rho}}_0 \tag{3.72}$$

令平衡点组成的集合 E 为S 中的最大不变集。根据拉萨尔不变集原理，当 $t \to \infty$ 时，量子系统(3.72)的每个解都会收敛到 E。我们用下面的引理 3.3 来刻画集合 E。

引理 3.3 如果$\hat{\hat{P}}_v$ 强正则，对任意的密度矩阵$\hat{\hat{\rho}}_E \in E$，$\hat{\hat{\rho}}_E$ 对角且与 $\hat{\rho}_0$ 拥有同样的谱。形式上有

$$E = \{\hat{\hat{\rho}}_E \in O_{u(N)}(\hat{\rho}_0) : \hat{\hat{\rho}}_E \text{ 对角}\} \tag{3.73}$$

证明 令

$$u_q = 0, \quad v(t) = \bar{v}, \quad t \geqslant t_1 \tag{3.74}$$

以及

$$\overline{\hat{\hat{H}}''_0} = \hat{\hat{H}}'_0 + \bar{v}\sum_{j=1}^{n} \hat{\hat{H}}_{q_j} = \operatorname{diag}(\bar{\lambda}''_j, \cdots, \bar{\lambda}''_N) \tag{3.75}$$

现在量子系统(3.72)变为

$$\mathrm{i}\frac{\partial \hat{\hat{\rho}}(t)}{\partial t} = [\overline{\hat{\hat{H}}''_0}, \hat{\hat{\rho}}(t)], \quad \hat{\hat{\rho}}(t_1) = \hat{\hat{\rho}}_1, \quad t \geqslant t_1 \tag{3.76}$$

方程(3.76)的解为

$$\hat{\hat{\rho}} = \exp(-\mathrm{i}\overline{\hat{\hat{H}}''_0}(t-t_1))\hat{\hat{\rho}}_1\exp(\mathrm{i}\overline{\hat{\hat{H}}''_0}(t-t_1)), \quad t \geqslant t_1 \tag{3.77}$$

另一方面,令 S 为满足$\partial V/\partial t = 0$ 的所有点构成的点集,以及 E 为S 中的最大不变集。根据拉萨尔不变集原理,当 $t\to\infty$时,方程(3.72)的任意解都收敛于 E。我们首先证明对任意$\hat{\hat{\rho}}_E \in E$,并且$\hat{\hat{\rho}}_E h$ 和$\hat{\rho}_0$ 拥有同样的谱。

如果 $X(t)$是时间区间$[0,t]$上的波函数传递子,那么密度矩阵在此区间上的演化轨迹为

$$\hat{\rho}(t) = X(t)\hat{\rho}_0 X^{\dagger}(t) \tag{3.78}$$

假定

$$\hat{\rho}_0 = \sum_j a_j \mid \psi_j\rangle\langle\psi_j \mid \tag{3.79}$$

其中,a_j 和$|\psi_j\rangle$为密度矩阵 $\hat{\rho}_0$ 的本征值和相应的本征向量。那么

$$X(t)\hat{\rho}_0 X^{\dagger}(t) = \sum_j a_j X(t) \mid \psi_j\rangle\langle\psi_j \mid X^{\dagger}(t) \tag{3.80}$$

由于$\| X(t)|\psi_j\rangle\| = 1$,$\langle\psi_j | X^{\dagger}(t)X(t)|\psi_k\rangle = \delta_{jk}$,$X(t)|\psi_j\rangle$为规范正交基,且$\hat{\rho}(t)$有本征值 a_j,则 $\hat{\rho}_E$ 同样有本征值a_j。

因为集合 E 中的每个元素$\hat{\rho}_E$ 都是与$\hat{\rho}_0$ 拥有相同的谱的自伴矩阵,且

$$\frac{\partial V}{\partial t} = 0 \quad \Leftrightarrow \quad \operatorname{tr}([\hat{\hat{P}}_v, \hat{\hat{H}}_q]\hat{\hat{\rho}}(t)) = 0 \tag{3.81}$$

这意味着

$$\operatorname{tr}(\exp(-\mathrm{i}\overline{\hat{\hat{H}}''_0}(t-t_1))\hat{\hat{\rho}}_1\exp(\mathrm{i}\overline{\hat{\hat{H}}''_0}(t-t_1))[\hat{\hat{P}}_v, \hat{\hat{H}}_q]) = 0 \tag{3.82}$$

因此,我们可以定义

$$E_1 = \bigcap_{q=1}^{m}\{\hat{\hat{\rho}}_1 : t \geqslant t_1, \operatorname{tr}(\exp(-\mathrm{i}\overline{\hat{\hat{H}}''_0}(t-t_1))\hat{\hat{\rho}}_1\exp(\mathrm{i}\overline{\hat{\hat{H}}''_0}(t-t_1))[\hat{\hat{P}}_v, \hat{\hat{H}}_q]) = 0\} \tag{3.83}$$

我们将证明 E_1 是 S 中的最大不变集，然后证明 $E=E_1$。为了证明不变性，令 $\hat{\hat{\rho}}_1\in E_1$。现在假定一条起始于点 $\hat{\hat{\rho}}_1$ 的轨迹，即 $\hat{\hat{\rho}}(t)=\hat{\hat{\rho}}_1$。在经过一段时间后，不妨假设在时刻 t_1+t_2，我们有

$$\hat{\hat{\rho}}_2=\hat{\hat{\rho}}(t_1+t_2)=\exp(-\mathrm{i}\,\overline{\hat{\hat{H}}''_0}t_2)\hat{\hat{\rho}}_1\exp(\mathrm{i}\,\overline{\hat{\hat{H}}''_0}t_2) \tag{3.84}$$

因此对每个 q，存在

$$\begin{aligned}&\mathrm{tr}(\exp(-\mathrm{i}\,\overline{\hat{\hat{H}}''_0}(t-t_1))\hat{\hat{\rho}}_2\exp(\mathrm{i}\,\overline{\hat{\hat{H}}''_0}(t-t_1))[\hat{\hat{P}}_v,\hat{\hat{H}}_q])\\&\quad=\mathrm{tr}(\exp(-\mathrm{i}\,\overline{\hat{\hat{H}}''_0}(t+t_2-t_1))\hat{\hat{\rho}}_1\exp(\mathrm{i}\,\overline{\hat{\hat{H}}''_0}(t+t_2-t_1))[\hat{\hat{P}}_v,\hat{\hat{H}}_q])=0\end{aligned} \tag{3.85}$$

成立，这是因为 t_2 的选择是任意的。此方程表明 $\hat{\hat{\rho}}_2$ 同样属于集合 E_1。换句话说，如果在某个时刻，轨迹上面有点属于集合 E_1，那么此轨迹恒属于集合 E_1。因此 E_1 具有不变性。

为了证明 E_1 的最大性，假设 E'_1 同样是不变集且满足 $E_1\subseteq E'_1$。令 $\hat{\hat{\rho}}'_1\in E'_1$，从 S 的定义我们有

$$\mathrm{tr}(\exp(-\mathrm{i}\,\overline{\hat{\hat{H}}''_0}(t-t_1))\hat{\hat{\rho}}'_1\exp(\mathrm{i}\,\overline{\hat{\hat{H}}''_0}(t-t_1))[\hat{\hat{P}}_v,\hat{\hat{H}}_q]) \tag{3.86}$$

因此 $\hat{\hat{\rho}}'_1\in E$，这意味着 $E=E'$。因为 E 和 E_1 都是 S 的子集，而 S 的最大不变集存在且唯一，因此 $E=E_1$。

我们继续简化表达式(3.82)。因为

$$\begin{aligned}&\exp(-\mathrm{i}\,\overline{\hat{\hat{H}}''_0}(t-t_1))\hat{\hat{P}}_v\exp(\mathrm{i}\,\overline{\hat{\hat{H}}''_0}(t-t_1))\\&\quad=\mathrm{diag}(\exp(-\mathrm{i}\bar{\lambda}''_1(t-t_1)),\cdots,\exp(-\mathrm{i}\bar{\lambda}''_N(t-t_1)))\cdot\mathrm{diag}(\bar{\rho}''_1,\bar{\rho}''_2,\cdots,\bar{\rho}''_N)\\&\qquad\cdot\mathrm{diag}(\exp(\mathrm{i}\bar{\lambda}''_1(t-t_1)),\cdots,\exp(\mathrm{i}\bar{\lambda}''_N(t-t_1)))\\&\quad=\mathrm{diag}(\bar{\rho}''_1,\bar{\rho}''_2,\cdots,\bar{\rho}''_N)=\hat{\hat{P}}_v\end{aligned} \tag{3.87}$$

现在我们有

$$\begin{aligned}&\mathrm{tr}(\exp(-\mathrm{i}\,\overline{\hat{\hat{H}}''_0}(t-t_1))\hat{\hat{\rho}}_1\exp(\mathrm{i}\,\overline{\hat{\hat{H}}''_0}(t-t_1))[\hat{\hat{P}}_v,\hat{\hat{H}}_q])\\&\quad=\mathrm{tr}(\hat{\hat{H}}_q[\exp(-\mathrm{i}\,\overline{\hat{\hat{H}}''_0}(t-t_1))\hat{\hat{\rho}}_1\exp(\mathrm{i}\,\overline{\hat{\hat{H}}''_0}(t-t_1)),\end{aligned}$$

$$
\begin{aligned}
& \exp(-\mathrm{i}\,\overline{\hat{\hat{H}}}''_0(t-t_1))\,\hat{\hat{P}}_v, \exp(\mathrm{i}\,\overline{\hat{\hat{H}}}''_0(t-t_1))]) \\
&= \mathrm{tr}(\hat{\hat{H}}_q \exp(-\mathrm{i}\,\overline{\hat{\hat{H}}}''_0(t-t_1))[\hat{\hat{\rho}}_1, \hat{\hat{P}}_v]\exp(\mathrm{i}\,\overline{\hat{\hat{H}}}''_0(t-t_1))) \\
&= \mathrm{tr}(\exp(\mathrm{i}\,\overline{\hat{\hat{H}}}''_0(t-t_1))\,\hat{\hat{H}}_q \exp(-\mathrm{i}\,\overline{\hat{\hat{H}}}''_0(t-t_1))[\hat{\hat{\rho}}_1, \hat{\hat{P}}_v])
\end{aligned}
\tag{3.88}
$$

因此

$$
\begin{aligned}
& \mathrm{tr}(\exp(-\mathrm{i}\,\overline{\hat{\hat{H}}}''_0(t-t_1))\,\hat{\hat{\rho}}_1 \exp(\mathrm{i}\,\overline{\hat{\hat{H}}}''_0(t-t_1))[\hat{\hat{P}}_v, \hat{\hat{H}}_q]) = 0 \\
\Leftrightarrow\ & \mathrm{tr}(\exp(\mathrm{i}\,\overline{\hat{\hat{H}}}''_0(t-t_1))\,\hat{\hat{H}}_q \exp(-\mathrm{i}\,\overline{\hat{\hat{H}}}''_0(t-t_1))[\hat{\hat{\rho}}_1, \hat{\hat{P}}_v]) = 0 \\
& q = 1,\cdots m, \quad t \geqslant t_1
\end{aligned}
\tag{3.89}
$$

利用哈达玛引理(Miller,1972),可以得到

$$
\begin{aligned}
& \mathrm{tr}(\exp(\mathrm{i}\,\overline{\hat{\hat{H}}}''_0(t-t_1))\,\hat{\hat{H}}_q \exp(-\mathrm{i}\,\overline{\hat{\hat{H}}}''_0(t-t_1))[\hat{\hat{\rho}}_1, \hat{\hat{P}}_v]) \\
&= \mathrm{tr}\left(\sum_{d=0}^{\infty} \frac{[\mathrm{i}\,\overline{\hat{\hat{H}}}''_0(t-t_1))^{(d)}, \hat{\hat{H}}_q]}{d!}[\hat{\hat{\rho}}_1, \hat{\hat{P}}_v]\right) \\
&= \sum_{d=0}^{\infty} \frac{\mathrm{i}^d (t-t_1)^d}{d!} \mathrm{tr}([\hat{\hat{H}}''^{(d)}_0, \hat{\hat{H}}_q][\hat{\hat{\rho}}_1, \hat{\hat{P}}_v]) = 0
\end{aligned}
\tag{3.90}
$$

那么

$$
\mathrm{tr}([\hat{\hat{H}}''^{(d)}_0, \hat{\hat{H}}_q][\hat{\hat{\rho}}_1, \hat{\hat{P}}_v]) = 0, \quad d = 0,1,2,\cdots, q = 1,\cdots,m \tag{3.91}
$$

成立,这是因为$1,(t-t_1),(t-t_1)^2,\cdots$相互独立。注意到

$$
[\hat{\hat{H}}''^{(d)}_0, \hat{\hat{H}}_q]_{j,k} = (\bar{\lambda}''_j - \bar{\lambda}''_k)^d (\hat{\hat{H}}_q)_{j,k} = \bar{\omega}^d_{j,k} (\hat{\hat{H}}_q)_{j,k} \tag{3.92}
$$

并且

$$
[\hat{\hat{P}}_v, \hat{\hat{\rho}}_1]_{j,k} = (\bar{\rho}''_j - \bar{\rho}''_k)(\hat{\hat{\rho}}_1)_{j,k} \tag{3.93}
$$

因此,条件(3.91)等价于

$$
\begin{aligned}
& \sum_{j=1}^{N}\sum_{k=1}^{N} \bar{\omega}^d_{j,k} (\hat{\hat{H}}_q)_{j,k} (\rho''_j - \rho''_k)(\hat{\hat{\rho}}_1)_{j,k} \\
&= \sum_{j<k} \bar{\omega}^d_{j,k} (\hat{\hat{H}}_q)_{j,k} (\rho''_j - \rho''_k)(\hat{\hat{\rho}}_1)_{j,k} + \sum_{j<k} \bar{\omega}^d_{j,k} (\hat{\hat{H}}_q)^*_{j,k} (\rho''_j - \rho''_k)(\hat{\hat{\rho}}_1)^*_{j,k} = 0
\end{aligned}
$$

$$\Leftrightarrow \begin{cases} \sum_{j<k} \bar{\omega}_{j,k}^{d} \mathrm{Im}((\hat{\hat{H}}_q)_{j,k}(\rho_j'' - \rho_k'')(\hat{\hat{\rho}}_1)) = 0, & d \text{ 是偶数}, q = 1, \cdots, m \\ \sum_{j<k} \bar{\omega}_{j,k}^{d} \mathrm{Re}((\hat{\hat{H}}_q)_{j,k}(\rho_j'' - \rho_k'')(\hat{\hat{\rho}}_1)) = 0, & d \text{ 是奇数}, q = 1, \cdots, m \end{cases} \tag{3.94}$$

根据 3.2.4.2 小节中的分析，量子系统(3.76)非退化，且因为 $\hat{\hat{P}}_v$ 强正则，那么两个齐次方程组(3.94)只有零解。因此，我们有结论：最大不变集 E 中的任意状态内必须满足

$$(\hat{\hat{\rho}}_1)_{j,k} = 0, \quad \text{只要 } j \neq k \tag{3.95}$$

这意味着，$\hat{\hat{\rho}}_1$ 是对角阵且与 $\hat{\hat{\rho}}_0 = \mathrm{diag}(\hat{\hat{\alpha}}_1, \cdots, \hat{\hat{\alpha}}_N)$ 拥有同样的谱：

$$\hat{\hat{\rho}}_1 = \mathrm{diag}(\hat{\hat{\alpha}}_1', \cdots, \hat{\hat{\alpha}}_N') \tag{3.96}$$

其中，$(\hat{\hat{\alpha}}_1', \cdots, \hat{\hat{\alpha}}_N')$ 是集合 $\{\hat{\hat{\alpha}}_1', \cdots, \hat{\hat{\alpha}}_N'\}$ 的任一排列。所以，E 是最多包含 $N!$ 个不同元素的有限离散集。即

$$E = \{\hat{\hat{\rho}}_E \in O_{u(N)}(\hat{\hat{\rho}}_0) : \hat{\hat{\rho}}_E \text{ 对角}\} \tag{3.97}$$

实际上，如果量子控制系统收敛到 E 中的点，控制场 v_q 同时也会收敛到 0。那么，最后我们可得引理 3.3 中的公式(3.73)：

$$E = \{\hat{\hat{\rho}}_E \in O_{u(N)}(\hat{\rho}_0) : \hat{\hat{\rho}}_E \text{ 对角}\} \tag{3.98}$$

3.2.4.5 虚拟力学量的设计

假设 $\hat{\rho}_0$ 的本征值为 $\alpha_1, \cdots, \alpha_N$，根据引理 3.3，我们有 $\hat{\rho}_E = \mathrm{diag}(\alpha_1', \cdots, \alpha_N')$，其中 $(\alpha_1', \cdots, \alpha_N')$ 是 $(\alpha_1, \cdots, \alpha_N)$ 的任意一种排列。因此，最大不变集 E 最多包含 $N!$ 个不同的平衡态。因为目标态 $\hat{\rho}_e$ 也是对角阵且和 $\hat{\rho}_0$ 拥有同样的本征值，我们有 $\hat{\rho}_e \in E$。由于在所有这些平衡态处都有 $u_q = 0$，量子系统将停留在 $\hat{\rho}_E$ 中这些平衡态之中的某一个上。

现在，对任意状态 $\hat{\rho}_E \neq \hat{\rho}_e$，如果存在另外一个状态 $\hat{\rho}_E'$，使得李雅普诺夫函数在 $\hat{\rho}_E'$ 处的函数值小于在 $\hat{\rho}_E$ 处的函数值，即 $V(\hat{\rho}_E') < V(\hat{\rho}_E)$，那么，因为控制场 $u_q(t) = a_q f_q(\mathrm{itr}([\hat{P}_v, \hat{H}_q]\hat{\rho}))$，$q = 1, \cdots, n$ 在状态 $\hat{\rho} \neq \hat{\rho}_E$ 处不等于零，量子系统将不会停留在状态 $\hat{\rho}_E$ 处，量子系统将在控制场 v_q 的作用下继续演化。我们继续推广这个思路。对 E

中任意状态 $\hat{\rho}_E \neq \hat{\rho}_e$，如果李雅普诺夫函数在目标态 $\hat{\rho}_e$ 处的函数值小于在状态 $\hat{\rho}_E$ 处的函数值，即 $V(\hat{\rho}_e) < V(\hat{\rho}_E)$，那么因为控制场 v_q 在状态 $\hat{\rho}_E$ 处不为零，量子系统将不会在 $\hat{\rho}_E$ 处停留。换句话说，如果李雅普诺夫函数在目标态 ρ_e 处获得最小值，那么系统将继续演化直到最后收敛到目标态 ρ_e。

虚拟力学量 $\hat{P}_v$ 被设计用来使得李雅普诺夫函数在目标态 $\hat{\rho}_e$ 处的值小于在最大不变集 E 中其余任何平衡态 $\hat{\rho}_E$ 处的值，下面的引理 3.4 描述了这一设计思路：

引理 3.4 如果虚拟力学量 $\hat{P}_v$ 被设计为

$$\hat{P}_v = \sum_{j=1}^{N} \hat{\beta}_j \mid \phi''_j(v)\rangle\langle\phi''_j(v) \mid \tag{3.99}$$

其中，$|\phi''_1(v)\rangle, \cdots, |\phi''_N(v)\rangle$ 是 $\hat{H}'_0 + \sum_{j=1}^{n} \hat{H}_{q_j} v$ 的规范正交基；实数 $\hat{\beta}_j, j=1,2,\cdots,N$ 的值的选择满足：① 如果 $\hat{\alpha}_j > \hat{\alpha}_k$，则 $\hat{\beta}_j < \hat{\beta}_k$；② 如果 $\hat{\alpha}_j < \hat{\alpha}_k$，则 $\hat{\beta}_j > \hat{\beta}_k$；③ 如果 $\hat{\alpha}_j = \hat{\alpha}_k$，则 $\hat{\beta}_j \neq \hat{\beta}_k$，$\hat{\alpha}_1, \cdots, \hat{\alpha}_N$ 为目标态 $\hat{\rho}_e$ 的特征值，即 $\rho_e = \mathrm{diag}(\alpha_1, \cdots, \alpha_N)$。那么我们有：

(1) 对易子 $[\hat{\hat{P}}_v, \hat{H}''_0] = 0$；

(2) $\hat{\hat{P}}_v$ 强正则；

(3) 李雅普诺夫函数 $V(\rho_e)$ 满足

$$V(\hat{\rho}_e) < V(\hat{\rho}_E), \quad \forall \hat{\rho}_E \in E, \hat{\rho}_E \neq \hat{\rho}_e \tag{3.100}$$

证明 因为 $\hat{\hat{H}}''_0 = \hat{H}'_0 + \sum_{j=1}^{n} \hat{H}_{q_j} v$ 的规范正交基为 $|\phi''_1(v)\rangle, \cdots, |\phi''_N(v)\rangle$，且 $\hat{P}_v$ 被设计为 $\sum_{j=1}^{N} \hat{\beta}_j \mid \phi''_j(v)\rangle\langle\phi''_j(v) \mid$，其中 $\hat{P}_v$ 的本征值 $\hat{\beta}_j, j=1,2,\cdots,N$ 不依赖于时间，所以 $\hat{P}_v$ 与 $\hat{\hat{H}}''_0$ 拥有共同的时变本征向量，这使得 $\hat{P}_v$ 与 $\hat{\hat{H}}''_0$ 对易。由于我们用 $\hat{\hat{P}}_v$ 表示 $\hat{P}_v$ 在规范正交基 $|\phi''_1(v)\rangle, \cdots, |\phi''_N(v)\rangle$ 下的矩阵形式，我们有 $\hat{\hat{P}}_v = \hat{P}_v$，因此有 $[\hat{\hat{P}}_v, \hat{H}''_0] = 0$；又因为 $\hat{\hat{P}}_v$ 是对角阵，且 $\hat{\beta}_j = \hat{\beta}_k$ 当且仅当 $j = k$，故有 $\hat{\hat{P}}_v$ 强正则。

我们能够证明最后一条性质，如果下式成立：

$$\sum_{j=1}^{N} \hat{\alpha}_j \hat{\beta}_j < \sum_{j=1}^{N} \hat{\alpha}'_j \hat{\beta}_j \tag{3.101}$$

其中，$\hat{\alpha}'_j$ 是不同于 $\hat{\alpha}_j$ 的任意一种排列。重新排列元 $\hat{\beta}_j$ 使得

$$\hat{\beta}'_1 < \hat{\beta}'_2 < \cdots < \hat{\beta}'_N \tag{3.102}$$

由于$\hat{\hat{P}}_v$ 强正则，这种新的排列方式是可行的。因此不等式(3.101)变为

$$\sum_{j=1}^{N} \hat{\alpha}_{\sigma(j)} \hat{\beta}'_j < \sum_{j=1}^{N} \hat{\alpha}'_j \hat{\beta}_j = \sum_{j=1}^{N} \hat{\alpha}_{\tau(j)} \hat{\beta}'_j \tag{3.103}$$

其中，当 $\hat{\beta}'_j = \hat{\beta}_k$ 时，$\sigma(j) = k$ 以及 $\hat{\alpha}_{\tau(j)} = \hat{\alpha}'_k$。

因为 $\hat{\alpha}_j > \hat{\alpha}_k$，有 $\hat{\beta}_j < \hat{\beta}_k$，并且，若 $\hat{\alpha}_j = \hat{\alpha}_k$，有 $\hat{\beta}_j = \hat{\beta}_k$，所以，我们有

$$\hat{\alpha}_{\sigma(1)} \geqslant \hat{\alpha}_{\sigma(2)} \geqslant \cdots \geqslant \hat{\alpha}_{\sigma(N)} \tag{3.104}$$

根据著名的排序不等式(Hardy et al.,1952)，

$$\sum_{j=1}^{N} \hat{\alpha}_{\sigma(j)} \hat{\beta}'_j \leqslant \sum_{j=1}^{N} \hat{\alpha}_{\delta(j)} \hat{\beta}'_j \tag{3.105}$$

其中，$\hat{\alpha}_{\delta(j)}$ 是 $\hat{\alpha}_j$ 的任意一种排列。明显有，$\sigma(j) \neq \tau(j)$，因此

$$\sum_{j=1}^{N} \hat{\alpha}_{\sigma(j)} \hat{\beta}'_j < \sum_{j=1}^{N} \hat{\alpha}_{\tau(j)} \hat{\beta}'_j \tag{3.106}$$

3.2.5 通用控制方法设计流程

我们通过引理 3.1 至引理 3.4，最终证明了定理 3.1。如我们所愿，在控制场 u_q，v_q 以及 w_q 的作用下，量子系统能够收敛到目标态 $\hat{\rho}_e$(或 ρ_e)。

最后，值得指出的是，m 的数值与控制哈密顿量中非连接的元素数量有关，而 n 的数值则是根据实际需求来确定。当 $1 \leqslant n \leqslant m \leqslant N$ 时，定理 3.1 恒成立。

我们将分别就本节提出的封闭量子系统通用控制方法在控制设计的流程上进行总结。重写由方程(3.14)描述的量子控制系统，其中 ρ_0 为任意初始态，ρ_e 为任意目标态：

$$\mathrm{i}\frac{\partial \rho}{\partial t} = \left[H_0 + \sum_{q=1}^{m} H_q u_q + \sum_{j=1}^{n} H_{q_j} v_{q_j} + \sum_{q=1}^{m} H_q w_q, \rho\right], \quad \rho(0) = \rho_0$$

步骤 1 设计控制场 w_q

如果$[H_0, \rho_e] = 0$，令 $w_q = 0$；否则，根据方程(3.30)计算 w_q，使得$[H'_0, \rho_e] = 0$。

步骤 2 操作变换基基向量

(1) 根据计算 H_0' 的本征值 $\lambda_1',\cdots,\lambda_N'$，以及对应的本征向量 $|\phi_1'\rangle,\cdots,|\phi_N'\rangle$。

(2) 构造酉变换矩阵 $\hat{U}$，其第 j 列由 $\hat{U}_j=|\phi_j'\rangle$ 确定。

(3) 生成自由哈密顿量 $\hat{H}_0'=\hat{U}^\dagger\hat{H}_0'\hat{U}$，控制哈密顿量 $\hat{H}_q=\hat{U}^\dagger H_q\hat{U}$，初始态 $\hat{\rho}_0=\hat{U}^\dagger\rho_0\hat{U}$，以及目标态 $\hat{\rho}_e=\hat{U}^\dagger\rho_e\hat{U}$。

步骤 3 设计虚拟力学量 $\hat{P}_v$

(1) 计算 $\hat{\rho}_e$ 的本征值 $\hat{\alpha}_1,\cdots,\hat{\alpha}_N$。

(2) 根据引理 3.4，选择合适的正实数 $\hat{\beta}_1,\cdots,\hat{\beta}_N$，若 $\hat{\alpha}_j>\hat{\alpha}_k$，有 $\hat{\beta}_j<\hat{\beta}_k$，以及若 $\hat{\alpha}_j\neq\hat{\alpha}_k$，有 $\hat{\beta}_j\neq\hat{\beta}_k$。

(3) 如果由方程(3.13)表示的量子系统是非退化的，令 $v=0$。否则，根据下一步骤设计 v。假设 $\hat{\hat{H}}_0''=\hat{H}_0'+\sum_{j=1}^{n}\hat{H}_{q_j}v(t)$ 的本征向量为 $|\phi_j''(v)\rangle$，根据式(3.16)可得：$\hat{P}_v=\sum_{j=1}^{N}\hat{\beta}_j\ |\phi_j''(v)\rangle\langle\phi_j''(v)|$。

步骤 4 设计控制场 u_q 和 v_q

(1) 选择合适的连续可微函数 g 以及 $g(0)=0$，导函数 g' 为正且有界。

(2) 选择在 $\mathbf{R}$ 上严格单调增函数 f_q 并且 $f_q=0$；选择合适的幅度系数 $a_q>0$。

(3) 选择足够小的常数 c 且满足 $c<\left|\operatorname{tr}\left(\frac{\partial\hat{P}_v}{\partial v}(\hat{\rho}-\hat{\rho}_e)\right)g'\right|^{-1}$。

(4) 根据式(3.17)：$v_q=cg(\operatorname{tr}(\hat{P}_v(\hat{\rho}-\hat{\rho}_e)))$。

(5) 根据式(3.15)：$u_q(t)=a_qf_q(\mathrm{i}\operatorname{tr}([\hat{P}_v,\hat{H}_q]\hat{\rho}))$，$q=1,\cdots,m$。

3.2.6 数值仿真及结果分析

本小节中分别对三、四、五能级系统进行了三种不同情况下的量子系统状态转移的控制器设计以及控制结果性能分析的实验。实验中如果不采用本节所提出的控制方法，则无法设计出合适的控制器。实验中转移保真度按式 $\operatorname{tr}\sqrt{\sqrt{\rho}\rho_e\sqrt{\rho}}$ 计算，其中 ρ_e 为目标态，ρ 为系统演化的结果状态。实验中采样步长选为 0.01 a.u.，仿真时间选为 150 a.u.。

3.2.6.1 三能级量子系统仿真实验

此实验中，被控系统为一个自由哈密顿量非强正则和控制哈密顿量全连接的三能级

系统，系统的自由哈密顿量为

$$H_0 = \begin{bmatrix} 0.3 & 0 & 0 \\ 0 & 0.6 & 0 \\ 0 & 0 & 0.9 \end{bmatrix}$$

从中可以计算出 H_0 的能级差分别为：$\Delta_{21} = 0.6 - 0.3 = 0.3$，$\Delta_{32} = 0.9 - 0.6 = 0.3$，有 $\Delta_{21} = \Delta_{32}$，所以系统非强正则。

系统控制哈密顿量分别有三个，满足全连接条件：

$$H_1 = \begin{bmatrix} 0 & 1 & 0 \\ 1 & 0 & 0 \\ 0 & 0 & 0 \end{bmatrix},\quad H_2 = \begin{bmatrix} 0 & 0 & 1 \\ 0 & 0 & 0 \\ 1 & 0 & 0 \end{bmatrix},\quad H_3 = \begin{bmatrix} 0 & 0 & 0 \\ 0 & 0 & 1 \\ 0 & 1 & 0 \end{bmatrix}$$

系统初态为一个混合态，目标态为与系统自由哈密顿量非对易的混合态：

$$\rho_0 = \begin{bmatrix} 0.1 & 0.1 & 0.04 \\ 0.1 & 0.5 & 0.08 \\ 0.04 & 0.08 & 0.4 \end{bmatrix},\quad \rho_e = \begin{bmatrix} 0.1085 & 0.0755 & 0.0745 \\ 0.0755 & 0.3354 & 0 \\ 0.0745 & 0 & 0.5560 \end{bmatrix}$$

根据统一控制场的设计思想，因为该系统为目标态与系统自由哈密顿量非对易，所以先设计控制场 w_q。由 $A_q = [H_q, \rho_e]$ 可得

$$A_1 = [H_1, \rho_e] = \begin{bmatrix} 0 & 0.2269 & 0 \\ -0.2269 & 0 & 0.0745 \\ 0 & -0.0745 & 0 \end{bmatrix}$$

$$A_2 = [H_2, \rho_e] = \begin{bmatrix} 0 & 0 & 0.4475 \\ 0 & 0 & -0.0755 \\ -0.4475 & 0.0755 & 0 \end{bmatrix}$$

$$A_3 = [H_3, \rho_e] = \begin{bmatrix} 0 & -0.0745 & -0.0755 \\ 0.0745 & 0 & 0.2206 \\ 0.0755 & -0.2206 & 0 \end{bmatrix}$$

$$B = [\rho_e, H_0] = \begin{bmatrix} 0 & 0.0227 & 0.0447 \\ -0.0227 & 0 & 0 \\ -0.0447 & 0 & 0 \end{bmatrix}$$

由于 A_q，B 对角线元素为 0，根据 3.2.4.1 小节中的分析可得

$$A=\begin{bmatrix}0.2269 & 0 & -0.0745\\ 0 & 0.4475 & -0.0755\\ 0.0745 & -0.0755 & 0.2206\end{bmatrix},\quad b=\begin{bmatrix}0.0227\\ 0.0447\\ 0\end{bmatrix}$$

根据式(3.30),可得

$$w=[w_1\quad w_2\quad w_3]^{\mathrm{T}}=[0.1002\quad 0.1000\quad 0.0004]^{\mathrm{T}}$$

系统新的自由哈密顿量 H_0' 为

$$H_0'=H_0+\sum_{q=1}^{3}H_q w_q=\begin{bmatrix}0.3 & 0.1002 & 0.1\\ 0.1002 & 0.6 & 0.0004\\ 0.1 & 0.0004 & 0.9\end{bmatrix}$$

可得 H_0' 的特征向量为

$$|\phi_1'\rangle=\begin{bmatrix}0.9499\\ -0.2757\\ -0.1474\end{bmatrix},\quad |\phi_2'\rangle=\begin{bmatrix}-0.2636\\ -0.9598\\ 0.0967\end{bmatrix},\quad |\phi_3'\rangle=\begin{bmatrix}0.1681\\ 0.0530\\ 0.9843\end{bmatrix}$$

幺正矩阵 $\hat{U}$ 为

$$\hat{U}=\begin{bmatrix}0.9499 & -0.2636 & 0.1681\\ -0.2757 & -0.9598 & 0.0530\\ -0.1474 & 0.0967 & 0.9843\end{bmatrix}$$

此时可以得到

$$\hat{H}_0'=\hat{U}^{\dagger}H_0'\hat{U}=\begin{bmatrix}0.2554 & 0 & 0\\ 0 & 0.6275 & 0\\ 0 & 0 & 0.9171\end{bmatrix}$$

$$\hat{H}_1=\hat{U}^{\dagger}H_1\hat{U}=\begin{bmatrix}-0.5238 & -0.8390 & 0.0040\\ -0.8390 & 0.5059 & -0.1753\\ 0.0040 & -0.1753 & 0.0178\end{bmatrix}$$

$$\hat{H}_2=\hat{U}^{\dagger}H_2\hat{U}=\begin{bmatrix}-0.2800 & 0.1307 & 0.9102\\ 0.1307 & -0.0510 & -0.2432\\ 0.9102 & -0.2432 & 0.3310\end{bmatrix}$$

$$\hat{H}_3=\hat{U}^{\dagger}H_3\hat{U}=\begin{bmatrix}0.0812 & 0.1141 & -0.2796\\ 0.1141 & -0.1881 & -0.9392\\ -0.2796 & -0.9392 & 0.1069\end{bmatrix}$$

$$\hat{\rho}_0 = \hat{U}^{\dagger}\rho_0\hat{U} = \begin{bmatrix} 0.0798 & 0.0321 & -0.0349 \\ 0.0321 & 0.5047 & -0.0943 \\ -0.0349 & -0.0943 & 0.4154 \end{bmatrix}$$

$$\hat{\rho}_e = \hat{U}^{\dagger}\rho_e\hat{U} = \begin{bmatrix} 0.0751 & 0 & 0 \\ 0 & 0.3561 & 0 \\ 0 & 0 & 0.5687 \end{bmatrix}$$

根据目标态 $\hat{\rho}_e$ 的对角元素可以计算出其特征值为：$\alpha_1 = 0.0751$，$\alpha_2 = 0.3561$，$\alpha_3 = 0.5687$，再根据式(3.16)：$P_v = \sum_{q=1}^{3}\beta_q \mid \phi_q\rangle\langle\phi_q \mid$，以及参数 β_q 值与特征值间应满足的关系可得：$\beta_1 > \beta_2 > \beta_3$，我们通过系统仿真实验中状态转移的结果 $\hat{\rho}_t$，对 β_q 进行调节。通常情况下，如果 $(\hat{\rho}_t)_{ii} < (\hat{\rho}_e)_{ii}$，则减小 β_q；如果 $(\hat{\rho}_t)_{ii} > (\hat{\rho}_e)_{ii}$，则增大 β_q，其中 $(\hat{\rho}_t)_{ii}$ 与 $(\hat{\rho}_e)_{ii}$ 分别是 $\hat{\rho}_t$ 与 $\hat{\rho}_e$ 的第 i 行第 i 列元素。最终虚拟力学量 P 中参数选择为：$\beta_1 = 2.2$，$\beta_2 = 1.4$，$\beta_3 = 0.5$。

根据式(3.17)，我们设计控制场 v_q 来解决非强正则问题。通过选择 $g(x) = x$，得到控制场 v_q 为：$v_q = c\operatorname{tr}(P_v(\rho - \rho_e))$；根据控制场式(3.15)，通过选择 $f(x) = x$，将控制场 u_q 设计为：$u_q = \mathrm{i}a_q\operatorname{tr}([P_v, H_q]\rho)$。

实验中，先粗调参数 β_q，a_q 和 c，使控制系统向目标态收敛，之后再细调其他控制场参数来进一步改善控制结果。对于控制场 u_q 参数，a_q 越大，控制系统向目标态收敛的速度越快，但过大会使系统控制效果变差。经过反复仔细地调节控制参数，可以得到较好控制效果的控制参数，控制场 u_q 参数为 $a_1 = 0.6$，$a_2 = 0.7$，$a_3 = 0.4$；控制场 v_q 参数为 $c_1 = c_2 = c_3 = 0.1$。

最终可得出设计的控制场为

$$\begin{cases} P_v = 2.2 \mid \phi''_1\rangle\langle\phi''_1 \mid + 1.4 \mid \phi''_2\rangle\langle\phi''_2 \mid + 0.5 \mid \phi''_3\rangle\langle\phi''_3 \mid \\ u_1 = 0.6\operatorname{tr}(\mathrm{i}[P_v, H_1]\rho) \\ u_2 = 0.7\operatorname{tr}(\mathrm{i}[P_v, H_1]\rho) \\ u_3 = 0.4\operatorname{tr}(\mathrm{i}[P_v, H_1]\rho) \\ v_1 = v_2 = v_3 = 0.1\operatorname{tr}(P_v(\rho - \rho_e)) \\ w_1 = 0.1002 \\ w_2 = 0.1 \\ w_3 = 0.0004 \end{cases}$$

在 150 a.u. 处被控状态的转移结果为

$$\rho = \begin{bmatrix} 0.1085 & 0.0756 & 0.0745 \\ 0.0756 & 0.3354 & -0.0001 \\ 0.0745 & -0.0001 & 0.5559 \end{bmatrix}$$

系统仿真实验结果如图 3.1 所示，其中，图 3.1(a)为控制场演化曲线，图 3.1(b)为李雅普诺夫函数演化曲线，图 3.1(c)为密度矩阵对角元素演化曲线，图 3.1(d)为密度矩阵非对角元素演化曲线。在仿真时间 150 a.u.时，状态转移的保真度为 0.9999。系统仿真实验的控制结果表明：在量子系统的自由哈密顿量非强正则，控制哈密顿量全连接，目标态与自由哈密顿量非对易的情况下，采用本节所提出的控制场，可以获得很好的控制效果。

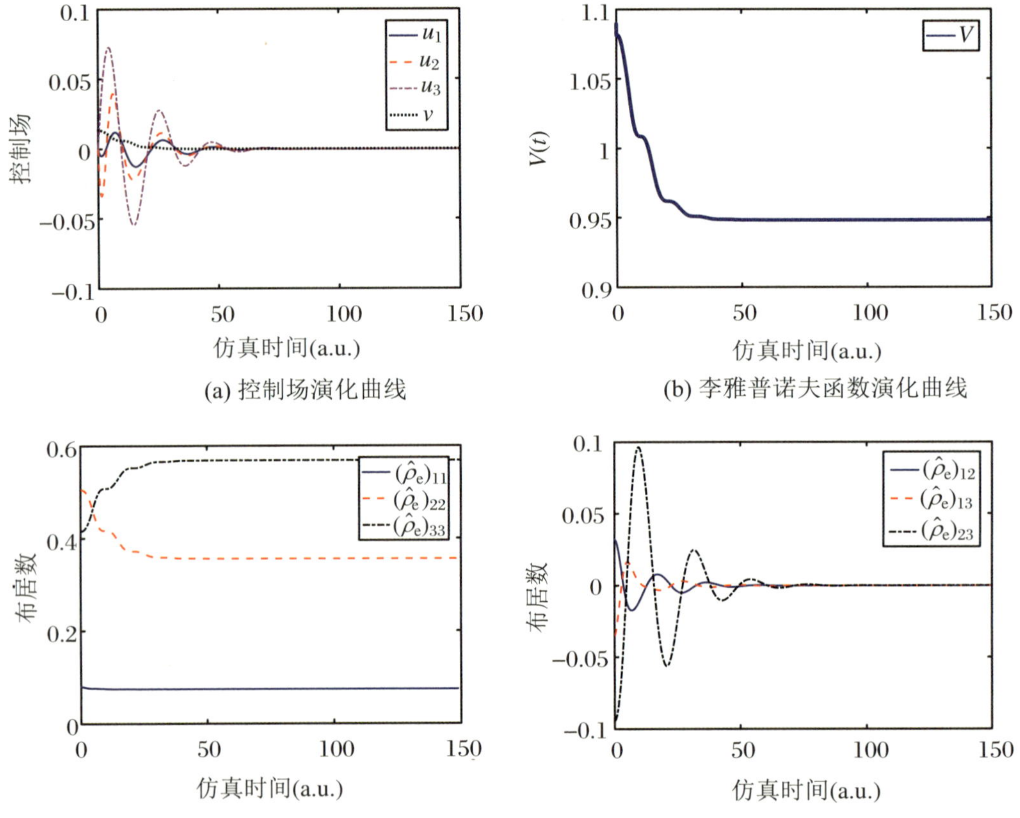

(a) 控制场演化曲线　(b) 李雅普诺夫函数演化曲线　(c) 密度矩阵对角元素演化曲线　(d) 密度矩阵非对角元素演化曲线

图 3.1　三能级量子系统控制仿真实验结果

3.2.6.2　四能级量子系统仿真实验

此实验中，被控系统为一个自由哈密顿量强正则和控制哈密顿量非全连接的四能级

系统，系统的自由哈密顿量为

$$H_0 = \begin{bmatrix} 0.4948 & 0 & 0 & 0 \\ 0 & 1.4529 & 0 & 0 \\ 0 & 0 & 2.3691 & 0 \\ 0 & 0 & 0 & 3.2434 \end{bmatrix}$$

计算出 H_0 能级差分别为：$\Delta_{21}=0.9581$，$\Delta_{31}=1.8743$，$\Delta_{31}=1.8743$，$\Delta_{41}=2.7486$，$\Delta_{32}=0.9162$，$\Delta_{42}=1.7905$，$\Delta_{43}=0.8743$，由计算结果可得系统的自由哈密顿量满足强正则。

系统的控制哈密顿量分别有三个，不满足全连接条件：

$$H_1 = \begin{bmatrix} 0 & 1 & 0 & 0 \\ 1 & 0 & 0 & 0 \\ 0 & 0 & 0 & 0 \\ 0 & 0 & 0 & 0 \end{bmatrix},\quad H_2 = \begin{bmatrix} 0 & 0 & 0 & 0 \\ 0 & 0 & 1 & 0 \\ 0 & 1 & 0 & 0 \\ 0 & 0 & 0 & 0 \end{bmatrix},\quad H_3 = \begin{bmatrix} 0 & 0 & 0 & 0 \\ 0 & 0 & 0 & 0 \\ 0 & 0 & 0 & 1 \\ 0 & 0 & 1 & 0 \end{bmatrix}$$

系统初态为一个混合态，目标态为与系统自由哈密顿量对易的混合态：

$$\rho_0 = \begin{bmatrix} 0.3850 & 0 & 0 & 0 \\ 0 & 0.2758 & 0 & 0 \\ 0 & 0 & 0.1976 & 0 \\ 0 & 0 & 0 & 0.1416 \end{bmatrix}$$

$$\rho_e = \begin{bmatrix} 0.1416 & 0 & 0 & 0 \\ 0 & 0.1976 & 0 & 0 \\ 0 & 0 & 0.2758 & 0 \\ 0 & 0 & 0 & 0.3850 \end{bmatrix}$$

根据设计思想，在目标态与系统自由哈密顿量对易时，控制场 $w_q=0$；根据目标态 ρ_e 的对角元素可以计算出其特征值为：$\alpha_1=0.1416$，$\alpha_2=0.1976$，$\alpha_3=0.2758$，$\alpha_4=0.3850$。再根据式(3.16)：$P_v=\sum_{q=1}^{4}\beta_q\mid\phi_q\rangle\langle\phi_q\mid$ 以及参数 β_q 值与特征值间应满足的关系可知，$\beta_1>\beta_2>\beta_3>\beta_4$。根据控制场(3.17)，我们通过选择 $g(x)=x$，得到控制场 v_q 为：$v_q=c\operatorname{tr}(P_v(\rho-\rho_e))$；根据控制场(3.15)，通过选择 $f(x)=x$，将控制场 u_q 设计为：$u_q=\mathrm{i}a_q\operatorname{tr}([P_v,H_q]\rho)$。

经过反复仔细地调节控制参数，可以得到较好控制效果的控制参数分别为：虚拟力

学量参数 $\beta_1=4.75,\beta_2=4,\beta_3=2.89,\beta_4=1.72$；控制场 u_q 参数为：$a_1=1.25,a_2=0.85,a_3=0.8$；控制场 v_q 参数为 $c_1=c_2=c_3=0.1$。控制场表达式为

$$\begin{cases} P_v = 4.75\,|\phi_1\rangle\langle\phi_1| + 4\,|\phi_2\rangle\langle\phi_2| + 2.89\,|\phi_3\rangle\langle\phi_3| + 1.72\,|\phi_4\rangle\langle\phi_4| \\ u_1 = 1.25\mathrm{tr}(\mathrm{i}[P_v,H_1]\rho) \\ u_2 = 0.85\mathrm{tr}(\mathrm{i}[P_v,H_2]\rho) \\ u_3 = 0.8\mathrm{tr}(\mathrm{i}[P_v,H_3]\rho) \\ v_1 = v_2 = v_3 = 0.1\mathrm{tr}(P_v(\rho-\rho_e)) \\ w = 0 \end{cases}$$

采样步长选为 0.01 a.u，仿真时间选为 150 a.u.。在 150 a.u. 处系统状态为

$$\rho = \begin{bmatrix} 0.1416 & 0.0007 & -0.0009 & -0.0004 \\ 0.0007 & 0.1976 & 0 & 0 \\ -0.0009 & 0 & 0.2758 & 0 \\ -0.0004 & 0 & 0 & 0.3850 \end{bmatrix}$$

系统仿真实验结果如图 3.2 所示，其中，图 3.2(a)为控制场演化曲线，图 3.2(b)为李雅普诺夫函数演化曲线，图 3.2(c)为密度矩阵对角元素演化曲线，图 3.2(d)为密度矩阵非对角元素演化曲线。在仿真时间 150 a.u. 时，当控制系统的自由哈密顿量强正则，控制哈密顿量非全连接时，如果不采用所设计的统一控制场，则无法对该系统进行有效控制；如果采用所提出的控制场，则可以达到保真度为 1 的转移。

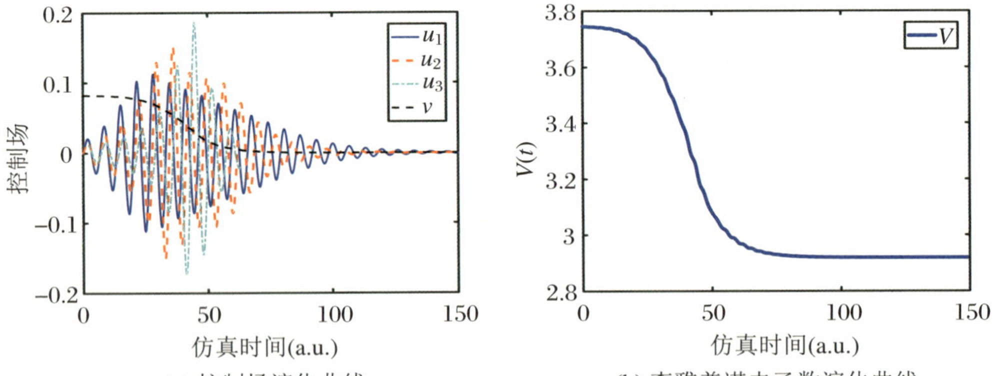

(a) 控制场演化曲线　　(b) 李雅普诺夫函数演化曲线

图 3.2　四能级量子系统控制仿真实验结果

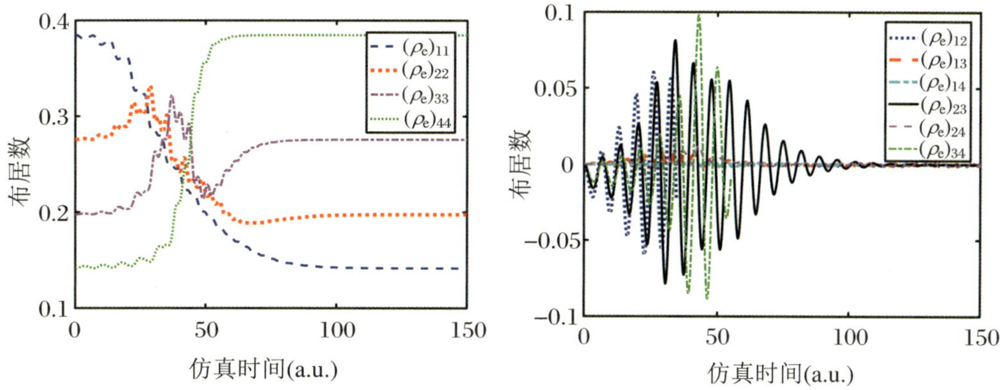

(c) 密度矩阵对角元素演化曲线　　(d) 密度矩阵非对角元素演化曲线

续图 3.2　四能级量子系统控制仿真实验结果

3.2.6.3　五能级量子系统仿真实验

被控系统为一个自由哈密顿量强正则和控制哈密顿量非全连接的五能级系统，系统的自由哈密顿量与控制哈密顿量分别为

$$H_0=\begin{bmatrix}1.0&0&0&0&0\\0&1.2&0&0&0\\0&0&1.3&0&0\\0&0&0&2.0&0\\0&0&0&0&2.15\end{bmatrix},\quad H_1=\begin{bmatrix}0&0&0&0&1\\0&0&0&0&0\\0&0&0&0&0\\0&0&0&0&0\\1&0&0&0&0\end{bmatrix}$$

可计算出 H_0 能级差分别为：$\Delta_{21}=0.2$，$\Delta_{31}=0.3$，$\Delta_{41}=1.0$，$\Delta_{51}=1.15$，$\Delta_{32}=0.1$，$\Delta_{42}=0.8$，$\Delta_{52}=0.95$，$\Delta_{43}=0.7$，$\Delta_{53}=0.85$，$\Delta_{54}=0.15$，系统的自由哈密顿量满足强正则，控制哈密顿量不满足全连接条件。

系统初态为一个本征态，目标态为与系统自由哈密顿量对易的本征态：

$$\rho_0=\begin{bmatrix}1&0&0&0&0\\0&0&0&0&0\\0&0&0&0&0\\0&0&0&0&0\\0&0&0&0&0\end{bmatrix},\quad \rho_e=\begin{bmatrix}0&0&0&0&0\\0&0&0&0&0\\0&0&0&0&0\\0&0&0&0&0\\0&0&0&0&1\end{bmatrix}$$

根据设计思想，在目标态与系统自由哈密顿量对易时，控制场 $w_q=0$；根据目标态 ρ_e

3

的对角元素可以计算出其特征值为：$\alpha_1=0$，$\alpha_2=0$，$\alpha_3=0$，$\alpha_4=0$，$\alpha_5=1$，再根据式(3.16)：$P_v=\sum_{q=1}^{5}\beta_q|\phi_q\rangle\langle\phi_q|$以及参数$\beta_q$值与特征值间应满足的关系可得：$\beta_1\neq\beta_2\neq\beta_3\neq\beta_4$且$\beta_1,\beta_2,\beta_3,\beta_4>\beta_5$。根据控制场(3.17)，我们通过选择$g(x)=x$，得到控制场$v_q$为：$v_q=c\operatorname{tr}(P_v(\rho-\rho_e))$；根据控制场(3.15)，通过选择$f(x)=x$，将控制场$u_q$设计为：$u_q=\mathrm{i}a_q\operatorname{tr}([P_v,H_q]\rho)$。

经过反复仔细地调节控制参数，可以得到较好控制效果的控制参数分别为：虚拟力学量参数$\beta_1=0.85$，$\beta_2=0.5$，$\beta_3=0.7$，$\beta_4=1.28$，$\beta_5=0.03$；控制场u_q参数$a_1=0.16$；控制场v_q参数$c_1=0.005$。控制场表达式为

$$\begin{cases}P_v=0.85|\phi_1\rangle\langle\phi_1|+0.5|\phi_2\rangle\langle\phi_2|+0.7|\phi_3\rangle\langle\phi_3| \\ \qquad +1.28|\phi_4\rangle\langle\phi_4|+0.03|\phi_5\rangle\langle\phi_5| \\ u_1=0.16\operatorname{tr}(\mathrm{i}[P_v,H_1]\rho) \\ v_1=0.005\operatorname{tr}(P_v(\rho-\rho_e)) \\ w=0\end{cases}$$

采样步长选为0.01 a.u.，仿真时间选为150 a.u.。在150 a.u.处系统状态演化结果为

$$\rho=\begin{bmatrix}0&0&0&0&0\\0&0&0&0&0\\0&0&0&0&0\\0&0&0&0&0\\0&0&0&0&1\end{bmatrix}$$

系统仿真实验结果如图3.3所示，其中，图3.3(a)为控制场演化曲线，图3.3(b)为李雅普诺夫函数演化曲线，图3.3(c)为密度矩阵对角元素演化曲线。

在仿真时间150 a.u.时，当五能级控制系统的自由哈密顿量强正则和控制哈密顿量非全连接，目标态与自由哈密顿量对易时，控制哈密顿量虽然只有一个，但是根据本节所提出的统一控制场，对系统状态进行转移，可以以保真度为1达到目标态。

本节通过不同情况下的量子系统仿真实验，验证所设计的统一控制场，分别在量子系统的内部哈密顿量非强正则(不同能级之间的频率差相等)，控制哈密顿量非全连接以及目标态与自由哈密顿量非对易的情况下，均可以实现从任意一个初始态转移到任意一个目标态。

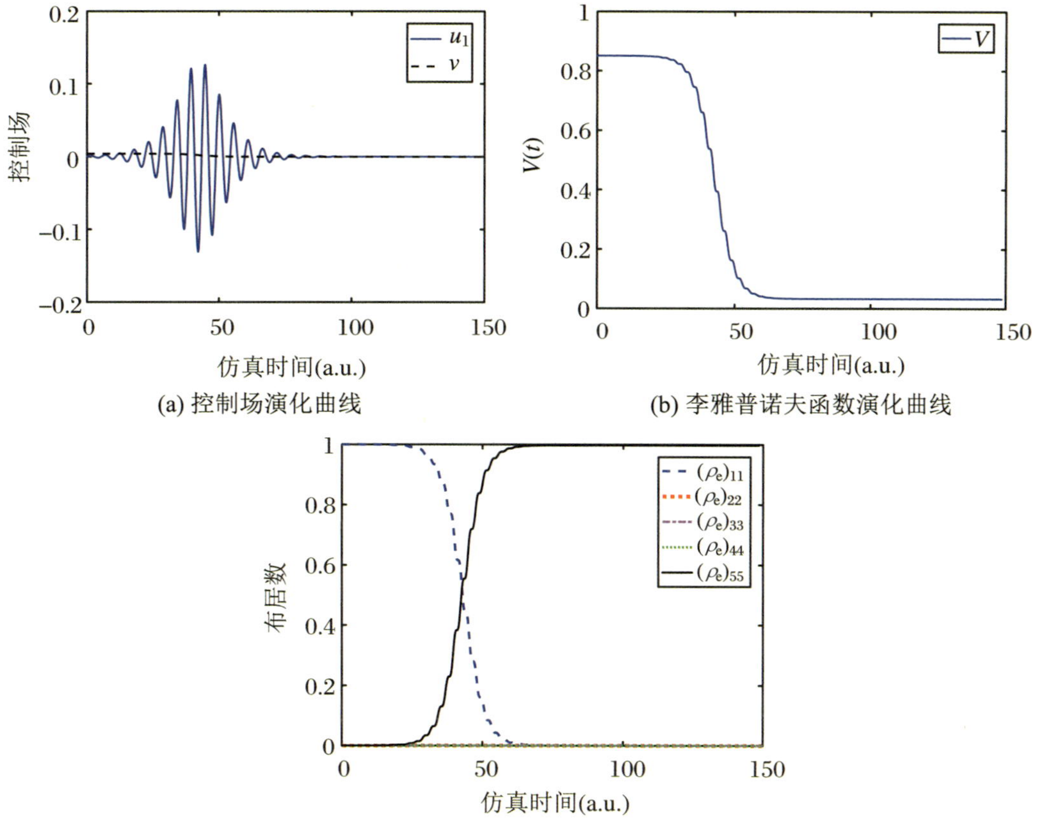

(a) 控制场演化曲线

(b) 李雅普诺夫函数演化曲线

(c) 密度矩阵对角元素演化曲线

图 3.3　五能级量子系统控制仿真实验结果

第 4 章

开放量子系统状态反馈控制与保持

4.1 马尔可夫型开放量子系统中的量子态控制与保持

开放量子系统中的状态控制常常会受到退相干效应的困扰，尤其是在马尔可夫系统中，系统向环境的信息流失是不可逆的，而哈密顿控制的方式是无法完全补偿消相干作用的，因此要实现状态的完全跟踪几乎是不可能的。但是如果系统中存在无消相干子空间，在该子空间中，对状态演化的控制就能够按照封闭系统的理论来进行，本节在一个四能级马尔可夫型开放量子系统中，借助无消相干子空间技术，将开放系统的状态跟踪问题变成封闭系统的状态转移问题，实现量子态跟踪。

4.1.1 系统模型及控制问题描述

本节讨论在马尔可夫型开放量子系统中量子系统的轨迹跟踪控制。针对一个 Λ 型四能级原子系统，其结构图如图 4.1 所示。

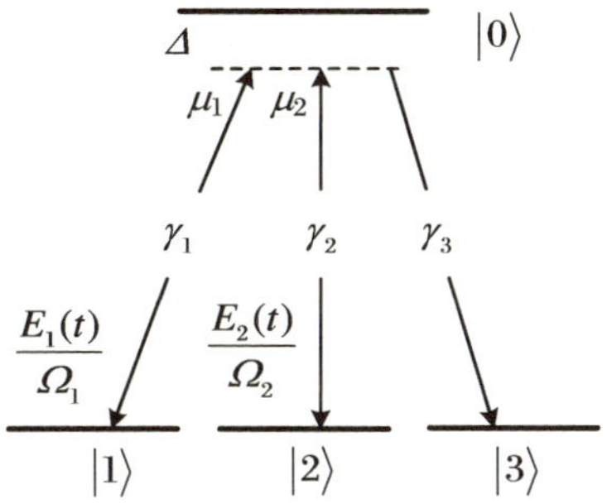

图 4.1　四能级原子系统与激光场相互作用的结构图

在图 4.1 中，激发态 $|0\rangle$ 通过两个激光场与基态 $|1\rangle$ 和 $|2\rangle$ 发生相互作用，$\mu_k(k=1,2)$ 表示电偶极矩；$\Omega_k(k=1,2)$ 表示激光场的拉比频率，且 $\Omega_k=2\mu_k E_k/\hbar$，$E_k$ 为光场的场强；Δ 表示激光场的载波频率与跃迁频率间的失谐量；激发态向三个简并基态自发衰减的速率分别为 $\gamma_k(k=1,2,3)$，且 γ_k 为非负常数。

系统从激发态向基态衰减的过程是马尔可夫的，模型采用 Lindblad 型的约化密度矩阵主方程来描述，即

$$\frac{\mathrm{d}}{\mathrm{d}t}\rho(t)=-\mathrm{i}\left[H_0+\sum_m u_m H_m,\rho(t)\right]+\mathcal{L}(\rho(t))$$

$$\mathcal{L}(\rho(t))=\sum_{k=1}^{3}\gamma_k\left[L_k\rho(t)L_k^{\dagger}-\frac{1}{2}\{L_k^{\dagger}L_k,\rho(t)\}\right] \tag{4.1}$$

其中，$\mathcal{L}(\rho(t))$ 包含系统的三个衰减通道。

系统参数为

$$\begin{cases} H_0=\Delta A_{00}+\dfrac{1}{2}(\Omega_1 A_{10}+\Omega_2 A_{20}+h.c.) \\ L_k=A_{k0} \end{cases} \tag{4.2a}$$

其中，$h.c.$ 表示厄米共轭；$A_{k0}=|k\rangle\langle 0|$，$k=1,2,3$。

根据系统的能级结构图 4.1，选择系统的控制哈密顿量为

$$H_m = |0\rangle\langle m| + |m\rangle\langle 0|, \quad m = 1,2,3 \tag{4.2b}$$

选择目标系统为

$$\mathrm{i}\hbar\frac{\mathrm{d}}{\mathrm{d}t}\rho_f(t) = [H_0, \rho_f(t)], \quad \rho_f(0) = \rho_{f0} \tag{4.3}$$

本节的控制任务是：设计被控系统的控制函数 $u_m H_m$，使式(4.1)所示的状态轨迹跟踪目标系统(4.3)的轨迹。在封闭量子系统中，我们已经非常透彻地研究过跟踪自由演化轨迹的跟踪控制，并且对目标态为不同形式状态时的收敛问题作了详细分析。

在本节中，目标系统(4.3)是关于目标初态 ρ_{f0} 的一个幺正演化轨迹，因此，要实现对目标轨迹的完全跟踪，需要完成两点：首先被控系统(4.1)应该能稳定到一个子空间，在该子空间中状态是幺正演化的，也就是所谓的无消相干子空间(DFS)；其次目标系统的初态应该是被控系统的一个无消相干态，即属于这个幺正子空间，才有可能实现完全跟踪。实际上，基于无消相干技术的状态跟踪就相当于在开放系统中找到一个允许系统进行幺正演化的子空间，在该子空间中系统是封闭的，然后按照封闭系统中的跟踪方法实现状态跟踪。

4.1.2 量子系统中无消相干子空间的描述

这里所谓的无消相干子空间定义为以幺正方式演化的状态组成的一个子空间。显然无消相干子空间的状态满足条件

$$\mathcal{L}(\rho(t)) = 0 \tag{4.4}$$

当存在某一个时刻 t，满足式(4.4)时，状态 $\rho(t)$ 是一个瞬时无消相干态；本节希望得到的是对任意时刻 t，状态 $\rho(t)$ 都满足式(4.4)的无消相干态。假设系统中存在无消相干子空间，记为 $S\subset\mathcal{H}$，在本节的例子中，记无消相干状态 $\rho = \sum_{\alpha,\beta}^{n}\rho_{\alpha\beta}|\psi_\alpha\rangle\langle\psi_\beta|$，其中 $\{|\psi_\alpha\rangle, \alpha = 1,2,\cdots,k\}$ 是张成无消相干子空间 S 的一组基。因此，根据卡拉西克关于DFS状态的描述(Karasik et al.，2008)，S 是无消相干子空间的充要条件为：

(1) 子空间 S 在 H_0 的作用下是不变的，即有

$$H_0|\psi_\alpha\rangle \in S \tag{4.5}$$

(2) 子空间 S 的基矢量满足

$$\mathcal{J}_l \mid \psi_\alpha\rangle = c_l \mid \psi_\alpha\rangle, \quad \Gamma \mid \psi_\alpha\rangle = g \mid \psi_\alpha\rangle \tag{4.6}$$

对所有的 $l=1,2,\cdots,M$，以及 $\alpha=1,2,\cdots,k$ 成立，其中 $g=\sum_{l=1}^{M}\lambda_l \mid c_l \mid^2$。

针对本节中的系统(4.1)，仅考虑由真空模电磁场诱导的自发辐射相干。耦合激光场的作用是弱化交叉耦合导致的自发辐射相干所引起的退相干，达到系统与环境解耦的目的，制备出一个无消相干子空间。实际上，式(4.5)和式(4.6)只给出了判断是否无消相干子空间的条件，目前并没有合适的方法来构造，只在某些简单的系统中，可以得知其无消相干子空间。图 4.1 所示系统的无消相干子空间是由系统自由哈密顿量的暗态组成的(Cong et al.,2012)：

$$\begin{cases} \mid D_1\rangle = -\dfrac{\Omega_2}{\sqrt{\Omega_1^2+\Omega_2^2}} \mid 1\rangle + \dfrac{\Omega_1}{\sqrt{\Omega_1^2+\Omega_2^2}} \mid 2\rangle \\ \mid D_2\rangle = \mid 3\rangle \end{cases} \tag{4.7}$$

分析式(4.7)所示的无消相干子空间基，可以得到两点：

(1) 系统关于无消相干子空间的收敛性：基矢量式(4.7)满足$[H_0,\rho]=\mathcal{L}(\rho)=0$。对于系统(4.1)，稳态集 $\mathfrak{E}_s$ 是由满足 $\dot{\rho}=0$ 的状态组成的，即 $\mathfrak{E}_s=\{\rho:\dot{\rho}=0\}$。可得到如下命题：

命题 4.1 当控制量 u_m 趋于零时，无消相干子空间中的状态都是系统的稳定状态。系统将以概率 1 收敛到无消相干子空间中。

(2) 无消相干子空间中的目标态：对于任意一个目标态 $\mid\psi\rangle=\sum_{i=0}^{3}\alpha_i \mid i\rangle$，将式(4.7)代入$|\psi\rangle$，可得到$|\psi\rangle$属于无消相干子空间的条件为

$$\alpha_1\Omega_1+\alpha_2\Omega_2=0, \quad \alpha_0=0 \tag{4.8}$$

由于 Ω_1和 Ω_2 是激光场的拉比频率，在偶极矩确定的情况下，其场强是可以改变的，因此可以通过改变激光场的强度 E_i，将部分目标态调整为无消相干态。从式(4.8)可以得到命题 4.2：

命题 4.2 对于式(4.2)所示的系统，其无消相干子空间基由式(4.7)给出，当 Ω_1和 Ω_2 都不为零时，无消相干子空间中的目标态包括叠加态和一个本征态$|3\rangle$。

命题 4.3 对于目标系统(4.3)来说，如果 ρ_{f0}可以借助调节 Ω_1和 Ω_2 的参数变成无消相干态，那么必然满足$[H_0,\rho_{f0}]=0$。

由命题 4.3 知，在目标系统(4.3)中，$\rho_f(t)$是一个等于目标初态的固定点，目标系统的轨迹变成无消相干子空间中的一个无消相干态，状态跟踪问题变成了被控系统(4.1)向无消相干子空间中状态 ρ_{f0}的状态驱动问题。

4.1.3 控制场设计及系统稳定性分析

4.1.3.1 控制场设计

本小节选择基于状态距离的李雅谱诺夫函数

$$V(\rho) = \frac{1}{2}\mathrm{tr}((\rho - \rho_f)^{\dagger}(\rho - \rho_f)) \tag{4.9}$$

对其求一阶导数可得

$$\dot{V}(\rho) = \Re(\mathrm{tr}(\mathcal{L}(\rho)(\rho - \rho_f))) + \sum_m u_m \Re(\mathrm{tr}(\mathrm{i}H_m[\rho,\rho_f])) \tag{4.10}$$

为满足李雅谱诺夫稳定性定理，式(4.10)应为非负的，然而等号右边的第一项是和控制无关的项，叫作漂移项，影响其正负号的判断。为此，我们选取控制场为

$$\begin{cases} u_{n_0} = -\dfrac{\Re(\mathrm{tr}(\mathcal{L}(\rho)(\rho - \rho_f)))}{\Re(\mathrm{tr}(\mathrm{i}H_{n_0}[\rho,\rho_f]))}, & n_0 \in \{1,2,\cdots,m\} \\ u_m = -k_m \Re(\mathrm{tr}(\mathrm{i}H_m[\rho,\rho_f])), & k_m > 0 \end{cases} \tag{4.11}$$

其中，$k_m>0$ 为控制增益，与第 3 章中各控制场的控制增益稍有不同，在开放系统中，控制增益并不简单地与收敛速度的快慢有关，k_m 过大可能会引起系统的不稳定以及影响控制精度。方程(4.11)即为本小节中的控制场。

4.1.3.2 收敛性分析

无消相干子空间中的量子态演化可以看成是一个封闭量子系统的状态演化，在收敛性分析过程中，需要借用自由哈密顿量强正则和控制哈密顿量全连接的条件，式(4.2)所确定的哈密顿量形式显然不满足强正则和全连接的条件。但是在下面 4.1.4 小节的实验过程中将会发现，系统在控制场(4.11)的作用下依然可以收敛到目标态。下面我们分析控制场(4.11)作用下系统的稳定性。将控制场(4.11)代入式(4.10)可得

$$\dot{V}(\rho) = \sum_{m \neq n_0} u_m \Re(\mathrm{tr}(\mathrm{i}H_m[\rho,\rho_f])) \tag{4.12}$$

由拉萨尔不变集原理可知，自治系统(4.1)的有界解将收敛于集合 $E \triangleq \{\rho : \dot{V}(\rho,\rho_f) = 0\}$ 中的一个最大不变子集 $\mathcal{R}$ 中。由命题 4.1 以及式(4.7)可知，系统的稳态一定属于无消相干子空间 S，因此可得最大不变集为

$$\mathcal{R} = E \cap S \tag{4.13}$$

其中，S 是由基(4.7)张成的，可以看出系统(4.1)的稳态解都是无消相干子空间中的纯态。因此，标记稳态集 $\mathcal{R}$ 中的其他状态为 $\rho_s = |\psi_s\rangle\langle\psi_s|$，根据式(4.13)以及式(4.7)，可得

$$\begin{cases} |\psi_s\rangle = \gamma_1 |D_1\rangle + \gamma_2 |D_2\rangle \\ |\psi_f\rangle = \beta_1 |D_1\rangle + \beta_2 |D_2\rangle \end{cases} \tag{4.14}$$

在控制场(4.11)中，$H_{n_0} = |0\rangle\langle n_0| + |n_0\rangle\langle 0|$，对系统的任意稳态 ρ_s，都会有 $\Re(\mathrm{tr}(\mathrm{i}H_{n_0}[\rho,\rho_f])) \equiv 0$，导致 $u_{n_0} = \infty$。为了处理这种情况，我们对控制场稍作修改：

$$\begin{cases} u_{n_0} = \begin{cases} -\dfrac{\Re(\mathrm{tr}(\mathcal{L}(\rho)(\rho - \rho_f)))}{\Re(\mathrm{tr}(\mathrm{i}H_{n_0}[\rho,\rho_f]))}, & n_0 \in \{1,2,\cdots,m\} \\ u_0, \Re(\mathrm{tr}(\mathrm{i}H_{n_0}[\rho,\rho_f])) \equiv 0 \end{cases} \\ u_m = -k_m \Re(\mathrm{tr}(\mathrm{i}H_m[\rho,\rho_f])), \quad k_m > 0 \end{cases} \tag{4.15}$$

其中，u_0 是一个非常小的常量。下面我们说明在控制场(4.15)的作用下，系统能够收敛到目标态。

对集合 $\mathcal{R}$ 中的状态进行分析：

$$\ddot{V}(\rho) = \sum_{m \neq n_0} \Re(\mathrm{tr}(\mathrm{i}u_m H_m[\dot{\rho},\rho_f])) = \sum_{m \neq n_0} \Re(\mathrm{tr}([\rho,\mathrm{i}u_m H_m][\rho_f,\mathrm{i}u_m H_m])) \tag{4.16}$$

可得 $\ddot{V}(\rho_f) > 0$，ρ_f 是李雅谱诺夫函数的稳定点。其中，式(4.16)中第二个等号的结论可由命题4.3得到。或者，李雅谱诺夫函数(4.9)满足 $V(\rho) \geqslant 0$，且 $V(\rho) = 0$ 当且仅当 $\rho = \rho_f$。因此，对于不变集中的任意状态 $\rho_s \neq \rho_f$，有 $V(\rho_f) < V(\rho_s)$。可以得到，ρ_f 是李雅谱诺夫函数的最小点。

由式(4.15)可知，当系统演化到不变集中包括目标态的任意状态时，控制场都将变成 u_0，若控制场不为零，使得系统继续演化，李雅谱诺夫函数持续递减；而当系统到达目标态时，即便有该控制量的存在，由于目标态是李雅谱诺夫函数的最小点，$V(\rho)$ 将停留在该点，因此在控制场(4.15)的作用下，系统可以收敛到无消相干子空间中的目标态。

4.1.4 数值仿真及跟踪性能分析

针对本节所提到的四能级原子系统，基态 $|0\rangle = [0\ 0\ 0\ 1]^{\mathrm{T}}$，激发态 $|1\rangle = [1\ 0\ 0\ 0]^{\mathrm{T}}$，

$|2\rangle=[0\ 1\ 0\ 0]^{\mathrm{T}}$，$|3\rangle=[0\ 0\ 1\ 0]^{\mathrm{T}}$。方程(4.2)中的失谐量 $\Delta=3$。假设系统从基态 $|0\rangle$ 出发，由无消相干子空间的基式(4.7)可知，初态不在无消相干子空间内。在实验过程中，时间步长 Δt 设为 0.001。为了量化系统状态的转移概率，我们这里设置两个性能指标，系统转移到无消相干子空间内的概率为

$$P_D=\langle D_1\mid\rho\mid D_1\rangle+\langle D_2\mid\rho\mid D_2\rangle \tag{4.17}$$

系统转移到目标态的概率为

$$P_f=\mathrm{tr}(\rho\rho_f) \tag{4.18}$$

选择目标系统的初态为：① $|\psi_{f1}\rangle=-0.5257|1\rangle+0.7236|2\rangle-0.4472|3\rangle$，根据公式(4.8)，选择激光场的拉比频率为 $\Omega_1=4.0451$，$\Omega_2=2.9389$；② 选择另一个目标态为本征态 $|\psi_{f2}\rangle=|3\rangle$，拉比频率沿用①中的参数。无控制场时系统向无消相干子空间以及目标态轨迹转移的实验仿真结果如图 4.2 所示，其中系统向无消相干子空间的转移概率 P_D 随时间的变化用虚线表示，系统向两个目标态 $|\psi_{f1}\rangle$ 和 $|\psi_{f2}\rangle$ 转移的概率 P_{f1} 和 P_{f2} 用实线表示。

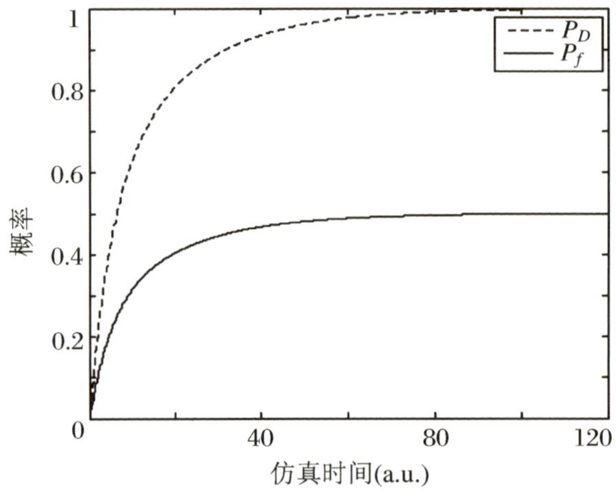

图 4.2　无控制场时系统向 DFS 以及目标态的转移概率曲线

在 $t_f=120$ 时，系统向无消相干子空间转移的概率 $P_D=0.999$，向目标态的转移概率 $P_{f1}=P_{f2}=0.4995$。没有控制作用时，系统无法收敛到期望的目标态，最终都将收敛到 $|D_1\rangle$ 和 $|D_2\rangle$ 的最大混合态：$(|D_1\rangle+|D_2\rangle)/2$。

在控制场(4.15)中，选取第一个控制哈密顿量对应的项来抵消漂移项，即 $n_0=1$，系统仿真实验结果如图 4.3 所示。

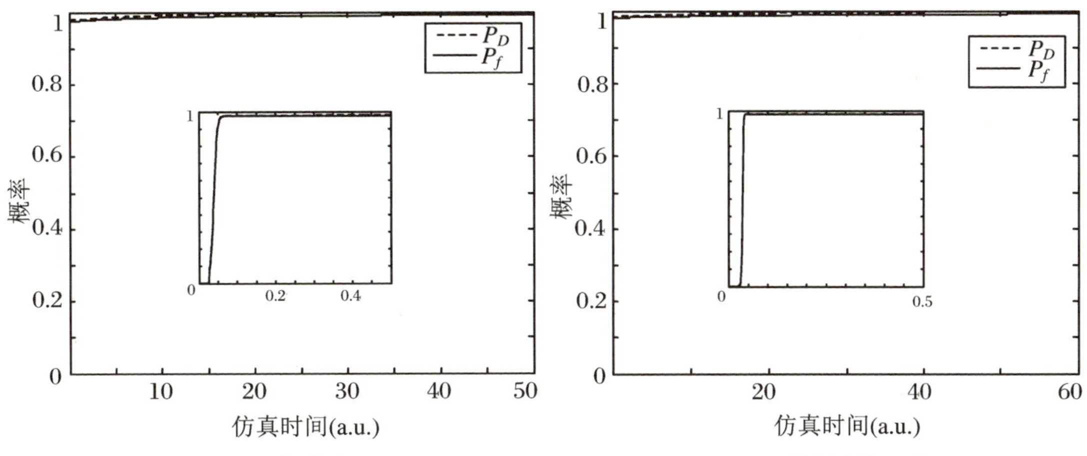

(a) 目标态为$|\psi_{f1}\rangle$　　(b) 目标态为$|\psi_{f2}\rangle$

图 4.3　控制作用下系统向 DFS 以及目标态的转移概率曲线

图 4.3(a)为选择目标态为叠加态时,系统的收敛情况:此时控制增益 $k_2=k_3=80$。在 $t_f=50$ 时,$P_D=0.9995$ 以及 $P_{f1}=0.9918$。图 4.3(b)中选择控制增益为 $k_2=k_3=200$,表示目标态是本征态时系统的收敛情况:在 $t_f=60$ 时,$P_D=0.9986$ 以及 $P_{f2}=0.9917$;同时,从图 4.3 中也可以看出来,控制场的作用极大地提高了系统的收敛速度。比较图 4.2 以及图 4.3,验证了命题 4.1,不管有没有控制作用,系统都将以概率 1 收敛到无消相干子空间中。此外,为了使系统收敛,我们在控制场中引入控制常量 u_0,此处令 $u_0=0.01$,以目标态为叠加态的情况为例,在不改变控制参数的情况下,若令 $u_0=0$,转移概率为 $P_{f1}=0.9862$ 以及 $P_D=0.9991$。比较之下,在控制场(4.15)的作用下,系统将以超过 99% 的概率收敛到目标态。

4.2　二能级非马尔可夫型开放量子系统状态转移

系统 S 和环境 E 相互作用的总系统可以近似于一个封闭量子系统,其演化是幺正的,但实际中往往只需要考虑子系统 S 的动力学行为,可以通过统计性地排除环境的影响得到子系统 S 的演化方式,在不同的约束条件和简化条件下所得到的子系统模型也是不一样的。

总系统在幺正演化下的动力学方程遵循量子刘维尔方程 $\dot{\rho}(t)=-\mathrm{i}[H,\rho(t)]$，状态演化为 $\rho(t)=U(t)\rho(0)U^{\dagger}(t)$。假设系统环境为热浴 B，则子系统演化方程为$\dot{\rho}_s(t)=-\mathrm{i}\mathrm{tr}_B(H,\rho(t))$，其状态为 $\rho_s(t)=\mathrm{tr}_B(\rho(t))=\mathrm{tr}_B(U(t)\rho(0)U^{\dagger}(t))$。通过引入超算符投影技术(Breuer，Petruccione，2002；Breuer et al.，2001)可以推导出精确描述子系统 S 的演化方程。此时子系统因与环境的能量交换而变成开放的，其状态也不再是幺正形式下的演化，用动力学映射关系 F_s 描述开放系统状态随着时间的改变，即 $F_s:S(H_s)\to S(H_s)$，描述的是希尔伯特空间上约化子系统的密度矩阵向该空间投影的映射关系，即 $\rho_s(0)\to\rho_s(t)=F_s(t)\rho_s(0)$。一般情况下，我们假设系统初始状态与环境初态是非关联的，即 $\rho(0)=\rho_s(0)\otimes\rho_B(0)$，因此在开放系统中这种动力学映射包括两类：一类是马尔可夫过程的，此时环境的记忆和反馈时间相对于系统状态演化的时间来说非常短暂，可以忽略。另一类是非马尔可夫过程的，此时环境的记忆效应是不可忽略的。如果系统初始状态关联，初始状态的影响不可去除，系统也可以认为是非马尔可夫的。为了书写方便，我们忽略子系统状态 ρ_s 标记中的下标“s”。

非马尔可夫系统最精确的描述是利用 NZ 投影技术得到的 NZ 型主方程(2.60)，但是其中的记忆内核 $\mathcal{K}(t,s)$却很难获得，且这种积分微分形式的主方程，处理起来也非常麻烦，所以在具体的系统中，描述非马尔可夫系统的主方程常选择如方程(2.62)所示的 TCL 型时间局域的一阶微分方程。虽然用非马尔可夫主方程能够精确描述系统的动力学演化，但是在目前的研究阶段只有一些简单的开放系统模型存在精确解，例如 Jaynes-Cummings 模型、量子布朗运动模型以及一些纯退相干模型等。因此，本节以非马尔可夫环境中的单自旋量子系统为研究对象，这是一个最简单的量子系统——二能级系统。实际上，许多物理系统都可以用二能级系统来描述，比如金刚石中单个氮空位中心的电子自旋、光学晶格中的玻色爱因斯坦凝聚等，也有一些系统可以通过忽略高能激发用二能级系统来近似。

4.2.1 二能级系统的非马尔可夫模型描述

我们选择广义林德布拉德主方程来描述开放非马尔可夫量子系统，则方程(2.62)可简化为

$$\begin{cases}\dfrac{\mathrm{d}}{\mathrm{d}t}\rho(t)=\dfrac{1}{\mathrm{i}\hbar}[H,\rho(t)]+\mathcal{L}(t,\rho(t))\\[2ex]\mathcal{L}(t,\rho(t))=\sum\limits_k d_k(t)\left[L_k\rho(t)L_k^{\dagger}-\dfrac{1}{2}\{L_k^{\dagger}L_k,\rho(t)\}\right]\end{cases}\tag{4.19}$$

其中，H 表示系统哈密顿量，$H = H_0 + \sum_c u_c H_c$；$\mathcal{L}(t,\rho(t))$ 表示系统与环境相互作用产生的耗散项，导致了系统的非幺正演化；$d_k(t)$是时变的耗散系数。

与马尔可夫型主方程(2.59)相比，方程(4.19)可以认为是Lindblad型主方程在非马尔可夫系统中的广义化。与方程(2.59)不同的是，系统的耗散项 $d_k(t)$是含时的，且随着时间的变化，$d_k(t)$的值可正可负，负的耗散系数表示系统信息的恢复或补偿，体现非马尔可夫系统的记忆效应。

在二能级系统中，考虑幅值退相干作用，则令 $L_1 = \sigma_+$，$L_2 = \sigma_-$，其中 $\sigma_\pm = (\sigma_x \pm \mathrm{i}\sigma_y)/2$，可知 $\sigma_+^\dagger = \sigma_-$，系统的主方程可以表示为(Cui et al.，2008；Tong et al.，2010)

$$\frac{\mathrm{d}}{\mathrm{d}t}\rho(t) = \frac{1}{\mathrm{i}\hbar}[H,\rho(t)] + \frac{\Delta(t)+\gamma(t)}{2}\{[\sigma_-\rho,\sigma_+] + [\sigma_-,\rho\sigma_+]\} + \frac{\Delta(t)-\gamma(t)}{2}\{[\sigma_+\rho,\sigma_-] + [\sigma_+,\rho\sigma_-]\} \tag{4.20}$$

其中，$H_0 = \omega_0/2$；对于两能级系统，控制哈密顿量 H_c 总是可以按 $SU(2)$的正交矩阵基(泡利矩阵和单位矩阵)展开，因此常取 $H_c \in \{\sigma_x,\sigma_y,\sigma_z\}$，对应的控制场记为$\{u_1,u_2,u_3\}$；在式(4.20)中，衰减系数 $d_1(t) = (\Delta(t)+\gamma(t))/2$，$d_2(t) = (\Delta(t)-\gamma(t))/2$ 是含时的，耗散相关项表示为

$$\gamma(t) = \frac{\alpha^2\omega_0 r^2}{1+r^2}[1 - \mathrm{e}^{-r\omega_0 t}\cos(\omega_0 t) - r\mathrm{e}^{-r\omega_0 t}\sin(\omega_0 t)] \tag{4.21}$$

在高温极限下，耗散系数

$$\Delta(t) = \frac{2\alpha^2 kT \times r^2}{1+r^2}\left\{1 - \mathrm{e}^{-r\omega_0 t}\left[\cos(\omega_0 t) - \frac{1}{r}\sin(\omega_0 t)\right]\right\} \tag{4.22}$$

其中，α^2 为系统和环境的耦合参数，这里选择 $\alpha^2 = 0.01$；高温条件下温度 $kT = 300\omega_0$，$r = \omega_c/\omega_0$ 表示热库截断频率 ω_c 和系统振荡频率 ω_0 之比，它是影响耗散系数的一个重要参数，选取 $\omega_0 = 1$ 以及 $r = 0.1$。

根据系统的参数选择可知：

$$\begin{aligned}\gamma(t) &= \frac{\alpha^2\omega_0 r^2}{1+r^2}[1 - \mathrm{e}^{-r\omega_0 t}\cos(\omega_0 t) - r\mathrm{e}^{-r\omega_0 t}\sin(\omega_0 t)] \\ &= \frac{0.01\times r^2}{1+r^2}\times[1 - \mathrm{e}^{-r\omega_0 t}\times\cos(\omega_0 t) - r\mathrm{e}^{-r\omega_0 t}\sin(\omega_0 t)] < 10^{-4}\end{aligned}$$

在高温近似下，$\gamma(t)$相对于 $\Delta(t)$来说非常小，可以忽略不计，由此导致衰减系数 $d_1(t) \approx d_2(t)$。若在马尔可夫系统中，$d_1(t) = c_1$，$d_2(t) = c_2$，c_1和 c_2 为大于0的常数，即系统以定常速率衰减，而在非马尔可夫系统中，衰减系数为 $\Delta(t)/2$。由方程

4

(4.22)可知,系统的衰减系数以衰减的正弦波形式趋于其稳态 $\alpha^2 kTr^2/(1+r^2)$,其幅值与耦合系数 α^2 成正比例关系,衰减频率由 ω_0 决定。

下面我们将对式(4.20)所示的二能级非马尔可夫系统的特性进行分析,用以指导控制任务的实现。

4.2.2 非马尔可夫开放量子系统的特性分析

在量子系统中,N 能级系统的密度矩阵可以表示为

$$\rho = \frac{1}{N}I + \frac{1}{2}\sum_{i=1}^{N^2-1} x_i X_i \tag{4.23}$$

其中,$x_i = \mathrm{tr}(\rho X_i)$,$X_i(i=1,\cdots,N^2-1)$为李代数 $su(N)$生成子,是希尔伯特空间的一组算子,满足关系式:

$$\text{(a) } X_i = X_i^{\dagger}, \quad \text{(b) } \mathrm{tr}(X_i) = 0, \quad \text{(c) } \mathrm{tr}(X_i X_j) = 2\delta_{ij} \tag{4.24}$$

定义密度矩阵 ρ 的 Bloch 矢量为 $x = (x_1, x_2, \cdots, x_{N^2-1})^{\mathrm{T}} \in \mathbf{R}^{N^2-1}$。对于两能级系统来说,三个泡利矩阵加上一个单位阵$\{I, \sigma_x, \sigma_y, \sigma_z\}$可以用来表示李群 $SU(2)$的生成子。则将方程(4.19)用 Bloch 方程描述为

$$\dot{x} = A(t)x + b \tag{4.25}$$

式中

$$A(t) = \begin{pmatrix} -d_+ & -(\omega_0 + 2u_3) & 2u_2 \\ \omega_0 + 2u_3 & -d_+ & -2u_1 \\ -2u_2 & 2u_1 & -2d_+ \end{pmatrix}, \quad b = \begin{pmatrix} 0 \\ 0 \\ 2d_- \end{pmatrix}$$

其中:$d_+ = d_2(t) + d_1(t) = \Delta(t)$,$d_- = d_2(t) - d_1(t) = -\gamma(t)$,$\rho$ 的 Bloch 矢量表示为 $x = [x_1 \quad x_2 \quad x_3]^{\mathrm{T}}$。

方程(4.25)的平衡态为

$$\begin{cases} x_1 = \dfrac{2d_-[d_+ u_2 + (\omega_0 + 2u_3)u_1]}{d_+[2u_1^2 + 2u_2^2 + (\omega_0 + 2u_3)^2 + d_+^2]} \\ x_2 = \dfrac{2d_-[(\omega_0 + 2u_3)u_2 - d_+ u_1]}{d_+[2u_1^2 + 2u_2^2 + (\omega_0 + 2u_3)^2 + d_+^2]} \\ x_3 = \dfrac{2d_-[(\omega_0 + 2u_3)u_2 + d_+^2]}{d_+[2u_1^2 + 2u_2^2 + (\omega_0 + 2u_3)^2 + d_+^2]} \end{cases} \tag{4.26}$$

可见，无控制场时系统的平衡态 $x_e=[0\quad 0\quad d_-/d_+]^T$。

在本节高温环境的近似下，扩散系数 $\gamma(t)$ 相对于耗散系数 $\Delta(t)$ 来说很小，可以忽略不计，因此 $d_+=\Delta(t)$，$d_-=0$，所以方程(4.25)近似为一个齐次微分方程组。并且由式(4.26)可得，系统只有一个平衡点，即最大混合态 $x=[0\quad 0\quad 0]^T$。

4.2.2.1 衰减系数 $d_i(t)$ 的变化

非马尔可夫效应完全体现在系统的时变衰减速率 $d_i(t)$ $(i=1,2)$ 上，由式(4.22)可知，$\Delta(t)$ 的衰减频率由 ω_0 决定。$\Delta(t)$ 与 ω_0 的关系如图 4.4 所示。

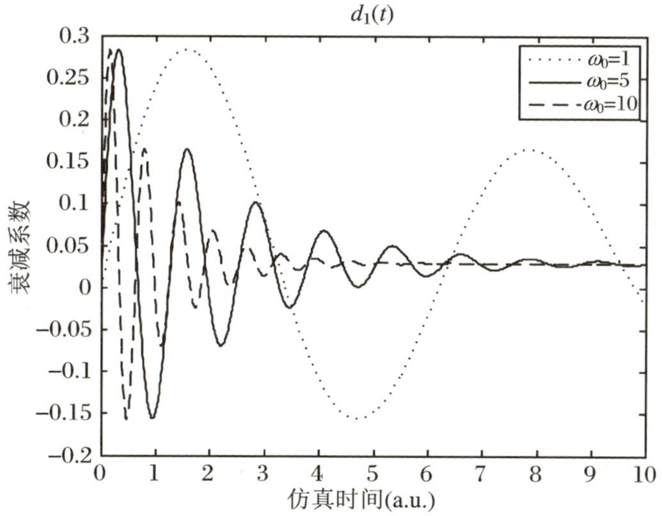

图 4.4　不同系统振荡频率 ω_0 ($\omega_0=1,5,10$) 对衰减系数 $d_1(t)$ 的影响

从图 4.4 中可以看出，ω_0 改变衰减系数的振荡频率不改变幅值，ω_0 越大振荡频率衰减越大，这一点也可以从式(4.22)中看出来。由于 $d_1(t)$ 与 $d_2(t)$ 近似相等，这里就不再画 $d_2(t)$ 的曲线，系统的非马尔可夫特性体现在 $d_1(t)$ 为负值的时候，因此在状态演化过程中，系统的马尔可夫性质和非马尔可夫性质是交替出现的。

影响耗散系数的第二个参数是高频截断频率 ω_c，当系统频率 ω_0 固定，ω_c 的影响体现在参数 $r=\omega_c/\omega_0$ 上，r 对衰减系数 $d_1(t)$ 的影响如图 4.5 所示。

物理学上，引入高频截断频率 ω_c 来限制环境的作用，并不是环境的每一个模场都与系统相互作用，其频率高于 ω_c 的模场谱密度为零时，不与系统作用。在图 4.5 中，曲线 1,2,3,4 分别对应 $\omega_c=1,0.5,0.1,0.01$ 时的衰减系数变化，r 越小，衰减频率越大，衰减幅值越低，即截断频率越小，参与系统相互作用的环境因素越少。在足够长的时间后，衰减系数都将趋于一个大于零的常量，系统退化为一个马尔可夫系统。当 $\omega_c(r=1)$ 变大时，系统快速地由非马尔可夫系统转变成马尔可夫系统。

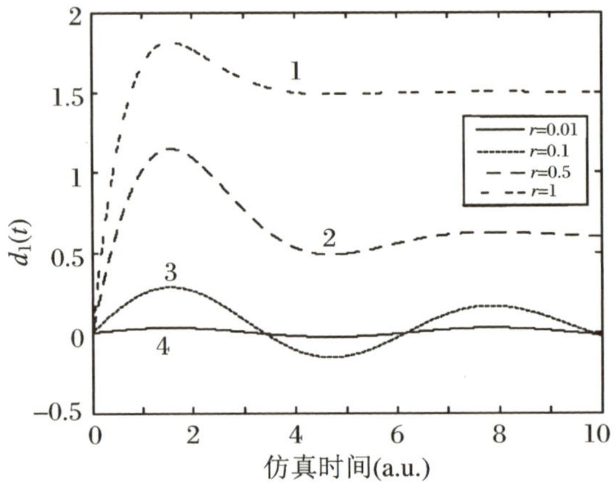

图 4.5 参数 r 对衰减系数 $d_1(t)$ 的影响

4.2.2.2 纯度与相干性

为了量化状态演化过程中的矩阵 ρ 的特性，可以用一个标量指标——纯度来分析，对任意一个状态 ρ，纯度定义为

$$p \triangleq \mathrm{tr}(\rho^2) = \frac{1 + x_1^2 + x_2^2 + x_3^2}{2} \tag{4.27}$$

其中，$p=1$ 表示纯态，$p<1$ 表示混合态。纯度变化为

$$\frac{\mathrm{d}p}{\mathrm{d}t} = -d_+(x_1^2 + x_2^2 + 2x_3^2) + 2d_- x_3 \tag{4.28}$$

纯度变化反映了系统状态演化的方向，$\dot{p}>0$ 表示纯度增加，指状态纯化的过程；$\dot{p}<0$ 表示纯度减小，状态向球心方向运动。

在封闭量子系统中，$d_+ = d_- = 0$，因而 $\mathrm{d}p/\mathrm{d}t = 0$。在马尔可夫系统中，$d_+$ 是一个正常数，如果系统是单一的(unital)，即在方程(4.19)中，$\mathcal{L}(I)=0$，此时有 $d_-=0$，方程(4.28)是单调递减的，则哈密顿控制的方式无法阻止系统向最大混合态演化的趋势，若 $d_-\neq 0$，根据两个信道的衰减系数差可能产生状态纯度变大的局部区域；而在非马尔可夫系统中，即使系统是单一的，d_+ 是一个振荡函数，纯度的变化也不是单调的，这与系统耦合强度 α^2 以及截断频率 $\omega_c(r)$ 密切相关。

另外一个反映开放量子系统演化过程中状态特征的重要指标是相干性，量子态的相干性是量子系统区别于经典系统的本质特征，一般用密度矩阵的非对角元来表示：

$$\mathrm{coh} \triangleq \rho_{12}(t) + \rho_{21}(t) \tag{4.29}$$

结合式(4.25)，相干性可表示为 $\mathrm{coh} = x_1(t)$。

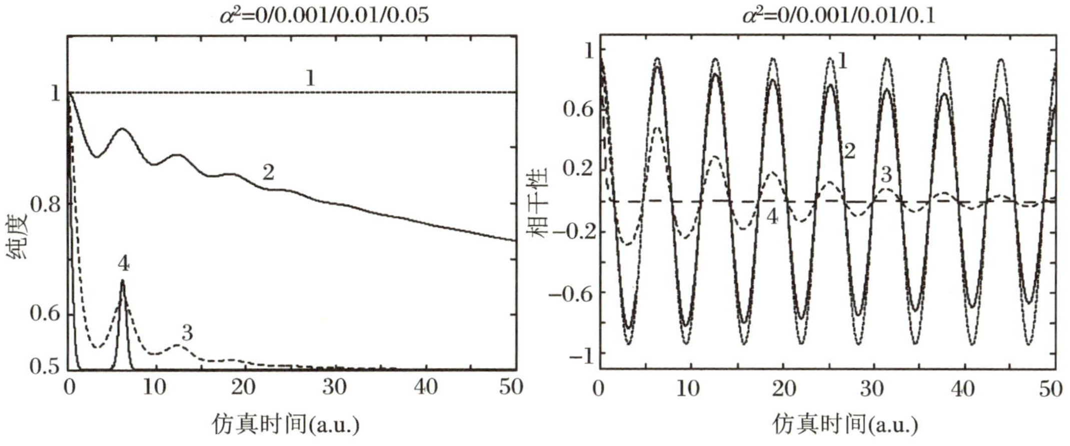

(a) 系统状态纯度曲线　　(b) 相干性变化曲线

图 4.6　无控制作用时，不同耦合系数 α^2 下，系统状态纯度及相干性变化($\rho_0 = [1/3\ \sqrt{2}/3;\sqrt{2}/3\ 2/3]$)

在图 4.6 中，曲线 1,2,3 分别对应 α^2 为 0,0.001,0.01 时的状态纯度演化或相干性演化曲线，曲线 4 在图 4.6(a)中对应 α^2 为 0.1，在图 4.6(b)中对应 $\alpha^2=0.05$。

在图 4.6(a)中，当 $\alpha^2=0$ 时，系统以幺正形式演化，纯度不变，表示为一条不变的直线。随着耦合强度的增加，系统趋于稳态的速度越快(本系统中稳态为最大混合态，纯度为 0.5)。但是在趋于稳态的过程中仍然可以看出纯度并非单调地减小，这是系统的非马尔可夫记忆特性使系统失去的信息部分地补偿回来造成的，并且耦合强度越大，非马尔可夫特性越明显。

在图 4.6(b)中，当 $\alpha^2=0$ 时，系统与环境无耦合，为一个封闭系统，故而相干性一直能够保持，表现为图 4.6(b)中曲线 1 等幅振荡，由耗散因子的表达式(4.21)以及式(4.22)可知，不管是对于 $\gamma(t)$ 还是 $\Delta(t)$，耦合系数 α^2 与耗散因子都成正比例关系，耦合系数增大，则衰减强度以同等幅值增大。因此，状态的退相干特性表现为同频率不同幅值的特性。

图 4.7 为不同截断频率 $\omega_c(r)$下，系统相干性及状态纯度的变化，r 分别取值为 0.01,0.1,0.5,1。在这里仍然选择叠加态 $\rho_0 = [1/3\ \sqrt{2}/3;\sqrt{2}/3\ 2/3]$。系统状态的纯度遵循式(4.28)与图 4.5 中衰减系数 $d_i(t)$的演化保持一致。以 $r=0.1$ 为例，在足够短的

时间内，衰减系数以变速率而不变方向的趋势引导系统衰减，比如在 $rt\in[0,3]$时，$d_1(t)$保持大于 0，故而式(4.28)小于或等于 0，纯度曲线单调递减，即 Bloch 球上的系统状态只能从球面指向球心的方向移动。而在较长的时间段内，$d_1(t)$是有正有负的，即系统流失的信息可以再回来，状态也可以从球心到球面的方向移动。由此可知，在短时间内为不可达的状态，比如混合态向本征态的演化，在较长时间段内，由于衰减系数小于 0，是有可能实现的。

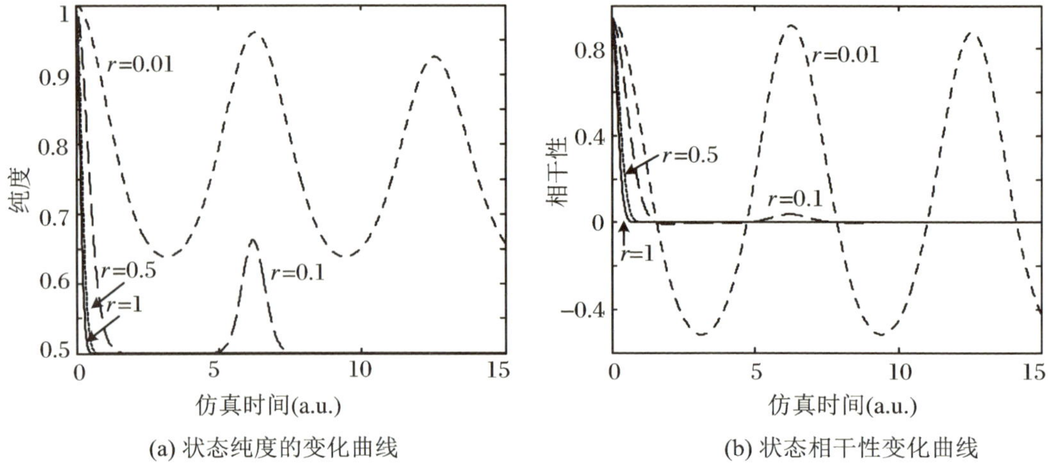

图 4.7　不同截断频率 $\omega_c(r)$下，系统状态相干性及状态纯度的变化

4.2.3　控制问题描述及控制场设计

在 4.1 节中，马尔可夫开放量子系统的跟踪控制可以转变成无消相干子空间的状态转移问题来处理，类似于封闭系统中系统向目标态趋近的收敛性也已经得到证明；而在本节中，非马尔可夫量子系统只存在一个平衡态，即最大混合态，除此之外，系统无法停留在最大混合态之外的任意状态，在这种情况下，当目标系统的状态不是平衡态时，跟踪就是不完全的，系统只能经过目标态而无法永远停留，也就是说只能实现状态转移的任务。

在系统(4.25)中，我们只考虑实数控制，因此令 $u_2=0$，采取控制形式 u_1,u_3，此时，系统结构可以表示为

$$A(t)=\begin{pmatrix}-d_+ & -\omega_0 & 0\\ \omega_0 & -d_+ & 0\\ 0 & 0 & -2d_+\end{pmatrix}+u_1\begin{pmatrix}0 & 0 & 0\\ 0 & 0 & -2\\ 0 & 2 & 0\end{pmatrix}+u_3\begin{pmatrix}0 & -2 & 0\\ 2 & 0 & 0\\ 0 & 0 & 0\end{pmatrix} \tag{4.30}$$

记式(4.30)等号右边第一项为 $A_0(t)=A_{H_0}+A_L$，其中，A_{H_0} 表示由 H_0 产生的项，A_L 表示耗散产生的项，且 $A_L=-d_+\times\mathrm{diag}(1,1,2)$；$A_1=[0\ 0\ 0;0\ 0\ -2;0\ 2\ 0]$，$A_3=[0\ -2\ 0;2\ 0\ 0;0\ 0\ 0]$。

选取李雅谱诺夫函数：

$$V(x)=\frac{1}{2}\langle x-x_f\mid x-x_f\rangle \tag{4.31}$$

式(4.31)可以用来衡量演化状态与目标态之间的距离。对式(4.31)计算一阶导数可得

$$\dot{V}(x)=\Re\langle x-x_f\mid A_0(t)\mid x\rangle+u_1\Re\langle x-x_f\mid A_1\mid x\rangle+u_3\Re\langle x-x_f\mid A_3\mid x\rangle \tag{4.32}$$

由于 Bloch 矢量表示的量子态，每一个分量都是实数，可以将式(4.32)中的取实数符号去掉。设目标态 $x_f=[b_1,b_2,b_3]^{\mathrm{T}}$，则可得到

$$\langle x-x_f\mid A_1\mid x\rangle=-2(b_3x_2-b_2x_3) \tag{4.33a}$$

$$\langle x-x_f\mid A_3\mid x\rangle=-2(b_2x_1-b_1x_2) \tag{4.33b}$$

$$\begin{aligned}\langle x-x_f\mid A_0(t)\mid x\rangle=&-d_+x_1^2-d_+x_2^2-2d_+x_3^2+d_+b_1x_1+d_+b_2x_2+2d_+b_3x_3\\&-\omega_0(b_2x_1-b_1x_2)\end{aligned} \tag{4.34}$$

则控制场为

$$\begin{cases}u_1=-\dfrac{\langle x-x_f\mid A_0(t)\mid x\rangle}{\langle x-x_f\mid A_1\mid x\rangle}-k_1\langle x-x_f\mid A_1\mid x\rangle\\ u_3=-k_3\langle x-x_f\mid A_3\mid x\rangle\end{cases} \tag{4.35}$$

在控制场设计过程中，$A_0(t)$是作为漂移项出现的。如果严格按照李雅谱诺夫定理的设计原则，用$\langle x-x_f|A_1|x\rangle$来抵消漂移项时，根据式(4.33)可得到当 $b_3x_2-b_2x_3=0$ 时将导致 u_1足够大甚至是无穷，因此这里的控制形式 u_1并不是十分合适的。这种控制场取法是处理开放量子系统的任务时不可避免的，我们希望尽量避免控制场奇异的现象出现。李雅谱诺夫函数的设计规则能够保证作为性能指标的李雅谱诺夫函数是单调递减的，但是在开放系统中，对状态演化路径的控制能力有限，一般更倾向于实现目标态的精度，简化控制场形式，令

$$u_1 = -k_1\langle x - x_f \mid A_1 \mid x\rangle \tag{4.36}$$

为了分析在控制场(4.36)的作用下，系统的稳定性，选取

$$V_1(x) = \frac{1}{2}\langle x - x_f \mid x - x_f\rangle + c + \langle x_f \mid x\rangle \tag{4.37}$$

这里常量 $c>0$，是为了保证李雅谱诺夫函数是正的，由于量子态用 Bloch 矢量表示时每一个分量的取值都属于[−1,1]，所以 $\langle x_f \mid x\rangle$ 是有界的，实际上 $\langle x_f \mid x\rangle \geqslant -1$。对式(4.37)求导：

$$\begin{aligned}\dot{V}_1(x) =& \langle x - x_f \mid A_0(t) \mid x\rangle + u_1\langle x - x_f \mid A_1 \mid x\rangle \\ &+ u_3\langle x - x_f \mid A_3 \mid x\rangle + \langle x_f \mid A_0(t) \mid x\rangle \\ &+ u_1\langle x_f \mid A_1 \mid x\rangle + u_3\langle x_f \mid A_3 \mid x\rangle\end{aligned} \tag{4.38}$$

将式(4.30)中的 A_1 和 A_3 表达式代入式(4.33)可得，$\forall\, x$，$\langle x \mid A_1 \mid x\rangle \equiv 0$ 以及 $\langle x \mid A_3 \mid x\rangle \equiv 0$。因此

$$\dot{V}_1(x) = \langle x \mid A_0(t) \mid x\rangle = -d_+x_1^2 - d_+x_2^2 - 2d_+x_3^2$$

当 $d_+>0$ 时，系统是稳定的。在 4.2.4 小节的实验中可以发现，控制任务在 $d_+>0$ 的时间范围内都可以完成。

此外，由 4.2.2.2 小节的分析可知，x_1 代表相干性，当目标态形式重点不在于相干性变化时，比如本征态和平衡态等，观察方程(4.25)可以发现，σ_z 方向的控制场 u_3 只在 $\omega_0 + 2u_3$ 项中出现，因此选择控制形式：

$$u_3 = -\frac{\omega_0}{2} \tag{4.39}$$

其中，常量控制 u_3 来抵消 ω_0 的作用，则方程(4.25)可表示为

$$\begin{cases}\dot{x}_1 = -d_+x_1 \\ \dot{x}_2 = -d_+x_2 - 2u_1x_3 \\ \dot{x}_3 = 2u_1x_2 - 2d_+x_3 + 2d_-\end{cases} \tag{4.40}$$

分量 x_1 是可以与方程组解耦的，且 $x_1(t)$ 为

$$x_1(t) = \exp\left(-\int_0^t d_+(t)\mathrm{d}t\right)x_1(0) = \exp\left(-\int_0^t \Delta(t)\mathrm{d}t\right)x_1(0) \tag{4.41}$$

$x_1(t)$ 的变化将由 $\Delta(t)$ 和初值 $x_1(0)$ 决定，在本节中 $\mathrm{coh} = x_1(t)$ 也表示相干性的变化。已知状态纯度的变化能够表示状态演化方向，当 x_1 如式(4.41)所示时，状态的纯度

变化将由 x_2 和 x_3 给出，记

$$\bar{p} = \frac{1 + x_2^2 + x_3^2}{2} \tag{4.42}$$

有关状态纯度随状态变化的关系将在 4.2.4 小节的实验中说明。

4.2.4 数值仿真和结果分析

在系统(4.20)中进行仿真实验，选取时间步长 $\Delta t = 0.0005$ 和演化结束时间为 t_f。系统的衰减系数 $d_i(t)$ 是一个振荡函数，当 $\omega_0 = 1, r = 0.1$ 时，我们标记 $d_1(t) = 0$ 的瞬间为 $\{t_i : d_1(t_i) = 0\}$，其中，$t_1 = 3.3815, t_2 = 6.1970, t_3 = 9.7930, t_4 = 12.3180$。在点 t_i 处，衰减系数的符号发生改变，在下面的仿真实验效果图中，点 t_i 的位置将用空心菱形标注出来，实心圆圈表示状态演化的起点。

在实验中，用李雅谱诺夫函数(4.31)来衡量实现控制目标的精度，对其稍作变换，令

$$v = \langle x - x_f \mid x - x_f \rangle = 2V \tag{4.43}$$

下面的实验结果说明 4.2.3 小节控制场的有效性。

实验 1 系统向平衡态的转移

选取初始状态为 $x_0 = [0\ 0\ 1]^{\mathrm{T}}$，即本征态 $\rho_0 = \mathrm{diag}(1,0)$，当目标态是平衡态 $x_f = [0\ 0\ 0]^{\mathrm{T}}$ 时，代入式(4.33)可得 $\langle x - x_f \mid A_1 \mid x \rangle \equiv 0$ 以及 $\langle x - x_f \mid A_3 \mid x \rangle \equiv 0$，控制场(4.35)不可用。但是此时，由于 $\langle x - x_f \mid A_0(t) \mid x \rangle = -d_+ x_1^2 - d_+ x_2^2 - 2d_+ x_3^2$，$d_+$ 是一个衰减振荡的函数，因此即便在无控制的作用下也可以到达平衡态。在这种情况下，可以施加常量控制，延缓系统到达最大混合态的时间。令 $u_1 = 1, u_3 = -0.5\omega_0$，根据方程(4.41)的表达，$x_1(t) \equiv 0$，状态演化在 y-z 平面进行，系统从初态转移到平衡态的过程如图 4.8 所示。

在图 4.8 中，实线表示在控制作用下状态转移路径，虚线表示无控制时系统从初态到最大混合态的转移路径，虚的同心圆表示不同纯度的状态路径，其中半径表示纯度大小。以实线为例，状态随着时间增加，从菱形 t_1 处运行到 t_2 处，状态从内圈运行到外圈，是个纯度增加、状态纯化的过程。但是显然这里只能实现局部的状态纯化过程，因为在 $t \in (0, t_1)$ 内，$\Delta(t) > 0$，也即在最初的时刻，系统状态只能沿着指向球心的方向运动，由式(4.28)可知，控制场无法完全补偿耗散动力学的作用，因此势必产生量子态混合化的趋势，非马尔可夫效应所带来的纯化也只能是局部的，无法实现从初始态到一个比初始态纯度更高的目标态的纯化过程。

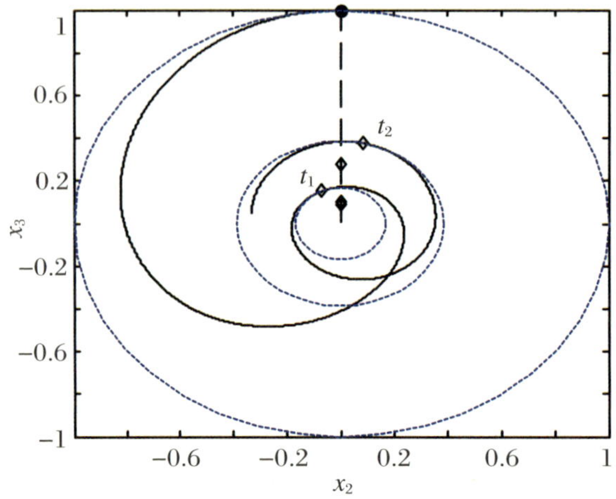

图 4.8　二能级非马尔可夫系统从本征态向平衡态转移的实验结果

实验 2　状态之间的转移

(1) 系统在两个本征态之间的状态转移

选择 $x_0 = [0\ 0\ -1]^{\mathrm{T}}$，$x_f = [0\ 0\ 1]^{\mathrm{T}}$，以及控制形式式(4.36)和式(4.39)，其中控制增益为 $k_1 = 30$，仿真结果如图 4.9 所示，图 4.9(a)为转移曲线，空心圆圈代表目标态；图 4.9(b)为实现控制目标的控制场以及性能指标的变化曲线。在本例中，最优性能指标 $v = 1.93 \times 10^{-4}$。当系统到达控制目标时，由于控制量为零，之后系统将在衰减动力学的作用下趋向于平衡态，轨迹运行类似于图 4.8 中的虚线所示。

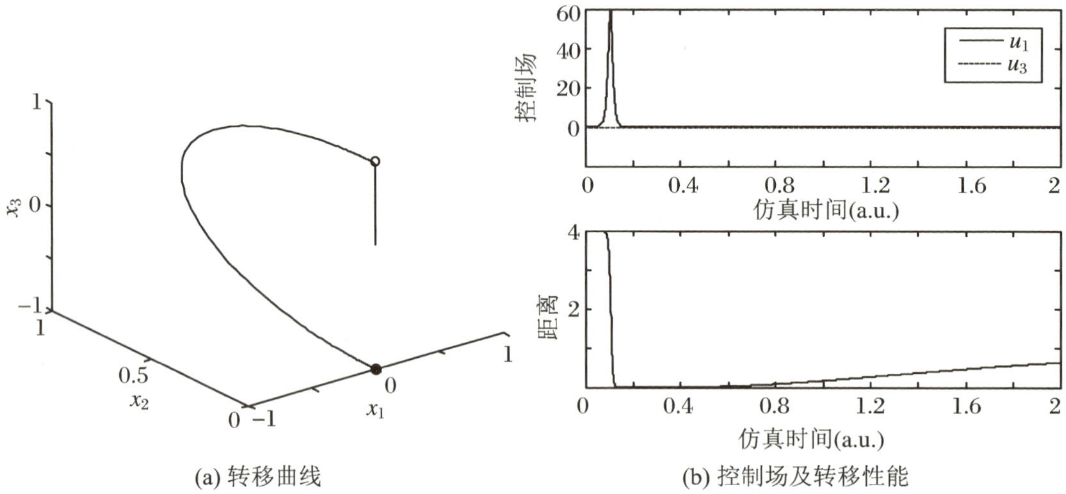

图 4.9　二能级非马尔可夫系统中两个本征态之间的完全状态转移

(2) 系统从叠加态到叠加态的演化

选择 $x_0=[\sqrt{3}/2\ \ -\sqrt{2}/4\ \ -\sqrt{2}/4]^{\mathrm{T}}$，$x_f=[0\ 1\ 0]^{\mathrm{T}}$，控制增益为 $k_1=k_3=30$，仿真结果如图 4.10 所示，图 4.10(a)为转移曲线；图 4.10(b)为实现控制目标的控制场以及性能指标(4.43)的变化曲线。

由图 4.10 可见，当系统到达目标态后，根据方程(4.33)，控制场为零，系统将继续趋向于平衡态，到达平衡态的时间 $t_f=50$，图中实菱形代表平衡态，空心圆圈代表目标叠加态；为了显示方便，图 4.10(b)中只画出了有效控制场，在本例中，最优性能指标 $v=1.03\times10^{-5}$。

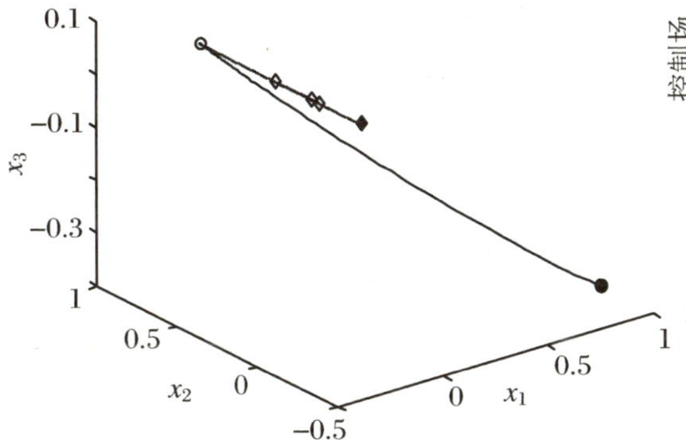

(a) 转移曲线

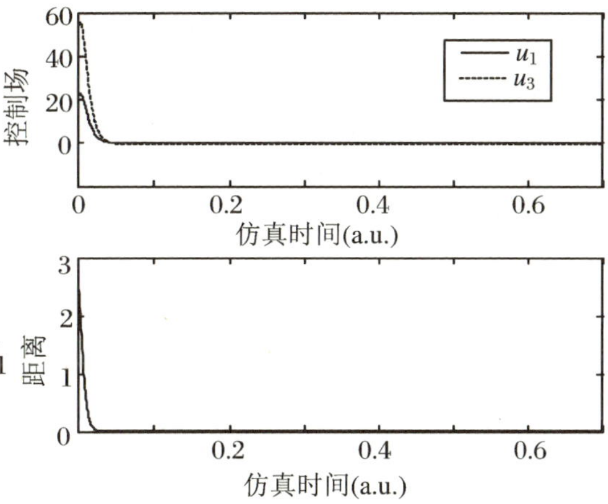

(b) 控制场及转移性能

图 4.10　二能级非马尔可夫系统从本征态到叠加态的完全状态转移

从实验 1 和实验 2 中可以看出，在控制场的作用下，系统将快速地到达目标态，然后不管控制如何作用，都将不可避免地趋向于系统的唯一平衡态——最大混合态。由此可见，在该系统中，完全的状态跟踪是不能实现的，但是我们可以通过状态轨迹规划来实现离散的系列目标态的状态跟踪。

实验 3　状态轨迹规划

虽然哈密顿控制的方式无法完全抵消系统退相干动力学，但是我们可以通过精心设计使状态演化轨迹沿着衰减最慢或者纯度最大的轨迹运行，由此完成对开放系统状态轨迹的控制，在这里设计一条不连续的跟踪路线，令系统初态为本征态 $x_0=[0\ 0\ 1]^{\mathrm{T}}$，设计中间目标态 $x_{f1}=[0\ 0\ -1]^{\mathrm{T}}$，$x_{f2}=[0\ 1\ 0]^{\mathrm{T}}$ 以及 $x_{f3}=[1\ 0\ 0]^{\mathrm{T}}$，选择控制增益为 $k_1=k_3=60$，状态轨迹规划如图 4.11 所示。

在图 4.11(a)中，实点表示状态演化的起始点，空心圆圈表示三个中间目标态的位置，实线表示状态演化的轨迹，可见在整个演化过程中，状态沿着纯度最大的方向进行，对于纯态演化来说，状态轨迹都在 Bloch 球面上，图中虚线圈表示 Bloch 球面。在状态转移的实验中，状态到达目标态后，由于控制量为零，状态将向平衡态演化，而在本实验中，第一个目标态到达后，第二个目标态与演化状态的距离产生新的控制量，驱使系统远离平衡态，这一点也可以从图 4.11(b) 中看出来，其中，三个目标态产生三次不为零的控制函数。

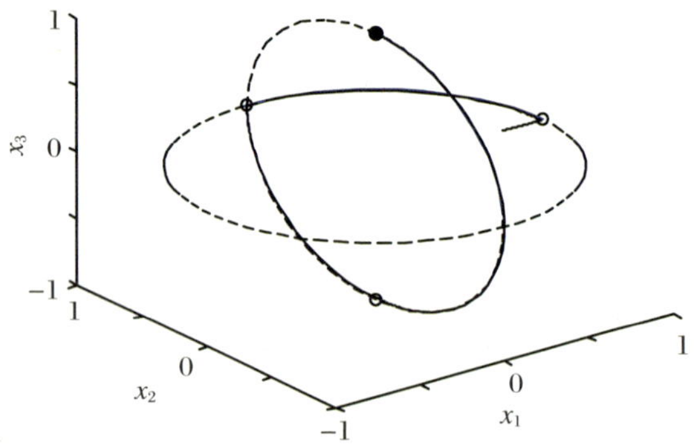

(a) 转移曲线

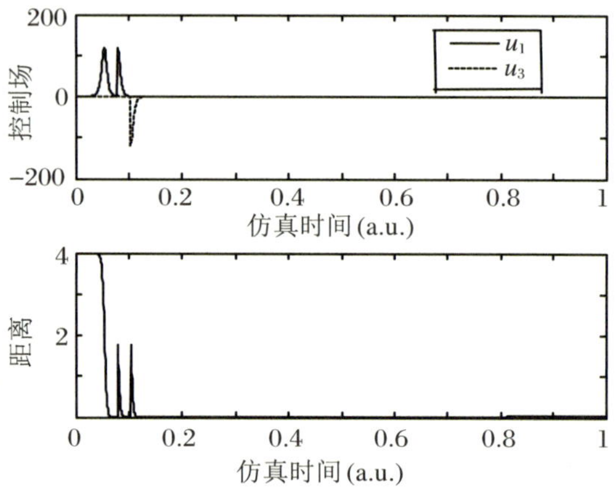

(b) 控制场及转移性能

图 4.11　二能级非马尔可夫系统的状态路径轨迹规划

第 5 章

基于反馈控制的开放量子系统算符的制备与保持

量子计算机相对于传统计算机在计算能力方面有指数增长。为了实现量子计算机，需要使用不同功能的量子逻辑门建立量子电路，因此近年来实现量子逻辑门的研究得到了很多关注。量子系统的相干性在控制过程中要足够强是实际量子系统的必要条件，但物理系统并没有提供足够长的相干时间保证实现一个量子门。相干时间可能会被量子比特与环境之间以及量子比特自身之间不期望的相互作用所限制（Piltz et al.，2013）。这些相互作用会降低获得门的保真度，或者完全阻止门的实现。因此，为了在相干时间内更快地实现高保真度的量子门，很多获得制备量子门控制的方法被尝试和采用。

对不同的系统和模型，常用的实现量子门的方法是基于最优控制理论的方法。该方法使用范围广泛，既适用于忽略环境影响的封闭系统（Spörl et al.，2007），也适用于系统与环境存在耦合的开放系统（Hwang et al.，2012）。另一种常用的获得量子逻辑门的方法是动力学解耦（Bermudez et al.，2012）。也有人通过结合最优控制理论和动力学解耦获得高保真度量子门（Grace et al.，2011）。虽然上述方法都可以较快地制备高保真度的门，但是，无论是最优控制的方法还是动力学解耦，在实现量子门的过程中，获得的控制场不是解析的,这些特点在进一步研究和分析系统特性等方面会产生很多困难。

相比于以上方法,使用李雅普诺夫(Lyapunov)方法设计的控制场可以给出明确的数学表达形式,且设计过程简单,在调节控制场参数和分析系统特性等方面具有一定的优势。同时,李雅普诺夫方法适用于时变系统和非线性系统,且设计的控制场可以保证控制系统的稳定性,因此是一种简单有效的设计控制场的方法。李雅普诺夫方法已经被应用在量子系统的状态转移(Cong et al.,2013)、状态跟踪(Liu et al.,2012)等问题上。

在本章中,我们将这种方法用在二能级开放量子系统算符的制备问题中,即本章的主要目的是使用李雅普诺夫方法设计制备二能级开放量子系统算符的控制场,也就是通过李雅普诺夫设计的控制场作用,可以使系统演化过程中的算符 $U(t)$ 与选定的目标算符 U_f 在尽量短的时间内尽可能接近。由于量子门是一类特殊的算符,量子门的制备属于算符制备问题的一部分,因此本章研究的问题包含了门的制备。与理想的封闭量子系统不同,开放量子系统和环境之间存在相互作用,这种相互作用使得不是任意选定的目标算符都是可以被制备的。因此,在设计控制场之前,首先需要判断是否存在制备目标算符的控制场。我们将可以被制备的算符的集合称为算符可达集,即若算符在可达集中,则存在制备该算符的控制场;若算符不在可达集中,则不一定存在制备该算符的控制场。

当目标算符在可达集内,使用李雅普诺夫方法设计控制场,需要选择或构造一个合适的李雅普诺夫函数。在本章中,我们构造了一个李雅普诺夫函数 V,并基于 V 设计了制备算符的控制场。对于算符制备问题,很多函数可以被选为李雅普诺夫函数,一种比较自然的选择是表征系统演化算符 $U(t)$ 与目标算符 U_f 之间距离的 V_{dis}。

在本章将会看到,构造的李雅普诺夫函数 V 在数值精度和收敛速度方面比 V_{dis} 有优势,且基于 V 设计的控制场不仅适用于开放系统,包括马尔可夫系统和非马尔可夫系统,也适用于动力学方程相对简单的封闭系统。此外,我们发现基于相同李雅普诺夫函数设计的不同形式控制场,在制备算符时会有不同的性能。在此基础上,我们研究了系统哈密顿量受到外界扰动的影响而存在不确定性时系统的鲁棒性,并提出增强鲁棒性的控制场改进方法。

5.1 开放量子系统的数学模型

本节将给出本章所研究系统的模型,进而获得算符满足的动力学方程。在此基础上,根据算符可达集的数学表达形式,同时给出判断目标算符是否属于可达集的流程图。

5.1.1 算符的动力学方程

二能级马尔可夫系统的状态密度矩阵满足如下的林德布拉德(Lindblad)方程(Yuan,2012):

$$\dot{\rho}(t) = -\mathrm{i}[H(t),\rho(t)] + L(\rho(t)) \tag{5.1}$$

其中,$-\mathrm{i}[H(t),\rho(t)] = -\mathrm{i}(H(t)\rho(t) - \rho(t)H(t))$为系统演化的幺正部分,$H(t) = \frac{1}{2}(f_x(t)\sigma_x + f_y(t)\sigma_y + f_z(t)\sigma_z)$为系统哈密顿量,$f_x(t)$,$f_y(t)$,$f_z(t)$为外加控制,$\sigma_x = \begin{bmatrix} 0 & 1 \\ 1 & 0 \end{bmatrix}$,$\sigma_y = \begin{bmatrix} 0 & -\mathrm{i} \\ \mathrm{i} & 0 \end{bmatrix}$,$\sigma_z = \begin{bmatrix} 1 & 0 \\ 0 & -1 \end{bmatrix}$为泡利(Pauli)矩阵;系统演化的耗散部分$L(\rho(t))$为

$$L(\rho(t)) = \sum_{\alpha\beta}\gamma_{\alpha\beta}\left[F_\alpha\rho(t)F_\beta^\dagger - \frac{1}{2}(F_\beta^\dagger F_\alpha\rho(t) + \rho(t)F_\beta^\dagger F_\alpha)\right] \tag{5.2}$$

其中,$F_\alpha \in \frac{1}{\sqrt{2}}\{\sigma_x,\sigma_y,\sigma_z\}$(Alicki,Lendi,1986);系数$\gamma_{\alpha\beta}$描述系统与环境的耦合强度,并组成一个半正定矩阵:

$$\Gamma = \begin{bmatrix} \gamma_{xx} & \gamma_{xy} & \gamma_{xz} \\ \gamma_{yx} & \gamma_{yy} & \gamma_{yz} \\ \gamma_{zx} & \gamma_{zy} & \gamma_{zz} \end{bmatrix} \tag{5.3}$$

矩阵(5.3)被称为GKS(Gorini,Kossakowski and Sudarshan)矩阵(Gorini et al.,1976)。

当式(5.2)中$L(I)=0$时,则称系统(5.1)是单一的。对一个二能级单一(unital)系统,Γ中的所有元素均为实数(Bacon et al.,2001)。本节主要研究的就是二能级单一马尔可夫(unital Markovian)系统。

制备算符的过程中,首先要获得算符遵循的动力学方程。由于状态密度矩阵ρ满足的方程(5.1)包含耗散部分$L(\rho(t))$,难以直接获得算符遵循的动力学方程,所以我们选择通过状态矢量满足的方程获得算符遵循的方程。令$\rho = \frac{1}{2}I + \frac{1}{2}(a_x\sigma_x + a_y\sigma_y + a_z\sigma_z)$,将其代入方程(5.1),则$\rho$对应的Bloch矢量$a = (a_x,a_y,a_z)^{\mathrm{T}}$满足方程

$$\dot{a}(t) = (A(t) + B)a(t) \tag{5.4}$$

其中，$A(t)$对应方程(5.1)中系统演化的幺正部分$-\mathrm{i}[H(t),\rho]$，为

$$A(t)=\begin{bmatrix}0 & -f_z(t) & f_y(t)\\ f_z(t) & 0 & -f_x(t)\\ -f_y(t) & f_x(t) & 0\end{bmatrix}=f_x(t)A_x+f_y(t)A_y+f_z(t)A_z \tag{5.5}$$

其中，$A_x=\begin{bmatrix}0&0&0\\0&0&-1\\0&1&0\end{bmatrix}$，$A_y=\begin{bmatrix}0&0&1\\0&0&0\\-1&0&0\end{bmatrix}$，$A_z=\begin{bmatrix}0&-1&0\\1&0&0\\0&0&0\end{bmatrix}$；$B$ 对应方程(5.1)中的耗散部分 $L(\rho(t))$，为

$$B=\frac{\Gamma+\Gamma^{\mathrm{T}}}{2}-\mathrm{tr}(\Gamma)I=\frac{1}{2}\begin{bmatrix}-2(\gamma_{yy}+\gamma_{zz}) & \gamma_{xy}+\gamma_{yx} & \gamma_{xz}+\gamma_{zx}\\ \gamma_{yx}+\gamma_{xy} & -2(\gamma_{xx}+\gamma_{zz}) & \gamma_{yz}+\gamma_{zy}\\ \gamma_{zx}+\gamma_{xz} & \gamma_{zy}+\gamma_{yz} & -2(\gamma_{xx}+\gamma_{yy})\end{bmatrix} \tag{5.6}$$

B 是对称矩阵且特征值为$\lambda_1=-(\mu_2+\mu_3)$，$\lambda_2=-(\mu_1+\mu_3)$，$\lambda_3=-(\mu_1+\mu_2)$，满足 $\lambda_1\geqslant\lambda_2\geqslant\lambda_3$，其中 μ_1，μ_2，μ_3 为 Γ 的特征值且$\mu_1\geqslant\mu_2\geqslant\mu_3$。

方程(5.4)是一个线性方程，并考虑到 $a(t)=U(t)a(0)$，可得算符 $U(t)$遵循的动力学方程为

$$\dot{U}(t)=(A(t)+B)U(t) \tag{5.7}$$

方程(5.7)中的 $A(t)$和 B 与方程(5.4)相同。

本节的目的就是在 $U(t)$满足方程(5.7)的前提下，使用李雅普诺夫方法设计 $A(t)$中的控制场，使 $U(t)$尽可能快地尽量接近选定的目标算符 U_f。

5.1.2 算符可达集

由于开放系统与环境存在相互作用，使得系统状态的动力学方程包含耗散部分，即方程(5.1)中的 $\mathcal{L}(\rho(t))$。由于耗散作用的存在，并不是任意给定的一个目标算符，一定存在可以制备该算符的控制场。因此，对给定的目标算符，判断是否存在制备该算符的控制场是算符制备过程中首先要做的工作。只有当制备目标算符的控制场存在时，设计

控制场的工作才是必要且有意义的。这里将使用方程(5.7)中 $A(t)$ 包含的控制使算符 I 经过时间 T 可以到达的所有算符的集合称为算符可达集，记为 $R(I,T)$，其闭包记为 $\overline{R(I,T)}$。对方程(5.7)中所描述的一个二能级单一马尔可夫系统，$\overline{R(I,T)}$ 为(Yuan, 2012)

$$\overline{R(I,T)} = \{K_1 e^{\mathrm{diag}(c_1,c_2,c_3)} K_2 \mid K_1,K_2 \in SO(3),(c_1,c_2,c_3) \prec (\lambda_1,\lambda_2,\lambda_3)T\} \tag{5.8}$$

其中，$\mathrm{diag}(c_1,c_2,c_3)=\begin{bmatrix} c_1 & 0 & 0 \\ 0 & c_2 & 0 \\ 0 & 0 & c_3 \end{bmatrix}$，且 $c_1 \geqslant c_2 \geqslant c_3$。$(c_1,c_2,c_3) \prec (\lambda_1,\lambda_2,\lambda_3)T$ 表示 $\sum_{j=1}^{d} c_j \leqslant \sum_{j=1}^{d} \lambda_j T$，$d=1,2,3$，且当 $d=3$ 时等式成立。式(5.8)表明，若给定的目标算符 $U_f \in \overline{R(I,T)}$，则存在制备目标算符 U_f 的控制场。

由于式(5.8)中的结果只适用于单一马尔可夫系统，因此判断算符是否属于 $\overline{R(I,T)}$，首先需要确定研究的系统是否是单一马尔可夫系统，然后才能使用式(5.8)中的结论。图 5.1 给出了判断一个目标算符 U_f 是否属于 $\overline{R(I,T)}$ 的流程图。如图 5.1 所示，首先根据系统动力学方程中的耗散部分 $L(\rho(t))$ 得到 GKS 矩阵 Γ。如果 Γ 不是半正定矩阵或元素不全为实数，则系统不是单一马尔可夫系统，式(5.8)不适用于该系统，可考虑重新选择系统；如果 Γ 是半正定矩阵且元素均为实数，则系统为单一马尔可夫系统，可以使用式(5.8)中的结论。当系统是单一马尔可夫系统，对一个选定的目标算符 U_f，可利用 Γ 计算得到式(5.7)中的矩阵 B，并进一步求得 B 的特征值$\{\lambda_1,\lambda_2,\lambda_3\}$。根据$\{\lambda_1,\lambda_2,\lambda_3\}$，选择合适的参数$\{K_1,K_2,c_1,c_2,c_3,T\}$，使用式(5.8)判断 U_f 是否属于 $\overline{R(I,T)}$。如果 $U_f \in \overline{R(I,T)}$，则说明存在制备算符 U_f 的控制场，可以进行控制场的设计。如果 $U_f \notin \overline{R(I,T)}$，说明不存在制备 U_f 的控制场，需要重新选择 U_f，然后根据流程图重新判断新选择的 U_f 是否属于 $\overline{R(I,T)}$。

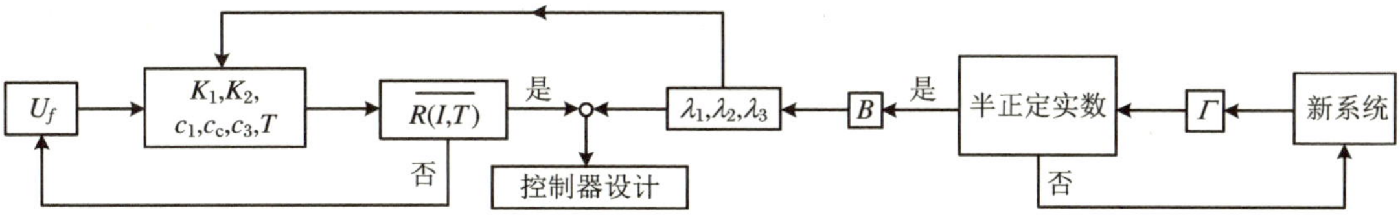

图 5.1　判断目标算符是否在可达集的流程图

5.2 反馈控制场设计

在本节,我们将构造一个李雅普诺夫函数 V,给出 V 和表征算符距离的函数 V_{dis}之间的关系,并基于 V 设计用于制备算符的控制场。

5.2.1 李雅普诺夫函数的构造

使用李雅普诺夫方法设计控制场的过程是:首先,选择或构造一个合适的李雅普诺夫函数 V,满足 $V\geqslant 0$;然后,通过设计合适的控制场使 V 单调递减,即保证 $\dot{V}\leqslant 0$。因此,李雅普诺夫方法的第一步就是选择李雅普诺夫函数。

在算符制备问题中,很多函数可以被选为李雅普诺夫函数,其中比较自然和直觉上可以考虑的就是表征系统演化过程中的算符 $U(t)$与目标算符 U_f 之间距离的 $V_{dis}(t)$,即

$$V_{dis}(t) = \| U(t) - U_f \|^2 \tag{5.9}$$

不同于 V_{dis},在本节中我们构造一个李雅普诺夫函数 V,来源于矩阵对数函数 $\log(U_f^{\dagger}U(t))$(de Fouquieres,2012)。为了书写简洁,记 $W(t)=U_f^{\dagger}U(t)$。在 $\rho(W(t)-I)<1$ 的条件下,$\log(W(t))$的墨卡托(Mercator)级数为

$$\log(W(t)) = (W(t) - I) - \frac{1}{2}(W(t) - I)^2 + \frac{1}{3}(W(t) - I)^3 - \frac{1}{4}(W(t) - I)^4 + \cdots \tag{5.10}$$

基于式(5.10),我们构造的李雅普诺夫函数 V 为式(5.10)中 $\log(W(t))$的墨卡托级数前两项范数的平方,即

$$V(t) = \| L(t) \|^2 = \mathrm{tr}(L^{\dagger}(t)L(t)) \tag{5.11}$$

其中,$L(t)=(W(t)-I)-\frac{1}{2}(W(t)-I)^2$。从式(5.11)可见,在任意时刻 t,$V(t)\geqslant 0$,且在 $U(t)=U_f$,即 $W(t)=I$ 时,$V(t)=0$。

这意味着式(5.11)中的 $V(t)$满足李雅普诺夫函数的要求,可以作为一个李雅普诺夫函数。另外,由于矩阵对数 $\log(W(t))$具有将幺正群映射为线性空间的性质,因此 $\mathcal{L}(t)$在 $\rho(W(t)-I)<1$ 时也近似地具有这种性质,使得 $V(t)$在收敛速度上比 V_{dis}有一定的优势。

在 $WW^{\dagger}=I$ 时,式(5.9)中的 V_{dis}可以写为

$$V_{\text{dis}} = 2N - 2\Re\text{tr}(W(t)) = \| W(t) - I \|^2 \tag{5.12}$$

其中,N 为系统的维度。比较式(5.10)和式(5.12),可见 V_{dis}为 $\log(W(t))$的墨卡托级数第一项范数的平方。

根据方程(5.11)和方程(5.12)及它们的一阶导数,可以得到 V 和 V_{dis}在数值方面和收敛速度方面的关系。

(1) V 和 V_{dis}在数值方面的关系为

$$V = \frac{13}{4} V_{\text{dis}} + \frac{3}{2}(\Re\text{tr}(W^2) - \Re\text{tr}(W)) \tag{5.13}$$

因此,$V=f_1(\text{tr}(W),\text{tr}(W^2))$,$V_{\text{dis}}=f_2(\text{tr}(W))$,即 V 是两个变量 $\text{tr}(W)$和 $\text{tr}(W^2)$的函数,V_{dis}是一个变量 $\text{tr}(W)$的函数。特别地,当 $U(t)\rightarrow U_f$,即 $W\rightarrow I$ 时,令 $W=I+\Delta I$,其中 ΔI 为对角阵,且对角元素为 e。此时,V_{dis}和 V 分别为

$$\begin{aligned} V_{\text{dis}} &= -2N \cdot e \\ V &= \frac{5}{2} V_{\text{dis}} - \frac{3}{4} V_{\text{dis}} \cdot e = -5N \cdot e + \frac{3}{2} N \cdot e^2 \end{aligned} \tag{5.14}$$

可见,此时 V_{dis}只与 e 相关,而 V 与 e 和 e^2 相关,因此 V 在数值上的精度更高。

(2) V 和 V_{dis}在收敛速度方面的关系为

$$\dot{V} = 4\dot{V}_{\text{dis}} + 3\Re\text{tr}(W \cdot \dot{W}) \tag{5.15}$$

特别地,当 $U\rightarrow U_f$,即 $W\rightarrow I$ 时,令 $W=I+\Delta I$,此时 $\dot{V}_{\text{dis}}$和 $\dot{V}$ 分别为

$$\dot{V}_{\text{dis}} = -2\Re\text{tr}(\dot{W}), \quad \dot{V} = \frac{5}{2}\dot{V}_{\text{dis}} - \frac{3}{2}\dot{V}_{\text{dis}} \cdot e \tag{5.16}$$

由式(5.15)和式(5.16)可见,V 的第一项收敛速度与 V_{dis}相同,但是第二项的收敛速度是 V_{dis}的两倍,从而 V 的整体收敛速度快于 V_{dis}。

通过 V 和 V_{dis}的比较可知,V 相对于 V_{dis}的数值精度更高,收敛速度更快,因此本节中我们使用 V 作为李雅普诺夫函数,并在下一小节中根据 V 设计制备算符的控制场。

5.2.2 控制场设计

选定合适的李雅普诺夫函数 $V(t)$后，李雅普诺夫方法的第二步是设计控制场使得 $V(t)$是单调递减的，即确保 $\dot{V}(t)\leqslant 0$。$V(t)$对时间的一阶导数为

$$\begin{aligned}\dot{V}(t) &= \mathrm{tr}(\dot{\mathcal{L}}^\dagger(t)\mathcal{L}(t) + \mathcal{L}^\dagger(t)\dot{\mathcal{L}}(t)) \\ &= \mathrm{tr}\Big(\mathcal{L}\Big(-\frac{1}{2}\dot{U}^\dagger U_f W^\dagger - \frac{1}{2}W^\dagger \dot{U}^\dagger U_f + 2\dot{U}^\dagger U_f\Big) \\ &\quad + \mathcal{L}^\dagger\Big(-\frac{1}{2}U_f^\dagger \dot{U} W - \frac{1}{2}WU_f^\dagger\dot{U} + 2U_f^\dagger\dot{U}\Big)\Big) \\ &= f_x(t)S(A_x) + f_y(t)S(A_y) + f_z(t)S(A_z) + S(B)\end{aligned} \tag{5.17}$$

其中，$S(X) = 2\Re\mathrm{tr}\Big(\Big(-\frac{1}{2}U^\dagger X^\dagger U_f W^\dagger - \frac{1}{2}W^\dagger U^\dagger X^\dagger U_f + 2U^\dagger X^\dagger U_f\Big)\mathcal{L}\Big)$。

为了使 $\dot{V}(t)\leqslant 0$，可以设计控制场为

$$\begin{cases} f_x(t) = -\dfrac{S(B)}{S(A_x)} \\ f_y(t) = -k_y S(A_y), \quad k_y \geqslant 0 \\ f_z(t) = -k_z S(A_z), \quad k_z \geqslant 0 \end{cases} \tag{5.18}$$

其中，$f_x(t)$的作用是抵消式(5.7)中 B 的耗散作用，$f_y(t)$和 $f_z(t)$的作用是制备算符。

从式(5.18)可以看到，$f_y(t)$和 $f_z(t)$的数学表达形式是相似的，因此会具有相似的特性；$f_x(t)$的数学表达式中存在分母 $S(A_x)$，系统演化过程中可能会出现使 $S(A_x)$等于零或者趋近于零的情况，此时，$f_x(t)$的幅值会很大或趋近于无穷。因此，在使用过程中，可以对 $f_x(t)$适当限幅，在其幅值超过一定数值时，采取上一时刻的数值代替该时刻的数值等方法跳过 $S(A_x)$等于零或者趋近于零的时刻。将式(5.18)中的控制场代入式(5.17)可以得到

$$\dot{V}(t) = -k_y(S(A_y))^2 - k_z(S(A_z))^2 \leqslant 0 \tag{5.19}$$

即式(5.18)中的控制场可以保证 $\dot{V}(t)\leqslant 0$。

实际上，使 $\dot{V}(t)\leqslant 0$ 的控制场有很多，式(5.18)是其中比较简单的一种。另一种可以很自然想到的是使 $\dot{V}(t)\leqslant 0$ 的控制场在三个控制同时附加抵消耗散部分 B 的控制分量，即

$$
\begin{cases}
f_{nx}(t) = -k_{nx}S(A_x) - h_{nx} \cdot \dfrac{S(B)}{S(A_x)} \\
f_{ny}(t) = -k_{ny}S(A_y) - h_{ny} \cdot \dfrac{S(B)}{S(A_y)} \\
f_{nz}(t) = -k_{nz}S(A_z) - h_{nz} \cdot \dfrac{S(B)}{S(A_z)}
\end{cases}
\tag{5.20}
$$

其中，$k_{nx}, k_{ny}, k_{nz} \geqslant 0$ 且 $h_{nx} + h_{ny} + h_{nz} = 1$。这里将 $-k_{nk}S(A_k)$ 和 $-h_{nk} \cdot \dfrac{S(B)}{S(A_k)}$ 分别称为控制场的不含分母项和含分母项。将式(5.20)代入式(5.17)可得

$$
\dot{V}(t) = -k_{nx}(S(A_x))^2 - k_{ny}(S(A_y))^2 - k_{nz}(S(A_z))^2 \leqslant 0 \tag{5.21}
$$

即式(5.20)中的控制场也可以保证 $\dot{V}(t) \leqslant 0$。

通过调整比例参数 h_{nx}，h_{ny} 和 h_{nz}，可以调节不同控制在抵消 B 的作用中所占的比重。式(5.20)中的三个控制表达式中，含分母项的作用是抵消耗散，不含分母项的作用是制备算符。若令式(5.20)中的参数 $h_{nx} = 1, k_{nx} = h_{ny} = h_{nz} = 0$，则式(5.20)和式(5.18)是一样的，这也说明式(5.18)是式(5.20)的一个特例。因此，式(5.20)比式(5.18)有更多的灵活性，但是由于式(5.20)的控制场表达式中包含更多的分母项，在系统演化过程中可能会出现更多使分母接近零的情况，从而式(5.20)中控制场的数值变化会更剧烈。虽然式(5.18)和式(5.20)均是根据 V 设计的，但是由于它们数学表达形式的不同，在制备算符的过程中会呈现出不同的性能和特性，这些将在 5.4 节中通过实验得到说明和验证。

5.2.3 鲁棒性分析

通常情况下，实际系统会受到来自环境或者其他方面的扰动，因此要求所设计的控制场有很好的抗参数变化和扰动影响的性能，这使得鲁棒性成为反映控制场性能优劣的一个重要指标。本小节将研究外界扰动导致系统哈密顿量存在不确定性时系统的鲁棒性。通过扰动 $\lambda\sigma$ 将不确定性代入系统哈密顿量 $H(t)$，即 $H(t)$ 变为

$$
\widetilde{H}(t) = H(t) + \lambda\sigma \tag{5.22}
$$

其中，$\lambda\sigma = \sum_{k=i,x,y,z} \lambda_k\sigma_k/2$，$\lambda_k$ 为实数，$\sigma_k\ (k = i, x, y, z)$ 分别对应单位阵和泡利矩阵。不同的 σ_k 对系统的影响如下：

(1) 当 $\lambda\sigma=\lambda_i I$ 时,$H(t)$变为 $\widetilde{H}_i(t)=H(t)+\lambda_i I/2$。易知$[H(t),\rho(t)]=[\widetilde{H}_i(t),\rho(t)]$,因此,式(5.7)中的 $A(t)$保持不变,即 $\lambda_i I/2$ 不影响系统,鲁棒性最强。

(2) 当 $\lambda\sigma=\lambda_x\sigma_x$ 时,$H(t)$变为

$$\widetilde{H}_x(t)=\frac{1}{2}((f_x(t)+\lambda_x)\sigma_x+f_y(t)\sigma_y+f_z(t)\sigma_z) \tag{5.23}$$

从式(5.23)中可以看到,$f_x(t)$变为 $\widetilde{f}_x(t)=f_x(t)+\lambda_x$,即此时扰动使控制 $\widetilde{f}_x(t)$相对设计的 $f_x(t)$有 λ_x 的误差,$f_y(t)$和 $f_z(t)$与理论设计值一致。此时,$A_y(t)$和 $A_z(t)$保持不变,$A_x(t)$改变,这样 $A(t)$变为

$$A_{\lambda x}(t)=\begin{bmatrix} 0 & -f_z(t) & f_y(t) \\ f_z(t) & 0 & -f_x(t)-\lambda_x \\ -f_y(t) & f_x(t)+\lambda_x & 0 \end{bmatrix} \tag{5.24}$$

(3) 当 $\lambda\sigma$ 分别为$\lambda_y\sigma_y$ 和$\lambda_z\sigma_z$ 时,$H(t)$分别变为

$$\begin{cases} \widetilde{H}_y(t)=\dfrac{1}{2}(f_x(t)\sigma_x+(f_y(t)+\lambda_y)\sigma_y+f_z(t)\sigma_z) \\ \widetilde{H}_z(t)=\dfrac{1}{2}(f_x(t)\sigma_x+f_y(t)\sigma_y+(f_z(t)+\lambda_z)\sigma_z) \end{cases} \tag{5.25}$$

此时,扰动使控制 $f_y(t)$和 $f_z(t)$分别变为 $\widetilde{f}_y(t)=f_y(t)+\lambda_y$ 和$\widetilde{f}_z(t)=f_z(t)+\lambda_z$,$f_x(t)$与理论设计值一致。对应地,$A_x(t)$保持不变,$A_y(t)$和 $A_z(t)$改变,$A(t)$分别会变为

$$\begin{cases} A_{\lambda y}(t)=\begin{bmatrix} 0 & -f_z(t) & f_y(t)+\lambda_y \\ f_z(t) & 0 & -f_x(t) \\ -f_y(t)-\lambda_y & f_x(t) & 0 \end{bmatrix} \\ A_{\lambda z}(t)=\begin{bmatrix} 0 & -f_z(t)-\lambda_z & f_y(t) \\ f_z(t)+\lambda_z & 0 & -f_x(t) \\ -f_y(t) & f_x(t) & 0 \end{bmatrix} \end{cases} \tag{5.26}$$

从式(5.23)和式(5.25)可以看出,系统哈密顿量存在不确定性导致的结果是,实际作用在系统上的控制场与理论设计的控制场在数值上有偏差。

5.3 算符精度和特性的性能指标

在制备算符的过程中，为了避免使用单一指标描述算符特性的局限性，本节将给出三个不同的性能指标表征制备算符的精度及算符在不同系统中的特性。

5.3.1 算符距离

衡量演化过程中的算符 $U(t)$ 和目标算符 U_f 之间的距离(distance)定义为

$$\text{distance} = V_{\text{dis}} = \|U(t) - U_f\|^2 = \text{tr}((U(t) - U_f)^\dagger \cdot (U(t) - U_f)) \tag{5.27}$$

令 $G(t) = (U(t) - U_f)^\dagger$，则 distance $= \text{tr}(G(t) \cdot G^\dagger(t))$。由于当 $G \in \mathbf{C}^{n\times n}$，且 $\text{tr}(G \cdot G^\dagger) = 0$ 时，可得 $G = 0$。因此，当 distance $= 0$ 时，可得 $G(t) = 0$，即 $U(t) - U_f = 0$，从而 $U(t) = U_f$，说明 distance 可以作为表征算符 $U(t)$ 是否到达 U_f 的指标。考虑到量子的容错计算，一个量子门是有效的需要满足条件(Li et al.,2007)：

$$\text{distance} < 10^{-4} \tag{5.28}$$

因此，在本节中我们将式(5.28)作为制备的门是有效的标准。

5.3.2 算符保真度

对于开放系统，在算符制备过程中存在算符非幺正的情况，因此将表征两个算符相似度的指标保真度(fidelity)定义为(Ghosh,2011)

$$\text{fidelity} = \frac{\text{tr}(U(t)U^\dagger(t)) + |\text{tr}(U_f^\dagger U(t))|^2}{N(N+1)} \tag{5.29}$$

其中，N 为系统维度。两个算符越相似，保真度越高；反之，则保真度越低。

5.3.3 算符纯度

二能级量子系统的状态纯度(purity)定义为:在 Bloch 球上代表状态 $a(t)=(x(t), y(t), z(t))^{\mathrm{T}}$ 的点和代表最大混合态 $a_{\max}=[0 \quad 0 \quad 0]^{\mathrm{T}}$ 的球心之间的距离。根据状态纯度可以区分系统:封闭系统的状态纯度在演化过程中保持不变;开放系统的状态纯度在自由演化过程中会改变。作为算符,$U_{\max}=0_{3\times3}$将任意的 $a(t)$转移到 $a_{\max}$,因此可以将 $U_{\max}$作为与 $a_{\max}$在状态纯度中作用相同的算符。为了根据算符的特性判断系统的类型,基于状态纯度的定义,我们定义了一个称为算符纯度的指标,记为

$$\text{purity} = \sum_{i=1}^{9}(u_i(t))^2 \tag{5.30}$$

其中,$u_i(t)$为 $U(t)$中元素的值。

对于式(5.30)中定义的算符纯度,由于其来源于矢量表示的二能级量子系统的状态纯度,因此也只适用于二能级量子系统。封闭系统在演化过程中,状态纯度保持不变,即状态 $a(t)$在演化过程中于 Bloch 球上不会有靠近或者远离 $a_{\max}$的行为。对应地,算符 $U(t)$不会有靠近或者远离 $U_{\max}$的行为,因此,$U(t)$和 $U_{\max}$之间的距离不会变化,即封闭系统在自由演化过程中,算符纯度保持不变,算符纯度和状态纯度的变化规律是一致的。与封闭系统一样,马尔可夫系统和非马尔可夫系统的状态纯度在自由演化过程中分别会一直减少和有增有减,对应地,马尔可夫系统和非马尔可夫系统的算符纯度分别会一直减小和有增有减。

我们将在 5.4 节的数值实验中,使用指标 distance 和 fidelity 表征算符的制备精度,使用 purity 表征算符在不同系统中的特性。

5.4 数值仿真实验及其结果分析

在本节中,我们将通过对不同类型的系统制备非门 $U_{\mathrm{Not}}=\begin{bmatrix}0 & 1\\ 1 & 0\end{bmatrix}$,验证根据李雅普诺夫函数 V 设计的控制场(5.18)和控制场(5.20)的性能。首先,我们使用基于 V 和 V_{dis}

设计的控制场，分别制备两个马尔可夫系统的非门，验证基于 V 设计的控制场相对于 V_{dis} 在制备算符的数值精度和收敛速度方面有优势。然后，使用基于 V 设计的不同形式控制场(5.18)和控制场(5.20)制备两个马尔可夫系统的非门，并分析控制场(5.18)和控制场(5.20)的特性。最后，使用控制场(5.18)对非马尔可夫系统和封闭系统制备非门，验证控制场(5.18)对非马尔可夫系统和封闭系统也有效。

在实验之前，首先需要判断目标算符非门是否在算符可达集内。由于式(5.8)中的可达集只适用于作用在状态矢量的算符，因此需要得到作用在密度矩阵上的非门 U_{Not} 对应的作用在状态矢量的算符 $U_{f\text{-Not}}$。如果作用在密度矩阵 $\rho(t)$ 的幺正算符为 $U_{2\times 2}=\begin{bmatrix} u_1 & u_2 \\ u_3 & u_4 \end{bmatrix}$，则对应的作用在矢量 $a=[a_x\ a_y\ a_z]^{\mathrm{T}}$ 的算符 $U_{3\times 3}$ 为

$$U_{3\times 3}=\frac{1}{2}\begin{bmatrix} u_1u_4^*+u_1^*u_4+u_2u_3^*+u_2^*u_3 & (u_1^*u_4-u_1u_4^*+u_2u_3^*-u_2^*u_3)\mathrm{i} & 2(u_1u_3^*+u_1^*u_3) \\ (u_1^*u_4-u_1u_4^*+u_2u_3^*-u_2^*u_3)\mathrm{i} & u_1^*u_4+u_1u_4^*-u_2u_3^*-u_2^*u_3 & 2(u_1u_3^*-u_1^*u_3)\mathrm{i} \\ 2(u_1u_2^*+u_1^*u_2) & 2(u_1^*u_2-u_1u_2^*)\mathrm{i} & 2(u_1u_1^*-u_2u_2^*) \end{bmatrix} \tag{5.31}$$

其中，u^* 表示 u 的共轭。

需要注意的是，从 $U_{2\times 2}$ 到 $U_{3\times 3}$ 的变换并不是严格一一对应的。比如，$U_{2\times 2}=I_{2\times 2}$，$-I_{2\times 2}$ 均对应 $U_{3\times 3}=I_{3\times 3}$，但 $-I_{2\times 2}=\mathrm{e}^{\mathrm{i}\pi}\cdot I_{2\times 2}$，相差一个全局相位。由于全局相位不影响实际的观测结果，因此式(5.31)中所示的变换可以看作一一对应的。根据式(5.31)可得，U_{Not} 对应的作用在状态矢量的算符为 $U_{f\text{-Not}}=\mathrm{diag}(1,-1,-1)$。令式(5.8)中的 $K_1=U_{f\text{-Not}}$，$K_2=I$，$c_1=c_2=c_3=0$，无论 $\lambda_1,\lambda_2,\lambda_3$ 和 T 的取值是什么，均有 $(c_1,c_2,c_3)\prec(\lambda_1,\lambda_2,\lambda_3)T$，此时 $U_{f\text{-Not}}=K_1\mathrm{e}^{\mathrm{diag}(c_1,c_2,c_3)}K_2\in\overline{R(I,0)}\in\overline{R(I,T)}$，即 $U_{f\text{-Not}}$ 在可达集内，存在制备 $U_{f\text{-Not}}$ 的控制。

5.4.1 基于 V 和 V_{dis} 设计控制场对马尔可夫系统制备非门

我们将在本小节中使用基于李雅普诺夫函数 V 和 V_{dis} 设计的控制场制备马尔可夫系统的非门。实验中选择如下两个马尔可夫系统：

(1) 相位阻尼(phase damping，PD)描述了一个不同基态相干性丢失的消相干过程，它可由系统与环境相互作用导致的随机相位变换所引起(Nielson，Chuang，2000)。本节将描述这个过程的系统记为 PD 系统，其耗散部分 $L_{\mathrm{PD}}(\rho)$ 为(Yuan，2013)

$$L_{\mathrm{PD}}(\rho)=-\frac{\gamma}{4}[\sigma_z,[\sigma_z,\rho]] \tag{5.32}$$

根据式(5.3)可得,式(5.32)对应的 GKS 矩阵 $\Gamma_{\mathrm{PD}}=\gamma\cdot\operatorname{diag}(0,0,1)$,从而 $B_{\mathrm{PD}}=\gamma\cdot\operatorname{diag}(-1,-1,0)$。

(2) 幅值阻尼(amplitude damping,AD)描述了一个二能级量子系统从初始态 $|1\rangle$ 逐渐衰减到状态 $|0\rangle$ 的过程。本节将描述这个过程的系统记为 AD 系统,其耗散部分 $\mathcal{L}_{AD}(\rho)$ 为

$$\mathcal{L}_{\mathrm{AD}}(\rho)=\frac{\gamma}{2}\left[\sigma_- \rho\sigma_+ - \frac{1}{2}(\sigma_+\sigma_-\rho+\rho\sigma_+\sigma_-)\right] \tag{5.33}$$

其中,$\sigma_\pm=\sigma_x\pm\mathrm{i}\sigma_y$。

根据式(5.3)可得,式(5.33)对应的 GKS 矩阵为 $\Gamma_{\mathrm{AD}}=\gamma\cdot\begin{bmatrix}1 & \mathrm{i} & 0\\ -\mathrm{i} & 1 & 0\\ 0 & 0 & 0\end{bmatrix}$,从而 $B_{\mathrm{AD}}=\gamma\cdot\widetilde{B}$,其中 $\widetilde{B}=\operatorname{diag}(-1,-1,-2)$。

令 $U_f=U_{f\text{-Not}}$,将式(5.9)中的 V_{dis} 作为一个李雅普诺夫函数,采用与设计控制场(5.18)相同的思路和方法,得到的控制场为

$$\begin{cases}f_{dx}(t)=-\dfrac{S_d(B)}{S_d(A_x)}\\ f_{dy}(t)=-k_{dy}S_d(A_y), & k_{dy}\geqslant 0\\ f_{dz}(t)=-k_{dz}S_d(A_z), & k_{dz}\geqslant 0\end{cases} \tag{5.34}$$

其中,$S_d(X)=\operatorname{Re}\operatorname{tr}((U(t)-U_f)^\dagger XU(t))$。

图 5.2 给出了使用式(5.18)和式(5.34)分别对 PD 系统和 AD 系统制备非门时 distance 和 fidelity 的数值变化。图 5.2 中 distance 的最小值和 fidelity 的最大值如表 5.1 所示。

表 5.1　图 5.2 中 distance 的最小值和 fidelity 的最大值

序号	系统	控制场	V 函数	distance	fidelity
1	PD	式(5.18)	V	3.615×10^{-7}	0.99877
2	PD	式(5.34)	V_{dis}	1.376×10^{-4}	0.98168
3	AD	式(5.18)	V	1.390×10^{-6}	0.99760
4	AD	式(5.34)	V_{dis}	1.309×10^{-4}	0.97896

实验中,式(5.32)和式(5.33)中的参数 γ 均取 0.01。图 5.2(a)中,使用式(5.18)制备 PD 系统和 AD 系统的非门时,distance 的最小值都可以达到 10^{-4} 以下且在图 5.2(a)所示的大部分时间范围内 distance 的值都在 10^{-4} 以下。而使用式(5.34)制备这两个系统的非门时,distance 的最小值只是接近 10^{-4} 但不会达到或低于 10^{-4}。

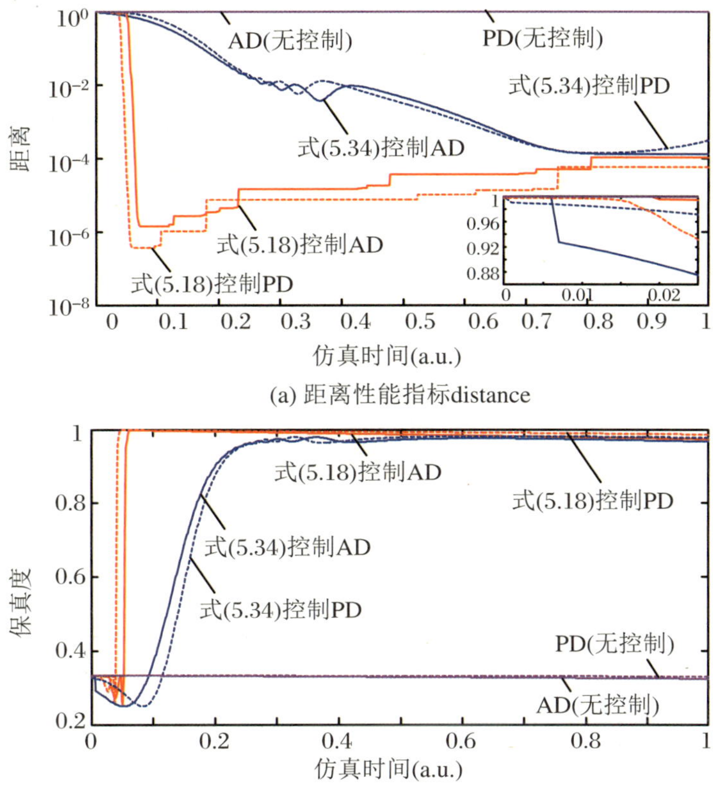

(a) 距离性能指标distance

(b) 保真度性能指标fidelity

图 5.2　使用式(5.18)和式(5.34)控制场分别对马尔可夫系统制备非门的实验结果

图 5.2(b)中,使用式(5.18)制备非门时,fidelity 的最大值更接近于 1,即制备的非门保真度更高,且在图 5.2(b)所示的时间范围内,相同时刻,fidelity 的值均大于使用式(5.34)制备非门时 fidelity 的值。因此,distance 和 fidelity 在数值上都表现出,使用式(5.18)制备的非门,精度更高,有效时间更长。

从图 5.2(a)和图 5.2(b)中可以看出,到达相同数值的 distance 和 fidelity,在式(5.18)作用下所需的时间更短,这意味着,与式(5.34)相比,使用式(5.18)制备 PD 系统和 AD 系统的非门时,distance 和 fidelity 的收敛速度更快,可以更快地得到有效的非门。

图 5.2(a)也将控制过程开始的一段时间放大,在式(5.34)作用下,刚开始时 distance 的收敛速度更快。随着时间的推移,在式(5.18)作用下的 distance 收敛速度逐渐赶上并超过在式(5.34)作用下时 distance 的收敛速度。这是由于 V 中的 $\mathcal{L}$ 在 $U(t)\rightarrow U_f$ 时,具有近似的矩阵对数将幺正群映射到线性空间的性质,使得 $U(t)$ 在线性空间运动,从而 distance 的收敛速度更快。

需要注意的是，图 5.2 中的结果表明，当不对系统施加控制时，指标 distance 和 fidelity 的数值无明显变化，说明指标的收敛是由于对系统施加控制场的结果。

5.4.2 基于 V 设计不同形式的控制场对马尔可夫系统制备非门

在本小节中，我们将使用基于 V 设计的控制场(5.18)和控制场(5.20)对 PD 系统和 AD 系统制备非门，通过实验研究和分析这两种控制场的性能和特性。本小节将 distance 到达最小值之前的过程称为“算符制备过程”，将到达最小值之后且 distance$<10^{-4}$的过程称为“算符保持过程”。

图 5.3 给出了使用式(5.18)和式(5.20)对 PD 系统和 AD 系统制备非门时 distance 和 fidelity 的数值变化。图 5.3 中 distance 的最小值和 fidelity 的最大值如表 5.2 所示。

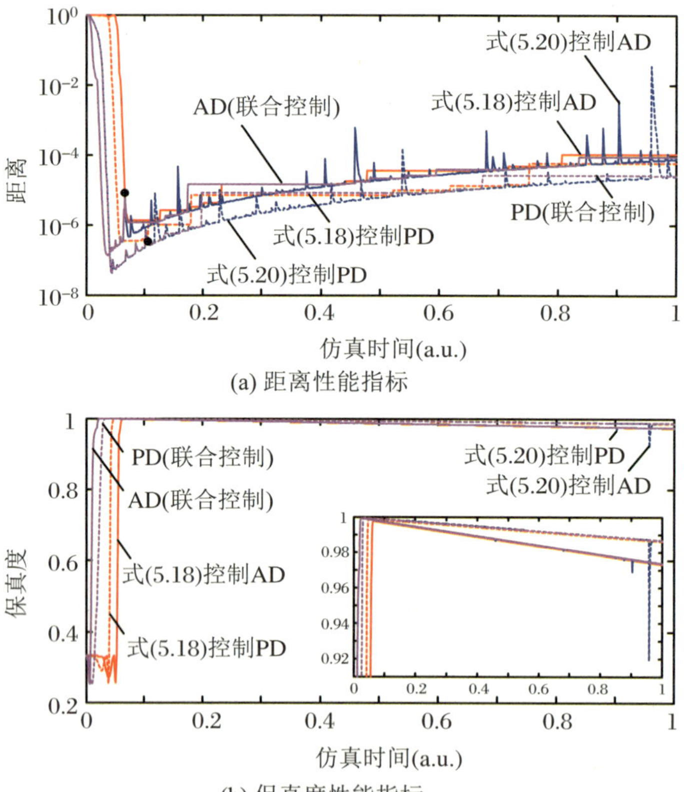

图 5.3　使用式(5.18)和式(5.20)不同控制场分别对马尔可夫系统制备非门的实验结果

表 5.2　图 5.3 中 distance 的最小值和 fidelity 的最大值

序号	系统	控制	distance	fidelity
1	PD	式(5.18)	3.615×10^{-7}	0.99877
2	PD	式(5.20)	4.080×10^{-8}	0.99949
3	AD	式(5.18)	1.390×10^{-6}	0.99760
4	AD	式(5.20)	1.357×10^{-7}	0.99914

图 5.3(a)显示，在算符的制备过程中，使用式(5.20)制备 PD 系统和 AD 系统的非门时，distance 可以更快地到达最小值且均小于使用式(5.18)制备这两个系统非门时 distance 的最小值。这意味着，与式(5.18)相比，使用式(5.20)制备的非门精度更高，制备时间更短。这是由于式(5.20)中的 f_{nx} 同时发挥抵消耗散和制备算符的作用，相对于式(5.18)中的 f_x 有更全面的作用，所以使用式(5.20)制备非门的时间更短。

在 5.3 节中已经说明，式(5.18)是式(5.20)的一个特例，式(5.18)中的 f_y 和 f_z 只起制备算符的作用，而式(5.20)中的 f_{ny} 和 f_{nz} 除了制备算符外，还会分担抵消耗散的任务，通过选取合适的参数，使用式(5.20)制备的非门精度更高。图 5.3(b)中，使用式(5.20)制备 PD 系统和 AD 系统的非门时，fidelity 同样可以更快地到达最大值且都大于使用式(5.18)制备这两个系统非门时 fidelity 的最大值。原因与图 5.3(a)的 distance 产生结果相同。此外，图 5.3 的结果也说明，控制场作用在系统的性能不仅与李雅普诺夫函数有关，还与控制场的设计思路有关，即根据不同的李雅普诺夫函数设计的控制场会有不同的性能，根据相同李雅普诺夫函数设计的不同形式的控制场也会有不同性能。

在算符的保持过程中，图 5.3 显示使用式(5.20)保持 PD 系统和 AD 系统的非门时，distance 和 fidelity 的数值曲线均出现很多突起，而使用式(5.18)保持非门时，却没有出现突起。以式(5.20)保持 PD 系统的非门为例，算符制备过程完成后，图 5.3(a)中对应的 distance 的数值逐渐变大并出现多处突起，且一些突起的峰值(如在时刻 0.54 处)超过 10^{-4}，这意味着此刻的非门是无效的，而在同一时刻使用保持的非门依然是有效的。原因为：式(5.20)中的三个控制都含分母项，在制备算符完成转入算符保持后，不含分母项起制备算符的作用，数值基本为零，含分母项起抵消耗散的作用，数值不为零；而式(5.20)中三个分母项接近于零的概率大于式(5.18)中一个分母项接近零的概率，使得式(5.20)的控制幅值在保持过程中会更多地出现一些数值上的突变，导致体现在指标曲线上就是一些突起。因此使用保持算符的时间相对要短一些。

需要注意的是，以上结果也与实验中 B 较小有关。若 B 很大，控制场中含分母项部分在算符制备过程中幅值较大，会对系统有较大的影响。因此在 B 较小时，结合式(5.18)和式(5.20)的优点，自然产生一种合适的控制策略：算符制备过程使用式(5.20)；算符保持过程使用式(5.18)。式(5.20)和式(5.18)的切换点选择为：两种控制分别单独控制过程中，指标数值最接近的点，如图 5.3(a)中“⊕”所示。我们将使用这种策略的控制场记为“联合控制”。使用联合控制对马尔可夫系统制备非门的结果也在图 5.3 中给出。

从图 5.3 中可以看到，在算符制备阶段，联合控制和式(5.20)一致，收敛速度和制备精度均好于式(5.18)；在算符保持阶段，联合控制相对于式(5.20)，保持时间更长，没有突起出现。B 较大时，在算符制备和保持过程中选择何种控制形式，需要具体情况具体分析。B 的大小根据 $-\dfrac{S(B)}{S(A_k)}$ 相对 $-S(A_k)$ 的比例判定，比例较大，则 B 大；反之 B 小。

5.4.3 基于 V 设计控制场对非马尔可夫系统和封闭系统制备非门

在 5.1 节和 5.2 节中，我们研究的两个系统都是马尔可夫系统。为了更全面地了解基于 V 设计的控制场作用于其他类型系统时的性能，本小节将使用式(5.18)制备非马尔可夫系统和封闭系统的非门。本小节中选定的非马尔可夫系统的耗散部分 $\mathcal{L}_{NM}(\rho)$ 为(Tong et al.,2010)

$$\mathcal{L}_{NM}(\rho)=\sum_{k=0}^{1}d_k(t)(2\sigma_k\rho\sigma_k^\dagger-\sigma_k^\dagger\sigma_k\rho-\rho\sigma_k^\dagger\sigma_k) \tag{5.35}$$

其中，$\sigma_0=\dfrac{\sigma_+}{2}$，$\sigma_1=\dfrac{\sigma_-}{2}$，衰减系数 $d_k(t)$ 为

$$d_0(t)=d_1(t)=d_k(t)=\alpha^2kT\frac{r^2}{1+r^2}\left[1-\mathrm{e}^{-r\omega_0t}\left(\cos(\omega_0t)-\frac{1}{r}\sin(\omega_0t)\right)\right] \tag{5.36}$$

式中，$\alpha^2=0.01$ 为系统和环境的耦合参数；$r=\omega_z/\omega_0$，ω_0 和 ω_z 分别表示两能级系统的振荡频率和热库截断频率；$kT=300$。

根据式(5.3)可得，$\mathcal{L}_{NM}(\rho)$对应的 B_{NM} 为

$$B_{NM}(t) = 2d(t) \cdot \widetilde{B} \tag{5.37}$$

当 $d_0(t)$和 $d_1(t)$为大于零的常数，即系统以定常速度衰减时，非马尔可夫系统变为马尔可夫系统。特别地，当 $d_0(t)=d_1(t)=\frac{\gamma}{2}$时，非马尔可夫系统变为 AD 系统。令式(5.4)中的 $B=0$，则系统变为封闭系统。

图 5.4 给出了使用式(5.18)分别对封闭系统、PD 系统、AD 系统和非马尔可夫系统制备非门时 distance 和 fidelity 的数值变化。图 5.4 中 distance 的最小值和 fidelity 的最大值如表 5.3 所示。

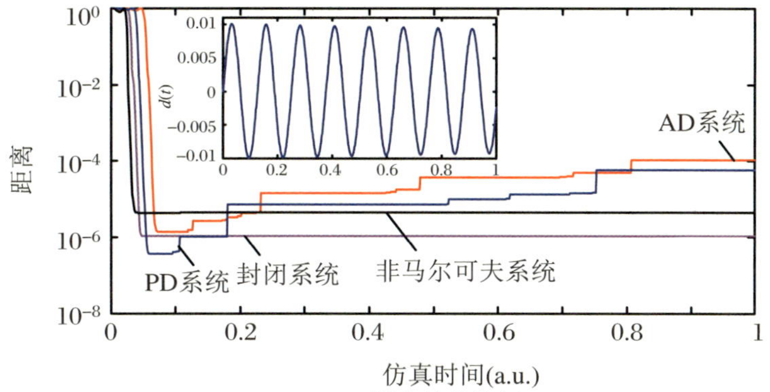

(a) 距离性能指标

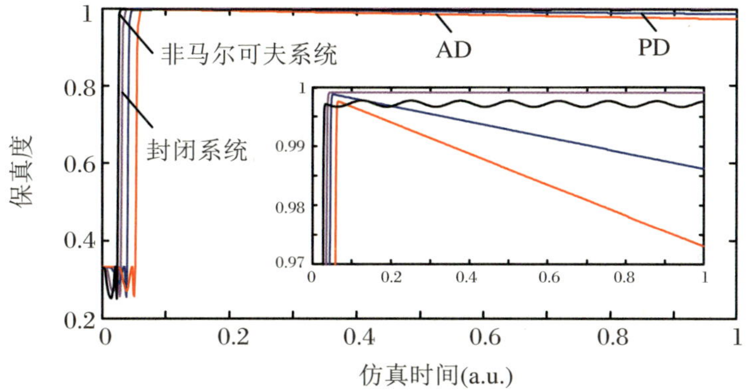

(b) 保真度性能指标

图 5.4　使用控制场(5.18)对不同系统制备非门的实验结果

表 5.3 图 5.4 中 distance 的最小值和 fidelity 的最大值

序号	系统	distance	fidelity
1	封闭	1.067×10^{-6}	0.99908
2	PD	3.615×10^{-7}	0.99877
3	AD	1.390×10^{-6}	0.99760
4	非马尔可夫	4.416×10^{-6}	0.99775

为了将 $d(t)$的取值范围与马尔可夫系统的参数 γ 相近,实验中取 $r=0.00168$,$\omega_0=50$。如图 5.4(a)中所示,$d(t)$的取值范围为$[-0.01,0.01]$,且随着时间的推移,$d(t)$的值逐渐减小,符合非马尔可夫系统的特性。

图 5.4(a)中,实验中的所有系统在使用式(5.18)制备非门时,distance 的最小值均在 10^{-4}以下,且在图 5.4(a)中所示的大部分时间范围内不超过 10^{-4};同时,在图 5.4(b)中所有系统的 fidelity 最大值均大于 0.997,接近于 1。这些结果意味着式(5.18)对封闭系统、马尔可夫系统和非马尔可夫系统均适用,且可以使制备的门在较长的时间内是有效的。这里使用">"表示优于的含义,那么根据表 5.3 可知,不同系统的 distance 最小值显示,PD 系统>封闭系统>AD 系统>非马尔可夫系统;同时,不同系统的 fidelity 最大值显示,封闭系统>PD 系统>非马尔可夫系统>AD 系统。

表 5.3 中所示的 PD 系统和封闭系统的数值结果显示,在 distance 指标下,PD 系统>封闭系统;而在 fidelity 指标下,封闭系统>PD 系统。PD 系统相对于封闭系统含有耗散部分,但在使用式(5.18)制备非门的过程中,PD 系统在 distance 指标下的表现更好,说明耗散部分在某些情况下可以在有利的方向发挥作用,并不总是起不利的作用。

表 5.3 中所示的 AD 系统和非马尔可夫系统的数值结果显示,在 distance 指标下,AD 系统>非马尔可夫系统;而在 fidelity 指标下,非马尔可夫系统>AD 系统。AD 系统和非马尔可夫系统区别是,AD 系统的耗散部分对应的 $B_{AD}=\gamma\cdot\widetilde{B}$,其中 γ 为一个正常数;非马尔可夫系统的耗散部分对应的 $B_{NM}(t)=2d(t)\cdot\widetilde{B}$,其中 $d(t)$是一个时变函数。因此,AD 系统一直在流失信息,而非马尔可夫系统有信息回流,因此理论上非马尔可夫系统在指标上应该优于 AD 系统,但是实验结果并非如此。原因是:

(1) 基于 V 设计的控制场并没有有效地利用非马尔可夫系统的回流信息;

(2) 非马尔可夫系统的耗散部分对应的 $B_{NM}(t)$是时变的,控制场克服 $B_{NM}(t)$的影响,难度更大。

因此,如果在设计控制场时可以考虑到对非马尔可夫系统回流信息的有效利用,这样设计的控制场对非马尔可夫系统会更有效。

这两组系统的实验结果对比也说明,distance 和 fidelity 并不是正相关的,所以依据单一指标描述系统和控制场的性能并不全面，使用多个指标可以更真实地表征系统和控制场的性能。需要注意的是，非马尔可夫系统是实验中所有系统到达指标 distance 和 fidelity 相同数值时所用时间最短的系统，这可能与非马尔可夫系统的耗散部分含时有关。这从另一个方面表明，系统包含耗散部分含时并不一定是不利的因素，在某些情况下，可能会发挥积极的作用。

封闭系统和开放系统在不加控制时 purity 随时间的变化曲线如图 5.5 所示。封闭系统的 purity 保持不变，PD 系统和 AD 系统的 purity 单调减小，非马尔可夫系统的 purity 振荡减小。图 5.5 中的结果与关于 purity 的描述相符，说明 purity 可以作为根据算符的特性判断系统类型的一个指标。

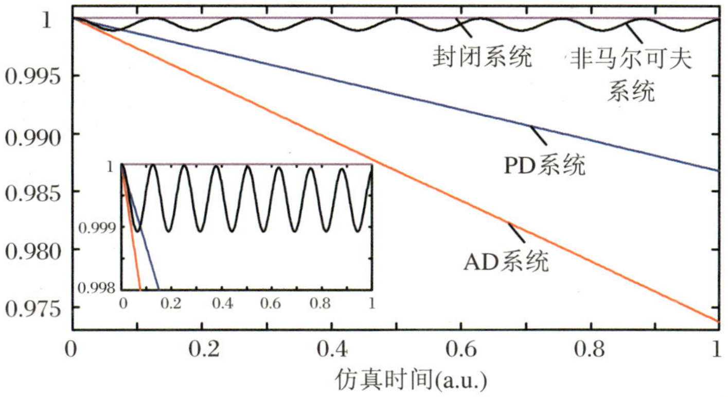

图 5.5　不同系统自由演化过程中 purity 的变化曲线

5.4.4　鲁棒性实验及结果分析

从 5.2.3 小节鲁棒性分析的式(5.23)和式(5.25)中可以看到，系统哈密顿量存在不确定性所导致的结果是，实际作用在系统上的控制与理论设计的控制在数值上有偏差，本小节的实验将研究这些偏差对系统产生的影响。

令 $\lambda \in [-100, 100]$，分别取 $\lambda\sigma = \lambda\sigma_x, \lambda\sigma_y$ 和 $\lambda\sigma_z$，对 PD 系统和 AD 系统使用式(5.18)制备非门，实验结果如图 5.6 所示，其中，"□""△""◇"分别对应 $\lambda\sigma = \lambda\sigma_x, \lambda\sigma_y, \lambda\sigma_z$；图 5.6(a)为 PD 系统在受到扰动时 distance 的数值随 λ 的变化，图 5.6(b)为 AD 系统在受到扰动时 fidelity 的数值随 λ 的变化。PD 系统的 fidelity 数值随 λ 的变化与 AD 系统类似，AD 系统的 distance 数值随 λ 的变化与 PD 系统类似。

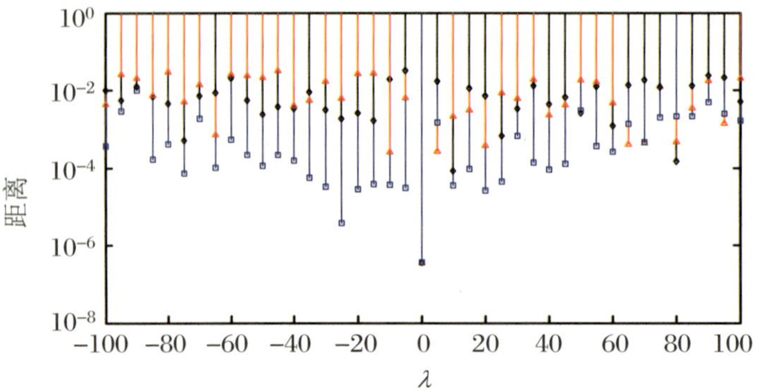

(a) PD系统的距离性能distance

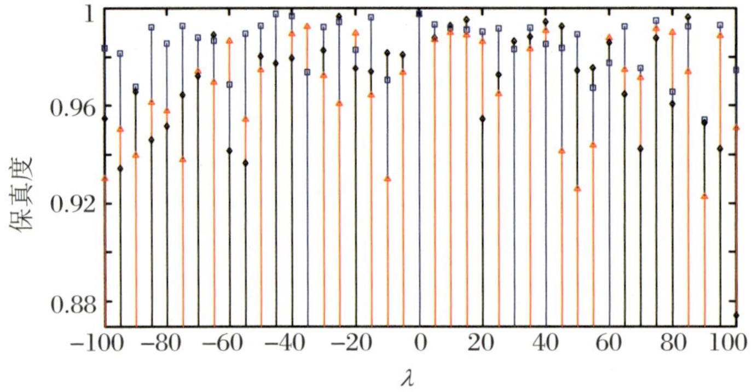

(b) AD系统的保真度性能 fidelity

图 5.6 使用式(5.18)控制场对 PD 系统和 AD 系统制备非门的实验结果

在图 5.6(a)中，在 $\lambda\sigma=\lambda_x\sigma_x$ 时，相同的 λ 对应的 distance 值小于 $\lambda\sigma=\lambda_y\sigma_y$，$\lambda_z\sigma_z$ 时 distance 的值；在图 5.6(b)中，相同的 λ 对应的 fidelity 值大于 $\lambda\sigma=\lambda_y\sigma_y$，$\lambda_z\sigma_z$ 时 fidelity 的值，且在 $\lambda\in[-100,100]$时这两点几乎都成立，说明在 $\lambda\sigma=\lambda_x\sigma_x$ 时系统受到的影响更小，意味着 $\lambda\sigma=\lambda_x\sigma_x$ 时系统的鲁棒性强于$\lambda\sigma=\lambda_y\sigma_y$，$\lambda_z\sigma_z$ 时系统的鲁棒性。图 5.6 中，$\lambda\sigma=\lambda_y\sigma_y$ 时，相同的 λ 对应的 distance 和 fidelity 值与 $\lambda\sigma=\lambda_z\sigma_z$ 时 distance 和 fidelity 的值接近，且在 $\lambda\in[-100,100]$时这点几乎都成立，说明 $\lambda\sigma=\lambda_y\sigma_y$ 和 $\lambda_z\sigma_z$ 时系统受到的影响类似，意味着 $\lambda\sigma=\lambda_y\sigma_y$ 和 $\lambda_z\sigma_z$ 时系统的鲁棒性相似。产生以上结果的原因是：

(1) f_x 的作用是抵消系统中 B 产生的耗散，而在实验中，B 本身取值较小，相对于 f_y 和 f_z 制备算符的作用，f_x 抵消耗散的作用处于相对较弱的地位，抗干扰的能力较强。

(2) f_y 和 f_z 的作用相同，均是制备算符，且 f_y 和 f_z 的数学表达形式相似，使得在非门制备过程中，这两者的数值、变化趋势等方面也相似，因此抗干扰能力相似，从而 $\lambda\sigma=\lambda_y\sigma_y$ 和 $\lambda_z\sigma_z$ 时系统的鲁棒性相似。虽然 $\lambda\sigma=\lambda_x\sigma_x$ 与 $\lambda\sigma=\lambda_y\sigma_y$，$\lambda_z\sigma_z$ 时，扰动导致控制

场受到的影响类似，但在算符制备的过程中发挥的作用不同，因此系统的鲁棒性亦会不同。

在图 5.6 中，$\lambda\sigma=\lambda_x\sigma_x$ 时系统的鲁棒性较强，一方面是由于实验中的 B 本身数值较小，对系统影响有限；另一方面说明 f_x 的作用地位相对于 f_y 和 f_z 的作用地位要弱。因此，如果知道扰动的方向，可以使用该方向的控制抵消系统中 B 产生的耗散；如果不知道扰动的方向，可以通过在三个控制同时附加抵消 B 的控制分量，如式(5.38)所示。通过调整比例参数 h_{nx}，h_{ny} 和 h_{nz}，使得扰动方向的控制发挥更多抵消耗散 B 的作用，从而增强系统的鲁棒性。为验证和支持该结论，基于李雅普诺夫函数 V 设计一个不同于式(5.18)的控制场为

$$\begin{cases} f_{yx}(t)=-k_{yx}S(A_x) \\ f_{yy}(t)=-\dfrac{S(B)}{S(A_y)}, \quad k_{yx}\geqslant 0 \\ f_{yz}(t)=-k_{yz}S(A_z), \quad k_{yz}\geqslant 0 \end{cases} \tag{5.38}$$

即使用 $f_{yy}(t)$ 而不是 f_x 抵消系统的耗散作用，使用 $f_{yx}(t)$ 和 $f_{yz}(t)$ 制备算符。使用式(5.38)制备 PD 系统的非门，用类似的方法得到鲁棒性的结果如图 5.7 所示，其中，“□”“△”“◇”分别对应 $\lambda\sigma=\lambda\sigma_x,\lambda\sigma_y,\lambda\sigma_z$。使用与图 5.6 相同的分析方法，从图 5.7 中可以看到，$\lambda\sigma=\lambda\sigma_y$ 时系统的鲁棒性较强，$\lambda\sigma=\lambda\sigma_x,\lambda\sigma_z$ 时系统的鲁棒性相似且弱于 $\lambda\sigma=\lambda\sigma_y$ 时系统的鲁棒性。实验结果与结论相符。

本章针对二能级开放量子系统，基于李雅普诺夫稳定性理论设计制备算符的控制场。我们构造了一个李雅普诺夫函数 V，相比于表征距离的函数 V_{dis}，V 在数值精度和收敛速度均有一定的优势，且基于 V 设计的控制场适用于封闭系统和开放系统，并通过多个指标在算符制备的实验中得到验证。实验结果也表明，基于相同李雅普诺夫函数设计的不同形式控制场，在制备算符时会有不同的性能，因此在实际使用时可以选择或结合不同控制场，获得更好的控制效果。此外，我们定义了一个称为算符纯度的指标，根据这个指标可以根据算符的特性判断系统的类型。在此基础上，我们进一步研究了基于 V 设计的控制场在外界扰动导致系统哈密顿量存在不确定性时系统的鲁棒性。结果显示，外界扰动会使设计的控制场在数值上发生改变。当抵消耗散的控制场在数值上发生改变时，系统的鲁棒性较强；当制备算符的控制场在数值上发生改变时，系统的鲁棒性相似，且弱于抵消耗散的控制场在数值上发生改变时系统的鲁棒性。根据这个结果，我们给出了加强系统鲁棒性的控制场改进建议。本章提出的李雅普诺夫函数 V 也可以应用在量子系统的状态转移问题，并且可以期望在状态转移的精度和速度上仍具有一定的优势。

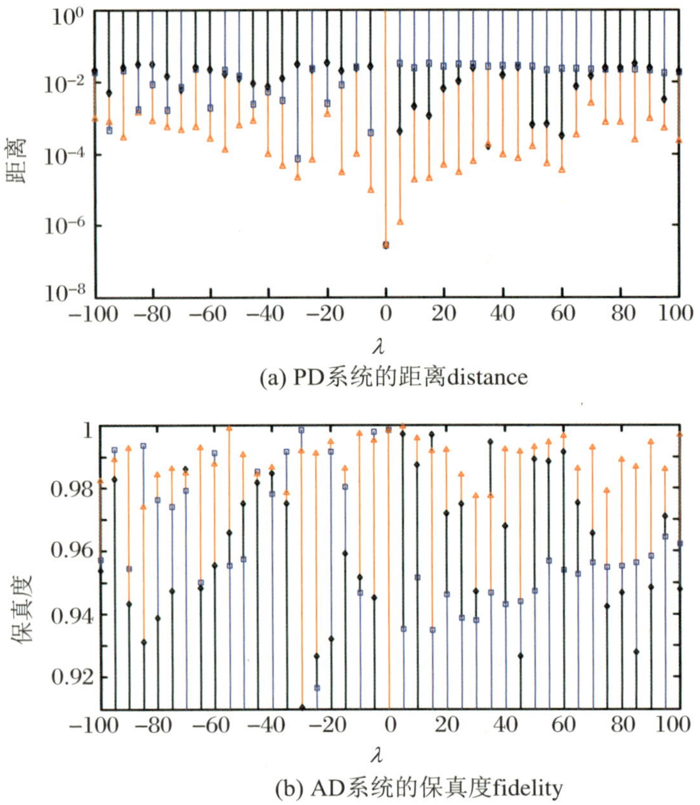

图 5.7　使用式(5.38)对 PD 系统制备非门时的实验结果

第 6 章

随机开放量子系统的开关反馈控制

本章将研究随机量子系统状态的收敛控制。目标态分别选为一个特殊的本征态、任意本征态及其混合态，设计控制场使系统状态可以从状态空间的任意初态收敛到目标态。为了达到这个控制目的，设计的控制场包含两部分：常量控制用来驱动系统状态进入收敛域；李雅普诺夫方法设计的控制场使收敛域中的状态收敛到目标态。特别地，基于适用于随机量子系统的李雅普诺夫稳定性定理和拉塞尔不变集定理证明了所设计控制场的收敛性，并使用数值实验验证了控制场的有效性。

6.1 随机量子系统的数学模型

有限维量子滤波器的状态可以用密度矩阵 ρ 表示，状态的演化 ρ_t 遵循非线性 Ito 随机微分方程，即随机主方程为

6

$$
\begin{aligned}
d\rho_t &= \left(-i[H_0,\rho_t]+L\rho_tL^\dagger-\frac{1}{2}L^\dagger L\rho_t-\frac{1}{2}\rho_tL^\dagger L\right)dt-i[H_1,\rho_t]u_tdt \\
&\quad+\sqrt{\eta}[L\rho_t+\rho_tL^\dagger-\mathrm{tr}(L\rho_t+\rho_tL^\dagger)\rho_t]d\omega_t \\
&= \alpha(\rho_t)dt+\beta(\rho_t)dt+\delta(\rho_t)d\omega_t \\
dy_t &= d\omega_t+\sqrt{\eta}\,\mathrm{tr}(L\rho_t+\rho_tL^\dagger)dt
\end{aligned} \tag{6.1}
$$

其中,$\rho_t\in\mathcal{S}=\{\rho_t\in\mathbf{C}^{n\times n}:\rho_t=\rho_t^\dagger\geqslant0,\mathrm{tr}(\rho_t)=1,\mathrm{tr}(\rho_t^2)\leqslant1\}$,$\mathbf{C}$ 代表复数集,$\rho_t^\dagger$ 是ρ_t 的共轭转置,$\mathcal{S}$ 表示状态空间;ω_t 是一个在经典完备概率空间($\Omega,\mathcal{F},\mathcal{P}$)中定义的一维维纳过程,$\Omega$ 代表一个样本空间,$\mathcal{F}$ 为样本空间Ω 的幂集的一个非空子集且是一个σ-代数,$\mathcal{P}$代表概率测度;$d\omega_t$ 是无穷小维纳增量,满足 $E(d\omega_t)=0$,$E((d\omega_t)^2)=dt$,其中 $E(\cdot)$表示随机变量的期望值;y_t 是输出;自由哈密顿量 H_0 和控制哈密顿量 H_1 是 $n\times n$ 的厄米矩阵;$L\in\mathbf{C}^{n\times n}$是测量算符,确定系统与测量装置之间的相互作用;$\eta\in(0,1]$是测量效率;$u_t\in\mathbf{R}$ 是控制输入,其中 $\mathbf{R}$ 代表实数集;$[H_0,\rho_t]=H_0\rho_t-\rho_tH_0$。

在量子化学和原子物理的应用中,实现量子系统从初态到期望目标态的确定转移是重要的(Ge et al.,2012)。因此,有控制问题:设计一个控制场,使随机量子系统(6.1)的状态可以从任意初态收敛到目标态,即

$$
\mathbb{P}(\lim_{t\to\infty}\rho_t=\rho_f)=1,\quad \forall\rho_0\in\mathcal{S} \tag{6.2}
$$

式(6.2)所示的控制问题可以看作通过状态反馈控制的全局稳定问题。如果初始状态 ρ_0 是限制在状态空间的一个局部空间,则平衡点 ρ_e 是局部稳定的;如果初始状态 ρ_0 是状态空间的任意一个状态,则平衡点 ρ_e 是全局稳定的。在本章中,我们研究的是状态的全局稳定问题。对于系统(6.1),作一些设定。测量算符 L 是厄米矩阵,即 $L=L^\dagger$,且是非正则的,即 L 的特征值存在相等的情况。进一步假设 $L=\mathrm{diag}(l_1,l_2,\cdots,l_n)$为对角矩阵,$l_1=l_2\neq l_k$,$k=3,\cdots,n$,且 $l_1+l_2\neq l_i+l_j$,$i,j\neq1,2$。$H_0=\begin{bmatrix}H_{01}&0\\0&D\end{bmatrix}$,其中 $H_{01}=\begin{bmatrix}h_{0-11}&h_{0-12}\\h_{0-21}&h_{0-22}\end{bmatrix}$,$h_{0-12}\neq0$,$D$ 代表一个对角阵。$H_1=\begin{bmatrix}H_{11}&H_{12}\\H_{21}&H_{22}\end{bmatrix}=\{h_{ij}\}_{n\times n}$是连接的,即 $h_{k(k+1)}\neq0$,$k=1,\cdots,n-1$,其中 $H_{11}=\begin{bmatrix}0&h_{12}\\h_{21}&0\end{bmatrix}$。此外,$h_{k1}=h_{k2}$或 $h_{k1}=-h_{k2}$,$\forall k=3,\cdots,n$,不能同时成立,且 h_{1k},$h_{2k}\neq0$。

在本章中,我们分别研究了目标态为一个特殊本征态,任意本征态、纯态和混合态的全局稳定问题。目标态的形式为 $\rho_f=\begin{bmatrix}\rho_{f1}&0\\0&0\end{bmatrix}$,其中 $\rho_{f1}=\begin{bmatrix}a&b\\b^*&1-a\end{bmatrix}$。当目标态为

本征态时，ρ_{f1} 需要满足条件 $b \neq 0$ 和 $a(1-a)=bb^*$；当目标态为混合态时，条件 $a(1-a)=bb^*$ 不需要满足。另外，在目标态为任意本征态的时候，也考虑了 $\rho_f=\rho_k=\mathrm{diag}(\underbrace{0,\cdots,0}_{k-1},1,0,\cdots,0)$，$k=3,\cdots,n$ 的情况。有关纯态相关定义，我们将在 6.4 节具体给出。

注 6.1 由于当 $n=2$ 时，$L=I$，此时系统(6.1)变成一个封闭系统，因此要求 $n>2$。

引理 6.1 在设定的条件下，系统(6.1)在 $u_t=0$ 时的系统平衡点为本征态 $\rho_k=\mathrm{diag}(\underbrace{0,\cdots,0}_{k-1},1,0,\cdots,0)$，$k=3,\cdots,n$ 及满足 $[H_0,\rho_e]=0$ 的状态 $\rho_e=\begin{bmatrix}\rho_{e1} & 0\\ 0 & 0\end{bmatrix}$，其中 $\rho_{e1}=\begin{bmatrix}\rho_{e11} & \rho_{e12}\\ \rho_{e21} & \rho_{e22}\end{bmatrix}$。

证明 当 ρ 为本征态 ρ_k，$k=3,\cdots,n$ 时，由于 L 是对角矩阵，使得 $L\rho=\rho L$，从而 $L\rho L^\dagger-\frac{1}{2}L^\dagger L\rho-\frac{1}{2}\rho L^\dagger L=0$。另外，$[H_0,\rho]=0$，因此 $\alpha(\rho)=0$。同时，$L\rho+\rho L^\dagger-\mathrm{tr}(L\rho+\rho L^\dagger)\rho=2L\rho-2\mathrm{tr}(L\rho)\rho=2L\rho-2l_k\rho=0$，从而 $\delta(\rho)=0$。因此，ρ_k 是系统在 $u_t=0$ 时的平衡点。

当 $\rho=\rho_e$时，由于 $L=\mathrm{diag}(l_1,l_2,\cdots,l_n)$，其中 $l_1=l_2\neq l_k$，$k\neq 1,2$，则

$$L\rho_e=\begin{bmatrix}l_1\rho_{e11} & l_1\rho_{e12} & \\ l_2\rho_{e21} & l_2\rho_{e22} & 0\\ & 0 & 0\end{bmatrix},\quad \rho_e L=\begin{bmatrix}l_1\rho_{e11} & l_2\rho_{e12} & \\ l_1\rho_{e21} & l_2\rho_{e22} & 0\\ & 0 & 0\end{bmatrix}$$

$$L\rho_e+\rho_e L=\begin{bmatrix}2l_1\rho_{e11} & (l_1+l_2)\rho_{e12} & \\ (l_2+l_1)\rho_{e21} & 2l_2\rho_{e22} & 0\\ & 0 & 0\end{bmatrix}=2l_1\rho_{eq}$$

从而，$2\mathrm{tr}(L\rho_e)\rho_e=2(l_1\rho_{e11}+l_2\rho_{e22})\rho_e=2l_1\rho_e$，因此 $\delta(\rho_e)=0$。另外

$$L\rho_e L=\begin{bmatrix}l_1^2\rho_{e11} & l_1l_2\rho_{e12} & \\ l_2l_1\rho_{e21} & l_2^2\rho_{e22} & 0\\ & 0 & 0\end{bmatrix}=l_1^2\rho_e,\quad L^2\rho_e=L\rho_e L=\rho_e L^2=l_1^2\rho_e$$

所以，$\alpha(\rho_e)=-\mathrm{i}[H_0,\rho_e]$。由于$[H_0,\rho_e]=0$，$\alpha(\rho_e)=0$，使得 ρ_e是 $u_t=0$ 时系统(6.1)的平衡点。

注 6.2 如果 L 正则，则只有本征态 ρ_k 是$u_t=0$ 时系统(6.1)的平衡点。这是由于当 L 正则，所有 ρ_k 均满足 $\mathrm{d}\rho|_{\rho=\rho_k}=0$，是系统的平衡点。由于 $L=\mathrm{diag}(l_1,l_2,\cdots,l_n)$，$\rho=\{\rho_{kl}\}_{n\times n}$，则

$$L\rho = \begin{bmatrix} l_1\rho_{11} & l_1\rho_{12} & \cdots & l_1\rho_{1n} \\ l_2\rho_{21} & l_2\rho_{22} & \cdots & \vdots \\ \vdots & \vdots & l_i\rho_{ii} & \vdots \\ l_n\rho_{n1} & \cdots & \cdots & l_n\rho_{nn} \end{bmatrix}$$

$$\rho L = \begin{bmatrix} l_1\rho_{11} & l_2\rho_{12} & \cdots & l_n\rho_{1n} \\ l_1\rho_{21} & l_2\rho_{22} & \cdots & \vdots \\ \vdots & \vdots & l_i\rho_{ii} & \vdots \\ l_1\rho_{n1} & \cdots & \cdots & l_n\rho_{nn} \end{bmatrix}$$

$$2\mathrm{tr}(L\rho) = \sum_{i=1}^{n} 2l_i\rho_{ii}$$

$$L\rho + \rho L = \begin{bmatrix} 2l_1\rho_{11} & (l_1+l_2)\rho_{12} & \cdots & (l_1+l_n)\rho_{1n} \\ (l_1+l_2)\rho_{21} & 2l_2\rho_{22} & \cdots & \vdots \\ \vdots & \vdots & 2l_i\rho_{ii} & \vdots \\ (l_1+l_n)\rho_{n1} & \cdots & \cdots & 2l_n\rho_{nn} \end{bmatrix}$$

当 $\delta(\rho)=0$ 时，有

$$\begin{aligned} L\rho + \rho L = 2\mathrm{tr}(L\rho)\cdot\rho \quad &\Rightarrow \quad \sum_{i=1}^{n} 2l_i\rho_{ii} = l_j + l_k, \quad 1 \leqslant j,k \leqslant n \\ &\Rightarrow \quad l_j + l_k = \text{常量} \\ &\Rightarrow \quad l_j = l_k \quad (\text{当 } \rho_{jk} \neq 0 \text{ 时}) \end{aligned}$$

这与 L 正则是矛盾的。因此，当 L 正则时，只有 ρ_k 是 $u_t=0$ 时系统的平衡点。

引理 6.2 在设定的条件下，不存在任何状态 $\rho_{ar} \in \mathcal{S}$ 在任意控制下均是系统(6.1)的平衡点。

证明 假设状态 ρ_{ar} 是在任意控制下系统(6.1)的平衡点，则 $\alpha(\rho_{ar}) = \beta(\rho_{ar}) = \delta(\rho_{ar}) = 0$ 且 $\rho_{ar} \in \{\rho_k, k=3,\cdots,n,\rho_e\}$。根据引理 6.1，易知 $\alpha(\rho_{ar}) = \delta(\rho_{ar}) = 0$。而

$$\begin{aligned} [H_1,\rho_e] &= H_1\rho_e - \rho_e H_1 \\ &= \begin{bmatrix} h_{12}\rho_{e21} - h_{21}\rho_{e12} & h_{12}\rho_{e22} - h_{12}\rho_{e11} & -(h_{13}\rho_{e11} + h_{23}\rho_{e12}) & \cdots & -(h_{1n}\rho_{e11} + h_{2n}\rho_{e12}) \\ h_{21}\rho_{e11} - h_{21}\rho_{e22} & h_{21}\rho_{e12} - h_{12}\rho_{e21} & -(h_{13}\rho_{e21} + h_{23}\rho_{e22}) & \cdots & -(h_{1n}\rho_{e21} + h_{2n}\rho_{e22}) \\ h_{31}\rho_{e11} + h_{32}\rho_{e21} & h_{31}\rho_{e12} + h_{32}\rho_{e22} & 0 & \cdots & 0 \\ \vdots & \vdots & \vdots & \ddots & \vdots \\ h_{n1}\rho_{e11} + h_{n2}\rho_{e21} & h_{n1}\rho_{e12} + h_{n2}\rho_{e22} & 0 & \cdots & 0 \end{bmatrix} \end{aligned}$$

要使$[H_1,\rho_e]=0$，则要求

$$h_{12}\rho_{e21}=h_{21}\rho_{e12}\quad 且\quad \rho_{e22}=\rho_{e11} \tag{6.3}$$

$$h_{k1}\rho_{e11}+h_{k2}\rho_{e21}=0\quad 且\quad h_{k1}\rho_{e12}+h_{k2}\rho_{e22}=0,\quad k=3,\cdots,n \tag{6.4}$$

式(6.3)成立的条件为$\rho_{e21}=\rho_{e12}=0$或$h_{12}=h_{21}$且$\rho_{e21}=\rho_{e12}$。在$\rho_{e21}=\rho_{e12}=0$时，考虑到$\rho_{e22}=\rho_{e11}$，从而

$$[H_1,\rho_e]=\rho_{e11}\begin{bmatrix} \multicolumn{2}{c}{\multirow{2}{*}{0}} & -h_{13} & \cdots & -h_{1n} \\ & & -h_{23} & \cdots & -h_{2n} \\ h_{31} & h_{32} & & & \\ \vdots & \vdots & & 0 & \\ h_{n1} & h_{n2} & & & \end{bmatrix}$$

由于$h_{k(k+1)}\neq 0, k=1,\cdots,n-1$，因此这种情况下$[H_1,\rho_e]\neq 0$，从而$\beta(\rho_e)\neq 0$。在$h_{12}=h_{21}$且$\rho_{e21}=\rho_{e12}$时，根据式(6.4)，由$h_{k1}\rho_{e11}+h_{k2}\rho_{e21}=0$可得$\rho_{e11}=\dfrac{-h_{k2}\rho_{e21}}{h_{k1}}$，从而由$h_{k1}\rho_{e12}+h_{k2}\rho_{e22}=0$，有$h_{k1}^2\rho_{e12}-h_{k2}^2\rho_{e21}=0$，即$h_{k1}^2=h_{k2}^2$。这与$h_{k1}=h_{k2}$或$h_{k1}=-h_{k2}, \forall k=3,\cdots,n$不能同时成立，是矛盾的，使得在这种情况下$[H_1,\rho_e]\neq 0$，从而$\beta(\rho_e)\neq 0$。另外，对$\rho_k, k=3,\cdots,n$，有

$$[H_1,\rho_k]=\begin{bmatrix} 0 & \cdots & h_{1k} & \cdots & 0 \\ \vdots & \cdots & h_{2k} & \cdots & 0 \\ -h_{k1} & -h_{k2} & 0 & \cdots & -h_{kn} \\ \vdots & \vdots & \vdots & \ddots & \vdots \\ 0 & 0 & h_{nk} & \cdots & 0 \end{bmatrix}$$

由于$h_{k(k+1)}\neq 0$，因此$[H_1,\rho_k]\neq 0$，从而$\beta(\rho_k)\neq 0$。这样，$\delta(\rho_{ar})\neq 0$，即不存在状态$\rho_{ar}\in\mathcal{S}$在任意控制下均是系统(6.1)的平衡点。

6.2 特殊本征态的收敛控制

本节将目标态选为一个特殊的本征态$\rho_f=\begin{bmatrix}\rho_{f1} & 0\\ 0 & 0\end{bmatrix}$，其中$\rho_{f1}=\begin{bmatrix}0.5 & -0.5\mathrm{i}\\ 0.5\mathrm{i} & 0.5\end{bmatrix}$。

然后，通过设计控制场，使系统状态可以从任意初态收敛到选定的目标态，并且证明在设计的控制场作用下，目标态是全局稳定的。

引理 6.2 指出系统的平衡点有无数个，这意味着在没有控制作用下，即系统自由演化时，系统状态会收敛到无数个平衡点的任意一个状态。因此，我们设计控制场的目的就是，希望通过施加设计的控制场，可以使系统状态收敛到我们期望的目标态，而不是随机的收敛到无数个平衡点的任意一个。一些文献（Mirrahimi，van Handel，2007；Tsumura，2007；Altafini，Ticozzi，2008；Tsumura，2008；Ge et al，2012）中研究的随机量子系统，只包含有限个平衡点，这是由于其考虑的系统测量算符是正则导致的，在这种情况只要设计控制场使系统状态收敛到有限个平衡点中的一个即可。相对而言，我们在本章研究的随机量子系统不要求测量算符正则，因而情况更复杂，控制目标更难以实现，对控制场的要求更高。

6.2.1 特殊本征态的控制场设计

在本小节中，控制场的设计主要基于李雅普诺夫定理和拉塞尔不变集定理，其中李雅普诺夫定理用来确定目标态是否是概率稳定的，拉塞尔不变集定理用来确定系统状态是否收敛到目标态。同时，这两个定理也提供了使目标态局部稳定的控制场设计思路。首先，根据李雅普诺夫定理，我们可以构造一个合适的李雅普诺夫函数 V，通过设计控制场 $u(\rho_t)$ 使 $\mathcal{L}V\leqslant 0$，并且在目标态时 $V(\rho_f)=0$，从而目标态是概率稳定的。然后，我们可以根据拉塞尔不变集定理，分析最大不变集，进而确定系统状态的收敛域 $\mathcal{Q}_{cd}$，使得在收敛域 $\mathcal{Q}_{cd}$ 中，系统状态在控制场 $u(\rho_t)$ 的作用下可以收敛到目标态。但是，这样设计的控制场只能保证系统状态在 $\mathcal{Q}_{cd}$ 中收敛，即目标态是局部稳定的。为了使目标态全局稳定，我们设计了一个常量控制 u_c，当系统的初态不在 $\mathcal{Q}_{cd}$ 时，系统状态在常量控制作用下可以在有限时间内进入 $\mathcal{Q}_{cd}$。通过这样的方式，将控制场 $u(\rho_t)$ 和常量控制 u_c 组合成开关控制场 u_t，那么在 u_t 的作用下，目标态就是全局稳定的。

6.2.1.1 控制场 $u(\rho_t)$ 的设计

本小节使用李雅普诺夫方法设计控制场 $u(\rho_t)$，构造的李雅普诺夫函数为

$$V(\rho_t) = V_1(\rho_t) + c\,\mathrm{tr}^2(P\rho_t) \tag{6.5}$$

其中，$V_1(\rho_t)=1-\mathrm{tr}(\rho_t\rho_f)$，$c\in\mathbf{R}$ 且 $c\geqslant 0$，$P=\begin{bmatrix} P_1 & 0 \\ 0 & 0 \end{bmatrix}$为厄米矩阵，满足 $\mathrm{tr}(P\rho_f)=0$，

其中 $P_1=\begin{bmatrix} p_{11} & p_{12} \\ p_{21} & p_{22} \end{bmatrix}$。显然，$V_1\geqslant 0$，因此，$V\geqslant 0$ 且 $V(\rho_f)=0$，满足李雅普诺夫函数的要求。需要注意的是，式(6.5)中的参数 P 和 c 在控制场的设计和分析中发挥重要的作用。在后面的工作中，通过设计参数 P 可以减少不变集中状态的个数，并确定不变集中状态的形式，而通过限制参数 c，对于不变集中的状态，收敛域中只包含目标态。

下面计算作用在 $V(\rho_t)$的 ρ_t 的无穷小算子 $\mathcal{L}V(\rho_t)$：

$$\mathcal{L}V(\rho_t) = \mathcal{L}V_1(\rho_t) + c\mathcal{L}\mathrm{tr}^2(P\rho) \tag{6.6}$$

根据 6.1 节中对系统参数的设定，式(6.1)变为

$$\begin{aligned} \mathrm{d}\rho_t =& \left(-\mathrm{i}[H_0,\rho_t]+L\rho_t L-\frac{1}{2}L^2\rho_t-\frac{1}{2}\rho_t L^2\right)\mathrm{d}t-\mathrm{i}[H_1,\rho_t]u_t\mathrm{d}t \\ &+\sqrt{\eta}(L\rho_t+\rho_t L-\mathrm{tr}(L\rho_t+\rho_t L)\rho_t)\mathrm{d}\omega_t \\ =& \tilde{\alpha}(\rho_t)\mathrm{d}t+\tilde{\beta}(\rho_t)\mathrm{d}t+\tilde{\delta}(\rho_t)\mathrm{d}\omega_t \end{aligned} \tag{6.7}$$

而对于矩阵 X，Y 和 Z，$\mathrm{tr}(XY)=\mathrm{tr}(YX)$ 及 $\mathrm{tr}(X[Y,Z])=\mathrm{tr}([X,Y]Z)$，因此

$$\begin{aligned} \mathrm{dtr}(P\rho_t) &= \mathrm{tr}(P\mathrm{d}\rho_t) \\ &= \mathrm{tr}(P\tilde{\alpha}(\rho_t))\mathrm{d}t-\mathrm{tr}(\mathrm{i}[H_1,\rho_t]P)u_t\mathrm{d}t+\mathrm{tr}(P\tilde{\delta}(\rho_t))\mathrm{d}\omega_t \end{aligned} \tag{6.8}$$

为了计算 $\mathrm{dtr}^2(P\rho_t)$，这里使用 Ito 乘积法则。根据式(6.8)和引理 2.2 中的式(2.91)，令 $X_t=Y_t=\mathrm{tr}(P\rho_t)$，并考虑到 $\mathrm{d}t^2=0$，$\mathrm{d}t\mathrm{d}\omega_t=0$ 及 $(\mathrm{d}\omega_t)^2=\mathrm{d}t$，则

$$\begin{aligned} \mathrm{tr}(P\rho_t) =& 2\mathrm{tr}(P\mathrm{d}\rho_t)\mathrm{dtr}(P\rho_t)+(\mathrm{dtr}(P\rho_t))^2 \\ =& 2\mathrm{tr}(P\mathrm{d}\rho_t)(\mathrm{tr}(P\tilde{\alpha}(\rho_t))\mathrm{d}t-\mathrm{tr}(\mathrm{i}[H_1,\rho_t]P)u_t\mathrm{d}t+\mathrm{tr}(P\tilde{\delta}(\rho_t))\mathrm{d}\omega_t) \\ &+(\mathrm{dtr}(P\rho_t))^2 \end{aligned} \tag{6.9}$$

因此

$$\mathcal{L}\mathrm{tr}^2(P\rho_t) = 2\mathrm{tr}(P\rho_t)\cdot(\mathrm{tr}(P\tilde{\alpha})+\mathrm{tr}(-\mathrm{i}H_1[\rho_t,P])u_t)+\mathrm{tr}^2(P\tilde{\delta}) \tag{6.10}$$

另外，由于$[H_0,\rho_f]=0$ 及$[L,\rho_f]=0$，有

$$\begin{aligned} \mathrm{dtr}(\rho_t\rho_f) =& \mathrm{tr}\left(-\mathrm{i}[H_0,\rho_t]\rho_f+L\rho_t L\rho_f-\frac{1}{2}L^2\rho_t\rho_f-\frac{1}{2}\rho_t L^2\rho_f\right)\mathrm{d}t \\ &-\mathrm{tr}(\mathrm{i}[H_1,\rho_t]\rho_f)u_t\mathrm{d}t \\ &+\sqrt{\eta}\mathrm{tr}(L\rho_t\rho_f+\rho_t L\rho_f-\mathrm{tr}(L\rho_t+\rho_t L)\rho_t\rho_f)\mathrm{d}\omega_t \\ =& -\mathrm{tr}(\mathrm{i}[H_1,\rho_t]\rho_f)u_t\mathrm{d}t+2\sqrt{\eta}\mathrm{tr}((L-\mathrm{tr}(L\rho_t))\rho_t\rho_f)\mathrm{d}\omega_t \end{aligned} \tag{6.11}$$

因此

$$\mathcal{L}V_1(\rho_t) = -\mathcal{L}\mathrm{tr}(\rho_t\rho_f) = -\mathrm{tr}(-\mathrm{i}[H_1,\rho_t]\rho_f)u_t \tag{6.12}$$

将式(6.10)和式(6.12)代入式(6.6)可得

$$\begin{aligned}\mathcal{L}V(\rho_t) &= 2c\mathrm{tr}(P\rho_t)\mathrm{tr}(P\widetilde{\alpha}) + c\mathrm{tr}^2(P\widetilde{\delta}) \\ &\quad + 2c\mathrm{tr}(P\rho_t)\mathrm{tr}(-\mathrm{i}H_1[\rho_t,P])u_t - \mathrm{tr}(-\mathrm{i}H_1[\rho_t,\rho_f])u_t \\ &= G(\rho_t) + u_t g(\rho_t)\end{aligned} \tag{6.13}$$

其中

$$G(\rho_t) = 2c\mathrm{tr}(P\rho_t)\mathrm{tr}(P\alpha) + c\mathrm{tr}^2(P\delta) \tag{6.14}$$

$$g(\rho_t) = \mathrm{tr}(-\mathrm{i}H_1[\rho_t, 2c\mathrm{tr}(P\rho_t)P - \rho_f]) \tag{6.15}$$

设计控制场为

$$u_t = u(\rho_t) = -\frac{G(\rho_t)}{g(\rho_t)} - k_v g(\rho_t) \tag{6.16}$$

其中，$k_v \in \mathbf{R}$ 且 $k_v > 0$，则式(6.13)变为

$$\mathcal{L}V(\rho_t) = -k_v g^2(\rho_t) \leqslant 0 \tag{6.17}$$

根据拉塞尔不变集定理，对于任意初态，在控制场 $u(\rho_t)$ 的作用下，系统状态 ρ_t 依概率收敛于不变集

$$\begin{aligned}\mathcal{R} &= \{\rho_{\mathcal{R}}:\mathcal{L}V(\rho_{\mathcal{R}}) = 0\} \\ &= \{\rho_{\mathcal{R}}:g(\rho_{\mathcal{R}}) = 0\}\end{aligned} \tag{6.18}$$

需要注意的是，根据不变集的定义，不变集 $\mathcal{R}$ 中的状态 $\rho_{\mathcal{R}}$ 包含在系统平衡点中。因此，$\rho_{\mathcal{R}}$ 要么是本征态 ρ_k，$k = 3,\cdots,n$，要么是与 ρ_e 具有相同形式的状态，即 $\rho_{\mathcal{R}} = \begin{bmatrix}\rho_{\mathcal{R}1} & 0 \\ 0 & 0\end{bmatrix}$，其中 $\rho_{\mathcal{R}1} = \begin{bmatrix}\rho_{\mathcal{R}11} & \rho_{\mathcal{R}12} \\ \rho_{\mathcal{R}21} & \rho_{\mathcal{R}22}\end{bmatrix}$。

对于目标态 ρ_f，易知，$g(\rho_f) = 0$，因此 $\rho_f \in \mathcal{R}$。根据李雅普诺夫定理和拉塞尔不变集定理，如果不变集 $\mathcal{R}$ 中只包含目标态 ρ_f，控制场 $u(\rho_t)$ 可以使系统状态从任意初态收敛到目标态，即 ρ_f 是全局稳定的。然而，不变集 $\mathcal{R}$ 可能包含除目标态以外的其他状态，甚至这些状态的数目是不可数的，因此我们将在 6.2.1.2 小节中分析不变集 $\mathcal{R}$ 中的状态。

6.2.1.2 不变集 $\mathcal{R}$ 的分析

当 $\rho_{\mathcal{R}} \neq \rho_f$ 时，要使 $g(\rho_{\mathcal{R}}) = 0$，有以下三种情况：

(1) $\rho_{\mathcal{R}}\in\mathcal{R}_1=\{\rho:\mathrm{tr}(H_1[\rho,\rho_f])=0$且$\mathrm{tr}(P\rho)\mathrm{tr}(H_1[\rho,P])=0\}$;

(2) $\rho_{\mathcal{R}}\in\mathcal{R}_2=\{\rho:\mathrm{tr}(H_1[\rho,\rho_f])\neq 0$ 且 $2c\,\mathrm{tr}(P\rho)\mathrm{tr}(H_1[\rho,P])=\mathrm{tr}(H_1[\rho,\rho_f])\}$;

(3) $\rho_{\mathcal{R}}\in\mathcal{R}_3=\{\rho_k:k=3,\cdots,n$ 且 $g(\rho_k)=0\}$,

这样,不变集 $\mathcal{R}=\mathcal{R}_1\cup\mathcal{R}_2\cup\mathcal{R}_3\cup\rho_f$。特别地,对于 $\mathcal{R}_1$ 有

(1) 由 $\mathrm{tr}(H_1[\rho_{\mathcal{R}},\rho_f])=0$ 可得

$$Z_{21}+Z_{12}=0 \tag{6.19}$$

其中

$$Z_{21}=\rho_{\mathcal{R}21}(\rho_{f11}-\rho_{f22})+\rho_{f21}(\rho_{\mathcal{R}22}-\rho_{\mathcal{R}11})$$
$$Z_{12}=\rho_{\mathcal{R}12}(\rho_{f22}-\rho_{f11})+\rho_{f12}(\rho_{\mathcal{R}11}-\rho_{\mathcal{R}22})$$

根据式(6.19)有

$$\Im(\rho_{\mathcal{R}21})\cdot(\rho_{f11}-\rho_{f22})+\Im(\rho_{f12})\cdot(\rho_{\mathcal{R}11}-\rho_{\mathcal{R}22})=0 \tag{6.20}$$

① 当$\Im(\rho_{\mathcal{R}21})=0$时,由式(6.20)可得$\Im(\rho_{f12})\cdot(\rho_{\mathcal{R}11}-\rho_{\mathcal{R}22})=0$;

② 当$\Im(\rho_{\mathcal{R}21})\neq 0$时,由式(6.20)可得$\Im(\rho_{\mathcal{R}21})\cdot(\rho_{f22}-\rho_{f11})=\Im(\rho_{f12})\cdot(\rho_{\mathcal{R}11}-\rho_{\mathcal{R}22})$。

(2) 由 $\mathrm{tr}(P\rho_{\mathcal{R}})\mathrm{tr}(H_1[\rho_{\mathcal{R}},P])=0$ 可得

$$\mathrm{tr}(P\rho_{\mathcal{R}})(U_{21}+U_{12})=0 \tag{6.21}$$

其中

$$U_{21}=\rho_{\mathcal{R}21}(p_{11}-p_{22})+p_{21}(\rho_{\mathcal{R}22}-\rho_{\mathcal{R}11})$$
$$U_{12}=\rho_{\mathcal{R}12}(p_{22}-p_{11})+p_{12}(\rho_{\mathcal{R}11}-\rho_{\mathcal{R}22})$$

根据式(6.21)有

$$\mathrm{tr}(P\rho_{\mathcal{R}})(\Im(\rho_{\mathcal{R}21})\cdot(p_{11}-p_{22})+\Im(p_{12})\cdot(\rho_{\mathcal{R}11}-\rho_{\mathcal{R}22}))=0 \tag{6.22}$$

① 当$\Im(\rho_{\mathcal{R}21})=0$时,由式(6.22)可得$\mathrm{tr}(P\rho_{\mathcal{R}})\cdot\Im(p_{12})\cdot(\rho_{\mathcal{R}11}-\rho_{\mathcal{R}22})=0$;

② 当$\Im(\rho_{\mathcal{R}21})\neq 0$时,由式(6.22)可得$\Im(\rho_{\mathcal{R}21})\cdot(p_{11}-p_{22})=\Im(p_{12})\cdot(\rho_{\mathcal{R}22}-\rho_{\mathcal{R}11})$或$\mathrm{tr}(P\rho_{\mathcal{R}})=0$。

6.2.1.3 开关控制策略

本节中的目标态 $\rho_f=\begin{bmatrix}\rho_{f1} & 0\\ 0 & 0\end{bmatrix}$,其中 $\rho_{f1}=\begin{bmatrix}0.5 & -0.5\mathrm{i}\\ 0.5\mathrm{i} & 0.5\end{bmatrix}$。在这种情况下,式

(6.5)中的参数 $P=\begin{bmatrix}P_1 & 0\\ 0 & 0\end{bmatrix}$，其中 $P_1=y\begin{bmatrix}p_{11} & r+\frac{1+x}{2}p_{11}\mathrm{i}\\ r-\frac{1+x}{2}p_{11}\mathrm{i} & xp_{11}\end{bmatrix}$，$x\neq\pm 1, y\neq 0$ 且 $p_{11}\neq 0$。由于$[H_0,\rho_f]=\begin{bmatrix}[H_{01},\rho_{f1}] & 0\\ 0 & 0\end{bmatrix}=0$，而

$$
\begin{aligned}
[H_{01},\rho_{f1}]&=\begin{bmatrix}h_{0-12}\rho_{f21}-\rho_{f12}h_{0-21} & \rho_{f12}(h_{0-11}-h_{0-22})+h_{0-12}(\rho_{f22}-\rho_{f11})\\ \rho_{f21}(h_{0-22}-h_{0-11})+h_{0-21}(\rho_{f11}-\rho_{f22}) & \rho_{f12}h_{0-21}-h_{0-12}\rho_{f21}\end{bmatrix}\\
&=0
\end{aligned}
$$

即

$$
\begin{cases}h_{0-12}\rho_{f21}-\rho_{f12}h_{0-21}=0\\ \rho_{f12}(h_{0-11}-h_{0-22})=h_{0-12}(\rho_{f11}-\rho_{f22})\end{cases}\tag{6.23}
$$

则 $h_{0-11}=h_{0-22}$ 且 $h_{0-12}=h_{0-21}^*$。考虑到 $h_{0-12}=-h_{0-21}$ 且 $h_{0-12}\neq 0$，因此 h_{0-12} 是一个纯虚数，即 $H_{01}=\begin{bmatrix}h_{0-11} & h_{0-12}\\ -h_{0-12} & h_{0-22}\end{bmatrix}$。

根据拉塞尔不变集定理，在 $u_t=u(\rho_t)$的作用下，系统状态 ρ_t 会收敛到集合 $\mathcal{R}$。由于$[H_{01},\rho_{\mathcal{R}1}]=0$，根据式(6.23)，在这种情况下 $\rho_{\mathcal{R}1}=\begin{bmatrix}0.5 & \rho_{\mathcal{R}12}\\ -\rho_{\mathcal{R}12} & 0.5\end{bmatrix}$。由于 $\rho_{\mathcal{R}12}=\rho_{\mathcal{R}12}^\dagger$，因此 $\rho_{\mathcal{R}12}$是一个纯虚数或0。这样，根据6.2.1.2小节，有下面的结果：

情况1　对于 $\mathcal{R}_1$ 中的状态 $\rho_{\mathcal{R}_1}$，当 $\rho_{\mathcal{R}_1 12}\neq 0$，易知，$\Im(\rho_{\mathcal{R}_1 21})\neq 0$。根据6.2.1.2小节中(1)和(2)的结论，$\Im(\rho_{\mathcal{R}_1 21})\cdot(\rho_{f22}-\rho_{f11})=\Im(\rho_{f12})\cdot(2\rho_{\mathcal{R}_1 11}-1)$一定成立，而$\Im(\rho_{\mathcal{R}_1 21})\cdot(p_{11}-p_{22})=\Im(p_{12})\cdot(1-2\rho_{\mathcal{R}_1 11})$一定不成立（由于 $y\neq 0, x\neq 1$），即 $\mathrm{tr}(H_1[\rho_{\mathcal{R}_1},\rho_f])=0$，$\mathrm{tr}(H_1[\rho_{\mathcal{R}_1},P])\neq 0$ 且 $\mathrm{tr}(P\rho_{\mathcal{R}_1})\neq 0$（$x\neq -1, y\neq 0, p_{11}\neq 0$ 保证）。因此，在这种情况 $\rho_{\mathcal{R}_1}\notin\mathcal{R}_1$。当 $\rho_{\mathcal{R}_1 12}=0$，$\rho_{\mathcal{R}_1 1}=\begin{bmatrix}0.5 & 0\\ 0 & 0.5\end{bmatrix}=\frac{1}{2}I_2=\rho_{I_2 1}$，在这种情况下，该状态标记为 $\rho_{I_2}=\begin{bmatrix}\rho_{I_2 1} & 0\\ 0 & 0\end{bmatrix}$。由于 $g(\rho_{I_2})=0$，因此 $\rho_{I_2}\in\mathcal{R}_1$，即 $\mathcal{R}_1$ 中只包含 ρ_{I_2}。

情况2　对于 $\mathcal{R}_2$ 中的状态 $\rho_{\mathcal{R}_2}$，由于 $\mathrm{tr}(H_1[\rho_{\mathcal{R}},\rho_f])=0$，因此不存在任何的 $\rho_{\mathcal{R}_2}$ 属于 $\mathcal{R}_2$，即 $\mathcal{R}_2=\varnothing$。

情况3　对于 $\mathcal{R}_3$ 中的状态 ρ_k，$k=3,\cdots,n$，由于所有的 ρ_k 均可使 $g(\rho_k)=0$，因此 ρ_k 均属于 $\mathcal{R}_3$。

根据情况1～3的分析结果，不变集 $\mathcal{R}=\{\rho_f,\rho_{I_2}$ 和 $\rho_k, k=3,\cdots,n\}$。根据拉塞尔

不变集定理，对于任意初态，在控制场 $u(\rho_t)$ 的作用下，系统状态 ρ_t 依概率收敛于 $\mathcal{R}$。为了使系统状态在控制场的作用下全局收敛到目标态 ρ_f，本小节将结合常量控制 u_c 和 $u(\rho_t)$，形成控制策略 u_t。

为了便于描述，定义符号：$V_{\max}=\max\limits_{\rho\in\mathcal{S}}V(\rho)$，$\mathcal{Q}_{>\epsilon}=\{\rho\in\mathcal{S}:\epsilon\leqslant V(\rho)<V_{\max}\}$，$\mathcal{Q}_{\geqslant\epsilon}=\{\rho\in\mathcal{S}:\epsilon\leqslant V(\rho)\leqslant V_{\max}\}$，$\mathcal{Q}_{<\epsilon}=\{\rho\in\mathcal{S}:0\leqslant V(\rho)<\epsilon\}$，$\mathcal{Q}_{\leqslant\epsilon}=\{\rho\in\mathcal{S}:0\leqslant V(\rho)\leqslant\epsilon$。令 $\min\{V(\rho_{I_2}),1\}-V(\rho_{I_n})=Q>0$，$M=V(\rho_{I_n})+\dfrac{Q}{2}$，其中 $\rho_{I_n}=\dfrac{1}{n}I_n$。需要注意的是，$M$ 一定存在。这是因为，只要李雅普诺夫函数(6.5)中的 c 满足条件 $V(\rho_{I_n})<M<\min\{V(\rho_{I_2}),V(\rho_i),i=3,\cdots,n\}=\min\{V(\rho_{I_2}),1\}$。根据 $V(\rho_{I_n})<1$ 可得 $c\cdot\dfrac{1}{n}(y(1+x)p_{11})^2<1$，由 $V(\rho_{I_n})<V(\rho_{I_2})$ 得到 $c\left(\dfrac{1}{n}+\dfrac{1}{2}\right)\cdot[y(1+x)p_{11}]^2>1$，从而 c 要满足 $\dfrac{n}{N}>c>\dfrac{n}{N}\cdot\dfrac{2}{n+2}$，其中 $N=[y(1+x)p_{11}]^2$。由于 $\dfrac{2}{n+2}<1$，而 $\dfrac{n}{N}>0$，因此这样的 c 一定存在，保证了 M 的存在性。

基于以上定义，本节的主要结果如定理 6.1 所述：

定理 6.1 对于系统(6.1)，系统状态 ρ_t 会从任意初态收敛到目标态 $\rho_f=\begin{bmatrix}\rho_{f1} & 0\\ 0 & 0\end{bmatrix}$，其中 $\rho_{f1}=\begin{bmatrix}0.5 & -0.5\mathrm{i}\\ 0.5\mathrm{i} & 0.5\end{bmatrix}$，在下面的开关控制场 u_t 作用下：

(1) 当 $\rho_t\in\mathcal{Q}_{\geqslant M+Q/4}$ 时，$u_t=1$；

(2) 当 $\rho_t\in\mathcal{Q}_{\leqslant M}$ 时，$u_t=u(\rho_t)=-\dfrac{G(\rho_t)}{g(\rho_t)}-k_v g(\rho_t)$；

(3) 当 $\rho_t\in\Phi=\mathcal{Q}_{<M+Q/4}\cap\mathcal{Q}_{>M}$，如果 ρ_t 最后经过边界 $\mathcal{Q}_M$ 进入 Φ，则 $u_t=u(\rho_t)$，否则，$u_t=1$，

其中，$u(\rho_t)$ 中的参数 $P=\begin{bmatrix}P_1 & 0\\ 0 & 0\end{bmatrix}$，其中 $P_1=y\begin{bmatrix}p_{11} & r+\dfrac{1+x}{2}p_{11}\mathrm{i}\\ r-\dfrac{1+x}{2}p_{11}\mathrm{i} & xp_{11}\end{bmatrix}$，$x\neq\pm1$，$y\neq0$ 且 $p_{11}\neq0$。参数 c 要满足条件 $\dfrac{n}{N}\cdot\dfrac{2}{n+2}<c<\dfrac{n}{N}$，其中 $N=[y(1+x)p_{11}]^2$。

6.2.2 特殊本征态的收敛性证明

在本小节，我们将会详细给出定理 6.1 的证明过程。在证明中，将 $u_t=1$ 和 $u_t=$

$u(\rho_t)$作用下的状态区域分别记为 $\mathcal{M}_1$和 $\mathcal{M}_u$。本小节将分三步证明定理6.1,图6.1是证明过程的示意图(图中显示的是 $\min\{V(\rho_{I_2}),V(\rho_k),k=3,\cdots,n\}=V(\rho_{I_2})$的情况)。在图6.1中,$\mathcal{Q}_{\geqslant M+Q/4}\subset\mathcal{M}_1$且 $\mathcal{Q}_{\leqslant M}\subset\mathcal{M}_u$,如果 ρ_t 最后经过边界 $\mathcal{Q}_M$ 进入Φ,则$\Phi\subset\mathcal{M}_u$,否则 $\Phi\subset\mathcal{M}_1$。

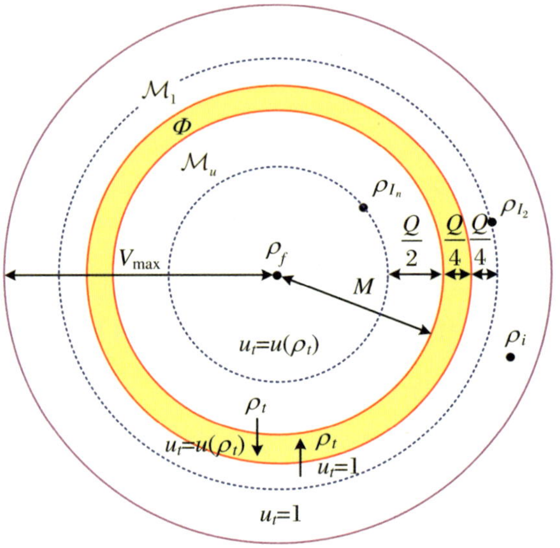

图6.1　定理6.1的证明示意图

第一步,在有限时间内,$\mathcal{M}_1$中的状态会转移到 $\mathcal{M}_u$;

第二步,状态在 $\mathcal{M}_1$和 $\mathcal{M}_u$ 之间的交替次数是有限的,且最终会在 $\mathcal{M}_u$ 中;

第三步,如果系统状态一直在 $\mathcal{M}_u$ 中,则状态会收敛到目标态 ρ_f。

第四步可以通过常量控制 $u_t=1$ 完成,即对于任意初态 $\rho_0\in\mathcal{Q}_{>M}$,系统状态 ρ_t 在控制场$u_t=1$作用下会在有限时间内离开 $\mathcal{M}_1$并转移到 $\mathcal{M}_u$。因此,第一步的证明包含两部分:

(1) 系统状态 ρ_t 在控制场$u_t=1$的作用下会收敛到一个确定的状态,且该状态位于$\mathcal{M}_u$,即 ρ_t 可以从 $\mathcal{M}_1$转移到 $\mathcal{M}_u$。这一部分将通过引理6.3给出。

(2) 在控制场 $u_t=1$的作用下,系统状态 ρ_t 从 $\mathcal{M}_1$转移到 $\mathcal{M}_u$ 可以在有限时间内完成。这一部分将通过引理6.4给出。

下面分别给出引理6.3和引理6.4及其证明。

引理6.3　在 $u_t=1$的作用下,$\lim\limits_{t\to\infty}E(\rho_t)=\rho_{I_n}$。

证明　令 $\bar{\rho}_t=E(\rho_t)$,在 $u_t=1$下,$\bar{\rho}_t$ 的演化遵循方程为

$$\frac{d\bar{\rho}_t}{dt} = -i[H_0, \bar{\rho}_t] - \frac{1}{2}[L, [L, \bar{\rho}_t]] - i[H_1, \bar{\rho}_t] \tag{6.24}$$

考虑函数

$$\begin{aligned} W(\rho_t) &= \mathrm{tr}((\rho_t - \rho_{I_n})^2) \\ &= \mathrm{tr}(\rho_t^2) - \frac{1}{n} \end{aligned} \tag{6.25}$$

根据式(6.24)，$W(\bar{\rho}_t)$对时间的一阶导数为

$$\begin{aligned} \frac{dW(\bar{\rho}_t)}{dt} &= -2\mathrm{tr}(i[H_0, \bar{\rho}_t]\bar{\rho}_t) - \mathrm{tr}([L, [L, \bar{\rho}_t]]\bar{\rho}_t) - 2\mathrm{tr}(i[H_1, \bar{\rho}_t]\bar{\rho}_t) \\ &= -\mathrm{tr}([L, \bar{\rho}_t]^{\dagger}[L, \bar{\rho}_t]) \\ &= -\|[L, \bar{\rho}_t]\|^2 \leqslant 0 \end{aligned} \tag{6.26}$$

其中，$\|\cdot\|$代表弗罗贝尼乌斯(Frobenius)范数。

在控制场 $u_t = 1$ 的作用下，$\bar{\rho}_t$ 收敛到包含在集合$\{\rho_t : \|[L, \rho_t]\| = 0\}$的最大不变集 $\mathcal{M}$ 中。将 $\mathcal{M}$ 中的状态轨迹记为$\bar{\rho}_t^{\mathcal{M}}$，由于$\|[L, \bar{\rho}_t^{\mathcal{M}}]\| = 0$，因此$[L, \bar{\rho}_t^{\mathcal{M}}] = 0$。$L$ 是对角矩阵且 $l_1 = l_2 \neq l_k, k \neq 1, 2$，因此 $\bar{\rho}_t^{\mathcal{M}} = \begin{bmatrix} \rho_F & 0 \\ 0 & \widetilde{D} \end{bmatrix}$，其中 $\rho_F = \begin{bmatrix} \rho_{F11} & \rho_{F12} \\ \rho_{F21} & \rho_{F22} \end{bmatrix}$为一个 2×2 的矩阵，$\widetilde{D} = \mathrm{diag}(\widetilde{d}_3, \cdots, \widetilde{d}_n)$代表一个$(n-2)\times(n-2)$对角阵。

当 $\rho_{f1} = \begin{bmatrix} 0.5 & -0.5i \\ 0.5i & 0.5 \end{bmatrix}$时，$h_{0-12} = -h_{0-21}$且 $h_{0-11} = h_{0-22}$。因此

$$\begin{aligned} H_{01} + uH_{11} &= \begin{bmatrix} h_{0-11} & h_{0-12} \\ h_{0-21} & h_{0-11} \end{bmatrix} + u\begin{bmatrix} 0 & h_{12} \\ h_{21} & 0 \end{bmatrix} \\ &= \begin{bmatrix} h_{0-11} & 0 \\ 0 & h_{0-11} \end{bmatrix} + u\begin{bmatrix} 0 & h_{12} + \dfrac{h_{0-12}}{u} \\ h_{21} + \dfrac{h_{0-21}}{u} & 0 \end{bmatrix} \end{aligned}$$

令 $H_{01}^u = \begin{bmatrix} h_{0-11} & 0 \\ 0 & h_{0-11} \end{bmatrix}$，$H_{11}^u = \begin{bmatrix} 0 & h_{12} + \dfrac{h_{0-12}}{u} \\ h_{21} + \dfrac{h_{0-21}}{u} & 0 \end{bmatrix}$，则 H_0 和 H_1 分别变为 $H_0^u = \begin{bmatrix} H_{01}^u & 0 \\ 0 & \bar{D} \end{bmatrix}$，$H_1^u = \begin{bmatrix} H_{11}^u & H_{12} \\ H_{21} & H_{22} \end{bmatrix}$，其中 $\bar{D}$ 代表一个对角阵。需要注意的是，当 $u_t = 1$

时，$H_{11}^1=\begin{bmatrix}0 & h_{12}+h_{0-12}\\ h_{21}+h_{0-21} & 0\end{bmatrix}$，$H_{12}=\begin{bmatrix}h_{13} & \cdots & h_{1n}\\ h_{23} & \cdots & h_{2n}\end{bmatrix}$，$H_{21}=\begin{bmatrix}h_{31} & h_{32}\\ \vdots & \vdots\\ h_{n1} & h_{n2}\end{bmatrix}$，$H_{22}=$

$\begin{bmatrix}0 & h_{34} & \cdots & h_{3n}\\ h_{43} & 0 & \cdots & h_{32}\\ \vdots & \vdots & \ddots & \vdots\\ h_{n3} & h_{32} & \cdots & 0\end{bmatrix}$。

与 L 相似，H_0^1 也为对角阵，故 $[H_0^1,\bar{\rho}_t^{\mathcal{M}}]=0$。$\mathrm{d}\bar{\rho}_t^{\mathcal{M}}$ 的形式与 $\bar{\rho}_t^{\mathcal{M}}$ 相同，因此 $[H_1^1,\bar{\rho}_t^{\mathcal{M}}]$的形式与 $\bar{\rho}_t^{\mathcal{M}}$ 相同。由于$[H_1^1,\bar{\rho}_t^{\mathcal{M}}]=\begin{bmatrix}[H_{11}^1,\rho_F] & H_{12}\widetilde{D}-\rho_F H_{12}\\ H_{21}\rho_F-\widetilde{D}H_{21} & [H_{22},\widetilde{D}]\end{bmatrix}$，所以 $[H_{22},\widetilde{D}]$为一对角阵且$H_{12}\widetilde{D}=\rho_F H_{12}$。$H_{22}$是连接的，从而 $\widetilde{D}$ 是一个元素均相等的对角阵，记为 $\widetilde{D}=\kappa I_{n-2}$。此时

$$H_{12}\widetilde{D}=\kappa H_{12}=\kappa\begin{bmatrix}h_{13} & \cdots & h_{1n}\\ 0 & \cdots & 0\end{bmatrix}+\kappa\begin{bmatrix}0 & \cdots & 0\\ h_{23} & \cdots & h_{2n}\end{bmatrix}$$

$$\begin{aligned}\rho_F H_{12}&=\begin{bmatrix}h_{13}\rho_{F11}+\rho_{F12}h_{23} & \cdots & h_{1n}\rho_{F11}+\rho_{F12}h_{2n}\\ h_{13}\rho_{F21}+\rho_{F22}h_{23} & \cdots & h_{1n}\rho_{F21}+\rho_{F22}h_{2n}\end{bmatrix}\\ &=\rho_{F11}\begin{bmatrix}h_{13} & \cdots & h_{1n}\\ 0 & \cdots & 0\end{bmatrix}+\rho_{F12}\begin{bmatrix}h_{23} & \cdots & h_{2n}\\ 0 & \cdots & 0\end{bmatrix}\\ &\quad+\rho_{F21}\begin{bmatrix}0 & \cdots & 0\\ h_{13} & \cdots & h_{1n}\end{bmatrix}+\rho_{F22}\begin{bmatrix}0 & \cdots & 0\\ h_{23} & \cdots & h_{2n}\end{bmatrix}\end{aligned}$$

由于 $h_{k1}=h_{k2}$ 或 $h_{k1}=-h_{k2}$，$\forall k=3,\cdots,n$ 不能同时成立，因此$\begin{bmatrix}h_{13} & \cdots & h_{1n}\\ 0 & \cdots & 0\end{bmatrix}\neq\pm\begin{bmatrix}h_{23} & \cdots & h_{2n}\\ 0 & \cdots & 0\end{bmatrix}$且$\begin{bmatrix}0 & \cdots & 0\\ h_{13} & \cdots & h_{1n}\end{bmatrix}\neq\pm\begin{bmatrix}0 & \cdots & 0\\ h_{23} & \cdots & h_{2n}\end{bmatrix}$。由于 $h_{1k}\neq 0$ 且 $h_{2k}\neq 0$，$k=3,\cdots,n$，因此 $\begin{bmatrix}h_{13} & \cdots & h_{1n}\\ h_{13} & \cdots & h_{1n}\end{bmatrix}\neq\begin{bmatrix}0\\0\end{bmatrix}$，$\begin{bmatrix}h_{23} & \cdots & h_{2n}\\ h_{23} & \cdots & h_{2n}\end{bmatrix}\neq\begin{bmatrix}0\\0\end{bmatrix}$，从而，只有当 $\rho_{F11}=\rho_{F22}=\kappa$ 且 $\rho_{F12}=\rho_{F21}=0$ 时，$H_{12}\widetilde{D}=\rho_F H_{12}$，即 $\rho_F=\begin{bmatrix}\kappa & 0\\ 0 & \kappa\end{bmatrix}$。由于 $\widetilde{D}=\kappa I_{n-2}$，并考虑到 $\mathrm{tr}(\bar{\rho}_t^{\mathcal{M}})=1$，有 $\kappa=\dfrac{1}{n}$，因此 $\bar{\rho}_t^{\mathcal{M}}=\dfrac{1}{n}I_n$，即 $\mathcal{M}=\{\rho_{I_n}\}$，$\lim\limits_{t\to\infty}E(\rho_t)=\lim\limits_{t\to\infty}\bar{\rho}_t=\rho_{I_n}$。

引理 6.3 表明，在常量控制 $u_t=1$ 下，状态会收敛到一个固定的状态 ρ_{I_n}，且 $\rho_{I_n}\in$

$\mathcal{M}_u$，因此第一步证明的第一部分完成。我们将在引理 6.3 的基础上，通过引理 6.4 完成第一步的第二部分的证明。

引理 6.4 令 $\tau_{\rho_0}(\mathcal{Q}_{>\mathcal{M}})$ 是从 ρ_0 开始的 ρ_t 首次离开 $\mathcal{Q}_{>\mathcal{M}}$ 的时间，则 $\tau_{\rho_0}(\mathcal{Q}_{>\mathcal{M}})<\infty$。

证明 由于 $V(\rho_t)$ 是连续的且 $\lim\limits_{t\to\infty}E(\rho_t)=\rho_{I_n}$，有

$$\lim_{t\to\infty}E(V(\rho_t))=V(\lim_{t\to\infty}E(\rho_t))=V(\rho_{I_n})=1-\frac{1}{n}+c\operatorname{tr}^2(P\rho_{I_n}) \tag{6.27}$$

由于 $M-V(\rho_{I_n})=Q/2>0$，因此，存在 $T>0$，使得对所有的 $t\geqslant T$，$|E(V(\rho_t))-V(\rho_{I_n})|<Q/2$。从而，当 $t\geqslant T$ 时

$$E(V(\rho_t))<V(\rho_{I_n})+\frac{Q}{2}=M \tag{6.28}$$

定义 $T(\rho_0)=\inf\{T:E(V(\rho_t))<M,t\geqslant T\}$，$\bar{T}=\sup\limits_{\rho_0\in\mathcal{S}}T(\rho_0)$。由于 $E(V(\rho_t))$ 的连续性，因此 $T(\rho_0)$ 对 ρ_0 是连续的，从而 $\bar{T}<\infty$ 一定成立，即存在 $\bar{T}<\infty$，使得在控制场 $u_t=1$ 作用下

$$E(V(\rho_t))<M,\quad \forall t\geqslant\bar{T},\forall\rho_0\in\mathcal{S} \tag{6.29}$$

下面需要证明 $\tau_{\rho_0}(\mathcal{Q}_{>\mathcal{M}})<\infty$。根据文献(Dynkin，1965)中的引理 4.3，有

$$E(\tau_{\rho_0}(\mathcal{Q}_{>\mathcal{M}}))\leqslant\frac{2\bar{T}}{1-\sup\limits_{\xi\in\mathcal{S}}\mathbb{P}(\tau_\xi(\mathcal{Q}_{>\mathcal{M}})>2\bar{T})} \tag{6.30}$$

这里用反证法证明 $\sup\limits_{\xi\in\mathcal{S}}\mathbb{P}(\tau_\xi(\mathcal{Q}_{>\mathcal{M}})>2\bar{T})<1$。假设

$$\sup_{\xi\in\mathcal{S}}\mathbb{P}(\tau_\xi(\mathcal{Q}_{>\mathcal{M}})>2\bar{T})=1 \tag{6.31}$$

明显地，对所有的 $\xi\in\mathcal{Q}_{<\mathcal{M}}$，有 $\mathbb{P}(\tau_\xi(\mathcal{Q}_{>\mathcal{M}})>2\bar{T})<1$ 成立。根据式(6.31)，存在 $\xi_{Q/2}\in\mathcal{Q}_{>\mathcal{M}}$ 使得 $\mathbb{P}(\tau_\xi(\mathcal{Q}_{>\mathcal{M}})>2\bar{T})>1-\frac{Q}{2}$。因此，在 $\rho_0=\xi_{Q/2}$ 时，有

$$E(V(\rho_t))>M\cdot\mathbb{P}(\tau_\xi(\mathcal{Q}_{>\mathcal{M}})>2\bar{T})>\left(1-\frac{Q}{2}\right)M \tag{6.32}$$

当 $\frac{Q}{2}\to0$ 时，存在 $\xi_\infty\in\mathcal{Q}_{>\mathcal{M}}$ 使得

$$E(V(\rho_t))>M \tag{6.33}$$

这与式(6.29)矛盾,因此$\sup_{\xi\in S}\mathbb{P}(\tau_{\xi}(\mathcal{Q}_{>M})>2\bar{T})<1$。根据式(6.30),$E(\tau_{\rho_0}(\mathcal{Q}_{>M}))<\infty$,从而$\tau_{\rho_0}(\mathcal{Q}_{>M})<\infty$,即引理6.4成立,完成了第一步第二部分的证明。结合这两部分的证明,第一步的证明完成。

下面证明第二步。第一步成立意味着在有限时间内,系统状态从$\mathcal{M}_1$转移到$\mathcal{M}_u$,标记这个时间为T_{1st}。然而,状态从$\mathcal{M}_1$转移到$\mathcal{M}_u$并不总是一次就可以完成的,这使得在$t>T_{1st}$,有两种可能:状态一直停留在$\mathcal{M}_u$,记这个事件发生的概率为$\mathcal{P}_{\mathcal{M}_u}$;状态再一次回到$\mathcal{M}_1$,该事件发生的概率为$1-\mathcal{P}_{\mathcal{M}_u}$。因此,第二步的证明同样包含两部分:

(1) 在控制场u_t作用下,系统状态ρ_t在$\mathcal{M}_1$和$\mathcal{M}_u$之间的转移次数是有限的。这一部分将由命题6.1给出。

(2) 在有限次转移之后,系统状态ρ_t将永久留在$\mathcal{M}_u$中。在转移次数有限的前提下,结合第一步,这个结论很容易得到。

下面我们给出命题6.1及其证明。

命题6.1 系统状态在$\mathcal{M}_1$和$\mathcal{M}_u$之间的转移次数是有限的。

证明 根据李雅普诺夫定理,$\mathbb{P}(\sup_{0\leqslant t<\infty}V(\rho_t)\geqslant\lambda)\leqslant\dfrac{V(\rho_0)}{\lambda}$。当$\lambda=M+\dfrac{Q}{4}$时,由于$V(\rho_0)\leqslant M$,因此$\mathbb{P}\left(\sup_{0\leqslant t<\infty}V(\rho_t)\geqslant M+\dfrac{Q}{4}\right)\leqslant\dfrac{M}{M+Q/4}=1-\mathcal{P}<1$。所以,$\mathbb{P}\left(\sup_{0\leqslant t<\infty}V(\rho_t)<M+\dfrac{Q}{4}\right)\geqslant p$,即状态轨迹以不小于$p=1-\dfrac{M}{M+Q/4}$的概率停留在$\mathcal{Q}_{<M+Q/4}$。

令事件$\mathcal{B}_m=\{$状态从$\mathcal{M}_u$到$\mathcal{M}_1$ m次$\}$,$m=1,2,\cdots$,则$\mathcal{B}_m$发生的概率为$\mathbb{P}(\mathcal{B}_m)\leqslant(1-p)^m$。由于

$$\sum_{m=1}^{\infty}\mathbb{P}(\mathcal{B}_m)\leqslant\sum_{m=1}^{\infty}(1-p)^m=\frac{1-p}{p}<\infty \tag{6.34}$$

根据博雷尔-坎泰利(Borel-Cantelli)引理(Klenke,2006),式(6.34)意味着状态从$\mathcal{M}_u$到$\mathcal{M}_1$的交替次数是有限的,从而完成第二步的证明。

最后,证明第三步。第一步和第二步的结果显示,在有限时间以后,系统状态将永久留在$\mathcal{M}_u$,即只有控制场$u_t=u(\rho_t)$作用在系统上。根据拉塞尔不变集定理,在$u_t=u(\rho_t)$的作用下,系统状态ρ_t会收敛到不变集$\mathcal{R}=\{\rho_f,\rho_{I_2},\rho_k,k=3,\cdots,n\}$。由于

$$\begin{aligned}\min\{V(\rho_{I_2}),V(\rho_k),k=3,\cdots,n\}&=\min\{V(\rho_{I_2}),1\}\\&=V(\rho_{I_n})+Q\end{aligned}$$

$$= M + \frac{Q}{2} > M + \frac{Q}{4}$$

从而 $\rho_{I_2} \notin \mathcal{Q}_{\leqslant M+Q/4}$ 且 $\rho_k \notin \mathcal{Q}_{\leqslant M+Q/4}$，$k = 3, \cdots, n$，使得 $\{\rho : \rho \in \mathcal{R} \cap \mathcal{Q}_{\leqslant M+Q/4}\} = \{\rho_f\}$，因此 ρ_t 只能收敛到 ρ_f，即

$$\mathbb{P}(\lim_{t \to \infty} \rho_t = \rho_f) = 1 \tag{6.35}$$

综合以上三步可知，在有限时间内，系统状态 ρ_t 在常量控制 $u_t = 1$ 作用下从 $\mathcal{M}_1$ 转移到 $\mathcal{M}_u$；然后，在控制场 u_t 作用下，ρ_t 在 $\mathcal{M}_1$ 和 $\mathcal{M}_u$ 之间经过有限次的交替后，会永久留在 $\mathcal{M}_u$ 内；最后，在控制场 $u(\rho_t)$ 作用下，ρ_t 收敛到目标态 ρ_f，即对于任意的初态，采用定理 6.1 中的控制场 u_t，系统状态会收敛到目标态 ρ_f。定理 6.1 的证明完成。

6.2.3 数值实验及结果分析

本小节对一个三维随机量子系统进行数值仿真实验。使用 6.2.1 小节设计的控制场使该系统的一个本征态全局稳定，从而验证定理 6.1。

数值实验中系统参数设定为

$$H_0 = \begin{bmatrix} 1 & \mathrm{i} & 0 \\ -\mathrm{i} & 1 & 0 \\ 0 & 0 & -1 \end{bmatrix}, \quad H_1 = \begin{bmatrix} 0 & 1 & \mathrm{i} \\ 1 & 0 & 0.5\mathrm{i} \\ -\mathrm{i} & -0.5\mathrm{i} & 0 \end{bmatrix}, \quad L = \begin{bmatrix} 1 & 0 & 0 \\ 0 & 1 & 0 \\ 0 & 0 & 2 \end{bmatrix}, \quad \eta = 0.5$$

容易验证，系统参数符合 6.1 节中所列的设定条件，因此定理 6.1 适用于这个系统。

实验中，初态和目标态分别选为 $\rho_0 = \begin{bmatrix} 0 & 0 & 0 \\ 0 & 1 & 0 \\ 0 & 0 & 0 \end{bmatrix}$，$\rho_f = \begin{bmatrix} 0.5 & -0.5\mathrm{i} & 0 \\ 0.5\mathrm{i} & 0.5 & 0 \\ 0 & 0 & 0 \end{bmatrix}$。李雅普诺夫函数(6.5)中的参数 $P = \begin{bmatrix} 1 & 2\mathrm{i} & 0 \\ -2\mathrm{i} & 3 & 0 \\ 0 & 0 & 0 \end{bmatrix}$，$c = \frac{n}{N} \cdot \frac{3}{n+2} = \frac{9}{80}$，控制场(6.16)的参数 $k_v = 1$，计算可得 $M = 0.91$，$Q = 0.08$。根据定理 6.1，对实验选定的系统，设计的控制场变为：

(1) 当 $V(\rho_t) \geqslant 0.95$ 时，$u_t = 1$。

(2) 当 $V(\rho_t) \leqslant 0.91$ 时，$u_t = u(\rho_t)$。

(3) 当 $0.91 < V(\rho_t) < 0.95$ 时，如果 ρ_t 最后经过边界 $\mathcal{Q}_{0.91}$ 进入 Φ，则 $u_t = u(\rho_t)$，

否则 $u_t = 1$。

数值实验的结果如图 6.2 所示。图 6.2(a)到图 6.2(e)分别为 5 次实验的控制场，ρ_{11}，ρ_{12}，ρ_{22}和 V 的变化曲线。图 6.2(f)为 10 次实验 V 的平均值变化曲线。在图 6.2 中，ρ_{11}，ρ_{12}和 ρ_{22}的曲线均趋于 0.5，且控制场，V 及 V 的平均值最终都趋于零，因此定理 6.1 中的控制场是有效的。

从图 6.2(e)和图 6.2(f)可以看到，在控制过程中，李雅普诺夫函数的变化曲线不是单调下降的，这是随机量子系统与确定量子系统的不同之处。

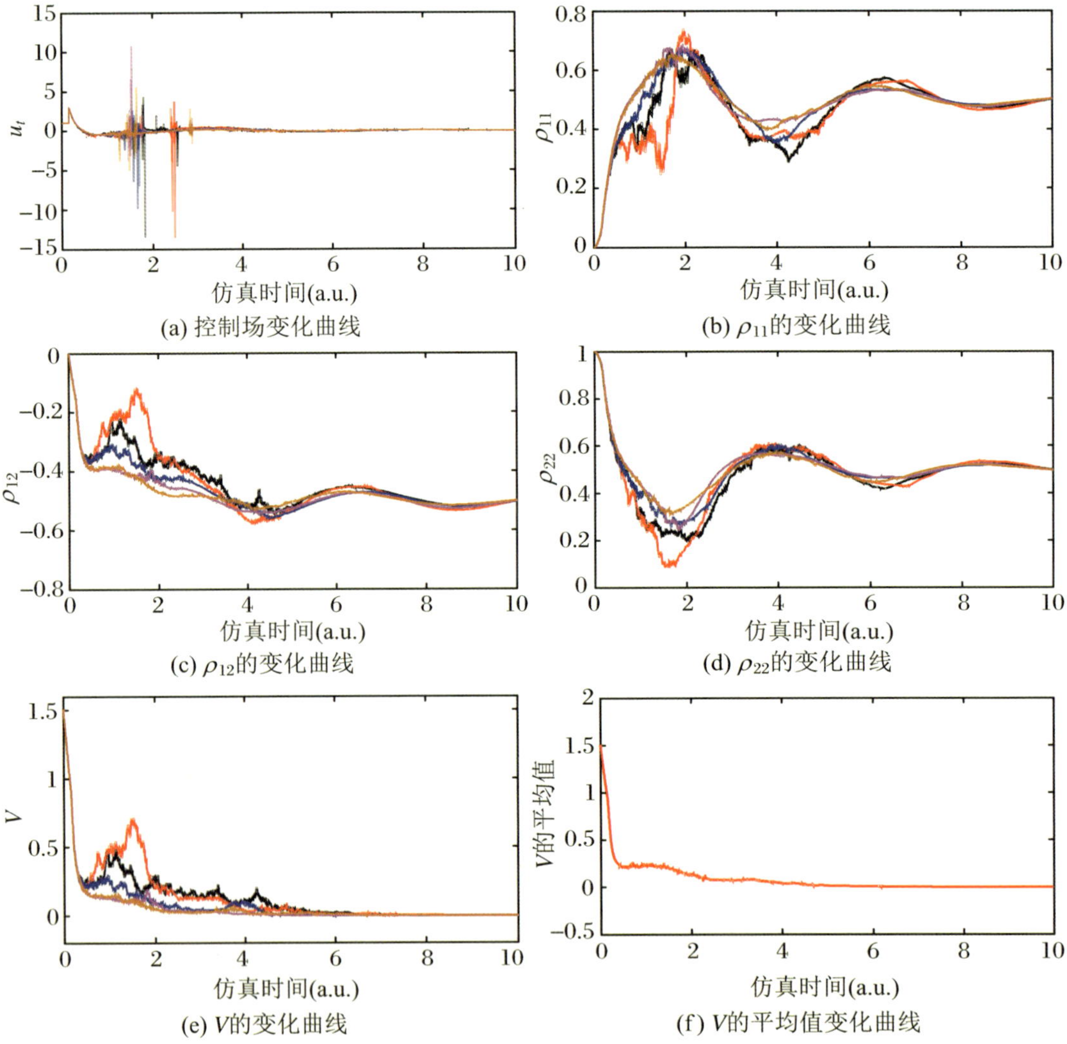

图 6.2　应用定理 6.1 的实验结果

6.3 任意本征态的收敛控制

在 6.2 节中，目标态为一个特殊的本征态，在本节中，我们将目标态扩展到任意给定的本征态，即 $\rho_f=\begin{bmatrix}\rho_{f1} & 0\\ 0 & 0\end{bmatrix}$，其中 $\rho_{f1}=\begin{bmatrix}a & b\\ b^* & 1-a\end{bmatrix}$，满足 $a(1-a)=bb^*$ 及 $b\neq 0$，或者 $\rho_f=\rho_k=\mathrm{diag}(\underbrace{0,\cdots,0}_{k-1},1,0,\cdots,0)$，$k=3,\cdots,n$，然后通过设计控制场，使系统状态可以从任意初态收敛到设定的目标本征态。

6.3.1 任意本征态的控制场设计

在本小节中，控制场的设计思路和方法与 6.2.1 小节相似。对于本征态 $\rho_f=\begin{bmatrix}\rho_{f1} & 0\\ 0 & 0\end{bmatrix}$，$\rho_{f1}=\begin{bmatrix}a & b\\ b^* & 1-a\end{bmatrix}$，选择式(6.5)所示的李雅普诺夫函数。由于 $\mathrm{tr}(P\rho_f)=0$，因此在本小节中参数 P 要满足 $\Re(p_{12}b^*)=\frac{1}{2}[(a-1)p_{11}x-ap_{11}]$，其中 $x=\frac{p_{22}}{p_{11}}\neq\pm 1$。采用与 6.2.1.1 小节相似的设计和推导过程，使用李雅普诺夫方法设计的控制场为

$$u_t=u(\rho_t)=-\frac{G(\rho_t)}{g(\rho_t)}-k_v g(\rho_t) \tag{6.36}$$

其中，$G(\rho_t)$和 $g(\rho_t)$如式(6.14)和式(6.15)所示。

与 6.2.1 小节相似，根据拉塞尔不变集定理，系统状态在 $u(\rho_t)$的作用下会收敛到不变集 $\mathcal{R}=\{\rho_{\mathcal{R}}:g(\rho_{\mathcal{R}})=0\}$。由于 $\mathcal{R}$ 中包含除目标态以外的其他状态，因此需要详细地分析不变集 $\mathcal{R}$ 中的状态。

根据不变集的定义，不变集中的状态包含在系统平衡点中，即 $\rho_{\mathcal{R}}$ 要满足条件 $[H_0,\rho_{\mathcal{R}}]=0$，因此 $\rho_{\mathcal{R}}$ 的一般形式为

$$\rho_{\mathcal{R}}=\begin{bmatrix}\rho_{\mathcal{R}1} & 0\\ 0 & 0\end{bmatrix},\quad \rho_{\mathcal{R}1}=\begin{bmatrix}\rho_{\mathcal{R}11} & \rho_{\mathcal{R}12}\\ \rho_{\mathcal{R}21} & 1-\rho_{\mathcal{R}11}\end{bmatrix}$$

当 $a\neq 0.5$ 时，$\rho_{\mathcal{R}12}=\frac{2\rho_{\mathcal{R}11}-1}{2a-1}b$；当 $a=0.5$ 时，$\rho_{\mathcal{R}11}=\rho_{\mathcal{R}22}=0.5$ 且 $\Im(h_{0-12}\rho_{\mathcal{R}21})=0$。

由于 $[H_0,\rho_f]=0$，因此当 $a\neq 0.5$ 时，$h_{0-22}=Xh_{0-11}$ 且 $h_{0-12}=\frac{1-X}{2a-1}b$；当 $a=0.5$ 时，$h_{0-22}=h_{0-11}$ 且 $\Im(h_{0-12}b^*)=0$。此时，有三种类型的状态可以使 $g(\rho_{\mathcal{R}})=0$：

(1) $\rho_{\mathcal{R}}\in\mathcal{R}_1\{\rho_{\mathcal{R}}:\mathrm{tr}(H_1[\rho_{\mathcal{R}},\rho_f])=0$ 且 $\mathrm{tr}(P\rho_{\mathcal{R}})\cdot\mathrm{tr}(H_1[\rho_{\mathcal{R}},P])=0\}$，即

$$\Im(h_{12}\rho_{\mathcal{R}21})\cdot(2a-1)+\Im(h_{21}b)\cdot(2\rho_{\mathcal{R}11}-1)=0 \tag{6.37}$$

$$\Im(h_{12}\rho_{\mathcal{R}21})\cdot(p_{11}-p_{22})+\Im(h_{21}p_{12})\cdot(2\rho_{\mathcal{R}11}-1)=0 \tag{6.38}$$

由于对 $\rho_{\mathcal{R}}\neq\rho_f$，$\mathrm{tr}(P\rho_{\mathcal{R}})\neq 0$，因此，在式(6.38)中没有考虑 $\mathrm{tr}(P\rho_{\mathcal{R}})=0$ 的情况。

(2) $\rho_{\mathcal{R}}\in\mathcal{R}_2=\left\{\rho_R:\mathrm{tr}(H_1[\rho_{\mathcal{R}},\rho_f])\neq 0 \text{ 且 } c=\frac{\mathrm{tr}(H_1[\rho_{\mathcal{R}},\rho_f])}{2\mathrm{tr}(P\rho_{\mathcal{R}})\mathrm{tr}(H_1[\rho_{\mathcal{R}},P])}\right\}$。

(3) $\rho_{\mathcal{R}}\in\mathcal{R}_3=\{\rho_k:k=3,\cdots,n \text{ 且 } g(\rho_k)=0\}$。

这样，$\mathcal{R}=\mathcal{R}_1\cup\mathcal{R}_2\cup\mathcal{R}_3\cup\rho_f$。

对不同的目标态 ρ_f，按照 $\Im(b)$ 和 a 将其分为四类，然后分别分析使 $g(\rho_{\mathcal{R}})=0$ 的状态。

情况 1 $\Im(b)=0$ 且 $a\neq 0.5$。在这种情况下，$\Im(\rho_{\mathcal{R}12})=0$，$\rho_{\mathcal{R}21}=\frac{2\rho_{\mathcal{R}11}-1}{2a-1}b$，此时式(6.38)可以被写为

$$\rho_{\mathcal{R}21}\Im(h_{12})\cdot(2a-1)=b\Im(h_{12})\cdot(2\rho_{\mathcal{R}11}-1) \tag{6.39}$$

无论 $\Im(h_{12})$ 是否为零，均成立。同时，可以写成

$$\rho_{\mathcal{R}21}\Im(h_{12})\cdot(p_{11}-p_{22})+\Im(h_{21}p_{12})\cdot(2\rho_{\mathcal{R}11}-1)=0 \tag{6.40}$$

当 $\Im(h_{12})=0$ 且 $\rho_{\mathcal{R}11}\neq 0.5$ 时，式(6.40)变成 $h_{21}\Im(p_{12})\cdot(2\rho_{\mathcal{R}11}-1)=0$。因此，令 $\Im(p_{12})\neq 0$，则式(6.40)一定不成立。当 $\Im(h_{12})\neq 0$ 且 $\rho_{\mathcal{R}11}\neq 0.5$ 时，式(6.40)变成 $\rho_{\mathcal{R}21}=-\frac{2\rho_{\mathcal{R}11}-1}{p_{11}-p_{22}}\cdot\frac{\Im(h_{21}p_{12})}{\Im(h_{12})}$。因此，令 $\frac{\Im(h_{21}p_{12})}{\Im(h_{12})}\neq\frac{p_{22}-p_{11}}{2a-1}b$，则式(6.40)也一定不成立。另外，当 $\rho_{\mathcal{R}11}=0.5$ 时，$\rho_{\mathcal{R}21}=0$，即此时状态为 ρ_{I_2}，式(6.40)一定成立。因此，在这种情况下，$\rho_{I_2}\in\mathcal{R}_1$。

情况 2 $\Im(b)\neq 0$ 且 $a\neq 0.5$。在这种情况下，当 $\rho_{\mathcal{R}11}\neq 0.5$ 时，$\Im(\rho_{\mathcal{R}12})=\frac{2\rho_{\mathcal{R}11}-1}{2a-1}\cdot\Im(b)\neq 0$，则式(6.37)变成 $(2\rho_{\mathcal{R}11}-1)\cdot\Im(h_{12}b^*+h_{21}b)=0$。由于 $\Im(h_{12}b^*+h_{21}b)=0$，式(6.37)一定成立。同时，式(6.38)变成 $\frac{p_{11}-p_{22}}{2a-1}\Im(h_{12}b^*)+\Im(h_{21}p_{12})=0$。通

过设计 P_1，令 $\frac{p_{11}-p_{22}}{2a-1}\neq -\frac{\Im(h_{21}p_{12})}{\Im(h_{12}b^*)}$，式(6.38)一定不成立。另一方面，当 $\rho_{\mathcal{R}11}=0.5$，$\Im(\rho_{\mathcal{R}12})=0$，由于 $\Im(h_{12}\rho_{\mathcal{R}21})=0$ 及 $(2\rho_{\mathcal{R}11}-1)=0$，则式(6.37)和式(6.38)均成立，因此在这种情况下 ρ_{I_2} 也属于 $\mathcal{R}_1$。

情况 3 $\Im(b)=0$ 且 $a=0.5$。在这种情况下，$\Im(h_{0-12})=0$，$\Im(\rho_{\mathcal{R}21})=0$，$\rho_{\mathcal{R}11}=0.5$。当 $\Re(\rho_{\mathcal{R}21})\neq 0$ 时，式(6.37)变成 $\Im(h_{21}b)\cdot(2\rho_{\mathcal{R}11}-1)=0$，意味着式(6.37)一定成立。同时，式(6.38)变成 $\rho_{\mathcal{R}21}\Im(h_{12})\cdot(p_{11}-p_{22})=0$。令 $\Im(h_{12})\neq 0$ 及 $p_{11}\neq p_{22}$，式(6.38)一定不成立。另一方面，当 $\Re(\rho_{\mathcal{R}21})=0$ 时，$\rho_{\mathcal{R}21}=0$，即 $\rho_{\mathcal{R}}=\rho_{I_2}$，式(6.37)和式(6.38)均成立。因此，$\rho_{I_2}\in\mathcal{R}_1$。

情况 4 $\Im(b)\neq 0$ 及 $a=0.5$。在这种情况下，$\Im(h_{0-12})\neq 0$。当 $\Im(\rho_{\mathcal{R}21})\neq 0$ 时，式(6.37)变成 $\Im(h_{21}b)\cdot(2\rho_{\mathcal{R}11}-1)=0$，意味着式(6.37)一定成立。同时，式(6.38)变成

$$\Im(h_{12}\rho_{\mathcal{R}21})(p_{11}-p_{22})=0 \tag{6.41}$$

则当 $\Im(h_{12}\rho_{\mathcal{R}21})\neq 0$，即 $h_{12}\neq\rho_{\mathcal{R}12}$，令 $p_{11}\neq p_{22}$，式(6.41)一定不成立。当 $h_{12}=\rho_{\mathcal{R}12}$，式(6.41)成立，即 $\rho_{\mathcal{R}}\in\mathcal{R}_1$，其中 $\rho_{\mathcal{R}1}=\begin{bmatrix}0.5 & h_{12}\\ h_{21} & 0.5\end{bmatrix}$，将这个状态标记为 ρ_h。当 $\Im(\rho_{\mathcal{R}21})=0$ 和 $\Re(\rho_{\mathcal{R}21})=0$ 时，$\rho_{\mathcal{R}21}=0$，则 $\rho_{\mathcal{R}}=\rho_{I_2}\in\mathcal{R}_1$。另外，当 $\Im(\rho_{\mathcal{R}21})=0$ 及 $\Re(\rho_{\mathcal{R}21})\neq 0$ 时，这个状态不满足 $\rho_{\mathcal{R}}$ 的一般形式，因而不属于 $\mathcal{R}_1$。

根据情况 1,2 和 3 的分析，只要 P_1 满足一定的条件，只有当 $\rho_{\mathcal{R}}=\rho_{I_2}$ 时，$\rho_{\mathcal{R}}\in\mathcal{R}_1$，否则 $\rho_{\mathcal{R}}\notin\mathcal{R}_1$。同时，由于式(6.37)成立，因此不存在状态 $\rho_{\mathcal{R}}\in\mathcal{R}_2$。结合 $\mathcal{R}_3$，对情况 1,2 和 3，不变集 $\mathcal{R}=\{\rho_f,\rho_{I_2},\rho_k,k=3,\cdots,n\}$。通过情况 4 的分析，只要 P_1 满足确定的条件，只有当 $\rho_{\mathcal{R}}=\rho_{I_2}$ 及 ρ_h 时，$\rho_{\mathcal{R}}\in\mathcal{R}_1$，否则 $\rho_{\mathcal{R}}\notin\mathcal{R}_1$。相似地，由于式(6.37)成立，没有状态 $\rho_{\mathcal{R}}\in\mathcal{R}_2$。结合 $\mathcal{R}_3$，对情况 4，不变集 $\mathcal{R}=\{\rho_f,\rho_h,\rho_{I_2},\rho_k,k=3,\cdots,n\}$。

本节的主要结果如定理 6.2 所述。

定理 6.2 系统状态 ρ_t 会从任意初态收敛到目标态 $\rho_f=\begin{bmatrix}\rho_{f1} & 0\\ 0 & 0\end{bmatrix}$，其中 $\rho_{f1}=\begin{bmatrix}a & b\\ b^* & 1-a\end{bmatrix}$，在下面的控制场 u_t 作用下：

(1) 当 $\rho_t\in\mathcal{Q}_{\geqslant M+Q/4}$ 时，$u_t=1$；

(2) 当 $\rho_t\in\mathcal{Q}_{\leqslant M}$ 时，$u_t=u(\rho_t)=-\frac{G(\rho_t)}{g(\rho_t)}-k_v g(\rho_t)$；

(3) 当 $\rho_t\in\Phi=\mathcal{Q}_{<M+Q/4}\cap\mathcal{Q}_{>M}$，如果 ρ_t 最后经过边界 $\mathcal{Q}_M$ 进入 Φ，则 $u_t=u(\rho_t)$，

否则，$u_t=1$，

其中，$Q=\min\{V(\rho_t)\}-v(\rho_{I_n})$，$\rho_t\in\mathcal{R}$，$\rho_t\neq\rho_f$，$M=V(\rho_{I_n})+\dfrac{Q}{2}>0$。$u(\rho_t)$中的参数 $P=\begin{bmatrix}P_1 & 0\\ 0 & 0\end{bmatrix}$，其中 $P_1=\begin{bmatrix}p_{11} & p_{12}\\ p_{21} & p_{22}\end{bmatrix}$，对 P_1 的约束条件为：如果 $\Im(b)=0$ 且 $a\neq 0.5$，$\dfrac{\Im(h_{21}p_{12})}{\Im(h_{12})}\neq\dfrac{p_{22}-p_{11}}{2a-1}b$；如果 $\Im(b)\neq 0$ 且 $a\neq 0.5$，$\dfrac{p_{11}-p_{22}}{2a-1}\neq-\dfrac{\Im(h_{21}p_{12})}{\Im(h_{12}b^*)}$，否则 $p_{11}\neq p_{22}$。对参数 c 的约束条件为：如果 $\Im(b)\neq 0$ 及 $a=0.5$，$\max\left\{\left(\dfrac{n}{n+2}-\dfrac{8n\Re(h_{12}b^*)}{4+n^2}\right)N, \dfrac{2}{n+2}N\right\}<c<N$，其中 $N=\dfrac{n}{\mathrm{tr}^2(P)}$，否则，$\dfrac{2}{n+2}N<c<N$。

6.3.2 任意本征态的收敛性证明

本小节将会证明定理6.2，证明的过程和思路与定理6.1的证明过程相似，同样需要经过6.2.2小节所示的三步完成。

首先证明第一步。在证明定理6.1的第一步中，$h_{0-11}=h_{0-22}$，但是在证明定理6.2时，这个条件不存在，即 $h_{01}=\begin{bmatrix}h_{0-11} & h_{0-12}\\ h_{0-21} & Xh_{0-11}\end{bmatrix}$。此时，有

$$\begin{aligned}H_{01}+uH_{11}&=\begin{bmatrix}h_{0-11} & h_{0-12}\\ h_{0-21} & Xh_{0-11}\end{bmatrix}+u\begin{bmatrix}0 & h_{12}\\ h_{21} & 0\end{bmatrix}\\&=\begin{bmatrix}h_{0-11} & 0\\ 0 & h_{0-11}\end{bmatrix}+u\begin{bmatrix}0 & h_{12}+\dfrac{h_{0-12}}{u}\\ h_{21}+\dfrac{h_{0-21}}{u} & (X-1)\dfrac{h_{0-11}}{u}\end{bmatrix}\end{aligned}$$

令 $H_{01}^u=\begin{bmatrix}h_{0-11} & 0\\ 0 & h_{0-11}\end{bmatrix}$，$H_{11}^u=\begin{bmatrix}0 & h_{12}+\dfrac{h_{0-12}}{u}\\ h_{21}+\dfrac{h_{0-21}}{u} & (X-1)\dfrac{h_{0-11}}{u}\end{bmatrix}$，则 H_0 和 H_1 可以分别写为 $H_0^u=\begin{bmatrix}H_{01}^u & 0\\ 0 & \bar{D}\end{bmatrix}$ 和 $H_1^u=\begin{bmatrix}H_{11}^u & H_{12}\\ H_{21} & H_{22}\end{bmatrix}$，其中，$\bar{D}$ 代表一个对角阵。需要注意的是，当 $u_t=1$ 时，$H_{11}^1=\begin{bmatrix}0 & h_{12}+h_{0-12}\\ h_{21}+h_{0-21} & (X-1)h_{0-11}\end{bmatrix}$。根据上面的结果，与6.2.2小节的不同

之处在于 H_{11}^1 $\left(在 6.2.2 节中, H_{11}^1 = \begin{bmatrix} 0 & h_{12} + h_{0-12} \\ h_{21} + h_{0-21} & 0 \end{bmatrix}\right)$，但是 H_{11}^1 不影响第一步的证明结果，因而证明定理 6.2 的第一步可以使用 6.2.2 小节中相似的过程完成。

证明定理 6.2 的第二步与证明定理 6.1 的第二步是相同的，因此不再赘述。

下面完成定理 6.2 的第三步证明。首先证明只要参数 c 满足一定的条件，M 一定存在。对不变集 $\mathcal{R}$ 中的状态，有

$$\begin{cases} V(\rho_{I_n}) = 1 - \dfrac{1}{n} + c \cdot \left(\dfrac{1}{n}\right)^2 \mathrm{tr}^2(P_1) \\ V(\rho_k) = 1, \quad k = 3, \cdots, n \\ V(\rho_{I_2}) = 1 - \dfrac{1}{2} + c \cdot \left(\dfrac{1}{2}\right)^2 \mathrm{tr}^2(P_1) \\ V(\rho_h) = 1 - \dfrac{1}{2} - 2\Re(h_{12} b^*) + c \cdot \left(\dfrac{1}{2}\mathrm{tr}(P_1) + 2\Re(P_{12} h_{21})\right)^2 \end{cases} \tag{6.42}$$

根据 $V(\rho_{I_n}) < V(\rho_{\mathcal{R}})$，$\rho_{\mathcal{R}} \in \mathcal{R}$，有

(1) 当不变集 $\mathcal{R} = \{\rho_f, \rho_{I_2}, \rho_k, k = 3, \cdots, n\}$ 时，有

① 根据 $V(\rho_{I_n}) < V(\rho_k)$，有 $c < N$，其中 $N = \dfrac{n}{\mathrm{tr}^2(P)}$；

② 根据 $V(\rho_{I_n}) < V(\rho_{I_2})$，有 $c > \dfrac{2N}{n+2}$。

因此，在这种情况下，对 c 的约束条件是 $\dfrac{2N}{n+2} < c < N$。由于 $\dfrac{2}{n+2} < 1$，c 一定存在，从而保证 M 的存在。

(2) 当不变集 $\mathcal{R} = \{\rho_f, \rho_h, \rho_{I_n}, \rho_k, k = 3, \cdots, n\}$ 时，有

① 根据 $V(\rho_{I_n}) < \min\{V(\rho_k), V(\rho_{I_2})\}$，有 $\dfrac{2N}{n+2} < c < N$；

② 根据 $V(\rho_{I_n}) < V(\rho_h)$，有 $\max\left\{\left(\dfrac{n}{n+2} - \dfrac{8n\Re(h_{12} b^*)}{4+n^2}\right)N, 0\right\} < c < N$。

因此在这种情况下，对参数 c 的约束条件是

$$\max\left\{\left(\frac{n}{n+2} - \frac{8n\Re(h_{12} b^*)}{4+n^2}\right)N, \frac{2}{n+2}N\right\} < c < N$$

当 $\dfrac{n}{n+2} - \dfrac{8n\Re(h_{12} b^*)}{4+n^2} < 1$，即 $\Re(h_{12} b^*) > -\dfrac{4+n^2}{8(n+2)}$，$c$ 一定存在，从而 M 一定存在。

根据以上对 c 的约束，有

$$\min\{V(\rho_\iota), \rho_\iota \in \mathcal{R} \text{ 且 } \rho_\iota \neq \rho_f\} = V(\rho_{I_n}) + Q = M + \frac{Q}{2} > M + \frac{Q}{4} \tag{6.43}$$

因此，对不变集 $\mathcal{R}$ 中的状态 $\rho_t \neq \rho_f$，有 $\rho_t \notin \mathcal{Q}_{\leqslant M+Q/4}$，从而 $\{\rho_t : \rho_t \in \mathcal{R} \cap \mathcal{Q}_{\leqslant M+Q/4}\} = \{\rho_f\}$，即收敛域 $\mathcal{Q}_{\mathrm{cd}}$ 中只包含目标态，且在控制场 $u(\rho_t)$ 作用下，系统状态只能收敛到 ρ_f，也就是

$$\mathbb{P}(\lim_{t\to\infty} \rho_t = \rho_f) = 1 \tag{6.44}$$

这样，同样经过三步完成定理 6.2 的证明。

此外，李雅普诺夫函数(6.5)和定理 6.2 中的控制场 u_t 也适用于目标态为本征态 ρ_j，$j \in \{3,\cdots,n\}$ 的情况。当目标态 ρ_f 为 ρ_j，$j \in \{3,\cdots,n\}$ 时，$V(\rho_f)=0$。下面我们分析使 $g(\rho_{\mathcal{R}})=0$ 的状态 $\rho_{\mathcal{R}}$。由于 $[\rho_{\mathcal{R}},\rho_f]=0$，所以 $\mathrm{tr}(H_1[\rho_{\mathcal{R}},\rho_f])=0$，因此，不存在任何状态 $\rho_{\mathcal{R}}$ 属于 $\mathcal{R}_2$。结合 $\mathcal{R}_3$，不变集 $\mathcal{R} \subseteq \mathcal{R}_{\max} = \{\mathcal{R}_1, \rho_f, \rho_k, k=3,\cdots,n$ 且 $k \neq j\}$。为了使 $[\rho_{\mathcal{R}}, \boldsymbol{P}]=0$，我们可以设定 $\boldsymbol{P}_1 = k_P \boldsymbol{I}_2$，此时 $\mathcal{R} = \mathcal{R}_{\max}$，否则 $\mathcal{R} \subset \mathcal{R}_{\max}$。由于 $V(\rho_{\mathcal{R}}) = 1 + c\,\mathrm{tr}^2(P_1 \rho_{\mathcal{R}1})$，根据 $V(\rho_{I_n}) < V(\rho_{I_n})$ 和 $V(\rho_{I_n}) < V(\rho_k)$，$k=3,\cdots,n$，对参数 c 的约束为 $0 \leqslant c < N$。这样，定理 6.2 中的 M 一定存在，并且对目标态 ρ_j，控制场 u_t 可以使 ρ_j 全局稳定，证明过程与定理 6.2 是相似的。因此，无论目标态 $\rho_f = \begin{bmatrix} \rho_{f1} & 0 \\ 0 & 0 \end{bmatrix}$，还是 $\rho_f = \rho_j$，控制场 u_t 均可以使 ρ_f 全局稳定。

6.3.3 数值实验及结果分析

本小节将对一个三维随机量子系统进行数值仿真实验，使用 6.3.1 小节中设计的控制场使该系统的一个本征态全局稳定，从而验证定理 6.2。

数值实验中系统参数设定为

$$\boldsymbol{H}_0 = \begin{bmatrix} 1 & -2/3 & 0 \\ -2/3 & 2 & 0 \\ 0 & 0 & -1 \end{bmatrix}, \quad \boldsymbol{H}_1 = \begin{bmatrix} 0 & 1 & \mathrm{i} \\ 1 & 0 & 0.5\mathrm{i} \\ -i & -0.5\mathrm{i} & 0 \end{bmatrix}$$

$$\boldsymbol{L} = \begin{bmatrix} 1 & 0 & 0 \\ 0 & 1 & 0 \\ 0 & 0 & 2 \end{bmatrix}, \quad \eta = 0.5$$

容易验证，系统参数符合 6.1 节中所列的设定条件，因此定理 6.2 适用于该系统。

实验中，初态和目标态分别选为 $\rho_0 = \begin{bmatrix} 0 & 0 & 0 \\ 0 & 1 & 0 \\ 0 & 0 & 0 \end{bmatrix}$，$\rho_f = \begin{bmatrix} 0.8 & 0.4 & 0 \\ 0.4 & 0.2 & 0 \\ 0 & 0 & 0 \end{bmatrix}$。

式(6.5)中的参数 $P=0.2\cdot\begin{bmatrix}1 & -2+\mathrm{i} & 0\\ -2-\mathrm{i} & 4 & 0\\ 0 & 0 & 0\end{bmatrix}$，$c=1.5$，控制场(6.36)的参数 $k_v=5$，可以计算得到 $M=0.85$，$Q=0.42$。根据定理 6.2，对实验选定的系统，设计的控制场为：

(1) 当 $V(\rho_t)\geqslant 0.91$ 时，$u_t=1$。

(2) 当 $V(\rho_t)\leqslant 0.85$ 时，$u_t=u(\rho_t)$。

(3) 当 $0.85<V(\rho_t)<0.91$ 时，如果 ρ_t 最后经过边界 $\mathcal{Q}_{0.85}$ 进入 Φ，则 $u_t=u(\rho_t)$，否则 $u_t=1$。

数值实验的结果如图 6.3 所示。其中，图 6.3(a)到图 6.3(e)分别为 5 次实验的控制场，ρ_{11}，ρ_{12}，ρ_{22} 和 V 的变化曲线。图 6.3(f)为 10 次实验 V 的平均值变化曲线。在图 6.3 中，ρ_{11}，ρ_{12} 和 ρ_{22} 的曲线分别趋于 0.8，0.4 和 0.2，且控制场、V 及 V 的平均值最终都趋于零，因此定理 6.2 中的控制场是有效的。

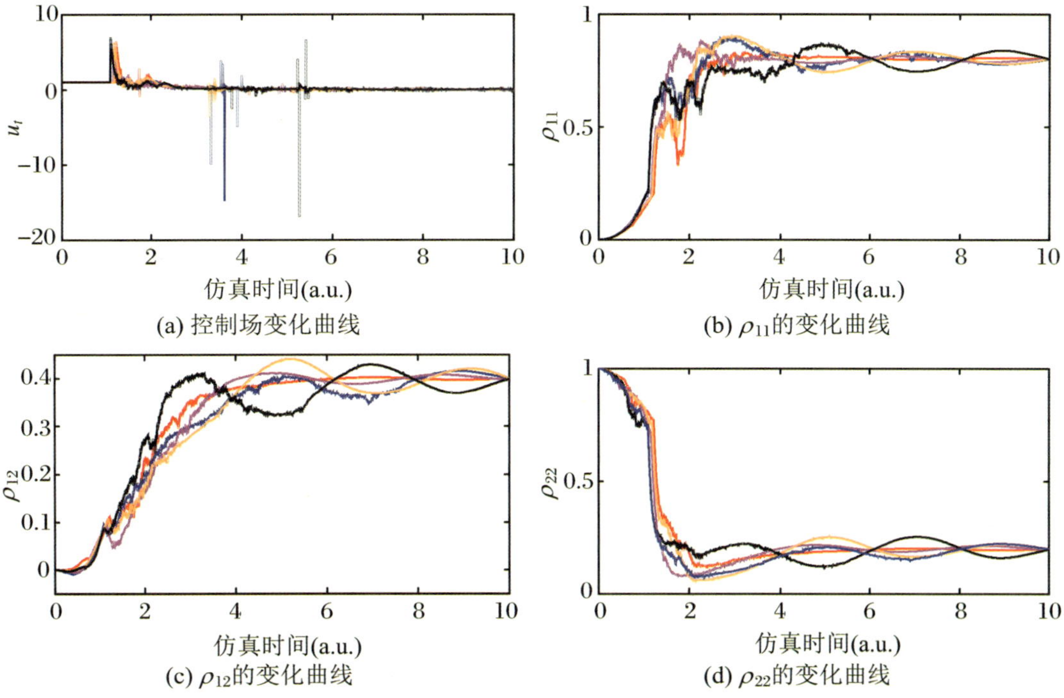

(a) 控制场变化曲线

(b) ρ_{11}的变化曲线

(c) ρ_{12}的变化曲线

(d) ρ_{22}的变化曲线

图 6.3　应用定理 6.2 的实验结果

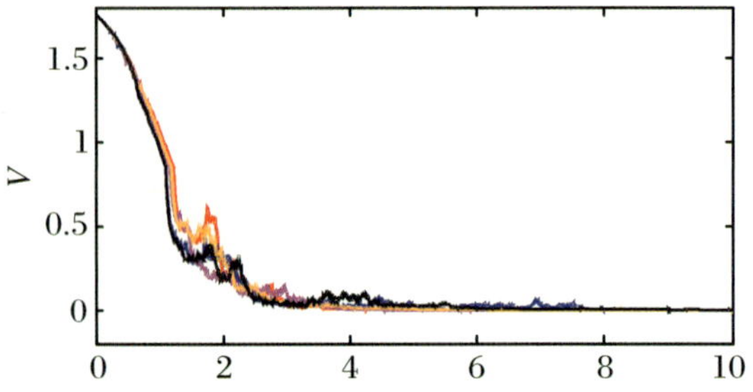

(e) V的变化曲线

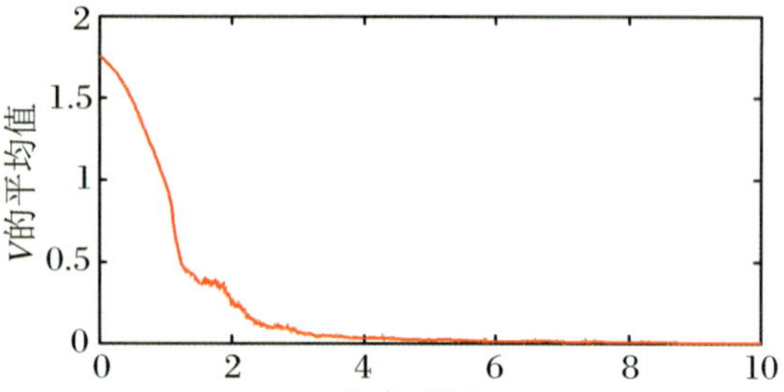

(f) V的平均值变化曲线

续图 6.3　应用定理 6.2 的实验结果

6.4　纯态开关反馈控制

根据系统是否与环境有相互作用，量子系统可分为封闭量子系统和开放量子系统，封闭量子系统是一个孤立的、与外界没有相互作用或能量交换的系统，这类系统的状态演化是确定的。在实际的量子信息处理和量子计算中，系统往往由于自身或外界情况的不同而成为开放量子系统。在量子领域的各类研究中，量子系统的状态转移对量子化学和原子物理学等应用具有重要意义。为了控制量子系统状态转移至目标态，许多经典的控制策略已经应用于量子系统，例如，最优控制（D'Alessandro，Dahleh，2001）、滑模控制（Dong，Petersen，2012）、H_∞ 控制（James et al.，2008）以及李雅普诺夫控制（Kuang，Cong，2008；Wang，Schirmer，2010a）等，其中量子系统的反馈控制可以获得更高的控制精度。不过，当反馈控制技术应用于量子系统时，需要考虑测量对量子系统的影响，而量子系统的测量将导致系统状态不可避免地以一种概率的方式发生变化（Adler et al.，2001）。考虑到量子系统测量的特殊性，Belavkin 等人将连续测量和反馈控制相结合，提出了基于量子系统测量的反馈控制，系统信息可以通过量子滤波器获得（Belavkin，2005）。连续测量的量子滤波器的数学模型是一个随机微分方程，称为随机主方程（stochastic master equation，SME）。基于 SME，万研究了二维随机量子系统本征态的反馈控制（Van，2004）。对于随机开放量子系统的状态转移，系统除有限个目标态以外，往往还存在着多个平衡点，如何控制系统状态收敛到目标态而不是其他平衡点是难点之一，为此，利用李雅普诺夫稳定性定理和拉塞尔不变集原理，随机开放量子系统一类特殊本征态和任意本征态的状态转移的控制已经被实现(Cong et al.，2016a，2016b)；温等人解决了一类具有简并测量算子的有限维随机量子系统的混合态的全局稳定和状态转移问题(Wen et al.，2018)。本节我们将解决随机开放量子系统叠加态开关控制问题，这也最新的研究成果(董智翔，丛爽，2022)。

本节通过开关控制场的设计，实现对随机开放量子系统的状态转移和收敛控制，目标态为同时包括本征态和叠加态的纯态，通过设计控制场，使得系统状态可以从状态空间的任意初态收敛到目标态。为此，设计的控制场包含两部分：一是常量控制，用于将系统状态从收敛域之外驱动到收敛域；二是基于李雅普诺夫稳定性定理和拉塞尔不变集原理设计的控制场，使通过第一步控制进入系统收敛域中的系统状态收敛到目标状态。当目标态为本征态时，该状态是任意选取的。当目标态为叠加态时，对于单比特量子系统，该状态也是任意选取的；对于 2 比特或多比特量子系统，该状态需要通过单量子位张量积的形式获得，这是为了保证系统的平衡点是可数的。在系统数值仿真实验中，我们将所设计的控制场与温等人于 2018 年设计的控制场应用于 2 比特量子系统的状态转移中，目标态分别为本征态和叠加态，并将对状态转移的结果进行性能对比和分析。

6.4.1 被控系统及其任务描述

6.4.1.1 被控系统描述

有限维量子滤波器的状态可以用密度矩阵 ρ_t 表示，状态的演化为非线性随机微分方程，即随机主方程：

$$\rho_{t+\Delta t}=\rho_t-\frac{\mathrm{i}}{\hbar}[H(t),\rho_t]+\left[L\rho_tL^\dagger-\left(\frac{1}{2}L^\dagger L\rho_t\right)+\frac{1}{2}\rho_tL^\dagger L\right]\Delta t+\sqrt{\eta}[(L\rho_t+\rho_tL^\dagger)-\mathrm{tr}(L\rho_t+\rho_tL^\dagger)\rho_t]\mathrm{d}W_t \tag{6.45}$$

其中，量子状态密度矩阵 $\rho_t\in S=\{\rho_t\in\mathbf{C}^{2^n\times 2^n}:\rho_t=\rho_t^\dagger\geqslant 0,\mathrm{tr}(\rho_t)=1\}$，$n$ 为系统量子比特数，$\rho_t^\dagger$ 表示 ρ_t 的共轭转置，$\mathrm{tr}(\rho_t)$表示 ρ_t 的迹，$\mathbf{C}$ 表示复数集，S 表示状态空间；$\hbar$为普朗克常量，通常设置为 1；$H(t)=H_0+u_1H_1$ 为系统总哈密顿量，H_0 为自由哈密顿量，H_1 为控制哈密顿量，$u_1\in\mathbf{R}$ 为外加控制，$\mathbf{R}$ 代表实数集；$L\in\mathbf{C}^{2^n\times 2^n}$ 为测量算符，确定系统和测量装置之间的相互作用；Δt 为相互作用时间；$\eta\in(0,1]$为测量效率；令 $D[L,\rho_t]$

$=L\rho_t L^\dagger-\left(\frac{1}{2}L^\dagger L\rho_t+\frac{1}{2}\rho_t L^\dagger L\right)$表示测量过程带来的确定性退相干作用，表现为Lindblad形式的漂移项；令 $B[L,\rho_t]=\sqrt{\eta}[L\rho_t+\rho_t L^\dagger-\mathrm{tr}(L\rho_t+\rho_t L^\dagger)\rho_t]$表示测量过程带来的随机扩散项，表现为对量子系统状态产生的干扰，$\mathrm{d}W$ 是零差测量时产生的随机噪声，满足 $E(\mathrm{d}W)=0$，$E[(\mathrm{d}W)^2]=\Delta t$ 的 Wiener 过程，$E(\cdot)$表示随机变量的期望值。

6.4.1.2 控制任务和控制思路

对于一个 n 比特随机开放量子系统，本小节所控制的目标态 ρ_f 为纯态，即本征态和叠加态，当目标态为本征态时，ρ_f 是任意的；当目标态为叠加态时，ρ_f 可由 n 个单比特叠加态 ρ_{f1} 的张量积计算为

$$\begin{cases}\rho_f=\underbrace{\rho_{f1}\otimes\cdots\otimes\rho_{f1}\otimes\rho_{f1}}_{n}\\ \rho_{f1}=\begin{bmatrix}a & b\\ b^* & 1-a\end{bmatrix}\end{cases}\tag{6.46}$$

其中，$a(1-a)=bb^*$，b^* 表示 b 的共轭复数。

针对目标态为纯态的情况，将设计一个开关反馈控制(switching feedback control，SFC)，来实现系统状态可以从状态空间的任意初态收敛到目标态。具体控制思路为：首先，根据李雅普诺夫定理，构造一个合适的李雅普诺夫函数 V，通过设计控制场 $u(\rho_t)$使 V 的无穷小算子 $\mathcal{L}V\leqslant 0$，并且在目标态时 $V(\rho_f)=0$，从而目标态是概率稳定的；然后，根据拉塞尔不变集原理，分析系统的不变集，并通过参数设置确定系统状态的收敛域，使得该收敛域中只包含目标态，则位于收敛域中的系统状态在控制场 $u(\rho_t)$的作用下可以唯一地收敛到目标态。为了使不在收敛域中的系统状态也能收敛到目标态，设计一个常量控制 u_c，在此控制场作用下，系统状态可以在有限时间内进入收敛域中。通过这样的方式，将控制场 $u(\rho_t)$和常量控制 u_c 组合成开关控制场 u_t，在 u_t 的作用下，系统状态就可以从状态空间的任意初态收敛到目标态。

6.4.2 控制场设计及其特性分析

本小节中，首先基于李雅普诺夫稳定性定理设计控制场 $u(\rho_t)$；再基于拉塞尔不变集原理确定系统的收敛域，并给出参数取值的条件；最后给出开关控制场 u_t 的具体表达式。

6.4.2.1 控制场 $u(\rho_t)$的设计

构造一个李雅普诺夫函数：

$$V(\rho_t) = 1 - \operatorname{tr}(\rho_t\rho_f) + c\operatorname{tr}^2(P\rho_t) \tag{6.47}$$

其中，$c\in\mathbf{R}$ 且 $c\geqslant 0$，$P\in\mathbf{C}^{2^n\times 2^n}$，满足 $\operatorname{tr}(P\rho_t)=0$。显然 $V\geqslant 0$ 且 $V(\rho_f)=0$，满足李雅普诺夫函数设计要求。需要注意的是，在后面的工作中，通过设计式(6.47)中的参数 P 和 c，可以确定系统的收敛域，并使得收敛域中只包含目标态。

根据式(6.47)，$V(\rho_t)$的无穷小算子 $\mathcal{L}V(\rho_t)$为

$$\mathcal{L}V(\rho_t) = -\mathcal{L}\operatorname{tr}(\rho_t\rho_f) + c\mathcal{L}\operatorname{tr}^2(P\rho_t) \tag{6.48}$$

根据随机开放量子系统随机主方程(6.48)，有

$$\begin{aligned}\mathrm{d}\operatorname{tr}(\rho_t\rho_f) =& \operatorname{tr}\left(-\mathrm{i}[H_0,\rho_t]\rho_f + L\rho_tL^H\rho_f - \left(\frac{1}{2}L^HL\rho_t + \frac{1}{2}\rho_tL^HL\right)\rho_f\right)\mathrm{d}t \\ &+ \operatorname{tr}(-\mathrm{i}[H_1,\rho_t]\rho_f)u_t\mathrm{d}t + \rho_tL^H\rho_f - \operatorname{tr}(L\rho_t + \rho_tL^H)\rho_t\rho_f\mathrm{d}W\end{aligned} \tag{6.49}$$

因此

$$\mathcal{L}\operatorname{tr}(\rho_t\rho_f) = \operatorname{tr}(\alpha\rho_f) + \operatorname{tr}(-\mathrm{i}[H_1,\rho_t]\rho_f)u_t \tag{6.50}$$

其中，$\alpha = -\mathrm{i}[H_0,\rho_t]\rho_f + L\rho_tL^H\rho_f - \left(\frac{1}{2}L^HL\rho_t + \frac{1}{2}\rho_tL^HL\right)\rho_f$。

为了计算 $\mathcal{L}\operatorname{tr}^2(P\rho_t)$，首先结合式(6.45)计算 $\mathrm{d}\operatorname{tr}(P\rho_t)$：

$$\mathrm{d}\operatorname{tr}(P\rho_t) = \operatorname{tr}(P\mathrm{d}\rho_t) = \operatorname{tr}(P\rho_t)\mathrm{d}t + \operatorname{tr}(-\mathrm{i}[H_1,\rho_t]P)u_t\mathrm{d}t + \operatorname{tr}(P\delta)\mathrm{d}W \tag{6.51}$$

其中，$\delta = \sqrt{\eta}[L\rho_t + \rho_tL^\dagger - \operatorname{tr}(L\rho_t + \rho_tL^\dagger)\rho_t]$。

利用伊藤引理 2.1(Ito lemma)(Brooks，2002)，$\mathrm{d}\operatorname{tr}^2(P\rho_t)$可计算为

$$\begin{aligned}\mathrm{d}\operatorname{tr}^2(P\rho_t) &= 2\operatorname{tr}(P\rho_t)\mathrm{d}\operatorname{tr}(P\rho_t) + (\mathrm{d}\operatorname{tr}(P\rho_t))^2 \\ &= 2\operatorname{tr}(P\rho_t)\operatorname{tr}(P\rho_t)\mathrm{d}t + \operatorname{tr}(-\mathrm{i}[H_1,\rho_t]P)u_t\mathrm{d}t \\ &\quad + \operatorname{tr}(P\delta)\mathrm{d}W + (\mathrm{d}\operatorname{tr}(P\rho_t))^2\end{aligned} \tag{6.52}$$

根据式(6.51)和式(6.52)有

$$\mathcal{L}\operatorname{tr}^2(P\rho_t) = 2\operatorname{tr}(P\mathrm{d}\rho_t)\operatorname{tr}(P\alpha) + \operatorname{tr}(-\mathrm{i}[H_1,\rho_t]P)u_t + \operatorname{tr}^2(P\delta) \tag{6.53}$$

将式(6.50)和式(6.53)代入式(6.48)可得

$$\begin{aligned}\mathcal{L}V(\rho_t) =& 2c\operatorname{tr}(P\rho_t)\operatorname{tr}(P\alpha) + c\operatorname{tr}^2(P\delta) + \operatorname{tr}(\alpha\rho_f) \\ &+ 2c\operatorname{tr}(P\rho_t)\operatorname{tr}(-\mathrm{i}[H_1,\rho_t]P)u_t - \operatorname{tr}(-\mathrm{i}[H_1,\rho_t]\rho_f)u_t\end{aligned}$$

$$= G(\rho_t) + u_t g(\rho_t) \tag{6.54}$$

其中

$$G(\rho_t) = 2c\mathrm{tr}(P\rho_t)\mathrm{tr}(P\alpha) + c\mathrm{tr}^2(P\delta) + \mathrm{tr}(\alpha\rho_f) \tag{6.55}$$

$$g(\rho_t) = 2c\mathrm{tr}(P\rho_t)\mathrm{tr}(-\mathrm{i}[H_1,\rho_t]P) - \mathrm{tr}(-\mathrm{i}[H_1,\rho_t]\rho_f) \tag{6.56}$$

设计控制场为

$$u(\rho_t) = \frac{G(\rho_t)}{g(\rho_t)} - k_v g(\rho_t) \tag{6.57}$$

其中，$k_v \in \mathbf{R}$ 且 $k_v > 0$，将式(6.57)代入式(6.54)，可得

$$\mathcal{L}V(\rho_t) = = k_v g^2(\rho_t) \leqslant 0 \tag{6.58}$$

故控制场 $u(\rho_t)$满足李雅普诺夫设计原理。

6.4.2.2 系统不变集分析及参数设计

根据拉塞尔不变集原理，对于任意初态，在控制场 $u(\rho_t)$的作用下，系统状态会依概率收敛于不变集：

$$\mathcal{R} = \{\rho_R : \mathcal{L}V(\rho_{\mathcal{R}}) = 0\} = \{\rho_{\mathcal{R}} : g(\rho_{\mathcal{R}}) = 0\} \tag{6.59}$$

其中，$\rho_{\mathcal{R}}$ 为不变集 $\mathcal{R}$ 中的状态，即系统的平衡点。

对于目标态 ρ_f，易知 $g(\rho_f)=0$，因此 $\rho_f \in \mathcal{R}$。根据李雅普诺夫定理和拉塞尔不变集原理，如果不变集 $\mathcal{R}$ 中只包含目标态ρ_f，控制场 $u(\rho_t)$可以使系统状态从任意初态收敛到目标态。然而，不变集 $\mathcal{R}$ 中可能包含除目标态以外的其他状态，系统状态也会依概率收敛到这些状态。为了解决此问题，我们通过参数 P 和 c 的设计，确定系统的收敛域，使得此收敛域中只包含目标态，即系统状态在此收敛域中可以在控制场的作用下唯一地收敛到目标态。

根据设计需求，参数 P 和 c 的设计需满足两个条件：

(1) 使得目标态的李雅普诺夫函数值 $V(\rho_t)$；

(2) 保证系统收敛域中的平衡点只包含目标态 ρ_f。

为了满足条件(1)，令

$$V(\rho_f) = 1 - \mathrm{tr}(\rho_f\rho_f) + c\mathrm{tr}^2(P\rho_f) = c\mathrm{tr}^2(P\rho_f) = 0 \tag{6.60}$$

可得

$$\mathrm{tr}(P\rho_f) = 0 \tag{6.61}$$

为了满足条件(2)，首先需分析不变集 $\mathcal{R}$ 中除目标态外的其他状态。当 $\rho_{\mathcal{R}}\neq 0$ 时，系统的所有平衡点 $\rho_{\mathcal{R}}$ 满足条件：

$$g(\rho_{\mathcal{R}}) = 2c\mathrm{tr}(P\rho_{\mathcal{R}})\mathrm{tr}(-\mathrm{i}[H_1,\rho_{\mathcal{R}}]P) - \mathrm{tr}(-\mathrm{i}[H_1,\rho_{\mathcal{R}}]\rho_f) = 0 \tag{6.62}$$

当系统的控制哈密顿量 H_1 和目标态 ρ_f 确定时，方程(6.62)的解仅与参数 P 和 c 有关，即通过参数 P 和 c 的选取可以确定系统不变集中的平衡点，从而确定系统的收敛域。

在 6.4.2.1 小节中，我们给出了本节控制的目标态形式，目的是保证方程(6.62)有可数个解，假设该方程除目标态 ρ_f 外还有 m 个解：$\{\rho_{\mathcal{R}1},\rho_{\mathcal{R}2},\cdots,\rho_{\mathcal{R}m}\}$，则不变集 $\mathcal{R}$ 中的状态为 $\{\rho_{\mathcal{R}1},\rho_{\mathcal{R}2},\cdots,\rho_{\mathcal{R}m},\rho_f\}$。

为了便于描述，定义：$V_{\max}:=\max\limits_{\rho\in S}V(\rho)$，表示位于状态空间 $\mathcal{S}$ 中的状态 ρ 的李雅普诺夫函数最大值；$\mathcal{Q}_{>\theta}:=\{\rho\in\mathcal{S}:\theta<V(\rho)<V_{\max}\}$，$\mathcal{Q}_{\leqslant\theta}:=\{\rho\in\mathcal{S}:0<V(\rho)<\theta\}$ 表示两类区域。令

$$\mathcal{Q} = \min[V(\rho_{\mathcal{R}i})] - V(\rho_{I_n}) > 0 \tag{6.63}$$

$$M = V(\rho_{I_n}) + \frac{\mathcal{Q}}{2} > 0 \tag{6.64}$$

其中，$\rho_{I_n}=\dfrac{1}{n}I$，I 为 $2^n\times 2^n$ 型单位矩阵，n 为量子比特数；$\rho_{\mathcal{R}i}\neq\rho_f$，$i=1,2,\cdots,m$ 为系统的 i 个平衡点。$\mathcal{Q}_{\leqslant M}$ 即为所设计的收敛域，显然，$0=V(\rho_f)<M<\min[V(\rho_{\mathcal{R}i})]$，即收敛域 $\mathcal{Q}_{\leqslant M}$ 中只包含目标态 ρ_f。P 和 c 的选取需使得式(6.63)和式(6.64)成立，即

$$0 = V(\rho_{I_n}) < \min[V(\rho_{\mathcal{R}i})] \tag{6.65}$$

由此，式(6.61)和式(6.65)即为参数 P 和 c 的两个选取条件。

6.4.2.3 开关控制策略

由 6.2.2 小节分析可知，在系统的收敛域 $\mathcal{Q}_{\leqslant M}$ 中，系统状态可以在控制场 $u(\rho_t)$ 的作用下收敛到目标态，为了使目标态可以从状态空间的任意初态收敛到目标态，我们设计了一个常量控制 $u_c=1$，用来驱动位于系统收敛域外的系统状态进入收敛域中，从而形成开关控制场 u_t，设计原理如图 6.4 所示，其中状态空间 S 被分为三个区域：最外层的白色区域 $\mathcal{Q}_{>M+\mathcal{Q}/4}$、中间蓝色区域 Φ 和内层黄色区域 $\mathcal{Q}_{\leqslant M}$。

结合图 6.4，本节所设计的开关控制场 u_t 的表达式为

$$u_t = \begin{cases} 1, & \text{当 } \rho_t\in\mathcal{Q}_{>M+\mathcal{Q}/4}\text{，或 } \rho_t\in\Phi \text{ 且 } \rho_t \text{ 是从区域 } \mathcal{Q}_{>M+\mathcal{Q}/4} \text{ 进入 } \Phi \text{ 时} \\ u(\rho_t) = -\dfrac{G(\rho_t)}{g(\rho_t)} - k_v g(\rho_t), & \text{当 } \rho_t\in\mathcal{Q}_{\leqslant M}\text{，或 } \rho_t\in\Phi \text{ 且 } \rho_t \text{ 是从区域 } \mathcal{Q}_{\leqslant M} \text{ 进入 } \Phi \text{ 时} \end{cases} \tag{6.66}$$

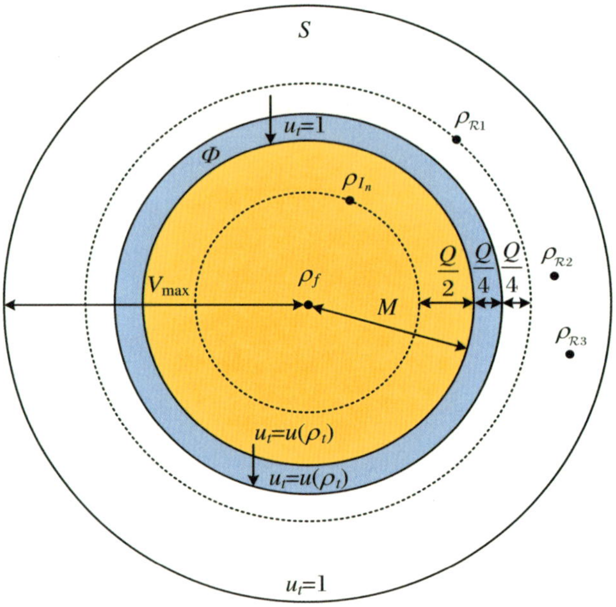

图 6.4　开关控制场设计原理图

对于系统不变集中的状态 $\mathcal{R}=\{\rho_{\mathcal{R}1},\rho_{\mathcal{R}2},\cdots,\rho_{\mathcal{R}m},\rho_f\}$，只有目标态 ρ_f 位于收敛域 $\mathcal{Q}_{\leqslant M}$ 内，其他状态位于 $\mathcal{Q}_{>M+Q/4}$ 区域内（图 6.4 中假设系统不变集中有四种状态），且 $\min[V(\rho_{\mathcal{R}i})]=V(\rho_{\mathcal{R}i})$。$\Phi$ 是一缓冲区域，其作用是让位于 $\mathcal{Q}_{\leqslant M}$ 和 $\mathcal{Q}_{>M+Q/2}$ 边界附近的系统状态不会因为微小的扰动而使系统频繁切换控制场。系统的状态转移过程可依据状态所处区域的不同分为以下两种情况：

（1）若系统状态一直处于 $\mathcal{Q}_{\leqslant M}$ 内，则控制场一直是 $u(\rho_t)$，由于 $\mathcal{Q}_{\leqslant M}$ 中只包含目标态 ρ_f 这一个平衡点，因此，系统状态会唯一地转移至目标态。

（2）当只有常量控制 $u_c=1$ 时，系统状态会在有限时间内收敛到 ρ_{I_n}（Cong et al.，2016b），因此，若系统状态在某一时刻位于 $\mathcal{Q}_{\leqslant M}$ 之外，则该状态在常量控制 $u_c=1$ 的作用下，一定可以转移至 $\mathcal{Q}_{\leqslant M}$ 内，并最终在控制场 $u(\rho_t)$ 的作用下转移至目标态。

6.4.3　系统数值仿真实验及其结果分析

本小节我们将所提出的控制方法（SFC）与 Wen 等人提出的全局稳定控制方法（global stabilization control，GSC）（Wen et al.，2018）进行性能对比的数值仿真实验，比较在不同目标态情况下的状态转移效果。我们选取 2 比特量子系统作为实验对象，进行两组实验：① 本征态到本征态的状态转移实验；② 叠加态到叠加态的状态转移实验。

在所有仿真实验中，系统参数设置为：测量算符 $L=\sigma_z\otimes I+I\otimes\sigma_z$，相互作用时间 $\Delta t=0.01$，测量效率 $\eta=0.5$，随机噪声 $\mathrm{d}W$ 的幅值为 0.05，采样总次数 $N=600$，系统自由哈密顿量 H_0 和控制哈密顿量 H_1 分别为

$$H_0=\sigma_z\otimes I+I\otimes\sigma_z=\begin{bmatrix}2&0&0&0\\0&0&0&0\\0&0&0&0\\0&0&0&-2\end{bmatrix}$$

$$H_1=\sigma_x\otimes I+I\otimes\sigma_x=\begin{bmatrix}0&1&1&0\\1&0&0&1\\1&0&0&1\\0&1&1&0\end{bmatrix}$$

其中，$\sigma_x=\begin{bmatrix}0&1\\1&0\end{bmatrix}$，$\sigma_z=\begin{bmatrix}1&0\\0&-1\end{bmatrix}$和 2×2 型单位矩阵 I 为 Pauli 算符。对于状态转移效果的衡量，采用保真度指标 $\mathrm{fidelity}(\rho_t,\rho_f)$，其定义为

$$\mathrm{fidelity}(\rho_t,\rho_f)=\mathrm{tr}\left(\sqrt{\sqrt{\rho_t}\,\rho_f\sqrt{\rho_t}}\right)\tag{6.67}$$

其中，ρ_t 为系统的演化状态，ρ_f 为状态转移的目标态。

6.4.3.1 本征态到本征态的状态转移实验

在本实验中，状态转移的初态设置为：$\rho_0=\mathrm{diag}\{[1,0,0,0]\}$，目标态设置为：$\rho_f=\mathrm{diag}\{[0,0,0,1]\}$，其中，$\mathrm{diag}\{[a,b,c,d]\}$表示对角元素分别为 a,b,c,d 的对角矩阵。结合参数 P 和 c 的选取条件式(6.61)和式(6.65)，取

$$P=\begin{bmatrix}1&-2&0&0\\-2&1&0&0\\0&0&0&0\\0&0&0&0\end{bmatrix},\quad c=2,\quad k_v=2$$

根据所给定的参数，通过式(6.62)计算，可以得到系统的四个平衡点中除了目标态以外的其他三个，分别为 $\rho_{\mathcal{R}1}=\mathrm{diag}\{[1,0,0,0]\}$，$\rho_{\mathcal{R}2}=\mathrm{diag}\{[0,1,0,0]\}$，$\rho_{\mathcal{R}3}=\mathrm{diag}\{[0,0,1,0]\}$。则根据式(6.63)和式(6.64)，可以计算出参数：

$$\mathcal{Q} = \min[V(\rho_{\mathcal{R}1}), V(\rho_{\mathcal{R}2}), V(\rho_{\mathcal{R}3})] - V(\rho_{I_n}) = 0.1700$$

$$M = V(\rho_{I_n}) + \frac{\mathcal{Q}}{2} = 0.9150$$

由此可以根据式(6.66)设计出所需要的控制场为：

(1) 当 $V(\rho_t)>0.9575$ 时，$u_t=1$；

(2) 当 $V(\rho_t)\leqslant 0.9150$ 时，$u_t=u(\rho_t)$；

(3) 当 $0.9150<V(\rho_t)\leqslant 0.9575$ 时，若 ρ_t 是从区域 $\mathcal{Q}_{\leqslant 0.9150}$ 进入缓冲区域 Φ，则 $u_t=u(\rho_t)$，否则 $u_t=1$。

数值实验结果如图 6.5 所示，其中，图 6.5(a)为李雅普诺夫函数 $V(\rho_t)$变化曲线；图 6.5(b)为控制场变化曲线；图 6.5(c)为无穷小算子 $\mathcal{L}V(\rho_t)$变化曲线；图 6.5(d)为保真度变化曲线；图 6.5(e)为利用 SFC 方法 ρ_t 中各对角元素变化曲线；图 6.5(f)为利用 GSC 方法 ρ_t 中各对角元素变化曲线。图中 SFC 为本节的控制方法，GSC 为文献(Wen et al.,2018)中的本征态控制方法。

从图 6.5 可以看出，SFC 方法在 65 次演化之前，$V(\rho_t)$大于 0.9150，因此控制为常量控制 $u_t=1$，在此控制下，状态 ρ_t 的变化最为迅速，即系统状态会迅速转移到 $\mathcal{Q}_{\leqslant 0.9150}$ 区域内；此后的 $V(\rho_t)$一直小于 0.9150，故系统状态一直处于 $\mathcal{Q}_{\leqslant 0.9150}$ 区域内，系统的控制一直为 $u_t=u(\rho_t)$，在此控制下，系统状态缓慢变化并不断趋向目标态，状态转移的保真度可达到 99%。实验的总体结论是：当状态转移的目标态是本征态时，虽然随机噪声给实验结果带来一定的不确定性，不过采用本节所提出的 SFC 方法和 GSC 方法都能实现控制任务，且控制效果大致相同。

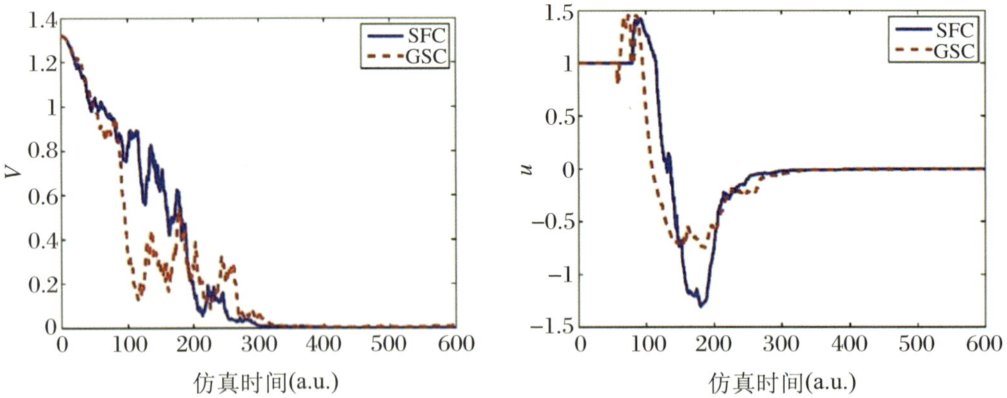

(a) 李雅普诺夫函数变化曲线　　(b) 控制律变化曲线

图 6.5　本征态到本征态状态转移实验结果

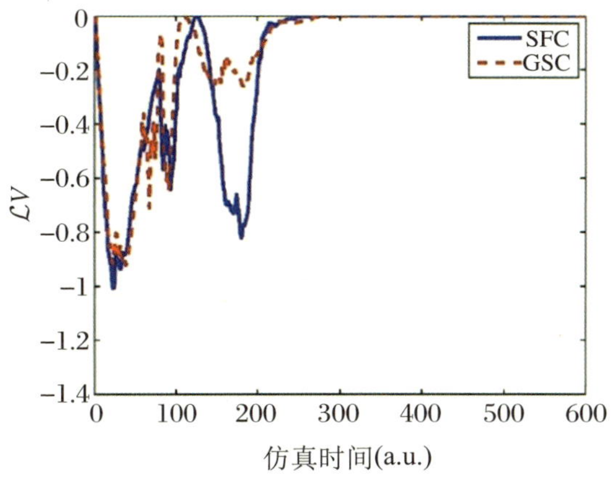

(c) $\mathcal{L}V(\rho_t)$ 变化曲线

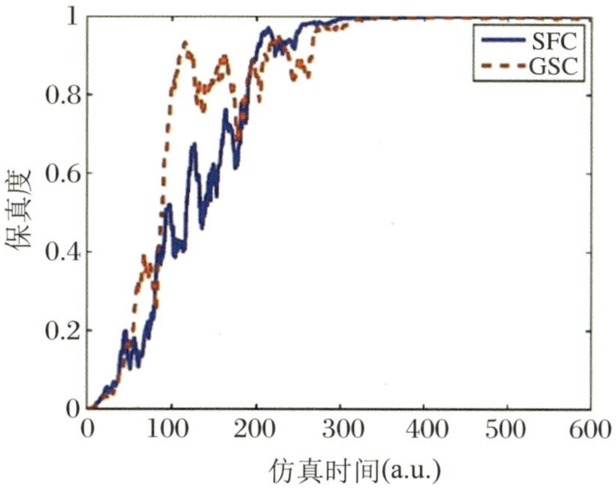

(d) 保真度变化曲线

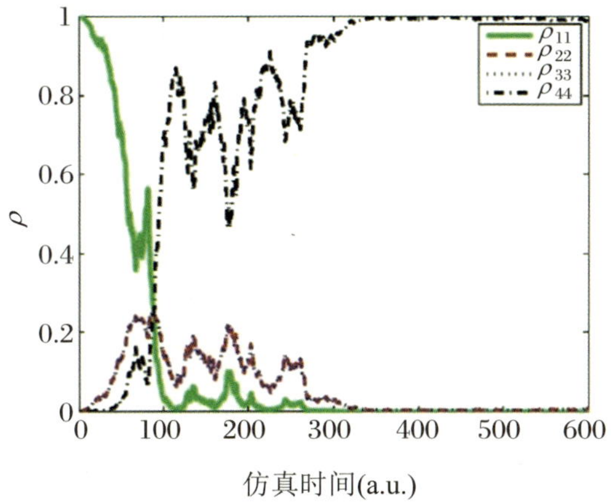

(e) SFC方法ρ_t变化曲线

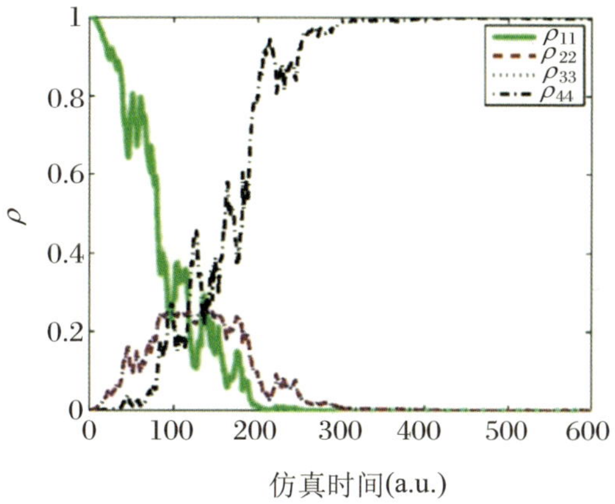

(f) GSC方法ρ_t变化曲线

续图 6.5 本征态到本征态状态转移实验结果

6.4.3.2 叠加态到叠加态的状态转移实验

本实验中，状态转移的初态 ρ_0 和目标态 ρ_f 均为叠加态：

$$\rho_0 = \begin{bmatrix} \frac{3}{8} & \frac{\sqrt{-15}}{8} \\ \frac{\sqrt{-15}}{8} & \frac{5}{8} \end{bmatrix} \otimes \begin{bmatrix} \frac{3}{8} & \frac{\sqrt{-15}}{8} \\ \frac{\sqrt{-15}}{8} & \frac{5}{8} \end{bmatrix}$$

$$
\approx \begin{bmatrix} 0.1406 & -0.1815 & -0.1815 & 0.2344 \\ -0.1815 & 0.2344 & 0.2344 & -0.3026 \\ -0.1815 & 0.2344 & 0.2344 & -0.3026 \\ 0.2344 & -0.3026 & -0.3026 & 0.3906 \end{bmatrix}
$$

$$
\rho_f = \begin{bmatrix} \frac{2}{3} & \frac{\sqrt{-2}}{2} \\ \frac{\sqrt{-2}}{2} & \frac{1}{3} \end{bmatrix} \otimes \begin{bmatrix} \frac{2}{3} & \frac{\sqrt{-2}}{2} \\ \frac{\sqrt{-2}}{2} & \frac{1}{3} \end{bmatrix}
$$

$$
\approx \begin{bmatrix} 0.4444 & -0.3143 & -0.3143 & 0.2222 \\ -0.3143 & 0.2222 & 0.2222 & -0.1571 \\ -0.3143 & 0.2222 & 0.2222 & -0.1571 \\ 0.2222 & -0.1571 & -0.1571 & 0.1111 \end{bmatrix}
$$

同样,结合参数 P 和 c 的选取条件式(6.61)和式(6.65),取

$$
P = \begin{bmatrix} 1 & \frac{\sqrt{2}}{2} & \frac{\sqrt{2}}{2} & 0 \\ 1 & \frac{\sqrt{2}}{2} & \frac{\sqrt{2}}{2} & 0 \\ 1 & \frac{\sqrt{2}}{2} & \frac{\sqrt{2}}{2} & 0 \\ 1 & \frac{\sqrt{2}}{2} & \frac{\sqrt{2}}{2} & 0 \end{bmatrix}, \quad c = 2, \quad k_v = 20
$$

根据所给定的参数,通过计算式(6.62),可以得到系统除了目标态以外的其他三个平衡点,分别为

$$
\rho_{\mathcal{R}1} = \begin{bmatrix} 0.5 & 0.5 \\ 0.5 & 0.5 \end{bmatrix} \otimes \begin{bmatrix} 0.5 & 0.5 \\ 0.5 & 0.5 \end{bmatrix} = \begin{bmatrix} 0.25 & 0.25 & 0.25 & 0.25 \\ 0.25 & 0.25 & 0.25 & 0.25 \\ 0.25 & 0.25 & 0.25 & 0.25 \\ 0.25 & 0.25 & 0.25 & 0.25 \end{bmatrix}
$$

$$
\rho_{\mathcal{R}2} = \begin{bmatrix} 0.5 & -0.5 \\ -0.5 & 0.5 \end{bmatrix} \otimes \begin{bmatrix} 0.5 & -0.5 \\ -0.5 & 0.5 \end{bmatrix} = \begin{bmatrix} 0.25 & -0.25 & -0.25 & 0.25 \\ -0.25 & 0.25 & 0.25 & -0.25 \\ -0.25 & 0.25 & 0.25 & -0.25 \\ 0.25 & -0.25 & -0.25 & 0.25 \end{bmatrix}
$$

$$\rho_{\mathcal{R}3} = \begin{bmatrix} \dfrac{4}{16-8\sqrt{2}} & \dfrac{4-4\sqrt{2}}{16-8\sqrt{2}} \\ \dfrac{4-4\sqrt{2}}{16-8\sqrt{2}} & \dfrac{12-8\sqrt{2}}{16-8\sqrt{2}} \end{bmatrix} \otimes \begin{bmatrix} \dfrac{4}{16-8\sqrt{2}} & \dfrac{4-4\sqrt{2}}{16-8\sqrt{2}} \\ \dfrac{4-4\sqrt{2}}{16-8\sqrt{2}} & \dfrac{12-8\sqrt{2}}{16-8\sqrt{2}} \end{bmatrix}$$

$$= \begin{bmatrix} 0.7286 & -0.3018 & -0.3018 & 0.1250 \\ -0.3018 & 0.1250 & 0.1250 & -0.0518 \\ -0.3018 & 0.1250 & 0.1250 & -0.0518 \\ 0.1250 & -0.0518 & -0.0518 & 0.0214 \end{bmatrix}$$

由此可以求出参数：

$$Q = \min[V(\rho_{\mathcal{R}1}), V(\rho_{\mathcal{R}2}), V(\rho_{\mathcal{R}3})] - V(\rho_{I_n}) = 0.0332$$

$$M = V(\rho_{I_n}) + \frac{Q}{2} = 0.8832$$

再根据式(6.66)设计出所需要的控制场为：

(1) 当 $V(\rho_t) > 0.8915$ 时，$u_t = 1$；

(2) 当 $V(\rho_t) \leqslant 0.8832$ 时，$u_t = u(\rho_t)$；

(3) 当 $0.8832 < V(\rho_t) \leqslant 0.8915$ 时，若 ρ_t 是从区域 $\mathcal{Q}_{\leqslant 0.8832}$ 进入缓冲区域 Φ，则 $u_t = u(\rho_t)$，否则 $u_t = 1$。

数值实验结果如图 6.6 所示，其中，图 6.6(a)为李雅普诺夫函数 $V(\rho_t)$变化曲线；图 6.6(b)为控制场变化曲线；图 6.6(c)为无穷小算子 $\mathcal{L}V(\rho_t)$变化曲线；图 6.6(d)为保真度变化曲线；图 6.6(e)为利用 SFC 方法 ρ_t 中各对角元素变化曲线；图 6.6(f)为利用 GSC 方法 ρ_t 中各对角元素变化曲线。SFC 为本节所提出的控制方法，GSC 为文献(Wen et al.,2018)中的本征态控制方法。

由图 6.6 可以看出，当状态转移的目标态是叠加态时，利用 GSC 方法无法从系统初态转移至目标态，不能完成控制任务，而本节提出的 SFC 方法是针对目标态为纯态的情况，可以完成控制任务。具体来看，系统状态的李雅普诺夫函数值 $V(\rho_t)$一直小于 0.8832，故系统状态一直处于 $\mathcal{Q}_{\leqslant 0.8832}$ 区域内，系统的控制一直为 $u_t = u(\rho_t)$，在此控制作用下，$V(\rho_t)$逐渐下降，状态转移的保真度逐渐上升并最终可达 99%，实现了系统目标态的转移任务。

本节提出了一种对随机开放量子系统纯态的开关反馈控制方法。在此之前，人们仅可实现对随机开放量子系统的本征态或特殊混合态的控制。本节给出了有关随机开放量子系统纯态开关反馈控制方法的完整设计过程，在 11.4 节中我们将把在线量子态估计应用其中，开发出可应用于实际实验中的基于在线估计状态的随机开放量子系统的纯态开关反馈控制。

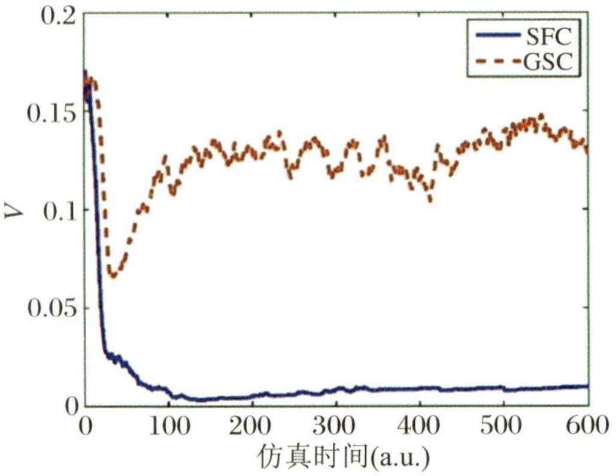

(a) 李雅普诺夫函数变化曲线

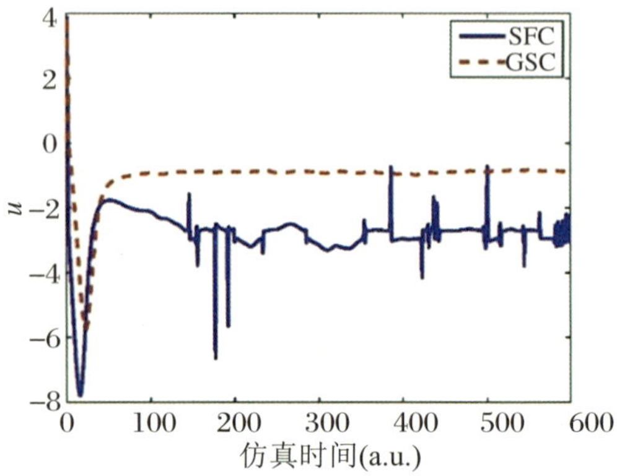

(b) 控制律变化曲线

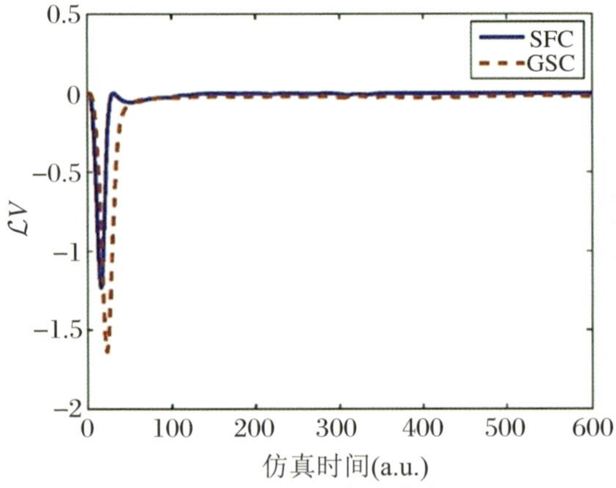

(c) $\mathcal{L}V(\rho_t)$ 变化曲线

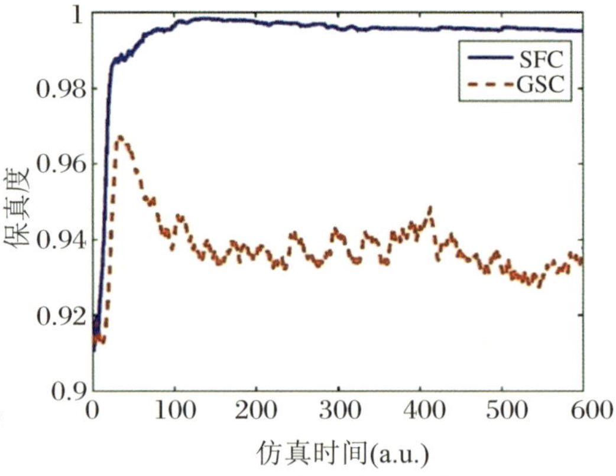

(d) 保真度变化曲线

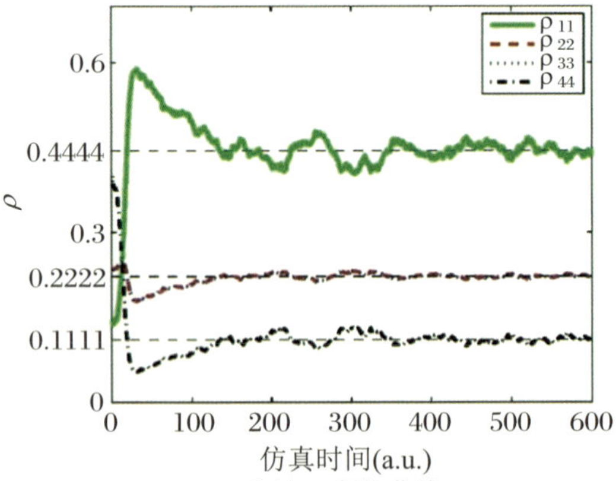

(e) SFC方法 ρ_t 变化曲线

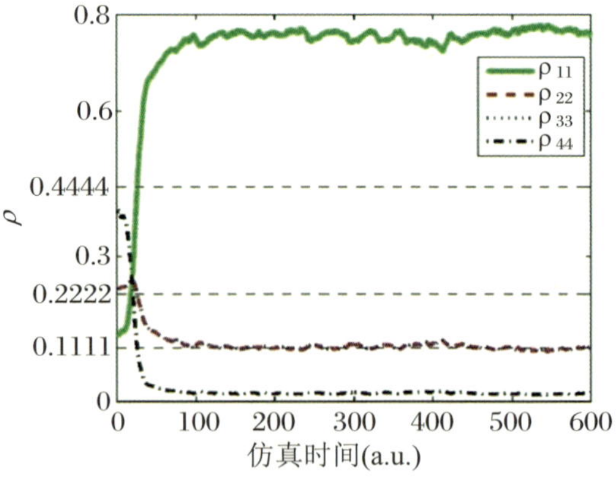

(f) GSC方法 ρ_t 变化曲线

图 6.6　叠加态到叠加态状态转移实验结果

6.5 混合态的收敛控制

在6.2及6.3节中，目标态均为本征态。本节将目标态选为一类混合态 $\rho_f = \begin{bmatrix} \rho_{f1} & 0 \\ 0 & 0 \end{bmatrix}$，其中 $\rho_{f1} = \begin{bmatrix} 0.5 & b \\ b^* & 0.5 \end{bmatrix}$，$\mathrm{tr}(\rho_f^2) < 1$。通过设计控制场，可以使系统状态从任意初态收敛到选定的混合态。

6.5.1 混合态的控制场设计

在本小节中，使用6.2.1.3小节对系统参数的设定，控制场的设计思路与方法与6.2.1小节相似，即主要基于李雅普诺夫定理和拉塞尔不变集定理设计控制场。

对于目标混合态 $\rho_f = \begin{bmatrix} \rho_{f1} & 0 \\ 0 & 0 \end{bmatrix}$，构造的李雅普诺夫函数为

$$\begin{aligned} V(\rho_t) &= V_1(\rho_t) + c\,\mathrm{tr}^2(P\rho_t) \\ &= \mathrm{tr}((\rho_t - \rho_f)^2) + c\,\mathrm{tr}^2(P\rho_t) \\ &= \mathrm{tr}(\rho_t^2) - 2\mathrm{tr}(\rho_t\rho_f) + \mathrm{tr}(\rho_f^2) + c\,\mathrm{tr}^2(P\rho_t) \end{aligned} \tag{6.68}$$

其中，$c \in \mathbf{R}$ 且 $c \geqslant 0$，$P = \begin{bmatrix} P_1 & 0 \\ 0 & 0 \end{bmatrix}$，$P_1 = \begin{bmatrix} p_{11} & p_{12} \\ p_{21} & p_{22} \end{bmatrix}$，满足 $\mathrm{tr}(P\rho_f) = 0$。

根据6.2.1.3小节的结果，b 为纯虚数，从而

$$\frac{1}{2}(p_{11} + p_{22}) = 2\Im(b) \cdot \Im(p_{21}), \quad \Im(p_{21}) \neq 0 \tag{6.69}$$

显然，$V_1 \geqslant 0$，因此，$V \geqslant 0$ 且 $V(\rho_f) = 0$，满足李雅普诺夫函数的要求，因此可以作为一个李雅普诺夫函数。

下面计算作用在 $V(\rho_t)$ 的 ρ_t 的无穷小算子 $\mathcal{L}V(\rho_t)$：

$$\begin{aligned} \mathcal{L}V(\rho_t) &= \mathcal{L}V_1(\rho_t) + c\mathcal{L}\mathrm{tr}^2(P\rho_t) \\ &= \mathcal{L}\mathrm{tr}(\rho_1^2) - 2\mathcal{L}\mathrm{tr}(\rho_t\rho_f) + c\mathcal{L}\mathrm{tr}^2(P\rho_t) \end{aligned} \tag{6.70}$$

为了计算 $\mathcal{L}\mathrm{tr}(\rho^2)$，这里使用 Ito 引理。根据 Ito 引理，有

$$\mathrm{dtr}(\rho_t^2) = \mathrm{tr}(2\rho_t(\widetilde{\alpha}(\rho_t) + \widetilde{\beta}(\rho_t)) + \widetilde{\delta}^2(\rho_t))\mathrm{d}t + 2\mathrm{tr}(\widetilde{\delta}(\rho_t)\cdot\rho_t)\mathrm{d}\omega_t \tag{6.71}$$

由于 $\mathrm{tr}(\rho_t[H_0,\rho_t]) = \mathrm{tr}(\rho_t[H_1,\rho_t]) = 0$，因此

$$\begin{aligned}\mathrm{tr}(\rho_t\widetilde{\alpha}(\rho_t)) &= \mathrm{tr}(\rho_t[L,\rho_t]L)\\ \mathrm{tr}(\rho_t\widetilde{\beta}(\rho_t)) &= 0\end{aligned} \tag{6.72}$$

从而，式(6.71)可以写成

$$\mathrm{dtr}(\rho_t^2) = \mathrm{tr}(2\rho_t[L,\rho_t]L + \widetilde{\delta}^2(\rho_t))\mathrm{d}t + 2\mathrm{tr}(\widetilde{\delta}(\rho_t)\cdot\rho_t)\mathrm{d}\omega_t \tag{6.73}$$

根据式(6.73)可得

$$\mathcal{L}\mathrm{tr}(\rho_t^2) = \mathrm{tr}(2\rho_t[L,\rho_t]L + \widetilde{\delta}^2(\rho_t)) \tag{6.74}$$

将式(6.10)、式(6.12)和式(6.74)代入式(6.70)可得

$$\begin{aligned}\mathcal{L}V(\rho_t) &= 2c\,\mathrm{tr}(P\rho_t)\mathrm{tr}(P\widetilde{\alpha}) + c\,\mathrm{tr}^2(P\widetilde{\delta}) + \mathrm{tr}(2\rho_t[L,\rho_t]L + \widetilde{\delta}^2(\rho_t))\\ &\quad + 2c\,\mathrm{tr}(P\rho_t)\mathrm{tr}(-\mathrm{i}H_1[\rho_t,P])u_t - 2\mathrm{tr}(-\mathrm{i}H_1[\rho_t,\rho_f])u_t\\ &= \widetilde{G}(\rho_t) + u_t\widetilde{g}(\rho_t)\end{aligned} \tag{6.75}$$

其中

$$\widetilde{G}(\rho_t) = 2c\,\mathrm{tr}(P\rho_t)\mathrm{tr}(P\widetilde{\alpha}) + c\,\mathrm{tr}^2(P\widetilde{\delta}) + \mathrm{tr}(2\rho_t[L,\rho_t]L + \widetilde{\delta}^2(\rho_t)) \tag{6.76}$$

$$\widetilde{g}(\rho_t) = 2c\,\mathrm{tr}(P\rho_t)\mathrm{tr}(-\mathrm{i}H_1[\rho_t,P]) - 2\mathrm{tr}(-\mathrm{i}H_1[\rho_t,\rho_f]) \tag{6.77}$$

设计控制场为

$$u_t = u(\rho_t) = -\frac{\widetilde{G}(\rho_t)}{\widetilde{g}(\rho_t)} - k_v\widetilde{g}(\rho_t) \tag{6.78}$$

其中，$k_v \in \mathbf{R}$ 且 $k_v > 0$，则变为

$$\mathcal{L}V(\rho_t) = -k_v\widetilde{g}^2(\rho_t) \leqslant 0 \tag{6.79}$$

根据拉塞尔不变集定理，对于任意初态，在控制场 $u(\rho_t)$ 的作用下，系统状态 ρ_t 收敛于不变集

$$\mathcal{R} = \{\rho_{\mathcal{R}}: \mathcal{L}V(\rho_{\mathcal{R}}) = 0\} = \{\rho_{\mathcal{R}}: \widetilde{g}(\rho_{\mathcal{R}}) = 0\} \tag{6.80}$$

根据 6.2.1.2 小节中对不变集的分析，只要 $p_{11} \neq p_{12}$，则 $\mathcal{R} = \{\rho_f, \rho_{I_2}, \rho_k, k = 3, \cdots, n\}$。特别地，当目标混合态为对角矩阵表示时，即 $b = 0$，则根据式(5.46)，$p_{11} = -p_{22}$。

根据以上结果和分析，当目标态为混合态时，有定理 6.3。

定理 6.3 对于系统(6.1)，系统状态 ρ_t 会从任意初态收敛到目标态 $\rho_f=\begin{bmatrix}\rho_{f1} & 0\\ 0 & 0\end{bmatrix}$，其中 $\rho_{f_1}=\begin{bmatrix}0.5 & b\\ b^* & 0.5\end{bmatrix}$，在下面的控制场 u_t 作用下：

(1) 当 $\rho_t\in\mathcal{Q}_{\geqslant M+Q/4}$ 时，$u_t=1$；

(2) 当 $\rho_t\in\mathcal{Q}_{\leqslant M}$ 时，$u_t=u(\rho_t)=-\dfrac{\widetilde{G}(\rho_t)}{\widetilde{g}(\rho_t)}-k_v\widetilde{g}(\rho_t)$；

(3) 当 $\rho_t\in\Phi=\mathcal{Q}_{<M+Q/4}\cap\mathcal{Q}_{>M}$ 时，如果 ρ_t 最后经过边界 $\mathcal{Q}_M$ 进入 Φ，则 $u_t=u(\rho_t)$，否则，$u_t=1$，

其中，$Q=\min\{V(\rho_t)\}-v(\rho_{I_n})$，$\rho_t\in\mathcal{R}$，$\rho_t\neq\rho_f$，$M=V(\rho_{I_n})+\dfrac{Q}{2}>0$。$u(\rho_t)$ 中的参数 $P=\begin{bmatrix}P_1 & 0\\ 0 & 0\end{bmatrix}$，其中 $P_1=\begin{bmatrix}p_{11} & p_{12}\\ p_{21} & p_{22}\end{bmatrix}$，对 P_1 的约束条件为：如果 $b=0$，则 $p_{11}=-p_{22}$，否则 $p_{11}\neq p_{22}$。如果 $b=0$，则参数 c 可取任意值，否则对参数 c 的约束条件为 $\dfrac{2n}{n+2}N<c<n(n+1)N$，其中 $N=\dfrac{1}{(p_{11}+p_{22})^2}$。

6.5.2 混合态的收敛性证明

本小节将证明定理 6.3，证明的过程和思路与定理 6.1 的证明过程相似，同样需要经过 6.2.2 小节所示的三步完成。

定理 6.3 证明的前两步与证明定理 6.1 的前两步相同，这里不再赘述。

下面证明第三步。首先证明只要参数 c 满足一定的条件，M 一定存在。对不变集 $\mathcal{R}$ 中的状态，有

$$\begin{cases}V(\rho_{I_n})=\operatorname{tr}(\rho_f^2)-\dfrac{1}{n}+c\cdot\dfrac{1}{n^2}(p_{11}+p_{22})^2\\ v(\rho_k)=1+\operatorname{tr}(\rho_f^2),\quad k=3,\cdots,n\\ V(\rho_{I_2})=\operatorname{tr}(\rho_f^2)-\dfrac{1}{2}+c\cdot\dfrac{1}{4}(\rho_{11}+\rho_{22})^2\end{cases}\tag{6.81}$$

根据 $V(\rho_{I_n})<V(\rho_{\mathcal{R}})$，$\rho_{\mathcal{R}}\in\mathcal{R}=\{\rho_f,\rho_{I_2},\rho_k,k=3,\cdots,n\}$，有

(1) 因为 $V(\rho_{I_n})<V(\rho_k)$,有 $c<n(n+1)N$,其中 $N=\dfrac{1}{p_{11}+p_{22}}$;

(2) 因为 $V(\rho_{I_n})<V(\rho_{I_2})$,有 $c>\dfrac{2n}{n+2}N$,

因此,在这种情况下,对 c 的约束条件是 $\dfrac{2n}{n+2}N<c<n(n+1)N$。由于 $\dfrac{2}{n+2}<n+1$ 成立,因此 c 一定存在,从而保证 M 的存在。

根据对 c 的约束,有

$$\begin{aligned}\min\{V(\rho_t),\rho_t\in\mathcal{R}\text{ 和 }\rho_t\neq\rho_f\} &= V(\rho_{I_n})+Q\\ &= M+\frac{Q}{2}>M+\frac{Q}{4}\end{aligned}\tag{6.82}$$

因此,对不变集 $\mathcal{R}$ 中的状态 $\rho_t\neq\rho_f$,$\rho_t\notin\mathcal{Q}_{\leqslant M+Q/4}$,从而 $\{\rho_t:\rho_t\in\mathcal{R}\cap\mathcal{Q}_{\leqslant M+Q/4}\}=\{\rho_f\}$,即收敛域 $\mathcal{Q}_{\rm cd}$ 中只包含目标态,且在控制场 $u(\rho_t)$ 作用下,系统状态只能收敛到 ρ_f,也就是

$$\mathbb{P}(\lim_{t\to\infty}\rho_t=\rho_f)=1\tag{6.83}$$

这样,同样经过三步完成定理 6.3 的证明。

6.5.3 数值实验及结果分析

本小节将对一个三维随机量子系统进行数值仿真实验,使用 6.5.1 小节中设计的控制场使该系统的一个混合态全局稳定,从而验证定理 6.3。

数值实验中系统参数设定为

$$H_0=\begin{bmatrix}1 & \mathrm{i} & 0\\ -\mathrm{i} & 1 & 0\\ 0 & 0 & -1\end{bmatrix},\quad H_1=\begin{bmatrix}0 & 1 & \mathrm{i}\\ 1 & 0 & 0.5\mathrm{i}\\ -\mathrm{i} & -0.5\mathrm{i} & 0\end{bmatrix},\quad L=\begin{bmatrix}1 & 0 & 0\\ 0 & 1 & 0\\ 0 & 0 & 2\end{bmatrix},\quad \eta=0.5$$

容易验证,系统参数符合 6.1 节中所列的设定条件,因此定理 6.3 适用于这个系统。

实验中,选择初态和目标态分别为

$$\rho_0=\begin{bmatrix}0 & 0 & 0\\ 0 & 1 & 0\\ 0 & 0 & 0\end{bmatrix},\quad \rho_f=\begin{bmatrix}0.5 & 0.4\mathrm{i} & 0\\ -0.4\mathrm{i} & 0.5 & 0\\ 0 & 0 & 0\end{bmatrix}$$

式(6.5)中的参数 $P=\begin{bmatrix} 1 & -2.5\mathrm{i} & 0 \\ 2.5\mathrm{i} & 3 & 0 \\ 0 & 0 & 0 \end{bmatrix}$，$c=0.1$，控制场(6.78)的参数 $k_v=0.5$，可以计算得到 $M=0.6922$，$Q=0.0556$。根据定理 6.3，对实验选定的系统，设计的控制场变为：

(1) 当 $V(\rho_t)\geqslant 0.7061$ 时，$u_t=1$。

(2) 当 $V(\rho_t)\leqslant 0.6922$ 时，$u_t=u(\rho_t)$。

(3) 当 $0.6922<V(\rho_t)<0.7061$ 时，如果 ρ_t 最后经过边界 $\mathcal{Q}_{0.6922}$ 进入 Φ，则 $u_t=u(\rho_t)$，否则 $u_t=1$。

数值实验的结果如图 6.7 所示。图 6.7(a)到图 6.7(e)分别为 5 次实验的控制场，ρ_{11}，ρ_{12}、ρ_{22}和 V 的变化曲线。图 6.7(f)为 10 次实验 V 的平均值变化曲线。在图 6.7 中，ρ_{11}，ρ_{12}和 ρ_{22}的曲线分别趋于 0.5,0.4 和 0.5，且控制场、V 及 V 的平均值最终都趋于零。

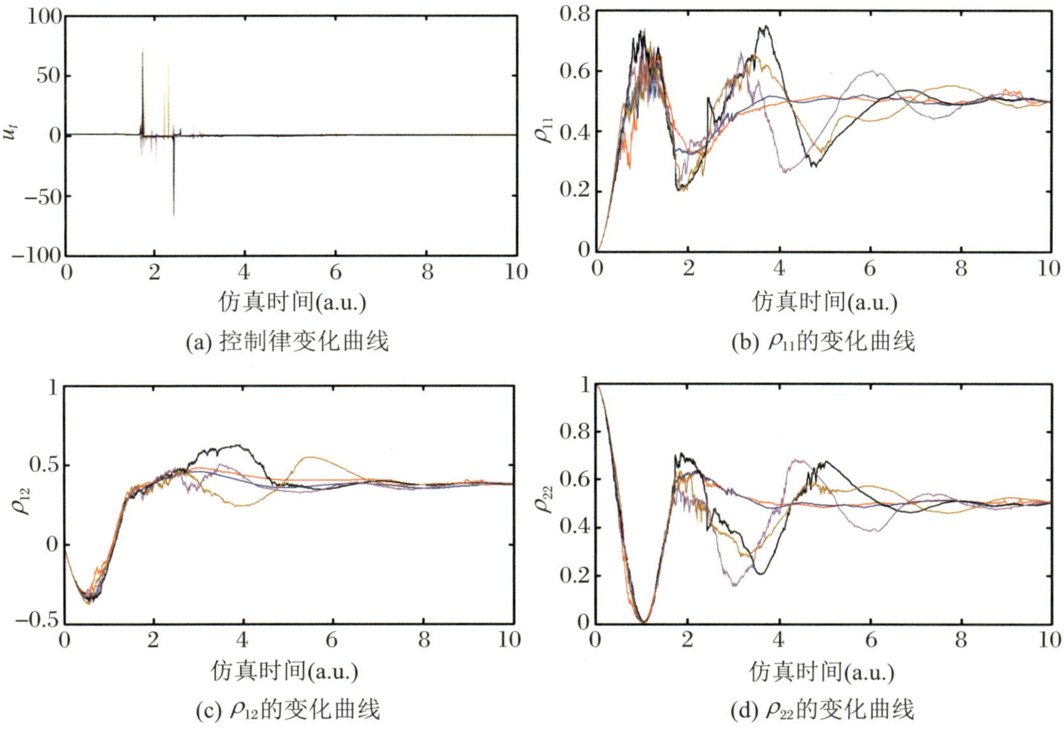

图 6.7　应用定理 6.3 的实验结果

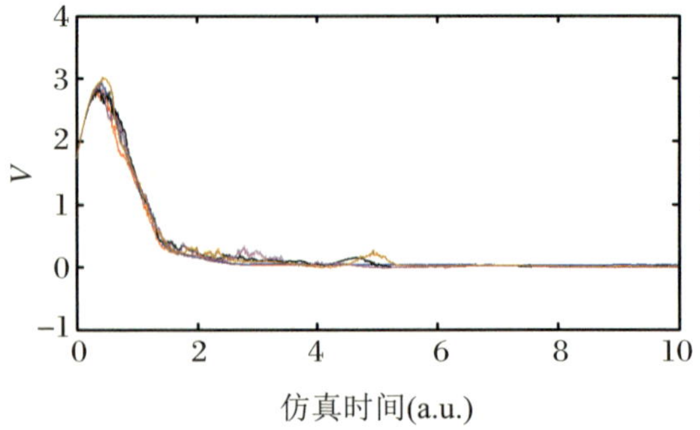

(e) V的变化曲线

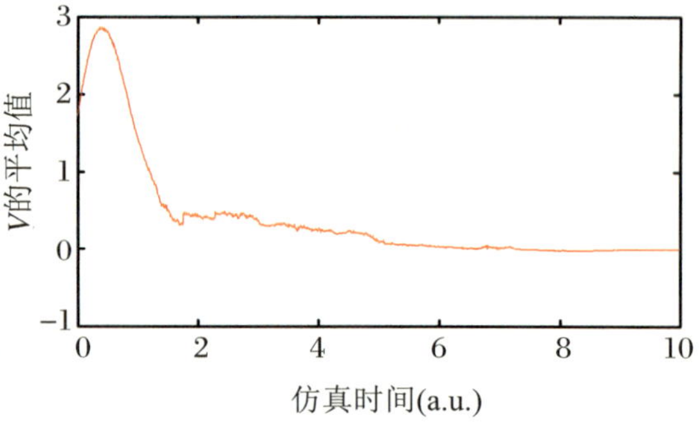

(f) V的平均值变化曲线

续图 6.7　应用定理 6.3 的实验结果

第 7 章

量子系统反馈跟踪控制

7.1 目标为系统自由演化轨迹的轨道跟踪控制

在经典控制系统中，变量 $x(t)$对目标变量 $x_f(t)$变化趋势的跟踪，一般是通过引入误差 $e(t)=x(t)-x_f(t)$，将跟踪问题变成误差的调节问题来解决的。那么对量子系统中的状态跟踪问题能否也通过这种方式解决呢？

7.1.1 跟踪问题描述

所研究的被控量子系统采用刘维尔方程表示的封闭量子系统：

$$\mathrm{i}\hbar\frac{\mathrm{d}}{\mathrm{d}t}\rho(t)=\left(H_0+\sum_m u_m H_m,\rho(t)\right),\quad \rho(0)=\rho_0 \tag{7.1}$$

其中，$\hbar=1$。

在量子系统状态跟踪控制中，目标系统的动态方程一般有两种，一种为

$$\mathrm{i}\hbar\frac{\mathrm{d}}{\mathrm{d}t}\rho_f(t)=f(t,\rho_f(t))$$

另一种为

$$\mathrm{i}\hbar\frac{\mathrm{d}}{\mathrm{d}t}\rho_f(t)=\left(H_0+\sum_m u_{rm} H_m,\rho_f(t)\right),\quad \rho_f(0)=\rho_{f0} \tag{7.2}$$

其中，u_{rm} 为目标系统的参考输入。

我们对式(7.2)所示的目标系统进行分析包括以下两点：

(1) 如果 $u_{rm}=0$，$\rho_f(t)$ 的轨迹表示被控系统(7.1)的自由演化轨迹，此时方程的解为

$$\rho_f(t)=U\rho_{f0}U^{\dagger},\quad U=\mathrm{e}^{-\mathrm{i}H_0 t} \tag{7.3}$$

因此，当 ρ_{f0} 满足条件 $[H_0,\rho_{f0}]=0$ 时，由式(7.3)即可得知 $\rho_f(t)\equiv\rho_{f0}$；如果 $[H_0,\rho_{f0}]\neq 0$，对于有限维量子系统，总是存在由能量本征态 $|n\rangle$ 组成的一组完全正交基，即 $H_0|n\rangle=E_n|n\rangle$，满足：

$$H_0=\sum_{n=1}^{N}E_n\,|n\rangle\langle n| \tag{7.4}$$

其中，E_n 是 H_0 的本征值，也是系统的能级。如果满足：$E_n=E_m$ 当且仅当 $m=n$，则称 H_0 具有非退化本征谱或者系统是非退化的。

为简单起见，假设量子系统在能量表象下，H_0 是一个对角矩阵，则 E_n 为其对角元，令 $\omega_{ij}=E_i-E_j$ 表示系统的能级差，则式(7.3)可以表示成

$$\begin{cases}(\rho_f)_{ii}=(\rho_{f0})_{ii}\\(\rho_f)_{ij}=\mathrm{e}^{-\mathrm{i}\omega_{ij}t}(\rho_{f0})_{ij}\end{cases} \tag{7.5}$$

从式(7.5)中可以看出，在系统的自由演化中，表征布居数的对角元是不变的，非对角元 $(\rho_f)_{ij}$ 是周期变化的，所以 $\rho_f(t)$ 是一个封闭的、周期运行的轨道，周期为 $\{T_{ij}=2\pi/\omega_{ij},\ i,j\in(1,\cdots,N),i\neq j\}$ 的最小公倍数。

(2) 如果 $u_{rm}\neq 0$，对 $\rho_f(t)$ 的轨迹特征要具体分析。

根据式(7.1)和式(7.2)所描述的系统，跟踪控制的任务是设计 $u_m(t)$ 使 $\rho(t)$ 的状态演化轨迹跟踪 $\rho_f(t)$ 的变化规律。

我们将通过把量子态跟踪问题转变为量子目标态与量子系统状态之间误差状态的调节问题。

7.1.2 跟踪控制场设计

首先我们考虑本节开始提出的问题，定义误差变量 $e(t)=\rho(t)-\rho_f(t)$。选取李雅谱诺夫函数：

$$V_1(\rho,\rho_f)=\frac{1}{2}\mathrm{tr}(e^2)=\frac{1}{2}\mathrm{tr}((\rho-\rho_f)^\dagger(\rho-\rho_f)) \tag{7.6}$$

可见，$V_1(\rho,\rho_f)\geqslant 0$，等号成立当且仅当 $\rho=\rho_f$。对 $V_1(\rho,\rho_f)$ 求一阶导数可得

$$\dot{V}_1(\rho,\rho_f)=\sum_m(u_m-u_{rm})\Re(\mathrm{tr}(\mathrm{i}H_m[\rho,\rho_f])) \tag{7.7}$$

根据 2.7 节中的李雅谱诺夫稳定性定理的条件，要使 $\dot{V}_1(\rho,\rho_f)\leqslant 0$，最简便的方法是令式(7.7)等号右边的和符号的每一项都小于等于 0，据此可得控制场表达式：

$$u_m=u_{rm}-k_m\Re(\mathrm{tr}(\mathrm{i}H_m[\rho,\rho_f])),\quad k_m>0 \tag{7.8}$$

其中，k_m 为控制增益，用来调节系统的收敛速度。

由控制场(7.8)可知，若在某一时刻 t_1，$\rho(t_1)=\rho_f(t_1)$，则 $u_m=u_{rm}$，被控系统(7.1)和目标系统(7.2)的运行轨迹重合。

如果目标系统的参考输入信号 $u_{rm}=0$，对这样的情况另外一种处理方式是引入 2.6 节中的相互作用绘景变换，对被控系统和目标系统同时进行变换：

$$\tilde{\rho}(t)=U^\dagger\rho(t)U,\quad \tilde{\rho}_f(t)=U^\dagger\rho_f(t)U \tag{7.9}$$

由于 $U(0)=U^+(0)=1(t=0)$，所以变换后系统的初态仍为 $\tilde{\rho}(0)=\rho_0$，$\tilde{\rho}_f(0)=\rho_{f0}$。且将目标系统的解式(7.3)代入方程(7.9)，可得相互作用绘景中的系统方程为

$$\begin{cases}\mathrm{i}\hbar\dfrac{\mathrm{d}}{\mathrm{d}t}\tilde{\rho}(t)=\left[\sum\limits_m u_mH_m(t),\tilde{\rho}(t)\right], & \tilde{\rho}(0)=\rho_0\\ \mathrm{i}\hbar\dfrac{\mathrm{d}}{\mathrm{d}t}\tilde{\rho}_f(t)=0, & \tilde{\rho}_f(0)=\rho_{f0}\end{cases} \tag{7.10}$$

其中，$H_m(t)=U^\dagger H_mU$。方程(7.10)是跟踪问题的又一描述，显然可以看出：

(1) 在原目标系统(7.2)中，目标状态 $\rho_f(t)$ 的轨迹遵循刘维尔方程自由演化轨迹，因此目标系统本身是一个和时间有关的、非固定的点。经过绘景变换后的新系统(7.10)

中，目标系统的轨迹变成了一个与时间无关的、固定的点，它是一个常量且等于其初值 ρ_{f0}。

(2) 幺正变化后，原控制哈密顿量 H_m 由一个非时变的量变成了一个时变函数 $H_m(t)$，在相互作用绘景中决定着量子态的演化。

(3) 原系统是一个自治系统，变换后的系统为非自治的。

对式(7.10)所示的系统，控制任务变成状态转移，选择基于状态距离的李雅谱诺夫函数：

$$V_2(\rho) = \frac{1}{2}\mathrm{tr}((\tilde{\rho} - \rho_{f0})^{\dagger}(\tilde{\rho} - \rho_{f0})) \tag{7.11}$$

其关于时间的一阶导数为

$$\dot{V}_2(\rho) = \sum_m u_m \Re(\mathrm{tr}(\mathrm{i}H_m(t)[\tilde{\rho}, \rho_{f0}])) \tag{7.12}$$

控制场为

$$u_m = -k_m \Re(\mathrm{tr}(\mathrm{i}H_m(t)[\tilde{\rho}, \rho_{f0}])), \quad k_m > 0 \tag{7.13}$$

由以上分析可知，这里进行的绘景变换有两层含义：其一就是希尔伯特空间基矢组的转动。可以理解为一个幺正算符带来的状态在不同表象下的表示，系统的一切物理性质不变。其二是变换后的系统方程(7.10)中只含有控制哈密顿项，在控制场设计过程中的式(7.12)中因为没有 H_0 项的干扰，所以更容易判断一阶导数的正负，方便控制场求解。

分析对跟踪问题两种不同处理方式得到的控制场(7.8)和(7.13)，将 $H_m(t)$ 的表达式代入式(7.13)，并由迹运算的轮换性可得：$u_m = -k_m\Re(\mathrm{tr}(\mathrm{i}H_m(t)[\tilde{\rho}, \rho_{f0}])) = -k_m \cdot \Re(\mathrm{tr}(\mathrm{i}\mathrm{e}^{\mathrm{i}H_0 t}H_m\mathrm{e}^{-\mathrm{i}H_0 t}[\tilde{\rho}, \rho_{f0}])) = -k_m\Re(\mathrm{tr}(\mathrm{i}H_m[\rho, \rho_f(t)]))$，因此，当 $u_{rm} = 0$ 时，从数学上看，两个控制场产生的控制函数是等价的。不同之处在于，从控制场的设计过程来看，借助误差变量消除了 H_0 项对判断李雅谱诺夫函数一阶导数的符号的影响，且不改变原被控系统(7.1)是自治系统这一事实，且方便处理目标系统参考输入不为零的情况。而引入相互作用绘景变换，使自治系统变成了非自治的，不过在 7.3 节中将会看到，这种处理方便了系统的收敛性分析。

7.1.3 系统仿真实验及其结果分析

在 7.1.2 小节的分析中我们已经知道，不管是引入误差还是引入相互作用绘景变换本质上都是一样的，控制场的作用也是等价的，因此在仿真实验过程中，我们只考虑控制场(7.8)作用下的实验结果。这里定义性能指标

$$v = \mathrm{tr}(e^2) = \mathrm{tr}[(\rho - \rho_f)^\dagger(\rho - \rho_f)] \tag{7.14}$$

来衡量跟踪控制中的精度。

本小节中为了验证控制场实现状态跟踪的效果，进行两组实验，实验1：针对一个二能级系统完成状态轨迹跟踪，分析跟踪性能；实验2：在一个高维系统（四能级）中实现对量子系统自然轨迹的完全跟踪，分析不同系统结构下的跟踪性能差别及原因。

7.1.3.1 二能级系统的状态跟踪轨道的周期性及其跟踪性能的实验

考虑一个二能级系统在单控制场下的作用，$H_0 = \sigma_z/2$，$H_1 = \sigma_x$，其中 $\sigma_i (i = x, y, z)$ 为泡利矩阵。系统(7.1)的初始状态为 $|\psi_0\rangle = \sqrt{1/3}|0\rangle + \sqrt{2/3}|1\rangle$，目标系统(7.2)的初态由 $|\psi_f\rangle = \sqrt{1/8}|0\rangle + \sqrt{7/8}|1\rangle$ 给出。实验中时间步长 $\Delta t = 0.01$。选取控制场为式(7.8)，其中控制增益 $k = 1$。

当目标系统的参考输入 $u_r = 0$ 时，目标系统的状态运行轨迹是周期的，且由7.2.1小节分析可知，在本例中该周期 $T = 2\pi$。目标系统参考输入为零($u_r = 0$)时，系统状态对目标轨迹的跟踪实验结果如图7.1所示，其中，图7.1(a)描述的是跟踪曲线，圆圈“∘”代表状态轨迹的起点，星号“ * ”代表终点；红色实线是被控系统的状态演化，蓝色虚线表示目标系统的演化轨迹。图7.1(b)是性能指标的演化曲线以及控制场，在 $t_f = 15$ 时，跟踪精度 $v = 5.96 \times 10^{-12}$。

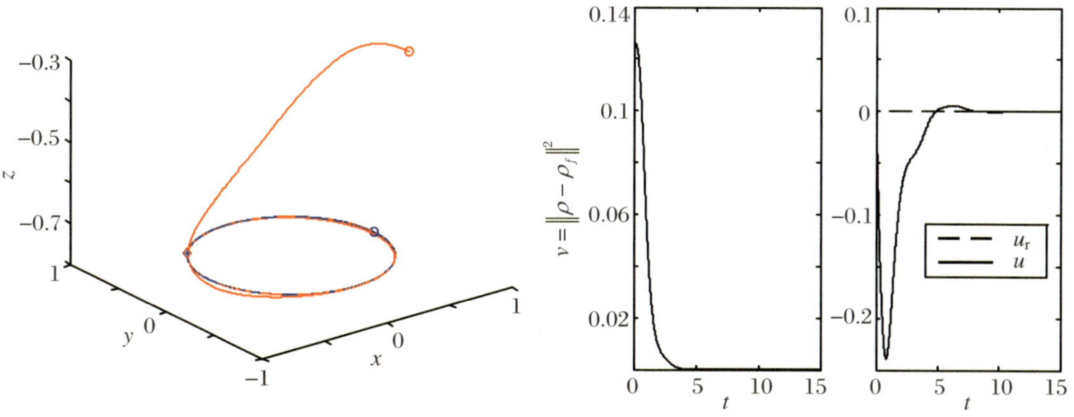

(a) 系统状态跟踪轨迹图　　(b) 状态轨迹跟踪性能及控制场

图7.1　目标系统参考输入为零($u_r = 0$)时系统对目标轨迹的跟踪实验结果

当目标系统的参考输入不为零时，我们以 $u_r = \frac{1}{8}\sin\frac{2\pi t}{30}$ 为例，仿真实验结果如图7.2

所示，在图 7.2(a)中可以看出红色系统状态轨迹与蓝色目标轨迹的重合，在图 7.2(b)中，当 $t_f=15$ 时，跟踪精度可达 $v=8.52\times10^{-10}$，并且实现跟踪之后，这里被控系统的控制场并不会为零，也遵循目标参考输入的变化。

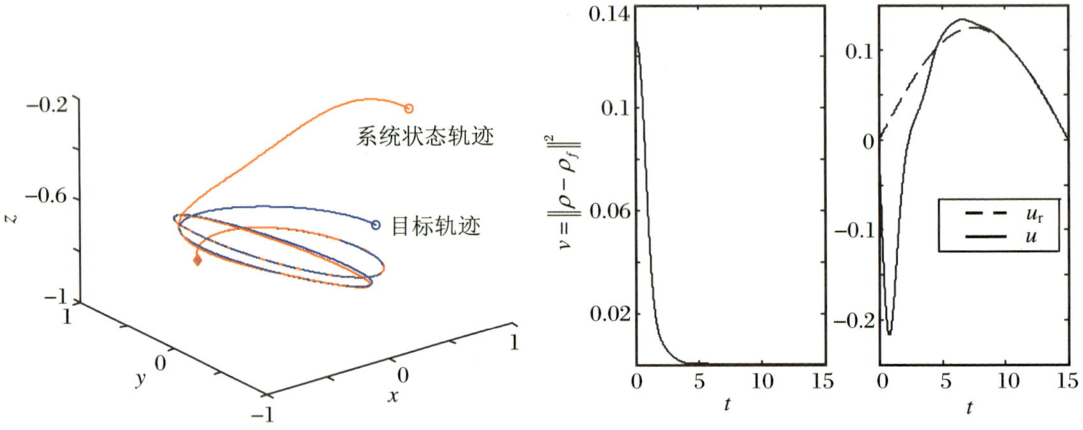

(a) 系统状态跟踪轨迹图　　(b) 状态轨迹跟踪性能及控制场

图 7.2　目标系统参考输入不为零$\left(u_r=\frac{1}{8}\sin\frac{2\pi t}{30}\right)$时系统对目标轨迹的跟踪实验结果

需要注意的是，基于李雅谱诺夫稳定性定理来实现的控制任务，其中最显著的特点就是若将李雅谱诺夫函数作为性能指标，它是单调递减的，强调的是控制过程的一个特征。而在系统控制中，这种特征非常适合于处理跟踪的问题。

在图 7.2 中，u_r 是一个慢变函数，其变化周期 $T=30$，若选择 $u_r=\frac{1}{8}\sin\frac{2\pi t}{3}$，控制场周期 $T=3$，状态跟踪曲线如图 7.3 所示。

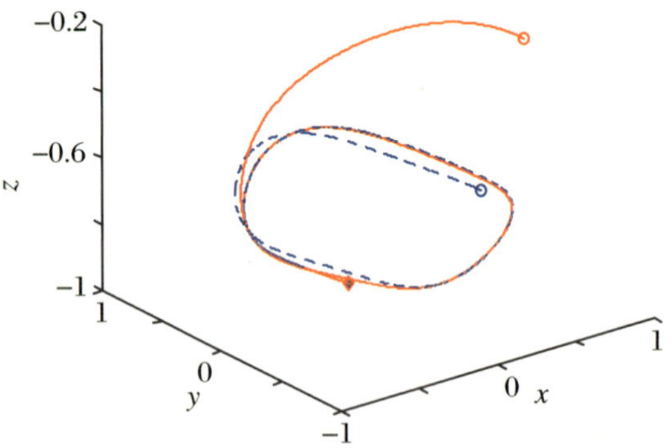

图 7.3　目标系统参考输入不为零$\left(u_r=\frac{1}{8}\sin\frac{2\pi t}{3}\right)$时对目标轨迹的跟踪

7.1.3.2 四能级系统的实验以及分析系统向目标态的收敛情况

考虑四能级 Morse 振荡的 HF 分子模型，自由哈密顿量如式(7.4)所示，且

$$E_n = \hbar\omega_0\left(n - \frac{1}{2}\right)\left[1 - \frac{1}{2}\left(n - \frac{1}{2}\right)B\right]$$

其中，B 是一个小的正实数，这里选择 $B = 0.0419$，$\omega_0 = 7.8 \times 10^{14}\ \mathrm{s}^{-1}$。计算可得相对应的能级分别为 $E_1 = 0.4948$，$E_2 = 1.4592$，$E_3 = 2.3691$，$E_4 = 3.2434$，单位均为$\hbar\omega_0$。对应于 E_n 的本征态为$|n\rangle$。

在本实验中，我们只考虑 $u_r = 0$ 的情况。将相互作用哈密顿量 H_m 按照H_0 的正交基展开，可表示为

$$H_m = \sum_{k,l=1} d_{k,l} \mid k\rangle\langle l \mid \tag{7.15}$$

其中，$d_{k,l} \neq 0$ 对应着第 k 和l 能级之间的跃迁。

当 $k = l$ 时，一般设 $d_{k,l} = 0$。在本例中，首先选择一个全连接形式的控制哈密顿量：$H_1 = [0\ 1\ 1\ 1;1\ 0\ 1\ 1;1\ 1\ 0\ 1;1\ 1\ 1\ 0]$。这种在任意两个能级之间都允许存在能级跃迁的哈密顿量结构叫作全连接形式的控制哈密顿。

在本例中，选择$|\psi_0\rangle = \sqrt{1/8}|1\rangle + (1/2)|2\rangle + (1/2)|3\rangle + \sqrt{1/8}|4\rangle$，$\rho_{f0} = \mathrm{diag}(1,0,0,0)$。控制任务为被控系统从一个叠加态出发跟踪系统(7.2)的状态演化轨迹。在控制场(7.8)中选取控制增益 $k = 0.1$。仿真结果如图 7.4 所示。

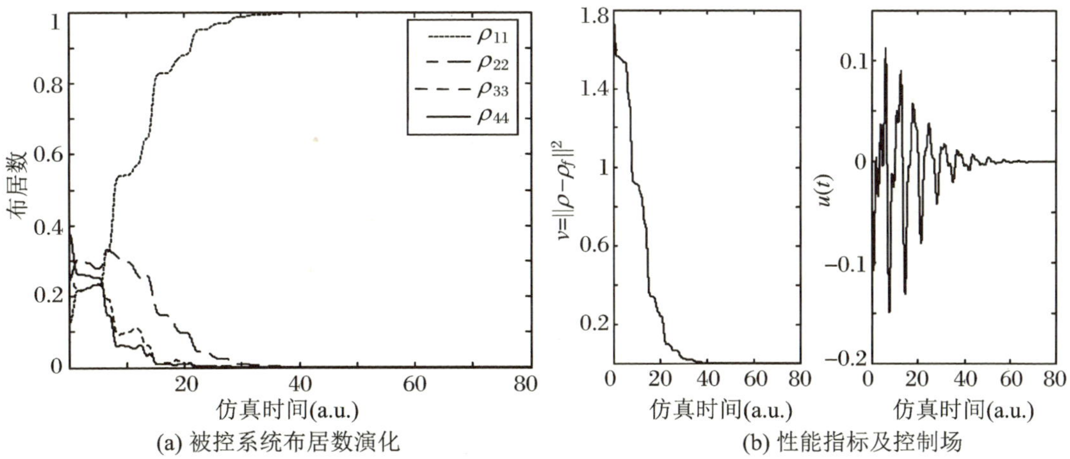

图 7.4 被控系统从叠加态出发跟踪目标本征态的实验仿真结果

图 7.4(a)为系统状态布居数的演化曲线,图 7.4(b)为状态距离以及控制场的变化。实验中,在 $t_f=80$ 时,跟踪精度可达 $v=9.77\times10^{-7}$。可见在控制场的作用下,被控系统能实现对目标系统的完全跟踪。

针对同样的控制任务,且不改变控制参数,选取不同的控制哈密顿量,我们来观察跟踪性能,仿真实验结果如图 7.5 所示。比较图 7.5(a)和图 7.5(b),尽管图 7.5(b)中的控制哈密顿量允许更多能级之间的连接,但是却无法使系统收敛到期望的目标态;而在图 7.5(a)中,虽然只允许能级 1 和其他的三个能级之间有跃迁关系,却能够使系统收敛到目标本征态。将图 7.5(a)和图 7.4 进行比较,说明即便控制哈密顿量不是全连接的,系统也可以到达期望的目标态。

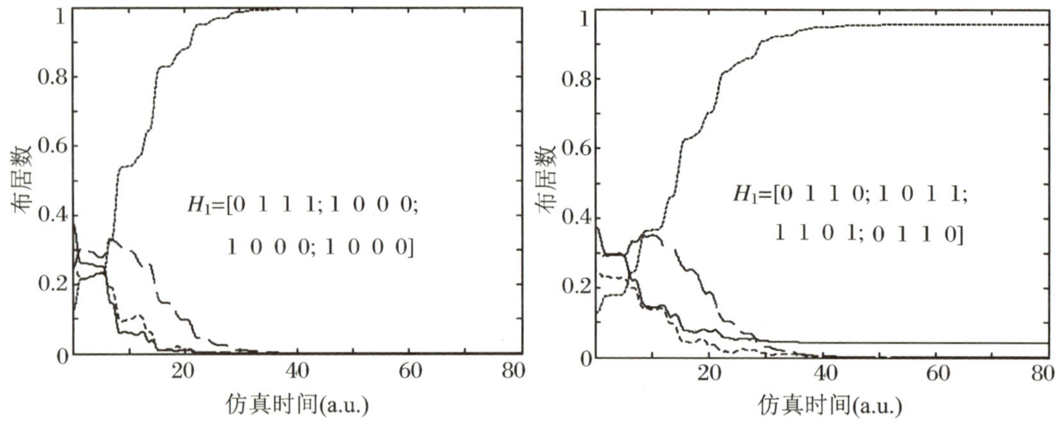

(a) 被控系统布居数演化　　(b) 被控系统布居数演化

图 7.5　四能级量子系统在不同控制哈密顿量作用下的收敛结果

我们再来看一个例子,被控系统(7.1)的初态选为 $\rho_0=\mathrm{diag}(0,1,0,0)$,目标系统初态同样选为 $\rho_{f0}=\mathrm{diag}(1,0,0,0)$,控制参数与图 7.4 的例子一样。系统仿真实验结果如图 7.6 所示。

在图 7.6 中,系统初态为哈密顿量的第二个本征态 $|2\rangle$,目标初态仍为第一个本征态 $|1\rangle$,尽管控制哈密顿量结构只允许一能级和二能级之间有能量跃迁,但是从图 7.6(a)中却可以得到系统收敛于目标态的结果。图 7.6(b)显示了实现该控制任务的控制场和状态距离演化曲线,其中,$t_f=150$ 时 $v=1.93\times10^{-5}$。

对比图 7.5(b)和图 7.6 的实验,前者的控制哈密顿量结构包含了后者,同样的系统、目标态以及控制参数,但是图 7.5(b)无法到达目标态,图 7.6 中系统却可以收敛到目标态,这种现象的出现是系统能否收敛的问题带来的,收敛性将在 7.2 节中做详细分析。由图 7.5 和图 7.6 实验也可得知,系统的收敛不仅和目标态有关也和被控系统的初始状态有关。

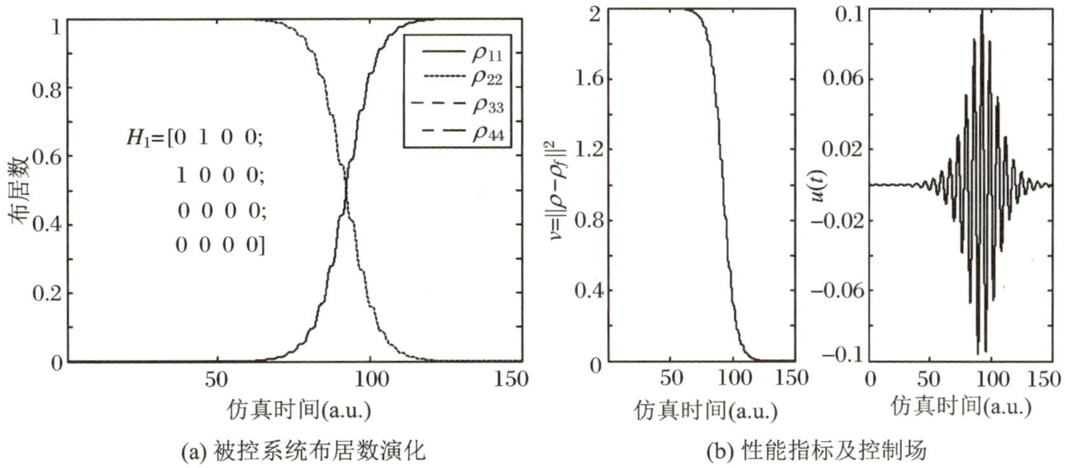

图 7.6　四能级量子系统中本征态到本征态的跟踪实验结果

7.2　跟踪自由演化目标轨迹的收敛性分析

在 7.1 节中，当目标系统(7.2)中参考输入 $u_{rm}=0$ 时，可以通过相互作用绘景变换将目标系统变成一个定态，如系统(7.10)所示。在不引起混淆的情况下，将系统(7.10)中状态符号上面的"～"去掉，将变换后的系统重新描述如下：

$$\begin{cases} \mathrm{i}\hbar\dfrac{\mathrm{d}}{\mathrm{d}t}\rho(t) = \left[\sum\limits_m u_m H_m(t),\rho(t)\right], & \rho(0) = \rho_0 \\ \mathrm{i}\hbar\dfrac{\mathrm{d}}{\mathrm{d}t}\rho_f(t) = 0, & \rho_f(0) = \rho_{f0} \end{cases} \tag{7.16}$$

其中，$H_m(t)=U^\dagger H_m U$，$U=\mathrm{e}^{-\mathrm{i}H_0 t}$。本节中，我们基于这样一个系统，讨论对自由演化目标轨迹进行跟踪时，系统的收敛性问题。

7.2.1 不同目标态的收敛性分析

在这一节中为了分析收敛条件，选择基于虚拟力学量的李雅谱诺夫函数为

$$V(\rho) = \mathrm{tr}(P\rho) \tag{7.17}$$

其中，P 是一个虚拟的观测算符，不一定时刻都对应一个实际的可观测量，所以不必为正定，P 也叫作虚拟力学量。

对式(7.17)求导可得

$$\dot{V}(\rho,t) = -\sum_m u_m \mathrm{tr}(\mathrm{i}H_m(t)[\rho,P]) \tag{7.18}$$

从而可得控制场

$$u_m = k_m \mathrm{tr}(\mathrm{i}H_m(t)[\rho,P]), \quad k_m > 0 \tag{7.19}$$

比较式(7.12)和式(7.18)，这是基于同样的被控系统不同的李雅谱诺夫函数得到的结果，式(7.12)中的 ρ_{f0} 被虚拟观测算符 P 取代，增加了控制场的可控参数。

在控制场(7.19)的作用下，目标态是稳定的，不能保证系统一定收敛到目标态。要想使得所设计的控制系统状态能够完全转移，必须对系统进行进一步的分析来得到使系统能够收敛的条件，此条件可以指导人们设计出保证系统状态的完全转移。下面我们对此进行研究。

从分析收敛性的角度来看，我们将目标态按照其密度矩阵的形式分为对角的和非对角的两类。对角的目标态，包括本征态和部分混合态。如果将系统表示在其内部哈密顿量 H_0 的本征坐标下，H_0 是一个对角矩阵，所以当 ρ_{f0} 为一个对角形式的密度矩阵时，$[H_0,\rho_{f0}]=0$ 的条件满足，目标系统为一个定(不动)态。关于本征态的收敛性问题迄今为止已经得到很好的解决(Kuang，Cong，2010a；Wang，Schirmer，2010a)，目标态为对角混合态的情况也有了一定的研究成果(Kuang，Cong，2010b)。非对角目标态包括叠加态和部分混合态，这一类量子态的收敛性问题至今尚未得到充分解决。

在已有的研究成果中，拉萨尔不变集原理(LaSalle，Lefschetz，1961)常用来分析自治系统的收敛性，系统收敛的结论基于两个假设：

假设 7.1 H_0 是强正则的，即所有的转移频率是不相同的，$\omega_{jk} \neq \omega_{pq}$，$(j,k) \neq (p,q)$，其中 $\omega_{jk} = E_j - E_k$，E_j 是 H_0 的本征值。

假设 7.2 H_m 是全连接的，H_m 取遍 $\{\hbar h_{kl} : h_{kl} = |k\rangle\langle l| + |l\rangle\langle k|, k<l\}$ 中的元

素，其中$|k\rangle$是E_k对应的本征态。

显然，满足假设7.1和假设7.2的被控系统(7.16)是完全可控的，这一点可以通过计算$\{-\mathrm{i}H_0,-\mathrm{i}H_1,\cdots,-\mathrm{i}H_m\}$生成的李代数的维数来确定(Fu et al.，2001)。

针对本节所研究的系统(7.16)，绘景变换导致了系统是非自治的，拉塞尔不变集原理失效，此时可以用类李雅谱诺夫引理来分析系统的稳定特性。同样基于上面两个假设，李雅谱诺夫函数(7.17)满足2.7节中李雅普诺夫稳定性的条件：① 选择P为一个厄米矩阵，则$V(\rho)=\mathrm{tr}(P\rho)$是有下界的，这一点将在下面的设计过程中一一说明；② 它的一阶导数在控制场(7.19)的作用下是半负定的；③ 定理中第三个条件可以用二阶导数存在且连续来代替，在本节中$\ddot{V}(\rho,t)=-\sum_m u_m\{\mathrm{tr}(\mathrm{i}\dot{H}_m(t)[\rho,P])+\mathrm{tr}(\mathrm{i}H_m(t)[\dot{\rho},P])\}$是输入输出有界的，所以$\dot{V}(\rho,t)$是一致连续的。

根据2.7节中的分析，非自治系统(7.16)的解$\rho(t)$的正极限集是集合$\mathcal{R}_1$的一个子集，其中：

$$\mathcal{R}_1=\{\rho_s:\dot{V}(\rho_s,t)=0,\forall t\}=\{\rho_s:\mathrm{tr}(\mathrm{i}H_m(t)[\rho_s,P])=0,\forall m,t\}\quad(7.20)$$

由控制场(7.19)的形式可得，当状态ρ_s属于集合$\mathcal{R}_1$时，$u_m=0$。对于非自治系统来说，假设在t_0时刻，系统状态$\rho(t_0)\in\mathcal{R}_1$，$u_m=0$，则在$t_1>t_0$时刻，系统演化方程变成$\dot{\rho}=0$，所以$\rho(t_1)=\rho(t_0)$，即一旦状态进入极限集，系统将一直停留在该集合内，因此集合$\mathcal{R}_1$就是系统的最大不变集。此外，由上述分析也可得知，系统状态将一直稳定在进入不变集时的状态$\rho(t_0)$，即集合$\mathcal{R}_1$中的状态都是系统的平衡点。可见，相互作用绘景变换后的系统比较容易分析系统的稳定特性。

观察集合$\mathcal{R}_1$，这并不是一个显式的表达，不能给出关于系统稳态解的有用信息，只从式(7.20)的形式来看，集合中的状态有无数个，但是根据假设7.1和假设7.2，自由哈密顿量强正则以及控制哈密顿量是全连接的，这样的条件限制了集合$\mathcal{R}_1$中的状态是可数的，可以得到命题7.1：

命题7.1 给定系统(7.1)满足假设7.1和假设7.2，极限集$\mathcal{R}_1$可以简化为：$\mathcal{R}_1=\{\rho_s:[\rho_s,P]=D\}$，其中，$D$是一个对角阵。

证明 根据假设7.2，控制哈密顿量可以表示成$H_m=H_{kl}=|k\rangle\langle l|+|l\rangle\langle k|$，则$H_m(t)=\mathrm{e}^{\mathrm{i}H_0t}(|k\rangle\langle l|+|l\rangle\langle k|)\mathrm{e}^{-\mathrm{i}H_0t}=\mathrm{e}^{\mathrm{i}\omega_{kl}t}|k\rangle\langle l|+\mathrm{e}^{-\mathrm{i}\omega_{kl}t}|l\rangle\langle k|$。由假设7.1，$H_0$是强正则的，故而$\omega_{kl}\neq0$。

将$H_m(t)$的表达式代入方程(7.20)可以得到

$$\mathrm{e}^{\mathrm{i}\omega_{kl}t}\langle l|[\rho_s,P]|k\rangle+\mathrm{e}^{-\mathrm{i}\omega_{kl}t}\langle k|[\rho_s,P]|l\rangle=0$$

令 $A=[\rho_s,P]$，因为 P 是一个厄米矩阵，可得 A 是一个斜厄米矩阵，则 $\langle l|[\rho_s,P]|k\rangle=0$ 成立，可得 $([\rho_s,P])_{kl}=0$。由于 H_m 是全连接的，所以 $([\rho_s,P])_{kl}=0$ 对所有 $k\neq l$ 都成立，可得 $[\rho_s,P]=D$。命题得证。

根据命题 7.1 可以得到命题 7.2：

命题 7.2 给定系统(7.1)满足假设 7.1 和假设 7.2，选择李雅谱诺夫函数 $V(\rho)=\mathrm{tr}(P\rho)$，如果 P 为对角阵，则系统的极限集 $\mathcal{R}_1$ 进一步简化为：$\{\rho_s:[\rho_s,P]=0\}$。

命题 7.2 意在通过选择 P 来缩小极限集的容量，其中 P 为对角阵也是一种最简单的取法，可以解决大部分问题。

如果 P 为非对角阵，命题 7.2 中的条件可能无法满足，构造厄米矩阵 $P=\sum_j p_j|\psi_j\rangle\langle\psi_j|$，其中 $\langle\psi_i|\psi_j\rangle=\delta_{ij}$，可得命题 7.3。

命题 7.3 如果设计 P 具有非退化本征谱，在假设 7.1 和假设 7.2 的条件下，系统的极限集 $\mathcal{R}_1$ 可以简化为：$\{\rho_s:[\rho_s,P]=0\}$。

证明 由极限集 $\mathcal{R}_1=\{\rho_s:\mathrm{tr}(\mathrm{i}H_m(t)[\rho_s,P])=0,\forall m,t\}$ 可以得到

$$\mathrm{tr}(\mathrm{i}H_m(t)[\rho,P])=0$$

根据迹的轮换性，可以得到

$$\mathrm{tr}(\mathrm{i}H_m(t)[\rho,P])=\mathrm{tr}(U\mathrm{i}H_m(t)[\rho,P]U^\dagger)=\mathrm{tr}(\mathrm{i}UH_m(t)U^\dagger[\rho',D_P])\tag{7.21}$$

其中，U 是能将 P 对角化的幺正矩阵，$UPU^\dagger=D_P$，将控制哈密顿量表示成 $H_m=H_{kl}=|k\rangle\langle l|+|l\rangle\langle k|$，则

$$UH_m(t)U^\dagger=\mathrm{e}^{\mathrm{i}\omega_{kl}t}U|k\rangle\langle l|U^\dagger+\mathrm{e}^{-\mathrm{i}\omega_{kl}t}U|l\rangle\langle k|U^\dagger$$

根据式(7.21)可得

$$\mathrm{e}^{\mathrm{i}\omega_{kl}t}\langle l|U[\rho',D_P]U^\dagger|k\rangle+\mathrm{e}^{-\mathrm{i}\omega_{kl}t}\langle k|U[\rho',D_P]U^\dagger|l\rangle=0$$

由于 H_0 强正则，令 $[\rho',D_P]=A$，可得

$$\langle l|U[\rho',D_P]U^\dagger|k\rangle=\mathrm{tr}(U|k\rangle\langle l|U^\dagger A)=0\tag{7.22}$$

其中，$A\in\{A_{mn}:A_{mn}=(p_n-p_m)(a_{mn}|m\rangle\langle n|-a'_{mn}|n\rangle\langle m|),m<n\}$。

构造矩阵 $U=\sum_j|j\rangle\langle\psi_j|$，且令 $|\psi_j\rangle=\sum_n\beta_{jn}|n\rangle$，可得

$$U|k\rangle\langle l|U^\dagger=\sum_{i,j}|j\rangle\langle\psi_j|k\rangle\langle l|\psi_i\rangle\langle i|=\sum_{i,j}\beta'_{jk}\beta_{il}|j\rangle\langle i|$$

其中，$\langle \psi_j \mid k \rangle = \beta'_{jk}$，$\langle l \mid \psi_i \rangle = \beta_{il}$，根据方程可得

$$\begin{aligned}\sum_{i,j}\beta'_{jk}\beta_{il}\langle i \mid A \mid j\rangle &= (p_n - p_m)\sum_{i,j}\beta'_{jk}\beta_{il}(a_{mn}\langle i \mid m\rangle\langle n \mid j\rangle \\ &\quad - a'_{mn}\langle i \mid n\rangle\langle m \mid j\rangle) \\ &= \sum_{i,j}\beta'_{jk}\beta_{il}(a_{mn}\langle i \mid m\rangle\langle n \mid j\rangle - a'_{mn}\langle i \mid n\rangle\langle m \mid j\rangle) \\ &= a_{mn}\beta'_{nk}\beta_{ml} - a'_{mn}\beta'_{mk}\beta_{nl} = 0\end{aligned} \tag{7.23}$$

其中，当 P 有非退化本征谱时，$p_n \neq p_m$，由于 H_m 是全连接的，且式(7.23)对任意 k，l 成立，所以存在

$$\langle \psi_n \mid k \rangle = \beta'_{nk} \neq 0$$

由于 $\langle \psi_n \mid \psi_m \rangle = \sum_{ij}\beta'_{ni}\beta_{mj}\langle i \mid j\rangle = 0$，必有 $\beta_{mk} = 0$，所以必存在 l，使得 $\beta_{ml} \neq 0$，式(7.23)变成 $a_{mn} = 0$。同理可取得 A 的其他元素为零，因此得到 $(A)_{mn} = 0$。$[\rho', D_P] = 0$，由于 D_P 有 n 个互不相同的本征值，可得 ρ' 也为对角阵，即存在一个幺正矩阵 U 可以同时对角化 P 和 ρ，由下面的引理 7.1 可得 $[P, \rho] = 0$。

引理 7.1 对于 n 阶厄米矩阵 A，B，则存在酉矩阵，使 $UAU^\dagger$ 和 $UBU^\dagger$ 同时为对角阵的充要条件是 $AB = BA$（周立仁，2007）。

命题 7.2 和命题 7.3 说明我们总是能够构造一个矩阵 P 使极限集 $\mathfrak{R}_1$ 变成

$$\mathcal{R}_2 = \{\rho_s : [\rho_s, P] = 0\} \tag{7.24}$$

理想的极限集合就是满足式(7.24)。本节关于收敛性的讨论都是基于集合 $\mathcal{R}_2$ 进行的，并且在下面的内容中，假设 $\mathcal{R}_2$ 中包含目标态，由于我们设计 P 是根据目标态的性质来进行的，即 $P = f(\rho_f)$，所以这个假设条件总是能满足的。这一点将在下面的分析中说明。

系统从初态 ρ_0 开始演化，如果 ρ_0 属于集合 $\mathcal{R}_1$，由不变集的性质，此时控制场为零，ρ_0 也是不变的，无法向目标态转移，因此在这种情况下，我们要给定一个初始控制量 u_0 使状态偏离 ρ_0；如果 ρ_0 不属于集合 $\mathcal{R}_1$，从初态出发的轨迹必然要收敛到集合 $\mathcal{R}_1$ 中某一点，且是进去不变集遇到的第一个点；因此下面条件能够保证系统收敛，即（Kuang，Cong，2010b）

$$V(\rho_f) < V(\rho_0) < V(\rho_s) \tag{7.25}$$

在这种情况下，方程(7.25)意味着：① 对于选定的李雅普诺夫函数(7.17)来说，目标状态 ρ_f 对应着函数(7.17)取最小值的状态；② 初态 ρ_0 是使函数取次小值的状态。由于所选择的控制场(7.19)可以保证 $\dot{V} \leqslant 0$，此时，V 为一个单调递减函数，从 ρ_0 出发的状态

必然首先到达目标态 ρ_f，而绝不会到达其他状态 ρ_s；因而，只要 ρ_f 属于不变集 $\mathcal{R}_1$，即可保证系统状态收敛到该目标态。所以，若条件(7.25)满足，被控系统从初态出发唯一地收敛于目标态。

式(7.25)给出了能够保证控制系统收敛的条件。如何实现此条件是本节另一个重要内容。我们的设计思想是通过研究构造特殊的 P 结构来使系统满足上述条件。下面将分别针对目标态为对角阵和非对角阵情况下 P 的具体构造的设计过程。

7.2.1.1　目标态为对角态时的情况

设 $\{\lambda_i, i=1,2,\cdots,n\}$ 为初始状态 ρ_0 的本征谱，当目标态 ρ_f 为对角形式的状态时，目标态的对角元必为本征谱 $\{\lambda_i, i=1,2,\cdots,n\}$ 的一个排列，即 $\rho_f = \mathrm{diag}(\lambda_1,\lambda_2,\cdots,\lambda_n)$；此时选择 P 是一个对角阵，则由式(7.24)可知，稳态集中的其他状态 ρ_s 也是与 ρ_0 同谱的对角阵，显然，目标态一定属于稳态集。为了构造一个 P 使其满足式(7.25)，根据上面的分析可知，可以分两步进行：

首先需要构造 P 使得目标态 ρ_f 为对应李雅谱诺夫函数最小值时的状态。这一目标可以通过第一步实现：

引理 7.2　如果目标态可以用对角形式的密度矩阵来表示：$\rho_f = \mathrm{diag}(\lambda_1,\lambda_2,\cdots,\lambda_n)$，假设与 ρ_f 相对应的 P 矩阵取为 $P=\mathrm{diag}(p_1,p_2,\cdots,p_n)$，只要有 P 中的各个对角元满足 $(\lambda_i-\lambda_j)(p_i-p_j)<0, \forall i\neq j$，则 ρ_f 为使李雅谱诺夫函数取最小值时的状态。

证明　若 P 取为对角阵，由式(7.18)可得 $\dot{V}(\rho_f,t)=0$。

$$\ddot{V}(\rho,t) = -\mathrm{i}\cdot\sum_m u_m\{\mathrm{tr}(\dot{H}_m(t)[\rho,P]) + \mathrm{tr}(H_m(t)[\dot{\rho},P])\}$$

$$\begin{aligned}\ddot{V}(\rho_f,t) &= -\sum_m u_m^2\,\mathrm{tr}([H_m(t),\rho_f]\cdot[P,H_m(t)]) \\ &= \sum_m u_m^2\,\mathrm{tr}([H_m(t),\rho_f]\cdot[H_m(t),P])\end{aligned}$$

令 $A=[H_m(t),\rho_f]$，$B=[H_m(t),P]$，则 $A_{ij}=(\lambda_j-\lambda_i)(H_m(t))_{ij}$，$B_{ij}=(p_j-p_i)(H_m(t))_{ij}$。所以 $\mathrm{tr}(AB)=\sum_{i=1}^{n}\sum_{j=1}^{n}A_{ij}B_{ji} = \sum_{i=1}^{n}\sum_{j=1}^{n}(\lambda_j-\lambda_i)(p_i-p_j)(H_m(t))_{ij}^2 = -\sum_{i=1}^{n}\sum_{j=1}^{n}(\lambda_j-\lambda_i)(p_j-p_i)(H_m(t))_{ij}^2$。

显然，如果 $(\lambda_i-\lambda_j)(p_i-p_j)<0, \forall i\neq j$ 成立，可得 $\ddot{V}(\rho_f,t)>0$，因此 ρ_f 为函数 $V(\rho)$ 的极小值。

如果将 ρ_f 的各个对角元按从小到大排列 $\rho_f=\mathrm{diag}(\lambda_1,\lambda_2,\cdots,\lambda_n)$，其中 $\lambda_1<\lambda_2<$

$\cdots<\lambda_n$，根据上述证明，那么相对应的矩阵 P 的元素应为 $P=\operatorname{diag}(p_1,p_2,\cdots,p_n)$，且 $p_1>p_2>\cdots>p_n$，可以看出 P 的一种取法为 $P=-\rho_f$，即文献(Liu，Cong，2011)中的取法，引理 3.2 关于 P 的选择具有一般性。稳态集中的其他任意状态 ρ_s 均可表示为 $\{\lambda_1,\lambda_2,\cdots,\lambda_n\}$ 中每次交换两个元素的位置，经过 m 次换位后得来的。

因此，如果 ρ_s 为执行一次交换得来，即

$$i\leftrightarrow j:\ V(\rho_f)-V(\rho_s)=p_i(\mu_i-\mu_j)+p_j(\mu_j-\mu_i)=(p_i-p_j)(\mu_i-\mu_j)<0$$

以此类推：

$i\leftrightarrow j,j\leftrightarrow k$：

$$\begin{aligned}V(\rho_f)-V(\rho_s)&=p_i(\lambda_i-\lambda_j)+p_j(\lambda_j-\lambda_k)+p_k(\lambda_k-\lambda_i)\\&=p_i(\lambda_i-\lambda_j)+p_j(\lambda_j-\lambda_i+\lambda_i-\lambda_k)+p_k(\lambda_k-\lambda_i)\\&=(p_i-p_j)(\lambda_i-\lambda_j)+(p_j-p_k)(\lambda_i-\lambda_k)<0\end{aligned}$$

$i\leftrightarrow j,j\leftrightarrow k,k\leftrightarrow l$：

$$\begin{aligned}V(\rho_f)-V(\rho_s)&=p_i(\lambda_i-\lambda_j)+p_j(\lambda_j-\lambda_k)+p_k(\lambda_k-\lambda_l)+p_l(\lambda_l-\lambda_i)\\&=p_i(\lambda_i-\lambda_j)+p_j(\lambda_j-\lambda_i+\lambda_i-\lambda_k)\\&\quad+p_k(\lambda_k-\lambda_i+\lambda_i-\lambda_l)+p_l(\lambda_l-\lambda_i)\\&=(p_i-p_j)(\lambda_i-\lambda_j)+(p_j-p_k)(\lambda_i-\lambda_k)+(p_k-p_l)(\lambda_i-\lambda_l)\\&<0\\&\cdots\cdots\end{aligned}$$

以此类推即可得 $V(\rho_f)<V(\rho_s)$。证毕。

在引理 7.2 的基础上，需要进一步确定 P 的结构以满足式(7.25)。根据引理 7.2 的结论，$\mathcal{R}_1$ 中的状态满足 $V(\rho_f)<V(\rho_s)$，因此，如果 $\rho_0\in\mathcal{R}_1$，$V(\rho_f)<V(\rho_0)$ 的条件自动满足；如果 $\rho_0\notin\mathcal{R}_1$，控制场(7.19)确保李雅谱诺夫函数 $V(\rho)$ 是单调递减的，当 $t>0$ 时，$V(\rho_t)\leqslant V(\rho_0)$；系统在控制场的作用下将收敛到其极限集 $\mathcal{R}_1$ 中，结合引理 7.2，必然有 $V(\rho_f)<V(\rho_0)$。下面分析 $V(\rho_0)<V(\rho_s)$ 的条件。

除了目标态，稳态 ρ_s 的对角元可以为本征谱的任意一个组合：

$$V(\rho_0)-V(\rho_s)=\sum_{i=1}^{n}p_i((\rho_0)_{ii}-(\rho_s)_{ii})=\sum_{i=1}^{n}p_i((\rho_0)_{ii}-\lambda_{s(i)})$$

其中，$(\rho_0)_{ii}$ 为 ρ_0 的第 i 个对角元；$(\rho_s)_{ii}$ 为 ρ_s 的第 i 个对角元，因 ρ_s 为对角阵，其对角元即为本征值，故记 $(\rho_s)_{ii}=\lambda_{s(i)}$；$\lambda_{s(i)}$ 为本征谱 $\{\lambda_i,i=1,2,\cdots,n\}$ 的一个排列。

我们首先说明 $\lambda_{s(i)}$ 不总是等于 $(\rho_0)_{ii}$。由封闭系统的幺正演化特性及系统的完全可

7

控性可知，演化过程中，量子态的谱不变，即 $\mathrm{tr}(\rho_0^n)=\mathrm{tr}(\rho_s^n)$。由此可得 $\mathrm{tr}(\rho_0^2)=\sum_{i=1}^{n}(\rho_0)_{ii}^2+\sum_{i=1}^{n}\sum_{j=1,j\neq i}^{n}(\rho_0)_{ij}(\rho_0)_{ji}=\sum_{i=1}^{n}\lambda_{s(i)}^2$。如果 $\forall i,\lambda_{s(i)}=(\rho_0)_{ii}$，从上式可得 $(\rho_0)_{ij}(\rho_0)_{ji}=0$，则 $\rho_0=\rho_s$。因此，$(\rho_0)_{ii}$ 不总是等于 $\lambda_{s(i)}$。

根据本征值与矩阵对角元的关系可得 $\sum_{i=1}^{n}\lambda_{s(i)}=\sum_{i=1}^{n}(\rho_0)_{ii}=1$，因此必有 $(\rho_0)_{kk}<\lambda_{s(k)}$，希望 $V(\rho_0)-V(\rho_s)=p_k((\rho_0)_{kk}-\lambda_{s(k)})+\sum_{i=1,i\neq k}^{n}p_i((\rho_0)_{ii}-\lambda_{s(i)})<0$，则存在某一个 k 满足 $(\rho_0)_{kk}<\lambda_{s(k)}$，使得

$$p_k>\sum_{i=1,i\neq k}^{n}\frac{p_i((\rho_0)_{ii}-(\rho_s)_{ii})}{(\rho_s)_{kk}-(\rho_0)_{kk}} \tag{7.26}$$

在实际应用中，满足 $(\rho_0)_{kk}<\lambda_{s(k)}$ 条件的 k 值可能不只一个，一般选择所对应的 p_k 最大的那个值，判定是否满足 $V(\rho_f)<V(\rho_0)$，若不满足，对 p_k 进行微调。

以上过程即为当目标态是对角混合态时的构造 P 中元素的过程。其结论是：当目标态是对角矩阵时，P 取为一个对角矩阵。若存在 P 的一个候选矩阵，其对角元素满足引理 7.2 及方程(7.26)时，系统收敛到目标态。在此过程中，引理 7.2 的条件是很容易满足的，方程(7.26)却并不十分容易，尤其是对高能级系统，极限集中的临界稳定状态个数比较多，对于每一个临界状态都需要满足式(7.26)。事实上，式(7.25)所给出的收敛条件是非常严苛的，求解方程(7.26)的过程也反映了该式的局限性。

7.2.1.2 目标态为非对角阵的情况

目标态为非对角阵的情况中包括叠加态和混合态两种情况，根据命题 7.3 设计 P 具有非退化本征谱，可以得到一个形如式(7.24)的极限集。这里以目标态为叠加态为例进行分析。

叠加态可以用波函数表示为：$\rho_f=|\psi_f\rangle\langle\psi_f|$，在进行分析之前，首先引入引理 7.3：

引理 7.3 对于一个 n 维厄米矩阵 A 和 B，如果它们对易，即 $[A,B]=0$，则 A 和 B 拥有相同的本征态。将厄米矩阵 P 的本征分解表示为：$P=\sum_{k=1}^{n}p_k|\psi_k\rangle\langle\psi_k|$，其中，$|\psi_k\rangle$ 是 P 的本征态而 p_k 是对应的本征值。

当目标态 ρ_f 是纯态时，用波函数的形式表示 $\rho_f=|\psi_f\rangle\langle\psi_f|$。选择 P 的形式为

$$P=\sum_{k=1}^{n}p_k|\psi_k\rangle\langle\psi_k| \tag{7.27}$$

其中，$|\psi_1\rangle=|\psi_f\rangle$，且 $\langle\psi_i|\psi_j\rangle=0,\forall i\neq j$。

显然，ρ_f 属于稳态集 $\mathcal{R}_2$。根据引理 7.3，ρ_s 应该表示为

$$\rho_s = \lambda_1 \mid \psi_f \rangle\langle \psi_f \mid + \sum_{k=1}^{n} \lambda_k \mid \psi_k \rangle\langle \psi_k \mid, \quad \sum_{k=1}^{n} \lambda_k = 1 \tag{7.28}$$

已知在幺正演化下，量子态的谱相同，即演化过程中的每一个量子态拥有相同的本征值，ρ_0 和 ρ_s，ρ_s 和 ρ_f 都是如此。

将目标态 ρ_f 代入 ρ_s 的表达式即可得该系统演化下，状态的本征谱为 $\{1,0,\cdots,0\}$，也就是说对于任意稳态 ρ_s，只有一个本征值为 1，其他为 0，即式(7.26)中只有一项存在 $\rho_s = \lambda_i \mid \psi_i \rangle\langle \psi_i \mid (\lambda_i = 1)$。

为了使系统渐进稳定，需要满足式(7.25)，如果记式(7.27)中 $\rho_j = \mid \psi_j \rangle\langle \psi_j \mid$，则有

$$\begin{cases} V(\rho_f) = \mathrm{tr}(P\rho_f) = p_1 \\ V(\rho_0) = p_1 \mathrm{tr}(\rho_f\rho_0) + \sum_{k=2}^{n} p_k \mathrm{tr}(\rho_k\rho_0) \\ V(\rho_s) = p_j, \quad j \neq 1 \end{cases} \tag{7.29}$$

将方程组(7.29)与式(7.25)相结合，可得 P 需要满足的条件为

$$0 < p_1 < p_1 \mathrm{tr}(\rho_f\rho_0) + \sum_{k=2}^{n} p_k \mathrm{tr}(\rho_k\rho_0) < p_j, \quad j \neq 1 \tag{7.30}$$

由式(7.30)可以看出：当目标态是非对角的叠加态时，虚拟力学量 P 未必是对角阵。基于方程(7.27)和式(7.30)设计出来的 P 可保证目标态为非对角叠加态时系统的收敛性，其中，式(7.27)描述如何构造 P 的本征态，式(7.30)确定了 P 的本征值的范围；另外，目标态对应的本征值 p_1 最小，满足 $(1 - \mathrm{tr}(\rho_f\rho_0))p_1 < \sum_{k=2}^{n} p_k \mathrm{tr}(\rho_k\rho_0)$ 且 $p_1 < p_k$，$\forall k \neq 1$。为了便于性能分析，在本节中，我们选取 $p_1(1 - \mathrm{tr}(\rho_f\rho_0))/\mathrm{tr}(\rho_k\rho_0) < p_k$ 以及 $p_1 < p_k$，$\forall k \neq 1$，并设比例系数 g_k 为

$$g_k > \max\left\{\frac{1 - \mathrm{tr}(\rho_f\rho_0)}{\mathrm{tr}(\rho_k\rho_0)}, 1\right\}$$

则

$$p_k = g_k p_1 \tag{7.31}$$

式(7.31)表明 p_k 与最小本征值呈正比例关系，比例系数 g_k 对控制性能的影响将在实验部分给出。虚拟力学量 P 的本征值取法并不唯一。

当目标态为非对角混合态的情况，可以按照上述过程进行设计，不再赘述。这里引入另外一种方法处理目标态为非对角矩阵时系统的收敛问题——目标态对角化。

针对被控系统(7.16),已知目标系统的轨迹是一个固定态 ρ_{f0},从分析收敛性的角度来看,目标态 ρ_{f0} 是一个厄米矩阵,所以可通过另一个幺正变换,将非对角的 ρ_{f0} 变成对角阵,再根据 A 中的内容设计一个收敛的控制场。

根据系统控制的概念,在 7.2 节中,我们已经用一个幺正变换 $U=\mathrm{e}^{\mathrm{i}H_0 t}$,可以将原系统(7.1)中跟踪一个自由演化目标函数(7.2)的问题变成一个将被控制系统(7.16)的初态转移到一个固定目标态 ρ_{f0} 的问题。若 ρ_{f0} 为一个非对角厄米矩阵,必定还存在另一个幺正变换 U_f,使得 $U_f\rho_{f0}U_f^{\dagger}=D_f$ 成立,目标态 ρ_{f0} 变成一个对角阵 D_f。换句话说,通过对原系统进行 U 和 U_f 两次幺正变换操作,就可以将跟踪一个具有非对角目标初态 ρ_{f0} 的目标系统的状态跟踪问题变为一个目标态为对角阵 D_f 的状态转移问题。实际上完全可以将两次幺正变换合为一次幺正变换 U_T 来解决目标态为非对角阵的情况。具体做法如下:

令 $U_T=U_f\mathrm{e}^{\mathrm{i}H_0 t}$,两次幺正变换的结果就是 $\rho'=U_T\rho U_T^{\dagger}$,$\rho_f'=U_T\rho_f U_T^{\dagger}=U_T U_T^{\dagger}\rho_f U_T U_T^{\dagger}=D_f$,则系统模型变成:

$$\begin{cases}\mathrm{i}\hbar\dfrac{\mathrm{d}}{\mathrm{d}t}\rho'(t)=\left[\sum\limits_m u_m H'_m(t),\rho'(t)\right], & \rho'(0)=U_f\rho_0 U_f^{\dagger}\\ \mathrm{i}\hbar\dfrac{\mathrm{d}}{\mathrm{d}t}\rho'_f(t)=0, & \rho'_f(0)=D_f\end{cases}\tag{7.32}$$

其中,$H'_m(t)=U_T H_m U_T^{\dagger}$。

由方程(7.32)可以看出,经过幺正变换 U_T,原被控系统中跟踪目标初态为非对角阵 ρ_{f0} 的目标系统的轨迹跟踪问题变成跟踪方程(7.32)中目标系统为一个对角形式目标态的状态转移问题。此时,系统的极限集形式可以从 $\mathrm{tr}(\mathrm{i}U_f H_m(t)U_f^{\dagger}[\rho_s',P])=0$ 中推导出来,令 $U_f=\sum\limits_j|j\rangle\langle\varphi_j|$,其中 $|\varphi_j\rangle$ 对应目标态 ρ_{f0} 谱分解的本征向量,则根据命题 7.3 的推导过程,构造一个对角形式的具有非退化谱的 P 仍然可得系统极限集为:$\mathcal{R}=\{\rho_s:[\rho_s,P]=0\}$,$P$ 的结构按照引理 7.2 和方程(7.26)来确定。综合上面的分析,我们得到了目标态为非对角叠加态和非对角混合态时的系统收敛条件。

7.2.2 系统仿真实验及其结果分析

在本小节中我们将分析一个受单控制场作用的两能级原子系统的轨道跟踪特性,并分析各种参数选取的不同对系统控制的性能影响。

被控系统(7.16)的自由哈密顿量 $H_0=\omega\sigma_z$,控制哈密顿量 $H_1=\sigma_x$。对于该二能级

系统，我们标记 H_0 的基矢量为：$|0\rangle$，$|1\rangle$。根据方程(7.19)可得，控制场 $u_1 = k_1 \cdot \mathrm{tr}(\mathrm{i}H_1(t)[\rho, P])$。根据7.2.1小节中收敛性分析的要求，该实例满足三个假设条件。为了验证本节所给出的收敛条件，下面分别对目标态为叠加态以及非对角混合态的情况进行实验。

7.2.2.1 目标态为叠加态的仿真实验

考虑第一个实验：被控系统的初始状态 $|\psi_0\rangle = \sqrt{\frac{1}{3}}|0\rangle + \sqrt{\frac{2}{3}}|1\rangle$，初始目标态为一个叠加态：$|\psi_{f0}\rangle = \sqrt{\frac{1}{8}}|0\rangle + \sqrt{\frac{7}{8}}|1\rangle$，$\rho_{f0} = |\psi_{f0}\rangle\langle\psi_{f0}|$。

1. 构造一个合适的 P

为了构造 P，首先选定一组线性无关的矢量 $|\psi_k\rangle$，$k = 1,2$，在这个实验中，选择 $|\psi_1\rangle = |\psi_f\rangle$，$|\psi_2\rangle = |1\rangle$。然后用施密特正交化过程使矢量组正交，设正交化后的矢量为 $|s_1\rangle$和$|s_2\rangle$，其中$|s_1\rangle = |\psi_f\rangle$。根据式(7.30)，$P = p_1|s_2\rangle\langle s_2| + p_2|s_2\rangle\langle s_2|$。再根据式(7.28)，极限集 $\mathcal{R}_2$ 中除目标态之外的其他态只有 $\rho_s = |s_2\rangle\langle s_2|$。为保证系统的渐进收敛，需要满足式(7.30)，可得：$p_1 < p_1\mathrm{tr}(\rho_f\rho_0) + p_2\mathrm{tr}(\rho_s\rho_0) < p_2$，根据方程(7.31)可得：$p_2 = g_2 p_1$，其中 $g_2 > \max\left\{\frac{1-\mathrm{tr}(\rho_f\rho_0)}{\mathrm{tr}(\rho_2\rho_0)}, 1\right\}$，$g_2$ 是第二个本征值 p_2 相对于本征值 p_1的权重。若取 $p_1 = 0.2$，$g_2 = 10$，则 $P = \begin{bmatrix} 1.775 & -0.595 \\ -0.595 & 0.425 \end{bmatrix}$。

2. 系统仿真实验及其结果

本实验控制场式(7.19)中的控制增益取 $k_1 = 0.1$。系统仿真实验的结果如图7.8所示，其中，红色圆圈表示被控系统的初态，蓝色实圈表示目标态，红色实线为被控状态从初态出发到达目标态的状态转移轨迹，箭头指示状态转移的演化方向。图7.7(a)为 $t \in [0,50]$时间段内的状态转移过程，从中可见，经过一个幺正变换后，系统状态跟踪问题变成如图7.7(a)所示的状态转移问题。图7.7(b)为控制量随时间变化的曲线。

若将控制场图7.7(b)作用于未经相互作用绘景变换的系统(7.1)上，可以看到实验结果如图7.8所示，其中，红色虚线表示被控系统(7.1)的演化轨迹，蓝线实线表示目标系统(7.2)的状态演化轨迹；红色圆圈和蓝色圆圈分别表示被控系统和目标系统在当前演化时间段内的初始位置，红色实圈和蓝色实圈分别表示当前时间段末的被控状态和目标状态的位置；箭头指示状态轨迹的演化方向。

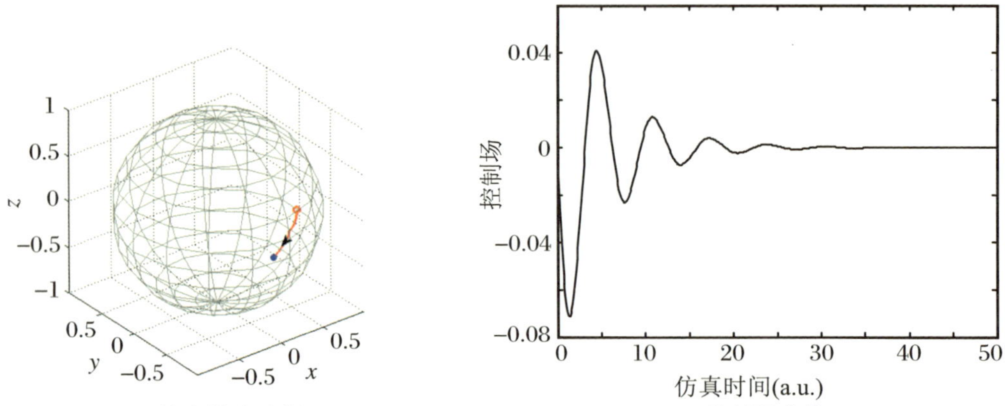

(a) 状态转移过程　　(a) 控制场曲线

图 7.7　目标态为叠加态时的状态跟踪过程

图 7.8(a)表示时间段为 $t\in[0,8]$内的被控状态和目标状态的演化轨迹，从中可以看出：在控制场的作用下，被控系统沿着 Bloch 球面渐进趋向于目标系统；图 7.8(b)表示时间段 $t\in[8,30]$内的状态轨迹跟踪过程，图 7.8(c)为对图 7.8(b)进行放大后的仰视图，其中黑色方框特别标注了各个状态的位置，从图 7.8(c)中可见，在 $t=30$ 时红实圈和蓝实圈是重合的(最上方的黑框内)，即已经完成了轨迹跟踪，从此之后，被控系统将在目标系统的轨道上演化。图 7.8 的三幅图完整地显示了被控系统是以何种方式渐进地跟踪目标系统的。如果用一个性能指标 $v=\mathrm{tr}((\rho-\rho_f)^{\dagger}(\rho-\rho_f))$来衡量跟踪程度，当 $t=50$ 时，$v=9.41\times10^{-5}$。

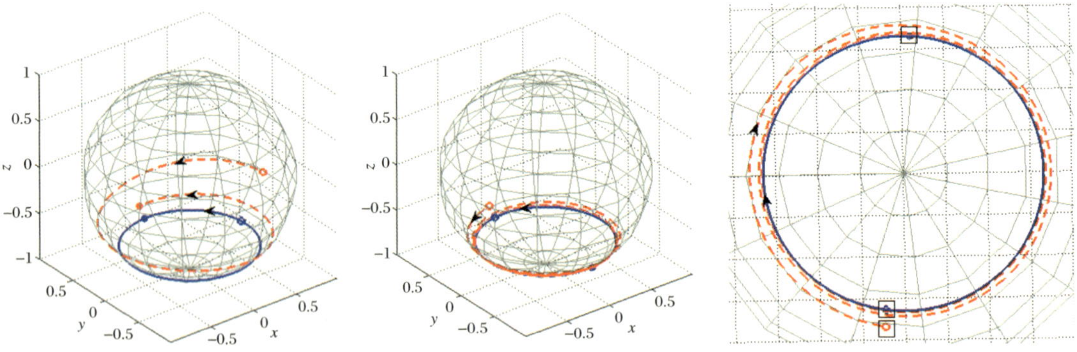

(a) $t\in[0,8]$　　(b) $t\in[8,30]$　　(c) 图(b)的仰视图

图 7.8　目标态为非对角叠加态情况下状态跟踪演化的过程

3. 系统跟踪特性分析

根据方程(7.31)可知,所给数值实验中的 P 的两个本征值呈正比例关系,这一部分的实验是用来分析不同比例系数 g_k 对控制系统收敛性能的影响。在保持控制系统中其他参数不变的情况下,分别取 g_2 为 3,6 和 12 三个不同的值,观察跟踪性能指标 v 的变化情况,实验结果如图 7.9 所示。其中实线表示 $g_2=3$ 时的性能指标曲线,点线和虚线分别表示 $g_2=6$ 和 $g_2=12$ 时控制系统跟踪性能指标的变化情况。如果我们设要求的跟踪性能指标 $v=9.5\times10^{-5}$,那么当比例系数 $g_2=3$ 时,大约在 123.9 a.u 时系统跟踪达到期望值($v=9.48\times10^{-5}$),其中,时间大于 100 的性能指标演化曲线放在图 7.9 的内部小图中;$g_2=6$ 时,收敛时间缩短为 39.6 a.u.($v=9.46\times10^{-5}$);$g_2=12$ 时,系统在 15.1 a.u. 收敛至 $v=9.26\times10^{-5}$。这个实验表明:g_2 越大,系统跟踪性能指标的收敛速度就越快。

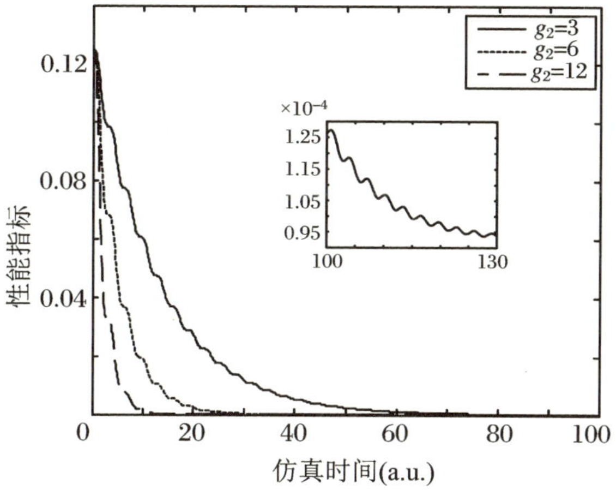

图 7.9 不同比例系数 g_2 对跟踪性能指标 v 的影响

7.2.2.2 目标态为非对角混合态的仿真实验

封闭量子系统中的混合态指系综混合态,这里选择被控系统的初态为一个混合态 $\rho_0=\begin{bmatrix}0.45 & 0.2737\\0.2737 & 0.55\end{bmatrix}$,目标初态 $\rho_{f0}=\begin{bmatrix}0.762 & -0.0936\\-0.0936 & 0.2380\end{bmatrix}$,对目标态进行谱分解 $\rho_{f0}=\sum_{i=1}^{2}c_i|\psi_i\rangle\langle\psi_i|$,其中 c_i 为 ρ_{f0} 的第 i 个本征值,$|\psi_i\rangle$ 为对应的本征向量,这里 $c_1=0.7782$,$c_2=0.2218$。选择 $U_f=\sum_{i=1}^{2}|i\rangle\langle\psi_i|$ 以及 $P=\mathrm{diag}(0.1,0.2)$。

7

控制增益取 $k=2$。针对变换后的系统(7.32)，系统仿真实验结果如图 7.10 所示，其中，图 7.10(a)为状态转移的演化曲线，红色圆圈表示被控系统的初态，蓝色实圈表示目标态，红色实线为被控状态从初态出发到达目标态的状态转移轨迹，箭头指示状态转移的演化方向。图 7.10(b)为控制场演化曲线。该实验中，当 $t=100$ 时，性能指标 $v=6.52\times10^{-5}$。

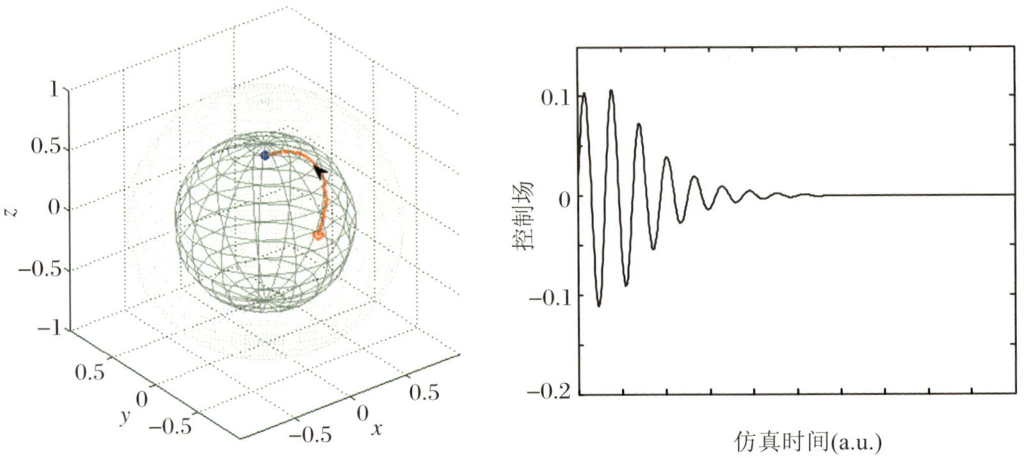

(a) 状态演化曲线　(b) 控制场

图 7.10　目标态为非对角混合态的状态演化

通过本小节实验可以看出，目标态为非固定的量子态，包括混合态和叠加态，在控制场的作用下，通过构造合适的虚拟观测算符 P 系统都能够收敛到其目标态。

7.2.3　动力学系统不变集下的收敛性分析

在 7.2.1 小节中，我们针对状态转移问题的收敛性按照目标态的具体形式，考虑极限集 $\mathcal{R}_2$ 中目标态和其他状态的位置，利用类李雅谱诺夫引理进行系统收敛性分析。针对不同的目标态，虚拟力学量 P 要满足的条件不同，且从上面文中可以看出，收敛条件比较严格，导致 P 的设计也比较麻烦。本小节我们将针对被控系统(7.1)和目标系统(7.2)，讨论目标参考输入 $u_{rm}=0$ 时，被控系统的收敛问题。

在本小节的研究中，若对系统进行相互作用绘景变换，类似于 7.2.1 小节，系统变成，选取基于虚拟力学量 P 的李雅谱诺夫函数(7.17)，则控制场形式为式(7.19)，这里我们选取固定的虚拟力学量 $P=-\rho_f$，从动力学系统稳定性的角度出发讨论系统的收敛性。

这里的李雅谱诺夫函数仍然选择为式(7.17),它的一阶时间导数为

$$\dot{V}(\rho,t)=-\sum_m u_m\mathrm{tr}(\mathrm{i}H_m(t)[\rho,P]) \tag{7.33}$$

在式(7.33)中,若取 $P=-\rho_f$,可得控制场为

$$u_m=-k_m\mathrm{tr}(\mathrm{i}H_m(t)[\rho,\rho_f]),\quad k_m>0 \tag{7.34}$$

7.2.3.1 收敛性分析

针对极限集 $\mathcal{R}_2=\{\rho_s:[\rho_s,\rho_f]=0\}$,厄米矩阵 ρ_f 的谱分解可以表示为:$\rho_f=\sum_j c_j|\psi_j\rangle\langle\psi_j|$,由引理 7.3 可知,$\rho_s=\sum_j d_j|\psi_j\rangle\langle\psi_j|$,其中$\langle\psi_i|\psi_j\rangle=\delta_{ij}$,并且$\sum_j|\psi_j\rangle\langle\psi_j|=I$。由于 ρ_f 是厄米矩阵,必然可以对角化,即 $U_f\rho_fU_f^\dagger=D_f$,其中,U_f 是一个厄米矩阵,D_f 是一个对角阵,其对角元由 ρ_f 的本征值组成。那么,根据引理 7.1,存在一个幺正矩阵 U_f 可以同时对角化ρ_f 和ρ_s:

$$U_f[\rho_s,\rho_f]U_f^\dagger=[U_f\rho_sU_f^\dagger,D_f]=0 \tag{7.35}$$

从方程(7.35)可以看出两点:

(1) 如果 ρ_f 具有非退化本征谱,则 $U_f\rho_sU_f^\dagger$ 必然是一个对角阵,即 ρ_f 和ρ_s 可以同时对角化;

(2) 如果 ρ_f 是退化的,我们也可以找到能同时对角化 ρ_f 和 ρ_s 的矩阵 U_f。在式(7.35)中,我们选择 $U_f=\sum_j|j\rangle\langle\psi_j|$,则 $U_f\rho_fU_f^\dagger=\sum_j c_j|j\rangle\langle j|=D$ 成立,其中 D 是对角阵。由方程可得:$U_f\rho_sU_f^\dagger=\sum_{j,m,n}|j\rangle\langle\psi_j|d_m|\psi_m\rangle\langle\psi_m|\psi_n\rangle\langle n|=\sum_j d_j|j\rangle\langle j|$,因此这里我们找到了一个矩阵 U_f 来同时对角化ρ_f 和ρ_s。

根据上面的分析,我们得到下面的引理:

引理 7.4 厄米矩阵 ρ_f 有唯一的谱分解$\rho_f=\sum_j c_j|\psi_j\rangle\langle\psi_j|$,其中$\langle\psi_i|\psi_j\rangle=\delta_{ij}$,$\sum_j|\psi_j\rangle\langle\psi_j|=I$。如果该矩阵和另外一个厄米矩阵 ρ_s 对易,即$[\rho_s,\rho_f]=0$,那么可以利用幺正矩阵 $U_f=\sum_j|j\rangle\langle\psi_j|$ 同时对角化 ρ_f 和ρ_s。

下面我们证明在李雅谱诺夫函数中取 $P=-\rho_f$ 时,系统的收敛性。

定理 7.1 对于目标态 ρ_f,极限集 $\mathcal{R}_2$ 中除目标态之外其他状态都是动力学临界稳定点的充要条件是:$\forall\, l_0\neq r_0$,$\exists\, H_m$,使得$(H_m)_{l_0r_0}\neq0$。

证明 充分性证明:

由式(7.33)可得,李雅谱诺夫函数的二阶导数为

$$\begin{aligned}\ddot{V}(\rho,t)&=-\sum_m \mathrm{i}u_m \mathrm{tr}(\dot{H}_m(t)[\rho,P])\\&\quad-\mathrm{tr}\left(\left[\sum_m \mathrm{i}u_m H_m(t),\rho\right]\left[\sum_m \mathrm{i}u_m H_m(t),P\right]\right)\\&=-\mathrm{tr}\left(\left[\sum_m \mathrm{i}u_m H_m(t),\rho\right]\left[\sum_m \mathrm{i}u_m H_m(t),P\right]\right)\end{aligned}\tag{7.36}$$

其中,$\mathrm{tr}(\dot{H}_m(t)[\rho,P])=\mathrm{tr}(\mathrm{i}[H_0,H_m][\rho,P])$,$\mathrm{tr}(\dot{H}_m(t)[\rho,P])=(E_k-E_l)\cdot(\langle l|[\rho,P]|k\rangle-\langle k|[\rho,P]|l\rangle)$,当 $E_k\neq E_l$,由公式可知,$\langle l|[\rho,P]|k\rangle=\langle k|[\rho,P]|l\rangle=0$,从而 $\mathrm{tr}(\dot{H}_m(t)[\rho,P])=0$,该结果与 H_m 是否全连接无关。

将 $P=-\rho_f$ 代入式(7.36),可得

$$\ddot{V}(\rho,t)=\mathrm{tr}\left(\left[\sum_m \mathrm{i}u_m H_m(t),\rho\right]\left[\sum_m \mathrm{i}u_m H_m(t),\rho_f\right]\right)$$

则有 $\ddot{V}(\rho_f,t)=\mathrm{tr}\left(\left[\sum_m \mathrm{i}u_m H_m(t),\rho_f\right]\left[\sum_m \mathrm{i}u_m H_m(t),\rho_f\right]\right)$,其中$\left[\sum_m \mathrm{i}u_m H_m(t),\rho_f\right]$为厄米矩阵,故有$\ddot{V}(\rho_f,t)>0$,所以 ρ_f 是函数的一个极小点。对于集合 $\mathcal{R}_2$ 中除 ρ_f 之外的其他状态ρ_s:

$$\begin{aligned}\ddot{V}(\rho_s,t)&=\mathrm{tr}\left(\left[\sum_m \mathrm{i}u_m H_m(t),\rho_s\right]\left[\sum_m \mathrm{i}u_m H_m(t),\rho_f\right]\right)\\&=\mathrm{tr}\left(U_f\left[\sum_m \mathrm{i}u_m H_m(t),\rho_s\right]\left[\sum_m \mathrm{i}u_m H_m(t),\rho_f\right]U_f^\dagger\right)\\&=\mathrm{tr}\left(\left[\sum_m \mathrm{i}u_m U_f H_m(t)U_f^\dagger,D_s\right]\left[\sum_m \mathrm{i}u_m U_f H_m(t)U_f^\dagger,D_f\right]\right)\end{aligned}\tag{7.37}$$

其中,D_s 和 D_f 都是对角矩阵。

设波函数按自由哈密顿量 H_0 的能量本征基展开为 $|\psi_j\rangle=\sum_n \alpha_{jn}|n\rangle$,计算可得

$$\begin{aligned}\sum_m \mathrm{i}u_m U_f H_m(t)U_f^\dagger&=\sum_{k<l}\mathrm{i}u_{kl}\sum_j |j\rangle\langle\psi_j|\mathrm{e}^{\mathrm{i}H_0 t}(|k\rangle\langle l|+|l\rangle\langle k|)\mathrm{e}^{-\mathrm{i}H_0 t}\sum_r|\psi_r\rangle\langle r|\\&=\sum_{k<l}\mathrm{i}u_{kl}\sum_{j,r}|j\rangle\langle\psi_j|(\mathrm{e}^{\mathrm{i}\omega_{kl}t}|k\rangle\langle l|+\mathrm{e}^{-\mathrm{i}\omega_{kl}t}|l\rangle\langle k|)|\psi_r\rangle\langle r|\\&=\sum_{k<l}\mathrm{i}u_{kl}\sum_{j,r}(\mathrm{e}^{\mathrm{i}\omega_{kl}t}\alpha_{jk}^*\alpha_{rl}+\mathrm{e}^{-\mathrm{i}\omega_{kl}t}\alpha_{jl}^*\alpha_{rk})|j\rangle\langle r|\\&=\sum_{k<l}\mathrm{i}u_{kl}\sum_{j=r}2\mathcal{R}(\mathrm{e}^{\mathrm{i}\omega_{kl}t}\alpha_{jk}^*\alpha_{rl})|j\rangle\langle j|\\&\quad+\sum_{k<l}\mathrm{i}u_{kl}\sum_{j\neq r}(\mathrm{e}^{\mathrm{i}\omega_{kl}t}\alpha_{jk}^*\alpha_{rl}+\mathrm{e}^{-\mathrm{i}\omega_{kl}t}\alpha_{jl}^*\alpha_{rk})|j\rangle\langle r|\end{aligned}\tag{7.38}$$

方程(7.38)中的项 $\sum_{k<l} \mathrm{i}u_{kl} \sum_{j=r} 2\mathcal{R}(\mathrm{e}^{\mathrm{i}\omega_{kl}t}\alpha_{jk}^{*}\alpha_{rl})|j\rangle\langle j|$ 是一个对角阵,与 D_s 和D_f 对易,在此忽略不计,记 g_{jr}:

$$\begin{aligned} g_{jr} &= \sum_{k<l} u_{kl}(\mathrm{e}^{\mathrm{i}\omega_{kl}t}\alpha_{jk}^{*}\alpha_{rl} + \mathrm{e}^{-\mathrm{i}\omega_{kl}t}\alpha_{jl}^{*}\alpha_{rk}) \\ &= \sum_{k<l} u_{kl}\langle\psi_j|\mathrm{e}^{\mathrm{i}H_0 t}(|k\rangle\langle l|+|l\rangle\langle k|)\mathrm{e}^{-\mathrm{i}H_0 t}|\psi_r\rangle \\ &= \langle\psi'_j|\sum_{k<l} u_{kl}H_{kl}|\psi'_r\rangle \end{aligned} \tag{7.39}$$

则 $\sum_{k<l} \mathrm{i}u_{kl} \sum_{j\neq r}(\mathrm{e}^{\mathrm{i}\omega_{kl}t}\alpha_{jk}^{*}\alpha_{rl} + \mathrm{e}^{-\mathrm{i}\omega_{kl}t}\alpha_{jl}^{*}\alpha_{rk})|j\rangle\langle r| = \mathrm{i}\sum_{j<r} g_{jr}(|j\rangle\langle r|+|r\rangle\langle j|)$,代入方程(7.37)可得

$$\ddot{V}(\rho_s,t) = \sum_{j<r} 2|g_{jr}|^2[(D_s)_{rr} - (D_s)_{jj}][(D_f)_{rr} - (D_f)_{jj}] \tag{7.40}$$

方程(7.39)可以写成

$$\begin{pmatrix} \langle\psi'_1|H_{12}|\psi'_2\rangle & \langle\psi'_1|H_{13}|\psi'_2\rangle & \langle\psi'_1|H_{14}|\psi'_2\rangle & \cdots & \langle\psi'_1|H_{(n-1)n}|\psi'_2\rangle \\ \langle\psi'_1|H_{12}|\psi'_3\rangle & \langle\psi'_1|H_{13}|\psi'_3\rangle & \langle\psi'_1|H_{14}|\psi'_3\rangle & \cdots & \langle\psi'_1|H_{(n-1)n}|\psi'_3\rangle \\ \langle\psi'_1|H_{12}|\psi'_4\rangle & \langle\psi'_1|H_{13}|\psi'_4\rangle & \langle\psi'_1|H_{14}|\psi'_4\rangle & \cdots & \langle\psi'_1|H_{(n-1)n}|\psi'_4\rangle \\ \cdots & \cdots & \cdots & & \cdots \\ \langle\psi'_{n-1}|H_{12}|\psi'_n\rangle & \langle\psi'_{n-1}|H_{13}|\psi'_n\rangle & \langle\psi'_{n-1}|H_{14}|\psi'_n\rangle & \cdots & \langle\psi'_{n-1}|H_{(n-1)n}|\psi'_n\rangle \end{pmatrix}$$

$$\cdot \begin{pmatrix} u_{12} \\ u_{13} \\ u_{14} \\ \cdots \\ u_{(n-1)n} \end{pmatrix} = \begin{pmatrix} g_{12} \\ g_{13} \\ g_{14} \\ \cdots \\ g_{(n-1)n} \end{pmatrix} \tag{7.41}$$

为了方便,将方程(7.41)记为 $M\times u = G$,其中 M 是一个非奇异矩阵。因为如果 M 中存在某些列的线性组合为零,则有 $\langle\psi'_j|\sum_{k>l}\alpha_{kl}H_{kl}|\psi'_r\rangle = 0$,由于$|\psi'_j\rangle$和$|\psi'_r\rangle$是任意的,所以必有 $\alpha_{kl}=0$。

在方程(7.40)中,令

$$K = \begin{pmatrix} [(D_s)_{11} - (D_s)_{22}][(D_f)_{11} - (D_f)_{22}] \cdots 0 \\ \vdots \qquad\qquad \vdots \\ 0 \quad \cdots \quad [(D_s)_{(n-1)(n-1)} - (D_s)_{nn}][(D_f)_{(n-1)(n-1)} - (D_f)_{nn}] \end{pmatrix}$$

则式(7.40)变成

$$\ddot{V}(\rho_s,t) = G^\dagger KG = u^\dagger M^\dagger KMu \tag{7.42}$$

由于对角阵 D_s 和 D_f 的对角元是同一本征谱的不同排列，K 中至少存在一个对角元为负，由此可得 $M^\dagger KM$ 是一个厄米非正定矩阵，对于该矩阵存在一个幺正矩阵 U 使其对角化，即 $M^\dagger KM = U^\dagger \Lambda U$，设 Λ 的第 k 个对角元 $(\Lambda)_{kk}<0$。

由于 $M^\dagger KM$ 是一个厄米矩阵，所以 $\ddot{V}(\rho_s,t)$ 是一个实数。将幺正矩阵 U 分成虚部和实部，记为 $U = U_1 + \mathrm{i}U_2$，代入式(7.42)且忽略虚部，可以得到

$$\ddot{V}(\rho_s,t) = u^\dagger(U_1^\dagger \Lambda U_1 + U_2^\dagger \Lambda U_2)u$$

U 是幺正矩阵，所以存在 $\sum_j U'_{kj}U_{kj} = 1$ 以及 $\sum_j U'_{kj}U_{lj} = 0(l \neq k)$，设其第 k 行的元素为 $\{r_k = x + \mathrm{i} * y\}$，则存在控制场 $u = \{r_k^\dagger\}$ 使得

$$\begin{aligned}\ddot{V}(\rho_s,t) &= u^\dagger(U_1^\dagger \Lambda U_1 + U_2^\dagger \Lambda U_2)u \\ &= x^\dagger(U_1^\dagger \Lambda U_1 + U_2^\dagger \Lambda U_2)x + y^\dagger(U_1^\dagger \Lambda U_1 + U_2^\dagger \Lambda U_2)y \\ &= (\Lambda)_{kk} < 0\end{aligned} \tag{7.43}$$

因此在式(7.43)中至少有一项是小于零的，不失一般性，设 $x^\dagger(U_1^\dagger \Lambda U_1 + U_2^\dagger \Lambda U_2)x<0$，只要取实数控制场 $u = x$ 即可证明存在控制场使得对极限集中的其他状态 ρ_s 有 $\ddot{V}(\rho_s,t,u_r)<0$。

必要性证明：

等价于证明如果存在 l_0,r_0，使得 $(H_m)_{l_0r_0} = 0$，$(H_m)_{lr}\neq 0$，$(l,r)\neq(l_0,r_0)$，那么存在 $\rho_s \in \mathcal{R}_2$，$\rho_s \neq \rho_f$ 使得 $\ddot{V}(\rho_s,t)\geqslant 0$，$\forall\, t,u$ 成立。

假设 ρ_f 的谱分解为 $\rho_f = \sum_i c_i \mid \psi_i\rangle\langle\psi_i \mid$，则状态 $\rho_s = \sum_i d_i \mid \psi_i\rangle\langle\psi_i \mid$ 满足 $[\rho_f,\rho_s] = 0$，因此 $\rho_s \in \mathcal{R}_1$，其中 ρ_s 的本征谱为 $\{d_i, i = 1,2,\cdots,n\}$。令 ρ_f 的两个最小本征值分别为 c_{l_0} 和 c_{r_0}，令 $\{d_i, i = 1,2,\cdots,n\}$ 为交换 c_{l_0} 和 c_{r_0} 后得到的排列，即 $d_{l_0} = c_{r_0}$，$d_{r_0} = c_{l_0}$，$d_i = c_i$，$i\neq l_0$，$i\neq r_0$，$i = 1,2,\cdots,n$。

根据方程，可得

$$\begin{aligned}\ddot{V}(\rho_s,t) &= \sum_{l\neq l_0,r\neq r_0} |g_{lr}|^2[(D_s)_{rr} - (D_s)_{ll}][(D_f)_{rr} - (D_f)_{ll}] \\ &= \sum_{l\neq l_0,r\neq r_0} |g_{lr}|^2[(D_f)_{rr} - (D_f)_{ll}][(D_f)_{rr} - (D_f)_{ll}] \geqslant 0\end{aligned}$$

必要性得证。

由于临界稳定点在扰动的作用下很快就会变得不稳定，因此，当系统只有目标态一

个稳定点的时候，系统可以收敛到该目标态。

我们已经证明，当极限集是 $\mathcal{R}_2$ 的情况，$P=-\rho_f$ 可以确保系统收敛到目标态。此时，极限集取 $\mathcal{R}_1$ 还是 $\mathcal{R}_2$ 取决于目标态的形式，根据命题 7.3，如果目标态具有非退化本征谱，可以得到极限集 $\mathcal{R}_2$，如果目标态不具有非退化本征谱，我们设计 P 是一个包含目标态的函数，令 P 具有非退化本征谱，P 的构造类似于 7.2.1 小节的公式(7.27)，选取 P 矩阵为

$$P=\sum_{k=1}^{n}p_k\mid\psi_k\rangle\langle\psi_k\mid,\mid\psi_1\rangle=\mid\psi_f\rangle,\quad p_1<0<p_k,\langle\psi_i\mid\psi_j\rangle=\delta_{ij} \tag{7.44}$$

其中，$\rho_f=|\psi_f\rangle\langle\psi_f|$ 是目标态。式(7.44)不同于式(7.27)的地方在于 $p_1<0$，此时李雅谱诺夫函数 $V(\rho)=\mathrm{tr}(P\rho)\geqslant p_1$ 是有下界的，满足类李雅谱诺夫引理的条件 1。

根据式(7.36)，有

$$\begin{aligned}\ddot{V}(\rho_f,t)=&-p_1\mathrm{tr}\left(\left[\sum_m\mathrm{i}u_mH_m(t),\rho_f\right]\left[\sum_m\mathrm{i}u_mH_m(t),\rho_f\right]\right)\\&-\sum_{k>1}^{n}p_k\mathrm{tr}\left(\left[\sum_m\mathrm{i}u_mH_m(t),\rho_f\right]\left[\sum_m\mathrm{i}u_mH_m(t),|\psi_k\rangle\langle\psi_k|\right]\right)\\=&-p_1\mathrm{tr}\left(\left[\sum_m\mathrm{i}u_mH_m(t),\rho_f\right]\left[\sum_m\mathrm{i}u_mH_m(t),\rho_f\right]\right)>0\end{aligned}$$

可见，ρ_f 仍然是李雅谱诺夫函数的极小点。对于极限集中的其他状态 ρ_s，仍然引入幺正矩阵 $U_f=\sum_j\mid j\rangle\langle\psi_j\mid$ 来同时对角化 ρ_s 和 ρ_f，可得

$$\ddot{V}(\rho_s,t)=-p_1\mathrm{tr}\left(\left[\sum_m\mathrm{i}u_mU_fH_m(t)U_f^{\dagger},D_s\right]\left[\sum_m\mathrm{i}u_mU_fH_m(t)U_f^{\dagger},D_f\right]\right)>0$$

按照之前的证明过程，依然可得极限集中除目标态之外的其他状态都是临界稳定的。

定理 7.1 的证明过程基于两个条件：第一个是极限集能够表示成 $\mathcal{R}_2$ 的形式，根据引理 7.1，极限集中的状态和目标态就是可以同时对角化的；第二个是 H_m 的全连接，u_{kl} 可以任意设计，很容易找到一个控制 u 使其他状态都为临界稳定点。如果目标态为本征态，定理 7.1 的条件可以放宽，得出以下结论：

引理 7.5 目标态 ρ_f 为本征态时，设 ρ_f 为 H_0 的第 p 个本征态，那么极限集 $\mathcal{R}_1$ 中除目标态之外其他状态 ρ_s 都是临界稳定的充要条件是：$\forall q\neq p$，① $E_q\neq E_p$，其中，E_i 是 H_0 中对应于第 i 个本征态的本征值；② $\exists H_m$，$(H_m)_{pq}\neq0$。

证明 已知 $\rho_f=|p\rangle\langle p|$，$\rho_s$ 可以表示成 $\rho_s=|\psi_s\rangle\langle\psi_s|$，其中 $\mid\psi_s\rangle=\sum_n\alpha_n|n\rangle$，

则有

$$[\rho_f,\rho_s]=\lambda\,|p\rangle\langle\psi_s|-\lambda^*\,|\psi_s\rangle\langle p|=\sum_n(\alpha_n^*\alpha_p\,|p\rangle\langle n|-\alpha_p^*\alpha_n\,|n\rangle\langle p|)$$

$$=\sum_{n\neq p}(\alpha_n^*\alpha_p\,|p\rangle\langle n|-\alpha_p^*\alpha_n\,|n\rangle\langle p|) \tag{7.45}$$

其中，$\lambda=\langle p|\psi_s\rangle=\alpha_p$。

根据公式(7.20)，$\forall\, m,t$，有

$$\mathrm{tr}(\mathrm{i}H_m(t)[\rho_s,\rho_f])=0 \tag{7.46}$$

将 $H_m(t)=\mathrm{e}^{\mathrm{i}\omega_{pq}t}|p\rangle\langle q|+\mathrm{e}^{-\mathrm{i}\omega_{pq}t}|q\rangle\langle p|$代入，令 $A=[\rho_s,\rho_f]$，A 是一个斜厄米矩阵，则$\langle q|[\rho_s,\rho_f]|p\rangle=0$ 成立，因此可得

$$\langle q\,|\sum_{n\neq p}(\alpha_n^*\alpha_p\,|p\rangle\langle n|-\alpha_p^*\alpha_n\,|n\rangle\langle p|)|\,p\rangle=-\sum_{n\neq p}\alpha_p^*\alpha_n\langle q\,|\,n\rangle=0 \tag{7.47}$$

由于式(7.47)对任意 $q\neq p$ 成立，且 $n\neq p$，所以 $\alpha_p^*\alpha_n=0$，代入方程(7.45)，可得$[\rho_f,\rho_s]=0$。所以极限集中的状态都是与目标态对易的，根据引理 7.1，ρ_f 和ρ_s 可以同时对角化。

必要性证明：

等同于证明$\exists\, q_0$，使得$(H_m)_{pq_0}=0$，$(H_m)_{pq}\neq0$，$q\neq q_0$，那么存在 $\rho_s\in\mathcal{R}_2$，$\rho_s\neq\rho_f$使得$\ddot{V}(\rho_s,t)\geqslant0$，$\forall\, t,u$ 成立。这一点可以在定理 7.1 的必要性证明中得到。

充分性证明：

根据式(7.36)可以得到

$$\ddot{V}(\rho,t)=\mathrm{tr}\Big(\Big[\sum_m\mathrm{i}u_mH_m(t),\rho\Big]\Big[\sum_m\mathrm{i}u_mH_m(t),\rho_f\Big]\Big)$$

显然$\ddot{V}(\rho_f,t)>0$ 成立。对于极限集中的其他状态 ρ_s，假设存在矩阵 $U=\sum_j|j\rangle\langle\psi_j|$使 ρ_f 和ρ_s 同时对角化，则有

$$\ddot{V}(\rho_s,t)=\mathrm{tr}\Big(\Big[\sum_m\mathrm{i}u_mUH_m(t)U^\dagger,D_s\Big]\Big[\sum_m\mathrm{i}u_mUH_m(t)U^\dagger,D_f\Big]\Big) \tag{7.48}$$

由于 ρ_f 和ρ_s 都是纯态，设 $D_f=|p\rangle\langle p|$，$D_s=|s\rangle\langle s|$，其中 $s\neq p$，那么在 U 中可取$|\psi_p\rangle=|p\rangle$。将 D_f 和D_s 代入式(7.48)可得

$$\ddot{V}(\rho_s,t)=-\sum_m u_m^2\mathrm{tr}([UH_m(t)U^\dagger,D_s][UH_m(t)U^\dagger,D_f])$$

$$
\begin{aligned}
&= -\sum_m u_m^2 \{\langle p \mid UH_m(t)U^\dagger \mid s\rangle\langle s \mid UH_m(t)U^\dagger \mid p\rangle \\
&\quad + \langle s \mid UH_m(t)U^\dagger \mid p\rangle\langle p \mid UH_m(t)U^\dagger \mid s\rangle\} \\
&= -\sum_m 2u_m^2\lambda\lambda^*
\end{aligned}
$$

其中，$H_m(t)=\mathrm{e}^{\mathrm{i}H_0 t}H_m\mathrm{e}^{-\mathrm{i}H_0 t}$，为厄米矩阵，且

$$
\begin{aligned}
\lambda &= \langle p \mid UH_m(t)U^\dagger \mid s\rangle = \sum_{j,r}\langle p \mid j\rangle\langle\psi_j \mid H_m(t) \mid \psi_r\rangle\langle r \mid s\rangle \\
&= \langle p \mid H_m(t) \mid \psi_s\rangle = \mathrm{e}^{\mathrm{i}\omega_{pq}t}\langle q \mid \psi_s\rangle
\end{aligned}
$$

所以至少存在一个 q' 使得 $\lambda\neq 0$，因此只要取 $u_{pq}\neq 0\ (q\neq p)$，即可得 $\ddot{V}(\rho_s,t)\leqslant -2u_{pq'}^2\lambda\lambda^*<0$。证毕。

由引理 7.5 的证明过程，可以得到推论 7.1：

推论 7.1 目标态 ρ_f 是对角形式的伪纯态时，令 $\rho_f=\sum_j c_j \mid j\rangle\langle j \mid$，其中 $c_p\neq c_j$，$c_j=c(j\neq p)$，那么极限集 $\mathcal{R}_1$ 中除目标态之外其他状态 ρ_s 都是临界稳定的充要条件是：$\forall\, q\neq p$，① $E_q\neq E_p$，其中，E_i 是 H_0 中对应于第 i 个本征态的本征值；② $\exists H_m$，$(H_m)_{pq}\neq 0$。

证明 极限集 $\mathcal{R}_1$ 中的其他状态 ρ_s 可以表示为 $\rho_s=\sum_{dl}\rho_{dl} \mid d\rangle\langle l \mid$，则

$$
[\rho_s,\rho_f]=\sum_{dlj}\rho_{dl}c_j(\mid d\rangle\langle l \mid j\rangle\langle j \mid - \mid j\rangle\langle j \mid d\rangle\langle l \mid)=\sum_{dl}(c_l-c_d)\rho_{dl} \mid d\rangle\langle l \mid
$$

当 $c_l\neq c_p$，$c_d\neq c_p$ 时，$c_l-c_d\equiv 0$，因此

$$
[\rho_s,\rho_f]=(c_p-c)\sum_{d\neq p}(\rho_{dp} \mid d\rangle\langle p \mid - \rho_{pd} \mid p\rangle\langle d \mid) \tag{7.49}
$$

将式(7.49)及 $H_m(t)$ 的表达式代入 $\mathcal{R}_1$ 可得

$$
\langle q \mid [\rho_s,\rho_f] \mid p\rangle=(c_p-c)\sum_{d\neq p}\rho_{dp}\langle q \mid d\rangle=0
$$

所以可得 $\rho_{dp}=0$，$d\neq p$，$[\rho_s,\rho_f]=0$。由此也可得 $\rho_s=\sum_l\rho_{pl} \mid p\rangle\langle l \mid$。

必要性证明同定理 7.1。

充分性证明：

根据公式(7.36)可以得到

$$
\ddot{V}(\rho,t)=\mathrm{tr}\left(\left[\sum_m \mathrm{i}u_m H_m(t),\rho\right]\left[\sum_m \mathrm{i}u_m H_m(t),\rho_f\right]\right)
$$

显然 $\ddot{V}(\rho_f,t)>0$ 成立。对于极限集中的其他状态 ρ_s，假设存在矩阵 $U=\sum_j |j\rangle\langle\psi_j|$ 使 ρ_f 和 ρ_s 同时对角化，其中，$|\psi_j\rangle=\sum_n \alpha_{jn}|n\rangle$，可得

$$\ddot{V}(\rho_s,t)=\mathrm{tr}\left(\left[\sum_m \mathrm{i}u_m UH_m(t)U^\dagger,D_s\right]\left[\sum_m \mathrm{i}u_m UH_m(t)U^\dagger,D_f\right]\right) \tag{7.50}$$

其中，D_f 的本征谱为 $\{c_j\}$，且 $c_p\neq c_j,c_j=c,j\neq p$，$D_s$ 的对角元 $\{d_j\}$ 为 $\{c_j\}$ 的一个排列。

将式(7.38)代入式(7.50)可得

$$\begin{aligned}\ddot{V}(\rho_s,t)=&-\sum_q u_{pq}^2\mathrm{tr}\Big\{\sum_{j,r}(\mathrm{e}^{\mathrm{i}\omega_{pq}t}\alpha_{jp}^*\alpha_{rq}+\mathrm{e}^{-\mathrm{i}\omega_{pq}t}\alpha_{jq}^*\alpha_{rp})(d_j-d_r)|j\rangle\langle r|\\&\cdot\sum_{l,n}(\mathrm{e}^{\mathrm{i}\omega_{pq}t}\alpha_{lp}^*\alpha_{nq}+\mathrm{e}^{-\mathrm{i}\omega_{pq}t}\alpha_{lq}^*\alpha_{np})(c_l-c_n)|l\rangle\langle n|\Big\}\\=&-\sum_q u_{pq}^2\sum_{j,r}(\mathrm{e}^{\mathrm{i}\omega_{pq}t}\alpha_{jp}^*\alpha_{rq}+\mathrm{e}^{-\mathrm{i}\omega_{pq}t}\alpha_{jq}^*\alpha_{rp})\\&\cdot(\mathrm{e}^{\mathrm{i}\omega_{pq}t}\alpha_{rp}^*\alpha_{jq}+\mathrm{e}^{-\mathrm{i}\omega_{pq}t}\alpha_{rq}^*\alpha_{jp})(d_j-d_r)(c_r-c_j)\\=&-\sum_{q,j}u_{pq}^2\lambda\lambda^*(d_j-d_p)(c_p-c)\end{aligned}$$

在上式中，当 $j\neq p,r\neq p$ 时，$c_r-c_j=0$。由于 $\{d_j\}$ 是 $\{c_j\}$ 的一个排列，所以存在某个 $j_0\neq p$，使得 $d_{j_0}=c_p$，则有

$$\ddot{V}(\rho_s,t)=-\sum_q u_{pq}^2\lambda\lambda^*(c_p-c)^2$$

其中，$\lambda=\mathrm{e}^{\mathrm{i}\omega_{pq}t}\alpha_{j_0p}^*\alpha_{pq}+\mathrm{e}^{-\mathrm{i}\omega_{pq}t}\alpha_{j_0q}^*\alpha_{pp}$。$|\psi_j\rangle=\sum_n\alpha_{jn}|n\rangle$，$\alpha_{pp}=\langle p|\psi_p\rangle$ 和 $\alpha_{pq}=\langle q|\psi_p\rangle$ 至少有一个不为零。

设 $\alpha_{pp}\neq 0$，$\alpha_{j_0q}^*=\langle\psi_{j_0}|q\rangle$，由于 $|\psi_{j_0}\rangle\neq|\psi_p\rangle$，所以存在某一个 q 使得 $\alpha_{j_0q}^*\neq 0$，综上可得 $\lambda\neq 0$，只要令控制场 $u_{pq}\neq 0(q\neq p)$ 即可得到 $\ddot{V}(\rho_s,t)<0$。证毕。

在引理 7.5 以及推论 7.1 中，由于目标态是本征态，不需要自由哈密顿量强正则和控制哈密顿量全连接的条件，可以得到一个更容易接受的结论。

7.2.3.2 结果分析与讨论

在 7.2 节中关于收敛性的分析主要是基于两个假设：H_0 强正则和控制哈密顿 H_m 全连接。从分析过程中可以看出来，这两个假设是用于缩小极限集，使极限集中的状态形式可知，主要是用于得到式(7.24)形式的不变集。7.2.1 小节和 7.2.2 小节的收敛性分析都基于式(7.24)。

7.2 节中的实验证明，即便 H_m 不满足全连接条件，目标态也有可能是收敛的。为了

分析这种现象，我们先比较一下 7.1 节和 7.2 节中的控制场。

在 7.2 节中，我们已经知道相互作用绘景变换不改变系统的固有特性，所求出来的控制场(7.8)和控制场(7.13)在数学上是等价的；那么基于不同李雅谱诺夫函数：状态距离和虚拟力学量所求出来的控制形式式(7.8)和式(7.19)又有何不同呢？将 $P=-\rho_f$ 以及 $H_m(t)=U^{\dagger}H_mU$ 代入式(7.19)，并根据迹的轮换性可得

$$u_m=-k_m\mathrm{tr}(\mathrm{i}H_m(t)[\tilde{\rho},\tilde{\rho}_f])=-k_m\mathrm{tr}(\mathrm{i}H_m[\rho,\rho_f]) \tag{7.51}$$

因此，由式(7.51)可得，若选取 $P=-\rho_f$，基于状态距离的李雅谱诺夫函数求出来的控制场(7.8)和基于虚拟力学量 P 的李雅谱诺夫函数得到的控制场(7.19)是等价的。

根据拉塞尔不变集原理，系统(7.1)的状态轨迹将收敛到不变集 $E\triangleq\{\rho:\dot{V}(\rho)=0\}$ 中，E 包含了系统所有有界解的正极限集(Wang，Schirmer，2010a)：

$$E\triangleq\{\rho:\dot{V}(\rho)=0\}=\{\rho:\Re(\mathrm{tr}(\mathrm{i}H_m[\rho,\rho_f]))=0\} \tag{7.52}$$

显然 $\rho_f\in E$。

当 ρ_f 为纯态，将其表示为 $\rho_f=|\psi_f\rangle\langle\psi_f|$，令 $\rho=|\psi\rangle\langle\psi|$，$H_m=|k\rangle\langle l|+|l\rangle\langle k|$，则由式(7.52)得

$$\langle l\mid i[\rho,\rho_f]\mid k\rangle+\langle k\mid i[\rho,\rho_f]\mid l\rangle=0 \tag{7.53}$$

其中，$i[\rho,\rho_f]$为厄米矩阵，故而式(7.53)等价于 $\Re(\langle l|[\rho,\rho_f]|k\rangle)=0$。

我们令$\langle l|[\rho,\rho_f]|k\rangle=0$。当 ρ_f 为本征态时，引理 7.5 的结论解释了 7.1.3.2 小节中图 7.5 的结果，由于目标态为自由哈密顿量的第一个本征态，所以只要满足 H_m 取遍集合$\{\hbar h_{kl}:h_{kl}=|1\rangle\langle l|+|l\rangle\langle 1|,1<l\}$中的元素即可。图 7.5(a)恰恰是这种情况，而图 7.5(b)中由于$(H_m)_{14}=0$，系统无法收敛到目标态。

本节针对目标状态为系统自然轨迹的情况，研究了系统的收敛性问题。采用基于虚拟力学量的李雅谱诺夫函数，通过设计虚拟力学量的参数(本征值、本征向量)可以达到两个目的：第一是简化系统的不变集，使系统不变集中的状态都可以与虚拟力学量对易；第二是保证系统收敛。为了简化虚拟力学量的设计，我们证明了只要控制哈密顿量是全连接的，虚拟力学量设计为目标态的函数，只需要达到第一个目的，即简化系统不变集为 $\mathcal{R}_2$ 就可以保证系统收敛到目标态。针对特别的目标态形式——本征态，该结论不要求极限集为 $\mathcal{R}_2$，而且不要求控制哈密顿量全连接。

7.3 N 维封闭量子系统轨迹跟踪的统一控制

本节利用 3.2 节提出的统一的量子李雅普诺夫控制方法，对一般 N 维封闭量子系统中的量子态轨迹跟踪问题进行研究。对于状态轨迹跟踪，当目标系统初态是对角形式时，目标系统可看作一个定态，此时跟踪问题等价于转移问题；当目标系统初态为非对角形式时，通过对该目标系统进行一定的数学变换，将量子系统被控状态与目标状态之间的误差定义为误差状态，并利用误差函数将量子态轨迹跟踪问题转化为状态转移问题，然后便可以利用 3.2 节提出的统一的量子李雅普诺夫控制方法，对基于误差函数的非理想量子系统进行控制，也就是能够在自由哈密顿量非强正则或与目标轨迹不对易，以及量子系统的控制哈密顿量非全连接的非理想量子系统的情况下，采用所设计的控制方法可以将系统由任意初始态驱动至任意目标态，实现对任意目标态的跟踪控制。

7.3.1 系统模型和问题描述及解决问题的设计思想

在量子力学中，对量子系统的各种描述通常建立在希尔伯特空间中，系统的每一个状态对应该空间中的一个矢量 $|\phi\rangle$。量子系统的纯态可以由一个波函数或者态矢来描述，叠加态则是系统中可能状态的线性叠加：$|\phi\rangle = c_1|\phi_1\rangle + c_2|\phi_2\rangle + \cdots + c_n|\phi_n\rangle$，而混合态需要用一组态矢及其概率来表示：$|\phi_1\rangle, \alpha_1; |\phi_2\rangle, \alpha_2; \cdots; |\phi_n\rangle, \alpha_n$，若用密度矩阵的形式表示：$\rho = \sum_i \alpha_i |\phi_i\rangle\langle\phi_i|$，$\sum_i \alpha_i = 1$。

在量子系统中，每一个状态的演化过程可以用多种方式来描述，对于不与环境纠缠的纯态系统，可以用基于薛定谔方程演化的波函数来表示。而对于用密度矩阵形式表示的量子态，其演化过程可用希尔伯特空间的刘维尔方程来描述：

$$\mathrm{i}\hbar\frac{\partial}{\partial t}\rho(t) = [H, \rho(t)], \quad \rho(0) = \rho_0 \tag{7.54}$$

其中，$H = H_0 + \sum_{q=1}^{m} u_q(t)H_q$，$H_0, H_q$ 分别表示系统的内部（或自由）哈密顿量以及外部（或控制）哈密顿量，且都为不含时的量，u_q 为外加控制场，随时间变化；$\hbar$为普朗克常量，为方便计算，取$\hbar=1$。

对于一个自由演化的量子系统中的状态 $\rho_f(t)$随时间变化的动力学方程可以写为

$$\mathrm{i}\hbar\frac{\partial}{\partial t}\rho_f(t)=[H_0,\rho_f(t)],\quad \rho_f(0)=\rho_{f0} \tag{7.55}$$

我们的控制目标是：通过外加控制作用，使系统(7.54)中的状态 $\rho_f(t)$跟踪系统(7.55)中状态 $\rho_f(t)$的运动轨迹。这是一个量子态的跟踪控制任务。

根据系统控制理论，解决一个系统状态的跟踪问题的思路是：通过定义一个新的系统的误差状态，让其等于目标轨迹状态 $\rho_f(t)$与被控系统状态 $\rho_f(t)$之间的差，代入被控系统中，并结合已知的跟踪方程，将被控系统转变成所定义的误差状态的方程，此时通过对误差状态调控，将其从任意初始状态，转移到零误差，即可等价地完成将原被系统中的状态 $\rho_f(t)$跟踪期望状态 $\rho_f(t)$运动轨迹的任务，因为一旦误差状态等于零之后，都有$\rho(t)=\rho_f(t)$成立。所以，求解状态轨迹跟踪问题需要分成两步：第一步是把状态轨迹跟踪问题转变成误差状态的转移(调控)问题；第二步是对转化后系统的误差状态进行控制场的设计。

我们将这一思想应用到量子系统的状态轨迹跟踪中，并应用统一的基于李雅普诺夫控制策略，来进行从任意初态到任意目标态的转移控制，此方法对被控量子系统不要求满足自由哈密顿量非衰减(简并)和控制哈密顿量全连接的理想量子系统的条件。

为使得量子态跟踪问题变换为量子态转移问题，引入量子态误差函数：

$$e(t)=\rho(t)-\rho_f(t) \tag{7.56}$$

由式(7.54)减去式(7.55)可推出误差状态的演化方程为

$$\mathrm{i}\frac{\partial}{\partial t}e(t)=\left[H_0+\sum_{q=1}^{m}u_q(t)H_q,e(t)\right]+\left[\sum_{q=1}^{m}u_q(t)H_q,\rho_f(t)\right],\quad e(0)=\rho_0-\rho_{f0} \tag{7.57}$$

为了简化后续控制场的设计求解，需要消去方程(7.57)中的漂移项 H_0。为此可引入幺正变换 $U(t)=\mathrm{e}^{-\mathrm{i}H_0t}$(这也是一个相互作用绘景变换)，令 $\hat{e}(t)=U^+(t)e(t)U(t)$，其中"+"表示取共轭转置，引入变换后系统(7.57)变为

$$i\frac{\partial}{\partial t}\hat{e}(t)=\left[\sum_{q=1}^{m}u_q(t)\hat{H}_q,\hat{e}(t)\right]+\left[\sum_{q=1}^{m}u_q(t)\hat{H}_q,\hat{\rho}_f(t)\right] \tag{7.58}$$

其中，$\hat{H}_q(t)=U^+(t)H_q(t)U(t)$；$\hat{\rho}_f(t)=U^+(t)\rho_f(t)U(t)$。

为了更加容易求出目标状态随时间变化的轨迹，也就是求出方程(7.55)的解，我们可以直接通过目标系统初值及幺正变换 $U(t)=\mathrm{e}^{-\mathrm{i}H_0t}$得到的解为

$$\rho_f(t) = U(t)\rho_f(0)U^+(t) \tag{7.59}$$

将方程(7.59)代入 $\hat{\rho}_f(t)$ 可得

$$\hat{\rho}_f(t) = U^+(t)\rho_f(t)U(t) = U^+(t)U(t)\rho_f(0)U^+(t)U(t) = \rho_f(0) \tag{7.60}$$

从式(7.60)中可以看出：通过进行相互作用绘景变换 $U(t)=\mathrm{e}^{-\mathrm{i}H_0t}$，我们将一个随时间变化的轨迹(7.59)变成一个常值(7.60)。从物理意义上看，对目标系统的状态增加了一个与该系统状态一样自旋因子 $U(t)=\mathrm{e}^{-\mathrm{i}H_0t}$，使得目标状态始终与系统的自旋状态处于相同的位置，此时，相对于原系统状态，变换后的状态不再不随时间变化。

本小节之后的所有状态都是在进行幺正变换 $U(t)=\mathrm{e}^{-\mathrm{i}H_0t}$ 后的相互作用绘景下进行的研究。

因为在初始时刻 $t=0$，$U(0)=U^+(0)=1$，则 $\rho_f(0)=\hat{\rho}_{f0}$，那么量子态的误差状态的动力学演化方程(7.58)可变换为

$$\mathrm{i}\frac{\partial}{\partial t}\hat{e}(t) = \left[\sum_{q=1}^{m}u_q(t)\hat{H}_q, \hat{e}(t)\right] + \left[\sum_{q=1}^{m}u_q(t)\hat{H}_q, \hat{\rho}_{f0}\right] \tag{7.61}$$

由式(7.61)可知，在进行了幺正变换后，原方程中的 $\rho_f(t)$ 由原来的时变量变成了一个与时间无关的量 $\hat{\rho}_{f0}$。同时，控制哈密顿量 H_q 由一个与时间无关的量变成了含时的量 $\hat{H}_q(t)$。而引入量子态误差函数，则改变了系统的控制目标，使得原系统(7.54)跟踪目标系统(7.55)的控制任务，变成了控制误差变量 $\hat{e}(t)$ 趋于零，便可以使得量子系统的状态轨迹跟踪问题，变换成系统的量子态转移问题，最终的控制目标为 $\hat{e}_f=0$。

7.3.2 统一量子跟踪控制的设计

在众多控制方法中，基于李雅普诺夫稳定性的方法更简单更容易实现，经由李雅普诺夫方法设计出的控制场总是稳定的。该方法的基本思想是，选取一个虚拟能量函数 $V(x)$ 作为李雅普诺夫函数，且 $V(x)$ 需要满足以下三个条件：① $V(x)$ 是正定的，即 $V(x)\geqslant 0$。② 当且仅当 $x=x_0$ 时，$V(x)=0$。③ $V(x)$ 在定义域内连续且具有连续的一阶导数，当满足 $\dot{V}(x)\leqslant 0$ 时，x_0 是稳定平衡点；当 $\dot{V}<0$，$x\neq x_0$ 时，x_0 是渐近稳定平衡点。

一般来说，薛定谔方程有三种李雅普诺夫函数形式。这里针对刘维尔方程描述的量

子系统，选择如下基于虚拟可观测力学量 P 的李雅普诺夫函数：

$$V = \mathrm{tr}(Pe) \tag{7.62}$$

为了保证量子系统的状态能够最终演化为所需的目标状态，我们需要基于方程(7.62)设计具有收敛性的控制场。现有的研究结果表明，基于李雅普诺夫稳定性原理所设计的控制方法要求封闭量子控制系统满足以下条件：

(1) H_0 应与设定的目标状态 e_f 对易。

(2) H_0 应强正则，即如果$(j_1, k_1) \neq (j_2, k_2)$，$\omega_{j_1,k_1} \neq \omega_{j_2,k_2}$，则不同能级之间的转移能量可分辨。其中 $\omega_{j,k} = \lambda_j - \lambda_k$ 是H_0 的转移频率，而 λ_j 是H_0 的特征值。

(3) H_q 应全连接，即$(H_q)_{j,k} \neq 0$，$j \neq k$，则所有能级能够直接关联。

本节将采用能够同时解决以上三个问题，对非理想的封闭量子系统的任意状态进行转移控制的、基于李雅普诺夫理论的统一量子系统控制策略进行控制场的设计。我们将通过定理 7.2 给出统一量子系统的控制理论；然后分别在三个小节中，针对本节中的量子跟踪系统进行具体控制场的推导。

定理 7.2 设计控制场 u_q，ω_q 和 ν_q，$q = 1, \cdots, m$，在其作用下量子系统(7.61)可以由任意初始状态收敛至目标态。

(1) 在任何情况下，设计

$$u_q(t) = a_q f_q(\mathrm{itr}([\hat{\hat{P}}_v, \hat{\hat{H}}_q]\hat{\hat{e}})), \quad q = 1, \cdots, m \tag{7.63}$$

其中，系数 $a_q \geqslant 0$，函数 f_q 在 $\mathbf{R}$ 上严格单调增且 $f_q(0) = 0$，$\hat{\hat{H}}_q = \hat{U}^+(t)\hat{H}_q\hat{U}(t)$，$\hat{H}_q = U^+ H_q U$，$\hat{\hat{e}} = \hat{U}^+(t)\hat{e}\hat{U}(t)$，$\hat{e} = U^+ eU$。其中 $\hat{U}(t) = \mathrm{e}^{-\mathrm{i}\hat{H}'_0 t}$，$U$ 由控制场 ω_q 作用下，$H'_0 = H_0 + \sum_{q=1}^{m} H_q\omega_q$ 的特征向量组成的规范正交基构成。算符 $\hat{\hat{P}}_v$ 是带有实参数 $\hat{\beta}_j$ 的虚拟力学量：

$$\hat{\hat{P}}_v = \sum_{j=1}^{N} \hat{\hat{\beta}}_j \mid \phi''_j(\nu_q)\rangle\langle\phi''_j(\nu_q) \mid \tag{7.64}$$

其中，$\phi''_j(\nu_q)$是在控制场 ν_q 作用下的自由哈密顿量的特征向量。

(2) 在 H_0 与目标态不对易的情况下，控制场 ω_q 被设计为方程 $Aw = b$ 的解，使得$[H'_0, e_f] = 0$ 成立，其中 $w = [w_1, \cdots, w_m]^{\mathrm{T}}$，$b = [B_{1,2}, \cdots, B_{1,N}, B_{2,2}, \cdots, B_{N,N}]^{\mathrm{T}}$，且

$$A=\begin{bmatrix}(A_1)_{1,2} & (A_2)_{1,2} & \cdots & (A_m)_{1,2}\\ \vdots & \vdots & \ddots & \vdots\\ (A_1)_{1,N} & (A_2)_{1,N} & \cdots & (A_m)_{1,N}\\ (A_1)_{2,2} & (A_2)_{2,2} & \cdots & (A_m)_{2,2}\\ \vdots & \vdots & \ddots & \vdots\\ (A_1)_{2,N} & (A_2)_{2,N} & \cdots & (A_m)_{2,N}\\ \vdots & \vdots & \ddots & \vdots\\ (A_1)_{N,N} & (A_2)_{N,N} & \cdots & (A_m)_{N,N}\end{bmatrix}$$

另有 $A_q=[H_q,e_f]$，$B=[e_f,H_0]$，$q=1,\cdots,m$。在此情况下，控制场 $v_q=0$。

(3) 在 H_0 非强正则或 H_q 非全连接的情况下，设计控制场 v_q 使得新的哈密顿量 $\hat{\hat{H}}''_0=\hat{\hat{H}}'_0+\sum_{q=1}^{m}\hat{\hat{H}}_q v_q=\mathrm{diag}(\lambda_1''(v_q),\cdots,\lambda_N''(v_q))$ 成为强正则，且对应的 $\hat{\hat{H}}_q$ 全连接。控制场 v_q 具体设计为

$$v_q=\begin{cases}cg(\mathrm{tr}(\hat{\hat{P}}_v(\hat{e}-\hat{e}_f))), & q=q_j;j=1,\cdots,n;1\leqslant n\leqslant m\\ 0, & 其他\end{cases}\tag{7.65}$$

其中，设函数 $g\in C^1(-\infty,\infty)$，$g(0)=0$，且其一阶导数恒为正且有界。参数 c 满足 $c<\left|\mathrm{tr}\left(\frac{\partial\hat{\hat{P}}_v}{\partial v}(\hat{e}-\hat{e}_f)\right)g'\right|^{-1}$，其中双下标 q_j 表示 H_q 的选择无需考虑次序。在此情况下，控制场 $\omega_q=0$。

(4) 如果以上三种情况同时出现，设计控制场 ω_q 等同第(2)种情况，设计控制场 v_q 等同第(3)种情况。

(5) 如果前三种情况都不出现，则设计控制场 $\omega_q=0$ 且控制场 $v_q=0$。

利用该封闭量子系统的统一控制场，可得到具体的控制场设计。就三种类型控制场的具体形式而言，控制场 ω_q 是与自由哈密顿量 H_0，控制哈密顿量 H_q，以及目标态 e_f 有关的常数；控制场 v_q 是虚拟力学量 $\hat{\hat{P}}_v$，目标态 $\hat{e}_f$，以及系统被控状态 $\hat{e}$ 的隐函数；控制场 u_q 是 $\hat{\hat{P}}_v$，H_q 以及 $\hat{e}$ 的函数。

7.3.2.1 常值控制场 ω_q 设计

首先，将 $H'_0=H_0+\sum_{q=1}^{m}H_q\omega_q$ 视作系统(7.57)新的自由哈密顿量，且设 $\lambda_1,\cdots,\lambda_N$ 和

$|\phi_1'\rangle,\cdots,|\phi_N'\rangle$分别是 H_0' 的特征值和特征向量，幺正变换矩阵 U 由该特征向量组合构成。则在控制场 ω_q 作用下，方程(7.57)变为

$$
\begin{aligned}
&\mathrm{i}\frac{\partial}{\partial t}e(t) = \left[H_0' + \sum_{q=1}^{m}(u_q + v_q)H_q, e(t)\right] + \left[\sum_{q=1}^{m}(u_q + v_q + \omega_q)H_q, \rho_f(t)\right] \\
&e(0) = \rho_0 - \rho_{f0}
\end{aligned} \tag{7.66}
$$

方程(7.66)在上述幺正算符作用下变为

$$
\mathrm{i}\frac{\partial}{\partial t}\hat{e}(t) = \left[\sum_{q=1}^{m}(v_q + u_q)\hat{H}_q, \hat{e}(t)\right] + \left[\sum_{q=1}^{m}(v_q + u_q)\hat{H}_q, \hat{\rho}_{f0}\right] \tag{7.67}
$$

其中，$\hat{e}(t) = U^+(t)e(t)U(t)$，$\hat{H}_q(t) = U^+(t)H_q(t)U(t)$，$\hat{\rho}_f(t) = U^+(t)\rho_f(t)U(t) = \hat{\rho}_{f0}$。

为使得新的自由哈密顿量能够与误差目标态对易，可得到

$$
[H_0', e_f] = \left[H_0 + \sum_{q=1}^{m} H_q\omega_q, \hat{\rho}_f\right] = [H_0, \hat{\rho}_f] + \sum_{q=1}^{m}[H_q, \hat{\rho}_f]\omega_q \tag{7.68}
$$

则自由哈密顿量能够与误差目标态对易，当且仅当

$$
\sum_{q=1}^{m}[H_q, \rho_f]\omega_q = [\rho_f, H_0] \tag{7.69}
$$

其中，$A_q = [H_q, e_f]$，$B = [e_f, H_0]$，$q = 1, \cdots, m$，经简化后，方程(7.69)变为

$$
A\omega_q = b \tag{7.70}
$$

控制场 ω_q 被设计为方程(7.70)的解。

当方程(7.70)两边矩阵的所有对角线元素都为零，即 $(A_q)_{j,j} = B_{j,j} = 0$ 时，方程可简化为非齐次方程。对于该非齐次方程的求解，应尽量选择较小的 m 值，以使得线性方程组存在唯一解。

7.3.2.2 微扰控制场 v_q 设计

在 H_0 与目标态不对易的情况下，基于方程(7.67)利用统一控制方法对微扰控制场进行设计，并利用 $\hat{U}(t) = \mathrm{e}^{-\mathrm{i}\hat{H}_0' t}$ 消除自由哈密顿量的影响后，v_q 可被设计成为李雅普诺夫函数 V 的函数，且随着系统状态收敛至目标态，v_q 将单调减为零。根据定理 7.2 可知，如果

$$
c < \left|\mathrm{tr}\left(\frac{\partial \hat{\hat{P}}_v}{\partial v}(\hat{\hat{e}} - \hat{\hat{e}}_f)\right)g'\right|^{-1} \tag{7.71}
$$

那么微扰控制场定义如方程(7.65)所示，且只由被控误差状态决定，并满足 $v_q = 0|_{e=e_f}$。除了目标态，在最大不变集中的任何平衡态处，v_q 都不为零，这使得量子控制系统可以跳出所有的非稳定平衡态。

在控制场 v_q 作用下，某一时刻 t 时，新的哈密顿量为

$$\hat{\hat{H}}''_0 = \hat{\hat{H}}'_0 + \sum_{q=1}^{m} v_q \hat{\hat{H}}_q \tag{7.72}$$

设 $\lambda''_j(v)$ 以及 $|\phi''_j(v)\rangle$ 是 $\hat{\hat{H}}''_0$ 的特征值及对应的特征向量，λ'_j 以及 $|\phi'_j\rangle$ 是 $\hat{H}'_0$ 的特征值及对应的特征向量。此时 $\lambda''_j(v)$ 和 $|\phi''_j(v)\rangle$ 可以通过 λ'_j 和 $|\phi'_j\rangle$ 进行表示，即可推导得出 $\hat{\hat{H}}''_0(t)$ 的转移频率 $\lambda''_{j_1}(t) - \lambda''_{k_1}(t) = \lambda''_{j_2}(t) - \lambda''_{k_2}(t)$，当且仅当 $\lambda'_{j_1}(t) - \lambda'_{k_1}(t) = \lambda'_{j_2}(t) - \lambda'_{k_2}(t)$。因此，$\hat{H}''_0$ 恒为强正则。

同时，由于 $(\hat{H}_q)_{j,k} = \langle \phi'_j | H_q | \phi'_k \rangle$，且在扰动足够小的情况下，$|\phi'_j\rangle$ 是无穷级数，其复系数无法互相抵消，因此有 $(\hat{H}_q)_{j,k} \neq 0$, $j \neq k$，即 $\hat{H}_q$ 全连接，在常值控制场下的新量子系统在控制场 v_q 作用下总可以保持非退化。

7.3.2.3 主控制场 u_q 设计

基于李雅普诺夫稳定性原理，选择的 u_q 要使得方程(7.72)的导数在整个量子控制系统的演化过程中保持非负性，才能够使得系统在所有的平衡态保持稳定。接着设计虚拟力学量，使得目标态成为该李雅普诺夫函数的最小值点。

借助统一控制场设计方法，根据定理 7.2 可知

$$[\hat{\hat{P}}_v, \hat{\hat{H}}''_0] = \left[\hat{\hat{P}}_v, \hat{\hat{H}}'_0 + \sum_{j=1}^{n} \hat{\hat{H}}_{q_j} v\right] = 0 \tag{7.73}$$

那么当控制场 u_q 取方程(7.63)所示的情况时，一定有 $\partial V/\partial t \leqslant 0$ 成立。

在控制场 u_q 和 v_q 的共同作用下，量子系统将会离开非目标态的平衡点而继续演化，保证量子控制系统的渐近稳定。

对于虚拟力学量 $\hat{\hat{P}}_v$ 的设计，可利用统一控制场方法，根据定理 7.2 可知，如果 $\hat{\hat{P}}_v$ 被设计成方程(7.64)所示的情况，则可以得到：① 对易子 $[\hat{\hat{P}}_v, \hat{\hat{H}}''_0] = 0$；② $\hat{\hat{P}}_v$ 强正则；③ 李雅普诺夫函数满足 $V(\hat{\hat{e}}_f) < V(\hat{\hat{e}}_E)$, $\forall \hat{\hat{e}}_E \in E$, $\hat{\hat{e}}_f \neq \hat{\hat{e}}_E$。

如果李雅普诺夫函数在目标态 $\hat{\hat{e}}_f$ 处的函数值小于在状态 $\hat{\hat{e}}_E$ 处的函数值，那么控制场 v_q 在状态 $\hat{\hat{e}}_E$ 不为零，系统将不会在 $\hat{\hat{e}}_E$ 处停留。依据第③点可知，函数在目标态 $\hat{\hat{e}}_f$ 处

获得最小值，那么系统将继续演化直到最后收敛到目标态$\hat{\hat{e}}_f$。

7.3.2.4 统一控制场设计流程

基于误差的量子态轨迹跟踪控制系统由下述方程描述，其中 e 为任意初始态ρ 与目标态ρ_f 之间的误差。

$$\mathrm{i}\frac{\partial e}{\partial t} = \left[H_0 + \sum_{q=1}^{m}(\omega_q + v_q + u_q)H_q, e\right] + \left[\sum_{q=1}^{m}(\omega_q + v_q + u_q)H_q, \rho_f\right]$$
$$e(0) = \rho_0 - \rho_{f0}$$

步骤 1 设计常值控制场 ω_q。如果$[H_0, e_f]=0$，令 $\omega_q=0$；否则根据方程(7.70)设计 ω_q，使得$[H_0', e_f]=0$。

步骤 2 换基。计算 H_0'的本征值 $\lambda_1', \cdots, \lambda_N'$及其对应的本征向量$|\phi_1'\rangle, \cdots, |\phi_N'\rangle$。基于其本征向量构成幺正变换矩阵 U 及 $\hat{U}(t)=\mathrm{e}^{-\mathrm{i}\hat{H}_0' t}$，并对各系统状态进行幺正变换，生成新的自由哈密顿量$\hat{\hat{H}}_0' = \hat{U}^+ \hat{H}_0' \hat{U}$，控制哈密顿量$\hat{\hat{H}}_q' = \hat{U}^+ \hat{H}_q \hat{U}$，误差状态$\hat{\hat{e}} = \hat{U}^+ \hat{e} \hat{U}$。

步骤 3 设计虚拟力学量。如果量子系统是非退化的，令控制场 $v_q=0$；否则根据方程(7.65)设计 v_q。假设$\hat{\hat{H}}_0'' = \hat{\hat{H}}_0' + \sum_{j=1}^{n}\hat{\hat{H}}_{q_j} v_{q_j}$ 的本征向量为$|\phi_j''(v)\rangle$，则可依据方程(7.64)设计$\hat{\hat{P}}_v$。

步骤 4 设计主控制场。选择合适的连续可微函数 g，使得 $g(0)=0$，且 g'为正且有界。再选择在 **R** 上严格的单调增函数 f_q，使得 $f_q(0)=0$，并选择合适的幅度系数 $a_q>0$，则可按方程(7.63)设计 u_q。

7.3.3 数值仿真实验及其结果分析

为了对所提方法的效果进行验证，本小节将针对三能级量子系统进行了数值仿真，给出引入量子态误差函数前后的混合态到混合态控制问题的数值仿真实验，并对结果进行分析。

被控系统由量子刘维尔方程来进行描述：

$$\mathrm{i}\hbar\frac{\partial}{\partial t}\rho(t) = [H, \rho(t)], \quad \rho(0) = \rho_0 \tag{7.74}$$

目标系统表示为

$$\mathrm{i}\hbar\frac{\partial}{\partial t}\rho_f(t) = [H_0,\rho_f(t)], \quad \rho_f(0) = \rho_{f0} \tag{7.75}$$

其中，$H = H_0 + \sum_{q=1}^{m} u_q(t)H_q$，$H_0$，$H_q$ 为不含时的哈密顿量；u_q 为外加控制场，随时间变化；$\hbar$为普朗克常量，为方便计算，取$\hbar=1$。

被控系统的自由哈密顿量为

$$H_0 = \begin{bmatrix} 0.5 & 0 & 0 \\ 0 & 0.6 & 0 \\ 0 & 0 & 0.7 \end{bmatrix} \tag{7.76}$$

H_0 的本征值为 $\lambda_1=0.5$，$\lambda_2=0.6$，$\lambda_3=0.7$。此时，H_0 的转移频率 $\omega_{3,2}=\lambda_3-\lambda_2=0.1=\omega_{2,1}=\lambda_2-\lambda_1$，可验证 H_0 并非强正则。

选取控制哈密顿量为

$$H_1 = \begin{bmatrix} 0 & 1 & 0 \\ 1 & 0 & 0 \\ 0 & 0 & 0 \end{bmatrix}, \quad H_2 = \begin{bmatrix} 0 & 0 & 1 \\ 0 & 0 & 0 \\ 1 & 0 & 0 \end{bmatrix}, \quad H_3 = \begin{bmatrix} 0 & 0 & 0 \\ 0 & 0 & 1 \\ 0 & 1 & 0 \end{bmatrix} \tag{7.77}$$

选取一个混合态的被控系统初始态：

$$\rho_0 = \begin{bmatrix} 0.5205 & 0 & 0 \\ 0 & 0.1618 & 0 \\ 0 & 0 & 0.3177 \end{bmatrix} \tag{7.78}$$

同样随机选取一个混合态的目标系统初始态：

$$\rho_{f0} = \begin{bmatrix} 0.20 & 0.05 & 0.07 \\ 0.05 & 0.50 & 0.04 \\ 0.07 & 0.04 & 0.30 \end{bmatrix} \tag{7.79}$$

通过计算可以得知自由哈密顿量 H_0 与目标态 ρ_{f0}不对易。

由以上条件分析可知，该系统为非理想的封闭量子控制系统，则根据定理 7.2 可知，需要同时分别设计控制场 w_q，v_q 以及 u_q。

(1) 由于该目标系统初始态是一个非对角形式的密度矩阵，为便于分析，可选取通过幺正算符 U，以将上述非对角目标态转化为对角形式。

由于系统的自由哈密顿量在能量坐标下的表示也为对角形式，且不含时，则在新的

目标系统初态 ρ_{f0} 的作用下，自由演化的目标系统将成为一个定态，即 $\rho_f(t)=U(t)\cdot\rho_f(0)U^+(t)=\rho_{f0}$。同时，新的对角目标态即可满足 $[H_0',\rho_{f0}]=0$。下面为便于表述，令 $\rho_f(t)=\rho_{f0}=\rho_f$。

为得到幺正算符 U，依据定理 7.2 设计常值控制场 ω_q。依据方程 $Aw=b$ 的形式，求解得到

$$\omega_q=[\omega_1,\omega_2,\omega_3]^{\mathrm{T}}=[-0.0115,0.1179,-0.0535]^{\mathrm{T}} \tag{7.80}$$

接下来，根据步骤进行换基，计算新的自由哈密顿量为

$$H'_0=H_0+\sum_{q=1}^{3}\omega_q H_q=\begin{bmatrix}0.5000 & -0.0115 & 0.1179\\ -0.0115 & 0.6000 & 0.0535\\ 0.1179 & 0.0535 & 0.7000\end{bmatrix} \tag{7.81}$$

依据 H_0' 的本征向量组合，可构成幺正算符 U 为

$$U=\begin{bmatrix}0.3910 & 0.1999 & 0.8984\\ -0.2983 & 0.9509 & -0.0817\\ 0.8707 & 0.2360 & -0.4314\end{bmatrix} \tag{7.82}$$

利用上述幺正算符对 ρ_{f0} 进行幺正变换，即可将目标系统初始态转换为对角形式，此时有 $\mathrm{i}\dfrac{\partial}{\partial t}\hat{\rho}_f=0$。同时对其他参数进行幺正变换可得

$$\hat{\rho}_f=U^\dagger\rho_f U=\begin{bmatrix}0.3177 & 0 & 0\\ 0 & 0.5205 & 0\\ 0 & 0 & 0.1618\end{bmatrix}$$

$$\hat{H}'_0=U^\dagger H'_0 U=\begin{bmatrix}0.7713 & 0 & 0\\ 0 & 0.5843 & 0\\ 0 & 0 & 0.4444\end{bmatrix}$$

$$\hat{\rho}_0=U^\dagger\rho_0 U=\begin{bmatrix}0.3348 & 0.0601 & 0.0674\\ 0.0601 & 0.1849 & 0.0485\\ 0.0674 & 0.0485 & 0.4803\end{bmatrix}$$

$$\hat{H}_1=U^\dagger H_1 U=\begin{bmatrix}-0.2332 & 0.3122 & -0.3000\\ 0.3122 & 0.3803 & 08380\\ -0.3000 & 0.8380 & -0.1470\end{bmatrix}$$

$$\hat{H}_2=U^\dagger H_2 U=\begin{bmatrix}0.6809 & 0.2664 & 0.6135\\ 0.2664 & 0.0944 & 0.1258\\ 0.6135 & 0.1258 & -0.7753\end{bmatrix}$$

$$\hat{H}_3 = U^{\dagger} H_3 U = \begin{bmatrix} -0.5195 & 0.7576 & 0.0575 \\ 0.7576 & 0.4489 & -0.4296 \\ 0.0575 & -0.4296 & 0.0706 \end{bmatrix}$$

其中，“†”表示取共轭转置。此时，自由哈密顿量 H_0' 与目标态 ρ_f 对易，即 $[H_0', \rho_f] = [\hat{H}_0', \hat{\rho}_f] = 0$。

(2) 在方程(7.54)和方程(7.55)的基础上引入量子态误差函数 $\hat{e}(t) = \hat{\rho}(t) - \hat{\rho}_f(t)$，可得新的基于误差的量子系统为

$$\mathrm{i}\frac{\partial \hat{e}}{\partial t} = \left[H_0' + \sum_{q=1}^{3}(v_q + u_q)\hat{H}_q, \hat{e}\right] + \left[\sum_{q=1}^{3}(v_q + u_q)\hat{H}_q, \hat{\rho}_f\right] \tag{7.83}$$

为了消去方程(7.83)中的漂移项 $\hat{H}_0'$。为此可引入幺正变换 $\hat{U}(t) = \mathrm{e}^{-\mathrm{i}\hat{H}_0' t}$，令 $\hat{\hat{e}}(t) = \hat{U}^{\dagger}(t)\hat{e}(t)\hat{U}(t)$，引入变换后系统变为

$$\mathrm{i}\frac{\partial \hat{\hat{e}}}{\partial t} = \left[\hat{\hat{H}}_0' + \sum_{q=1}^{3}(v_q + u_q)\hat{\hat{H}}_q, \hat{\hat{e}}\right] + \left[\sum_{q=1}^{3}(v_q + u_q)\hat{\hat{H}}_q, \hat{\rho}_f\right] \tag{7.84}$$

其中，$\hat{\hat{H}}_q(t) = \hat{U}^{\dagger}(t)\hat{H}_q(t)\hat{U}(t)$；$\hat{\rho}_{f0} = U^{\dagger}(t)\hat{\rho}_f(t)U(t)$。

接着基于李雅普诺夫方法设计控制场，设李雅普诺夫函数为 $V = \mathrm{tr}(P\hat{\hat{e}})$。依据步骤3及步骤4进行 v_q 设计，并假设 $\hat{\hat{H}}_0'' = \hat{\hat{H}}_0' + \sum_{j=1}^{n}\hat{\hat{H}}_{q_j}' v_{q_j}$ 的本征向量为 $|\phi_j''(v)\rangle$，则可依据方程(7.71)设计虚拟力学量 $\hat{P}_v$。再选择 $f_q(x) = x, g(x) = x$，并选择合适的参数，可基于定理7.2得到具体的控制场如下：

$$\begin{cases} \hat{P}_v = 3\,|\phi_1''(v)\rangle\langle\phi_1''(v)| + |\phi_2''(v)\rangle\langle\phi_2''(v)| + 5\,|\phi_3''(v)\rangle\langle\phi_3''(v)| \\ u_1 = \mathrm{tr}(\mathrm{i}[\hat{P}_v, \hat{H}_1]\hat{\hat{e}}), \quad u_2 = 1.5\mathrm{tr}(\mathrm{i}[\hat{P}_v, \hat{H}_2]\hat{\hat{e}}) \\ v_1 = v_2 = v = 0.1\mathrm{tr}(\hat{P}_v\hat{\hat{e}}) \\ \omega_1 = -0.0115, \quad \omega_2 = 0.1179, \quad \omega_3 = -0.0535 \end{cases}$$

利用上述控制场对基于误差的量子控制系统进行控制，可实现系统仿真控制实验。图7.11为控制场 u, v 的变化情况，从中可以看出引入误差函数后控制场的收敛速度较慢，但波动幅度较小，系统更稳定。

图7.12则展示了李雅普诺夫函数的变化情况，可见在100 a.u.左右函数 V 能够收敛到零并保持稳定，即误差收敛到了零值，收敛速度快，且能够直观地描述了初始态对目

标态的跟踪效果。

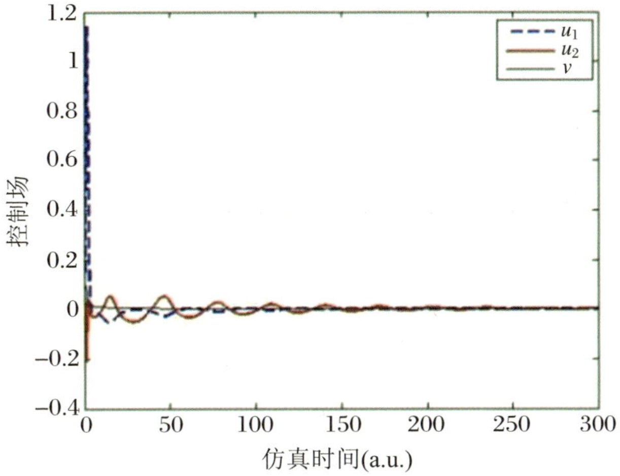

图 7.11　控制场 u 和 v

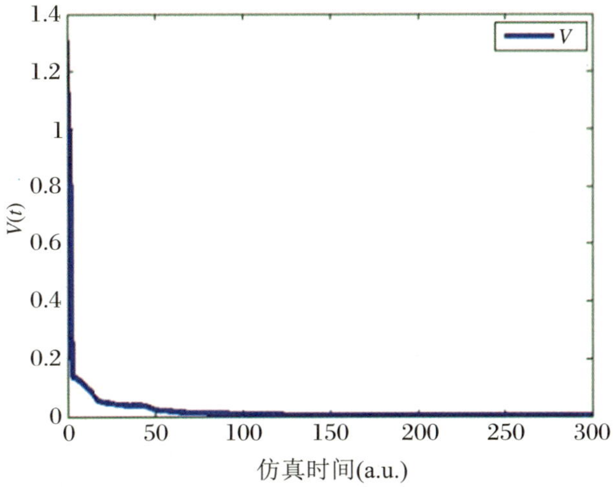

图 7.12　李雅普诺夫函数 V

图 7.13 和图 7.14 为密度矩阵 $\hat{\hat{e}}$ 中对角元素的演化过程(由于非对角元素的初值较小,图 7.14 纵坐标的标度与图 7.13 不同)。

由图 7.13 和图 7.14 可知,量子态 $\hat{\hat{e}}$ 的收敛速度较快,且波动频率及波动幅度都较小,在 100 a.u. 时对角元素的跟踪误差小于 5%。非对角元素呈正弦形式逐渐振荡衰减至零,在 400 a.u. 时跟踪误差小于 5%。可见量子态跟踪控制较为有效,性能较为优越。

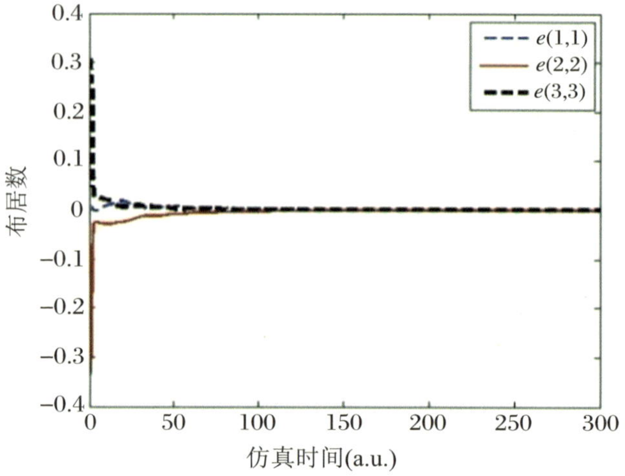

图 7.13　误差密度矩阵的对角元素

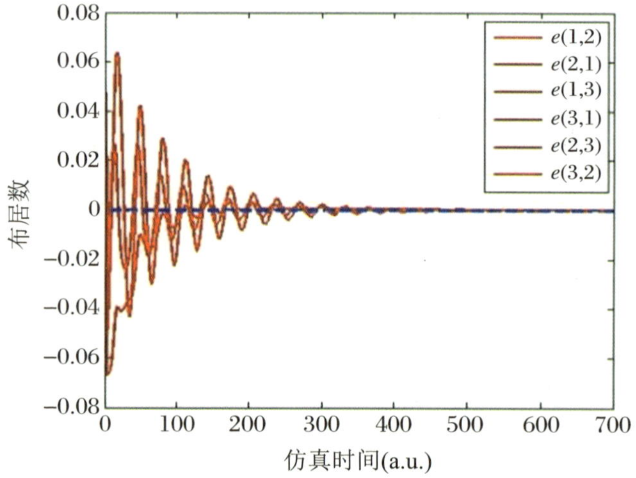

图 7.14　误差密度矩阵的非对角元素

(3) 此时可以计算出量子控制系统仿真实验中的被控量子状态为

$$\hat{\hat{\rho}} = \hat{\hat{e}} + \hat{\hat{\rho}}_f \tag{7.85}$$

基于方程(7.85)，经过两次幺正反变换，可得原跟踪系统的被控量子态为

$$\hat{\rho} = \hat{U}\hat{\hat{\rho}}\hat{U}^{\dagger}, \quad \rho = U\hat{\rho}U^{\dagger} \tag{7.86}$$

由方程(7.55)可知,目标系统的自由演化方程为

$$\rho_f(t) = U(t)\rho_{f0}U^{\dagger}(t), \quad U(t) = e^{-H_0 t} \tag{7.87}$$

在幺正算符作用下,自由演化的系统状态中对角元素保持不变,同目标态初态对角元素一致,非对角元素自由演化呈正弦形式振荡,其最大幅值与目标态初值非对角元素一致。

借助上述被控量及目标态,即可得到原系统的状态跟踪过程。如图 7.15 和图 7.16 所示,可以看出,在控制场作用下,被控系统渐进趋向目标系统,在 150 a.u. 时对角元素的跟踪误差小于 5%。由图 7.16 可见,在 200 a.u 时被控系统跟踪上目标系统,以同样的幅值及频率进行跟踪。

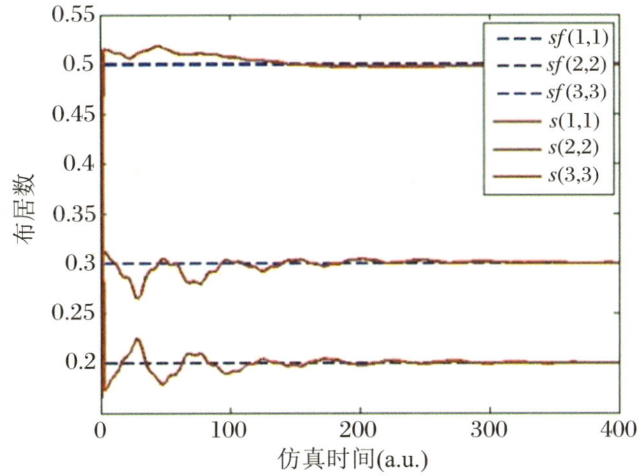

图 7.15 密度矩阵 ρ 的对角元素跟踪曲线

本节通过引入量子态误差函数可将量子系统的轨迹跟踪问题转化为转移调节问题,基于李雅普诺夫稳定性定理,采用 3.1 节提出的统一李雅普诺夫控制方法,对一个刘维尔方程的量子态误差控制系统的跟踪控制,实现了量子系统能够从任意初始态跟踪任意目标态的控制任务。应用所设计的控制场,对一个三能级量子系统进行系统跟踪仿真实验,仿真结果证明了所设计的统一跟踪方法能够有效地解决非理想量子系统的轨迹跟踪控制问题。

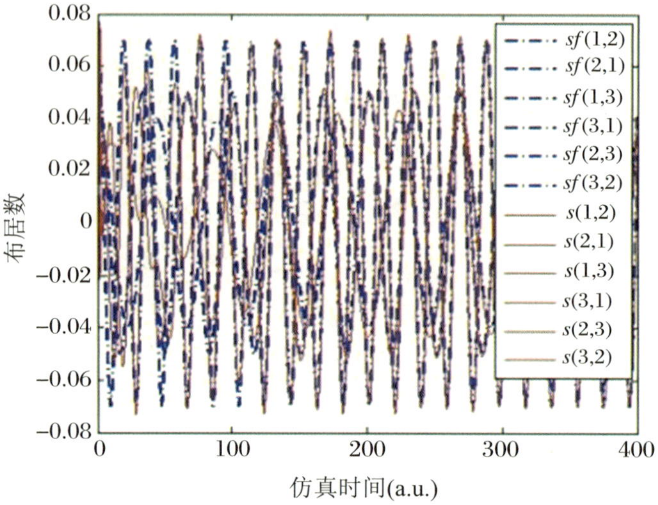

图 7.16　密度矩阵 ρ 的非对角元素跟踪曲线

第 8 章

量子测量理论与应用

8.1 量子反馈控制中的测量理论与技术

对一个量子系统进行测量，被测状态不可避免地会塌缩到系统的本征态，并且对塌缩状态的测量也是概率性的，这使得对量子系统测量的实现一直以来是量子反馈控制系统设计，以及实验实现中的难题。

量子力学中有四个基本公设，其中第三个是关于量子测量公设，也叫投影假设，它是由冯·诺依曼(von Neumann)首先严格阐述的："对归一化波函数 $\psi(x)$ 进行力学量 A 的测量，总是将 $\psi(x)$ 按 A 所对应算符 A 的正交归一本征函数族 $\{\varphi_i(x),\forall i\}$ 展开：$\psi(x)=\sum_i c_i\varphi_i(x)$，$\{\varphi_i(x)\mid A\varphi_i(x)=a_i\varphi_i(x),\forall i\}$，单次测量后所得 A 的数值将随机属于本征值 a_i 的某一个；测量之后，$\psi(x)$ 即相应塌缩为该本征值 a_i 的本征函数

$\varphi_i(x)$。对大量全同状态构成的量子系综进行多次重复实验时，任一本征值出现的概率为此展开式中相应项系数的模平方$|c_k|^2$。"测量公设展示了两点：测量的结果与测量之后量子系统的状态。测量公设为量子测量提供了理论依据，它是量子测量理论的思想和前提。在实际实验中，量子测量就是让测量仪器和被测系统间产生某种相互作用，以便从测量仪器的状态去"读出"被测系统的状态。这里"某种相互作用"一般是指仪器本身与被测系统产生量子纠缠，而在"读出"被测状态过程中，被测系统本身会产生退相干，即由某种叠加态向本征态塌缩，塌缩后的状态作为初态在新环境哈密顿量下开始新一轮演化（Wiseman，Milburn，2010）。因此可以说，量子测量的本质是纠缠与退相干。

从测量的方式上，可以将量子测量分为**直接测量**与**间接测量**。所谓直接测量是指被测系统与宏观测量仪器直接产生关联，得到对量子系统的观测结果；间接测量是通过两步来完成的：第一步是测量仪器探测部分与量子系统在微观上产生纠缠，使量子系统的状态反应到仪器本身；第二步令探测部分的关联与仪器其他部分产生宏观的关联得到测量结果。量子直接测量应用的例子有云雾室电子轨迹观察；量子间接测量则包括现在大部分量子研究实验，例如：Stern-Gerlach 电子自旋实验、光子零差计数等。在量子系统控制的实验中大多数都是量子间接测量。

从测量的时间上，可以将测量分为瞬时测量和连续测量。量子瞬时测量是将测量看作一个瞬时过程而忽略了其操作所需的时间。量子连续测量是对量子系统进行连续不断的观测，测量被视为一个连续过程。直接运用"投影假设"的量子测量，可以分为**正交投影测量**、**广义测量**和**正算符取值测量**。这三种测量都是瞬时测量，因为量子测量公设（投影假设）是瞬时测量理论，不能描述连续量子测量过程。正交投影测量、广义测量和 POVM 是量子测量的理论依据也是实际进行量子反馈控制中量子测量的基础操作。在实际测量中，人们通过令探测系统状态与被测系统状态间产生耦合或纠缠，使探测系统状态发生改变来得到符合投影假设的测量结果，此过程就是一次正交投影测量或广义量子测量。然而，探测系统对被测系统状态同时具有"反作用"，这种反作用也会引起系统状态的塌缩，表现为波函数约化，此过程会破坏被测系统本身的状态。在实际测量实验中，人们往往希望避免测量的反作用，尽量保持系统状态不受破坏。为实现此目标，人们提出几种特殊测量技术：根据实际情况选择特殊的测量算符来实现一系列特殊的投影测量或广义测量，最常用几种测量为**量子非破坏性测量**、**弱测量**、**量子连续测量**。量子非破坏性测量（quantum nondemolition measurement，QND）首先由苏联的 Barigsnky 等人提出（Braginsky，Vorontsov，1975），QND 提供了一种克服噪声达到经典测量方法所无法达到的超高精度的测量方法。目前为止，人们利用 QND 测量实现了诸如光子数的 QND 测量（Brue et al.，1990），超导磁通量子比特的 QND 测量（Picot et al.，2010），原子自旋的 QND 测量（Kuzmich et al.，1999）等。量子力学中的弱测量（weak measurement)有两种概念，一种弱测量是指连续测量中的弱测量(weak measurement in continuous measurement)，另一种弱测量是能够测得“弱值”(weak value)的测量。连续测量中的弱测量属于间接测量，是一种在探测仪器和被测系统之间耦合强度很弱的情况下，获得系统少量均值信息的量子测量方法(Brun，2002)。弱测量也被称作钝(dull)测量、模糊(fuzzy)测量、近似(approximate)测量、温和(gentle)测量等。理论上，连续测量中的弱测量可以看作一种测量算符接近被测力学量的广义测量(Oreshkov，Brun，2005)，目前已有研究表明，任何广义测量都可以通过一系列的弱测量实现；弱值测量(weak value measurement)(Aharonov et al.，1988)是 Aharonov 等人为了介绍弱值这一概念而定义的测量，也属于间接测量，它强调测量对所需信号的放大作用，其最大的特点是被测系统除了与探测系统之间的相互作用外，还需经过两次筛选作用的投影测量，这两次投影测量过程也叫作先、后选择。弱值测量利用先、后选择过滤掉无用信号的干扰，能够得到有效放大的测量结果，此结果经过读数后可以输出探测系统观测量的均值信息，人们根据此信息可以推断被测系统的状态。由一系列连续不断的弱测量实现对系统的连续实时观测。对两体及多体量子系统的测量还可分为**局域测量**、**关联测量**、**联合测量**等；按照测量程度，还可分为**完全测量**与**不完全测量**。从量子系统所处环境情况，可将测量分为**封闭系统量子测量**与**开放系统量子测量**。要想实现基于测量的量子系统反馈控制，必须弄清楚各种量子测量、相互之间的关系和区别，及其实现的技术方法。

本节对量子反馈控制系统中需要用到的测量理论及其实现技术进行分析与研究。在对各种量子测量概念进行分析与对比的基础上，归纳了不同测量之间的关系与各自的使用条件。之后，对由基础测量理论发展出的测量技术，包括量子非破坏测量、量子连续测量和弱值测量进行特性对比研究，分析非破坏测量在量子反馈控制中具体应用条件、实现方式以及对控制的作用；分析弱测量、连续测量和弱值测量在反馈控制中的实现方式、数学表示方法、测量特性。

8.1.1 量子测量理论

当被测系统受外界大环境的影响可以忽略，将本身视作孤立系统时，投影测量为正交投影测量；当被测系统与外界大环境无法隔离成为开放量子系统时，运用的投影测量叫广义测量。正交投影测量是一种特殊的广义测量，而 POVM 则是广义测量的一种数学简化形式。

8.1.1.1 正交投影测量

正交投影测量又叫冯·诺依曼测量，它以本征态作为投影结果，测量结果为对应本征值的投影测量。通过把与所考虑系统有相互作用的外部系统都计算进来，构成足够大的复合系统，可将复合系统看作孤立的封闭系统，这是正交投影系统的前提条件，因此，正交投影测量可以视为是封闭系统上的量子测量。

假设被观测系统的状态 $|\psi\rangle$ 是状态空间上波函数 $\psi(x)$ 的归一化态矢量，其密度算符为 $\rho=|\psi\rangle\langle\psi|$，要对可观测力学量 A 进行正交投影测量，给定状态空间 H_c 上的一组正交基 $\{|m\rangle\}$，于是 A 按照 $\{|m\rangle\}$ 有一个谱分解：$A=\sum\limits_m a_m P_m$，其中，$P_m=|m\rangle\langle m|$ 是 A 的本征值 a_m 对应本征空间的投影算符(projective operator)，这些参数之间的关系满足 $A|m\rangle=a_m|m\rangle$。对于可以视为孤立体系的封闭系统，投影本身是正交的，其投影算符 P_m 一定是厄米算符，且满足幂等性和正交性：$P_m P_{m'}=\delta_{mm'}P_m$。测量的可能结果对应于可观测量 A 的本征值 a_m，例如，测量结果为 a_m 的概率 $p(a_m)$ 为：$p(a_m)=\langle\psi|P_m|\psi\rangle$。理论上可观测力学量 A 在投影算符 $\{P_m\}$ 下投影测量的平均值为 $\langle A\rangle=\sum_m a_m\cdot p(a_m)=\langle\psi|A|\psi\rangle$，其中 $\langle A\rangle$ 可以视为测量次数无限大的情况下结果的平均期望值。引入密度算符 ρ，可以得到 $\langle A\rangle$ 的简化形式为：$\langle A\rangle=\mathrm{tr}(A\rho)$，其中符号 tr 表示求迹运算。系统在第一次测量得到 a_m 后，状态 $|\psi\rangle$ 会塌缩突变为 a_m 所对应的本征态 $|a_m\rangle$ 上，所以每次测量后的态矢量 $|\psi'\rangle$ 变为

$$|\psi'\rangle=\frac{P_m|\psi\rangle}{\sqrt{p(a_m)}} \tag{8.1}$$

或用密度算符 ρ' 表示为

$$\rho'=\frac{P_m\rho P_m}{\mathrm{tr}(P_m\rho)} \tag{8.2}$$

综上所述，符合投影假设且测量算符 P_m 满足 $P_m P_{m'}=\delta_{mm'}P_m$ 条件的测量，就是通常所说的**正交投影测量**。

正交投影测量的优点是平均值 $\langle A\rangle$ 容易计算：$\langle A\rangle=\langle\psi|A|\psi\rangle$，并具有可重复性，即第一次测量得到结果为 a_m 后，系统初态发生塌缩为式(8.1)中的态矢量 $|\psi'\rangle$，再次测量结果仍然为 a_m 且不改变状态。

8.1.1.2 广义量子测量

广义测量又称局域测量。假设状态空间 H_c 是更大的环境空间 H 的一部分，$H=$

$H_c \oplus H_c^{\perp}$，且状态空间 H_c 本身不孤立，而是与外界环境 $H_c^{\perp}$ 相互作用。如果在空间 H_c 中进行量子测量，得到关于 H 相互正交的投影态，但其在 H_c 中的投影子空间却并不一定正交，这时就需要用到广义量子测量。从大的系统角度来看，H_c 中的子系统是个开放系统，对其进行的观测是片面、局部的观测，因此，广义测量也可以说成是对开放系统的量子测量。

假设一个量子测量由一族线性的**测量算符**$\{M_m\}$来描述。这些算符作用在要测量系统的状态空间上，且满足完备性条件：$\sum_m M_m^\dagger M_m = 1$，其中 m 为测量可能得到的本征值 a_m。假设测量前系统处于状态$|\psi\rangle$，则测量得到结果 a_m 的概率为 $p(a_m) = \langle\psi|M_m^\dagger M_m|\psi\rangle = \mathrm{tr}(M_m^\dagger M_m \rho)$。测量后系统的状态$|\psi'\rangle$为

$$|\psi'\rangle = \frac{M_m|\psi\rangle}{\sqrt{\langle\psi|M_m^\dagger M_m|\psi\rangle}} \tag{8.3}$$

或者用密度算符表示为

$$\rho' = \frac{M_m \rho M_m^\dagger}{\mathrm{tr}(M_m^\dagger M_m \rho)} \tag{8.4}$$

综上所述，由线性算符$\{M_m\}$描述的测量一般称为**广义量子测量**(GQM)，也称为一般量子测量。

物理上能够直接实现的量子测量都是正交投影测量，例如测量光子的偏振，测量原子所处的能级等等。Neumark 等人最先给出了实现 GQM 的系统理论，归纳为著名的 Neumark 定理：总能采取将所考虑的空间拓展到一个较大空间，并在这个较大空间上执行适当正交投影测量的办法，实现所考虑空间上任意给定的 GQM。正交投影测量是广义量子测量的一个特例。当广义量子测量所考虑的空间 H_c 等同于大环境空间 H，即测量算符$\{M_m\}$除满足完备性条件外，还满足幂等性以及正交性条件 $M_m M_{m'} = \delta_{mm'} M_m$ 时，广义量子测量退化为正交投影测量。同时满足正交性条件的广义测量算符$\{M_m\}$就是正交投影测量的测量算符$\{P_m\}$，又叫**正交投影算符**。

当量子系统与环境相互作用时，环境的跳变对量子系统的影响可以表示成一组作用在量子系统上的算符$\{M_k\}$，这组算符被称作 Kraus 算符，这里的环境包括热库、噪声、扩散、退相干、测量等。Kraus 算符$\{M_k\}$也是一族线性算符，并且满足完备性条件：$\sum_k M_k^\dagger M_k = 1$。当取$\{M_k\} = \{M_m\}$时，Kraus 算符就变成测量算符$\{M_m\}$。

8.1.1.3 正算符取值测量

正算符取值测量(Positive-Valued Operator Measurement，POVM)是量子广义测量的数学简化形式。在实际的量子信息处理中，许多情况下往往只对测量的结果感兴趣，

而对测量后系统状态并不关心。设广义测量算符$\{M_m\}$在状态为$|\psi\rangle$的量子系统上进行测量，此时可以重新定义一个半正定算符E_m：

$$E_m = M_m^{\dagger} M_m \tag{8.5}$$

其中，E_m称为一个POVM元，完整的集合$\{E_m\}$称为一个POVM测量算符，且满足完备性条件(completeness condition)：$\sum_m E_m = 1$。

假设系统状态密度算符$\rho = |\psi\rangle\langle\psi|$，测量得到结果$a_m$的概率$p(m) = \langle\psi|E_m|\psi\rangle = \mathrm{tr}(E_m\rho)$。测量之后系统状态为

$$|\psi'\rangle = \frac{E_m|\psi\rangle}{\sqrt{\langle\psi|E_m|\psi\rangle}} \tag{8.6}$$

或引入密度算符ρ，定义$\sqrt{E_m} = M_m$，测量后状态可以表示为

$$\rho' = \frac{\sqrt{E_m}\rho\sqrt{E_m}}{\mathrm{tr}(E_m\rho)} \tag{8.7}$$

综上所述，由式(8.5)定义的半正定算符$\{E_m\}$描述的测量被称为POVM。

需要注意的是，POVM应被视为研究广义测量的统计特性时的一种方便的数学工具，而非一种特定的测量模式。从这个意义上来说，物理上实现一个广义测量和实现其对应的POVM测量是等价的，POVM是一种特殊的广义测量。在测量大系统的子系统时，其测量算符E_m为一组能对单位算符作分解的非负厄米算符，此时的广义测量为POVM测量。由式(8.5)所表示的POVM测量算符$\{E_m\}$与广义测量算符$\{M_m\}$之间的关系，以及$\{M_m\}$与正交投影测量的测量算符$\{P_m\}$之间的关系可得：当满足$M_m M_{m'} = \delta_{mm'} M_m$关系时，POVM测量算符$\{E_m\}$等价于正交投影测量的测量算符$\{P_m\}$。

对大系统进行测量时，在子系统上实现的测量是广义测量；在子系统中实现的投影测量是一组POVM；对孤立系统进行的测量是正交投影测量。单位矩阵和三个泡利矩阵都是厄米矩阵，但不满足幂等性和正交性，所以泡利矩阵作为测量算符不是正交投影测量，由于泡利算符不满足半正定，所以泡利矩阵也不是POVM，但是它们满足完备性，所以，以泡利矩阵作为测量算符的量子测量属于广义量子测量。

8.1.2 量子系统测量技术

8.1.2.1 量子非破坏性测量

QND测量属于间接测量，其系统一般可以划分为两大部分：探测器和测量系统，其

中的测量系统又可以分为测量器和读出器。假设 A_S 为被测系统 S 上的力学量，A_P 为探测系统 P 上的可观测量，测量时 S 与 P 发生相互作用，探测器通过耦合将 A_S 的影响转化为 A_P 的变化；测量系统再对 A_P 进行测量。探测过程中，外部设备参加耦合的力学量 A_P 会发生变化，而被测系统耦合力学量 A_S 则不产生影响。"本征测量"就是一种量子非破坏性测量，但要求对 A_S 进行测量时不能同时从被测态得到与力学量 A_S 不对易的其他力学量数值，否则会因此干扰被测力学量 A_S。因此，QND 测量要求合理地选择所要测量的力学量，以及该力学量与后级测量系统的耦合作用，使它们满足一定的条件，克服被测力学量的共轭量所带来的起伏，以及测量动作所带来的反作用。

考虑被测系统 S 与探测系统 P 的总哈密顿量为

$$H = H_S + H_P + H_I \tag{8.8}$$

其中，H_S 和 H_P 分别是被测系统 S 与探测系统 P 的自由哈密顿量，H_I 是两者间的关联哈密顿量。QND 测量满足条件

$$[A_S, H_I] = 0 \tag{8.9}$$

$$[A_S(t_i), A_S(t_j)] = 0 \tag{8.10}$$

其中，t_i, t_j 为测量时刻，且 $t_i \neq t_j$。

式(8.9)表明相互作用 H_I 对力学量 A_S 不产生干扰；式(8.10)则表示连续测量时 A_S 的自由演化没有污染。式(8.9)、式(8.10)就是 QND 测量的充分条件，同时也可以看作 QND 测量的定义。

8.1.2.2 弱测量

弱测量本质上是一种特殊的间接测量，其目的是尽量减小测量对系统 S 状态的影响。间接量子测量最大特点是引入了辅助系统，辅助系统通常指微观概念上的探测系统，例如光子束、电磁场等。间接测量中包含探测和测量读数两个部分，探测部分是指探测系统与被测系统在微观上的相互作用和联合演化，在一定时间的演化后，被测系统的部分信息会反映到探测系统上；测量读数部分是探测系统与测量仪器的宏观关联，这是一个对探测系统的直接测量，利用得到的测量结果可以推断被测系统的状态信息。一次间接量子测量的过程如图 8.1 所示，其中左边虚框为探测部分，右边虚框为测量读出部分。探测部分包含探测系统 P 的初态 $|\phi\rangle$ 和被测系统 S 的初态 $|\varphi\rangle$ 耦合所组成的联合系统 $S\otimes P$，H_S 和 H_P 为 S 和 P 哈密顿量，联合系统哈密顿量 $H = H_P\otimes H_S$。

联合系统的初态为 $|\Psi\rangle = |\phi\rangle\otimes|\varphi\rangle$，假设演化时间为 Δt，演化后的联合系统的状态为

$$|\Psi(\Delta t)\rangle = U(\Delta t)|\Psi\rangle = U(\Delta t)(|\phi\rangle \otimes |\psi\rangle) \tag{8.11}$$

其中，$U(\Delta t)$为联合系统 $S \otimes P$ 的联合演化算符：

$$U(\Delta t) = \exp(-\mathrm{i}\xi \Delta t H/\hbar) \tag{8.12}$$

其中，ξ 表示相互作用强度(单位 1/s)。

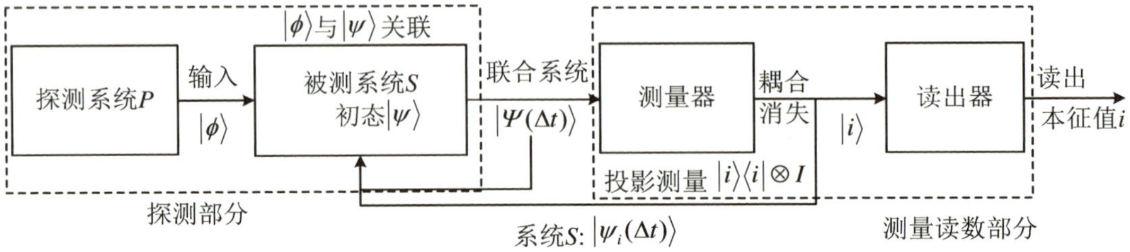

图 8.1　间接量子测量的结构框图

经过联合演化后，S 与 P 的状态合在一起，此时无法单独描述其中一个系统的状态。$|\Psi(\Delta t)\rangle$作为探测部分的输出进入测量读出部分进行读数，读数过程为作用在 P 上的投影测量，设投影算符为 $\pi_i = |i\rangle\langle i|$，$i$ 为探测系统 P 在希尔伯特空间上对应于本征态$|i\rangle$的本征值。这个投影测量等价于在联合系统 $S \otimes P$ 进行的投影算符为$\Pi_i = |i\rangle\langle i| \otimes I$ 的投影测量，若某次测量得到 P 的本征态为$|i\rangle$，根据正交投影测量式(8.1)和式(8.12)，联合系统 $S \otimes P$ 在测量后，联合系统第 i 个本征值所对应的状态$|\Psi_i(\Delta t)\rangle$为

$$|\Psi_i(\Delta t)\rangle = (|i\rangle\langle i| \otimes I \cdot U(\Delta t)|\phi\rangle \otimes |\psi\rangle)/\Theta_i \tag{8.13}$$

其中，Θ_i 为标准化参数，$\Theta_i = \sqrt{\langle \Psi(\Delta t)|\Pi_i|\Psi(\Delta t)\rangle}$，代表了测得结果为$|i\rangle$的概率。

读数使得探测系统 P 与被测系统S 之间的耦合消失，此时 P 塌缩到本征态$|i\rangle$，S 的状态为$|\psi_i(\Delta t)\rangle$，因此联合系统的状态$|\Psi_i(\Delta t)\rangle$还可以表示为

$$|\Psi_i(\Delta t)\rangle = |i\rangle \otimes |\psi_i(\Delta t)\rangle \tag{8.14}$$

比较式(8.13)和式(8.14)，可得

$$|\psi_i(\Delta t)\rangle = \langle i| \otimes I \cdot U(\Delta t) \cdot |\phi\rangle \otimes |\psi\rangle/\Theta_i \tag{8.15}$$

式(8.15)描述了整个测量过程前后被测系统 S 状态的$|\psi\rangle$和$|\psi_i(\Delta t)\rangle$之间的关系，为了表示简便，定义 Kraus 算符 M_i：

$$M_i = \langle i| \otimes I \cdot U(\Delta t) \cdot |\phi\rangle \otimes I \tag{8.16}$$

标准化参数 Θ_i 可由 M_i 表示为

$$\Theta_i = \sqrt{\langle \psi \mid M_i^\dagger M_i \mid \psi \rangle} \tag{8.17}$$

将式(8.16)和式(8.17)代入式(8.15)中,可得

$$\mid \psi_i(\Delta t) \rangle = \frac{M_i}{\sqrt{\langle \psi \mid M_i^\dagger M_i \mid \psi \rangle}} \mid \psi \rangle \tag{8.18}$$

由式(8.18)可看出,如果将整个间接测量过程看作对被测系统 S 的一次测量操作,那么 Kraus 算符 M_i 就是此测量操作对系统 S 的测量算符,它是由探测系统 P 的初态 $|\phi\rangle$,读出的投影算符 $\pi_i = |i\rangle\langle i|$,以及联合系统的演化算符 $U(\Delta t)$ 构成的广义测量算符。

在间接测量中,当式(8.12)中探测系统 P 与被测系统 S 间的相互作用强度 ξ 和作用时间 Δt 足够小时,测量对被测系统 S 状态的影响会明显减弱,满足 $\xi\Delta t \to 0$ 条件的间接测量,为**连续测量中的弱测量**。

假设 $\hbar = 1$,把 $\xi\Delta t \to 0$ 代入式(8.12)中,将 $U(\Delta t)$ 对 $\xi\Delta t$ 展开并舍去三阶以上小量,可得

$$U(\Delta t) \approx I \otimes I - \mathrm{i}\xi\Delta t H - (\xi\Delta t)^2 H^2/2 \tag{8.19}$$

将式(8.19)代入式(8.16)中,可得到弱测量算符 M_i 的表达式为

$$M_i \approx I\langle i \mid \phi \rangle - \mathrm{i}\xi\Delta t H_S \langle i \mid H_P \mid \phi \rangle - (\xi\Delta t)^2 H_S^2 \langle i \mid H_P^2 \mid \phi \rangle /2 \tag{8.20}$$

令 $q_i\varepsilon_i = -\left(\mathrm{i}\xi\Delta t H_S\langle i|H_P|\phi\rangle + \frac{1}{2}(\xi\Delta t)^2 H_S^2\langle i|H_P^2|\phi\rangle\right)$,其中 $q_i = \langle i|\phi\rangle$。显然 q_i 为[0,1]间的实数。又因为 H_S 和 H_P 都是厄米算符且 $\xi\Delta t \to 0$,所以 ε_i 为厄米算符且满足 $\|\varepsilon_i\| \ll 1$。将 q_i 和 ε_i 代入式(8.20)中,可得弱测量算符 M_i 的一般形式为

$$M_i = q_i(I + \varepsilon_i) \tag{8.21}$$

式(8.21)描述了以对应探测系统 P 的本征值 i 的一组弱测量算符 $\{M_i\}$,它满足完备条件 $\sum_i M_i^\dagger M_i = 1$。$\{M_i\}$ 中仅仅包含 q_i 和 ε_i 两个参数,这说明只要给定合适的参数 q_i 和 ε_i,就能构建对应的弱测量算符 $\{M_i\}$。这个结论在理论研究中非常方便,意味着不需要考虑探测系统和联合演化等复杂过程,仅靠 q_i 和 ε_i 以及完备性条件就可以设计出弱测量算符 $\{M_i\}$。

假定测量结果为弱测量中 M_i 所对应测量输出的期望值 $\langle M_i \rangle$,通过期望值 $\langle M_i \rangle$ 与弱测量算符 M_i 及测前状态 $|\psi\rangle$ 之间的关系式:

$$\langle M_i \rangle = \langle \psi \mid M_i^\dagger M_i \mid \psi \rangle \tag{8.22}$$

8

人们可以根据已知的$\{M_i\}$和测得所对应的输出序列$\{\langle M_i\rangle\}$，重构出被测系统 S 的测前状态$|\psi\rangle$的估计值$|\hat{\psi}\rangle$。

量子连续测量是指连续不断的弱测量，也叫弱连续测量，这是一个动态的过程。人们通过弱测量的输出结果与量子系统状态之间的关系，获得被测系统的实时信息，重构出量子状态；该状态随时间演化又成为新的状态，再对系统此时的新状态重新进行弱测量。重复此过程，人们可获得系统状态的连续运动轨迹。借助于量子连续测量获得的系统状态，可以构建出带有重构状态的系统主方程，求解主方程得到系统演化状态，还可以进一步设计合适的控制场，实现量子系统的反馈控制。

量子连续测量的循环步骤为：

(1) 弱测量：得到系统的输出结果为$\langle M_i\rangle$。

(2) 测前状态重构：将所测量到的完备的输出结果$\{\langle M_i\rangle\}$值代入式(8.22)，得到关于测前状态与测量输出值$\langle M_i\rangle$的一组方程组，通过求解联立方程组，即可重构出测量前状态$|\psi\rangle$的估计值$|\hat{\psi}\rangle$。

(3) 回到步骤(1)，获取下一个 Δt 时刻系统的输出结果。

量子连续测量可以用于量子状态的反馈跟踪控制、量子轨迹观测等，是量子反馈控制的基础。

8.1.2.3 弱值测量

弱值测量本质上也是一种间接测量，只是比连续测量中的弱测量多了一次筛选过程，这个筛选过程会对被测系统造成破坏，因此弱值测量属于破坏性测量。弱值测量的主要目的是获得有放大效果的输出信号，其测量过程如图 8.2 所示，过程包含四个步骤：先选择(pri-select)、联合演化、后选择(post-select)、读数，其中先选择和后选择是作用在被测系统 S 上的筛选过程，读数是作用在探测系统获取信号过程。每个过程的操作如下。

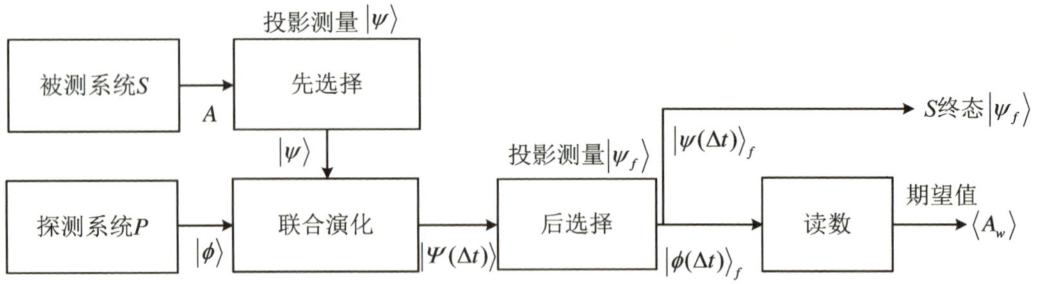

图 8.2　弱值测量过程结构框图

1. 先选择

假设被测系统 S 中的观测力学量为 A，首先对 S 系综进行一次投影测量，筛选出投影结果为 $|\psi\rangle$ 的系统，$|\psi\rangle$ 则作为联合演化中系统 S 的初态。可以说，先选择过程就是系统 S 初态 $|\psi\rangle$ 的制备。

2. 联合演化

探测系统 P 的初态为 $|\phi\rangle$，经过先选择后输入初态为 $|\psi\rangle$ 的量子系综进入探测装置，与探测系统 P 发生关联，并进行联合演化，联合系统 $S\otimes P$ 的初态为 $|\Psi\rangle=|\phi\rangle\otimes|\psi\rangle$，其哈密顿量 $H=A\otimes H_P$，假设演化时间为 Δt，演化后联合系统的状态为

$$|\Psi(\Delta t)\rangle = U(\Delta t)(|\phi\rangle\otimes|\psi\rangle) \tag{8.23}$$

其中，$U(\Delta t)$ 为联合系统 $S\otimes P$ 的联合演化算符：

$$U(\Delta t) = \exp(-\mathrm{i}\gamma\Delta t H/\hbar) \tag{8.24}$$

γ 是演化过程中的耦合强度：$\gamma=\int_{t_i}^{t_f}g(t)\mathrm{d}t\ll 1$，$g(t)$ 为激励函数，$\int_0^T g(t)\mathrm{d}t=1$。

3. 后选择

在 Δt 时刻对 S 进行投影测量，此过程即为后选择。假设测量算符为 μ_j，$j=1,2,\cdots,N$，μ_j 是系统 S 的希尔伯特空间上的投影算符，若以 $|\psi_f\rangle$ 作为后选择状态，则筛选测量算符为 $\mu_f=|\psi_f\rangle\langle\psi_f|$ 的输出系统，这些系统的状态为

$$|\Psi_f(\Delta t)\rangle = \frac{I\otimes|\psi_f\rangle\langle\psi_f|\cdot U(\Delta t)\cdot|\phi\rangle\otimes|\psi\rangle}{\langle\psi_f|\psi\rangle} \tag{8.25}$$

此过程实质是对系统 S 信息的筛选，筛选后的联合系统中系统 S 状态均为 $|\psi_f\rangle$，而探测系统 P 则在 $|\psi_f\rangle$ 影响下产生本征值偏移。后选择的实质，就是根据后选择所选定的测量算符，对被测系统初始状态上的可观测量的期望值进行的一次分解。引入后选择能够减弱系统对输出干扰，从而获得更清晰的读数结果，通过选择合适的后选状态，可以令弱值输出要比被测力学量的任何本征值都大。

4. 读数

对探测系统 P 进行投影测量，获得其经偏移后放大的本征值输出。将式(8.24)代入式(8.25)中，因为耦合强度 $\gamma\to 0$，舍去二阶以上小量，得到

$$\begin{aligned}|\Psi_f(\Delta t)\rangle &\simeq \frac{1}{\langle\psi_f|\psi\rangle}\langle\psi_f|\psi\rangle(I\otimes I-\mathrm{i}\gamma\hat{A}\otimes\hat{P}_{\mathrm{d}}T/\hbar)\cdot|\phi\rangle\otimes|\psi_f\rangle\\ &= (I-\mathrm{i}\gamma\langle A_{\mathrm{w}}\rangle\hat{P}_{\mathrm{d}}\Delta t/\hbar)\cdot|\phi\rangle\otimes|\psi_f\rangle\\ &\simeq \mathrm{e}^{-\mathrm{i}\gamma\langle A_{\mathrm{w}}\rangle\hat{P}_{\mathrm{d}}\Delta t/\hbar}\cdot|\phi\rangle\otimes|\psi_f\rangle\end{aligned} \tag{8.26}$$

后选择的投影测量破坏了系统间的耦合，且筛选出的系统中 S 状态为 $|\psi_f\rangle$，由式(8.26)容易看出，探测系统 P 的状态为

$$|\phi(\Delta t)\rangle_f = \mathrm{e}^{-\mathrm{i}\gamma\langle A_\mathrm{w}\rangle \hat{P}_\mathrm{d}\Delta t/\hbar} \cdot |\phi\rangle \tag{8.27}$$

对探测系统 P 进行读数，即对 $|\phi(\Delta t)\rangle_f$ 进行投影测量，由式(8.27)可知：此时 $|\phi(\Delta t)\rangle_f$ 的本征值是以 $\langle A_\mathrm{w}\rangle$ 为中心的概率分布，统计输出本征值，计算其本征值的分布并计算期望值 $\langle A_\mathrm{w}\rangle$：

$$\langle A_\mathrm{w}\rangle = \frac{\langle\psi_f|A|\psi\rangle}{\langle\psi_f|\psi\rangle} \tag{8.28}$$

$\langle A_\mathrm{w}\rangle$ 就是最终读数获得的期望值，也被称为**弱值**，利用弱值 $\langle A_\mathrm{w}\rangle$ 人们能够推断被测系统 S 的状态信息。通过选择合适的后选择状态，能够过滤掉测量中无用信号的干扰，得到放大的弱值信号，例如，当 $|\psi_f\rangle$ 与 $|\psi\rangle$ 近似垂直时，由式(8.28)容易看出 $\langle A_\mathrm{w}\rangle$ 的值极大，也即测量能获得极大的读数(指针偏移)，这样就获得了远大于被测量本征值的读数。然而当选择不同的后选状态时，弱值测量可能会得到奇特的测量输出，例如，巨大的、负的甚至复数弱值、超强的振荡、放大效果以及负数概率等。

8.2 基于最优测量的二能级量子系统的本征态转移

8.2.1 基于最优测量的量子态调控

8.2.1.1 基于离散测量的本征态调控

对一个 M 维希尔伯特空间中的封闭量子系统 ρ 进行投影测量，其测量算符为 $\{P_i\}$，$i=1,2,\cdots,n$，P_m 为可观测量 Q 的本征值 a_m 对应的算符，满足归一性与正交性(即 Q 的正交归一本征函数族)：

$$\sum_i P_i = I, \quad P_iP_j = \delta_{ij}P_i \tag{8.29}$$

当采用非选择性测量，即不关注测量所得结果时，系统测后状态可以表示为

$$\rho' = M_Q(\rho) = \sum_i P_i \rho P_i \tag{8.30}$$

其中，$M_Q(\rho)$表示对系统在可观测量 Q 上的一次测量操作，为瞬时测量。可见测量会改变系统的状态，通过设计一系列连续的瞬时测量，能够对量子状态实施调控。

考虑封闭二能级量子系统，采用连续瞬时投影观测实现系统的状态转移，假设连续两次测量间隔时间为 Δt，测量为非选择性，不考虑测量瞬间对系统自由演化的影响，系统的状态转移可以用迭代公式描述为

$$\rho_k = \rho_{k-1} - [P_k, [P_k, \rho_{k-1}]] \tag{8.31}$$

其中，$k = 1, \cdots, m$，m 为总测量次数，ρ_k 表示第 k 次测量后系统的状态，$[P, \rho] = P\rho - \rho P$ 表示对易运算，P_k 为第 k 次测量对应的测量算符，且设第 k 次测量中采用完备的测量算符为$\{P_k, P_k^{\perp}\}$，$P_k^{\perp}$ 为 P_k 的正交算符，即 P_k 与 $P_k^{\perp} = I - P_k$，I 表示单位矩阵。

给定初始状态 $\rho_0 = |0\rangle\langle 0|$，控制目标是通过 m 次瞬时测量 $M_{Q_1}, \cdots, M_{Q_m}$，使系统状态转移到目标态 $\rho_f = |1\rangle\langle 1|$，任意可观测量 Q_k 满足

$$Q_k = |\psi_k\rangle\langle\psi_k| \tag{8.32}$$

其中，$|\psi_k\rangle$为 Q_k 的基矢量，其表达式为

$$|\psi_k\rangle = \cos\frac{\alpha_k}{2}|0\rangle + \mathrm{e}^{\mathrm{i}\theta_k}\sin\frac{\alpha_k}{2}|1\rangle \tag{8.33}$$

假设 m 次瞬时测量后系统终态为ρ_m，以保真度作为控制效果性能指标，其表达式为

$$F_m = \langle\psi_f|\rho_m|\psi_f\rangle \tag{8.34}$$

其中，$|\psi_f\rangle = |1\rangle$，$F_m$ 取值范围为$[0,1]$，越接近 1，则表示终态 ρ_N 与目标态ρ_f 越接近，即控制效果越好。

无论是封闭还是开放量子系统，在状态空间中都具有自由哈密顿量，其状态处在不断演化之中。理论上，人们在测量时可以事先设计好测量方案，使得测量算符与系统状态在自由演化方向保持同步，也即采用海森伯绘景分析测量的调控作用，此时由于同步忽略测量间隔中系统的自由演化。假设除了测量外系统状态不受环境影响，此时最优测量控制的必要条件为

$$\theta_i = \theta_j, \forall i, j, \alpha_1 = \alpha_2 - \alpha_1 = \alpha_m - \alpha_{m-1} = \pi - \alpha_m = \frac{\pi}{m+1} \tag{8.35}$$

或

$$\theta_i = \theta_j, \forall i,j, \pi - \alpha_1 = \alpha_1 - \alpha_2 = \alpha_{m-1} - \alpha_m = \alpha_m = \frac{\pi}{m+1} \tag{8.36}$$

式(8.35)和式(8.36)为最优控制条件，两条件中对应测量算符的参数 α_i 互补，可以看作两个“互补”的投影控制过程。基于式(8.35)和式(8.36)设计 m 次瞬时测量 $M_{Q_1},\cdots,M_{Q_m}$，设 m 次瞬时测量后系统终态为 ρ_f，以保真度 F_m 作为控制效果性能指标，采用保真度公式 $F_m = \langle 1|\rho_f|1\rangle$。根据式(8.32)至式(8.36)，取极值条件，可得到保真度 F_m 取极大值时(对应最优转移效率)的表达式为

$$F_m^{(O)} = \frac{1}{2}\left[1 + \left(\cos\frac{\pi}{m+1}\right)^{m+1}\right] \tag{8.37}$$

由式(8.37)容易看出，系统的最优转移效率 F_m 仅与测量次数 m 有关，当测量次数 m 趋于无限大时，$\lim F_m = 1$ 即状态转移效率为 100%。状态转移效率 F_m 随测量次数 m 的变化曲线如图 8.3 所示，对应数据见表 8.1。

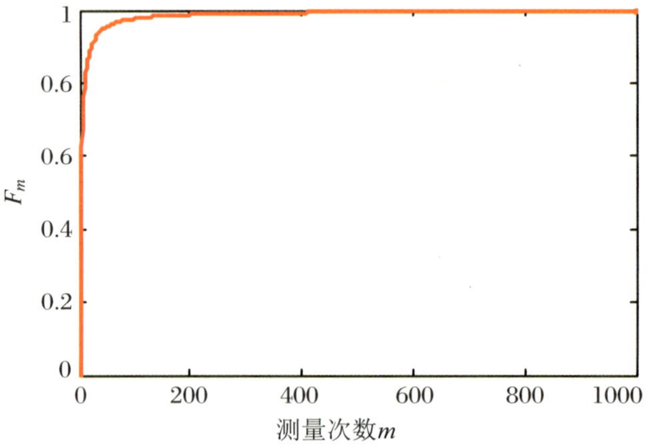

图 8.3　状态转移效率 $F_m^{(O)}$ 随测量次数 m 的变化曲线

表 8.1　状态转移效率 F_m 与测量次数 m 的对应值

m	1	5	10	30	46	100	500	1000
$F_m^{(O)}$	50%	67.33%	80.27%	92.63%	95.01%	97.62%	99.51%	99.75%

从图 8.3 中可以看出，F_m 随 m 的变化为一条平滑曲线，最终达到接近 1。相似度 F_m 最初为 0($\rho_0 = |0\rangle\langle 0|$ 与 $\rho_f = |1\rangle\langle 1|$ 的相似度为 0)，当 $m = 1$ 时相似度 $F_1 = 0.5$，这是因为一次测量 $P_1 = |\varphi_1\rangle\langle\varphi_1|$，$|\varphi_1\rangle = \frac{1}{2}|0\rangle + \frac{1}{2}|1\rangle$ 恰好使系统状态“塌缩”到最大混

合态(Bloch 球坐标(0,0,0))上,完全退相干造成系统最大程度的"耗散",P_1 相对 ρ_0 的参数 α_k 的变化 $\Delta=\pi/2$ 过大。随着 m 增加,在 $m\leqslant 20$ 时 F_m 快速增加,然后缓慢下来,并随着 m 增加 F_m 无限逼近于 1。以 95% 作为合格指标,当 $m=46$ 时 F_m 首次超过 95%,$F_{46}=95.01\%$,说明满足标准的最优测量调控至少需要 46 次测量,此时由式(8.35)和式(8.36)可得 $\alpha_1=\alpha_k-\alpha_{k-1}=\pi/47$。

$m=46$ 时最优测量下二能级量子态的转移轨迹如图 8.4 所示,其中图 8.4(a)为 Bloch 球中转移轨迹;图 8.4(b)为 x-z 平面上轨迹示意图。从图 8.4(a)中可以看出,状态轨迹沿着一条近似纯态的半圆弧到达接近目标态 $\rho_f=|1\rangle\langle 1|$;从图 8.4(b)中可以明确看出,状态随着每次测量都会损失一部分相干性,表现为其轨迹逐渐向着 Bloch 球心偏移。

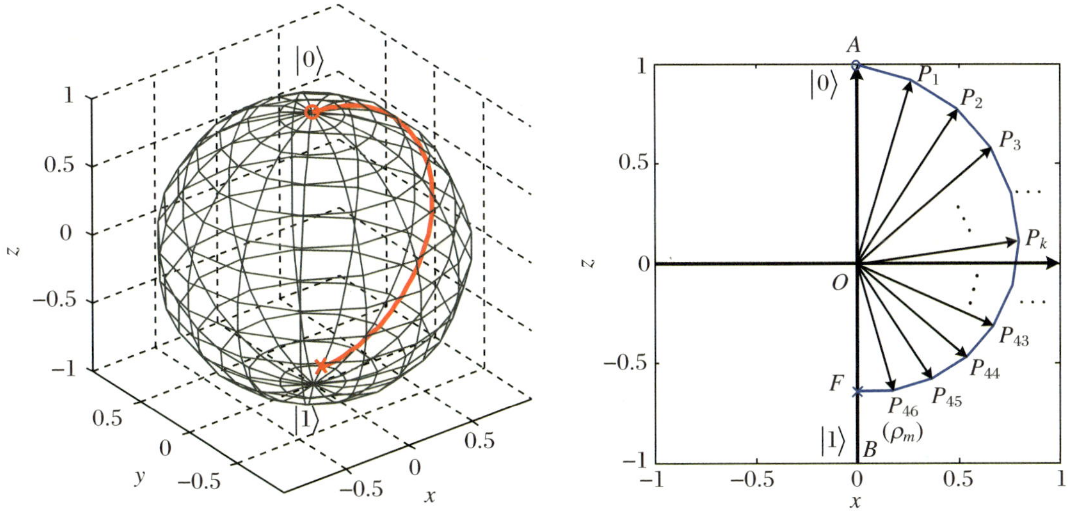

(a) Bloch球中转移轨迹　　(b) x-z平面上轨迹示意图

图 8.4　$m=46$ 时最优测量下二能级量子态的转移轨迹

8.2.1.2　基于连续测量的本征态调控

二能级量子系统在连续测量下的系统主方程为

$$\dot{\rho}\equiv -\mathrm{i}[H,\rho]-\frac{1}{2}\kappa[P,[P,\rho]] \tag{8.38}$$

其中,H 是系统的哈密顿量,常数 κ 称作观测强度,P 为测量算符。

式(8.38)右边第一项 $-\mathrm{i}[H,\rho]$ 代表了系统本身自由演化过程,在不考虑系统自由演化时，需要将式(8.38)右边第一项删去，第二项 $-\frac{1}{2}\kappa[P,[P,\rho]]$ 表示连续测量产生的影响，这里 ρ 和 P 都为时变算符，且任意 t 时刻 $P(t)$ 满足

$$P(t) = |\psi(t)\rangle\langle\psi(t)| \tag{8.39}$$

$$|\psi(t)\rangle = \cos\frac{\alpha(t)}{2}|0\rangle + e^{i\theta(t)}\sin\frac{\alpha(t)}{2}|1\rangle \tag{8.40}$$

在终时刻 T_f，系统状态 $\rho(T_f)$ 与目标态 ρ_f 的转移性能指标为

$$F(T_f) = \mathrm{tr}\sqrt{\sqrt{\rho(T_f)}\rho_f\sqrt{\rho(T_f)}} \tag{8.41}$$

令式(8.41)取最优值的条件为

$$\begin{cases}\theta(t) = 0\\ 2B + A = \pi\\ \kappa T_f\sin A = A\end{cases} \tag{8.42}$$

其中，A_m，B_m 为 $\alpha(t)$ 的参数，满足 $\alpha(t) = AT/T_f + B$。

式(8.41)最优转移性能为

$$F^{(O)}(T_f) = \frac{1}{2}(1 - e^{-\frac{1}{4}\kappa T_f(1+\cos A)}\cdot\cos A) \tag{8.43}$$

由式(8.43)容易看出，系统的最优转移效率 $F(T_f)$ 仅与连续测量时间 T_f 有关，当 T_f 趋于无限大时，$\lim F(T_f) = 1$，此结论与离散测量情况下相似。

8.2.2 最优测量对量子状态转移的性能分析

本小节中将分析最优控制结果与目标状态间误差，以及测量中参数选取对控制效果的影响。给出基于测量控制的二能级本征态转移仿真结果，分别讨论在是否考虑测量算符与系统自由演化同步，即相互作用绘景、薛定谔绘景下的最优测量调控的特性，并给出变换测量算符的最优测量方案。

8.2.2.1 薛定谔绘景下的状态转移

在前面 8.2.1 小节中，假设测量算符与系统状态在自由演化方向保持同步，本小节不考虑当测量算符与系统状态同步时最优测量调控的效果。此时采用薛定谔绘景对系统进行分析。

当测量算符与系统状态不同步时，在调控过程中任意两次测量间隔内系统的动力学可以用薛定谔方程表示为

$$\dot{\rho}_k = -\mathrm{i}[H_0, \rho_k] \tag{8.44}$$

其中，$k=1,\cdots,m$，H_0 是系统自由哈密顿量，$H_0=\omega_0\sigma_z/2$，ω_0 为系统振荡频率，σ_z 是泡利矩阵；为了简单起见，我们取普朗克常数$\hbar=1$。

求解式(8.44)得到用幺正演化算符 U 表示的自由演化过程

$$\rho'_k = U\rho_k U^{\dagger} = \mathrm{e}^{-\mathrm{i}H_0\Delta t}\rho_k \mathrm{e}^{\mathrm{i}H_0\Delta t} \tag{8.45}$$

其中，Δt 为测量间隔时间且大于零，ρ'_k表示第 k 次测量后且完成自由演化过程的系统状态。

将式(8.44)代入式(8.31)中，得到考虑系统自由演化情况下的状态转移公式

$$\widetilde{\rho}'_k = \mathrm{e}^{-\mathrm{i}H_0\Delta t}\{\widetilde{\rho}'_{k-1} - [P_k, [P_k, \widetilde{\rho}'_{k-1}]]\}\mathrm{e}^{\mathrm{i}H_0\Delta t} \tag{8.46}$$

将式(8.46)和最优条件式(8.35)一起代入式(8.37)中，得到

$$\begin{aligned} F_m^{(\mathrm{O})} &= \langle 1 \mid \rho_m \mid 1 \rangle \\ &= \frac{1}{2}\left\{1 - \cos\alpha_m \prod_{k=1}^{m}[\sin\alpha_k \cdot \sin\alpha_{k-1} \cdot \cos(2\Delta t) + \cos\alpha_k \cdot \cos\alpha_{k-1}]\right\} \\ &= \frac{1}{2}\left\{1 - \cos\alpha_m \prod_{k=1}^{m}\left[\cos\left(\frac{\pi}{m+1}\right) - 2\sin\alpha_k \cdot \sin\alpha_{k-1} \cdot \sin^2(\Delta t)\right]\right\} \end{aligned} \tag{8.47}$$

其中，α_k 为测量算符的参数。

按式(8.35)中给出的最优条件取值，式(8.47)即为考虑系统自由演化情况下最优转移效率。

从式(8.47)中可以看出，考虑系统自由演化时，系统最优状态转移效率 F_m 包含三个参数，即总测量次数 m、振荡频率 ω_0 和测量时间间隔 Δt，当 m 值固定且 $0\leqslant\omega_0\Delta t\leqslant\pi/2$ 时，F_m 随着 $\omega_0\Delta t$ 的增大而减小。特别地，当 $\omega_0=0$，系统自由演化哈密顿为 0 时，自由演化消失，式(8.47)化为式(8.35)，可见采用最优测量的系统调控时，8.2.1.1 小节和 8.2.1.2 小节描述的测量算符与系统状态同步情况，是本小节描述系统的一个特殊情况。

图 8.5 为不同测量间隔 Δt 时，薛定谔绘景下最优测量调控的保真度 F_m 随着测量次数m 的变化曲线，其中 5 个不同测量间隔为 $\Delta t=0$，$\Delta t=0.015$，$\Delta t=0.023$，$\Delta t=0.05$ 以及 $\Delta t=0.1$。从图 8.5 中可以看出，当 $\Delta t=0$ 时，等同于系统自由演化被忽略，其曲线与图 8.3 相同；当 $\Delta t>0$ 时变换曲线均为凸曲线，随着 m 的增加先递增，达到某个全局

8

最大值 $F_m^{(O)}$ 后递减，称 $F_m^{(O)}$ 为对应 Δt 的最优保真度。从图 8.5 中容易看出，$F_m^{(O)}$ 随着 Δt 的增加而减小，表 8.2 中给出了图 8.5 中 5 条不同曲线对应的 $F_m^{(O)}$ 和 m。

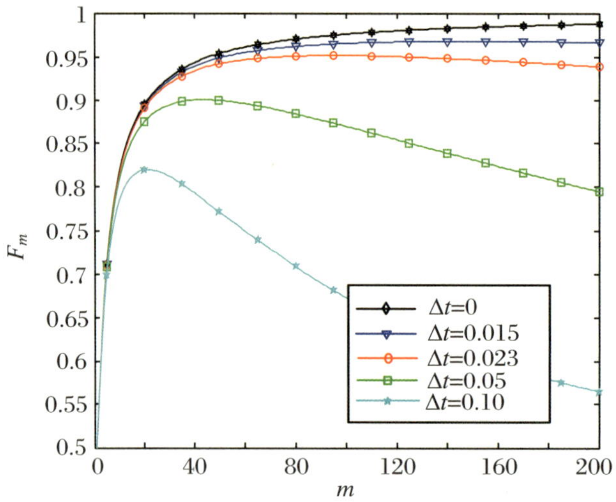

图 8.5 薛定谔绘景下最优测量调控的保真度 F_m 随着测量次数 m 的变化曲线

表 8.2 图 8.5 中 5 条不同变化曲线对应的 $F_m^{(O)}$ 和 m

Δt	0	0.015	0.023	0.05	0.1
$F_m^{(O)}$	100%	96.78%	95.14%	90.03%	82.01%
m	∞	147	96	44	21

从图 8.5 和表 8.2 中，可以获得满足性能指标 95%对应的测量间隔和次数：当 $\Delta t = 0.023$ 时，转移保真度在 $m = 96$ 时达到性能指标，而当 $\Delta t = 0.024$ 时最大保真度在 $m = 91$ 时得到，为 $F_{91}^{(O)} = 94.94\% < 95\%$，显然，此情况下为了能达到目标性能指标，所采用的时间间隔最大 $\Delta t = 0.023$。

8.2.2.2 基于最优测量的叠加态调控

由图 8.3 可以看出，在自由演化条件下二能级系统的本征态转移轨迹，经过 Bloch 球上的叠加态，且选取不同的测量间隔时间 Δt 时，状态能够经过不同的叠加态最终达到目标本征态，这个转移过程中包含了不同叠加态之间的转移过程。事实上，如果测量算符和系统状态自由演化同步，那么只需要借助幺正变换，就能将最优测量控制普遍适用于任何叠加态之间的状态转移。

假设 ρ_1 和 ρ_2 为任意叠加态，使用最优测量控制实现 ρ_1 与 ρ_2 间的状态转移，初态

$\rho_1=|\psi_1\rangle\langle\psi_1|$，目标态 $\rho_2=|\psi_2\rangle\langle\psi_2|$，满足

$$|\psi_1\rangle=\cos\frac{\beta_1}{2}|0\rangle+e^{i\zeta_1}\sin\frac{\beta_1}{2}|1\rangle \tag{8.48}$$

$$|\psi_2\rangle=\cos\frac{\beta_2}{2}|0\rangle+e^{i\zeta_2}\sin\frac{\beta_2}{2}|1\rangle \tag{8.49}$$

其中，β_1,ζ_1 以及 β_2,ζ_2 分别为 ρ_1 和 ρ_2 的参数。

通过幺正变换，得 $\rho_1'=\rho_0=U\rho_1U^\dagger$，这里 U 表示幺正矩阵 $U=\exp(iH_y\beta_1)$，$H_y=[0\ -i;i\ 0]$，于是目标态等价于 $\rho_2'=U\rho_2U^\dagger$，这样不改变控制方案，只需要对 ρ_1' 和 ρ_2' 设计测量算符 $\{P_i'\}$，然后再进行反变换 $P_i=U_1^\dagger P_i'U_1$，根据最优测量控制条件可得

$$\alpha_1'=0,\quad \alpha_2'-\alpha_1'=\cdots=\alpha_m'-\alpha_{m-1}'=\pi-\alpha_m'=\frac{\beta_2-\beta_1}{m+1} \tag{8.50}$$

幺正反变换之后有

$$\alpha_1=\beta_1,\quad \alpha_2-\alpha_1=\cdots=\alpha_m-\alpha_{m-1}=\pi-\alpha_m=\frac{\pi-(\beta_2-\beta_1)}{m+1} \tag{8.51}$$

显然，式(8.50)或式(8.51)即为此情况下的最优测量控制的必要条件，由于两条件的互补性，为简单起见，选择式(8.50)，对应的最优转移效率为

$$F_m^{(S)}=\frac{1}{2}\left[1+\left(\cos\frac{\beta_2-\beta_1}{m+1}\right)^{m+1}\right] \tag{8.52}$$

取两个叠加态作为初始态与目标态，分别为 $\rho_1=|\psi_1\rangle\langle\psi_1|=\begin{bmatrix}3/4 & \sqrt{3}/4\\ \sqrt{3}/4 & 1/4\end{bmatrix}$，$\rho_2=|\psi_2\rangle\langle\psi_2|=\begin{bmatrix}(2-\sqrt{3})/4 & -i/2\\ i/2 & (2+\sqrt{3})/4\end{bmatrix}$，对应态矢量 $|\psi_1\rangle=|\sqrt{3}/2\quad 1/2|$，$|\psi_2\rangle=|(\sqrt{6}-\sqrt{2})/4\quad -i(\sqrt{6}+\sqrt{2})/4|$，Bloch 球坐标分别为 $(\sqrt{3}/2,0,1/2)$ 和 $(0,1/2,-\sqrt{3}/2)$，其中参数 $\alpha_1=\pi/3,\theta_0=0$ 和 $\alpha_2=5\pi/6,\theta_2=0$。目标是采用最优测量调控系统从初态 ρ_1 转移到目标态 ρ_2。

在不同测量间隔 Δt 下，保真度 F_m 随着测量次数 m 的变化曲线如图 8.6 所示。从图 8.6 中可以看出，保真度 F_m 不仅与测量次数 m 有关，还与测量时间间隔 Δt 有关，Δt 越小，曲线周期波动性越强，达到首个峰值所需的 m 也越小，然而，其所达到峰值也较小，具体数据如表 8.3 所示。

从表 8.3 中可以看出，当 Δt 越大其首次达到最大保真度所需测量次数也越小，然而其最优保真度也越小，即控制状态转移效率越差；相反，Δt 越小则达到首个峰值所需测

量次数越多，然而其峰值越大。为了合理选择最优方案，我们以 99%作为控制效果标准，从表 8.3 中数据可以看出，四个不同测量间隔 Δt 对应首次达到 99%所需的 m 值分别为 128，79，188，139。可见，为了尽量减少测量次数而达到较大转移保真度，应该选取 $\Delta t = 0.01$ 为最优测量间隔时间，此时所需测量次数 $m = 79$。表 8.3 最后一行中 $n \cdot \Delta t$ 为周期测量次数与间隔时间的乘积，定义系统调控的周期 $T = n \cdot \Delta t$，在误差允许范围内 4 种情况的周期相等，为 $T \approx \pi$，此结论很容易通过封闭量子系统薛定谔方程验证：其系统调控的周期 T 等于对应封闭系统的自由演化周期。

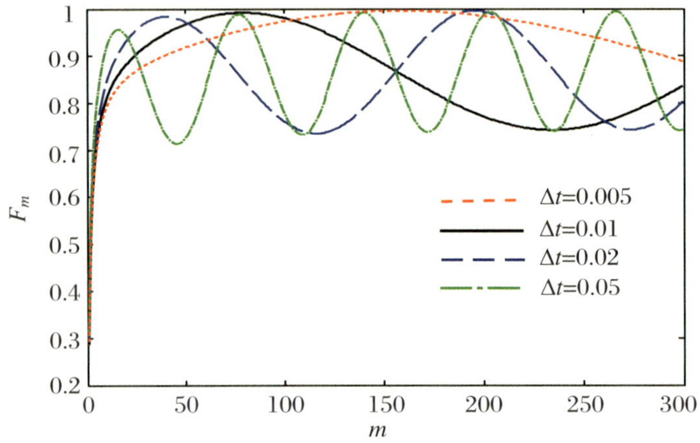

图 8.6　叠加态转移的保真度 F_m 随测量次数 m 变化曲线

表 8.3　在四种不同测量间隔 Δt 下最优测量控制的特性

Δt	0.005	0.01	0.02	0.05
波动周期测量次数 n	628	314	157	64
$n \cdot \Delta t$	3.14	3.14	3.14	$\approx$3.14

为了更精确地选择最优 Δt，固定 $m = 79$，观察保真度 F_m 随着 Δt 的变化曲线，其结果如图 8.7 所示。从图中可以看出，固定 $m = 79$ 时，当 $\Delta t = 0.008$ 时保真度 F_m 达到最优保真度值 $F_{79}^{(O)} = 99.36\%$。于是选择最优参数为 $m = 79, \Delta t = 0.008$，此时二能级叠加态在 Bloch 球中的转移轨迹如图 8.8 所示。

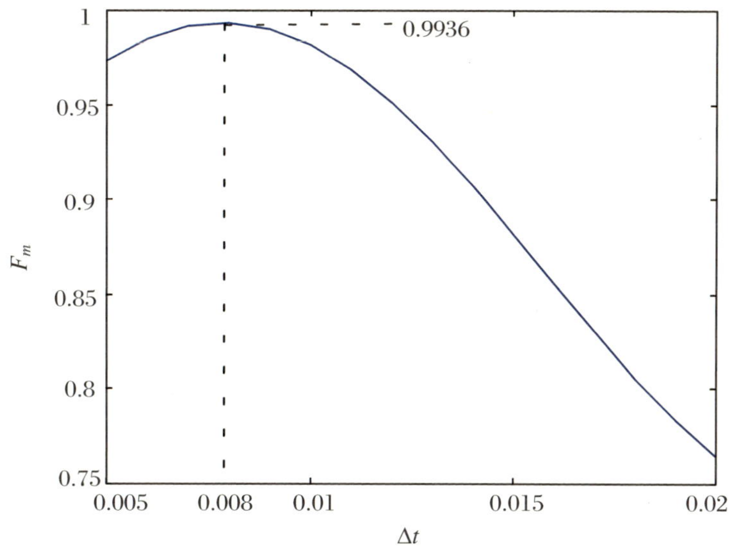

图 8.7　$m=79$，保真度 F_m 随着 Δt 的变化曲线

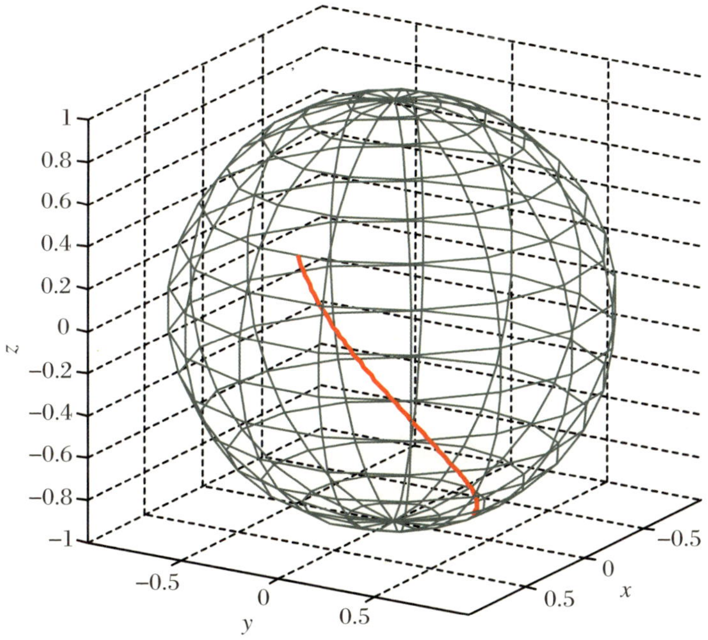

图 8.8　最优测量调控二能级叠加态在 Bloch 球中的转移轨迹

8

8.2.2.3 外加控制场下的状态转移

本小节考虑在最优测量的基础上，加入相干控制场对系统状态进行调控，这是复合控制，本身包括最优测量控制和相干控制两者共同作用。由 8.2.2.1 小节介绍可知，在测量算符的情况下，最优测量控制系统迭代公式等价于薛定谔绘景向相互作用绘景的转化，下面我们引入控制，因为是复合控制，所以可看作最优测量与相干控制场共同作用于被控制系统上，两者之间互不影响，所以将系统的动力学方程分为两个部分，第一部分为无自由演化，仅在最优测量控制作用下演化，第二部分为受控制场影响，且在哈密顿量 $H=H_0+u(t)$下的演化。

1. 相互作用绘景下的转移特性

接下来，在相互作用绘景下（测量算符与自由演化同步），结合相干控制后分析最优测量调控的性能。从 8.2.1.1 小节的讨论得出：当目标态为本征态时，最优测量调控的最终状态保真度仅与测量次数有关，与演化时间无关。根据 8.2.1.1 小节中结论，最优测量过程中每次测量都会造成系统的退相干，即系统状态混合程度的增加，这是由于投影测量造成的。由于最优测量条件要求每次测量的算符参数是等差数值，每次测量造成的混合程度增量是相等的，假设第 k 次测量后此增量为 $\kappa\rho_k$，又因为自由演化不改变系统的布居数，所以忽略自由演化，采用相互作用绘景。

控制场是最优测量控制的补充，其控制目标为将系统从初态 ρ_0 调控到终态 ρ_f。因为测量可以看成是瞬时完成的，仅对状态产生影响，对系统演化不产生影响，所以控制场可以看成是一个调控过程，系统状态的动力学描述为

$$\dot{\rho}(t)=-\mathrm{i}[H_0+u(t)H_c,\rho(t)] \tag{8.53}$$

其中，H_0 和 H_c 分别为自由哈密顿量和控制哈密顿量。

为简单起见将约化普朗克常量$\hbar$约入哈密顿量中，在外加控制场耦合控制量子系统时，弱耦合系统的哈密顿可以表述为 $H_0=\omega_0\sigma_z$，$H_c=\omega_c\sigma_y$，这里 ω_0 和 ω_c 分别为被控系统和控制场的能量，一般认为 $\omega_0=1$，ω_c 由控制场决定，通常为了简单取其值为 1，于是有 $H_0=\dfrac{1}{2}\begin{bmatrix}1 & 0\\ 0 & -1\end{bmatrix}$，$H_c=\dfrac{1}{2}\begin{bmatrix}0 & -\mathrm{i}\\ \mathrm{i} & 0\end{bmatrix}$。

选取恒定控制场 $u(t)=1$，系统的动力学迭代方程为

$$\rho_k=\mathrm{e}^{-\mathrm{i}H_c\Delta t}\{\rho_{k-1}-[P_k[P_k,\rho_{k-1}]]\}\mathrm{e}^{-\mathrm{i}H_c\Delta t} \tag{8.54}$$

根据式(8.54)可计算每次测量后状态进一步的“混合程度”：

$$\kappa\rho_k=\mathrm{e}^{-\mathrm{i}H_c\kappa}\rho_{k-1}\mathrm{e}^{\mathrm{i}H_c\kappa}-\rho_k \tag{8.55}$$

其中，$\kappa=\alpha_k-\alpha_{k-1}=\dfrac{\pi}{n+1},k\neq 1$，即 κ 足够小的情况下系统状态转移误差为 0。

根据式(8.55)可以得到

$$\kappa\rho_k=\begin{vmatrix} O(\kappa) & \tan(\alpha_k)O(\kappa) \\ \tan(\alpha_k)O(\kappa) & -O(\kappa) \end{vmatrix} \tag{8.56}$$

其中，$O(\kappa)$为关于 κ 的很小的量，$O(\kappa)=\cos\alpha_k\sin^2\dfrac{\kappa}{2}$。

若取近似值 $\cos\dfrac{\kappa}{2}\approx 1$ 和 $\sin\dfrac{\kappa}{2}\approx 0$ 则有 $\kappa\rho_k\approx 0$，于是 $\rho_k=P_k$。同理，可以得到相干控制下系统的误差为

$$\kappa\rho'_k=\mathrm{e}^{-\mathrm{i}H_c\kappa}\rho'_{k-1}\mathrm{e}^{-\mathrm{i}H_c\kappa}-\rho'_k \tag{8.57}$$

假设当 $\rho_{k-1}=\rho'_{k-1}$时，$\rho'_k=\mathrm{e}^{-\mathrm{i}H_c\Delta t}\rho_k\mathrm{e}^{\mathrm{i}H_c\Delta t}$，将之代入式(8.57)中容易得到 $\kappa\rho'_k=\mathrm{e}^{-\mathrm{i}H_c\kappa}\rho_{k-1}\mathrm{e}^{\mathrm{i}H_c\kappa}-\mathrm{e}^{-\mathrm{i}H_c\Delta t}\rho_k\mathrm{e}^{\mathrm{i}H_c\Delta t}$，于是有

$$\kappa\rho'_k=\begin{vmatrix} O(\kappa-\Delta t) & \tan(\alpha_k)O(\kappa-\Delta t) \\ \tan(\alpha_k)O(\kappa-\Delta t) & -O(\kappa-\Delta t) \end{vmatrix} \tag{8.58}$$

因为初态不变，所以只要比较每次测量后“混合程度”$\kappa\rho_k$ 和 $\kappa\rho'_k$，就能比较两种控制效果的优劣。假设要满足 $\kappa\rho'_k\leqslant\kappa\rho_k$，则有$|\kappa-\Delta t|\leqslant\kappa$，解不等式可以得到

$$0\leqslant\Delta t\leqslant 2\kappa \tag{8.59}$$

式(8.59)即为复合控制优于单独的最优测量调控的必要条件。

由式(8.58)与式(8.59)可知，复合控制的效果不仅与总测量次数 n 有关，还与测量间隔时间 Δt 有关，当满足式(8.59)中等号时，表示最优测量控制与复合控制的结果相同，当 $0\leqslant\Delta t\leqslant 2\kappa$ 时，复合控制优于最优测量控制。由式(8.58)可以看出其最优条件，当 $\kappa-\Delta t=0$，也即 $\kappa=\Delta t$ 时，$\kappa\rho'_k=0$，复合控制能完美调控系统状态转移，此情况下，每个时刻被测状态与测量算符完全相同，相当于单独使用外加控制场的相干控制，系统状态转移保真度达到 100%。

下面将相干控制与最优测量控制结合，进一步增加了最优测量控制的转移效率。在封闭二能级系统中，如果初态与目标态处于相同球面时，其状态转移通过施加恒定外加控制场就能实现，控制场无需实时反馈，其转移时间与封闭系统的演化周期有关(受控制强度和约化常数影响)，而在最优测量调控中，转移时间与系统演化时间无关，仅仅与测量次数有关，因此通过两者结合，能够有效提升最优状态转移的保真度，或者减少恒定控制场的转移时间。然而，两种控制之间相互独立，并未考虑各自对系统的影响使得原本

最优条件失效的问题，接下来我们对其进一步优化，给出理论上此复合控制的最优控制条件。

系统状态的迭代方程如式(8.54)所示，假设测量间隔时间满足条件 $0\leqslant\Delta t\leqslant 2\kappa_i$，$i=2,\cdots,n$，$\kappa_i$ 表示任意第 i 个测量间隔，系统初态 ρ_0 和目标态 ρ_f 选取本征态$\rho_0=|0\rangle\langle 0|$，$\rho_f=|1\rangle\langle 1|$。设测量次数 $n=\varphi_i=\kappa_i-\Delta t$，$\kappa_i$ 为每次测量后状态 ρ_i 对应的 Bloch 球极化坐标幅角的变化。由于保真度 F_n 作性能指标计算太过繁琐，我们考虑另一种等价形式 $F'_n=\langle\psi|\rho_n|\psi\rangle$，这里 $|\psi\rangle$ 表示目标态，仅当目标态为纯态时可以用 F'_n 作为性能指标，从而大大简化了计算过程。取 $|\psi\rangle=|1\rangle$，n 次测量之后状态转移性能指标可以写为

$$F'_n=\langle 1|\rho_n|1\rangle \tag{8.60}$$

参考相关文献(Shuang,2007)中的方法容易得到性能指标的解为

$$F'_n=\cos\varphi_1\cos\varphi_2\cdots\cos\varphi_n \tag{8.61}$$

其中，$\varphi_i=\kappa_i-\Delta t$，$\sum\limits_{i=0}^{n}\kappa_i=\pi$，$\sum\limits_{i=0}^{n}\varphi_i=\pi-n\Delta t$。

要使式(8.61)取得最大值，根据优化不等式(Shuang,2008)以及凸函数的性质，得到

$$F'_n=\prod_{i=0}^{n}\cos\varphi_i\leqslant\left[\cos\frac{\pi-(n+1)\Delta t}{n+1}\right]^n \tag{8.62}$$

等式成立的条件，也就是极大值条件为

$$\varphi_i=\frac{\pi-(n+1)\Delta t}{n+1} \tag{8.63}$$

由式(8.62)很容易得到 $\kappa_0=\kappa_1=\cdots=\kappa_n=\pi/(n+1)$，这与 8.2.1 小节中最优测量条件相似，说明恒定间隔 Δt 内的相干控制并不影响最优测量的条件。

最优测量调控与复合控制的保真度 F_n 分别随测量次数 n 的变化曲线($u=1$，$\Delta t=0.01$)如图 8.8 所示，其中黑色实线为复合控制曲线，红色虚线为仅最优测量调控曲线。从图 8.8 中可以看出，复合控制的效果略优于最优测量调控，两曲线都随着 n 的增加而趋近于 1。测量次数与对应保真度见表 8.4。从表 8.4 中可以看出，当 n 处于 0～100 之间时，复合控制保真度 F_n 优于最优测量调控保真度 Y_n，当 $n=100$ 时，$F_{100}=99.14\%$，$Y_{100}=98.78\%$。然而当 n 属于 100～200 时，F_n 的值出现下降趋势，在 $n=127$ 时达到极大值 $F_{127}=99.97\%$，根据式(8.60)得到的结论，此时达到了复合控制的最优控制必要条件 $\kappa=\Delta t$，之后，随着 n 增加 $\kappa=\Delta t$ 减小，复合控制保真度开始下降。

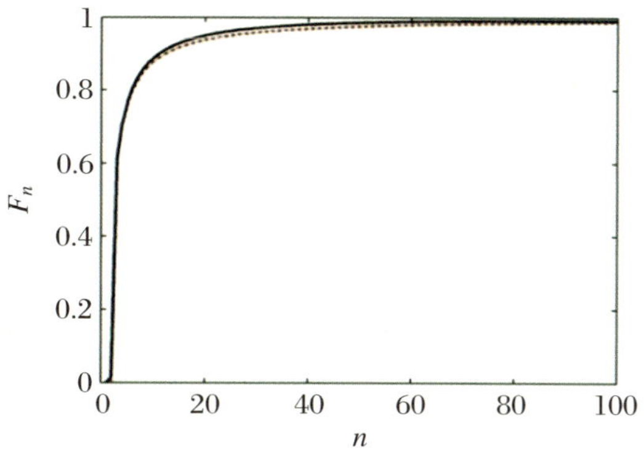

图 8.8　最优测量调控与复合控制的保真度 F_n 随测量次数 n 的变化曲线（$u=1$，$t=0.01$）

如果以 95%作为我们控制性能的目标，那么两种控制方式所需要的最少测量次数如表 8.5 所示，最优测量调控需要 28 次测量，而复合控制需要 25 次，仅仅相差 3 次。可见，虽然从控制的效率上看复合控制略优于最优测量调控，但两者并没有显著差别，另外，考虑到复合控制所需要的成本增加以及复杂度提升，测量算符与系统本身自由演化的同步已经增加了难度，因此对于这种情况，单独利用测量实现最优测量调控已经是一种足够有效且便捷的调控手段。

表 8.4　最优测量调控与复合控制的最优转移效率对比

n	1	5	10	50	100	127	200	400	∞
Y_n	0	76.28%	87.79%	97.53%	98.76%	99.21%	99.38%	99.69%	1
F_n	0.014%	76.85%	88.81%	98.59%	99.16%	99.97%	98.44%	98.43%	1

表 8.5　两种控制方式达到 95%保真度所需的最少测量次数 n

	$Y_n>95\%$	$F_n>95\%$
n	28	25

2. 薛定谔绘景下的转移特性

薛定谔绘景下（测量算符与自由演化不同步），系统本身存在自由演化，在每个测量和调控间隔时间内，系统状态的自由演化反映到 Block 球中，是状态对应的坐标点会沿着 x-y 平面上以与 z 轴间的距离为半径做圆弧运动，运动速度与半径、自由哈密顿量和间隔时间有关。而下一个时刻，投影测量那个引起量子状态的退相干，状态的新坐标被测量强制"投影"到 x-z 平面上，如图 8.4(b)所示。由于 x-y 平面与 x-z 平面垂直，自由演化

8

越剧烈，测量造成的退相干程度越强，保真度就越低。这个过程是不可避免的，但是当存在外加控制场时，却可以通过外加控制场对自由演化进行一定的“补偿”，从而减小损耗，增加调控效率。

二能级系统动力学方程如式(8.53)所示 $\dot{\rho}(t)=-\mathrm{i}[H_0+u(t)H_c,\rho(t)]$，与相互作用绘景不同的是，在薛定谔绘景下的外加控制场，除了 y 方向分量，还有 x 方向上的分量来补偿系统的退相干。系统哈密顿量 $H=H_0+u_xH_x+u_yH_y$，其中 $u(t)H_c=u_xH_x+u_yH_y$。系统的动力学演化方程为

$$\dot{\rho}(t)=-\mathrm{i}[H,\rho_k(t)] \tag{8.64}$$

令哈密顿量取值为

$$H_0=\frac{1}{2}\sigma_z,\quad H_x=\frac{1}{2}\sigma_x,\quad H_y=\frac{1}{2}\sigma_y,\quad H_z=\frac{1}{2}\sigma_z \tag{8.65}$$

式中，σ_x，σ_y 和 σ_z 为泡利矩阵。

式(8.64)的解为

$$\rho_k(t)=\mathrm{e}^{-\mathrm{i}Ht}\rho_k(0)\mathrm{e}^{\mathrm{i}Ht} \tag{8.66}$$

其中，$\rho_k(0)$ 由迭代方程计算得到

$$\rho_k(0)=\rho_{k-1}(\Delta t)-[P_k,[P_k,\rho_{k-1}(\Delta t)]] \tag{8.67}$$

需要注意的是，式(8.67)中的 $\rho_{k-1}(\Delta t)$ 由式(8.66)计算得到的，由于薛定谔绘景下系统的演化和观测是交错发生的，式(8.66)和式(8.67)合起来表示调控过程中系统状态的变化，而不是由式(8.54)一个公式来表示。

根据 8.2.2.2 小节内容，选择调控间隔 $\Delta t=0.023$，令 $u_x=0$ 系统哈密顿量 $H=\sigma_z+u_y\sigma_y$，代入式(8.66)和式(8.67)，通过迭代计算出 m 次调控后系统的状态 ρ_m。图 8.9 为控制场 u_y 取不同值时二能级量子态调控的保真度 F_m 随测量次数 m 的变化曲线，其中 u_y 取 6 个不同值，分别为 $u_y=0$，$u_y=0.1$，$u_y=0.5$，$u_y=1$，$u_y=7.5$ 和 $u_y=10$，图中纵坐标等于 0.95 处的横虚线表示调控性能指标为保真度 $F_m=0.095$。从图 8.9 中可以看出，满足性能指标所需的最小测量次数 m 随着控制场 u_y 的增大而减小，对应数据如表 8.6 所示。根据表 8.6 和图 8.9，对比图容易发现，当 $u_y\leqslant 7.5$ 时，外加控制场增强了系统状态的调控效率，但是当 $u_y>7.5$ 时，控制场则会干扰调控效果，使得系统无法达到预定的性能指标。

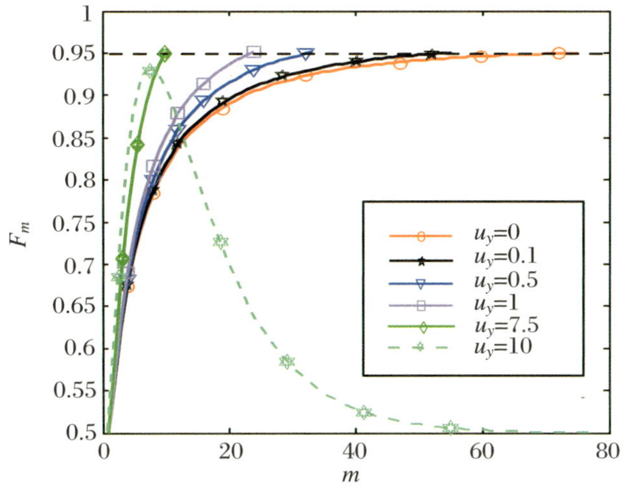

图 8.9　控制场 u_y 取不同值时二能级量子态调控的保真度 F_m 随测量次数 m 的变化曲线($\Delta t = 0.023$)

表 8.6　控制场 u_y 取不同值时满足调控指标所需要的最少测量次数

u_y	0	0.1	0.5	1	3	7.5	>7.5
最少测量次数	75	55	33	24	13	10	∅

为了对比分析几种调控方式的效果，我们选择控制率 $u_y = 7.5$，$\Delta t = 0.023$，分别考察相互作用绘景下最优测量调控、复合控制和薛定谔绘景下的最优测量调控、复合控制满足性能指标所需的最少测量次数，其结果如表 8.7 所示。对比表 8.7 中数据，明显可以看出在薛定谔绘景下采用复合控制方法，所需的测量次数最少，而最多的则是薛定谔绘景下采用最优测量调控方法。此结果不仅验证了最优测量调控方法的有效性，同时对调控特性进行了分析，表明在各种条件下最优测量调控表现的性能，以及合适参数的选取方法。

表 8.7　四种不同调控方案满足性能指标所需的最少测量次数

调控方案	所需测量次数 $F_m^{(O)} \geqslant 95\%$
相互作用-最优测量调控	46
薛定谔绘景-最优测量调控	75
相互作用-复合控制	25
薛定谔绘景-复合控制	10

本节主要研究基于量子最优测量的系统转移特性，分析测量参数选取对控制效果的影响，研究在相互作用绘景下最优测量的效果，以及薛定谔绘景下的效果进行对比。测量控制最关键部分是投影测量基的选取，在连续测量情况下，测量基本身接近系统状态，也测量验证了量子奇诺(Zeno)效应的正确性。在二能级系统有限测量次数的情况下，给出了最优测量控制状态转移的必要条件，从理论上分析了其误差特性。对二能级系统的最优测量控制给出数值仿真结果，分析了测量次数与控制效果的关系，验证误差随测量次数增加而减小。对于被控系统中的自由演化，通过薛定谔绘景与相互作用绘景的转换，研究了其演化轨迹，对偏差原因与周期性波动进行了分析。全面讨论了二能级条件下，测量控制系统状态演化的特性。对于不等差参数情况进行了讨论，引出加入自由演化以及其他相干控制手段后，参数变化趋势。理论研究基本已经足够，从实际应用角度上，投影测量也属于相干测量的一种，本节中采用离散测量方式和连续测量等价，如果将测量看成是一种辅助控制系统，那么通过与被控系统耦合并发生联合演化，就是真正的相干控制，这也是弱测量的思想。

8.3 基于最优观测量集的任意量子纯态估计

自1933年泡利提出根据一个粒子的位置和动量的概率分布来确定该粒子波函数的问题后(Pauli，1980)，量子状态估计便引起了人们的广泛关注，经历了八十多年的发展，直至今日，量子状态估计已经在诸如量子计算、量子通信等诸多量子前沿领域中占据了相当重要的地位(Donoho，2006)。量子测量是量子状态估计的一个重要前提和基础，然而，不同于经典系统中的测量，量子系统中的测量对象并不是一个实在的物理量，而是包含被测系统部分信息的一种概念上可观测量。另外，由于量子测量不可避免地导致被测系统状态的塌缩，导致人们难以快速有效地测得系统的全部信息。为了准确重构出系统的状态，就需要对系统的大量全同量子副本进行多次的重复测量。量子层析是最常用的量子态估计方法之一，此方法指出，为了准确重构出一个 d 维系统的量子状态，则需要测得该状态在不少于 d^2 个观测量上的投影状态，由此可见，随着量子系统能级的增加，所需的测量次数呈指数级增长，这使得量子状态估计显得十分困难。

为了提高量子状态重构的准确率，人们提出了许多有效的状态估计的优化算法，例如最小二乘法、极大似然法、最大熵法和贝叶斯方法等。压缩感知是一种有效减少所需要的测量信息来准确恢复原始数据的理论，并在量子状态估计中并取得显著效果

(Robin,2010),CS 理论指出:当量子系统处于纯态或者近似纯态时,随机观测量的测量配值只需要 $O(rd\log d)$,其中,r 为状态的秩,就能保证以极大概率准确重构出系统的密度矩阵。相比量子层析 d^2 的测量,基于压缩感知的状态估计方法极大地减少了量子态估计所需的测量次数。除此之外,人们还研究了在已知某些先验信息的情况下,量子状态估计所需的最少观测量数目。研究成果表明,对 d 维希尔伯特(Hilbert)空间上的量子纯态 ρ,只需在不超过 $4d-5$ 个观测量上进行测量,就能够唯一的确定 ρ 的密度矩阵(uniquely determined among pure states,UDP);对于更复杂的混合态,也仅需不超过 $5d-7$ 个观测量上的测量结果,就能准确估计出该状态(uniquely determined among all states,UDA)(Kazimierczuk,Orekhov,2011)。上述各种状态估计方法均建立在不同测量操作之间互不影响的假设上,然而,实际实验中的某次量子测量结果一般会作为下次测量的先验信息,即之前的测量结果会影响到后续测量的选择,这就是所谓的自适应测量(Holland et al.,2011)。利用自适应测量,能够进一步减少量子态重构所需的观测量数目。事实上,早在 2004 年 Finkelstein 基于自适应思想给出了一种量子态估计的有效测量方案(Qu et al.,2011),仅测量 $O(3d)$ 个 POVM 算符就能够估计出任意量子纯态状态,不过所用的一组 POVM 算符是基于多种不同的基矢量,构建起来过于复杂。

本节基于量子自适应测量,对任意量子纯态估计将提出一种所需最少的观测量,对 $d=2^n$ 维 Hilbert 空间中的任意量子纯态,获得重构所需最少观测量数 m 满足 $m=n$(本征态)或 $d+1\leqslant m\leqslant 3d-3$(叠加态)。因为本节所提出的大小为 n 和 $d+1\leqslant m\leqslant 3d-3$ 的观测量数目即使相对于目前压缩感知理论给出的测量配置数目下界也有数量级上的降低,因此本节将这样的观测量集合称为最优观测量集。同时,本节还基于 Pauli 观测算符,给出了重构任意纯态的最优观测量集及其构建方法,此构建方法十分简洁,适用于多数实际量子系统,能够极大地提升这类系统中量子态估计的效率。并通过仿真实验对基于最优观测量集的量子态重构进行了验证,对其中的参数对重构效果的影响进行了分析。

8.3.1 量子测量与量子状态估计

对于 d 维 Hilbert 空间中的一个任意量子状态 ρ,人们可以通过量子层析来获得 ρ 的信息并重构其密度矩阵。ρ 的密度矩阵为迹等于 1 的厄米矩阵,在不考虑任何先验信息的情况下,人们需要在 d^2-1 个观测量上进行测量才能精确地重构出 ρ。在量子力学中,观测量是指能够反映系统部分信息且可以被观测的某些力学量,例如动量、位置等,通常用算符 M 表示。

设 $M=\{M_1,M_2,\cdots,M_{d^2}\}$表示 d 维量子态 ρ 的一组完备观测量集合，其中包含 d^2 个线性无关的观测量 M_j，$j=1,2,\cdots,m$，M 可以看作对应 Hilbert 空间的一组完备基，其选择并不是唯一的。观测量 M_j 具有如下谱分解：

$$M_j = \sum_n a_n P_n \tag{8.68}$$

其中，P_n 为 M_j 的本征值 a_n 的本征空间的投影算符。

任意完备观测量集合都可由多组不同的投影算符构成，设组数最少为 w，当 $d>2$ 时，$w=3$，例如，二维 Hilbert 空间中一组完备观测量集合 $M_P=\{I,X,Y,Z\}$，其中，I 为二阶单位算符，X,Y,Z 为二阶 Pauli 算符：

$$I = \begin{pmatrix}1 & 0\\ 0 & 1\end{pmatrix},\quad X = \begin{pmatrix}0 & 1\\ 1 & 0\end{pmatrix},Y = \begin{pmatrix}0 & -\mathrm{i}\\ \mathrm{i} & 0\end{pmatrix},\quad Z = \begin{pmatrix}1 & 0\\ 0 & -1\end{pmatrix} \tag{8.69}$$

定义投影算符 $P_{|i\rangle}=|i\rangle\langle i|$，态矢量 $|D\rangle=(|0\rangle+|1\rangle)/\sqrt{2}$，$|A\rangle=(|0\rangle-|1\rangle)/\sqrt{2}$，$|R\rangle=(|0\rangle+i|1\rangle)/\sqrt{2}$，$|L\rangle=(|0\rangle-\mathrm{i}|1\rangle)/\sqrt{2}$，对式(8.69)进行变换易得：$I=P_{|0\rangle}+P_{|1\rangle}$，$X=P_{|D\rangle}-P_{|A\rangle}$，$Y=P_{|R\rangle}-P_{|L\rangle}$，$Z=P_{|0\rangle}-P_{|1\rangle}$，显然，$M_P$ 中的 Pauli 算符观测量是由 3 组投影算符 $\{P_{|0\rangle},P_{|1\rangle}\}$，$\{P_{|D\rangle},P_{|A\rangle}\}$ 和 $\{P_{|R\rangle},P_{|L\rangle}\}$ 构成；当 $d\geqslant 3$ 时，$w=4$ (Kazimierczuk，Orekhov，2011)。

对 d 维量子态 ρ 进行测量，实际上就是测量 ρ 在一组观测量 M 上的投影均值，一般情况下，每次测量可以测得一个观测量 M_j 对应的投影均值 $\langle M_j(\rho)\rangle$：

$$\langle M_j(\rho)\rangle = \mathrm{tr}(\rho M_j) \tag{8.70}$$

为了估计密度矩阵 ρ，需要重复测量 ρ 在多个观测量上的投影均值来获得足够的信息。d 维量子态 ρ 的完备观测量集合 M 对应的投影均值集合为

$$\langle M(\rho)\rangle = \{\langle M_1(\rho)\rangle,\langle M_2(\rho)\rangle,\cdots,\langle M_{d^2}(\rho)\rangle\} \tag{8.71}$$

由于 $\mathrm{tr}(\rho)=1$，$\langle M(\rho)\rangle$ 中存在某个量均值可以根据其余 d^2-1 个测量均值计算得到，而不需要测量，因此完备测量的总次数为 d^2-1。

根据测量均值与对应的观测量来精确重构出密度矩阵 ρ 的过程，被称为量子状态估计。不考虑测量过程中噪声带来的误差，当所选择的观测量集合是完备的时，对 ρ 的测量就是信息完备测量，此时 ρ 的密度矩阵可以由如下公式直接计算：

$$\rho = \frac{1}{d}\sum_{i=1}^{d^2}\langle M_i\rangle M_i \tag{8.72}$$

当所选择的观测量集合不完备时，对 ρ 的测量是信息不完备测量，设此时观测量集

合为 $M' = \{M_1, M_2, \cdots, M_m\}$，$m < d$。如果存在另一个 d 维量子态 ρ'，$\rho' \neq \rho$，满足 $\langle M'(\rho')\rangle = \langle M'(\rho)\rangle$，则此量子态 ρ 不能够被观测量集合 M' 唯一确定，此时无法精确估计出 ρ；如果不存在这样的 ρ' 满足 $\langle M'(\rho')\rangle = \langle M'(\rho)\rangle$，那么量子态 ρ 能够被观测量集合 M' 唯一确定(uniquely determined，UD)，可以根据 M' 和 $\langle M'(\rho)\rangle$ 精确重构出 ρ 的密度矩阵(Holland et al.，2011)，但需要采用合适的优化算法进行计算。

基于信息完备测量的量子态估计需要至少 $d^2 - 1$ 次测量，测量配置数 $m = d^2 - 1$ 随着量子维度数 d 的增加呈指数增长，对于高量子位状态而言，其重构所需的测量工作量极其庞大。利用不完备信息测量进行状态估计，能够有效减少测量次数，但前提是保证所选观测量能够唯一确定被估计状态。研究表明，当 ρ 为任意 d 维纯态时，则只需不超过 $m = 4d - 5$ 个观测量就能够唯一确定 ρ(UDP)(de Burgh，2008)。而压缩感知理论指出：当量子状态 ρ 为纯态或者近似纯态时，只需从 d^2 个测量配置中随机采样 $m = O(rd \log d)$ 个，就能以极大概率准确地恢复出 ρ，对此我们根据实际测量数据进行了验证，成功得到了精确的重构结果。然而，我们在研究中发现，上述两种减少测量配置数的方法中，前者在选择对应的观测量方案上存在较大困难，而后者 CS 理论在密度矩阵 ρ 极为稀疏，例如 ρ 为本征态或者 $l(l \ll d)$ 个本征态构成的叠加态(l-叠加态)时，重构效果并不理想，因为此时 ρ 中元素过于稀疏，导致随机采样的观测量有较大可能无法包含 ρ 的全部有效信息。事实上，对于量子纯态尤其是 l 较低的叠加态，由于 ρ 中元素个数十分稀少，我们可以设计合适的方案，使用远少于 $m = 4d - 5$ 和 $m = O(rd \log d)$ 的观测量数并实现任意比特位量子纯态有效重构。

8.3.2 任意纯态重构的最优测量配置

本小节我们基于自适应测量方法，分析任意量子纯态重构所需的最少观测量数，并提出一种对应的最优观测量集构造方案。

考虑一个定义在 d 维希尔伯特空间上的 n 比特纯态 $\rho = |\psi\rangle\langle\psi|$，其维度 $d = 2^n$，其中态矢量 $|\psi\rangle$ 可以写成：

$$|\psi\rangle = \sum_{i=0}^{d-1} c_i |e_i\rangle \tag{8.73}$$

其中，本征系数 $c_i \in \mathbf{C}$，且 $\sum_{i=0}^{d-1} |c_i|^2 = 1$，$\{|e_i\rangle \mid i = 0, \cdots, d-1\}$ 为 d 维希尔伯特空间的正交基，同时也是本征态。

为了不失一般性，以最常用的 Pauli 算符作为观测量，希尔伯特空间上的一组线性无

8

关的观测量 $M=\{M_1,M_2,\cdots,M_{d^2}\}$，其中 M_j 是 I,X,Y,Z 的直积构成的泡利观测量，因此有

$$M=\{M_{i_1,i_2,\cdots,i_n}=\sigma_{i_1}\otimes\sigma_{i_2}\otimes\cdots\sigma_{i_n},\sigma_{i_k}=I,X,Y,Z;k=1,2,\cdots,n\} \tag{8.74}$$

设至少需要 k 个泡利观测量及其对应测量值才能精确重构出 ρ 的密度矩阵，称 k 个重构 ρ 的最少观测量数，这样的一组泡利观测量 $M=\{M_1,M_2,\cdots,M_m\}$ 称为 ρ 的一个最优观测量集。

8.3.2.1 任意本征态重构的最优观测量集

定理 8.1 设 $\rho=|\psi\rangle\langle\psi|$ 为 n 量子位本征态，那么精确重构 ρ 所需的最少观测量数 $m_{\min}=n$；对应的最小采样率 $\eta_{\min}=n/d^2$。

证明 利用观测量集 M 能够精确重构纯态 ρ 的一个充分条件是：M 和对应测量值集 $\langle M(\rho)\rangle$ 能够在纯态中唯一确定 ρ，即不存在其他任何纯态 ρ' 使得 $\langle M(\rho)\rangle=\langle M(\rho')\rangle$。因此证明定理 8.1 只需要证明存在大小为 n 的测量配置集 M 能够唯一确定 ρ。

当 $\rho=|\psi\rangle\langle\psi|$ 为本征态时，根据式(8.68)可知：$|\psi\rangle\in\{|e_i\rangle\,|\,i=0,\cdots,d-1\}$ 有 d 种不同情况，对 $|\psi\rangle$ 的有效观测量 M_j 显然属于如下的观测量集合：

$$M_{\text{diag}}=\{M_{i_1,i_2,\cdots,i_n}=\sigma_{i_1}\otimes\sigma_{i_2}\otimes\cdots\sigma_{i_n},\sigma_{i_k}\in\{I,Z\};k=1,2,\cdots,n\} \tag{8.75}$$

设 $|e_i\rangle=|x_1x_2\cdots x_n\rangle$，其中 $|x_i\rangle$ 代表 2 维矢量 $|0\rangle$ 或 $|1\rangle$，根据式(8.70)和式(8.75)容易得到测量值的表达式：

$$\langle M_i(\rho)\rangle=(\langle x_1|\sigma_{i_1}|x_1\rangle)\cdot(\langle x_2|\sigma_{i_2}|x_2\rangle)\cdots(\langle x_n|\sigma_{i_n}|x_n\rangle) \tag{8.76}$$

由于式(8.76)右边因式 $\langle x_i|\sigma_{i_k}|x_i\rangle$ 的值为 $+1$ 或 -1，测量值 $\langle M_i\rangle$ 仅为 $+1$ 或 -1 两种情况。对于两个任意本征态 $|e_k\rangle$ 和 $|e_j\rangle$，若 $\langle e_k|M_i|e_k\rangle\neq\langle e_j|M_i|e_l\rangle$，那么称算符 M_i 是对 $|e_k\rangle$ 和 $|e_j\rangle$ 的一个分类。容易看出：式(8.75)中任意算符 M_j 都是对本征态集合 $\{|e_i\rangle\,|\,i=0,\cdots,d-1\}$ 中元素的一个分类。由于算符 M_j 之间两两正交，必然存在 n 个算符 M_j 能够对 $\{|e_i\rangle\,|\,i=0,\cdots,d-1\}$ 中的 d 个元素进行两两分类，根据这 n 个算符 M_j 和对应测量值，人们可以唯一确定本征态 $|\psi\rangle$，证毕。

根据定理 8.1，任意 n 量子位本征态 ρ 的一个最优观测量集的构造方法为

$$M_E^{(n)} = \{\underbrace{I\cdots I}_{n-1}Z\underbrace{I\cdots I}_{n-2}ZI\underbrace{I\cdots I}_{n-3}ZII\cdots IZ\underbrace{I\cdots I}_{n-2}Z\underbrace{I\cdots I}_{n-1}\} \tag{8.77}$$

$M_E^{(n)}$ 中包含 n 个测量算符，需要注意的是 $M_E^{(n)}$ 并非唯一。

8.3.2.2 任意 l-叠加态重构的最优测量配置

当 $\rho = |\psi\rangle\langle\psi|$ 为 l-叠加态时，根据式(8.73)可知，$|\psi\rangle = \sum_{i=0}^{d-1} c_i |e_i\rangle$ 的本征系数有且仅有 l 个非零，其他参数均为零。需要注意的是，在测量之前我们并不知道 l 的具体数值。首先确定 l 的具体数值及其对应的非零对角元素，能够有效指导后续非对角元素对应观测量的选择。

我们先分析对角元素。

引理 8.1 设 $\rho = |\psi\rangle\langle\psi|$ 为 n 比特 l-叠加态，当 $l \geqslant 2$ 时，精确重构 ρ 的对角元素所需的最少观测量数为

$$\Delta m_{\min} = d - 1$$

证明 假设 M_e 为式(8.74)中 M 的一个子集且 M_e 能对 ρ 的对角元素唯一确定，根据 8.3.2.1 小节中的证明过程，显然有 $M_e \subset \{M_{i_1,i_2,\cdots,i_n} = \sigma_{i_1} \otimes \sigma_{i_2} \otimes \cdots \sigma_{i_n}, \sigma_{i_k} \in \{I, Z\}; k = 1,2,\cdots,n\}$。设 $M_e = \{M_{e1},\cdots,M_{eq}\}$ 包含 q 个不同算符，根据式(8.70)可得

$$\langle M_{ei}(\rho)\rangle = \mathrm{diag}(M_{ei}) \cdot \mathrm{diag}(\rho) \tag{8.78}$$

其中，$\mathrm{diag}(\rho)$ 表示 ρ 的对角元素构成的矢量。

由于 l 的具体数值以及对应非零对角元素未知，$\mathrm{diag}(\rho)$ 中包含 d 个未知数 $|c_i|^2$，且这 d 个未知数之间有约束条件 $\sum_{i=0}^{d-1} |c_i|^2 = 1$。由于矢量 $\mathrm{diag}(M_{ei})$ 两两正交，当 i 取不同值时，将 M_{ei} 代入式(8.78)中可以得到一个关于 $\mathrm{diag}(\rho)$ 中 d 个未知数 $|c_i|^2$ 的方程组，其中观测量 $M_0 = \{I, I, \cdots, I\}$ 显然不需要代入(由于约束条件 $\sum_{i=0}^{d-1} |c_i|^2 = 1$，$\langle M_0\rangle = \mathrm{diag}(M_0) \cdot \mathrm{diag}(\rho)$ 必然等于 1)。为了解出这 d 个未知数，至少还需要 $d-1$ 个方程，由此易得 $q = d-1$，引理 8.1 得证。由上述 $d-1$ 个不同观测量构成的集合 M_e 为

$$\begin{aligned} M_e = \{&M_{i_1,i_2,\cdots,i_n} = \sigma_{i_1} \otimes \sigma_{i_2} \otimes \cdots \sigma_{i_n}, \sigma_{i_k} \in \{I, Z\}, \\ &k = 1,2,\cdots,n; M_{i_1,i_2,\cdots,i_n} \neq I \otimes I \otimes \cdots \otimes I\} \end{aligned} \tag{8.79}$$

下面我们来分析非对角元素情况。

引理 8.2 当 $l \geqslant 2$ 时，在已知 ρ 对角元素情况下，确定 ρ 的非对角元素所需的最少观测量数 $\delta m = 2(l-1)$。

8

证明 当 $\rho=|\psi\rangle\langle\psi|$ 为 l-叠加态时，设 $|\psi\rangle=\sum_{i=0}^{d-1}c_i|e_i\rangle$ 中有且仅有 l 个非零参数 $c_{k_1},\cdots,c_{k_l}\neq 0$ 外，其他参数均为 0，故有

$$\rho=(c_{k_1}|e_{k_1}\rangle+\cdots+c_{k_l}|e_{k_l}\rangle)(\bar{c}_{k_1}\langle e_{k_1}|+\cdots+\bar{c}_{k_l}\langle e_{k_l}|) \tag{8.80}$$

将式(8.79)代入式(8.80)中整理得到

$$\langle M_i(\rho)\rangle=\underbrace{|c_{k_1}|^2\langle e_{k_1}|M_i|e_{k_1}\rangle+\cdots+|c_{k_l}|^2\langle e_{k_l}|M_i|e_{k_l}\rangle}_{l}$$

$$+l\begin{cases}\underbrace{c_{k_1}\bar{c}_{k_2}\langle e_{k_2}|M_i|e_{k_1}\rangle+\cdots+c_{k_1}\bar{c}_{k_l}\langle e_{k_l}|M_i|e_{k_1}\rangle}_{l-1}+\\ \vdots\\ \underbrace{c_{k_l}\bar{c}_{k_1}\langle e_{k_1}|M_i|e_{k_l}\rangle+\cdots+c_{k_l}\bar{c}_{k_{l-1}}\langle e_{k_{l-1}}|M_i|e_{k_l}\rangle}_{l-1}\end{cases} \tag{8.81}$$

其中，等式右边前 l 项为对角元素，可以由 M_e 测得，后 $l(l-1)$项为非对角元素。

ρ 中 d 个对角元素 $|c_i|^2$ 已知，即已知 l 个非零参数 $c_{k_1},\cdots,c_{k_l}$ 的编号，设 l 个非零对角元素为 $c_{k_i}=a_{k_i}+ib_{k_i}(i=1,\cdots,l)$，$a_{k_i},b_{k_i}\in\mathbf{R}$。要测得 $l(l-1)$个非对角元素，实际上仅需测得参数 a_{k_i},b_{k_i} 的值。由于全局相位不影响量子态的密度矩阵，不妨忽略全局相位，并设 c_{k_1} 的虚部为零，即 $c_{k_1}=a_{k_1}=\sqrt{|c_{k_1}|^2}$，此时未知量 a_{k_i},b_{k_i} 各有 $l-1$ 个。

对于非对角元素，其相关的 Pauli 观测量可由式(8.173)和式(8.174)中观测量集相减得到：

$$M_{\text{non}}=M-M_{\text{diag}} \tag{8.82}$$

用 $M_n,n=d+1,\cdots,d^2$ 表示 M_{non}中观测量，当 n 取不同值时，将 M_n 代入式(8.81)中可以得到一个关于未知数 a_{k_i},b_{k_i} 的方程组，为了解出这 $2(l-1)$个未知数，至少还需要 $2(l-1)$个方程，也即需要 $2(l-1)$个观测量，且需保证这 $2(l-1)$个方程组中包含全部未知量 a_{k_i},b_{k_i}。由于矢量 $\text{diag}(M_n)$两两正交，必然存在 $2(l-1)$个这样一组观测量，满足上述要求，引理 8.2 得证。

综合上述条件，可以采用自适应测量方法，先测量对角元素，然后基于测量结果选择合适的观测量对非对角元素进行测量，根据引理 8.1 和引理 8.2，易得如下结论：

定理 8.2 设 $\rho=|\psi\rangle\langle\psi|$ 为任意 n 量子位 l-叠加态($2\leqslant l\leqslant d$)，那么精确重构 ρ 所需的最少观测量数为 $m'_{\min}=\Delta m_{\min}+\delta m=d+2l-3$，对应的理论最小采样率为 $\eta'_{\min}=$

$(d+2l-3)/d^2$。

根据定理 8.2，可以得到 $m'_{\min}$ 的范围为 $d+1 \leqslant m'_{\min} \leqslant 3d-3$。任意 n 比特 l-叠加态 ρ 的最优观测量集的一种构造方案为

$$M_S^{(n)} = M_e \cup M_n \tag{8.83}$$

其中，观测量集 M_e 对应对角元素，如式(8.79)所示，观测量集 $M_n \subset M_{\text{non}}$ 对应非对角元素，其具体内容则依赖于 M_e 在对角元素上的测量结果。

表 8.8 为三种不同状态重构方法：UDP、CS 和最优观测量集合所需的观测量数目 m 与对应采样率 η，其中最优观测量集对应观测量数目 m 分别取最大值 $m=3d-3$ 与最小值 $m=d+1$。对比表 8.8 中数据可以看出，无论 l 如何取值，最优观测量集合所需的观测量数目 m 总是小于 UDP 所需数目，此结果说明采用自适应测量方法能够有效减少量子态重构所需的观测量数目。

表 8.8 UDP、CS 和最优观测量集所需的观测量数目 m 与对应采样率 η

	UDP	CS	最优观测量集合(max)	最优观测量集合(min)
m	$4d-5$	$O(d\log d)$	$3d-3$	$d+1$
η	$(4d-5)/d^2$	$O(d\log d)/d^2$	$(3d-3)/d^2$	$(d+1)/d^2$

三种不同状态重构方法 UDP、CS 和最优观测量集合实验结果如图 8.10 所示，其中，图 8.10(a)为三种方法所需的观测量数目 m 随量子位 n 的变化曲线，图 8.10(b)为三种采样率 η 随量子位 n 的变化曲线。

从图 8.10(a)、图 8.10(b)中实验结果可以看出，当量子位 $n=2$ 时，最优观测量集合对应 m 的最大值、最小值分别为 9 和 5，其数目分别随着 n 的增加呈指数增长，最终稳定在 3 倍左右差距。对比三种重构方法可以看出，如果能保证 l 的值较小($l=1,2$)，那么三种方法中最优观测量结合方法具有明显优势，如果 l 的值较大($l \approx d$)，那么当 n 取值较小($n \leqslant 4$)时，CS 稍优于 UDP 和最优观测量，但随着 n 值增加($n>4$)，UDP 和最优观测量集合方法重构所需观测量数 m 将少于 CS，在 n 值较大($n=12$)时，最优观测量集合方法重构所需观测量数 m 比 CS 小了近一个能级。此结果表明，我们给出的最优观测量集合方法，相比 UDP 和 CS，大幅减少了重构所需观测量数目，且在自适应测量的基础上，能够根据状态 ρ 的稀疏程度，进一步减少观测量数。

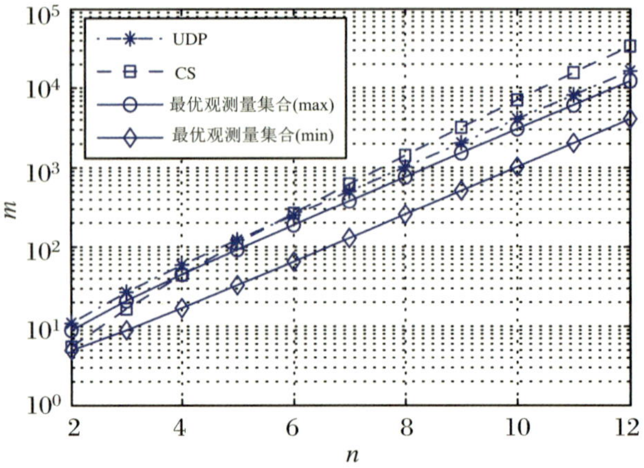

(a) 观测量数目m随量子位n的变化曲线

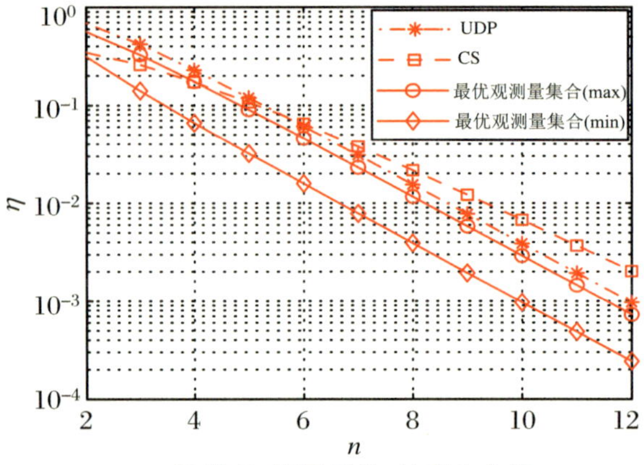

(b) 采样率η随量子位n的变化曲线

图 8.10　三种不同状态重构方法 UDP、CS 和最优观测量集合实验结果

8.3.3　基于最优观测量集合的量子态估计

本小节我们通过仿真实验，考察基于最优观测量集合的量子态估计方法的效果。在基于最优观测量集合对量子态进行估计时，如果不考虑噪声，可以采用信息完全情况下重构方式：直接代入重构公式(8.72)中进行计算。然而，在实际的状态重构中，不可避免地存在测量噪声和误差，若不过滤噪声，在第一步对角线元素的测量中，任意微小的测量误差，都会导致对 l 的值以及非零元素位置的认知错误，从而给后续测量中观测量的选取带来很大干扰，因此，必须考虑实际测量中的噪声和误差。为了消除噪声的影响，可以

在估计前增加噪声过滤步骤，即通过设置阈值过滤掉测量中的部分噪声，另外在计算过程中基于密度矩阵的物理性质对结果进行优化。基于最优观测量集合的估计过程如下：

(1) 首先用 M_e 对量子态对角元素进行测量，测量时设置一个噪声阈值 S，对任意由 $\langle M_j(\rho)\rangle=\mathrm{tr}(\rho M_j)$ 计算得到的 $|c_i|^2$，如果 $|c_i|^2\leqslant S$，则认为 $|c_i|^2$ 为噪声，并令 $|c_i|^2=0$，如果 $|c_i|^2>S$，则认为 $|c_i|^2$ 为有效值。

(2) 根据测得的 $|c_i|^2$ 值，选择合适的 $2(l-1)$ 个观测量对非对角元素进行测量，计算测量结果。

(3) 将测量结果代入估计公式(8.72)中进行计算，并对密度矩阵进行优化使之满足如下性质：正定性、迹的归一性、厄米性。

下面我们进行仿真实验来验证此估计方法的性能，并分别考察 l 和 S 值对估计结果的影响。我们选择 $n=4$ 比特情况下，给定方差 $\varepsilon=0.1$ 的高斯白噪声，分别选择 $l=2,4,6$，给定阈值 $S=0.1$，采用基于最优观测量集合的量子态重构方法进行状态估计。实验中保真度 f 定义为 $f=\mathrm{tr}(\hat{\rho}\rho^\dagger)/\sqrt{\mathrm{tr}(\hat{\rho}^2)\mathrm{tr}(\rho^2)}$，$f\in[0,1]$，其中 $\hat{\rho}$ 和 ρ 分别为估计密度矩阵和理论密度矩阵。在 $l=2,4,6$ 情况下对应的估计结果如图 8.11 所示，其中(a)、(b)、(c)对应的状态估计保真度分别为 $f_\mathrm{a}=99.95\%$，$f_\mathrm{b}=99.94\%$，$f_\mathrm{c}=98.32\%$，对应采样率分别为 $\eta_\mathrm{a}=6.64\%$，$\eta_\mathrm{b}=8.20\%$，$\eta_\mathrm{c}=9.77\%$。

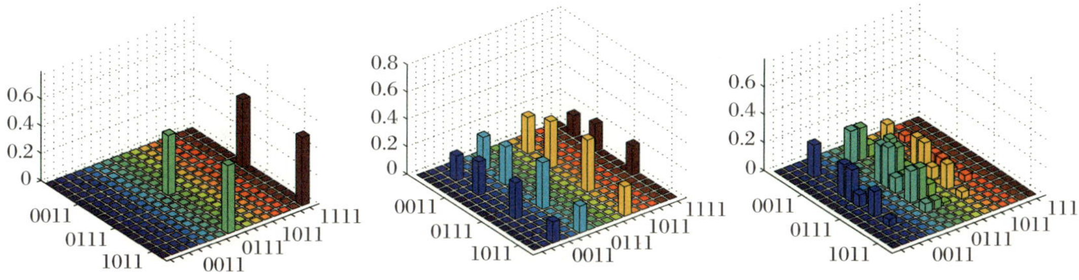

(a) l=2, f_a=99.95%　(b) l=4, f_b=99.94%　(c) l=6, f_c=98.32%

图 8.11　$n=4$ 时不同纯态估计结果

从图 8.11 中可以看出，$n=4$ 比特情况下，对比 3 种估计结果，随着 l 增加，对应的采样率逐渐增大，而估计保真度逐渐减小，可见随着 l 增加，由于观测量数目增加，测量噪声引起的误差也增大。不过，3 种不同纯态的状态估计保真度均在 98%以上，相比 UDP 和 CS，此方法在观测量数目大大减少的情况下，得到较高保真度的估计结果，这说明基于最优观测量集合的量子态估计方法能够较好地实现量子纯态的估计。

小结

本节研究了任意量子纯态估计所需的最少观测量数。我们基于量子自适应测量方法,给出并证明了如下结论:当选择泡利算符直积形式的观测量并采用自适应测量方法时,$d=2^n$ 维希尔伯特空间中的任意本征态重构所需最少观测量数仅为$m=n$,任意叠加态重构所需观测量满足 $d+1\leqslant m\leqslant 3d-3$,此数目远小于压缩感知理论给出的测量配置数目下界 $O(rd\log d)$以及纯态唯一确定所需观测量数目为 $4d-5$。根据此结论,我们分别给出最优观测量集的构建方法,以及基于最优观测量集的量子态重构方法。8.3 节提出的状态估计方法适用于大多数实际量子系统,能够极大地提升这类系统中量子态估计的效率。我们通过仿真实验分析了此方法中参数对重构效果的影响,实验结果表明,不论是实验中还是理论上,本节的最优观测量集合能够极大地降低测量的工作量,并实现任意量子纯态的精确重构,所提出的状态估计方法适用于大多数实际量子系统,能够极大地提升这类系统中量子态估计的效率。

第 9 章

基于优化算法的量子状态估计

9.1 改进的交替方向乘子法及其在量子态估计的应用

在一个 n 量子位的量子系统中，人们采用一个希尔伯特空间的 $d\times d$ 的密度矩阵 ρ 来描述一个量子系统的状态，其中 $d=2^n$，ρ 为厄米矩阵。对于一个 n 量子位的量子系统，所要估计的量子态参数信息的维数 d 是随着 n 的增长呈指数级增加的，由于待估计的 ρ 的参数有 $d\times d$ 个，所以，一个标准的量子态估计需要 4^n 次测量配置。为了解决测量配置随量子位增加而指数增长的问题，人们采用压缩感知方法以减少测量次数。压缩感知核心思想在于：只要信号本身为稀疏的或者可以稀疏表示，就能以远低于奈奎斯特(Nyquist)采样率对信号进行采样，并保证可以精确地重构原信号。现实中人们感兴趣的

9

量子状态往往是纯态或者近似纯态的量子态(Gross et al.,2010),此时 ρ 是一个低秩的厄米矩阵,奇异值大部分为0,具备稀疏特性,采用压缩感知的方法,通过较少的测量次数就可以精确地重构出 ρ。如何设计复杂度低、收敛速度快、鲁棒性强的重构算法成为了解决问题的关键。

交替方向乘子法(ADMM)是一种求解具有可分结构的凸优化问题的重要方法,它是结合了对偶上升法的可分离特性以及扩展拉格朗日法(augmented lagrangian method, ALM)松弛收敛条件而形成的一种改进方法(Boyd et al.,2011),该算法在大规模数据分析处理领域因处理速度快、收敛性能好而备受关注。Yang 和 Zhang 将 ADMM 算法用于求解基于压缩感知的 ℓ_1 范数最小化问题(Yang,Zhang,2011),证明了 ADMM 重构稀疏矩阵的有效性;Li 和 Cong 首次将 ADMM 用于基于压缩感知的量子态重构(Li, Cong,2014),解决了同时包含核范数和 ℓ_1 范数的优化问题,在5个量子位的密度矩阵估计中,获得了较高的估计精度。我们希望结合其他算法以优化 ADMM 重构量子状态的速度。本节围绕优化 ADMM 重构量子状态速度问题,提出结合不动点方程的 FP_ADMM 改进算法,避免了高维矩阵的求逆运算,不但加快了算法的计算速度,同时节省算法的储存空间。在仿真实验分析 FP_ADMM 性能的基础上,以大于97%的正确率实现量子比特位 $n=8$ 密度矩阵的重构。

9.1.1 ADMM 算法原理

9.1.1.1 对偶上升法

对偶上升法是通过对偶变量的更新获得原问题最优解的一种方法。考虑具有等式约束的优化问题:

$$\begin{cases}\text{minimize } f(x)\\ \text{s.t. } Ax = b\end{cases}\tag{9.1}$$

其中,$x\in\mathbf{R}^n$,$A\in\mathbf{R}^{m\times n}$,$f:\mathbf{R}^n\to\mathbf{R}$ 为凸函数。

引入对偶变量(或拉格朗日乘子)$y\in\mathbf{R}^m$,通过定义拉格朗日函数 $L(x,y)$,可以将含约束的优化问题(9.1)转化为无约束优化问题。$L(x,y)$定义为

$$L(x,y) = f(x) + y^{\mathrm{T}}(Ax - b)\tag{9.2}$$

定义拉格朗日对偶函数 $g(y)$为 $L(x,y)$关于 x 取得的最小值:$g(y)=\inf\limits_x L(x,y)$。

则问题(9.1)的对偶问题为 maximize $g(y)$。原问题与对偶问题最优值相等时称该问题具有强对偶性。根据强对偶性得到:原问题的最小化等价于对偶问题的最大化;原问题在最优解 x^* 下的值 $f(x^*)$和对偶问题在最优解 y^* 下的值 $g(y^*)$是相同的。因此,可以根据所获得对偶问题的最优解 y^* 来获得原问题的最优解 x^*,即存在关系式

$$x^* = \arg\min_x L(x,y^*) \tag{9.3}$$

式(9.3)表明:对偶变量 y 逼近最优解 y^* 时,原变量 x 也在逼近最优值 x^*。当 $g(y)$ 可微分时,可以利用梯度上升法获得对偶变量 y 的更新公式 $y^{k+1} := y^k + \alpha^k(Ax^{k+1} - b)$(其中 $\alpha^k > 0$ 为迭代步长),使 y 沿着 $g(y)$ 值增大速度最快的方向移动,从而保证 $g(y^{k+1}) > g(y^k)$,这也是该方法被称作对偶上升法的原因。因此,采用对偶上升法求解原问题(9.1)最优解的迭代公式为

$$\begin{cases} x^{k+1} := \arg\min_x L(x,y^k) \\ y^{k+1} := y^k + \alpha^k(Ax^{k+1} - b) \end{cases}$$

对偶上升法的迭代过程分为两步:第一步,固定对偶变量 y^k,最小化拉格朗日函数 $L(x,y^k)$,求得更新后的 x^{k+1};第二步,固定 x^{k+1},采用梯度上升法,最大化拉格朗日对偶函数 $g(y)$来获得对偶变量 y 的更新 y^{k+1}。原问题(9.1)通过与其对偶问题的交替迭代,同时达到最优。

对偶上升法可以应用于 $f(x)$可分离的情况,即 $f(x) = \sum_{i=1}^{N} f_i(x_i)$,其中,$x = (x_1,\cdots,x_N)$,$x_i \in \mathbf{R}^{n_i}$,$A = (A_1,\cdots,A_N)$,$Ax = \sum_{i=1}^{N} A_i x_i$。此时所对应的拉格朗日函数为

$$L(x,y) = \sum_{i=1}^{N} L_i(x_i,y) = \sum_{i=1}^{N} [f_i(x_i) + y^{\mathrm{T}}A_i x_i - (y^{\mathrm{T}}b/N)] \tag{9.4}$$

由式(9.4)可以看出,拉格朗日方程对变量 x 来说也是可分离的,则求解可分离的目标函数 $f(x)$的对偶上升法的迭代公式变为

$$\begin{cases} x_i^{k+1} := \arg\min_{x_i} L(x_i,y^k) & (9.5\text{a}) \\ y^{k+1} := y^k + \alpha^k(Ax^{k+1} - b) & (9.5\text{b}) \end{cases}$$

对偶上升法的优点是:当目标函数 $f(x)$可分离时,x 可以分块进行更新,从而减小了问题的复杂程度。然而,对偶上升法也存在缺点,该方法适用条件非常苛刻,要求原问题函数 $f(x)$必须是严格凸且有界的,因此限制了对偶上升法的应用范围。针对对偶上升法对目标函数要求比较苛刻的缺点,扩展拉格朗日法松弛了收敛条件,使得目标函数

$f(x)$既可以是非严格凸的，也可以是非有界的。

9.1.1.2 扩展拉格朗日乘子法

扩展拉格朗日函数是通过在问题(9.1)中的拉格朗日函数中加入一个惩罚项得到的：

$$L_\rho(x,y) = f(x) + y^{\mathrm{T}}(Ax - b) + \lambda\|Ax - b\|_2^2/2 \tag{9.6}$$

其中，λ 为惩罚参数，$\lambda>0$，$\|\cdot\|_2^2$ 为ℓ_2范数，定义为 $\sqrt{\sum|x_i|^2}$。

同样扩展拉格朗日函数(9.6)的对偶函数 $g(y)=\inf\limits_x L_\lambda(x,y)$。将对偶上升法应用到扩展拉格朗日函数(9.6)的最优求解上，可以通过交替更新原变量 x 和对偶变量 y 来获得其最优解，并可得扩展拉格朗日法的迭代公式为

$$\begin{cases} x^{k+1} := \arg\min\limits_x L(x, y^k) & (9.7\mathrm{a}) \\ y^{k+1} := y^k + \lambda(Ax^{k+1} - b) & (9.7\mathrm{b}) \end{cases}$$

扩展拉格朗日法和对偶上升法的区别：一是扩展拉格朗日法用惩罚参数 λ 代替了对偶上升法中的步长 α^k；二是扩展拉格朗日法基于扩展拉格朗日函数，该函数是在拉格朗日函数后增加了惩罚项 $\lambda/2\|Ax-b\|_2^2$ 得到的。加入惩罚项的好处是松弛了收敛条件，即使 $f(x)$在非严格凸或者非有界条件下该算法仍然成立。扩展拉格朗日法的缺点是，加入的惩罚项 $\lambda/2\|Ax-b\|_2^2$ 对 x 而言是不可分离的，不能用于解决目标函数 $f(x)$可分离的情况。

9.1.1.3 交替方向乘子法

交替方向乘子法(ADMM)整合了对偶上升法可分离性和扩展拉格朗日法松弛的收敛特性，可用于解决具有两个目标函数的凸优化问题：

$$\begin{cases} \text{minimize } f(x) + g(z) \\ \text{s.t.} \quad Ax + Bz = c \end{cases} \tag{9.8}$$

其中，$x\in\mathbf{R}^n$，为目标函数 $f(x)$的自变量；$z\in\mathbf{R}^m$，为目标函数 $g(z)$的自变量；$A\in\mathbf{R}^{p\times n}$，$B\in\mathbf{R}^{p\times m}$，$c\in\mathbf{R}^p$，$f$ 和g 为凸函数。

扩展拉格朗日函数为

$$\begin{aligned} L_\rho(x,z,y) = {} & f(x) + g(z) + y^{\mathrm{T}}(Ax + Bz - c) \\ & + \lambda\|Ax + Bz - c\|_2^2/2 \end{aligned} \tag{9.9}$$

其中，y 称为拉格朗日乘子，$y\in\mathbf{R}^m$，λ 为惩罚参数，$\lambda>0$。

通过将一次项 $y^{\mathrm{T}}(Ax+Bz-c)$ 与二次项 $\lambda\|Ax+Bz-c\|_2^2/2$ 合并，并令：$u=y/\lambda$，可以扩展拉格朗日函数被化简为

$$L_\rho(x,z,y)=f(x)+g(z)+\lambda\|Ax+Bz-c+u\|_2^2/2 \tag{9.10}$$

此时将求解问题(9.8)的优化问题变为最小化式(9.10)的问题。ADMM 的思想就是利用两个目标函数 $f(x)$ 和 $g(z)$，通过分别对其变量 x 和 z 的交替更新，得到问题(9.8)的最优解，迭代公式为

$$\begin{cases} x^{k+1}:=\arg\min\limits_x\{f(x)+\lambda\|Ax+Bz^k-c+u^k\|_2^2/2\} & (9.11\text{a}) \\ z^{k+1}:=\arg\min\limits_z\{g(z)+\lambda\|Ax^{k+1}+Bz-c+u^k\|_2^2/2\} & (9.11\text{b}) \\ u^{k+1}:=u^k+Ax^{k+1}+Bz^{k+1}-c & (9.11\text{c}) \end{cases}$$

值得注意的是，ADMM 只是一种求解优化问题的计算框架，将大的全局问题分解为多个较小、较容易求解的子问题，并通过协调子问题的解而得到全局问题的解。每一个子问题(9.11a)和(9.11b)如何有效求解，需要根据 $f(x)$ 和 $g(z)$ 具体形式来确定。

当将 ADMM 用于量子态估计问题时，目标函数 $f(x)$ 和 $g(z)$ 分别为核范数和 ℓ_1 范数，此时需要用特殊的方法获得具体迭代表达式。下一节我们具体给出基于压缩感知的量子状态恢复优化问题求解。

9.1.2 基于不动点方程的 ADMM 改进方法

在量子态估计中，待恢复的密度矩阵 ρ 一般是低秩的。低秩矩阵的恢复问题可以转化为最小化核范数的凸优化问题：

$$\begin{cases} \text{minimize } \|\rho\|_* \\ \text{s.t.}\quad \|A\cdot\text{vec}(\rho)-b\|_2^2\leqslant\varepsilon,\quad \rho^*=\rho,\rho\geqslant 0 \end{cases} \tag{9.12}$$

其中，$\rho\in\mathbf{C}^{d\times d}$，$\|\cdot\|_*$ 为核范数，等于奇异值的和，$A\in\mathbf{C}^{m\times d^2}$，$m\ll d^2$，vec(·)表示将矩阵按列展成一个列向量。$A$ 称为观测矩阵或者测量矩阵，m 称为测量数目，表示测量配置的个数，b 为观测值，$b\in\mathbf{C}^m$。

在实际系统的测量中，常常存在干扰。考虑稀疏的干扰矩阵 S，则带有干扰的量子状态估计问题可以转变为一个对密度矩阵和干扰的双目标优化问题：

$$
\begin{cases}
\text{minimize} \|\rho\|_* + I_C(\rho) + \|S\|_1 \\
\text{s.t.} \quad \|A \cdot \mathrm{vec}(\rho + S) - b\|_2^2 \leqslant \varepsilon
\end{cases}
\tag{9.13}
$$

其中，$S \in \mathbf{C}^{d \times d}$，$\|\cdot\|_1$ 表示 ℓ_1 范数，定义为 $\|X\|_1 = \sum_{i=1}^{m} \sum_{j=1}^{n} |x_{ij}|$，$I_C(\rho)$ 为示性函数，定义为

$$
I_C(\rho) = \begin{cases}
\infty, & \text{如果 } \rho^* = \rho, \rho \geqslant 0 \\
0, & \text{其他}
\end{cases}
$$

示性函数 $I_C(\rho)$ 的作用是把矩阵投影为厄米矩阵。对于问题(9.13)，我们选择扩展拉格朗日函数为

$$
\begin{aligned}
L(\rho, S, y, \lambda) &= \|\rho\|_* + I_C(\rho) + \|S\|_1 + \langle y, A \cdot \mathrm{vec}(\rho + S) - b \rangle \\
&\quad + \lambda \|A \cdot \mathrm{vec}(\rho + S) - b\|_2^2 / 2 \\
&= \|\rho\|_* + I_C(\rho) + \|S\|_1 + \lambda \|A \cdot \mathrm{vec}(\rho + S) - b + u\|_2^2 / 2
\end{aligned}
\tag{9.14}
$$

其中，y 为拉格朗日乘子，$y \in \mathbf{R}^m$，λ 为惩罚参数，$\lambda > 0$，$u = y/\lambda$。

将式(9.14)代入 ADMM 迭代公式(9.11)得到

$$
\begin{cases}
\rho^{k+1} := \arg\min\limits_{\rho} \{\|\rho\|_* + I_C(\rho) + \lambda \|A \cdot \mathrm{vec}(\rho + S^k) - b + u^k\|_2^2 / 2\} & \text{(9.15a)} \\
S^{k+1} := \arg\min\limits_{S} \{\|S\|_1 + \lambda \|A \cdot \mathrm{vec}(\rho^{k+1} + S) - b + u^k\|_2^2 / 2\} & \text{(9.15b)} \\
u^{k+1} := u^k + A \cdot \mathrm{vec}(\rho^{k+1} + S^{k+1}) - b & \text{(9.15c)}
\end{cases}
$$

观察式(9.15a)和式(9.15b)可知：核范数、示性函数 $I_C(\rho)$ 和 ℓ_1 范数均是不可微的，不能用常规的方法令梯度为零求极值。为此将通过引入不动点方程，并与 ADMM 算法相结合来获得改进的 ADMM 算法，我们称之为 FP_ADMM 算法。

不动点方程最先在 2005 年提出(Combettes, Wajs, 2005)。当目标函数为 $\min\limits_{X \in \mathbf{R}^{n_1 \times n_2}} (f_1(X) + f_2(X))$ 时，其中函数 $f_1, f_2: \mathbf{R}^{n_1 \times n_2} \to \mathbf{R}$ 为下半连续的凸函数且 f_2 可微，并且对某个 $\beta > 0$，有 $1/\beta$-Lipschitz 连续梯度。则该优化问题的解满足被称为不动点方程的隐式方程：

$$
X = \mathrm{prox}_{\delta f_1}(X - \delta \nabla f_2(X))
\tag{9.16}
$$

其中，$\delta \in [0, +\infty)$ 为迭代步长，$\mathrm{prox}_{\delta f_1}$ 表示函数 δf_1 的近邻算子。

从式(9.15)和 FP_ADMM 利用不动点方程的隐式方程(9.16)中可以看出：

(1) 对于子问题(9.15a)将核范数 $\|\rho\|_*$ 和二次项 $\lambda \|A \cdot \mathrm{vec}(\rho + S^k) - b + u^k\|_2^2 / 2$ 整体求得最小值，按照 $\|\rho\|_* + \lambda \|A \cdot \mathrm{vec}(\rho + S^k) - b + u^k\|_2^2 / 2 \to I_C(\rho)$ 分两步求解；

(2) 对于子问题(9.15b)将$\|S\|_1+\lambda\|A\cdot \mathrm{vec}(\rho^{k+1}+S)-b+u^k\|_2^2/2$看成整体一步求解,这种整体求解的方法提高了解的精度。

在量子态估计的迭代公式(9.15)中,用到的函数δf_1的近邻算子为核范数和ℓ_1范数的近邻算子,为此需要定义:$\mathrm{prox}_{\tau\|\cdot\|_1}(X)=\mathcal{S}_\tau(X)$,$\mathrm{prox}_{\tau\|\cdot\|_*}(X)=\mathcal{D}_\tau(X)$,其中,$\mathcal{S}_\tau$为软阈值算子:

$$[\mathcal{S}_\tau(X)]_{ij}=\begin{cases}x_{ij}-\tau, & \text{如果 } x_{ij}>\tau\\ x_{ij}+\tau, & \text{如果 } x_{ij}<\tau\\ 0, & \text{其他}\end{cases}$$

$\mathcal{D}_\tau$为奇异值收缩算子,定义为:$\mathcal{D}_\tau(X)=U\mathcal{S}_\tau(X)V^{\mathrm{T}}$,$USV^{\mathrm{T}}$为矩阵$X$的奇异值分解。

FP_ADMM 算法对于子问题(9.15a)的两步求解如下:第一步:将$\|\rho\|_*+\lambda\cdot\|A\cdot\mathrm{vec}(\rho+S^k)-b+u^k\|_2^2/2$看成整体,并取$f_1(\rho)=\|\rho\|_*/\lambda$,$f_2(\rho)=\|A\cdot\mathrm{vec}(\rho+S^k)-b+u^k\|_2^2/2$,代入式(9.16),设$\|\rho\|_*+\lambda\|A\cdot\mathrm{vec}(\rho+S^k)-b+u^k\|_2^2/2$最小化的解为$\rho_1^{k+1}$,则$\rho_1^{k+1}$满足的不动点方程为

$$\begin{aligned}\rho_1^{k+1}&=\mathrm{prox}_{\delta/\lambda\|\cdot\|_*}(\rho_1^{k+1}-\mathrm{mat}(\delta A^*[A\cdot\mathrm{vec}(\rho_1^{k+1}+S^k)-b+u^k]))\\&=\mathcal{D}_{\delta/\lambda}(\rho_1^{k+1}-\mathrm{mat}(\delta A^*[A\cdot\mathrm{vec}(\rho_1^{k+1}+S^k)-b+u^k]))\end{aligned}$$

其中,S^k为第k步得到的子问题(9.15b)的最优解,$\delta\in[0,+\infty)$为迭代步长,是可调参数;mat 函数为 vec 的反函数,将一个$d^2\times1$的列向量,按列排列为一个$d\times d$的矩阵。由ρ_1^{k+1}满足不动点方程,可以通过迭代法求解:$\rho_1^{k+1,j+1}=\mathcal{D}_{\delta/\lambda}(\rho_1^{k+1,j}-\mathrm{mat}(\delta A^*[A\cdot\mathrm{vec}(\rho_1^{k+1,j}+S^k)-b+u^k]))$。第二步:为使目标函数中示性函数$I_C(\rho)=0$,将得到的$\rho_1^{k+1}$投影变换得到$\rho^{k+1}=(\rho_1^{k+1}+(\rho_1^{k+1})^*)/2$,$\rho^{k+1}$即为子问题(9.15a)在$k+1$步的密度矩阵重构值。

对于子问题(9.15b),运用不动点方程只需一步求解:将$\|S\|_1+\lambda\cdot\|A\cdot\mathrm{vec}(\rho^{k+1}+S)-b+u^k\|_2^2/2$看成整体,并取$f_1(S)=\|S\|_1/\lambda$,$f_2(S)=\|A\cdot\mathrm{vec}(\rho^{k+1}+S)-b+u^k\|_2^2/2$,代入式(9.16)得到$S^{k+1}$满足的不动点方程的隐式方程为

$$\begin{aligned}S^{k+1}&=\mathrm{prox}_{\delta/\lambda\|\cdot\|_1}(S^{k+1}-\mathrm{mat}(\delta A^*[A\cdot\mathrm{vec}(\rho^{k+1}+S^{k+1})-b+u^k]))\\&=\mathcal{S}_{\delta/\lambda}(S^{k+1}-\mathrm{mat}(\delta A^*[A\cdot\mathrm{vec}(\rho^{k+1}+S^{k+1})-b+u^k]))\end{aligned}$$

由S^{k+1}满足不动点方程,可以通过迭代法求解:

$$S^{k+1,j+1}=\mathcal{S}_{\delta/\lambda}(S^{k+1,j}-\mathrm{mat}(\delta A^*[A\cdot\mathrm{vec}(\rho^{k+1}+S^{k+1,j})-b+u^k]))$$

在算法中,求解ρ_1^{k+1},S^{k+1}需要经过多次迭代,耗费大量的计算时间。受到 Lin 等人研究的启发,可以不精确求解ρ_1^{k+1},S^{k+1},每次迭代只更新ρ_1^{k+1},S^{k+1}一次,Lin 等人证

明，这样的迭代仍能使得算法唯一地收敛到原问题的最优解（Lin et al，2010）。于是得到FP_ADMM算法步骤：

$$\begin{cases} \rho_1^{k+1} := \mathcal{D}_{\delta/\lambda}(\rho_1^k - \mathrm{mat}(\delta A^*[A \cdot \mathrm{vec}(\rho_1^k + S^k) - b + u^k])) & (9.17\mathrm{a}) \\ \rho^{k+1} := (\rho_1^{k+1} + (\rho_1^{k+1})^*)/2 & (9.17\mathrm{b}) \\ S^{k+1} := \mathcal{S}_{\delta/\lambda}(S^k - \mathrm{mat}(\delta A^*[A \cdot \mathrm{vec}(\rho^{k+1} + S^k) - b + u^k])) & (9.17\mathrm{c}) \\ u^{k+1} := u^k + A \cdot \mathrm{vec}(\rho^{k+1} + S^{k+1}) - b & (9.17\mathrm{d}) \end{cases}$$

另外，求解过程中有一个需要注意的技巧，观察式(9.17a)中的 $\rho_1^k - \mathrm{mat}(\delta A^*[A \cdot \mathrm{vec}(\rho_1^k + S^k) - b + u^k])$ 部分，其中运算顺序是至关重要的，利用括号优先计算 $A \cdot \mathrm{vec}(\rho_1^k + S^k) - b + u^k$ 得到一个 $m \times 1$ 的向量，再和 A^* 相乘，由于 $A^* \in \mathbf{C}^{d^2 \times m}$，此时计算复杂度为 $O(md^2)$；如果将式(9.17a)展开并合并同类项得到 $\rho_1^{k+1} := \mathcal{D}_{\delta/\lambda} \cdot \mathrm{mat}((I - \delta A^* A)\mathrm{vec}(\rho^k) + \delta A^*(b - A \cdot \mathrm{vec}(S^k) - u^k))$，运算中涉及 $I - \delta A^* A$ 的计算，计算复杂度为 $O(md^4)$，不仅计算量增加，而且计算机需要同时存储两个 $d^2 \times d^2$ 的矩阵 I 和 $\delta A^* A$，当 $d = 2^8$ 时，需要的临时存储空间为 128 G（假设每个浮点数占 8 个字节），一般的计算机无法满足内存需求。式(9.17c)的运算顺序也起到了降低运算复杂度、节省存储空间的作用。

9.1.3 系统仿真实验及其结果分析

为了考察 FP_ADMM 算法，以及测量比率对状态估计性能的影响，我们设计了三组实验，分别在测量比率 η 为 0.1 到 0.4，增加幅度为 0.05 情况下的归一化状态重构误差的实验。

实验 1 分析观测矩阵的随机选取性对密度矩阵状态重构误差的影响，其中采用的 FP_ADMM 算法在同一个测量比率下迭代次数固定为 30 次。

实验 2 为同一个观测矩阵，其迭代次数从 30 次减少为 10，每次减少 5 次迭代情况下状态重构的实验，通过分析希望能够找到保证重构正确率的尽量少的迭代次数。实验 1 和实验 2 是在量子比特位分别为 5，6，7 时进行的实验。

实验 3 将实验 1 和实验 2 的结论应用在量子比特位 n 为 8 的密度矩阵重构中，并在超级计算机中完成实验。实验采用考虑带有干扰 S 的 FP_ADMM 算法式(9.17)进行量子态估计，设置外部干扰的个数为矩阵元素个数的 10%，即 $0.1d^2$ 个干扰，设置干扰幅度为 1%。实验中拉格朗日乘子 λ 取固定值 0.5，近邻算子步长 δ 取固定值 1。实验中，我们选的估计误差公式 $\|b - A \cdot \mathrm{vec}(\rho^k + S^k)\|_2^2 / \|b\|_2^2 = \varepsilon_1$ 作为测试的性能指标，当误差 $\varepsilon_1 < 10^{-7}$，或迭代次数 k 大于事先设定最大迭代次数 $k_{\max}$ 时停止迭代。

9.1.3.1 观测矩阵的随机选取性对密度矩阵重构误差的影响

在密度矩阵重构过程中，观测矩阵 A 是从 $d^2 \times d^2$ 的泡利矩阵中随机挑选 m 行构成的，为了考察这种随机选取性对密度矩阵重构误差的影响，实验中，我们对同一个密度矩阵，用三个随机生成的观测矩阵 A 进行三次重构，并将三次误差取平均值与各次的误差进行比较。

实验在量子比特位在 $n=5$ 时，在每种测量比率下，测量并重构三次，每次算法重构迭代 30 次；在 $n=6$ 和 7 时，只给出误差平均值，实验结果如图 9.1 所示，其中，横坐标为测量比率 η，纵坐标为归一化状态重构误差；实线代表 $n=5$ 时的 3 次重构值，虚线为平均值；圆圈为 $n=5$ 时的结果，五角星为 $n=6$ 时的平均值，加号为 $n=7$ 时的平均值。

从图 9.1 中可以看出：当 $n=5$ 时，采样比率为 0.1 时，三次实验状态重构正确率分别为 77.84%，72.75%，63.54%，平均值为 71.38%。与平均值相比，最大相差 7.84%；采样比率为 0.25 时，三次实验状态重构正确率分别为 99.55%，98.58%，99.70%，平均值为 99.28%，与平均值相比，最大相差 0.7%；在 $n=6$，采样比率为 0.1 时，三次结果与平均值相比最大相差 1.39%；采样率为 0.25 时，最大相差 0.17%；在 $n=7$，采样比率为 0.1 时，三次结果与平均值相比最大相差 2.34%；采样率为 0.25 时，最大相差 0.07%。由此可以得出结论：随着测量比率的增加，归一化状态重构误差减小；当测量比率大于或等于 0.25 时，归一化状态重构误差趋于稳定，测量矩阵的随机性对重构误差的影响可以忽略不计。所以，针对某一个采样率，不需要三次求平均可以只进行一次重构。这样可以大大节省计算时间。

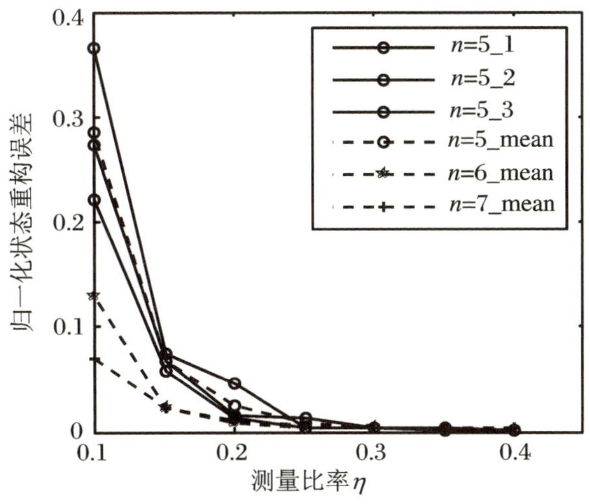

图 9.1 随机选取观测矩阵对密度矩阵重构误差的影响

9.1.3.2 减少迭代次数对密度矩阵重构误差的影响

实验 1 中设置迭代次数为 30 次，当测量比率大于等于 0.25 时，得到了较高的状态重构正确率，本实验考虑能否在保证正确率的前提下，减少迭代次数以便能够进一步缩短算法的运行时间。

图 9.2 分别为 $n=5,6$ 和 7，迭代次数分别为 30，5，10，一次重构实验结果，其中圆圈表示迭代 30 次，叉号表示迭代 25 次，加号表示迭代 20 次，三角号表示迭代 15 次，星号表

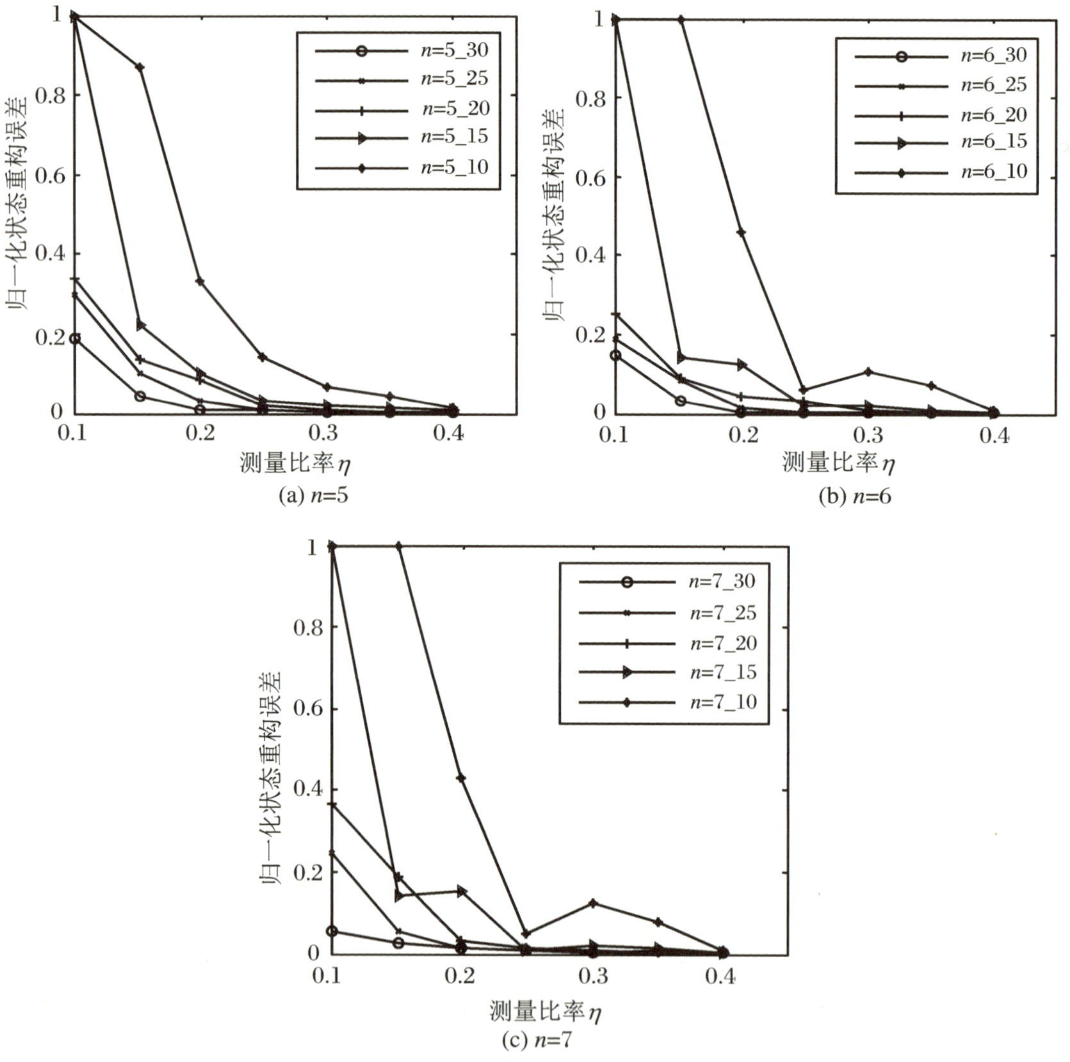

图 9.2 减少迭代次数对密度矩阵重构误差的影响

示迭代 10 次。从图 9.2 中可以看出：当测量比率为 0.25 时，$n=5,6,7$，迭代 30 次时，状态重构正确率分别为 99.37%，99.47%，99.28%；迭代 15 次时，状态重构正确率分别为 97.06%，97.97%，98.93%。随着迭代次数的减少，重构效果变差，但是当采样率大于等于 0.25，迭代次数大于等于 15 次时，重构效果趋于稳定。因此可以得出结论：采样比率大于等于 0.25，迭代次数大于等于 15 次时，FP_ADMM 可以有大于 97%的正确率重构状态密度矩阵。

9.1.3.3 不同量子比特位下状态重构误差对比

实验 1 表明对每个采样率下，可以只进行一次重构；实验 2 表明每次重构迭代次数可以下降到 15 次。本实验中，我们将这两个结论应用到量子位 $n=8$ 的密度矩阵重构中，并同时与 $n=5,6,7$ 在相同情况下进行性能对比实验。

考虑到 $n=8$ 时，泡利矩阵为 $d^2 \times d^2$，即 65536×65536 的复数矩阵，观测矩阵 A 为 $m \times d^2$，当测量比率为 0.4 时，A 为 26214×65536 的复数矩阵，假设每个浮点数占八个字节，则泡利矩阵和观测矩阵共需要 89.6 G 的内存，计算过程中还涉及临时变量的存储，这项工作在一个内存为 16 G 的工作站上都难以完成。我们选用超级计算机来完成这一工作，其型号为浪潮 TS 805，Intel Xeon E7-8837 CPU，64 核，主频 2.66 GHz，内存 256 G。不同量子比特位下密度矩阵重构误差如图 9.3 所示，其中星号表示 $n=5$，加号表示 $n=6$，三角号表示 $n=7$，圆圈表示表示 $n=8$。

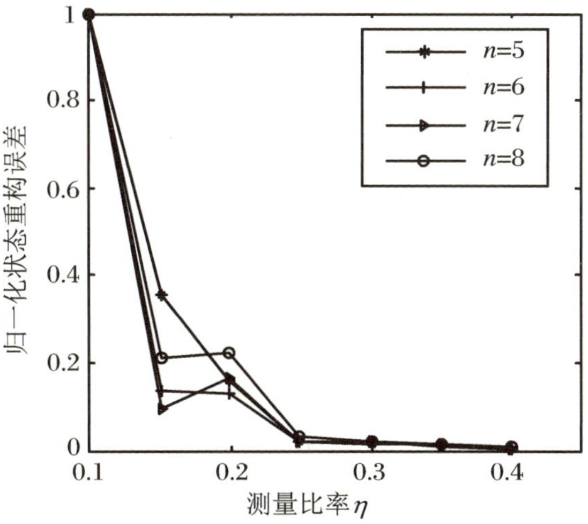

图 9.3　不同量子比特位下密度矩阵重构误差

从图 9.3 中可以看出：测量比率为 0.25 时，$n=5,6,7,8$，状态重构正确率分别为

97.83%,97.86%,98.16%,97.06%。测量比率超过 0.25 时,不同量子比特位下状态重构误差趋于稳定。在量子位分别为 $n=5,6,7,8$ 下完成密度矩阵重构实验所需的时间分别为 4.20 s,24.10 s,337.09 s,6521.52 s。

本节研究了结合不动点方程的改进 FP_ADMM 算法在量子态估计问题的应用。该算法在采样比率大于等于 0.25 时重构的正确率为 97.06%,CPU 耗时 6521.52 s,可以忽略随机性的影响,迭代 15 次就可以正确重构出密度矩阵。

9.2 基于压缩感知的量子状态估计算法的性能对比

基于压缩感知(Donoho,2006)的量子层析算法(Heinosaari et al.,2013)融合了控制理论和信号处理两方面内容,一经提出就引起国际学者的广泛关注(Banaszek et al.,2013)。最初量子状态估计与医学中的 X 射线层析类似,因此常将量子状态估计或量子状态重构称为量子层析(Jelonek,et al.,1995)。由于表示量子状态的波函数不是真实的物理量,在宏观世界中无法通过直接测量来得到,必须通过对量子态的投影测量,来估计出表示量子状态概率的密度矩阵。所以,量子层析是一种基于概率统计的理论,是需要通过对大量测量数据求平均值来确定密度矩阵。

近几年的研究表明,基于压缩感知理论,通过将一个量子态的正交投影表示成具有低秩特性的压缩矩阵,可以减少测量次数,因而更加高效率地重构量子态(Flammia et al.,2012)。考虑纯态为待估计状态,纯态的密度矩阵为厄米矩阵,因此理论上只需要测量一半的值,这个先验信息使人们可以减少估计参数的个数。压缩感知理论可以将量子态正交投影的高维测量矩阵投影到维数很低的压缩矩阵上,只要测量矩阵满足限制等距条件(RIP)(Candes,2008),那么就可以用获得的低维压缩矩阵,对所待估计的密度矩阵进行重构。因此借助于压缩感知理论,可以通过进一步减少测量次数来减少估计状态的时间,更加有利于实时量子反馈系统的设计与实现。由于采用少量的测量次数,所以估计出的状态一定存在误差,为了获得最优估计精度,需要采用优化算法来使所估计的误差最小化,以此方式,量子态的估计问题转变成基于压缩感知的、带有估计误差约束条件的优化问题(Boyd,Vandenberghe,2004)。在量子状态估计算法研究中,Smith 等人总结了最小二乘法问题的估计(Smith et al.,2013),并通过现有的 MATLAB 优化工具箱解决了量子层析问题;Liu 采用了 Dantzig 算法并运用压缩感知方法对密度矩阵进行估计(Liu,2011);近些年交替方向乘子算法得到了学者的关注,该优化算法通过最小化密度矩阵核函数获得量子状态估计。

本节通过选择泡利矩阵为正交矩阵，对 6 个量子位的密度矩阵进行了基于压缩感知的从高维到低维的投影测量，并将基于压缩感知的量子态估计问题转变为带有估计误差约束条件的最优化问题，采用 ADMM 算法进行参数优化。分别针对外部有干扰和无干扰两种情况对密度矩阵进行参数估计，与 5 个量子位情况下的估计进行性能对比研究。

9.2.1 基于压缩感知的量子状态估计问题描述

压缩感知的核心思想是对可以低秩表示的原始信号进行随机投影获得观测值，利用信号的先验知识，采用优化方法对原始信号进行重构。在量子态估计中，原始信号为待估计密度矩阵 ρ，它可以表示为：$\rho = \sum_{i=1}^{d} p_i \mid \psi_i\rangle\langle\psi_i \mid$，$\rho \in \mathbf{C}^{d\times d}$，其中，$|\psi_i\rangle$ 为系统的波函数，p_i 表示波函数的概率，d 为密度矩阵的维数，$|\psi_i\rangle$ 的向量形式是：$\boldsymbol{\psi} = [\sqrt{p_1}\,|\psi_1\rangle, \sqrt{p_2}\,|\psi_2\rangle, \cdots, \sqrt{p_r}\,|\psi_d\rangle]$，与密度矩阵的关系为：$\rho = \psi \cdot \psi^*$。一个 n 量子位的量子系统与密度矩阵维数之间的关系为：$d = 2^n$。对量子态进行估计，首先需要选择一组正交基对状态进行投影，来获得测量矩阵 O^*。正交基的选择是不唯一的。当正交基选为泡利矩阵时，测量矩阵 O^* 为

$$O^* = \sum_{i1,\cdots,in=0}^{3} \sigma_{i1} \otimes \sigma_{i2} \otimes \cdots \otimes \sigma_{in} \tag{9.18}$$

其中，$\sigma_{i1}, \sigma_{i2}, \cdots, \sigma_{in}$ 的下标 in 分别取值 0，1，2，3。测量矩阵还可以表示为：$O^* = \{\phi_i\}_{i=1}^{d^2}$，其中，$\phi_i$ 为测量矩阵 O^* 的第 i 行的元素。基于压缩感知理论，采样矩阵 A 是通过从测量矩阵 O^* 中随机选择 $M(M \ll d^2)$ 行构成：$A = \{\phi_i\}_{i=1}^{M}$。采样矩阵 A 行数与测量矩阵 O^* 行数的比值为测量比率 η：

$$\eta = \frac{M}{d^2} \tag{9.19}$$

η 也称为压缩比，η 越小，表示压缩比越大，所需要测量次数越少。

基于压缩感知理论的测量过程为：密度矩阵 ρ 通过在所选择的正交基上的投影，获得测量矩阵 O^*；由测量矩阵中随机选择的 M 行构成采样矩阵 A，得到对应的测量值：$y = \{y_i\}_{i=1}^{M}$，计算出密度矩阵 ρ 与 A 的 M 个内积值：$y_i = \langle\hat{\rho}, \phi_i\rangle$，$i = 1, \cdots, M$，获得新的密度矩阵测量值 $y = (y_1, y_2, \cdots, y_M)$。由于测量过程为有限 M 次测量，所以存在估计误差 $e = y - A\hat{\rho}$。

对于一个 n 量子位的量子系统，密度矩阵 ρ 是一个 $d\times d=d^2$ 矩阵，换句话说，需要估计的密度矩阵元素的个数是 d^2。标准的量子层析所需要的测量矩阵 O^* 是一个 $d^2\times d^2$ 矩阵，随机选出的采样矩阵 A 是一个 $M\times d^2$ 矩阵，由于 $M\ll d^2$，对 d^2 元素进行估计用的采样矩阵所需要的测量次数要远远小于标准量子层析所需要的测量次数。虽然测量次数大减，但是，原来由 d^2 次测量所组成的 d^2 个线性方程，正好可以解出 d^2 个元素，变成了只有 M 个线性方程来解 d^2 个未知数，导致无数个解。压缩感知理论告诉我们：只要采样矩阵 A 满足等距限制条件(RIP)：

$$(1-\delta)\|\rho\|_F\leqslant\|A\hat{\rho}\|_2\leqslant(1+\delta)\|\rho\|_F \tag{9.20}$$

其中，$\delta\in(0,1)$是等距常数，$\|\cdot\|_F$ 为 Frobenius 范数，那么在允许估计误差存在的情况下，就可以通过求解满足带有误差约束条件的最优范数的问题来唯一地确定 d^2 个待估计的密度矩阵元素：

$$\begin{cases}\hat{\rho}=\arg\min\|\rho\|_*\\ \text{s.t.}\ \|y-A\hat{\rho}\|_2^2\leqslant\varepsilon\end{cases} \tag{9.21}$$

其中，$\|\cdot\|_*$ 为核范数，密度矩阵 ρ 的核范数表示为 $\|\rho\|_*=\mathrm{tr}(\sqrt{\rho^*\rho})=\sum_{i=1}^{\min\{m,n\}}\sigma_i$，$\arg\min\|\cdot\|_*$ 为核范数最小化，$\hat{\rho}$ 为估计密度矩阵，ε 为估计误差性能指标。测量值 y 可以表示为

$$y=A\cdot\mathrm{vec}(\hat{\rho})+e \tag{9.22}$$

其中，$\mathrm{vec}(\hat{\rho})$表示将 $\hat{\rho}$ 变成列向量，e 为状态估计误差。

根据所允许的误差值，测量次数还可以进一步地降低，压缩比 η 就是用来衡量所减少的测量次数的。比如，基于压缩感知理论对 6 个量子位的量子系统密度矩阵进行估计时，所需要的测量次数仅为：$M=\eta\cdot d^2=0.1\times4096\approx410$。很显然，测量次数越少，估计出的状态误差越大，所以，反过来促使人们来研究效率高和鲁棒性强的优化求解算法。

9.2.2 优化算法设计

在实际测量过程中，外部环境和测量仪器引入的噪声会对系统状态的测量造成干扰。ADMM 可以通过将带有外部干扰的密度矩阵拆分成多个子矩阵分别进行并行优化计算，来解决具有大量元素的矩阵优化问题，本小节我们考虑在有外部干扰的情况下，使用量子态密度矩阵估计中的 ADMM 的算法。

当存在外部干扰时，带有误差约束条件的最优范数的问题变为

$$\begin{cases}\hat{\rho} = \arg\min(\|\rho\|_* + \|S\|_1) \\ \text{s.t.} \|y - A \cdot \text{vec}(\hat{\rho} + S)\|_2^2 \leqslant \varepsilon\end{cases} \tag{9.23}$$

其中，$\varepsilon > 0$ 为估计误差的期望值，$S \in \mathbf{C}^{d\times d}$ 为直接加在密度矩阵 ρ 上的稀疏噪声矩阵，S 的维数与密度矩阵 ρ 相同。此时，系统测量值可以表示为

$$y = A \cdot \text{vec}(\hat{\rho} + S) + e \tag{9.24}$$

为了把带有误差约束条件的密度矩阵优化问题转变为无约束条件的优化问题，将式(9.23)写成拉格朗日形式

$$\begin{aligned} L_\lambda(\rho, S, u') = {} & \|\rho\|_* + \|S\|_1 + u'^{\mathrm{T}}(A \cdot \text{vec}(\rho) + A \cdot \text{vec}(S) - y) \\ & + \lambda \|A \cdot \text{vec}(\rho) + A \cdot \text{vec}(S) - y\|_2^2/2 \end{aligned}$$

令 $u = u'/\lambda$，上式化简为

$$L_\lambda(\rho, S, u) = \|\rho\|_* + \|S\|_1 + \lambda \|A \cdot \text{vec}(\rho) + A \cdot \text{vec}(S) - y + u\|_2^2/2 \tag{9.25}$$

此时求解带有误差约束条件的最优范数的问题(9.23)就等同于求解式(9.25)的最优化问题。根据 ADMM 算法，通过优化求解的推导，可以得到对式(9.25)中密度矩阵 ρ 估计的迭代公式：第 $k+1$ 次密度矩阵的估计值 $\hat{\rho}^{k+1}$ 的迭代公式为

$$\hat{\rho}^{k+1} = \text{mat}((A^* A)^{-1} A^* (y - u^k - A \cdot \text{vec}(S^k))) \tag{9.26}$$

其中，mat(·)表示将向量表示成矩阵，S^k 为第 k 步噪声矩阵，是由第 k 次密度矩阵的估计值 $\hat{\rho}^k$ 和第 $k-1$ 次的估计误差 u^{k-1} 以及采样矩阵 A 共同构成：

$$S^k = \text{mat}((A^* A)^{-1} A^* (y - u^{k-1} - A \cdot \text{vec}(\hat{\rho}^k))) \tag{9.27}$$

u^k 由第 $k-1$ 次的估计误差 u^{k-1}、第 k 次密度矩阵的估计值 $\hat{\rho}^k$，以及第 k 次 S^k 构成：

$$u^k = u^{k-1} + \lambda(y - A \cdot \text{vec}(\hat{\rho}^k) - A \cdot \text{vec}(S^k)) \tag{9.28}$$

通过循环迭代以上三个步骤，就可以对密度矩阵的估计值进行迭代求解。

实验中式(9.24)的状态估计误差 e 一般采用归一化形式：

$$\text{error} = \frac{\|\rho^* - \hat{\rho}\|_2^2}{\|\rho^*\|_2^2} \tag{9.29}$$

其中，$\|\cdot\|_2$ 表示对矩阵求二范数，ρ^* 为实验中随机产生的一个作为真实的密度矩阵。

将真实密度矩阵 ρ^* 与估计密度矩阵 $\hat{\rho}$ 之差归一化，令归一化误差 error 为状态估计误差 e，作为实验中衡量系统状态估计的性能指标之一。实验中 ρ^* 由纯态 ψ 归一化后为

$$\rho^* = \frac{\psi \cdot \psi^*}{\mathrm{tr}(\psi \cdot \psi^*)} \tag{9.30}$$

9.2.3 系统状态估计实验

量子系统每增加一个量子位，需要估计的密度矩阵元素的数目以及测量次数都会以指数形式增长，如当量子位 $n=5$ 时，密度矩阵 $\rho \in \mathbf{C}^{d\times d}$ 具有的元素个数为 $d\times d=2^5\cdot 2^5=1024$ 个，测量矩阵 $O^*\in \mathbf{C}^{d^2\times d^2}$ 含有元素 $d^2\times d^2=1024\cdot 1024\approx 1.05\times 10^6$ 个，需要测量的次数为数十万数量级；只增加一个量子位，即 $n=6$ 时，密度矩阵 ρ 包含的元素个数为 $d\times d=2^6\cdot 2^6=4096$ 个，测量矩阵 O^* 的元素个数为 $d^2\times d^2=4096\cdot 4096\approx 1.68\times 10^7$ 个，需要测量的次数为百万数量级。所以基于压缩感知的量子态估计具有非常好的优越性，而且这种优势随着量子位数目的增长、复杂性的增加而显得更加突出。

本小节中我们做了两组不同的实验来分别考察 ADMM 算法的优越性和鲁棒性，以及压缩感知在高量子位下的优越性，实验中，测量比率在 $\eta=0.1$ 到 $\eta=0.5$ 之间变化，变化率 $\Delta\eta=0.05$。

9.2.3.1 无干扰和有干扰情况下状态估计及其性能对比分析

为了考察 ADMM 算法的优越性，我们同时采用 LS 和 Dantzig 两种优化算作为性能对比实验。分别在有无干扰的情况下，对 $n=6$ 的量子系统进行状态估计。由于算法收敛速度的差异，实验迭代中 ADMM、LS 和 Dantzig 三种算法的迭代停止误差条件分别设置为 $\varepsilon_3=10^{-6}$，$\varepsilon_1=0.001$ 和 $\varepsilon_2=0.001$。在验证 ADMM 算法的鲁棒性能中，为了保证满足密度矩阵估计误差的要求，所添加的环境噪声的外部干扰个数和幅值均为密度矩阵元素 10% 的环境噪声 S，个数 $S_{\mathrm{number}}=10\%\times 4^6\approx 41$，幅值大小 $S_{\mathrm{size}}=\pm 0.01$ 范围内的随机值。

三种算法的状态估计归一化误差结果如图 9.4 所示，其中，实线和虚线分别表示无外部干扰和有外部干扰情况；蓝色圆点、红色菱形和黑色星形分别表示 LS、Dantzig 和 ADMM 三种算法；横坐标为系统测量比率 η，纵坐标为归一化后系统估计误差 error。三

种算法在不同测量比率 η 下的归一化估计误差值如表 9.1 所示。

从图 9.4 和表 9.1 中可以看出：

(1) 随着测量比率从 $\eta=0.1$ 增加到 $\eta=0.5$ 时，三种算法对系统估计误差均不断下降。

(2) 无干扰情况下，ADMM 算法误差从 0.0852 下降到 1.46×10^{-6}，当 $\eta=0.5$ 时，估计精度达到 99.9999%，而 LS 算法和 Dantzig 算法误差分别为 0.4776 和 0.0036，估计精度只有 52.24% 和 99.64%。

(3) 有外部干扰情况下，ADMM 算法误差从 0.6576 下降到 0.0695，当 $\eta=0.5$ 时，估计精度达到 93.05%；而 Dantzig 算法在 $\eta<0.5$ 时完全失效；LS 算法在 $0.1<\eta<0.3$ 时，估计误差在 1～0.6869 之间，当 $\eta=0.5$ 时估计精度达到 48.14%，LS 算法在测量比率 η 太小时失去作用，无法准确估计密度矩阵。

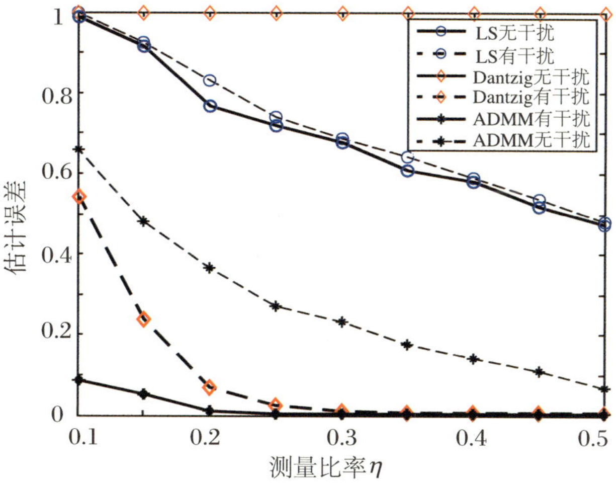

图 9.4　三种算法在无干扰和有干扰情况下的实验结果

表 9.1　三种算法系统状态估计归一化误差实验结果

算法 \ η		0.1	0.15	0.2	0.25	0.3	0.35	0.4	0.45	0.5
LS 算法	无干扰	1	0.9257	0.7758	0.7244	0.6831	0.6126	0.5866	0.5211	0.4776
	有干扰	1	0.9250	0.8298	0.7409	0.6869	0.6432	0.5908	0.5362	0.4814
Dantzig 算法	无干扰	0.5467	0.2397	0.0690	0.0227	0.0096	0.0058	0.0056	0.0043	0.0036
	有干扰	1	1	1	1	1	1	1	1	1
ADMM 算法	无干扰	0.0852	0.0502	0.0087	0.0018	0.0016	0.0003	5.14×10^{-5}	2.38×10^{-6}	1.46×10^{-6}
	有干扰	0.6576	0.4808	0.3640	0.2700	0.2335	0.1752	0.1401	0.1098	0.0695

由此可以看出，不论外部有无干扰，ADMM 算法对密度矩阵的估计效果都是最好的，且测量比率 η 越高，估计误差越小，估计精度越高。

为了进一步研究 ADMM 算法效率，我们分别比较三种算法在不同测量比率下运行时间，其中 CPU 每次迭代时间和 CPU 总的运行时间结果如表 9.2 所示，从中可以看出：

(1) 随着测量比率 η 逐渐升高，三种算法 CPU 每次迭代运算、总运行时间均逐渐增加；

(2) 系统增加外部干扰后，CPU 每次迭代运算的时间比无干扰时少量增加；

(3) ADMM 算法 CPU 每次迭代时间和 CPU 总运算时间均比 Dantzig 算法短；而 LS 算法虽然迭代时间短，但是对密度矩阵的估计精度低，运算时间短是以牺牲精度为代价的。

表 9.2　不同测量比率下三种算法在迭代时间(s)

三种算法		LS 算法			Dantzig 算法			ADMM 算法		
测量比率 η		0.1	0.3	0.5	0.1	0.3	0.5	0.1	0.3	0.5
CPU 每次迭代时间	无干扰	0.06	0.07	0.08	10.26	16.64	26.82	5.64	7.13	13.12
	有干扰	0.07	0.08	0.09	10.39	18.01	21.78	6.42	10.98	13.34
CPU 总运行时间	无干扰	0.48	0.56	0.67	184.83	249.60	429.09	169.11	214.01	393.85
	有干扰	0.56	0.62	0.68	197.57	342.04	435.56	192.55	329.36	400.21

由此可以看出：ADMM 算法运算效率在三种算法中最高，且运算时间短。

9.2.3.2　不同量子位情况下的状态估计及其性能结果分析

为了验证 ADMM 算法在量子位越大时估计精度越高，在量子位分别取 $n=5$ 和 $n=6$ 的情况下，对 ADMM 算法与 LS 和 Dantzig 算法的状态估计性能进行实验的对比研究。在无干扰和有干扰情况下，三种算法在两种不同量子位情况下的归一化估计误差分别如图 9.5 和图 9.6 所示，其中，虚线和实线分别表示量子位 $n=5$ 和 $n=6$；圆点、菱形和星形分别表示 LS、Dantzig 和 ADMM 三种算法。

从图 9.5 中可以看出：在无干扰情况下，量子位从 $n=5$ 增加到 $n=6$，三种算法估计误差均有所下降。当测量比率 $\eta=0.3$ 时，ADMM 算法估计误差降低了 $\Delta\mathrm{error}_{\mathrm{ADMM5-6}}=0.0021-0.0015=0.0006$。由此可知，三种算法在无干扰时量子位 $n=6$ 下的估计误差比 $n=5$ 小，且 ADMM 算法在量子位 $n=6$ 时，误差随着测量比率的增加，快速减小，在测量比率 $\eta=0.2$ 时，已经接近于 0，这是三种算法中最快的，在测量比率 $\eta=0.5$ 时，估计误差达到 0.0015。

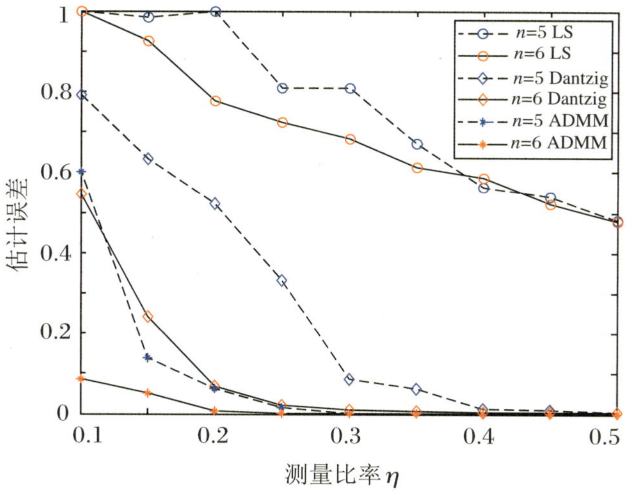

图 9.5　无干扰情况下三种算法对不同量子位估计实验结果

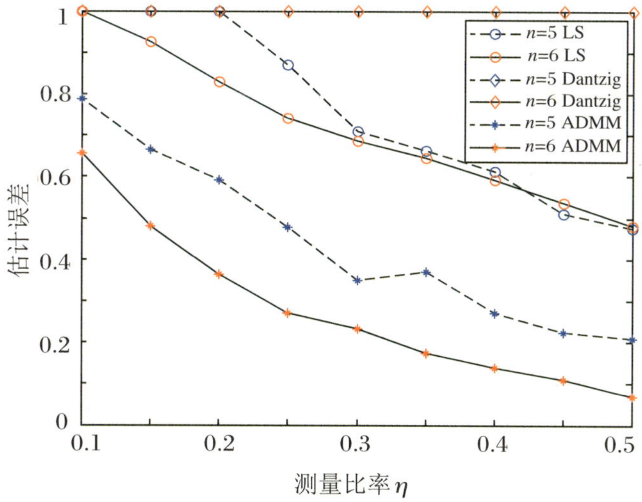

图 9.6　有干扰情况下三种算法对两种不同量子位估计实验结果

从图 9.6 中可以看出：外部有干扰时，量子位从 $n=5$ 增加到 $n=6$，Dantzig 算法误差始终为 1，不能估计密度矩阵；LS 算法估计误差虽然有所下降，但是在测量比率为 0.1～0.2 之间时存在的估计误差极大：几乎是 100%的错误；在 0.3～0.5 的测量比率下，对 $n=5$ 和 $n=6$ 的状态估计误差几乎没有差别。而采用 ADMM 算法估计状态时，不论测量比率为多大，对 $n=6$ 的状态估计误差始终比 $n=5$ 情况下的误差要小得多，具有明显的下降。由此可见，借助于压缩感知理论，可以通过高效的压缩比来极大地减少需要测量的次数;另一方面,在相同的压缩比下,随着量子位 n 增加,基于压缩感知理论的估计方法呈现出更高的估计精度。

本节基于压缩感知理论对量子系统状态进行估计,采用 ADMM 算法对系统密度矩阵进行优化重构的最小化状态估计误差,并与最小二乘法和 Dantzig 算法的性能进行对比。通过对量子位 $n=5$ 和 $n=6$ 密度矩阵估计的实验结果表明:基于压缩感知的量子层析 ADMM 算法在估计高维密度矩阵时,能够获得更小估计误差,在状态估计上具有优越性。

9.3 量子状态滤波器

本节主要研究同时考虑状态本身含有稀疏干扰和测量过程含有高斯噪声时,基于压缩感知的量子状态滤波问题,将该问题转化为关于密度矩阵的核范数、稀疏干扰的 ℓ_1 范数、高斯噪声的 ℓ_2 范数,并且带有量子态约束的多目标凸优化问题,基于 proximal Jacobian ADMM(简称 PJ-ADMM)算法提出量子状态滤波器,估计出稀疏干扰和高斯噪声以便滤除状态和测量干扰,从而实现密度矩阵的精确重构,对所提滤波器的收敛性进行严格证明。

9.3.1 问题描述

在实际量子状态测量中,对于量子状态本身的稀疏干扰和测量过程中的高斯噪声同时存在的情况,假设噪声为高斯噪声,忽略任何一种干扰,都将影响量子状态密度矩阵的估计精度。我们受控制理论中滤波器启发,设计出一种同时估计量子态、状态干扰,以及测量噪声的量子状态滤波算法,实现密度矩阵的精确重构。

由于目标变量有三个,单独采用 ADMM 算法比较难保证算法的收敛性,因此在量子态密度矩阵的应用中,我们引入 PJ-ADMM 算法:通过给每个子问题添加邻近项来保证其收敛性,提供了一种求解三个目标变量凸优化问题的新思路。值得注意的是,无论是 ADMM 还是 PJ-ADMM 都是一种计算框架,其思路是将大的全局问题分解为较小和较容易求解的几个子问题,并通过协调子问题的解来得到全局问题的解。每一个子问题如何有效求解,需要根据子问题具体形式来确定。由于所引入的 PJ-ADMM 算法是应用于含有噪声干扰的量子状态滤波器中，我们也将所提算法称为量子态滤波(quantum state filter，QSF)QSF-ADMM 算法。

量子状态的滤波问题可描述为从含有高斯噪声 $e\in\mathbf{R}^m$ 的 m 个线性测量结果 b 中，重构出 $d\times d$ 的低秩密度矩阵 ρ，并且该密度矩阵中含有稀疏干扰 $S\in\mathbf{R}^{d\times d}$。

定义线性操作算符：$\mathcal{A}:\mathbf{C}^{d\times d}\to\mathbf{C}^m$，则测量公式写为

$$b=\mathcal{A}(\rho+S)+e \tag{9.31}$$

待估计的低秩密度矩阵 ρ、稀疏干扰 S、高斯噪声 e 均耦合在测量结果 b 中。同时除了干扰和噪声影响之外，由于只获得了 $m\ll d^2$ 个线性测量值，所以 b 的信息也是不完全的。另外，密度矩阵 ρ 必须满足量子态约束。

我们把量子状态的滤波问题转化为一个多目标凸优化问题：

$$\begin{cases}\min\|\rho\|_*+\gamma\|S\|_1+(\theta/2)\|e\|_2^2\\ \text{s.t. }\mathcal{A}(\rho+S)+e=b\\ \rho\in\mathbf{C}\end{cases} \tag{9.32}$$

其中，$\gamma>0$ 和 $\theta>0$ 为正则化参数，ρ 为待估计密度矩阵，$\|\cdot\|_*$ 为核范数，定义 $\|\rho\|_*=\sum s_i$，s_i 为矩阵奇异值。$\|\cdot\|_1$ 为 ℓ_1 范数，$\|\cdot\|_2$ 为 ℓ_2 范数，量子态约束 $\mathbf{C}:=\{\rho\geqslant0,\operatorname{tr}(\rho)=1,\rho^\dagger=\rho\}$ 为凸集，$\rho^\dagger$ 为 ρ 的共轭转置，$\rho\in\mathbf{C}$ 表示满足量子态约束。

在式(9.32)中，通过最小化 $\|\rho\|_*$ 和 $\|S\|_1$ 使密度矩阵低秩且干扰 S 稀疏，最小化 $\|e\|_2^2$ 范数为消除高斯噪声的常用方法。若不考虑稀疏干扰 S，则问题(9.32)就退化为仅考虑测量高斯噪声的量子态估计问题，若不考虑高斯噪声 e，则问题(9.32)就退化为仅考虑状态干扰的量子态估计问题。

求解问题(9.32)是具有挑战性的，因为三个变量低秩密度矩阵 ρ，稀疏干扰 S 和高斯噪声 e，耦合在目标函数 $\|\rho\|_*+\gamma\|S\|_1+(\theta/2)\|e\|_2^2$ 和测量约束 $b=\mathcal{A}(\rho+S)+e$ 中。另外，密度矩阵 ρ 必须满足量子态约束，这使得问题求解变得更为复杂。我们将提出一种高效的并且严格证明收敛性的量子状态滤波器，该滤波器可以在迭代估计出密度矩阵 ρ 的同时，滤除稀疏干扰 S 和高斯噪声 e。

9.3.2 滤波器设计思路

我们所提出的量子状态滤波器工作流程如图 9.7 所示，其中，k 为迭代次数，q^{-1} 为一步延迟。图 9.7 的顶部描述了测量(measurement)过程为式(9.31)。系统密度矩阵 ρ

受到稀疏矩阵 S 的干扰并通过测量模块得到 $\mathcal{A}(\rho+S)$，然后，高斯噪声 e 叠加到结果中，产生测量矢量 $b=\mathcal{A}(\rho+S)+e$。量子状态滤波器将从被两种干扰影响的测量值 b 中估计出量子状态 ρ^{k+1}，同时滤除稀疏干扰 S 和高斯噪声 e。

在所提出的量子状态滤波器的第 $k+1$ 次迭代中，来自前一次迭代的输出 ρ^k，S^k，e^k，被分别输入到所设计出的 ρ，S 和 e 的线性算符(linear operator)模块中，分别获得中间值 $\tilde{\rho}^k$，$\tilde{S}^k$，$\tilde{e}^k$。然后，$\tilde{\rho}^k$ 被输入到投影算子(projection operator)中；投影算子将 $\tilde{\rho}^k$ 投影到量子态约束集 $\mathbf{C}$ 内，这样输出 ρ^{k+1} 是正半定和迹为 1 的厄米矩阵。与此同时，$\tilde{S}^k$ 被输入到软阈值收缩模块(soft thresholding operator)中，以便获得稀疏输出 S^{k+1}。噪声 $\tilde{e}^k$ 直接等于新的高斯噪声的估计值 e^{k+1}。

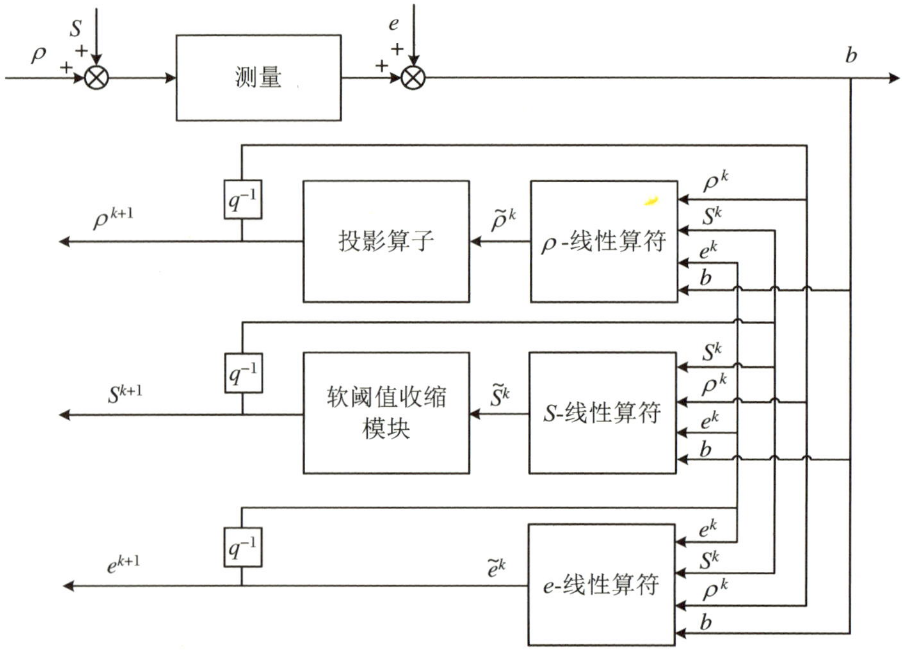

图 9.7　量子状态滤波器工作流程

随着迭代次数的增加，量子态滤波器逐渐地从测量矢量 b 中消除高斯噪声 e，并且将稀疏信号 S 和密度矩阵 ρ 分离，从而实现量子状态估计。

9.3.3　滤波器算法设计

首先通过引入拉格朗日函数，从而将其转化为具有可分结构和无约束的凸优化问

题。式(9.32)的部分增广拉格朗日函数为

$$L_{\alpha}=\|\rho\|_{*}+\gamma\|S\|_{1}+\frac{\theta}{2}\|e\|_{2}^{2}-\langle y,\mathcal{A}(\rho+S)+e-b\rangle$$
$$+\frac{\alpha}{2}\|\mathcal{A}(\rho+S)+e-b\|_{2}^{2},\quad \rho\in\mathbf{C}\tag{9.33}$$

其中,$\alpha>0$ 为惩罚参数,$y\in\mathbf{R}^{m}$ 为拉格朗日乘子。

需要强调的是,拉格朗日乘子 y 一定是实数向量,因为在每次优化迭代过程中密度矩阵都是满足量子态约束的,所以 $\mathcal{A}(\rho)$一定为实数向量,进一步可知 $\mathcal{A}(\rho+S)+e-b$ 为实数向量。

在第 $k+1$ 次迭代中,我们采用 PJ-ADMM 算法并行地更新原始变量 ρ,S 和 e,然后更新对偶变量 y。具体来说,对于某个原始变量,我们固定其余原始变量,并且最小化部分拉格朗日函数与邻近项之和。更新完所有原始变量后,采用梯度上升法更新对偶变量 y。所以,量子状态滤波问题为

$$\begin{cases}\rho^{k+1}=\arg\min\limits_{\rho\in\mathbf{C}}\Big\{\|\rho\|_{*}+\langle y^{k},\mathcal{A}(\rho+S^{k})+e^{k}-b\rangle \\ \qquad+\dfrac{\alpha}{2}\|\mathcal{A}(\rho+S^{k})+e^{k}-b\|_{2}^{2}+\dfrac{1}{2}\|\rho-\rho^{k}\|_{P_1}^{2}\Big\} & (9.34\text{a})\\ S^{k+1}=\arg\min\limits_{S}\Big\{\gamma\|S\|_{1}+\langle y^{k},\mathcal{A}(\rho^{k}+S)+e^{k}-b\rangle \\ \qquad+\dfrac{\alpha}{2}\|\mathcal{A}(\rho+S^{k})+e^{k}-b\|_{2}^{2}+\dfrac{1}{2}\|S-S^{k}\|_{P_2}^{2}\Big\} & (9.34\text{b})\\ e^{k+1}=\arg\min\limits_{e}\Big\{\dfrac{\theta}{2}\|e\|_{2}^{2}+\langle y^{k},\mathcal{A}(\rho^{k}+S^{k})+e-b\rangle \\ \qquad+\dfrac{\alpha}{2}\|\mathcal{A}(\rho^{k}+S^{k})+e^{k}-b\|_{2}^{2}+\dfrac{1}{2}\|e-e^{k}\|_{P_3}^{2}\Big\} & (9.34\text{c})\\ y^{k+1}=y^{k}-\kappa\alpha[\mathcal{A}(\rho^{k+1}+S^{k+1})+e^{k+1}-b] & (9.34\text{d})\end{cases}$$

其中,$\frac{1}{2}\|\rho-\rho^{k}\|_{P_1}^{2}$,$\frac{1}{2}\|S-S^{k}\|_{P_2}^{2}$ 和 $\frac{1}{2}\|e-e^{k}\|_{P_3}^{2}$ 分别为在每个子问题后附加的邻近项,$\kappa>0$ 为调节拉格朗日乘子更新步长的参数。通过调节 κ,可以选择合适的对偶更新步长,获得更快的收敛速度。

为保证收敛性并获得较低计算复杂度的显示解,我们对式(9.34)进行如下数学上的处理:

(1) 对于 ρ 相关子问题(9.34a),求解难度主要来自二次项 $(\alpha/2)\rho^{\dagger}\mathcal{A}^{\dagger}\rho$。我们通过令 $P_1=\tau_1 \boldsymbol{I}-\alpha\mathcal{A}^{\dagger}\mathcal{A}$,其中,$\tau_1>0$,来抵消了(9.34a)中的项 $(\alpha/2)\rho^{\dagger}\mathcal{A}^{\dagger}\rho$,同时加入 $(\tau_1/2)\rho^{\dagger}\rho$。

9

(2) 对于 S 相关子问题(9.34b),我们令 $P_2=\tau_2 \boldsymbol{I}-\alpha \mathcal{A}^{\dagger} \mathcal{A}$,其中,$\tau_2>0$,来获得显示解。

(3) 对于 e 相关子问题 (9.34c),该问题具有显示解,因此我们令 $P_3=\tau_3 \boldsymbol{I}$,其中,$\tau_3>0$。

因此,为保证收敛性并获得较低计算复杂度的显示解,分别选择:

$$\begin{cases} P_1=\tau_1 \boldsymbol{I}-\alpha \mathcal{A}^{\dagger} \mathcal{A} \\ P_2=\tau_2 \boldsymbol{I}-\alpha \mathcal{A}^{\dagger} \mathcal{A} \\ P_3=\tau_3 \boldsymbol{I} \end{cases} \tag{9.35}$$

其中,$\tau_1>0, \tau_2>0, \tau_3>0$ 为梯度步长。

根据式(9.35)的设置,问题(9.34)可以改写为

$$\begin{cases} \rho^{k+1}=\arg \min\limits_{\rho \in \mathbf{C}}\left\{\|\rho\|_*+\dfrac{\alpha}{2}\left\|\mathcal{A}(\rho+S^k)+e^k-b-\dfrac{y^k}{\alpha}\right\|_2^2+\dfrac{1}{2}\|\rho-\rho^k\|_{P_1}^2\right\} \\ S^{k+1}=\arg \min\limits_S\left\{\gamma\|S\|_1+\dfrac{\alpha}{2}\left\|\mathcal{A}(\rho^k+S)+e^k-b-\dfrac{y^k}{\alpha}\right\|_2^2+\dfrac{1}{2}\|S-S^k\|_{P_2}^2\right\} \\ e^{k+1}=\arg \min\limits_e\left\{\dfrac{\theta}{2}\|e\|_2^2+\dfrac{\alpha}{2}\left\|\mathcal{A}(\rho^k+S^k)+e-b-\dfrac{y^k}{\alpha}\right\|_2^2+\dfrac{1}{2}\|e-e^k\|_{P_3}^2\right\} \\ y^{k+1}=y^k-\kappa \alpha\left[\mathcal{A}(\rho^{k+1}+S^{k+1})+e^{k+1}-b\right] \end{cases} \tag{9.36}$$

其中,$\dfrac{1}{2}\|\rho-\rho^k\|_{P_1}^2$,$\dfrac{1}{2}\|S-S^k\|_{P_2}^2$ 和 $\dfrac{1}{2}\|e-e^k\|_{P_3}^2$ 分别为在每个子问题后附加的邻近项,$\|\cdot\|_{P_i}^2$ 的定义为 $\|x_i\|_{P_i}^2=x_i^{\mathrm{T}} P_i x_i$,$P_i \geqslant 0$ 为邻近项参数,选择合适的邻近项参数,可以降低求解难度和计算复杂度。

对于 ρ 和 S 子问题,由于不存在闭式解,通过令 $P_1=\tau_1 \boldsymbol{I}-\alpha \mathcal{A}^{\dagger} \mathcal{A}$,$P_2=\tau_2 \boldsymbol{I}-\alpha \mathcal{A}^H \mathcal{A}$,可以抵消子问题中的二次项 $(\alpha/2) \rho^{\dagger} \mathcal{A}^{\dagger} \mathcal{A} \rho$,并通过加入 $\rho^H \rho$,来线性化惩罚项,使子问题存在闭式解。由于 e 子问题具有显示解,因而令 $P_3=\tau_3 \boldsymbol{I}$,$\tau_1>0, \tau_2>0, \tau_3>0$ 为梯度步长;$\kappa>0$ 为拉格朗日乘子可调步长参数。

根据上述 P_i 参数选取,式(9.36)可改写为

$$\begin{cases} \rho^{k+1}=\arg \min\limits_{\rho \in \mathbf{C}}\left\{\|\rho\|_*+\dfrac{\tau_1}{2}\|\rho-\tilde{\rho}^k\|_F^2\right\} \\ S^{k+1}=\arg \min\limits_S\left\{\gamma\|S\|_1+\dfrac{\tau_2}{2}\|S-\tilde{S}^k\|_F^2\right\} \\ e^{k+1}=\arg \min\limits_e\left\{\dfrac{\theta+\alpha+\tau_3}{2}\|e-\tilde{e}^k\|_2^2\right\} \\ y^{k+1}=y^k-\kappa \alpha\left[\mathcal{A}(\rho^{k+1}+S^{k+1})+e^{k+1}-b\right] \end{cases} \tag{9.37}$$

其中，$\|\cdot\|_F$ 为 Frobenius 范数，定义为：$Q\in \mathbf{C}^{m\times n}=q_{ij}$，$\|Q\|_F=\sqrt{\sum_{i=1}^{m}\sum_{j=1}^{n}(q_{ij})^2}$。

我们定义中间变量：

$$\tilde{\rho}^k := \rho^k - \left(\frac{\alpha}{\tau_1}\right)\mathcal{A}^{\dagger}\left(\mathcal{A}(\rho^k + S^k) + e^k - b - \frac{y^k}{\alpha}\right) \tag{9.38a}$$

$$\tilde{S}^k := S^k - \left(\frac{\alpha}{\tau_2}\right)\mathcal{A}^{\dagger}\left(\mathcal{A}(\rho^k + S^k) + e^k - b - \frac{y^k}{\alpha}\right) \tag{9.38b}$$

$$\tilde{e}^k := \frac{\tau_3 e^k - \alpha\left[\mathcal{A}(\rho^k + S^k) - b - \frac{y^k}{\alpha}\right]}{\theta + \alpha + \tau_3} \tag{9.38c}$$

下面分别讨论密度矩阵 ρ、稀疏干扰 S、高斯噪声 e 三个子问题的求解：

1. 对密度矩阵 $\boldsymbol{\rho}$ 子问题的求解

由量子态约束 $\rho\geqslant 0,\mathrm{tr}(\rho)=1,\rho^{\dagger}=\rho$，可得 $\|\rho\|_*=\mathrm{tr}(\rho)=1$。因此式(9.37)中的 ρ^{k+1} 子问题可被简化为一个半定规划问题(SDP)：

$$\begin{cases}\min\left\|\rho - \dfrac{\tilde{\rho}^k + (\tilde{\rho}^k)^{\dagger}}{2}\right\|_F^2 \\ \text{s.t.}\quad \rho\geqslant 0,\mathrm{tr}(\rho)=1\end{cases} \tag{9.39}$$

此式具有闭式解。

通过求解式(9.39)中的 $(\tilde{\rho}^k + (\tilde{\rho}^k)^{\dagger})/2$ 的特征值 $a_i, i=1,\cdots,d$，并对其分解可得 $V\mathrm{diag}\{a_i\}V^{\dagger}$，其中，$V\in\mathbf{C}^{d\times d}$ 为酉阵，特征值 a_i 按照降序排列，即 $a_1\geqslant a_2\geqslant\cdots\geqslant a_d$。此时式(9.39)的最优解为满足约束条件的特征值分解：

$$\rho^{k+1} = V\mathrm{diag}\{x_i\}V^{\dagger} \tag{9.40}$$

其中，$\{x_i, i=1,\cdots,d\}$ 为 ρ^{k+1} 的特征值，通过求解优化问题

$$\begin{cases}\min \dfrac{1}{2}\sum_{i=1}^{d}(x_i - a_i)^2 \\ \text{s.t.}\quad \sum_{i=1}^{d}x_i = 1, x_i\geqslant 0,\forall i\end{cases} \tag{9.41}$$

来获得 $x_i, i=1,\cdots,d$。

此优化问题的部分拉格朗日函数为

$$L(\{x_i\},\beta) := \frac{1}{2}\sum_{i=1}^{d}(x_i - a_i)^2 + \beta\left(\sum_{i=1}^{d}x_i - 1\right),\quad x_i\geqslant 0,\forall i \tag{9.42}$$

其中，$\beta\in\mathbf{R}$ 为拉格朗日乘子。

根据凸优化理论，如果 β 是最优拉格朗日乘子，则以 $\{x_i\}$ 为变量求 $L(\{x_i\},\beta)$，可化为

$$\begin{cases} \min \frac{1}{2}\sum_{i=1}^{d}(x_i - a_i + \beta)^2 \\ \text{s.t.} \quad x_i \geqslant 0, \forall i \end{cases} \tag{9.43}$$

求得最优解 $x_i = \max\{a_i - \beta, 0\}$，$\forall i$。

由于有迹为 1：$\sum_{i=1}^{d} x_i = 1, x_i > 0, \forall i$ 的约束，该约束等价于满足条件

$$\sum_{i=1}^{d} \max\{a_i - \beta, 0\} = 1 \tag{9.44}$$

可以根据约束(9.44)来求出 β：首先依次令 $\beta = a_t, t = 1, \cdots, d$，计算满足约束(9.44)的项数 t，由此确定 β 所属的最优区间为$[a_{t+1}, a_t]$；再根据 $\sum_{i=1}^{t}(a_i - \beta) = 1$ 可以求解出

$$\beta = \left(\sum_{i=1}^{t} a_i - 1\right)/t \tag{9.45}$$

最后，可以得到

$$\begin{cases} x_i = a_i - \beta, & \forall i \leqslant t \\ x_i = 0, & \forall i \geqslant t + 1 \end{cases} \tag{9.46}$$

2. 对稀疏矩阵 S 问题的求解

具有软阈值显示解

$$S^{k+1} = \text{shrink}_{\gamma/\tau_2}(S^k - \tilde{S}^k) \tag{9.47}$$

其中，$\text{shrink}_{\gamma/\tau_2}$ 是一个基于元素的软阈值收缩算符，即给定任何标量 s 有

$$\text{shrink}_{\gamma/\tau_2}(s) := \max\{|s - \gamma/\tau_2|, 0\}\text{sign}(s - \gamma/\tau_2)$$

3. 对高斯干扰 e

根据最优理论解得

$$e^{k+1} = \tilde{e}^k \tag{9.48}$$

为保证所提出的量子状态滤波算法的全局收敛性，梯度步长参数选取必须满足条件：

$$\begin{cases} \tau_1 > \dfrac{3\alpha}{2-\kappa} \\ \tau_2 > \dfrac{3\alpha}{2-\kappa} \\ \tau_3 > \alpha\left(\dfrac{3}{2-\kappa} - 1\right) \end{cases} \tag{9.49}$$

所提出的完整的 QSF-ADMM 算法求解过程如算法 9.1 所示。

算法 9.1 QSF-ADMM 算法

---

(1) 获取实验系统的输出信号 b，构造观测矩阵 $\mathcal{A}$；

(2) 初始化变量 $\rho^0=0, S^0=0, e^0=0, y^0=0$；选取参数 $\kappa>0, \gamma>0, \alpha>0, \theta>0$，以及满足式(9.49)的 τ_1, τ_2, τ_3；

(3) For $k=1,2,\cdots,N$, do；

(4) 根据式(9.38a)分别计算 $\widetilde{\rho}^k := \rho^k - (\alpha/\tau_1)\mathcal{A}^\dagger(\mathcal{A}(\rho^k+S^k)+e^k-b-y^k/\alpha)$；

(5) 计算$(\widetilde{\rho}^k+(\widetilde{\rho}^k)^\dagger)/2$ 的特征值 $a_i, i=1,\cdots,d$；并将特征值按照递减顺序分解到 $V\mathrm{diag}\{a_i\}V^\dagger$；

(6) 依次令 β 等于$a_1, a_2, \cdots$以确定 t 满足 $\sum\limits_{i=1}^{t}\max\{a_i-\beta, 0\}<1$ 和$\sum\limits_{i=1}^{t+1}\max\{a_i-\beta, 0\}>1$；根据式(9.45)和式(9.46)计算出 ρ^{k+1}的特征值$\{x_i, i=1,\cdots,d\}$；

(7) 计算 $\beta=(1/t)\sum\limits_{i=1}^{t}a_i$ 和$x_i=\max\{a_i-\beta, 0\}, \forall i$；

(8) 根据式(9.40)计算 $\rho^{k+1}=V\mathrm{diag}\{x_i\}V^\dagger$；

(9) 根据式(9.38b)计算 $\widetilde{S}^k := S^k-(\alpha/\tau_2)\mathcal{A}^\dagger(\mathcal{A}(\rho^k+S^k)+e^k-b-y^k/\alpha)$；

(10) 根据式(9.47)更新 $S^{k+1}=\mathrm{shrink}_{\gamma/\tau_2}(S^k-\widetilde{S}^k)$；

(11) 根据式(9.38c)计算 $\widetilde{e}^k := \dfrac{\tau_3 e^k-\alpha(\mathcal{A}(\rho^k+S^k)-b-y^k/\alpha)}{\theta+\alpha+\tau_3}$；

(12) 根据式(9.48)计算 $e^{k+1}=\widetilde{e}^k$；

(13) 更新 $y^{k+1}=y^k-\kappa\alpha(\mathcal{A}(\rho^{k+1}+S^{k+1})+e^{k+1}-b)$；

(14) End for

注意：所提算法可以并行求解 ρ, S 和e 相关子问题。最主要的计算量来自 $\widetilde{\rho}^k$ 和$\widetilde{S}^k$的计算，两者复杂度均为 $O(md^2)$。而 ρ 相关子问题中用到的特征值分解，复杂度为 $O(d^3)$，因为 $m=\eta d^2$，所以 $O(d^3)$复杂度小于 $O(md^2)=O(\eta d^4)$。

在量子状态滤波器问题(9.34)中，如果我们选择 $P_1=0$，$P_2=0$ 和 $P_3=0$，那么问题就会退化为传统的 Jacobian ADMM 算法(Eckstein，Bertsekas，1992)。不过，有研究表明(Chen et al.，2016)，一般情况下，当原始变量数目大于 2 时，传统的 ADMM 算法不能保证全局收敛性。在 9.3.4 小节中，我们将证明当 P_1，P_2 和 P_3 选择合适时，量子状态滤波器问题(9.34)可以保证收敛到问题(9.32)的全局最优解。

9.3.4 算法收敛性证明

本小节中，我们将给出量子态滤波器问题(9.34)的收敛条件，并且严格证明所提出的量子滤波器算法能够收敛到问题(9.32)的最优解。

为了简化符号，我们定义一个三元原始变量 $x^k:=(\rho^k,S^k,e^k)$ 和一个四元原始对偶变量 $u^k:=(\rho^k,S^k,e^k,y^k)$。证明的主要思想是：推导出 u^k 收敛于 $u^*:=(\rho^*,S^*,e^*,y^*)$，其中，$\rho^*$，$S^*$，$e^*$ 和 y^* 是问题(9.32)的原始对偶最优解。

为了表达方便，我们定义一个矩阵多元组：

$$G_x:=(P_1+\alpha\mathcal{A}^H\mathcal{A},P_2+\alpha\mathcal{A}^H\mathcal{A},P_3+\alpha I) \tag{9.50}$$

$$G:=(P_1+\alpha\mathcal{A}^H\mathcal{A},P_2+\alpha\mathcal{A}^H\mathcal{A},P_3+\alpha I,I/\alpha\kappa) \tag{9.51}$$

其中，I 为 $d\times d$ 单位矩阵，$\alpha>0$，$\kappa>0$，$P_1+\alpha\mathcal{A}^\dagger\mathcal{A}>0$，$P_2+\alpha\mathcal{A}^\dagger\mathcal{A}>0$，$P_3+\alpha I>0$，$\mathcal{A}^\dagger$ 为 $\mathcal{A}$ 的共轭转置。那么，G_x 和 G 中所有矩阵都是正定的，对于 四元组 $G=(H_1,H_2,H_3,H_4)$ 和 (ρ,S,e,y) 和 (ρ',S',e',y')，我们定义积运算：

$$G=(\rho,S,e,y)=(H_1\rho,H_2S,H_3e,H_4y) \tag{9.52}$$

内积运算：

$$\langle(\rho,S,e,y),(\rho',S',e',y')\rangle_G=\langle\rho,\rho'\rangle_{H_1}+\langle S,S'\rangle_{H_2}+\langle e,e'\rangle_{H_3}+\langle y,y'\rangle_{H_4} \tag{9.53}$$

因为 G_0，G_1 和 G_2 均为正定矩阵，所以我们可以定义范数为

$$\|(\rho,S,e,y)\|_G=\sqrt{\|\rho\|_{H_1}^2+\|S\|_{H_2}^2+\|e\|_{H_3}^2+\|y\|_{H_4}^2} \tag{9.54}$$

在证明过程中，我们将首先通过引理 9.1 中给出原始对偶解到最优解之间的距离 $\|u^k-u^*\|_{G_2}^2$ 的下界；然后，在引理 9.2 中，我们证明参数选择适当时可以保证这个距离的下降 $\|u^k-u^*\|_{G_2}^2-\|u^{k+1}-u^*\|_{G_2}^2$ 是充分大的；最后，在定理 9.1 中，我们证明原始对偶解的极限点是唯一的并且是最优的。

引理 9.1 对于量子状态滤波器问题(9.34),如果 $\alpha>0,\kappa>0,P_1+\alpha\mathcal{A}^{\dagger}\mathcal{A}>0,P_2+\alpha\mathcal{A}^{\dagger}\mathcal{A}>0,P_3+\alpha I>0$,那么,我们可以得到对于所有 $k\geqslant1$,存在

$$\|u^k-u^*\|_{G_2}^2-\|u^{k+1}-u^k\|_{G_2}^2\geqslant h(u^k,u^{k+1})\tag{9.55}$$

其中

$$\begin{aligned}h(u^k,u^{k+1})=&\frac{2-\kappa}{\kappa^2\alpha}\|y^k-y^{k+1}\|_2^2+\|x^k-x^{k+1}\|_{G_x}^2\\&+\frac{2}{\kappa}(y^k-y^{k+1})^{\dagger}(\mathcal{A},\mathcal{A},I)(x^k-x^{k+1})\end{aligned}\tag{9.56}$$

证明 问题(9.32)的拉格朗日函数为

$$L(\rho,S,e,y)=\|\rho\|_*+\gamma\|S\|_1+\frac{\theta}{2}\|S\|_2^2-\langle y,\mathcal{A}(\rho+S)+e-b\rangle,\quad\rho\in\mathbf{C}\tag{9.57}$$

令(ρ^*,S^*,e^*,y^*)为问题(9.32)的任意原始对偶最优解。根据凸优化理论,该问题的 KKT(Karush-Kuhn-Tucker)条件为(ⅰ)原始可行性:

$$\mathcal{A}(\rho^*+S^*)+e^*=b\tag{9.58}$$

和(ⅱ)稳定性:

$$(\rho^*,S^*,e^*)=\arg\min_{\rho,S,e}L(\rho,S,e,y^*)\tag{9.59}$$

由式(9.59)可知,优化变量 ρ,S 和 e 是可分离的,因此,对于 ρ 我们有

$$\rho^*=\arg\min_{\rho\in\mathbf{C}}\|\rho\|_*-\langle y^*,\mathcal{A}(\rho)\rangle\tag{9.60}$$

根据量子态必须满足的条件 $\rho\in\mathbf{C}$,意味着 $\rho=\rho^{\dagger},\rho>0$ 且 $\mathrm{tr}(\rho)=1$,因此可以得到:$\|\rho\|_*=\mathrm{tr}(\rho)=1$。由此我们可以忽略式(9.60)中的核范数,将问题转化为

$$\rho^*=\arg\min_{\rho\in\mathbf{C}}-\langle y^*,\mathcal{A}(\rho)\rangle\tag{9.61}$$

由此可得关于 ρ 的最优条件为

$$\langle\rho^*-\rho,\mathcal{A}\mathcal{A}^{\dagger}(y^*)\rangle\geqslant0,\quad\forall\rho\in\mathbf{C},\rho^*\in\mathbf{C}\tag{9.62}$$

对于 S,我们有

$$S^*=\arg\min_{S}\gamma\|S\|_1-\langle y^*,\mathcal{A}(S)\rangle\tag{9.63}$$

并由此得到关于 S 的最优条件为

$$\mathcal{A}^{\dagger}(y^*)\in\gamma\partial\|S^*\|_1\tag{9.64}$$

对于 e，我们有

$$e^* = \arg\min_e \frac{\theta}{2}\|e\|_2^2 - \langle y^*, e\rangle \tag{9.65}$$

因此，关于 e 的最优条件为

$$\theta e^* = y^* \tag{9.66}$$

问题(9.32)的 KKT 条件归结为式(9.58)、式(9.62)、式(9.64)和式(9.66)。

根据$\|\rho\|_* = \mathrm{tr}(\rho) = 1$，问题 (9.34a) 等价于

$$\hat{\rho} = \arg\min_\rho\left\{\frac{\alpha}{2}\left\|\mathcal{A}(\rho + S^k) + e - b - \frac{y^k}{\alpha}\right\|_2^2 + \frac{1}{2}\|\rho - \rho^k\|_{P_1}^2, \rho \in \mathbf{C}\right\} \tag{9.67}$$

问题((9.67)的最优条件为

$$\langle \rho - \rho^{k+1}, \alpha\mathcal{A}^\dagger(\mathcal{A}(\rho^{k+1}) + \mathcal{A}(S^k) + e^k - b - y^k/\alpha) + P_1(\rho^{k+1} - \rho)\rangle, \quad \forall \rho \in \mathbf{C} \tag{9.68}$$

因为 $\rho\in\mathbf{C}$，根据式(9.68)我们可以得到

$$\langle \rho^* - \rho^{k+1}, \alpha\mathcal{A}^\dagger(\mathcal{A}(\rho^{k+1}) + \mathcal{A}(S^k) + e^k - b - y^k/\alpha) + P_1(\rho^{k+1} - \rho)\rangle \tag{9.69}$$

因为有 $\rho\in\mathbf{C}$，可得

$$\langle \rho - \hat{\rho}, \hat{\rho} - \rho^k + \tau_1\mathcal{A}^\dagger[\mathcal{A}(\rho^k - \hat{\rho}) + \mathcal{A}(S^k - \hat{S}) - \hat{y}/\alpha]\rangle \geqslant 0 \tag{9.70}$$

由式(9.66)和 $\rho^{k+1}\in\mathbf{C}$，我们可以得到

$$\langle \rho * - \rho^{k+1}, \mathcal{A}^\dagger(y^*)\rangle \geqslant 0 \tag{9.71}$$

将式(9.70)乘以 α/τ_1，并与式(9.71)相加，然后代入 $\hat{y} = y^k - \alpha[\mathcal{A}(\rho^{k+1} + S^{k+1}) + e^{k+1} - b]$中可以得到式(9.34a)的最优条件为

$$\begin{aligned}&\langle \mathcal{A}(\rho^{k+1} - \rho^*), \hat{y} - y^* - \alpha(\mathcal{A}(S^k - S^{k+1}) + e^k - e^{k+1})\rangle \\ &\quad + (\rho^* - \rho^{k+1})^H P_1(\rho^k - \rho^{k+1}) \geqslant 0\end{aligned} \tag{9.72}$$

类似地，子问题(9.34b)中 S 的最优条件为

$$-\alpha\mathcal{A}^\dagger[\mathcal{A}(\rho^k) - \mathcal{A}(S^{k+1}) + e^k - b - y^k/\alpha] - P_2(S^{k+1} - S^k) \in \gamma\partial\|S^{k+1}\|_1 \tag{9.73}$$

结合式(9.73)和式(9.63)，代入 $\hat{y} = y^k - \alpha[\mathcal{A}(\rho^{k+1} + S^{k+1}) + e^{k+1} - b]$，并且根据

$\partial\|\cdot\|_1$ 为单调操作符，我们可以得到

$$\begin{aligned}&\langle \mathcal{A}(S^{k+1}+S^*),\hat{y}-y^*-\alpha[\mathcal{A}(\rho^k-\rho^{k+1})+e^k-e^{k+1}]\rangle\\&\quad+(S^*-S^{k+1})^H P_2(S^k-S^{k+1})\geqslant 0\end{aligned}\tag{9.74}$$

对于问题(9.34c)，最优条件为

$$\theta e^{k+1}=y^k-\alpha(\mathcal{A}(\rho^k)+\mathcal{A}(S^k)+e^k-b)+P_3(e^k-e^{k+1})\tag{9.75}$$

用式(9.65)减去式(9.74)，并代入定义 $\hat{y}=y^k-\alpha[\mathcal{A}(\rho^{k+1}+S^{k+1})+e^{k+1}-b]$，可以得到

$$\theta(e^{k+1}-e^*)=\hat{y}-y^*-\alpha[\mathcal{A}(\rho^k-\rho^{k+1})+\mathcal{A}(S^k-S^{k+1})+P_3(e^k-e^{k+1})]\tag{9.76}$$

在式(9.76) 两边同时乘以 $e^{k+1}-e^*$，可得

$$\begin{aligned}&\langle e^{k+1}-e^*,\hat{y}-y^*-\alpha[\mathcal{A}(\rho^k-\rho^{k+1})+\mathcal{A}(S^k-S^{k+1})+P_3(e^k-e^{k+1})]\rangle\\&\quad=\theta\|e^{k+1}-e^*\|_2^2\geqslant 0\end{aligned}\tag{9.77}$$

将不等式(9.72)、不等式(9.74)和不等式(9.77)相加，可以得到

$$\begin{aligned}&\langle \mathcal{A}(\rho^{k+1}-\rho^*)+\mathcal{A}(S^{k+1}-S^*)+(e^{k+1}-e^*),\hat{y}-y^*\rangle\\&\quad+(\rho^{k+1}-\rho^*)^H(P_1+\alpha\mathcal{A}^H\mathcal{A})(\rho^{k+1}-\rho^k)\\&\quad+(S^{k+1}-S^*)^H(P_2+\alpha\mathcal{A}^H\mathcal{A})(S^{k+1}-S^k)\\&\quad+(e^{k+1}-e^*)^H(P_3+\alpha I)(e^{k+1}-e^k)\\&\geqslant\alpha\langle(\mathcal{A},\mathcal{A},I)(x^{k+1}-x^*),(\mathcal{A},\mathcal{A},I)(x^k-x^{k+1})\rangle\end{aligned}\tag{9.78}$$

另外，考虑关系式：

$$\begin{aligned}(\mathcal{A},\mathcal{A},I)(x^{k+1}-x^*)&=\mathcal{A}(\rho^{k+1}-\rho^*)+\mathcal{A}(S^{k+1}-S^*)+(e^{k+1}-e^*)\\&=\frac{1}{\kappa\alpha}(y^k-y^{k+1})\end{aligned}\tag{9.79}$$

上式来自于更新式(9.34d)

$$\mathcal{A}\rho^{k+1}+\mathcal{A}S^{k+1}+e^{k+1}-b=\frac{1}{\kappa\alpha}(y^k-y^{k+1})\tag{9.80}$$

和问题(9.32)的原始可行性条件：

$$\mathcal{A}\rho^*+\mathcal{A}S^*+e^*-b=0\tag{9.81}$$

同时，我们已知

$$\hat{y}-y^{*}=(\hat{y}-y^{k+1})+(y^{k+1}-y^{*})=\frac{\kappa-1}{\kappa}(y^{k}-y^{k+1})+(y^{k+1}-y^{*}) \tag{9.82}$$

根据式(9.81)和式(9.82),不等式(9.78)可以被重写为

$$\begin{aligned}&\langle\frac{1}{\kappa\alpha}(y^{k}-y^{k+1}),(y^{k+1}-y^{*})\rangle+(\rho^{k+1}-\rho^{*})^{\dagger}(P_1+\alpha\mathcal{A}^{H}\mathcal{A})(\rho^{k+1}-\rho^{k})\\&\quad+(S^{k+1}-S^{*})^{H}(P_2+\alpha\mathcal{A}^{H}\mathcal{A})(S^{k+1}-S^{k})\\&\quad+(e^{k+1}-e^{*})^{H}(P_3+\alpha I)(e^{k+1}-e^{k})\\&\geqslant\frac{1-\kappa}{\alpha\kappa^{2}}\|y^{k}-y^{k+1}\|_2^2+\frac{1}{\kappa}(y^{k}-y^{k+1})^{H}(\mathcal{A},\mathcal{A},I)(x^{k}-x^{k+1})\end{aligned} \tag{9.83}$$

根据 u^{k+1},u^{k},u^{*} 和 G 的定义,式(9.83)等价于

$$\begin{aligned}&(u^{k}-u^{k+1})^{\dagger}G(u^{k+1}-u^{*})\\&\quad\geqslant\frac{1-\kappa}{\alpha\kappa^{2}}\|y^{k}-y^{k+1}\|_2^2+\frac{1}{\kappa}(y^{k}-y^{k+1})^{\dagger}(\mathcal{A},\mathcal{A},I)(x^{k}-x^{k+1})\end{aligned} \tag{9.84}$$

将等式

$$\|u^{k}-u^{*}\|_G^2-\|u^{k+1}-u^{*}\|_G^2-\|u^{k}-u^{k+1}\|_G^2=2(u^{k}-u^{k+1})^{H}G(u^{k+1}-u^{*}) \tag{9.85}$$

代入式(9.84)中,我们可以得到式(9.55),从而完成证明。

引理 9.2 对于量子态滤波器问题(9.34),如果 $\kappa>0$,$\alpha>0$,且矩阵 P_1,P_2 和 P_3 按照如下条件选择:

$$\begin{cases}P_1>\alpha\left(\dfrac{1}{\xi_1}-1\right)\mathcal{A}^{\dagger}\mathcal{A}\\[2ex]P_2>\alpha\left(\dfrac{1}{\xi_2}-1\right)\mathcal{A}^{\dagger}\mathcal{A}\\[2ex]P_3>\alpha\left(\dfrac{1}{\xi_3}-1\right)I\\[2ex]\xi_1+\xi_2+\xi_3<2-\kappa,\quad \xi_i>0,i=1,2,3\end{cases} \tag{9.86}$$

那么存在一个常量 $\eta>0$,使得

$$h(u^{k}-u^{k+1})\geqslant\eta\|u^{k}-u^{k+1}\|_G^2 \tag{9.87}$$

从而得到

$$\|u^{k}-u^{*}\|_G^2-\|u^{k+1}-u^{*}\|_G^2\geqslant\eta\|u^{k}-u^{k+1}\|_G^2 \tag{9.88}$$

证明 由 Cauchy-Schwarz 不等式我们可以得到

$$
\begin{aligned}
&\frac{2}{\kappa}(y^k - y^{k+1})^H(\mathcal{A},\mathcal{A},I)(x^k - x^{k+1}) \\
&\quad = \frac{2}{\kappa}(y^k - y^{k+1})^H \times \mathcal{A}(\rho^k - \rho^{k+1}) + \mathcal{A}(S^k - S^{k+1}) + (e^k - e^{k+1}) \\
&\quad \geqslant \frac{\xi_1 + \xi_2 + \xi_3}{\alpha\kappa^2}\| y^k - y^{k+1}\|_2^2 + \frac{\alpha}{\xi_1}\| \mathcal{A}(\rho^k - \rho^{k+1})\|_2^2 \\
&\qquad - \frac{\alpha}{\xi_2}\| \mathcal{A}(S^k - S^{k+1})\|_2^2 - \frac{\alpha}{\xi_3}\| \mathcal{A}(e^k - e^{k+1})\|_2^2
\end{aligned}
\tag{9.89}
$$

将式(9.89)代入 $h(\cdot)$ 的定义式(9.56),可以得到

$$
\begin{aligned}
h(u^k - u^{k+1}) \geqslant &\frac{2-\kappa-\xi_1-\xi_2-\xi_3}{\alpha\kappa^2}\| y^k - y^{k+1}\|_2^2 \\
&+ (\rho^k - \rho^{k+1})^H\left[P_1 + \alpha\left(1 - \frac{1}{\xi_1}\right)\mathcal{A}^H\mathcal{A}\right](\rho^k - \rho^{k+1}) \\
&+ (S^k - S^{k+1})^H\left[P_2 + \alpha\left(1 - \frac{1}{\xi_2}\right)\mathcal{A}^H\mathcal{A}\right](S^k - S^{k+1}) \\
&+ (e^k - e^{k+1})^H\left[P_3 + \alpha\left(1 - \frac{1}{\xi_3}\right)I\right](e^k - e^{k+1})
\end{aligned}
\tag{9.90}
$$

式(9.85)中的条件可以保证 $P_1 + \alpha(1 - 1/\xi_1)\mathcal{A}^H\mathcal{A} > 0$,$P_2 + \alpha(1 - 1/\xi_2)\mathcal{A}^H\mathcal{A} > 0$,$P_3 + \alpha(1 - 1/\xi_3)I > 0$,且 $2 - \kappa - \xi_1 - \xi_2 - \xi_3 > 0$。因此,从式(9.90)我们可以找到某个 $\eta > 0$ 使得式(9.87)成立。再根据引理 9.1 中的式(9.55),可以直接得到式(9.88)。

引理 9.2 中提供了设置参数的准则。如果选择量子态滤波器(9.35)中的矩阵为 $P_1 = \tau_1 I - \alpha\mathcal{A}^\dagger\mathcal{A}$,$P_2 = \tau_3 I - \alpha\mathcal{A}^\dagger\mathcal{A}$,$P_3 = \tau_3 I$。那么根据式(9.86)我们可以得到

(1) $\tau_1 > -(\alpha/\xi_1)\mathcal{A}^\dagger\mathcal{A}$;

(2) $\tau_2 > -(\alpha/\xi_2)\mathcal{A}^\dagger\mathcal{A}$;

(3) $\tau_3 > \alpha/\xi_3$;

(4) $\xi_1 + \xi_2 + \xi_3 < 2 - \kappa$。

根据引理 9.1 和引理 9.2,我们可以得到量子状态滤波问题(9.34)的全局收敛性:

定理 9.1 对于量子状态滤波问题(9.34),如果选择 $\alpha > 0$,$\kappa > 0$,且矩阵 P_1,P_2 和 P_3 满足条件(9.86),那么序列 $\{u^k\}$ 一定可以收敛到问题(9.32)的最优解 u^*。

证明 根据式(9.88)右边的非负性,我们有:

(1) $\| u^k - u^*\|_{G_2}^2$ 是单调递减的,从而收敛于非负常数;

(2) $\| u^k - u^{k+1}\|_{G_2} \to 0$;

(3) $\{u^k\}$ 在紧致域内。

由(2)可知，当 $k\to 0$ 时，一定有 $\rho^k-\rho^{k+1}\to 0$，$S^k-S^{k+1}\to 0$ 和 $e^k-e^{k+1}\to 0$ 成立，且 $y^k-y^{k+1}\to 0$ 当 $k\to\infty$。

根据式(9.34d)中的更新公式，由 $y^k=y^{k-1}-\kappa\alpha[\mathcal{A}(\rho^k+S^k)+e^k-b]$，表明 $\mathcal{A}(\rho^k+S^k)+e^k-b\to 0$。

由(3)可知，u^k 包含一个子序列 $\{u^{k_j}\}$，该子序列可以收敛到 $\bar{u}=(\bar{\rho},\bar{S},\bar{e},\bar{y})$，因此，$\bar{u}=(\bar{\rho},\bar{S},\bar{e},\bar{y})$ 是 $\{u^k=(\rho^k,S^k,e^k,y^k)\}$ 的一个极限点，其中，$\mathcal{A}(\bar{\rho}+\bar{S})+\bar{e}-b=0$，并且由于 ρ^k 在优化过程中始终满足凸集 $\mathbf{C}$，所以 $\bar{\rho}\in\mathbf{C}$。

考查任意极限点 $\bar{u}=(\bar{\rho},\bar{S},\bar{e},\bar{y})$ 的特性。我们可以将式(9.68)中的 (ρ^k,S^k,e^k,y^k) 和 $(\rho^{k+1},S^{k+1},e^{k+1},y^{k+1})$ 替换为 $(\bar{\rho},\bar{S},\bar{y})$，并且利用已知 $\mathcal{A}(\bar{\rho}+\bar{S})+\bar{e}-b=0$，由式(9.68)我们可以得到

$$\langle\mathcal{A}^H(\bar{y})(\bar{\rho}-\rho)\rangle\geqslant 0,\quad\forall\rho\in\mathbf{C}\tag{9.91}$$

类似地，式(9.73)表明：

$$\mathcal{A}^H(\bar{y})\in\gamma\partial\|\bar{S}\|_1\tag{9.92}$$

$$\theta\bar{e}=\bar{y}\tag{9.93}$$

根据 $\bar{\rho}\in\mathbf{C}$ 和 $\mathcal{A}(\bar{\rho}+\bar{S})+\bar{e}-b=0$，式(9.91)和式(9.92)意味着任意极限点 $\bar{u}=(\bar{\rho},\bar{S},\bar{e},\bar{y})$ 满足问题(9.32)的 KKT 条件，即式(9.58)、式(9.62)、式(9.64)和式(9.66)，因此是问题(9.32)的最优解。为了完成证明，我们还需要表明原始对偶序列 $\{u^k=(\rho^k,S^k,e^k,y^k)\}$ 为任意两个极限点。正如前文所述，$\bar{u}_1$ 和 $\bar{u}_2$ 都是问题(9.32)的最优解。因此，式(9.55)中的 u^* 可以替换为 $\bar{u}_1$ 和 $\bar{u}_2$。由此可以推导出 $\|u^{k+1}-\bar{u}\|_{G_2}^2\leqslant\|u^k-\bar{u}_i\|_{G_2}^2$，$i=1,2$，因此有 $\lim_{k\to\infty}\|u^k-\bar{u}_i\|_{G_2}^2=v_i$，$i=1,2$，其中，$v_1$ 和 v_2 为两个常数。利用等式

$$\|u^k-\bar{u}_1\|_G^2-\|u^k-\bar{u}_2\|_G^2=-2\langle u^k,\bar{u}_1-\bar{u}_2\rangle_G+\|\bar{u}_1\|_G^2-\|\bar{u}_2\|_G^2\tag{9.94}$$

并且分别取极限 $u^k\to\bar{u}_1$ 和 $u^k\to\bar{u}_2$，我们可以得到

$$v_1-v_2=-2\langle\bar{u}_1,\bar{u}_1-\bar{u}_2\rangle_G+\|\bar{u}_1\|_G^2-\|\bar{u}_2\|_G^2=-\|\bar{u}_1-\bar{u}_2\|_G^2\tag{9.95}$$

并且

$$v_1-v_2=-2\langle\bar{u}_2,\bar{u}_1-\bar{u}_2\rangle_G+\|\bar{u}_1\|_G^2-\|\bar{u}_2\|_G^2=-\|\bar{u}_1-\bar{u}_2\|_G^2\tag{9.96}$$

因此，我们可以得到 $\|\bar{u}_1-\bar{u}_2\|_{G_2}^2=0$。这表明 $\{u^k=(\rho^k,S^k,e^k,y^k)\}$ 的极限点是唯一的。证毕。

注意 虽然也有过类似的定理证明(Deng et al.,2017),但是当将 PJ-ADMM 算法应用到量子态滤波器中时,证明必须根据特殊的量子态特征进行调整。线性约束中的测量矩阵是复数域的,同时待估计的量子状态密度矩阵 ρ 也是复数域的,而且必须满足量子约束,即 $\rho^H=\rho,\rho\geqslant 0$ 和 $\mathrm{tr}(\rho)=1$;ρ 相关的子问题是含有约束的优化问题,这些要求在证明过程中使用带有约束问题的最优条件,这些都使得证明过程更加复杂和困难。

9.3.5 仿真实验及其结果分析

本小节中我们将用仿真实验验证所提出的量子状态滤波器算法在快速收敛、低采样率以及低计算复杂度方面的优越性。在仿真实验中,测量向量产生于 $b=\mathcal{A}(\ddot{\rho}+\ddot{S})+\ddot{e}$,其中,$\ddot{\rho}$ 待恢复的密度矩阵真实值,$\ddot{S}$ 为稀疏干扰矩阵,$\ddot{e}$ 为高斯噪声。真实密度矩阵 $\ddot{\rho}$ 的产生公式为:$\rho^*=\dfrac{\psi_r\psi_r^\dagger}{\mathrm{tr}(\psi_r\psi_r^\dagger)}$,其中 ψ_r 是一个复数域 $d\times r$ 的 Wishart 矩阵,其元素服从随机高斯分布。仿真实验运行环境为 MATLAB R2016b,2.5 GHz Intel Core 2 i5-3210M CPU,6 GB 内存。

实验过程中,我们设置 $d=2^n$,其中,$n=5$ 并且 $r=2$。干扰矩阵 $\ddot{S}\in\mathbf{R}^{d\times d}$ 含有 $d^2/10$ 个非零元素,这些元素的位置是随机的,幅值满足高斯分布 $N(0,\|\rho\|_F/100)$。高斯噪声 $\ddot{e}$ 由 MATLAB 命令 rand $n(n,1)$乘以适当选择的常数生成,以获得期望的信噪比。我们以 dB 为单位来测量 b 的信噪比(SNR),SNR 定义为

$$\mathrm{SNR}(b)=20\lg\left(\frac{\|b-E(b)\|_2}{\|\ddot{e}\|_2}\right)\tag{9.97}$$

其中,$E(b)$代表 b 的平均值。实验中,设置 $\mathrm{SNR}(b)=60$ dB。

线性操作符 A 由泡利矩阵生成,因此有 $\mathcal{A}\mathcal{A}^H=I$ 成立。于是我们可以得到 $\lambda_{\max}(\mathcal{A}\mathcal{A}^H)=1$,设置权重为 $\gamma=1/\sqrt{d}$,$\theta=1$。

同样,我们采用三个性能指标来衡量对量子状态的估计结果。第一个是估计出的密度矩阵 ρ 和真实密度矩阵 $\ddot{\rho}$ 之间的归一化距离 $D(\rho,\ddot{\rho})$,定义为:$D(\rho,\ddot{\rho})=\dfrac{\|\rho-\ddot{\rho}\|_F^2}{\|\ddot{\rho}\|_F^2}$;第二个是估计出的密度矩阵 ρ 和最优解 ρ^* 之间的归一化距离 $D(\rho,\rho^*)$,定义为:$D(\rho,\rho^*)=\dfrac{\|\rho-\rho^*\|_F^2}{\|\rho^*\|_F^2}$;第三个是保真度(fidelity),定义为:$\mathrm{fidelity}=\mathrm{tr}\left(\sqrt{\sqrt{\ddot{\rho}}\rho\sqrt{\ddot{\rho}}}\right)$,保真度的

范围是[0,1],并且当两个矩阵完全相等时,保真度为 1。

我们将 PJ-ADMM 与两个现有的算法 ADMM(Li, Cong, 2014)和 IST-ADMM (Zhang et al.,2017)进行比较。根据定理 9.1 给出的理论结果,参数 τ_1,τ_2,τ_3 和 κ 必须满足式(9.49)和 $\kappa>0$。在实验中,惩罚参数固定 $\alpha=100$,而 τ_1,τ_2,τ_3 和 κ 赋予不同的数值,以便验证不同参数的变化对估计性能的影响。ADMM 算法和 IST-ADMM 算法的参数是通过手动调整到最佳状态。所有算法的终止条件为 $k>k_{\max}$,其中 $k_{\max}=1000$。

9.3.5.1 不同采样率对算法性能影响的实验

采样率是一个衡量量子态滤波中估计性能的重要因素。一个低采样率意味着测量的数量远低于密度矩阵中元素的个数 d^2。但是,采样率越低,则越难以准确恢复密度矩阵。我们将 ADMM 算法和 IST-ADMM 算法与所提出的 PJ-ADMM 算法在 $\kappa=0.1$, $\tau_1=\tau_2=158$,以及 $\tau_3=58$ 情况下的量子态估计性能进行对比,在不同采样率下,运行直到 $k_{\max}=1000$。采样率从 $\eta=0.20$ 增加到 $\eta=0.60$,增量步长为 0.05。

图 9.10 为不同采样率对算法性能影响的实验结果,其中横坐标为采样率,纵坐标为估计出的密度矩阵 ρ 和真密度矩阵 $\ddot{\rho}$ 之间的归一化距离性能指标 $D(\rho,\ddot{\rho})$。表 9.3 为不同采样率下三种算法估计的性能对比。

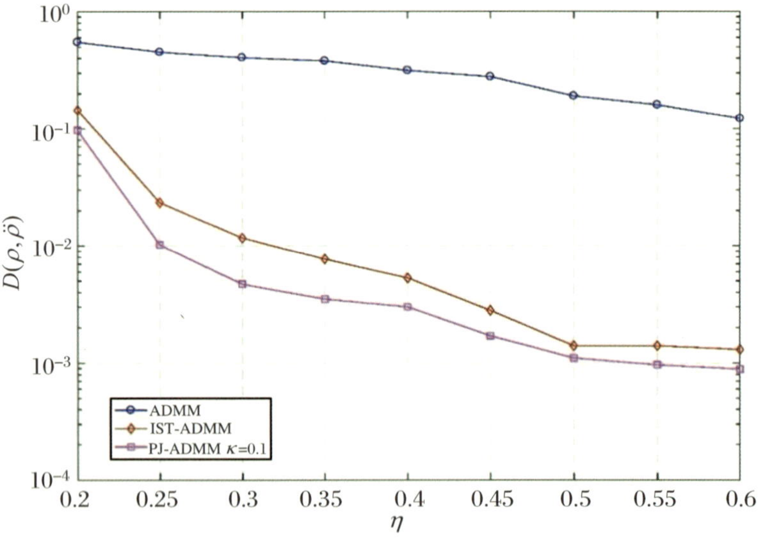

图 9.10 不同采样率下三种算法估计的结果

表 9.3　不同采样率下三种算法估计的性能对比

采样率 η	0.4		0.6	
算法	$D(\rho,\ddot{\rho})$	fidelity(%)	$D(\rho,\ddot{\rho})$	fidelity(%)
PJ-ADMM	0.003	98.42	8.845×10^{-4}	99.17
IST-ADMM	0.0053	97.00	0.0013	98.60
ADMM	0.3144	71.10	0.1217	88.90

从图 9.10 和表 9.3 中可以看出，虽然 IST-ADMM 算法的估计性能也不错，不过在三种优化算法中，所提出的 PJ-ADMM 算法无论是从性能 $D(\rho,\ddot{\rho})$ 还是保真度上，都是最优的。

9.3.5.2　三种算法收敛性能的对比实验

为了验证所提算法的收敛性能，我们在固定采样率 $\eta=0.40$ 情况下，分别采用估计出的密度矩阵 ρ 和最优解 ρ^* 之间的归一化距离 $D(\rho,\rho^*)$ 的性能指标，以及估计出的密度矩阵 ρ 与真实密度矩阵 $\ddot{\rho}$ 之间的归一化距离 $D(\rho,\ddot{\rho})$，对三种算法的收敛性进行了对比实验。

三种算法在性能 $D(\rho,\rho^*)$ 下的收敛速度的对比结果如图 9.11 所示，其中，横坐标为迭代次数，纵坐标为性能 $D(\rho,\rho^*)$，从中可以看出：

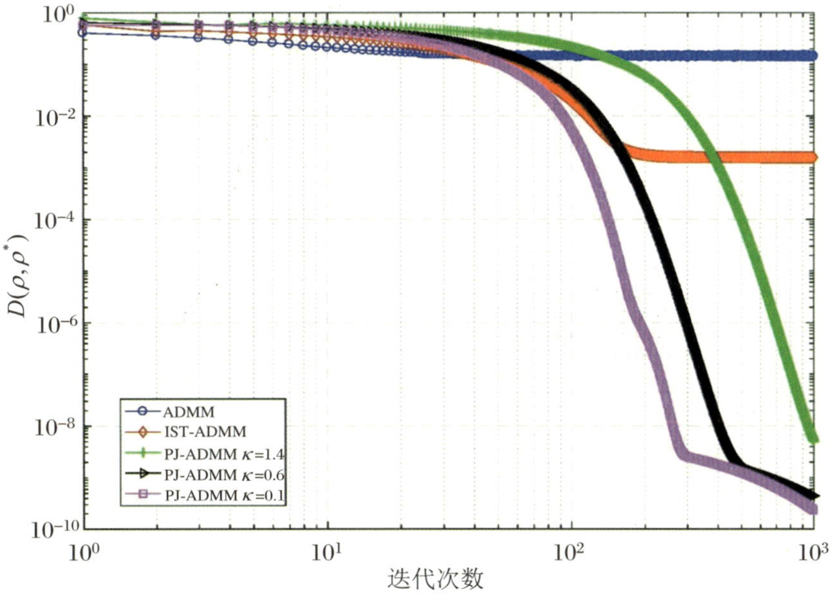

图 9.11　3 种算法在指标 $D(\rho,\rho^*)$ 下收敛性能

（1）在 100 次以内迭代，三种算符法对最优解逼近的速度是差不多的，但是 100 次迭代之后，所提出的算法显示出明显快速收敛的优越性；

（2）对于所提出的 PJ-ADMM 算法，不同的 κ 值会导致不同的收敛速度。根据实验我们观察到较小的 κ 值，比如 $\kappa=0.1$，当算法运行 1000 次时，PJ-ADMM、IST-ADMM 和 ADMM 的 $D(\rho,\rho^*)$ 值分别为 2.31×10^{-10}，1.58×10^{-3} 和 0.145，所提出的算法具有更好的收敛性能。

三种算法在性能 $D(\rho,\ddot{\rho})$ 下的收敛速度的对比结果如图 9.12 所示，其中，横坐标为迭代次数，纵坐标为性能 $D(\rho,\ddot{\rho})$，从中可以看出：

（1）所提出的 PJ-ADMM 算法仍然是三种算法中性能最好的。

（2）对于 κ 取不同的值，性能略有不同，当 $\kappa=0.1$ 时，比大于其值的情况都要更早地下降到最优值，不过迭代次数在 200 次左右都能达到最优值。

（3）与性能指标为 $D(\rho,\rho^*)$ 相比，本次实验中的估计状态与真实状态的误差只能达到 10^{-3} 级数，而与最优状态的误差能够到达 10^{-10}，此时 IST-ADMM 算法在 200 次迭代以后，就保持在 10^{-3} 量级不再继续增加逼近精度。

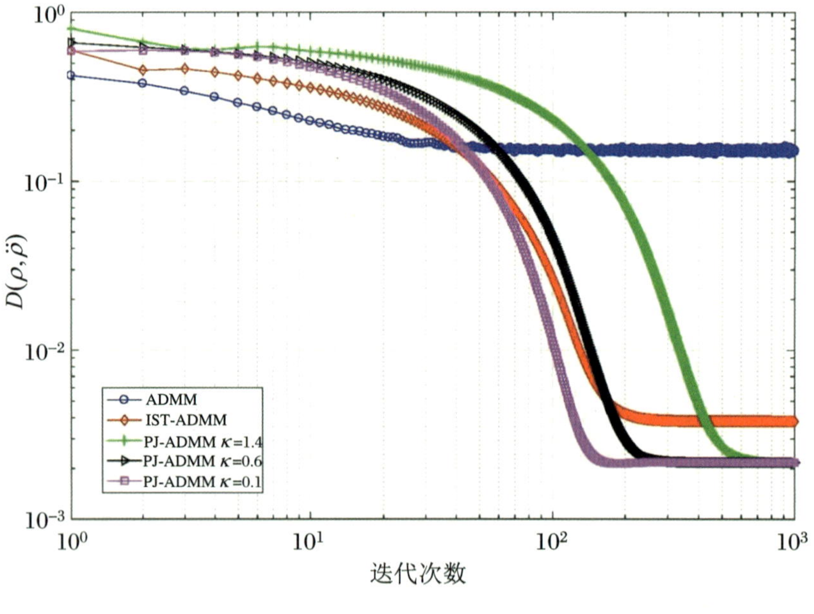

图 9.12　三种算法在指标 $D(\rho,\ddot{\rho})$ 下收敛性能

由此可以得出结论：

（1）所提出的优化算法是可以无限地逼近最优状态，不过最优状态与真实状态之间也还是存在一定距离的；

(2) 对带有噪声和干扰的五个量子位的状态进行滤波，需要 200 次左右的迭代，就能够获得最好的对最优状态的逼近。

我们还比较了三种算法在 200 次迭代后的运行时间，其中，PJ-ADMM 算法参数取三种情况：① $\kappa=0.1$；② $\kappa=0.6$；③ $\kappa=1.4$。三种优化算法 200 次迭代的运行时间如表 9.4 所示。

表 9.4　三种优化算法 200 次迭代的运行时间

算法	PJ-ADMM	IST-ADMM	ADMM
时间 t(s)	情况① 1.36	1.46	62.56
	情况② 1.25		
	情况③ 1.18		

从表 9.4 中可以看出，ADMM 的计算复杂度较高，用时最长，性能最低；PJ-ADMM 和 IST-ADMM 的计算复杂度相似，在性能上所提出的算法更加优越。

9.4　单比特量子系统的状态在线估计

根据系统是否与环境相互作用，可以将量子系统分为封闭量子系统和开放量子系统。封闭量子系统是一个孤立的、与外界无相互作用或能量交换的系统。开放量子系统与环境相互作用，比如对量子状态进行测量，会产生诸如耗散、消相干等现象，给量子状态的演化引入随机性成为随机开放量子系统。由于量子状态无法通过直接测量的结果来获得，因此需要进行量子态重构。量子层析就是一种确定未知量子状态的方法，它是通过反复制备相同的量子态，对量子态进行完备的测量结果建立量子态信息的完整描述。通过估计量子系统的状态，人们能够有效地获得系统的当前信息，并由此设计相应的调控方案。为了能够准确估计出量子的状态，人们需要测得该状态在一组完备观测量上对应投影均值的观测值。

对于 n 比特系统而言，对一个维数为 d 的量子密度矩阵的完备观测量的数目为 $d\times d=2^n\times 2^n=4^n$。通常情况下，量子层析是通过对重复制备的状态进行破坏性的投影(强)测量，来得到 d^2 个完备的观测结果，因此随着量子位 n 的增加，完整层析所需要的测量次数呈指数级增长。压缩感知理论为降低量子状态估计中的测量次数问题提供了新的解决问题的理论。该理论指出：如果一个量子系统密度矩阵的秩 r 远小于其维度 d

($r \ll d$),那么只需要根据少量随机观测量的测量值,就可重构出系统状态的密度矩阵。格罗斯(Gross)证明了在以泡利测量算符进行观测时,仅需要 $O(rd \log d)$ 个观测量上的测量值,就可以保证重构出的密度矩阵 ρ。将压缩感知引入量子态估计可以极大减少所需要的测量次数,提高状态估计的效率。根据观测算符、所对应的测量值、压缩感知理论以及优化算符来重构密度矩阵 ρ 的过程,就是量子状态的估计过程。

本节我们考虑测量带来的退相干效应以及演化过程中的随机噪声的开放量子系统,采用对估计状态影响较小,并连续不断地实时进行的间接连续弱测量来实现量子态的在线估计。通过引入探测系统与被测系统发生关联,然后通过对探测系统进行直接投影测量,根据测量结果来推断被测系统的信息。在测量与估计的过程中,系统状态随时间演化又成为新的状态,再对系统演化后的状态进行估计,重复此过程来实现在线的量子态估计。同时,我们还基于压缩感知理论,采用最小二乘优化算法,将本节所提出的在线量子态估计方案,在单量子位上进行系统仿真实现。实验中,系统中研究外加控制场、测量强度,以及弱测量观测算符对在线状态估计结果的影响进行了性能实验。

9.4.1 随机开放量子系统的连续弱测量

9.4.1.1 量子弱测量

本节中所研究的随机开放量子系统的在线估计包括量子连续弱测量过程,以及基于压缩感知理论对连续弱测量所得到的测量值进行优化处理,进而实现在线估计的过程。对被测系统 S 的一次完整弱测量操作过程如图 9.13 所示,其中,量子弱测量是通过引入一个探测系统 P 与被测系统 S 发生短时间的关联,来使探测系统 P 包含被测系统 S 的部分信息,然后对探测系统 P 进行强测量,再根据此强测量结果来推断出被测系统 S 的信息(Wiseman,Miburn,2010)。图 9.13 中左边虚框为探测部分,右边虚框为测量读出部分。不同于投影测量等强测量会造成被测系统的瞬时塌缩,弱测量是一个非瞬时的测量过程,对量子系统造成的影响较弱。

在图 9.13 的量子连续弱测量过程中,当对被测系统 S 进行弱测量时,需要制备探测系统 P,探测系统 P 作为输入量与被测系统 S 发生耦合成为联合系统 $S \otimes P$。设探测系统 P 的初态为 $|\phi\rangle$,被测系统 S 的初态 $\rho_0 = |\psi\rangle\langle\psi|$,$H_S$ 和 H_P 为 S 和 P 的哈密顿量,联合系统 $S \otimes P$ 的哈密顿量 $H = H_P \otimes H_S$。联合系统 $S \otimes P$ 的初态 $|\Psi\rangle = |\phi\rangle \otimes |\psi\rangle$。经过 Δt 时间的联合演化后,$|\Psi\rangle$ 变为 $|\Psi(\Delta t)\rangle$,将其作为探测部分的输出送入测量读数部分进行读数,读数过程表现为利用投影算符 $\pi_i = |i\rangle\langle i|$ 对探测系统 P 进行投影测量,读出

结果为探测系统 P 在希尔伯特空间上本征态 $|i\rangle$ 的本征值。在弱测量过程中，当探测系统 P 与被测系统 S 间的相互作用强度 ξ 和作用时间 Δt 都足够小时，弱测量强度 $\lambda=\xi\Delta t\to 0$，测量对被测系统 S 的影响明显减弱。因此，当量子系统测量过程满足 $\xi\Delta t\to 0$ 条件时，即为量子弱测量。

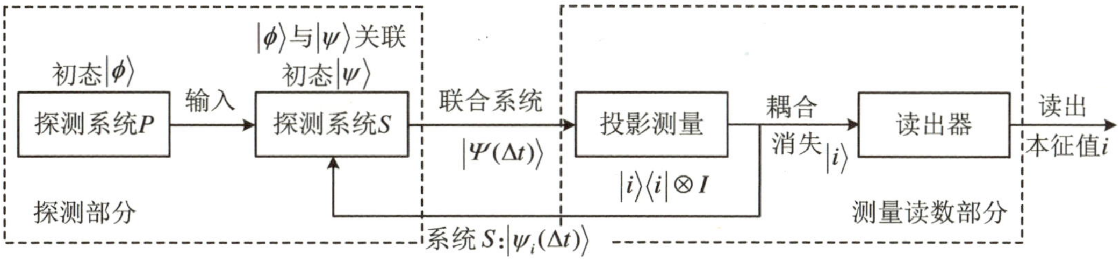

图 9.13　量子连续弱测量过程的结构图

量子连续弱测量是指对量子系统进行连续不断的弱测量，我们根据弱测量的输出结果与量子系统之间的关系，可以推导出作用在被测系统上的实时测量算符，并根据测量算符与密度矩阵之间的关系重构出量子状态。在测量和量子态重构的过程中，该量子状态会随时间演化成为新的状态，此时需要对新的状态重新进行弱测量，进而重构出新的量子状态，重复此过程，可以得到系统状态的连续演化轨迹。这样一个连续不断的弱测量动态过程，称之为量子连续弱测量。

在量子弱测量过程中，联合系统初态 $|\Psi\rangle$ 经过 Δt 的演化时间后变为 $|\Psi(\Delta t)\rangle$ 且满足关系

$$|\Psi(\Delta t)\rangle=U(\Delta t)|\Psi\rangle=U(\Delta t)(|\phi\rangle\otimes|\psi\rangle) \tag{9.98}$$

其中，$U(\Delta t)$ 为联合系统的联合演化算符：

$$U(\Delta t)=\exp(-\mathrm{i}\xi\Delta tH/\hbar) \tag{9.99}$$

其中，ξ 表示相互作用强度（单位为 1/s）。

由于弱测量过程实质上是对探测系统 P 进行投影测量，根据正交投影测量公式，可得联合系统第 i 个本征值所对应的状态 $|\Psi_i(\Delta t)\rangle$ 为

$$|\Psi_i(\Delta t)\rangle=(|i\rangle\langle i|\otimes I\cdot U(\Delta t)|\phi\rangle\otimes|\psi\rangle)/\Theta_i \tag{9.100}$$

其中，Θ_i 为标准化参数，$\Theta_i=\sqrt{\langle\Psi(\Delta t)|\Pi_i|\Psi(\Delta t)\rangle}$，代表测得结果为 $|i\rangle$ 的概率。

弱测量过程的读数部分会导致探测系统 P 与被测系统 S 之间的耦合消失，此时探测系统会塌缩到本征态 $|i\rangle$，被测系统 S 的状态变为 $|\psi_i(\Delta t)\rangle$，根据完备正映射原理

(D' Ariano et al.,2004)可知,联合系统在 Δt 时间后的状态还可以表示为

$$|\Psi_i(\Delta t)\rangle = |i\rangle \otimes |\psi_i(\Delta t)\rangle \tag{9.101}$$

比较式(9.100)和式(9.101),可以得出整个测量过程前后被测系统 S 状态变化的关系式为

$$|\psi_i(\Delta t)\rangle = \langle i| \otimes I \cdot U(\Delta t)|\phi\rangle \otimes |\psi\rangle / \Theta_i \tag{9.102}$$

为了表示方便,定义 Kraus 算符 M_i:

$$M_i = \langle i| \otimes I \cdot U(\Delta t)|\phi\rangle \otimes I \tag{9.103}$$

标准化参数 Θ_i 可由 M_i 表示为

$$\Theta_i = \sqrt{\langle\psi|M_i^\dagger M_i|\psi\rangle} \tag{9.104}$$

将式(9.103)和式(9.104)代入式(9.102),我们可以得到整个测量过程前后被测系统 S 状态变化的关系式为

$$|\psi_i(\Delta t)\rangle = \frac{M_i}{\sqrt{\langle\psi|M_i^\dagger M_i|\psi\rangle}}|\psi\rangle \tag{9.105}$$

由式(9.105)可以看出,如果将整个弱测量过程看作对被测系统 S 的一次测量操作,那么克劳斯(Kraus)算符 M_i(式(9.103))就是此测量操作对系统 S 的测量算符,它是由探测系统 P 的初态 $|\phi\rangle$,读出的投影算符 $\pi_i = |i\rangle\langle i|$,以及联合系统的演化算符 $U(\Delta t)$ 构成的广义测量算符。根据算符 M_i,以及系统 S 初态 $|\psi\rangle$ 就可以重构出测量后系统 S 的状态 $|\psi_i(\Delta t)\rangle$。

在量子态在线实时估计中,一次测量操作无法获得重构量子态的足够信息,需要一组信息,也就是不同时刻的连续测量值才能完整估计出系统 S 的状态密度矩阵,因此在进行在线估计状态之前就需要求出连续弱测量下随时间变化的测量算符 $M_i(t)$。

9.4.1.2 基于连续弱测量的测量算符与量子态演化方程

基于连续弱测量的量子态在线估计过程如图 9.14 所示,其中,通过引入的探测系统 P 与被测系统 S 的状态发生耦合关联,在 t 时刻进行弱测量操作,来获得含有系统 S 状态信息的测量值及其间接作用在量子态上的测量算符和系统的输出值。量子系统的状态在系统中随时间做自由演化而在不断变化,通过连续弱测量,可以连续不断地对系统随时间演化的状态所产生的输出值进行不断地测量,每测量一次系统的输出值,根据输出值与量子密度矩阵之间的关系,采用在线优化算法对量子态进行一次估计和重构,随着测量值的不断增加,所重构出的量子态估计值就能够跟踪上变化的自由演化的系统状

态，实现对量子态的在线实时估计。

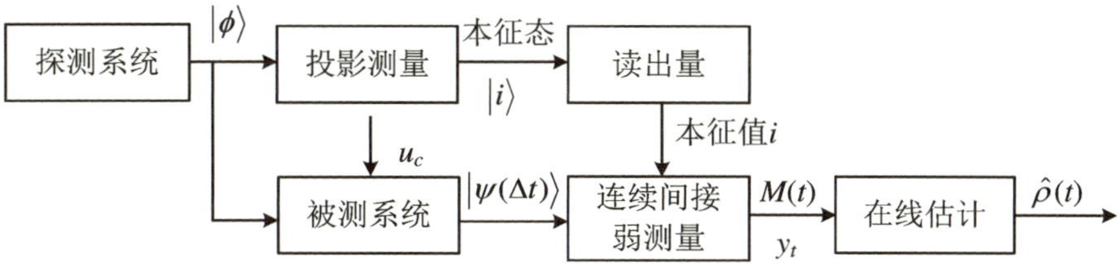

图 9.14　基于连续弱测量的量子态在线估计过程

在薛定谔绘景下，图 9.14 中被测量子系统随机主方程(SME)可以写为

$$\begin{aligned}\rho(t+\mathrm{d}t)-\rho(t) &= -\frac{\mathrm{i}}{\hbar}[H(t),\rho(t)]\mathrm{d}t \\ &+\sum\left[L\rho(t)L^{\dagger}-\left(\frac{1}{2}L^{\dagger}L\rho(t)+\frac{1}{2}\rho(t)L^{\dagger}L\right)\right]\mathrm{d}t \\ &+\sqrt{\eta}\sum[L\rho(t)+\rho(t)L^{\dagger}]\mathrm{d}W \\ \rho_0 &= \rho(0)\end{aligned} \tag{9.106}$$

其中，$\rho(t)$为密度矩阵，$\hbar$为普朗克常量，通常取$\hbar=1$，$H(t)=H_S+H_P+u(t)H_c$，$H(t)$为总哈密顿量，H_S 为被测系统哈密顿量，H_P 为探测系统哈密顿量，H_c 为控制哈密顿量，$u(t)$是外加控制调节量；η 是测量效率，且满足 $0<\eta\leqslant 1$；令 $D[L,\rho]=L\rho L^{\dagger}-\left(\frac{1}{2}L^{\dagger}L\rho+\frac{1}{2}\rho L^{\dagger}L\right)$，表示测量过程带来的退相干作用，表现为林德布拉德形式的漂移项；令 $H[L,\rho]=L\rho+\rho L^{\dagger}$，表示测量过程带来的随机扩散项，表现为对量子系统状态产生的干扰，也称为反向效应(back-action)。在零差测量情况下，$\mathrm{d}W$ 为零差测量时测量输出带来的噪声，是一维维纳过程，满足 $E(\mathrm{d}W)=0$，$E[(\mathrm{d}W)^2]=\mathrm{d}t$。

基于连续弱测量下的测量算符不再是一组常值矩阵，它变成一组随时间变化的测量算符 $M_i(t)$，我们首先需要推导出随时间变化的测量算符 $M_i(t)$。

在弱测量过程中，对式(9.99)中的 $U(\Delta t)$在 $\xi\Delta t\to 0$ 时进行泰勒(Talyor)展开并舍去三阶以上微小量，可得

$$U(\Delta t)\approx I\otimes I-\mathrm{i}\xi\Delta tH-(\xi\Delta t)^2H^2/2 \tag{9.107}$$

将式(9.107)代入 Kraus 算符 M_i 式(9.103)中，同时也进行泰勒展开，并舍去三阶以上微小量，可得弱测量算符 $M_i(t)$的表达式为

$$M_i(\Delta t)\approx I\langle i\mid\phi\rangle-\mathrm{i}\xi\Delta tH_S\langle i\mid H_P\mid\phi\rangle-(\xi\Delta t)^2H_S^2\langle i\mid H_P^2\mid\phi\rangle/2 \tag{9.108}$$

9

若令 $r_i=(\xi\Delta t)H_S^2\langle i|H_P^2|\phi\rangle/2=L^{\dagger}L$，$i=1,2,\cdots,d$，则弱测量算符 $M_i(t)$ 的一般形式为

$$M_i(\Delta t)=I\langle i\mid\phi\rangle-[r_i\lambda/2+\mathrm{i}\lambda H_S\langle i\mid H_P\mid\phi\rangle] \tag{9.109}$$

令 $i=j$，即 $\langle j|\phi\rangle=1$，此时弱测量算符 $M_i(t)$ 为

$$M_j(\Delta t)=I-(\xi r_{i=j}/2+\mathrm{i}\xi H_S)\Delta t \tag{9.110}$$

根据完备算符条件可知，

$$M_{i\neq j}(\Delta t)=M_{j\perp}(\Delta t)=\sqrt{r_{i\neq j}\Delta t} \tag{9.111}$$

其中，$M_{j\perp}$ 是 M_j 的正交算符，且满足 $(M_{j\perp})^2+(M_j)^2=I$。

对于二能级量子系统进行连续弱测量时，测量算符组中仅包含 $M_0(\mathrm{d}t)$ 和 $M_1(\mathrm{d}t)$ 两个算符，通过选择合适的算符 L，可以构建出相应的弱测量算符 $m_0(\mathrm{d}t)$ 与 $m_1(\mathrm{d}t)$，分别为

$$\begin{cases}m_0(\mathrm{d}t)=M_j+\mathrm{i}(1-\xi)H_S\Delta t=I-(L^{\dagger}L/2+\mathrm{i}H(t))\mathrm{d}t\\ m_1(\mathrm{d}t)=M_{i\neq j}=L\cdot\sqrt{\mathrm{d}t}\end{cases} \tag{9.112}$$

式(9.112)中的弱测量算符就是作用在量子系统状态上的算符，因为量子系统状态是随时间动态变化的，此算符也是随时间变化的。根据构建的弱测量算符，以及系统动力学方程，在不考虑系统随机噪声与测量效率情况下，可得连续弱测量过程中测量算符的动态演化方程为

$$M_i(t+\mathrm{d}t)=m_0^{\dagger}M_i(t)m_0+m_1^{\dagger}M_i(t)m_1,\quad i=0.1 \tag{9.113}$$

从量子系统的连续弱测量过程中可以看出，测量过程实际上包含了量子系统随时间的演化，所以弱测量算符 $M_0(\mathrm{d}t)$ 中包含了系统总哈密顿量 $H(t)$。若在测量过程中考虑系统随机噪声与测量效率，则系统状态密度矩阵的演化算符可以写为

$$\begin{cases}a_0=m_0(\mathrm{d}t)+\sqrt{\eta}L\cdot\mathrm{d}W=I-(L^{\dagger}L/2+\mathrm{i}H(t))\mathrm{d}t+\sqrt{\eta}L\cdot\mathrm{d}W\\ a_1=m_1(\mathrm{d}t)+\sqrt{\eta}L\cdot\mathrm{d}W=L\cdot\sqrt{\mathrm{d}t}+\sqrt{\eta}L\cdot\mathrm{d}W\end{cases} \tag{9.114}$$

根据系统演化算符，可得离散形式的随机开放量子系统演化方程为

$$\rho(t+\mathrm{d}t)=a_0\rho(t)a_0^{\dagger}+a_1\rho(t)a_1^{\dagger} \tag{9.115}$$

9.4.2 基于压缩感知理论的量子态在线估计

压缩感知理论指出：如果量子状态的密度矩阵 ρ 为低秩矩阵，那么只需要 $O(rd\ln d)$

量级的随机观测量的测量值，并通过将系统状态的估计问题转化为一个优化问题来重构出密度矩阵，其中 d 和 r 分别为状态密度矩阵 ρ 的维度和秩。

在进行量子态在线估计时，根据测量算符的动态演化方程(9.113)，可以随着时间的演化，在连续若测量过程中顺序获得一组测量矩阵 $M=\{M_i, i=1,2,\cdots,m, m\leqslant d^2\}$，并构成采样矩阵 A：

$$A = (\mathrm{vec}(M_{i_1})^{\mathrm{T}} \quad \mathrm{vec}(M_{i_2})^{\mathrm{T}} \quad \cdots \quad \mathrm{vec}(M_{i_m})^{\mathrm{T}})^{\mathrm{T}} \tag{9.116}$$

通过计算密度矩阵 ρ 与采样矩阵 A 的 m 个内积值：

$$y_j = \langle \rho, M_j \rangle = \mathrm{tr}(\rho M_j), \quad j = 1,2,\cdots,m \tag{9.117}$$

可以获得基于连续弱测量的量子系统的理论测量值：$y=(y_1, y_2, \cdots, y_m)$。需要强调的是，实际应用时，系统输出的测量值是直接从实际量子装置上获得的。人们就是仅根据从量子系统中获得的输出值，来重构出量子状态密度矩阵的。在进行优化算法的开发的理论研究中，测量值是通过理论关系式(9.117)来获得的。

由于测量过程为有限 m 次测量，所以存在估计误差：

$$e = y - A\rho \tag{9.118}$$

实际上，式(9.118)中的误差往往也代表量子态重构的估计误差。此误差越小，表明算法的重构性能越高。

由压缩感知理论可知，只要采样矩阵 A 满足限制等距条件(RIP)：

$$(1-\delta)\|\rho\|_F \leqslant \|A\hat{\rho}\|_2 \leqslant (1+\delta)\|\rho\|_F \tag{9.119}$$

其中，$\delta\in(0,1)$为等距常数，$\|\cdot\|_F$ 为弗罗贝尼乌斯范数。

此时在允许有估计误差存在时，可以通过求解满足带有约束条件的最优范数的问题唯一确定 d^2 个待估计的密度矩阵元素：

$$\begin{cases}\hat{\rho} = \arg\min\|\rho\|_* \\ \text{s.t.}\ \rho\geqslant 0, \mathrm{tr}(\rho) = 1, \|y - A\mathrm{vec}(\rho)\|_2^2 \leqslant \varepsilon\end{cases} \tag{9.120}$$

其中，$\|\rho\|_*$ 表示 ρ 的核范数，$\hat{\rho}$ 为利用压缩感知重构出的估计密度矩阵，ε 表示估计误差，$\mathrm{vec}(X)$为变换算符，表示任意矩阵 X 的每一列按顺序首尾相连变换成的矢量。

式(9.120)中的核范数优化问题等价于在正定约束下，目标为 ρ 的二范数最小的优化问题：

$$\begin{cases}\hat{\rho} = \arg\min\|y - A\mathrm{vec}(\rho) - y\|_2 \\ \text{s.t.}\quad \hat{\rho} = \rho, \rho\geqslant 0, \mathrm{tr}(\rho) = 1\end{cases} \tag{9.121}$$

我们采用非负最小二乘优化方法来进行量子密度矩阵的优化求解，求解过程中通过取性能指标函数：

$$J(\rho) = \sum_{i=1}^{t}(y(i) - A\mathrm{vec}(\rho))^2(y_t - A_t\mathrm{vec}(\rho))^{\mathrm{T}}(y_t - A_t\mathrm{vec}(\rho)) \quad (9.122)$$

为最小值时，求得参数矢量 ρ 的估计值 $\hat{\rho}$。

在式(9.122)中对 ρ 求偏导，并令之为 0，可以得到最小二乘估计公式为 $\hat{\rho} = (A^{\mathrm{T}}A)^{-1}A^{\mathrm{T}}y$。

当密度矩阵优化问题具有正定约束条件时，仅仅通过对目标函数求偏导是无法得到满足条件的最优解的，本节中我们采用 MATLAB 环境下的 CVX 工具箱来求解式(9.122)中的凸优化问题。CVX 是一个采用最小二乘法来求解带有约束条件的凸优化问题工具箱，功能比较强大。我们在使用中具体实现的求解步骤为：

(1) 定义目标变量 f_k，令其初值为 0，计算残差 $\mathrm{resid} = A * f_k - y_k$；

(2) 定义拉格朗日算子：$\lambda = A^{\mathrm{T}} * \mathrm{resid}$；

(3) 定义 P 为一组逻辑 1 的变量空间，Z 为一组逻辑 0 的变量空间，利用正集中的变量空间计算中间解 $z(P) = A(:,P)\backslash(y_t(k))$；

(4) 确定中间解 z 为负值时的变量空间 $Q = (z \leqslant 0) \cap P$；

(5) 根据 Q 的值计算新的目标变量 f_k，进而保证 f_k 非负：$\alpha = \min(f(Q)/(f(Q) - z(Q)), f_k = f_k + \alpha * (z - f_k)$；

(6) 根据 f_k 的值重置 P 与 Z 的值，并重复上述步骤，直至达到循环终止条件；

(7) 循环结束后，f_k 的值即为 k 时刻密度矩阵的估计值 $\hat{\rho}_k$。

在实时估计系统的状态 $\rho(t)$ 时，假定实验中连续弱测量读数的时刻为 t_k，两相邻时刻的间隔为 Δt。从零时刻开始记录测量值 $y(t_k)$，在每次弱测量后，将所记录的 $\{y(t_k)\}$ 与 $\{M_i(t_k)\}$ 对应，得到对应的采样矢量 y 与采样矩阵 A，构建如式(9.121)的优化问题，利用优化算法求解优化问题，得到 ρ 的重构密度矩阵 $\hat{\rho}$，$\hat{\rho}$ 即为量子态的实时估计结果。

9.4.3 数值仿真实验及其结果分析

本小节我们在 MATLAB 环境下进行了系统数值仿真实验，考虑随机开放量子系统的退相干效应和随机噪声，研究二能级量子系统状态的演化轨迹与所对应的实时估计状态，并通过性能对比实验，分析系统外加控制场、相互作用强度、弱测量观测算符等参数对状态实时估计效果性能的影响。

我们选择处于 z 方向恒定外加磁场 B_z 与 x 方向控制磁场 $B_x = A\cos\phi$ 中的 1/2 自旋粒子系综 S 的状态 $\rho(t)$ 作为被估计对象，薛定谔绘景下系统的初始状态为 $\rho(0)$，随时间 t 演化的状态用 $\rho(t)$ 表示。对系统 S 施加连续的弱测量，初始观测算符为 M_{i0}，假设测量对系统造成的破坏较弱，即弱测量强度 $\lambda = \xi\Delta t \to 0$。考虑系统 S 具有随机噪声，该系统演化方程为式(9.115)。被测系统在磁场 B_z 中的本征频率 $\omega_0 = \gamma B_z$，其中 γ 是粒子系综的自旋磁比，$\Omega = \gamma A$ 为系统的拉比(Rabi)频率，$\Omega \in \mathbf{R}$。

实验中用保真度 f 来表示系统状态重构的效果，保真度的计算公式定义为

$$f(t) = \mathrm{tr}\sqrt{\hat{\rho}(t)^{\frac{1}{2}}\rho(t)\hat{\rho}(t)^{\frac{1}{2}}} \tag{9.123}$$

其中，$\rho(t)$ 表示 t 时刻下的真实密度矩阵，$\hat{\rho}(t)$ 为对应的实时估计密度矩阵。

单比特自旋系统 S 的哈密顿量为：$H = H_0 + u_x H_x$，其中，$H_0 = -\frac{\hbar}{2}\omega_0\sigma_z$ 为自由哈密顿量，$\sigma_z = \begin{bmatrix}1 & 0\\ 0 & -1\end{bmatrix}$ 为 z 方向的泡利算符，$H_x = -\frac{\hbar\Omega}{2}(\mathrm{e}^{-\mathrm{i}\phi}\sigma^- + \mathrm{e}^{\mathrm{i}\phi}\sigma^+)$ 为控制哈密顿量，$\sigma^- = \begin{bmatrix}0 & 0\\ 1 & 0\end{bmatrix}$，$\sigma^+ = \begin{bmatrix}0 & 1\\ 0 & 0\end{bmatrix}$，$u_x$ 为常值控制量，$u_x \in \mathbf{R}^+$。在仿真实验中，我们选择单比特自旋量子系统的初态为 $\rho(0) = [3/4 \quad -\sqrt{3}/4; \quad -\sqrt{3}/4 \quad 1/4]$，对应 Bloch 球坐标为 $(\sqrt{3}/2, 0, 1/2)$。实验参数取 $\frac{\hbar}{2}\omega_0 = \Omega = 2.5\times 10^{-18}$，控制场初始相位 $\phi = 0$，取连续弱测量时间间隔 $\Delta t = 0.4 \cdot \frac{\hbar}{2}\omega_0 = 1\times 10^{-18}\ \mathrm{s} \approx 4\ \mathrm{a.u.}$，采样周期 $\Delta T = 0.1$，控制量 u_x 分别取两种不同常值 $u_{x1} = 0$，$u_{x2} = 2$，每种控制量下分别选择两种观测算符 $M_z = \sigma_z = \begin{bmatrix}1 & 0\\ 0 & -1\end{bmatrix}$，$M_x = \sigma_x = \begin{bmatrix}0 & 1\\ 1 & 0\end{bmatrix}$。

9.4.3.1 无外加控制作用下系统状态的自由演化轨迹实验

本小节主要研究单比特开放量子系统在无外加控制磁场作用下的状态自由演化实验。图 9.15 为 $u_x = 0$ 时不同观测算符下系统真实状态 $\rho(t)$ 与实时估计状态 $\tilde{\rho}(t)$ 在布洛克球中的演化轨迹，其中红色实线对应真实的状态，蓝色虚线对应实时在线估计的状态，“o”表示真实状态的初态 $\rho(0)$，“·”表示实时估计状态的初态 $\tilde{\rho}(0)$，左右两图分别对应于分别采用观测算符 M_z 与 M_x 情况下的系统状态估计结果。

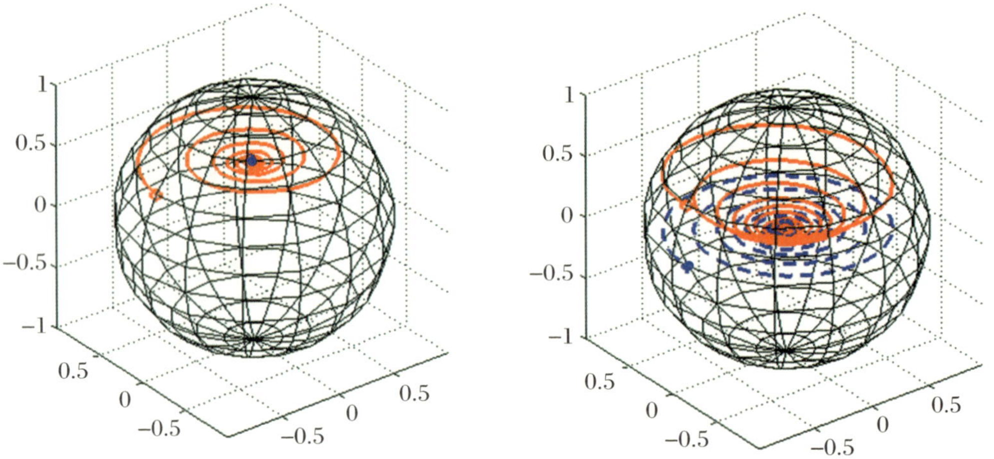

图 9.15　无外加调节作用下系统的自由演化及状态估计结果

从图 9.15 可以看出，当系统外加调节量 $u_x=0$ 时，系统状态进行自由演化。从图 9.15(a)中可以看出，当系统参数 $L=\sigma_z$，测量算符取 M_z 时，系统真实状态的自由演化轨迹为 x-y 平面上向球内部耗散的螺旋线，此时对量子态在线估计结果始终为 x-y 平面上的轨迹与 z 轴的交点，无法实现对变化的量子态进行在线估计。从图 9.15(b)中可以看出，当系统参数 $L=\sigma_x$，测量算符取 M_x 时，系统真实状态的演化轨迹为向球心的最大混合态收敛，此时对量子态在线估计结果为系统演化轨迹在 x-y 平面上的投影(蓝色虚线)。这两种情况分别为所选择的观测算符 M_z 或 M_x 与系统自由哈密顿量 H_0 为重合(平行)或正交，以至于连续测量无法获得系统状态的足够有效信息，因此无法实现对量子态的实时估计。

9.4.3.2　外加恒定值作用下的量子态实时估计实验

本小节研究随机开放量子系统在外加恒定值磁场作用下的状态演化与实时估计，以及相互作用强度对状态演化轨迹影响的实验。图 9.16 为当 $u_x=2$ 时，不同参数下系统真实状态 $\rho(t)$，以及实时估计状态 $\hat{\rho}(t)$ 在布洛克球中的演化轨迹，图 9.16(a)与图 9.16(b)分别对应随机噪声 $\mathrm{d}W=0.02$，相互作用强度分别为 $\xi=0.3$ 与 $\xi=0.5$，左右两图分别对应观测算符为 M_z 与 M_x 情况下的实验结果。

由图 9.16 中可以看出，当外加磁场控制量 $u_x=2$ 时，系统的状态演化轨迹为 Bloch 球上与 x-y 平面具有一定夹角的圆弧，由于此时所选观测算符 M_z 或 M_x 与系统哈密顿不重合或正交，能够得到量子态的精确估计结果。从图 9.16(a)和图 9.16(b)还可以看出，改变环境对系统的影响强度，即相互作用强度 ξ 的大小，也会使系统的演化轨迹发生变化，强度越大，演化轨迹变化越快；另外，图中估计状态轨迹与实际状态轨迹均在 $t_1=2\Delta T$ 及之后任意时刻重合，也就是在 t_1 时刻，开始首次得到精确实时估计结果。此结果说明，当所选系统状态密度矩阵非对角元素具有虚部，基于压缩感知理论和连续弱测量对单量子比特系统进行状态重构时，仅需三次连续测得的测量值，即可实时估计出系统的状态。

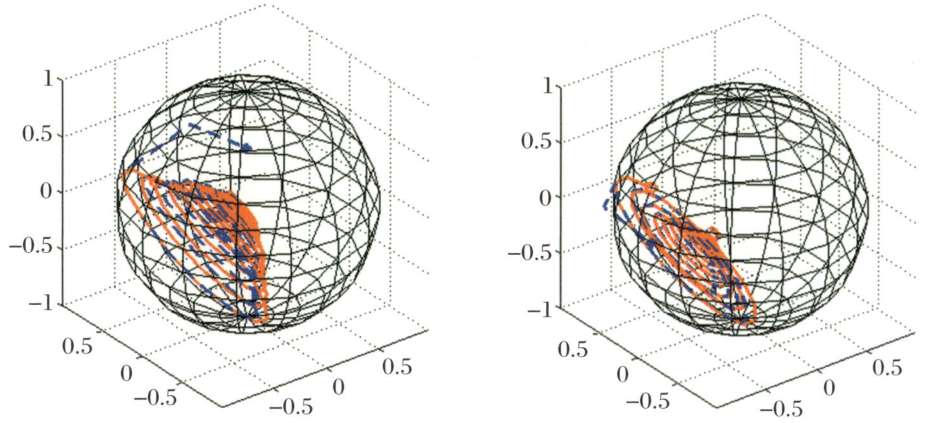

(a) 相互作用强度 ξ=0.3

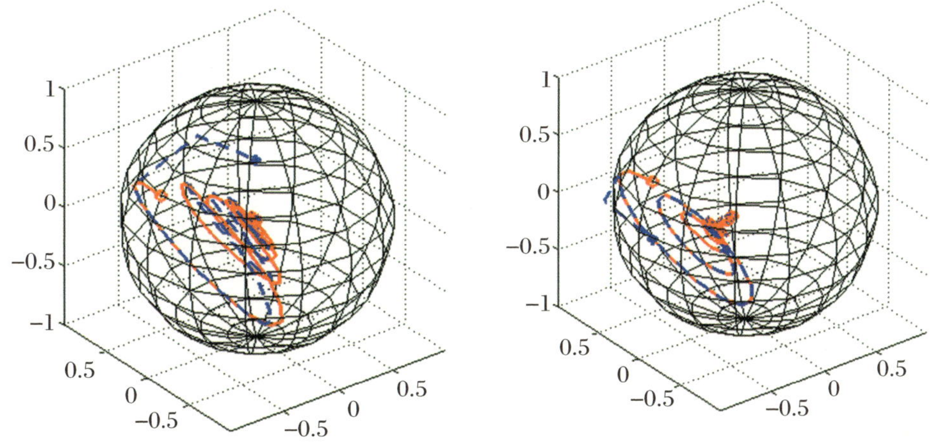

(b) 相互作用强度 ξ=0.5

图 9.16　外加恒定控制作用下系统的状态演化轨迹

本节在考虑随机开放量子系统的退相干效应和随机噪声问题的情况下，研究了基于压缩感知理论和连续弱测量的量子态实时估计。本节研究的重要性在于通过实验，让我们来了解清楚，初始观测算符以及系统参数的选取，对在线量子态估计的性能是有很大影响的。观测算符与系统哈密顿不重合或正交时，连续测量可以获得系统的足够有效信息，进而实现量子态的精确实时估计，这种情况是需要靠外加控制量来实现的。换句话说，给量子系统外加了控制常值量，不论初始观测算符如何，都不会影响在线量子态的估计效果。

需要说明的是，MATLAB 环境下 CVX 工具箱中的算法实际上是离线算法，它需要对数据进行反复迭代，我们实际上是把离线算法在线用：在每一个采样周期里采用 CVX 多次迭代获得高精度的状态估计值。由于本节实验中是对单量子位状态进行在线估计，即使是完备测量也只要两次，所以，采用 CVX 算法是能够实现的。随着量子位数的增加，采用 CVX 就不合适了，需要开发出真正的在每一个采样周期里，通过一次迭代，实时地估计出量子状态的在线优化算法。

9.5 含有测量噪声的时变量子态的在线估计算法

受在线交替方向乘子法(OADM)的启发，本节我们提出一种恢复时变量子态在线量子态估计(QSE)算法：QSE-OADM。具体而言，在 QSE-OADM 中，密度矩阵恢复子问题和测量噪声最小化子问题是分开求解的，无需迭代运行算法，这使得所提出的方法比以往的工作效率更高。

9.5.1 n 比特随机量子系统 CWM 作用下测量值序列和采样矩阵的构造

在薛定谔绘景下，n 比特随机量子系统的主方程可以描述为

$$\begin{aligned}\rho_{t+\Delta t}-\rho_t &= -\frac{\mathrm{i}}{\hbar}[H(t),\rho_t]\Delta t+\left[L\rho_t L^\dagger-\frac{1}{2}(L^\dagger L\rho_t+\rho_t L^\dagger L)\right]\Delta t\\ &\quad+\sqrt{\eta}(L\rho_t+\rho_t L^\dagger)\mathrm{d}W\\ &:=-\frac{\mathrm{i}}{\hbar}[H(t),\rho_t]\Delta t+D(L,\rho_t)\Delta t+H(L,\rho_t)\mathrm{d}W \end{aligned}\tag{9.124}$$

其中，$\hbar$为普朗克常量（为了方便，取$\hbar=1$）；ρ_t 为 t 时刻的密度矩阵；$H(t)$为系统哈密顿量；Lindblad 算符 L 表征被测量子系统与探测系统之间的耦合作用，上标“†”代表共轭

转置；$\eta \in (0,1]$为测量效率；$\mathrm{d}W$ 为某一概率空间$(\Omega, \boldsymbol{F}, \boldsymbol{P})$上的标准维纳过程并满足 $\boldsymbol{E}\{\mathrm{d}W\}=0$ 且 $\boldsymbol{E}\{(\mathrm{d}W)^2\}=\Delta t$；$\mathcal{D}(L,\rho_t)\Delta t$ 刻画了测量过程带来的确定性的退相干作用，而 $\mathcal{H}(L,\rho_t)\mathrm{d}W$ 则刻画了测量过程引起的随机的量子状态塌缩。

根据 9.4.1 小节中连续弱测量过程及其推导，可以得到作用在单比特随机开放量子系统状态上的 2×2 维的测量算符式(9.112)：$m_0(\Delta t)=I-(L'^{+}L'/2+\mathrm{i}H'(t))\Delta t$，$m_1(\Delta t)=L'\sqrt{\Delta t}$，其中，$H'(t)=H_0+H_c(t)=H_0+u_1(t)H_1$，$L'=\xi\sigma$，$\xi$ 为被测量子系统与探测系统之间的相互作用强度，σ 可在 Pauli 矩阵 $\sigma_x=\begin{bmatrix}0 & 1\\ 1 & 0\end{bmatrix}$，$\sigma_y=\begin{bmatrix}0 & -\mathrm{i}\\ \mathrm{i} & 0\end{bmatrix}$和 $\sigma_z=\begin{bmatrix}1 & 0\\ 0 & -1\end{bmatrix}$中选择；综合考虑测量效率及其反向效应的影响，可得一个 2×2 维密度矩阵的演化算符为：$a_i(\Delta t)=m_i(\Delta t)+\sqrt{\eta}L'\mathrm{d}W$，$i=1,2$。

更一般地，对于 n 比特随机量子系统，其 $2^n\times 2^n$ 维的测量算符可以在单比特量子系统的基础上借助克罗内克(Kronecker)积构造为

$$\begin{cases} M_0(\Delta t)=\underbrace{m_0(\Delta t)\otimes\cdots\otimes m_0(\Delta t)\otimes m_0(\Delta t)}_{n} \\ M_1(\Delta t)=\underbrace{m_0(\Delta t)\otimes\cdots\otimes m_0(\Delta t)\otimes m_1(\Delta t)}_{n} \\ \vdots \\ M_{2^n-1}(\Delta t)=\underbrace{m_1(\Delta t)\otimes\cdots\otimes m_1(\Delta t)\otimes m_1(\Delta t)}_{n} \end{cases} \tag{9.125}$$

$2^n\times 2^n$ 维的密度矩阵演化算符在单比特量子系统的基础上借助克罗内克积构造为

$$\begin{cases} A_0(\Delta t)=\underbrace{a_0(\Delta t)\otimes\cdots\otimes a_0(\Delta t)\otimes a_0(\Delta t)}_{n} \\ A_1(\Delta t)=\underbrace{a_0(\Delta t)\otimes\cdots\otimes a_0(\Delta t)\otimes a_1(\Delta t)}_{n} \\ \vdots \\ A_{2^n-1}(\Delta t)=\underbrace{a_1(\Delta t)\otimes\cdots\otimes a_1(\Delta t)\otimes a_1(\Delta t)}_{n} \end{cases} \tag{9.126}$$

令 $t=k\cdot\Delta t$，$k=1,2,\cdots,N$，可以得到与式(9.124)等价的离散型 n 比特随机量子系统的密度矩阵和测量算符的演化方程为

$$\rho_{k+1}=\sum_{i=0}^{2^n-1}A_i(\Delta t)\rho_k A_i^{+}(\Delta t) \tag{9.127}$$

$$M_{k+1} = \sum_{i=0}^{2^n-1} M_i(\Delta t) M_k M_i^{+}(\Delta t) \tag{9.128}$$

通过宏观测量仪器读出的量子系统实验装置的输出值 y 指的是测量算符 M 作用在密度矩阵上的平均值。在薛定谔绘景下，记初始测量算符为 M_1，每一个采样时刻 k 都可获得一个只与当前时刻的密度矩阵 ρ_k 有关的测量值 $y_k = \langle M_1, \rho_k \rangle = \mathrm{tr}(M_1^{+}\rho_k) = \mathrm{vec}^{+}(M_1)\mathrm{vec}(\rho_k)$。显然，仅凭借单次测量结果难以实现对密度矩阵的实时重构，不过得到的测量值是随着测量次数的增加而增多的，我们根据历史测量值与 ρ_k 之间的关系构造一组动态变化的测量值序列来建立含有待估计元素的方程组，在一定的测量次数后就能实现在每一个测量时刻高精度地实时重构出 ρ_k。在 $i=1,\cdots,k$ 的每一个时刻，所得到的每一个测量值 $\{y_i\}_{i=1}^{k}$ 与 k 时刻的密度矩阵 ρ_k 之间的关系式为

$$y_i = \mathrm{tr}(M_{k-i+1}^{\dagger}\rho_k) = \mathrm{vec}^{\dagger}(M_{k-i+1})\mathrm{vec}(\rho_k), \quad i = 1,\cdots,k \tag{9.129}$$

我们将 k 时刻及其之前的测量值共同组成一个测量值序列：$b_k = [y_1,\cdots,y_i,\cdots,y_k]^{\mathrm{T}}$. 测量值序列的具体构造方法如表 9.5 所示。

表 9.5　测量值序列的构造方法

	y_1	y_2	$\cdots$	y_k
b_1	$\mathrm{tr}(M_1^{\dagger}\rho_1)$	/	$\cdots$	/
b_2	$\mathrm{tr}(M_2^{\dagger}\rho_2)$	$\mathrm{tr}(M_1^{\dagger}\rho_2)$	$\cdots$	/
$\vdots$	$\vdots$	$\vdots$	$\ddots$	$\vdots$
b_k	$\mathrm{tr}(M_k^{\dagger}\rho_k)$	$\mathrm{tr}(M_{k-1}^{\dagger}\rho_k)$	$\cdots$	$\mathrm{tr}(M_1^{\dagger}\rho_k)$

从表 9.5 中可以看出，随着 k 取值的增大会加重实时量子状态估计算法的计算负担，进而导致较长的迭代时间。因此，我们借鉴递推限定记忆最小二乘法的思想引入滑窗以便保证在充分利用测量值的历史信息的同时，不至于使得计算负担过重。滑窗中的数据按照“先入先出”的策略进行更新，即数据量达到滑窗长度 l 之后，每增加一个新数据信息的同时，删除一个老数据的信息，数据的长度维持不变。带有滑窗的测量值序列为

$$b_k = [y_{\max(1,k-l+1)},\cdots,y_{k-1},y_k]^{\mathrm{T}} \tag{9.130a}$$

与海森伯(Heisenberg)绘景下借助量子系统动态演化的模型获取 k 时刻量子状态的方法不同，本小节提出的测量值序列构造方法是实时估计出 k 时刻的量子状态。

根据测量值与密度矩阵之间的关系式(9.129)，可以得到与 b_k 对应的采样矩阵 A_k 为

$$A_k = [\text{vec}(M_{\min(k,l)}), \cdots, \text{vec}(M_2), \text{vec}(M_1)]^\dagger \tag{9.131}$$

当采样次数大于等于 l 时，A_k 保持不变。考虑到测量过程额外引入的高斯噪声，式(9.129)应修正为 $y_i = \text{vec}^\dagger(M_{k-i+1})\text{vec}(\rho_k) + e_i, i = 1, \cdots, k$，其中 $e_i \in \mathbf{R}$ 为高斯白噪声。此时，n 比特随机量子系统在 CWM 作用下 b_k 与 A_k 的关系为

$$b_k = A_k \text{vec}(\rho_k) + e_k \tag{9.130b}$$

9.5.2 带测量噪声的在线 QSE 算法推导

我们首先定义一个二次型虚范数：$\| x \|_P^2 = x^\dagger P x$，其中，$x \in \mathbf{C}^{m \times 1}$，它是一个向量；$P \in \mathbf{C}^{m \times m}$ 为一个对称正定权值矩阵，所以，在采样时刻 k，在线 QSE 算法可以被写成一个带有约束的凸优化问题：

$$\begin{cases} \min\limits_{\hat{\rho}, \hat{e}} \| \text{vec}(\hat{\rho} - \hat{\rho}_{k-1}) \|_{\omega I_1}^2 + I_C(\hat{\rho}) + \| \hat{e} \|_{\gamma I_2}^2 \\ \text{s.t.} \quad A_k(\hat{\rho}) + \hat{e} = b_k \end{cases} \tag{9.132}$$

其中，$\hat{\rho}$ 为待估计的量子态密度矩阵；$\hat{e}$ 为测量噪声；$\| \text{vec}(\hat{\rho} - \hat{\rho}_{k-1}) \|_{\omega I_1}^2$ 代表在采样时刻 k，被估计状态 $\hat{\rho}$ 与上一时刻估计值 $\hat{\rho}_{k-1}$ 之间的距离，它反映了在线估计不希望忘记太多已经学到的状态。$\| \hat{e} \|_{\gamma I_2}^2$ 意味着减小当前估计状态的测量误差，也是常用的去噪方法；二次伪范数的权矩阵分别取为 ωI_1 和 γI_2，其中，$\omega > 0, \gamma > 0$，分别为权重参数。I_1 和 I_2 位数分别为 d^2 和 $\min(k, l)$；凸集 $C := \{\rho \geq 0, \text{tr}(\rho) = 1, \rho^\dagger = \rho\}$ 代表量子态约束，当量子态满足 C，示性函数 $I_C(\hat{\rho})$ 等于 0，否则，示性函数 $I_C(\hat{\rho})$ 为无穷大。

我们引入在线交替方向乘子法来开发在线 QSE 算法。对于具有可分离双目标变量 $\hat{\rho}$ 和 $\hat{e}$ 的约束在线凸优化问题(9.132)，OADM 的基本思想是将其分解为两个子问题并交替求解。OADM 的框架是依次最小化两个原变量对应的增广拉格朗日函数，最后通过双梯度上升更新拉格朗日乘子。因此，在每个采样时间 k 之后，只需要一次更新就可以计算原始变量和拉格朗日乘数 k。

式(9.132)的拉格朗日函数为

$$\begin{aligned} L_k(\hat{\rho}, \hat{e}, \lambda) = {} & I_C(\hat{\rho}) + \| \text{vec}(\hat{\rho} - \hat{\rho}_{k-1}) \|_{\omega I_1}^2 + \| \hat{e} \|_{\gamma I_2}^2 - \langle \lambda, A_k \text{vec}(\hat{\rho}) + \hat{e} - b_k \rangle \\ & + (\alpha/2) \| A_k(\hat{\rho}) + \hat{e} - b_k \|_2^2 \end{aligned} \tag{9.133}$$

其中，λ 是拉格朗日乘子，$\alpha > 0$ 为惩罚参数。

在采样时间 k 时，基于 OADM 的在线 QSE 算法中，估计的密度矩阵 $\hat{\rho}_k$，高斯噪声 $\hat{e}_k$ 和拉格朗日乘数 λ_k 分别为

$$\begin{cases}\hat{\rho}_k = \arg\min\limits_{\hat{\rho}}\left\{\frac{\alpha}{2}\|A_k\mathrm{vec}(\hat{\rho}) + \hat{e}_k - b_k - \lambda_{k-1}/\alpha\|_2^2 + I_C(\hat{\rho})\right.\\ \qquad\left. + \|\mathrm{vec}(\hat{\rho} - \hat{\rho}_{k-1})\|_{WI_1}^2\right\} & (9.134\mathrm{a})\\ \hat{e}_k = \arg\min\limits_{\hat{e}}\left\{\|e\|_{\gamma I_2}^2 + \frac{\alpha}{2}\|A_k\mathrm{vec}(\hat{\rho}) + \hat{e}_{k-1} - b_k - \lambda_{k-1}/\alpha\|_2^2\right\} & (9.134\mathrm{b})\\ \lambda_k = \lambda_{k-1} - \alpha(A_k\mathrm{vec}(\hat{\rho}) + \hat{e}_k - b_k) & (9.134\mathrm{c})\end{cases}$$

注意 k 表示采样时间，在其中我们应用连续测量和估计修正，只对式(9.134)执行一次迭代，以便设计一种适用于实时实现的计算方法。我们将显式地提出一种求解式(9.134)中的两个最优问题的有效方法，通过在式(9.134a)、式(9.134b)中更新原始变量 $\hat{\rho}$，$\hat{e}$ 来求解这两个优化问题。拉格朗日乘子 λ 可以直接通过式(9.134c)获得。

更新 $\hat{\rho}_k$ 对于量子态密度矩阵的子问题，它包含一个关于量子态密度和两个二次项的不可微示性函数，其中包括最小二乘惩罚项和二次伪范数项。

既然示性函数可以通过投影来求解，因此，$\hat{\rho}$ 的求解过程可以分为两个步骤：我们首先解决一个在不考虑指标函数的情况下，相对简单的无约束问题，得到满足约束条件的估计态 $\hat{\rho}_k$，然后再通过求解投影问题来得到满足量子态约束条件的估计状态 $\hat{\rho}$。

步骤 1 忽略示性函数 $I_C(\hat{\rho})$，并令 u 表示常数 $u = b_k + \lambda_{k-1}/\alpha - \hat{e}_{k-1}$，子问题(9.134a)可以写成无约束凸问题：

$$\tilde{\rho}_k = \arg\min_{\tilde{\rho}}\left\{\frac{\alpha}{2}\|A_k\ \mathrm{vec}(\hat{\rho}) + u\|_2^2 + \|\mathrm{vec}(\hat{\rho} - \hat{\rho}_{k-1})\|_{WI_1}^2\right\} \tag{9.135}$$

其中，$\tilde{\rho}_k$ 为不考虑量子约束的估计状态。

因为式(9.135)中的所有项都是可微的，所以最优解 $\hat{\rho}_k$ 可直接用一阶最优性条件：$\alpha A_k^{\dagger}(A_k\mathrm{vec}(\tilde{\rho}) - u) + 2W\mathrm{vec}(\tilde{\rho} - \hat{\rho}_{k-1}) = 0$ 来求解，得到最优解为

$$\mathrm{vec}(\tilde{\rho}_k) = (W^{-1} + A_k^* V^{-1} A_k)^{-1}(W^{-1} + \mathrm{vec}(\hat{\rho}_{k-1}) + A_k^* V^{-1} u) \tag{9.136}$$

其中，$(W^{-1} + A_k^* V^{-1} A_k)$ 是一个非奇异矩阵，$A_k^* = A_k^{\dagger}$；$W = \frac{1}{2W}I_1 > 0$，$V = \frac{1}{\alpha}I_3 > 0$，$A_k^{\dagger}A_k$ 是半正定矩阵，I_3 为具有动态维数 $\min(k, I)$ 的单位阵。

根据矩阵逆定理，可得

$$\begin{cases}(W^{-1} + A_k^* V^{-1} A_k)^{-1} = W - WA_k^*(V + A_k W A_k^*)^{-1} A_k W\\ (W^{-1} + A_k^* V^{-1} A_k)^{-1} = WA_k^*(V + A_k W A_k^*)^{-1}\end{cases} \tag{9.137}$$

式(9.136)的最优解为

$$\mathrm{vec}(\tilde{\rho}_k) = \mathrm{vec}(\hat{\rho}_{k-1}) + A_k^{\dagger}\left[\left(\frac{2W}{\alpha}I_3 + A_k A_k^{\dagger}\right)^{-1}(u - A_k \mathrm{vec}(\hat{\rho}_{k-1}))\right] \tag{9.138}$$

步骤 2 考虑示性函数 $I_C(\hat{\rho})$ 的影响,求解满足同时量子态约束的 $\hat{\rho}_k$,可以通过求解以下凸优化问题:

$$\begin{cases}\hat{\rho}_k = \arg\min\limits_{\hat{\rho}}\{\|\mathrm{vec}(\hat{\rho} - \tilde{\rho}_k)\|_{l_1}^2\} \\ \text{s.t.} \quad \rho \geq 0, \mathrm{tr}(\rho) = 1, \rho^{\dagger} = \rho\end{cases} \tag{9.139}$$

也可以利用 $(\tilde{\rho}_k + \tilde{\rho}_k^{\dagger})/2$ 的厄密的特性,采用 $(\tilde{\rho}_k + \tilde{\rho}_k^{\dagger})/2$ 代替式(9.139)中的 $\tilde{\rho}_k$ 来确保被估计出的状态满足厄密矩阵的约束条件:$\hat{\rho}^{\dagger} = \hat{\rho}$。既然需要计算出密度矩阵的元素,将式(9.139)简化为密度矩阵的投影问题:

$$\begin{cases}\hat{\rho}_k = \arg\min\limits_{\hat{\rho}}\|\hat{\rho} - (\tilde{\rho}_k + \tilde{\rho}_k^{\dagger})/2\|_F^2 \\ \text{s.t.} \quad \hat{\rho} \geq 0, \mathrm{tr}(\hat{\rho}) = 1\end{cases} \tag{9.140}$$

其中,$\|\cdot\|_F$ 为 Frobenius 范数。

本质上,式(9.140)是一个半定规划问题,可以通过内点法来求解。我们在此通过奇异值分解,设计一种直接求解方法,利用 $(\tilde{\rho}_k + \tilde{\rho}_k^{\dagger})/2$ 的幺正相似性,对 $(\tilde{\rho}_k + \tilde{\rho}_k^{\dagger})/2$ 进行特征值分解 $U\mathrm{diag}\{a_i\}U^{\dagger}$,其中,$\mathrm{diag}\{a_1, \cdots, a_d\}$ 为对角矩阵,其特征值按非增顺序排列;$U \in \mathbf{C}^{d\times d}$ 为酉矩阵。此时,式(9.140)的最优解可以写为

$$\hat{\rho}_k = U\,\mathrm{diag}\{\sigma_i\}U^{\dagger} \tag{9.141}$$

其中,$\mathrm{diag}\{\sigma_1, \cdots, \sigma_d\}$ 为满足量子约束条件下的密度矩阵 $\hat{\rho}_k$ 的奇异值,$\{\sigma_i\}_{i=1}^d$ 可以通过优化问题求解出

$$\begin{cases}\min\limits_{\{\sigma_i\}} \dfrac{1}{2}\sum\limits_{i=1}^{d}(\sigma_i - a_i)^2 \\ \text{s.t.} \quad \sum\limits_{i=1}^{d}\sigma_i = 1, \sigma_i \geqslant 0\end{cases} \tag{9.142}$$

式(9.142)的拉格朗日函数为

$$L\{\sigma_i, \kappa_i, \beta\} = \frac{1}{2}\sum_{i=1}^{d}(\sigma_i - a_i)^2 - \kappa_i\sigma_i + \beta\left(\sum_{i=1}^{d}\sigma_i - 1\right) \tag{9.143}$$

其中，$\{\kappa_i\}_{i=1}^{d}$和 β 为拉格朗日乘子。

对于凸优化问题(9.142)，我们可以满足 KKT 条件找到最优值 σ_i^*，κ_i^* 和β_i^*，分别为 $\sigma_i^*\geqslant 0$，$\sum_{i=1}^{d}\sigma_i^*=1$，$\kappa_i^*\geqslant 0$，$\kappa_i^*\sigma_i^*=0$，以及 $\sigma_i^*-a_i-\kappa_i^*+\beta^*=0$，$i=1,\cdots,d$，通过化简抵消 κ_i^*，我们可以获得方程组：

$$\begin{cases}\sigma_i^*\geqslant 0 & (9.144\text{a})\\ \sigma_i^*\geqslant a_i-\beta^* & (9.144\text{b})\\ \sigma_i^*[\sigma_i^*-(a_i-\beta^*)]=0 & (9.144\text{c})\\ \sum_{i=1}^{d}\sigma_i^*=1 & (9.144\text{d})\end{cases}$$

根据式(9.144b)，最优解的求解可以分为两种情况：① 当 $\sigma_i^*>a_i-\beta^*$ 时，根据式(9.144c)，可知此时 $\sigma_i^*=0$，并同时存在 $a_i<\beta^*$；② 当 $\sigma_i^*=a_i-\beta^*$ 时，有 $\sigma_i^*=a_i-\beta^*$，此时结合式(9.144a)，可知 $a_i\geqslant\beta^*$ 成立。因此，我们可以获得

$$\sigma_i^*=\max(a_i-\beta^*,0) \tag{9.145}$$

其中，最优拉格朗日乘子 β^* 可以利用式(9.144d)的条件 $\sum_{i=1}^{d}\max\{a_i-\beta^*,0\}=1$ 求出。

具体地，我们通过令 $\beta^*=a_i$ 来判断最优乘子β^* 的所属区间，假设在区间$[a_q,a_{q+1}]$内有 $a_q-\beta^*\geqslant 0$ 和 $a_{q+1}-\beta^*<0$ 成立，因此最优的β^* 可以根据 $\sum_{i=1}^{q}(a_i-\beta^*)=1$ 计算为

$$\beta^*=\left(\sum_{i=1}^{q}a_i-1\right)/q \tag{9.146}$$

更新 $\hat{e}_k$ 式(9.134b)是一个无约束二次规划，我们可以直接根据一阶最优条件，得到一个解析解。因此，$\hat{e}_k$ 的更新公式为

$$\hat{e}_k=[\alpha/(2\gamma+\alpha)](b_k+\lambda_{k-1}/\alpha-A_k\mathrm{vec}(\hat{\rho}_k)) \tag{9.147}$$

本小节提出的在线 QSE-OADM 算法的总结见算法 9.2。

算法 9.2 QSE-OADM 算法

---

(1) 初始化：$\hat{\rho}_0$，$e_0=0$，$\lambda_0=0$；取 $W,\gamma,\alpha>0$；滑动窗口长度 $l\in\mathbf{Z}_+$；

(2) For $k=1,2,\cdots$，do

(3) 获取测量输出 b_k；

(4) 根据式(9.138)计算状态 $\tilde{\rho}_k$

(5) 通过对$(\tilde{\rho}_k+\tilde{\rho}_k^\dagger)/2$进行奇异值分解得到 $U\mathrm{diag}\{a_i\}U^\dagger$；

(6) 根据式(9.146)求出 β^*；

(7) 根据式(9.145)计算 $\sigma_i^* = \max(a_i-\beta^*,0)$；

(8) 根据式(9.141)获得 $\hat{\rho}_k = U\mathrm{diag}\{\sigma_i\}U^\dagger$；

(9) 根据式(9.147)求出 $\hat{e}_k = [\alpha/(2\gamma+\alpha)](b_k+\lambda_{k-1}/\alpha - A_k\mathrm{vec}(\hat{\rho}_k))$；

(10) 根据式(9.134c)求出 λ_k；

(11) End for

与离线 QSE 算法的估计目标态为固定状态相比，基于 CWM 的在线 QSE 算法的估计目标 ρ_k 随时间变化，是一个动态目标估计问题。此外，在一些离线算法中，假设估计的状态是稀疏的、低秩的，而在线估计的量子态是一种更一般的态。此外，在线算法仅得到估计状态 $\hat{\rho}_k$ 一个迭代。离线算法对同一组数据通过多次迭代，最终得到状态估计。

本小节将所提出的 QSE-OADM 算法与基于 CVX 的优化算法(Yang et al.，2018)以及 OPG-ADMM 算法(Zhang et al.，2020)、MEG 算法(Youssry et al.，2019)进行性能对比，主要区别在于求解密度矩阵子问题的方法。基于 CVX 的优化算法实际上是采用 LS 算法，不考虑测量噪声，采用离线 MATLAB 环境下的凸优化工具箱作为求解器，这是不实际的在线处理。OPG-ADMM 和 MEG 分别利用在线近梯度下降法和矩阵指数梯度法利用一阶信息近似求解密度矩阵的子问题。与基于梯度的近似方法不同，本小节提出的 QSE-OADM 算法对求解步骤进行了分解，并在每次估计中精确求解了时变量子态的估计密度矩阵，使得所提出的方法更加高效。

三种算法计算复杂度分析：

(1) 本小节所提出的 QSE-OADM 算法，密度矩阵更新规则为式(9.138)，其中，$\left(\frac{2W}{\alpha}I_3 + A_kA_k^\dagger\right)$计算复杂度为 $O(l^2d^2)$，它的求逆的计算复杂度为 $O(d^3)$，小于 $O(l^2d^2)$(因为 $l<d^2$)。此外，由式(9.131)定义的采样矩阵 A_k 当采样次数 $k\geqslant l$ 后保持不变，所以$\left(\frac{2W}{\alpha}I_3 + A_kA_k^\dagger\right)$只需要计算 l 次。因此，总计算复杂度是 $l\times O(l^2d^2)$。式(9.141)中密度矩阵奇异值分解的复杂度是 $O(d^3)$。由于每种估计都有严格的量子态约束，因此总计算复杂度为 $N\times O(d^3)$。所以，QSE-OADM 算法总的计算复杂度是 $l\times O(l^2d^2)+N\times O(d^3)$。

(2) OPG-ADMM 的整体计算复杂度是 $l\times O(l^6)+N\times O(d^3)$，其中 $l\times O(l^6)$是

9

$A_k^\dagger A_k$ 奇异值分解的计算复杂度，$N\times O(d^3)$是求解带有状态限制半定规划问题的复杂度。

(3) MEG 的总计算复杂度是 $2N\times O(d^3)$，这是在进行奇异值值分解时，密度矩阵的对数运算和指数运算复杂度。

所以，当固定滑动窗相比尺寸 l，在实际在线估计中，N 可以无限增加，也就是 $l\leqslant N$，所以，$l\times O(l^2d^2)< l\times O(l^6)< N\times O(d^3)$。因此，QSE-OADM 算法的总体计算复杂度小于 OPG-ADMM 算法和 MEG 算法的。

9.5.3 数值对比实验及其结果分析

本小节进行数值实验，以在线评估所提出的 QSE-OADM 算法在时变状态重构性能方面的特性。在实验中，测量记录序列由 $b_k = A_k\cdot \mathrm{vec}(\rho_k)+e_k$ 构成。估计系统的真量子态 ρ_k 由式(9.127)生成，相应的采样矩阵 A_k 由式(9.131)定义。二能级量子系统的弱测量算符中 $L=\xi\sigma_z$，$H=\sigma_z+u_x\sigma_x$；仿真实验以 $n=4$ 量子位系统为研究对象，系统相互作用强度 $\xi=0.7$；外加控制量强度 $u_x=2$；系统测量效率 $\eta=0.5$；系统随机噪声 $\mathrm{d}W=0.001$；高斯测量噪声 e_x 信噪比(signal-to-noise ratio，SNR)为 40 dB。在线量子态估计过程中，系统采样次数设置为 $N=500$。对于 n 比特量子系统模型，状态初始值选取为 $\rho_1^n=\underbrace{\rho\otimes\cdots\otimes\rho}_{n}$，$\rho=[0.5,(1-\mathrm{i})/(\sqrt{8});(1+\mathrm{i})/(\sqrt{8}),0.5]$；估计状态的初始值选取为 $\hat{\rho}_1^n=\underbrace{\hat{\rho}\otimes\cdots\otimes\hat{\rho}}_{n}$，$\hat{\rho}=[0,0;0,1]$；初始测量算符 $M_1^n=\underbrace{\sigma_z\otimes\cdots\otimes\sigma_z}_{n}$。

对于估计量子状态的精度衡量标准，本小节选取了两种性能指标，第一个是估计误差的归一化距离 $D(\rho_k,\hat{\rho}_k)$，定义为

$$D(\rho_k,\hat{\rho}_k):=\frac{\|\rho_k-\hat{\rho}_k\|_F^2}{\|\rho_k\|_F^2} \tag{9.148}$$

其中，ρ_k 为真实量子状态，$\hat{\rho}_k$ 为相应的估计状态。

第二个是保真度 fidelity$(\rho_k,\hat{\rho}_k)$，定义为

$$\mathrm{fidelity}(\rho_k,\hat{\rho}_k):=\mathrm{tr}\left(\sqrt{\sqrt{\hat{\rho}_k}\rho_k\sqrt{\hat{\rho}_k}}\right) \tag{9.149}$$

保真度的值在 0 和 1 之间，越接近于 1 则认为两个量子状态越相似。

本小节我们将所提优化算法 QSE-OADM 分别与矩阵指数梯度(MEG)，以及 OPG-ADMM 算法的估计性能进行对比研究。OPG-ADMM 算法采用在线近端梯度差分下降

法近似求解 $\hat{\rho}$ 子问题，通过增加一个近端项来执行近端梯度，求解一个半定规划问题。MEG 的目标函数由两项组成，第一项是估计状态 $\hat{\rho}$ 和前一次估计 $\hat{\rho}_{k-1}$ 之间的 Umegaki's 量子相对熵，第二项是被估计状态的测量误差的平方。在没有投影操作的情况下，通过密度的指数和轨迹归一化矩阵，MEG 保证所估计的状态满足量子态约束，然而，其密度矩阵的指数涉及奇异值分解，使其计算复杂度与 $\hat{\rho}$ 子问题中的投影运算相一致。

9.5.3.1 估计初始状态对三种算法性能的影响实验

对于状态实时跟踪算法来说，不同的估计初始状态会影响算法性能。当初始状态与实际初始状态偏差较大时，可能会导致估计误差积累，无法及时准确地进行状态估计。此外，为了直观地反映估计结果，我们选择了在 Bloch 球上可以清晰地画出演化轨迹的单量子位系统。因此，我们将所提出的 QSE-OADM 与 OPG-ADMM 和 MEG 算法在两种不同的初始估计状态下进行比较[$0.75,\sqrt{3}/4;\sqrt{3}/4,0.25$]和[$0.5,(1+\mathrm{i})/(\sqrt{8});(1-\mathrm{i})/(\sqrt{8}),0.5$]。选择滑动窗口的大小 $l=16$，证明了滑动窗口的大小足以重构单量子位系统的密度矩阵。QSE-OADM 算法中涉及三个参数：权重参数 w 和 γ，惩罚参数 α。在实验中，我们选择 $w=0.1$，$\gamma=\sqrt{d}/k$；惩罚参数 $\alpha=2$。OPG-ADMM 和 MEG 是手工调到最好的。所有的模拟都是采用 MATLAB R2016a 软件，运行在 Inter Core i7-8750M CPU，时钟在 2.2 GHz，16 GB 内存的计算机上的。

三种算法在两种不同估计初始状态下的在线状态估计轨迹如图 9.17 所示，其中，红色圆圈和蓝色星星分别表示真状态和估计状态的初值。Bloch 球中的红色实线和蓝色虚线是真实的量子态轨迹和估计的态轨迹。真实的量子态演化是随时间变化的自由演化轨迹，从 Bloch 球表面向球中心自由演化。

对于两种不同估计初始状态下，估计状态保真度达到大于 99%所需要的采样次数如表 9.5 所示。

表 9.5　不同估计初始状态下达到估计性能的采样次数

算法	初态 1 采样次数、保真度	初态 2 采样次数、保真度
QSE-OADM	3,99.71%	3,99.48%
OPG-ADMM	11,99.12%	13,99.63%
MEG	10,99.67%	14,99.87%

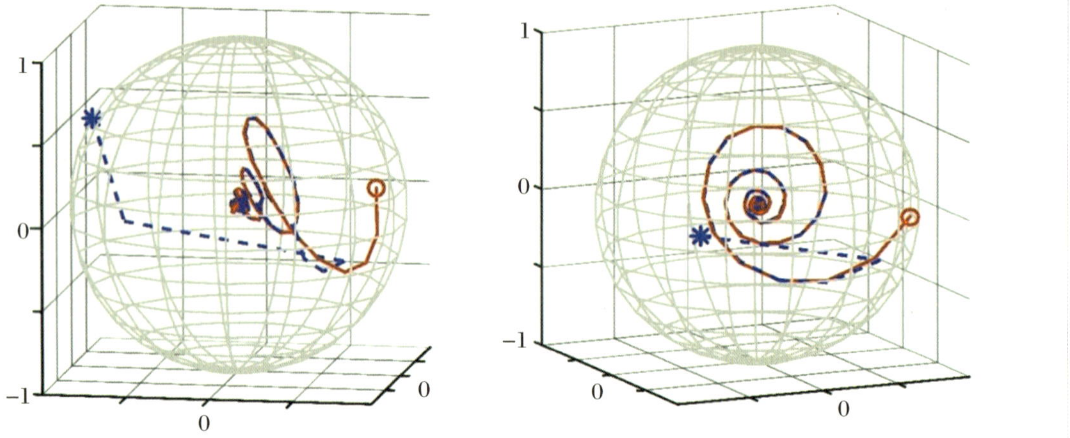

(a) QSE-OADM下状态估计的实验结果

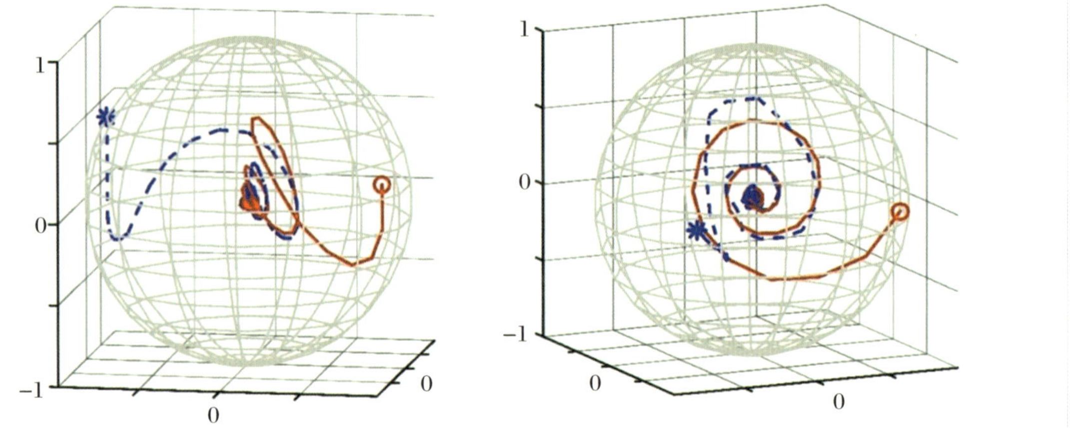

(b) OPG-ADMM下状态估计的实验结果

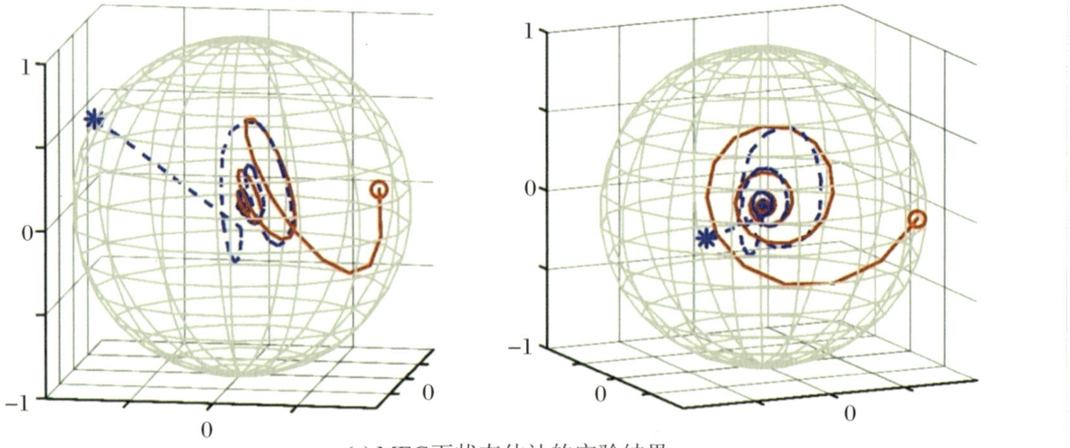

(c) MEG下状态估计的实验结果

图 9.17　三种算法在两种不同估计初始状态下的在线状态估计轨迹

从图 9.17 和表 9.5 中可以看出，与 OPG-ADMM 算法和 MEG 算法相比，QSE-OADM 算法对不同初始状态的估计只需三步即可精确地实现实时状态估计。从图 9.17 中的估计状态的跟踪轨迹路线中也可以清楚看出，QSE-OADM 算法能够以最快的速度，在最短的采样次数下跟踪上变化的真实状态。因此，QSE-OADM 算法对估计的初始状态具有更强的鲁棒性和快速高精度的在线估计量子状态的能力。

9.5.3.2　三种算法最少采样性能对比实验

为了验证在线 QSE 算法的有效性，我们比较了 QSE-OADM 算法、OPG-ADMM 算法和 MEG 算法在不同滑动窗口大小下的在线估计性能。滑动窗口的大小可以看作估计精度和计算工作量之间的权衡。在每个窗口大小 l 处，比较标准是归一化距离 $D(\hat{\rho}_k, \rho_k)$小于基线 0.1 所需的最小采样次数 $k_{\min}$。值得注意的是，$k_{\min}$是在线状态估计算法的精度和跟踪速度的综合体现。$k_{\min}$的数目预计会更小，说明动态状态可以有效地重建。在本实验中，对于 4 量子位系统，滑动窗口的大小取 $l=1,\cdots,100$。图 9.18 为三种算法分别运行 10 次后每个窗口大小的 $k_{\min}$平均值和标准差范围。

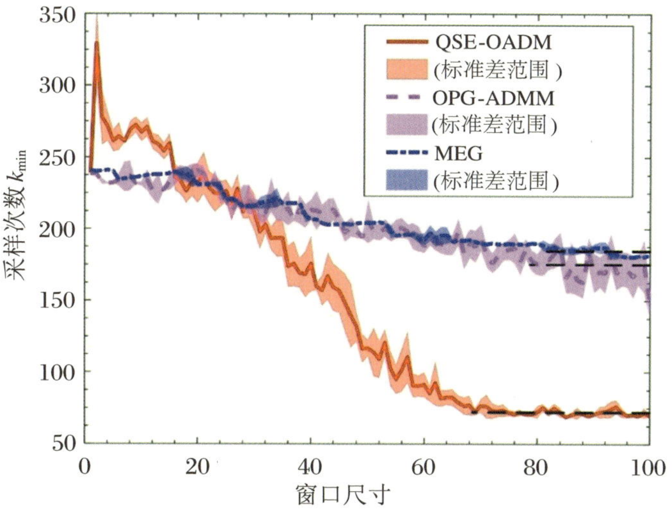

图 9.18　不同窗口下三种不同算法的估计性能实验结果

从图 9.18 可以看出：

(1) 随着滑动窗口大小的增加，采样次数 $k_{\min}$逐渐减小并趋于稳定。如图 9.18 中黑色虚线所示，达到性能的 QSE-OADM 算法的最少采样次数 $k_{\min}$为 71，OPG-ADMM 算法和 MEG 算法的最少采样次数 $k_{\min}$为 170。结果表明，QSE-OADM 算法能够以最少采样次数实现高精度的在线量子态估计。

（2）最小滑动窗口时，QSE-OADM 算法，OPG-ADMM 算法和 MEG 算法实现期望估计性能的采样次数分别为 68 次、80 次和 85 次，由此可见，QSE-OADM 算法达到期望性能所需要的采样次数为最少，该性能为三种算法中最优的。

9.6 稀疏干扰与高斯噪声下的在线量子态滤波器

我们已经知道，量子状态估计的目标是通过实验测量值，重构出量子系统的状态的，一个 n 比特量子系统中的状态可以采用希尔伯特空间中的一个密度矩阵 $\rho \in \mathbf{C}^{d\times d}$ 来描述，其中，$d=2^n$，同时满足半正定，单位迹的厄米矩阵约束要求。2006 年压缩感知理论的提出，使得人们可以通过较少的测量次数，高精度地重构出量子状态密度矩阵。不过，这些技术都是基于强测量，在测量过程中对于样本有不可逆的破坏性，观测者不仅需要制备全同副本，在每次测量时，还需对测量设备进行重新配置。此外，这些技术是基于离线的数据处理方式，对一个固定的量子态进行估计。在实际应用中，尤其是量子系统的状态反馈控制中，需要人们实时在线地对动态变化的量子状态进行估计。因此，基于强测量的技术并不适用于在线量子态估计问题。连续弱测量（continuous weak measurement，CWM），可以在对量子系统影响较小的情况下，通过计算系综均值来重构出量子状态。这种非破坏性的测量方式，为在线量子态估计提供了理论基础。与经典测量相同，量子系统的测量，也需要考虑干扰对量子系统的影响。干扰既可能出现在测量过程中，也可能出现在量子状态本身。对于前者，测量干扰通常被假设为均值为零的高斯噪声，而后者通常被看作在密度矩阵 ρ 某些位置上引入的稀疏干扰，一些研究致力于消除其中一种或两种干扰，从而高精度地重构出量子状态 ρ。离线量子态估计领域中，Zheng 等人(2016)将不动点法与交替方向乘子法相结合，实现了稀疏干扰下的量子态重构，Hang 等人引入 proximal Jacobian，ADMM（PJ-ADMM），同时考虑稀疏干扰与高斯噪声，设计出离线量子态滤波器，实现了离线条件下的量子状态估计和滤波。

在线量子态估计问题中，其估计的状态是更为一般的动态演化状态。不过，人们在 2011 年使用绘景变换，将估计动态状态的在线问题转换为估计初始状态的静态问题，这些方法在整个在线问题中始终对量子态初值进行估计，然后通过系统模型的演化，获得动态密度矩阵。Yang 等人提出一种直接估计当前时刻量子态的方法：将每个时刻的状态估计问题转换为一个含有约束最小二乘法问题，并采用 MATLAB 环境下的 CVX 凸优化工具箱对其进行求解，他们所采用的方法实际上是将离线算法应用到在线求解过程中，在每一次在线估计过程中，进行一个双循环：在外部循环中在线估计量子状态，而在内部循环的每一次状态估计中，执行多次迭代，计算量较大。

本节将基于在线交替方向乘子（online alternating direction method of multipliers，OADM）框架，同时考虑测量过程中的高斯噪声与稀疏干扰，提出一种在线量子态滤波器（online quantum state filter，OQSF）算法，从被高斯噪声与稀疏干扰耦合的测量值中，实时重构出随时间动态变化的量子状态，这是一项具有挑战的任务。我们将目标等价看作最小化高斯噪声的 ℓ_2 范数与稀疏干扰的 ℓ_1 范数，并保证估计的状态满足半正定，单位迹的厄密矩阵约束。通过 OADM 框架，将原始问题分解为两个独立的子问题，利用迭代阈值收缩法求解稀疏干扰，利用一阶最优条件求解高斯噪声，并将量子态约束与子问题分离，先求解无约束的子问题，再通过投影更新约束下的估计值。所提算法每个采样时刻都能精确地求解子问题，从含有噪声与干扰的测量值中重构量子状态。将所提滤波器的性能与现有的三种在线量子态估计算法进行对比，通过数值实验证明了在线量子态滤波器的优越性。

9.6.1 连续弱测量下的开放量子系统

重写式(9.106)所描述的一个 n 比特量子系统可以由薛定谔绘景下的连续随机开放量子系统主方程：

$$\begin{aligned}\rho(t+\Delta t)-\rho(t)=&-\frac{\mathrm{i}}{\hbar}[H(t),\rho(t)]\Delta t\\&+\sum\left[L\rho(t)L^{\dagger}-\frac{1}{2}(L^{\dagger}L\rho(t)+\rho(t)L^{\dagger}L)\right]\Delta t\\&+\sqrt{\eta}\sum[L\rho(t)+\rho(t)L^{\dagger}]\mathrm{d}W\end{aligned}\tag{9.150}$$

其中，$\rho(t)$为量子密度矩阵，Δt 为相互作用时间，H 为系统总哈密顿量；$L^{\dagger}$ 为 L 的共轭转置；Δt 为相互作用时间；$\hbar$为普朗克常量，通常设置为 1；η 为测量效率；$\mathrm{d}W$ 是零差测量时产生的随机噪声，满足 $E(\mathrm{d}W)=0$ 的 Wiener 过程。

基于连续弱测量对含有扰动和噪声的在线量子状态的估计过程如图 9.19 所示，它是由连续弱测量过程（CWM process）和量子状态在线滤波器（online filter）两部分组成的。在单量子位系统的弱测量过程中，通过引入一个二能级探测系统（probe）P，并将其与被测系统 Q 组成联合系统，由于弱测量中的相互作用强度很小，联合系统可被看作为封闭系统。此时，联合系统状态演化方程为：$|\Psi(\Delta t)\rangle=U(\Delta t)|\Psi\rangle=U(\Delta t)(|\phi\rangle\otimes$

$|\psi\rangle)$，其中，$|\phi\rangle$和$|\psi\rangle$分别为系统 P 和S 的初始状态，$\otimes$表示 Kronecker 积，$U(\Delta t)=\exp(-\mathrm{i}\xi\Delta tH/\hbar)$为联合演化算符，$\xi>0$ 为系统相互作用强度。$H=H_P+H_Q$ 为联合系统的哈密顿量，H_P 与H_Q 分别为系统P 和Q 的哈密顿量。在 Δt 时间内对探测系统P 进行投影测量(project mesearement)，可以得到探测系统 P 的本征态$|O\rangle$。联立弱测量前后联合系统状态$|\Psi(\Delta t)\rangle$变化关系式，探测系统 P 的本征态$|O\rangle$，以及联合演化算符$U(\Delta t)$的二阶泰勒展开式，可得出间接作用在被测系统 Q 上的弱测量算符 $m_0(\Delta t)$和$m_1(\Delta t)$。基于二能级量子系统的弱测量算符，我们可以利用张量积计算多能级量子系统的弱测量算符 M，并且获得含有噪声与干扰的测量值 y。由连续弱测量过程可知，在每个采样时刻，我们可以获得一个含有测量噪声 e 与稀疏干扰S 的测量值。

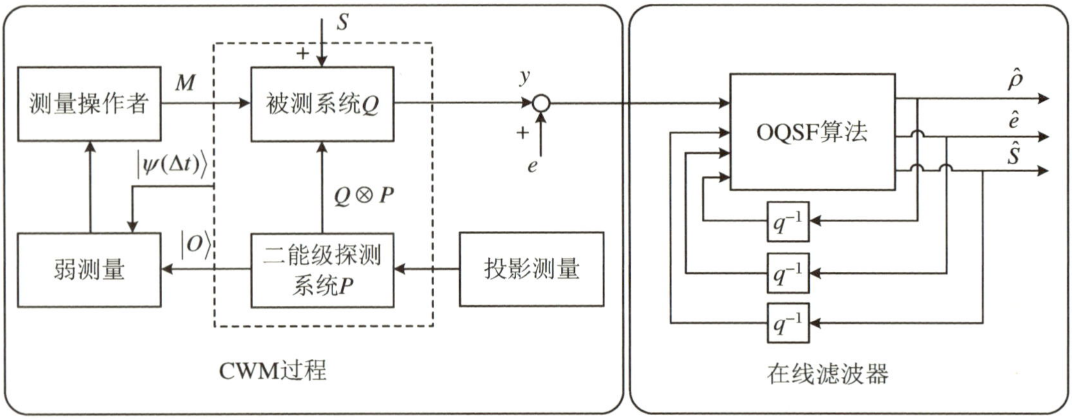

图 9.19　基于连续弱测量对含有扰动和噪声的在线量子状态的估计过程

在线滤波器期望能够实时在线精确重构出当前采样时刻的量子状态密度矩阵 $\hat{\rho}$，同时滤除高斯噪声与稀疏干扰，以达到高效的在线估计随时间变化的量子系统的状态，这是本节的研究重点。

9.6.1.1　n 比特开放量子系统离散演化模型

二能级量子系统的弱测量算符 $m_0(\Delta t)=I-(L^\dagger L/2+\mathrm{i}H(t))\Delta t$ 和$m_1(\Delta t)=L\cdot\sqrt{\Delta t}$，其中，$H(t)$为总哈密顿量：$H(t)=H_0+u_xH_x$，$H_0$ 为系统自由哈密顿量，H_x 为外加控制哈密顿量，u_x 是外加在 x 方向上的控制强度；$L=\xi\sigma$，σ 为泡利算符：$\sigma_x=\begin{bmatrix}0&1\\1&0\end{bmatrix}$，$\sigma_y=\begin{bmatrix}0&-\mathrm{i}\\\mathrm{i}&0\end{bmatrix}$，$\sigma_z=\begin{bmatrix}1&0\\0&-1\end{bmatrix}$和 $I=\begin{bmatrix}1&0\\0&1\end{bmatrix}$。$n$ 比特量子系统的弱测量算符M 可以通过$m_0(\Delta t)$和 $m_1(\Delta t)$的张量积计算获得

$$\begin{cases} M_1(\Delta t) = \underbrace{m_0(\Delta t) \otimes \cdots \otimes m_0(\Delta t) \otimes m_0(\Delta t)}_{n} \\ M_2(\Delta t) = \underbrace{m_0(\Delta t) \otimes \cdots \otimes m_0(\Delta t) \otimes m_1(\Delta t)}_{n} \\ \vdots \\ M_{2^n}(\Delta t) = \underbrace{m_1(\Delta t) \otimes \cdots \otimes m_1(\Delta t) \otimes m_1(\Delta t)}_{n} \end{cases} \tag{9.151}$$

当考虑随机开放量子系统(9.150)中的随机噪声和弱测量效率时，二能级量子系统的演化算符可以定义为：$a_0(\Delta t) = m_0(\Delta t) + \sqrt{\eta}L \cdot \mathrm{d}W$ 和 $a_1(\Delta t) = m_1(\Delta t) + \sqrt{\eta}L \cdot \mathrm{d}W$。$n$ 比特量子系统的演化算符可以通过 $a_0(\Delta t)$ 和 $a_1(\Delta t)$ 的张量积计算获得

$$\begin{cases} A_1(\Delta t) = \underbrace{a_0(\Delta t) \otimes \cdots \otimes a_0(\Delta t) \otimes a_0(\Delta t)}_{n} \\ A_2(\Delta t) = \underbrace{a_0(\Delta t) \otimes \cdots \otimes a_0(\Delta t) \otimes a_1(\Delta t)}_{n} \\ \vdots \\ A_{2^n}(\Delta t) = \underbrace{a_1(\Delta t) \otimes \cdots \otimes a_1(\Delta t) \otimes a_1(\Delta t)}_{n} \end{cases} \tag{9.152}$$

根据式(9.150)的随机开放量子系统主方程以及式(9.152)的演化算符，通过令 $t = \Delta t \cdot k$，被测量子系统 S 的动态离散演化模型为

$$\rho_{k+1} = \sum_{i=1}^{2^n} A_i(\Delta t)\rho_k A_i(\Delta t)^{\dagger} \tag{9.153}$$

其中，$k = 1, 2, \cdots, N$ 表示采样时间。

通过线性化变换可以将式(9.153)写为

$$\mathrm{vec}(\rho_{k+1}) = \left(\sum_{i=1}^{2^n} A_i(\Delta t) \otimes (A_i(\Delta t)^{\dagger})^{\mathrm{T}}\right)\mathrm{vec}(\rho_k) \tag{9.154}$$

其中，vec(X)表示将矩阵 X 的所有列组合串联为一个列向量。

连续弱测量过程中作用在被测系统状态上的测量算符的动态离散演化模型为

$$M_{k+1} = \sum_{i=1}^{2^n} M_i(\Delta t)^{\dagger} M_k M_i(\Delta t) \tag{9.155}$$

9.6.1.2 连续弱测量输出序列的构造

在薛定谔绘景下，每一采样时刻人们在系统 S 输出端获得的测量输出为 y_i，设初始测量算符为 M_1，离散化的量子系统状态为 $\{\rho_i\}_{i=1}^{k}$，那么，每一采样时刻测量输出的计算公式为

$$y_i = \mathrm{tr}(M_1^{\dagger}\rho_i) = \mathrm{vec}(M_1)^{\dagger}\mathrm{vec}(\rho_i) \tag{9.156}$$

其中，$\mathrm{tr}(X)$表示矩阵 X 的主对角线元素之和。

实现在线算法的思路是：基于连续弱测量，在连续不断的每一个时间序列里，获得一个测量值 y_i，通过利用前面已经获得的测量值，结合当前获得的输出值，构造出一组对当前时刻量子态估计的数据集和相应的采样矩阵，然后再结合测量值与密度矩阵之间的关系，重构出密度矩阵。所以，通过在线测量实现对一个量子态估计的关键，在于构造出合适的测量值数据序列，将测量值序列用 b_k 表示，在每一个采样时刻获取一个测量值，从第二个时刻起，所获得的测量值序列由当前时刻获得的值与以前所有时刻获得测量值构成，即 k 时刻的测量值序列 $b_k=[y_1,y_2,\cdots,y_k]$，其中

$$y_i = \mathrm{tr}(M_{k-i+1}^{\dagger}\rho_k) = \mathrm{vec}(M_{k-i+1})^{\dagger}\mathrm{vec}(\rho_k), \quad i = 1,\cdots,k \tag{9.157}$$

根据式(9.157)测量数据序列的构造方法，测量值序列的长度会随着采样次数 ρ_k 的增加而增大，我们不能一味地增加测量值序列的长度，来增加计算机的运算负担。考虑到估计精度以及在线处理的计算代价，在量子态估计中，我们需要限制并且固定一个测量值序列的长度，从第一次测量获取数据开始，直到达到给定的测量长度之后，每一次新获得测量数据将更新替代已有数据序列中的一个数据，从而始终保持估计数据序列限制在给定的长度里，我们称此为滑动窗口。由此可得实际量子态估计中所使用的带有滑动窗口的测量值序列为

$$b_k = \begin{cases} (y_1,\cdots,y_{k-1},y_k)^{\mathrm{T}}, & k < l \\ (y_{k-l+1},\cdots,y_{k-1},y_k)^{\mathrm{T}}, & k \geqslant l \end{cases} \tag{9.158}$$

其中，l 为测量值序列的滑动窗口长度。

此时，b_k 为一个具有长度 l 的动态滑动窗口的数据集，滑动窗口的更新策略为先进先出。根据式(9.157)，可以构造与式(9.158)对应的采样矩阵为

$$A_k = \begin{cases} (\mathrm{vec}(M_k),\cdots,\mathrm{vec}(M_2),\mathrm{vec}(M_1))^{\dagger}, & k < l \\ (\mathrm{vec}(M_l),\cdots,\mathrm{vec}(M_2),\mathrm{vec}(M_1))^{\dagger}, & k \geqslant l \end{cases} \tag{9.159}$$

在实际实验和测量过程中，不可避免地会受到各种干扰。在本小节中，我们同时考

虑了测量值序列 b_k 中的两种扰动，即量子状态 ρ 的稀疏干扰和测量过程的高斯噪声。结合式(9.158)和式(9.159)，我们将测量值序列 b_k 重写为

$$b_k = A_k \mathrm{vec}(\rho_k + S_k) + e_k \tag{9.160}$$

其中，$S_k \in \mathbf{R}^{d\times d}$，表示量子状态 ρ 受到的稀疏干扰且 S_k 中非零元素远小于 d^2；$e_k \in \mathbf{R}^k$ $(l<k)$ 或 $e_k \in \mathbf{R}^l$ $(k\geqslant l)$ 为测量噪声，并被假设为均值为 0，协方差矩阵为 R 的高斯噪声。

到此，我们完成对连续弱测量过程中的量子系统离散状态演化模型式(9.154)的建立，以及测量值序列式(9.160)的构造。

9.6.2 量子态在线滤波问题的描述

考虑一个 n 比特的开放量子系统，给定 k 时刻下的采样算符 A_k 和测量值序列 b_k，其中 b_k 同时被稀疏干扰 S 和高斯噪声 e 影响，在线量子态滤波器的目标是在当前时刻 k，获得密度矩阵的估计值 $\hat{\rho}_k$。我们首先定义矩阵的椭圆范数为：$\|x\|_Q^2 = x^\dagger Qx$，其中 $x\in\mathbf{C}^{m\times 1}$ 为一个 m 维列向量，$P\in\mathbf{C}^{m\times m}$ 表示对称半正定的权值矩阵。根据已知的先验信息，$\hat{\rho}_k$ 是满足迹为 1，半正定的厄密矩阵，e 服从高斯分布，S 是稀疏的。我们将在线量子态滤波问题转换为如下的优化问题：

$$\begin{cases} \min\limits_{\hat{\rho},\hat{S},\hat{e}} \|\mathrm{vec}(\hat{\rho},\hat{\rho}_{k-1})\|_{\omega I_1} + I_C(\hat{\rho}) + \theta\|\hat{S}\|_1 + \|\hat{e}\|_{\gamma I_2} \\ \text{s.t.}\quad A(\hat{\rho}+\hat{S}) + \hat{e} = b_k \end{cases} \tag{9.161}$$

其中，$\omega>0$，$\theta>0$，$\gamma>0$ 为正则化参数，$\|\mathrm{vec}(\hat{\rho},\hat{\rho}_{k-1})\|_{\omega I_1}$ 和 $\|e\|_{\gamma I_2}$ 为椭圆范数，最小化 $\|\mathrm{vec}(\hat{\rho},\hat{\rho}_{k-1})\|_{\omega I_1}$ 的作用是保留历史估计值的影响，避免估计值出现不合实际的剧烈变化，最小化 $\|e\|_{\gamma I_2}$ 的作用是降低当前时刻的测量误差，并且这也是滤除高斯噪声的常见方法，ωI_1 与 γI_2 为椭圆范数的权值矩阵，且 I_1 与 I_2 表示维数为 $\min(k,l)$ 的单位阵，最小化 $\|S\|_1$ 使得 S 满足稀疏性。此外，$I_C(\hat{\rho})$ 为示性函数，$\mathbf{C}:=\{\rho\geqslant 0, \mathrm{tr}(\rho)=1, \rho^\dagger=\rho\}$ 为凸集，代表量子状态约束。若 $\hat{\rho}\in\mathbf{C}$，$I_C=0$，否则 $I_C=\infty$。

如果不考虑稀疏干扰 S，问题(9.161)退化为仅考虑高斯噪声的在线量子态估计问题，不考虑高斯噪声 e，问题(9.161)退化为仅考虑稀疏干扰的在线量子态估计问题。求解问题(9.161)是具有挑战性的，因为密度矩阵 ρ，稀疏干扰 S 和高斯噪声 e，三个变量耦

9 合在目标函数$\|\text{vec}(\hat{\rho},\hat{\rho}_{k-1})\|_{\omega I_1}+I_C(\hat{\rho})+\theta\|S\|_1+\|e\|_{\gamma I_2}$和约束条件$\mathcal{A}(\hat{\rho}+\hat{S})+\hat{e}=b_k$中。此外，密度矩阵还需满足迹为1，及半正定厄密性的物理约束，这使得所求问题更加复杂。因此，我们将提出一种高效的在线量子态滤波器算法，该滤波器能够实时地估计当前时刻的密度矩阵ρ，同时滤除高斯噪声e和稀疏干扰S。

9.6.3 在线量子态滤波器设计与推导

我们引入在线交替方向乘子法（OADM）来推导在线量子态滤波器算法，OADM的计算框架是先将一个双变量的优化问题，分解为两个单变量优化的子问题，再依次最小化两个原始变量对应的增强拉格朗日函数，并在最后通过双重梯度上升更新拉格朗日乘子，以此实现对全局优化问题的求解。我们面对的问题(9.161)虽然含有三个优化变量，但仍可以借助OADM的计算框架对问题进行初步分解。式(9.161)的部分增广拉格朗日函数为

$$L_\alpha=\|\text{vec}(\hat{\rho},\hat{\rho}_{k-1})\|_{\omega I_1}+\theta\|\hat{S}\|1+\|e\|_{\gamma I_2}-\langle\lambda,A_k\text{vec}(\rho+S)+e-b_k\rangle$$
$$+\frac{\alpha}{2}\|A_k(\rho+S)+e-b_k\| \tag{9.162}$$

其中，$\alpha>0$为正的惩罚系数，λ为拉格朗日乘子，且为实数向量。

在优化过程中，我们在每个时刻都保证估计结果属于量子态约束集**C**，此时使满足$A_k\text{vec}(\rho)$为实数向量，进而得到$A_k\text{vec}(\rho+S)-b_k$为实数向量。此时，在OADM框架下，我们将问题(9.161)分解为

$$\begin{cases}(\hat{\rho}_k,\hat{S}_{k,})=\arg\min\limits_{\hat{\rho},\hat{S}}\Big\{\theta\|\hat{S}\|_1+I_C(\hat{\rho})+\|\text{vec}(\hat{\rho}-\hat{\rho}_{k-1})\|^2_{\omega I_1} \\ \qquad+\frac{\alpha}{2}\left\|A_k(\hat{\rho}+\hat{S})+\hat{e}_k-b_k-\frac{\lambda_{k-1}}{\alpha}\right\|_2^2\Big\} & (9.163\text{a}) \\ \hat{e}_k=\arg\min\limits_{\hat{e}}\left\{\|e\|^2_{\gamma I_2}+\frac{\alpha}{2}\left\|A_k(\hat{\rho}+\hat{S})+\hat{e}_{k-1}-b_k-\frac{\lambda_{k-1}}{\alpha}\right\|_2^2\right\} & (9.163\text{b}) \\ \lambda_k=\lambda_{k-1}-\alpha(A_k(\hat{\rho}+\hat{S})+\hat{e}_k-b_k) & (9.163\text{c})\end{cases}$$

子问题1 对于含有$\hat{\rho}$与$\hat{S}$两个优化变量的子问题(9.163a)，我们先忽略示性函数$I_C(\hat{\rho})$，并用u代替(9.163a)中的常量$b_k+\frac{\lambda_{k-1}}{\alpha}-\hat{e}_{k-1}$，可以获得子问题(9.163a)的无

约束的表达式：

$$(\widetilde{\rho}_k, \hat{S}_k) = \arg\min_{\hat{\rho}, \hat{S}} \left\{ \theta \| \hat{S} \|_1 + \| \mathrm{vec}(\hat{\rho} - \hat{\rho}_{k-1}) \|_{\omega I_1}^2 + \frac{\alpha}{2} \| A_k(\hat{\rho} + \hat{S}) + u \|_2^2 \right\} \tag{9.164}$$

其中，$\widetilde{\rho}_k$ 表示无约束下的量子态密度矩阵估计值。

式(9.164)中，关于 $\hat{\rho}$ 的所有项均可微，因此可将式(9.164)中的目标函数对 $\hat{\rho}$ 求偏导，通过一阶最优条件可得

$$\mathrm{vec}(\widetilde{\rho}_k) = (\omega I_1 + \alpha A_k^{\dagger} A_k)^{-1} (2\omega \mathrm{vec}(\hat{\rho}_{k-1}) + \alpha A_k^{\dagger} u - \alpha A_k^{\dagger} A_k \mathrm{vec}(\hat{S})) \tag{(9.165}$$

其中，$(\alpha A_k^{\dagger} A_k)^{-1}$ 是一个非奇异矩阵。

利用分块矩阵逆引理，可得

$$\begin{cases} (2\omega + \alpha A_k^{\dagger} A_k)^{-1} = \left(\dfrac{1}{2\omega} I_1 - \dfrac{1}{4\omega^2} A_k \right) \left(\dfrac{1}{\alpha} I_3 + \dfrac{1}{2\omega} A_k^{\dagger} A_k \right)^{-1} A_k \\ \alpha (2\omega + \alpha A_k^{\dagger} A_k)^{-1} A_k^{\dagger} = \dfrac{1}{2\omega} A_k^{\dagger} \left(\dfrac{1}{\alpha} I_3 + \dfrac{1}{2\omega} A_k^{\dagger} A_k \right)^{-1} \end{cases} \tag{9.166}$$

其中，I_3 代表位数为 $\min(k, l)$ 的单位矩阵。

结果式(9.165)可以简化为

$$\mathrm{vec}(\widetilde{\rho}_k) = \mathrm{vec}(\widetilde{\rho}_{k-1}) + K(z - A_k \mathrm{vec}(\hat{S})) \tag{9.167}$$

其中，$K = A_k^{\dagger} \left(\dfrac{2\omega}{\alpha} + A_k^{\dagger} A_k \right)^{-1}$，$z = u - A_k \cdot \mathrm{vec}(\hat{\rho}_{k-1})$。

将式(9.167)代入式(9.164)中，可以获得仅含有 S 的最优问题为

$$\min_{\hat{S}} \left\{ \frac{\alpha}{2} \| I_3 - A_k K)(z - A_k \hat{S}) \|_{\alpha I_3}^2 + \| K(z - A_k \hat{S}) \|_{\omega I_1}^2 + \theta \| \hat{S} \|_1 \right\} \tag{9.168}$$

一个更加有效的与式(9.168)等价问题为

$$\min_{\hat{S}} \{ \| (z - A_k \mathrm{vec}(\hat{S}) \|_Q^2 + \theta \| \hat{S} \|_1 \} \tag{9.169}$$

其中，$Q = \alpha (I_3 - A_k K)^{\dagger} (I_3 - A_k) + \omega K^{\dagger} K$。

在式(9.169)描述的优化问题中，椭圆范数 $\| \cdot \|_Q$ 连续可微，但 I_1 范数 $\| \cdot \|_1$ 不连续可微。我们令 $f(\hat{S}) = \| (z - A_k \mathrm{vec}(\hat{S}) \|_Q^2$，$g(\hat{S}) = \theta \| \hat{S} \|_1$。很显然此问题式可以通过迭代阈值收缩算法(iterative soft thresholding algorithm，ISTA)来求解的优化问题形式，

9 对其中的平滑项 $f(\hat{S})$ 求梯度 d，可得梯度计算公式为

$$d_k = \hat{S}_{k-1} - \beta_{k-1}[-A_k^\dagger(Q^\dagger - Q)z + A_k^\dagger(Q^\dagger + Q)A_k \text{vec}(\hat{S}_{k-1})] \tag{9.170}$$

其中，β_{k-1} 是迭代步长。

进一步我们可以得到 k 时刻下，稀疏干扰 S 的计算公式为

$$\hat{S}_k = M_{\beta_{k-1}}(d_k) \tag{9.171}$$

根据式(9.171)计算出 k 时刻稀疏干扰的估计值 $\hat{S}_k$，将其代入式(9.167)中，可得到无约束下密度矩阵的估计值 $\tilde{\rho}_k$ 为

$$\text{vec}(\tilde{\rho}_k) = \text{vec}(\hat{\rho}_{k-1}) + K[z - A_k \text{vec}(\hat{S}_k)] \tag{9.172}$$

现在考虑到之前忽略的示性函数 $I_C(\hat{\rho})$，同时考虑到密度矩阵估计值 $\hat{\rho}_k$ 满足量子态物理约束，可以通过求解如下的半正定规划问题获得：

$$\begin{cases} \hat{\rho}_k = \arg\min\limits_{\hat{\rho}} \| \text{vec}(\hat{\rho} - \hat{\rho}_k) \|_F \\ \text{s.t.} \quad \hat{\rho} \geq 0, \quad \text{tr}(\hat{\rho}) = 1, \quad \hat{\rho}^\dagger = \hat{\rho} \end{cases} \tag{9.173}$$

或等价求解问题：

$$\begin{cases} \hat{\rho}_k = \arg\min\limits_{\hat{\rho}} \| \hat{\rho} - (\hat{\rho}_k + \hat{\rho}_k^\dagger)/2 \|_F \\ \text{s.t.} \quad \hat{\rho} \geq 0, \quad \text{tr}(\hat{\rho}) = 1 \end{cases} \tag{9.174}$$

其中，F 为 Frobenius 范数。

注意到半定规划问题(9.174)具有最优解，将 $(\tilde{\rho}_k + \tilde{\rho}_k^\dagger)/2$ 相似对角化为 $V\text{diag}\{a_i\}V^\dagger$，其中，$V \in \mathbf{C}^{d\times d}$ 为酉矩阵，$\text{diag}\{a_1,\cdots,a_d\}$ 是一个将奇异值按 $a_1 \geqslant a_2 \geqslant \cdots \geqslant a_d$ 排列的对角阵，可以获得问题(9.174)的最优解为

$$\hat{\rho}_k = V\text{diag}\{\sigma_i\}\ V^\dagger \tag{9.175}$$

其中，对角元素 $\text{diag}\{a_1,\cdots,a_d\}$ 为密度矩阵估计值 $\hat{\rho}_k$ 的奇异值，且 $\{\sigma_i\}_{i=1}^d = 1$ 可以通过下式求解：

$$\begin{cases} \min\limits_{\{\sigma_i\}} \dfrac{1}{2} \sum\limits_{i=1}^{d} (\sigma_i - a_i)^2 \\ \text{s.t.} \quad \sum\limits_{i=1}^{d} \sigma_i = 1, \quad \sigma_i \geqslant 0 \end{cases} \tag{9.176}$$

对于凸优化问题(9.176)定义拉格朗日函数为

$$L(\{\sigma_i,\kappa_i,\zeta\}) = \frac{1}{2}\sum_{i=1}^{d}(\sigma_i - a_i)^2 + \sigma_i\kappa_i + \zeta\left(\sum_{i=1}^{d}\sigma_i - 1\right) \tag{9.177}$$

其中,$\{\kappa_i\}_{i=1}^{d}$,ζ 为拉格朗日乘子。

很明显,式(9.176)是一个凸优化问题,可以通过 KKT 条件求解出最优解为

$$\begin{cases} \sigma_i^* \geqslant 0 \\ \sum_{i=1}^{d}\sigma_i^* = 1 \\ \kappa_i^* \geqslant 0 \\ \kappa_i^*\sigma_i^* = 0 \\ \sigma_i^* - a_i - \kappa_i^* + \zeta^* = 0 \\ i = 1,2,\cdots,d \end{cases} \tag{9.178}$$

消掉式(9.178)中的 κ_i^*,我们可得

$$\begin{cases} \sigma_i^* \geqslant 0 & (9.179\text{a}) \\ \sigma_i^* \geqslant a_i - \zeta^* & (9.179\text{b}) \\ \sigma_i^*[\sigma_i^* - (a_i - \zeta^*)] = 0 & (9.179\text{c}) \\ \sum_{i=1}^{d}\sigma_i^* = 1 & (9.179\text{d}) \end{cases}$$

对于式(9.179b),我们可以讨论两种情况:

(1) 如果 $\sigma_i^* > a_i - \zeta^*$,根据式(9.179c)可得:$\sigma_i^* = 0$,并且 $\sigma_i^* < \zeta^*$;

(2) 如果 $\sigma_i^* = a_i - \zeta^*$,根据式(9.179a)可得:$\sigma_i^* > \zeta^*$,

所以,最优值 σ_i^* 可以直接写为

$$\sigma_i^* = \max\{a_i - \zeta^*, 0\} \tag{9.180a}$$

其中,最优拉格朗日乘子 ζ^* 可以通过满足式(9.179d)条件的 $\sum_{i=1}^{d}\max\{a_i - \zeta^*, 0\} = 1$ 求出;该等式表明,我们可以依次令 $\zeta^* = a_i, i = 1,\cdots,d$ 来确定 ζ^* 所属区间。不妨假设 ζ^* 在区间 $[a_{t+1}, a_t]$ 内,可以得到

$$\begin{cases} \sigma_i^* = a_i - \zeta^*, & \forall i \leqslant t \\ \sigma_i^* = 0, & \forall i \geqslant t+1 \end{cases}$$

所以,最优拉格朗日乘子 ζ^* 的计算公式为

$$\zeta^* = \left(\sum_{i=1}^{t} a_i - 1\right) \Big/ t \tag{9.180b}$$

根据最优的 ζ^*，我们先通过式(9.180a)求解出 σ_i^*，再通过式(9.175)计算出 $\hat{\rho}_k$。

子问题 2 式(9.163b)是一个无约束的二次型问题。对高斯噪声 e_k 的修正公式可以直接通过一阶最优条件获得：

$$\hat{e}_k = \frac{\alpha}{2\gamma+\alpha}\left[b_k + \frac{\lambda_{k-1}}{\alpha} - A_k \mathrm{vec}(\hat{\rho}_k) + \hat{S}_k\right] \tag{9.181}$$

图 9.16 中所显示的 OQSF 算法的执行过程总结在算法 9.3 中。

算法 9.3 OQSF 算法

---

(1) 初始化：$\hat{\rho}_0 = 0, e_0 = 0, S_0 = 0$；取 $\omega, \theta, \gamma, \alpha > 0$；滑动窗口长度 $l \in \mathbf{Z}_+$；

(2) For $k = 1, 2, \cdots, N$, do

(3) 获取测量输出序列 b_k；

(4) 根据式(9.171)计算 $\hat{S}_k$；

(5) 根据式(9.172)计算状态 $\tilde{\rho}_k$；

(6) 通过对 $(\tilde{\rho}_k + \tilde{\rho}_k^\dagger)/2$ 进行奇异值分解得到 $V\mathrm{diag}\{a_i\}V^\dagger$；

(7) 根据式(9.180b)计算 $\zeta^* = (\sum_{i=1}^{t} a_i - 1)/t$；

(8) 根据式(9.180a)计算 $\sigma_i^* = \max\{a_i - \zeta^*, 0\}$；

(9) 根据式(9.171)计算 $\hat{S}_k = M_{\beta_{k-1}}(d_k)$；

(10) 根据式(9.175)计算 $\hat{\rho}_k = V\mathrm{diag}\{\sigma_i\}\ V^\dagger$；

(11) 根据式(9.181)计算 $\hat{e}_k = \dfrac{\alpha}{2\gamma+\alpha}\left[b_k + \dfrac{\lambda_{k-1}}{\alpha} - A_k \mathrm{vec}(\hat{\rho}_k) + \hat{S}_k\right]$；

(12) 根据式(9.163c)计算 $\lambda_k = \lambda_{k-1} - \alpha[A_k(\hat{\rho} + \hat{S}) + \hat{e}_k - b_k]$；

(13) End for

通过与估计目标为固定状态的离线量子态估计算法相比，基于 CWM 的在线量子态滤波器，其估计目标是动态演化的量子状态 ρ_k，并且，离线估计算法是针对特殊的封闭量子系统，密度矩阵被假定为稀疏低秩。所提在线量子态滤波器估计目标，则是开放量子系统下更为一般的状态。此外，离线算法是在相同的数据集下多次迭代，获得固定状态的估计结果，而在线量子态滤波器是在每个采样周期，仅测量一次，估计一次，便实现了

对演化量子系统的状态估计与跟踪。将所提 OQSF 算法与现有的 CVX-LS 算法(Yang et al.,2018)、ALR-MEG 算法(Youssry et al.,2019)、OPG-ADMM 算法(张坤,丛爽,2019)、QSE-OADM 算法(Zhang et al.,2020)进行对比,CVX-LS 算法没有考虑噪声的影响,且通过离线 MATLAB 工具箱进行求解,这显然不适用于在线应用,而 ALR-MEG,OPG-ADMM,QSE-OADM 三种算法仅考虑了测量过程中的高斯噪声,存在一定的局限性。

本小节所提的在线量子态滤波器算法全面地考虑了测量过程中的噪声与干扰,在复杂环境中能更高精度地重构量子状态,我们将在下一小节通过数值实验验证其优越性。

9.6.4 数值对比实验及其结果分析

本小节中我们将进行数值对比实验,检验同时含有高斯噪声和稀疏干扰的情况下,在线量子态滤波器的性能。实验中量子系统的真实状态 ρ_k 由式(9.154)产生,测量矩阵 A_k 和测量值序列 b_k 分别由式(9.159)和式(9.160)构造。

对于 n 比特量子系统模型,密度矩阵的初始值设为 $\rho_1^n=\underbrace{\rho\otimes\cdots\otimes\rho}_{n}$,其中,$\rho=[0.5,(1-\mathrm{i})/(\sqrt{8});(1+\mathrm{i})/(\sqrt{8}),0.5]$,初始测量矩阵取值为 $M_1^n=\underbrace{\sigma_z\otimes\cdots\otimes\sigma_z}_{n}$。实验中设置系统相互作用强度 $\xi=0.5$;外加控制量强度 $u_x=2$;系统测量效率 $\eta=0.5$;随机噪声为 $\mathrm{d}W$ 的幅值为 0.01;高斯噪声的信噪比为 40 dB。稀疏扰动矩阵 $S\in\mathbf{R}^{d\times d}$,含有 $d^2/10$ 个非零元素,且非零元素的位置是随机的,幅值满足高斯分布 $N(0,\|\rho\|_F/20)$,对于估计值精度的衡量,本小节采用采用了两种评价标准:一是在纯态研究中常用的保真度 fidelity$(\rho_k,\hat{\rho}_k)$ 其定义为

$$\mathrm{fidelity}(\rho_k,\hat{\rho}_k)=\mathrm{tr}\left(\sqrt{\sqrt{\hat{\rho}_k}\,\rho_k\sqrt{\hat{\rho}_k}}\right) \tag{9.182}$$

其中,$\hat{\rho}_k$ 表示 k 时刻密度矩阵的估计值,ρ_k 表示 k 时刻密度矩阵的真实值。

第二个性能指标为误差的归一化距离 $D(\rho_k,\hat{\rho}_k)$:

$$D(\rho_k,\hat{\rho}_k):=\|\rho_k-\hat{\rho}_k\|_F^2/\|\rho_k\|_F^2 \tag{9.183}$$

误差的归一化距离 $D(\rho_k,\hat{\rho}_k)$体现了密度矩阵估计值与真实值之间所有元素的保真程度,其值也在(0,1)之间,$D(\rho_k,\hat{\rho}_k)$的值越接近于 0,代表估计值与真实值之间相似程度越高。

本小节将所提在线量子态滤波器与现有的三种在线量子态估计算法 ALR-MEG，OPG-ADMM，OADM 进行性能对比。实验中四种算法的参数均已调至最优，运行环境为 MATLAB 2016b，2.20 GHz Inter Core i7 8750H CPU，16 GB 内存。

9.6.4.1 单量子位下四种算法的滤波效果

本小节实验，我们将在含有高斯噪声 e 与稀疏干扰 S 的系统中，检验滤波器算法在密度矩阵重构上的高效性。为了更直观地反映算法的估计效果，我们选择单量子位系统，以便用 Bloch 图显示算法的跟踪轨迹。同时将四种算法应用到 $[0.75, \sqrt{3}/4; \sqrt{3}/4, 0.25]$ 和 $\rho = [0.5, (1-\mathrm{i})/(\sqrt{8}); (1+\mathrm{i})/(\sqrt{8})]$ 两个不同的初始估计值上，检验不同初值对于算法估计性能的影响。实验中选择窗口长度 $l = 16$，让四种算法都能达到最佳的估计效果。

从图 9.20 我们可以看到，在单比特开放量子系统中，真实的量子状态随时间不断演化，并表现为从 Bloch 球表面逐步演化到球心，如图 9.20 中蓝色曲线所示。四种算法的跟踪滤波效果如图 9.20 中红线所示，从中可以看出，相比于 ALR-MEG 与 OPG-ADMM，QSE-OADM 算法与所提 OQSF 算法均表现出更快的跟踪滤波效果，从图 9.20(c) 中明显看出，QSE-OADM 算法的跟踪轨迹由于稀疏干扰 S 而产生少量尖刺，而 OQSF 算法则表现出对稀疏干扰 S 更好的滤波效果。

在两种不同的初始值下，四种优化算法在保真度达 fidelity$(\rho_k, \hat{\rho}_k) > 0.99$ 所需要最小采样次数如表 9.6 所示，从中可以看出，本节所提出的 OQSF 算法具有最少的采样次数，估计性能最佳。

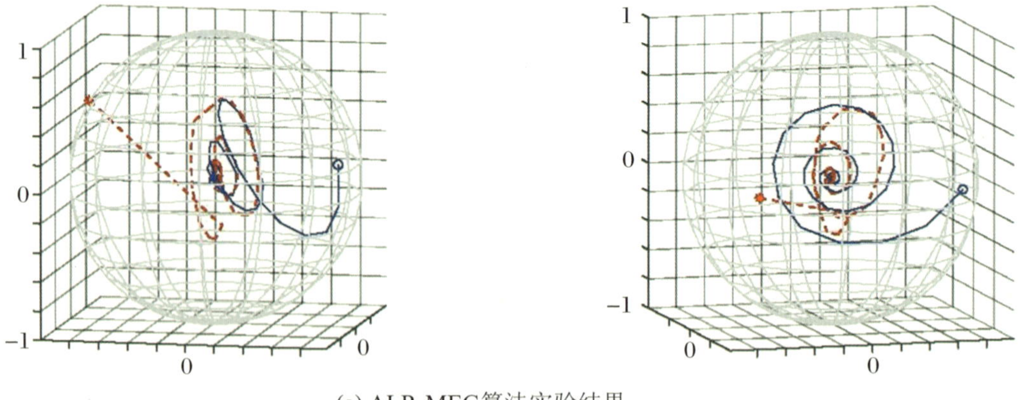

(a) ALR-MEG算法实验结果

图 9.20 单量子位下四种算法的滤波实验结果

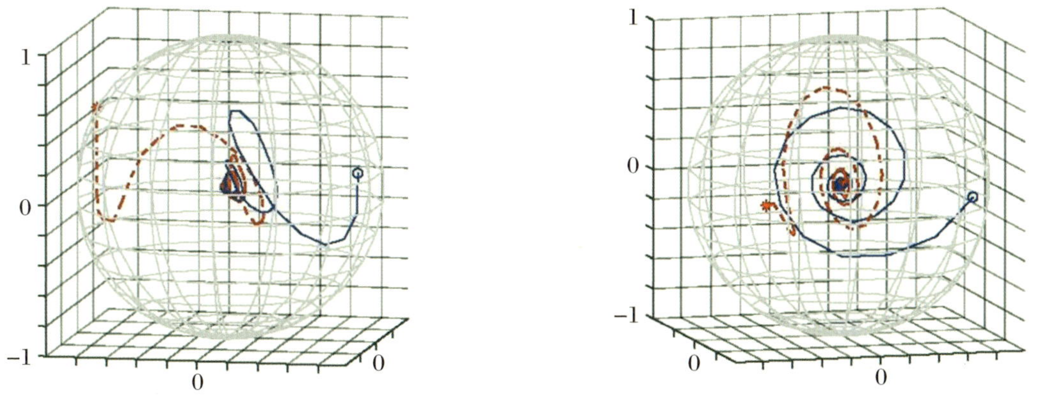

(b) OPG-ADMM算法实验结果

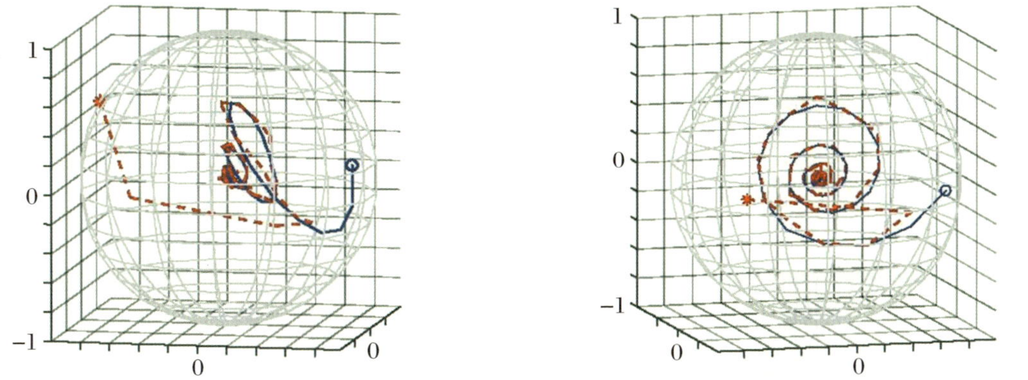

(c) QSE-OADM算法实验结果

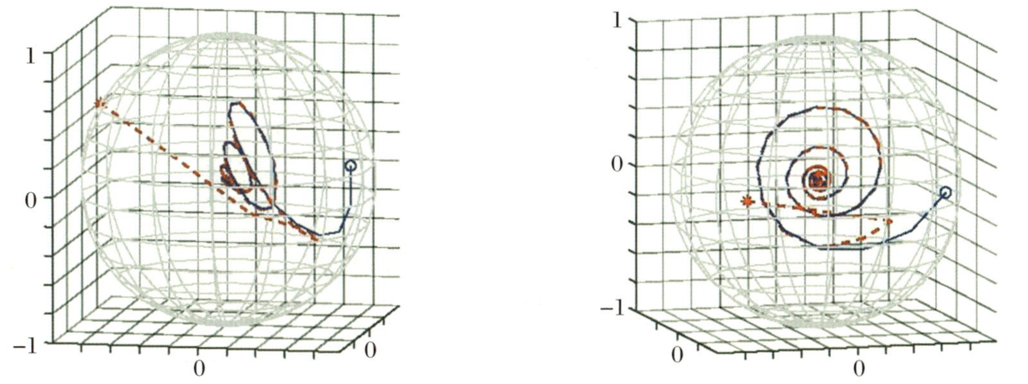

(d) OQSF算法实验结果

续图 9.20　单量子位下四种算法的滤波实验结果

表 9.6　不同估计初始状态下达到估计性能的采样次数

算　法	初态 1 采样次数,保真度	初态 2 采样次数,保真度
ALR-MEG	11,99.82%	10,99.13%
OPG-ADMM	14,99.19%	15,99.09%
QSE-OADM	4,99.99%	2,99.84%
OQSF	3,99.17%	4,99.99%

9.6.4.2　滑动窗口的大小对算法影响的实验

滑动窗口大小 l 是影响算法计算的一个重要因素。一个长的滑动窗口意味着每次估计都需要更多的计算和内存。但是,滑动窗口的大小 l 越小,就越难以精确地恢复密度矩阵。为了验证滑动窗口大小的影响,我们选择了归一化距离 $D(\rho_k,\hat{\rho}_k)\leqslant 0.10$ 作为性能指标,总采样次数设置为 $N=500$,滑动窗口的长度取值 $l=1,2,\cdots,100$,我们对 4 量子位在每一种窗口长度下,进行十次重复实验,记录不同算法达到性能指标所需要的最小采样次数 $k_{\min}$。实验结果如图 9.21 所示。

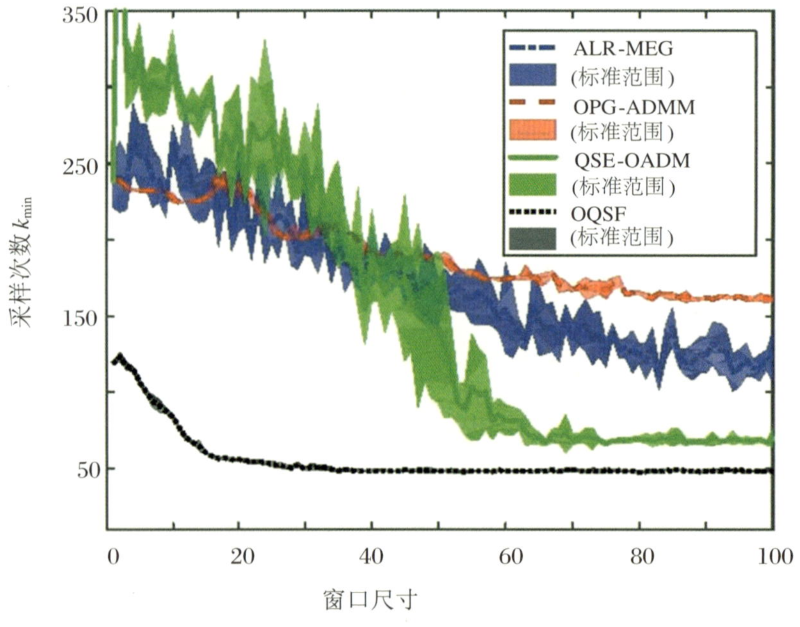

图 9.21　滑动窗口大小对在线估计的影响

从图 9.21 的实验结果中可以得到如下结论:

(1) 4 量子位下,随着窗口长度的增加,四种算法达到性能指标所需的采样次数 $k_{\min}$

逐渐递减，并在窗口长度达到一定值后，趋于稳定。ALR-MEG，OPG-ADMM，QSE-OADM 和 OQSF 四种算法达到性能指标所需最小采样次数 $k_{\min}$ 分别为 118，161，68 和 49。这表明 OQSF 能用最小的采样次数达到高精度的量子态估计滤波效果。

(2) 四种算法趋于稳定时，所需的窗口长度分别为 ALR-MEG：88，OPG-ADMM：80，QSE-OADM：67，OQSF：35。从中可以看出，相比于其他三种算法，OQSF 算法能以最小的窗口长度达到性能指标，这表明 OQSF 能更加有效的利用测量信息。

(3) 对于每一个窗口长度，标准差表示高斯噪声 e 与稀疏干扰 S 对算法稳定性的影响。从图 9.21 可以看出，窗口长度的增加对于四种算法而言，都有助于降低标准差，增强抗干扰能力。当窗口长度在[80，100]时，ALR-MEG 算法的标准差范围在[5.64，17.44]，标准差均值为 10.99；OPG-ADMM 算法的标准差范围在[0.63，2.65]，标准差均值为 1.58；QSE-OADM 算法的标准差范围在[1.02，5.98]，标准差均值为 2.76；而 OQSF 算法的标准差范围在[0.40，1.49]，标准差均值为 0.81。这表明当 $k_{\min}$ 趋于稳定时，相比于其他三种算法，OQSF 算法表现出更优异的鲁棒性。

9.6.4.3 四种算法的收敛性对比实验

本小节中我们采用归一化距离 $D(\rho_k, \hat{\rho}_k)$ 为性能指标，设置窗口长度 $l=80$，使四种算法均能达到最快的收敛速度。在 4 量子位下，记录四种算法的归一化距离 $D(\rho_k, \hat{\rho}_k)$ 随采样次数的变化，实验结果如图 9.22 所示。从图 9.22 的实验结果中可以看出，当采样次数达到 100 时，ALR-MEG，OPG-ADMM，QSE-OADM 和 OQSF 四种算法的归一化

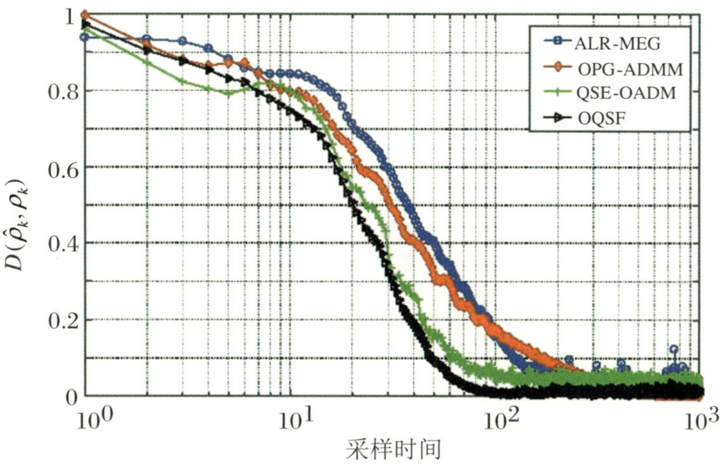

图 9.22 固定窗口长度的性能对比

9 距离 $D(\rho_k, \hat{\rho}_k)$分别为 0.16,0.17,5.3×10^{-2}和 6.2×10^{-3}。在同样的采样次数内,OQSF 算法的归一化误差最小,精度在其他算法的 8 倍到 29 倍之间,同时,达到性能指标 $D(\rho_k, \hat{\rho}_k)\leqslant0.10$,ALR-MEG,OPG-ADMM,QSE-OADM 和 OQSF 四种算法所需的最小采样次数 $k_{\min}$分别为 123,164,66 和 50,这表明所提的 OQSF 算法有最快的收敛速度。

此外,我们记录四种算法每次计算所需的运行时间,分别为 5.2×10^{-4} s(ALR-MEG),1.9×10^{-3} s(OPG-ADMM),1.1×10^{-3} s(QSE-OADM)和 8.6×10^{-4} s(OQSF)。OPG-ADMM 与 OADM 算法的计算复杂度要明显高于 ALR-MEG 与 OQSF 算法。综合四种算法达到性能指标 $D(\rho_k, \hat{\rho}_k)\leqslant0.10$ 的采样次数和每次采样后的计算时间,可以得到四种算法达到性能指标所需的运行时间分别为:ALR-MEG 算法是 0.063 s;OPG-ADMM 算法是 0.3116 s;QSE-OADM 算法是 0.073 s 和 OQSF 算法是 0.043 s。本节所提出的 OQSF 算法能以最少的运行时间,获得目标精度的估计滤波结果,不仅实现了量子状态的快速跟踪,并且有效滤除了高斯噪声和稀疏干扰,体现了所提 OQSF 的优越性。

第 10 章

基于神经网络的量子状态估计

10.1 量子态的数学与神经网络表示

量子系统的状态可以在希尔伯特空间采用波函数表示，也可以采用密度矩阵 ρ 描述。密度矩阵可以通过对波函数的外积叠加获得。对一个量子系统中的密度矩阵的估计，需要用到量子系统输出的测量值。量子状态（简称量子态）估计可以分为完备测量和不完备测量。完备测量是指在选定的正交测量基矢下测量次数与待估计参数值数目相等的测量。一个 n 比特量子系统状态的密度矩阵 $\rho \in \mathbf{C}^{d\times d}$（$d=2^n$）所具有的维数 $d=2^n$，密度矩阵同时还需要满足半正定（$\rho \geqslant 0$），迹为 1（$\mathrm{tr}(\rho)=1$）和共轭对称（$\rho^\dagger=\rho$）的性质。由于待估计 ρ 的未知元素数目为 $d\times d=2^n\times 2^n=4^n$ 个，所以对量子系统中一个量子态的完备测量次数为 4^n 量级，测量次数是随着量子位数的增加呈指数增长

(D'Alessandro,2003)。量子状态层析是最早用来进行量子状态估计的方法(Fano,1951)。Smith等基于最小二乘法从带有噪声的数据中实现了4比特量子状态估计(Smith et al.,2013)。Li等提出了一种低测量速率下的高量子位的快速重构(Li et al.,2017)。Zhang等提出了带有噪声和扰动的量子态滤波器(Zhang et al.,2020)。采用神经网络进行量子态估计,有可能通过对神经网络输入量子位数 n,即 n 输入节点,得到期望的 2^n 个重构参数,这样就有可能将 2^n 的计算复杂度减少为 n 多项式的计算复杂度,从而减少训练网络时间,加快收敛速度,提高逼近精度。这是近年来人们采用神经网络进行量子态重构的动因。Xin等使用全连接神经网络从局部测量信息实现了量子态层析(Xin et al.,2019),为大规模量子系统的可扩展状态层析提供了有效方法,Lohani等实现了利用卷积神经网络进行量子态层析,并获得较高的平均保真度(Lohani et al.,2020)。当采用神经网络进行应用时,除了需要掌握神经网络本身的设计,更重要的是要将需要解决的问题和实现的目标转换成能够在神经网络实现的函数映射关系,对于采用神经网络进行量子态估计,重要的一步就是实现神经网络的量子态表示。

本节根据量子态的波函数和密度矩阵的数学表示,分别对量子本征态、纯态以及混合态和纠缠态在选择不同测量基下的不同表示,以及它们之间的不同转换和关系,通过具体数值例子对其进行特性分析,给出两种典型的神经网络量子态的表示;根据不同物理变量之间的关系,以及神经网络自身所具有的特性,推导出相应神经网络结构上的输入/输出之间的非线性映射关系,在理论上提供神经网络函数关系及其数据生成的设计原则。

10.1.1 量子态的数学表示

10.1.1.1 波函数的数学表示

先来复习一下前面的内容。量子态的波函数 $\psi(t)$ 又称为波矢,它是一个矢量。狄拉克(Dirak)提出采用右矢 $|\cdot\rangle$ 符号来表示量子波函数 $|\psi\rangle$,采用左矢 $\langle\cdot|$ 符号来表示量子波函数的共轭转置 $\langle\psi| = |(\psi^*)^{\mathrm{T}}\rangle$。最简单的单量子位的波矢是一个 2×1 的列向量,可以表示为 $|\psi\rangle = \begin{bmatrix}1\\0\end{bmatrix} = [1\quad 0]^{\mathrm{T}}$,或者 $|\psi\rangle = \begin{bmatrix}0\\1\end{bmatrix} = [0\quad 1]^{\mathrm{T}}$。这两个矢量在二维平面内正好组成一个正交基,波函数的所有状态可以由这两个正交的基本矢量(简称基矢)线性叠加而成。最常用的定义单量子位的两个正交的基矢分别为 $|0\rangle = [1\quad 0]^{\mathrm{T}}$ 和 $|1\rangle = [0\quad 1]^{\mathrm{T}}$。这里所定义的两个基矢又称为本征态,选用本征态作为位基矢是最直接的,当

然还可以定义其他基矢。任意一个波函数的表达式可以为这 2 个本征态基矢的线性叠加：

$$|\psi\rangle = a|0\rangle + b|1\rangle \tag{10.1}$$

其中，a 和 b 满足 $a^2+b^2=1$ 的复数。

因为 $b=0$ 时，有 $a^2=1$ 成立；$a=0$ 时，有 $b^2=1$ 成立，此时的波函数（以概率 1）分别处于 $|0\rangle$ 和 $|1\rangle$，所以 a^2 和 b^2 分别表示波函数本征态等于 $|0\rangle$ 和 $|1\rangle$ 的概率。a 和 b 被称为（概率）幅（开）方。由于 a 和 b 为任意复数，原则上通过适当地确定 a 和 b 的值，就可以对一个量子位编码出无穷多个量子态波函数。所谓的量子态的制备、估计、重构以及调控，都是对由本征态组成波函数的系数 a 和 b 的值的设计与操纵。例如，可以采用 $|0\rangle$ 和 $|1\rangle$ 基矢分别表示半自旋粒子系统的自旋向上和自旋向下的状态：$|\uparrow_y\rangle = \frac{1}{\sqrt{2}}(|0\rangle+|1\rangle)$ 和 $|\downarrow_y\rangle = \frac{1}{\sqrt{2}}(|0\rangle-|1\rangle)$，以及 $|\uparrow_x\rangle = \frac{1}{\sqrt{2}}(|0\rangle+\mathrm{i}|1\rangle)$ 和 $|\downarrow_x\rangle = \frac{1}{\sqrt{2}}(|0\rangle-\mathrm{i}|1\rangle)$。

当量子位 $n=2$ 时，波函数的本征态个数有 $2^n=2^2=4$ 个，当采用本征态作为测量基时，波函数的表达式为

$$|\psi\rangle = a_1|00\rangle + a_2|01\rangle + a_3|10\rangle + a_4|11\rangle \tag{10.2}$$

其中，$a_1^2+a_2^2+a_3^2+a_4^2=1$。

以此类推，n 量子位波函数可以由所定义的 2^n 个基矢的叠加组成：

$$|\psi\rangle = \sum_{i=1}^{2^n} a_i |x_1x_2\cdots x_n\rangle,\quad x_i\in\{0,1\} \tag{10.3}$$

从式(10.3)可以看出，对于 n 量子位组成的波函数，有 n 个变量，2^n 个基矢，以及与其对应的 2^n 个幅方系数 a_i，$i=1,2,\cdots,2^n$。

10.1.1.2 密度矩阵的数学表示

由于波函数平方后得到的系数具有概率的物理意义，人们通过计算波函数的外积获得的矩阵，得到其元素具有明确物理意义的密度矩阵：

$$\rho = |\psi\rangle\langle\psi| = \sum_i p_i |\psi_i\rangle\langle\psi_i| \tag{10.4}$$

其中，p_i 为状态对应 $|\psi_i\rangle\langle\psi_i|$ 的概率，且满足 $\sum_i p_i = 1$。

密度矩阵中的每一个元素都对应着所定义的基矢以及不同基矢间的相干出现的概

率，这个概率可以通过对实际量子系统的实验，反复对同一个量子态的测量并进行平均计算出来。通过这样的反复测量实验，获得含有量子状态信息的实验数据，对数据进行处理后，可重构(或估计)出量子状态的密度矩阵。

需要特别强调和提醒的是，对于任意一个量子系统的状态制备、测量、估计以及调控，都是对幅方 a_i，$i=1,2,\cdots,2^n$(波函数系数)或 a^2(密度矩阵系数)的操控，也就是人们只能对各个基矢及其相干态在组成量子态中出现的概率进行测量和操控，而不是对本征态本身的操控。所以量子态或系统的控制是一种对概率的控制，这与宏观系统中直接对系统状态的控制概念完全不同。

举个简单的例子(例 1)：向空中抛一枚硬币，当此硬币落入手中时，观测到的是正面还是反面？采用量子态的概念可以很精确求解如下：

(1) 当此硬币抛向空中时，此硬币在空中不断旋转，所处的状态是 $|$正面$\rangle$ 和 $|$反面$\rangle$ 的叠加态：$|\psi\rangle=a|$正面$\rangle+b|$反面$\rangle$。因为 a 和 b 可以取任意复数，所以 $|\psi\rangle$ 是一个连续不断变化的状态。

(2) 当硬币落入手中观测其结果时，$|\psi\rangle$ 不再是一个叠加态，只能是 $|$正面$\rangle$ 或者 $|$反面$\rangle$ 中的一种结果。换句话说，硬币塌缩到组成硬币正或反面(本征态)中的一个，这就是量子态观测的塌缩性。至于是塌缩到哪一个本征态($|$正面$\rangle$ 或者 $|$反面$\rangle$)，这是随机的，这就是量子态观测的随机性，它取决于观测的量子态本身在各个本征态上的幅方 a_i，$i=1,2,\cdots,2^n$ 的大小。所以通过一次观测就准确说出落入手中的硬币的状态是做不到的，因为要确定的是组成硬币状态的幅方 a_i，$i=1,2,\cdots,2^n$ 的值，不过 a_i，$i=1,2,\cdots,2^n$ 的值可以通过多次实验结果求出。

(3) 反复抛出硬币观测并记下其落入手中的结果，看到 $|$正面$\rangle$ 时，记录一个"＋"号；看到 $|$反面$\rangle$ 时，记录一个"－"号。做 100 次观测实验后，分别统计 $|$正面$\rangle$"＋"号和 $|$反面$\rangle$"－"号的总数，可能的结果是：49：51，那么，一次观测到落入手中硬币是 $|$正面$\rangle$ 的概率为 $a^2=49/100$，是 $|$反面$\rangle$ 的概率为 $b^2=51/100$。随着观测实验次数的增加，这两个概率数值将越来越接近 50%：50%，所以出现 $|$正面$\rangle$ 和 $|$反面$\rangle$ 的概率各占 50%。这是一个确定的精确答案。硬币抛向空中落入手中的精确量子态的表达式为

$$|\text{硬币观测状态}\rangle=\frac{1}{\sqrt{2}}(|\text{正面}\rangle+|\text{反面}\rangle) \tag{10.5}$$

10.1.1.3 量子态密度矩阵的不同表示方法

例 1 通过获取多次实验的、硬币塌缩到某一个本征态的测量值，以及对测量值的统计计算，求出观测硬币正、反两面的精确幅方系数 a 和 b 各等于 $1/\sqrt{2}$，这个过程就是基于

测量值的量子态重构(估计)过程。这个过程中,最关键的信息是,根据实验获得的观测数据,此数据不是 a 和 b 本身,但是其中包含着所要重构的 a 和 b 的信息。根据这些数据,就可以对 a 和 b 进行估计,因为在观测数据与参数 a 和 b 之间,存在某种关系式。例如,例 1 中对落下的硬币状态的估计就是通过求观测频率的平均值 y 来求得的,它们之间的关系为

$$y = \mathrm{tr}(M\rho) \tag{10.6}$$

其中,ρ 为量子系统状态,y 是通过观测结果计算出各个状态出现频率的平均值,M 是由所定义的所有正交基组成的测量算符。

实际上在数学计算上,每一次测量值的获得就是通过将所定义的测量算符 M 作用在待估计的量子态 ρ 上,计算出的随机塌缩到的某个本征态(正交投影)上的值,即 $M_i\rho$,然后通过求迹运算 $\mathrm{tr}(M\rho)$,就可得到所有观测值的平均值。在实际实验中,测量算符 M 是做实验时定义的,所以是已知的;而 y 值是直接从实验装置上测量到的,也是已知的,所以理论上根据式(10.6)求逆,就可以求出密度矩阵的估计值 $\hat{\rho}$。在实际应用中,人们所选择或定义的正交基是不同的,这样就可以得到不同的测量算符,不同情况下所获得的观测值是不同的,进而进行量子态的估计过程也可能不同。可以说对量子态观测值获取的关键在于选取或构造不同的测量算符 M。

M 由不同的正交基组成,正交基矢的定义或选取不同,与之对应的测量算符 M 的表达式也不同。例 1 中选取的基矢分别为 $|0\rangle = [1 \quad 0]^{\mathrm{T}}$ 和 $|1\rangle = [0 \quad 1]^{\mathrm{T}}$,所对应的测量算符 M 分别为 $M_1 = \begin{bmatrix} 1 & 0 \\ 0 & 0 \end{bmatrix}$ 和 $M_2 = \begin{bmatrix} 0 & 0 \\ 0 & 1 \end{bmatrix}$。除了采用 $|0\rangle$ 和 $|1\rangle$ 来表示单量子位 $|\psi(a, b)\rangle = a|0\rangle + b|1\rangle$ 外,还可以采用其他方式来表示。比如,采用空间坐标形式来表示一个量子位的波函数的表达式为

$$|\psi(\theta, \phi)\rangle = \cos\theta\,|0\rangle + \mathrm{e}^{\mathrm{i}\phi}\sin\theta\,|1\rangle \tag{10.7}$$

此时,需要确定的是两个实参数 θ 和 ϕ,通过这两个参数所确定的量子态是空间单位球面上的一个点,并且任意一个量子纯态都可以在这个球面上被具体地画出来。单量子位可以被表示为空间三维坐标(x, y, z)中的一个点,其中,本征态 $|0\rangle$ 的坐标为 $|0\rangle = (\sin 0\cos\phi \quad \sin 0\sin\phi \quad \cos 0) = (0\ 0\ 1)$,本征态 $|1\rangle$ 的坐标为 $|1\rangle = (\sin\pi\cos\phi \quad \sin\pi\sin\phi \quad \cos\pi) = (0\ 0\ -1)$,它们分别处于 z 轴上 1 和 -1 处,也就是单位球的北极和南极,具体表示见图 10.1(a)。

另外还可以采用水平状态 $|H\rangle$ 和垂直状态 $|V\rangle$ 作为一组正交基矢来表示单量子态,或采用 Stocks,或泡利矩阵等来表示单量子态等。换句话说,人们可以根据具体情况来

选择不同的正交基矢来表示量子态。由于这些基矢在希尔伯特空间是可以相互转换的，例如，泡利矩阵与$|0\rangle$和$|1\rangle$之间的关系为 $\sigma_x = |1\rangle\langle 0| + |0\rangle\langle 1| = \begin{bmatrix} 0 & 1 \\ 1 & 0 \end{bmatrix}$，$\sigma_y = \mathrm{i}|1\rangle\langle 0| - \mathrm{i}|0\rangle\langle 1| = \begin{bmatrix} 0 & -\mathrm{i} \\ \mathrm{i} & 0 \end{bmatrix}$，$\sigma_z = |0\rangle\langle 0| - |1\rangle\langle 1| = \begin{bmatrix} 1 & 0 \\ 0 & -1 \end{bmatrix}$。这些正交基矢都是由$|0\rangle$和$|1\rangle$组合而成，最常用的采用泡利矩阵作为正交基矢的密度矩阵的表示为

$$\rho = \frac{1}{2}(I + n_x\sigma_x + n_y\sigma_y + n_z\sigma_z) = \frac{I + \boldsymbol{n}\cdot\boldsymbol{\sigma}}{2} = \frac{1}{2}\begin{bmatrix} 1 + n_z & n_x - \mathrm{i}n_y \\ n_x + \mathrm{i}n_y & 1 - n_z \end{bmatrix} \tag{10.8}$$

其中，n_x，n_y 和n_z 为ρ 在三维空间中的坐标矢量，确定了 $\boldsymbol{n} = (n_x, n_y, n_z)$，就确定了密度矩阵 ρ。

根据式(10.8)可以求出密度矩阵与 Block 矢量之间的对应关系：对于采用$|0\rangle$和$|1\rangle$表示的一个混合态密度矩阵 $\rho_1 = \frac{3}{4}|0\rangle\langle 0| + \frac{1}{4}|1\rangle\langle 1|$，有

$$\rho_1 = \frac{3}{4}|0\rangle\langle 0| + \frac{1}{4}|1\rangle\langle 1| = \begin{bmatrix} \frac{3}{4} & 0 \\ 0 & \frac{1}{4} \end{bmatrix} = \frac{1}{2}\begin{bmatrix} 1 + \frac{1}{2} & 0 \\ 0 & 1 - \frac{1}{2} \end{bmatrix} \tag{10.9}$$

通过令式(10.8)与式(10.9)系数相等，可以求得：$n_x = 0$，$n_y = 0$ 和 $n_z = 1/2$，即 $\boldsymbol{n} = (0, 0, 1/2)$。

在实际应用中很有必要选择合适的正交基矢表示量子态，其中的作用之一就是简化对系统状态操控过程中的复杂性，可以看作一种数学上处理的技巧。比如，对于一个量子态进行跟踪控制，这要求被控量子状态在每一个时刻都要与期望状态一致，而量子态本身是带有自旋的。为了简化跟踪的复杂度，通过对量子态进行一个与其自身自旋 H_0 一致的旋转操作，也就是进行相互作用变换，将量子态变换到自旋的轨道上，这样被控量子态与其自旋同轨，就可以在跟踪的控制过程中，不用再考虑自旋的作用影响，如同人登上行驶的汽车，他与汽车的相对速度为零，两者之间的位置相对静止。

10.1.2 量子态波函数与密度矩阵的特性

量子态一般可被分为本征态、叠加态和混合态，还可分为纠缠态、压缩态等。本征态

即所选测量空间的正交基组成的状态，并且所有的正交基组成一个测量算符。单量子的本征态有 2 个，采用波函数表示分别为$|0\rangle=[1\quad 0]^{\mathrm{T}}$ 和$|1\rangle=[0\quad 1]^{\mathrm{T}}$；采用密度矩阵分别表示为 $\rho_3=\begin{bmatrix}1 & 0\\ 0 & 0\end{bmatrix}$和 $\rho_4=\begin{bmatrix}0 & 0\\ 0 & 1\end{bmatrix}$，其测量算符 $\boldsymbol{M}=\begin{bmatrix}1 & 0\\ 0 & 1\end{bmatrix}$。纯态是本征态的叠加态，例如$|\psi\rangle=\frac{1}{\sqrt{2}}(|0\rangle+|1\rangle)$，该叠加态的密度矩阵表示为 $\rho_5=|\psi\rangle\langle\psi|=\begin{bmatrix}1/2 & 1/2\\ 1/2 & 1/2\end{bmatrix}$。混合态是纯态的概率混合，例如 $\rho_6=\frac{3}{4}|0\rangle\langle 0|+\frac{1}{4}|1\rangle\langle 1|=\begin{bmatrix}3/4 & 0\\ 0 & 1/4\end{bmatrix}$。

波函数只能表示纯态，密度矩阵既可以表示纯态，也可以表示混合态。纠缠态是不可分离的叠加态，例如，2 量子位叠加的波函数

$$|\psi_1\rangle=\frac{1}{\sqrt{2}}(|01\rangle\pm|10\rangle)\tag{10.10a}$$

就是纠缠态；而 2 量子位叠加的波函数$|\psi_2\rangle=(1/\sqrt{2})(|00\rangle+|01\rangle)$就是可分离的叠加态，因为它可以分离为$|\psi_2\rangle=(1/\sqrt{2})|0\rangle(|0\rangle+|1\rangle)$；2 量子位是由不可分离叠加态组成的最大纠缠态。除了$|\psi_1\rangle$外，还有一对：

$$|\psi_3\rangle=\frac{1}{\sqrt{2}}(|00\rangle\pm|11\rangle)\tag{10.10b}$$

另一方面，由于密度矩阵 $\rho=|\psi\rangle\langle\psi|$，它同时是一个正定的厄密矩阵，满足 $\rho\geqslant 0$，$\rho^{\dagger}=\rho$，并且 $\rho^2=\rho$。一个纯态密度矩阵满足：$\mathrm{tr}(\rho)=\sum_i p_i\langle\psi_i|\psi\rangle=1$，$\rho^2=\rho$，合在一起的条件满足

$$\begin{cases}\rho^{\dagger}=\rho\\ \rho\geqslant 0\\ \mathrm{tr}(\rho)=1\end{cases}\tag{10.11}$$

一个混合态密度矩阵满足

$$\mathrm{tr}(\rho)=1\quad 和\quad \mathrm{tr}(\rho^2)<1\tag{10.12}$$

只有满足上述条件的密度矩阵才是量子态密度矩阵，单量子位的全部状态可以采用一个直径为 1 的单位球（称为 Block 球）显示，如图 10.1 所示。图 10.1(b)中，单位球面上的所有点为纯态，球内的所有点为混合态，球心为完全（或最大）混合态。

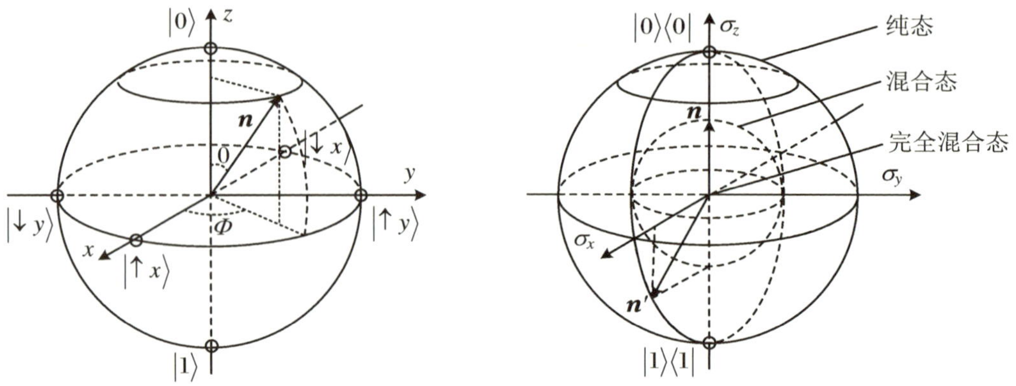

(a) 波函数在单位球中的表示及其位置 (b) 密度矩阵在单位球中的表示

图 10.1 单量子位状态的 Block 球表示

对于密度矩阵表示，需要特别强调的是：

（1）一个本征态的密度矩阵形式一定是整个矩阵中只有对角线上有一个 1，其他元素全部为 0。

（2）一个叠加态的密度矩阵形式有两种：① 对角线上多于一个元素有值，其余元素全部为 0。② 除了对角线上有值外，非对角线上也有值。

（3）混合态的密度矩阵形式与叠加态相似。一个密度矩阵 ρ 是叠加态还是混合态，必须通过计算其性质才能确定：$\mathrm{tr}(\rho)=1$ 为叠加态，$\mathrm{tr}(\rho)<1$ 为混合态。

在实际应用中，为了保证求出同时满足所需条件的密度矩阵，人们往往把条件同时加入到所求的密度矩阵中，也就是求出满足归一化条件的密度矩阵。

（1）对于由波函数表示的满足纯态条件的密度矩阵的表示为

$$\rho=\frac{\psi^{\dagger}\psi}{\mathrm{tr}(\psi^{\dagger}\psi)} \tag{10.13}$$

（2）由密度矩阵表示的满足纯态条件的估计值为

$$\hat{\rho}_t=\frac{\hat{\rho}^{\dagger}\hat{\rho}}{\mathrm{tr}(\hat{\rho}^{\dagger}\hat{\rho})} \tag{10.14}$$

10.1.3 量子态的神经网络表示

不论是具有 1 到 2 个隐含层的浅层神经网络，还是深度神经网络，用来进行量子态重构的原理都是相似的：根据对量子态在正交基上的投影测量数值来获得测量数据$\{y_i\}$，以及该数据与波函数及其幅方之间的关系式(10.3)或与密度矩阵之间的关系式(10.6)选择一种神经网络，并设计其结构，包括层数、输入层/隐含层/输出层的节点数，选择合适的网络权值训练算法，通过有监督或无监督的对网络参数的训练，达到逼近波函数幅方或密度矩阵中各参数的目标。

实际上各种不同类型的神经网络几乎都可以用来实现。

对量子态参数逼近的应用，由于各种神经网络结构上的特殊性，以及训练网络的各种快速算法近年来不断被开发，因为对密度矩阵的重构的数值迭代的优化算法都是对维数为 $d\times d$ 密度矩阵中的d^2 个元素进行重构，由于 $d=2^n$，所以待估计的参数数量随着量子位数 n 的增加而指数增长，极大地制约了高量子位量子态的估计。

将神经网络应用于量子态重构的第一步就是要弄清楚如何采用神经网络对量子态表示，也就是神经网络输入/输出节点数的设计，以及训练样本数据的产生。根据第10.1.1 节中所阐述的各种关系，神经网络的量子态表示可以分为 2 种：2^n 和 n 输入节点的神经网络表示。

10.1.3.1　2^n 输入节点的神经网络表示

1. 神经网络输入的纯态表示

从式(10.6)中测量值与量子态密度矩阵之间的关系 $y=\mathrm{tr}(M\rho)$可以看出，M 是所选定的所有正交基组成的测量算符，y 是在 M 对 ρ 的作用下的测量值，其物理意义为：ρ 随机塌缩投影到某个正交基上的值。现在的情况是，M 是在希尔伯特空间上选取构造的已知测量算符，y 是实验获取的也是已知的，根据公式 $y=\mathrm{tr}(M\rho)$，可以得到关系式：

$$\hat{\rho} = F(y_i(M_i)),\quad i = 1,2,\cdots,2^n \tag{10.15}$$

由式(10.15)可以看出，神经网络的输入数据是由每一个 M_i 对应的 y_i，网络输出是组成待估计密度矩阵 $\hat{\rho}$ 的全部元素。神经网络要达到的目标是：从 $y_i(M_i)$到 $\hat{\rho}$ 的非线性映射，也就是训练神经网络实现非线性函数 $\hat{\rho}=F(y_i(M_i))$。对于 n 量子位，与重构元素一致的完备测量次数是 $d\times d=2^n\times 2^n=4^n$。所以神经网络的输入节点有 4^n 个，也就是所有的测量基的数目。按排列顺序应当为 4^n 个正交基。如果将每一次获得的 y_i 与 M_i 相对应，那么所获得的测量数据中，每 4^n 个不同的 y_i 组成一组网络输入，称之为测量向量，用 b_k 表示：$b_k=[y_1,y_2,\cdots,y_{d\times d}]$。每一组都是一组完备的测量。例如，对于 2 比特量子系统，总测量次数为 $d\times d=4\times 4=16$ 次，16 次测量所对应的完备测量算符为$\{M_i\}=\{II,IX,IY,IZ,XI,XX,XY,XZ,YI,YX,YY,YZ,ZI,ZX,ZY,ZZ\}$，其中，$I,X,Y,Z$ 分别表示单位算符和泡利算符的$\sigma_x,\sigma_y,\sigma_z$ 分量，“YZ”表示由 Y,Z 的直积构成的测量算符。

考虑到实际测量值中含有噪声，对每一个待测量子密度矩阵 ρ_k 的测量向量 b_k 加上高斯噪声序列 e_k 可得

$$b_k = A_k \mathrm{vec}(\rho_k) + e_k \tag{10.16}$$

其中，$A_k = (\mathrm{vec}(M_1), \mathrm{vec}(M_2), \cdots, \mathrm{vec}(M_{d\times d}))^{\dagger}$，$\mathrm{vec}(\cdot)$表示将矩阵按列组合成一个向量。

式(10.16)就是利用测量算符作用在待估计的密度矩阵上构造出的神经网络的输入样本。这样对每一个网络输出的密度矩阵，就得到了相应的输入样本(10.16)，也就构成了一个神经网络训练的输入/输出对。给输入样本 b_k 的每个测量值中加入高斯噪声进行训练，也可以使网络更加鲁棒，增加网络的抗噪能力。如果没有噪声，理论上对于具有完备测量次数作为输入节点的神经网络，只要一组数据输入网络，经过一次训练就可能得到高性能的网络量子态输出。

2. 神经网络输出的纯态表示与生成

神经网络输出为密度矩阵 ρ，其中包含的元素为 $d^2 = 4^n$。由于神经网络的输出是对真实密度矩阵的逼近，但不一定能满足式(10.11)中密度矩阵要求的厄米矩阵、半正定性和单位迹这三个性质，所以需要通过对神经网络的输出 $\hat{\rho}$ 进行归一化变换，采用式(10.14)来使量子纯态满足这三个性质。

(1) 本征态密度矩阵为仅有对角线某一位置有元素为1，其余位置均为0的矩阵，所以对于一个2量子位本征态，先生成一个 $d\times d = 4\times 4$ 的零矩阵，然后随机将其对角线中的一个元素置为1，这样即得到一个本征态密度矩阵，再结合式(10.16)生成 b_k，即可得到一个本征态输入/输出样本对。

(2) 叠加态的生成则根据式(10.13)，其中，ψ 为 $d\times r$ 的 Wishart 矩阵，且矩阵内各元素满足均值为0，标准差为1的正态分布(Xu, Xu, 2018)。秩 $r=1$ 时，为叠加态密度矩阵。当采用泡利矩阵构造的测量算符来对密度矩阵(10.13)进行测量，将所有的测量结果组成向量作为输入样本。泡利矩阵是一组三个 2×2 的幺正厄米复矩阵，一般用希腊字母 $\sigma_x, \sigma_y, \sigma_z$ 表示，将单位阵 I 视为第零号泡利矩阵：

$$\sigma_x = \begin{bmatrix} 0 & 1 \\ 1 & 0 \end{bmatrix}, \quad \sigma_y = \begin{bmatrix} 0 & -\mathrm{i} \\ \mathrm{i} & 0 \end{bmatrix}, \quad \sigma_z = \begin{bmatrix} 1 & 0 \\ 0 & -1 \end{bmatrix}, \quad I = \begin{bmatrix} 1 & 0 \\ 0 & 1 \end{bmatrix} \tag{10.17}$$

对于 n 比特量子系统，由泡利矩阵构成的测量算符 W_i 是从集合 $\{\sigma_x, \sigma_y, \sigma_z, I\}$ 中随机挑选 n 个矩阵，然后计算这些矩阵的归一化张量积组成：

$$W_i = \frac{\sigma_1 \otimes \cdots \otimes \sigma_n}{\sqrt{d}} \tag{10.18}$$

由式(10.18)可以得到所有完备的测量算符 M_i。给定一个测量算符 M_i，对密度矩阵 ρ_k 的测量值 y_i 为

$$y_i = \mathrm{tr}(M_i^\dagger \rho_k) = \mathrm{vec}(M_i)^\dagger \mathrm{vec}(\rho_k) \tag{10.19}$$

3. 混合态输入/输出样本对的生成

混合态密度矩阵的秩 $r \neq 1$，而是 $r > 1$，所以对于混合态，在对神经网络的输出进行归一化变换时无法采用式(10.14)。此时需要先按照公式生成式(10.13)，其中的 ψ 为 $d \times r$ 的 Wishart 矩阵，令 $r = d$，ψ 变为 $d \times d$ 的矩阵，此时生成的 ρ 为混合态密度矩阵。由于密度矩阵是厄米矩阵，为了使最终的网络输出结果满足密度矩阵的性质，需要对密度矩阵 ρ 进行矩阵分解：$\rho = \dfrac{\tau^\dagger \tau}{\mathrm{tr}(\tau^\dagger \tau)}$，其中 τ 矩阵为下三角矩阵。以 2 量子位为例，三角矩阵 τ 与 ρ 中各元素关系为

$$\tau = \begin{bmatrix} \sqrt{\dfrac{\mathrm{Det}(\rho)}{m_{11}^{(1)}}} & 0 & 0 & 0 \\ \dfrac{m_{12}^{(1)}}{\sqrt{m_{11}^{(1)} m_{11,22}^{(2)}}} & \sqrt{\dfrac{m_{11}^{(1)}}{m_{11,22}^{(2)}}} & 0 & 0 \\ \dfrac{m_{12,23}^{(2)}}{\sqrt{\rho_{44}}\ \sqrt{m_{11,22}^{(2)}}} & \dfrac{m_{11,23}^{(2)}}{\sqrt{\rho_{44}}\ \sqrt{m_{11,22}^{(2)}}} & \sqrt{\dfrac{m_{11,22}^{(2)}}{\rho_{44}}} & 0 \\ \dfrac{\rho_{41}}{\sqrt{\rho_{44}}} & \dfrac{\rho_{42}}{\sqrt{\rho_{44}}} & \dfrac{\rho_{43}}{\sqrt{\rho_{44}}} & \sqrt{\rho_{44}} \end{bmatrix} \tag{10.20}$$

其中，$m_{ij}^{(1)}$ 是 ρ 的一阶余子式，$m_{ij,kl}^{(2)}$ 是 ρ 的二阶余子式。τ 矩阵可以用参数 $t_1, t_2, \cdots, t_{15}, t_{16}$ 表示为

$$\tau = \begin{bmatrix} t_1 & 0 & 0 & 0 \\ t_5 + \mathrm{i}t_6 & t_2 & 0 & 0 \\ t_{11} + \mathrm{i}t_{12} & t_7 + \mathrm{i}t_8 & t_3 & 0 \\ t_{15} + \mathrm{i}t_{16} & t_{13} + \mathrm{i}t_{14} & t_9 + \mathrm{i}t_{10} & t_4 \end{bmatrix} \tag{10.21}$$

将神经网络的输出样本即可用 $t_1, t_2, \cdots, t_{15}, t_{16}$ 进行表示，神经网络的输入依旧按照式(10.16)进行生成，此时网络仅需要输出 16 个元素，为估计的 $\hat{\tau}$ 矩阵，再通过公式

$$\hat{\rho}_t = \frac{\hat{\tau}^\dagger \hat{\tau}}{\mathrm{tr}(\hat{\tau}^\dagger \hat{\tau})} \tag{10.22}$$

就可得到满足性质的密度矩阵的估计 $\hat{\rho}_t$。

以 $n = 2$ 比特量子状态为例，完备的测量值 y 共有 $4 \times 4 = 16$ 个，将其组成一组向量

作为神经网络的输入,网络的最后输出为估计出的密度矩阵 ρ 表示,网络输出节点数为密度矩阵的维数:$d\times d=2^n\times 2^n$,即 4×4,因为密度矩阵可以是复数,所以将密度矩阵的实数与虚数部分分开,可以组成 2 个矩阵,然后将这 2 个矩阵按列拉成向量,并组合在一起得到 2×4×4 个输出值,也就是输出层节点数为 32 个,其中实部和虚部各为 16 个数据。图 10.2 为采用前向神经网络进行 2 比特量子态估计的网络结构,其中,神经网络由 2 个隐含层构成,隐含层激活函数选择对数型 Sigmoid 函数,输入数据采用泡利矩阵作为测量算符的测量结果(10.6)组成的输入向量$[y_1,y_2,\cdots,y_{16}]^{\mathrm{T}}$,输出层为量子态密度矩阵实部和虚部分开后,再按列拉成的输出向量$[\rho_{r11},\rho_{r21},\cdots,\rho_{r34},\rho_{r44},\rho_{i11},\rho_{i21},\cdots,\rho_{i34},\rho_{i44}]^{\mathrm{T}}$,其中下标 r 代表实数,i 代表虚数,数字代表所处的行和列。

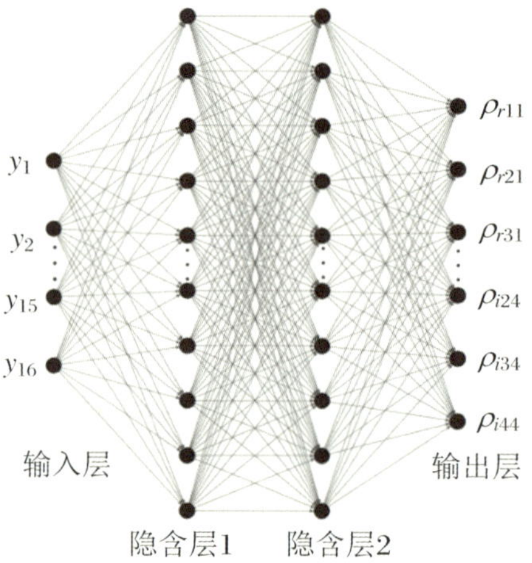

图 10.2　2 比特前向神经网络重构结构

10.1.3.2　n 输入节点的神经网络表示

对于 n 量子位,波函数(10.3)中的每一个系数的平方为状态$|i\rangle$的概率,人们只要求出所有的正交基$|i\rangle$的系数 a_i,$i=1,2,\cdots,2^n$,就确定了一个量子态波函数,其中正交基的位数$|x_1x_2,\cdots,x_n\rangle$是 n 个,由于每一位中的值可以分别取 0 或 1,所以一共可以组成 2^n 个本征态。已经有人通过对受限玻尔兹曼机(restricted Bolzmann machine,RBM)网络权值的训练,逼近组成波函数基态$|i\rangle$的概率分布,实现网络权值参数对输入模式出现的概率的记忆。此时神经网络的输入节点数是 n 个正交基,网络的输入数据是不同的 2^n 个状态,对应得到是每一次落在相应某个状态上的数值,就像抛硬币落下来看是正面或反面的结果一样。多次观测结果就是对落入每一个状态上数值的叠加,此结果做出来的曲线就是波函数在每一个状态上的概率分布。RBM 具有对原始输入网络数据集的概

率分布进行逼近的功能，并且它还是通过一种无监督的方式，对一个能量函数，修正网络参数 $\lambda=(b,c,W)$ 来重建数据集的概率分布。RBM 的这种网络函数的逼近功能，使得网络的结构从 2^n 个随量子位 n 指数增加输入节点，减少为 n 个多项式增加的输入节点，极大地减少了网络构造的复杂度。

1. 基于 RBM 的量子波函数纯态表示

对于一个由 n 量子比特构成的量子波函数，是由 2^n 个正交基的叠加构成的，所有正交基的系数平方之和等于 1。采用一个具有 n 个二值神经元（对应 n 个量子比特）可见层以及具有 m 个二值神经元的隐含层构成的 RBM 网络表示量子波函数。一个 n 量子比特的波函数 $|\Psi\rangle$ 的一般形式的表达式为

$$|\Psi\rangle=\sum_x\Psi(x)\ |\ x\rangle \tag{10.23}$$

其中系数为

$$\Psi(x)=\langle x\ |\ \Psi\rangle \tag{10.24}$$

其中，$|x\rangle=|\sigma_1^z\cdots\sigma_n^z\rangle$ 为 n 量子位系统所选定的一个参考正交基底；$\sigma_j^z\in\{0,1\}$，$\sigma_j^z=0$ 表示量子处于自旋向上状态 $|0\rangle=\begin{bmatrix}1\\0\end{bmatrix}$，$\sigma_j^z=1$ 表示量子处于自旋向下状态 $|1\rangle=\begin{bmatrix}0\\1\end{bmatrix}$，$|1\rangle$ 和 $|0\rangle$ 构成一个量子位的正交完备基矢，分别对应于 Bloch 矢量沿 z 轴向上和沿 z 轴向下的两个状态，称为计算基矢。

单比特量子系统参考基底 $|\sigma_1^z\rangle$ 仅包含有 $|1\rangle$ 和 $|0\rangle$ 这两个不同的计算基矢，n 比特量子系统的参考正交基底 $|x\rangle$ 包含有 2^n 个不同的计算基矢，所以波函数的系数个数，就是待估计的参数也为 2^n 个。

利用 RBM 可以将一个待估计的 n 量子位波函数 $|\Psi\rangle$ 的各系数 $\Psi(x)$ 表示为 $\psi_{\lambda,\mu}(x)$（Zyczkowski et al.，2011）：

$$\psi_{\lambda,\mu}(x)=\sqrt{p_\lambda(x)}\mathrm{e}^{\mathrm{i}\Phi_\mu(x)/2} \tag{10.25}$$

其中，$x=(\sigma_1^z,\cdots,\sigma_n^z)$，$\sigma_j^z=0$ 或 1，$p_\lambda(x)$ 表示一个带有 RBM 完备参数 λ 的波函数的振幅；$\Phi_\mu(x)$ 表示一个带有 RBM 完备参数 μ 的波函数的相位，$\Phi_\mu=\log p_\mu(x)$。RBM 表示的波函数为 $|\psi_{\lambda,\mu}\rangle=\sum\limits_x\psi_{\lambda,\mu}(x)\ |\ x\rangle$。

从式（10.25）中可以看出，波函数的振幅 $p_\lambda(x)$ 及其相位 $\Phi_\mu(x)$ 是重构量子态的关键，那么它们与 RBM 存在什么关系？RBM 网络结构图如图 10.3 所示，它是一个具有双向连接的随机处理单元的 2 层网络（蒋文杰，邓东灵，2021），分别称为可见层和隐含层，每一层的输出是另一层的输入，其中，可见层的输入节点数为 n，其神经元用向量 $\boldsymbol{v}=$

$(v_1,\cdots,v_j,\cdots,v_n)$表示，且 $v_j\in\{0,1\}$；隐含层输入节点数为 m，其神经元用 $\boldsymbol{h}=(h_1,\cdots,h_i,\cdots,h_m)$表示，$h_i\in\{0,1\}$。连接 2 层之间的权重由矩阵 $\boldsymbol{W}$ 来描述，其中元素 W_{ij}是连接h_i 到v_j 之间的权重；$\boldsymbol{b}=(b_1,\cdots,b_n)$和 $\boldsymbol{c}=(c_1,\cdots,c_m)$分别表示可见层 $\boldsymbol{v}$ 和隐藏层 $\boldsymbol{h}$ 的偏置向量。RBM 的完备参数由 $\lambda=(\boldsymbol{b},\boldsymbol{c},\boldsymbol{W})$表示，所有的参数都是实数。

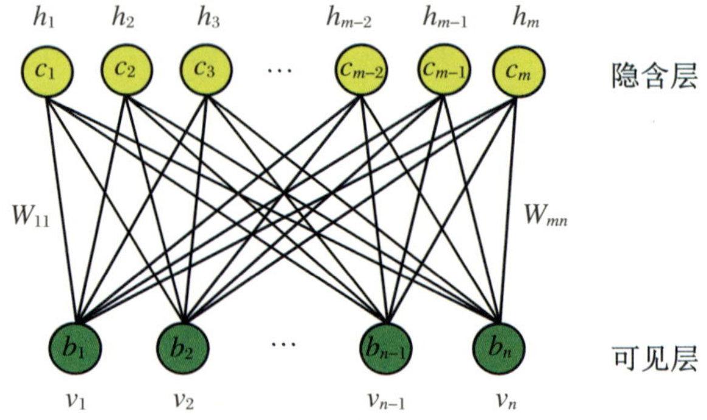

图 10.3　RBM 网络结构

对于一个由可见层和隐含层状态$(\boldsymbol{v},\boldsymbol{h})$组成的 RBM 网络，在信息双向动态流动过程中，网络中的内部能量将逐渐减少并平衡在最小点。RBM 网络的能量函数 $E_\lambda(\boldsymbol{v},\boldsymbol{h})$可以被定义为(Hinton，2002)：

$$E_\lambda(\boldsymbol{v},\boldsymbol{h})=-\sum_{ij}W_{ij}h_iv_j-\sum_j b_jv_j-\sum_i c_ih_i \tag{10.26}$$

其中，$i\in[1,m]$，$j\in[1,n]$。

根据 $E_\lambda(\boldsymbol{v},\boldsymbol{h})$可以得到网络状态$(\boldsymbol{v},\boldsymbol{h})$的联合概率分布(玻尔兹曼分布)$p_\lambda(\boldsymbol{v},\boldsymbol{h})$为

$$p_\lambda(\boldsymbol{v},\boldsymbol{h})=\frac{1}{Z_\lambda}\mathrm{e}^{-E_\lambda(\boldsymbol{v},\boldsymbol{h})} \tag{10.27}$$

其中，Z_λ 为归一化 2 因子(也称为配分函数)：$Z_\lambda=\sum_{\boldsymbol{v},\boldsymbol{h}}\mathrm{e}^{-E_\lambda(\boldsymbol{v},\boldsymbol{h})}$ 表示对所有可能的 $\boldsymbol{v},\boldsymbol{h}$ 进行累计，一共包含 2^{n+m}项。

由式(10.27)可得，可见层状态向量 $\boldsymbol{v}$ 的概率分布$p_\lambda(\boldsymbol{v})$可以通过求解在所有可能的隐藏层向量 $\boldsymbol{h}$ 上边缘化联合概率分布$p_\lambda(\boldsymbol{v},\boldsymbol{h})$获得：

$$p_\lambda(\boldsymbol{v})=\sum_h p_\lambda(\boldsymbol{v},\boldsymbol{h})=\frac{1}{Z_\lambda}\mathrm{e}^{-\varepsilon_\lambda(\boldsymbol{v})} \tag{10.28}$$

其中，$\varepsilon_\lambda(\boldsymbol{v})$为有效能量：

$$\varepsilon_\lambda(\boldsymbol{v}) = -\sum_j b_j v_j - \sum_i \ln(1 + \mathrm{e}^{c_i + \sum_i W_{ij} v_j}) \tag{10.29}$$

因为归一化因子 Z_λ 是一个常数，所以

$$Z_\lambda = \sum_{v,h} \mathrm{e}^{-E_\lambda(\boldsymbol{v},\boldsymbol{h})} = \sum_{v,h} \mathrm{e}^{-\varepsilon_\lambda(\boldsymbol{v},\boldsymbol{h})} \tag{10.30}$$

对于网络特定的参数所组成的 $\lambda = (\boldsymbol{b}, \boldsymbol{c}, \boldsymbol{W})$，因为同一层中各神经元不相连，所以各层神经元向量的条件概率分布等于每个神经元的激活概率的乘积，即

$$\begin{cases} p_\lambda(\boldsymbol{h} \mid \boldsymbol{v}) = \prod_{i=1}^{m} p_\lambda(h_i \mid \boldsymbol{v}) \\ p_\lambda(\boldsymbol{v} \mid \boldsymbol{h}) = \prod_{j=1}^{m} p_\lambda(v_j \mid \boldsymbol{h}) \end{cases} \tag{10.31}$$

各层神经元激活的概率为

$$\begin{cases} p_\lambda(h_i = 1 \mid \boldsymbol{v}) = S\left(c_i + \sum_j W_{ij} v_j\right) \\ p_\lambda(v_j = 1 \mid \boldsymbol{h}) = S\left(b_j + \sum_i h_i W_{ij}\right) \end{cases} \tag{10.32}$$

其中，函数 $S(x) = \dfrac{1}{1 + \mathrm{e}^{-x}}$被称为 sigmoid 函数。

从式(10.32)可以看出：RBM 的可见层和隐含层分别含有一个 S 型激活函数，对于各层的输入状态$(\boldsymbol{v}, \boldsymbol{h})$，RBM 各层被激活的概率都是一个$[0,1]$之间的数，所以，RBM 是一个具有生成$[0,1]$概率功能的 2 层人工神经网络。RBM 能够对原始输入网络数据集的概率分布进行逼近，通过一种无监督的方式，修正参数 $\lambda = (\boldsymbol{b}, \boldsymbol{c}, \boldsymbol{W})$来重建数据集的概率分布。

2. 基于 RBM 的量子密度矩阵混合态表示

一个混合态的密度矩阵总可以在更大的复合希尔伯特空间中找到纯态的密度矩阵，这个过程叫作纯化(purification)。如果想利用 RBM 表示混合态密度矩阵，可以通过对纯化后纯态的密度矩阵求偏迹来得到想要的混合态的密度矩阵，被称为约化密度矩阵，来得到 RBM 表示的混合态。

对于 n 量子位的神经网络密度矩阵表示关系定义为一个从输入投影测量的样本数据到待重构的密度矩阵的映射 ρ_θ，其中，θ 为其关系中的所有参数。对于由神经网络的输出描述量子态密度矩阵，必须同时具有单位迹 $\mathrm{tr}_\sigma\{\rho_\theta\} = 1$，厄米共轭 $\rho_\theta = \rho_\theta^\dagger$，并且是半

正定$\langle\sigma|\rho_\theta|\sigma\rangle\geqslant 0,\forall|\sigma\rangle$。这些约束条件可以通过使用一个 n_a 辅助自由度的系统 $a=(a_1,\cdots,a_i,\cdots,a_{n_a})$，$a_i\in\{0,1\}$，纯化其希尔伯特空间构造神经网络来满足，$n_a$ 辅助自由度代表辅助系统的量子比特数为 n_a，纯化得到的复合系统的波函数为 $|\psi_\theta\rangle=\sum_{\sigma a}\psi_\theta(\sigma,a)|\sigma\rangle\otimes|a\rangle$，其密度矩阵为 $\rho_\theta^{\sigma\oplus a}=|\psi_\theta\rangle\langle\psi_\theta|$。一个标准的采用波函数表示的量子纯态 RBM 网络，包含 2 层随机二进制单元，一个由计算基矢组成输入的可见层 σ，$\sigma=(\sigma_1,\cdots,\sigma_j,\cdots,\sigma_n)$，$\sigma_j\in\{0,1\}$；一个隐藏层 h，$h=(h_1,\cdots,h_i,\cdots,h_m)$，$h_i\in\{0,1\}$。将一个 n_a 辅助自由度的辅助单元 a 嵌入神经网络的隐藏层 h 中，也就是将隐藏层的节点数由 m 个扩大到 $m+n_a$ 个，如图 10.4 所示，其中可见层表示输入状态 σ，而其他 2 层分别是隐藏层 h 和辅助单元层 a（Torlai，Melko，2018）。采用图 10.4 中的权值参数表示的玻尔兹曼概率分布为 $p_\theta(\sigma,h,a)$，其中，θ 为网络参数：$\theta=\{W_\theta,U_\theta,b_\theta,c_\theta,d_\theta\}$；$W_\theta,U_\theta$ 为网络权重；$b_\theta,c_\theta,d_\theta$ 为网络的偏置。为了表示纯化后系统的纯态波函数，需要 2 组 RBM 网络分别表示振幅和相位，对此，使用 2 组参数 $\theta=\lambda$ 或 μ 定义复合系统的量子态；λ,μ 分别描述振幅和相位，即有 $\lambda=\{W_\lambda,U_\lambda,b_\lambda,c_\lambda,d_\lambda\}$ 和 $\mu=\{W_\mu,U_\mu,b_\mu,c_\mu,d_\mu\}$。

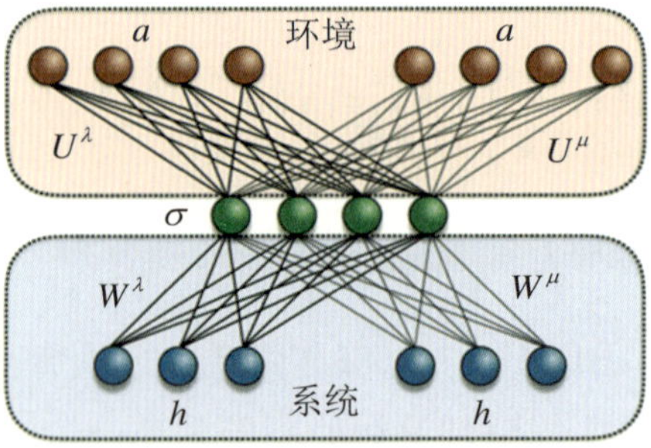

图 10.4　RBM 的网络结构及各参数变量表示

由神经网络表示的玻尔兹曼概率分布为

$$p_\theta(\sigma,h,a)=\mathrm{e}^{h^{\mathrm{T}}W_\theta\sigma+a^{\mathrm{T}}U_\theta\sigma+b_\theta^{\mathrm{T}}\sigma+c_\theta^{\mathrm{T}}h+d_\theta^{\mathrm{T}}a} \tag{10.33}$$

通过在隐藏变量 h 对概率分布 $p_\theta(\sigma,h,a)$ 求和，可以获得描述复合（纯）系统的分布 $p_\theta(\sigma,a)$ 为

$$p_\theta(\sigma,a)=\mathrm{e}^{\sum_j\log(1+\mathrm{e}^{W_\theta^{[i]}\sigma+c_\theta^{[i]}})+a^{\mathrm{T}}U_\theta\sigma+b_\theta^{\mathrm{T}}+d_\theta^{\mathrm{T}}a} \tag{10.34}$$

其中，$W_\theta^{[i]}$ 和 $c_\theta^{[i]}$ 表示权重矩阵和偏置向量的第 i 行，$\theta=\lambda$ 或 μ。

由此可以得到纯化后的量子态波函数 $\psi_{\lambda\mu}(\sigma,a)$ 为

$$\psi_{\lambda\mu}(\sigma,a) = Z_\lambda^{-\frac{1}{2}} \sqrt{p_\lambda(\sigma,a)}\mathrm{e}^{\mathrm{i}\phi_\mu(\sigma,a)} \tag{10.35}$$

其中，$\phi_\mu(\sigma,a)=\log p_\mu(\sigma,a)/2$；$Z_\lambda = \sum_{\sigma a} p_\lambda(\sigma,a)$，是一个常数。

通过求辅助系统的偏迹 $\rho_{\lambda\mu}=\mathrm{tr}_a\{|\psi_\theta\rangle\langle\psi_\theta|\}$ 就能直接获得神经网络表示的待求密度矩阵元素 $\rho_{\lambda\mu}(\sigma,\sigma')$：

$$\rho_{\lambda\mu}(\sigma,\sigma') = \sum_a \psi_{\lambda\mu}(\sigma,a)\psi^*_{\lambda\mu}(\sigma',a) \tag{10.36}$$

其中，$\psi^*_{\lambda\mu}(\sigma',a)$ 为 $\psi_{\lambda\mu}(\sigma,a)$ 的共轭复数。

由于辅助单元嵌入在网络的潜在空间中，可以精确地执行式(10.36)中的求和，获得

$$\rho_{\lambda\mu}(\sigma,\sigma') = Z_\lambda^{-1}\tilde{\rho}_{\lambda\mu}(\sigma,\sigma') \tag{10.37}$$

其中，$\tilde{\rho}_{\lambda\mu}(\sigma,\sigma')$ 是归一化之前矩阵，$\rho_{\lambda\mu}(\sigma,\sigma')$ 是归一化之后的密度矩阵，$\tilde{\rho}_{\lambda\mu}(\sigma,\sigma')$ 的矩阵元素为

$$\tilde{\rho}_{\lambda\mu}(\sigma,\sigma') = \mathrm{e}^{\Gamma_\lambda^{[+]}(\sigma,\sigma')+\mathrm{i}\Gamma_\mu^{[-]}(\sigma,\sigma')+\Pi_{\lambda\mu}(\sigma,\sigma')}$$

$$\Gamma_\theta^{[\pm]}(\sigma,\sigma') = \frac{1}{2}\left[\sum_i \log\left(1+\mathrm{e}^{W_\theta^{[i]}\sigma+c_\theta^{[i]}}\right) \pm \sum_i \log\left(1+\mathrm{e}^{W_\theta^{[i]}\sigma'+c_\theta^{[i]}}\right) + b_\theta^{\mathrm{T}}(\sigma\pm\sigma')\right]$$

$$\Pi_{\lambda\mu}(\sigma,\sigma') = \sum_k \log\left(1+\exp\left[\frac{1}{2}U_\lambda^{[k]}(\sigma+\sigma') + \frac{\mathrm{i}}{2}U_\mu^{[k]}(\sigma-\sigma') + d_\lambda^{[k]}\right]\right)$$

以及 $\theta=\lambda$ 或 μ。

式(10.37)就是最终所要求的密度矩阵 $\tilde{\rho}_{\lambda\mu}(\sigma,\sigma')$ 表达式，其中，λ，μ 分别描述振幅和相位。

考虑一个由正实系数组成的 2 量子比特波函数，其波函数由 $2^n=2^2=4$，也就是 4 个基矢的叠加组成，采用 RBM 表示波函数的网络输入节点为 $n=2$；波函数为 $|\psi\rangle = \sum_x \psi_\lambda(x)|x\rangle$，其中 $x=00,01,10,11$。对于给定一个由 Ising 的基态波函数组成的波函数的估计，就是对一个 $|\Psi\rangle = a_1|00\rangle + a_2|01\rangle + a_3|10\rangle + a_4|11\rangle$ 中 4 个系数 a_i，$i=1,2,3,4$ 的估计。网络输入数据由 $\{0,1\}$ 构成，为选择基底 $|x\rangle$ 下的投影测量得到的测量结果，理论上无穷多次的测量数据组成 n 量子位波函数所有本征态系数的概率分布。通过训练 RBM 网络中权值与偏置参数，可以在给定的有限次的输入数据下，RBM 通过无监督训练，达到对网络输入数据集概率分布的逼近。

通过网络设计与训练，前向神经网络、深度自编码器、生成对抗网络以及递归网络等都具有数据自生成以及概率模拟等功能，可以借助于 RBM 进行量子态的表示，之后就可以结合各深度学习网络所具有的功能与特点，采用合适的算法对网络的权值进行训练来达到对量子态重构的目标。以 RBM 为例，为了衡量输入数据的预测概率分布和真实分

布之间的距离，RBM 使用 KL 散度（Kullback-Leibler divergence）度量两个分布的相似性。KL 散度测量的是 2 条曲线的非重叠区域或者说发散区域，RBM 的优化算法尝试最小化这些区域，所以当共享权重与第 1 个隐藏层的激活值相乘时就可以得出原始输入的近似。RBM 的快速学习算法，就是对比散度（contrastive divergence，CD）算法。对比散度是用来计算梯度（该斜率表示网络权重与其误差之间的关系）的方法，该算法中通过预训练学习数据，获得 v_0 初始值后，只需要进行吉布斯采样（Gibbs sampling）1 到 2 次，就能够完成最后的概率逼近。

本节采用神经网络对量子态估计，有可能将 2^n 的计算复杂度减少为 n 多项式的计算复杂度，从而减少训练网络时间，加快收敛速度，提高逼近精度。本节根据波函数和密度矩阵不同的数学和神经网络的表示，以及各自所具有的特性，推导出相应神经网络输入/输出之间的非线性映射关系，为采用神经网络进行量子态估计提供了数学上的网络函数关系以及网络训练用数据生成的设计理论。

10.2 基于宽度神经网络的 2 比特量子态的估计

Mastriani 提出了一种基于改进卡尔曼滤波的量子态最优估计方法（Mastriani，2018）。Lukens 等人提出了一种改进的贝叶斯量子状态估计方法（Lukens et al.，2020）。1986 年鲁姆哈特提出多层人工神经网络的 BP 学习算法（Rumelhart，1986），解决了多层网络的训练问题，使得人工神经网络在模式识别、自动控制、信号处理等领域取得了广泛的应用。

本节基于前向全连接人工神经网络，通过大规模数据的训练，来实现量子态的测量结果与量子态密度矩阵之间映射的对应关系，以此来进行量子态的估计。首先设计一个含有两个隐含层的神经网络，之后，通过量子密度矩阵与系统输出测量值之间的对应关系，构造出训练和验证神经网络的输入与输出样本对；然后，利用生成的样本，采用反向传播法进行对所设计的神经网络模型进行监督训练，得到网络估计器的权值参数。最后，对训练好的网络估计器输入任意一个量子系统输出值，在获得网络输出的同时，对其进行归一化变换，来得到满足半正定、单位迹和共轭对称性质的密度矩阵。我们的数值仿真实验分别对本征态、叠加态和混合态建立相应的神经网络模型，然后对这三种网络分别进行测试，评估这三种神经网络估计器的性能指标。

10.2.1 神经网络模型的建立与训练

本小节将进行神经网络的结构设计、训练样本的获取、神经网络的训练，并定义测试神经网络的性能指标。

10.2.1.1 神经网络的结构设计

我们采用泡利矩阵来构造对量子态的测量算符。对于一个 n 比特的量子系统，通过泡利矩阵的直积，可以获得完备的测量算符 W_i 的个数为 $d \times d$，$d = 2^n$，同时对应 $d \times d$ 个测量值，将完备的测量值结果组成向量作为神经网络的输入样本，被测量的量子态密度矩阵作为网络的输出。由此，对于一个 2 比特量子状态，完备的测量值 y 共有 $4 \times 4 = 16$ 个，将其组成一组向量作为神经网络的输入，称之为测量向量，用 b_k 表示，所以所设计的神经网络的输入节点为 16 个。网络的最后输出为估计出的密度矩阵，由 ρ_k 表示，它的维度为密度矩阵的维数：$d \times d = 2^n \times 2^n$，即 4×4，因为密度矩阵可以是复数，所以我们将密度矩阵的实数与虚数部分分开，得到两个矩阵，然后将这两个矩阵按列拉成向量，并组合在一起，作为输出，那么得到 $2 \times 4 \times 4$ 个输出值，即输出层节点数为 32。

当量子比特数为 2 时所设计出的宽度神经网络的结构如图 10.5 所示。神经网络由输入层、两个隐含层、一个输出层构成，激活函数选择对数型 Sigmoid 激活函数，输入层为用泡利基作为测量算符的测量结果组成的输入向量$[y_1, y_2, \cdots, y_{16}]^T$，输出层为量子态

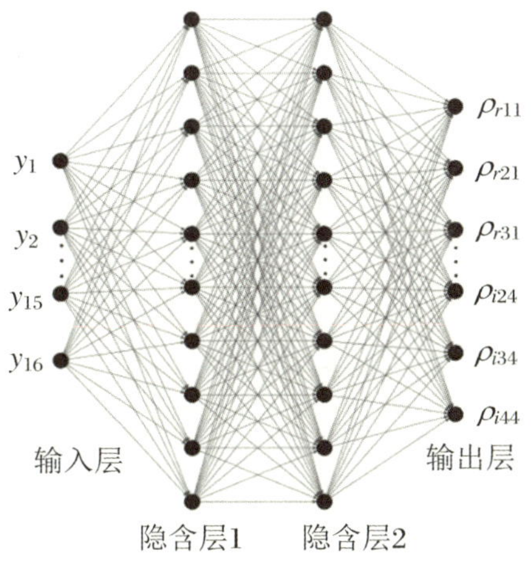

图 10.5 设计的宽度前向神经网络结构

密度矩阵实部和虚部分开后，再按列拉成的输出向量$[\rho_{r11},\rho_{r21},\cdots,\rho_{r34},\rho_{r44},\rho_{i11},\rho_{i21},\cdots,\rho_{i34},\rho_{i44}]^{\mathrm{T}}$。图 10.5 中宽度神经网络结构中输入输出节点数与图 10.3 相同。

对于隐含层的节点数选择，我们做过实验，结果是：随着节点数的增加，能获得更小的误差，不过节点数的增加也使网络更加复杂，所需要的训练时间也更长，同时增加到一定数量后，后面再增加节点对误差的改善也不够明显。在节点数为 200 时，对测量向量未添加噪声的纯态样本，训练 1000 次(epoch)后得到的训练误差(loss 值)为 4.4×10^{-7}，而节点数为 300 时，训练 loss 值为 3.6×10^{-7}。为了得到较好的训练性能，我们对隐含层的节点数选择 300。正是因为所设计出的神经网络的隐含层含有 300 个节点，我们称之为"宽度神经网络"。

10.2.1.2 训练与测试的输入/输出样本的构造

神经网络的输出样本为待估计真实的纯态，其中纯态包括本征态和叠加态，本征态密度矩阵为仅有对角线某一位置有元素为 1，其他位置元素均为 0 的矩阵。叠加态的生成则根据公式为

$$\rho=\frac{\varphi_{\mathrm{r}}^{\dagger}\varphi_{\mathrm{r}}}{\mathrm{tr}(\varphi_{\mathrm{r}}^{\dagger}\varphi_{\mathrm{r}})} \tag{10.38}$$

其中，φ_r 为 $d\times r$ 的 Wishart 矩阵，且矩阵内各元素满足均值为 0，标准差为 1 的正态分布[11]。秩 $r=1$ 时，为叠加态密度矩阵。

可以验证：通过式(10.38)生成的、用来作为神经网络的输出样本的密度矩阵满足：厄米矩阵、半正定性、单位迹。有了输出样本，可以根据相应的输出样本来构造出输入样本。神经网络的输入样本是由泡利矩阵构造的测量算符作用在待估计的密度矩阵上获得的测量值。

本小节所设计的神经网络的量子态表示是属于 2^n 输入节点的神经网络表示：利用泡利矩阵构造的测量算符来对密度矩阵(10.38)进行测量，将所有的测量结果组成向量作为输入样本。泡利矩阵就是一组三个 2×2 的幺正厄米复矩阵，一般用希腊字母 σ_x，σ_y，σ_z 表示，将单位阵 I 视为第零号泡利矩阵(10.17)。

$$\sigma_x=\begin{bmatrix}0&1\\1&0\end{bmatrix},\quad \sigma_y=\begin{bmatrix}0&-\mathrm{i}\\\mathrm{i}&0\end{bmatrix},\quad \sigma_z=\begin{bmatrix}1&0\\0&-1\end{bmatrix},\quad I=\begin{bmatrix}1&0\\0&1\end{bmatrix} \tag{10.39}$$

对于 n 比特量子系统，由泡利矩阵构成的测量算符 W_i 是从集合$\{\sigma_x,\sigma_y,\sigma_z,I\}$中随机挑选 n 个矩阵，然后计算这些矩阵的归一化张量积组成：

$$W_i=\frac{\sigma_1\otimes\cdots\otimes\sigma_n}{\sqrt{d}} \tag{10.40}$$

由式(10.40)可以得到所有完备的测量算符 W_i。给定一个测量算符 W_i，对密度矩阵 ρ_k 的测量值 y_i 为

$$y_i = \mathrm{tr}(W_i^\dagger \rho_k) = \mathrm{vec}(W_i)^\dagger \mathrm{vec}(\rho_k) \tag{10.41}$$

其中，vec(·)表示将矩阵按列组合成一个向量。

对于 n 比特的量子系统，一共存在 $d \times d$ $(d = 2^n)$ 个不同的测量算符 W_i，对于 2 比特量子系统，总测量次数为 $d \times d = 4 \times 4 = 16$ 次，16 次测量所对应的完备测量算符为 $\{W_i\} = \{II, IX, IY, IZ, XI, XX, XY, XZ, YI, YX, YY, YZ, ZI, ZX, ZY, ZZ\}$，其中，$I, X, Y, Z$ 分别表示单位算符和泡利算符的 x, y, z 分量，“YZ”表示由 Y, Z 的直积构成的测量算符。可以按上述顺序，将所有在不同测量算符 W_i 作用下得到的测量值 y_i，排列成一个向量 b_k：

$$b_k = [y_1, y_2, \cdots, y_{d\times d}] \tag{10.42}$$

考虑到实际测量值中含有噪声，对每一个待测量子密度矩阵 ρ_k 的测量向量 b_k 加上高斯噪声序列 e_k 可得

$$b_k = A_k \mathrm{vec}(\rho_k) + e_k \tag{10.43}$$

其中，$A_k = (\mathrm{vec}(W_1)\ \mathrm{vec}(W_2), \cdots, \mathrm{vec}(W_{d\times d}))^\dagger$。

式(10.43)就是利用测量算符作用在待估计的密度矩阵上来构造出的神经网络的输入样本。这样对每一个网络输出的密度矩阵(10.38)，我们得到了相应的输入样本(10.43)，也就构成了一个神经网络训练的输入输出对。

给输入样本 b_k 的每个测量值加入高斯噪声进行训练，也可以使网络更加鲁棒，增加网络的抗噪能力。

10.2.1.3 神经网络的训练与测试性能指标

对网络的训练分别使用本征态、叠加态样本训练出两个神经网络估计器。训练中的性能指标采用的 loss 函数为均值平方差 MSE 函数：

$$\mathrm{MSE}(\rho, \hat{\rho}) = \frac{\sum_{i=1}^{2^n} \sum_{j=1}^{2^n} (\rho_{i,j} - \hat{\rho}_{i,j})^2}{4^n} \tag{10.44}$$

其中，ρ 为生成的真实密度矩阵，$\hat{\rho}$ 为网络训练过程中的密度矩阵的估计值，n 为量子比特数。通过使 MSE 值最小来训练神经网络。

在设计了训练好的神经网络估计器后，我们利用每一种估计器进行性能测试，并评估估计器的效果。由于神经网络的输出是对真实密度矩阵的逼近，但不一定能满足密度

矩阵要求的厄米矩阵、半正定性和单位迹这三个性质：

$$\rho^{\dagger} = \rho, \quad \rho \geqslant 0, \quad \mathrm{tr}(\rho) = 1 \tag{10.45}$$

我们通过对神经网络的输出 $\hat{\rho}$ 进行归一化变换，来使量子纯态满足式(10.45)中的三个性质：

$$\hat{\rho}_t = \frac{\hat{\rho}^{\dagger}\hat{\rho}}{\mathrm{tr}(\hat{\rho}^{\dagger}\hat{\rho})} \tag{10.46}$$

我们采用了两个性能指标来进行实验结果测试效果的评估。第一个是估计密度矩阵 $\hat{\rho}_t$ 与待估计的密度矩阵 ρ 之间的均方根(RMSE)：

$$\begin{aligned}\mathrm{RMSE}(\rho,\hat{\rho}_t) &= \sqrt{\mathrm{MSE}(\rho,\hat{\rho}_t)} \\ &= \sqrt{\frac{\sum_{i=1}^{2^n}\sum_{j=1}^{2^n}(\rho_{i,j} - \hat{\rho}_{t_{i,j}})^2}{4^n}}\end{aligned} \tag{10.47}$$

第二个是估计的密度矩阵 $\hat{\rho}_t$ 与真实密度矩阵 ρ 之间的保真度：

$$F(\rho,\hat{\rho}_t) = \mathrm{tr}\left(\sqrt{\sqrt{\rho}\,\hat{\rho}_t\sqrt{\rho}}\right) \tag{10.48}$$

保真度的范围是[0,1]，当 $\hat{\rho}_t$ 和 ρ 差别越小，则 $F(\rho,\hat{\rho}_t)$ 的值越接近 1，并且当两个矩阵完全相同时，保真度为 1。

10.2.2 神经网络的训练及验证实验及其结果分析

10.2.2.1 本征态估计器的训练与验证

本小节仿真实验运行环境为 PyCharm，2.40 GHz Inter Core i5-1135G7 CPU，内存 16 GB。

对网络的训练采用小批量梯度下降法，批量大小(batch_size)为 256，并采用 Adam 梯度下降优化算法，这能够显著提高计算效率，使训练更快收敛，学习率取 0.01。训练与测试中所包含的噪声 e_k 均为均值为 0、标准差为 0.001 的高斯噪声。

为了获得合适的训练样本数，我们首先对本征态分别选取样本个数为 20，100，1000，10000 的情况进行实验结果的性能对比。对于训练样本个数少于 256 个的，batch_size 取现有训练样本个数，此时训练一个 epoch 就是训练一个 batch。固定训练次数 30 个

epoch，比较式(10.44)定义的 loss 值和训练所需的时间如图 10.6 所示，其中图 10.6(a)、(b)、(c)、(d)分别表示样本个数为 20，100，1000，10000 的训练过程，实线表示训练样本 loss 值变化，虚线表示验证样本 loss 值变化，训练结束得到的训练样本 loss 值分别为 0.028，0.032，0.0059，8×10^{-8}，训练 30 个 epoch 所耗时间分别为 0.11 s，0.12 s，0.27 s，1.97 s。综合来看，样本取为 10000 个时，训练时间仅需 1.97 s，而 loss 值为 8×10^{-8}，故我们对本征态网络估计器选取的样本个数为 10000，其中 9000 个为训练集样本，1000 个为验证集样本。训练次数设为 30 次。因为 batch_size 设为 256，所以一个 epoch 能够训练 int(9000/256) = 35 个 batch。

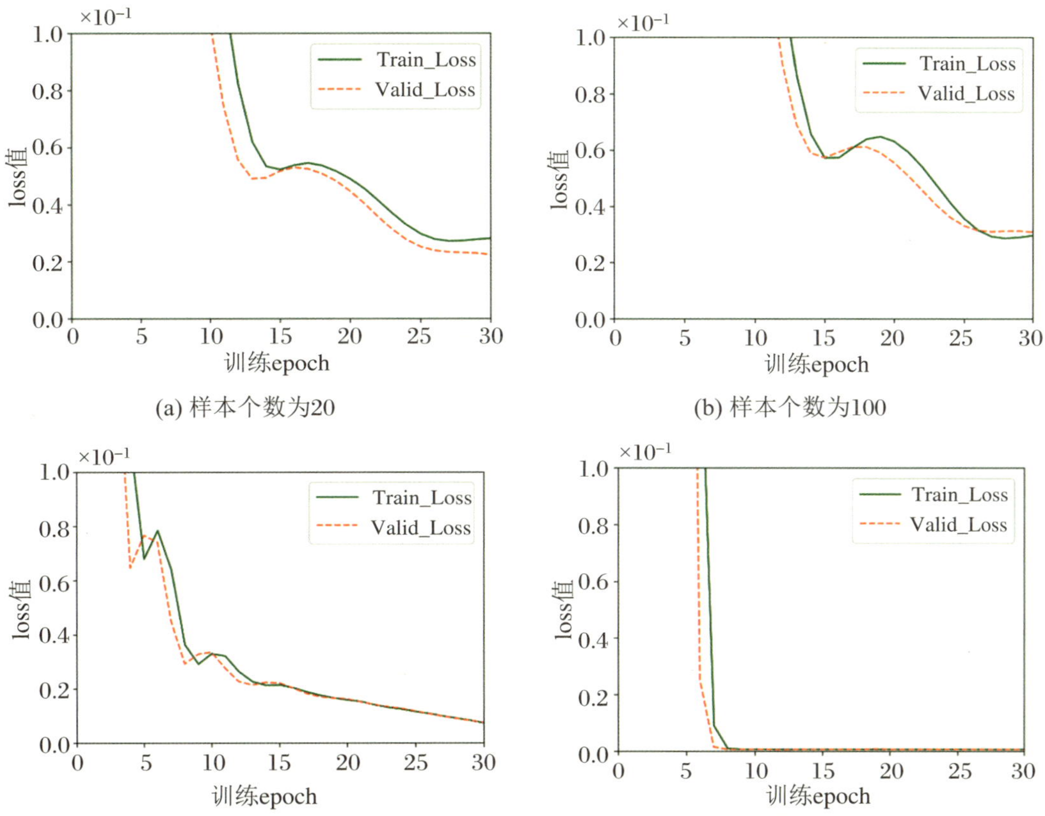

(a) 样本个数为20　(b) 样本个数为100

(c) 样本个数为1000　(d) 样本个数为10000

图 10.6　4 种不同本征态样本数下的训练过程

本征态密度矩阵为仅有对角线某一位置有元素为 1，其余位置均为 0 的矩阵，所以先生成一个 2×2 的零矩阵，随机将其对角线置为 1，这样即得到一个本征态密度矩阵，再由式(10.43)生成 b_k 得到一个本征态输入输出样本对。

网络训练的误差结果如图 10.7 所示，其中，实线为训练集的损失值随着 epoch 的变化，虚线验证集的损失值随着训练 epoch 变化，从图 10.7 中可以看出：训练集和验证集的 loss 值变化曲线在 10 个 epoch 后 MSE 即都达到 8×10^{-8}，并都稳定于 8×10^{-8} 附近。

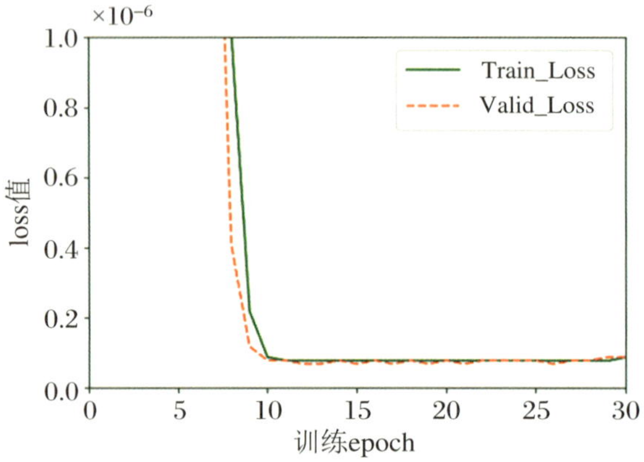

图 10.7　本征态神经网络估计器训练过程

训练完成后，我们使用训练后的估计器对测试集中密度矩阵进行估计验证。对于待估计的密度矩阵为 diag(1,0,0,0)，利用训练得到的状态估计器进行估计，并对估计器的结果采用式(10.46)进行变换，保留五位小数，得到估计结果为

$$\begin{bmatrix} 1 & 0.00003+0.00002\mathrm{i} & -0.00002-0.00004\mathrm{i} & -0.00004+0.00004\mathrm{i} \\ 0.00003-0.00002\mathrm{i} & 0 & 0 & 0 \\ -0.00002+0.00004\mathrm{i} & 0 & 0 & 0 \\ -0.00004-0.00004\mathrm{i} & 0 & 0 & 0 \end{bmatrix}$$

计算得保真度为 0.99999976，RMSE 为 0.00002695，同时估计的结果满足密度矩阵的三个性质。可见在进行对本征态的估计，本小节所设计出的宽度神经网络估计器能够达到超过 99%的保真度估计精度，且 RMSE 精度达到 10^{-4}。

10.2.2.2　叠加态估计器的训练与验证

根据式(10.38)，令秩 $r=1$，此时为叠加态密度矩阵，即得到输出样本，再依据式(10.43)，得到输入样本。一共生成 100000 个样本，其中 90000 个作为训练集样本，10000 个作为验证集样本，因为批量大小(batch_size)设为 256，所以一个 epoch 能够训练 int(90000/256) = 351 个 batch。由于小批量梯度下降导致训练曲线的波动很大，不便于观察曲线的趋势，因此每 10 个 epoch 记录一次，叠加态神经网络估计器训练过程如图 10.8 所示，其中，实线为训练集的损失值随着训练 epoch 变化，虚线验证集的损失值随着训练 epoch 变化。

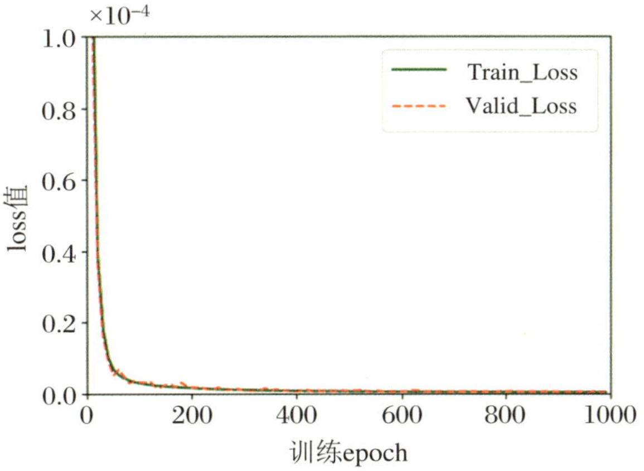

图 10.8　叠加态神经网络估计器训练过程

从图 10.8 中可以看出：训练集和验证集的 loss 值变化曲线在 1000 个 epoch 后 MSE 分别达到 6.2×10^{-7}，6.4×10^{-7}，若继续训练，发现 MSE 不再下降，并分别稳定于这两个值附近。训练 1000 个 epoch 所耗时间为 14.03 min。在测试仿真实验中，随机取一个待估计的叠加态密度矩阵，保留五位小数为

$$\begin{bmatrix} 0.10943 & 0.18956-0.07357i & -0.03413-0.07666i & -0.08562+0.20429i \\ 0.18956+0.07357i & 0.37783 & -0.00759-0.15574i & -0.28567+0.29632i \\ -0.03413+0.07666i & -0.00759+0.15574i & 0.06435 & -0.11641-0.12371i \\ -0.08562-0.20429i & -0.28567-0.29632i & -0.11641+0.12371i & 0.4484 \end{bmatrix}$$

将其输入训练后得到的量子态网络估计器，对网络输出结果采用式(10.46)进行变换，得到最终估计结果(保留五位小数)为

$$\begin{bmatrix} 0.10869 & 0.18888-0.07342i & -0.03465-0.07646i & -0.08488+0.20386i \\ 0.18888+0.07342i & 0.37784 & -0.00856-0.15627i & -0.28522+0.29692i \\ -0.03465+0.07646i & -0.00856+0.15627i & 0.06483 & -0.11634-0.12469i \\ -0.08488-0.20386i & -0.28522-0.29692i & -0.11634+0.12469i & 0.44864 \end{bmatrix}$$

计算得保真度为 0.99999435，RMSE 为 0.00076446，同时估计的结果满足密度矩阵的三个性质。

10.2.3 混合态估计器的网络训练和验证

10.2.3.1 混合态输入输出样本对的生成

混合态密度矩阵的生成按照式(10.38)，φ_r 为 $d\times r$ 的 Wishart 矩阵，令 $r=d$，φ_r 变为 $d\times d$ 的矩阵，此时生成的 ρ 为混合态密度矩阵。因为对于混合态，在对神经网络的输出进行归一化变换时无法采用式(10.46)进行变换，我们采用 10.1 节中的方法来构造混合态。因为密度矩阵是厄米矩阵，为了使最终的输出结果满足密度矩阵的性质，所以我们可以对密度矩阵 ρ 进行矩阵分解：$\rho=\dfrac{\tau^\dagger\tau}{\mathrm{tr}(\tau^\dagger\tau)}$，其中，$\tau$ 矩阵采用式(10.20)所示的下三角矩阵，与 ρ 中各元素关系为

$$\tau=\begin{bmatrix}\sqrt{\dfrac{\mathrm{Det}(\rho)}{m_{11}^{(1)}}} & 0 & 0 & 0\\ \dfrac{m_{12}^{(1)}}{\sqrt{m_{11}^{(1)}m_{11,22}^{(2)}}} & \sqrt{\dfrac{m_{11}^{(1)}}{m_{11,22}^{(2)}}} & 0 & 0\\ \dfrac{m_{12,23}^{(2)}}{\sqrt{\rho_{44}}\sqrt{m_{11,22}^{(2)}}} & \dfrac{m_{11,23}^{(2)}}{\sqrt{\rho_{44}}\sqrt{m_{11,22}^{(2)}}} & \sqrt{\dfrac{m_{11,22}^{(2)}}{\rho_{44}}} & 0\\ \dfrac{\rho_{41}}{\sqrt{\rho_{44}}} & \dfrac{\rho_{42}}{\sqrt{\rho_{44}}} & \dfrac{\rho_{43}}{\sqrt{\rho_{44}}} & \sqrt{\rho_{44}}\end{bmatrix}\tag{10.49}$$

其中，$m_{ij}^{(1)}$ 是 ρ 的一阶余子式，$m_{ij,kl}^{(2)}$ 是 ρ 的二阶余子式。τ 矩阵可以用参数 $t_1,t_2,\cdots,t_{15},t_{16}$ 表示为

$$\tau=\begin{bmatrix}t_1 & 0 & 0 & 0\\ t_5+\mathrm{i}t_6 & t_2 & 0 & 0\\ t_{11}+\mathrm{i}t_{12} & t_7+\mathrm{i}t_8 & t_3 & 0\\ t_{15}+\mathrm{i}t_{16} & t_{13}+\mathrm{i}t_{14} & t_9+\mathrm{i}t_{10} & t_4\end{bmatrix}\tag{10.50}$$

将神经网络的输出样本即可用 $t_1,t_2,\cdots,t_{15},t_{16}$ 进行表示，神经网络的输入依旧按照式(10.43)进行生成，此时网络仅需要输出 16 个元素，为估计的 $\hat{\tau}$ 矩阵，再通过公式

$$\hat{\rho}_t=\frac{\hat{\tau}^\dagger\hat{\tau}}{\mathrm{tr}(\hat{\tau}^\dagger\hat{\tau})}\tag{10.51}$$

可以验证经过处理过后的密度矩阵 $\hat{\rho}_t$ 满足半正定性、单位迹及共轭对称性。

10.2.3.2 混合态估计器的训练与验证

与纯态同样的训练方式对混合态网络估计器进行训练，训练结果如图 10.9 所示。

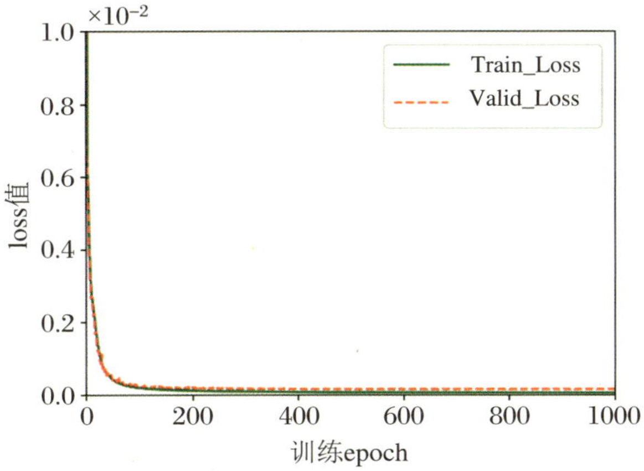

图 10.9 混合态神经网络估计器训练过程

在测试仿真实验中，随机取一个待估计的混合态密度矩阵（保留五位小数）为

$$\begin{bmatrix} 0.31484 & -0.03591-0.0761\mathrm{i} & -0.1031-0.01517\mathrm{i} & 0.003001+0.10776\mathrm{i} \\ -0.03591+0.0761\mathrm{i} & 0.19939 & -0.06003+0.00112\mathrm{i} & -0.03475-0.08049\mathrm{i} \\ -0.1031+0.01517\mathrm{i} & -0.06003-0.00112\mathrm{i} & 0.30401 & -0.10666-0.01229\mathrm{i} \\ 0.00301-0.10776\mathrm{i} & -0.03475+0.08049\mathrm{i} & -0.10666+0.01229\mathrm{i} & 0.18176 \end{bmatrix}$$

利用训练得到的状态估计器进行估计，得到 $t_1, t_2, \cdots, t_{15}, t_{16}$，将其组合成 $\hat{\tau}$ 矩阵后，再利用式(10.51)进行变换，保留五位小数，得到估计结果为

$$\begin{bmatrix} 0.31906 & -0.03502-0.07698\mathrm{i} & -0.10243-0.01431\mathrm{i} & 0.00459+0.10676\mathrm{i} \\ -0.03503+0.07698\mathrm{i} & 0.19746 & -0.0597+0.00219\mathrm{i} & -0.03297-0.08269\mathrm{i} \\ -0.10143+0.01431\mathrm{i} & -0.0597-0.00219\mathrm{i} & 0.30232 & -0.10527-0.01267\mathrm{i} \\ 0.00459-0.10676\mathrm{i} & -0.03297+0.08269\mathrm{i} & -0.10527+0.01267\mathrm{i} & 0.18116 \end{bmatrix}$$

计算得保真度为 0.99994638，RMSE 为 0.00193465，同时估计的结果满足密度矩阵的三个性质。

本小节分别设计出对本征态、叠加态和混合态三种神经网络估计器。实验结果表明，所设计的宽度神经网络估计器能够达到 99%以上的保真度，以及 RMSE 达到 10^{-3} 以上的高性能估计效果。

10.3 最简结构神经网络的量子态估计及其性能对比

量子系统采用希尔伯特空间中的矢量来描述密度矩阵状态，对一个 n 比特量子系统状态的密度矩阵 $\rho \in \mathbf{C}^{d \times d}$，$d = 2^n$ 的估计，一般是通过测量获取量子系统的输出值，然后根据输出值与量子密度矩阵之间的关系，联立方程求解。为了求出密度矩阵 4^n 参数，一般需要相同的测量次数，被称为完备测量的次数，同时，密度矩阵还必须满足半正定、单位迹和共轭对称的性质条件（Gyongyosi，2017）。量子层析成像技术是量子态估计较常用的技术之一，这种技术由 Stokes 提出（Stokes，1951）。随后，卡希尔和格劳贝尔提出通过对量子系统大量重复测量获得的统计结果来估计量子态的密度矩阵（Cahill，Glauber，1969），此理论为量子态估计的实现奠定了基础。近些年，研究人员使用了多种优化算法进行量子态估计。2012 年斯莫林等使用极大似然估计算法重建了非完备测量下含有高斯噪声的混合态密度矩阵（Smolin，2012）。2017 年杨靖北等人提出一种基于两步测量的量子态估计方法，可以对任意量子纯态的估计提供最少的观测次数（Yang et al.，2017）。2020 年一种改进的迭代收缩阈值算法被提出，得到了量子态估计的更小误差（丛爽 等 2020）。2021 年，针对连续弱测量中存在高斯噪声的情况，一种带有自适应学习速率的矩阵指数梯度量子态估计算法的提出获得了更高的估计精度（丛爽等，2021）。

实际上数值优化算法只能对一个固定的量子状态进行估计，而且需要对每一个量子态都进行重复的迭代优化，由于神经网络具有对非训练样本的泛化能力，近年来在量子态估计的应用中得到研究者的关注，在对典型或一定数量的输入/输出数据进行训练后，网络就具有对未训练的其他任意同类样本具有逼近能力，人们利用训练好的神经网络，可以直接从网络输出获得新的同类量子状态，不再需要进行新的迭代训练，这是数值优化算法所不具有的优势。Torlai 等将玻尔兹曼机用于一维和二维的高度纠缠态的量子状态估计，重建了纠缠熵（Torlai et al.，2018）。Xu 等人提出了一种用于全量子状态估计的神经网络估计模型，实验结果证明了模型的准确性（Xu，Xu，2018）。Xin 等人利用全连接神经网络进行了非完备测量下的量子态估计，对于一个 4 比特量子位系统有较高的精确度（Xin et al.，2019）。林文端和丛爽设计出了一种基于深度学习的 LDAMP 算法，在较少的测量采样率下，高精度地完成了对四种量子态同时进行估计（林文瑞，丛爽，2023）。Carrasquill 等人提出了一种适合于变分优化的神经网络来重建混合态密度矩阵（Carrasquilla et al.，2019）。艾哈迈德等证明了即使在存在噪声和数据较少的情况下，基于深度学习技术的量子态分类和重构仍然维持了高分类精度和重构保真度(Ahmed et al.,2020)。深度神经网络对庞大而又复杂的数据有较好的处理能力,在量子态估计中获得了较高的准确性和精度。然而深度神经网络结构复杂,训练过程繁琐,于是,在2021年,潘成威和丛爽通过设计含有两个隐含层,且隐含层节点数为300的宽度神经网络实现对量子态的估计,并达到了和深度神经网络同样高的准确性和精度(潘成威,丛爽,2021)。通过研究发现,虽然深度神经网络对庞大而又复杂的数据有较好的处理能力,在量子态估计中获得了较高的准确性和精度。然而深度神经网络结构复杂,训练过程繁琐,极不利于估计出的量子状态的后续比如状态反馈控制系统中的应用。实际上,采用前向网络对量子态估计可能并不需要使用很复杂的深度学习网络。现在的问题是:能否训练出一个结构简单,同时对量子态的估计性能高以及泛化能力强的神经网络? 本节想回答这个问题。

本节的研究重点放在如何设计一个具有最简单的网络结构,并通过研究最少的隐含层节点数、最少的训练样本的情况下,获得最少的训练时间,以及高精度估计量子密度矩阵的典型神经网络。我们通过设计含有一个隐含层的前向神经网络实现对量子态密度矩阵的估计,分别通过对BP网络采用L-M算法,以及对RBF网络的隐含层节点自动寻优算法,设计并训练出两种具有函数逼近功能的前向神经网络,并通过对网络输出的归一化处理,获得满足密度矩阵条件的网络输出;根据量子态密度矩阵与量子系统实验装置的输出测量值之间的关系,构造出训练前向神经网络的输入/输出样本对,分别设计、训练和验证不同网络对本征态、叠加态和混合态的逼近估计性能。鉴于RBF优良的量子态估计性能,进而采用RBF网络对2量子位的任意量子态的估计,以及对3～7高量子位的本征态进行估计研究,并分别对无噪声及有噪声情况下的估计性能进行了对比实验。

10.3.1 神经网络结构设计

本节设计两种前向网络:BP神经网络和径向基神经网络,神经网络的结构如图10.10所示,其中在网络输出层增加一个归一化处理层。两种神经网络都只含有一个隐含层,根据10.2节中构造的输入/输出样本对,神经网络的输出为量子态密度矩阵,对于一个 n 比特的量子系统,其密度矩阵的维数为 $d\times d=2^n\times 2^n$,本节所设计的前向神经网络采用对一个密度矩阵的完备的测量次数作为网络的输入节点数,所以,每一组输入数据,就是一个密度矩阵的完备测量结果。另一方面,由于密度矩阵可能是复数,其中含有实部和虚部,我们通过将实部与虚部分开,可以得到两组实数矩阵,然后按列拉成两个向量，将虚部拉成的向量放在实部下面组成一个合并向量，成为神经网络的输出，这样，神经网络的输出节点数为 $2\times d\times d$，用 ρ 表示。神经网络的输入向量为$[y_1, y_2, \cdots, y_{d\times d}]^{\mathrm{T}}$，输出向量为$[\rho_{\mathrm{r}11}, \rho_{\mathrm{r}21}, \cdots, \rho_{\mathrm{r}(d-1)d}, \rho_{\mathrm{r}dd}, \rho_{\mathrm{i}11}, \rho_{i21}, \cdots, \rho_{i(d-1)d}, \rho_{idd}]^{\mathrm{T}}$。

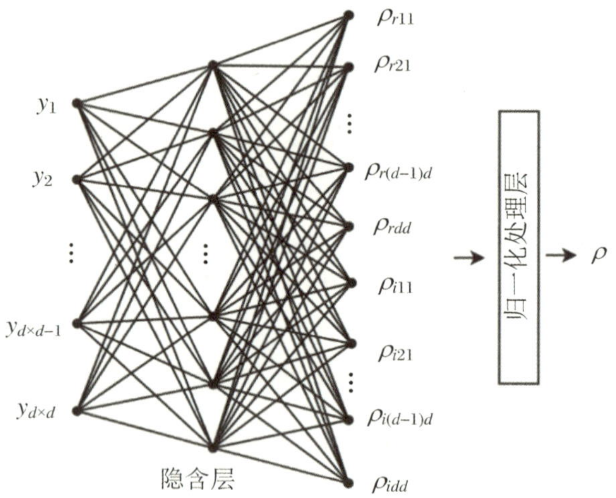

图 10.10　前向神经网络结构图

图 10.10 中的归一化处理层的目的是使得由网络估计出的密度矩阵同时满足量子密度矩阵的“厄密和迹为 1”条件。对于本征态和叠加态，神经网络在输出之后的归一化处理计算为

$$\hat{\rho}_t = \frac{\hat{\rho}^{\dagger}\hat{\rho}}{\mathrm{tr}(\hat{\rho}^{\dagger}\hat{\rho})} \tag{10.52}$$

对于 2 比特混合态，同样采用 10.2.3.1 小节中的输入输出样本对的生成神经网络的方法，采用式(10.49)至式(10.51)来获得满足半正定性、单位迹及共轭对称性的估计密度矩阵 $\hat{\rho}_t = \dfrac{\hat{\tau}^{\dagger}\hat{\tau}}{\mathrm{tr}(\hat{\tau}^{\dagger}\hat{\tau})}$。

10.3.2　网络训练用数据的生成

量子态密度矩阵 ρ 与量子系统输出测量值 y 之间的关系为

$$y = \mathrm{tr}(M\rho) \tag{10.53}$$

其中，M 为所选择的测量算符，ρ 为量子态密度矩阵。

采用神经网络进行量子密度矩阵的估计任务，就是选择合适的测量算符 M，通过完备的 $d\times d$ 次测量，重复地作用于量子系统待估计的状态 ρ 上，将所获得的与测量算法相对应的每一个测量值 y 组成的输入数据，作为神经网络的输入，通过训练网络的权值，使得网络的输出 $\hat{\rho}$ 逼近待估计的状态 ρ，换句话说，使得网络的输入/输出关系满足式(10.53)。网络通过对不同的量子密度矩阵的完备测量数据，训练网络具有对任意本征态、叠加态或混合态进行逼近估计的能力。

由式(10.53)可知，要想获得系统的测量值 y，需要首先选择量子态的测量算符 M。本节采用泡利矩阵来构造测量算符 M，其设计与选择方法与 10.2.1.2 小节中的训练与测试的输入/输出样本的构造方法得到的式(10.39)至式(10.43)相同，在此不再重复叙述。

10.3.3 训练网络权值的算法及性能指标

对于隐含层输出范围在(-1,1)的 Sigmoid 激活函数的 BP 神经网络，我们采用 MATLAB 工具箱中的 L-M 算法来训练网络权值，该算法属于数值优化算法，用到二阶求导的海森矩阵，L-M 算法通过在海森矩阵基础上增加一个随迭代次数增加其数值由大变小的搜索步长，来使搜索方法从梯度下降法逐步转向拟牛顿法，所以具有梯度下降法和拟牛顿法优点，是 MATLAB 工具箱中 BP 网络梯度下降法及其改进算法中最快的算法。

对于隐含层激活函数为径向基函数的 RBF 神经网络，我们采用 MATLAB 中对隐含步次进行的，先是采用非监督式学习确定 RBF 层的权值 $W_1=P^{\mathrm{T}}$，之后通过监督式学习计算网络线性输出层的权值 $W_2\times A_1+B_2=T$，可以在使网络的输出误差为 0 的情况下求出 W_2 参数值。该算法从隐含层具有一个节点开始，通过逐个向网络输入样本数输入矢量，并检查网络对新输入矢量的输出值是否大于期望误差，每当新输入使已设计的网络产生误差大于期望误差时，将在 RBF 层自动增加一个新的节点，进行网络权值的设计。该方法当隐含层节点数等于样本输入组数时，可以达到零误差。

宽度网络的结构是两个隐含层，隐含层的节点数分别为 300/300，网络权值的训练算法采用的是动量法和 RMSprop 算法相结合的 Adam 梯度下降优化算法。

有关神经网络的训练和测试性能指标与式(10.44)至式(10.47)相同，在此不再赘述。

10.3.4 神经网络训练及性能对比分析

本小节首先将使用 BP 神经网络和 RBF 神经网络分别对本征态、叠加态和混合态三种量子态下 $n=2$ 比特量子密度矩阵进行训练，并将所设计的 BP 和 RBF 神经网络的实验结果与 10.2 节中的基于深度学习的宽度神经网络实验结果进行性能对比。

本小节对本征态训练时，训练样本对包含所有可能的本征态，验证时，验证数据为所有可能的本征态的测量值，验证 RMSE 和保真度为平均值。对叠加态和混合态训练时，训练样本对为随机生成的数据，验证时，验证数据为随机 100 个密度矩阵的测量值，验证 RMSE 和保真度给出了最小值、最大值和平均值。实验 1 至实验 3 中为了与基于深度学习的宽度神经网络一致，e_k 取均值为 0，标准差为 0.001 的高斯噪声序列，实验 4 和实验 5 中 e_k 取均值为 0，标准差为 0.01 的高斯噪声序列。

本小节所给出的训练时间均为 10 次训练的平均值。此外，本小节定义了验证 RMSE 的最大值为 $R_{\max}$，最小值为 $R_{\min}$，平均值为 R_{mean}，验证保真度的最大值为 $F_{\max}$，最小值为 $F_{\min}$，平均值为 F_{mean}。

关于实验环境方面，仿真实验运行环境为 MATLAB R2019a 1.60 Ghz Intel Core i5-8265U CPU，内存 8 GB；宽度神经网络的仿真实验运行环境为 PyCharm，2.40 GHz Inter Core i5-1135G7 CPU，内存 16 GB。

实验 1　2 量子比特本征态的估计

本实验是对最简单 2 量子比特的本征态进行网络训练，来考察在给定的性能指标 10^{-7} 下，达到对任意真实本征态密度矩阵的逼近所需要的最少网络隐含层数、训练样本数以及所对应的训练时间，并对三种不同前向网络结构、样本数量及其训练用时等方面的优劣进行对比分析。

三种神经网络本征态训练实验结果的性能对比如表 10.1 和图 10.11 所示，其中，横坐标为训练次数，纵坐标为训练误差 MSE，从中可以看出：

（1）RBF 神经网络、BP 神经网络和宽度神经网络的隐含层节点数分别为 3，4 和 300/300，因为 2 量子比特的本征态只有 $d=2^n=4$ 个，所以 4 组以上的输入就一定有重复，所以从理论上最多只要 4 组应当能够完成逼近和估计，RBF 的隐含层节点数最多也应当在与训练组数相等时，达到零误差。表 10.1 中的实验结果证实了这一点。换句话说，对于量子本征态的估计，完全不需要采用具有深度或宽度神经网络来实现。

（2）RBF 神经网络只花费 0.48 s 就完成了训练，而 BP 神经网络的训练时间为 0.80 s，宽度神经网络的训练时间为 1.97 s，几乎是 RBF 神经网络用时的 4 倍。实际上，RBF 神经网络只需要对所求输入数据训练 1 次，即可达到训练性能。而 BP 神经网络训练了 12 次，宽度神经网络训练了 10 次，RBF 神经网络在 2 量子比特本征态估计的多项性能中都表现最好。

表 10.1　三种神经网络本征态训练实验结果对比

性能	RBF 神经网络	BP 神经网络	宽度神经网络
隐含层节点数	3	4	300/300
训练误差 MSE	0	9.61×10^{-8}	8×10^{-8}
训练样本数	4	15	9000
训练次数	1	12	10
训练时间	0.48″	0.80″	1.97″
R_{max}	5.53×10^{-4}	1.73×10^{-6}	无
R_{min}	7.81×10^{-5}	3.27×10^{-8}	无
R_{mean}	2.02×10^{-4}	8.16×10^{-7}	2.695×10^{-5}
F_{max}	0.9999	1.0000	无
F_{min}	0.9991	1.0000	无
F_{mean}	0.9997	1.0000	0.9999

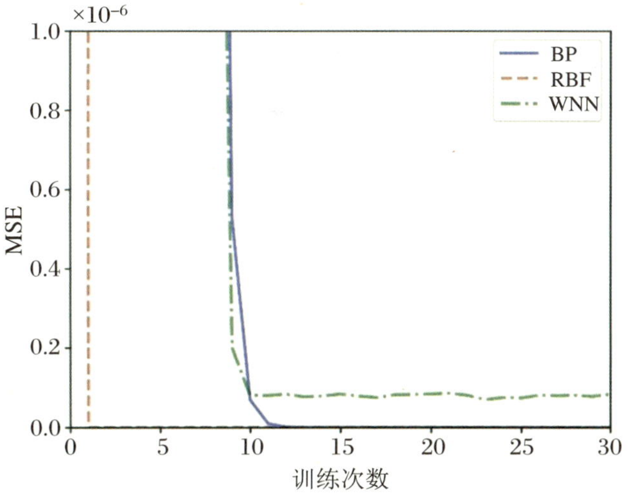

图 10.11　三种神经网络对本征态估计的训练性能对比

实验 2　量子比特叠加态的估计

与本征态的数目只有 d 个不同，叠加态有无数多个。神经网络的最大特点是具有对未训练样本的泛化能力，一旦训练好一个神经网络，它就能够对任意叠加态的测量值进行密度矩阵逼近估计，这是任何迭代优化算法所不具有的优势。那么对于有无数多个叠加态的估计逼近，神经网络的结构是否会变得十分复杂呢？这是我们实验想弄清楚的一个重要问题。训练误差指标为 10^{-5}。

三种神经网络叠加态训练实验结果如表 10.2 所示，从中可以看出：

（1）RBF 神经网络和 BP 神经网络都只需要 45 个训练数据，凭借其泛化能力，就能够对验证用的 100 个非训练数据获得大于 98%的平均保真度，并不需要像采用深度学习的宽度网络那样采用 90000 个训练样本。

（2）RB 的训练次数同样只需要 1 次，BP 网络需要 25 次的迭代训练，不过 BP 神经网络的隐含层节点数只需要 16 个，比 RBF 的 44 要少 28 个，所以 BP 网络的训练时间也是最短的，只花费了 1.58 s，因此，在叠加态实验中，BP 神经网络所花费的计算时间最短。

表 10.2　三种神经网络叠加态训练实验结果

性能	RBF 神经网络	BP 神经网络	宽度神经网络
隐含层节点数	44	16	300/300
训练误差 MSE	0	9.76×10^{-6}	6.2×10^{-7}
训练样本数	45	45	90000
训练次数	1	25	1000
训练时间	2.80″	1.58″	14′2″
R_{max}	0.0918	0.0745	无
R_{min}	0.0100	0.0036	无
R_{mean}	0.0322	0.0178	0.00076
F_{max}	0.9992	0.9998	无
F_{min}	0.9265	0.9529	无
F_{mean}	0.9838	0.9932	0.9999

实验 3　2 量子比特混合态的估计

与叠加态相比，混合态似乎更加复杂，本小节研究单独设计混合态估计的神经网络的性能，实验中网络输出归一化处理采用式(10.51)，其中秩取 $r=4$。

三种神经网络混合态训练实验结果如表 10.3 所示，从中可以看出：

（1）RBF 神经网络所需要的隐含层节点数最少，与叠加态情况相比，不但没有增加，反而从 44 个减少到 24 个；BP 神经网络保持 16 个。

（2）RBF 神经网络所需要的训练样本数据从 45 减少到 25，而 BP 神经网络从 45 增加到60。由此可见，RBF 神经网络对于复杂的混合态表现出更加优越的性能。

表 10.3　三种神经网络混合态训练实验结果

性能	RBF 神经网络	BP 神经网络	宽度神经网络
隐含层节点数	24	16	300/300
训练误差 MSE	0	9.90×10^{-7}	无
训练样本数	25	60	90000
训练次数	1	60	无
训练时间	1.70″	2.77″	无
R_{max}	0.0571	0.0798	无
R_{min}	0.0092	0.0038	无
R_{mean}	0.0252	0.0185	0.0019
F_{max}	0.9985	0.9998	无
F_{min}	0.9550	0.9497	无
F_{mean}	0.9886	0.9920	0.9999

实验 4　量子比特任意量子态的估计

本小节将本征态、叠加态和混合态放在一起来设计并训练一个 RBF 神经网络估计器，使得其可以对任意量子态密度矩阵的测量值进行估计。我们研究的重点放在最简网络结构，也就是寻求最少隐含层节点数上。

由于 RBF 在已经做过的三个实验中的性能表现突出，本小节将设计训练一个 RBF 神经网络来估计同时含有本征态、叠加态和混合态的任意量子态，并考察其估计性能。我们研究的重点同样放在寻求最少隐含层节点数，以及所需要的最少训练样本上。通过多次不同情况下实验及其结果分析，最终我们选择的最少 80 个训练样本的组合为：四个本征态、40 个任意叠加态和 36 个任意混合态；另外 100 个验证样本采用四个本征态、48 个任意叠加态和 48 个任意混合态，采用式（10.52）进行归一化处理，其中混合态的秩 $r=2$。此外，我们还考虑了无噪声和有噪声两种情况下，采用 RBF 神经网络对任意量子态进行估计的训练，实验结果如表 10.4 和图 10.12 所示，训练误差指标定为 10^{-6}。从中可以看出：无噪声情况下验证保真度比有噪声更接近于 1，精度更高。在对 100 个非训练样本的任意态的估计中，所设计的网络在有噪声情况下的平均保真度也高于 97%。

表 10.4　RBF 神经网络任意量子态训练实验结果

性能	无噪声	有噪声
隐含层节点数	77	78
训练误差 MSE	9.27×10^{-7}	6.14×10^{-7}
训练样本数	80	80
训练次数	1	1
训练时间	6.54″	6.84″
$R_{\max}$	0.0752	0.975
$R_{\min}$	3.65×10^{-5}	0.0055
R_{mean}	0.0367	0.0442
$F_{\max}$	1.0000	0.9995
$F_{\min}$	0.9553	0.8754
F_{mean}	0.9836	0.9739

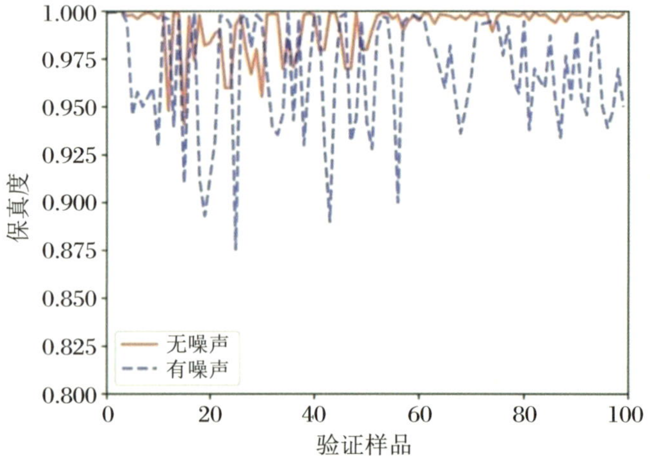

图 10.12　无噪声和有噪声验证保真度

实验 5　多量子比特本征态的估计

本小节中我们进一步研究不同神经网络对多量子比特密度矩阵估计逼近的性能。随着量子位数的增加,神经网络的输入节点数 $d\times d=4^n$ 是随指数增长的,这使得神经网络结构中数据存储以及运算处理复杂度也指数增加。RBF 神经网络多比特本征态训练实验结果如表 10.5 所示,BP 神经网络多比特本征态训练实验结果如表 10.6 所示。由于实验中所有情况下的 RMSE 测试性能均为 0,保真度值均为 1,我们仅给出一个平均值。从表 10.5 中可以看出：

(1) RBF 神经网络对 2～7 比特本征态估计的规律为：样本数只需要所有可能的本征态 2^n，隐含层节点数比样本数少 1 个，并且训练次数都只需要 1 次。2～6 比特时所花费的训练时间在 5 s 以内。

(2) 在无噪声的情况下，以隐含层节点数最多等于样本数来实现 RBF 网络的设计，2～7 量子位的实现结果验证了理论的正确性。

(3) BP 神经网络 2～4 比特本征态训练实验结果如表 10.5 所示，从中可以看出，BP 和 RBF 神经网络训练样本数和隐含层节点数基本相同，并且达到了保真度为 1 的验证精度。不过在 2 和 3 量子比特时，训练 BP 神经网络所花费的时间比 RBF 神经网络更短，但是当量子比特为 4 时，BP 神经网络花费 3′2″，而 RBF 只花费 1.15″，由此可见，在量子比特较少、网络结构简单的量子态估计实验中，BP 神经网络有一定的优势，而当量子比特数大于 4 后，RBF 神经网络更有优势。

表 10.5　RBF 神经网络多比特本征态训练实验结果

性能	2 量子位	3 量子位	4 量子位	5 量子位	6 量子位	7 量子位
隐含层节点数	3	7	15	31	63	127
训练误差 MSE	0	0	0	0	0	0
训练样本数	4	8	16	32	64	128
训练次数	1	1	1	1	1	1
训练时间	0.57″	0.77″	1.15″	2.10″	5.43″	1′14″
R_{max}	0	0	0	0	0	0
R_{min}	0	0	0	0	0	0
R_{mean}	0	0	0	0	0	0
F_{max}	1.0000	1.0000	1.0000	1.0000	1.0000	1.0000
F_{min}	1.0000	1.0000	1.0000	1.0000	1.0000	1.0000
F_{mean}	1.0000	1.0000	1.0000	1.0000	1.0000	1.0000

表 10.6　BP 神经网络多比特本征态训练实验结果

性能	2 量子位	3 量子位	4 量子位
隐含层节点数	4	8	16
训练误差 MSE	1.21×10^{-9}	3.17×10^{-7}	1.00×10^{-8}
训练样本数	4	8	16
训练次数	8	13	20

续表

性能	2 量子位	3 量子位	4 量子位
训练时间	0.11″	0.48″	3′2″
R_{max}	3.79×10^{-5}	4.10×10^{-5}	6.77×10^{-5}
R_{min}	1.10×10^{-6}	2.69×10^{-6}	2.30×10^{-6}
R_{mean}	1.48×10^{-5}	1.25×10^{-5}	3.00×10^{-5}
F_{max}	1.0000	1.0000	1.0000
F_{min}	1.0000	1.0000	1.0000
F_{mean}	1.0000	1.0000	1.0000

本节所设计的最简 RBF 网络结构，就是利用传统 RBF 所具有的、当隐含层节点数等于样本个数时，RBF 可以仅通过一次的训练达到零误差的性质来实现的。实验中我们通过两方面来解决如何减少所需要的训练样本数的关键问题：一是通过对获得的训练数据增加随机高斯噪声的式(10.43)来扩大数据的范围；二是利用神经网络本身所具有的对非训练数据响应的泛化能力。同样 BP 网络的最少隐含层节点数本来就是通过反复实验获取的。通过实验性能对比，充分显示出 RBF 在高量子位估计方面的性能优于 BP 网络。

10.4 基于受限玻尔兹曼机神经网络的 n 量子位纯态重构

在量子力学中，一个封闭的物理系统全部的可能状态组成一个希尔伯特空间，每个特定的物理状态可由空间中的一个矢量描述。我们常常需要知道量子系统所处的状态，这是量子信息处理和量子控制研究的基础，因此，通过在大量完全相同的副本上进行测量获得的结果来重建其量子状态，这被称为量子态层析（quantum state tomography，QST）(Roos et al.，2004)。近年来，随着基于神经网络的机器学习技术的发展，相应方法也被引入到量子态层析中。在量子态层析领域，常常利用神经网络来拟合从测量值到量子态密度矩阵元素的映射关系。不过因为系统的希尔伯特空间维数为各子系统对应空间维数的乘积，包含 n 个 1/2 自旋粒子的量子系统，其希尔伯特空间维数为 2^n，所以高量子位波函数层析问题需要指数量级的计算资源，这一指数级的要求在经典计算体系下很难满足，被称为“指数墙(exponential wall)”困难或者“指数爆炸”，这导致了一般神经网络很难应用于高量子位估计。为了解决“指数墙”问题，人们想到了通过人工神经网络来表达量子态波函数的 n 位数，利用在每一个正交基上的多次投影所获得的数据，取逼近在所有正交基上的概率值，来重构波函数，而不去拟合测量值到密度矩阵参数之间的映射关系，其中，最典型的代表就是利用受限玻尔兹曼机(RBM)来进行波函数的重构。由于 RBM 是一种可以通过输入数据集来学习概率分布的随机生成神经网络，在数据降维、特征学习、模式识别、推荐引擎、图片生成、自然语言处理等领域中有着广泛应用。

玻尔兹曼机是 1984 年由 Hinton、Sejnowski 和 Ackley 等人借助统计物理学的概念与方法，引入的一种随机型神经网络；其网络状态出现的概率服从统计物理学中的 Boltzmann 分布，并且满足玻尔兹曼分布的特点：最小能量状态以最大的概率出现，因此人们将这种网络模型称为玻尔兹曼机。玻尔兹曼机的结构如图 10.13 所示，它有 n 个输入神经元，每个神经元取 0 与 1 二值，神经元之间是双向连接的，因而连接权值相互对称，受限玻尔兹曼机是指神经元之间的连接满足每个可见层的神经元与每个隐含层的神经元全连接，但同层之间没有连接，这也是 RBM 同 BM 网络的不同之处。从图 10.13 中可以看出：BM 网络的所有神经元都连接到所有其他神经元上，而不管它们是输入节点还是隐含层节点；而 RBM 则不允许同层连接。因此，RBM 对应的是一个二分图，图 10.13 中的所有变量都是随机的，这也是 RBM 和其他神经网络之间的一个主要区别。

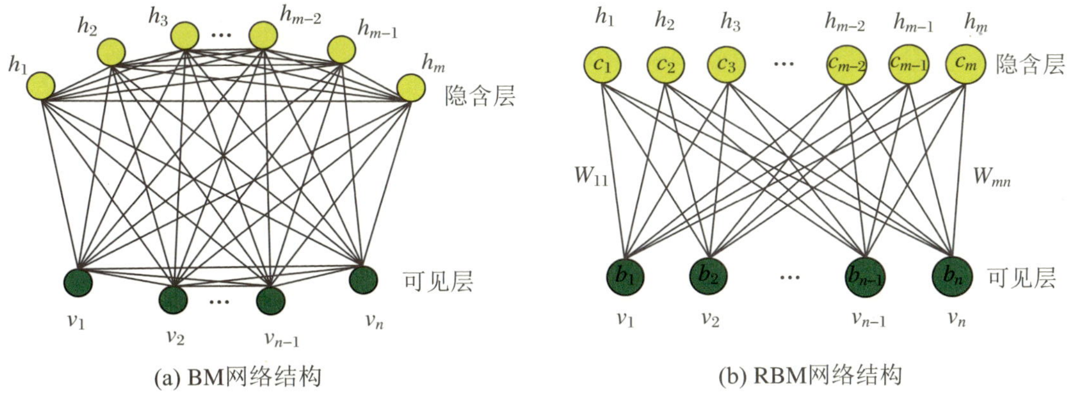

图 10.13　BM 和 RBM 的结构图

因为一个 n 量子位系统的状态存在 2^n 个相互正交的状态，通常取 2^n 个基本态为 $|i\rangle$，i 是一个 n 维二进制数，n 量子位的一般态可以用一个波函数来表示，它有 2^n 个基本态的线性叠加。例如，2 个量子位的有 $2^n = 2^2 = 4$ 个相互正交态：$|00\rangle$，$|01\rangle$，$|10\rangle$，$|11\rangle$，波函数 $|\Psi\rangle$ 的表达式为

$$|\Psi\rangle = a_1|00\rangle + a_2|01\rangle + a_3|10\rangle + a_4|11\rangle \tag{10.54}$$

其中，量子态$|\Psi\rangle$叫波函数，该函数的所有系数满足：$a_1^2 + a_2^2 + a_3^2 + a_4^2 = 1$。

波函数中的每一个系数的平方为基态$|i\rangle$的概率，人们只要求出所有的正交基态$|i\rangle$的系数 a_i，$i = 1, 2, \cdots, 2^n$，就确定了一个量子态波函数。采用 RBM 网络来对量子波函数进行估计就是通过对 RBM 网络权值的训练，逼近组成波函数基态$|i\rangle$的概率分布，实现网络权值参数对输入模式出现的概率的记忆。采用 RBM 表示量子态所需要的权值参数的个数是随 n 多项式增加，而不是指数增加，这是 RBM 在解决高量子位波函数层析问题时可以解决“指数墙”问题的优势所在。

Torlai 等人采用 RBM 在使用较少测量数据情况下，实现了高量子位纠缠态的量子态层析，并达到了较高的精度，表现了 RBM 在表示高量子纯态方面的优势。另外，RBM 还可以用来表示混合态。在实际实验中，基于 RBM 的量子态层析已经得到验证，利用双光子实验的测量数据能够有效地重建 2 量子比特纠缠态(Neugebauer et al.，2020)。本节仅考虑利用 RBM 重构 n 量子比特正实系数纯态波函数的情况。

10.4.1 RBM 神经网络的结构、功能及其工作原理

RBM 能够对原始输入网络数据集的概率分布进行逼近，通过一种无监督的方式，修正参数 $\lambda = (b, c, W)$来重建数据集的概率分布。在训练时，选择合适的损失函数，根据式(10.32)，可见层和隐藏层之间会存在多次前向和反向传播，每次反向传播都采用梯度下降法，不断地改变参数 b, c, W，使得网络表示的概率分布 $p_\lambda(v)$能够逼近数据集的概率分布。

网络隐含层神经元个数 m 由设计者来确定，如果我们定义 m 与可见神经元数 n 的比值为：$\alpha = \dfrac{m}{n}$，那么，所需要训练的 RBM 网络的参数 $\lambda = (b, c, W)$的个数为：mn 个 W 参数，n 个 b 参数和 m 个 c 参数，参数总数为：$mn + m + n = \alpha n^2 + (\alpha + 1)n$，尤其当取 $\alpha = \dfrac{m}{n} = 1$，也就是 $m = n$ 时，所需要训练的网络参数总数为：$n^2 + 2n$，由此可见，采用 RBM 网络进行网络输入数据概率重构的参数个数是随 n 多项式增加，而不是指数增加。因此，采用 RBM 来进行高量子位量子态的重构具有明显的优势。实际应用中，增加隐含神经元的数量 m，可以提高概率重建的精度。本节实验中取 $\alpha = 1$。

10.4.2 基于 RBM 的量子波函数表示

这里有必要对 RBM 的量子波函数的推倒再进行介绍。

对于一个由 n 量子比特构成的量子波函数，是由 2^n 个正交基叠加构成的，所有正交基的系数平方之和等于 1。我们采用一个具有 n 个二值神经元(对应 n 个量子比特)可见层以及具有 m 个二值神经元的隐含层构成的 RBM 网络来表示量子波函数。一个 n 量子比特的波函数$|\Psi\rangle$的一般形式的表达式为

$$|\Psi\rangle = \sum_x \Psi(x) | x\rangle \tag{10.55}$$

其中系数为

$$\Psi(x) = \langle x | \Psi\rangle \tag{10.56}$$

其中，$|x\rangle = |\sigma_1^z \cdots \sigma_n^z\rangle$为 n 量子位系统所选定的一个参考正交基底；$\sigma_j^z \in \{0,1\}$，$\sigma_j^z = 0$ 表示量子处于自旋向上状态$|0\rangle = \begin{pmatrix}1\\0\end{pmatrix}$，$\sigma_j^z = 1$ 表示量子处于自旋向下状态$|1\rangle = \begin{pmatrix}0\\1\end{pmatrix}$，$|1\rangle$和$|0\rangle$构成一个量子位的正交完备基矢，分别对应于 Bloch 矢量沿 z 轴向上和沿z 轴向下的两个状态，称为计算基矢。单比特量子系统参考基底$|\sigma_1^z\rangle$仅包含$|1\rangle$和$|0\rangle$两个不同的计算基矢，n 比特量子系统的参考正交基底$|x\rangle$包含 2^n 个不同的计算基矢，所以波函数的系数个数，就是待估计的参数也为 2^n 个。

利用 RBM 可以将一个待估计的 n 量子位波函数$|\Psi\rangle$的各系数 $\Psi(x)$表示为 $\psi_{\lambda,\mu}(x)$：

$$\psi_{\lambda,\mu}(x) = \sqrt{p_\lambda(x)}\mathrm{e}^{\mathrm{i}\phi_\mu(x)/2} \tag{10.57}$$

其中，$x = (\sigma_1^z,\cdots,\sigma_n^z)$，$\sigma_j^z = 0$ 或 1，$p_\lambda(x)$表示一个带有 RBM 完备参数 λ 的波函数的振幅；$p_\mu(x)$ 表示一个带有 RBM 完备参数 μ 的波函数的相位，$\Phi_\mu = \log p_\mu(x)$。RBM 表示的波函数为 $|\psi\rangle = \sum_x \psi_{\lambda,\mu}(x) | x\rangle$。

对于 n 量子比特系统，在参考基底$|x\rangle$下进行投影测量仅包含有各基矢的振幅信息，为了得到相位信息，需要有其他的基底$|x^{[k]}\rangle = |x_1^k \cdots x_j^k \cdots x_n^k\rangle$下的投影测量信息，考虑每个局部单量子位 x_j^k 在 Bloch 矢量 x，y 方向上的投影。在 x 方向上，$x_j^k = \sigma_j^x \in \{x_+, x_-\}$，其中$|x_+\rangle = \frac{1}{\sqrt{2}}|0\rangle + \frac{1}{\sqrt{2}}|1\rangle$，$|x_-\rangle = \frac{1}{\sqrt{2}}|0\rangle - \frac{1}{\sqrt{2}}|1\rangle$。在 y 方向上，$x_j^k = \sigma_j^y \in \{y_+, y_-\}$，其中$|x_+\rangle = \frac{1}{\sqrt{2}}|0\rangle + \frac{1}{\sqrt{2}}\mathrm{i}|1\rangle$，$|x_-\rangle = \frac{1}{\sqrt{2}}|0\rangle - \frac{1}{\sqrt{2}}\mathrm{i}|1\rangle$。基底$|x^{[k]}\rangle = |x_1^k \cdots x_j^k$

$\cdots x_n^k\rangle$包含在某个测量算符投影下可能得到的任一计算基矢，其中，x_j^k 可取σ_j^z，σ_j^x，σ_j^y 三者中任意一个，因此，对于 n 量子比特系统，共有 3^n 个不同的基底$|x^{[k]}\rangle$，$k=0,1,2,\cdots,3^n-1$，记参考基底$|x\rangle=|x^{[0]}\rangle$。要获得量子在这三个方向的自旋值，则需要测量这三个方向的可观测量，分别为泡利算符 $Z=\sigma_z=\begin{bmatrix}1 & 0\\ 0 & -1\end{bmatrix}$，$X=\sigma_x=\begin{bmatrix}0 & 1\\ 1 & 0\end{bmatrix}$，$Y=\sigma_y=\begin{bmatrix}0 & -\mathrm{i}\\ \mathrm{i} & 0\end{bmatrix}$。每个局部量子位的自旋状态都可从三个不同泡利算符 Z，X，Y 中选择一个通过投影测量得到。

任何一组 RBM 网络的输入数据，代表对 n 比特量子状态在不同的参考正交基底$|x\rangle$下的一次投影测量结果。在采用 RBM 对一般量子态，即系数 $\Psi(x)$为任意复数，进行量子态层析（quantum state tomography，QST）时，需要通过量子态$|\Psi\rangle$在任意基底$|x^{[k]}\rangle$下的投影测量得到的$|\mathcal{D}^{[k]}|$个原始数据，构成数据集 $\mathcal{D}^{[k]}=(x_1^k,\cdots,x_i^k,\cdots,x_{|\mathcal{D}^{[k]}|}^k)$，每个数据 x_i^k 就是投影测量后状态塌缩到的计算基矢，其中参考基底只包含状态的振幅信息，其余带有 σ_j^x，σ_j^y 的基底包含有状态的相位信息，在实际训练时，只需取任取 N 组基底即可，N 可小于 3^n。

数据集的大小$|\mathcal{D}|$足够大，RBM 网络的每一组输入 v 都是在一个正交基下的投影结果，人们可以通过计算所有随机测量数据中，在每一个在基矢下的平均值，来获得被测状态在 2^n 个基矢下的概率 $p_{\mathcal{D}}(v)$，这就是我们要估计的波函数的系数，求解公式为

$$p_{\mathcal{D}}(v)=\frac{1}{|\mathcal{D}|}\sum_{\tilde{v}\in\mathcal{D}}\delta(v-\tilde{v}) \tag{10.58}$$

其中，$\delta(v-\tilde{v})=\begin{cases}1, & v-\tilde{v}=0\\ 0, & v-\tilde{v}\neq 0\end{cases}$，$\tilde{v}$ 是数据集 $\mathcal{D}$ 中的任一样本。$p_{\mathcal{D}}(v)$就是原始测量数据的概率分布。

式(10.58)的计算量是巨大的，因为 RBM 网络正好具有对 0-1 输入状态的概率分布进行逼近的功能，我们将设计 RBM 网络来估计出式(10.58)概率值，进而重构出波函数的系数，因为基底$|x^{[k]}\rangle$下的投影测量得到的原始测量数据组成的数据集 $\mathcal{D}^{[k]}$满足概率分布：

$$p_{\mathcal{D}^{[k]}}(x^{[k]})\simeq p(x^{[k]})=|\Psi(x^{[k]})|^2 \tag{10.59}$$

因此，可以通过在数据集 $\mathcal{D}^{[k]}$上训练 RBM 的权值，逼近真实的波函数$|\Psi\rangle$的振幅和相位，从而重构目标状态的概率值：

$$|\psi_{\lambda,\mu}(x^{[k]})|^2\simeq|\Psi(x^{[k]})|^2 \tag{10.60}$$

本小节仅考虑 n 量子比特正实波函数的情况，这意味着我们不对相位（$\Phi_{\mu}(x)=0$）进行重构，仅重构振幅，此时只需要在参考基底 $|x\rangle=|x^{[0]}\rangle$ 下进行测量后重构（$k=0$）。因为目标 $|\Psi_{\lambda}\rangle$ 是正实的，根据式(10.27，RBM 态波函数的各系数 $\psi_{\lambda}(x)$ 与 RBM 网络参数 λ 的关系式为

$$\psi_{\lambda}(x)=\sqrt{p_{\lambda}(x)}=\sqrt{\frac{1}{Z_{\lambda}}\mathrm{e}^{-\varepsilon_{\lambda}(x)}} \tag{10.61}$$

我们只需要训练 RBM 网络的参数 λ 的值，即可获得对量子波函数各个正交基矢系数的逼近值。

因为数据集 $\mathcal{D}$（记 $\mathcal{D}^{[0]}=\mathcal{D}$）中原始测量数据满足的概率分布为

$$p_{\mathcal{D}}(x)\simeq p(x)=|\Psi(x)|^{2} \tag{10.62}$$

训练 RBM 使得 $p_{\lambda}(x)$ 近似测量数据的概率分布 $p_{\mathcal{D}}(x)$，即 $p_{\lambda}(x)\simeq p_{\mathcal{D}}(x)$，这样我们可以用 $\psi_{\lambda}(x)$ 近似重构出待估计的量子波函数系数 $\Psi(x)$：

$$\psi_{\lambda}(x)=\sqrt{p_{\lambda}(x)}\simeq\sqrt{p(x)}=\Psi(x) \tag{10.63}$$

10.4.3 RBM 神经网络模型的建立与训练

本小节将进行 RBM 训练样本的获取、RBM 神经网络的训练，并定义测试神经网络的性能指标。

10.4.3.1 训练样本的获取

本小节中我们选择一维横场 Ising 模型的基态作为待重构的正实波函数。对随机量子自旋系统，常用的一个模型就是一维横场 Ising 模型，每个量子位处于自旋向上或向下状态，自旋间存在相互作用。假设有外场 h 存在，其哈密顿量为

$$H=-J\sum_{k}\hat{\sigma}_{k}^{z}\hat{\sigma}_{k+1}^{z}-h\sum_{k}\hat{\sigma}_{k}^{x} \tag{10.64}$$

其中，$\hat{\sigma}_{k}^{z}$，$\hat{\sigma}_{k}^{x}$ 分别表示泡利算符 σ_{z}，σ_{x} 作用在第 k 个量子位上所得到的值，J 表示自旋相互作用强度。

对于 n 个量子横场 Ising 模型，假设开放边界条件（不考虑首尾相互作用），通过精确对角化（ED）哈密顿量计算获得该模型的基态，其具体过程是在一组完备基矢下得到哈密顿量的矩阵形式，通过酉变换将矩阵对角化，求得其所有本征值和本征态，最小的本征

值对应的本征态即为基态。

根据其基态波函数 $\Psi(x)$进行投影测量，得到数据集 $\mathcal{D}$，所测量数据满足概率分布 $p_{\mathcal{D}}(x)$：

$$p_{\mathcal{D}}(x) \simeq |\Psi(x)|^2 \tag{10.65}$$

在实际实验中，测量数据是通过进行参考基底$|x\rangle$下的投影测量得到的。数据集 $\mathcal{D}=(x_1,\cdots,x_i,\cdots,x_{|\mathcal{D}|})$中的每个数据是一个 n 维向量，$x_i=(\sigma_1^z,\cdots,\sigma_n^z)$，$\sigma_j^z=0$ 或 1，分别表示自旋向下态或自旋向上态。将其作为 RBM 可见层的输入。训练 RBM 只需要使用原始数据，即单次测量结果，而不需要对测量读数的期望值进行估计。

10.4.3.2 RBM 神经网络中权值与偏置参数的修正算法

我们引入一个损失函数来衡量重构的概率分布 $p_\lambda(v)$与数据概率分布 $p_{\mathcal{D}}(v)$之间的差值，训练使得最小化损失函数。我们定义损失函数 l_λ 为 Kullback-Leibler（KL）散度：

$$l_\lambda = \mathcal{KL}(p_{\mathcal{D}} \| p_\lambda) \equiv \sum_v p_{\mathcal{D}}(v) \ln \frac{p_{\mathcal{D}}(v)}{p_\lambda(v)} = -H(p_{\mathcal{D}}) - \langle \ln p_\lambda(v) \rangle_{p_{\mathcal{D}}} \tag{10.66}$$

其中，右边第一项 $H(p_{\mathcal{D}}) = -\sum_v p_{\mathcal{D}}(v) \ln p_{\mathcal{D}}(v)$ 称为香农熵，这一项为常数项，不依赖 λ，故可以忽略。右边第二项为 $\ln p_\lambda(v)$的期望值，称为对数似然，$\langle \ln p_\lambda(v)\rangle_{p_{\mathcal{D}}} = \sum_v p_{\mathcal{D}}(v) \ln p_\lambda(v) = \frac{1}{|\mathcal{D}|}\sum_{v\in\mathcal{D}} \ln p_\lambda(v)$。可以看出，当 $p_{\mathcal{D}}(x)=p_{\mathcal{D}}(v)$，即重构的波函数等于真实的波函数时，$l_\lambda$ 取得最小值 0。

训练 RBM 网络的目标是获得最小化损失函数 l_λ 下的一组参数λ。采用梯度下降法，参数更新规则为

$$\lambda \leftarrow \lambda - \eta \nabla_\lambda l_\lambda \tag{10.67}$$

其中，η 为学习率。

$$\nabla_\lambda l_\lambda = -\nabla_\lambda \langle \ln p_\lambda(v) \rangle_{p_{\mathcal{D}}} \tag{10.68}$$

并且根据式(10.65)有

$$\begin{aligned}\langle \ln p_\lambda(v) \rangle_{p_{\mathcal{D}}} &= \frac{1}{|\mathcal{D}|} \sum_v \sum_{\tilde{v}\in\mathcal{D}} \delta(v-\tilde{v}) \ln p_\lambda(v) \\ &= \frac{1}{|\mathcal{D}|} \sum_{v\in\mathcal{D}} \ln p_\lambda(v)\end{aligned}$$

$$= -\frac{1}{|\mathcal{D}|}\sum_{v\in\mathcal{D}}[\varepsilon_\lambda(v) + \ln Z_\lambda]$$

$$= -\frac{1}{|\mathcal{D}|}\sum_{v\in\mathcal{D}}\varepsilon_\lambda(v) - \ln Z_\lambda \tag{10.69}$$

其中，$\varepsilon_\lambda(v)$为有效能量。则损失函数的梯度为

$$\begin{aligned}\nabla_\lambda l_\lambda &= \frac{1}{|\mathcal{D}|}\sum_{v\in\mathcal{D}}\nabla_\lambda\varepsilon_\lambda(v) + \nabla_\lambda \ln Z_\lambda \\ &= \sum_v p_{\mathcal{D}}(v)\nabla_\lambda\varepsilon_\lambda(v) - \sum_v p_\lambda(v)\nabla_\lambda\varepsilon_\lambda(v) \\ &= \langle\nabla_\lambda\varepsilon_\lambda(v)\rangle_{p_{\mathcal{D}}} - \langle\nabla_\lambda\varepsilon_\lambda(v)\rangle_{p_\lambda}\end{aligned} \tag{10.70}$$

$\nabla_\lambda\varepsilon_\lambda(v)$关于 λ 中的各参数的偏导数为

$$\begin{aligned}\frac{\partial\varepsilon_\lambda(v)}{\partial W_{ij}} &= -v_j\mathcal{S}(c_i + \sum_j v_j W_{ij}) = -v_j p_\lambda(h_i = 1 \mid v) \\ \frac{\partial\varepsilon_\lambda(v)}{\partial c_i} &= -\mathcal{S}(c_i + \sum_j v_j W_{ij}) = -p_\lambda(h_i = 1 \mid v) \\ \frac{\partial\varepsilon_\lambda(v)}{\partial b_j} &= -v_j\end{aligned} \tag{10.71}$$

式(10.69)中基于数据集概率分布的期望值$\langle\nabla_\lambda\varepsilon_\lambda(v)\rangle_{p_{\mathcal{D}}}$可以很容易地基于数据集大小来计算：

$$\langle\nabla_\lambda\varepsilon_\lambda(v)\rangle_{p_{\mathcal{D}}} = \sum_v p_{\mathcal{D}}(v)\nabla_\lambda\varepsilon_\lambda(v) = \frac{1}{|\mathcal{D}|}\sum_{v\in\mathcal{D}}\nabla_\lambda\varepsilon_\lambda(v) \tag{10.72}$$

不过式(10.70)中的项$\langle\nabla_\lambda\varepsilon_\lambda(v)\rangle_{p_\lambda}$的计算却比较困难，因为 $p_\lambda(v) = \frac{1}{Z_\lambda}e^{-\varepsilon_\lambda(v)}$的配分函数 $Z_\lambda = \sum_{v,h} e^{-E_\lambda(v,h)}$，即对所有可能的 v，h 进行累计，这包含 2^{n+m}项，当 n 较大时，计算通常不可行。

对此，通常采用 CD-k(contrastive divergence)算法来进行估计，即对分布 p_λ 进行 Gibbs 采样来估计期望值$\langle\nabla_\lambda\varepsilon_\lambda(v)\rangle_{p_\lambda}$。在 CD-k 算法中，选择初始向量 $v = v^{(0)} \in \mathcal{D}$，根据 $p_\lambda(h \mid v)$和 $p_\lambda(v \mid h)$交替更新 h，v，因为同一层的各神经元都是条件独立的，因此 Gibbs 采样可以交替进行在隐藏单元和可见单元之间的并行更新。Gibbs 采样过程如图 10.14 所示，其中 k 表示 Gibbs 采样的步数，$v^{(k)}$代表 Gibbs 采样在 k 步的结果。

我们取 M 个不同的初始状态$v^{(0)} \in \mathcal{D}$，进行 M 次k 步 Gibbs 采样，将得到的 M 个结果取均值即可近似期望值$\langle\nabla_\lambda\varepsilon_\lambda(v)\rangle_{p_\lambda}$，即

$$\langle \nabla_\lambda \varepsilon_\lambda(v) \rangle_{p_\lambda} = \sum_v p_\lambda(v) \nabla_\lambda \varepsilon_\lambda(v) \simeq \frac{1}{M} \sum_{v^{(k)} \in \mathcal{M}} \nabla_\lambda \varepsilon_\lambda(v^{(k)}) \tag{10.73}$$

其中，$\mathcal{M}$ 表示经 k 步 Gibbs 采样所得的 M 个 $v^{(k)}$ 的集合。因为 CD-k 算法涉及利用 RBM 自身生成用于计算梯度的样本 $v^{(k)}$，所以该训练过程是标准的无监督学习。

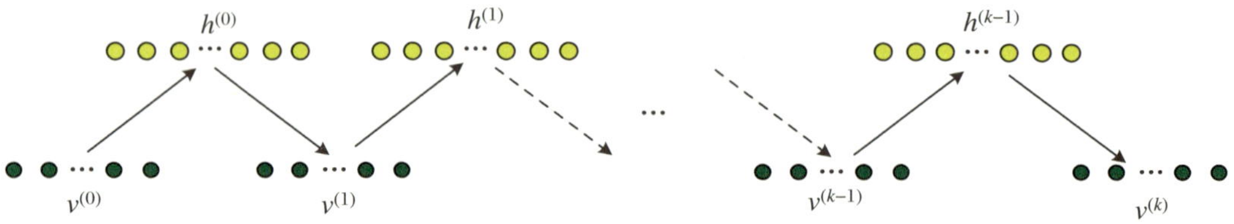

图 10.14　Gibbs 采样过程

算法 10.1 给出 CD-k 算法的主要流程。

算法 10.1　CD-k 算法

（1）从数据集选择 M 个不同的初始状态 $v^{(0)} \in \mathcal{D}$，作为可见层输入 v。

（2）对 M 个不同的 $v^{(0)}$ 分别执行 k 步 Gibbs 采样，即重复执行①②k 次：

① 根据式(10.32)，基于可见层状态 v 计算出隐藏层每个神经元激活的概率 $p_\lambda(h_i=1|v)$，取在[0,1]区间满足均匀分布的一个随机数 u，$u \sim U[0,1]$，若 $u < p_\lambda(h_i=1|v)$，则 $h_i=1$，否则 $h_i=0$，这样就得到了隐藏层状态 h；

② 再根据式(10.32)，基于隐藏层状态 h 计算出可见层每个神经元激活的概率 $p_\lambda(v_j=1|h)$，取在[0,1]区间满足均匀分布的一个随机数 u，$u \sim U[0,1]$，若 $u < p_\lambda(v_j=1|h)$，则 $v_j=1$，否则 $v_j=0$，这样就重构了可见层状态 v；

③ 经 k 步 Gibbs 采用所得的 M 个 $v^{(k)}$，再根据式(10.73)计算得到 $\langle \nabla_\lambda \varepsilon_\lambda(v) \rangle_{p_\lambda}$。

在网络参数的训练中，我们采用小批量(mini batch)梯度下降法进行无监督训练，RBM 训练算法流程见算法 10.2。

算法 10.2　RBM 训练算法

（1）初始化：指定超参数小批量大小(batch_size) bs，训练周期 epoch，学习率 η，Gibbs 采样步数 k，每次 Gibbs 采样选取的样本数量 M，可见层节点数 n，隐藏层节点数 m；初始化 RBM 参数 $\lambda=(b,c,W)$；

(2) 读入训练样本 $\mathcal{D}=(x_1,\cdots,x_i,\cdots,x_{|\mathcal{D}|})$;

(3) 设训练进行到的周期 $i=1$;

(4) 对样本 $\mathcal{D}$ 进行分批,分为($|\mathcal{D}|/\mathrm{bs}$)批次;

(5) 设训练处于的批次 $j=1$;

(6) 根据 CD-k 算法求得$\langle\nabla_\lambda\varepsilon_\lambda(v)\rangle_{p_\lambda}$;

(7) 由式(10.72)求得$\langle\nabla_\lambda\varepsilon_\lambda(v)\rangle_{p_\mathcal{D}}$;

(8) 根据式(10.70)求得$\nabla_\lambda l_\lambda=\langle\nabla_\lambda\varepsilon_\lambda(v)\rangle_{p_\mathcal{D}}-\langle\nabla_\lambda\varepsilon_\lambda(v)\rangle_{p_\lambda}$;

(9) 按式(10.67)更新参数:$\lambda=\lambda-\eta\nabla_\lambda l_\lambda$;

(10) 若 $j>|\mathcal{D}|/\mathrm{bs}$,则完成一个周期的训练,$i=i+1$,若 $i>\mathrm{epoch}$,算法结束,否则返回(4);否则 $j=j+1$,返回(6)。

10.4.3.3 神经网络的测试性能指标及波函数重构步骤

为了对训练好的 RBM 神经网络所重构的波函数进行评估,我们采用两种评价指标,第一个评价指标是保真度,重构的波函数 $\psi_\lambda(x)$与真实波函数 $\Psi(x)$之间的保真度定义为

$$F(|\psi\rangle,|\Psi\rangle)=|\langle\psi|\Psi\rangle|^2 \tag{10.74}$$

还可以对密度矩阵计算保真度,重构的密度矩阵 $\hat{\rho}$ 与真实密度矩阵ρ 之间的保真度定义为

$$F(\hat{\rho},\rho)=\left(\mathrm{tr}\left(\sqrt{\sqrt{\rho}\hat{\rho}\sqrt{\rho}}\right)\right)^2 \tag{10.75}$$

保真度的范围是[0,1],当$|\psi\rangle$和$|\Psi\rangle$差别越小,则 $F(|\psi\rangle,|\Psi\rangle)$的值越接近 1,实验中保真度为 1 时,一般认为层析结果是完全正确的。

第二个评价指标为归一化距离,重构的密度矩阵 $\hat{\rho}$ 与真实密度矩阵ρ 之间的归一化距离定义为

$$D(\hat{\rho},\rho)=\frac{\|\hat{\rho}-\rho\|_F^2}{\|\rho\|_F^2} \tag{10.76}$$

密度矩阵与纯态波函数的关系为

$$\rho=|\Psi\rangle\langle\Psi| \tag{10.77}$$

网络训练完成后,根据训练得到的 b,c,W,即可得到量子态的 RBM 表示,x 作为 RBM 的输入 v,也就是 $x=v$,波函数重构的计算步骤(求解过程):

(1) 给定 Ising 的基态波函数作为待估计的波函数 $|\Psi\rangle = \sum_x \Psi(x) | x\rangle$。

(2) 初始化网络参数 $\lambda = (b, c, W)$，利用投影测量生成的数据集 $\mathcal{D}$，对网络参数进行无监督训练，网络训练目标为调整参数 λ，使得 $p_\lambda(x)$ 近似 $p_{\mathcal{D}}(x)$。

(3) 在对网络训练完成后，获得训练好的网络参数 $\lambda = (b, c, W)$。

(4) 根据有效能量与网络参数之间的关系式(10.29)，我们可以得到 $\varepsilon_\lambda(v)$。

(5) 根据式(10.30)，计算得到归一化因子 Z_λ。

(6) 根据 RBM 态各系数与 $\varepsilon_\lambda(v)$ 和 Z_λ 之间的关系式(10.61)，求得波函数各系数 $\psi_\lambda(x)$，也就重构出了待估计的波函数表达式 $|\psi\rangle = \sum_x \psi_\lambda(x) | x\rangle$。

10.4.4 RBM 重构波函数的数值仿真实验

本小节我们以一个 2 量子比特为例，来详细说明采用本节所提出的 RBM 网络进行波函数估计的全过程，然后，给出 14 个量子位的估计与性能分析，来验证所提方法在高量子位中估计的优越性。

10.4.4.1 2 量子比特波函数的估计实验

考虑一个由正实系数组成的 2 量子比特波函数，其波函数由 $2^n = 2^2 = 4$，也就是 4 个基矢的叠加组成，采用 RBM 表示的波函数为：$|\psi\rangle = \sum_x \psi_\lambda(x) | x\rangle$，其中 $x = 00, 01, 10, 11$。2 量子比特的 Ising 模型的基态波函数进行重构，其中 Ising 模型取临界状态 $J = 1, h = 1$ 的情况，取样本数为 $|\mathcal{D}| = 1000$。根据 10.4.3 节中总结的 RBM 网络参数的估计过程，我们的实验过程为：

(1) 给定一个由 Ising 的基态波函数组成的待估计的真实波函数为

$$
\begin{aligned}
|\Psi\rangle &= a_1 | 00\rangle + a_2 | 01\rangle + a_3 | 10\rangle + a_4 | 11\rangle \\
&= 0.6015 | 00\rangle + 0.3717 | 01\rangle + 0.3717 | 10\rangle + 0.6015 | 11\rangle
\end{aligned}
$$

(2) 初始化可见层偏置 $b = 0$，隐含层偏置 $c = 0$，权重 W 各元素从均值为 0，方差为 1 的高斯分布中取值，利用投影测量生成的数据集 $\mathcal{D}$，对网络参数进行无监督训练，训练调整参数 λ，使得 $p_\lambda(x)$ 近似 $p_{\mathcal{D}}(x)$。

(3) 在对网络训练完成后，网络参数的训练结果为

$$b = (-0.2968; -0.2223)$$

$$c = (-0.8294;1.8403)$$

$$W = \begin{bmatrix} 1.7479 & 1.8081 \\ -2.7486 & -2.6831 \end{bmatrix}$$

(4) 根据有效能量 $\varepsilon_\lambda(v)$与网络参数之间的关系式(10.29),我们可以得到

$$\varepsilon_\lambda(00) = -2.3498,\quad \varepsilon_\lambda(01) = -1.4335$$
$$\varepsilon_\lambda(10) = -1.2963,\quad \varepsilon_\lambda(11) = -2.2981$$

(5) 根据式(10.30),计算得归一化因子:

$$Z_\lambda = \sum_v e^{-\varepsilon_\lambda(v)} = 28.2876$$

(6) 根据 RBM 态各系数与 $\varepsilon_\lambda(v)$和 Z_λ 之间的关系式(10.60),可以求得波函数各系数为

$$\psi_\lambda(00) = 0.6088,\quad \psi_\lambda(01) = 0.3850$$
$$\psi_\lambda(10) = 0.3590,\quad \psi_\lambda(11) = 0.5932$$

这样也就得到由 RBM 网络重构出的量子态为

$$|\psi\rangle = 0.6088|00\rangle + 0.3850|01\rangle + 0.3590|10\rangle + 0.5932|11\rangle$$

由 RBM 网络重构出的量子态训的性能指标,各系数近似相等,即有 $\Psi(x) \simeq \psi_\lambda(x)$,计算保真度,得

$$\begin{aligned} F(|\psi\rangle, |\Psi\rangle) &= (0.6015 \times 0.6088 + 0.3717 \times 0.3850 \\ &\quad + 0.3717 \times 0.3850 + 0.6015 \times 0.5932)^2 \\ &= 0.999096 \end{aligned}$$

达到了超过 99%的保真度。

我们可以通过波函数与密度矩阵之间的关系式(10.77)来获得密度矩阵。2 量子位纯态波函数与密度矩阵的关系式为

$$\rho = |\Psi\rangle\langle\Psi| = \begin{bmatrix} a_1^2 & a_1a_2 & a_1a_3 & a_1a_4 \\ a_2a_1 & a_2^2 & a_2a_3 & a_2a_4 \\ a_3a_1 & a_3a_2 & a_3^2 & a_3a_4 \\ a_4a_1 & a_4a_2 & a_4a_3 & a_4^2 \end{bmatrix}$$

待估计的量子态密度矩阵 ρ 为

$$\rho = \begin{bmatrix} 0.3618 & 0.2236 & 0.2236 & 0.3618 \\ 0.2236 & 0.1382 & 0.1382 & 0.2236 \\ 0.2236 & 0.1382 & 0.1382 & 0.2236 \\ 0.3618 & 0.2236 & 0.2236 & 0.3618 \end{bmatrix}$$

重构出的量子态密度矩阵 $\hat{\rho}$ 为

$$\hat{\rho} = \begin{bmatrix} 0.3706 & 0.2344 & 0.2186 & 0.3611 \\ 0.2344 & 0.1482 & 0.1382 & 0.2284 \\ 0.2186 & 0.1382 & 0.1289 & 0.2130 \\ 0.3611 & 0.2284 & 0.2130 & 0.3519 \end{bmatrix}$$

计算密度矩阵的保真度：

$$F(\hat{\rho},\rho) = \left(\operatorname{tr}\left(\sqrt{\sqrt{\rho}\,\hat{\rho}\,\sqrt{\rho}}\right)\right)^2 = 0.999096$$

与采用波函数计算的保真度保持一致，都为 0.999096。

计算密度矩阵的归一化距离：

$$D(\hat{\rho},\rho) = \|\hat{\rho} - \rho\|_F^2 / \|\rho\|_F^2 = 0.00046$$

其值达到了 0.00046。

10.4.4.2 RBM 对高量子位波函数的重构实验

我们对 14 量子比特的 Ising 模型的基态波函数进行重构，其中 Ising 模型取临界状态 $J=1$，$h=1$ 的情况。RBM 的训练采用小批量梯度下降法，小批量大小 bs = 100，训练周期 epoch = 500，学习率 $\eta = 0.01$，Gibbs 采样步数 $k = 10$，Gibbs 采样样本数 $M = 100$，可见层节点数 $n = 14$，隐藏层节点数 $m = 14$，可见层偏置 $b = 0$，隐含层偏置 $c = 0$，权重 W 各元素从均值为 0，方差为 1 的高斯分布中取值。本节仿真实验运行环境为 PyCharm，2.40 GHz Inter Core i5-1135G7 CPU，内存 16 GB。

投影测量得到的数据集样本数 $|\mathcal{D}|$ 分别为 10000，20000，40000，60000，80000，100000，分别比较在这些不同大小的数据集下，训练过程的保真度变化和定义的 KL 散度值变化，如图 10.15 所示，随着数据集中样本数的增多，训练达到的保真度就越高，其效果也越好。同时，可以看出随着训练周期 epoch 的增加，保真度不断接近 1，而 KL 损失函数不断接近 0。

表 10.7 记录了训练完成时，各不同样本数下，训练得到的 RBM 态可达到的保真度、KL 散度以及训练所耗费的时间。在样本数 $|\mathcal{D}| = 20000$ 时，保真度就超过 99% 的保真

度估计精度，达到了 99.26%，可见网络很好地重构了 14 量子比特的 Ising 模型的基态波函数，而达到这样高精度的结果，训练时间仅需 162.88 s。当样本数 $|\mathcal{D}| = 100000$ 时，重构量子态保真度更是达到了 99.86%，并且也仅需耗时 773.59 s。

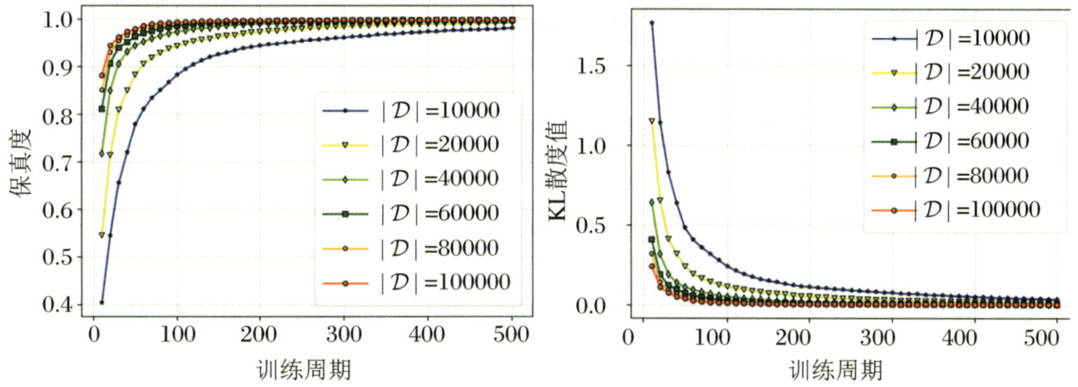

图 10.15　不同数据集样本数下 14 量子比特的 RBM 训练过程对比

表 10.7　14 量子比特在不同数据集样本数下的 RBM 训练实验结果对比

样本数 $\vert\mathcal{D}\vert$	10000	20000	40000	60000	80000
保真度	98.14%	99.26%	99.67%	99.84%	99.83%
KL 散度	0.0370	0.0144	0.0063	0.0030	0.0032
时间(s)	90.03	162.88	307.80	450.97	581.63
距离	0.0371	0.0147	0.0064	0.0031	0.0033

图 10.16 是 14 量子比特的 RBM 在数据集样本数为 10000，20000，100000 时，随着训练的进行，对波函数在基矢 $|000\cdots000\rangle$ 下的系数 $\psi_\lambda(000\cdots000)$ 的变化过程，图中虚线表示真实波函数在基矢 $|000\cdots000\rangle$ 下的系数 $\Psi(000\cdots000)$。可以看出随着训练周期 epoch 的增加，重构的系数 $\psi_\lambda(000\cdots000)$ 波动逼近真实系数 $\Psi(000\cdots000)$，且样本数越多，系数 $\psi_\lambda(000\cdots000)$ 就越接近于系数 $\Psi(000\cdots000)$。

为了直观比较重构的波函数，14 量子比特共有 $2^{14} = 16384$ 个参数需要估计，为了对比层析的效果，我们将在样本数 $|\mathcal{D}| = 100000$ 下得到的重构参数与真实的波函数参数进行比较，取 $|000\cdots000\rangle, |000\cdots001\rangle, \cdots, |000\cdots101\rangle$ 这 10 个基矢的系数进行比较。真实波函数的这 10 个系数与重构的波函数的对应系数分别为

0.2215，0.1114，0.0698，0.0847，0.0646，0.0375，0.0463，0.0722，0.0630，0.0331

而重构的波函数的对应系数分别为

0.2248,0.1131,0.0695,0.0868,0.0631,0.0400,0.0483,0.0741,0.06090,0.0321

可以看出重构的 14 量子比特波函数近似于真实的波函数。

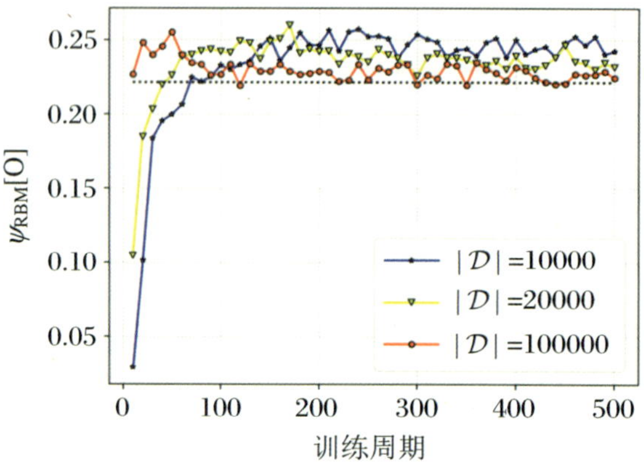

图 10.16　不同数据集样本数下 14 量子比特的 RBM 所表示的波函数的系数 $\psi_\lambda(000\cdots000)$ 的变化过程

由以上实验可以看出，采用 RBM 表示量子态时，RBM 可见层节点数始终与量子位数一致，而一般选择隐含层节点数与可见层一致，即 $m=n$，这样进行训练时，网络所需要更新的参数仅随量子位数 n 的增加呈多项式增长。例如，训练 14 量子比特 RBM 仅需要 $14\times14+14\times2=224$ 个参数，训练 15 量子比特 RBM 也仅需要 $15\times15+15\times2=255$ 个参数，只比 14 比特时增加 31 个参数。而采用其他神经网络进行层析，如全连接神经网络、卷积神经网络来拟合从测量值到量子态密度矩阵元素的映射关系时，其输入输出节点随量子位数 n 的增加呈指数增长，在 2020 年 Lohani 等人发表论文中的输入层神经元个数为 6^n，输出层神经元个数为 4^n，可见如 $n=14$ 时，利用该网络进行量子态层析的所需参数量规模将达到至少千亿级，这在实际应用中难以实现。就算可以满足参数量的存储要求，基于全连接神经网络估计方法对高量子位系统的估计所耗时间也十分巨大，难以适用于更高量子位的系统，而采用 RBM 则不存在这样的问题，利用 RBM 对高达 14 位的量子系统进行层析时，选择 $|\mathcal{D}|=100000$ 的数据集进行训练也仅仅需要 774 s，所以利用 RBM 进行量子态层析在耗时上远低于基于全连接神经网络的估计方法。

另外，该训练方法属于无监督学习，无需给样本设置标签，包含从 RBM 进行 Gibbs 采样生成用以训练的样本，这表明对任意正实波函数，直接输入其参考基底下的原始测量数据即可对其进行层析，而无须像一般的神经网络量子态层析需要先进行离线的有监督训练，即对每种量子位数都要先进行网络的训练，才能利用训练好的神经网络进行层析。而 RBM 仅需改变可见层和隐含层节点即可进行对不同量子位数的量子系统的层析，这无疑减少了操作的复杂性，大大简化了利用机器学习进行量子态层析的过程。

10.5 基于深度学习 LDAMP 网络的量子状态估计

在量子力学中，量子状态密度矩阵包含了量子系统的全部信息，是量子信息处理和量子控制研究的基础。根据海森伯不确定性原理，对量子系统的每一次测量都会破坏其原有的状态，这使得人们无法直接通过对一个量子系统进行测量来获得量子系统的状态，只能测量到量子系统的状态在某个投影方向上的投影（塌缩）结果，再通过多次测量的统计结果，计算出各投影分量的概率对真实量子状态进行估计。为了解决量子态的估计问题，1957 年 Fano 提出了量子层析的方法，他是通过对一个量子状态进行多次投影测量，根据测量值与量子态直接的关系式，联立方程求解出量子状态。该方法需要制备量子状态的大量全同副本，并重复地进行测量来实现量子态估计。一个 n 比特量子系统状态的密度矩阵 $\rho \in \mathbf{C}^{d \times d}$ 的维数为 $d \times d$，并同时具有半正定、单位迹和共轭对称的性质，其中 $d = 2^n$。由于待估计的 ρ 的未知元素数目为 $d \times d = 4^n$ 个，所以该系统的完备测量次数为 4^n，是随着量子维数呈指数增加的。为了解决测量次数随量子位指数增长的问题，人们根据压缩感知理论将量子态密度矩阵通过高维测量矩阵投影到维数很低的压缩矩阵上，只要测量矩阵满足限制等距特性，就可以利用压缩后的低维压缩矩阵通过求解一个优化问题精确重构出待估计的密度矩阵。

在实际量子测量过程中，测量噪声的存在是不可避免的，并且可以被假定为高斯噪声。在量子状态估计算法研究中，Smith 等人基于最小二乘法从含有噪声的数据中实现了 4 比特量子状态估计（Smith et al.，2012）；Li 等人基于压缩感知将交替方向乘子法运用到量子态估计中（Li，Cong，2014），给出了算法迭代优化形式，并在 5 比特的量子状态密度矩阵估计中获得了较高的估计精度。ADMM 算法是一种求解分布式凸优化问题的计算框架，在图像处理及恢复、统计学习和量子态估计等领域有着广泛应用；斯莫林等人提出了一种从加性高斯噪声测量中计算最大似然量子态的有效方法，其最坏时间复杂度为 $O(d^4)$（Smolin et al.，2012）。但是这些优化算法在量子态重建过程中都需要较多的计算内存和计算时间。对于高维量子系统，重建过程中需要测量和处理的数据会很多，这样会导致所需的计算资源和计算时间增长很快。梅兹勒等人提出基于去噪的近似消息传递（denoising-based approximate message passing，DAMP）算法（Metzler et al.，2016），它是一种基于压缩感知的迭代稀疏信号恢复算法，通过在算法中添加了昂萨格（Onsager）校正项修正每次迭代时有效噪声的偏差，改进了基于去噪的迭代阈值

(denoising-based iterative threshold, DIT)算法收敛速度慢的问题。Liu 等人采用卷积神经网络的降噪自动编码器,从带有噪声的密度矩阵中重建出高精度的密度矩阵(Liu et al., 2018)。

本节基于压缩感知理论,结合深度学习网络,提出一种采用深度学习网络来估计量子状态密度矩阵的方法,将密度矩阵视为二维自然图像信号,采用基于学习降噪的近似消息传递(learned denoising-based approximate message passing, LDAMP)神经网络(Metzler et al., 2017),将去噪卷积神经网络(Denoising convolutional neural network, DnCNN)的图像降噪器(Zhang et al., 2016)融合到基于去噪的近似消息传递算法(Metzler et al., 2016)中。此外,我们还提供一个关于 LDAMP 在量子状态估计中的渐近收敛性能的分析框架——状态演化(state evolution, SE)方程来预测 LDAMP 网络每一层的均方误差性能(Borgerding et al., 2017)。在数值仿真实验中,在固定 DnCNN 神经网络和 LDAMP 网络的层数,选择高斯测量矩阵,在有无外部测量噪声两种情况下,分别对 4 个量子位的量子本征态、叠加态、对角混合态和一般混合态的密度矩阵参数估计进行结果和性能分析,并与其他典型的重建算法对密度矩阵参数估计的性能进行了对比研究。

10.5.1 基于压缩感知的量子态密度矩阵估计

压缩感知是近十多年来在信号处理领域诞生的一种新的信号恢复理论。它主要是利用信号 $s\in\mathbf{C}^N$ 的 M(远远小于完备测量需要的 N)个随机线性测量值 y,建立欠定线性方程组 $y=As$($y\in\mathbf{C}^M$),并通过优化算法来高精度重构求解出原始信号 s,其中 $A\in\mathbf{C}^{M\times N}$,$M<N$ 为测量矩阵。在量子态估计中,原始信号为密度矩阵 $\rho\in\mathbf{C}^{d\times d}$,它与量子系统波函数之间的关系为

$$\rho = \sum_{i=1}^{d} |\psi_i\rangle p_i \langle\psi_i| \tag{10.78}$$

其中,$|\psi_i\rangle$ 为系统的波函数,p_i 表示波函数的概率,d 为密度矩阵的维数。将密度矩阵写成向量表达的形式是 $\rho=\psi\cdot\psi^*$,其中 $\psi=[\sqrt{p_1}|\psi_1\rangle,\sqrt{p_2}|\psi_2\rangle,\cdots,\sqrt{p_d}|\psi_d\rangle]$。

当量子系统的量子位数为 n 时,密度矩阵的维数 $d=2^n$。由于神经网络无法直接处理复数信号的去噪,在本节中我们仅对实数密度矩阵进行估计。在基于压缩感知的量子态估计中,采样矩阵 A 需要满足限制等距特性才可以唯一确定 d^2 个待估计的密度矩阵元素,人们通常采用的是泡利测量矩阵。由于随机高斯矩阵参数均为实数并且具有较好

的重构效果，本节中我们在 RIP 条件下采用随机高斯矩阵来构造测量矩阵，其设计方法为：构造一个 $M\times N$ 大小的矩阵 A，使 A 中的每一个元素独立的服从均值为 0，方差为 $1/M$ 的高斯分布，即

$$A(i,j)\sim\mathcal{N}(0,1/M) \tag{10.79}$$

其中，A 的行数与列数的比值定义为采样率 $\eta=M/N$，并且有 $N=d^2$。

考虑从有外部测量干扰的线性度量中恢复密度矩阵 $\rho\in\mathbf{R}^{d\times d}$ 的问题：

$$y = A\cdot\mathrm{vec}(\rho)+w \tag{10.80}$$

其中，vec(·)表示将一个矩阵按列的方向组合成一个列向量，$w\in\mathbf{R}^m$ 为测量噪声并且通常被假设为独立且同分布的高斯噪声。

我们定义测量噪声 $w\sim\mathcal{N}(0,\gamma_w^2 I)$ 为加性高斯白噪声（additive white Gaussian noise，AWGN)，其中 γ_w 为噪声标准差。在本节的模拟实验中，我们采用含测量噪声信号 y 和理想测量信号 $y_0=A\cdot\mathrm{vec}(\rho)$ 之间的信噪比作为噪声强度，其计算公式表示为

$$\mathrm{SNR}=10\lg\left\{\sum\sum y^2(i,j)/\sum\sum[y(i,j)-y_0(i,j)]^2\right\} \tag{10.81}$$

其中，$y(i,j)$ 和 $y_0(i,j)$ 分别为含测量噪声信号和理想测量信号在向量中 (i,j) 点处的值。

利用正则化二次损失最小化方法解决该线性逆问题，可以通过求解一个凸优化问题计算得到 vec(ρ)的估计值（Tibshirani，2011)：

$$\mathrm{vec}(\hat{\rho})=\underset{\mathrm{vec}(\rho)\in\mathbf{R}^{d^2}}{\arg\min}\left\{\frac{1}{2}\|y-A\cdot\mathrm{vec}(\rho)\|_2^2+\lambda\|\mathrm{vec}(\rho)\|_1\right\} \tag{10.82}$$

其中，$\lambda>0$ 为正则化参数。

然而这个极小化问题是一个凸优化问题，在大规模问题中，由于数据维度较大，常规求解算法中，如内点法等的算法复杂度较大，求解起来非常耗时。这使得众多研究人员通过简单的基于梯度的方法来求解式(10.89)。

10.5.2 DIT 和 DAMP 算法

在众多基于梯度的算法中，最受关注的一类方法是迭代阈值（iterative threshold，IT)算法。为了方便表示，我们定义 $s=\mathrm{vec}(\rho)$。当待估计的密度矩阵为 ρ_0 时，我们称 $s_0=\mathrm{vec}(\rho_0)$ 为待估计的信号。从 $s^0=0$ 和 $z^0=0$ 开始，迭代公式为

$$s^{l+1} = \eta(s^l + A^\dagger z^l; \lambda^l) \tag{10.83a}$$

$$z^l = y - As^l \tag{10.83b}$$

其中，s^l 是 l 次迭代密度矩阵的估计值；z^l 是 l 次迭代的残差，如果密度矩阵恢复过程是无噪声的，并且算法性能执行得很好，它将收敛于 0；$\eta(\cdot)$ 称为阈值函数，它是一个被应用到矢量的分量元素上的标量非线性函数；λ^l 是 l 次迭代阈值函数使用的参数。

$$\eta_{\text{soft}}(x\ ;\lambda) = \text{sign}(x_i)(|x_i| - \lambda)_+ \tag{10.84}$$

在信号恢复中，阈值函数的选择非常重要，常见的有软阈值函数等，其中符号 $(w)_+$ 表示 $w \geqslant 0$ 时结果为 w，否则结果为 0。另外一种实现阈值函数的方法是使用降噪器 $D_{\hat{\sigma}^l}$，此时阈值参数 λ^l 的含义为输入降噪器信号的所含高斯噪声的标准差估计 $\hat{\sigma}^l$，并且计算公式为 $\hat{\sigma}^l = \| z^l \|_2 / \sqrt{M}$，它随着迭代次数的变化而变化。利用降噪器实现阈值函数的迭代阈值算法称为基于去噪的迭代阈值（denoising-based iterative threshold，DIT）算法（Metzler et al.，2017），其迭代公式为

$$s^{l+1} = D_{\hat{\sigma}^l}(s^l + A^\dagger z^l) \tag{10.85a}$$

$$z^l = y - As^l \tag{10.85b}$$

为了解释降噪器在 DIT 算法中所发挥的作用，我们定义 v^l 为有效噪声，它表示降噪器的输入信号 $(s^l + A^\dagger z^l)$ 和待估计信号 s_0 之间的差：$v^l = s^l + A^\dagger z^l - s_0$。通过迭代公式(10.85a)和 $s^l + A^\dagger z^l = s_0 + v^l$ 可得：$s^{l+1} = D_{\hat{\sigma}^l}(s^l + A^\dagger z^l) = D_{\hat{\sigma}^l}(s_0 + v^l)$，相当于对在含有效噪声 v^l 的 $s_0 + v^l$ 信号中，求得真实信号 s_0 的估计信号 s^{l+1}。在 DIT 算法中，大多数降噪器都默认 v^l 作为加性高斯白噪声。不过，随着迭代次数的增加，输入降噪器的信号会产生偏差，会导致 v^l 不再满足 AWGN，使得迭代算法性能降低并且估计值收敛到真实值的速度变得很慢（Borgerding，Schniter，2016）。为了解决此问题，我们在信号恢复中，采用基于去噪的近似消息传递 DAMP 算法对 DIT 算法进行改进。DAMP 算法通过增加一个昂萨格校正项 b^l，$l = 0,1,2,\cdots$，来修正 DIT 算法 l 次迭代中有效噪声 v^l 与 AWGN 的偏差，从而提高算法恢复性能和解决算法收敛慢的问题。DAMP 算法如算法 10.1 所示，其中，$\text{div}\ D_{\hat{\sigma}^l}(\cdot)$ 是散度运算，b^l 为昂萨格修正项，用来修正中间解 z^l 的偏差，使得有效噪声 v^l 符合去噪所期望的 AWGN 模型。散度 $\text{div}\ D_{\hat{\sigma}^l}(\cdot)$ 是一个不易计算的项，人们一般采用蒙特卡罗近似来计算散度。对于一个训练好的降噪器 $D_{\hat{\sigma}^l}(\cdot)$，利用一个独立的同分布随机向量 $d \sim \mathcal{N}(0, I)$，来近似计算散度：

$$\begin{aligned}\text{div}\ D_{\hat{\sigma}^l}(s^l + A^\dagger z^l) &= \lim_{\epsilon \to 0} E_d \left\{ d^{\mathrm{T}} \left(\frac{D_{\hat{\sigma}^l}(s^l + \epsilon d) - D_{\hat{\sigma}^l}(s^l)}{\epsilon} \right) \right\} \\ &\approx \frac{1}{\epsilon} d^{\mathrm{T}} (D_{\hat{\sigma}^l}(s^l + \epsilon d) - D_{\hat{\sigma}^l}(s^l))\end{aligned} \tag{10.86}$$

其中，ϵ是一个很小的数，我们设置$\epsilon=\|s^l\|_\infty/1000$。

DAMP 算法如下：

算法 10.3 DAMP 算法

---

(1) 输入：高斯采样矩阵 $A\in\mathbf{R}^{M\times N}$，测量值向量 $y\in\mathbf{R}^M$，待估计信号 $s_0=\mathrm{vec}(\rho_0)$；

(2) 初始化变量 $s^0=0$，残差 $z^0=y$，$\hat{\sigma}^0=\|z^0\|_2/\sqrt{M}$，迭代次数为 L；

(3) For $l=0,1,2,\cdots,(L-1)$ do

(4) $s^{l+1}=D_{\hat{\sigma}^l}(s^l+A^\dagger z^l)$；

(5) $b^{l+1}=z^l\mathrm{div}\ D_{\hat{\sigma}^l}(s^l+A^\dagger z^l)/M$；

(6) $z^{l+1}=y-As^{l+1}+b^{l+1}$；

(7) $\hat{\sigma}^{l+1}=\|z^{l+1}\|_2/\sqrt{M}$；

(8) End for

基于不同的降噪器，DAMP 包含许多算法，包括高斯-AMP（Gauss-AMP）、双边-AMP（bilateral-AMP）、非局部平均-AMP（non-local means AMP，NLM-AMP）和三维块匹配-AMP（block matching 3D AMP，BM3D-AMP）等。本节采用的降噪器 $D_{\hat{\sigma}^l}$ 和散度 $\mathrm{div}\ D_{\hat{\sigma}^l}(\cdot)$计算都是通过设计并训练一个深度卷积神经网络 DnCNN 来实现的。同时通过设计一个学习的基于去噪的近似消息传递 LDAMP 网络，来实现算法 10.3 中的 DAMP 算法，并通过多个相同结构的级联，来获得高精度的信号 s_0 即 $\mathrm{vec}(\rho_0)$的估计，得到密度矩阵 ρ_0 的估计。

我们通过 LDAMP 网络使用量子系统输出的测量值来实现对量子态密度矩阵估计的具体流程步骤为：

(1) 根据 $\rho=\varphi_r\varphi_r^\dagger/\mathrm{tr}(\varphi_r\varphi_r^\dagger)$生成 DnCNN 神经网络的训练集，验证集和测试集，具体过程见 10.5.3 节。

(2) 在九个不同噪声标准差范围下，训练出相应的 DnCNN 神经网络，训练完成后利用测试集对网络进行测试。

(3) 对于待估计的密度矩阵 ρ_0，在不同采样率下利用高斯测量算符获取的输出测量值 y_0。对于含噪声情况下测量值，我们通过 $y=\mathrm{awgn}(y_0,\mathrm{SNR})$添加固定 SNR 数值的高斯噪声获得噪声测量值 y。

(4) 设计一个包含训练好的 DnCNN 网络和实现 DAMP 算法的 10 层 LDAMP 网络，网络各层中的 DnCNN 是根据当前层的噪声标准差估计 $\hat{\sigma}$ 落入的九个范围来选定的。LDAMP 网络的输入为测量值 y_0 或 y。

(5) LDAMP 网络最后的输出为根据输入测量值 y_0 或 y 得到的估计的密度矩阵 $\hat{\rho}_0$。

10.5.3 LDAMP 和 DnCNN 网络的结构设计及其训练

本节将在 10.5.3.1 节中对 LDAMP 网络的结构进行设计；在 10.5.3.2 节中进行 DnCNN 降噪器及其中的卷积神经网络的结构设计；在 10.5.3.3 节中进行 DnCNN 降噪器中神经网络的训练过程。

10.5.3.1 LDAMP 网络的结构设计

LDAMP 网络由 l 层相同的 AMP 网络结构级联而成，其中，LDAMP 网络单层的结构图如图 10.17 所示。每层网络包含两个在固定噪声标准差区间下训练好的 DnCNN 降噪器，一个用于计算每层 AMP 网络的输出 s^{l+1}，另一个用于实现散度 div $D_{\hat{\sigma}^l}(\cdot)$。

图 10.17 中的 $x^l = s^l + A^{\dagger} z^l$ 为 LDAMP 网络的第 $l+1$ 层中 DnCNN 降噪器的输入信号，$\hat{v}^l$ 为降噪器中 DnCNN 卷积神经网络的输出，它表示对有效噪声 v^l 的估计。需要指出的是，LDAMP 网络中只有 DnCNN 降噪器是由神经网络设计而成，而网络的其他部分只是对 DAMP 算法的实现。

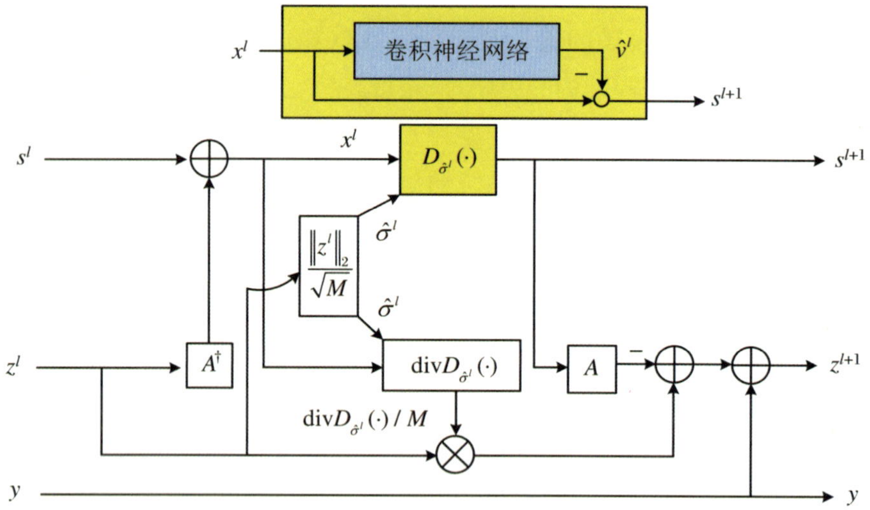

图 10.17 LDAMP 中第 l 层网络结构图

对于 l 层的 LDAMP 网络，我们可以使用不同的方法来训练，包括端到端训练、逐层训练和逐降噪器训练，其中，端到端训练是指将 l 层的 LDAMP 网络视作一个整体，同时训练网络的所有权值。这是训练神经网络的标准方法。逐层训练是指每次训练LDAMP网络中的一层AMP网络来恢复信号，固定这些权值，然后添加一层AMP网络，训练产生的两层网络的第二层来恢复信号，再固定这些权值，重复操作直到我们已经训练一个 l 层 LDAMP 网络。逐降噪器训练是指我们将 DnCNN 降噪器从网络中单独出来，并在不同噪声标准差范围区间下训练每个降噪器的 AWGN 去噪问题，从而得到多个不同去噪水平的降噪器以供 LDAMP 网络中的各层选择，即每层 AMP 网络根据当前层的噪声标准差的估计来选择使用哪一个降噪器。

本节采用的逐降噪器训练方法是最小均方误差(Metzler et al.,2017)最优的。训练过程的具体做法是：首先，我们对噪声水平的预期范围进行离散化，将噪声标准差[0,2]范围内的噪声分成多个小范围；然后在这些小范围噪声水平下训练 DnCNN 降噪器，得到多个训练好的降噪器模型；最后，LDAMP 网络实现时，每层网络根据本层的噪声标准差估计 $\hat{\sigma}$ 落在某个区间内来选择在该噪声标准差区间下训练好的降噪器模型。LDAMP 网络易于训练，可以应用于各种不同的测量矩阵，并带有一个可以准确预测其性能的状态演化框架。

状态演化(State Evolution,SE)是一个可以预测 LDAMP 网络各级的输出与真实信号之间 MSE 性能的分析框架。它由一系列 SE 方程组成：

$$\theta^{l+1}(s_0,\eta,\gamma_w^2)=\frac{1}{N}E_w\|D_{\sigma^l}(s_0+\sigma^l w)-s_0\|_2^2 \tag{10.87a}$$

$$(\sigma^l)^2=\frac{1}{\eta}\theta^l(s_0,\eta,\gamma_w^2)+\gamma_w^2 \tag{10.87b}$$

其中，s_0 是信号 s 的确定性实现，$\eta=M/N$ 表示采样比率，标量 γ_w^2 是测量噪声 w 的方差，符号 $\theta^l(s_0,\eta,\gamma_w^2)$ 为 LDAMP 网络的第 l 层去噪输出的平均 MSE，且 $\theta^0=\|s_0\|_2^2/N$。

在一个大系统($N\to\infty$)中，SE 方程可以从 LDAMP 网络本身来解释。这种解释主要依赖于降噪器输入 $x^l=s^l+A^\dagger z^l=s_0+v^l$ 中等效的 AWGN 模型，其中降噪器输出的平均 MSE 是通过式(10.87)中的蒙特卡罗方法计算的。式(10.87)中的期望只涉及分布 $w\sim\mathcal{N}(0,\gamma_w^2 I)$，有效噪声 v^l 的方差 $(\sigma^l)^2$ 由式(10.87)计算得到。通过递推更新式(10.87)，我们将根据 SE 方程所得到的理论性能，来与本节所提出的 LDAMP 网络的平均 MSE 性能进行对比。

10.5.3.2 DnCNN 降噪器的结构设计

在 DnCNN 神经网络结构设计上，DnCNN 网络源于对 VGG 网络的改进，去除了池化层和全连接层，在卷积层(convolution,Conv)和修正线性单元(rectified linear unir,

ReLU)(Krizhevsky et al.,2012)之间加入了批归一化(batch normalization,BN)。这种改变可以减轻内部协变量移位带来的影响,从而提高网络的学习收敛速度。在模型学习中,DnCNN 借鉴了 ResNet 的残差学习方法,来提高训练速度和去噪性能。

图 10.18 为 DnCNN 降噪器的网络结构图,图 10.19 是 DnCNN 降噪器输入变量的尺寸变换过程图。输入矢量的维数为 $d\times d$,其中 $d=2^n$,n 为量子态的位数,深度为 D 的 DnCNN 神经网络,在本节应用中,D 取值为 20。所设计的 DnCNN 有三种不同的网络层,它们的具体排列顺序为:第 1 层为卷积层+修正线性单元(Conv+ReLU),使用 64 个大小为 $3\times3\times1$ 的卷积核(或称为滤波器),生成 64 个特征图,然后,使用修正线性单元进行非线性处理。第 $2\sim(D-1)$层为卷积层+批归一化+修正线性单元(Conv+BN+ReLU),使用 64 个大小为 $3\times3\times64$ 的卷积核,在 Conv 层和 ReLU 层之间加入 BN 层。最后一层为卷积层,使用 1 个大小为 $3\times3\times64$ 的卷积核重构输出。

DnCNN 神经网络的输入是有噪声的信号矩阵 $x\in\mathbf{R}^{d\times d}$,所以 LDAMP 网络各层把数据输入 DnCNN 神经网络之前,需要将列向量变成原始信号大小的矩阵形式,变换过程如图 10.19 所示。

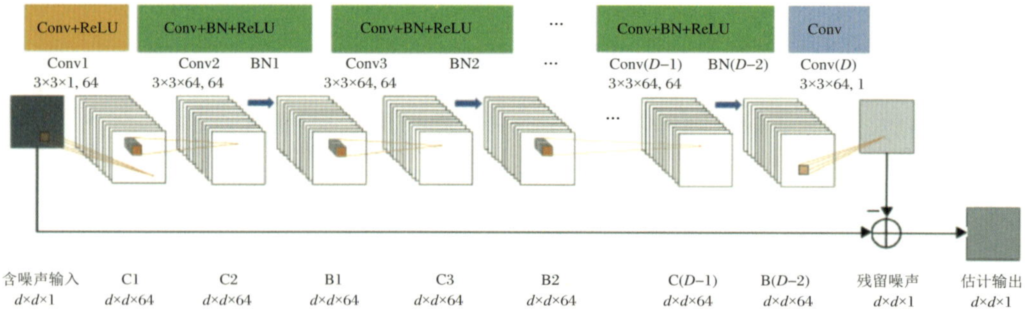

图 10.18 DnCNN 降噪器的网络结构图

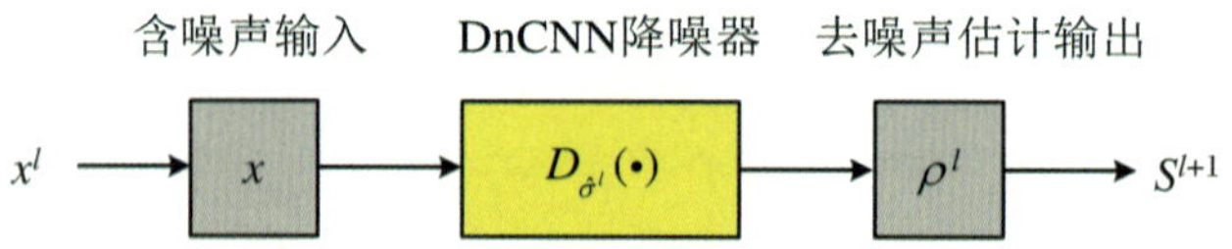

图 10.19 DnCNN 降噪器输入变量的尺寸变换过程

含噪声输入的矩阵表示 x 和向量表示 x^l 分别为

$$x=\rho_0+v \tag{10.88}$$

$$x^l = s_0 + v^l \tag{10.89}$$

其中，$x \in \mathbf{R}^{d \times d}$ 是输入向量 $x^l \in \mathbf{R}^{d^2}$ 转化成的矩阵形式，$\rho_0 \in \mathbf{R}^{d \times d}$ 是真实信号 $s_0 \in \mathbf{R}^{d^2}$ 的矩阵形式，$v \in \mathbf{R}^{d \times d}$ 是有效噪声 $v^l \in \mathbf{R}^{d^2}$ 转化成的矩阵形式。

不同于其他去噪方法，如多层感知器（multilayer perceptron，MLP）算法和收缩域级联（cascade of shrinkage fields，CSF）算法（Schmidt，Roth，2014）是学习一个映射函数 $\mathcal{F}(x) = s$ 来估计真实的信号 s_0，DnCNN 神经网络采用残差学习规则训练映射 $\mathcal{R}(x) = \hat{v}$ 来估计真实噪声信号 v，然后得到的信号估计为 $s = x - \mathcal{R}(x)$。DnCNN 神经网络的损失函数表示为

$$l(\Theta) = \frac{1}{2Q}\sum_{i=1}^{N} \| \mathcal{R}(x_i;\Theta) - (x_i - s_i) \|_F^2 \tag{10.90}$$

它是估计噪声信号 $\mathcal{R}(x;\Theta)$ 与真实噪声信号 $v = x - s_0$ 之间的均方误差。其中，Q 是批大小，Θ 是 DnCNN 神经网络中可以调整的参数，包括网络的权值和偏置，训练次数和目标误差等。

在许多信号恢复算法中，通常要求输出信号的尺寸与输入信号的尺寸一致，这可能会导致恢复的矩阵信号中边界元素值受到较大影响，也就是产生边界伪影。为了保证隐含层的每个特征信号与输入信号的尺寸大小相同，我们在 DnCNN 神经网络的每个卷积层中进行卷积运算之前，对输入卷积层的信号采用简单的零填充策略，不过这种零填充策略不会产生任何边界伪影。

10.5.3.3 DnCNN 神经网络训练过程

在对 DnCNN 神经网络进行训练时，我们采用的样本数据的尺寸大小为 $2^4 \times 2^4 = 16 \times 16$，也就是 4 量子位的密度矩阵。我们对样本数据加入不同标准差范围下的高斯噪声作为训练输入，原始样本数据作为训练输出目标，在未知高斯噪声水平下训练 DnCNN 神经网络。为了训练更小噪声范围下的 DnCNN 网络，我们将噪声标准差范围[0,2]划分成 9 个小范围，具体分段结点为：0.005，0.01，0.03，0.05，0.1，0.3，0.5，1，并在这 9 个小范围噪声水平下分别训练了 DnCNN 网络。然后 LDAMP 网络根据各级的噪声标准差估计 $\hat{\sigma}$ 的大小选择对应的 DnCNN 模型。训练和测试过程中，样本数据包含满足和近似满足量子态密度矩阵性质的矩阵，其中，满足性质的两种量子态的密度矩阵生成公式为

$$\rho = \frac{\varphi_r \varphi_r^H}{\mathrm{tr}(\varphi_r \varphi_r^H)} \tag{10.91}$$

其中，φ_r 为 $d\times r$ 的 Wishart 矩阵，并且矩阵内各元素满足高斯分布。$r=1$ 时，为叠加态密度矩阵，$r>1$ 时为一般混合态密度矩阵。

本节研究的另外两种量子态还包括本征态和对角混合态，其中，本征态密度矩阵为仅有对角线某一位置有元素为 1，其他位置元素均为 0 的矩阵，对角混合态密度矩阵为仅在对角线上所有位置有非 0 元素，且对角线所有元素之和为 1，其他位置元素均为 0 的矩阵。样本数据中近似满足性质的矩阵是指在构造样本数据时，我们改变部分满足性质的密度矩阵中的元素，加入一些噪声干扰，使矩阵的迹在(0,1)之间且近似共轭对称的半正定矩阵。在构造过程中，我们采用(0,1)之间的随机数乘以原始密度矩阵或在原始矩阵生成过程中给矩阵 φ_r 的共轭转置矩阵 φ_r^H 添加噪声干扰。值得注意的是，训练集和测试集中近似满足性质的密度矩阵所占的比例在 30%～50%之间可以取得较好的估计效果，另外(0,0.5)之间的随机数应多于(0.5,1)之间的随机数。这种构造方法的原因是因为 LDAMP 网络具有数层相同的结构，网络的初始输入 $s^0=\mathrm{vec}(\rho^0)$ 为零向量，网络的最终输出 $\hat{\rho}^L$ 为估计的密度矩阵，所以网络进行密度矩阵估计是各层网络渐进逼近真实密度矩阵的过程，因此需要大量的中间估计结果和少量的零矩阵包含在训练样本集中。

在训练 DnCNN 时，本节使用了 1267200（= 9900×128）个样本矩阵用于训练，140800（=1100×128）个样本矩阵用于验证，1408（=11×128）个样本矩阵用于测试。训练集、验证集及测试集中四种量子态密度矩阵的比例为本征态：对角混合态：叠加态：一般混合态=1：2：4：4。所有的样本矩阵在生成时都是无噪声样本，而在训练、验证和测试时，会在对应的噪声水平范围内加入噪声。为了获取足够的空间信息进行去噪，我们将 DnCNN 神经网络的深度设置为 20 层，采用一种鲁棒的初始化方法 MSRA 来初始化 DnCNN 神经网络权值，并采用权值衰减为 0.0001、动量为 0.9、小批量尺寸为 128 的带动量的随机梯度下降法(stochastic gradient descent with momentum，SGDM)训练网络。我们为每个小范围噪声水平下的神经网络设置的最大训练次数为 50，最大允许无用训练次数(max bad epochs，MBE)为 2，初始无用训练次数(bad epochs，BE)为 0。在训练过程中，初始最小验证误差采用验证集验证未训练的网络得到，后续过程中，网络训练一次就验证一次得到新的验证误差，并将新的验证误差与上一次的验证误差相比，如果小于上一次的验证误差就将此次验证误差设置为最小验证误差并将 BE 清零，否则最小验证误差不变并将 BE 加 1。当 BE 大于等于 MBE 时，网络就减小学习速率，并将 BE 清零。学习速率变化过程为初始值 0.001 衰减为 0.0001，最后衰减至 0.00001。当学习速率衰减为 0.00001 且 BE 大于等于 MBE 时，DnCNN 神经网络的训练结束。在实验中，我们使用 MATLAB 中的 MatCovNet 工具箱来实现 DnCNN 神经网络。所有实验均在 Intel(R) Core(TM) i7-8700K CPU 3.70 GHz、NVIDIA GeForce GTX 1080 GPU 的 PC 上运行的 MATLAB(R2018b)环境下进行。所有 9 个小范围噪声水平下的 20 层

DnCNN 网络的 GPU 训练时间需要 59 h 左右。

10.5.4 量子态估计仿真实验及其结果分析

在本小节中，我们对本节所提出的 LDAMP 网络的量子态估计性能，在不同参数下，进行了数值性能对比实验，我们进行三个实验：

(1) 不同噪声标准差区间下，对所设计训练出的 20 层 DnCNN 神经网络降噪器去噪性能的测试实验。

(2) 所设计的 LDAMP 网络与其他五种不同方法对量子态密度矩阵估计的性能对比实验。

(3) 不同测量噪声以及不同采样率分别对 LDAMP 网络估计量子态密度矩阵性能的影响实验。

实验中，量子状态测量值 y 是根据式(10.80)计算：$y = A \cdot \mathrm{vec}(\rho_0) + w$，其中 A 为随机高斯测量矩阵，$w \sim \mathcal{N}(0, \gamma_w^2 I)$ 表示测量过程中产生的高斯噪声，ρ_0 为真实密度矩阵，可以从本征态、叠加态、对角混合态和一般混合态密度矩阵中选取。我们定义了三个性能指标来衡量实验结果：第一个是估计出来的密度矩阵 $\hat{\rho}$ 与真实密度矩阵 ρ_0 之间的归一化距离 $D(\hat{\rho}, \rho_0)$，定义为

$$D(\hat{\rho}, \rho_0) = \|\hat{\rho} - \rho_0\|_F^2 / \|\rho_0\|_F^2 \tag{10.92}$$

当 $D(\hat{\rho}, \rho_0)$ 大于 1 时取 1，其范围是[0,1]，并且当两个矩阵完全相同时，$D(\hat{\rho}, \rho_0)$ 为 0。

第二个是估计的密度矩阵与真实密度矩阵之间的均方误差 MSE，定义为

$$\mathrm{MSE} = E_w\{\|\hat{\rho} - \rho_0\|_2^2 / d^2\} \tag{10.93}$$

当 MSE 以 dB 为单位时，定义为

$$\mathrm{MSE(dB)} = 10\lg(\mathrm{MSE}) \tag{10.94}$$

第三个是估计的密度矩阵与真实密度矩阵之间的保真度

$$\mathrm{fidelity} = \mathrm{tr}\left(\sqrt{\sqrt{\rho_0}\,\hat{\rho}\,\sqrt{\rho_0}}\right) \tag{10.95}$$

其中，保真度的范围是[0,1]，并且当两个矩阵完全相同时，保真度为 1。

10.5.4.1 DnCNN 去噪性能的测试实验

图 10.20 为使用 1408 (11×128)个随机样本矩阵分别测试噪声水平从[0,0.005]，

[0.005,0.03],…,[1,2]一共九个范围情况下,对训练后得到的 20 层 DnCNN 进行去噪性能的测试实验的误差曲线图,其中,方形点实线表示网络输入样本与对应的无噪声样本之间的平均均方误差 MSE(dB);虚线为网络输出样本与对应的无噪声样本之间的平均均方误差 MSE(dB);三角形点实线是输出误差与输入误差之间的 MSE 比值变化曲线。

从图 10.20 中可以看出,网络输出误差始终小于输入误差,并且随着噪声标准差的增加,输出误差与输入误差之间的比值逐渐减小:从[0,0.005]区间的 0.5956 减小至[1,2]区间的 0.0311。这说明,当输入噪声很小时,输出误差仍然能够滤掉接近一半噪声,随着噪声的增加,去噪效果越明显。这表明经过训练后的 DnCNN 降噪器拥有良好的去噪效果。

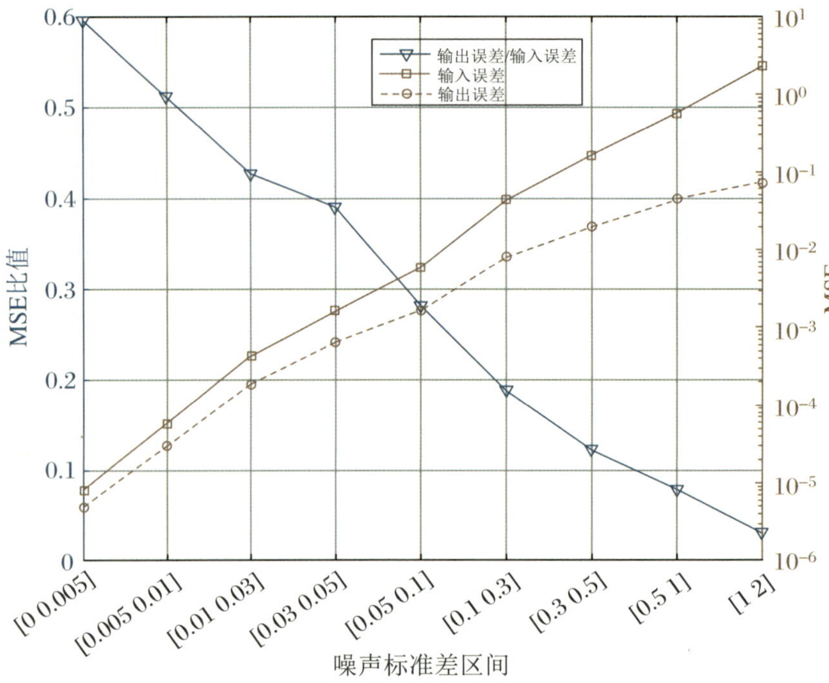

图 10.20　DnCNN 降噪器的 MSE 性能

10.5.4.2　LDAMP 网络与其他方法的对比实验

本节中我们将本节所设计出的 LDAMP 网络与 ADMM 算法,以及其他 4 种 DAMP 算法(BM3D-AMP,NLM-AMP,Gauss-AMP 和 Bila-teral-AMP)对量子态估计的性能进行对比实验。实验中采用的样本为对角混合态密度矩阵。分别在采样率从 0.05 每隔

0.05 增加到 0.5，测量噪声强度固定为 SNR = 40 dB 情况下，不同量子态估计方法的归一化距离随采样率变化情况，实验结果如图 10.21 所示。

从图 10.21 中可以看出，在每一个采样率下，LDAMP 网络的性能是所有算法中最好的，并且在采样率为 0.15 时，就能够达到 10^{-3}的性能。从表 10.9 中可以看出，在所有不同噪声等级干扰和无噪声情况下，LDAMP 网络的估计性能均优于其他方法，并且在无噪声干扰下 MSE(dB)为 - 41.0905 dB，估计误差达到 10^{-4}量级。

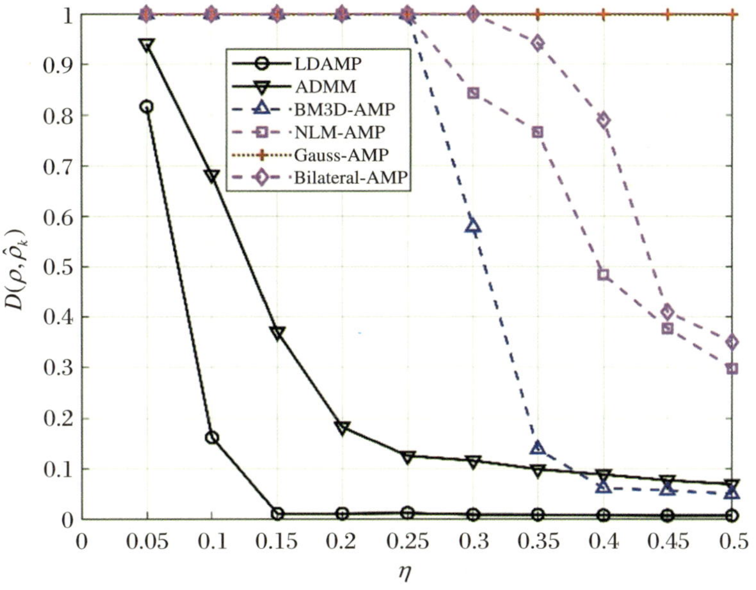

图 10.21　LDAMP 网络和其他方法的归一化距离性能对比(SNR = 40 dB)

固定采样率 $\eta = 0.1$，不同量子态估计方法的 MSE(dB)性能随 SNR 的变化情况如表 10.9 所示。

表 10.9　LDAMP 网络和其他方法的 MSE(dB)性能随 SNR 的变化情况

SNR	0	10	20	30	40	50	60	70	80	无干扰
LDAMP	- 25.7984	- 29.0129	- 32.8600	- 33.6109	- 36.0653	- 36.5386	- 38.0527	- 38.9837	- 40.0702	- 41.0905
ADMM	- 14.6620	- 23.0837	- 30.2725	- 33.0952	- 34.5782	- 35.3161	- 35.4256	- 35.5693	- 35.9288	- 36.1332
BM3D-AMP	- 24.8475	- 25.1181	- 25.3271	- 25.7576	- 26.2451	- 26.4625	- 26.7987	- 26.7337	- 26.9364	- 27.3626
NLM-AMP	- 25.6457	- 25.2723	- 25.1595	- 25.3828	- 25.4296	- 25.5618	- 25.7596	- 25.9587	- 26.0826	- 26.2108
Gauss-AMP	- 25.6424	- 25.6433	- 25.6620	- 25.6991	- 25.6728	- 25.6729	- 25.6786	- 25.6985	- 25.6940	- 25.7053
Bilateral-AMP	- 25.1949	- 25.1813	- 25.1152	- 25.1163	- 25.1209	- 25.1663	- 25.2087	- 25.2193	- 25.2296	- 25.2332

10.5.4.3 LDAMP 网络的量子态估计实验

本小节我们将采用所设计出的具有 20 层 DnCNN 以及 10 层算法迭代的 LDAMP 网络，在无噪声和有噪声的两种情况下，分别对本征态、叠加态、对角混合态和一般混合态的估计进行了性能对比实验。影响状态估计性能的因素有：采样率的多少以及噪声的大小，我们一共进行了四个实验。

1. 不同采样率下无噪声和含固定测量噪声的量子状态估计实验

我们在采样率从 0.05 每隔 0.05 增加到 0.5，分别在无噪声和含固定测量噪声 SNR = 40 dB 两种情况下，对 4 种不同算法的量子状态进行了网络训练设计，网络的估计结果与真实状态之间的归一化距离变化过程如图 10.22 所示。

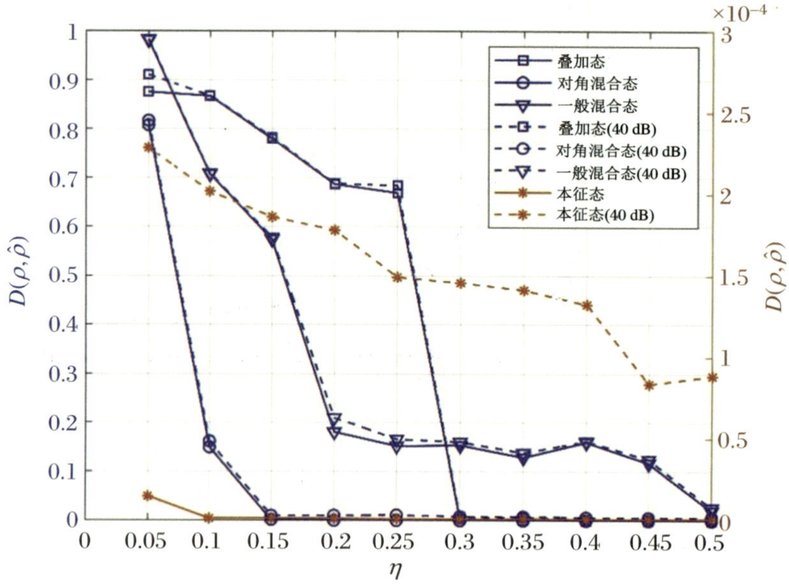

图 10.22 LDAMP 网络对不同量子态密度矩阵估计的归一化距离性能对比

从图 10.22 中可以看出，随着采样率的增加，所有状态估计的归一化距离呈下降趋势，估计效果逐渐变好。由于测量噪声的存在，所有状态的估计结果均略差于无噪声情况下的状态估计，其中本征态的估计最为准确，归一化距离均可以在最低采样率 0.05 时达到 10^{-4} 量级，其在无噪声情况下的保真度为 0.999993，有噪声情况下的保真度为 0.989028。对角混合态的估计次之，其在 0.15 采样率时无噪声情况下的归一化距离（保真度）才达到 0.0017（0.999898）。这两种量子状态具有较为简单的密度矩阵结构，因此在估计时也达到了较好的估计效果。在无噪声情况下，叠加态在采样率 0.3 时的归一化距离（保真度）达到 0.0037（0.980570）；一般混合态在采样率 0.5 时的归一化距离（保真度)达到 0.0198(0.992958)。在采样率小于 0.3 时,对角混合态的估计效果不如一般混合态;当采样率大于 0.3 时,对角混合态效果优于一般混合态。对于这种现象,经过采用多个不同密度矩阵的验证,我们可以得出以下原因:在采样率较小时,两种状态的估计效果均不理想,但是由于叠加态密度矩阵中元素数值相对一般混合态中的元素数值较大一些,所以计算出的归一化距离的值会更大,而采样率变大后,两种状态的估计效果均逐渐变好,由于叠加态相对于一般混合态的密度矩阵结构更为简单,此时叠加态的估计效果明显优于一般混合态,其归一化距离更低。

2. 三种采样率及噪声固定下不同层数的 LDAMP 网络的性能实验

图 10.23 为固定噪声 SNR = 40 dB,采样率分别取 0.05,0.1 和 0.2 三种情况下,不同层数的 LDA-MP 网络估计效果与式(10.94a)和式(10.94b)所示的 SE 方程的 MSE(dB)

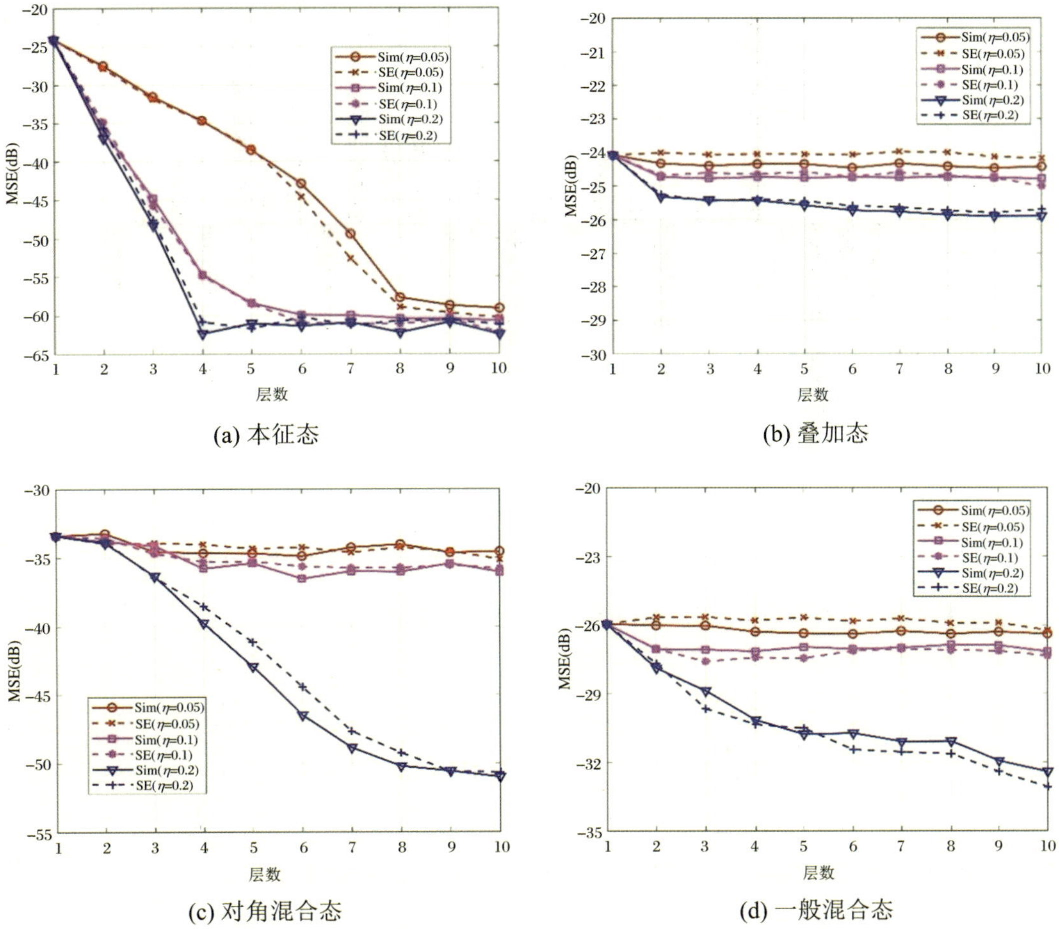

(a) 本征态　(b) 叠加态

(c) 对角混合态　(d) 一般混合态

图 10.23　不同采样率下 LDAMP 网络的仿真和状态演化方程的性能对比

性能对比的实验结果，其中虚线为 SE 方程性能，实线为所设计的 LDAMP 网络性能，从中可以看出，在采样率低于 0.2 时，LDAMP 网络在 10 层内收敛，而采样率大于0.2 时，对于混合态和叠加态，LDAMP 网络则需要更多的层数达到收敛，这也与密度矩阵的复杂度相关，同时表明所设计的 LDAMP 网络的高效性。

3．固定采样率在无噪声和有噪声下对角混合态的估计性能对比实验

图 10.24 为固定采样率 0.1，在无噪声和分别含 SNR = 30 dB 和 SNR = 40 dB 测量噪声的情况下，对角混合态真实密度矩阵 ρ_3 测量值的柱状图，图中三个测量值之间的对比表现出不同大小测量噪声对真实测量值的影响效果。从图中可以看出，30 dB 明显比 40 dB 等级的噪声影响更大，这种影响持续体现在对真实量子态的估计上。

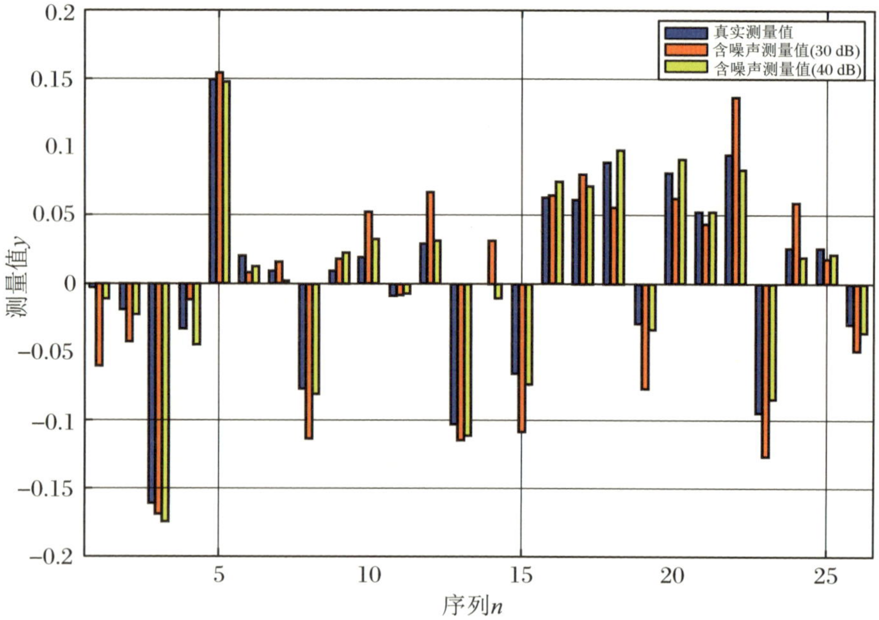

图 10.24　对角混合态密度矩阵 ρ_3 的真实测量值与含噪声测量值对比

图 10.25 为相同情况下，对角混合态真实密度矩阵 ρ_3 与密度矩阵估计 $\hat{\rho}_3$，$\hat{\rho}_3$（w = 30 dB）和 $\hat{\rho}_3$（w = 40 dB）的模值元素分布图。估计出来的三个密度矩阵与 ρ_3 之间的归一化距离分别为 0.1492，0.3197 和 0.1614。

4．三种采样率下四种不同量子态在不同噪声的估计性能实验

为了研究测量噪声和采样率对量子态估计的具体影响，我们还进行了采样率分别为 0.05，0.1 和 0.2 时，四种不同量子态估计后的 MSE(dB)随测量噪声大小的变化的实验，实验结果如图 10.26 所示，从中可以看出，在采样率和噪声水平分别固定时，所有量子态估计的 MSE 均随另一个未固定量的增加而减小，其中 SNR 增加时表示噪声水平降低。LDAMP 网络的性能可以随着采样率的增加而提高。不同量子态的表现也有差异，对于本征态，LDAMP 网络在采样率 $\eta=0.1$ 的情况下就能够获得优良的性能。而对于其他三种量子态，则需要增加采样率来达到期望的估计效果。

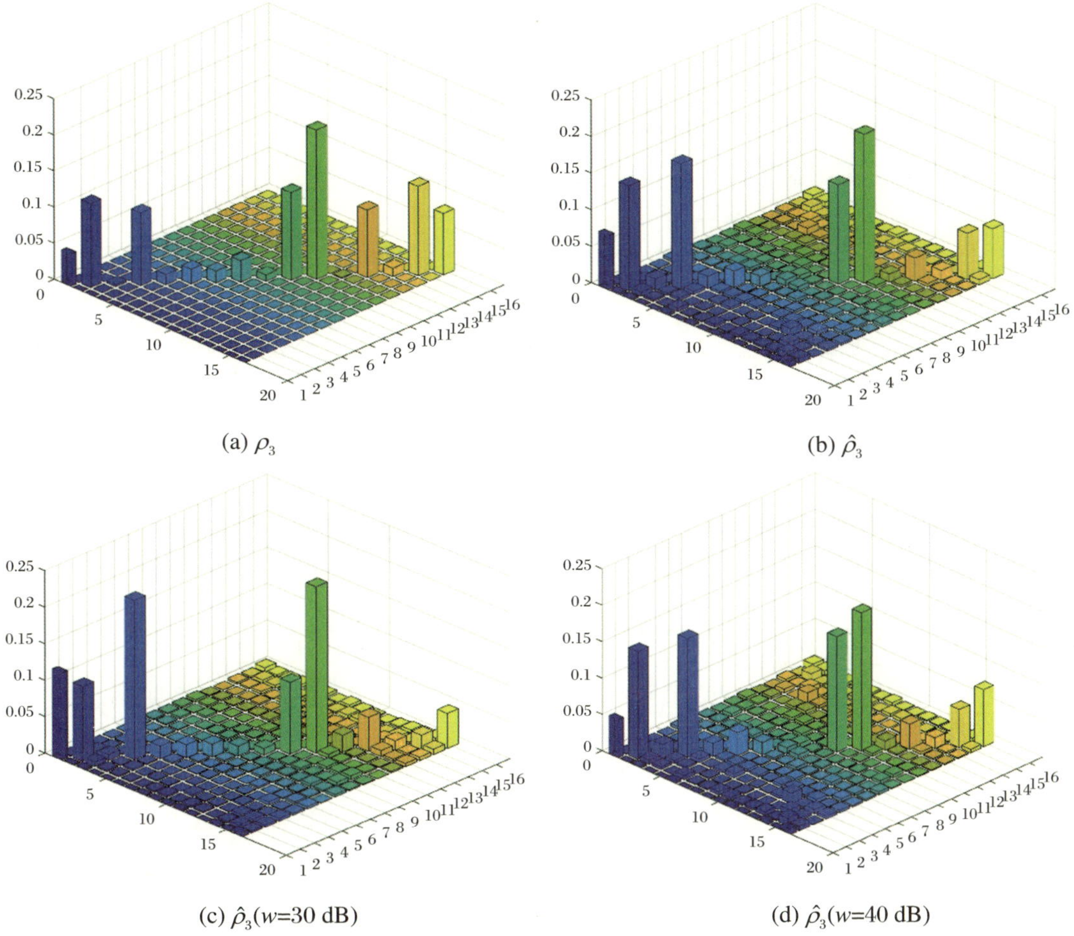

图 10.25　对角混合态密度矩阵 ρ_3 及其在无噪声和含测量噪声下估计矩阵的模值分布($\eta=0.1$)

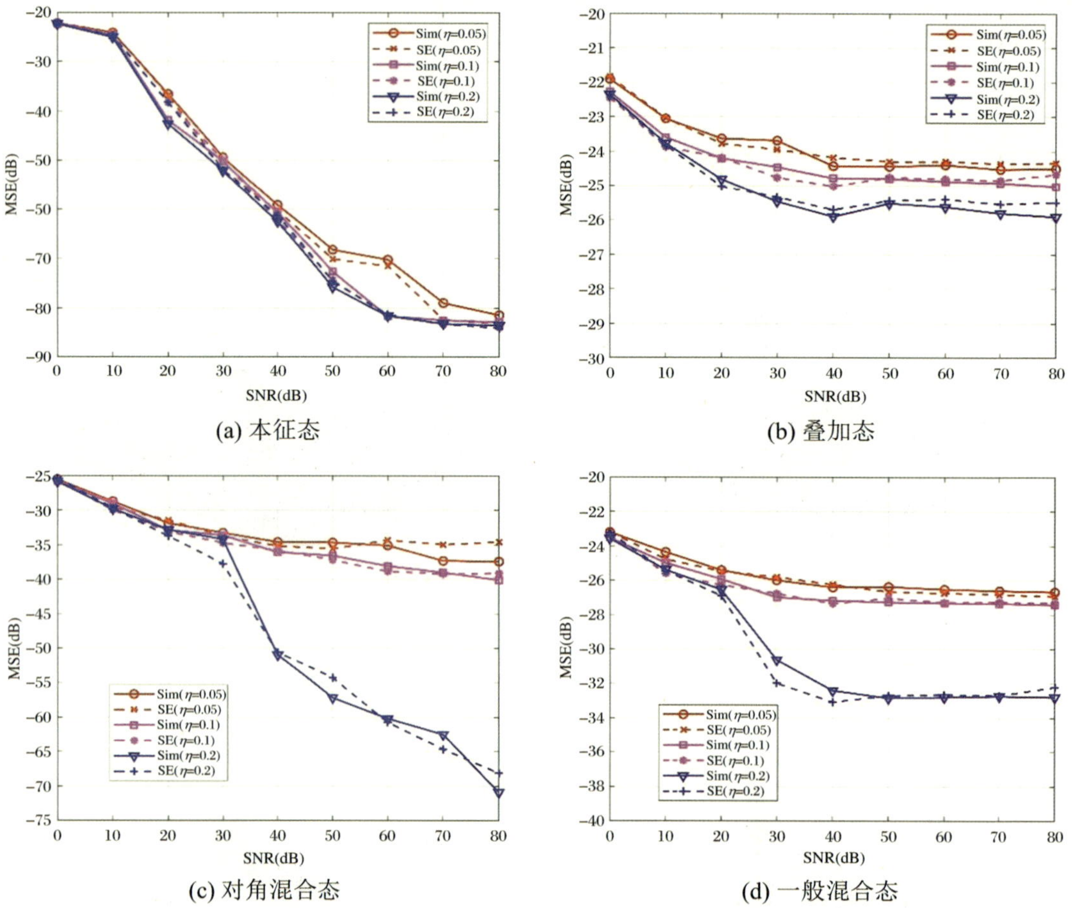

图 10.26　不同采样率下 LDAMP 网络对四种量子态密度矩阵估计时的 MSE 性能

第 11 章

基于在线估计状态反馈的随机开放量子系统闭环反馈控制

11.1 单量子位基于在线估计状态的反馈控制

11.1.1 被控量子系统描述

基于连续弱测量和 QST-OADM 算法的在线量子态估计过程如图 11.1 所示。

有限维量子滤波器的状态可以用密度矩阵 ρ_t 表示，状态的演化为非线性随机微分方程，即随机主方程：

$$\rho_{t+\Delta t}-\rho_t=-\frac{\mathrm{i}}{\hbar}[H(t),\rho_t]\Delta t+\left[L\rho_tL^{\dagger}-\left(\frac{1}{2}L^{\dagger}L\rho_t+\frac{1}{2}\rho_tL^{\dagger}L\right)\right]\Delta t$$
$$+\rho_t^{\dagger}\sqrt{\eta}[L\rho_t+\rho_tL^{\dagger}-\mathrm{tr}(L\rho_t+\rho_tL^{\dagger}]\rho_t)\mathrm{d}W \tag{11.1}$$

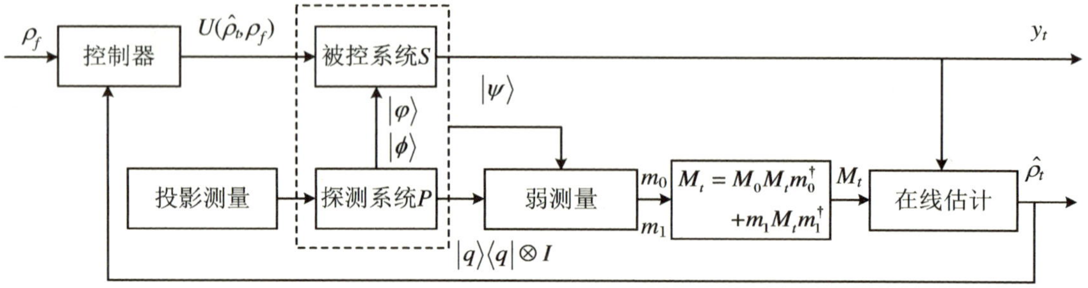

图 11.1 基于量子态在线估计的状态反馈控制结构图

其中，量子状态密度矩阵 $\rho_t\in\mathcal{S}=\{\rho_t\in\mathbf{C}^{2^n\times 2^n}:\rho_t=\rho_t^{\dagger}\geqslant 0,\mathrm{tr}(\rho_t)=1\}$，$n$ 为系统量子比特数，$\rho_t^{\dagger}$ 表示 ρ_t 的共轭转置，$\mathrm{tr}(\rho_t)$ 表示 ρ_t 的迹，$\mathbf{C}$ 表示复数集，$\mathcal{S}$ 表示状态空间；$\hbar$ 普朗克常量，通常设置为 1；$H(t)=H_0+u_tH_1$ 为系统总哈密顿量，H_0 为自由哈密顿量，H_1 为控制哈密顿量，$u_t\in\mathbf{R}$ 为外加控制，$\mathbf{R}$ 代表实数集；$L\in\mathbf{C}^{2^n\times 2^n}$ 为测量算符，确定系统和测量装置之间的相互作用；Δt 为相互作用时间；$\eta\in(0,1]$ 为测量效率；令 $D[L,\rho_t]=L\rho_tL^{\dagger}-\left(\frac{1}{2}L^{\dagger}L\rho_t+\frac{1}{2}\rho_tL^{\dagger}L\right)$ 表示测量过程带来的确定性退相干作用，表现为 Lindblad 形式的漂移项；令 $B[L,\rho_t]=\rho_t^{\dagger}\sqrt{\eta}[L\rho_t+\rho_tL^{\dagger}-\mathrm{tr}(L\rho_t+\rho_tL^{\dagger})]\rho_t$ 表示测量过程带来的随机扩散项，表现为对量子系统状态产生的干扰。$\mathrm{d}W$ 是零差测量时产生的随机噪声，满足 $E(\mathrm{d}W)=0,E((\mathrm{d}W)^2)=\Delta t$ 的 Wiener 过程，$E(\cdot)$ 表示随机变量的期望值。

11.1.2 基于 OADM 的量子态在线估计

11.1.2.1 基于连续弱测量的测量值序列的构造

本节研究开放量子系统的状态反馈控制，根据 9.5 节中提出的基于在线交叉方向乘子(OADM)法的量子状态估计算法 QST-OADM；根据所估计的系统状态，利用李雅普诺夫稳定性定理设计状态反馈控制场用于实现量子系统的状态转移，并对控制场进行数学证明。

基于状态在线估计的量子系统的状态反馈控制过程如图 11.1 所示，其中，被控系统 S 对应具有退相干效应和随机噪声的单比特开放量子系统，P 为探测系统，也称为探针，与被控系统发生耦合称为联合系统 $S\otimes P$，ρ_f 为量子系统的期望目标态，$\hat{\rho}_t$ 为在线估计状态，M_t 和 y_t 分别为连续弱测量过程中在 t 时刻的测量算符和测量值，$U(\hat{\rho}_t,\rho_f)$ 为基于估计状态和李雅普诺夫稳定性定理所设计的状态反馈控制场。根据式(9.113)和式(9.115)可得，单比特量子系统中测量算符以及系统状态的演化方程分别为

$$M_{k+1} = m_0^\dagger(\Delta t)M_k(t)m_0(\Delta t) + m_1^\dagger(\Delta t)M_k m_1(\Delta t) \tag{11.2}$$

$$\rho_{k+1} = a_0(\Delta t)\rho(t)a_0^\dagger(\Delta t) + a_1(\Delta t)\rho(t)a_1^\dagger(\Delta t) \tag{11.3}$$

其中，$m_0(\Delta t)$ 和 $m_1(\Delta t)$ 为弱测量算符，$a_0(\Delta t)$ 和 $a_1(\Delta t)$ 为系统演化算符，Δt 为连续弱测量的时间间隔。

在薛定谔绘景中，连续弱测量下的测量值 y_j 等于测量算符 M_1 与演化的系统状态密度矩阵 ρ_j 的内积，即

$$y_j = \mathrm{tr}(M_1^\dagger\rho_j) = \mathrm{vec}(M_1)^\dagger\mathrm{vec}(\rho_j),\quad j = 1,2,\cdots,k \tag{11.4}$$

其中，$\mathrm{tr}(X)$ 表示对矩阵 X 求迹，即矩阵 X 的所有对角线元素之和，$\mathrm{vec}(X)$ 表示将矩阵 X 中的每一列按顺序首尾相连所构成的向量。

在量子态在线估计过程中，我们希望可以利用在第 k 次(或时刻)及其之前的测量算符和测量值，在 k 时刻直接重构出系统的状态密度矩阵 ρ_k，因此我们推导一种新的构造测量序列的方法，主要结论如定理 11.1 所示。

定理 11.1 对开放量子系统进行连续弱测量时，j 时刻的测量值可表示为

$$y_i = \mathrm{tr}(M_{k-j+1}^\dagger\rho_k) = \mathrm{vec}(M_{k-j+1})^\dagger\mathrm{vec}(\rho_k),\quad j = 1,2,\cdots,k \tag{11.5}$$

且式(11.4)与式(11.5)等价。

证明 假设系统的初始状态 $\rho_0 = |\varphi_0\rangle\langle\varphi_0|$，其中，$|\varphi_0\rangle$ 为量子状态的态矢量表现形式，测量算符初始值为 M_0，定义系统在 t_1 时刻有 $\rho_1 = \rho_0$，$M_1 = M_0$。如果将量子系统的时间演化算符记为

$$E(t,t_1) = \mathrm{e}^{-\mathrm{i}H(t-t_1)/\hbar} \tag{11.6}$$

那么，t_j 时刻的系统状态可表示为 $|\varphi_j\rangle = E(t_j,t_1)|\varphi_1\rangle$，也可将系统状态 $|\varphi_1\rangle$ 表示为 $|\varphi_1\rangle = E(t_1,t_j)|\varphi_j\rangle$。

由式(11.6)可知，时间演化算符具有如下性质：

$$E(t_1,t_1) = 1 \tag{11.7a}$$

$$E(t_1,t_2)=E^\dagger(t_2,t_1) \tag{11.7b}$$

$$E(t_1,t_2)=E(t_1,t_3)E(t_3,t_2) \tag{11.7c}$$

$$E(t_3,t_2)=E(t_3-t_2+t_1,t_1) \tag{11.7d}$$

对于任意时刻 $t_j, j=1,2,\cdots,k$，利用关系式 $|\varphi_j\rangle = E(t_j,t_1)|\varphi_1\rangle$ 可以将式(11.5)表示为

$$\begin{aligned} y_j &= \mathrm{tr}(M_1^\dagger\rho_j) = \langle\varphi_j \mid M_1 \mid \varphi_j\rangle \\ &= \langle E(t_j,t_1)\varphi_1 \mid M_1 \mid E(t_j,t_1)\varphi_1\rangle \\ &= \langle\varphi_1 \mid E^\dagger(t_j,t_1)M_1E(t_j,t_1) \mid \varphi_1\rangle \end{aligned} \tag{11.8}$$

当 $j=k$ 时，状态 $|\varphi_1\rangle$ 和 $|\varphi_k\rangle$ 之间满足关系式 $|\varphi_1\rangle = E(t_1,t_k)|\varphi_k\rangle$，并将其代入式(11.8)，可得

$$y_j = \langle E(t_1,t_k)\varphi_k \mid E^\dagger(t_j,t_1)M_1E(t_j,t_1) \mid E(t_1,t_k)\varphi_k\rangle \tag{11.9}$$

根据时间演化算符的性质，可将式(11.9)简化为

$$\begin{aligned} y_j &= \langle\varphi_k \mid E^\dagger(t_1,t_k)E^\dagger(t_j,t_1)M_1E(t_j,t_1)E(t_1,t_k) \mid \varphi_k\rangle \\ &= \langle\varphi_k \mid E(t_k,t_j)E(t_1,t_1)M_1E^\dagger(t_1,t_1)E^\dagger(t_k,t_j) \mid \varphi_k\rangle \\ &= \langle\varphi_k \mid E(t_k-t_j+t_1,t_1)M_1E^\dagger(t_k-t_j+t_1,t_1) \mid \varphi_k\rangle \end{aligned} \tag{11.10}$$

其中，$E(t_k-t_j+t_1,t_1)M_1E^\dagger(t_k-t_j+t_1,t_1)$ 表示从 t_1 时刻演化到 t_{k-j+1} 时刻时的测量算符 M_{k-j+1}。

因此，式(11.10)也可表示为

$$y_j = \langle\varphi_k \mid M_{k-j+1} \mid \varphi_k\rangle = \mathrm{tr}(M_{k-j+1}^\dagger\rho_k) \tag{11.11}$$

式(11.11)即为我们所提出的新的测量值构造新方法。证明完毕。

根据式(11.11)给出的连续弱测量中测量值的具体构造过程，其中，$b_k=[y_1,y_2,\cdots,y_k]^\mathrm{T}$ 表示由测量值所构成的测量值序列，可以得到表 11.1。

表 11.1　连续弱测量下测量值序列的构造

	y_1	y_2	y_3	$\cdots$	y_k
b_1	$\mathrm{tr}(M_1^\dagger\rho_1)$				
b_2	$\mathrm{tr}(M_2^\dagger\rho_2)$	$\mathrm{tr}(M_1^\dagger\rho_2)$			
b_3	$\mathrm{tr}(M_3^\dagger\rho_3)$	$\mathrm{tr}(M_2^\dagger\rho_3)$	$\mathrm{tr}(M_1^\dagger\rho_3)$		
$\vdots$	$\vdots$	$\vdots$	$\vdots$	$\ddots$	
b_k	$\mathrm{tr}(M_k^\dagger\rho_k)$	$\mathrm{tr}(M_{k-1}^\dagger\rho_k)$	$\mathrm{tr}(M_{k-2}^\dagger\rho_k)$	$\cdots$	$\mathrm{tr}(M_1^\dagger\rho_k)$

11.1.2.2 n 量子位连续弱测量算符的推导

对于单量子位系统，弱测量算符为 $m_1(\Delta t)=L'\sqrt{\Delta t}$，$m_0(\Delta t)=I-(L'^{\dagger}L'/2+\mathrm{i}H'(t))\Delta t$，其中 $H'=H_0'+u_tH_1'$，H_0'为自由哈密顿量，H_1'为控制哈密顿量；L'为耦合算符。$H_j'(j=0,1)$和 L'可以构造为

$$L'=\xi\sigma_1,\quad H_j'=\sigma_2 \tag{11.12}$$

其中，σ_1 和 σ_2 为 Pauli 算符，可以为 $\sigma_x=\begin{bmatrix}0&1\\1&0\end{bmatrix}$，$\sigma_y=\begin{bmatrix}0&-\mathrm{i}\\\mathrm{i}&0\end{bmatrix}$，$\sigma_z=\begin{bmatrix}1&0\\0&-1\end{bmatrix}$和单位矩阵 $I_{2\times2}$。基于 $m_0(\Delta t)$和 $m_1(\Delta t)$，可以利用张量积计算 n 量子位系统的弱测量算符(Harraz et al.，2020)：

$$\begin{cases}M_1(\Delta t)=\underbrace{m_0(\Delta t)\otimes\cdots\otimes m_0(\Delta t)\otimes m_0(\Delta t)}_{n}\\M_2(\Delta t)=\underbrace{m_0(\Delta t)\otimes\cdots\otimes m_0(\Delta t)\otimes m_1(\Delta t)}_{n}\\\vdots\\M_{2^n}(\Delta t)=\underbrace{m_1(\Delta t)\otimes\cdots\otimes m_1(\Delta t)\otimes m_1(\Delta t)}_{n}\end{cases} \tag{11.13}$$

考虑随机开放量子系统中的随机噪声和弱测量效率，单量子位量子系统的演化算符可以表示为：$a_0(\Delta t)=m_0(\Delta t)+\sqrt{\eta}L'\cdot \mathrm{d}W$ 和 $a_1(\Delta t)=m_1(\Delta t)+\sqrt{\eta}L'\cdot \mathrm{d}W$。同样，$n$ 量子位系统的演化算符可以用$a_0(\Delta t)$和 $a_1(\Delta t)$的张量积计算为

$$\begin{cases}A_1(\Delta t)=\underbrace{a_0(\Delta t)\otimes\cdots\otimes a_0(\Delta t)\otimes a_0(\Delta t)}_{n}\\A_2(\Delta t)=\underbrace{a_0(\Delta t)\otimes\cdots\otimes a_0(\Delta t)\otimes a_1(\Delta t)}_{n}\\\vdots\\A_{2^n}(\Delta t)=\underbrace{a_1(\Delta t)\otimes\cdots\otimes a_1(\Delta t)\otimes a_1(\Delta t)}_{n}\end{cases} \tag{11.14}$$

根据随机开放量子系统主方程(11.1)以及演化算符(11.14)，通过令 $t=\Delta t\cdot k$，被测量子系统 S 的动态离散演化模型为

$$\rho_{k+1}=\sum_{i=1}^{2^n}A_i(\Delta t)\rho_kA_i(\Delta t)^{\dagger} \tag{11.15}$$

其中，$k=1,2,\cdots,N$ 表示采样时间。相应的测量算符的离散演化模型为

$$M_{k+1}=\sum_{i=1}^{2^n}M_i(\Delta t)M_kM_i(\Delta t)^{\dagger} \tag{11.16}$$

作用于系统 S 的初始测量算符可以以张量积的形式构造为

$$M_1=\underbrace{\mu\otimes\cdots\otimes\mu\otimes\mu}_{n} \tag{11.17}$$

其中，μ 为斯托克斯算子，可以为 $\mu_1=|H\rangle\langle H|+|V\rangle\langle V|$，$\mu_2=|H\rangle\langle H|$，$\mu_3=|D\rangle\langle D|$ 和 $\mu_4=|R\rangle\langle R|$，$|H\rangle\equiv|0\rangle=\begin{bmatrix}1\\0\end{bmatrix}$为水平极化，$|V\rangle\equiv|1\rangle=\begin{bmatrix}0\\1\end{bmatrix}$为垂直极化，$|D\rangle\equiv|H\rangle+|V\rangle/\sqrt{2}$对角极化，$|R\rangle\equiv|H\rangle+\mathrm{i}|V\rangle/\sqrt{2}$为右圆极化。$n$ 量子位系统的哈密顿量 H_j，$j=0,1$ 和耦合算符 L 可以用H_j'和L_j'表示为

$$H_j=H_j'\otimes I+I\otimes H_j',\quad L=L'\otimes I+I\otimes L' \tag{11.18}$$

其中，$I_{2^{n-1}\times 2^{n-1}}$为单位矩阵。

在量子态在线估计中，随着采样时间的增加，根据式(11.16)可以获得测量算子序列，将这些测量算符作用于量子系统中，可以在每个采样时间获得一组测量值序列，从而来重构量子态。在海森伯绘景下，系统 S 在每个采样时间的测量值序列 $b_k=\{y_j\}_{j=1}^k$ 可以通过将测量算符应用于演化量子态 ρ_k 中来获得：

$$y_j=\mathrm{tr}(M_{k-j+1}^{\dagger}\rho_k)=\mathrm{vec}(M_{k-j+1})^{\dagger}\mathrm{vec}(\rho_k),\quad j=1,\cdots,k \tag{11.19}$$

其中，M_{k-j+1}，$j=1,\cdots,k$ 为测量算符，表示 vec(·)表示将矩阵转化为列向量。

根据式(11.19)可以归纳出系统 S 在每个采样时间的测量值序列，如表 11.1 所示，其中，测量序列 b_k 由当前时间和过去时间所测量的值组成：$b_k=[y_1,y_2,\cdots,y_k]$，其中 $y_1=\mathrm{tr}(M_k^{\dagger}\rho_k)$，$\cdots$，$y_{k-1}=\mathrm{tr}(M_2^{\dagger}\rho_k)$，$y_k=\mathrm{tr}(M_1^{\dagger}\rho_k)$。注意，测量算符$\{M_j\}_{j=1}^k$相对于量子态 ρ_k 是以从M_k 到M_1 的相反顺序排列的。y_j，$j=1,\cdots,k$ 根据式(11.19)计算得到。随着采样时间的增加，测量信息趋于完整。这就是为什么可以通过一次迭代来重建随时间动态变化的量子状态。

根据表 11.1，并考虑到实际弱测量过程中的测量噪声，可以将测量值序列 b_k 写成

$$b_k=A_k\mathrm{vec}(\rho_k)+e_k \tag{11.20}$$

其中，e_k 为测量噪声，l 是滑动窗口长度，可以看作确定 b_k 中元素数量的截止值。当获得的测量值的数量小于或等于 l 时，窗口的大小(b_k 中的元素数)等于获得的测量值的数量。也就是说，所有的测量值都用于系统状态估计。否则，窗口的大小保持为 l，其中

包含 l 个最近的测量值。采样矩阵 A_k 为

$$A_k = \begin{cases} (\mathrm{vec}(M_k), \cdots, \mathrm{vec}(M_2), \mathrm{vec}(M_1))^\dagger, & k \leqslant l \\ (\mathrm{vec}(M_l), \cdots, \mathrm{vec}(M_2), \mathrm{vec}(M_1))^\dagger, & k > l \end{cases} \tag{11.21}$$

11.1.2.3 在线量子态估计 QST-OADM 算法的设计

在量子系统的状态在线估计过程中，由于无法预先获得整个数据集，故采用数据流的方式来获得测量结果。本节所提出的量子系统状态在线估计算法(QST-OADM)的基本思想是：在对量子系统进行一次测量后，利用估计算法并根据 k 时刻的测量值序列 b_k 以及先前时刻的估计状态 $\hat{\rho}_{k-1}$ 来重构出当前时刻的系统状态 ρ_k。算法的核心是获得满足如下性能的估计值 $\hat{\rho}_k$：① 高精度；② 低计算成本，使之能作为状态反馈控制中的反馈信号。

为了降低在线处理过程中的计算成本，并且充分利用连续弱测量的测量信息来达到更高的估计精度，我们采用滑动窗口来实时更新测量信息值，将测量值序列重新定义为

$$b_k = \begin{cases} (y_1, \cdots, y_{k-1}, y_k)^{\mathrm{T}}, & k < l \\ (y_{k-l+1}, \cdots, y_{k-1}, y_k)^{\mathrm{T}}, & k \geqslant l \end{cases} \tag{11.22}$$

其中，l 为滑动窗口长度。

当获得的测量值的数目少于 l 时，此时窗口长度等于系统的演化次数；否则，滑动窗口长度保持为 l，并在之后时刻及时更新测量值。更新策略采用先进先出(FIFO)的方式，即将最新的测量信息加入到数据流中，同时删除旧的测量信息。我们希望当窗口内的测量信息达到窗口长度值时，估计算法具有较高的估计精度，并在之后时刻随着状态演化继续高精度地进行状态估计。

根据式(11.22)，我们可以构造出对应的采样矩阵 A_k 为

$$A_k = \begin{cases} (\mathrm{vec}(M_k), \cdots, \mathrm{vec}(M_2), \mathrm{vec}(M_1))^\dagger, & k < l \\ (\mathrm{vec}(M_l), \cdots, \mathrm{vec}(M_2), \mathrm{vec}(M_1))^\dagger, & k \geqslant l \end{cases} \tag{11.23}$$

特别地，当获得测量值的数量大于或等于 l 时，A_k 将保持不变。若考虑弱测量过程中的输出噪声，则可以将 b_k 表示为 $b_k = A_k \cdot \mathrm{vec}(\rho_k) + e_k$，其中，$e_k \in \mathbf{R}^k (l < k)$ 或 $e_k \in \mathbf{R}^l (k \geqslant l)$ 为实际测量输出噪声。

量子状态估计问题的核心任务是根据测量信息重构系统的状态密度矩阵 ρ_k。因此，在采样时刻 k，我们将量子状态在线估计问题转化为如下满足特定约束条件的凸优化问题：

$$\begin{cases} \underset{\hat{\rho}}{\text{minimize}} & \|\hat{\rho}\|_* + I_C(\hat{\rho}) + (1/\eta_k)B_\theta(\hat{\rho},\hat{\rho}_{k-1}) \\ \text{s.t.} & \|A_k\text{vec}(\hat{\rho}) - b_k\|_2^2 \leqslant \varepsilon \end{cases} \tag{11.24}$$

其中，$\hat{\rho}\in\mathbf{C}^{d\times d}$为待估计密度矩阵变量；$\|\cdot\|_*$表示核范数，$\|\hat{\rho}\|_* := \sum s_i$，$s_i$ 为$\hat{\rho}$ 的奇异值；$\varepsilon>0$；$C := \{\hat{\rho}\geqslant 0, \text{tr}(\hat{\rho}) = 1, \hat{\rho}^\dagger = \hat{\rho}\}$为量子态约束，当估计值满足约束 C 时，$I_C(\hat{\rho})$等于 0，否则 $I_C(\hat{\rho})$为∞；$\eta_k>0$ 为步长参数；$\hat{\rho}_{k-1}$为上一时刻估计值；$B_\theta(\hat{\rho},\hat{\rho}_{k-1})$为布雷格曼(Bregman)散度，它等于在定义光滑凸函数 θ 下的k 时刻的估计值$\hat{\rho}$ 与$k-1$时刻的估计值 $\hat{\rho}_{k-1}$之间的距离，具体定义为

$$B_\theta(\hat{\rho},\hat{\rho}_{k-1}) := \theta(\text{vec}(\hat{\rho})) - \theta(\text{vec}(\hat{\rho}_{k-1})) - \text{vec}(\hat{\rho} - \hat{\rho}_{k-1})^\dagger\nabla\theta(\text{vec}(\hat{\rho}_{k-1})) \tag{11.25}$$

我们通过引入 9.5 节中所设计的在线交替方向乘子法(OADM)来设计量子状态在线估计算法，针对一个具有可分离目标变量和线性约束条件的凸优化问题，OADM 的基本思想是充分利用原始问题的可分离特性将其分解为关于原始问题的两个子优化问题，然后逐次优化这两个子问题的拉格朗日函数从而实现对原始变量的更新，最后再利用梯度上升法更新拉格朗日乘子，进而得到原始优化问题的最优解。

本节中与 9.5 节中所提出的 QSE-OADM 不同之处在于：在拉格朗日函数中引入布雷格曼散度来计算估计值 $\hat{\rho}$ 与$k-1$ 时刻的估计值 $\hat{\rho}_{k-1}$之间的距离，并同时加上采用能够根据实际情况进行自动调节的自适应学习速率来进一步提高量子态重构精度，加速量子系统的在线估计的速度，将计算复杂度降低到 $O(d^3)$。

为了将凸优化问题(11.24)转化为两个子优化问题，我们引入辅助变量 $\hat{e}$，此时，量子态在线估计问题可以转换为

$$\begin{cases} \underset{\hat{\rho},\hat{e}}{\text{minimize}} & \|\hat{\rho}\|_* + I_C(\hat{\rho}) + (1/\eta_k)B_\theta(\hat{\rho},\hat{\rho}_{k-1}) + (1/2\gamma)\|\hat{e}\|_2^2 \\ \text{s.t.} & A_k\text{vec}(\hat{\rho}) + \hat{e} = b_k \end{cases} \tag{11.26}$$

其中，$\gamma>0$ 为权重因子。

问题(11.26)的增广拉格朗日函数为

$$\begin{aligned} L_k(\hat{\rho},\hat{e},\lambda) := {} & \|\hat{\rho}\|_* + I_C(\hat{\rho}) + (1/\eta_k)B_\theta(\hat{\rho},\hat{\rho}_{k-1}) + (1/2\gamma)\|\hat{e}\|_2^2 \\ & + (\alpha/2)\|A_k\text{vec}(\hat{\rho}) + \hat{e} - b_k - \lambda/\alpha\|_2^2 \end{aligned} \tag{11.27}$$

其中，$\alpha>0$ 为惩罚参数，λ 为拉格朗日乘子。

通过将优化问题(11.27)引入 OADM 框架，可以将量子态在线估计问题分解成两个

小的子问题，其中，k 代表的是连续弱测量和状态估计过程中的采样时刻。为了设计出一种适用于实时实现的简约计算方法，我们对式(11.27)分别进行迭代处理。具体来说，在 k 时刻，首先通过固定 $\hat{e}\equiv\hat{e}_{k-1}$，$\lambda\equiv\lambda_{k-1}$来最小化变量 $\hat{\rho}$ 的增广拉格朗日函数$L_k(\hat{\rho}_k,\hat{e},\lambda_{k-1})$，然后通过固定 $\hat{\rho}\equiv\hat{\rho}_k$，$\lambda\equiv\lambda_{k-1}$来最小化变量 $\hat{e}$ 的增广拉格朗日函数 $L_k(\hat{\rho}_k,\hat{e},\lambda_{k-1})$，最后利用梯度上升法来更新拉格朗日乘子 λ。因而，待估计的密度矩阵 $\hat{\rho}$、辅助变量 $\hat{e}$ 和拉格朗日乘子λ 的求解公式分别为

$$\begin{cases}\hat{\rho}_k = \arg\min\limits_{\hat{\rho}}\{\|\hat{\rho}\|_* + I_C(\hat{\rho}) + (1/\eta_k)B_\theta(\hat{\rho},\hat{\rho}_{k-1}) \\ \qquad + (\alpha/2)\|A_k\mathrm{vec}(\hat{\rho}) + \hat{e}_{k-1} - b_k - \lambda_{k-1}/\alpha\|_2^2\} & (11.28\text{a}) \\ \hat{e}_k = \arg\min\limits_{\hat{e}}\{(1/2\gamma)\|\hat{e}\|_2^2 \\ \qquad + (\alpha/2)\|A_k\mathrm{vec}(\hat{\rho}_k) + \hat{e} - b_k - \lambda_{k-1}/\alpha\|_2^2\} & (11.28\text{b}) \\ \lambda_k = \lambda_{k-1} - \alpha(A_k\mathrm{vec}(\hat{\rho}_k) + \hat{e}_k - b_k) & (11.28\text{c})\end{cases}$$

问题(11.28)的解决难度在于子问题(11.28a)和子问题(11.28b)的高计算复杂度，具体来说，子问题(11.28a)为最小化具有量子态约束的非光滑核范数加上最小二乘惩罚项与布雷格曼散度项之和，子问题(11.28b)为最小化非光滑核范数$\|\hat{\rho}\|_*$加上最小二乘惩罚项。当 $A_k^\dagger A_k$ 为对角矩阵时，子问题(11.28a)才有解析解，而在量子态估计问题中却不存在这种特殊情况，但是我们可以通过定义适当的布雷格曼发散项来简化密度矩阵子问题的求解。这里，我们给出一种用于更新式(11.28a)、式(11.28b)中优化变量 $\hat{\rho}$ 和 $\hat{e}$ 来求解子问题的高效方法，而拉格朗日乘子 λ 可以利用式(11.28c)直接进行更新。

子问题 $\hat{\rho}_k$：我们将凸散度函数定义为二次伪函数 $\theta(x):=\dfrac{1}{2}\|x\|_{P_k}^2=(1/2)x^\dagger P_k x$，其中，$x\in\mathbf{C}^{m\times1}$，$P_k\in\mathbf{C}^{m\times m}$表示任一对称正定权重矩阵。将 $\theta(x)$代入式(11.18)中，此时，布雷格曼散度项可以表示为

$$B_\theta(\hat{\rho},\hat{\rho}_{k-1}) = \frac{1}{2}\|\mathrm{vec}(\hat{\rho}-\hat{\rho}_{k-1})\|_{P_k}^2 \tag{11.29}$$

其中，定义 Bregman 散度项中的权重矩阵 P_k 为

$$P_k = I - \alpha\eta_k A_k^\dagger A_k \succ 0 \tag{11.30}$$

为了确保 P_k正定，对梯度步长进行自适应计算，即

$$\eta_k = \frac{1}{\alpha\lambda_{\max} + c} \tag{11.31}$$

其中，$\lambda_{\max}$为 $A_k^{\dagger}A_k$ 中的最大特征值，$c>0$ 为一个很小的常数。

此外，根据式(11.23)中采样矩阵 A_k 的定义可知，当 $k \geqslant l$ 时，$A_k \equiv (\mathrm{vec}(M_l), \mathrm{vec}(M_{l-1}), \cdots, \mathrm{vec}(M_1))^{\mathrm{T}}$为一个固定矩阵。因此，只需要对梯度步长 η_k 以及最大特征值$\lambda_{\max}$进行 l 次计算。

此时，将式(11.29)代入子问题(11.28a)可以约去二次项$(\alpha/2)\mathrm{vec}(\hat{\rho})^{\dagger}A_k^{\dagger}A_k\mathrm{vec}(\hat{\rho})$，这样就实现了对 $\hat{\rho}_{k-1}$的增广拉格朗日函数的最小二乘惩罚项进行一阶线性化处理的效果，而抵消后的剩余布雷格曼散度项为 $B_{\theta}(\hat{\rho}, \hat{\rho}_{k-1}) = (1/2)\|\mathrm{vec}(\hat{\rho}-\hat{\rho}_{k-1})\|_{l}^{2}$。另外，考虑到$\|\hat{\rho}\|_*$等于密度矩阵 $\hat{\rho}$ 的所有奇异值之和，而 $\mathrm{tr}(\hat{\rho})$ 等于密度矩阵的所有特征值之和。当约束条件 C 严格成立时，待估计的密度矩阵 $\hat{\rho}$ 为 Hermitian 矩阵，其特征值与奇异值相等，即有$\|\hat{\rho}\|_* = \mathrm{tr}(\hat{\rho}) = 1$。此时，$\hat{\rho}_k$ 的子问题等价于求解

$$\arg\min_{\hat{\rho}}\Big\{I_C(\hat{\rho}) + \langle \mathrm{vec}(\hat{\rho}-\hat{\rho}_{k-1}), \alpha A_k^{\dagger}(A_k\mathrm{vec}(\hat{\rho}_{k-1}) + \hat{e}_{k-1} - b_k - \lambda_{k-1}/\alpha)\rangle + \frac{1}{2\eta_k}\|\mathrm{vec}(\hat{\rho}-\hat{\rho}_{k-1})\|_{l}^{2}\Big\} \tag{11.32}$$

通过令

$$\mathrm{vec}(\tilde{\rho}_k) = \mathrm{vec}(\hat{\rho}_{k-1}) - \alpha\eta_k A_k^{\dagger}(A_k\mathrm{vec}(\hat{\rho}_{k-1}) + \hat{e}_{k-1} - b_k - \lambda_{k-1}/\alpha) \tag{11.33}$$

并合并与 $\mathrm{vec}(\hat{\rho}-\hat{\rho}_{k-1})$有关的项，则可以将密度矩阵 $\hat{\rho}_k$ 的子问题简化为

$$\begin{cases}\hat{\rho}_k = \arg\min\limits_{\hat{\rho}}\{\|\mathrm{vec}(\hat{\rho}-\tilde{\rho}_k)\|_{l}^{2}\} \\ \text{s.t.} \quad \hat{\rho} \geq 0, \mathrm{tr}(\hat{\rho}) = 1, \hat{\rho}^{\dagger} = \hat{\rho}\end{cases} \tag{11.34}$$

我们利用具有厄米特性的$(\tilde{\rho}_k + \tilde{\rho}_k^{\dagger})/2$ 来替换式(11.34)中的 $\hat{\rho}_k$，以满足约束条件$\hat{\rho}^{\dagger} = \hat{\rho}$，则子问题(11.28a)等价于求解如下的优化问题：

$$\begin{cases}\hat{\rho}_k = \arg\min\|\hat{\rho} - (\tilde{\rho}_k + \tilde{\rho}_k^{\dagger})/2\|_{\mathrm{F}}^{2} \\ \text{s.t.} \quad \hat{\rho} \geq 0, \mathrm{tr}(\hat{\rho}) = 1\end{cases} \tag{11.35}$$

其中，$\|\cdot\|_{\mathrm{F}}$ 为弗罗贝尼乌斯范数。

本质上，问题(11.35)属于非线性半定规划问题，有研究表明其具有闭式解，通常利用内点法进行求解，而我们则通过频谱分解的方法进行直接计算。将$(\tilde{\rho}_k + \tilde{\rho}_k^{\dagger})/2$ 进行特征值分解得到 $U\tilde{\Lambda}U^{\dagger}$，其中，$\tilde{\Lambda} = \mathrm{diag}\{a_1, \cdots, a_d\}$是按特征值递减顺序排列的对角矩阵，$\{a_i, i = 1, 2, \cdots, d\}$是$(\tilde{\rho}_k + \tilde{\rho}_k^{\dagger})/2$ 的特征值；$U \in \mathbf{C}^{d\times d}$ 为酉矩阵，则优化问题(11.35)

的最优解为

$$\hat{\rho}_k = U\widetilde{\Lambda}U^{\dagger} \tag{11.36}$$

其中，$\widetilde{\Lambda}=\mathrm{diag}\{x_1,\cdots,x_d\}$，$\{x_i\}_{i=1}^{d}$对应密度矩阵 $\hat{\rho}_k$ 的特征值。$\widetilde{\Lambda}$ 可以通过求解如下优化问题来得到

$$\begin{cases}\widetilde{\Lambda} = \arg\min_{\Lambda}\|\Lambda - \widetilde{\Lambda}\|_F^2 \\ \text{s.t. } \mathrm{tr}(\Lambda) = 1, \quad \Lambda \geq 0\end{cases} \tag{11.37}$$

其最优解为

$$x_i = \max\{a_i - \kappa, 0\}, \quad \forall i, i = 1,\cdots,d \tag{11.38}$$

其中，κ 为满足 $\sum_{i=1}^{d}\max\{a_i - \kappa, 0\} = 1$ 的最优值。

最优 κ 的求解方法如下：当 κ 最优时，一定有 $\sum_{i=1}^{d}x_i = \sum_{i=1}^{d}\max\{a_i - \kappa, 0\} = 1$ 成立，利用该等式，我们依次令 $\kappa = a_i, i = 1,\cdots,d$ 以确定κ 的最优区间。假设已知 κ 处于区间 $[a_q, a_{q+1}]$，$q = 1,\cdots,d$ 内，则可以得到 $a_q - \kappa \geqslant 0$ 和 $a_{q+1} - \kappa < 0$。因此，最优 κ 满足方程 $\sum_{i=1}^{q}(a_i - \kappa) = 1$，从而得到最优 κ 为

$$\kappa = \frac{\sum_{i=1}^{q}a_i - 1}{q} \tag{11.39}$$

子问题 $\hat{e}_k$：子问题(11.28b)是一个无约束的二次方程，可以通过 $\hat{e}$ 的一阶优化条件来直接计算得到。因此，$\hat{e}_k$ 的最优解为

$$\hat{e}_k = \frac{\gamma\alpha}{1+\gamma\alpha}\left(\frac{\lambda_{k-1}}{\alpha} - \mathcal{A}_k\mathrm{vec}(\hat{\rho}_k) + b_k\right) \tag{11.40}$$

基于状态在线估计的 QST-OADM 算法的求解过程如算法 11.1 所示。

算法 11.1　QST-OADM 算法

---

(1) 初始化变量：$\hat{\rho}_0, \hat{e}_0 = 0, \lambda_0 = 0$；参数 $\alpha, \gamma > 0$，滑动窗口长度 $l \in \mathbf{Z}$；

(2) For $k = 1, 2, \cdots$, do

(3) If $k \leqslant l$, then

(4) 根据测量值$\{y_i\}$构造测量序列 $b_k = [y_1, y_2, \cdots, y_k]^{\mathrm{T}}$；

(5) 根据式(11.31)计算梯度步长 $\eta_k = 1/(\alpha\lambda_{\max} + c)$;

(6) else

(7) $A_k = A_{k-1}, \eta_k = \eta_{k-1}$;

(8) End if

(9) 根据式(11.33)计算 $\widetilde{\rho}_k$,并对$(\widetilde{\rho}_k + \widetilde{\rho}_k^\dagger)/2$ 进行特征值分解得到 $U\widetilde{\Lambda}U^\dagger, \widetilde{\Lambda} = \mathrm{diag}\{a_1, \cdots, a_d\}$;

(10) 根据式(11.37)计算 $\widetilde{\Lambda} = \mathrm{diag}\{x_1, \cdots, x_2\}$;

(11) 根据式(11.36)计算 $\hat{\rho}_k = U\widetilde{\Lambda}U^\dagger$;

(12) 根据式(11.40)计算 $\hat{e}_k = \dfrac{\gamma\alpha}{1+\gamma\alpha}\left(\dfrac{\lambda_{k-1}}{\alpha} - A_k \mathrm{vec}(\hat{\rho}_k) + b_k\right)$;

(13) 根据式(11.28c)计算 $\lambda_k = \lambda_{k-1} - \alpha(A_k \mathrm{vec}(\hat{\rho}_k) + \hat{e}_k - b_k)$;

(14) End for

本节所提算法每次估计中,密度矩阵特征值分解的计算复杂度为 $O(d^3)$;$l \times d^2$ 矩阵与 d^2 向量乘积的计算复杂度为 $O(ld^2)$,所以总计算复杂度为 $O(d^3 + ld^2)$。值得注意的是,本节算法优化的本质是将没有解析解且计算复杂度高的量子状态密度矩阵子问题,分解为多步且每一步都具有计算量较小的显示解的方法求解。

11.1.3 QST-OADM 在线估计算法的收敛性证明

本节我们将在定理 11.2 中给出问题(11.26)的收敛条件,并且严格证明 QST-OADM 在线量子态估计算法的收敛性。

为了便于描述,定义三元变量 $u_k := (\hat{\rho}_k, \hat{e}_k, \hat{\lambda}_k)$ 为问题(11.26)在 k 采样时间的解,$u_* := (\hat{\rho}_*, \hat{e}_*, \hat{\lambda}_*)$ 为问题(11.26)的最优解。同时,定义一个矩阵多元组 $G := (P_k + \alpha A^\dagger A, \alpha I, I/\alpha)$,其中,$I$ 表示 $2^n \times 2^n$ 单位矩阵。对于三个矩阵多元组 $G = (H_1, H_2, H_3)$,$X = (x_1, x_2, x_3)$ 和 $Y = (y_1, y_2, y_3)$,定义积 $XGY = x_1 H_1 y_1 + x_2 H_2 y_2 + x_3 H_3 y_3$ 和范数 $\|X\|_G^2 := x_1^\dagger H_1 x_1 + x_2^\dagger H_2 x_2 + x_3^\dagger H_3 x_3$。

定理 11.2 对于含有量子态约束的凸优化问题(11.26),如果

$$\begin{cases} \alpha > 0 \\ P_k + \alpha \mathcal{A}^\dagger \mathcal{A} > 0 \\ 1 - \dfrac{1}{\zeta_2} > 0, \quad \zeta_1 + \zeta_2 < 1 \end{cases} \tag{11.41}$$

其中，ζ_1 和 ζ_2 为两个辅助变量。存在最优解 u_*，使得根据算法 1 中的 QST-OADM 在线估计算法生成的序列 $\{u_k\}$ 可以收敛到 u_*。

定理 11.2 证明的大致思想是：首先推导出 u_k 和最优解 u_* 之间的距离 $\|u_k - u_*\|_G^2$。然后证明了通过选择合适的参数可以将该距离缩小到一个充分小的值。最后，我们证明 u_k 的极限点是唯一的，并且它是问题(11.26)的最优解。

证明 假设采样时间 k 远远大于 l，则采样矩阵 A_k 和测量序列 b_k 保持不变，分别设为 A 和 b。根据凸优化理论，问题(11.26)的最优解满足

$$A\text{vec}(\hat{\rho}_*) + \hat{e}_* = b \tag{11.42}$$

和

$$(\hat{\rho}_*, \hat{e}_*) = \arg\min_{\hat{\rho},\hat{e}} L(\hat{\rho}, \hat{e}, \lambda_*) \tag{11.43}$$

式(11.42)和式(11.43)称为问题(11.26)的 KKT 条件。从式(11.43)中可以看出，优化变量 $\hat{\rho}$ 和 $\hat{e}$ 是可分离的。因此，对于 $\hat{\rho}$，最优估计状态 $\hat{\rho}_*$ 满足

$$\hat{\rho}_* = \arg\min_{\hat{\rho}\in C}(\|\hat{\rho}\|_* - \langle \lambda_*, A\text{vec}(\hat{\rho})\rangle) \tag{11.44}$$

其中，$\langle\cdot,\cdot\rangle$ 表示内积，满足 $\langle X, X'\rangle = \text{tr}(X^\dagger X')$。

由于 $\hat{\rho}$ 满足量子态约束 $C = \hat{\rho}\geq 0, \text{tr}(\hat{\rho}) = 1, \hat{\rho}^\dagger = \hat{\rho}$，因此有 $\|\hat{\rho}\|_* = \text{tr}(\hat{\rho}) = 1$。则式(11.44)可重写为 $\hat{\rho}_* = \arg\min_{\hat{\rho}\in \mathbf{C}} - \langle \lambda_*, A\text{vec}(\hat{\rho})\rangle \rho$，该问题的最优条件为 $\langle \text{vec}(\hat{\rho}_* - \hat{\rho}), A^\dagger(\lambda_*)\rangle \geqslant 0, \forall \hat{\rho}\in\mathbf{C}, \hat{\rho}_*\in\mathbf{C}$。因为 $\hat{\rho}_k\in\mathbf{C}$，则 $\hat{\rho}_*$，$\hat{\rho}_k$ 和 λ_* 满足不等式

$$\langle \text{vec}(\hat{\rho}_* - \hat{\rho}_k), A^\dagger(\lambda_*)\rangle \geqslant 0 \tag{11.45}$$

通过将式(11.29)中的布雷格曼散度和(11.28a)中的 $\hat{\rho}_k$ 结合，可以得到

$$\hat{\rho}_k = \arg\min_{\hat{\rho}}\left(\frac{\alpha}{2}\left\|A\text{vec}(\hat{\rho}) + \hat{e}_{k-1} - b - \frac{\lambda_{k-1}}{\alpha}\right\|_2^2 + \frac{1}{2\eta_k}\|\hat{\rho} - \hat{\rho}_k\|_{P_k}^2, \hat{\rho}\in\mathbf{C}\right) \tag{11.46}$$

式(11.46)的最优条件为

$$\left\langle \text{vec}(\hat{\rho} - \hat{\rho}_k), \alpha A^\dagger A\text{vec}(\hat{\rho}_k) + \hat{e}_{k-1} - b - \frac{\lambda_{k-1}}{\alpha} + P_k\text{vec}(\hat{\rho}_k - \hat{\rho}_{k-1})\right\rangle \geqslant 0, \quad \forall \hat{\rho}\in\mathbf{C} \tag{11.47a}$$

由于 $\hat{\rho}_*\in\mathbf{C}$，用 $\hat{\rho}_*$ 代替式(11.47a)中的 $\hat{\rho}$，则关于 $\hat{\rho}_*$ 的最优条件为

$$\left\langle \text{vec}(\hat{\rho}_* - \hat{\rho}_k), \alpha A^\dagger A\text{vec}(\hat{\rho}_k) + \hat{e}_{k-1} - b - \frac{\lambda_{k-1}}{\alpha} + P_k\text{vec}(\hat{\rho}_k - \hat{\rho}_{k-1})\right\rangle \geqslant 0 \tag{11.47b}$$

将上述最优条件(11.45)和(11.47b)相加，并代入 λ 的更新公式(11.28c)来消除 λ_{k-1}，则可以得到不等式：

$$\langle \mathrm{vec}(\hat{\rho}_k - \hat{\rho}_*), \lambda_k - \lambda_* - \alpha(\hat{e}_k - \hat{e}_{k-1}) + \mathrm{vec}(\hat{\rho}_* - \hat{\rho}_k) + P_k \mathrm{vec}(\hat{\rho}_{k-1} - \hat{\rho}_k)\rangle \geqslant 0 \tag{11.48}$$

同样，式(11.43)中关于 $\hat{e}$ 的 KKT 条件为

$$\hat{e}_* = \arg\min_{\hat{e}}\left(\frac{1}{2\gamma}\|\hat{e}\|_2^2 - \langle \lambda_*, \hat{e}\rangle\right) \tag{11.49a}$$

式(11.48)的最优条件为

$$\frac{1}{\gamma}\hat{e}_* = \lambda_* \tag{11.49b}$$

将 $\hat{e}$ 的更新公式(11.40)和式(11.49b)相减，并代入 λ 的更新公式(11.28c)来消除 λ_{k-1}，则可以得到不等式：

$$\frac{1}{\gamma}(\hat{e}_k - \hat{e}_*) = \lambda_k - \lambda_* - \alpha A \mathrm{vec}(\hat{\rho}_{k-1} - \hat{\rho}_k) \tag{11.50}$$

将式(11.50)的两边同时乘以 $\hat{e}_k - \hat{e}_*$，可得到以下关于 $\hat{e}_*$ 和 λ_* 的不等式：

$$\langle (\hat{e}_k - \hat{e}_*), \lambda_k - \lambda_* - \alpha A \cdot \mathrm{vec}(\hat{\rho}_{k-1} - \hat{\rho}_k)\rangle = \frac{1}{\gamma}\|\hat{e}_k - \hat{e}_*\|_2^2 \geqslant 0 \tag{11.51}$$

将上述两个不等式(11.48)和(11.51)相加，可计算得到最优解 $u_* := (\hat{\rho}_*, \hat{e}_*, \hat{\lambda}_*)$ 满足以下不等式：

$$\begin{aligned}
&\langle A\mathrm{vec}(\hat{\rho}_* - \hat{\rho}_k) + (\hat{e}_k - \hat{e}_*), \lambda_k - \lambda_*\rangle \\
&\quad + \mathrm{vec}(\hat{\rho}_k - \hat{\rho}_*)^\dagger (P_k + \alpha A^\dagger A)\mathrm{vec}(\hat{\rho}_{k-1} - \hat{\rho}_k) \\
&\quad + \alpha(\hat{e}_k - \hat{e}_*)^\dagger(\hat{e}_k - \hat{e}_{k-1}) \\
&\geqslant \alpha\langle A\mathrm{vec}(\hat{\rho}_k - \hat{\rho}_*) + (\hat{e}_k - \hat{e}_*), A\mathrm{vec}(\hat{\rho}_{k-1} - \hat{\rho}_k) + (\hat{e}_{k-1} - \hat{e}_k)\rangle
\end{aligned} \tag{11.52}$$

根据 λ 的更新公式(11.28c)和问题(11.26)的 KKT 条件(11.49a)，不等式 $A\mathrm{vec}(\hat{\rho}_k - \hat{\rho}_*) + (\hat{e}_k - \hat{e}_*) = \frac{1}{\alpha}(\lambda_{k-1} - \lambda_k)$成立。则式(11.52)可重写为

$$\begin{aligned}
&\langle (1/\alpha)(\lambda_{k-1} - \lambda_k), (\lambda_k - \lambda_*)\rangle + A\mathrm{vec}(\hat{\rho}_k - \hat{\rho}_*)^\dagger (P_k + \alpha A^\dagger A)\mathrm{vec}(\hat{\rho}_{k-1} - \hat{\rho}_k) \\
&\quad + \alpha(\hat{e}_k - \hat{e}_*)^\dagger(\hat{e}_k - \hat{e}_{k-1}) = (u_{k-1} - u_k)^\dagger G(u_k - u_*) \\
&\geqslant (\lambda_{k-1} - \lambda_k)^\dagger (A\mathrm{vec}(\hat{\rho}_k - \hat{\rho}_*) + (\hat{e}_k - \hat{e}_*))
\end{aligned} \tag{11.53}$$

将等式 $\|u_{k-1} - u_k\|_G^2 - \|u_k - u_*\|_G^2 = 2(u_{k-1} - u_k)^\dagger G(u_k - u_*)$ 代入式(11.53)中，并根据 Cauchy Schwarz 不等式可以得到

$$
\begin{aligned}
&\| u_{k-1} - u_k \|_G^2 - \| u_k - u_* \|_G^2 \\
&\quad \geqslant (\lambda_{k-1} - \lambda_k)^\dagger [A\mathrm{vec}(\hat{\rho}_{k-1} - \hat{\rho}_k) + (\hat{e}_{k-1} - \hat{e}_k)] + \| u_{k-1} - u_k \|_G^2 \\
&\quad \geqslant -\frac{\zeta_1 + \zeta_2}{\alpha} \| \lambda_{k-1} - \lambda_k \|_2^2 - \frac{\alpha}{\zeta_1} \| A\mathrm{vec}(\hat{\rho}_{k-1} - \hat{\rho}_k) \|_2^2 \\
&\qquad - \frac{\alpha}{\zeta_2} \| A\mathrm{vec}(\hat{e}_{k-1} - \hat{e}_k) \|_2^2 + \| u_{k-1} - u_k \|_G^2 \\
&\quad = \frac{1 - \zeta_1 - \zeta_2}{\alpha} \| \lambda_{k-1} - \lambda_k \|_2^2 \\
&\qquad + \mathrm{vec}(\hat{\rho}_{k-1} - \hat{\rho}_k)^\dagger \left[P_k + \alpha \left(1 - \frac{1}{\zeta_1} \right) A^\dagger A \right] \mathrm{vec}(\hat{\rho}_{k-1} - \hat{\rho}_k) \\
&\qquad + \mathrm{vec}(\hat{e}_{k-1} - \hat{e}_k)^\dagger \left[\alpha \left(1 - \frac{1}{\zeta_2} \right) I \right] \mathrm{vec}(\hat{e}_{k-1} - \hat{e}_k) \\
&\quad \geqslant \mu \| u_{k-1} - u_k \|_G^2
\end{aligned}
\tag{11.54}
$$

式(11.41)中的条件可以保证$\left[P_k + \alpha \left(1 - \frac{1}{\zeta_1} \right) A^\dagger A \right] > 0$, $\left[\alpha \left(1 - \frac{1}{\zeta_2} \right) I \right] > 0$ 和 $\frac{1 - \zeta_1 - \zeta_2}{\alpha} > 0$。因此,存在一个常数 $\mu > 0$ 使得式(11.54)成立。

根据式(11.54)中结果的非负性,可以得出结论:

(1) $\| u_k - u_* \|_G^2$ 是单调递减,从而收敛于非负常数。

(2) $\| u_{k-1} - u_k \|_G^2 \to 0$。

(3) $\{ u_k \}$在紧致域内。

由(2)可以得出当 $k \to \infty$ 时,$\hat{\rho}_{k-1} - \hat{\rho}_k \to 0$,$\hat{e}_{k-1} - \hat{e}_k \to 0$,以及 $\lambda_{k-1} - \lambda_k \to 0$。根据式(11.28c)中的更新公式,有 $A\mathrm{vec}(\hat{\rho}_k) + \hat{e}_k - b \to 0$。根据(3)可知:$u_k$ 包含一个子序列$\{ u_{k_j} \}$,可以收敛到$\{ u_k \}$的一个极限点 $\bar{u} = (\bar{\rho}, \bar{e}, \bar{\lambda})$,其中 $A\mathrm{vec}(\bar{\rho}) + \bar{e} = b$ 且 $\bar{\rho} \in \mathbf{C}$。下面我们证明极限点 $\bar{u} = (\bar{\rho}, \bar{e}, \bar{\lambda})$是问题(11.26) 的最优解。

将式(11.50)中的$(\hat{\rho}_k, \hat{e}_k, \hat{\lambda}_k)$和$(\hat{\rho}_{k+1}, \hat{e}_{k+1}, \hat{\lambda}_{k+1})$替换为 $(\bar{\rho}, \bar{e}, \bar{\lambda})$,并利用已知 $A\mathrm{vec}(\bar{\rho}) + \bar{e} = b$,可以得到

$$
A\mathrm{vec}(\bar{\rho} - \hat{\rho}), A^\dagger(\bar{\lambda}) \geqslant 0, \quad \forall \hat{\rho} \in \mathbf{C} \tag{11.55}
$$

同样,式(11.50)意味着

$$
\frac{1}{\gamma} \bar{e} = \bar{\lambda} \tag{11.56}
$$

根据已知 $A\mathrm{vec}(\bar{\rho}) + \bar{e} = b$,式(11.55)和式(11.56)意味着 $\bar{u}$ 满足问题(11.26)的

KKT 条件，表明 $\bar{u}$ 是问题(11.26)的最优解。

接下来，我们需要证明$\{u_k\}$ 有且仅有一个极限点。

令 $\bar{u}_1=(\bar{\rho}_1,\bar{e}_1,\bar{\lambda}_1)$ 和 $\bar{u}_2=(\bar{\rho}_2,\bar{e}_2,\bar{\lambda}_2)$ 为任意两个极限点，则根据(1)，存在 $\lim\limits_{k\to\infty}\|u_k-\bar{u}_1\|_G^2=v_i,i=1,2$，其中 v_1 和 v_2 为两个非负常数。利用等式 $\|u_k-\bar{u}_1\|_G^2-\|u_k-\bar{u}_2\|_G^2=-2\langle u_k,\bar{u}_1-\bar{u}_2\rangle_G+\|\bar{u}_1\|_G^2-\|\bar{u}_2\|_G^2$，分别取极限 $u_k\to\bar{u}_1$ 和 $u_k\to\bar{u}_2$，其中 $\langle X,X'\rangle_G=\langle X,GX'\rangle=\mathrm{tr}(X^\dagger GX')$，则以下两个等式成立：

$$v_1-v_2=-2\langle\bar{u}_1,\bar{u}_1-\bar{u}_2\rangle_G+\|\bar{u}_1\|_G^2-\|\bar{u}_2\|_G^2=\|\bar{u}_1-\bar{u}_2\|_G^2 \tag{11.57}$$

$$v_1-v_2=-2\langle\bar{u}_2,\bar{u}_1-\bar{u}_2\rangle_G+\|\bar{u}_1\|_G^2-\|\bar{u}_2\|_G^2=\|\bar{u}_1-\bar{u}_2\|_G^2 \tag{11.58}$$

因此，可以得到 $\|\bar{u}_1-\bar{u}_2\|_G^2=0$，这表明了$\{u_k\}$的极限点是唯一的。证明完毕。

11.1.4 随机马尔可夫开放量子系统状态反馈控制场的设计

在本小节中，我们基于在线估计状态设计状态反馈控制场，进行马尔可夫开放量子系统的状态转移，并基于李雅普诺夫稳定性定理给出闭环控制系统的渐近稳定性的理论证明，主要结果为定理 11.3。

定理 11.3 对于开放量子系统的动力学方程(11.1)：

$$\begin{aligned}\rho(t+\mathrm{d}t)-\rho(t)=&-\mathrm{i}/\hbar[H(t),\rho(t)]\mathrm{d}t\\&+\left[L\rho(t)L^\dagger-\left(\frac{1}{2}L^\dagger L\rho(t)+\frac{1}{2}\rho(t)L^\dagger L\right)\right]\mathrm{d}t\\&+\sqrt{\eta}(L\rho(t)+\rho(t)L^\dagger)\mathrm{d}W\end{aligned}$$

系统的实时估计状态为 $\hat{\rho}_t$，当估计状态 $\hat{\rho}_t$ 足够逼近 ρ_t 时，认为其演化过程同样满足系统动力学方程，期望目标态为 ρ_f，定义：$T_1=\mathrm{tr}((\mathrm{i}[H_1,\hat{\rho}_t])(\hat{\rho}_t-\rho_f))$，$T_2=\mathrm{tr}((\mathrm{i}[H_2,\hat{\rho}_t])(\hat{\rho}_t-\rho_f))$，$C=\mathrm{tr}((D[L,\hat{\rho}_t+B[L,\hat{\rho}_t]-\mathrm{i}[H_0,\hat{\rho}_t])(\hat{\rho}_t-\rho_f))$，其中，$H_1=\sigma_x$，$H_2=\sigma_y$，$D[L,\hat{\rho}_t]=\left[L\hat{\rho}_tL^\dagger-\left(\frac{1}{2}L^\dagger L\hat{\rho}_t+\frac{1}{2}\hat{\rho}_tL^\dagger L\right)\right]\mathrm{d}t$，$B[L,\hat{\rho}_t]=\sqrt{\eta}(L\hat{\rho}_t+\hat{\rho}_tL^\dagger)$，给定控制参数 $g_1,g_2>0$，阈值变量 $\delta>0$，则量子系统的状态反馈控制场为

$$U(t)=\begin{cases}U_1(t)=-C/T_1,U_2(t)=-g_2\cdot T_2, & |T_1|\geqslant\delta\\U_1(t)=-g_1\cdot T_1,U_2(t)=-C/T_2, & |T_1|<\delta,|T_1|\geqslant\delta\end{cases} \tag{11.59}$$

证明 我们基于李雅普诺夫稳定性定理对所设计的状态反馈控制场进行理论证明。

利用量子李雅普诺夫控制方法设计反馈控制场的关键在于构造一个合适的李雅普诺夫函数 $V\geqslant 0$，使其在定义域内连续同时其一阶导数也在定义域内连续，并满足 $V'<0$。该控制方法的核心思想是：根据量子系统的在线估计状态，首先设计某个方向的控制作用来消除系统漂移项 C，然后施加另一个方向的控制作用来使 $V<0$ 成立，并进行状态转移。由于在所设计的状态反馈控制场中存在分数表达式，在计算过程中可能会引起奇异性的产生，即当 $|T_1|=0$ 且 $|T_2|=0$ 时，$V'=C$，而漂移项 C 的符号可正可负，无法满足 $V<0$ 的控制条件，此时的量子李雅普诺夫控制方法将不再适用。因此，我们在状态反馈控制场的设计过程中加入了一个足够小的阈值变量 $\delta>0$ 来避免该现象的发生。通过判断参数 T_j，$j=1,2$ 与阈值变量 δ 的大小关系，可将其分为三种情况：① $|T_1|\geqslant\delta$；② $|T_1|<\delta$，$|T_2|\geqslant\delta$；③ $|T_1|<\delta$，$|T_2|<\delta$，并逐一展开证明。

（1）当 $|T_1|\geqslant\delta$ 时，此时有 $|T_2|<\delta$ 或 $|T_2|\geqslant\delta$：

在量子态实时在线估计的基础上，选取基于状态距离的李雅普诺夫函数为

$$V=\frac{1}{2}\mathrm{tr}((\hat{\rho}_t-\rho_f)^2)\geqslant 0 \tag{11.60}$$

对李雅普诺夫函数 V 求时间的一阶导数，并代入系统状态的动力学方程，可得

$$\begin{aligned}\dot{V}&=\mathrm{tr}(\hat{\rho}_t(\hat{\rho}_t-\rho_f))\\&=\sum_{j=1}^{2}U_j(t)\mathrm{tr}(\mathrm{i}[H_j,\hat{\rho}_t])(\hat{\rho}_t-\rho_f))\\&\quad+\mathrm{tr}((D[L,\hat{\rho}_t+B[L,\hat{\rho}_t]-\mathrm{i}[H_0,\hat{\rho}_t])(\hat{\rho}_t-\rho_f))\end{aligned} \tag{11.61}$$

令

$$T_1=\mathrm{tr}((\mathrm{i}[H_1,\hat{\rho}_t])(\hat{\rho}_t-\rho_f)),\quad T_2=\mathrm{tr}((\mathrm{i}[H_2,\hat{\rho}_t])(\hat{\rho}_t-\rho_f))$$
$$C=\mathrm{tr}((D[L,\hat{\rho}_t]+B[L,\hat{\rho}_t]-\mathrm{i}[H_0,\hat{\rho}_t])(\hat{\rho}_t-\rho_f))$$

并代入式(11.59)中，此时的状态反馈控制场为：$U_t(t)=\begin{bmatrix}U_1(t)\\U_2(t)\end{bmatrix}=\begin{bmatrix}-C/T_1\\-g_2\cdot T_2\end{bmatrix}$，整理式(11.61)可以得到

$$\begin{aligned}\dot{V}&=U_1(t)\cdot T_1+U_2(t)\cdot T_2+C\\&=-(C/T_1)T_1-g_2\cdot T_2\cdot T_2+C\\&=-g_2\cdot T_2^2\end{aligned} \tag{11.62}$$

由于 $|T_2|>0$，$g_2>0$，故有 $V<0$ 成立，因此，被控系统是渐近稳定的。此时，x 方向上的控制作用 $U_1(t)=-C/T_1$ 用来抵消漂移项，y 方向上的控制作用 $U_2(t)=-g_2\cdot T_2$ 用来实现量子系统的状态转移控制。

(2) 当 $|T_1|<\delta$, $|T_2|\geqslant\delta$ 时：

将控制场 $UU_t=\begin{bmatrix}U_1\\U_2\end{bmatrix}=\begin{bmatrix}-g_1\cdot T_1\\-C/T_2\end{bmatrix}$代入式(11.86)可得

$$\begin{aligned}\dot{V}&=U_1(t)\cdot T_1+U_2(t)\cdot T_2+C\\&=-g_1\cdot T_1\cdot T_1-(C/T_2)\cdot T_2+C\\&=-g_1\cdot T_1^2\end{aligned}\tag{11.63}$$

由于 $0<|T_1|<\delta$, $g_1>0$，同样满足 $V'<0$，仍可以保证被控系统是渐近稳定的。此时，y 方向上的控制作用 $U_2(t)=-C/T_2$ 用来抵消漂移项，x 方向上的控制作用 $U_1(t)=-g_1\cdot T_1$用来实现该系统的状态转移控制。

(3) 当 $|T_1|<\delta$, $|T_2|<\delta$ 时：

计算 Lyapunov 函数 V 的状态，若有 $V\leqslant\varepsilon_0$(ε_0 为设定的转移误差控制精度)成立，则认为控制目标实现，被控系统状态已经从初态转移至期望目标态，否则重新调整控制参数 g_1和 g_2 的值，继续进行反馈控制，直至实现控制目标。

基于在线估计状态和李雅普诺夫稳定性定理设计的状态反馈控制场的流程图如图 11.2 所示，其中，执行虚线箭头部分的条件为：

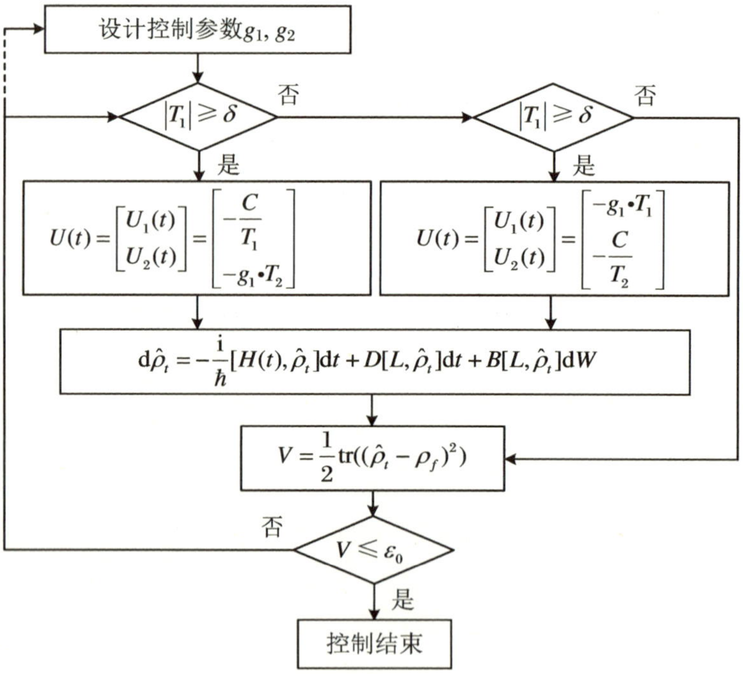

图 11.2　状态反馈控制场的设计流程图

(1) 当 $|T_1|<\delta$，$|T_2|<\delta$ 同时成立时，且当前时刻的系统转移误差不在控制精度 ε_0 的允许范围内。

(2) 当利用所设计控制场无法实现控制目标时，此时需要重新调整控制参数 g_1 和 g_2 的值。

11.1.5 数值仿真实验及其结果分析

在本小节中，我们基于 MATLAB 仿真平台对所提出的量子态在线估计算法以及基于在线估计状态的状态反馈控制场进行实验研究。针对具有退相干效应、系统噪声以及测量过程中的高斯干扰的单比特开放量子系统，主要进行三部分仿真实验：

(1) 研究不同滑动窗口长度对状态在线估计性能的影响，并通过对比实验确定合适的滑动窗口长度取值。

(2) 研究不同测量算符初始值对状态在线估计性能的影响，并通过对比实验确定当初始测量算符设置为 Stokes 算符时的最佳测量算符初始值。

(3) 研究不同的初始状态估计值对量子系统状态转移性能的影响，并通过对比实验分析确定较为合适的初始估计状态。

在数值仿真实验中，单比特开放量子系统初态设置为：$\rho_0=\left[\frac{3}{4}\ \ -\frac{\sqrt{3}}{4};-\frac{\sqrt{3}}{4}\ \ \frac{1}{4}\right]$。系统参数为：$\Delta t=0.05$，$\xi=0.2$，$L=\xi\sigma_z$，随机噪声 $\mathrm{d}W=0.02\ \mathrm{rand}\ n\ (2,2)$，测量效率 $\eta=0.5$，高斯噪声 SNR = 60 dB，采样总次数 $N=100$；当系统进行自由演化时的系统总哈密顿量为：$H=H_0+u_c\cdot H_c$，其中，$H_0=\sigma_z$，$u_c=2$，$H_c=\sigma_x$；当系统进行状态转移时的系统总哈密顿量为：$H(t)=H_0+\sum_{j=1}^{2}u_j(t)H_j$，其中，$H_1=\sigma_x$，$H_2=\sigma_y$，$U_j(t)$ 为定理 11.2 中所设计的状态反馈控制场。QST-ADMM 在线估计算法的参数为：$\alpha=5$，$\gamma=0.1$，$\tau=10$。我们仍采用保真度来衡量系统状态在线估计的效果，离散时间下保真度公式定义为

$$\mathrm{fidelity}(k)=\mathrm{tr}\left(\sqrt{\sqrt{\hat{\rho}_k}\ \rho_k\sqrt{\hat{\rho}_k}}\right) \tag{11.64}$$

其中，ρ_k 为采样时刻 k 时系统的真实状态密度矩阵，$\hat{\rho}_k$ 为其对应的估计状态。

11.1.5.1 滑动窗口长度对状态估计性能的影响

本小节我们基于所提出的 QST-ADMM 在线估计算法,研究滑动窗口长度 l 对状态在线估计性能的影响。该实验下的其他参数设置为:系统初态估计值 $\hat{\rho}_0=[0.5\ -0.5;\ -0.5\ 0.5]$,初始测量算符的确定选用 Stokes 算符,有:$\mu_1=|H\rangle\langle H|+|V\rangle\langle V|$,$\mu_2=|H\rangle\langle H|$,$\mu_3=|D\rangle\langle D|$,$\mu_4=|R\rangle\langle R|$,其中,$|H\rangle\equiv|0\rangle=[1\ 0]$,$|V\rangle\equiv|1\rangle=[0\ 1]$,$|D\rangle\equiv(|H\rangle+|V\rangle)/\sqrt{2}$,$|R\rangle\equiv(|H\rangle+\mathrm{i}|V\rangle)/\sqrt{2}$,并取初始值 $M_0=\mu_4$。

图 11.3 为实验结果曲线,其中,图 11.3(a)为当滑动窗口长度分别取 $l=4,8,12,16$ 时的系统保真度曲线,图 11.3(b)为 $l=12$ 时 Bloch 球上的系统状态演化轨迹,其中,红色“o”对应系统真实初态 ρ_0,蓝色“$*$”对应估计初态 $\hat{\rho}_0$,红色实线对应系统进行自由演化时的真实状态轨迹,蓝色虚线对应在线估计状态的变化轨迹。

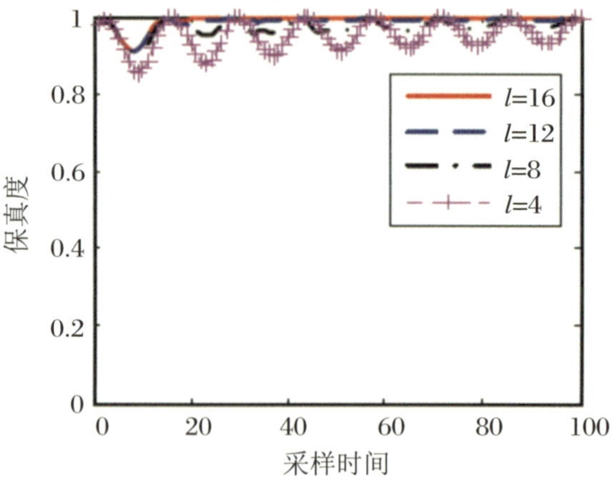

(a) 不同l下的保真度曲线

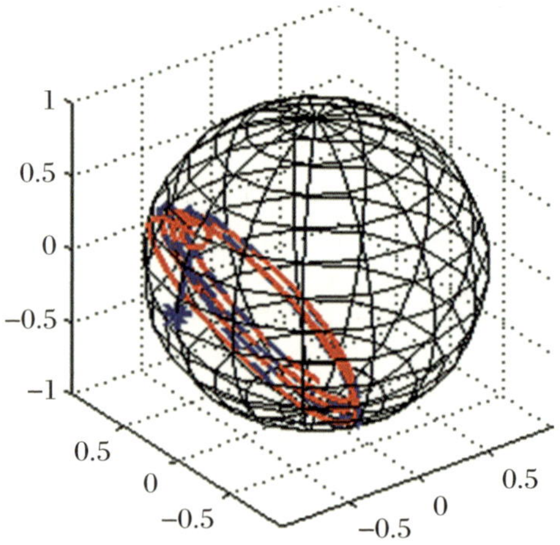

(b) l=12时的系统状态演化轨迹

图 11.3 不同 l 下的状态在线估计实验结果

从图 11.3 中可以看出:

(1) 系统在外加恒定磁场下进行自由演化,由于外界环境的作用,具有噪声的开放量子系统在进行状态自由演化时,其系统状态会逐渐塌缩至最大混合态。

(2) 当滑动窗口长度取不同的值时,本节所提出的基于 QST-ADMM 的在线估计算法具有不同的估计精度。当 $l=4$ 时,在线估计的保真度在 85%~99%之间来回震荡,无法精确估计系统状态;当 $l=8$ 时,在线估计的保真度在 12 次演化后达到 95.2%,但在之后时刻,同样出现了较弱的上下抖动的不稳定现象,观察每个采样时刻 k 的状态密度矩

阵 ρ_k 和 $\hat{\rho}_k$ 发现，两者具有较大差距；当 $l=12$ 时，在线估计的保真度在 12 次演化后达到 99%，且在之后时刻几乎不变，并且对照图 11.3(b)可以看出，蓝色虚线所对应的在线估计状态轨迹与红色实线所对应的真实状态轨迹在 12 次演化后几乎重合；当 $l=16$ 时，在线估计的保真度在 12 次演化后达到 99%，且其保真度曲线与 $l=12$ 时的保真度曲线几乎重合。

因此，我们可以得出：当滑动窗口长度取 $l=12$ 时，可以对该初始参数下的量子系统进行高精度且稳定的在线估计，其估计精度可以达到 99%。

11.1.5.2　测量算符初始值对状态估计性能的影响

在本实验中，我们基于所提出的 OPG-ADMM 在线估计算法，研究测量算符初始值 M_0 对状态在线估计性能的影响。该实验下的其他参数设置为：系统初态估计值 $\hat{\rho}_0=[0.5\ \ -0.5;\ -0.5\ \ 0.5]$，滑动窗口长度 $l=12$。图 11.4 为实验结果曲线，其中，图 11.4(a)为当测量算符初始值分别取 $M_0=\mu_1,\mu_2,\mu_3,\mu_4$时的系统保真度曲线，图 11.4(b)为对应的 Bloch 球上的系统演化轨迹，其中，红色“－”线对应系统进行自由演化时的变化轨迹，黑色“┈┈”线、青色“—+—”线、紫色“－－”线、蓝色“-+-+”分别对应 $M_0=\mu_1,\mu_2,\mu_3,\mu_4$时的在线估计状态的变化轨迹。

从图 11.4 中可以看出：

(1) 当测量算符初始值为 $M_0=\mu_1$时，在线估计的保真度在 74%～95%之间来回震荡，而图 11.4(b)中并无对应的估计状态轨迹，说明利用该初始值无法实现量子系统的状态估计。

(2) 当测量算符初始值为 $M_0=\mu_2$ 时，在线估计状态的保真度在 90%～99%之间上下浮动，但图 11.4(b)中的在线估计状态的演化轨迹与真实状态演化轨迹之间存在较大差异，无法准确估计系统状态。

(3) 当测量算符初始值为 $M_0=\mu_3$时，在线估计状态的保真度在 85%～95%之间上下震荡，保真度曲线抖动现象更为明显，而在线估计状态演化轨迹与真实状态演化轨迹之间的差异性更大，几乎无法进行状态在线估计。

(4) 当测量算符初始值为 $M_0=\mu_4$时，在线估计状态的保真度在 12 次演化后达到 99%，并且在之后时刻保持不变，对应图 11.4(b)中的演化轨迹可以看出，量子系统的在线估计状态与其真实状态几乎重合，可以实现状态的稳定估计。

因此，我们可以得出，当利用斯托克斯算符中的 μ_4 作为测量算符的初始值对量子系统进行连续弱测量时，可以获得足够多且有效的测量信息来进行状态重构，高精度地实现了量子系统的状态在线估计。

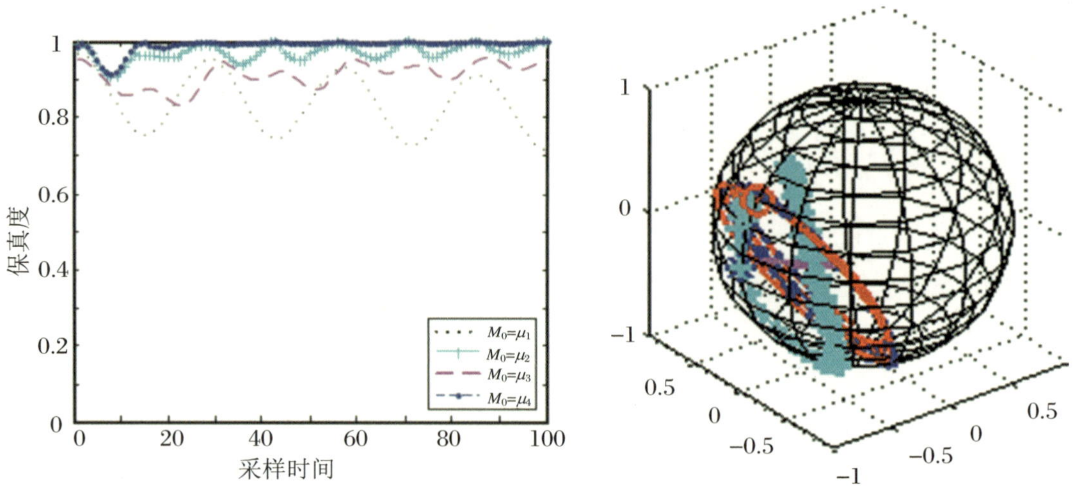

(a) 不同M_0下的保真度曲线 (b) l=12时的系统状态演化轨迹

图 11.4 不同 M_0 下的状态在线估计实验结果

11.1.5.3 系统初始状态估计值对状态转移性能的影响

在本实验中，我们基于所提出的 QST-ADMM 在线估计算法以及所设计的状态反馈控制场，研究估计状态初始值 $\hat{\rho}_0$ 对状态转移性能的影响。该实验下的其他参数设置为：状态转移目标态 $\rho_f=[0\ 0;0\ 1]$，测量算符初始值 $M_0=\mu_4$，滑动窗口长度 $l=12$，期望转移误差为 $\varepsilon_0=0.005$。图 11.5 为实验结果曲线，其中，(1)(2)中的系列图为当估计状态初始值分别取本征态 $\hat{\rho}_0=[1\ 0;0\ 0]$，以及叠加态 $\hat{\rho}_0=[0.5\ -0.5;-0.5\ 0.5]$ 时的实验结果，分别对应：图 11.5(a)和图 11.5(e)为 Bloch 球上的状态转移轨迹，其中，红色"o"表示系统真实初态 ρ_0，蓝色"$*$"表示系统估计初态 $\hat{\rho}_0$，绿色"o"表示系统目标态 ρ_f，红色实线表示真实状态转移轨迹，蓝色虚线表示在线估计状态转移轨迹；图 11.5(b)和图 11.5(f)为估计状态密度矩阵 $\hat{\rho}_k$ 中的每个元素的变化曲线；图 11.5(c)和图 11.5(g)为状态转移控制场曲线，其中，红色实线表示控制场 $U_1(K)$的变化曲线，蓝色虚线表示控制场 $U_2(k)$的变化曲线，$g_1=5$，$g_2=3$ 为经过多次调试后的最佳控制参数；图 11.5(d)和图 11.5(h)为李雅普诺夫函数变化曲线，可用来表示状态转移误差的变化，即在数值上有 $V_k=\varepsilon_k$。

由图 11.5 中可以看出：

(1) 当系统估计状态初始值为本征态 $\hat{\rho}_0=[1\ 0;0\ 0]$时，状态在线估计的保真度在 12 次演化后达到 99.5%，真实状态轨迹与估计状态轨迹几乎重合，而系统状态转移误差在 65 次演化后达到 0.5%，此时的估计状态密度矩阵 $\hat{\rho}_k$ 中的各元素与目标态 ρ_f 中的各元素几乎一致，系统状态转移至目标态。

(2) 当系统估计状态初始值为叠加态 $\hat{\rho}_0 = [0.5\ -0.5;\ -0.5\ 0.5]$ 时，状态在线估计的保真度在 6 次演化后达到 99.5%，而系统状态转移误差在 16 次演化后即达到 0.5%，此时，估计状态 $\hat{\rho}_k$ 与目标态 ρ_f 相同，且在之后时刻始终保持不变。因此，我们可以得出：当系统估计状态初始值选择为本征态时，系统状态转移的过渡过程较长；而当估计状态初始值选择为叠加态时，状态转移在 20 次采样时刻左右即可以转移到目标态，过渡过程较短，且在线估计精度和转移误差精度较高。

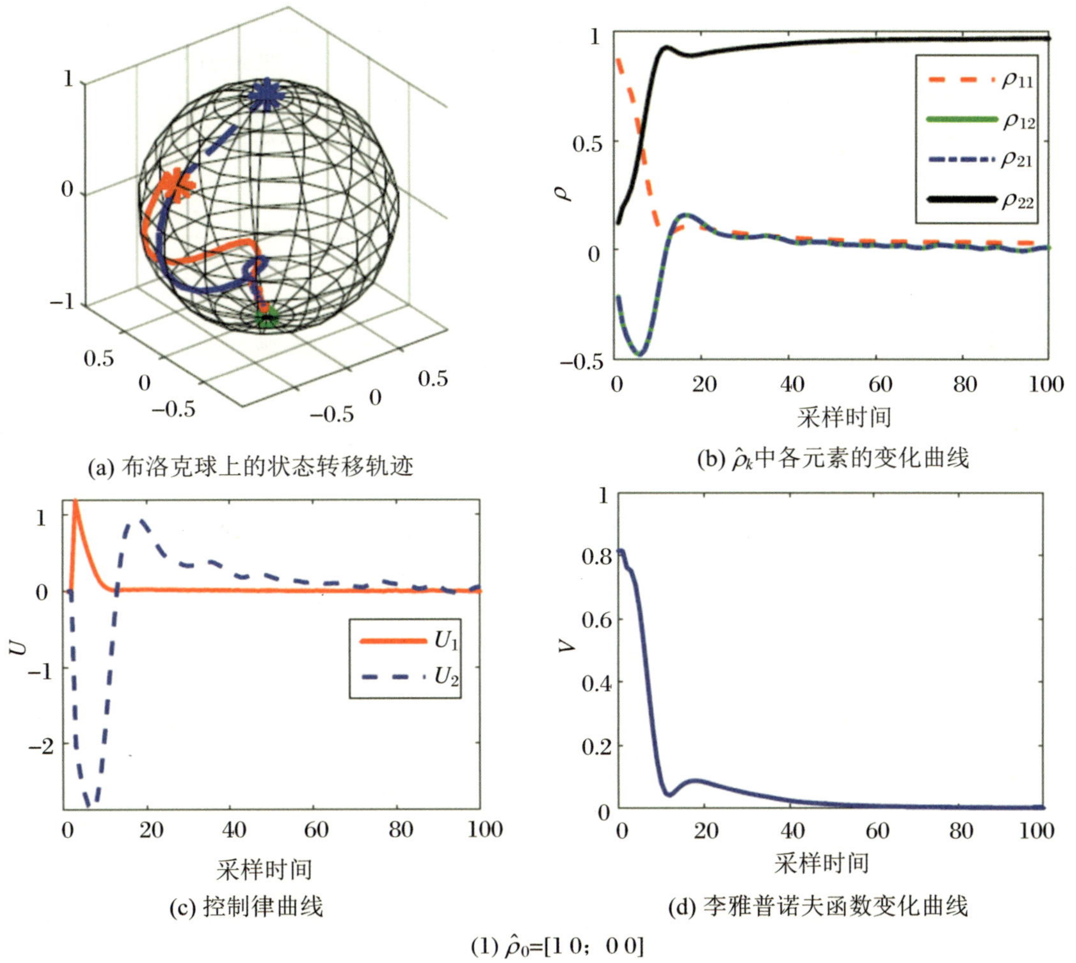

(1) $\hat{\rho}_0$=[1 0; 0 0]

图 11.5 不同 $\hat{\rho}_0$ 下的状态转移实验结果

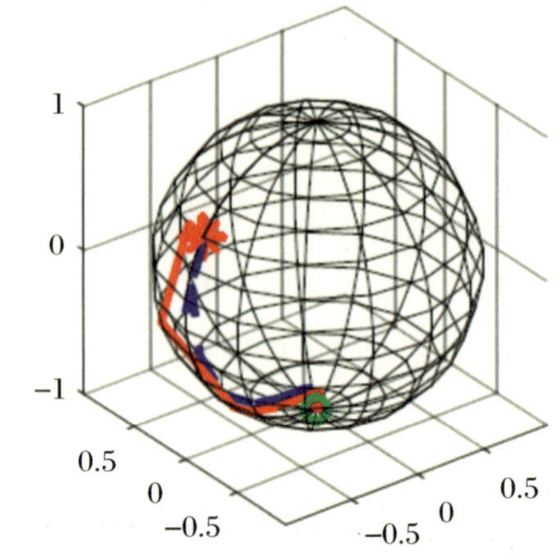

(e) 布洛克球上的状态转移轨迹

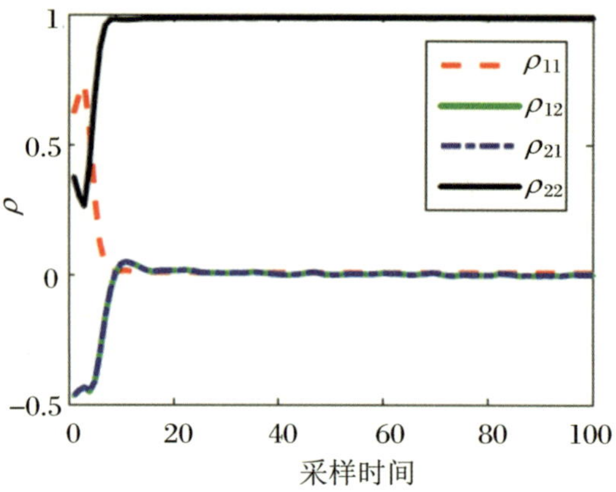

(f) $\hat{\rho}_k$中各元素的变化曲线

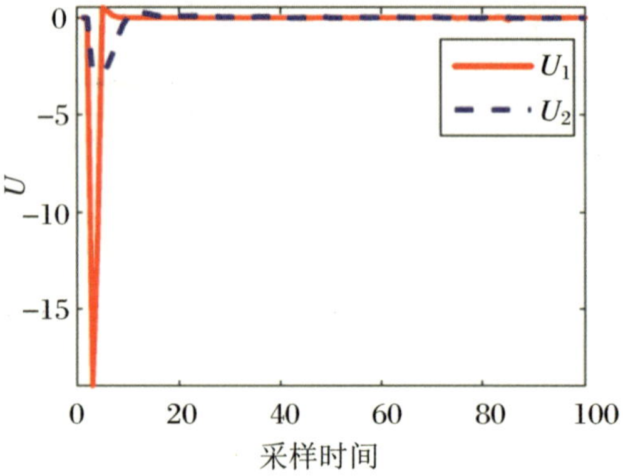

(g) 控制律曲线

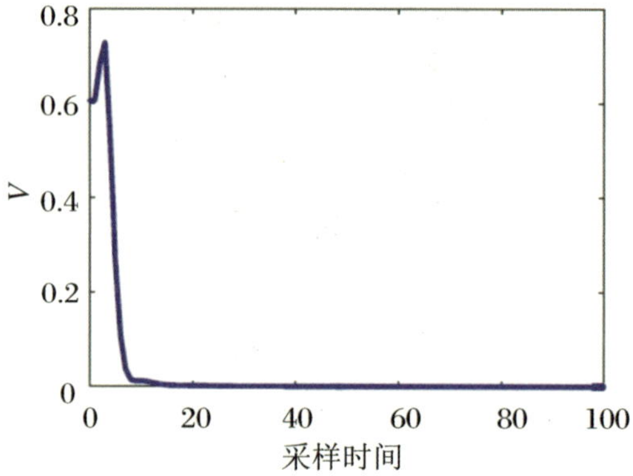

(h) 李雅普诺夫函数变化曲线

(2) $\hat{\rho}_0$=[0.5 −0.5； −0.5 0.5]

续图 11.5　不同 $\hat{\rho}_0$ 下的状态转移实验结果

11.2　*n* 量子位基于在线估计状态的反馈控制

在 11.1 节中我们已经基于 QST-OADM 算法推导了单比特随机量子系统状态的在线估计，我们将基于连续弱测量的在线量子态估计，进行 n 比特随机量子系统状态的在线估计的推广。之后，基于在线估计的状态，对于 n 量子位随机开放量子系统，将设计一种基于在线估计的状态反馈控制方案 QST-OADM-FC，实现任意状态之间的状态转移，对所提出的状态反馈控制方案的收敛行进行严格证明，并对所提出的基于实时估计状态反馈控制方案 QSE-OADM-FC 进行数值仿真实验及其性能分析。

11.2.1 被控系统及其控制任务

重写 n 量子位被控量子系统的状态演化方程(11.1)为

$$\begin{aligned}\rho_{t+\Delta t}-\rho_t=&\left(-\mathrm{i}[H_0,\rho_t]-\mathrm{i}\sum_{j=1}^{m}U_j(t)[H_j,\rho_t]\right)\Delta t\\&+D(L,\rho_t)\Delta t+B(L,\rho_t)\mathrm{d}W\end{aligned}\tag{11.65}$$

其中，量子系统状态密度矩阵为：$\rho_t\in\mathbf{C}^{2^n\times 2^n}$；$\Delta t$ 为相互作用时间；H_0 为系统自由哈密顿量，H_j，$j=1,\cdots,m$ 为控制哈密顿量 $U_j(t)$，$j=1,\cdots,m$ 为用于状态转移的外加控制，m 为外加控制的数量；L 为耦合算符；$D(L,\rho_t)=L\rho_tL^\dagger-(L^\dagger L\rho_t/2+\rho_tL^\dagger L/2)$表示测量过程带来的确定性退相干作用，$B(L,\rho_t)=\sqrt{\eta}(L\rho_t+\rho_tL^\dagger)-\mathrm{tr}(L\rho_k+\rho_kL^\dagger)\rho_k$ 表示测量过程给量子系统带来的随机扩散，表现为对系统状态造成的干扰，$\eta\in(0,1]$为测量效率；$\mathrm{d}W$ 是测量噪声，满足 $E(\mathrm{d}W)=0$，$E[(\mathrm{d}W)^2]=\Delta t$。

针对被控系统(11.65)，本小节将基于在线交替方向乘数的状态估计算法(QST-OADM)和李雅普诺夫稳定性定理，设计一种基于在线估计状态的反馈控制方法，实现 n 量子位随机开放量子系统的状态转移，其中，状态转移的初态和目标态为状态空间的任意状态。基于实时估计状态的 n 比特随机量子系统反馈控制系统的框图如图 11.6 所示，其中，虚线部分是一次完整的在线量子态估计过程，正如在 9.4 节所述，我们首先引入探测系统，并与被控系统的状态发生耦合作用，使得探测系统含有被控系统的状态信息，接着通过量子系统的连续弱测量操作在每个采样时刻获取到包含状态信息的测量值，最后基于 QST-OADM 在线估计算法对测量值进行在线估计，从而连续地得到被控系统状态实时的估计值。$U(\rho_t,\rho_f)$是利用李雅普诺夫稳定性定理设计的控制场，控制器的输入是期望的目标态 ρ_f 及在线估计状态 $\hat{\rho}_t$。在控制场的设计中，我们采取多个控制作用相结合的方式来实现控制目标，利用其中一个控制作用来克服系统漂移项的影响，再利用其他的控制作用来实现状态转移。

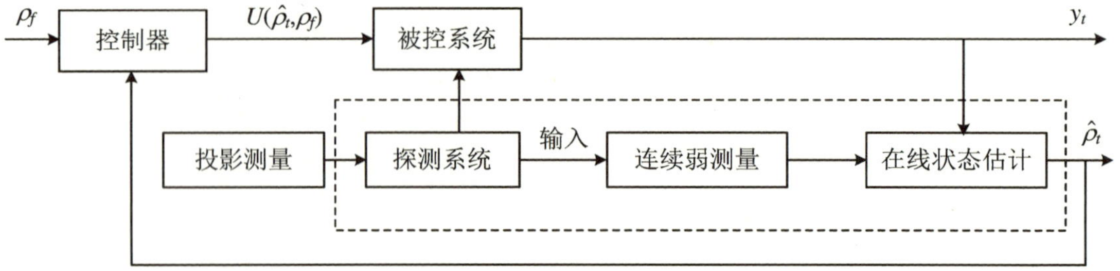

图 11.6　基于实时估计状态的 n 比特随机量子系统反馈控制系统的框图

11.2.2　n 量子位系统的状态反馈控制设计及其收敛性证明

在本小节中，基于李雅普诺夫稳定性定理，我们提出一种 n 量子位系统的状态反馈控制，该控制能够将随机开放量子系统的初始状态转移到期望的最终状态。用于状态反馈的系统状态是利用 QST-OADM 算法得到的在线估计状态。主要结果如定理 11.4 所示。

定理 11.4　对于 n 比特随机量子系统(11.65)，已知系统在 k 采样时间的在线估计状态 $\hat{\rho}_k$ 和期望的目标态 ρ_f，则系统状态会从状态空间的任意初态转移到目标态，在下面的控制场 U_k 作用下：

(1) 当采样时刻 $k=1$ 时：

$$U_1 = [U_{11} \quad U_{21} \quad \cdots \quad U_{m1}]^{\mathrm{T}} = [\varepsilon \quad \varepsilon \quad \cdots \quad \varepsilon]^{\mathrm{T}} \tag{11.66}$$

其中，$m \geqslant 2$ 为外加控制的数量；ε 为一微小的正实数，通常取 0.05。

(2) 当采样时刻 $k>1$ 时：

$$\begin{aligned} U_k &= [U_{1k} \quad u_{2k} \quad \cdots \quad U_{mk}]^{\mathrm{T}} \\ &= [-C(\hat{\rho}_k)/T_1(\hat{\rho}_k) \quad -g_2 \cdot T_2(\hat{\rho}_k) \quad \cdots \quad -g_m \cdot T_m(\hat{\rho}_k)]^{\mathrm{T}} \end{aligned} \tag{11.67}$$

其中，$g_j>0, j=2,\cdots,m$ 为控制参数，决定状态转移的速率；$T_j(\hat{\rho}_k)$ 为实时估计状态 $\hat{\rho}_k$ 的函数；$C(\hat{\rho}_k)$ 为漂移项。$T_j(\hat{\rho}_k)$ 和 $C(\hat{\rho}_k)$ 的表达式为

$$T_j(\hat{\rho}_k) = \mathrm{tr}(-\mathrm{i}[H_j, \hat{\rho}_k]\rho_f), \quad j = 1,2,\cdots,m \tag{11.68}$$

$$C(\hat{\rho}_k) = -\mathrm{tr}(\mathrm{i}[H_0, \hat{\rho}_k]\rho_f) - \mathrm{tr}(\mathcal{D}(L, \hat{\rho}_k)\rho_f) \tag{11.69}$$

定理 11.4 中情况(1)的设计是为了解决一种特殊情况。当初始估计的密度矩阵 $\hat{\rho}_1$ 和目标态 ρ_f 都是系统的本征态时,它们都是系统的稳定点。在这种情况下,$T_j(\hat{\rho}_k)$,$j=1,\cdots,m$ 均为 0,这将导致控制场不起作用。因此,在第一次采样时间,我们应用一个微小的常数控制(11.66),使系统状态轻微变化,从而跳出系统稳定点。当采样时刻 $k>1$ 时,控制场的主要设计思想是:我们设计控制场 U_{j1},$j=1,\cdots,m$ 来克服系统漂移项 $C(\hat{\rho}_k)$,并设计其他控制场 U_{jk},$j=2,\cdots,m$ 来执行状态转移。我们将用随机系统的李雅普诺夫稳定性定理来证明定理 11.4 中的 $k>1$ 的情况。

证明 在 11.1 节中,我们通过 QST-OADM 估计算法获得了系统在每次采样时间内的在线估计状态 $\hat{\rho}_k$。因此,在控制场 U_k 的设计中,我们使用系统 11.1 中式(11.36)估计的状态 $\hat{\rho}_k$,令 $t=\Delta t\cdot k$,系统状态的演化方程(11.65)可以改写为离散形式:

$$\hat{\rho}_{k+1}-\hat{\rho}_k=\left(-\mathrm{i}[H_0,\hat{\rho}_k]-\mathrm{i}\sum_{j=1}^{m}U_{jk}[H_j,\hat{\rho}_k]\right)\Delta t+D(L,\hat{\rho}_k)\Delta t+B(L,\hat{\rho}_k)\mathrm{d}W \tag{11.70}$$

根据随机系统的李雅普诺夫稳定性定理(Kushner,1971;Matsuna,Tsumura,2010),为状态转移设计的控制场的关键是找到一个合适的李雅普诺夫函数 $V(\hat{\rho}_k)\geqslant 0$ 并满足 $E\{\Delta V(\hat{\rho}_k)\mid\hat{\rho}_{k-1}\}\leqslant 0$,其中,$\Delta V(\hat{\rho}_k)=V(\hat{\rho}_k)-V(\hat{\rho}_{k-1})$。选取的李雅普诺夫函数为

$$V(\hat{\rho}_k)=1-\mathrm{tr}^2(\hat{\rho}_k\rho_f) \tag{11.71}$$

由式(11.71)可得

$$\begin{aligned}E\{\Delta V(\hat{\rho}_k)\mid\hat{\rho}_{k-1}\}&=E\{\mathrm{tr}^2(\hat{\rho}_{k-1}\rho_f)-\mathrm{tr}^2(\hat{\rho}_k\rho_f)(\hat{\rho}_{k-1})\}\\&=E\{2\mathrm{tr}^2(\hat{\rho}_{k-1}\rho_f)-\mathrm{tr}^2(\hat{\rho}_k\rho_f\mid\hat{\rho}_{k-1})-\mathrm{tr}^2(\hat{\rho}_{k-1}\rho_f)\}\\&=E\{-2\mathrm{tr}(\hat{\rho}_{k-1}\rho_f)\mathrm{tr}((\hat{\rho}_k-\hat{\rho}_{k-1})\rho_f\mid\hat{\rho}_{k-1})-\mathrm{tr}^2((\hat{\rho}_k-\hat{\rho}_{k-1})\rho_f\mid\hat{\rho}_{k-1})\}\\&=-2\mathrm{tr}(\hat{\rho}_{k-1}\rho_f)E\{\mathrm{tr}(\Delta\hat{\rho}_k\rho_f\mid\hat{\rho}_{k-1})\}-E\{\mathrm{tr}^2(\Delta\hat{\rho}_k\rho_f\mid\hat{\rho}_{k-1})\}\end{aligned} \tag{11.72}$$

其中,$\Delta\hat{\rho}_k=\hat{\rho}_k-\hat{\rho}_{k-1}$。

从式(11.65)可以得到

$$\begin{aligned}\Delta\hat{\rho}_k\hat{\rho}_f=&\left(-\mathrm{i}[H_0,\hat{\rho}_{k-1}]\rho_f-\mathrm{i}\sum_{j=1}^{m}U_{jk-1}[H_j,\hat{\rho}_{k=1}]\rho_f\right)\Delta t\\&+D(L,\hat{\rho}_{k-1})\rho_f\Delta t+B(L,\hat{\rho}_{k-1})\rho_f\mathrm{d}W\end{aligned} \tag{11.73}$$

由此可得

$$\operatorname{tr}(\Delta\hat{\rho}_k\hat{\rho}_f) = \operatorname{tr}(-\mathrm{i}[H_0,\hat{\rho}_{k-1}]\rho_f\Delta t + \operatorname{tr}(-\mathrm{i}\sum_{j=1}^{m}U_{jk-1}[H_j,\hat{\rho}_{k-1}]\rho_f)\Delta t$$
$$+ \operatorname{tr}(D(L,\hat{\rho}_{k-1})\rho_f)\Delta t + \operatorname{tr}(B(L,\hat{\rho}_{k-1})\rho_f)\mathrm{d}W \tag{11.74}$$

将式(11.74)代入式(11.72),可得

$$\begin{aligned}E\{\Delta V(\hat{\rho}_k)\mid\hat{\rho}_{k-1}\} &= -2\operatorname{tr}(\hat{\rho}_{k-1}\rho_f)\{\operatorname{tr}(-\mathrm{i}[H_0,\hat{\rho}_{k-1}]\rho_f) \\ &\quad + \operatorname{tr}(-\mathrm{i}\sum_{j=1}^{m}U_{jk-1}[H_j,\hat{\rho}_{k-1}]\rho_f) + \operatorname{tr}(D(L,\hat{\rho}_{k-1})\rho_f)\}\Delta t \\ &= -2\operatorname{tr}(\hat{\rho}_{k-1}\rho_f)\{\operatorname{tr}(-\mathrm{i}[H_0,\hat{\rho}_{k-1}]\rho_f) \\ &\quad + \sum_{j=1}^{m}U_{jk-1}\operatorname{tr}(-[H_j,\hat{\rho}_{k-1}]\rho_f) + \operatorname{tr}(D(L,\hat{\rho}_{k-1})\rho_f)\}\Delta t\end{aligned} \tag{11.75}$$

结果式(11.75)是因为 $E\{\operatorname{tr}^2(\hat{\rho}_k\rho_f\mid\hat{\rho}_{k-1})\}\geqslant 0$ 得到的。

将定理 11.4 应用到式(11.75)中,可以计算出$\mathbb{E}\{\Delta V(\hat{\rho}_k)\mid\hat{\rho}_{k-1}\}$为

$$E\{\Delta V(\hat{\rho}_k)\mid\hat{\rho}_{k-1}\} = -2\operatorname{tr}(\hat{\rho}_{k-1}\rho_f)\sum_{j=2}^{m}g_jT_j^2(\hat{\rho}_{k-1})\Delta t \leqslant 0 \tag{11.76}$$

这是由于 $\operatorname{tr}(\hat{\rho}_{k-1}\rho_f)\geqslant 0$ 且 $\Delta t>0$ 得到的结果。

考虑到我们应用一个小的常数控制来使系统状态跳出系统稳定点,因此只有目标状态 ρ_f 能够使$E\{\Delta V(\hat{\rho}_k)\mid\hat{\rho}_{k-1}\}=0$ 成立,这意味着所设计的控制可以使系统状态 ρ_t 收敛到目标状态ρ_f。证明完毕。

证明结果表明,当量子系统的在线状态估计过程足够精确时,所设计的控制场通过调整控制参数,能够快速实现系统初态 $\hat{\rho}_1$ 到目标态 ρ_f 的状态转移。

两点说明:

(1) 在一个完整的采样周期内,在线状态和状态反馈控制是两个串联的过程。在状态在线估计过程中,只需要使用系统输出的测量值 y_k、采样矩阵 A_k 和测量值序列b_k,不使用与控制器相关的任何参数,且独立于控制参数的设计。因此,在线状态估计可以独立完成,而不依赖于控制器的设计。在状态反馈控制器实现过程中,需要使用所设计的控制参数 $g_j,j=2,\cdots,m$,并将系统在线估计的状态 $\hat{\rho}_k$ 作为自变量输入到控制器。控制器根据在线估计的状态,实时调整影响控制的参数,来获得新的系统输出。控制器的可调参数为 $g_j,j=2,\cdots,m$ 与在线估计的状态设计无关。因此,系统的在线状态估计算法和状态反馈控制场的收敛性可以分别设计和证明。

(2) 在式(11.69)中,我们定义了系统漂移项 $C(\hat{\rho}_k)$。当目标态 ρ_f 是动力学系统的一个平衡态时,存在 $C(\hat{\rho}_k)=0$;当 ρ_f 是非平衡态时,$C(\hat{\rho}_k)\neq 0$。所设计的控制策略具

有多控制定律，其中 U_1 用来克服漂移项不为 0 时对系统的影响，以确保目标状态可以是一个非平衡状态。

基于在线状态估计和李雅普诺夫稳定性定理的反馈控制方案 QST-OADM-FC 算法具体设计步骤如算法 11.2 所示。

算法 11.2 QST-OADM-FC 算法

---

(1) 初始化：$\hat{\rho}_0, \hat{e}_0 = 0, \lambda_0 = 0$；参数 $\alpha, \gamma > 0$，滑动窗口长度 $l \in \mathbf{Z}$；目标态 ρ_f 和控制参数 $g_j, j = 2, \cdots, m$；

(2) For $k = 1, 2, \cdots, N$, do

(3) if $k = 1$ then

(4) 根据式(11.66)求出 U_1；

(5) Else

(6) 根据式(11.67)求出 U_k；

(7) End

(8) 根据式(11.15)更新控制系统状态 ρ_k；

(9) 根据进行连续弱测量和在线量子状态估计的 QST-OADM 算法求出估计状态 $\hat{\rho}_k$；

(10) 根据式(11.68)和式(11.69)式计算 $T_j(\hat{\rho}_k)$ 和 $C(\hat{\rho}_k)$；

(11) End for

11.2.3 数值仿真实验及其性能分析

本小节基于所设计的状态反馈控制方法，进行了状态转移的系统仿真实验。控制任务是将被控制系统的状态从不同的初始状态转移到不同的目标状态。我们选择了一个 2 比特随机开放量子系统作为研究对象，并进行三种不同状态转移的实验，分别是从本征态到本征态、从叠加态到叠加态以及从叠加态到混合态的状态转移。最后，对实验的结果进行总结与分析。

在所有的仿真实验中，外加控制的数量 $m = 3$，系统哈密顿量为 $H_k = H_0 \sum_{j=1}^{3} U_{jk} * H_j$，其中，$H_0 = \sigma_z \otimes I + I \otimes \sigma_z$，$H_1 = \sigma_x \otimes I + I \otimes \sigma_x$，$H_2 = \sigma_y \otimes I + I \otimes \sigma_y$，

以及 $H_3=(\sigma_y+\sigma_z)\otimes I+I\otimes(\sigma_y+\sigma_z)$。$U_{jk}$ 为所设计的控制场；$L=\sigma_z\otimes I+I\otimes\sigma_z$；随机噪声 d$W$ 的赋值为 0.02。QST-OADM 在线估计算法的参数为：$\alpha=10,\gamma=0.1$；滑窗长度 $l=40$，系统的估计初态为：$\hat{\rho}_0=\hat{\rho}_{10}\otimes\hat{\rho}_{10}$，$\hat{\rho}_{10}=\text{diag}([0,1])$。

我们选择两个典型的评价指标来评估量子态估计的精度性能，前文已经介绍，这里再简单复习一下。第一个是保真度，其定义为

$$\text{fidelity}(\rho_k,\hat{\rho}_k):=\text{tr}\left(\sqrt{\sqrt{\hat{\rho}_k}\,\rho_k\sqrt{\hat{\rho}_k}}\right) \tag{11.77}$$

其中，ρ_k 为每个采样时刻系统实际状态，$\hat{\rho}_k$ 为对应的估计状态。

另一个评价指标为标准化距离，定义为

$$D(\rho_k,\hat{\rho}_k):=\|\rho_k-\hat{\rho}_k\|_F^2/\|\rho_k\|_F^2 \tag{11.78}$$

其中，$\|\cdot\|_F$ 为弗罗贝尼乌斯范数。

11.2.3.1 本征态到本征态的在线估计状态的反馈转移控制实验

本实验中，2 比特系统的初态为本征态：$\rho_0=\rho_{00}\otimes\rho_{00}$，其中 $\rho_{00}=[1\ \ 0;0\ \ 0]$；目标态为本征态 $\rho_f=\rho_{f0}\otimes\rho_{f0}$，其中 $\rho_{f0}=[0\ \ 0;0\ \ 1]$。根据作用于系统测量算符以张量积的形式构造式(11.17)，初始测量算符设置为 $M_0=\mu_3\otimes\mu_3$；采样次数 $N=100$，控制参数为 $g_2=4$，$g_3=2$。图 11.7 是实验结果，其中：图 11.7(a)为状态估计的保真度曲线；图 11.7(b)为状态估计的标准化距离曲线；图 11.7(c)为李雅普诺夫函数 $V(\hat{\rho}_k)$变化曲线；图 11.7(d)为控制场曲线，红色的“-”线表示控制场 $U_1=-C/T_1$，蓝色的“- -”表示控制场 $U_2=-g_2\cdot T_2$，黑色的“- · -”表示控制场 $U_3=-g_3\cdot T_3$；图 11.7(e)为估计状态 $\hat{\rho}_k$ 中各对角元素变化曲线；图 11.7(f)为元素 $\hat{\rho}_{11}$，$\hat{\rho}_{44}$，ρ_{11} 和 ρ_{44}变化的对比曲线。

由图 11.7 可以看出：

(1) 经过 45 次演化后，在线状态估计的保真度达到 99.5%，标准化距离达到 0.05%，说明 QST-OADM 可以很好地跟踪系统的实际状态。李雅普诺夫函数经过 61 次演化后达到 0.5%，说明系统状态转移的精度可以达到 99.5%。

(2) 由于量子系统的估计初态和实际初态分别为 $\hat{\rho}_0=\text{diag}([0,0,0,1])$ 和 $\rho_0=\text{diag}([1,0,0,0])$，因此它们之间的标准化距离 $D(\hat{\rho}_1,\rho_1)$ 最大。从图 11.7(e)可以看出，在 11 次演化之前，$\hat{\rho}_k$向目标态ρ_f 的相反方向移动，这是由于 $\hat{\rho}_k$ 需要跟踪系统的实际状态ρ_k。在图 11.7(f)中，$\hat{\rho}_k$ 曲线在第 11 次演化时与 ρ_k 曲线相交，然后在控制作用下转移到 ρ_f。

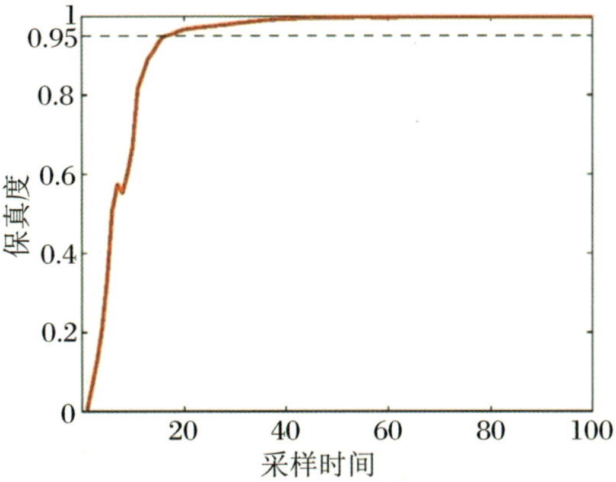

(a) 状态估计的保真度曲线

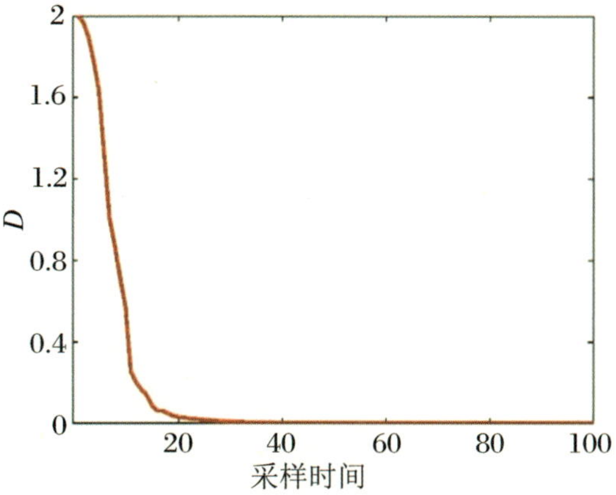

(b) 状态估计的标准化距离曲线

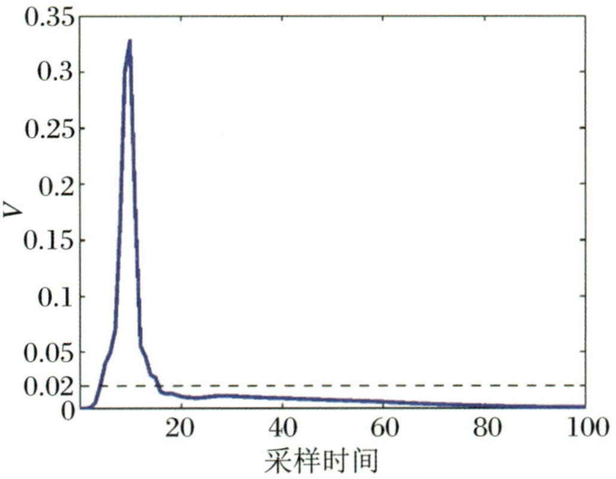

(c) 李雅普诺夫函数变化曲线

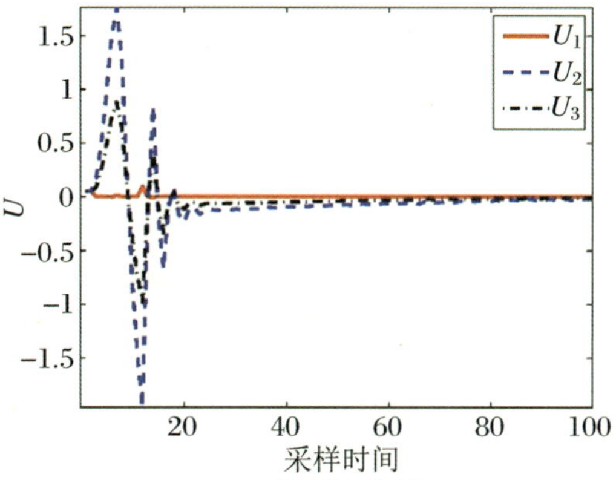

(d) 控制律曲线

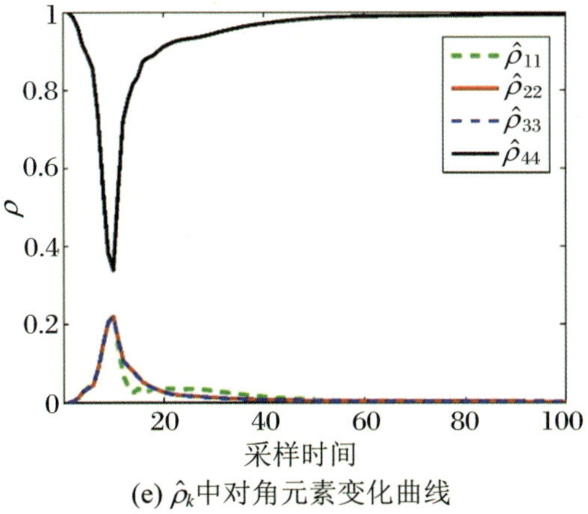

(e) $\hat{\rho}_k$中对角元素变化曲线

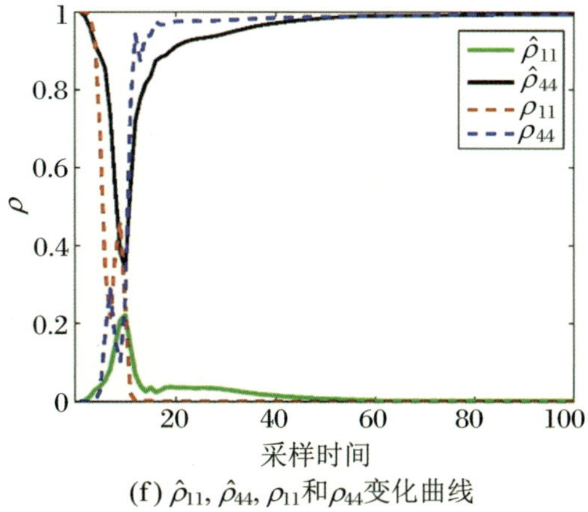

(f) $\hat{\rho}_{11}$, $\hat{\rho}_{44}$, ρ_{11}和ρ_{44}变化曲线

图 11.7　本征态之间的状态转移实验结果

在线状态估计的过程是基于测量结果进行估计的，不需要使用控制器参数，设计反馈控制器的目的仅仅是利用估计的状态进行状态转移。两种过程符合系统控制领域的分离原理，因此提出的基于在线估计的状态反馈控制可以很好地工作。

11.2.3.2 叠加态到叠加态的转移

本实验中，状态转移的初态和目标态均为叠加态，分别为 $\rho_0=\rho_{00}\otimes\rho_{00}$，$\rho_{00}=[3/8\quad -\sqrt{15}/8;-\sqrt{15}/8\quad 5/8]$ 和 $\rho_f=\rho_{f0}\otimes\rho_{f0}$，$\rho_{f0}=[3/4\quad -\sqrt{3}/4;-\sqrt{3}/4\quad 1/4]$。其他实验参数设置为：初始测量算符 $M_1=\mu_2\otimes\mu_2$，采样次数 $N=100$，控制参数为 $g_2=4$，$g_3=4$。图 11.8 是实验结果，其中：图 11.8(a)为状态估计的保真度曲线；图 11.8(b)为状态估计的标准化距离曲线；图 11.8(c)为李雅普诺夫函数 $V(\hat{\rho}_k)$变化曲线；图 11.8(d)为控制场曲线，红色的“-”线表示控制场 $U_1=-C/T_1$，蓝色的“--”表示控制场 $U_2=-g_2\cdot T_2$，黑色的“-·-”表示控制场 $U_3=-g_3\cdot T_3$；图 11.8(e)为估计状态 $\hat{\rho}_k$ 中各对角元素变化曲线；图 11.8(f)为实际状态 ρ_k 中各对角元素变化曲线。

由图 11.8 可以看出：

(1) 在线估计的保真度在 52 次演化后达到 99.5%，标准化距离在 62 次演化后达到 0.05%，李雅普诺夫函数经过 43 次演化后达到 0.5%，说明系统状态转移的精度也可达到 99.5%。

(2) 与本征态之间的状态转移不同，在系统状态转移到目标状态后，控制场 U_1 不为 0，意味着仍然需要 U_1 来保持该状态。

11.2.3.3 叠加态到混合态的转移

本实验中，状态转移的初态为叠加态 $\rho_0=\rho_{00}\otimes\rho_{00}$，$\rho_{00}=[3/8\quad -\sqrt{15}/8;-\sqrt{15}/8\quad 5/8]$，目标态为混合态 $\rho_f=\rho_{f0}\otimes\rho_{f0}$，$\rho_{f0}=[3/5\quad 1/5;1/5\quad 2/5]$。其他实验参数设置为：初始测量算符 $M_1=\mu_2\otimes\mu_2$，采样次数 $N=200$，控制参数为 $g_2=8$，$g_3=10$。图 11.9 是实验结果，其中：图 11.9(a)为状态估计的保真度曲线；图 11.9(b)为状态估计的标准化距离曲线；图 11.9(c)为李雅普诺夫函数 $V(\hat{\rho}_k)$ 变化曲线；图 11.9(d)为控制场曲线，红色的“-”线表示控制场 $U_1=-C/T_1$，蓝色的“--”表示控制场 $U_2=-g_2\cdot T_2$，黑色的“-·-”表示控制场 $U_3=-g_3\cdot T_3$；图 11.9(e)为估计状态 $\hat{\rho}_k$ 中各对角元素变化曲线；图 11.9(f)为实际状态 ρ_k 中各对角元素变化曲线。

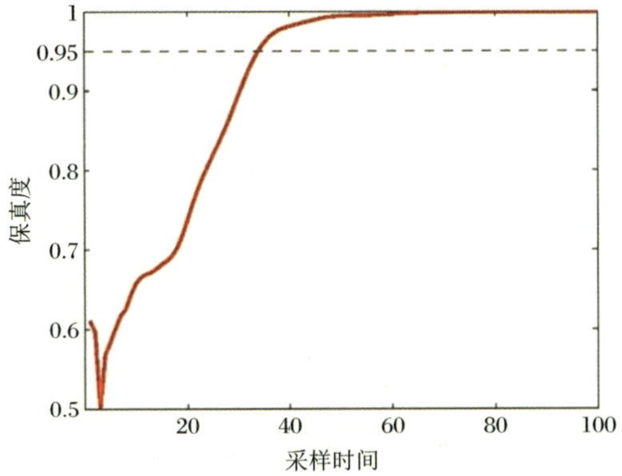

(a) 状态估计的保真度曲线

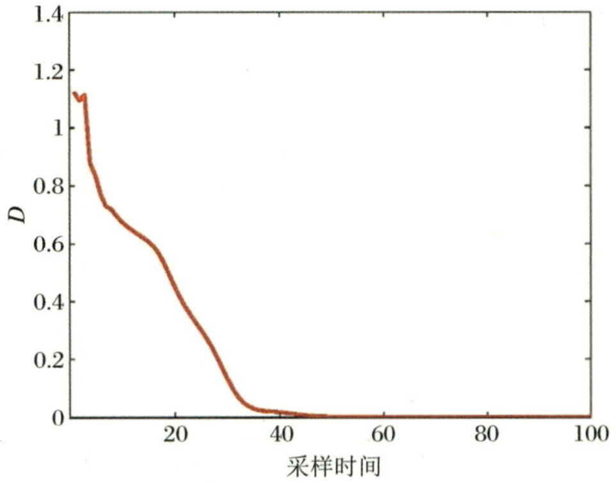

(b) 状态估计的标准化距离曲线

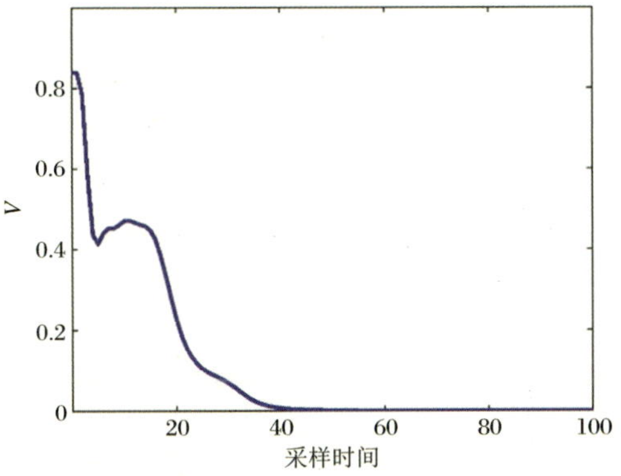

(c) 李雅普诺夫函数变化曲线

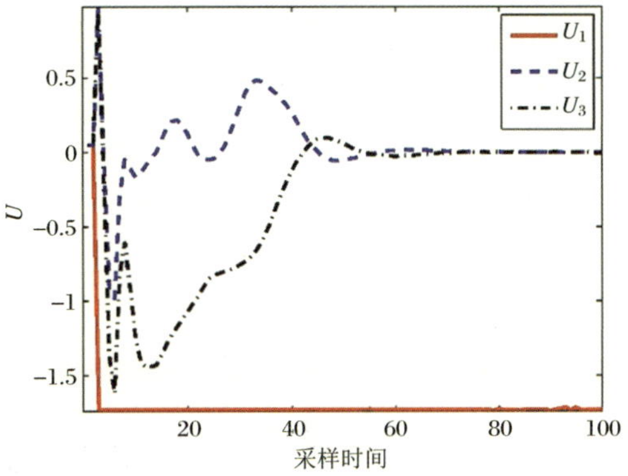

(d) 控制律曲线

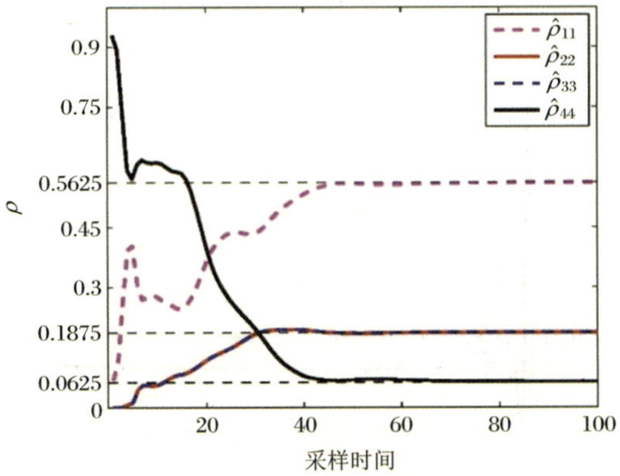

(e) $\hat{\rho}_k$中对角元素变化曲线

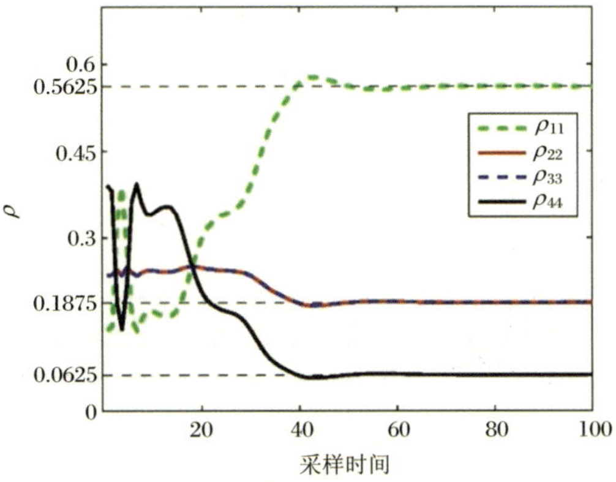

(f) ρ_k中对角元素变化曲线

图 11.8　叠加态之间的状态转移实验结果

由图 11.9 可以看出：

(1) 在线状态估计的保真度在 159 次演化后可达到 99.5%，标准化距离在 200 次演化后可达到 99%，表明此时系统的估计状态可以很好地跟踪实际状态。

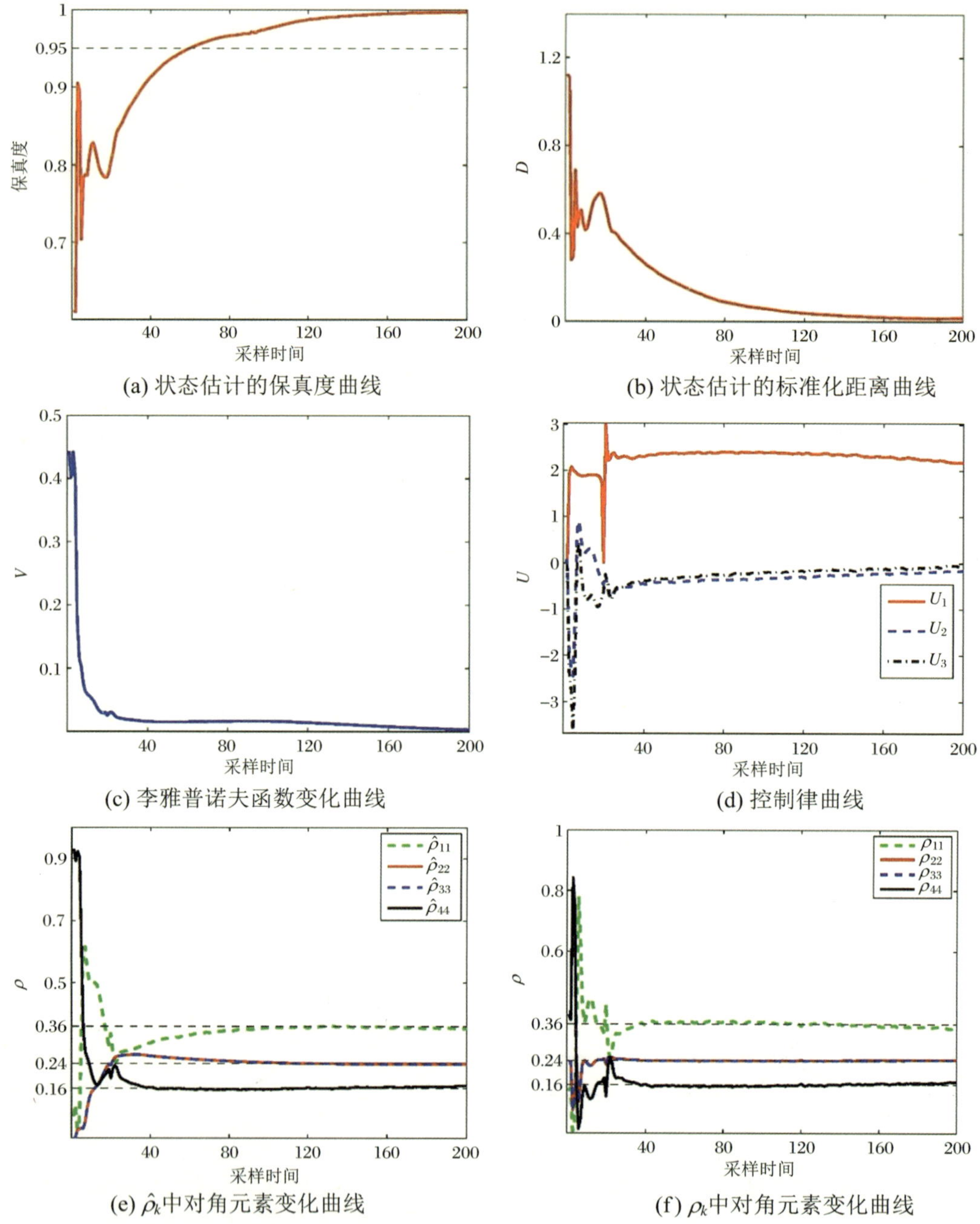

图 11.9　叠加态到混合态的状态转移实验结果

(2) 李雅普诺夫函数值在 194 次演化后可达到 0.5%，表明系统的状态转移精度可达 99.5%。另外，在 100 次演化后，$\hat{\rho}_k$ 和 ρ_k 中的对角元素与 ρ_f 中的元素基本相同，但转移误差仍然很高(1.61%)，表明密度矩阵的非对角元素与目标态仍存在较大误差。

(3) 与目标态为叠加态的状态转移一样，在系统状态转移到目标态后，仍然需要控制场 U_1 来保持。

11.3 基于在线估计状态随机非马尔可夫本征态反馈控制

针对环境引起的非马尔可夫退相干、连续弱测量过程引起的确定的反向效应以及随机的量子状态扩散同时存在的情况，本节结合时间无卷积形式的非马尔可夫主方程和随机主方程建立起二能级非马尔可夫随机量子系统的数学模型并对其进行了特性分析。运用状态相关黎卡蒂(Riccati)方程设计出一种非线性滤波器，实现了量子系统状态的实时最优估计。以一个附加指数项的二次函数作为李雅普诺夫函数，基于随机李雅普诺夫稳定性定理提出了一种连续时间的控制场实现了基于实时状态最优估计的本征态反馈控制，并通过与有限时域非线性最优反馈控制方案对比体现出所提控制方案的优越性。

11.3.1 二能级非马尔可夫随机量子系统数学模型的建立

当非马尔可夫形式的退相干作用和外部控制场同时作用于与热浴发生相互作用的量子系统时，总的系统哈密顿量 $H_{\text{total}}(t)$ 的形式为

$$H_{\text{total}}(t) = H_s + H_c(t) + H_{\text{bath}} + H_{\text{int}} \tag{11.79}$$

其中，H_s，$H_c(t)$，H_{bath} 和 H_{int} 分别代表自由哈密顿量、控制哈密顿量、热浴的哈密顿量和热浴与量子系统发生相互作用的哈密顿量。

尽管总系统状态演化的数学模型可以用封闭量子系统来近似并遵循刘维尔-冯·诺依曼(Liouville-von Neumann)方程 $\dot{\rho}(t) = -\mathrm{i}/\hbar \cdot [H_{\text{total}}(t), \rho(t)]$，但实际上人们往往只关注子系统 S 的动力学行为，因此可以通过统计性地排除环境的影响得到子系统 S 演化的动力学模型。根据量子耗散理论，连续弱测量作用下的量子随机过程可以用包含耦

合量子系统的约化密度矩阵 ρ_S 的主方程来描述：

$$\begin{aligned} d\rho_S = & -\frac{i}{\hbar}[H_S,\rho_S]dt + \sum_{i=1}^{r} u_i(t)\left(-\frac{i}{\hbar}[H_i,\rho_S]\right)dt \\ & + \mathcal{L}_1[\rho_S]dt + \mathcal{L}_2[\rho_S]dt + \mathcal{L}_3[\rho_S]dW_t \end{aligned} \tag{11.80}$$

其中，$\hbar$为普朗克常量（为了方便，取$\hbar=1$）；r 为控制哈密顿量的个数，$H_c(t)=\sum_{i=1}^{r} u_i(t)H_i$ 为控制哈密顿量；dW_t 是某一概率空间$(\Omega,\mathcal{F},\boldsymbol{P})$上的标准实值维纳过程并满足 $\boldsymbol{E}\{dW_t\}=0$ 和 $\boldsymbol{E}\{(dW_t)^2\}=dt$；$\mathcal{L}_1[\rho_S]$，$\mathcal{L}_2[\rho_S]$和 $\mathcal{L}_3[\rho_S]$为林德布拉德超算符，其中 $\mathcal{L}_1[\rho_S]$刻画了量子系统与环境之间非马尔可夫形式的退相干作用，$\mathcal{L}_2[\rho_S]$和 $\mathcal{L}_3[\rho_S]$分别刻画了测量过程引起的确定的反向作用（back-action）和随机的量子状态扩散，其定义分别为

$$\mathcal{L}_1[\rho_S] = \sum_k d_k(t)\left[L_k\rho_S L_k^\dagger - \frac{1}{2}(L_k^\dagger L_k\rho_S + \rho_S L_k^\dagger L_k)\right] \tag{11.81}$$

$$\mathcal{L}_2[\rho_S] = M\mathcal{D}[\Lambda]\rho_S \tag{11.82}$$

$$\mathcal{L}_3[\rho_S] = \sqrt{M\eta}\mathcal{H}[\Lambda]\rho_S \tag{11.83}$$

其中，$d_k(t)$为时变的衰减系数，L_k 为林德布拉德算符，Λ 为一个测量算符或者观测量，$M>0$ 为有效的相互作用强度，$\eta\in(0,1]$为测量效率，超算符 $\mathcal{D}[\Lambda]\rho_S$ 和 $\mathcal{H}[\Lambda]\rho_S$ 的定义分别为

$$\mathcal{D}[\Lambda]\rho_S = \Lambda\rho_S\Lambda^\dagger - \frac{1}{2}(\Lambda^\dagger\Lambda\rho_S + \rho_S\Lambda^\dagger\Lambda) \tag{11.84}$$

$$\mathcal{H}[\Lambda]\rho_S = \Lambda\rho_S + \rho_S\Lambda^\dagger - \mathrm{tr}(\Lambda\rho_S + \rho_S\Lambda^\dagger)\rho_S \tag{11.85}$$

对于发生幅值退相干作用的二能级系统而言，可令 $L_1=\sigma_+=(\sigma_x+\sigma_y)/2$，$L_2=\sigma_-=(\sigma_x-\sigma_y)/2$，$d_1(t)=(\Delta(t)+\gamma(t))/2$，$d_2(t)=(\Delta(t)-\gamma(t))/2$，在欧姆环境和高温近似下，扩散系数 $\Delta(t)$和耗散系数 $\gamma(t)$的表达式分别为

$$\Delta(t) = \frac{2\alpha^2 k_B T r^2}{1+r^2}\left\{1 - e^{-\omega_c t}\left[\cos(\omega_0 t) - \frac{1}{r}\sin(\omega_0 t)\right]\right\} \tag{11.86}$$

$$\gamma(t) = \frac{\alpha^2\omega_0 r^2}{1+r^2}\{1 - e^{-\omega_c t}[\cos(\omega_0 t) + r\sin(\omega_0 t)]\} \tag{11.87}$$

其中，α 为耦合强度，k_B 为波尔兹曼常数，T 为热浴温度，ω_c 为高频截断频率，ω_0 为跃迁频率，$r=\omega_c/\omega_0$。因此，二能级系统中表征非马尔可夫形式的幅值退相干作用的超算符 $\mathcal{L}_1[\rho_S]$可以表示为

$$\mathcal{L}_1[\rho_S] = \frac{\Delta(t)+\gamma(t)}{2}([\sigma_- \rho_S, \sigma_+] + [\sigma_-, \rho_S\sigma_+])$$
$$+ \frac{\Delta(t)-\gamma(t)}{2}([\sigma_+ \rho_S, \sigma_-] + [\sigma_+, \rho_S\sigma_-]) \tag{11.88}$$

由于在高温近似下有$|\gamma(t)| \ll |\Delta(t)|$，因此衰减系数可近似表示为$d(t) = d_{1,2}(t) \approx \Delta(t)/2$，其符号可正可负，时变的衰减系数取负值时表明系统信息的恢复或补偿，体现了非马尔可夫的记忆效应。最终，$d(t)$将以衰减振荡的形式趋于稳态值$\alpha^2 k_B Tr^2/(1+r^2)$。而在马尔可夫开放量子系统中有$d_1(t) = c_1 > 0$，$d_2(t) = c_2 > 0$，即系统以固定的速率发生幅值退相干。以上表明非马尔可夫开放量子系统的记忆特性能够使得系统向环境流失的部分信息被补偿回来，但最终仍然会退化为一个马尔可夫系统。当设置系统参数为$\alpha = 0.01$，$\omega_0 = 10$，$k_B T = 300\omega_0$，时间步长$\Delta t = 0.01$ a.u.时，衰减系数$d(t)$在8 a.u.内的演化曲线如图11.10所示，从中可以看出，当$0 < r < 0.2744$时，$d(t)$在0附近振荡，系统呈现非马尔可夫行为，且r取值越小，系统的非马尔可夫特性越明显。

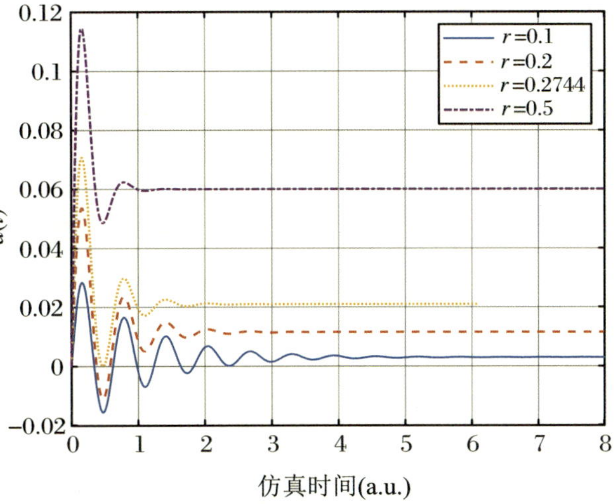

图 11.10　非马尔可夫随机量子系统衰减系数 $d(t)$的演化曲线

对于二能级系统，其控制哈密顿量$H_c(t)$总是可以按照$SU(2)$的正交Pauli基底($\sigma_x = [0\ \ 1; 1\ \ 0]$，$\sigma_y = [0\ \ -\mathrm{i}; \mathrm{i}\ \ 0]$，$\sigma_z = [1\ \ 0; 0\ \ -1]$和单位矩阵$I_{2\times 2}$)展开，因此常取$H_c(t) \in \{\sigma_x, \sigma_y, \sigma_z\}$，对应的控制场记为$\{u_x(t), u_y(t), u_z(t)\}$。本节中，我们取$H_S = H_0 = \omega_0\sigma_z/2$，$H_c(t) = u_x(t)\sigma_x/2 + u_y(t)\sigma_y/2$，$\Lambda = -\sigma_z/2$，则连续弱测量作用下的非马尔可夫自旋1/2粒子系统的SME为

$$\begin{cases} \mathrm{d}\rho_S = -\dfrac{\mathrm{i}}{\hbar}\omega_0\left[\dfrac{\sigma_z}{2},\rho_S\right]\mathrm{d}t - \dfrac{i}{\hbar}u_x(t)\left[\dfrac{\sigma_x}{2},\rho_S\right]\mathrm{d}t - \dfrac{\mathrm{i}}{\hbar}u_y(t)\left[\dfrac{\sigma_y}{2},\rho_S\right]\mathrm{d}t \\ \qquad + \dfrac{\Delta(t)+\gamma(t)}{2}([\sigma_-\rho_S,\sigma_+] + [\sigma_-,\rho_S\sigma_+])\mathrm{d}t \\ \qquad + \dfrac{\Delta(t)-\gamma(t)}{2}([\sigma_+\rho_S,\sigma_-] + [\sigma_+,\rho_S\sigma_-])\mathrm{d}t \\ \qquad + M\mathcal{D}\left[-\dfrac{\sigma_z}{2}\right]\rho_S\mathrm{d}t + \sqrt{M\eta}\mathcal{H}\left[-\dfrac{\sigma_z}{2}\right]\rho_S\mathrm{d}W_t \\ \mathrm{d}Y_t = \mathrm{d}W_t + 2\sqrt{M\eta}\mathrm{tr}\left(-\dfrac{\sigma_z}{2}\rho_S\right)\mathrm{d}t \end{cases} \tag{11.89}$$

其中，Y_t 为测量过程。

根据二能级系统的密度矩阵与布洛克球上任意一点(x_t,y_t,z_t)的关系式 $\rho_S=1/2\cdot[1+z_t\ \ x_t-\mathrm{i}y_t;x_t+\mathrm{i}y_t\ \ 1-z_t]$可得

$$\begin{cases} x_t = [\rho_S]_{12} + [\rho_S]_{21} \\ y_t = -\mathrm{i}([\rho_S]_{21} - [\rho_S]_{12}) \\ z_t = 2[\rho_S]_{11} - 1 \end{cases} \tag{11.90}$$

因此，SME 方程(11.89)在笛卡尔坐标系下的带有控制的系综模型和轨迹模型可以分别表示为

$$\begin{cases} \dfrac{\mathrm{d}x_t}{\mathrm{d}t} = -\left(\Delta(t)+\dfrac{M}{2}\right)x_t - \omega_0 y_t + u_y(t)z_t \\ \dfrac{\mathrm{d}y_t}{\mathrm{d}t} = -\left(\Delta(t)+\dfrac{M}{2}\right)y_t + \omega_0 x_t - u_x(t)z_t \\ \dfrac{\mathrm{d}z_t}{\mathrm{d}t} = -2\gamma(t) - 2\Delta(t)z_t - u_y(t)x_t + u_x(t)y_t \end{cases} \tag{11.91}$$

$$\begin{cases} \mathrm{d}x_t = -\left(\Delta(t)+\dfrac{M}{2}\right)x_t\mathrm{d}t - \omega_0 y_t\mathrm{d}t + u_y(t)z_t\mathrm{d}t + \sqrt{M\eta}x_t z_t\mathrm{d}W_t \\ \mathrm{d}y_t = -\left(\Delta(t)+\dfrac{M}{2}\right)y_t\mathrm{d}t + \omega_0 x_t\mathrm{d}t - u_x(t)z_t\mathrm{d}t + \sqrt{M\eta}y_t z_t\mathrm{d}W_t \\ \mathrm{d}z_t = -2\gamma(t)\mathrm{d}t - 2\Delta(t)z_t\mathrm{d}t - u_y(t)x_t\mathrm{d}t + u_x(t)y_t\mathrm{d}t - \sqrt{M\eta}(1-z_t^2)\mathrm{d}W_t \\ \mathrm{d}Y_t = \mathrm{d}W_t - \sqrt{M\eta}z_t\mathrm{d}t \end{cases} \tag{11.92}$$

记 $X_t=[x_t,y_t,z_t]^{\mathrm{T}}\in\{X_t\in\mathbf{R}^n \mid |X_t|\leqslant 1\}$，则式(11.92)可以表示为

$$\begin{cases} \mathrm{d}X_t = (A_0(t) + A(t)X_t + B(X_t)U(t))\mathrm{d}t + G(X_t)\mathrm{d}W_t \\ \mathrm{d}Y_t = CX_t\mathrm{d}t + \mathrm{d}W_t \end{cases} \tag{11.93}$$

其中，$A_0=[0;0;-2\gamma(t)]$，$A=[-(\Delta(t)+M/2)\ \ -\omega_0\ \ 0;\omega_0\ \ -(\Delta(t)+M/2)\ \ 0;0\ \ 0\ \ -2\Delta(t)]$，$B(X_t)=[z_t\ \ 0;0\ \ -z_t;-x_t\ \ y_t]$，$U(t)=[u_y(t);u_x(t)]$，$G(X_t)=[\sqrt{M\eta}x_tz_t;\sqrt{M\eta}y_tz_t;-\sqrt{M\eta}(1-z_t^2)]$，$C=[0\ \ 0\ \ -\sqrt{M\eta}]$。

生成 $SU(2)$ 的向量 X_t 是一个由 2^2-1 个盖尔-曼（Gell-Mann）矩阵构成的集合，其满足对易关系（Qamar，2019）：

$$[X_t,X_t^{\mathrm{T}}]=X_tX_t^{\mathrm{T}}-(X_tX_t^{\mathrm{T}})^{\mathrm{T}}=2\mathrm{i}\Theta(X_t) \tag{11.94}$$

其中，$\Theta(\cdot)$代表一个线性映射。

到此，我们完成了笛卡尔坐标系下二能级非马尔可夫随机量子系统的数学模型的建立。对于一个量子随机微分方程而言，一个基本问题就是要保证其物理可实现性。下面我们来分析该系统物理可实现性的条件。系统(11.93)具有物理可实现性的充要条件是存在哈密顿算子 $H=\alpha X_t(\alpha^{\mathrm{T}}\in\mathbf{R}^3)$和耦合算子 $L=\Gamma X_t(\Gamma^{\mathrm{T}}\in\mathbf{C}^3)$使得其系数矩阵 A_0，A，G 和 C 满足如下约束（Espinosa et al.，2012）：

$$\begin{cases}A_0=-2\mathrm{i}\Theta(\Gamma)\Gamma^{\dagger}\\A=-2\mathrm{i}\Theta(\alpha)+\Gamma^{\dagger}\Gamma+\Gamma^{\mathrm{T}}\Gamma^{*}-2\Gamma\Gamma^{\dagger}I\\G=\Theta(\mathrm{i}(\Gamma^{*}-\Gamma))\\C=\Gamma^{*}+\Gamma\end{cases} \tag{11.95}$$

其中，上标“$*$”代表对算符取共轭并满足$(\Gamma^{*})^{\mathrm{T}}=\Gamma^{\dagger}$。

11.3.2 基于 SDRE 的最优非线性滤波器的设计

在本小节中，我们将运用状态相关黎卡蒂方程（state-dependent riccati equation，SDRE）进行最优非线性滤波器的设计。首先通过连续弱测量获取量子系统的输出数据 Y_t，再基于 SDRE 方法（Peled et al.，2012）设计一种非线性滤波器以实现对于系统状态 X_t 的实时最优估计，其中状态估计的性能指标定义为估计误差的协方差矩阵的变化率。

所设计的基于 SDRE 的最优非线性滤波器的结构为

$$\begin{cases}\mathrm{d}\hat{X}_t=(A_0(t)+A(t)\hat{X}_t+B(\hat{X}_t)U(t))\mathrm{d}t+K_f(t)(\mathrm{d}Y_t-\mathrm{d}\hat{Y}_t)\\\mathrm{d}\hat{Y}_t=C\hat{X}_t\mathrm{d}t\end{cases} \tag{11.96}$$

其中，$\hat{X}_t\triangleq\boldsymbol{E}\{X_t\mid Y_t\}=[\hat{x}_t,\hat{y}_t,\hat{z}_t]^{\mathrm{T}}$ 代表估计状态，$K_f(t)$代表滤波器的增益矩阵，$\hat{Y}_t$

代表滤波器的输出。

定义滤波器估计误差的变化率 $\mathrm{d}e_t = \mathrm{d}X_t - \mathrm{d}\hat{X}_t$。将式(11.93)和式(11.96)代入 $\mathrm{d}e_t$ 可得

$$\mathrm{d}e_t = (A(t) - K_f(t)C)e_t\mathrm{d}t + B(X_t)U(t)\mathrm{d}t - B(\hat{X}_t)U(t)\mathrm{d}t + (G(X_t) - K_f(t))\mathrm{d}W_t \tag{11.97}$$

定义估计误差的协方差矩阵的变化率 $\mathrm{d}P(\hat{X}_t) = \boldsymbol{E}\{\mathrm{d}e_t \cdot e_t^{\mathrm{T}} + e_t \cdot \mathrm{d}e_t^{\mathrm{T}}\}$。将式(11.97)代入 $\mathrm{d}P(\hat{X}_t)$ 可得

$$\begin{aligned}\mathrm{d}P(\hat{X}_t) &= (A(t) - K_f(t)C)P(\hat{X}_t)\mathrm{d}t + P(\hat{X}_t)(A(t) - K_f(t)C)^{\mathrm{T}}\mathrm{d}t \\ &\quad + \boldsymbol{E}\left\{[G(X_t) - K_f(t)]\mathrm{d}W_t\mathrm{d}W_t^{\mathrm{T}}\begin{bmatrix}G^{\mathrm{T}}(X_t) \\ -K_f^{\mathrm{T}}(t)\end{bmatrix}\right\} \\ &= (A(t) - K_f(t)C)P(\hat{X}_t)\mathrm{d}t + P(\hat{X}_t)(A(t) - K_f(t)C)^{\mathrm{T}}\mathrm{d}t \\ &\quad + G(X_t)G^{\mathrm{T}}(X_t)\mathrm{d}t + K_f(t)K_f^{\mathrm{T}}(t)\mathrm{d}t\end{aligned} \tag{11.98}$$

即

$$\dot{P}(\hat{X}_t) = (A(t) - K_f(t)C)P(\hat{X}_t) + P(\hat{X}_t)(A(t) - K_f(t)C)^{\mathrm{T}} + G(X_t)G^{\mathrm{T}}(X_t) + K_f(t)K_f^{\mathrm{T}}(t) \tag{11.99}$$

从式(11.99)中可以看出，当量子系统的参数 $A(t)$，C 和 $G(X_t)$ 固定后，$\dot{P}(\hat{X}_t)$ 仅取决于 $K_f(t)$。此时，可以通过先对 $\dot{P}(\hat{X}_t)$ 求迹将其转化为标量，然后将 $\mathrm{tr}(\dot{P}(\hat{X}_t))$ 关于 $K_f(t)$ 求偏导以求得滤波器的最优增益 $K_f(t)$：

$$\frac{\partial(\mathrm{tr}(\dot{P}(\hat{X}_t)))}{\partial K_f(t)} = -2P(\hat{X}_t)C^{\mathrm{T}} + 2K_f(t) = 0 \tag{11.100}$$

解得滤波器的最优增益 $K_f(t)$ 为

$$K_f(t) = P(\hat{X}_t)C^{\mathrm{T}} \tag{11.101}$$

将式(11.101)代入式(11.99)可得

$$\dot{P}(\hat{X}_t) = A(t)P(\hat{X}_t) + P(\hat{X}_t)A^{\mathrm{T}}(t) + G(X_t)G^{\mathrm{T}}(X_t) - P(\hat{X}_t)C^{\mathrm{T}}CP(\hat{X}_t) \tag{11.102}$$

式(11.102)就是根据式(11.93)和式(11.96)推导出的在线更新滤波器协方差矩阵

$P(\hat{X}_t)$的 SDRE。基于 SDRE 的最优非线性滤波器(11.96)的框图如图 11.11 所示。

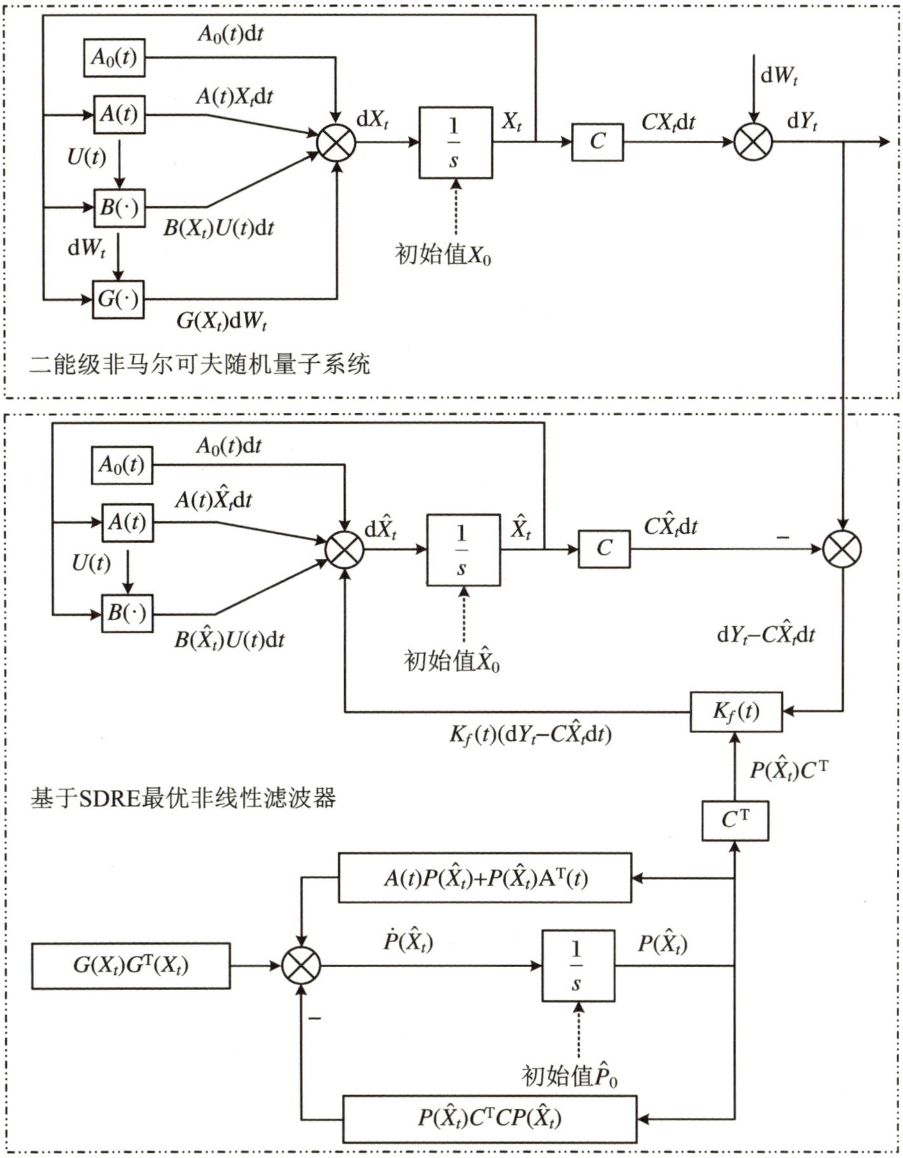

图 11.11 基于 SDRE 的最优非线性滤波器框图

图 11.11 中，通过基于 SDRE 的最优非线性滤波器进行实时量子状态估计的步骤是先在线求解式(11.102)获得当前时刻的 $P(\hat{X}_t)$，再依据式(11.101)更新滤波器的最优增益 $K_f(\hat{X}_t)$，最后依据式(11.96)获得当前状态 X_t 的最优估计 $\hat{X}_t$。需要注意的是，尽管

本书设计的滤波器能够得到二能级系统(11.95)的状态的实时最优估计，但无法保证估计状态满足量子状态约束，这是后续研究中应当解决的问题。

引入最优非线性滤波器(11.96)后整个被控系统的动力学方程为

$$\begin{cases} \mathrm{d}\begin{bmatrix} X_t \\ \hat{X}_t \end{bmatrix} = \left\{ \begin{bmatrix} A_0(t) \\ A_0(t) \end{bmatrix} + \begin{bmatrix} A(t) & 0_{3\times3} \\ K_f(t)C & A(t) - K_f(t)C \end{bmatrix} \begin{bmatrix} X_t \\ \hat{X}_t \end{bmatrix} + \begin{bmatrix} B(X_t) \\ B(\hat{X}_t) \end{bmatrix} U(t) \right\} \mathrm{d}t \\ \qquad + \begin{bmatrix} G(X_t) \\ K_f(t) \end{bmatrix} \mathrm{d}W_t \\ \mathrm{d}\begin{bmatrix} Y_t \\ \hat{Y}_t \end{bmatrix} = \begin{bmatrix} C & 0_{1\times3} \\ 0_{1\times3} & C \end{bmatrix} \begin{bmatrix} X_t \\ \hat{X}_t \end{bmatrix} + \begin{bmatrix} \mathrm{d}W_t \\ 0 \end{bmatrix} \end{cases} \tag{11.103}$$

我们将采用带有基于 SDRE 的最优非线性滤波器的式(11.103)作为被控系统进行状态反馈控制场的设计。

11.3.3 基于李雅普诺夫方法的状态反馈控制场的设计

二能级量子系统具有基态 $|0\rangle=[1\quad 0]^{\mathrm{T}}$ 和激发态 $|1\rangle=[0\quad 1]^{\mathrm{T}}$ 两个本征态，它们在笛卡尔坐标系内分别对应于坐标为 $[0,0,1]^{\mathrm{T}}$ 和 $[0,0,-1]^{\mathrm{T}}$，即 Bloch 球的北极和南极。本征态的高精度制备对于量子计算的实现来说至关重要。因此，本节的控制任务为：从任意初态出发驱动二能级系统的状态转移到激发态 $X_f=[x_f\ \ y_f\ \ z_f]^{\mathrm{T}}=[0\quad 0\quad -1]^{\mathrm{T}}$。需要说明的是，本节提出的控制方案同样适用于基态 $[0\quad 0\quad 1]^{\mathrm{T}}$ 的制备，其原理与激发态 $[0\quad 0\quad -1]^{\mathrm{T}}$ 的制备相似，故不再展开讨论。

本小节在设计最优非线性滤波器的基础上，将基于随机李雅普诺夫稳定性理论设计状态反馈控制场，其基本步骤是寻找一个李雅普诺夫函数 $V(\hat{X}_t)\geqslant 0$（$V(\hat{X}_t)=0$ 当且仅当 $\hat{X}_t=X_f$），通过设计控制场使得其无穷小生成元 $\mathcal{L}V(\hat{X}_t)\leqslant 0$ 恒成立。

所提出的二能级非马尔可夫随机量子系统状态反馈控制场由定理 11.5 给出：

定理 11.5 对于二能级非马尔可夫随机量子系统(11.93)，其状态在控制场 $u_x(t)$ 和 $u_y(t)$ 的作用下可以从任意初态以指数的速率收敛到目标本征态 $[0\quad 0\quad -1]^{\mathrm{T}}$。$u_x(t)$ 和 $u_y(t)$ 的表达式分别为

$$u_x(t) = -\lambda_1 \mathrm{e}^{-\theta_1(\hat{x}_t+\hat{y}_t)}(\hat{z}_t - z_f)[2\hat{y}_t + (\hat{z}_t - z_f)\hat{z}_t] \tag{11.104}$$

$$u_y(t) = -\lambda_2 e^{-\theta_2(\hat{x}_t+\hat{y}_t)}(\hat{z}_t - z_f)[-2\hat{x}_t - (\hat{z}_t - z_f)\hat{z}_t] \tag{11.105}$$

证明 选取 $V(\hat{X}_t)=(\hat{z}_t - z_f)^2 e^{-(\hat{x}_t+\hat{y}_t)}$ 作为李雅普诺夫函数，当且仅当 $\hat{X}_t = X_f = [0\ \ 0\ \ -1]^T$ 时 $V(\hat{X}_t)=0$。根据 Ito 引理，$V(\hat{X}_t)$ 的无穷小生成元为

$$\begin{aligned}\mathcal{L}V(\hat{X}_t) &= \nabla_{X_t}^T V(\hat{X}_t)(A_0 + A\hat{X}_t + B(\hat{X}_t)U(t)) \\ &\quad + 1/2 \cdot \mathrm{tr}(G^T(\hat{X}_t)\nabla_{X_t}^2 V(\hat{X}_t)G(\hat{X}_t))\end{aligned} \tag{11.106}$$

其中，梯度矩阵 $\nabla_{X_t}V(\hat{X}_t)$ 和海森（Hessian）矩阵 $\nabla_{X_t}^2 V(\hat{X}_t)$ 的表达式分别为

$$\nabla_{X_t}V(\hat{X}_t) = \begin{bmatrix} -V(\hat{X}_t) \\ -V(\hat{X}_t) \\ 2\alpha(\hat{X}_t) \end{bmatrix} \tag{11.107}$$

$$\nabla_{X_t}^2 V(\hat{X}_t) = \begin{bmatrix} V(\hat{X}_t) & V(\hat{X}_t) & -2\alpha(\hat{X}_t) \\ V(\hat{X}_t) & V(\hat{X}_t) & -2\alpha(\hat{X}_t) \\ -2\alpha(\hat{X}_t) & -2\alpha(\hat{X}_t) & 2e^{-(\hat{x}_t+\hat{y}_t)} \end{bmatrix} \tag{11.108}$$

$$\alpha(\hat{X}_t) = (\hat{z}_t - z_f)e^{-(\hat{x}_t+\hat{y}_t)} \tag{11.109}$$

所以

$$\begin{aligned}\mathcal{L}V(\hat{X}_t) =& u_x(t)[2\alpha(\hat{X}_t)\hat{y}_t + V(\hat{X}_t)\hat{z}_t] + u_y(t)[-2\alpha(\hat{X}_t)\hat{x}_t - V(\hat{X}_t)\hat{z}_t] \\ & + V(\hat{X}_t)\left[\left(\Delta(t) + \frac{M}{2} - \omega_0\right)\hat{x}_t + \left(\Delta(t) + \frac{M}{2} + \omega_0\right)\hat{y}_t + \frac{1}{2}M\eta\hat{z}_t^2(\hat{x}_t + \hat{y}_t)^2\right] \\ & + 2\alpha(\hat{X}_t)[M\eta(1-\hat{z}_t^2)(\hat{x}_t + \hat{y}_t)\hat{z}_t - 2\gamma(t) - 2\Delta(t)\hat{z}_t] \\ & + e^{-(\hat{x}_t+\hat{y}_t)}M\eta(1-\hat{z}_t^2)^2 \\ =& -\lambda_1 e^{-(\theta_1+1)(\hat{x}_t+\hat{y}_t)}(\hat{z}_t - z_f)^2[2\hat{y}_t + (\hat{z}_t - z_f)\hat{z}_t]^2 \\ & - \lambda_2 e^{-(\theta_2+1)(\hat{x}_t+\hat{y}_t)}(\hat{z}_t - z_f)^2[-2\hat{x}_t - (\hat{z}_t - z_f)\hat{z}_t]^2 \\ & + V(\hat{X}_t)\left[\left(\Delta(t) + \frac{M}{2} - \omega_0\right)\hat{x}_t + \left(\Delta(t) + \frac{M}{2} + \omega_0\right)\hat{y}_t + \frac{1}{2}M\eta\hat{z}_t^2(\hat{x}_t + \hat{y}_t)^2\right] \\ & + 2\alpha(\hat{X}_t)[M\eta(1-\hat{z}_t^2)(\hat{x}_t + \hat{y}_t)\hat{z}_t - 2\gamma(t) - 2\Delta(t)\hat{z}_t] \\ & + e^{-(\hat{x}_t+\hat{y}_t)}M\eta(1-\hat{z}_t^2)^2\end{aligned} \tag{11.110}$$

其中，$\lambda_1,\lambda_2\in\mathbf{R}^+$，$\theta_1,\theta_2\in\mathbf{R}$ 为可调节的控制参数；当 $\hat{X}_t\neq X_f$ 时，我们总可以通过选取适当的控制参数使得 $\mathcal{L}V_2(\hat{X}_t)<0$；当 $\hat{X}_t=X_f$ 时，式(11.110)中的第 1～3 项均趋于零。由于目标态为激发态$[0\quad 0\quad -1]^{\mathrm{T}}$，因此此时第 4 和 5 项也趋于零。

由于 $\mathcal{L}V(\hat{X}_t)=0\Leftrightarrow\hat{X}_t=X_f=[0\quad 0\quad -1]^T$，根据随机拉萨尔(LaSalle)不变原理，在控制场(11.105)和(11.106)的作用下二能级系统(11.93)将以指数的速率收敛到目标态 $X_f=[0\quad 0\quad -1]^{\mathrm{T}}$。证明完毕。

在本节所设计的最优非线性滤波器(11.96)的基础上，本小节提出的基于李雅普诺夫控制方法的二能级随机非马尔可夫量子系统本征态反馈控制的具体设计步骤如算法 11.3 所示。

算法 11.3　二能级随机非马尔可夫量子系统本征态反馈控制算法

---

(1) 初始化 X_0，$\hat{X}_0$ 和 P_0。

(2) For $t=\Delta t,2\Delta t,\cdots,N\Delta t$，do

(3) 依据式(11.102)求解 $P(\hat{X}_t)$；

(4) 依据式(11.101)更新 $K_f(t)$；

(5) 依据式(11.96)更新 $\mathrm{d}\hat{X}_t$ 并获取估计状态 $\hat{X}_t$；

(6) 依据式(11.104)和式(11.105)施加控制场 $u_x(t)$和 $u_y(t)$；

(7) End for

11.3.4　数值仿真实验与性能对比

为了对本节所设计出的基于 SDRE 的最优非线性滤波器以及基于李雅普诺夫方法的状态反馈控制场的性能进行验证，本节我们将进行以下三个系统仿真实验：

(1) 无外部控制作用下二能级系统的自由演化实验以及滤波器性能的测试；

(2) 系统参数对于控制性能影响的实验；

(3) 本征态反馈控制的性能对比实验。

系统仿真环境均为 MATLAB 2019b 中的 Simulink 工具箱，时间步长 Δt 均为 0.01 a.u.。

我们用相干性、转移概率和保真度三个指标来评价状态制备过程或结果的精度，其

定义分别为

$$\text{coherence}(t)=\sqrt{x_t^2+y_t^2} \tag{11.111}$$

$$P_f(t)=\text{tr}(\rho_f\rho_S)=\frac{1-z_t}{2} \tag{11.112}$$

$$\text{fidelity}(t)=\text{tr}\left(\sqrt{\sqrt{\rho_S(t)}\ \rho_f\sqrt{\rho_S(t)}}\right) \tag{11.113}$$

其中，ρ_f 代表目标态对应的密度矩阵。

11.3.4.1 二能级系统的自由演化实验以及滤波器性能分析

无外部控制作用下，二能级开放量子系统的状态将会逐渐自行耗散退化到能量最小点$[0\ \ 0\ \ -\gamma(\infty)/\Delta(\infty)]^{\mathrm{T}}\approx[0\ \ 0\ \ 0]^{\mathrm{T}}$。为了消除零拍测量引入的随机噪声 $\mathrm{d}W_t$ 的影响，我们采用系综控制模型(11.91)来观察二能级系统状态在 Bloch 球上自由演化的路线。

设置系统参数为：$\alpha=0.01$，$r=0.1$，$\omega_0=10$，$k_{\mathrm{B}}T=300\omega_0$，$M=5$，系统的初态为混合态 $X_0=[0.2\ \ -0.3\ \ 0.5]^{\mathrm{T}}$，仿真时长为 600 a.u.。此时，系统(11.91)在 Bloch 球上的自由演化轨迹如图 11.12 所示，其中，蓝色的“o”代表初态，蓝色的“×”代表终态。非马尔可夫形式的退相干效应使得系统轨迹并非直接趋于平衡点，而是呈螺旋状衰减到平衡点。参数 r 取值越小，系统初始状态距离 z 轴越远，则系统的非马尔可夫行为越明显。当初始状态位于 z 轴时，系统轨迹将直接沿 z 轴趋于平衡点。对于图 11.12 中所示的情况，当 $t=3$ a.u. 时，系统状态的轨迹已经与 z 轴非常接近；当 $t>3$ a.u. 时，系统状态的轨迹沿 z 轴趋于能量最小的最大混合态。

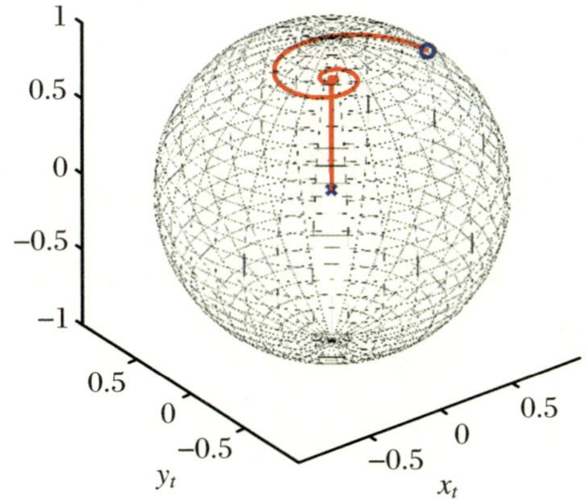

图 11.12 系统(11.91)的状态在 Bloch 球上的自由演化轨迹

为了展现本节所提的最优非线性滤波器(11.96)的性能,我们首先在无外部控制作用下对其进行测试。

设置测量效率 $\eta=0.9$,随机噪声 $\mathrm{d}W_t$ 的方差为 0.01,其他系统参数与图 11.12 中系统相同;系统的初态选取为混合态 $X_0=[0.6\quad -0.1\quad 0.75]^{\mathrm{T}}$,初始估计状态选取为混合态 $\hat{X}_0=[-0.2\quad 0\quad 0.5]^{\mathrm{T}}$;协方差矩阵 $P(\hat{X}_t)$ 的初始值设置为 $P_0=0.01I_{3\times3}$;仿真时长设置为 2.5 a.u.。系统状态的估计实验结果如图 11.13 所示,其中被控系统(11.103)的状态在 Bloch 球上自由演化的路线如图 11.13(a)所示,其中,蓝色的"o"代表真实状态的初态,蓝色的"□"代表估计状态的初态,蓝色的"×"代表真实状态的终态;红色实线代表真实状态的演化路线,绿色点画线代表估计状态的演化曲线。图 11.13(b)为估计状态和估计误差的变化曲线,从中可以看出:当仿真时间达到 2.5 a.u. 时,估计状态的误差为 $[e_x\ \ e_y\ \ e_z]^{\mathrm{T}}=[2.00\times10^{-3}\quad -5.48\times10^{-4}\quad -2.36\times10^{-3}]^{\mathrm{T}}$。

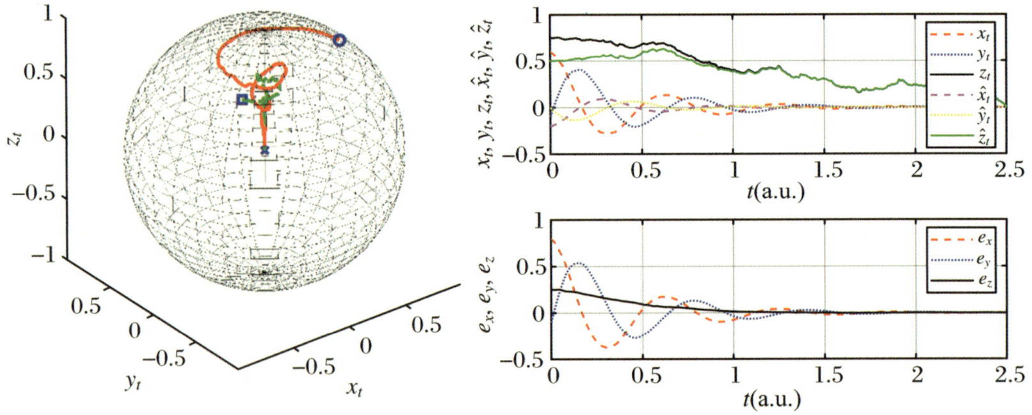

(a) 被控系统(11.103)的真实状态　　(b) 估计状态和估计误差的变化曲线

图 11.13　系统状态估计实验结果

最优非线性滤波器(11.96)的增益矩阵 $K_f(t)$ 中的各元素的变化曲线如图 11.14 所示,从中可以看出,在 1 a.u. 后滤波器的估计状态即可跟踪系统的真实状态,$K_f(t)$ 中的各元素的数值几乎收敛到 0。

11.3.4.2　系统参数对于控制性能影响的实验

本征态反馈控制的性能与系统参数有关。本小节中我们将在本节所提控制场(11.104)和(11.104)的作用下分别考察量子系统与热浴之间的耦合强度 α,波尔兹曼常数 k_{B} 与热浴温度 T 的乘积 $k_{\mathrm{B}}T$,有效的相互作用强度 M 和测量效率 η 对于转移概率

P_f 的影响。

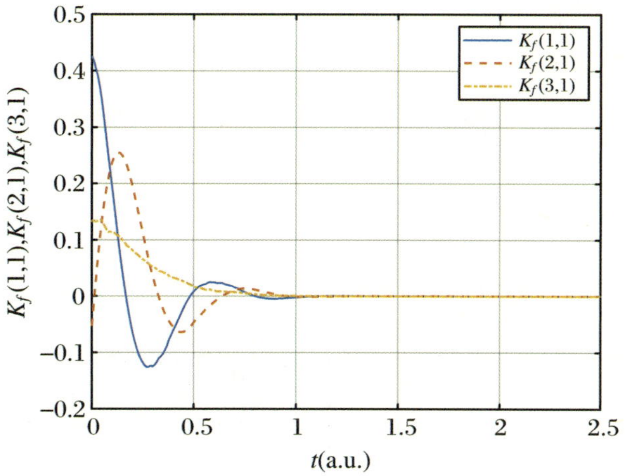

图 11.14 $K_f(t)$中的各元素的变化曲线

在本小节的本征态反馈控制的仿真实验中，二能级系统的初态和初始估计状态、协方差矩阵 $P(\hat{X}_t)$的初始值、时间步长和仿真时长均与 11.3.4.1 节相同；控制场(11.104)和(11.105)的参数选取为：$\lambda_1=12$，$\lambda_2=13$，$\theta_1=\theta_2=-0.5$。系统参数 α 对于 P_f 的影响如图 11.15(a)所示，其中，α 分别选取为 0.01，0.03 和 0.06；系统参数 $k_B T$ 对于 P_f 的影响如图 11.15(b)所示，其中 $k_B T$ 分别选取为 $300\omega_0$，$1000\omega_0$ 和 $2000\omega_0$；系统参数 M 对于 P_f 的影响如图 11.15(c)所示，其中 M 分别选取为 1，5 和 10；系统参数 η 对于 P_f 的影响如图 11.15(d)所示，其中 η 分别选取为 0.5，0.7 和 0.9。

从图 11.15 中可以看出，本征态反馈控制的精度与耦合强度 α 以及热浴温度 T 呈负相关，与有效的相互作用强度 M 和测量效率 η 呈正相关。换句话说，在欧姆环境和高温近似的前提下，耦合强度 α 越小，热浴温度 T 越低，有效的相互作用强度 M 越大，测量效率 η 越高，则本征态反馈控制的精度越高。

根据上述结论，并参考已有的有限时域非线性最优反馈控制的参数取值(Qamar，Cong，2019)，在 11.3.4.3 节的本征态反馈控制的仿真实验中我们设置系统参数为

$$\alpha=0.01,\quad r=0.1,\quad \omega_0=10,\quad k_B T=300\omega_0,\quad M=5,\quad \eta=0.9$$

11.3.4.3 本征态反馈控制的性能对比实验

为了验证本节所提理论的优越性，本小节中我们将所提出的最优非线性滤波器(11.96)的基础上分别对被控系统(11.103)施加所提出的基于李雅普诺夫方法设计的控

制场(11.104)和(11.105)(记为控制场Ⅰ)以及本研究组先前提出的非线性最优反馈控制场[Qamar,Cong,2019](记为控制场Ⅱ)进行数值仿真实验。控制场Ⅱ的性能指标定义为

$$J(X_{t_f},\hat{X}_t,U(t))=\frac{1}{2}\boldsymbol{E}\left\{\hat{e}_{t_f}^{\mathrm{T}}S\hat{e}_{t_f}+\int_{t_0}^{t_f}(\hat{e}_t^{\mathrm{T}}Q\hat{e}_t+U^T(t)RU(t))\mathrm{d}t\right\}\tag{11.114}$$

其中,t_0 代表起始时刻,t_f 代表终止时刻;$\hat{e}_t=\hat{X}_t-\hat{X}_t^r$,$\hat{X}_t^r$ 为具有期望动力学特性的参考模型 $\dot{\hat{X}}_t^r=A_r\hat{X}_t^r$ 中的状态;Q 和 S 为对称半正定矩阵,R 为对称正定矩阵。

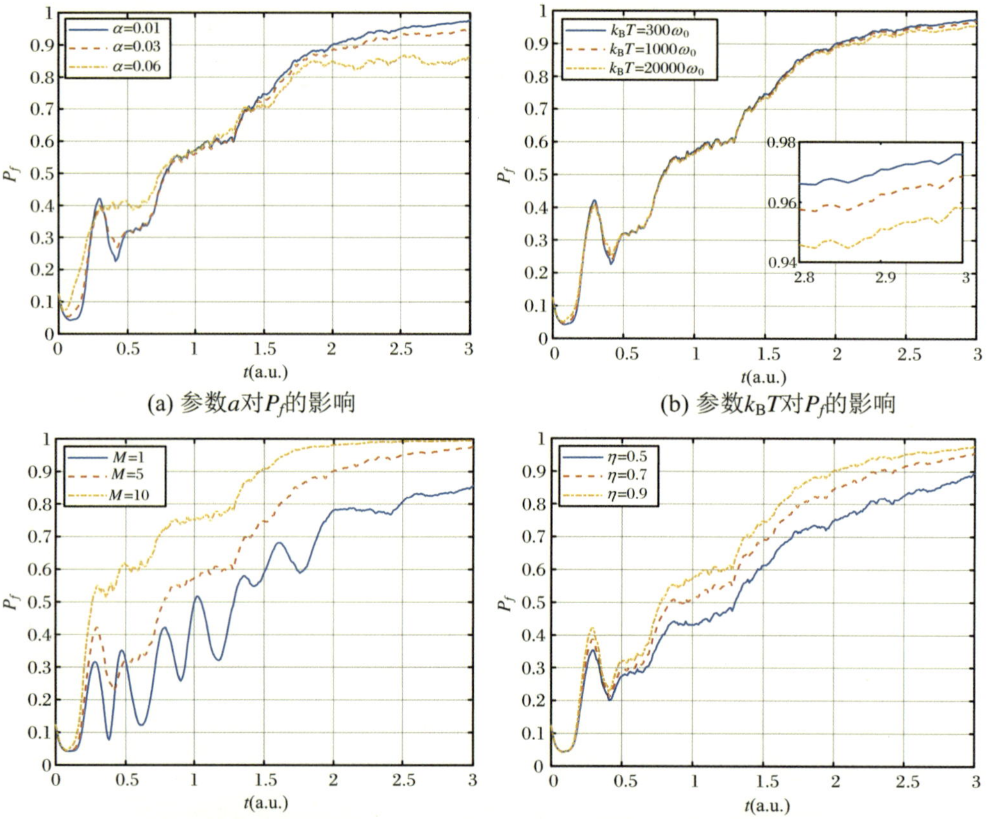

(a) 参数a对P_f的影响　(b) 参数k_BT对P_f的影响

(c) 参数M对P_f的影响　(d) 参数η对P_f的影响

图 11.15　系统参数对转移概率的影响

卡马尔(2019)的非线性最优反馈控制场设计的核心思想是驱动被控系统(11.103)的状态跟踪参考模型中的状态 $\hat{X}_t^r$,并通过将系统状态 $\hat{X}_t$ 对参考模型状态 $\hat{X}_t^r$ 的跟踪,通过定义误差变量 $\hat{e}_t=\hat{X}_t-\hat{X}_t^r$,转变成了对新的误差状态 $\hat{e}_t$ 的转移控制。性能对比实

验中我们选择参考模型 $\hat{X}_t^r$ 的目标态为本征态|1〉,也就是笛卡尔坐标系中的$[0\quad 0\quad -1]^{\mathrm{T}}$。

在本小节中,控制场Ⅰ的控制参数选取为:$\lambda_1=4,\lambda_2=13,\theta_1=\theta_2=0.5$,控制场Ⅱ的控制参数选取为:$S=I_{3\times 3},Q=\mathrm{diag}[6\quad 36\quad 15],R=\mathrm{diag}[0.1\quad 0.9]$,其他参数不变。在控制场Ⅰ和Ⅱ作用下,被控系统(11.103)的真实状态在Bloch球上演化的路线如图11.16所示,其中,蓝色的"o"代表真实状态的初态,蓝色的"×"代表目标态,红色实线和绿色点画线分别代表在控制场Ⅰ和Ⅱ作用下,被控系统(13.116)的真实状态在Bloch球上演化的路线。当仿真时间达到3 a.u.时,控制场Ⅰ作用下系统的终态为$[1.41\times 10^{-4}\quad -3.08\times 10^{-5}\quad -9.61\times 10^{-1}]^{\mathrm{T}}$,保真度为99.03%;而控制场Ⅱ作用下系统的终态为$[3.16\times 10^{-3}\quad 1.41\times 10^{-3}\quad -8.88\times 10^{-1}]^{\mathrm{T}}$,保真度为97.15%。

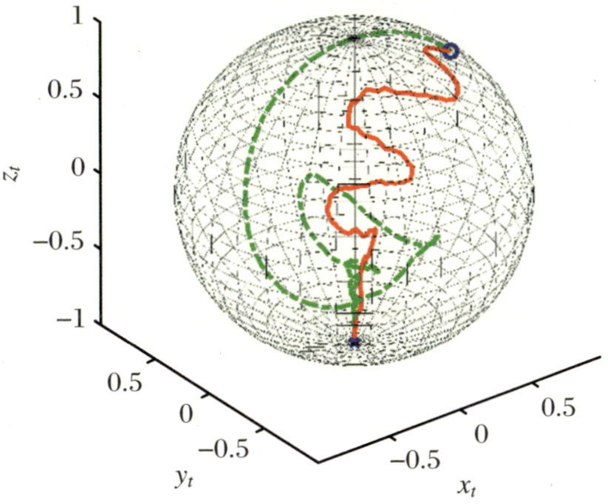

图11.16　被控系统(11.103)的真实状态在Bloch球上演化的路线

控制场Ⅰ和Ⅱ的变化曲线如图11.17(a)所示。按照 $J(t)=\int_0^t(u_x^2+u_y^2)\mathrm{d}t$ 的方式定义控制能量,则控制场Ⅰ和控制场Ⅱ在3 a.u.内消耗的能量分别为38.63和80.37。控制场Ⅰ和Ⅱ作用下二能级系统(11.93)相干性的变化曲线如图11.17(b)所示。

从图13.27中可以看出,在2.04 a.u.之前的大部分时间内,控制场Ⅱ作用下系统 x_t 和 y_t 方向上的状态制备精度更高,但在2.04 a.u.之后情况正好相反。当仿真时间达到3 a.u.时,控制场Ⅰ和Ⅱ作用下系统的相干性分别为1.45×10^{-4}和3.46×10^{-3}。控制场Ⅰ和Ⅱ作用下二能级系统(11.93)转移概率的变化曲线如图11.17(c)所示,从中可以看出,在起始阶段,控制场Ⅱ作用下系统在 z_t 方向上的状态制备精度更高,但在1.67 a.u.之后情况正好相反,当仿真时间达到3 a.u.时,控制场Ⅰ和Ⅱ作用下系统的转移概率分别为98.07%和94.39%。

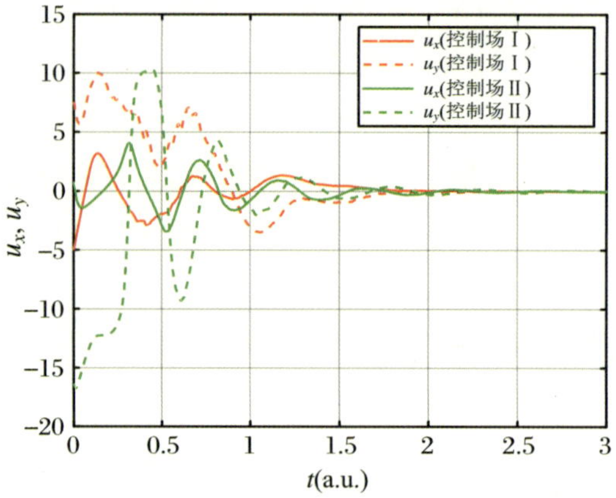

(a) 控制场 I 和 II 的变化曲线

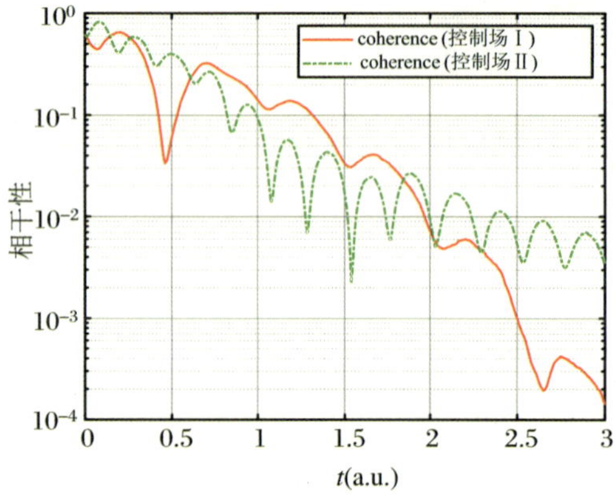

(b) 相干性的变化曲线

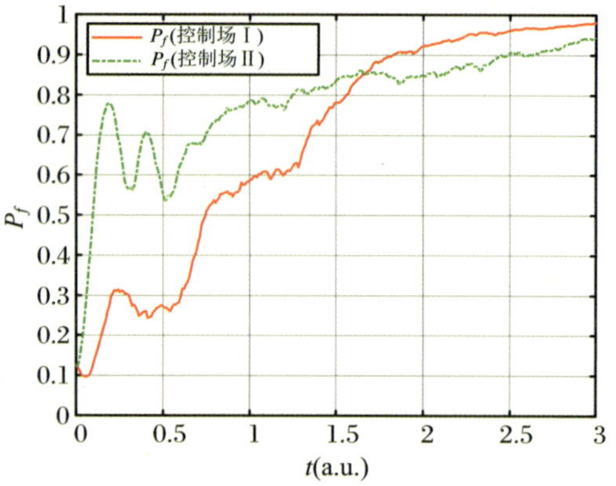

(c) 转移概率的变化曲线

图 11.17 控制场、相干性和转移概率的变化曲线

表 11.2 为控制场 I 和 II 作用下本征态反馈控制性能的定量比较，其中，t_{s1} 代表 P_f 稳定在 90%以上所需要的调节时间，t_{s2} 代表 coherence 稳定在 0.01 以下所需要的调节时间。

表 11.2 控制场 I 和 II 作用下本征态反馈控制的性能对比

	控制场 I	控制场 II
t_{s1}(a.u.)	1.83	2.49
t_{s2}(a.u.)	1.97	2.45
fidelity(3)	99.03%	97.15%
J(3)	38.63	80.37

由表 11.2 可以看出，本节所提的基李雅普诺夫控制方法设计的控制场Ⅰ相对于 Qamar 中的有限时域非线性最优反馈控制场Ⅱ而言在性能上具有优越性，具体体现在能够以更短的调节时间和更小的控制能量取得更高的保真度上。

11.4 基于在线估计状态的随机开放量子系统的纯态开关反馈控制

量子态估计是一种基于量子系统的测量结果重构出量子状态的方法，目前已被应用于量子控制、量子计算和量子信息等研究领域。传统的量子态估计算法是离线的，需要整个测量数据集通过多次迭代来估计出一个固定的量子态。对于离线量子态估计，人们已经提出了许多优化算法。史密斯等人基于最小二乘法实现了基于有噪声数据的 4 量子位量子态估计（Smith et al.，2006）。胡萨尔等人开发了一种基于贝叶斯推理和香农信息的自适应量子估计框架（Huszar，Houlsby，2012）。通过忽略了量子密度矩阵的约束条件，Li 和 Cong 采用了交替方向乘子法（Alternating Direction Multiplier Method，ADMM）来进行量子态估计（Li，Cong，2014）。虽然这些离线优化算法可以实现高精度的量子态估计，但它们不能用于在线量子态的估计与重构，更不能用于闭环状态反馈控制。2005 年，西尔伯法等人提出了连续弱测量（continuous weak Measurement，CWM），可以在不破坏系统的情况下连续获得目标量子系统中估计状态的测量信息（Silberfarb et al.，2005）。为了利用连续时变数据重建量子系统状态，近年来提出了一些基于 CWM 的在线量子态估计算法。利用矩阵指数梯度（matrix exponentiated gradient，MEG）法，Youssry 等人提出了一种在线学习算法（Youssry et al.，2019）。Yang 等人将量子态估计问题转换为一个最小二乘问题，并利用凸优化工具（convex optimization toolbox，CVX），设计了一种两能级量子系统的在线处理模型（Yang et al.，2018；Cong et al.，2019）。基于在线交替方向乘子法（Online Alternating Direction Multiplier Method，OADM），Zhang 等人提出了一种具有自适应学习率的在线量子态估计算法，使得量子态能够被有效地、快速地实时估计出来（Zhang et al.，2020a）。

用量子控制理论解决量子世界中的微粒子操纵问题已经发展了多年。为了控制量子系统状态转移至目标态，许多经典的控制策略已经应用于量子系统，例如，最优控制（D'Alessandro，Dahleh，2011）、滑模控制（Dong，Petersen，2012）、H_∞ 控制（James et al.，2008）及李雅普诺夫控制（Kuang，Cong，2008；Wang，Schirmer，2010a）等。其中，量子系统的反馈控制可以获得更高的控制精度。基于量子系统的随机主方程，van Handel 等人研究了二维随机量子系统本征态的反馈控制（van Handel，Stockton，2004）。针对角动量系统，米尔拉希米等人提出了一种开关反馈控制场，首次实现了量子系统状态从任意初始态到任意本征态的全局稳定的状态转移（Mirrahimi，van Handel，2007）；津村在米尔拉希米所提出控制场的基础上提出一类连续控制场实现任意初始态到某个本征态的转移（Tsumura，2007）。为了将受控量子系统扩展到更一般的有限维随机量子系统，Ge 等人设计了一种非光滑状态反馈控制，实现了本征态的状态转移（Ge et al.，2012）。对于随机开放量子系统的状态转移，系统除有限个目标态以外，往往还存在着多个平衡点，如何控制系统状态收敛到目标态而不是其他平衡点是难点之一，为此，利用李雅普诺夫稳定性定理和拉塞尔不变集原理，Cong 等人实现了随机开放量子系统一类特殊本征态和任意本征态的状态转移（Cong et al.，2016a，2016b）；Wen 等人实现了一类具有简并测量算子的有限维随机量子系统的混合态的全局稳定和状态转移（Wen et al.，2018）。

本节利用 11.1.1 小节中设计的 QST-OADM 算法，设计一种基于在线估计状态的纯态开关反馈控制，实现对随机开放量子系统状态的状态转移，目标态为同时包括本征态和叠加态的纯态，通过设计控制场，使得系统状态可以从状态空间的任意初态收敛到目标态。为此，设计的控制场包含两部分，一是常量控制，用于将系统状态从收敛域之外驱动到收敛域；二是基于李雅普诺夫稳定性定理和拉塞尔不变集原理设计的控制场，使通过第一步控制进入到系统收敛域中的系统状态收敛到目标状态。当目标态为本征态时，该状态是任意选取的。当目标态为叠加态时，对于单比特量子系统，该状态也是任意选取的；对于 2 比特或多比特量子系统，该状态需要通过单量子位张量积的形式获得，这是为了保证系统的平衡点是可数的。在数值仿真实验中，我们首先研究 QST-OADM 算法的估计性能，再将所设计的控制场应用于 2 比特量子系统的状态转移中，研究不同实际初态和估计初态对于系统状态转移性能的影响，并将对状态转移的结果进行性能对比和分析。

基于连续弱测量和 QST-OADM 算法的在线量子态估计过程如图 11.2 所示。有限维随机开放量子系统状态可以用密度矩阵 ρ_t 表示，状态的演化为非线性随机微分方程，如式（11.1）所示。所采用的在线量子态估计的算法为 11.1.1 小节中设计的 QST-OADM 算法，我们重点将进行开放量子系统纯态开关反馈控制场的设计。

11.4.1 基于在线估计量子态的纯态开关反馈控制场设计

11.4.1.1 控制任务和控制思路

对于一个 n 比特随机开放量子系统，本节所控制的目标态 ρ_f 为纯态，即本征态和叠加态。当目标态为本征态时，ρ_f 是任意的；当目标态为叠加态时，ρ_f 可由 n 个单比特叠加态 ρ_{f0} 的张量积计算为

$$\rho_f = \rho_{f0} \otimes \cdots \otimes \rho_{f0} \otimes \rho_{f0}, \quad \rho_{f0} = \begin{bmatrix} a & b \\ b^* & 1-a \end{bmatrix}$$

其中，$a(1-a) = bb^*$，b^* 表示 b 的共轭复数。

针对目标态为纯态的情况，本小节设计一个基于在线估计量子态的开关反馈控制(switching feedback control，SFC)，来实现系统状态可以从状态空间的任意初态收敛到目标态，用于反馈控制的在线估计状态 $\hat{\rho}_t$ 是利用 QST-OADM 算法实时获取的。具体控制思路为：首先，根据李雅普诺夫定理，构造一个合适的李雅普诺夫函数 V，通过设计控制场 $u(\hat{\rho}_t)$ 使 V 的无穷小算子 $\mathcal{L}V \leqslant 0$，并且在目标态时 $V(\rho_f) = 0$，从而目标态是概率稳定的；然后，根据拉塞尔不变集原理，分析系统的不变集，并通过参数设置确定系统状态的收敛域，使得该收敛域中只包含目标态，则位于收敛域中的系统状态在控制场 $u(\hat{\rho}_t)$ 的作用下可以唯一地收敛到目标态。为了使不在收敛域中的系统状态也能收敛到目标态，设计了常量控制 u_c，在此控制场作用下，系统状态可以在有限时间内进入收敛域中。通过这样的方式，将控制场 $u(\hat{\rho}_t)$ 和常量控制 u_c 组合成开关控制场 u_t，在 u_t 的作用下，系统状态就可以从状态空间的任意初态收敛到目标态。

11.4.1.2 控制场 $u(\hat{\rho}_t)$ 的设计

本小节基于李雅普诺夫稳定性定理来设计控制场 $u(\hat{\rho}_t)$，构造的李雅普诺夫函数为

$$V(\hat{\rho}_t) = 1 - \mathrm{tr}(\hat{\rho}_t \rho_f) + c\,\mathrm{tr}^2(P\hat{\rho}_t) \tag{11.115}$$

其中，$c \in \mathbf{R}$ 且 $c \geqslant 0$，$P \in \mathbf{C}^{2^n \times 2^n}$，满足 $\mathrm{tr}(P\rho_f) = 0$。显然 $V \geqslant 0$ 且 $V(\rho_f) = 0$，满足李雅普诺夫函数设计要求。需要注意的是，在后面的工作中，通过设计式(11.115)中的参数 P 和 c，可以确定系统的收敛域，并使得收敛域中只包含目标态。

根据式(11.115)，$V(\hat{\rho}_t)$ 的无穷小算子 $\mathcal{L}V(\hat{\rho}_t)$ 为

$$\mathcal{L}V(\hat{\rho}_t) = -\mathcal{L}\mathrm{tr}(\hat{\rho}_t\rho_f) + c\mathcal{L}\mathrm{tr}^2(P\hat{\rho}_t) \tag{11.116}$$

在 11.1 节中，我们通过 QST-OADM 算法获得了系统的在线估计状态，因此，在控制场的设计中，我们用系统的估计状态 $\hat{\rho}_t$ 代替系统真实状态 ρ_t，则系统的演化方程(11.1)可以写成带有估计状态 $\hat{\rho}_t$ 的演化方程形式：

$$\begin{aligned}\hat{\rho}_{t+\Delta t} - \hat{\rho}_t = & -\frac{\mathrm{i}}{\hbar}[H(t),\hat{\rho}_t]\Delta t + \left[L\hat{\rho}_tL^\dagger - \left(\frac{1}{2}L^\dagger L\hat{\rho}_t + \frac{1}{2}\hat{\rho}_tL^\dagger L\right)\right]\Delta t \\ & + \hat{\rho}_t^\dagger\sqrt{\eta}[L\hat{\rho}_t + \hat{\rho}_tL^\dagger - \mathrm{tr}(L\hat{\rho}_t + \hat{\rho}_tL^\dagger)\hat{\rho}_t]\mathrm{d}W\end{aligned} \tag{11.117}$$

根据式(11.117)，有

$$\begin{aligned}\mathrm{dtr}(\hat{\rho}_t\rho_f) = & \mathrm{tr}(-\mathrm{i}[H_0,\hat{\rho}_t]\rho_f + L\hat{\rho}_tL^\dagger\rho_f - \frac{1}{2}(L^\dagger L\hat{\rho}_t + \hat{\rho}_tL^\dagger L)\rho_f)\mathrm{d}t \\ & + \mathrm{tr}(-\mathrm{i}[H_1,\hat{\rho}_t]\rho_f)u_t\mathrm{d}t + \sqrt{\eta}[L\hat{\rho}_t\rho_f + \hat{\rho}_tL^\dagger\rho_f - \mathrm{tr}(L\hat{\rho}_t + \hat{\rho}_tL^\dagger)\hat{\rho}_t\rho_f]\mathrm{d}W\end{aligned}$$

因此

$$\mathcal{L}\mathrm{tr}(\hat{\rho}_t\rho_f) = \mathrm{tr}(\alpha\rho_f) + \mathrm{tr}(-\mathrm{i}[H_1,\hat{\rho}_t]\rho_f)u_t \tag{11.118}$$

其中，$\alpha = -\mathrm{i}[H_0,\hat{\rho}_t] + L\hat{\rho}_tL^\dagger - \frac{1}{2}(L^\dagger L\hat{\rho}_t + \hat{\rho}_tL^\dagger L)$。

为了计算 $\mathcal{L}\mathrm{tr}^2(P\hat{\rho}_t)$，首先结合式(11.117)计算 $\mathrm{dtr}(P\hat{\rho}_t)$ 为

$$\mathrm{dtr}(P\hat{\rho}_t) = \mathrm{tr}(P\mathrm{d}\hat{\rho}_t) = \mathrm{tr}(P\alpha)\mathrm{d}t + \mathrm{tr}(-\mathrm{i}[H_1,\hat{\rho}_t]P)u_t\mathrm{d}t + \mathrm{tr}(P\delta)\mathrm{d}W \tag{11.119}$$

其中，$\delta = \sqrt{\eta}(L\hat{\rho}_t + \hat{\rho}_tL^\dagger - \mathrm{tr}(L\hat{\rho}_t + \hat{\rho}_tL^\dagger)\hat{\rho}_t)$。利用伊藤引理，$\mathrm{dtr}^2(P\hat{\rho}_t)$可计算为

$$\begin{aligned}\mathrm{dtr}^2(P\hat{\rho}_t) = & 2\mathrm{tr}(P\mathrm{d}\hat{\rho}_t)\mathrm{dtr}(P\hat{\rho}_t) + (\mathrm{dtr}(P\hat{\rho}_t))^2 = 2\mathrm{tr}(P\mathrm{d}\hat{\rho}_t)[\mathrm{tr}(P\alpha)\mathrm{d}t \\ & + \mathrm{tr}(-\mathrm{i}[H_1,\hat{\rho}_t]P)u_t\mathrm{d}t + \mathrm{tr}(P\delta)\mathrm{d}W] + (\mathrm{dtr}(P\hat{\rho}_t))^2\end{aligned} \tag{11.120}$$

由此可以推导出

$$\mathcal{L}\mathrm{tr}^2(P\hat{\rho}_t) = 2\mathrm{tr}(P\mathrm{d}\hat{\rho}_t)[\mathrm{tr}(P\alpha) + \mathrm{tr}(-\mathrm{i}[H_1,\hat{\rho}_t]P)u_t] + \mathrm{tr}^2(P\delta) \tag{11.121}$$

将式(11.118)和式(11.121)代入式(11.116)可得

$$\begin{aligned}\mathcal{L}V(\hat{\rho}_t) = & 2c\mathrm{tr}(P\hat{\rho}_t)\mathrm{tr}(P\alpha) + c\mathrm{tr}^2(P\delta) + \mathrm{tr}(\alpha\rho_f) \\ & + 2c\mathrm{tr}(P\hat{\rho}_t)\mathrm{tr}(-\mathrm{i}[H_1,\hat{\rho}_t]P)u_t - \mathrm{tr}(-\mathrm{i}[H_1,\hat{\rho}_t]\rho_f)u_t \\ = & G(\hat{\rho}_t) + u_tg(\hat{\rho}_t)\end{aligned} \tag{11.122}$$

其中

$$G(\hat{\rho}_t) = 2c\mathrm{tr}(P\hat{\rho}_t)\mathrm{tr}(P\alpha) + c\mathrm{tr}^2(P\delta) - \mathrm{tr}(\alpha\hat{\rho}_t) \tag{11.123}$$

$$g(\hat{\rho}_t) = 2c\mathrm{tr}(P\hat{\rho}_t)\mathrm{tr}(-\mathrm{i}[H_1, \hat{\rho}_t]P) - \mathrm{tr}(-\mathrm{i}[H_1, \hat{\rho}_t]\rho_f) \tag{11.124}$$

设计控制场为

$$u_t = u(\hat{\rho}_t) = -\frac{G(\hat{\rho}_t)}{g(\hat{\rho}_t)} - k_v g(\hat{\rho}_t) \tag{11.125}$$

其中，$k_v \in \mathbf{R}$ 且 $k_v > 0$。将式(11.125)代入式(11.122)，可得

$$\mathcal{L}V(\hat{\rho}_t) = -k_v g^2(\hat{\rho}_t) \leqslant 0 \tag{11.126}$$

故控制场 $u(\hat{\rho}_t)$满足李雅普诺夫设计原理。

11.4.1.3 系统不变集分析及反馈控制参数的设计

根据拉塞尔不变集原理，对于任意初态，在控制场 $u(\hat{\rho}_t)$的作用下，系统状态会依概率收敛于不变集：

$$\mathcal{R} = \{\rho_{\mathcal{R}} : \mathcal{L}V(\rho_{\mathcal{R}}) = 0\} = \{\rho_{\mathcal{R}} : g(\rho_{\mathcal{R}}) = 0\} \tag{11.127}$$

其中，$\rho_{\mathcal{R}}$ 为不变集 $\mathcal{R}$ 中的状态，即系统的平衡点。

对于目标态 ρ_f，易知 $g(\rho_f) = 0$，因此 $\rho_f \in \mathcal{R}$。根据李雅普诺夫定理和拉塞尔不变集原理，如果不变集 $\mathcal{R}$ 中只包含目标态ρ_f，控制场 $u(\hat{\rho}_t)$可以使系统状态从任意初态收敛到目标态。然而，不变集 $\mathcal{R}$ 中可能包含除目标态以外的其他状态，系统状态也会依概率收敛到这些状态。为了解决此问题，本小节通过参数 P 和c 的设计，确定系统的收敛域，使得此收敛域中只包含目标态，即系统状态在此收敛域中可以在控制场的作用下唯一地收敛到目标态。

根据设计需求，参数 P 和c 的设计需满足两个条件：

(1) 使得目标态的李雅普诺夫函数值 $V(\rho_f)$为 0。

(2) 保证系统收敛域中的平衡点只包含目标态 ρ_f。

为了满足条件(1)，令

$$V(\rho_f) = 1 - \mathrm{tr}(\rho_f\rho_f) + c\mathrm{tr}^2(P\rho_f) = c\mathrm{tr}^2(P\rho_f) = 0 \tag{11.128}$$

可得

$$\mathrm{tr}(P\rho_f) = 0 \tag{11.129}$$

为了满足条件(2)，首先需分析不变集 $\mathcal{R}$ 中除目标态外的其他状态。当 $\rho_{\mathcal{R}} \neq \rho_f$ 时，

系统的所有平衡点 $\rho_{\mathcal{R}}$ 满足条件：

$$g(\rho_{\mathcal{R}}) = 2c\text{tr}(P\rho_{\mathcal{R}})\text{tr}(-\text{i}[H_1, \rho_{\mathcal{R}}]P) - \text{tr}(-\text{i}[H_1, \rho_{\mathcal{R}}]\rho_f) = 0 \tag{11.130}$$

当系统的控制哈密顿量 H_1 和目标态 ρ_f 确定时，方程(11.130)的解仅和参数 P 和 c 有关，即通过参数 P 和 c 的选取可以确定系统不变集中的平衡点，从而确定系统的收敛域。在 6.4.2.2 小节中，给出了本小节控制的目标态形式，目的是为了保证方程(11.130)有可数个解，假设该方程除目标态 ρ_f 外还有 m 个解：$\{\rho_{\mathcal{R}1}, \rho_{\mathcal{R}2}, \cdots, \rho_{\mathcal{R}m}\}$，则不变集 $\mathcal{R}$ 中的状态为 $\mathcal{R} = \{\rho_{\mathcal{R}1}, \rho_{\mathcal{R}2}, \cdots, \rho_{\mathcal{R}m}, \rho_f\}$。

为了便于描述，定义 $V_{\max} = \max\limits_{\rho\in\mathcal{S}} V(\rho)$，表示位于状态空间 $\mathcal{S}$ 中的状态 ρ 的李雅普诺夫函数最大值；$\mathcal{Q}_{>\theta} := \{\rho \in \mathcal{S}: \theta < V(\rho) < V_{\max}\}$，$\mathcal{Q}_{\leqslant\theta} := \{\rho \in \mathcal{S}: 0 \leqslant V(\rho) \leqslant \theta\}$ 表示两类区域。令

$$\mathcal{Q} = \min[V(\rho_{\mathcal{R}i})] - V(\rho_{I_n}) > 0 \tag{11.131}$$

$$M = V(\rho_{I_n}) + \frac{\mathcal{Q}}{2} > 0 \tag{11.132}$$

其中，$\rho_{I_n} = \frac{1}{n}I$，$I$ 为 $2^n \times 2^n$ 型单位矩阵，n 为量子比特数；$\rho_{\mathcal{R}i} \neq \rho_f$，$i = 1, 2, \cdots, m$ 为系统的第 i 个平衡点。$\mathcal{Q}_{\leqslant M}$ 即为所设计的收敛域，显然 $0 = V(\rho_f) < M < \min[V(\rho_{\mathcal{R}i})]$，即收敛域 $\mathcal{Q}_{\leqslant M}$ 中只包含目标态 ρ_f。P 和 c 的选取需使得式(11.131)和式(11.132)成立，即

$$0 < V(\rho_{I_n}) < \min[V(\rho_{\mathcal{R}i})] \tag{11.133}$$

由此式(11.129)和式(11.133)即为参数和 P 和 c 的两个选取要求。

11.4.1.4 开关控制策略

由第 11.4.1.3 小节分析可知，在系统的收敛域 $\mathcal{Q}_{\leqslant M}$ 中，系统状态可以在控制场 $u(\hat{\rho}_t)$ 的作用下收敛到目标态，为了使目标态可以从状态空间的任意初态收敛到目标态，设计了一个常量控制 $u_c = 1$，用来驱动位于系统收敛域外的系统状态进入收敛域中，从而形成开关控制场 u_t，设计原理如图 11.18 所示，其中，状态空间 $\mathcal{S}$ 被分为三个区域：最外层的白色区域 $\mathcal{Q}_{>M+\frac{\mathcal{Q}}{4}}$ 中间蓝色区域 Φ 和内层黄色区域 $\mathcal{Q}_{\leqslant M}$。

结合图 11.18，本小节设计的开关控制场 u_t 的表达式为

$$\begin{cases} u_t = 1, & \text{若 } \hat{\rho}_t \in \mathcal{Q}_{>M+\frac{\mathcal{Q}}{4}} \text{ 或 } \hat{\rho}_t \in \Phi \text{ 且 } \hat{\rho}_t \text{ 是从区域 } \mathcal{Q}_{>M+\frac{\mathcal{Q}}{4}} \text{ 中进入 } \Phi \\ u_t = u(\hat{\rho}_t) = -\dfrac{G(\hat{\rho}_t)}{g(\hat{\rho}_t)} - k_v g(\hat{\rho}_t), & \text{若 } \hat{\rho}_t \in \mathcal{Q}_{\leqslant M} \text{ 或 } \hat{\rho}_t \in \Phi \text{ 且 } \hat{\rho}_t \text{ 是} \\ \quad \text{从区域 } \mathcal{Q}_{\leqslant M} \text{ 中进入 } \Phi \end{cases} \tag{11.134}$$

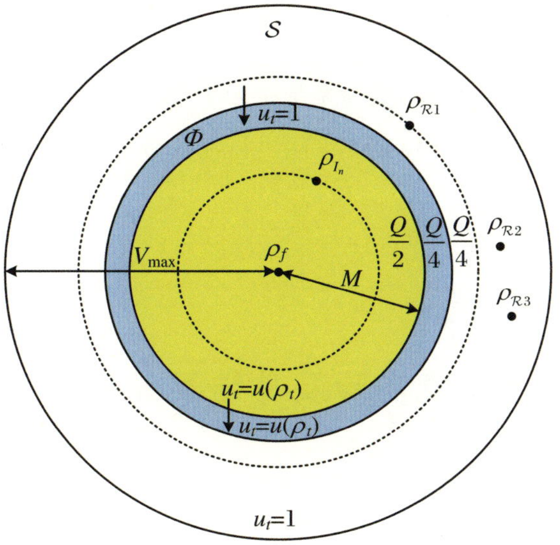

图 11.18　开关控制场 u_t 设计原理图

对于系统不变集中的状态 $\mathcal{R}=\{\rho_{\mathcal{R}1},\rho_{\mathcal{R}2},\cdots,\rho_{\mathcal{R}m},\rho_f\}$，只有目标态 ρ_f 位于收敛域 $\mathcal{Q}_{\leqslant M}$内，其他状态位于 $\mathcal{Q}_{>M+\frac{Q}{4}}$区域内(图 11.18 中假设系统不变集中有四个状态，且 $\min[V(\rho_{\mathcal{R}i})]=V(\rho_{\mathcal{R}1})$)。$\Phi$ 是缓冲区域，其作用是让位于 $\mathcal{Q}_{\leqslant M}$和 $\mathcal{Q}_{>M+\frac{Q}{4}}$边界附近的系统状态不会因为微小的扰动而使系统频繁切换控制场。系统的状态转移过程可依据状态所处区域的不同分为以下两种情况：

(1) 若系统状态一直处于 $\mathcal{Q}_{\leqslant M}$内，则控制场一直是 $u(\hat{\rho}_t)$，由于 $\mathcal{Q}_{\leqslant M}$中只包含目标态 ρ_f 这一个平衡点，因此，系统状态会唯一地转移至目标态。

(2) 只有当常量控制 $u_c=1$ 时，系统状态会在有限时间内收敛到 ρ_{I_n}，因此，若系统状态在某一时刻位于 $\mathcal{Q}_{\leqslant M}$之外，则该状态在常量控制 $u_c=1$ 的作用下，一定可以转移至 $\mathcal{Q}_{\leqslant M}$内，并最终在控制场 $u(\hat{\rho}_t)$的作用下转移至目标态。

基于 QST-OADM 在线估计的纯态开关反馈控制算法的详细过程如算法 11.4 所示。

算法 11.4　基于 QST-OADM 的纯态开关反馈控制算法

---

(1) 给定系统实际初态 ρ_1，估计初态 $\hat{\rho}_1$，状态转移的目标态 ρ_f，控制参数 k_v；

(2) For $k=1,2,\cdots,N$, do

(3) 根据条件(11.129)和(11.133)选取参数和 P 和 c；

(4) 根据式(11.130)计算系统的平衡点 $\rho_{\mathcal{R}}$;

(5) 根据式(11.131)和式(11.132)计算参数 Q 和 M;

(6) 根据式(11.134)得到开关控制场 u_t;

(7) 根据状态演化方程(11.1)更新系统状态 ρ_{k+1};

(8) 根据算法 1 中的 QST-OADM 算法进行在线量子状态估计得到估计状态 $\hat{\rho}_k$;

(9) End for

11.4.2 系统数值仿真实验及其结果分析

本小节我们选取 2 比特随机开放量子系统作为实验对象,进行两组数值仿真实验。第一组实验利用 QST-OADM 在线估计算法,探讨了不同滑动窗口长度 l 对在线状态估计性能的影响。第二组是基于 QST-OADM 算法和开关控制场 u_t 的状态转移实验,着重探讨了系统不同实际初态和估计初态对于状态转移性能的影响。

在所有仿真实验中,系统参数设置为:测量算符 $L=\sigma_z\otimes I+I\otimes\sigma_z$,相互作用时间 $\Delta t=0.05$,测量效率 $\eta=0.5$,初始测量算符 $M_1=\mu_2$,随机噪声 $\mathrm{d}W$ 的赋值为 0.05,采样总次数 $N=100$,QST-OADM 在线估计算法的参数为:$\alpha=5$,$\gamma=0.1$,$\tau=10$。系统的自由哈密顿量 H_0 和控制哈密顿量 H_1 分别为:$H_0=\sigma_z\otimes I+I\otimes\sigma_z=\begin{bmatrix}2&0&0&0\\0&0&0&0\\0&0&0&0\\0&0&0&-2\end{bmatrix}$,

$H_1=\sigma_x\otimes I+I\otimes\sigma_x=\begin{bmatrix}0&1&1&0\\1&0&0&1\\1&0&0&1\\0&1&1&0\end{bmatrix}$。

11.4.2.1 滑动窗口长度对在线状态估计的影响

本实验中,我们基于利用 QST-OADM 在线估计算法,研究了无控制场作用下的在线量子状态估计的性能,并探讨了滑动窗口长度 l 对在线状态估计性能的影响。系统的参数设置为:系统哈密顿量 $H=H_0+H_1$,实际初态为叠加态 $\rho_1=\rho_{10}\otimes\rho_{10}$,$\rho_{10}=\left[\frac{3}{8}\quad -\frac{\sqrt{15}}{8};-\frac{\sqrt{15}}{8}\quad \frac{5}{8}\right]$,估计初态为叠加态 $\hat{\rho}_1=\hat{\rho}_{10}\otimes\hat{\rho}_{10}$,$\hat{\rho}_{10}=[0.5\quad 0.5;0.5\quad 0.5]$。

我们采用保真度和标准化距离来衡量系统状态在线估计的效果，保真度公式定义为

$$\text{fidelity}(\hat{\rho}_k, \rho_k) = \operatorname{tr}\sqrt{\sqrt{\hat{\rho}_k}\,\rho_k\sqrt{\hat{\rho}_k}} \tag{11.135}$$

标准化距离定义为

$$D(\hat{\rho}_k, \rho_k) = \|\hat{\rho}_k - \rho_k\|_F^2 / \|\rho_k\|_F^2 \tag{11.136}$$

其中，ρ_k 为每个采样时刻系统实际状态，$\hat{\rho}_k$ 为对应的估计状态。$\text{fidelity}(\hat{\rho}_k, \rho_k)$越接近 1，$D(\hat{\rho}_k, \rho_k)$越接近 0，表示在线估计状态和实际状态越相似。

图 11.19 中 l 分别取 16，25，30，35 时对系统状态估计的影响，其中，图 11.19(a)为系统实际状态和估计状态的保真度曲线，图 11.19(b)为系统实际状态和估计状态的标准化距离曲线。

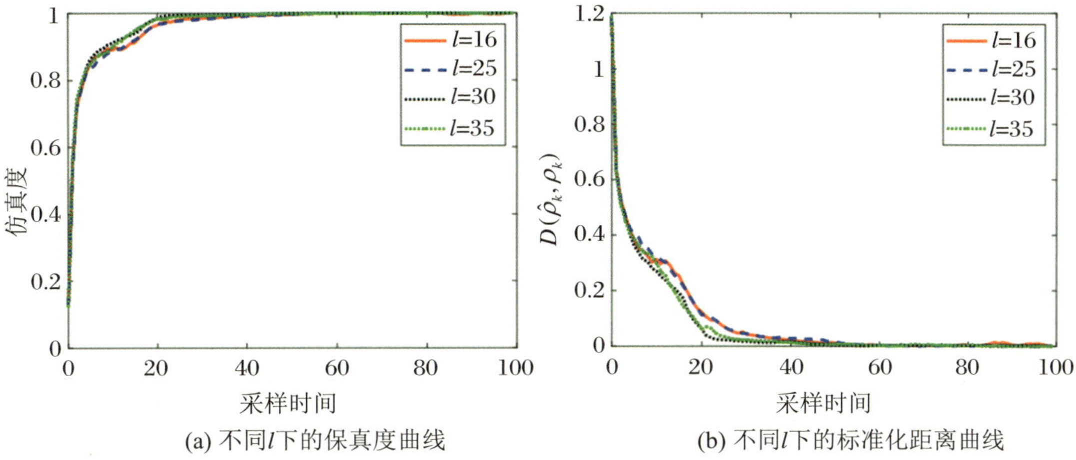

图 11.19　不同滑动窗口对系统状态估计的影响结果

从图 11.19 中可以看出：当滑动窗口长度取不同的值时，QST-OADM 在线估计算法在达到相同的精度时需要的演化次数不同。当 l 取 16，25，30，35，保真度在达到 99%时所需要的演化次数分别为 38，36，31，31；标准化距离在达到 0.01 时所需要的演化次数分别为 52，49，44，44。因此，可以得出，当 $l=30$ 时，能够以较小的滑动窗口长度值实现高精度且稳定的在线估计。

11.4.2.2　基于在线估计状态的状态转移实验

本实验中，系统的状态是通过 QST-OADM 在线估计算法实时得到的。为了研究系统实际初态与估计初态赋值差别对状态转移性能的影响，我们进行了四组实验，分别为：

(1) 实验 1:实际初态和估计初态均位于系统收敛域之外,即 $\rho_1 \in \mathcal{Q}_{>M}$,$\hat{\rho}_1 \in \mathcal{Q}_{>M}$。

(2) 实验 2:实际初态和估计初态均位于系统收敛域之内,即 $\rho_1 \in \mathcal{Q}_{\leqslant M}$,$\hat{\rho}_1 \in \mathcal{Q}_{\leqslant M}$。

(3) 实验 3:实际初态位于收敛域之外,估计初态位于系统收敛域之内,即 $\rho_1 \in \mathcal{Q}_{>M}$,$\hat{\rho}_1 \in \mathcal{Q}_{\leqslant M}$。

(4) 实验 4:实际初态位于收敛域之内,估计初态位于系统收敛域之外,即 $\rho_1 \in \mathcal{Q}_{\leqslant M}$,$\hat{\rho}_1 \in \mathcal{Q}_{>M}$。

状态转移的目标态为叠加态 $\rho_f = \rho_{f0} \otimes \rho_{f0}$,$\rho_{f0} = \left[\frac{2}{3} \quad -\frac{\sqrt{2}}{3}; -\frac{\sqrt{2}}{3} \quad \frac{1}{3}\right]$。结合参数 P 和 c 的选取条件式(11.129)和式(11.133),选取 $P = 0.4 \cdot \begin{bmatrix} 1 & \frac{\sqrt{2}}{2} & \frac{\sqrt{2}}{2} & 0 \\ 1 & \frac{\sqrt{2}}{2} & \frac{\sqrt{2}}{2} & 0 \\ 1 & \frac{\sqrt{2}}{2} & \frac{\sqrt{2}}{2} & 0 \\ 1 & \frac{\sqrt{2}}{2} & \frac{\sqrt{2}}{2} & 0 \end{bmatrix}$,$c = 2$。滑动窗口长度 $l = 30$。根据上述参数,通过计算式(11.130),可以得到系统除 ρ_f 外其余的三个平衡点分别为

$$
\begin{aligned}
\rho_{\mathcal{R}1} &= [0.5 \quad 0.5; 0.5 \quad 0.5] \otimes [0.5 \quad 0.5; 0.5 \quad 0.5] \\
\rho_{\mathcal{R}2} &= [0.5 \quad -0.5; -0.5 \quad 0.5] \otimes [0.5; -0.5; -0.5, 0.5] \\
\rho_{\mathcal{R}3} &= \left[\frac{4}{16 - 8\sqrt{2}} \quad -\frac{4\sqrt{2} - 4}{16 - 8\sqrt{2}}; -\frac{4\sqrt{2} - 4}{16 - 8\sqrt{2}} \quad \frac{12 - 8\sqrt{2}}{16 - 8\sqrt{2}}\right] \\
&\quad \otimes \left[\frac{4}{16 - 8\sqrt{2}} \quad -\frac{4\sqrt{2} - 4}{16 - 8\sqrt{2}}; -\frac{4\sqrt{2} - 4}{16 - 8\sqrt{2}} \quad \frac{12 - 8\sqrt{2}}{16 - 8\sqrt{2}}\right]
\end{aligned}
$$

则根据式(11.131)和式(11.133),可以计算出参数 $\mathcal{Q} = \min[V(\rho_{\mathcal{R}1}), V(\rho_{\mathcal{R}2}), V(\rho_{\mathcal{R}3})] - V(\rho_{I_n}) = 0.0332$,参数 $M = V(\rho_{I_n}) + \frac{\mathcal{Q}}{2} = 0.8832$。故本节设计的控制场(11.134)可写为:

(1) 当 $V(\hat{\rho}_t) > 0.8915$ 时,$u_t = 1$;

(2) 当 $V(\hat{\rho}_t) \leqslant 0.8832$ 时,$u_t = u(\hat{\rho}_t)$;

(3) 当 $0.8832 < V(\hat{\rho}_t) \leqslant 0.8915$ 时,若 $\hat{\rho}_t$ 是从区域 $\mathcal{Q}_{\leqslant 0.8832}$ 中进入 Φ,则 $u_t = u(\hat{\rho}_t)$,否则 $u_t = 1$。

实验 1 $\rho_1 \in \mathcal{Q}_{>M}$与$\hat{\rho}_1 \in \mathcal{Q}_{>M}$情况下的实验及其结果分析

本实验中，系统的实际初态为 $\rho_1 = \rho_{10} \otimes \rho_{10}$，$\rho_{10} = [0.63 \quad 0.23 - 0.42\mathrm{i}; 0.23 - 0.42\mathrm{i} \quad 0.27]$。改变估计初态进行两组实验：

(1) $\hat{\rho}_1 = \hat{\rho}_{10} \otimes \hat{\rho}_{10}$，$\hat{\rho}_{10} = [0.92 \quad 0.06 - 0.25\mathrm{i}; 0.06 + 0.25\mathrm{i} \quad 0.08]$，满足 $V(\rho_1) > V(\hat{\rho}_1)$；

(2) $\hat{\rho}_1 = \hat{\rho}_{10} \otimes \hat{\rho}_{10}$，$\hat{\rho}_{10} = [0.88 \quad 0.22 - 0.24\mathrm{i}; 0.22 + 0.24\mathrm{i} \quad 0.12]$，满足 $V(\rho_1) < V(\hat{\rho}_1)$。控制参数 $k_v = 10$。我们以极坐标图来描绘实际状态和估计状态的变化轨迹，极坐标图的半径坐标为李雅普诺夫函数值 $V(\rho_k)$和 $V(\hat{\rho}_k)$，角度坐标为状态转移的保真度 fidelity(ρ_k, ρ_f)和 fidelity$(\hat{\rho}_k, \rho_f)$。

实验结果如图 11.20 所示，其中，蓝色“——”线对应实际状态的变化轨迹，红色“----”线对应在线估计状态的变化轨迹，蓝色“o”对应系统实际初态 ρ_1，红色“o”对应系统估计初态 $\hat{\rho}_1$，黑色“$*$”对应系统目标态 ρ_f。

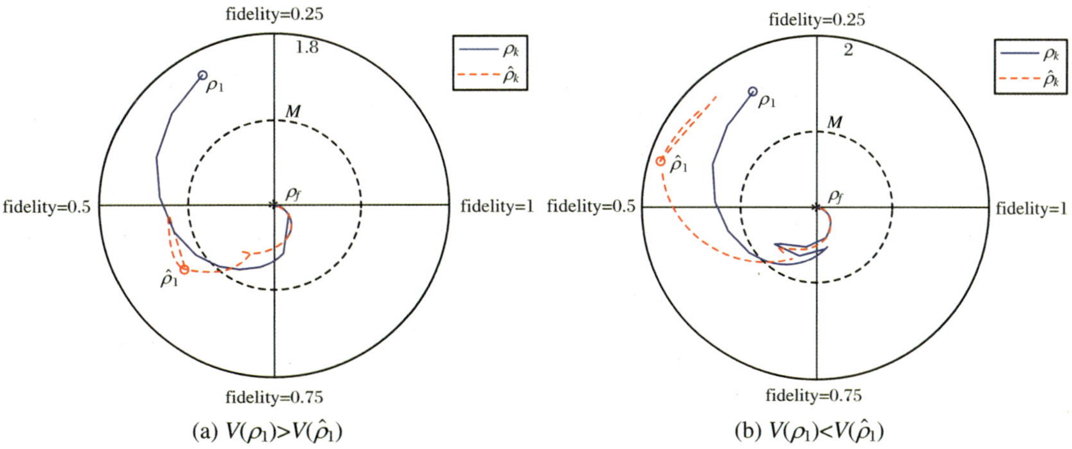

图 11.20　$\rho_1 \in \mathcal{Q}_{>M}$，$\hat{\rho}_1 \in \mathcal{Q}_{>M}$初始值下系统状态变化轨迹

由图 11.20 可以看出：

(1) 利用 QST-OADM 算法，系统的估计状态会逐渐趋于实际状态，随着演化次数的增加，两者的状态变化轨迹逐渐重合，并最终在控制场的作用下转移至目标态。

(2) 在 12 次演化之前，系统的实际状态变化轨迹在两种初始值下相同，这是由于系统的估计状态均位于收敛域外，因此控制场均为常量控制 $u_t = 1$。此后由于系统估计状态所处区域不再相同，系统的实际状态变化轨迹出现差异。

(3) 在两种初始值下，状态转移的性能有所不同。当 $V(\rho_1) < V(\hat{\rho}_1)$时，估计状态

11

$\hat{\rho}_k$ 进入收敛域所需的时间更长，因此常量控制作用的时间更久，而长时间的常量控制会使得位于收敛域中的实际状态 ρ_k 偏离目标态（见图 11.20(b)）。因此，虽然两种情况均可以使系统状态转移至目标态，但 $V(\rho_1)<V(\hat{\rho}_1)$ 时所需的演化次数更多，且更容易出现性能跳动的现象。

实验 2 $\rho_1\in\mathcal{Q}_{\leqslant M}$ 与 $\hat{\rho}_1\in\mathcal{Q}_{\leqslant M}$ 情况下的实验及其结果分析

本实验中，系统的实际初态为 $\rho_1=\rho_{10}\otimes\rho_{10}$，$\rho_{10}=[0.28\quad -0.28+0.35\mathrm{i};-0.28-0.35\mathrm{i}\quad 0.72]$。改变估计初态进行两组实验：

(1) $\hat{\rho}_1=\hat{\rho}_{10}\otimes\hat{\rho}_{10}$，$\hat{\rho}_{10}=[0.81\quad -0.07-0.38\mathrm{i};-0.07+0.38\mathrm{i}\quad 0.19]$，满足 $V(\rho_1)>V(\hat{\rho}_1)$；

(2) $\hat{\rho}_1=\hat{\rho}_{10}\otimes\hat{\rho}_{10}$，$\hat{\rho}_{10}=[0.89\quad -0.24+0.21\mathrm{i};-0.24-0.21\mathrm{i}\quad 0.11]$，满足 $V(\rho_1)<V(\hat{\rho}_1)$。控制参数 $k_v=10$。实验结果如图 11.21 所示，其中，蓝色“——”线对应实际状态的变化轨迹，红色“----”线对应在线估计状态的变化轨迹，蓝色“o”对应系统实际初态 ρ_1，红色“o”对应系统估计初态 $\hat{\rho}_1$，黑色“ * ”对应系统目标态 ρ_f。

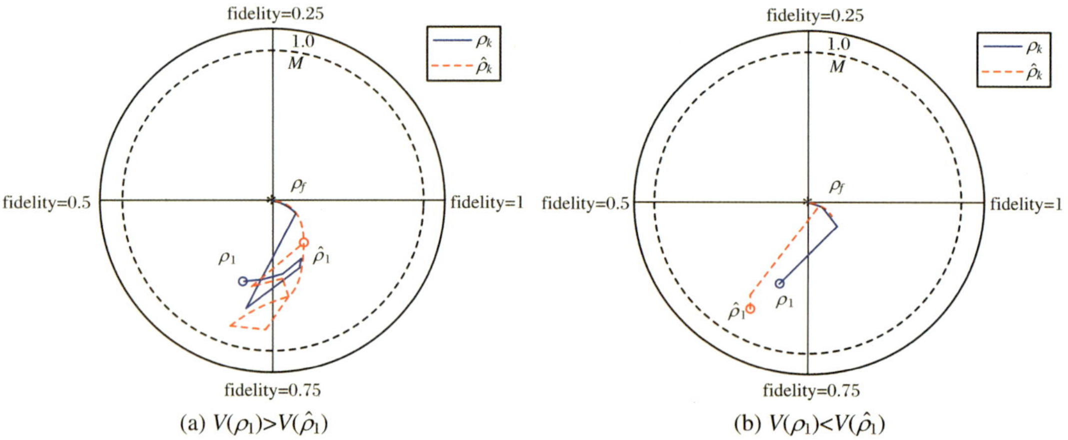

图 11.21 $\rho_1\in\mathcal{Q}_{>M}$，$\hat{\rho}_1\in\mathcal{Q}_{>M}$ 初始值下系统状态变化轨迹

由图 11.21 可以看出：

(1) 在两种初始值下，系统的估计状态均位于收敛域之内，因此控制场始终为 $u_t=u(\hat{\rho}_t)$，故相较于实验 1，两者的真实状态变化轨迹差异较大。

(2) 在两种初始值下，系统状态均可转移至目标态。但当 $V(\rho_1)>V(\hat{\rho}_1)$ 时，系统的状态轨迹在演化初期具有明显的振荡过程，这是由于此初始值下，系统的在线估计使得估计状态趋于实际状态，朝偏离于目标态的方向变化。因此，相对而言，当 $V(\rho_1)<$

$V(\hat{\rho}_1)$时系统的状态转移性能更好。

实验 3 $\rho_1 \in \mathcal{Q}_{\leqslant M}$与$\hat{\rho}_1 \in \mathcal{Q}_{>M}$情况下的实验及其结果分析

本实验中，系统的实际初态为 $\rho_1 = \rho_{10} \otimes \rho_{10}$，$\rho_{10} = [0.36 \quad -0.34 \quad -0.31\mathrm{i}; -0.34 \quad -0.31\mathrm{i} \quad 0.64]$，估计初态为 $\hat{\rho}_1 = \hat{\rho}_{10} \otimes \hat{\rho}_{10}$，$\hat{\rho}_{10} = [0.41 \quad 0.29 - 0.40\mathrm{i}; 0.29 + 0.40\mathrm{i} \quad 0.59]$。控制参数 $k_v = 10$。实验结果如图 11.22 所示，其中，蓝色"——"线对应实际状态的变化轨迹，红色"----"线对应在线估计状态的变化轨迹，蓝色"o"对应系统实际初态 ρ_1，红色"o"对应系统估计初态 $\hat{\rho}_1$，黑色"$*$"对应系统目标态 ρ_f。

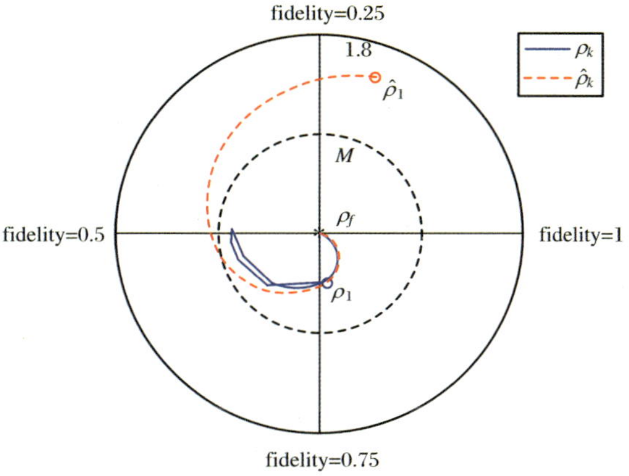

图 11.22 $\rho_1 \in \mathcal{Q}_{\leqslant M}$，$\hat{\rho}_1 \in \mathcal{Q}_{>M}$初始值下系统状态变化轨迹

由图 11.22 可以看出：在 14 次演化之前，系统的估计状态位于收敛域之外，故控制场为 $u_t = 1$。在此控制作用下，系统的实际状态有明显的发散现象。随着在线估计精度的不断提高，估计状态和实际状态的轨迹逐渐重合并转移至目标态。

实验 4 $\rho_1 \in \mathcal{Q}_{>M}$与$\hat{\rho}_1 \in \mathcal{Q}_{\leqslant M}$情况下的实验及其结果分析

本实验中，系统的实际初态为 $\rho_1 = \rho_{10} \otimes \rho_{10}$，$\rho_{10} = [0.41 \quad 0.29 - 0.40\mathrm{i}; 0.29 + 0.40\mathrm{i} \quad 0.59]$，估计初态为 $\hat{\rho}_1 = \hat{\rho}_{10} \otimes \hat{\rho}_{10}$，$\hat{\rho}_{10} = [0.36 \quad -0.34 - 0.31\mathrm{i}; -0.34 + 0.31\mathrm{i} \quad 0.64]$。控制参数 $k_v = 20$。实验结果如图 11.23 所示，其中，蓝色"——"线对应实际状态的变化轨迹，红色"----"线对应在线估计状态的变化轨迹，蓝色"o"对应系统实际初态 ρ_1，红色"o"对应系统估计初态 $\hat{\rho}_1$，黑色"$*$"对应系统目标态 ρ_f。

由图 11.23 可以看出，系统的估计状态一直位于收敛域之内，故控制场始终为 $u_t = u(\hat{\rho}_t)$。在此控制作用下，系统的实际状态也能转移至收敛域之内，并最终转移至目标态。值得注意的是，在此初始值下，为了完成状态转移的目标，我们需要增加控制参数 k_v 的取值，意味着需要更强的控制作用。

为了定量比较估计初态和实际初态的取值对于状态转移性能的影响，我们根据实验结果，分别统计了状态估计的标准化距离 $D(\hat{\rho}_k, \rho_k)$ 达到 0.05 以及状态转移的保真度 fidelity$(\hat{\rho}_k, \rho_f)$ 达到 0.99 所需的演化次数，并对每种情况下的动态特性进行了说明，如表 11.3 所示。

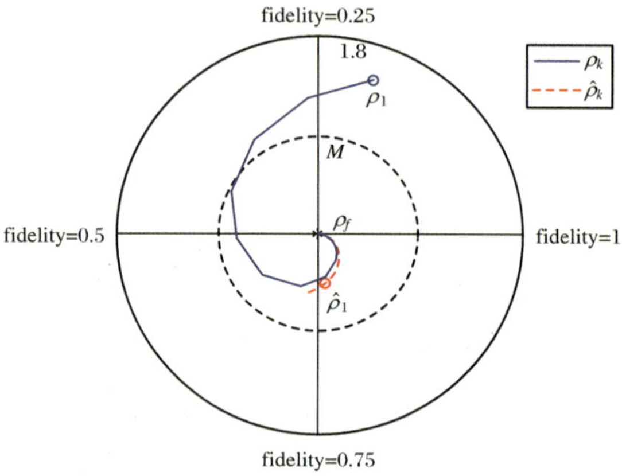

图 11.23　$\rho_1 \in \mathcal{Q}_{>M}$，$\hat{\rho}_1 \in \mathcal{Q}_{\leqslant M}$ 初始值下系统状态变化轨迹

表 11.3　$\hat{\rho}_1$ 与 ρ_1 的不同取值对于状态转移性能的影响

初态取值	李雅普诺夫函数关系	$D(\hat{\rho}_k, \rho_k) <= 0.05$ 的演化次数	fidelity$(\hat{\rho}_k, \rho_f) \geqslant 0.99$ 的演化次数	动态性能
$\rho_1 \in \mathcal{Q}_{>M}$ $\hat{\rho}_1 \in \mathcal{Q}_{>M}$	$V(\rho_1) > V(\hat{\rho}_1)$	26	31	平稳
	$V(\rho_1) < V(\hat{\rho}_1)$	31	43	中期波动
$\rho_1 \in \mathcal{Q}_{\leqslant M}$ $\hat{\rho}_1 \in \mathcal{Q}_{\leqslant M}$	$V(\rho_1) > V(\hat{\rho}_1)$	15	22	初期波动
	$V(\rho_1) < V(\hat{\rho}_1)$	15	16	平稳
$\rho_1 \in \mathcal{Q}_{>M}$ $\hat{\rho}_1 \in \mathcal{Q}_{\leqslant M}$	$V(\rho_1) > V(\hat{\rho}_1)$	67	63	波动
$\rho_1 \in \mathcal{Q}_{\leqslant M}$ $\hat{\rho}_1 \in \mathcal{Q}_{>M}$	$V(\rho_1) < V(\hat{\rho}_1)$	31	>100	平稳

根据表 11.3，在进行基于在线状态估计的开关反馈控制中，估计初态 $\hat{\rho}_1$ 和实际初态 ρ_1 的取值不同对系统状态转移性能具有不同的影响，而 $\rho_1 \in \mathcal{Q}_{>M}$，$\hat{\rho}_1 \in \mathcal{Q}_{>M}$，$V(\rho_1) > V(\hat{\rho}_1)$ 和 $\rho_1 \in \mathcal{Q}_{\leqslant M}$，$\hat{\rho}_1 \in \mathcal{Q}_{\leqslant M}$，$V(\rho_1) < V(\hat{\rho}_1)$ 这两种情况在达到相同的精度时，所需的演化次数更少，且动态过程更加平稳。

因此，通过本小节实验可以得出：为了得到更优的状态转移性能，$\hat{\rho}_1$ 与 ρ_1 应在同一

区域且 $\hat{\rho}_1$ 更接近边界 M。具体可归纳成以下结论：

(1) 若 ρ_1 位于系统收敛域之外，则当 $\hat{\rho}_1$ 也位于系统收敛域之外且 $\hat{\rho}_1$ 更靠近目标态时，状态转移的性能更优，即 $\rho_1 \in \mathcal{Q}_{>M}$，$\hat{\rho}_1 \in \mathcal{Q}_{>M}$，$V(\rho_1) > V(\hat{\rho}_1)$。

(2) 若 ρ_1 位于系统收敛域之内，则当 $\hat{\rho}_1$ 也位于系统收敛域之内且 ρ_1 更靠近目标态时，状态转移的性能更优，即 $\rho_1 \in \mathcal{Q}_{\leqslant M}$，$\hat{\rho}_1 \in \mathcal{Q}_{\leqslant M}$，$V(\rho_1) < V(\hat{\rho}_1)$。

(3) 相较于 ρ_1 位于系统收敛域之外的情况，当 ρ_1 位于系统收敛域之内时，系统的状态转移性能更优。

图 11.24 为最优条件下（$\rho_1 \in \mathcal{Q}_{\leqslant M}$，$\hat{\rho}_1 \in \mathcal{Q}_{\leqslant M}$，$V(\rho_1) < V(\hat{\rho}_1)$）具体的实验结果。其中，图 11.24(a) 为李雅普诺夫函数变化曲线；图 11.24(b) 为控制场变化曲线；图 11.24(c) 为状态估计的标准化距离曲线，图 11.24(d) 为状态转移的保真度变化曲线；图 11.24(e) 和图 11.24(f) 分别为 ρ_k 和 $\hat{\rho}_k$ 中对角元素的变化曲线。

由图 11.24 所给出的基于在线估计状态的反馈控制的随机开放量子系统的纯态开关反馈控制的状态转移实验结果，从中可以看到，系统的状态估计性能和状态转移性能，在 16 次数据采样后，均可达到 99%，系统状态最终转移至目标态。

本节提出一种基于在线估计状态的随机开放量子系统纯态的开关反馈控制方法。在此之前，人们仅可实现对随机开放量子系统的本征态或特殊混合态的控制。通过数值模拟实验，验证了所提出的控制方法可以实现高精度的、稳定的状态转移，并给出了系统实际初态和估计初态的最优取值条件。

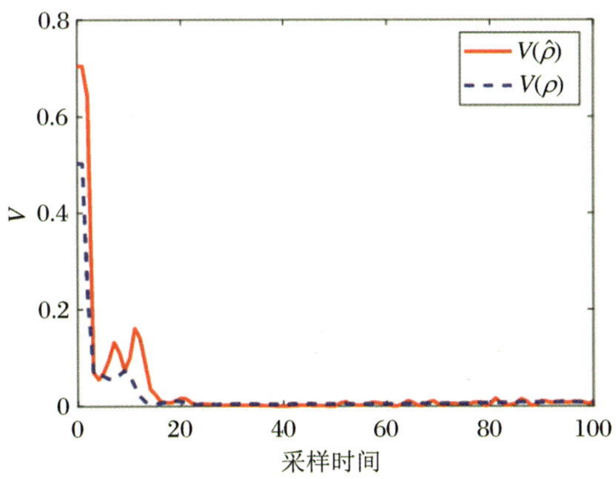

(a) 李雅普诺夫函数变化曲线

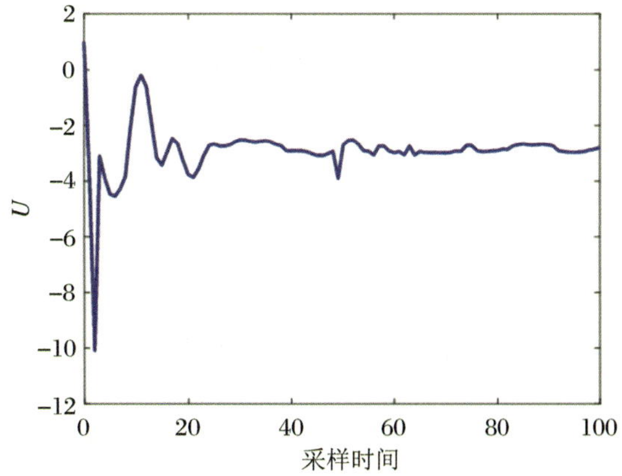

(b) 控制律变化曲线

图 11.24 $\rho_1 \in \mathcal{Q}_{\leqslant M}$，$\hat{\rho}_1 \in \mathcal{Q}_{\leqslant M}$ 以及 $V(\rho_1) < V(\hat{\rho}_1)$ 实验结果

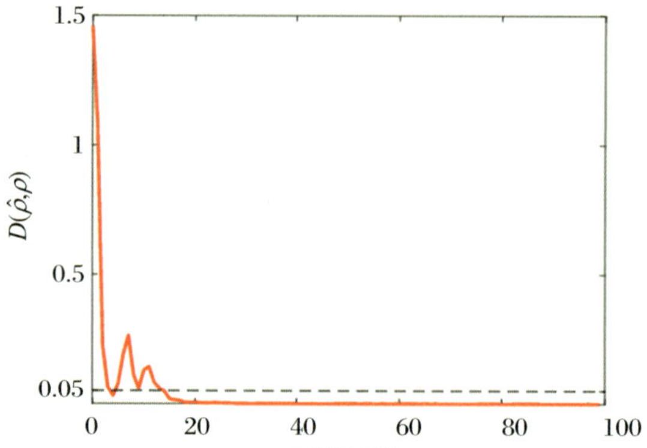

(c) 状态估计的标准化距离曲线

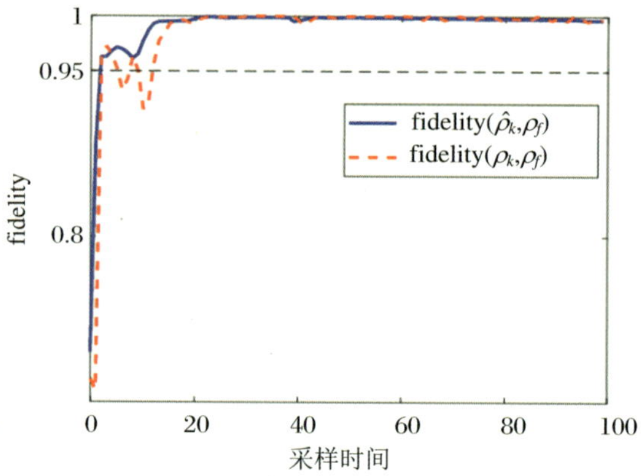

(d) 保真度变化曲线

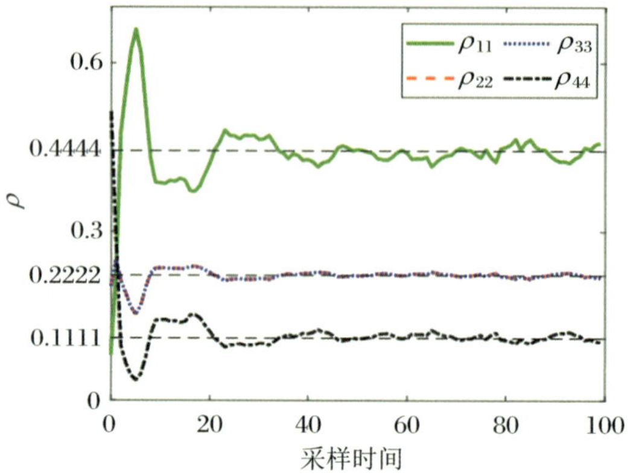

(e) ρ_k中元素的变化曲线

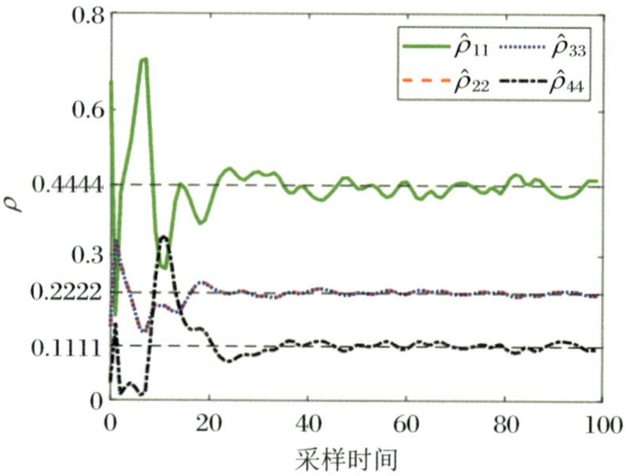

(f) $\hat{\rho}_k$中元素的变化曲线

续图 11.24　$\rho_1 \in Q_{\leqslant M}$，$\hat{\rho}_1 \in Q_{\leqslant M}$以及$V(\rho_1) < V(\hat{\rho}_1)$实验结果

11.5　基于在线状态估计的随机开放量子系统轨迹跟踪控制

封闭量子系统的状态转移和轨迹跟踪问题已进行了充分研究，并得到了很多理论成果。Cong 和 Zhang(2011)基于李雅普诺夫稳定性理论进行了叠加态的制备，Mirrahimi 等(2004)基于李雅普诺夫方法得到了仅涉及纯态的量子轨迹跟踪结果，Cong 和 Liu (2011)在此基础上研究了基于刘维尔方程的量子态自由演化的轨迹跟踪问题，并得到了

叠加态及混合态的轨迹跟踪结果。为使得轨迹跟踪控制的效果更优越，Zhu 等(1999)通过最优控制方法，并利用自适应算法对系统中各参数进行优化，设计得到了控制效果最优的控制器。

随着量子控制理论与量子信息技术的发展，有关开放量子系统控制问题的研究也开始逐步展开。针对状态转移问题，Yi 等人(2009)基于李雅普诺夫控制理论，将 Markovian 开放量子系统驱动到无消相干子空间，得到了系统的目标稳态，Zippilli 等人(2021)提出的耗散稳态制备方案通过耗散制备了广泛的稳定纯态。不过人们对于开放量子系统轨迹跟踪控制的研究较少。针对 Markovian 系统，主要有：Qiang 等(2017)基于李雅普诺夫稳定性定理提出的自适应轨迹跟踪控制；Wu 等(2019)基于反绝热方法提出的调制的跟踪控制方案；Hu 等(2017)将李雅普诺夫控制与 bang-bang 控制相结合，提出的一种最优跟踪控制方案。针对基于测量反馈的随机开放量子系统，至今还没有看到应用基于在线估计状态的开放量子系统闭环反馈轨迹跟踪方面的研究成果。

本节将提出一种基于在线进行状态估计的随机开放量子系统轨迹跟踪的控制方法。具体的实现过程分为三步：第一步，通过定义量子系统被控状态密度矩阵与随时间自由演化的目标状态之间的误差变量，引入量子态误差函数，将量子系统的轨迹跟踪问题转化为误差状态的转移问题，所有在线状态估计及其量子态转移控制都是在变化后的误差状态动力学方程中完成的。第二步，借助于连续弱测量来获得被测系统的实时信息，将系统状态的在线估计问题转化为一个含有量子态约束条件的凸优化问题，基于在线交替方向乘数的量子态估计的 QST-OADM 算法，对量子状态进行在线实时估计。第三步，基于实时估计出的状态，通过李雅普诺夫稳定性定理，设计在线量子状态轨迹跟踪控制场。我们在二能级量子系统中，针对不同被控系统初始态和目标系统初始态的情况进行量子系统轨迹跟踪数值仿真实验，并对在线状态估计及其跟踪控制的性能进行分析。

11.5.1 被控随机开放量子系统模型及轨迹跟踪目标描述

考虑一个二能级随机开放量子系统，被控系统的状态可以用密度矩阵 $\rho(t)$ 表示，状态的演化为非线性随机微分方程，即 SME 随机主方程，可写为

$$\rho(t+\Delta t)-\rho(t)=-\frac{\mathrm{i}}{\hbar}[H(t),\rho(t)]\Delta t+L_t\Delta t+\sqrt{\eta}(L\rho(t)+\rho(t)L^{\dagger})\mathrm{d}W \tag{11.137}$$

其中，$H(t)=H_0+\sum_{q=1}^{m}u_q(t)H_q$，$m$ 为外加控制的数量，H_0，H_q 分别表示系统的内部

(或自由)哈密顿量以及外部(或控制)哈密顿量,$u_q(t)$为随时间变化的外加控制场;$L_t = L\rho(t)L^+ - \left(\frac{1}{2}L^+L\rho(t) + \frac{1}{2}\rho(t)L^+L\right)$表示测量过程带来的确定性退相干作用,$L$ 为耦合算符;$\mathrm{d}W$ 是控制过程中的测量噪声,满足 $E(\mathrm{d}W)=0$,$E[(\mathrm{d}W)^2]=\Delta t$;$\Delta t$ 为采样间隔;$\hbar$为普朗克常量,为方便计算,取$\hbar=1$。

选定一个随时间进行自由演化的状态方程作为轨迹跟踪的目标方程:

$$\rho_f(t+\Delta t) - \rho_f(t) = -\mathrm{i}\hbar[H_0, \rho_f]\Delta t, \quad \rho_f(0) = \rho_{f0} \tag{11.138}$$

控制目标是,根据从被控系统中基于连续弱测量得到的系统输出值,通过在线状态估计算法进行状态实时估计,并设计外加状态反馈控制场,使系统(11.137)中的状态 $\rho(t)$跟踪上随时间变化的目标方程(11.138)中状态 $\rho_f(t)$的随时间变化的运动轨迹。

11.5.2 量子状态轨迹跟踪问题分析及误差状态转移问题的转化

对于所要解决的随机开放量子系统轨迹跟踪控制问题,我们的设计思想是:从系统控制的角度,通过将原系统(11.137)的被控状态 $\rho(t)$与目标状态 $\rho_f(t)$之间的误差定义为误差状态 $e(t)$,并将此误差状态选为原系统的新的被控状态,建立以误差为状态的动力学演化方程。此时,原系统的状态 $\rho(t)$轨迹跟踪问题就转变为误差 $e(t)$状态转移问题。然后对此方程进行状态转移的控制研究,当新方程中的误差状态 $e(t)$趋于 0,将意味着原系统的被控状态 $\rho(t)$跟踪上目标状态 $\rho_f(t)$。为了实现我们的设计思想,本小节中将进行相关的等价变换。

令原系统(11.137)减去目标系统(11.138),通过引入量子状态误差函数 $e(t)$:

$$e(t) = \rho(t) - \rho_f(t) \tag{11.139}$$

可推导出误差状态的演化方程为

$$\begin{aligned}\mathrm{i}\frac{\partial}{\partial t}e(t) = &\left[H_0 + \sum_{q=1}^{m}u_q(t)H_q, e(t)\right] + \left[\sum_{q=1}^{m}u_q(t)H_q, \rho_f(t)\right] + \mathrm{i}L_t(\rho_f(t) + e(t)) \\ &+ \mathrm{i}\sqrt{\eta}(L\rho(t) + \rho(t)L^+)\mathrm{d}W\end{aligned} \tag{11.140}$$

对式(11.140)进行相互作用绘景变换,变换算符为

$$U(t) = \mathrm{e}^{-\mathrm{i}H_0 t}, \quad U(0) = 1 \tag{11.141}$$

进行相互作用绘景变换后,系统(11.140)变为

$$\mathrm{i}\frac{\partial}{\partial t}\bar{e}(t)=\left[\sum_{q=1}^{m}u_q(t)\bar{H}_q(t),\bar{e}(t)\right]+\left[\sum_{q=1}^{m}u_q(t)\bar{H}_q,\bar{\rho}_f(t)\right]$$
$$+U^{\dagger}(t)\mathrm{i}\sqrt{\eta}(L\bar{\rho}(t)+\bar{\rho}(t)L^{\dagger})\mathrm{d}WU(t)$$
$$+\mathrm{i}U^{\dagger}(t)L_t[U(t)\bar{\rho}_f(t)U^{\dagger}(t)+U(t)\bar{e}(t))U^{\dagger}(t)]U(t) \tag{11.142}$$

其中，$\bar{\rho}_f(t)=U^{\dagger}(t)\rho_f(t)U(t)$，$\bar{\rho}(t)=U^{\dagger}(t)\rho(t)U(t)$，$\bar{e}(t)=U^{\dagger}(t)e(t)U(t)$，$\bar{H}_q(t)=U^{\dagger}(t)H_qU(t)$。

相互作用绘景变换后，目标系统的状态将变为

$$\bar{\rho}_f(t)=U^{\dagger}(t)\rho_f(t)U(t)=U^{\dagger}(t)U(t)\rho_{f0}U^{\dagger}(t)U(t)=\rho_{f0} \tag{11.143}$$

同时，由于 $U(0)=1$，系统(11.142)的初态变为

$$\bar{e}(0)=U^{\dagger}(0)\rho_0U(0)-U^{\dagger}(0)\rho_{f0}U(0)=\rho_0-\rho_{f0} \tag{11.144}$$

从式(11.144)可以看出，在进行相互作用绘景变换后，原目标系统的状态 $\rho_f(t)$ 由原来的时变量变成了一个与时间无关的常值：目标系统的初始状态 ρ_{f0}。同时，控制哈密顿量 H_q 由一个与时间无关的量变成了含时的量 $\bar{H}_q(t)$。

另一方面，通过引入量子态误差函数 $e(t)$，当式(11.142)中的误差函数等于0，原系统(11.137)中的状态则跟踪上目标系统(11.138)中的状态，从而实现本节的轨迹跟踪的控制目标。通过引入误差状态和相互作用绘景变换，使得原系统(11.137)跟踪目标系统(11.138)的控制任务，变成了控制误差变量 $\bar{e}(t)$ 趋于零，便可以将量子系统的状态轨迹跟踪问题，变换成系统的量子态转移问题，最终的控制目标为 $\bar{e}_f=0$。

下面我们将对具有误差变量，并进行了相互作用绘景变换后的被控系统(11.142)进行跟踪控制器的设计。

11.5.3 随机开放量子系统的量子态在线估计

图 11.25 为基于连续弱测量和 QST-OADM 算法的在线量子态估计过程的方框图。

为了对被控系统进行转移控制，我们需要利用基于连续弱测量和 QST-OADM 算法的在线估计方法，得到误差状态 $\bar{e}(t)$ 的在线估计状态 $\hat{e}(t)$ 作为用于反馈控制的系统状态。首先由方程(11.142)可得二能级量子系统的弱测量算符为

$$m_0(\Delta t)=I-\left(\frac{L^{+}L}{2}+\mathrm{i}\sum_{q=1}^{m}u_q(t)\bar{H}_q\right)\Delta t,\quad m_1(\Delta t)=L\sqrt{\Delta t} \tag{11.145}$$

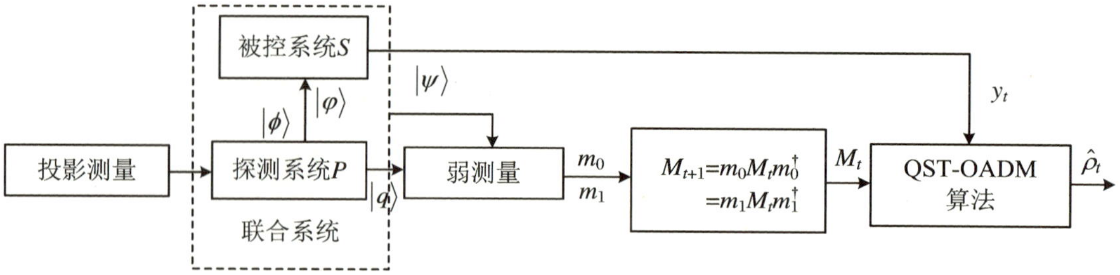

图 11.25　基于连续弱测量和 QST-OADM 算法的在线量子态估计

考虑随机开放量子系统(11.142)中的随机噪声和弱测量效率,二能级量子系统的演化算符可以定义为

$$a_0(\Delta t) = m_0(\Delta t) + \sqrt{\eta}L \cdot \mathrm{d}W, \quad a_1(\Delta t) = m_1(\Delta t) + \sqrt{\eta}L \cdot \mathrm{d}W \tag{11.146}$$

借助式(11.146),通过令 $t = \Delta t \cdot k$,被测量子系统(11.142)的动态离散演化模型可写为

$$\bar{e}_{k+1} = a_0(\Delta t)\bar{e}_k a_0(\Delta t)^H + a_1(\Delta t)\bar{e}_k a_1(\Delta t)^H \tag{11.147}$$

同时连续弱测量过程中作用在被测系统状态上的测量算符的动态离散演化模型可写为

$$M_{k+1} = m_0(\Delta t)M_k m_0(\Delta t)^H + m_1(\Delta t)M_k m_1(\Delta t)^H \tag{11.148}$$

其中,$k = 1,2,\cdots,N$ 表示采样时间。

根据式(11.147)和式(11.148),在每个采样时间将测量算符应用于演化量子态 $\bar{e}(t)$,即可得到实际的连续弱测量输出序列:

$$y_j = \mathrm{tr}(M_{k-j+1}^{+}\bar{e}_k) = \mathrm{vec}(M_{k-j+1})^{+}\ \mathrm{vec}(\bar{e}_k), \quad j = 1,\cdots,k \tag{11.149}$$

其中,vec(·)表示按列将矩阵展成列向量。

同时,在每个采样时间 k 也将获得一组测量值序列 b_k,考虑到实际弱测量过程中存在测量噪声 w_k,可以将测量值序列写成如下的公式:

$$b_k = A_k \mathrm{vec}(\bar{e}_k) + w_k \tag{11.150}$$

其中,$A_k = \begin{cases} (\mathrm{vec}(M_k),\cdots,\mathrm{vec}(M_2),\mathrm{vec}(M_1))^{+}, k \leqslant l \\ (\mathrm{vec}(M_l),\cdots,\mathrm{vec}(M_2),\mathrm{vec}(M_1))^{+}, k > l \end{cases}$ 为采样矩阵,l 是滑动窗口长度。

接下来利用 QST-OADM 算法,可将量子态估计问题转化为一个含有量子态约束凸优化问题：

$$\min\left\{\|\hat{e}\|_* + I_C(\hat{e}) + \frac{1}{\eta_k}B_\theta(\hat{e}_k,\hat{e}_{k-1}) + \frac{1}{2\gamma}\|w_k\|_2^2\right\} \tag{11.151}$$

其中，$\|\hat{e}\|_*$ 为 $\hat{e}$ 的核范数，表示 $\hat{e}$ 奇异值的和；凸集 $C=\{\hat{e}\geqslant 0,\mathrm{tr}(\hat{e})=1,\hat{e}^+=\hat{e}\}$ 表示量子态约束，当估计值满足约束条件时，示性函数 $I_C(\hat{e})$ 等于零，否则 $I_C(\hat{e})$ 为 ∞；η_k 是步长参数，$\eta_k=\tau/(\alpha\sigma_{\max}+\varepsilon)$，$\sigma_{\max}$ 为 $A_k^+A_k$ 的最大特征值，$\tau>0$，$\varepsilon>0$ 为常值；γ 是正则化参数；是布雷格曼散度，$B_\theta(\hat{e}_k,\hat{e}_{k-1})=(1/2)\|\hat{e}_k-\hat{e}_{k-1}\|^2_{\tau I-\varepsilon\eta_k A_k^+A_k>0}$ 表示当前估计状态 $\hat{e}_k$ 与之前估计状态 $\hat{e}_{k-1}$ 之间的距离。

对于问题(11.151)，QST-OADM 在线估计算法给出了具体求解方法。它的主要思想是将原问题分成两个子问题：一是对量子态约束问题的最小化，以获得估计的密度矩阵；二是对估计测量噪声的无约束问题的最小化；最后，通过双梯度上升来更新拉格朗日乘子。因此，原问题(11.151)可以转化为如下的迭代公式：

$$\begin{cases}\hat{e}_k = \operatorname{argmin}\left\{\dfrac{2}{\alpha}\left\|A_k\mathrm{vec}(\hat{e})+w_{k-1}-b_k-\dfrac{\lambda_{k-1}}{\alpha}\right\|_2^2+\|\hat{e}\|_*\right. \\ \qquad\left. +I_C(\hat{e})+\dfrac{1}{\eta_k}B_\theta(\hat{e},\hat{e}_{k-1})\right\} & (11.152\mathrm{a}) \\ w_k = \operatorname{argmin}\left\{\dfrac{1}{2\gamma}\|w\|_2^2+\dfrac{\alpha}{2}\left\|A_k\mathrm{vec}(\hat{e})+w-b_k-\dfrac{\lambda_{k-1}}{\alpha}\right\|_2^2\right\} & (11.152\mathrm{b}) \\ \lambda_k = \lambda_{k-1}-\alpha(A_k\mathrm{vec}(\hat{e})+w_{k-1}-b_k) & (11.152\mathrm{c})\end{cases}$$

考虑量子态约束 $C=\{\hat{e}\geqslant 0,\mathrm{tr}(\hat{e})=1,\hat{e}^+=\hat{e}\}$，有 $\|\hat{e}\|_*=\mathrm{tr}(\hat{e})=1$，定义

$$\mathrm{vec}(\tilde{e}_k):=\mathrm{vec}(\hat{e}_{k-1})-\frac{\alpha\eta_k}{\tau}A_k^+\left(A_k\mathrm{vec}(\hat{e}_{k-1})+w_{k-1}-b_k-\frac{\lambda_{k-1}}{\alpha}\right) \tag{11.153}$$

可将子问题(11.152a)转化为

$$\hat{e}_k = \arg\min\|\hat{e}-(\tilde{e}_k+\tilde{e}_k^+)/2\|_F^2 \tag{11.154}$$

将 $(\tilde{e}_k+\tilde{e}_k^+)/2$ 进行特征值分解得到 $N\mathrm{diag}\{a_1,\cdots,a_d\}N^\dagger$，$N\in\mathbf{C}^{2^n\times 2^n}$ 为酉阵。则问题(11.153)的最优解为

$$\hat{e}_k = N\mathrm{diag}\{x_1,\cdots,x_d\}N^\dagger \tag{11.155}$$

其中，x_i 是 $\hat{e}_k$ 的特征值，

子问题(11.152b)存在解析解，测量噪声可直接求解为

$$w_k = [\gamma\alpha/(1+\gamma\alpha)](\lambda_{k-1}/\alpha - A_k \text{vec}(\hat{e}_k) + b_k) \tag{11.156}$$

为了利用 QST-OADM 算法完成在线量子态估计，我们需要在每个采样时间分别更新 $\hat{e}_k$，w_k 和 λ_k，完整的跟踪控制系统在线估计状态的过程如算法 11.5 所示。

算法 11.5 跟踪控制系统的 QST-OADM 算法

---

(1) 初始化估计状态 $\hat{e}_0$，测量算符 M_0，$w_0=1$，$\lambda_0=1$，设置参数 α，$\gamma>0$，$l\in \mathbf{Z}_+$；

(2) For $k=1,2,\cdots,N$，do

(3) 获得测量值序列 b_k；

(4) If $k\leqslant l$ then

(5) 根据 $\eta_k=\tau/(\alpha\sigma_{\max}+\varepsilon)$计算梯度步长；

(6) Else

(7) $A_k=A_{k-1}$，$\eta_k=\eta_{k-1}$

(8) End

(9) 根据式(11.153)计算 $\tilde{e}_k$；

(10) 将$(\tilde{e}_k+\tilde{e}_k^{\dagger})/2$ 进行特征值分解得到 $N\text{diag}\{a_1,\cdots,a_d\}N^{\dagger}$；

(11) 根据式(11.155)更新 $\hat{e}_k$；

(12) 根据式(11.156)更新 w_k；

(13) 根据式(11.152c)更新 λ_k；

(14) End for

11.5.4 随机开放量子系统的反馈跟踪控制场设计

本小节中我们将借助李雅普诺夫稳定性定理来进行随机开放量子系统的跟踪控制场设计。雅普诺夫稳定性定理的基本思想是，选取一个虚拟能量函数 $V(x)$作为李雅普诺夫函数，且 $V(x)$满足以下三个条件：

(1) $V(x)$是正定的，即 $V(x)\geqslant 0$；

(2) 当且仅当 $x=x_0$ 时，$V(x)=0$；

(3) $V(x)$在定义域内连续且具有连续的一阶导数，当满足 $\dot{V}(x)\leqslant 0$ 时，x_0 是稳定平衡点；当 $\dot{V}<0$，$x\neq x_0$ 时，x_0 是渐近稳定平衡点。

针对基于误差状态的系统求解转移控制的控制场，使得 $\bar{e}(t)\to 0$，同时有 $\hat{e}(t)\to 0$。首先用在线估计状态 $\hat{e}(t)$代替被控状态 $\bar{e}(t)$，选择李雅普诺夫函数为

$$V=\frac{1}{2}\mathrm{tr}((\hat{e}(t)-\bar{e}_f)^2)=\frac{1}{2}\mathrm{tr}(\hat{e}(t)^2) \tag{11.157}$$

对 V 求时间的一阶导数，将式(11.142)代入可得

$$\begin{aligned}\dot{V}&=\mathrm{tr}(\dot{\hat{e}}(t)\cdot\hat{e}(t))=\mathrm{Re}\left[\sum_{q=1}^{m}u_m\mathrm{tr}(\mathrm{i}[\hat{e}(t)+\bar{\rho}_f(t),\bar{H}_m(t)]\hat{e}(t))\right]\\&\quad+\mathrm{Re}[(L_t+\sqrt{\eta}L\mathrm{d}W)\hat{e}(t)]\\&=u_m(t)T_m(t)+C(t)\end{aligned} \tag{11.158}$$

其中，$T_m(t)=\mathrm{Re}[\mathrm{tr}(\mathrm{i}[\hat{e}(t)+\bar{\rho}_f(t),\bar{H}_m(t)]\hat{e}(t))]$，$u_m$ 为待求控制场，$C(t)=\mathrm{Re}[(L_t+\sqrt{\eta}L\mathrm{d}W)\hat{e}(t)]$。

为了保证 $\dot{V}\leqslant 0$ 成立，我们需要一个控制量 u_1 来抵消漂移项 $C(t)$的影响，除此之外，剩余的控制量 u_q，$q=2,\cdots,m$ 的作用是使得 $\dot{V}\leqslant 0$ 成立，当控制量幅值越大时，$\dot{V}$ 值越小，控制也更迅速。但在控制过程中，由于控制量过大将会使得跟踪控制出现超调，所以为了获得更好的控制效果，我们取外加控制的数量为 $m=3$，用两个控制量来分担 u_q，$q=2,\cdots,m$ 的控制任务。控制场的具体求解出的表达式为

$$u_1(t)=-\frac{C(t)}{T_1(t)},\quad u_2(t)=-g_1\cdot T_2(t),\quad u_3(t)=-g_2\cdot T_3(t) \tag{11.159}$$

其中，g_1，g_2 为控制参数，此时 $u_1(t)$抵消了漂移项 $C(t)$，$u_2(t)$和 $u_3(t)$使得 $\dot{V}=-g_1\cdot T_2^2-g_2\cdot T_3^2\leqslant 0$ 成立。

针对原被控系统(11.137)和目标系统(11.138)，在线跟踪控制场具体设计步骤如下：

步骤 1 换基。首先基于被控随机开放量子系统(11.137)和目标系统(11.138)，计算获得基于误差状态 $e(t)$的系统(11.142)，并根据式(11.141)对各系统状态进行幺正变换，生成新的系统状态 $\bar{\rho}(t)=U^\dagger(t)\rho(t)U(t)$，目标系统状态 $\bar{\rho}_f(t)=U^\dagger(t)\rho_f(t)U(t)$，控制哈密顿量 $\bar{H}_q(t)=U^\dagger(t)H_qU(t)$和误差状态 $\bar{e}(t)=U^\dagger(t)e(t)U(t)$。

步骤 2 针对基于误差状态 $\bar{e}(t)$的系统(11.142)进行在线估计。根据式(11.147)和式(11.148)，即可得到实际的连续弱测量输出序列 y_j，再利用 QST-OADM 算法，根据式(11.151)将量子态估计问题转化为一个含有量子态约束凸优化问题，再分别根据式(11.155)和式(11.156)在每个采样时间求解出系统估计状态 $\hat{e}_k$ 和测量噪声 w_k，最后根

据式(11.152c)更新拉格朗日乘子 λ_k，依据算法 11.5 进行迭代即可求解出系统(11.142)中量子态 $\bar{e}(t)$的实时估计状态 $\hat{e}(t)$。

步骤 3 设计在线跟踪控制场。选择基于误差状态距离的李雅普诺夫函数，选择合适的控制参数 g_1 和 g_2，根据式(11.159)设计转移控制的控制场 u_q，使得 $\bar{e}(t)\to 0$，同时有 $\hat{e}(t)\to 0$。

11.5.5 数值仿真实验及其结果分析

本小节针对已经将量子状态跟踪问题转变为误差状态转移问题后的随机开放量子系统模型(11.142)进行状态跟踪的数值仿真实验，并通过实验结果再通过逆变换，转换到原系统(11.137)的量子状态跟踪并给出跟踪轨迹图。

由于被控系统与目标系统的不同初态对控制结果都有不同的影响，所以我们将通过三组实验，分别对不同被控系统初始态及目标系统初始态的跟踪控制进行数值仿真实验。

实验中，选取 $H_0=\sigma_z$，$H_1=\sigma_x$，$H_2=\sigma_y$，$H_3=\sigma_y+\sigma_z$，时间间隔 $\Delta t=0.1$，耦合算符 $L=0.1\sigma_z$，测量噪声 $\mathrm{d}W=0.02\mathrm{rand}n(2,2)$，滑动窗口长度为 16；在线估计初值 $\hat{\rho}_0=\frac{1}{16}\begin{bmatrix}15 & \sqrt{15}\\ \sqrt{15} & 1\end{bmatrix}$，弱测量算符初值 $M_0=\sigma_z$。

11.5.5.1 随机开放量子系统的系统特性实验

选择被控系统初始态为叠加态，目标系统初始态 ρ_{f0} 为叠加态，它们分别为

$$\rho_0=\frac{1}{8}\begin{bmatrix}3 & \sqrt{15}\\ \sqrt{15} & 5\end{bmatrix},\quad \rho_{f0}=\frac{1}{16}\begin{bmatrix}15 & \sqrt{15}\\ \sqrt{15} & 1\end{bmatrix} \tag{11.160}$$

当 L 项系数分别为 0.4 和 0.1 时，可得原系统(11.137)无控制情况下的被控系统与目标系统的自由演化曲线分别如图 11.26 和图 11.27 所示，其中，红色曲线为被控系统的自由演化曲线，蓝色线为目标系统的自由演化曲线；图 11.26(a)和图 11.27(a)中的曲线为被控系统与目标系统的对角元素密度矩阵随时间演化曲线，图 11.26(b)和图 11.27(b)为 Block 球中的轨迹，红色实线为被控系统状态自由演化轨迹，蓝色标圈为期望的目标态轨迹。

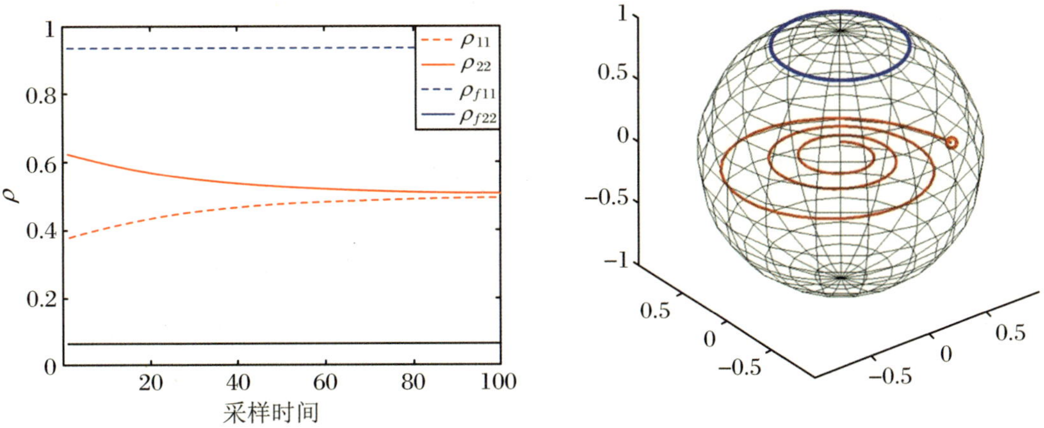

(a) 密度矩阵对角元素自由演化曲线　　(b) Bloch球中系统自由演化曲线

图 11.26　L 项系数为 0.4 情况下的系统自由演化轨迹

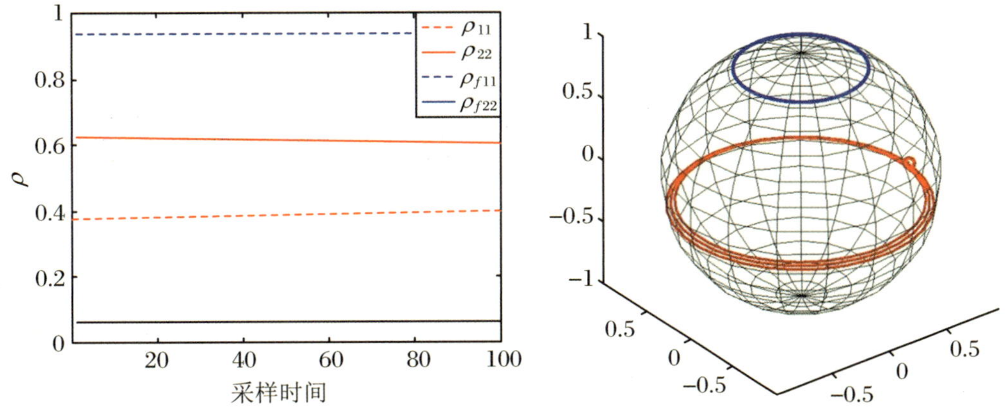

(a) 密度矩阵对角元素自由演化曲线　　(b) Bloch球中系统自由演化曲线

图 11.27　L 项系数为 0.1 情况下的系统自由演化轨迹

由图 11.26 和图 11.27 可见，目标系统是随时间进行自由演化的封闭量子系统，而原被控系统的自由演化曲线呈现出了马尔可夫开放系统特性，被控状态的对角元素呈单调形式进行持续耗散，并将最终耗散到最大混合态。当 L 项系数由 0.4 减小到 0.1 时，被控系统量子态耗散的速度变慢，但仍呈现马尔可夫系统特性，向最大混合态耗散。

11.5.5.2 QST-OADM 在线估计性能实验

首先令控制量 $u_q=0, q=1,2,3$，在无控制情况下，基于被控系统(11.142)来考察观测算符 M 与耦合算符 L 对量子态估计性能的影响。

为评估量子态估计的精度性能，选择保真度定义为

$$\text{fidelity}(\hat{e}(t),\bar{e}(t)) = \text{tr}\left(\sqrt{\sqrt{\hat{e}(t)}\cdot\bar{e}(t)\cdot\sqrt{\hat{e}(t)}}\right) \tag{11.161}$$

由于系统模型中无 H_0，所以无需考虑自由哈密顿量的影响。通过多次数值仿真实验，我们得出结论：在无控制作用的情况下，当算符 L 与观测算符重合或垂直时，也就是当选取参数 $L=0.4\sigma_z, M_0=\sigma_z$ 和 $L=0.4\sigma_y, M_0=\sigma_z$ 时，系统都无法实现在线估计。所以，我们选取的进行数值仿真实验的一组参数为：$L=0.4\sigma_z, M_0=\sigma_z+\sigma_y$。图 11.28 为在线估计系统状态结果，其中，左图为在线估计 Bloch 球演化曲线，绿色实线为估计状态 $\hat{\rho}(t)$，红色虚线为原系统状态 $\rho(t)$，右图为在线估计密度矩阵状态的保真度曲线。从图 11.28 中可以看出，当算符 L 与观测算符不重合也不垂直时，系统在经过 4 次演化后就能实现精确估计，并一直保持实时状态估计，可见在线估计性能优越。

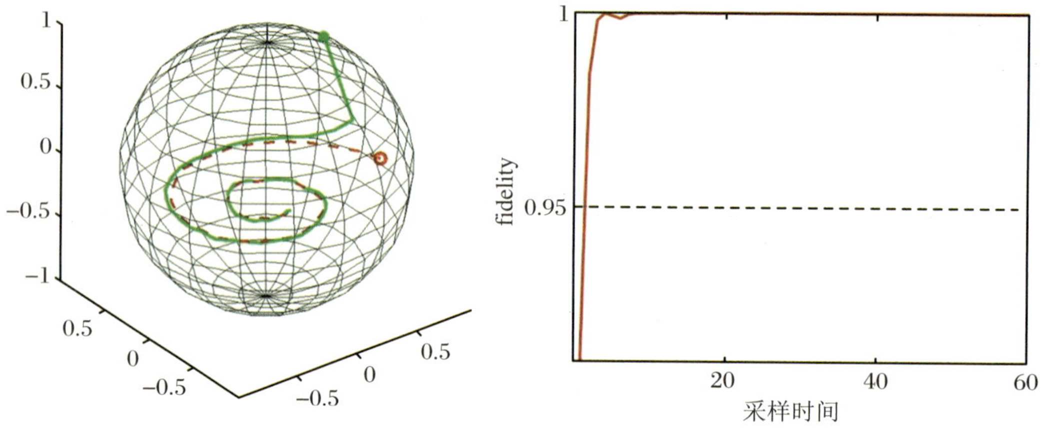

图 11.28 $L=0.4\sigma_z, M_0=\sigma_z+\sigma_y$ 下的在线估计系统状态结果

接下来为进一步研究控制量 u_q 对在线估计性能的影响，令 $L=0.4\sigma_z, M_0=\sigma_z$，我们选取一组参数来进行数值仿真实验：$u_1=0, u_2=2, u_3=0$。

图 11.29 的左图为在线估计 Bloch 球演化曲线，绿色实线为估计状态 $\hat{\rho}(t)$，红色虚线为原系统状态 $\rho(t)$，右图为在线估计的保真度曲线。由图 11.29 可见，当 $u_q\neq 0$ 时，即使耦合算符 L 与观测算符 M 重合，外加控制的作用也能使得系统在经过 11 次演化后

实现精确的在线估计，这是由于外加控制将会改变系统演化的路径：此时控制哈密顿量的方向各不相同，分别为 $H_1=\sigma_x$，$H_2=\sigma_y$，$H_3=\sigma_y+\sigma_z$，控制量 u_q 将会决定系统演化路径的方向和轨迹，且只需一个控制量即可使系统的演化轨迹不再与观测算符 M 重合或垂直。同时当取参数 $u_1=0$，$u_2=4$，$u_3=0$ 时，在仿真实验中控制量幅值越大，系统演化的速度越快，但此时在线估计的速度将会变慢，要经过 17 次演化后才能跟踪上系统的实时状态。

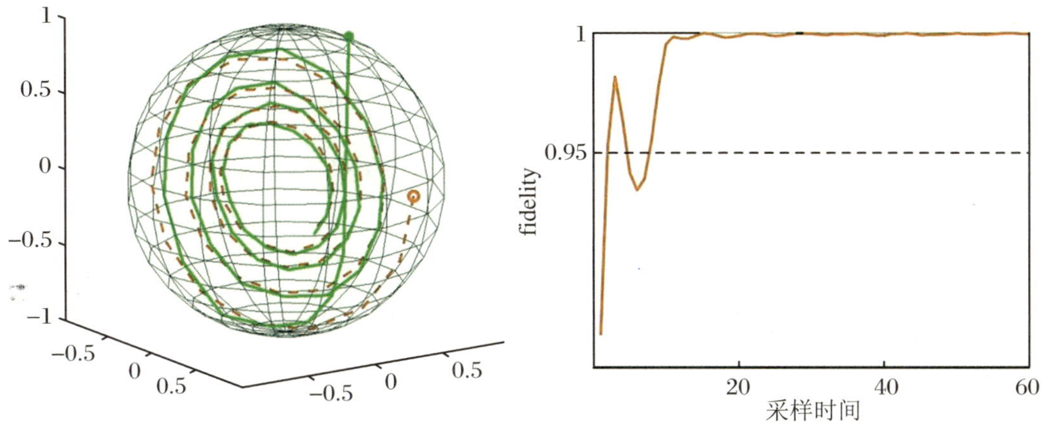

图 11.29 $u_1=0$，$u_2=2$，$u_3=0$ 下的系统状态轨迹跟踪控制结果

11.5.5.3 基于在线估计状态的随机开放量子系统反馈跟踪控制实验

当被控系统初始态为叠加态，目标系统初始态为叠加态时，对随机开放量子系统(11.142)进行状态跟踪。

首先根据 11.5.4 小节中步骤 1 进行换基。利用幺正算符对 $\rho_f(t)$ 进行相互作用绘景变换，即可将目标系统状态转换为常值。幺正算符为

$$U(t)=\mathrm{e}^{-\mathrm{i}H_0 t},\quad U(0)=1 \tag{11.162}$$

此时有 $\mathrm{i}\frac{\partial}{\partial t}\bar{\rho}_f(t)=0$，$\bar{\rho}_f(t)=\rho_{f0}$，控制哈密顿量 $\bar{H}_q(t)=U^{\dagger}(t)H_qU(t)$，且误差变量初始值变为

$$\bar{e}(0)=U^{\dagger}(0)\rho_0U(0)-U^{\dagger}(0)\rho_{f0}U(0)=\rho_0-\rho_{f0}=\frac{1}{16}\begin{bmatrix}-9 & \sqrt{15}\\ \sqrt{15} & 9\end{bmatrix} \tag{11.163}$$

根据 11.5.4 小节中步骤 2 进行在线估计，并根据步骤 3 计算得到跟踪控制场，对 $\bar{e}(t)$进行跟踪控制。选取控制参数 $g_1=9.0, g_2=1.5$，基于误差状态的跟踪控制结果如图 11.30 所示。我们的控制目标是 $\bar{e}(t)\to 0$，由图 11.30 可见在经过 8 次演化后，状态 $\bar{e}(t)$到达目标态，且 $\bar{e}(t)$的对角元素的跟踪误差最大不超过 1.12%，并始终以较小的误差在零附近上下波动，控制目标基本实现。

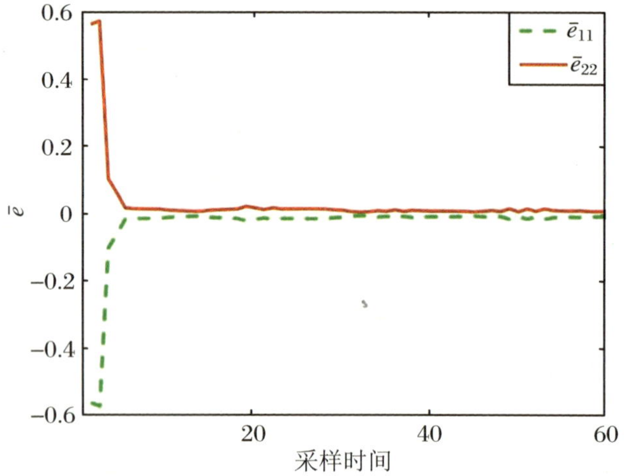

图 11.30　$\bar{e}(t)$的密度矩阵元素跟踪曲线

此时，量子控制系统仿真实验的被控量子态为

$$\bar{\rho}(t) = \bar{e}(t) + \bar{\rho}_f \tag{11.164}$$

借助幺正算符(11.162)，经过幺正反变换，可得原系统(11.137)的被控量子态为

$$\rho(t) = U(t)\bar{\rho}(t)U^{\dagger}(t) \tag{11.165}$$

目标系统的状态求解可得

$$\rho_f(t) = U(t)\rho_{f0}U^{\dagger}(t), \quad U(t) = e^{-H_0 t} \tag{11.166}$$

根据所设计的跟踪在线控制场，对随机马尔可夫开放量子系统进行状态跟踪的数值仿真实验，第一个实验我们进行被控系统和目标系统初始态均为叠加态的数值仿真实验。

在线状态估计和跟踪控制的实验结果如图 11.31 所示，其中，图 11.31(a)中红色线表示式(11.137)中的 $\rho(t)$，蓝色线表示式(11.138)中的 $\rho_f(t)$；图 11.31(b)为 $\rho(t)$的对角元素在线估计的值；图 11.31(c)中红色虚线为被控系统状态 $\rho(t)$的跟踪曲线，绿色实

线为在线估计值 $\hat{\rho}(t)$，蓝色点画线为目标态 $\rho_f(t)$ 的自由演化曲线。图 11.32 为在线估计的保真度曲线，图 11.33 至图 11.35 分别为跟踪控制过程中的控制量曲线、李雅普诺夫函数及其导数的变化曲线。

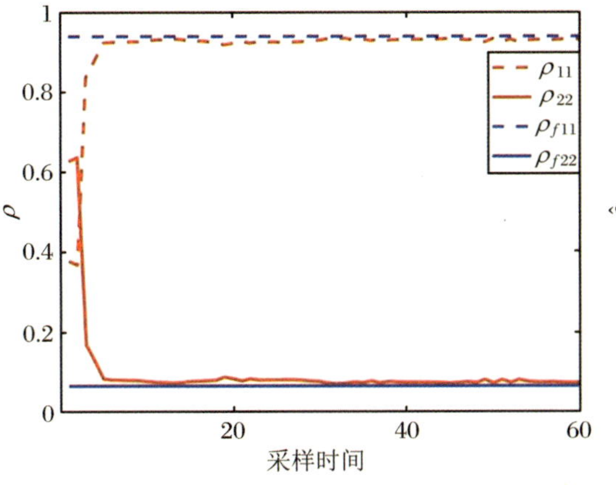

(a) 系统状态对角元素跟踪曲线

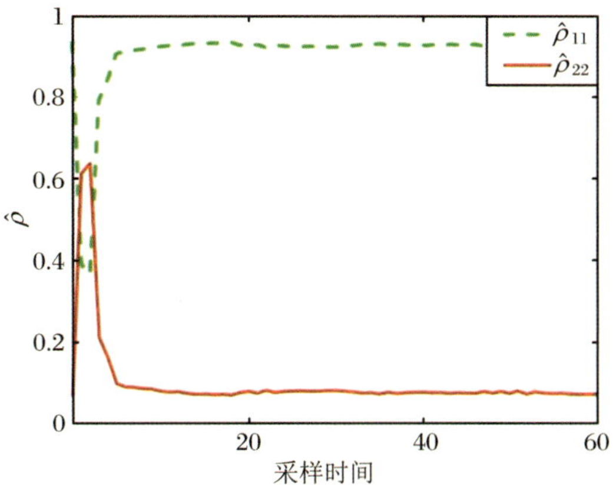

(b) 系统状态对角元素在线估计曲线

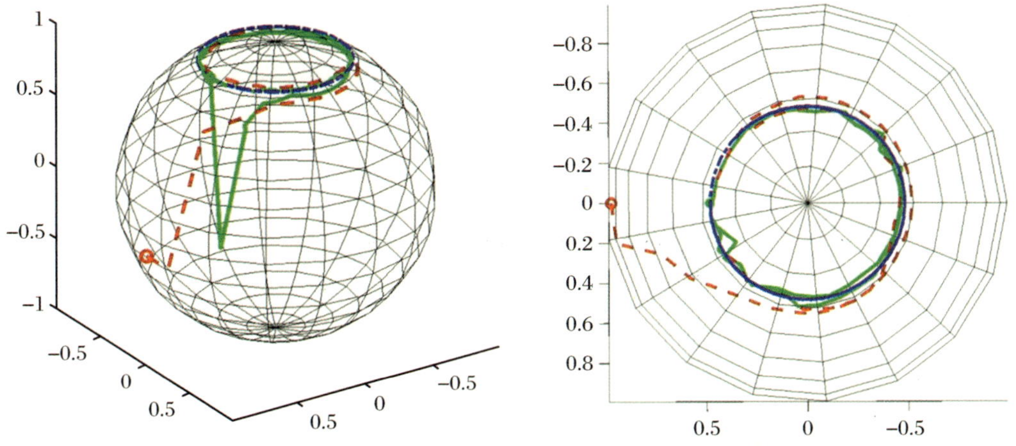

(c) Bloch球中系统状态跟踪曲线(左图为正视图，右图为俯视图)

图 11.31　初始态为叠加态情况下的系统跟踪数值仿真实验结果

从图 11.31(a)的对角元素跟踪曲线中可以看出，在经过幺正反变换后，原系统状态 $\rho(t)$ 的对角元素变化趋势与 $\bar{e}(t)$ 基本一致，系统状态在经过 7 次演化后到达目标态，且以不超过 1%的跟踪误差在目标系统态附近上下波动，从图 11.31(b)的对角元素在线估计曲线和图 11.32 的在线估计保真度曲线中可以看出，在经过 7 次演化后，在线状态估计的保真度可达到 99.5%，在线估计有效。从图 11.31(c)中 Bloch 球的跟踪轨迹中可以看出，被控系统状态在快速转移到目标系统状态后，并没有向球心耗散，而是在跟踪控制场的作用下继续保持在了目标轨迹上，由于系统随机项 dW 和较大的采样间隔 Δt 的影响，跟踪曲线将在某个时刻出现一定的误差，使得跟踪曲线偏离目标轨迹，但在跟踪控制场的作用下，系统状态依然会回到目标轨迹上，达到了期望的控制目标；从图 11.33 至图 11.35 中也可以看出，被控系统在经过 7 次演化后，控制量始终不为零，dV 值始终小于零，且系统的李雅普诺夫函数 V 值始终以不超过 4%的误差保持在零附近，控制精度可以达到 96%。

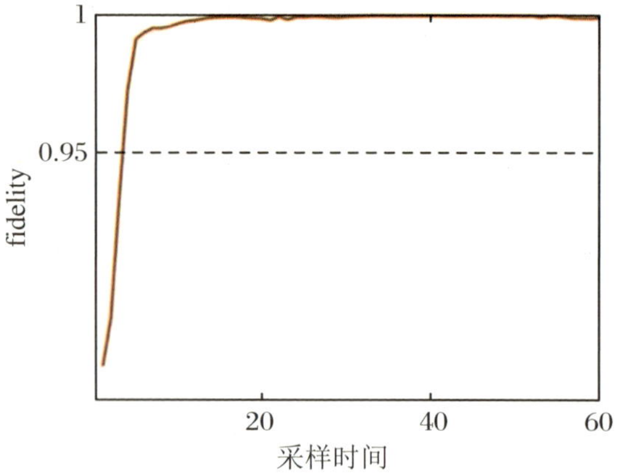

图 11.32　在线估计状态的保真度曲线

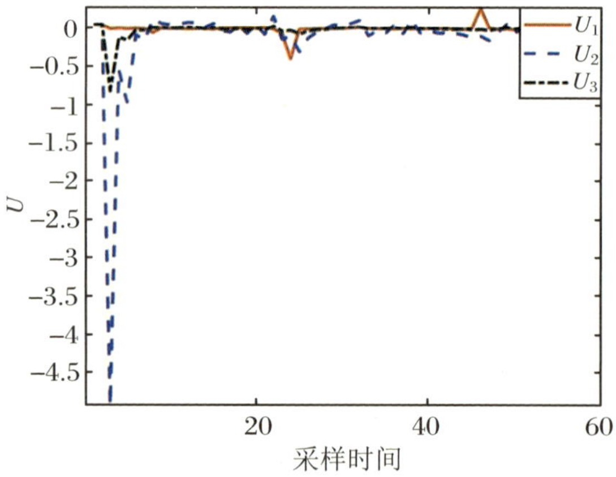

图 11.33　控制值曲线

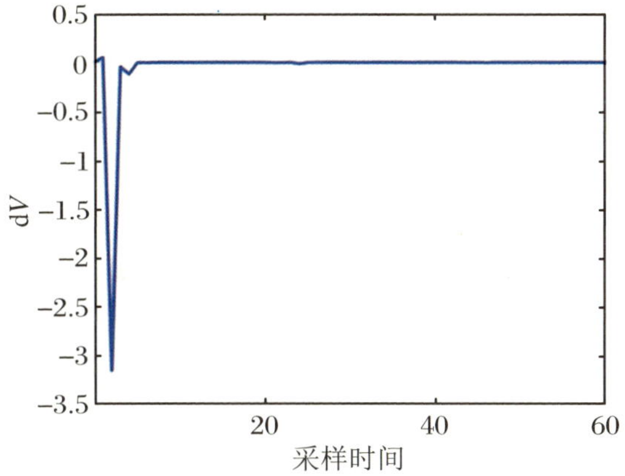

图 11.34　李雅普诺夫函数导数 dV 变化曲线

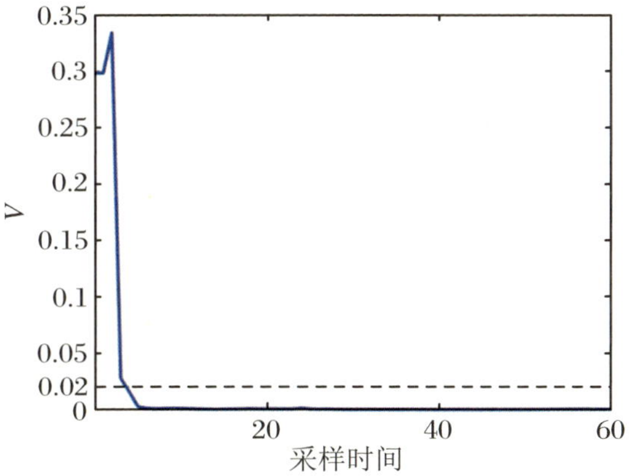

图 11.35　李雅普诺夫函数 V 值变化曲线

11.5.5.4　被控系统和目标系统在不同初始态下的跟踪控制实验

由于被控系统与目标系统的不同初态对控制结果都有不同的影响，所以我们在进行了被控系统和目标系统初始态均为叠加态的数值仿真实验后，分别对被控系统和目标系统分别在不同初始态的情况下，进行数系统状态跟踪控制的数值仿真实验。

情况 1　被控系统初始态为本征态，目标系统初始态为叠加态：

$$\rho(0)=\begin{bmatrix}1 & 0\\ 0 & 0\end{bmatrix},\quad \rho_f(0)=\frac{1}{4}\begin{bmatrix}3 & -\sqrt{3}\\ -\sqrt{3} & 1\end{bmatrix} \tag{11.167}$$

情况 2　被控系统初始态为叠加态，目标系统初始态为混合态：

$$\rho_0 = \frac{1}{16}\begin{bmatrix} 15 & -\sqrt{15} \\ -\sqrt{15} & 1 \end{bmatrix}, \quad \rho_{f0} = \frac{1}{8}\begin{bmatrix} 3 & \sqrt{13} \\ \sqrt{13} & 5 \end{bmatrix} \tag{11.168}$$

首先根据 11.5.4 小节中步骤 1 进行换基，利用式(11.162)对系统(11.142)进行相互作用绘景变换，可得

情况 1 中的误差变量初始值变为

$$\bar{e}(0) = U^{\dagger}(0)\rho_0 U(0) - U^{\dagger}(0)\rho_{f0} U(0) = \rho_0 - \rho_{f0} = \frac{1}{4}\begin{bmatrix} 1 & \sqrt{3} \\ \sqrt{3} & -1 \end{bmatrix} \tag{11.169}$$

情况 2 中的误差变量初始值变为

$$\bar{e}(0) = U^{\dagger}(0)\rho_0 U(0) - U^{\dagger}(0)\rho_{f0} U(0) = \rho_0 - \rho_{f0} = \begin{bmatrix} 0.5625 & -0.2086 \\ -0.2086 & -0.5625 \end{bmatrix} \tag{11.170}$$

根据 11.5.4 小节中步骤 3 得到的控制场，对两组初始态下的随机开放量子系统进行在线跟踪数值仿真实验，并与被控系统和目标系统初始态均为叠加态时的仿真结果做比较，控制参数调节，以及三种不同初始状态下，被控系统达到小于 4%跟踪控制性能内的调节次数与所达到的跟踪误差如表 11.4 所示。

表 11.4　不同初始状态情况下的控制结果

被控系统/目标系统(初始态)	控制参数 g_1	控制参数 g_2	调节次数	跟踪误差
本征态/叠加态	9.8	1.7	20	3.31%
叠加态/叠加态	9.0	1.5	7	1.12%
叠加态/混合态	15.0	2.8	8	3.97%

在情况 1 下的数值仿真实验结果如图 11.36 所示；在情况 2 下的数值仿真实验结果如图 11.37 所示，其中，图 11.36(a)和图 11.37(a)中红色线表示被控系统密度矩阵 $\rho(t)$ 的对角元素随时间变化曲线，蓝色线表示目标系统密度矩阵 $\rho_f(t)$ 的对角元素随时间变化曲线；图 11.36(b)和图 11.37(b)表示被控系统密度矩阵 $\rho(t)$ 对角元素的在线估计值随时间变化曲线；图 11.36(c)，(f)和(g)图 11.37(c)中红色虚线为被控系统密度矩阵 $\rho(t)$ 在 Bloch 球中的跟踪轨迹，绿色实线为在线估计值 $\hat{\rho}(t)$ 的轨迹，蓝色点画线为目标系统密度矩阵 $\rho_f(t)$ 的自由演化曲线。图 11.36(d)和图 11.37(d)分别为在情况 1 和情况 2 下在线估计的保真度曲线；图 11.36 和图 11.37 两图中的(e)，(f)和(g)图分别为跟踪控制过程中的控制值曲线、李雅普诺夫函数及其导数的变化曲线。

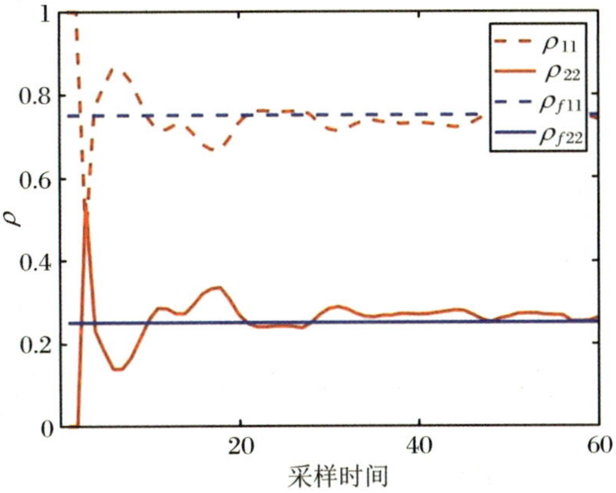

(a) 系统状态对角元素跟踪曲线

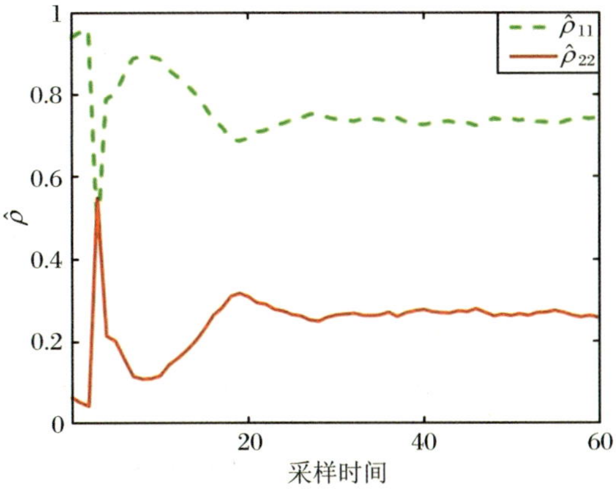

(b) 系统状态对角元素在线估计曲线

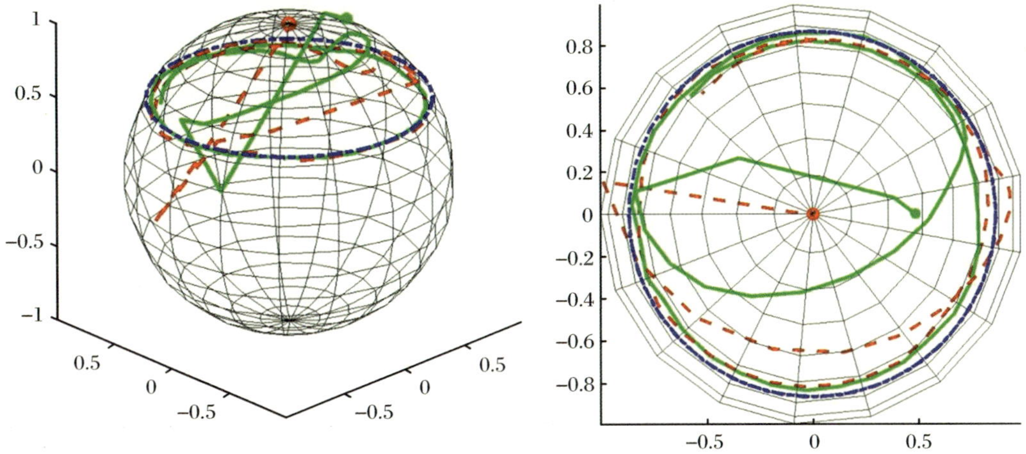

(c) Bloch球中系统状态跟踪曲线(左图为正视图，右图为俯视图)

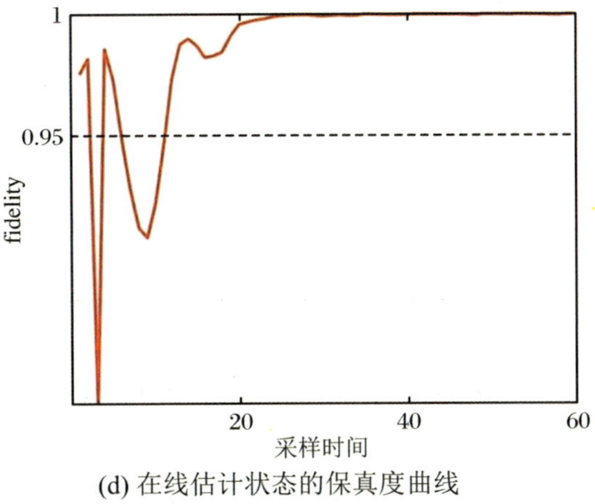

(d) 在线估计状态的保真度曲线

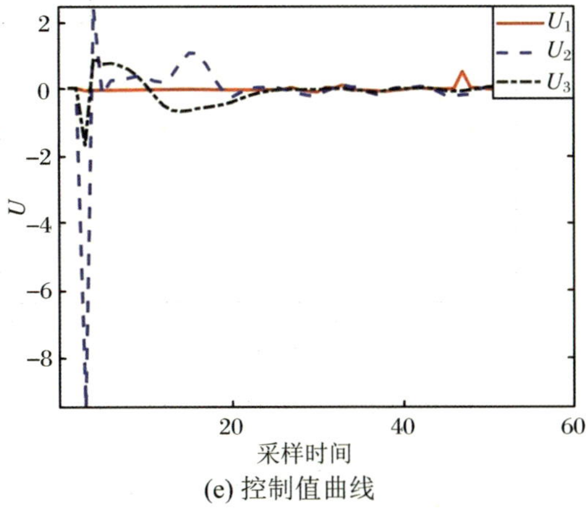

(e) 控制值曲线

图 11.36　情况 1 下的数值仿真实验结果

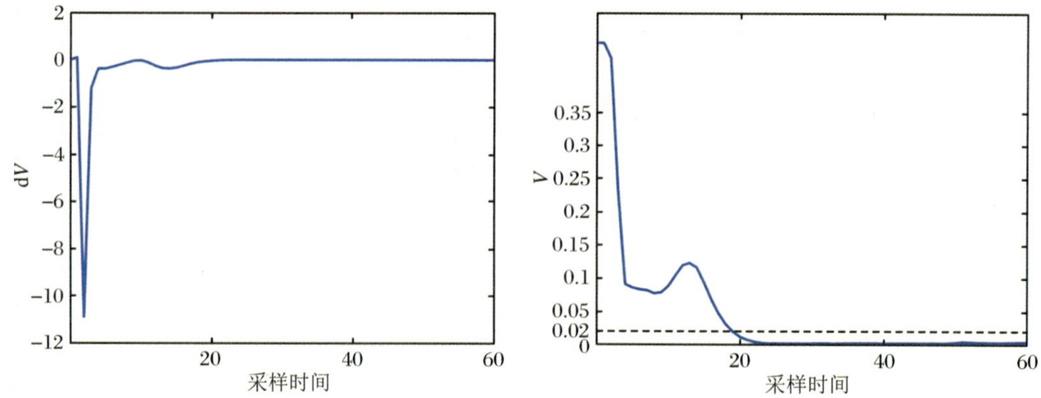

(f)李雅普诺夫函数导数dV变化曲线　(g)李雅普诺夫函数V值变化曲线

续图 11.36　情况 1 下的数值仿真实验结果

从图 11.36 和图 11.37(a)～(c)结果中可以看出，在不同控系统初始态和目标系统初始态的情况下，被控系统都能在 20 次调节内跟踪上目标轨迹；从图 11.36 和图 11.37(d)～(g)结果中可以看出中可以看出：

(1) 在线轨迹跟踪的控制结果与在线估计过程的性能直接相关：当原系统初始态为本征态时，在线估计性能变差，保真度达到 95%的时间变长，跟踪上目标轨迹的演化次数也变多。

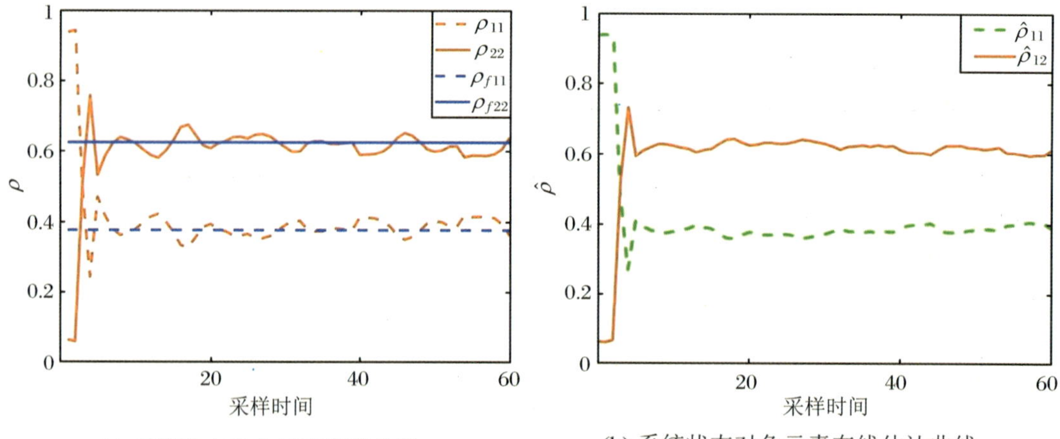

(a) 系统状态对角元素跟踪曲线　(b) 系统状态对角元素在线估计曲线

图 11.37　情况 2 下的数值仿真实验结果

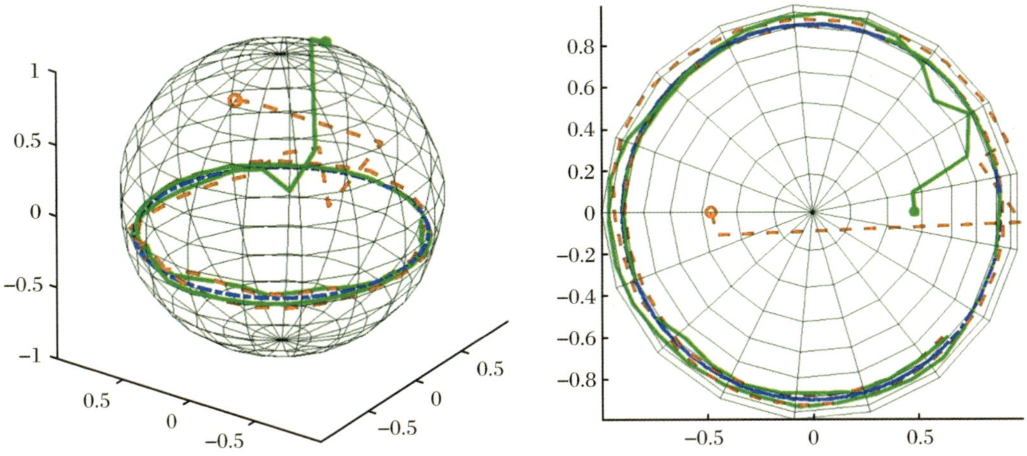

(c) Bloch球中系统状态跟踪曲线(左图为正视图，右图为俯视图)

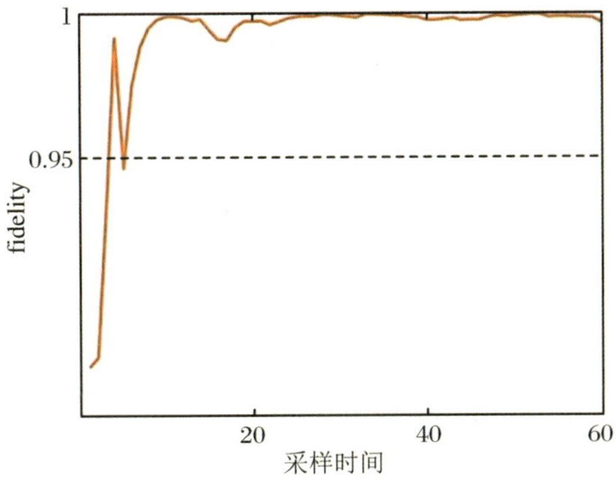

(d) 在线估计状态的保真度曲线

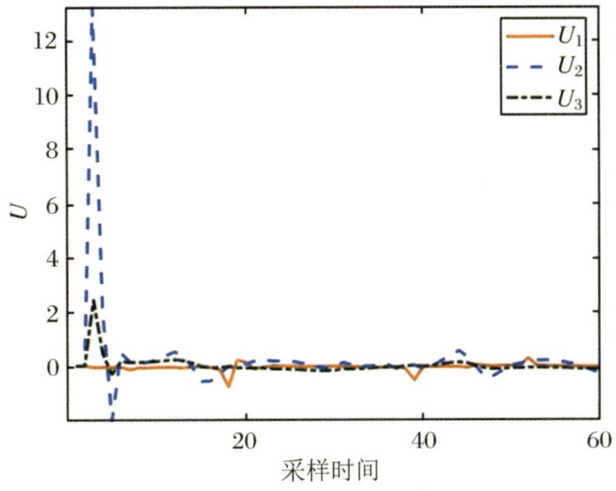

(e) 控制值曲线

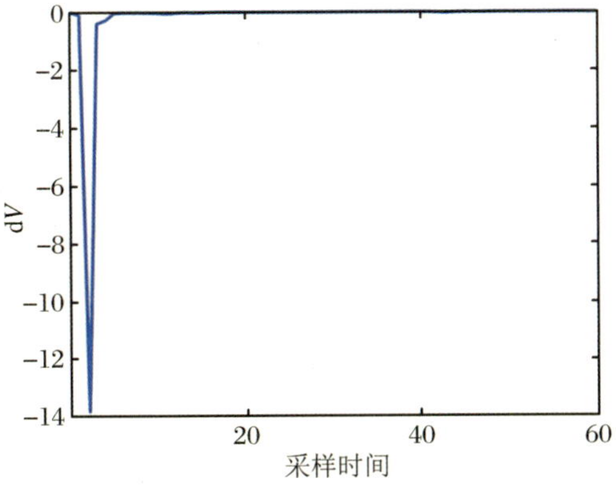

(f) 李雅普诺夫函数导数dV变化曲线

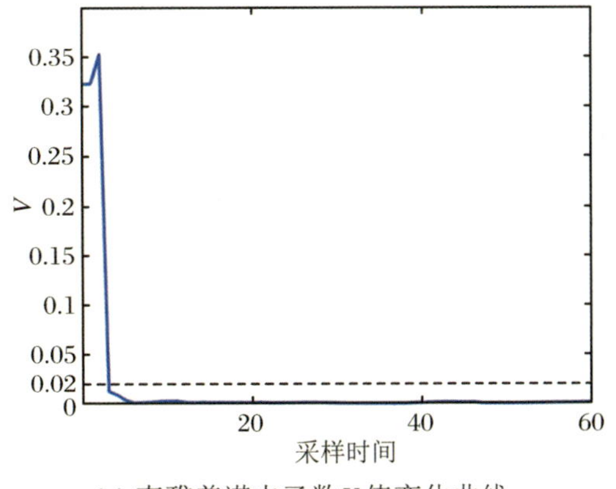

(g) 李雅普诺夫函数V值变化曲线

续图 11.37　情况 2 下的数值仿真实验结果

（2）当控制参数增大时，控制量幅值增大，控制量始终不为零，dV 值也始终小于零，跟踪变得更为迅速。

（3）当控制量变大时，跟踪过程中也出现了超调，李雅普诺夫函数值趋向零的时间变长，跟踪误差增大。

从表 11.4 可以看出，当被控系统初始态为叠加态目标系统初始态为叠加态时，相较于其他两种情况，在控制量较小的情况下，它的跟踪效果要更加优越，被控系统状态到达目标态的调节时间更短，其在线估计过程性能也更佳。

本节通过引入量子态误差函数，将随机开放量子系统的轨迹跟踪问题转化为状态转移问题，并借助 QST-OADM 在线估计算法，基于李雅普诺夫控制理论设计了在线跟踪控制场。应用上述控制场，对一个二能级量子系统进行仿真，并给出了在线估计和跟踪控制的性能分析。其中在选择在线估计的参数时，需考虑观测算符与被控系统参数之间的关系，当无外加控制时，观测算符初值不能与系统的自由哈密顿量及 L 项重合或垂直；当有外加控制时，没有此项限制。同时本节基于设计得到的跟踪控制场，在不同被控系统初始态和目标系统初始态的情况下，进行参数调节和数值仿真，仿真结果证明了该在线轨迹跟踪控制的有效性，达成了随机开放量子系统从任意初始态跟踪上任意初始态的封闭目标系统的控制任务。

参考文献

丛爽,2022.量子状态的估计和滤波及其优化算法[M].合肥:中国科学技术大学出版社.

丛爽,丁娇,张坤,2020.改进的迭代收缩阈值算法及其在量子状态估计中的应用[J].控制理论与应用,37(7):1667-1672.

丛爽,胡龙珍,杨霏,等,2013.Non-Markovian开放量子系统的特性分析与状态转移[J].自动化学报,30(4):360-370.

丛爽,胡龙珍,薛静静,等,2014.基于李雅普诺夫控制的随机开放量子系统特性分析[J].科技导报,32(22):15-22.

丛爽,匡森,2007.基于状态距离的量子控制策略[J].自动化学报,33(1):28-31.

丛爽,双丰,吴热冰,2016.量子控制系统设计[M].合肥:中国科学技术大学出版社.

丛爽,汪涛,张坤,2021.带有自适应学习速率的矩阵指数梯度在线量子态估计算法[J].控制理论与应用,38(8):1188-1196.

丛爽,薛静静,2015.随机开放量子系统模型及其反馈控制的特性分析[J].量子电子学报,32(2):186-197.

丛爽,张坤,2021.基于卡尔曼滤波的在线量子态估计优化算法[J].系统工程与电子技术,43(6):1636-1643.

董智翔,丛爽,2022.随机开放量子系统的纯态开关反馈控制[J].控制理论与应用,39(1):179-186.

胡龙珍,2014.开放量子系统特性分析及其状态控制[D].合肥:中国科学技术大学.

蒋文杰,邓东灵,2021.神经网络量子态及其应用[J].物理,50(2):76-83.

匡森,丛爽,2010.借助 Lyapunov 方法的量子系统平衡态的布居控制[J].自动化学报,36(9):1257-1263.

李旭冬,叶茂,李涛,2017.基于卷积神经网络的目标检测研究综述[J].计算机应用研究,34(10):2881-2886.

林文瑞,2022.基于深度神经网络的量子状态估计的研究[D].合肥:中国科学技术大学.

林文瑞,丛爽,2023.基于深度学习 LDAMP 网络的量子状态估计[J].自动化学报,49(1):79-90.

潘成威,丛爽,2021.基于宽度神经网络的 2 比特量子态的估计[C]//第 22 届中国系统仿真技术及其应用学术年会论文集.:90-94.

唐雅茹,丛爽,杨靖北,2020.单量子比特系统状态的在线估计[J].自动化学报,46(8):1592-1599.

王振,高茂庭,2015.基于卷积神经网络的图像识别算法设计与实现[J].现代计算机:专业版,(20):61-66.

薛静静,丛爽,胡龙珍,2013.开放量子系统控制的状态保持及其特性分析[C]//第 32 届中国控制会议.

薛静静,2015.开放量子系统的特性分析及其状态保持控制[D].合肥:中国科学技术大学.

杨靖北,丛爽,2014.量子层析中几种状态估计方法的研究[J].系统科学与数学,(12):1532-1546.

杨靖北.量子系统的测量、状态估计与调控[D].合肥中国科学技术大学,2018.

张波,刘郁林,王开,2014.稀疏随机矩阵有限等距性质分析[J].电子与信息学报,36 (1):169-174.

张娇娇,2018.基于压缩感知的量子状态估计与滤波算法及其收敛性研究[D].合肥:中国科学技术大学.

周娟,2016.基于测量的随机量子系统反馈控制[D].合肥:中国科学技术大学.

Abdelhamid O, Mohamed A R, Jiang H, et al., 2014. Convolutional neural networks for speech recognition [J]. IEEE/ACM Transactions on audio, speech, and language processing,22(10):1533-1545.

Adler S L, Brody D C, Brun T A, 2001. Martingale models for quantum state reduction[J]. Journal of Physics A General Physics,34(42):8795-8820.

Aharonov Y, Albert d Z, Vaidman L, 1988. How the result of a measurement of a component of the spin o a spin-1/2 particle can turn out to be 100[J]. Physical Review Letters, 60 (14): 1351.

Ahmed S, Muoz C S, Nori F, et al., 2020. Classification and reconstruction of optical quantum states with deep neural networks[J]. DOI: 10.1103/PhysRevResearch.3.033278.

Alicki R, Lendi K, 1986. Quantum dynamical semigroups and applications[M]. New York: Springer.

Altafini C, 2007a. Feedback control of spin systems[J]. Quantum Information Processing, 6 (1): 9-36.

Altafini C, 2007b. Feedback stabilization of isospectral control systems on complex flag manifolds: application to quantum ensembles[J]. IEEE Transactions on Automatic Control, 52(11): 2019-2028.

Altafini C, Ticozzi F, 2008. Almost global stochastic feedback stabilization of conditional quantum dynamics[OL]. arXiv. org/abs/quant-ph/0510222v 1.

Altaisky M V, 2001. Quantum neural network[OL]. arXiv quant-ph/0107012.

Anastopoulos C, Shresta S, Hu B L, 2009. Non-Markovian entanglement dynamics of two qubits interacting with a com-mon electromagnetic field[J]. Quantum information processing, 8(6): 549-563.

Arcizet O, Cohadon P F, Briant T, et al., 2006. Radiation-pressure cooling and optomechanical instability of a micromirror[J]. Nature, 444: 71-74.

Armen M A, Au J K, Stockton J K, et al., 2002. Adaptive homodyne measurement of optical phase[J]. Physical Review Letters, 89(13). DOI: 10.1103/PhysRevLett.89.133602.

Armen M A, Miller A E, Mabuchi H, 2009. Spontaneous dressedstate polarization in the strong driving regime of cavity QED[J]. Physical Review Letters, 103(17). DOI: 10.1103/PhysRevLett.103.173601.

Ashbum J R, Cline R A, van der Burgt P J, et al., 1990. Experimentally) determined) density Matrices for H ($n = 3$) formed in H^+-He collisions from 20 to 100 keV[J]. Physical Review A, 41(5): 2407.

Bacon D, Childs A M, Chuang I L, et al., 2001. Universal simulation of Markovian quantum dynamics[J]. Physical Review A, 64. DOI: 10.48550/arXiv.1503.05028.

Banaszek K, Cramer M, Gross D, 2013. Focus on quantum tomography[J]. New Journal of Physics, 15(12). DOI 10.1088/1367-2630/15/12/125020.

Barchielli A, Lupieri G, 1985. Quantum stochastic calculus, operation valued stochastic processes, and continual measurements in quantum mechanics[J]. Journal of Mathematical Physics, 26(9): 2222-2230.

Bardroff P J, Mayr E, Schleich W P, et al., 1996. Simulation of quantumstate endoscopy[J]. Physical Review A, 53(4): 2736-2741.

Beauchard K, Coron J, Mirrahimi M, et al., 2007. Implicit Lyapunov control of finite dimensional Schrödinger equations [J]. Systems & Control Letters, 56: 388-395.

Belavkin V P, 2005. Quantum stochastic calculus and quantum nonlinear filtering. Journal of Multivariate Analysis, 42(2): 171-201.

Bermudez A, Schmidt P O, Plenio M B, et al., 2011. Robust trapped-ion quantum logic gates by microwave dynamical decoupling[J]. Physical Review A, 85.

Blume-Kohout R, 2010. Optimal, reliable estimation of quantum states[J]. New J. Phys., 12. arXiv: quant-ph/0611080.

Borgerding M, Schniter P, 2016. Onsager-corrected deep learning for sparse linear inverse problems[C]//Proceedings of 2016 IEEE Global Conference on Signal and Information Processing (GlobalSIP). Washington DC, USA: IEEE.

Borgerding M, Schniter P, Rangan S, 2017. AMP-inspired deep networks for sparse linear inverse problems[J].. IEEE Transactions on Signal Processing, 65: 4293-4308

Boyd S P, Vandenberghe L, 2004. Convex optimization [M]. Cambridge: Cambridge University Press.

Boyd S, Parikh N, Chu E, 2011. Distributed optimization and statistical learning via the alternating direction method of multipliers[M]. Boston : Now Publishers Inc.

Braginsky V B, Vorontsov Y I, 1975. Quantum-mechanical limitations in macroscopic experiments and modern experimental technique[J]. Soviet Physics Uspekhi, 17(5): 644.

Brańczyk A M, Mendon A, Paulo E M F, et al., 2006. Quantum control of a single qubit [J]. Physical Review A, 75(1): 2329-1-2329-11.

Broos J K, 2002. Stochastic processes and stochastic integration in banach spaces [M]// Handbook of Measure Theory, I: 449, 451-502.

Brue M, Haroche S, Lefevre V, et al., 1990. Quantum nondemolition measurements of small photon numbers by rydberg-atom phase-sensitive detection[J]. Physical Review Letters, 65: 976.

Brumer P, Shapiro M, 1986. Control of unimolecular reactions using coherent light [J]. Chemical Physics Letters, 126(6): 541-546.

Brun T A, 2002. A simple model of quantum trajectories[J]. American Journal of Physics, 70 (7): 719-737.

Budini A A, 2009. Open quantum system approach to single-molecule spectroscopy [J]. Physical Review A, 79. DOI: 10.48550/arXiv.0902.4019.

Buek D, 2004. Quantum tomography from incomplete data via maxent principle[M]// Quantum State Estimation. Berlin :Springer:189-234.

Bužek V, Drobn G, Adam G, 1997. Reconstruction of quantum states of spin systems via the jaynes principle of maximum entropy[J]. Journal of Modern Optics, 44(11/12):21.

Cahill K E, Glauber R J, 1969. Ordered expansions in boson amplitude operators[J]. Physical Review, 177(5):1857-1881.

Calderbank R, Howard S, Jafarpour S, 2010. Construction of a large class of deterministic sensing matrices that satisfy a statistical isometry property[J]. IEEE Journal of Selected Topics in Signal Processing, 4(2):358-374.

Candes E J, Tao T, 2006. Nearoptimal signal recovery from random projections: universal encoding strategies? [J]. IEEE Transactions on Information Theory, 52(12):5406-5425.

Candes E J, 2008. The restricted isometry property and its implications for compressed sensing [J]. Comptes Rendus Mathematique, 346(9):589-592.

Candes E J, Plan Y, 2011. Tight oracle inequalities for low-rank matrix recovery from a minimal number of noisy random measurements[J]. IEEE Transactions on Information Theory, 57(4):2342-2359.

Carrasquilla J, Torlai G, Melko R G, et al., 2019. Reconstructing quantum states with generative models[J]. Nature Machine Intelligence, 1(3):155-161.

Chase B A, Landahl A J, Germia J, 2008. Efficient feedback controllers for continuous time quantum error correction [J]. Physical Review A, 77 (3). DOI: 10. 48550/arXiv. 0711.0689.

Chen C, He B, Ye Y, et al., 2016. The direct extension of ADMM for multi-block convex minimization problems is not necessarily convergent[J]. Mathematical Programming, 155 (12):57-79.

Clark J W, Ong C K, Tarn T J, et al., 1985. Quantum nondemolition filters[J]. Theory of Computing Systems, 18(1):3355.

Cohen A, Dahmen W, Devore R, 2009. Compressed sensing and best k term approximation [J]. Journal of the American mathematical society, 22(1):211-231.

Combettes P L, Wajs V R, 2005. Signal recovery by proximal forward-backward splitting[J], Multiscale Modeling & Simulation, 4(4):1168-1200.

Cong S, Hu L, Yang F, et al., 2013. Characteristics analysis and state transfer for non-Markovian open quantum systems[J]. Acta Automatica Sinica, 39(4):360-370.

Cong S, Kuang S, 2007. Quantum control strategy based on state distance[J]. Acta Automat. Sinica, 33(1):28-31.

Cong S, Liu J X, 2012. Trajectory tracking control of quantum systems[J]. Chinese Science Bulletin, 57 (18): 2252-2258.

Cong S, Meng F F, 2013. A survey of quantum Lyapunov control methods[J]. The Scientific World Journal. DOI: 10.48550/arXiv.1304.3997.

Cong S, Tang Y, Harraz S, et al., 2021. On-line quantum state estimation using continuous weak measurement and compressed sensing[J]. Science China Information Sciences, 64 (8): 238-240.

Cong S, Wen J, Kuang S, 2016b. Global stabilization control of stochastic quantum systems. Sciece China. Information Sciences, 59(11): 122502.

Cong S, Yang J, Liu J X, 2012. State transfer and coherence maintain based on DFS in open quantum systems [C]. Hefei, China: Proceedings of the 31st Chinese Control Conference: 7135-7139.

Cong S, Zhang Y Y, 2008. Superposition states preparation based on Lyapunov stability theorem in quantum systems[J]. Journal of University of Science and Technology of China, 38 (7): 821-827.

Cong S, Zhang Y Y, 2009. Lyapunov-based optimal quantum pure state control strategy[C]. Florida, USA: International Conference on Automation, Robotics and Control Systems (ARCS-09).

Cong S, Zhang Y Y, 2011. Optimal control of mixed-state quantum systems based on Lyapunov method[J]. DOI: 10.5220/0003126000220030.

Cong S, Wen J, Kuang S, 2016a. Global stabilization of an eigenstate for stochastic quantum systems[C]. 12th IEEE International Conference on Control and Automation (ICCA). Nepal: IEEE: 966-971.

Coron J, Grigoriu A, Lefter C, et al., 2009. Quantum control design by Lyapunov trajectory tracking for dipole and polarizability coupling [J]. New Journal of Physics, 11 (10): 105034.

Cortes C, Vapnik V, 1995. Support vector networks[J]. Machine learning, 20(3): 273-297.

Cramer M, Plenio M B, Flammia S T, et al., 2010. Efficient quantum state tomography [J]. Nature Communications, 1: 149.

Cui W, Xi Z R, Pan Y, 2009. Controlled population transfer for quantum computing in Non-Markovian noise environment [C]//Proceeding of Joint 48th IEEE Conference on Decision and Control and 28th Chinese Control Conference. Shanghai, China: IEEE: 2504-2509.

D'Alessandro D, 2003. On quantum state observability and measurement[J]. Journal of Physics

A: Mathematical and General, 36(37): 9721-9735.

D'Alessandro D, Dahleh M, 2011. Optimal control of two-level quantum systems [J]. IEEE Transactions on Automatic Control, 46(6): 866-876.

D' Ariano G M, Maccone L, Paris M, 2000. Quorum of observables for universal quantum estimation[J]. Journal of Physics A General Physics, 34(1). DOI: 10.1088/0305-4470/34/1/307.

Ddi W, Milenkovic O, 2009. Subspace pursuit for compressive sensing signal reconstruction [J]. IEEE transactions on Information Theory, 55(5): 2230-2249.

De Burgh M D, Langford N K, Doherty A C, et al., 2008. Choice of measurement sets in qubittomography[J]. Physical Review A, 78(5). DOI: 10.1103/PhysRevA.78.052122.

De Fouquieres P, 2012. Implementing quantum gates by optimal control with doubly exponential convergence[J]. Physical Review Letters, 108(11): 110504.1- 110504.5.

Deng W, Lai M J, Peng Z, et al., 2017. Parallel multi-block ADMM with 0(l/k) convergence [J]. Journal of Scientific Computing, 71(2): 712-36.

Deng W, Yin W T, 2016. On the global and linear convergence of the generalized alternating direction method of multipliers[J]. Journal of Scientific Computing, 66(3): 889-916.

Dixit R, Bedi A S, Tripathi R, et al., 2019. Online learning with inexact proximal online gradient descent algorithms [J]. IEEE Transactions on Signal Processing, 67 (5): 1338-1352.

Diósi L, 1988. Continuous quantum measurement and itô formalism[J]. Physics Letters A, 129 (89). arXiv: 1812.11591.

Diósi L, 1986. Stochastic pure state representation for open quantum systems[J]. Physics Letters A, 114(89): 451-454.

Do T T, Gan L, Nguyen N H, et al., 2011. Fast and efficient compressive sensing using structurally random matrices [J]. IEEE Transactions on signal processing, 60 (1): 139-154.

Doherty A C, Jacobs K, 1999. Feedback control of quantum systems using continuous state estimation[J]. Physical Review A, 60: 2700-2711.

Dong D, Pettersen I R, 2012. Sliding mode control of two-level quantum systems. Automatica, 48(5): 725-735.

Donoho D L, 2006. Compressed sensing[J]. IEEE Transactions on Information Theory, 52 (4): 1289-1306.

Donoho D L, Tsaig Y, Drori, et al., 2012. Sparse solution of underdetermined systems of linear equations by stagewise orthogonal matching pursuit[J]. IEEE transactions on

Information Theory,58(2):1094-1121.

Duarte M F, Davenport M A, Takhar D, et al., 2008. Singlepixel imaging via compressive sampling[J]. IEEE signal processing magazine,25(2):83-91.

Eckstein J,Bertsekas D P,1992. On the Douglas-Rachford splitting method and die proximal point algorithm for maximal monotone operators[J]. Mathematical Programming, 55 (13):293-318.

Escher B M,Bensky G,Clausen J,et al.,2011. Opti-mized control of quantum state-transfer from noisy to quiet qubits[J]. Journal of Physics B: Atomic, Molecular and Optical Physics,44(15). DOI:10.1088/0953-4075/44/15/154015.

Espinosa L A D, Miao Z, Petersen I R, et al., 2012. Preservation of commutation relations and physical realizability of open two-level quantum systems[C]//Decision & Control. IEEE,2012. DOI:10.1109/CDC.2012.6427023.

Fano U, 1957. Description of states in quantum mechanics by density matrix and operator techniques[J]. Reviews of Modern Physics,29(1):74-93.

Fazei M, Pong T K, Sun D, 2012. On the global and linear convergence of the generalized alternating direction method of multipliers[J]. SIAM Journal on Matrix Analysis and Applications,34(3):946-977.

Flammia S T, Gross D, Liu Y K, et al,2012. Quantum tomography via compressed sensing: error bounds,sample complexity and efficient estimators[J]. New Journal of Physics, 14 (9):95-122.

Fukushima K, Miyake S, 1982. Neocognitron: a self organizing neural network model for a mechanism of visual pattern recognition[M]//Competition and cooperation in neural nets. Berlin :Springer:267-285.

Gabay D, Mercier B, 1976. A dual algorithm for the solution of nonlinear variational problems via finite element approximation [J]. Computers & Mathematics with Applications,2(1):17-40.

Ge S S, Vu T L and Hang C C, 2012a. Non-smooth Lyapunov function-based global stabilization for quantum filters [J]. Automatica,48(6):1031-1044.

Ge S S, Vu T L, Lee T H, 2012b. Quantum measurement-based feedback control: a non-smooth time delay control approach[J]. Siam Journak on Control and Optimization, 50 (2):845-863.

Gehring J, Aali M, Grangier D, et al., 2017 Convolutional sequence to sequence learning [C]//International Conference on Machine Learning:1243-1252.

Gemmeke J F, Virtanen T, Hurmalainen A, 2011. Exemplar based sparse representations for noise robust automatic speech recognition[J]. IEEE Transactions on Audio, Speech, and Language Processing, 19(7): 2067-2080.

Ghosh J, 2011. A note on the measures of process fidelity for non-unitary quantum operations [OL]. arXiv: 1111.2478v1.

Gilbert A C, Strauss M J, Tropp J A, et al., 2007. One sketch for all: fast algorithms for compressed sensing[C]//Proceedings of the thirty ninth annual ACM symposium on Theory of computing.: 237-246.

Gisin N, 1984. Quantum measurements and stochastic processes[J]. Physical Review Letters, 52(19): 1657-1660.

Gong J, Rice S A, 2004. Measurement assisted coherent control[J]. Journal of Chemical Physics, 120(21): 9984-9988.

Goodfellow I, Pougetabadie J, Mirza M, et al., 2014. Generative adversarial nets[C]// Proceedings of the 27th International Conference on Neural Information Processing Systems: 2672v2680.

Gorini V, Kossakowski A, Sudarshan E C G, 1976. Completely positive dynamical semigroups of N-level systems[J]. Journal of Mathematical Physics, 17: 821-825.

Gough J E, Wildfeuer S, 2009. Enhancement of field squeezing using coherent feedback[J]. Physical Review A, 80(4). DOI: 10.1103/PhysRevA.80.042107.

Grace M D, Dominy J, Witzel W M, et al., 2011. Combining dynamical-decoupling pulses with optimal control theory for improved quantum gates[OL]. arXiv: 1105.2358.

Gradshtein I S, Ryzhik I M, 2007. Tables of integrals, series and products[M]. San Diego: Academic Press: 812-820.

Grivopoulos S, Bamieh B, 2003. Lyapunov-based control of quantum systems[J]. IEEE CDC, 42(1): 434-438.

Gross D, 2009. Recovering lowrank matrices from few coefficients in any basis[J]. IEEE Transactions on Information Theory, 57(3): 1548-1566.

Gross D, Liu Y K, Flammia S T, et al., 2010. Quantum state tomography via compressed sensing[J]. Physical Review Letters, 105(15), 150401.

Gross D, 2011. Recovering lowrank matrices from few coefficients in any basis[J]. IEEE Transactions on Information Theory, 57(3): 1548-1566.

Gyongyosi L, 2017. Quantum imaging of high-dimensional Hilbert spaces with radon transform[J]. International Journal of Circuit Theory and Applications, 45(7): 1029 - 1046.

Handel R V, Stockton J K, Mabuch H, 2005. Modelling and feedback control design for quantum state preparation[J]. Journal of Optics: Quantum and Semiclassical Optics, 7: 179-197.

Hardy G H, Littlewood J E, Polya G, 1952. Inequalities [M]. Cambridge: Cambridge University Press.

Harraz S, Cong S, 2019. State transfer via online state estimation and Lyapunov based feedback control for a nqubit system[J]. Entropy, 21(8): 751-762.

Haupt J, Bajwa W U, Rabbat M, et al., 2008. Compressed sensing for networked data[J]. IEEE Signal Processing Magazine, 25(2): 92-101.

He B, Xu M, Yuan X, 2011. Solving large-scale least squares semidefinite programming by alternating direction methods[J]. Siam Journal on Matrix Analysis and Applications, 32 (1): 136-152.

He H, Wen C K, Jin S, et al., 2018. Deep learning based channel estimation for beam space wave massive mimo systems[J]. IEEE Wireless Communications Letters, 7(5): 852-855.

He K, Zang X, Ren S, et al., 2016. Deep residual learning for image recognition[C]//2016 IEEE Conference on Computer Vision and Pattern Recognition (CVPR): 770-778.

Heinosaari T, Mazzarella L, Wolf M M, 2013. Quantum tomography under prior information [J]. Communications in Mathematical Physics, 318(2): 355-374.

Hinton G E, 2002. Training products of experts by minimizing contrastive divergence[J]. Neural computation, 14(8): 1771-1800.

Hinton G E, Osindero S, Teh Y W, 2006a. A fast learning algorithm for deep belief nets[J]. Neural computation, 18(7): 1527-1554.

Hinton G E, Salakhutdinov R R, 2006b. Reducing the dimensionality of data with neural networks[J]. Science, 313(5786): 504-507.

Hinton G E, Sejnowski T J, Ackley D H, 1984. Boltzmann machines: constraint satisfaction networks that learn[Z]. Carnegie Mellon University, Department of Computer Science Pittsburgh, PA.

Hochreiter S, Bengio Y, Frasconi P, et al., 2001. Gradient flow in recurrent nets: the difficulty of learning long-term dependencies[J]. A Field Guide to Dynamical Recurrent Neural Networks. IEEE Press: 237-244.

Holland D J, Bostock M J, Gladden L F et al., 2011. Fast multidimensional NMR spectroscopy using compressed sensing[J]. Angew. Chem. Int. Ed., 50: 6548-6551.

Hopfield J J, 1982. Neural networks and physical systems with emergent collective computational abilities[J]. Proceedings of the national academy of sciences, 79(8): 2554-2558.

Hou S C, Huang X L, Yi X X, 2010. Suppressing decoherence and improving entanglement by Quantum jump based feedback control in two-level systems[J]. Physical Review A, 82(1). arXiv:1009.2159.

Hou S C, Khan M A, Yi X X, et al., 2012. Optimal Lyapunov-based quantum control for quantum systems[J]. Physical Review A, 86(2). DOI:10.1103/PhysRevA.86.022321.

Hou S C, Wang L C, Yi X X, 2014. Realization of quantum gates by Lyapunov control[J]. Physics Letters A, 378(9):699-704.

Hou Z, Zhong H S, Tian Y, et al., 2016. Full reconstruction of a 14-qubit state within four hours[J]. New Journal of Physics, 18. DOI 10.1088/1367-2630/18/8/083036.

Howard A, Sandler M, Chu G, et al., 2019. Searching for mobilenetv3[C]//Proceedings of the IEEE/CVF International Conference on Computer Vision (ICCV):1314-1324.

Hradii Z, Rehacek J, Fiurasek J, et al., 2004. Maximum likelihood methods in quantum mechanics[M]// Quantum State Estimation. Berlin:Springer:59-112.

Hu J J, Ke Q, Ji Y, 2017. Orbit tracking of quantum state in open quantum systems based on lyapunov control method[J]. Optik-International Journal for Light and Electron Optics, 148:350-357.

Hu Z, Li K Z, Cong S, et al., 2019. Reconstructing pure 14-bit quantum states in three hours using compressinve sensing[C]. The 5th IFAC Conference on Intelligent Control and Automation Sciences (ICONS 2019).

Huang G M, Tarn T J, Clark J W, 1983. On the controllability of quantum mechanical systems [J]. Journal of Mathematical Physics, 24(11):2608-2618.

Huang S Y, Gao H S, Li X Q, 2013. Generation and stabilization of a three-qubit entangled wstate in circuit qed via quantum feedback control[J]. Physical Review A. arXiv: 1311.6321.

Hubei D H, Wiesel T N, 1962. Receptive fields, binocular interaction and functional architecture in the cat's visual cortex[J]. The Journal of physiology, 160(1):106-154.

Huebl H, Hoehne F, Grolik B, et al., 2008. Spin echoes in the charge transport through phosphorus donors in silicon [J]. Physical Review Letters, 100. DOI: 10. 1103/PhysRevLett.100.177602.

Huszar F, Houlsby N M T, 2011. Adaptive Bayesian quantum tomography[J]. Physical Review A, 85. arXiv:1107.0895.

Hwang B, Goan H S, 2012. Optimal control for non-Markovian open quantum systems[J]. Physical Review A, 85. DOI:10.1103/PhysRevA.85.032321.

Jacobs K, Wang X, Wiseman H M, 2014. Coherent feedback that beats all measuremen tbased feedback protocols[J]. New Journal of Physics, 16(7). arXiv:1211.1724.

James M R, Nurdin H I, Petersen I R, 2008. H∞ control of linear quantum stochastic systems [J]. IEEE Transactions on Automatic Control, 53(8):1787-1803.

Jelonek J, Krawiec K, Slowiński R, 1995. Rough set reduction of attributes and their domains for neural networks [J]. Computational Intelligence, 11(2):339-347.

Jones J A, Mosca M, Hansen R H, 1998. Implementation of a quantum search algorithm on a nuclear magnetic resonance quantum computer[J]. Journal of Chemical Physics, 109 (5): 1648-1653.

Judson R S, Rabitz H, 1992. Teaching lasers to control molecules[J]. Physical Review Letters, 68(10):1500-1503.

Kak S C, 1995. Quantum neural computing[J]. Adv Imaging Electron Phys, 94:259-313.

Kazimierczuk K, Orekhov V Y, 2011. Accelerated NMR spectroscopy by using compressed sensing[J]. Angew. Chem. Int. Ed., 50:5556-5559.

Keck M, Müller M M, Calarco T, et al., 2015. Quantum optimal control within the rotating-wave approximation [J]. Physical Review A, 92 (3). DOI: 10. 1103/PhysRevA. 92.033402.

Kerckhoff J, Andrews R W, Ku H S, et al., 2013. Tunable coupling to a mechanical oscillator circuit using a coherent feedback network[J]. Physical Review X, 3(2):345-351.

Kerckhoff J, Lehnert K W, 2012. A superconducting microwave multivibrator produced by coherent feedback[J]. Physical Review Letters, 109(15). arXiv:1204.0024v2.

Klenke A, 2006. Probability theory [M]. Berlin:Springer.

Klose G, Smith G, Jessen P S, 2001. Measuring the quantum state of a large angular momentum [J]. Physical Review Letters, 86(21):4721-4724.

Khaneja N, Brockett R, Glaser S J. Time optimal control in spin systems[J]. Physical Review A, 2001, 63(3). DOI:10.1103/PhysRevA.63.032308.

Khaneja N, Reiss T, Luyb, et al., 2003. Optimal control of spin dynamics in the presence of relaxation[J]. Journal of Magnetic Resonance, 162(2):311-319.

Kleckner D, Bouwmeester D, 2006. Subkelvin optical cooling of a micromechanical resonator [J]. Nature, 444(7115):75-78.

Kohonen T, 1982. Self organized formation of topologically correct feature maps [J]. Biological cybernetics, 43(1):59-69.

Krizhevsky A, Sutskever I, Hinton G, 2012. Imagenet classification with deep convolutional neural networks [C]. Proceedings of the 25th International Conference on Neural Informa- tion Processing Systems. Lake Tahoe, Nevada, USA: Curran Associates Inc.:

1097-1105.

Kuang S, Cong S, 2008. Lyapunov control methods of closed quantum systems. Automatica, 44:98-108.

Kuang S, Cong S, Lou Y S, 2009. Population control of quantum states based on invariant subsets under diagonal Lyapunov function[C]. IEEE Conference on Decision & Control: 2486-2491.

Kuang S, Cong S, 2010a. Population control of equilibrium states of quantum systems via Lyapunov method[J]. Acta Automatica Sinica, 36(9):1257-1263.

Kuang S, Cong S, 2010b. Lyapunov stabilization strategy of mixed state quantum systems with ideal conditions[J]. Control & Decision, 47(2):273-277.

Kuda N, Matsui N, Nishimura H, 2002. Image compression by layerd quantum neural networks [J]. Neural Prosessing Letters, 16(1):67-80.

Kushner H J, 1971. Introduction to Stochastic Control[M]. NewYork: Holt Rinehart and Winston, Inc.

Kuzmich A, Mandel L, Janis J, et al., 1999. Quantum nondemolition measurements of collective atomic spin[J]. Physical Review A, 60(3). DOI: 10.1103/PHYSREVA.60.2346.

Lasalle J, Llefschetz S, 1961. Stability by liapunovs direct method with applications [M]. New York: Academic Press.

Lecun Y, Boser B, Denker J S, et al., 1989. Backpropagation applied to handwritten zip code recognition[J]. Neural computation, 1(4):541-551.

Lecun Y, Bottou L, Bengio Y, et al., 1998. Gradientbased learning applied to document recognition[J]. Proceedings of the IEEE, 86(11):2278-2324.

Leonhardt U, 1995. Quantum-state tomography and discrete Wigner function[J]. Physical Review Letters, 74(21):4101-4105.

Li K, Cong S, 2014. A robust compressive quantum state tomography algorithm using ADMM [Z]. Preprint of the 19th World Congress of the International Federation of Automation Control, Cape Town, South Africa: 6878-6883

Li K, Zhang J, Cong S, 2017. Fast reconstruction of high-qubit quantum states via low rate measurements[J]. Physical Review A, 96(1). arXiv: 1701.03695v4.

Liu Y K, 2011. Universal low-rank matrix recovery from Pauli measurements [C]. Proceedings of Annual Conference on Neural Information Processing Systems (NIPS): 1638-1646.

Li R, Hoover M, Gaitan F, 2007. High-fidelity single-qubit gates using non-adiabatic rapid passage[J]. Quantum Information and Computation, 7: 594-608.

Lin Z C, Chen M M, Ma Y, 2010. The augmented lagrange multiplier method for exact recovery of corrupted low-rank matrices[J]. arXiv: 1009.5055.

Liu D, Ran S J, Wittek P, et al., 2019. Machine learning by unitary tensor network of hierarchical tree structure[J]. New J Phys, 21. DOI: 10.1088/1367-2630/ab31ef.

Liu J, Cong S, 2011. Trajectory tracking of quantum states based on Lyapunov method, IEEE International Conference on Control & Automation.

Liu J, Cong S, 2014. Manipulation of NOT gates in non-Markovian open quantum systems[C]. Shenyang, China: Proceeding of the 11th World Congress on Intelligent Control and Automation (WCICA): 1231-1236.

Liu J, Cong S, Zhu Y P, 2012. Adaptive trajectory tracking of quantum systems[C]. Jeju Island, Korea: 12th International Conference on Control, Automation and Systems (ICCAS): 322-327.

Liu X M, Lu S C, Wu R B, 2018. Machine learning for data reduction in quantum state tomography[C]. Wuhan, China: Proceedings of the 37th Chinese Control Conference: 227-231.

Liu Y K, 2011. Universal low-rank matrix recovery from Pauli measurements[C]// Advances in Neural Information Processing Systems: 1638-1646.

Lloyd S, 2000. Coherent quantum feedback[J]. Physical Review A, 62(2). DOI: 10.1103/PhysRevA.62.022108.

Lohani S, Kirby B T, Brodsky M, et al., 2020. Machine learning assisted quantum state estimation[J]. Machine Learning: Science and Technology, 1(3). DOI 10.1088/2632-2153/ab9a21.

Lou Y, Cong S, Yang J, et al., 2011. Path programming control strategy of quantum state transfer[J]. IET Control Theory & Applications, 5(2): 291-298.

Lukens J M, Law K J H, Jasra A, et al., 2020. A practical and efficient approach for Bayesian quantum state estimation [J]. New Journal of Physics, 22(6). DOI: 10.1088/1367-2630/ab8efa.

Lundeen J S, Bamber C, 2012. Procedure for direct measurement of general quantum states using weak measurement [J]. Physical Review Letters, 108 (7). DOI: 10.1103/physrevlett.108.070402.

Maalouf A I, Petersen I R. Coherent control for a class of annihilation operator linear quantum systems[J]. IEEE Transactions on Automatic Control, 2011, 56(2): 309-319.

Mabuchi, H, 2008. Coherent-feedback quantum control with a dynamic compensator[J].

Physical Review A,78(3).DOI:10.1103/PhysRevA.78.032323.

Maniscalco S,Pilo J,Intravaia F,et al.,2004.Lindblad- and non-Lindblad-type dynamics of a quantum Brownian particle[J]. Physical Review A, 70. DOI: 10. 1103/PhysRevA. 70.032113.

Martin L,Motzoi F,Li H,2015.Deterministic generation of remote entanglement with active quantum feedback[J].Physical Review A,92.DOI:10.1103/PhysRevA.92.062321.

Mastriani M,2018.Optimal Estimate of Quantum States [J].Journal of Applied Mathematics and Physics,6(6):1363-1381.

Matsui N, Takai M, Nishimura H, 2000. A network model based on qubitlike neuron corresponding to quantum circuit,Electronics and Communications in Japan (Part III, Fundamental Electronic Science),83(10):67-73.

Matsuna D,Tsumura K,2010.Global stabilization of quantum spin systems via discrete time feedback control [C]. 49th IEEE Conference on Decision and Control (CDC): 3766-3771.

Mcculloch W S,Pitts W,1943.A logical calculus of the ideas immanent in nervous activity [J].The bulletin of mathematical biophysics,5(4):115-133.

Meng F, Cong S, Kuang S, 2012. Implicit Lyapunov control of multi-control Hamiltonian systems based on state distance[C]. Beijing, China: Proceedings of the 10th World Congress on Intelligent Control and Automation (WCICA2012):5127-5132.

Metzler C A,Maleki A,Baraniuk R G,2016.From denoising to compressed sensing[J].IEEE Transactions on Information Theory,62(9):5117-5144.

Metzler C A, Mousavi A, Baraniuk R G, 2017a. Learned D-AMP: a principled CNN-based compressive image recovery algorithm[J].arXiv:1704.06625v1.

Metzler C A,Mousavi A,Baraniuk R G,2017b.Learned D-AMP:principled neural network based compressive image recovery[J/OL].arXiv:1704.06625.

Metzler C A,Mousavi A,Barniuk R G,2017c.Learned damp:principled neural network based compressive image recovery [C]//NIPS'17: Proceedings of the 31st International Conference on Neural Information Processing Systems. Red Hook, NY, USA: Curran Associates Inc.:1770-1781.

Miller W,1972.Symmetry groups and their applications [M].New York:Academic Press.

Minsky M,Papert S,1969.An introduction to computational geometry[M].Cambridge:MIT Press.

Mirrahimi M, Rouchon P, 2004. Trajectory tracking for quantum systems: a Lyapunov approach[J/OL].[2024-12-27].https://www.researchgate.net/publication/228683900

_Trajectory_tracking_for_quantum_systems_a_lyapounov_approach.

Mirrahimi M, van Handel R, 2007. Stabilizing Feedback Controls for Quantum Systems [J]. SIAM Journal on Control and Optimization, 46(2): 445-467.

Mnih V, Kavukcuoglu K, Silver D, et al., 2015. Humanlevel control through deep reinforcement learning[J]. nature, 518(7540): 529-533.

Mirrahimi M, Rouchon P, Turinici G, 2005. Lyapunov control of bilinear Schröinger equations [J]. Automatica, 41: 1987-1994.

Mirrahimi M, Van H R, 2007. Stabilizing feedback controls for quantum systems[J]. Siam Journal on Control & Optimization, 46(2): 445-467.

Monika R, Dhanalakshimi S, Sreejith S, 2018. Coefficient random permutation based compressed sensing for medical image compression [M]//Advances in electronics, communication and computing. Berlin: Springer: 529-536.

Narayanan A, Menneer T, Quantum artificational neyral network architeures and components, Information Sciences, 2000, 128(3): 231-256.

Neugebauer M, Fischer L, Jäger A, et al., 2020. Neural-network quantum state tomography in a two-qubit experiment [J]. Phys Rev A, 102(4). DOI: 10.1103/PhysRevA.102.042604.

Nicolaas B, Eli Y, 1978. Infrared laser induced unimolecular reactions[J]. Physics Today, 31 (5): 23-31.

Nielson M A, Chuang I L, 2000. Quantum Computation and Quantum Information [M]. Cambridge: Cambridge University Press.

Nigmatulin R, Schirmer S G, 2009. Implementation of fault tolerant quantum logic gates via optimal control[J]. New Journal of Physics, 11(10). arXiv: 0907.1635v2.

Nurdin H I, James M R, Petersen I R, 2009. Coherent quantum lqg control[J]. Automatica, 45 (8): 1837-1846.

Ong C K, Huang G M, Tarn T J, et al., 1984. Invertibility of quantum mechanical control systems[J]. Mathematical Systems Theory, 17(1): 335-350.

Opatrny T, Welsch D G, Vogel W, 1997. Leastsquares inversion for densitymatrix reconstruction[J]. Physical Review A, 56(3): 1788-1799.

Oreshkov O, Brun T A. Weak measurements are universal[J]. Physical Review Letters, 2005, 95(11). DOI: 10.1103/PhysRevLett.95.110409.

Pauli W, 1980. General principles of quantum mechanics [M]. Berlin: Springer.

Peirce A P, Dahleh M A, Rabitz H, 2009. Optimal control of quantum mechanical systems: Existence, numerical approximation, and applications[J]. Physical Review A, 37(12): 4950-4964.

Peled-Eitan L, Rusnak I, 2012. State Dependent Difference Riccati Equation Based Estimation for Maneuvering Target [C]. 2012 15th International Conference on Information Fusion:1689-1696.

Picot T, Schouten R, Harmansetal C, et al., 2010. Quantum nondemolition measurement of a super conducting qubit in the weakly projective regime[J]. Physical Review Letters, 105 (4):040506.

Piltz C, Scharfenberger B, Khromova A, et al., 2013. Protecting conditional quantum gates by robust dynamical decoupling [J]. Physical Review Letters, 110. DOI: 10. 1103/PhysRevLett.110.200501.

Qamar S, Cong S, 2019. Observer-based feedback control of open stochastic quantum systems [J]. Journal of Institute of Franklin, 356(11):5675-5691.

Qiang K, Hu J J, Ji Y H, 2017, Orbit tracking of quantum state in open quantum systems based on Lyapunov control method, Optik, 148:350-357.

Qu X B, Guo D, Cao X, et al., 2011. Reconstruction of self-sparse 2D NMR spectra from undersampled data in the indirect dimension[J]. Sensors, 11:8888-8909.

Rosenblatt F, 1958. The perceptron: a probabilistic model for information storage and organization in the brain. [J]. Psychological review, 65(6):386-408.

Rebentrost P, Serban I, Schulte-Herbrüggen T , et al., 2009. Optimal control of a qubit coupled to a non-Markovian environment[J]. Physical Review Letters, 102. DOI: 10. 1103/PhysRevLett.102.090401.

Riofrío C A, Gross D, Flammia S T, et al., 2017. Experimental quantum compressed sensing for a seven-qubit system[J]. Nature Communications, 8. arXiv:1608.02263.

Riste D, Bultink C C, Lehnerk W, et al., 2012, Feedback control of a solidstate qubit using high fidelity projective measurement[J]. Physical Review Letters, 109(24). DOI: 10. 1103/PhysRevLett.109.240502.

Romberg J, 2009. Compressive sensing by random convolution[J]. SIAM Journal on Imaging Sciences, 2(4):1098-1128.

Roos C F, Lancaster G P T, Riebe M, et al., 2004. Bell states of atoms with ultralong lifetimes and their tomographic state analysis [J]. Physical Review Letters, 92(22). DOI: 10. 1103/PhysRevLett.92.220402.

Rouchon P, Ralph F. Efficient quantum filtering for quantum feedback control[J]. Physical Review A, 2015, 91(1). DOI:10.1103/physreva.91.012118.

Rumelhart D E, Hinton G E, Williams R J, 1986. Learning Representations by Back-Propagating Errors [J]. Nature, 323(6088):533-536.

Saikat G, Jonathani L, Habif, et al., 2011. Approaching helstrom limits to optical pulse position demodulation using single photon detection and optical feedback[J]. Journal of Modern Optics, 58(3):257-265.

Schack R, Brun T, Caves C, 2001. Quantum bayes rule[J]. Physical Review A, 64. DOI: 10.1103/PhysRevA.64.014305.

Schmidt U, Roth S, 2014. Shrinkage fields for effective image restoration[C]. Proceedings of 2014 IEEE Conference on Computer Vision and Pattern Recognition (CVPR). Columbus, Ohio, USA: IEEE Computer Society. 2774-2781.

Schroff F, Kalenchenko D, Facenet P J, 2015. A unified embedding for face recognition and clustering[C/OL]//2015 IEEE Conference on Computer Vision and Pattern Recognition (CVPR).:815-823.

Schuld M, Sinayskiy I, Petruccione F, 2015. Simulating a perceptron on a quantum computer [J]. Phys Lett A, 379:660-663.

Shu C C, Ho T S, Xing X, et al., 2016. Frequency domain quantum optimal control under multiple constraints[J]. Physical Review A, 93(3). DOI: 10.1103/PhysRevA.93.033417.

Shuang F, Rabitz H, Dykman M. 2007. Foundations for cooperating with control noise in the manipulation of quantum dynamics[J]. Physical Review E, 75. DOI: 10.1103/PhysRevE.75.021103.

Shuang F, Zhou M L, Pechen A, et al, 2008. Control of quantum dynamics by optimized measurements[J]. Physical Review A, 78. arXiv: 0902.2596.

Silberfarb A, Jessen P S, Deutsch I H, 2004. Quantum state reconstruction via continuous measurement[J]. Phys. Rev. A. 95(3). arXiv: quant-ph/0412032.

Silva M P, Landon O, Poulin D, 2011. Practical characterization of quantum devices without tomography [J]. Physical Review Letters, 107 (21). DOI: 10.1103/PhysRevLett.107.210404.

Smith A, Riofrío C A, Anderson B E, et al., 2012 Quantum state tomography by continuous measurement and compressed sensing[J]. Physical Review A, 87(3):184-191.

Smith G A, Chaudhury S, Silberfarb A, et al., 2004. Continuous weak measurement and nonlinear dynamics in a cold spin ensemble[J]. Physical Review Letters. DOI: 10.1103/PhysRevLett.93.163602.

Smith G A, Silberfarb A, Deutsch I H, et al., 2006. Efficient quantum state estimation by continuous weak measurement and dynamical control[J]. Physical Review Letters, 97 (18). DOI: 10.1103/PhysRevLett.97.180403.

Smithey D T, Beck M, Raymer M G, et al., 1993. Measurement of the Wigner distribution and the density matrix of a light mode using optical homodyne tomography: application to squeezed states and the vacuum[J]. Physical Review Letters, 70(9): 1244-1249.

Simonyan K, Zisserman A, 2014. Very deep convolutional networks for largescale image recognition[J]. arXiv: 1409.1556.

Smolin J A, Gambetta J M, Smith G, 2012. Efficient method for computing the maximum-likelihood quantum state from measurements with additive gaussian noise [J]. Physical Review Letters, 108(7). DOI: 10.1103/PHYSREVLETT.108.070502.

Spörl A, Schulte-Herbrüggen T, Glaser S J, et al., 2007. Optimal control of coupled Josephson qubits[J]. Physical Review A. DOI: 10.1103/physreva.75.012302.

Srinvas M D, Davies E B, 1981. Photon counting probabilities in quantum optics[J]. Optica Acta: International Journal of Optics, 28(7): 981-996.

Stokes G G, 1951. On the composition and resolution of streams of polarized light from different sources[J]. Transactions of the Cambridge Philosophical Society, 9: 399.

Sugawara M, 2002. Local control theory for coherent manipulation of population dynamics [J]. Chemical Physics Letters, 358(34): 290-297.

Szegedy C, Liu W, Jia Y, et al., 2015. Going deeper with convolutions[C/OL]//2015 IEEE Conference on Computer Vision and Pattern Recognition (CVPR). IEEE Computer Society: 19.

Tacchino F, Macchiavello C, Gerace D, et al., 2019. An artificial neuron implemented on an actual quantum processor. npj Quantum Inf, 5: 26.

Tamir B, Cohen E, 2013. Introduction to weak measurements and weak values[J]. Quanta, 2 (1): 717.

Tibshirani R, 2011. Regression shrinkage selection via the LASSO[J]. Journal of the Royal Statistical Society Series B (Statistical Methodology), 73(3): 273-282

Ting J L, 2002. Alternative method for quantum feedbackcontrol [J]. Superlattices and Microstructures, 32(46): 331-336.

Tong Q J, An J H, Luo H G, et al., 2010. Decoherence suppres-sion of a dissipative qubit by the non-Markovian effect [J]. Journal of Physics B: Atomic, Molecular and Optical Physics, 43. DOI: 10.1088/0953-4075/43/15/155501.

Torlai G, Melko R G, 2018. Latent space purification via neural density operators[J]. Physical Review Letters, 120(24). DOI: 10.1103/PhysRevLett.120.240503.

Torlai G, Mazzola G, Carrasquilla J, et al., 2018. Neural-network quantum state tomography [J]. Nature Physics, 14(5): 447-450.

Tropp J A, Gilbert A C, 2007. Signal recovery from random measurements via orthogonal

matching pursuit[J]. IEEE Transactions on information theory, 53(12): 4655-4666.
Tsumura K, 2007. Global Stabilization of N-dimensional Quantum Spin Systems via Continuous Feedback [C]. New York: American Control Conference: 2129-2134.
Tsumura K, 2008. Global stabilization at arbitrary eigenstates of N-dimensional quantum spin systems via continuous feedback [C]. Washington: American Control Conference: 4148-4153.
Vacchini B, Breuer H. Exact master equations for the non-Markovian decay of a qubit[J]. Physical Review A, 2010, 81. DOI: 10.1103/PhysRevA.81.042103.
van Handel R, Stockton J K, 2004, Feedback control of quantum state reduction[J]. IEEE Transactions on Automatic Control, , 50(6): 768-780.
Vaz E, Kyriakidis J. Transient dynamics of confined charges in quantum dots in the sequential tunneling regime. Physical Review B, 2010, 81. DOI: 10.1103/PhysRevB.81.085315.
Venture D, Martinez T, 1998a. An artificial neural with quantum mechanical properties[C]. Norwich, UK: Proceedings of the International Conference on Artificial Neural Nets and Genetic Algorithms: 482-485.
Venture D, Martinez T, 1998b. Quantum associative memory with exponential capacity[C]. Anchorage, USA: Proceedings of the 1998 IEEE World Congress on Computational Intelligence: 509-513.
Vitali D, Tombesi P, Milburn G J, 1997. Controlling the decoherence of a ‘meter’ via stroboscopic feedback[J]. Physical Review Letters, 79(13): 2442-2445.
Vogel W, Welsch D G. 1989. k-photon Jaynes-Cummings model with coherent atomic preparation: squeezing and coherence[J]. Physical Review A, 40(12). DOI: 10.1103/PhysRevA.40.7113.
Wang L C, Hou S C, Yi X X, et al., 2014. Optimal Lyapunov quantum control of two level systems: convergence and extended techniques [J]. Physics Letters A, 378 (16): 1074-1080.
Wang T, Cong S, 2022. An online quantum state filter with sparse disturbance and Gaussian noise[J]. Science China Information Sciences, 65(6): 169204.1-169204.2.
Wang X, Schirmer S, 2009. Contractivity of the Hilbert-Schmidt distance under open-system dynamics [J]. Phys. Rev. A, 79. DOI: 10.1103/PhysRevA.79.052326.
Wang X T, Schirmer S G, 2010a. Analysis of Lyapunov method for control of quantum states [J]. IEEE Transactions on Automatic Control, , 55(10): 2259-2270.
Wang X T, Schirmer S G, 2010b. Analysis of effectiveness of Lyapunov control for non-generic quantum states[J]. IEEE Transactions on Automatic Control, 55(6): 1406-1411.
Wang W, Wang L C, Yi X X, 2010. Lyapunov control on quantum open systems in

decoherence-free subspaces[J]. Physical Review A, 82. DOI: 10. 1103/PhysRevA. 82.034308.

Wiebe N,Kapoor A,Svore K M,2014. Qauntum deep leaning[J]. arXiv:1412.3489.

Wiebe N,Kapoor A,Svore K M,2015. Quantum algorithms for nearest-neighbor methods for supervised and unsupervised learning[J]. Quantum Info. Comput. ,15(3/4):316-356.

Wen J,Cong S,2011. Transfer from arbitrary pure state to target mixed state for quantum systems[C]. Milan, Italy: The 18th World Congress of the International Federation of Automation Control:4638-4643.

Wen J,Cong S,2016. Preparation of quantum gates for open quantum systems by lyapunov control method [J]. Open Systems and Information Dynamics, 23 (1). DOI: 10. 1142/S1230161216500050.

Wen J, Cong S, Zou X, 2012. Realization of quantum Hadamard gate based on Lyapunov method[C]. Beijing, China: Proceedings of the 10th World Congress on Intelligent Control and Automation (WCICA2012):5096-5101.

Wen J,Shi Y,Lu X,2018. Stabilizing a class of mixed states for stochastic quantum systems via switching control[J]. Journal of the Franklin Institute,355(5):2562-2582.

Werschnik J,Gross E K U,2007. Quantum optimal control theory[J]. Journal of Physics B,40 (18):R175-R211.

Widrow B, Hoff M E, 1960. Adaptive switching circuits[C]//IRE WESCON Convention Record: volume 4:96-104.

Wiseman H M, Milburn G J, 1993. Quantum theory of optical feedback via homodyne detection[J]. Physical Review Letters,70(5):548-551.

Wiseman H M,1994a. Quantum theory of continuous feedback[J]. Physical Review A,49(6): 2133.

Wiseman H M, 1994b. Quantum trajectories and feedback[D]. Australia: The University of Queensland.

Wiseman H M,Milburn G J,1994c. Squeezing via feedback[J]. Physical Review A,49(2): 1350-1366.

Wiseman G J,2010. Milburn,Quantum measurement and control[M]. Cambridge :Cambridge University Press.

Wu S L, Huang X L, Yi X X, 2019. Fast trajectory tracking of the steady state of open quantum systems[J]. Phys. Rev. A,99(4). DOI:10.1103/PhysRevA.99.042115.

Wu Y, Bao W S, Cao S, et al., 2021. Strong quantum computational advantage using a superconducting quantum processor[J]. Physical Review Letters, 127(18). DOI: 10. 1103/PhysRevLett.127.180501.

Xi Z R, Cui W, Pan Y, 2010. Optimal control of non-Markovian open quantum systems via feedback [OL]. arXiv: 1004.4659.

Xin T, Lu D, Klassen J, et al., 2017. Quantum state tomography via reduced density matrices [J]. Physical Review Letters, 118(2). DOI: 10.1103/PhysRevLett.118.020401.

Xin T, Lu S R, Cao N P, et al., 2019. Local-measurement-based quantum state tomography via neural networks [J]. npj Quantum Inform., 5. DOI: 10.1038/s41534-019-0222-3.

Xu Q, Xu S, 2018. Neural network state estimation for full quantum state tomography [J]. arXiv: 1811.06654.

Xue S B, Wu R B, Zhang W M, et al., 2012. Decoherence suppression via non-Markovian coherent feedback control [J]. Physical Review A, 86. DOI: 10.1103/PhysRevA.86.052304.

Yamamoto Y, Imoto N, Machida S. Control of unimolecular reactions using coherent light [J]. Chemical Physics Letters, 1986, 126(6): 541-546.

Yan S L, Qi H S, Cui W. Nonlinear quantum neuron: a fundamental building block for quantum neural networks [J]. Phys Rev A, 2020, 102. DOI: 10.1103/PhysRevA.102.052421.

Yanagisawa M, Kimura H, 1999. A control problem for gaussian states [C]//London: Springer London. DOI: 10.1007/BFb0109736.

Yanagisawa M, Kimura H, 2003. Transfer function approach to quantum control part II: Control concepts and applications [J]. IEEE Transactions on Automatic Control, 48 (12): 2121-2132.

Yang F, Cong S, 2012. Preparation of entanglement states in a two-spin system by Lyapunov-based method [J]. Journal of Systems Science and Complexity, 25 (3): 451-462.

Yang J, Cong S, Yang F, 2012. State transfer based on decoherence-free target state by Lyapunov-based control [J]. Control Theory and Applications, 10(4): 549-553.

Yang J B, Cong S, Chen D, 2017a. Estimation of arbitrary quantum pure states based on a two-step measurement method and its minimum number of observations [J]. Control Theory & Applications, 34(11): 1514-1521.

Yang J B, Cong S, Liu X, et al., 2017b. Effective quantum state reconstruction using compressed sensing in nmr quantum computing [J]. Physical Review A, 96(5). DOI: 10.1103/PhysRevA.96.052101.

Yang J B, Cong S, Kuang S, 2018. Real-time quantum state estimation based on continuous weak measurement and compressed sensing [C]. Hong Kong : Proceedings of International Multi Conference of Engineerings and Computer Scientists: 499-504.

Yang J F, Zhang Y, 2011. Alternating direction algorithms for problems in compressive sensing[J]. SIAM Journal on Scientific Computing, 33(1): 250-278.

Yi X X, Huang X L, Wu C, et al., 2009. Driving quantum system into decoherence-free subspaces by Lyapunov control[J]. Phys. Rev. A. DOI: 10.1103/PhysRevA.80.052316

Youssry A, Ferrie C, Tomamichel M, 2019. Efficient online quantum state estimation using a matrix-exponentiated gradient method[J]. New J. Phys. 21. DOI: 10.1088/1367-2630/ab0438.

Yuan H, 2012. Reachable set of operators on controlled open quantum systems in a Markovian environment[J]. Systems & Control Letters, 61: 1085-1088.

Yuan H, 2013. Reachable set of open quantum dynamics for a single spin in Markovian environment[J]. Automatica, 49: 955-959.

Zhang K, Cong S, Li K, et al., 2020a. An online optimization algorithm for the real-time quantum state tomography[J]. Quantum Inf. Process 19. DOI: 10.1007/s11128-020-02866-4.

Zhang J J, Cong S, Ling Q, et al., 2020. Quantum state filter with disturbance and Noise[J]. IEEE Transactions on Automatic Control, 65(7): 2856-2866.

Zhang K, Cong S, Tang Y, et al., 2020. An efficient online estimation algorithm for evolving quantum states[C]. Amsterdam, Netherlands: The 28th European Signal Processing Conference (EUSIPCO 2020): 2249-2253.

Zhang K, Zuo W M, Chen Y J, et al., 2016. Beyond a Gaussian denoiser: residual learning of deep CNN for image denoising[J]. IEEE Transactions on Image Processing, 26(7): 3142-3155.

Zhang J J, Cong S, Ling Q, et al, 2019. An efficient and fast quantum state estimator with sparse disturbance[J]. IEEE Transactions on Cybernetics, 49(7): 2546-2555.

Zhang J J, Li K Z, Cong S, et al., 2017a. Efficient reconstruction of density matrices for high dimensional quantum state tomography[J]. Signal Processing, 139: 136-142.

Zhang J J, Li K Z, Cong S, 2017b. Fast algorithm of high dimensional quantum state estimation via low measurement rates[J]// Gold Coast, Australia: 2017 11th Asian Control Conference (ASCC). DOI: 10.1109/ASCC.2017.8287578.

Zhang K, Cong S, Li K, 2021. An efficient online estimation algorithm with measurement noise for time-varying quantum states[J]. Signal Processing, 180. DOI: 10.1016/j.sigpro.2020.107887.

Zhang K, Cong S, Tang Y R, et al., 2020b. An efficient online estimation algorithm for evolving quantum states[C]. Amsterdam, Netherlands : The 28th European Signal Processing Conference (EUSIPCO 2020): 2249-2253.

Zhang M, Ou B Q, Dai H Y, et al., 2008. Control Decoherence by Quantum Generalized

Measurement[J]. Acta Automatica Sinica, 34(4): 433-437.

Zhang Y, Cong S, 2008. Optimal quantum control based on the Lyapunov stability theorem [J]. Journal of University of Science and Technology of China, 38(3): 331-336.

Zhao S W, Lin H, Sun J T, et al., 2009. Implicit Lyapunov control of closed quantum systems [C]. Shanghai, China: Joint 48th IEEE Conference on Decision and Control and 28th Chinese Control Conference: 3811-3815. DOI: 10.1109/CDC.2009.5399902.

Zhao S W, Lin H, Sun J T, et al., 2012a. An implicit Lyapunov control for finite-dimensional closed quantum systems. International Journal of Robust and Nonlinear Control, 22(11): 1212-1228.

Zhao S W, Lin H, Xue Z G, 2012b. Switching control of closed quantum systems via the Lyapunov method. Automatica, 48(8): 1833-1838.

Zheng K, Li K Z, Cong S, 2016. A reconstruction algorithm for compressive quantum tomography using various measurement sets[J]. Scientific Reports, 6(1). DOI: 10.1038/srep38497.

Zhong H S, Deng Y H, Qin J, et al., 2021. Phase programmable Gaussian boson sampling using stimulated squeezed light[J]. Physical Review Letters, 127(18). DOI: 10.1103/PhysRevLett.127.180502.

Zhou J, Gan Q, Krzyzak A, et al., 1999. Recognition of handwritten numerals by quantum neural network with fuzzy features[J]. International Journal on Document Analysis and Recognition, 2(1): 30-36.

Zhou R, Qin L, Jiang N, 2006. Quantum perceptron network[C]. Athens, Greece: Proceedings of the 16th International Conference on Artificial Neural Networks: 651-657.

Zhou Z, Liu C, Fang Y, et al. Optical logic gates using coherent feedback[J]. Applied Physics Letters, 2012, 101(19). DOI: 10.1063/1.4767133.

Zhu W S, Rabitz H, 1999. Managing singular behavior in the tracking control of quantum dynamical observables[J]. Journal of Chemical Physics, 10: 1905-1915.

Zippilli S, Vitali D, 2021. Dissipative engineering of Gaussian entangled states in harmonic lattices with a single-site squeezed reservoir[J]. Phys. Rev. Lett. 126. DOI: 10.1103/PhysRevLett.126.020402.

Zoufal C, Lucchi A, Woerner S, 2019. Quantum generative adversarial networks for learning and loading random distributions[J]. npj Quantum Inf., 5: 103.

Zyczkowski K, Penson K A, Nechita I, et al., 2011. Generating random density matrices[J]. Journal of Mathematical Physics, 52(6). DOI: 10.1063/1.3595693.